KB140621

미드웨이 해전

태평양전쟁을 결정지은 전투의 진실

Shattered Sword: The Untold Story of The Battle of Midway

This Korean edition was published by ILCHOKAK Publishing Co., Ltd. in 2019
by the arrangement with Hornfischer Literary Management, L.P.
and ILCHOKAK Publishing Co., Ltd.

미드웨이 해전

태평양전쟁을 결정지은 전투의 진실

조너선 파셜·앤서니 털리 지음 / 이승훈 옮김

Shattered Sword

The Untold Story of the Battle of Midway

일조각

§

조너선 파셜은 이 책을

마거릿, 애나, 데릭, 그리고

친절함과 동료애로 한 젊은이에게 잠들어 있던 일본 해군에 대한 관심을 다시 일깨워 주시고

이 일을 시작하게 하신 故 데이비드 C. 에번스 박사께 바친다.

§

앤서니 털리는 이 책을

댄, 케이, 매트 털리, 헤더 쿠퍼와 '작가' 삼촌이 있다고 말하는 조카들, 그리고

면밀한 사실 조사와 다채로운 서술 기법으로 나의 문체와 역사에 대한 사랑에

영감을 불어넣으시고 영예롭게도 이 책의 집필에 큰 도움을 주신

故 월터 로드 선생님께 바친다.

옮긴이 일러두기

1. 표기

- 국립국어원 외래어 표기법 규정에 따라 외국어 인명, 지명, 용어 등을 표기했다.
- 일본어 인명, 지명, 관용어는 일본어 독음으로 적되 군사용어, 조직명 등의 경우 우리말 한자 독음을 적고 일본어 한자를 병기했다(예: 대본영大本營, 함상폭격기艦上爆撃機).

2. 용어, 인명, 지명

- 일본 해군 장교 계급은 우리말 한자 독음으로 적었다(예: 中佐→중좌), 미 해군 계급은 상응하는 현대 한국 해군 계급으로 번역했다(예: Lieutenant→대위). 부사관 계급은 병과와 임무에 따라 우리말로 옮겼다.(예: 항공공작하사Aviation Machinist's Mate, 1st Class, 비행병조장飛行兵曹長).
- 영어로 쓰인 일본 해군 항공모함, 해군항공대의 기술용어, 군함, 비행기, 무기의 명칭 및 각 부분명은 다음 자료를 참고하여 당시 일본 해군 용어로 옮겼다. 대체가 가능한 일부 용어는 현대 한국 해군 용어로 대체했다(예: 見張員→견시원, 無線封止→무선침묵, 應急防禦→손상통제).

  雨倉孝之,『海軍フリート物語—連合艦隊ものしり軍制学〈下〉』, 東京: 潮書房光人社, 1998;『海軍航空の基礎知識』, 東京: 潮書房光人社, 2003;『海軍Damage Controlダメージ・コントロール物語—知られざる応急防御戦のすべて』, 東京: 潮書房光人社, 2015.

  押尾一彦・野原茂 編集,『海軍航空教範—軍極秘・海軍士官搭乗員テキスト』, 東京: 光人社, 2001.

  高橋定,『母艦航空隊』, 東京: 潮書房光人社, 2017.

  '丸' 編輯部,『日本の空母』, 東京: 潮書房光人社, 2012.

  福井靜夫,『日本空母物語』, 東京: 潮書房光人社, 2009.

  각 항공모함 전투상보

- 원서에 일본 인명의 한자가 없어 다음 자료를 이용하여 인명 한자를 병기했다.

  해군병학교 졸입자 명단(http://www2b.biglobe.ne.jp/~yorozu/hyoushi.html)

  龜井宏,『ミッドウェー戰記』, 東京: 講談社, 2014.

  坂本正器・福川秀樹 編著,『日本海軍編制辭典』, 東京: 芙蓉書房出判, 2003.

  澤地久枝,『記録ミッドウェー海戦』, 東京: 文藝春秋, 1986.

  秦郁彦,『日本陸海軍総合事典』, 東京: 東京大學校出版部, 2005.

  橋本敏男・田邊彌八,『証言・ミッドウェー海戦』, 東京: 光人社NF文庫, 1999.

  福川秀樹,『日本海軍将官辞典』, 東京: 芙蓉書房出版, 2000.

  防衛廳防衛研修所戰史室,『ミッドウェー海戦』(戰史叢書), 東京: 朝雲新聞社, 1971.

  淵田美津雄・奥宮正武,『ミッドウェー』, 東京: 學習研究社, 2008.

  森史郎,『ミッドウェー海戦』, 東京: 新潮社, 2012.

  각 항공모함 전투상보

  각 항공모함 비행기대 전투행동조서

  쇼와 12년(1937)~17년(1942) 해군사령공보海軍辭令公報(일본 해군 인사 공지)

- 일본 측 미드웨이 참전자로 원서에 기록된 인물 중 교차 검증 자료에서 확인되지 않은 이름은 한자를 병기

하지 않았다(미주 명시). 감사의 말과 미주에 나오는 일부 일본 측 협력자 이름의 한자 병기도 생략했다.

- 독립하기 전 동남아시아 국가의 지명은 1942년 당시 지명[예: 네덜란드령 동인도제도(현 인도네시아)]을, 그 외 지명은 현재 지명[예: 추크섬(당시 트룩섬)]을 표기했다. 브리태니커 백과사전, 두산백과의 지리 정보를 참조하였으며 별도로 출처 표기는 하지 않았다.
- 일본 군주 히로히토裕仁는 덴노天皇 혹은 히로히토로 호칭했다. '덴노'는 문맥에 따라 '천황'이라고 표기했다(예: "천황폐하 만세.")

3. 일본 측 기록

- 일본군의 전문, 작전기록(전투상보)을 직접 인용할 때에는 가급적 일본 기록을 직접 번역했다. 일본 문헌에는 없으나 미군의 무선방수로 미국에만 남아 있는 기록은 영어본을 원문으로 삼아 옮기고 미주에 이를 명시했다.

  ※ 지은이가 출처로 기재한 '1항함(제1항공함대) 전투상보', '(각 항공모함) 전투상보', '(각 항공모함) 비행기대 전투행동조서' 등의 페이지는 해당 상보/조서의 영어 번역본 페이지이다. 지은이가 기재한 출처 다음에 일본어 원본의 페이지를 추가했다(예: 1항함 전투상보, p.21. 【옮긴이】 1항함 전투상보 원문, p.39).
- 지은이가 영어로 번역된 일본어 저술 또는 증언의 내용을 직접 인용한 경우에는 원서의 영어 번역문을 옮겼다. 단, 일본어 원문의 의미가 더 잘 전달된다고 판단하거나 영어 번역본의 문장이 일본어 원문과 다른 경우에는 원문을 옮기고 미주에 이를 명시했다.

4. 괄호

- 괄호는 다음 목적으로 사용했다.

  〔 〕: 옮긴이 주

  ( ) : 지은이의 보충 설명, 단위 환산[예: 100해리(185킬로미터)], 직접인용 원문에 있는 괄호

  [ ] : 직접인용 원문의 생략 부분 보충(지은이, 옮긴이)

5. 기타

- 본문의 진한 글씨는 지은이가 강조한 부분이다.
- 시간: 미드웨이 전투가 벌어진 6월 4일 00시(미드웨이 시간) 이후의 미일 양군의 행동시간과 사건 발생시간은 별도 명기가 없는 한 모두 미드웨이 현지시간이다. 양군의 보고서에서 일본군은 도쿄 시간을 표준시간으로, 미군은 하와이 시간 및 미드웨이 시간(종종 그리니치 표준시)을 표준시간으로 사용했다. 미드웨이 시간은 GMT(그리니치 표준시)−12시간(도쿄 시간은 GMT+9시간, 하와이 시간은 GMT−10시간)이다. 따라서 미드웨이 시간으로 1942년 6월 4일 오전 10시는 그리니치 표준시로 1942년 6월 4일 오후 10시, 도쿄 시간으로 1942년 6월 5일 오전 7시, 하와이 시간으로 1942년 6월 4일 오후 12시이다.
- 단위: 원서에서는 피트feet, 인치inch, 파운드pound, 해리nautical miles, 노트kts를 사용했다. 한국어판에서는 피트가 수중심도, 함선 및 무기 치수 단위로 사용될 때에는 미터로 환산하여 단위를 적고, 고도 단위로 쓰일 때에는 피트 단위를 쓰되 괄호 안에 미터로 환산한 수치를 병기했다. 해리가 쓰일 때에는 괄호 안에 킬로미터로 환산한 수치를, 파운드가 쓰일 때에는 괄호 안에 킬로그램으로 환산한 수치를 병기했다. 노트는 비행기의 속력 단위로 쓰일 때에만 킬로미터로 환산한 수치를 괄호 안에 병기했다. 태평양전

쟁기에 일본군은 미터법 단위를 썼으므로 일본군 관련 제원의 경우 일본 사료에서 정확한 미터, 킬로그램 단위가 확인되면 이를 이용했다. 일본군은 기본적으로 거리 단위로 해리를 사용했으나 간혹 킬로미터 단위도 썼다. 이 책에도 일본군이 사용한 단위를 그대로 옮겼다.

- 부록: 서구 독자들을 대상으로 일본군 측 입장을 자세히 다룬 원서의 특성상 부록에서 일본 기동부대를 자세하게 다루었으나, 한국 독자들에게는 부록의 내용이 효용이 적고 양이 많다고 판단하여 지은이들의 동의를 얻어 한국 독자들에게 도움이 될 만한 정보를 정리하여 실었다.

한국의 독자 여러분께

여러분께서는 지금 여러 면에서 앤서니 털리와 제가 2005년에 출간한 책보다 더 뛰어난 책을 가지고 있습니다. 이 책의 원서인 *Shattered Sword*를 발표하며 저희는 이 책을 통해 지난 60년간 미드웨이 해전의 이해에 통념이 가해온 제약이 풀리기를 기대했습니다. 그때 저희는 미드웨이 해전에 대한 학술연구가 아직 유동적임을, 즉 미드웨이 해전에는 아직 배워야 할 새롭고도 중요한 사실들이 있음을 환기하고 싶었고 지금도 그렇습니다. 그 뒤 14년이 지나 저희의 희망은 성취되었습니다. 한국어판이 그 증거입니다.

2005년 이후 털리는 종종 저 혹은 중국인 동료 루 유Lu Yu와 계속해서 미드웨이 해전 관련 일본 측 사료를 더 깊이 연구해 왔습니다. 그러나 털리와 제가 이 책의 많은 논점들을 재검토해 보고 예전에 썼던 내용을 깊이 생각해 보도록 한 사람은 한국어판 번역자 이승훈 씨라고 해도 무방합니다. 이승훈 씨는 능숙한 일본어 실력, 원사료에 대한 논리 정연한 이해와 전투에 대한 깊은 관심으로 미드웨이 해전의 또 다른 연구자로 분명 인정받을 수 있을 것입니다. 털리와 저는 이렇게 통찰력 있으면서도 유쾌한 협력자와 함께 일한 것이 자랑스럽습니다.

저희는 이 책이 한국에서 미드웨이 해전을 본격적으로 다룬 첫 저작이라는 사실을 대단한 영광으로 생각합니다. 태평양전쟁은 여러 측면에서 한국 현대사의 초석을 놓았으며 오늘날까지 지속된 한일관계 역학의 일부를 만든 사건입니다. 미드웨이 해전은 태평양전쟁에서 가장 중요한 단일 해전이며 식민세력인 일본을 무너뜨리고 독립한 민족으로서 한국인의 민족 주체성을 다시 세우게 한 계기입니다. 그러므로 여러 측면에서 한국 독자 여러분이 일본제국의 종말의 시작을 알린 이 대전투에 필연적으로 관심을 가지리라고 생각합니다.

모두 이 책을 즐기시기를 바랍니다!

2019년 6월

조너선 파셜

추천사

1942년 6월. 체스터 니미츠 대장의 미 태평양함대는 중부태평양의 미드웨이라는 작은 환초를 공략하려던 야마모토 이소로쿠 대장 휘하의 일본 연합함대를 기습하여 결정적으로 패퇴시켰다. 미국사에서 '기적' 혹은 '믿을 수 없는 승리'로 기록된 미드웨이 해전은 약자도 극적으로 전쟁의 운을 뒤집을 수 있음을 보여 주는 전형적 사례로 여겨져 왔다. 미드웨이 해전의 이야기는 그리스 영웅시의 모든 요소, 혹은 일본의 입장에서는 비극의 요소를 모두 갖추고 있다. 이 장대한 해전의 전 과정은 자만과 용기, 현실 안주와 속임수, 계산과 희생, 재난과 영구불멸의 성공에 대한 일화로 가득하다. 괴팍스런 신들이 마치 판세를 이리저리 뒤집기라도 하듯이 운은 미국과 일본 사이를 왔다 갔다 하다가 일본에 항공모함 4척의 침몰이라는 최악의 손실을 안기며 상황을 끝냈다. 전투가 끝나고 승자와 패자의 마음속에서 자라난 신화는 60년이 넘도록 진실을 가릴 정도로 강력했다.

제2차 세계대전의 태평양전선은 1941년 12월 7일에 생겨났다. 나치 독일에 온 정신을 쏟고 있던 서방 연합국이 과소평가하던 일본 해군은 진주만의 미 태평양함대의 전함들을 분쇄했다. 이 믿기 어려운 일격으로 일본은 동남아시아와 필리핀 정복으로 가는 길을 활짝 열어 놓았다. 더욱이 일본은 이 기념비적 승리를 새로운 형태의 해군 전력으로 달성했다. 일본 연합함대 사령장관 야마모토 이소로쿠 대장은 나구모 주이치 중장이 지휘하는 기동부대의 강력한 항공모함 6척이라는 형태로 나타난 해군 항공전력을 사상 처음으로 집중 운용했고, 여기에 저항해 살아남을 적군은 없었다. 그 후 5개월간 일본은 동남아시아에서 성공을 거두었다. 그럼에도 불구하고 미 태평양함대는 진주만에서 살아남은 몇 안 되는 항공모함들을 앞세워 일본 항공모함이 없을 만한 곳에 기습을 가했다. 1942년 봄에 잠시 일본 해군은 스스로도 당혹해할 정도로 별 노력을 들이지 않고 전략적 성공을 거두었다. 일본군 고위층에서는 남태평양의 도서지역을 추가로 점령하여 오스트레일리아를 고립시키느냐, 아니면 야마모토가 원하는 대로 진주만에서 시작해 끝내지 못한 일을 마무리 짓느냐를 두고 격한 논의가 벌어졌다. 야마모토는 미 태평양함대의 잔존 세력을 결전장으로 유인하여 격멸하는 데 미드웨이 공격을 이용하고자 했다. 결국 일본 해군은 타협책을 찾았다. 1942년 5월, 오스트레일리아의 변방 지역에 대한 제한적 공세가 계획되었다. 목표는 뉴기니의 포트모르즈비Port Moresby[1]였다. 서부 알류샨 제도와 미드웨이를 목표로 한 엄청난 규모의 공세가 6월 초에 뒤따를 예정이었다. 승리를 거둔다면 연합함대는 추크섬Chuuk Island[2]에서 재편을 마치고 누벨칼레도니Nouvelle-Calédonie,[3] 피지Fiji,[4] 사모아Samoa[5]를 탈취하여 오스트레일리아를 완전히 고립시킬 계획이었다. 1942년 4월에 미군이 벌인 유명한 둘리틀 공습으로 인해 일본은 진주만에서 마무리하지 못한 일을 완전히 끝내고 일본 본토에 대한 위협을 근본적으로 제거하겠다고 단단히 결심했다. 하와이 제도의 외곽 도서 공격은 1942년 9월에 실시될 예정이었다. 일본은 이렇게 하면 기력을 잃은 미국이 강화 협상장에 나오거나 서부 태평양으로 가는 길목마다 일본이 구축한 철옹성에 달려들어야 할 것이라고 예상했다.

그러나 미국은 일본이 상상하듯이 낙심천만하지 않았다. 1942년 상반기의 미 태평양함대는 자신감과 세력을 키우는 중이었다. 니미츠는 발전하는 통신정보 기술에 힘입어 일본의 전략적 행보를 상당히 정확하게 예측하기 시작했으며 이를 통해 일본군에 한발 앞서 위협받는 지역에 함대를 배치하여 일본군이 가진 내선과 주도권의 이점을 무력화할 수 있었다. 1942년 4월, 니미츠는 일본군의 주된 진공방향으로 예상된 남태평양에서 일본군을 상대할 결의를 다졌다. 이 방어전의 첫 장에서 플레처 소장이 이끈 미 항공모함 2척은 산호해에서 성공적으로 일본군의 진격을 저지하여 포트모르즈비를 구할 수 있었다. 플레처는 항공모함 1척의 희생으로 일본군 항공모함 3척을 격침하거나 불구로 만들었다.[6] 일본군은 포트모르즈비 탈취 실패로 전쟁에서 첫 전략적 좌절을 겪었다. 포트모르즈비 공격에 투입된 항공모함 3척은 모두 미드웨이에 투입될 예정이었다. 산호해의 미 항공모함들은 일본군의 예측보다 더 일찍 나타났고 용감하게 싸웠지만 야마모토는 미 항공모함 2척을 격침했다고 믿었기 때문에 결과에 크게 개의치 않았다. 남아 있는 나구모의 항공모함 4척으로도 승리를 거두기에는 충분했다. 야마모토는 어떻게 하면 하와이의 미 함대를 결전장으로 유인하느냐를 미드웨이 작전의 최대 난제로 보았다.

산호해 해전이 한창일 때도 니미츠는 일본이 미드웨이, 더 나아가 오아후섬Oahu Island[7]을 공격할지도 모른다는 첩보를 받았다. 니미츠는 먼 남태평양에서 북쪽으로 항공모함들을 불러와 재배치해야 하는 불리한 상황에도 불구하고 미드웨이 방어를 준비했다. 일본과 싸우기로 한 니미츠의 결심은 극적이지만 절망적인 도박처럼 보였다. 일본군보다 전력이 뒤떨어진 태평양함대는 몸을 던져 끝까지 싸우는 수밖에 없었다. 그러나 '계산된 위험'을 무릅써 볼 만한 상황이었기에 니미츠는 어느 정도 낙관적으로 전망했다. 니미츠는 미드웨이로 다가오는 일본 항공모함을 여러 가지 방법으로 기습할 수 있는 상황에 있었다. 미 함대는 일본 함대를 발견하고 공격하는 데 육상기시의 항공전력으로부터 '상당히 강력한' 엄호를 받을 수 있었던 데 반해 일본군은 비슷한 지원 전력이 없었다. 니미츠는 잠수함 함장을 지낸 적이 있기 때문에 아군 잠수함의 뛰어난 활약도 기대했다. 그러나 니미츠는 후대 연구자들과 달리 자신 앞에 펼쳐진 일본군의 전체 전력을 정확하게 알지는 못했다. 끝까지 끈질기게 살아남은 미드웨이에 대한 신화는 니미츠의 정보력이 일본군의 작전명령을 실시간으로 읽을 정도로 완벽해서 미드웨이 공격의 날짜와 시간까지도 다 알고 있었다는 것이다. 사실 니미츠는, 그 자체로도 중요한 정보이기는 했으나, 일본군 의도의 개요와 일부 전투서열만 가지고 작전계획을 수립했다. 아직 일본군의 승산이 더 높았지만 니미츠는 신중하게 계획을 짰고, 승리하면 엄청난 보상을 받을 것임을 알았다. 미국은 실제로 이겼으나, 이 정도의 대승을 거두리라 상상한 이는 거의 없었다.

6월 4일 아침에 미 항공모함이 거둔 승리의 규모는 모두의 합리적 예상을 벗어났다. 나구모의 항공모함들은 반격도 못 해보고 4척 가운데 3척이 치명상을 입었다.

비록 살아남은 1척인 히류가 자신의 목숨과 맞바꿔 요크타운에 치명타를 안겼지만 전투 결과에 영향을 주지는 않았다. 미드웨이 해전은 진정으로 '믿을 수 없는 승리'였을 수도 있으나(이 표현을 사용한 탁월한 학자이자 신사인 월터 로드 씨에게 죄송하지만) 양군의 전력 차이를 고려해 보면 흔히들 생각하는 것처럼 믿을 수 없는 일은 아니었다. 사실 '믿을 수 없는'이라는 표현은 미군의 공격이 형편없이 조직되었음에도 불구하고 성공했다는 점을 지적할 때 더 적합한 말일 것이다. 미국 항공모함은 몇몇 예외를 제외하고 훨씬 뛰어난 방법으로 비행기를 운용하던 적을 기막힌 행운 덕에 격퇴할 수 있었다. 일본 항공모함의 아킬레스건은 방어, 특히 레이더의 부재와 부실한 함재 대공병장이었다. 미군의 약점은 비행대 이상 수준에서 팀워크가 부족하다는 점이었다. 미드웨이에서 활약한 미군 항공모함 부대의 지휘관 플레처 소장과 차석인 스프루언스 소장은 일본군을 공격할 수 있는 범위 안으로 자국 항공모함들이 들어가기만 하면 공격대를 발진시켜 적에게 효율적 공격을 가한 후 회수하는 주임무를 달성할 수 있음을 알았다. 그러나 플레처의 기함이자 이전 전투에서 여러 번 획기적인 모습을 보인 요크타운(1942년의 최고 수훈함)만 용케 공격기들을 모아 동시에 목표로 보낼 수 있었다. 스프루언스는 미군 공격력의 상당 부분을 맡았으나 공격에 실패한 바나 다름없었다. 호닛의 함재기 조종사 대부분은 6월 4일 아침에 일본군의 그림자도 보지 못했으며 엔터프라이즈 비행단은 처음부터 셋으로 뿔뿔이 흩어져 적을 향해 날아갔다. 그러나 몇몇 뛰어난 현장 지휘관들의 적극적 분투와 미드웨이에서 발진한 육상기들과 항공모함 뇌격비행대의 자기희생, 급강하폭격기 조종사들의 뛰어난 기량이 마침내 엄청난 성공을 가져왔다.

미드웨이 해전은 단일 해전으로는 제2차 세계대전의 해전 중 관련 도서가 가장 많은 책이다. 서구에서 매우 흥미로운 현상은 초창기에 미드웨이 해전에 대해 쓰인 책들이 거의 영구불변의 가치를 얻었다는 점이다. 초창기의 역사적 해석이 대부분 이의 없이 수용되자 다른 각도에서 재조명하거나 새로운 질문을 제기할 여지가 거의 막혀 버렸다. 1984년에 필자가 미드웨이에 대한 통념들을 공박한 연구서 『첫 번째 팀: 진주만에서 미드웨이까지 미 해군 항공전*The First Team: Pacific Naval Air Combat from Pearl Harbor to Midway*』를 냈을 때에도 그러한 상황이었다.

후치다 미쓰오와 오쿠미야 마사타케가 쓴 『미드웨이: 일본의 운명을 결정지은 전투*Midway: The Battle that Doomed Japan*』나 고든 프랜지가 1983년에 쓴『미드웨이의 기적*Miracle at Midway*』에서 생겨난 강고한 통념은 미드웨이에서 일본 해군의 행보에 관한 서구의 해석에 지속적으로 큰 영향을 미쳤다. 따라서 필자는 6년 전에 인터넷을 통해 만난 조너선 파셜 씨와 앤서니 털리 씨가 혁신적인 관점으로 미드웨이에 대한 책을 집필하고 있다는 놀라운 사실을 알게 되었을 때 매우 기뻤다. 더욱이 집필 과정에서 마크 호런, 제임스 소럭 같은 미드웨이 해전 전문가들과 더불어 새로운 증거들을 가지고 열린 토론에 초대받은 일은 매우 즐거운 경험이었다. 엄청나게 많은 새로운 생각과 해석이 나온 이 토론에서 필자도 미력하나마 일조할 수 있었다. 고백하건대, 필자는 후치다가 쓴 미드웨이 해전에 대한 기술 중 상당 부분이 (그리고 일부 진주만 관련 기술도) 이미 일본에서 논파된 지 오래라는 이야기를 저자들로부터 듣고 큰 충격을 받았다. 이는 일본의 미드웨이 해전 관련 연구 성과가 서구에 거의 알려지지 않았던 탓이다. 이 책이 거둔 가장 큰 성과는 지금까지 교전 당사국인 미일 양국에서 따로 이루어진 연구 전통 사이에 다리를 놓았다는 점이다. 이 책은 미국뿐만 아니라 일본 측의 논의를 반영한 가장 중요하고 균형 잡힌 미드웨이 해전 연구서로서, 가까운 미래에 이를 능가할 책이 나오기는 어려울 것이다.

존 B. 런드스트롬John B. Lundstrom (역사가)

머리말

미드웨이 해전은 해전사상 가장 중요할 뿐만 아니라 가장 광범위하게 연구가 이루어진 해전이다. 이 해전은 많은 이들이 보기에 사실상 미일 양국 해군의 결전, 즉 태평양전쟁의 결전이었다. 충분히 이해할 만한 일이다. 미드웨이 해전에는 전력 차이가 심하게 나는 양군의 대치, 주도권을 주거니 받거니 하는 시소 싸움, 장병 개개인의 영웅적 행동, 그리고 믿을 수 없는 규모의 장대한 클라이맥스 같은 고전적인 전투가 갖춰야 할 불변요소가 모두 들어 있다. 미드웨이 해전이 전투 자체, 그리고 그것이 더 큰 전쟁에 끼친 영향을 이해하려는 후대의 상상력을 휘어잡은 것은 당연하다.

모든 면에서 1942년 6월 4일은 분수령이었다. 이날 이후 태평양전쟁은 완전히 새로운 국면으로 접어들었다. 일본 입장에서 미드웨이 해전은 지난 6개월간 거두어 온 승리의 갑작스런 종막이었다. 태평양에서 공세를 개시할 수 있는 능력이 대부분 소멸된 것이다. 일본 해군의 최강 항공모함인 아카기, 가가, 히류, 소류의 손실은 전쟁의 문을 연 세계 정상급 해군항공대를 회복 불가 수준으로 망가뜨렸다. 미드웨이 해전의 패배에도 불구하고 일본 해군의 전력은 아직 막강했으나 전쟁 초반기에 공포의 대상이었던 양적·질적 우세를 다시는 회복하지 못했다.

미국 입장에서 미드웨이 해전은 시간을 벌어준 사건이었다. 스스로를 추스르고 새로운 임무에 눈을 돌릴 기회가 생긴 것이다. 미드웨이 해전이 일본의 야욕에 제동을 걸고 공세의 주력을 꺾었다면 미군에게는 정확히 그 반대를 예고한 사건이었다. 6월 4일 전투의 결과로 1942년의 남은 기간 동안 미일 양국 해군은 거의 대등한 입장에서 싸우게 되었다. 미군 지휘관들은 진주만의 굴욕 이래 거의 처음으로 제대로 된 반격을 고려할 수 있게 되었다. 미군이 미드웨이에서 승리를 거둠으로써 또 하나의 중요한 결전장인 과달카날섬에서 싸울 물적·정신적 기반을 마련하게 되었다는 말은 과장이 아니다. 미드웨이에서 일본군이 입은 손실은 다음 해까지 솔로몬 제도에서 벌어진 전투에서 입은 만큼의 피해는 아니었지만, 미드웨이 해전은 1942~1943년에 벌어진 지옥 같은 소모전의 문을 열어젖힌 사건이었다.

해전사 연구자들, 특히 태평양전쟁에 관심 있는 이들에게 미드웨이는 지난 60여 년 동안 매력적인 연구대상이었다. 사실 우리는 어린 시절부터 구 일본 해군에 관심을 가져 왔으며, 우리가 보기에 미드웨이 해전은 일본 해군의 가장 큰 장점과 가장 큰 약점을 압축적으로 보여 주는 사건이다. 1942년 6월의 일본 해군은 많은 점에서 당시 세계 최강이었다고 해도 지나치지 않다. 일본 해군은 모두를 놀라게 한 진주만 기습으로 전쟁의 서막을 열었고, 이틀 뒤에 영국 전함 프린스 오브 웨일스Prince of Wales와 〔순양전함〕 리펄스Repulse를 격침해 충격을 안겼으며, 뒤따라 필리핀과 자바 주변의 소규모 연합군 함대들을 조직적으로 분쇄했다. 오스트레일리아의 포트다윈Port Darwin 공습과 인도양 작전은 일본 해군의 무시무시한 명성을 더욱 굳혔다.

일본 항공모함에게 적수란 없었다. 미 해군은 2년이 지난 후에야 일본 항공모함 기동부대가 진주만에서 보여준 수준의 정교한 함상기 운용과 공격기법을 따라잡았다. 연합군 해군이 항공모함을 단독으로 혹은 한 쌍으로 운용하고 있을 때 일본 해군은 항공모함 6척을 한꺼번에 동원해서 대낮에 미군의 항공전력을 처치하고 중요한 해군기지에 치명적 손실을 안길 수 있었다. 항공전력의 집중운용이라는 측면에서 일본 해군을 상대할 자는 없었다. 일본군 조종사들은 실전 경험이 많았으며 매우 적극적이고 기량이 뛰어났다. 마찬가지로 제로센으로 대표되는 일본 해군의 함상기는 미 해군이 운용하던 기종들보다 여러모로 뛰어난 점이 많았다.

그러나 이러한 무시무시한 강점에도 불구하고 미드웨이에서 일본 해군은 작전 수립과 전력 운용 면에서 이해할 수 없을 만큼 심각한 실수를 범했다. 이로 인해 일본군은 비할 바 없이 뛰어난 항공모함 부대를 너무 일찍 잃었다. 미드웨이에 도착하기도 전에 일본군은 심각하게 잘못된 전투계획으로 수적 우위를 낭비하는 우를 범했다. 전투를 치르면서 일본 해군은 많은 점에서 허술하게, 심지어 무계획적으로 움직였다. 진주만 기습에서 보여준 정강한 모습은 어디론가 사라져 버렸다. 그 이유는 여러 가지이고 매우 복잡하며 쉽게 설명하기가 불가능하다.

모든 위대한 전투는 전투 고유의 신화를 만들어내고 발전시킨다. 즉 전투는 전투 그 자체와 그 의의를 해석하는 '통념'이라는 대중적 믿음으로 포장된다. 대개의 경우 이 신화는 결정적인 사건, 즉 사람들의 상상력을 휘어잡는 주목할 만한 사건을 핵심으로 전투의 실체를 압축적으로 보여 준다. 워털루Waterloo에서 나폴레옹 근위대의 전진,[1] 게티즈버그Gettysburg에서 피킷의 돌격Pickett's Charge,[2] 벌지 전투의 바스토뉴 포위전Siege of Bastogne[3] 등 역사는 결정적 순간의 사례들로 가득하다. 이 사례들은 불멸의 가치를 지니며 가벼이 여길 만한 사건이 아니다. 이 사건들은 우리가 전투를 들여다보는 렌즈 같은 역할을 하는데, 만약 이 렌즈에 흠이 있다면 전체적인 사건의 모습이 왜곡될 수 있다. 따라서 이 사건들을 올바로 이해하는 것이 매우 중요하다.

미드웨이 해전도 마찬가지다. 미드웨이에서 결정적 순간은 미군 급강하폭격기들이 거의 마지막 순간에 일본 기동부대에 치명타를 가한 1942년 6월 4일 오전 10시 20분일 것이다. 몇 분 후 발진할 공격기를 가득 싣고 있어 꼼짝할 수 없는 일본군 항공모함에 미군 폭격기들이 하늘 높은 곳에서 내리꽂히며 폭탄을 명중시키는 장면은 그날 이후 미국인들의 뇌리에 선명히 아로새겨져 왔다. 이 결정적 공격을 둘러싼 사건 경과에 대하여 어떤 역사서라도 받아들일 만한 정확한 설명은 하나밖에 없다. 하지만 이것은 미드웨이 해전에 대해 잘못 알려진 사실들 중 하나일 뿐이다. 10시 20분의 공격은 이런 식으로 전개되지 않았으며, 일본군이 막 공격대를 발진시키려할 때 일어나지도 않았다. 이 밖에 미드웨이 해전에 대한 신화들을 소개하면 다음과 같다.

- 미군은 압도적 전력차에도 불구하고 미드웨이 해전에서 이겼다.
- 일본 연합함대 사령장관 야마모토는 진주만에서 미 함대를 유인할 목적으로 알류샨 작전을 기획했다.

- 야마모토는 미드웨이로 이동하는 중에 작전지휘관 나구모에게 중요한 정보를 알려 주지 않았다. 따라서 나구모는 미드웨이에서 직면한 위협의 본질을 전혀 몰랐다.
- 6월 4일 아침에 일본군이 이중으로 정찰했더라면(2단 색적법二段索敵法) 적시에 미 함대를 발견하여 승리할 수 있었을 것이다.
- 도네의 4호 정찰기의 발진이 지연되어 나구모는 패배할 수밖에 없었다.
- 나구모가 육상공격용 폭탄으로 무장교체를 하지 않았다면 미 함대를 발견하는 즉시 공격할 수 있었을 것이다.
- 호닛의 8뇌격비행대VT-8가 일본군 전투기들을 해면 가까운 곳으로 유인함으로써 비어 있는 상공에서 미군 급강하폭격기가 공격할 수 있었으므로 이 희생은 헛되지 않았다.
- 일본 해군항공대의 정예 조종사들은 미드웨이에서 전멸했다.

이 모든 신화는 허구이며 사실과 거리가 멀거나 신중하게 사실관계를 밝혀야 할 대상이다. 이 가운데 일부는 기록을 잘못 해석해서 생긴 결과로서 서구 측 연구에 스며들었다. 어떤 오류는 실제 전투가 어떻게 이루어졌는지를 이해하지 못한 결과이며, 또 다른 오류는 참전자들의 의도적인 회고를 잘못 해석한 결과다. 이 모두가 지금까지 서구에서 미드웨이 해전의 승패 원인을 잘못 이해하는 데 오랫동안 일조했다. 이 왜곡을 바로잡는 것이 이 책의 목적이다.

어떻게 이런 오해가 역사 기록에 슬며시 끼어들 수 있었을까? 가장 근본적인 이유는 서구에서 미드웨이 해전 연구가 주로 미국의 용어로, 미국인의 입장에서 미국 측 사료만으로 수행되었기 때문이다. "승자가 역사를 쓴다."라는 말이 정확히 들어맞는 경우다. 승자가 패자의 기록을 읽고 해석할 능력이 없었다는 점은 문제를 더욱 악화시켰다. 그 결과 영어로 쓰인 해전사는 영어로 번역된 일본 측 사료 세 가지에만 의존할 수밖에 없었다. 1944년에 사이판에서 노획되어 번역된 제1항공함대 전투상보第一航空艦隊戰闘詳報(영어권에서는 '나구모 보고서Nagumo Report'라고 통칭), 미 전략폭격 조사단USSBS, United States Strategic Bombing Survey이 종전 직후 실시한 구 일본 해군 장교들과의 면담 기록, 1951년에 일본에서 출간되고 1955년에 미국에서 번역본이 나온 후치다 미쓰오의 『미드웨이: 일본의 운명을 결정지은 전투*Midway: The Battle that Doomed Japan*』이다.[4] 이 세 가지 주요 사료와 이를 보충하는 생존자 증언 및 기타 잡다

한 단편적 기록들이 서구에서 집필된 미드웨이 해전사에 나오는 일본 측 입장의 거의 전부였다.

불행히도 후치다의 책은 심각한 결함을 안고 있다. 최근까지도 서구 연구자들이 몰랐던 후치다의 오류가 끼친 영향은 여러 가지이다. 후치다의 거짓은 일본군 입장에서 미드웨이 해전의 가장 중요한 측면들, 나구모가 가진 정보, 정찰계획, 일본 항공모함의 함상기 운용, 미군의 결정적인 급강하 공격의 실상과 관련되었기 때문에 지금까지 거의 모든 서구 연구서들은 후치다의 거짓말을 어느 정도 받아들였다. 후치다의 책에 있는 결함은 단순한 실수나 누락이 아니라 사실의 근본적, 고의적 왜곡이므로 반드시 바로잡아야 한다. 흥미롭게도 후치다의 설명은 일본에서 20년 전에 사장되었다. 그러나 서구에서는 후치다의 책이 아직도 권위를 유지하고 있다.

이 책은 이러한 오류를 수정하여 새롭게 기술할 뿐만 아니라 일본 측의 입장도 자세히 다루었다. 이를 위해 우리는 미드웨이 해전에 대한 선행 연구에서 시도하지 않은 세 가지 새로운 접근법을 취했다. 첫째는 일본 항공모함의 운용법에 대한 심층연구다. 두말할 나위 없이 항공모함은 전투의 핵심요소이다. 그리고 이 맥락에서, 항공모함이 임무를 수행하는 데에 겉으로 보기에 소소한 기술적 세부사항—함교 지휘공간의 구성, 지휘관이 따로 사용할 수 있던 공간, 격납고의 설비배치, 엘리베이터 운용주기의 상대속도—들이 중요한 역할을 할 수 있음을 보이고자 했다. 이 세부사항들은 개별적으로는 무미건조해 보이지만 한데 모으면 각각의 항공모함이 어떤 성격을 가졌는지를 생생히 보여 준다.

둘째, 항공모함의 기술적 세부에 더해 우리는 일본 측 작전기록을 많이 인용했다. 미드웨이 해전에 참전한 개별 일본 함선의 전투상보는 상당 부분 파기되었으나[5] 각 항공모함 비행기대의 전투행동조서는 살아남았다. 표 형식의 이 문헌에 담긴 정보는 일부 최신 연구서에서 개별 일본군 조종사들의 이름 같은 세부사항 관련 자료로서 부분적으로 사용되었다. 그러나 이 기록들은 항공모함들이 특정 시간에 무엇을 하고 있었는지를 체계적으로 이해하는 데까지 이용되지는 못했다. 예를 들어 특정 시간에 특정 항공모함이 비행기를 발함 혹은 착함시키고 있었는지를 안다면 함수가 향한 방향(바람이 부는 방향)[6]을 추정할 수 있으며, 비행갑판과 격납고에서 벌어진 일을 이해하는 데 도움이 될 것이다. 따라서 우리는 6월 4일 일본 항공모함의 운용을 이해하기 위한 도구로 전투행동조서를 선행 연구들보다 더 광범위하게 사용했다.

셋째, 우리는 일본군이 그렇게 행동하게 된 이유와 그 과정을 이해하기 위해 일본 해군의 교리(특히 항공모함 운용 관련)를 이해하고 이 책의 기술에 적용했다. 지금까지 미국 연구자들은 일본 해군 항공모함과 비행기대가 미 해군과 비슷하게 기능했다는 가정하에 나구모의 입장을 이해하려 했다. 그러나 실제로는 함선 설계와 교리의 차이로 인해 일본 해군은 미 해군과 상당히 다르게 항공모함을 운용했다. 설상가상으로 선행 연구자 상당수는 미국 항공모함의 운용방법조차 잘 몰랐다. 그 결과 나구모에 대한 비판은 상당 부분 잘못된 가정에 바탕을 두었으며 당연히 결론도 잘못될 수밖에 없었다.

미국의 태평양전쟁사 연구에 일본군 교리 관련 정보가 인용된 지는 얼마 되지 않았다. 존 런드스트롬의 *The First Team* 시리즈는 일본 항공모함 비행기대의 작전과 교리에 대해 믿을 만한 정보를 담은 첫 문헌이다. 그 후 1997년에 나온 데이비드 에번스와 마크 피티의 기념비적 저작인『해군: 일본 해군의 전략, 전술과 기술, 1887−1941*Kaigun: Strategy, Tactics and Technology in the Imperial Japanese Navy, 1887-1941*』과 피티가 단독으로 쓴 후속작인『욱일: 일본 해군 항공력의 발흥, 1909−1941*Sunburst: The Rise of Japanese Naval Air Power, 1909-1941*』이 런드스트롬의 저작을 보충했다. 특히 피티의 저서는 우리가 이 책에서 일본 항공모함 운용을 서술할 때 중요한 기반이 되었다.

우리는 미드웨이 관련 일본 측 자료를 추가로 인용하여 위의 책에 나온 기술들을 확장했다. 일본 측 자료 가운데에 핵심은 일본 방위청이 펴낸『전사총서戰史叢書』전집이다(서구에서는 발행처명의 일본어 발음 알파벳 두문자를 딴 BKS, 혹은 전사총서의 일본어 발음인 *Senshi Sōsho*라고 부른다). 일본 방위청 방위연수소 전사실防衛廳防衛研修所戰史室이 펴낸 이 책은 비교적 편견 없이 개별 전투 통사를 다루었다는 점에서 높이 평가받고 있다. 미드웨이를 다룬『미드웨이 해전ミッドウェー海戦』은 1971년에 출간되었으며 지금껏 전투에 관해 가장 권위 있는 일본 측 사료다. 우리는『전사총서』이외에 아직 영어로 번역되지 않은 일본군 항공모함과 항공작전에 관한 일본 자료와 여러 일본군 생존자 증언도 이용했다.

이 모든 것을 종합하면, 이 책의 독자들은 일본 해군, 특히 일본 항공모함이 왜 그렇게밖에 행동할 수 없었는지를 더 잘 이해할 수 있고, 일본 해군 함정에서 근무한다는 것의 실상을 어느 정도 알게 될 것이다. 이 책은 일본 해군 항공모함의 설계나 교리를 전문적으로 다루지 않지만, 우리는 미드웨이 해전의 결과를 결정지은 일본군의 무기체계, 교리, 항공모함 운용의 중요한 논점이 독자들에게 최대한 편하고 쉬운 방법으로 잘 전달되기를 바란다.

이 책은 미드웨이 해전의 일본 해군을 새롭고 더욱 완전하며 명쾌하게 연구하는 책으로서 기획되었지만 다루는 범위가 제한된 책이기도 하다. 예를 들어 우리는 미드웨이 해전에서 미 해군 항공모함의 운용기법과 지휘부의 결단에 지대한 관심을 가지고 있으나 페이지가 한정된 이 책에서 미군 측 기록의 모든 측면을 살펴볼 수는 없었다. 사실 이 측면의 상당 부분을 월터 로드의 『믿을 수 없는 승리*Incredible Victory*』, 고든 프랜지의 『미드웨이의 기적*Miracle at Midway*』, 다소 저평가된 H. P. 윌모트의 『방패와 창*The Barrier and the Javelin*』, 로버트 J. 크레스먼 외의 『우리 역사의 영광된 페이지*A Glorious Page in Our History*』가 이미 다룬 바 있다.[7] 마찬가지로, 우리는 큰 성공을 거둔 미군의 암호 해독과 관련된 내용도 깊이 다루지 않았다. 이 주제에 대해서는 고故 에드윈 레이턴 제독이 쓴 『그리고 내가 그곳에 있었다*And I Was There*』에서 논의된 내용 이상을 다룰 수 없었다. 미드웨이 항공전의 최종 결과분석 역시 현재 준비 중인 존 런드스트롬의 저서에 맡긴다. 미국 측에서 본 미드웨이 해전에 새로 추가할 내용이 아무것도 없다는 이야기는 아니다. 우리는 새로이 명쾌하게 밝혀야 할 부분이 많은 일본 측 이야기에 초점을 맞추었을 뿐이다.

이 책은 3개 부로 나뉜다. 「제1부 서막」에서는 일본에서 미드웨이 작전이 구상된 원인, 그리고 재앙과도 같은 작전계획 입안의 원인인 정치적 싸움을 포함하여 큰 전략적 흐름을 고찰한다. 「제2부 전투일지」에서는 1942년 6월 4일부터 일본군이 귀항한 6월 14일까지 벌어진 전투를 자세히 이야기한다. 「제3부 결산」에서는 일본군이 미드웨이에서 패배한 이유와 태평양전쟁의 큰 흐름 안에서 미드웨이 해전의 의의를 분석한다. 마지막으로 앞서 언급한 미드웨이의 신화를 재조명해 보는 것으로 책을 마무리한다.

이 책의 이야기는 주로 일본 측 관점에서 진행된다. 특히 6월 4일의 전투를 묘사한 부분은 전적으로 일본 항공모함에만 집중된다. 사건을 이해하는 데 맥락상 중요한 경우를 제외하고 우리는 의도적으로 일본 항공모함들의 함교에서 직접 목격된 장면이나 함교의 인원들이 아는 사실에 바탕을 둔 시점으로 전투 경과를 묘사했다.

미드웨이 같은 대규모 전투를 '항공모함 위주'의 시각으로 묘사하는 방법에 이견이 있을 수 있으나, 이러한 접근법은 어려운 상황에서 명령을 내려야 했던 나구모가 처한 불리함을 이해하는 데 필수적인 '전쟁의 안개fog of war'를 재구성하는 데 도움이 된다. 이날 결정적인 결단이 내려진 장소는 일본 항공모함의 함교였다. 투입된 일본군 전력의 대부분이 아직 교전을 벌이지 않은 상태에서 사실상 전투를 종결지은 사건은 일본 항공모함들의 침몰이었다. 일본군 전사자 대다수도 항공모함에서 발생했다.[8] 따라서 아카기, 가가, 소류, 히류의 이야기는 많은 면에서 미드웨이에 있던 전체 일본군의 이야기이다.

우리의 묘사 방법은 전략적 관점에서 장점이 있는데, 일본 해군의 작전이 항공모함의 실제 작전능력을 기반으로 입안되었기 때문이다. 일본 해군이 1942년 초 자군 항공모함의 능력과 한계점에 대해 이해한 바는 같은 기간 동안 일본군이 펼친 작전에도 지대한 영향을 주었다. 그뿐만 아니라, 나중에 보겠지만, 목표 선정과 작전 시간표에 관한 일본의 전략적 계산 뒤에 있는 논리는 기동부대 항공모함의 수와 전력이었다. 겉보기와 달리 사실 개전 후 6개월이 지난 이때 일본 해군항공대는 인적·물직 요소의 수지 균형을 간신히 유지하고 있었다. 항공모함과 승무원들은 수리정비와 재충전이 간절하게 필요한 상황이었다. 항공모함 비행기대도 여전히 정예였으나 새 비행기와 탑승원 보충이 절실했다.

그러나 경쟁관계였던 야마모토 연합함대 사령장관과 대본영 해군부에 있는 정적들은 일본의 전쟁 지도 방향을 결정하는 데 있어 이러한 현실을 이해하지 못했다. 육군과의 해로운 알력에 더하여 해군 내부의 정치적 싸움은 전략수립 과정을 심하게 왜곡했다. 마찬가지로 야마모토가 정직하지 못한 방법으로 정치적 승리를 거머쥐려는 책략을 미드웨이 작전수립 단계에서 다시 써먹은 바람에 미드웨이 작전은 처음부터 결함을 지닐 수밖에 없었다. 설상가상으로, 합리적으로 분석하면 일본 정규 항공모함을 미드웨이에 총동원해야 한다는 결과가 나옴에도 불구하고 대본영 해군부는 이 귀중한 전략자산을 하찮은 작전에 투입해야 한다고 고집을 부려 마침내 일본 해군을 용납할 수 없는 위협에 불필요하게 노출시켰다.

이 실수는 일본 해군이 항공모함을 동원한 역사상 가장 대담한 기습으로 전쟁을 시작했음에도 불구하고 야마모토도, 대본영 해군부도 자신들이 가진 세계 일류 무기체계의 장점과 약점을 진정으로 이해하지 못했다는 불편한 진실을 보여 준다. 그 결과 야마모토와 대본영 해군부는 지난 수십 년간 산업적·조직적으로 이루 말할 수 없이 공들여 만든 최정예 함대를 미드웨이의 심연으로 너무 일찍 밀어 넣었다. 이렇게 강력한 전력을 너무나 어이없게, 그리고 사전에 예방할 수 있었는데도 잃었다는 것은 근대국가로서 일본이 저지른 최악의 실패 중 하나다. 야마모토가 지난 6개월간 거둔 승리의 광휘는 미드웨이의 패전으로 빛을 잃었다.

그러나 조금 더 깊이 살펴보면 미드웨이의 패배는 지휘관 몇 명이 잘못된 결정을 내려서 일어난 일이 아니라는 점을 분명히 할 필요가 있다. 같은 맥락에서, 흔히 이날 패배의 원인으로 지목되어 온 나구모의 지휘 결단만 비난의 대상이 될 수는 없다. 우리는 야마모토, 나구모, 그리고 미드웨이 작전에 투입된 전력 전체가 일본 해군의 전략관, 교리, 조직문화에 깊이 뿌리 내린 결함에서 벗어나지 못했고 이것이 패배의 원인이었음을 밝힐 것이다. 이는 지휘관 개인의 실수가 없었다는 말이 아니라 이러한 실수들을 적합한 맥락에서 이해해야 한다는 뜻이다. 사실 통념과 달리 미드웨이 해전 패배의 씨앗은 전투가 일어나기 6개월 전에 거둔 손쉬운 승리가 아니라 일본 해군의 초창기부터 싹을 틔웠다.

어떤 각도에서 보아도 미드웨이 해전이 장대한 이야기이자 대해전이었다는 기본 사실은 절대 변하지 않는다. 미드웨이 해전은 지금도 그렇고 앞으로도 혼란, 어려운 결단, 엄청난 용기, 그리고 격렬한 사투에 대한 이야기로 남을 것이다. 그러나 일본의 입장에서 보면 미드웨이 해전은 강력한 전력을 가지고도 겪은 굴욕담이자 대전쟁의 패자에게 따라붙는 슬픔과 인간적 고통으로 가득한 이야기이다. 우리는 새롭게 소개하는 사료들을 통해 이러한 측면들을 상세히 보여 주고 다시 전할 가치가 있다고 확신한다. 1942년 6월 4일에 일본 해군 장병들이 겪은 고난—불길 속에 갇혀 몇 시간을 보낸 일, 희망 없는 배에서 살아남고자 사투를 벌인 사람들이 겪은 끔찍한 상황, 생존자들이 간신히 목숨을 건진 사연—은 국적과 적대 여부를 넘어 이야기할 가치가 있다. 마지막으로 우리는 모든 전쟁은 결국 인간이라는 공통분모를 가진다는 점을 되새겨 본다. 모든 대전투의 교전 당사자—승자든 패자든—는 상대방의 이야기를 더 잘 알게 됨으로써 얻는 것이 있다. 마치 방역 작업 같은 기이한 공중전을 수행하고, 어느 곳, 어느 높이에서 덮쳐올지도 모르는 폭력이 행사되는 오늘날, 이러한 행동의 궁극적이고 직접적인 결과가 무엇인지를 기억해 보는 일은 의미가 있을 것이다.

감사의 말

20세기 후반에 생겨난 컴퓨터 기술, 인터넷 커뮤니티와 그곳에서 만난 친구들의 결합체의 한가운데에 살고 있는 앤서니와 나(조너선 파셜)는 이 세 가지에 깊은 감사의 마음을 전한다. 인터넷의 등장과 동시에 생겨나고 발전해온 전 세계에 걸친 동호인들의 커뮤니티는 우리가 이 책을 집필하고 완성하는 과정을 혁명적으로 바꾸었다. 우리는 웹을 통해 어떤 까다로운 문제에 대해서도 답을 아는 사람들을 찾아 설명을 들을 수 있었다. 그뿐만 아니라 '예전에는', 아니 10년 전만 해도 질문에 대한 답신을 받는 데 수개월이 걸렸지만 지금은 몇 시간 만에도 받을 수 있다. 우리는 이러한 기적과도 같은 기술적 전환점에 살고 있다는 점을 매우 다행으로 생각한다.

물론 이 책의 집필과정에서 만난 사람들이 우리를 이어준 통신수단보다 훨씬 중요하다. 책을 쓰느라 애쓰던 와중에 도움을 주는 이들을 널리 알게 되고 이 과정에서 훌륭한 친구들을 많이 사귀게 된 것은 우리에게 대단히 영예로운 일이었다. 이 책은 어느 정도로는 여러 일본 해군사 연구 커뮤니티와 폭넓게 수행한 협동작업의 결과라고 해도 과장이 아니다. 이 책 곳곳에는 태평양 양쪽 끝에 살고 있는 뛰어난 사람들의 연구와 통찰의 결과가 스며들어 있다. 자신들의 탁견과 노고의 결과를 이 책의 내용을 풍부하게 만드는 데 쓰도록 허락해 주신 분들께 깊이 감사드린다. 따라서 가장 먼저 이 책의 집필에 중요한 역할을 한 분들의 노고에 감사를 표시하고자 한다.

우선 역사가 존 런드스트롬John Lundstrom 씨가 있다. 런드스트롬 씨의 탁월한 저서들은 지난 25년간 태평양 전쟁사를 연구하는 이들에게 든든한 대들보 같은 존재였다. 런드스트롬 씨는 마음만 먹었다면 본인이 이 책을 썼겠지만 그 대신 우리에게 관대하게도 태평양 전쟁 일반, 특히 미드웨이 해전 관련 주제에 대한 지혜의 보고의 문을 활짝 열어 주었다. 런드스트롬 씨는 끊임없이 우리를 응원해 주고 조언을 아끼지 않은 친구이며, 우리가 간과한 새로운 사료들을 지적해 주고, 생각해 보지 않은 새로운 관점을 제시해 주었다. 런드스트롬 씨의 사심 없는 협조와 지속적인 응원이 없었다면 이 책이 전달하고자 하는 깊이 있는 통찰은 말할 것도 없거니와 아예 책 자체가 나올 수도 없었을 것이다. 우리는 런드스트롬 씨에게 큰 빚을 지고 있다.

저명한 항공사가 다가야 오사무多賀谷修牟 씨는 직업상 엄청나게 바쁜 일정에도 불구하고 시간을 내어 이 책의 초고를 검토하고 비평해 주셨다. 일본 해군항공대에 대한 세부 지식과 상세하고 깊이 있는 논평 덕분에 우리는 이 책의 신뢰성을 해칠 많은 사실관계 오류뿐만 아니라 일본어 용어, 발음 실수를 수정했다. 다가야 씨의 부친이자 구 일본 해군 기술장교 다가야 요시오 씨는 이 책 각 부의 한자 제목(제1부 序章, 제2부 戰鬪日記, 제3부 決算)을 짓는 데 유용한 조언을 해주셨다.

제임스 소럭James Sawruk 씨는 태평양전쟁 항공전 연구자들 모두가 인정하는 일본군 작전기록 전문가다. 소럭 씨는 미드웨이와 알류샨 작전에 참가한 일본 해군 항공모함 비행기대 전투행동조서를 기꺼이 번역해 주었다. 이는 영어권에 처음 소개되는 문헌이다. 또한 소럭 씨는 미 해군의 항공작전뿐만 아니라 일본군 항공기술 및 운용 기법에 대하여 통찰력 있는 견해를 많이 제시해 주었다. 이 책의 작전 관련 서술은 소럭 씨의 정보에 상당 부분 기반을 두고 있다.

일본 해군에 대한 획기적 연작의 공저자인 마크 피티Mark Peattie 씨와는 1996년 이래 가까운 친구로 지내 왔다. 나는 피티 씨의 저서인 『욱일』에 참여하며 이 분야에서 일종의 '도제수업'을 받았으며 피티 씨는 많은 부분에 걸쳐 좋은 연구자와 동료가 된다는 것의 의미를 가르쳐 주었다. 다가야 씨와 마찬가지로 피티 씨의 초고 감수는 초고에 담긴 내 열정을 시간이 지나도 퇴색하지 않을 좋은 글로 연결하는 데 결정적이었다. 피티 씨에게 깊이 감사드린다.

아마도 서구에서 일본 해군 교리와 항공모함 설계의 최고 권위자일 데이비드 딕슨David Dickson 씨는 우리에게 함선 도면, 교리 책자 및 여러 문헌을 보내 주었는데, 무엇보다 우리에게는 그의 훌륭한 논평이 가장 중요했다. 딕슨 씨는 다른 일이 생기지 않았더라면 공저자로 이름을 올렸을 수도 있을 만큼 이 책이 나오는 데 일급 조력자였다. 진주만과 인도양 작전 권위자인 마이클 웽어Michael Wenger 씨는 일본 해군의 항공모함 작전과 일본 측 원사료에 대한 깊은 지식으로 우리를 도와주었고, 이 책을 빛낸 개인 소장 사진들을 여러 장 제공해 주었다. 태평양전쟁을 다루어 호평을 받은 저서들을 쓴 에릭 버거러드Eric Bergerud 씨는 조언과 격려를 아끼지 않았으며 내 집에서 보낸 즐거운 저녁시간에 훌륭한 청중이 되어 주었다.

『우리 역사의 영광된 페이지』의 공저자인 마크 호런Mark Horan 씨는 소럭 씨가 준 작전 관련 정보를 보충, 종합하고, 미드웨이에 참전한 미군기 탑승원들을 대상으로 진행한 광범위한 면담 기록을 이 책에 넣는 데 허락해 주었다. 미군 쪽에서 본 전투에 대한 호런 씨의 상세한 지식은 미드웨이 해전에서 미군이 수행한 공격을 해석하고 생생히 이해하는 데 큰 도움이 되었다. 특히 앤서니는 호런 씨가 미드웨이 참전 미군 조종사들과 나눈 면담 관련 논의를 제공해준 데 대해 감사드린다. 이를 통해 6월 4일 여러 시간대의 일본 기동부대 진형을 재구성하는 데 많은 단서를 얻었다. 호런 씨의 공저자이자 미 해군 해사연구소Naval Historical Center(현재 미 해군 역사유산관리사령부Naval History and Heritage Command) 연구원 로버트 크레스먼Robert Cressman 씨는 여러 주제에 대해 지혜를 나누어 주었을 뿐만 아니라 원고 전체를 철저하게 감수하여 용어와 사실관계 오류를 많이 바로잡아 주었다. 널리 존경받는 고 월터 로드Walter Lord 씨에게는 특별히 감사드린다. 로드 씨는 만년에 중요한 미출간 면담 기록과 미드웨이 해전 연구노트를 기꺼이 이 책을 위해 기증해 주었다. 로드 씨가 타계한 뒤에도 원고를 복사하여 무사히 송부해 주신 로드 씨의 개인비서 릴리언 퍼시피코 씨에게도 감사드린다.

일본 항공모함 다이호에 대한 저서를 준비 중인 월터 월프Walter Wolff 씨는 일본 항공모함 설계에 대하여 통찰력 있는 의견을 제시해 주고, 부록의 일본군 항공모함 제원을 감수해 주었다. 라스 알버그 씨는 일본 항공모함 승조원 명단을 번역해 주고 항공모함 소류의 내부 도면을 상세히 검토해 주었다. 이 도면을 제공한 연구회지 『센젠센바쿠戰前船舶』 발행인 엔도 아키라遠藤昭 씨는 보유한 도면자료들을 기꺼이 제공해 주었다. 개인적으로 친한 친구이자 일본 해군사 권위자인 요시다 아키히코吉田明彦 일본 해상자위대 전 일등해좌는 많은 시간을 들여 이 도면들을 영어로 번역하고 이 책과 관련한 여러 주제들에 대해 생생하고 유용한 정보를 담은 서신을 수년에 걸쳐 보내 주었다. 요시다 씨에게 깊이 감사드린다. 『산케이신문』의 고가네마루 다카시小金丸貴志 기자는 여러 핵심 증언뿐만 아니라 연구자 효도 니소하치兵頭二十八 씨의 관련 글들을 많은 시간을 들여 번역해 주었다. 일본 해군항공대와 군사기술 전문가인 효도 씨는 이 책을 위해 기꺼이 일본 항공모함의 비행갑판 작업과 무장장착 작업에 관한 여러 논고를 작성해 주었다. 효도 씨의 논고로 우리는 영어권 출처에서 찾은 정보를 상당 부분 확증할 수 있었을 뿐만 아니라 세부적으로 설명할 수 있게 되었다.

새로운 일본 측 생존자 증언을 확보하기가 어려운 상황에서 우리는 요시다 지로吉田次郎 씨의 도움을 받았다. 요시다 씨는 히류의 생존자 아리무라 요시카즈有村吉勝 씨와의 면담을 주선해 주었다. 아리무라 씨의 증언으로 그동안 알려지지 않았던 히류가 침몰할 때의 자세한 정황을 보충할 수 있었다. 아리무라 씨의 친구인 미드웨이 해전 생존자 마에다 다케시前田武 씨는 기동부대 간부들에 대한 기억을 전해 주었다. 일본군 조종사들의 직접 증언으로 구성된 책을 준비 중인 론 워네스Ron Werneth 씨는 증언자료 일부를 제공해 주었을 뿐만 아니라 가가의 생존자 요시노 하루오吉野治男 씨와 접촉하도록 주선해 주었다. 요시노 씨는 가가의 처분과 관련하여 큰 도움이 된 증언을 해주었다. 유명한 함상폭격기 조종사 아베 젠지安部善次 씨는 일본군 함상기 운용기법뿐만 아니라 현장에 있던 기동부대 간부들의 인물 됨됨이를 자세하게 알려 주었다.

우리는 다수의 유능한 번역자들의 도움도 받았다. 앤서니와 오래 작업한 번역가 이노우에 히로쿠니 씨는 우리를 위해 늘 하던 대로 훌륭하게 작업해 주었다. 제2차 세계대전 이전에 사용된 일본어에 관한 지식과 이를 번역할 수 있는 이노우에 씨의 능력이 빛을 발했다. 퀸 오카모토, 테네시 가쓰타, 앨런 클라크, 리카르도 호세 씨도 번역하는 데 도움을 주었다. 우리는 장-프랑수아 마송 씨가 번역하고 있는 『일본해군사관총람』을 통해 당시 일본 해군장교와 전사자 관련 정보를 얻었다. 그에게 특별히 감사드린다.

이 책에 게재된 사진은 많은 개인들이 노고를 기울인 결과다. 아무도 따라갈 수 없는 우치야마 '무초' 무쓰오, 마에지마 하지메, 도다카 가즈시게(구레 해사역사 과학관 학예사), 우치다 가쓰히로, 기즈 도루, KK베스트셀러 사의 오노 노리코, 아사노 기요시 씨께 감사드린다. 미국에서는 린튼 웰스 3세 박사, 에드워드 밀러 씨, 스티브 유잉 씨, 엘런 샤트슈나이더 박사, 도널드 골드스타인 박사, 톰 매코넬 씨와 부인 레슬리 버거 씨, 폴 윌더슨(전 미국 해군협회 출판부Naval Institute Press 근무) 씨에게 감사드린다. 노티코스 사의 데이브 조던 씨는 기꺼이 일본 항공모함 가가의 잔해 사진 게재를 허용해 주었다. 마지막으로 사진뿐만 아니라 도면, 건함과 손상 통제에 대해 탁견을 제공하고 이 책의 출간 계획에 관심을 보여준 워싱턴 소재 미 해군 해사연구소의 사진부 학예사 찰스 해벌린 씨에게 감사드린다.

나는 이 책에 실릴 해도와 일러스트를 직접 작성할 수 있었던 것을 행운으로 생각한다. 특히 각 장의 예술적인 한자 제호, 유코 가지우라 스미스 씨의 아름다운 필체를 보여 주는 서예작품을 '외주'할 수 있어서 기뻤다. 우리의 좋은 친구 리처드 월프 씨는 항공모함 일러스트와 도판에 쓰인 한자 부분을 컴퓨터로 작성해 주었다.

이 책에 기여해 주신 다음 분들께도 감사드린다. 데이비드 에이컨, 일본기의 꼬리날개 식별기호 및 일본 산업생산 자료와 관련하여 앨런 엘스레븐, 워런 베일리 박사, 짐 브로샷, 일본군 함상기 탑승원들의 직접 증언을 제공하고 여러모로 격려해 주신 존 브러닝 주니어, 크리스 칼슨, 미드웨이에 참전한 전투기 조종사 토머스 칙, 로버트 덜린, 리처드 던, 윌리엄 가즈키, 크리스 호킨슨, 때마침 부록의 전투서열 검토를 도운 미 육군 매슈 존스 중위, 현대 미 해군 항공모함 운용 교리와 관련한 탁견을 제공한 미 해군 존 퀸 중령, 제임스 랜스데일, 에드 로우, 제프 모리스, 그리고 노티코스호의 모든 승무원, Combinedfleet.com의 주요 기고자이자 일본 구축함들의 작전에 관한 주요 자료를 제공한 앨린 내빗, 지도에서 하마터면 부끄러운 실수가 될 뻔한 오타를 마지막 순간에 지적한 데니스 노턴, 일본군 주요 간부들의 이력을 정리한 앤드루 오블루스키, 오카자키 마사오, 제2차 세계대전 미 해군의 탄약과 외부탄도학, 장갑관통력 전문가로 인정받는 네이선 오쿤, 원사료 확보에 도움을 주었을 뿐만 아니라 미드웨이의 일본군 상륙 가능성에 대해 탁견을 제시한 윌리엄 오닐, 미드웨이의 미군 잠수함 작전에 대해 누구도 따라올 수 없는 지식을 공유해준 제프 펄숙, 여러 개인 소장 마이크로필름을 확보하는 데 도움을 준 가족 친구 미네소타 주립대 도서관의 마샤 팬케이크, www.j-aircraft.com 운영자이며 오랫동안 아침식사를 함께해 온 사이인 데이브 플루스, 각 장을 읽어 보고 중요한 제안을 해준 미 해군 아시아 분견함대 연구자 클레이 램지, 관대하게 일본어 원사료 공유를 허락한 카를로스 리베라, 브룩스 라울릿, 미 해군의 대니얼 러시, 윌리엄 슐레이어프, C. 레이먼드 스미스, H. P. 윌모트, 그리고 마지막으로 일본군의 병참과 수상기 운용 부분에 탁견을 준 앨런 짐. 우리가 누락한 분이 있다면 본의 아닌 실수임을 이해해 주시기를 바란다. 이 책의 누락이나 사실관계 오류는 전적으로 우리의 책임이다. 실수가 더 많을 수도 있었지만 감사를 표시한 분들의 도움 덕택에 이를 막을 수 있었다.

이 책을 쓰고 또 쓰느라 바쁜 나 대신 제2차 세계대전 당시 일본 해군에 대한 웹사이트(www.combinedfleet.com)를 운영해준 나의 오랜 공범 퀸 브래큰 씨에게도 당연히 감사한다. 이 기간 동안 사이트에 새로운 내용을 업데이트해준 로버트 해킷 씨와 샌더 킹젭 씨께도 감사드린다. 사이트에 있는 토론 목록에 더해 j-aircraft의 토론 게시판은 우리의 일본 해군 연구에 지속적으로 관심을 보이고 응원과 지원을 아끼지 않았다. 우리는 이 책이 집단연구가 성취할 수 있는 긍정적 선례가 되기를 바라는 의미에서 토론 게시판의 모든 '고정 참가자'에게 진심으로 경의를 표한다. '미드웨이 원탁회(www.midway42.org)' 회원들께도 감사드린다. 회원들은 열정과 집단지성으로 통설에 도전하는 우리의 견해를 참을성 있게 받아 주었다. 미드웨이 해전에 대해 더 많이 알고 싶은 사람은 이 모임에 참여하면 좋을 것이다.

출판사 포토맥북스의 돈 매키언 씨는 이 책의 자랑스러운 편집자로서 원래 우리가 약속한 것보다 더 길어진 원고를 열성적으로 편집했다. 그의 관대함과 도움에 감사드린다. 교열 담당 게리 케슬러, 존 처치, 샘 도런스, 데이나 애덤스, 케이티 프리먼, 클레어 노블, 그리고 포토맥북스의 훌륭한 관계자 여러분의 노고에 감사드린다. 우리의 저작권 대리인이자 저명한 태평양전쟁사 작가인 짐 혼피셔 씨는 불굴의 변호인으로서 중간중간 훌륭한 조언을 해주며 우리가 출판업계를 헤쳐 나가는 데 도움을 주었다.

마지막으로 우리의 작업에 큰 도움을 주고 지원을 아끼지 않은 가족과 절친한 친구들에게 각각 감사의 말을 남기며 글을 맺고자 한다.

앤서니 털리: 이 정도 규모의 작업은 이 문제에 익숙한 사람들의 도움만으로는 태어날 수 없다. 가족과 소중한 벗들의 격려와 도움이 큰 의지가 되었다. 아버지 댄 털리, 어머니 캘리 털리, 형제 매트, 누이 헤더와 그 가족들에게 감사드린다. 내 가족은 초등학교 시절 그린 군함 낙서가 이 책으로 성장하는 과정을 지켜보았다. 집필 과정에 도움을 준 지인이자 절친한 벗인 제임스 무어의 문학 토론회는 내게 영감을 불어넣었다. 여기에서 받은 날카로운 충고로 생각을 가다듬었을 뿐만 아니라 그의 재치 있는 농담을 통해 모든 것을 상대적으로 바라볼 수 있게 되었다. 다정한 충고로 언제나 내게 새로운 생각을 불어넣은 재니스 맴그린에게 감사드린다. 자기관리의 원칙을 일깨워준 제프 길크리스트에게도 감사드린다. 자기관리가 없었다면 오랜 꿈의 결과물인 이 책은 모습을 드러내지 못했을지도 모른다. 이분들의 역할을 언제나 소중하게 생각할 것이다.

조너선 파셜: 처음에는 공룡, 다음에는 탱크, 그다음에는 배로 바뀐 아들의 관심사를 언제나 지원해 주신 부모님 피터 파셜과 캐롤 파셜께 감사드린다. 그때는 명확하게 깨닫지 못했지만 그 모든 것이 오늘날 이 책으로 나타난 게 아닌가 싶다. 대학 영문과 교수였던 아버지는 이 책의 목표독자 역할을 해주셨을 뿐만 아니라 앤서니 털리와 나를 제외한 사람 중에서 원고를 가장 여러 번 읽은 분이다. 아버지가 해주신 책의 구조와 단어 선택에 관한 건설적이고 사려 깊은 제안은 대단히 가치 있었다. 마지막으로, 내가 큰 빚을 진 사랑하는 아내 마거릿을 빠뜨릴 수 없다. 다른 일에 홀려 있는 배우자에게 사랑스럽게 눈을 굴리며 던진 부드러운 농담은 지난 5년간 너무나 많은 저녁시간(그리고 이른 아침시간까지) 동안 나를 갉아먹은 이해할 수 없는 긴장을 풀어 주는 묘약이었다. 놀이실의 천정은 당장 고치리다, 여보. 자기 생의 절반 동안 이 책을 쓰고 있는 '괴짜 아빠'를 지켜보다가 유별난 아빠에게 당혹해하면서

도 관대함을 베푼 엄마의 태도를 받아들인 아이들, 애나와 데릭에게도 같은 말을 해 주고 싶다. 너희들 덕택에 이 모든 것이 가치를 지니게 되었다고.

차례

제1부

서막

1

출격

하시라지마柱島 정박지가 깨어날 즈음 세토나이카이瀨戶內海는 아직 어둠에 싸여 있었다. 항공모함 아카기赤城에서는 묘갑판錨甲板〔조묘갑판操錨甲板[1]〕 깊숙이 들어온 여명에 비친 흰 옷 때문에 유령처럼 보이는 수병들이 닻을 올리고 있었다. 양묘기揚錨機의 덜컹거리는 소리가 닻사슬에서 뚝뚝 떨어지는 항구 밑바닥의 감탕을 씻어내리는 경쾌한 호스 물줄기 소리와 뒤섞였다. 주변이 간신히 보이는 어슴푸레함 속에서 아카기 주위에 있는 회색의 거대한 군함 수십 척이 보였다. 다들 아카기와 마찬가지로 닻을 올리는 중이었다. 해상박명초海上薄明初는 04시 37분이었다. 그러나 산처럼 보이는 섬들로 둘러싸인 하시라지마만柱島灣의 거무튀튀한 바닷물은 햇살이 언덕 꼭대기를 비출 때까지 어둠 속에 숨어 있을 것이다. 아카기는 일출 즈음에 출격할 예정이었다. 이날은 1942년 5월 27일이었다.

수병들은 삼삼오오 모여 작업하며 잡담을 나누었다. 대화의 주제는 모든 선원의 오래된 화젯거리인 아내와 여자친구, 집, 그리고 오늘의 식단이었다. 수병들 대부분이 숙취에서 깨어나지 못했기 때문에 아침 식단으로 뭔가 쓰린 속을 달래줄 게 나오기를 기대했다. 전날 밤, 아카기 함상에서의 술판은 일찍 시작해서 늦게 끝났다. 묘갑판에서 작업 중인 수병들이 익히 알듯이 양묘작업이 고되기는 했으나 화장실 청소보다 훨씬 나았다. 비위가 대단히 강한(또는 가장 계급이 낮아 억지로 해야 하는) 수병이 아니라면 어젯밤의 난리를 겪은 화장실로 들어가는 것 자체가 고역이었다.

그러나 가장 활발하게 오간 대화 주제는 다음 작전이었다. 뭔가 시작되고 있었다. 오늘 아침 하시라지마 정박지에서 벌어지는 일들을 보면 확실했다. 이틀 전 밤에 연합함대 기함에서 고급간부 대상으로 연회가 있었다는 것은 다들 알고 있었다. 간부들은 단지 재미로 연회를 열지는 않는다. 아카기는 어딘가 중요한 곳으로 간다. 어디로 가는지는 모두 짐작만 할 뿐이었지만. 수병들 중 다수는 최근 남태평양에서 수행한 작전 때문에 구릿빛으로 그을려 있었는데, 그곳으로 다시 갈 수도 있었다. 아마 캐롤라인 제도Caroline Islands[2]의 일본 해군 전진기지인 추크섬이나 혹은 싱가포르가 목적지일지도 몰랐다. 아니면 3월 작전기간 동안 기지로 삼은 술라웨시섬Sulawesi Island[3]의 스타링바이만Staring-baai Bay[4]으로 돌아갈 수도 있었다. 구레에서는 방한복을 받은 함선도 있다는 소문이 함대에 돌았다. 그렇다면 북쪽으로 간다는 이야기일 수도 있었다. 12월에 진주만 기습 시 지나가 본 경험으로 수병들은 북태평양이 만만한 곳이 아니라는 것을 알았다. 날씨는 끔찍했고 높은 파도가 여럿을 갑판 너머로 쓸어갔다. 바라건대 제발 6월에는 조금 더 견딜 만한 날씨가 되기를.

히로시마만이 보호하는 하시라지마 정박지는 몇 시간만 항해하면 먼 바다로 나갈 수 있는 완벽한 위치에 놓여 있었다. 하시라지마는 영국 스캐파플로Scapa Flow[5]나 미국 햄프턴로즈Hampton Roads[6]의 일본판이었다. 세 곳은 보급기지와 가깝고 먼 바다로 쉽게 나갈 수 있으면서도 호시탐탐 기회를 노리는 적으로부터 전 함대가 안전하게 보호받을 수 있는 광활한 정박지라는 면에서 비슷한 점이 많았다. 하시라지마 정박지는 대공포대로 겹겹이 둘러싸여 있을 뿐만 아니라 어뢰방어망魚雷防禦網으로 보호받았고 작은 초계정들이 끊임없이 순찰을 돌았다. 또한 각 함대의 기함들은 정박용 부표들에 연결된 통신선으로 도쿄의 대본영 해군부大本營海軍部[7]와 안심하고 통신할 수 있었다.

하시라지마는 활기 넘치는 히로시마廣島항으로부터 22해리(41킬로미터)밖에 떨어져 있지 않았다. 이보다 더 가깝게 동북쪽으로 16해리(30킬로미터) 떨어진 곳에는 일본 해군 함선 상당수를 건조한 구레해군공창吳海軍工廠이 있었다. 하시라지마는 공창의 바로 서쪽, 에타지마江田島에 위치한 해군병학교海軍兵學校[8]와도 가까웠다. 영

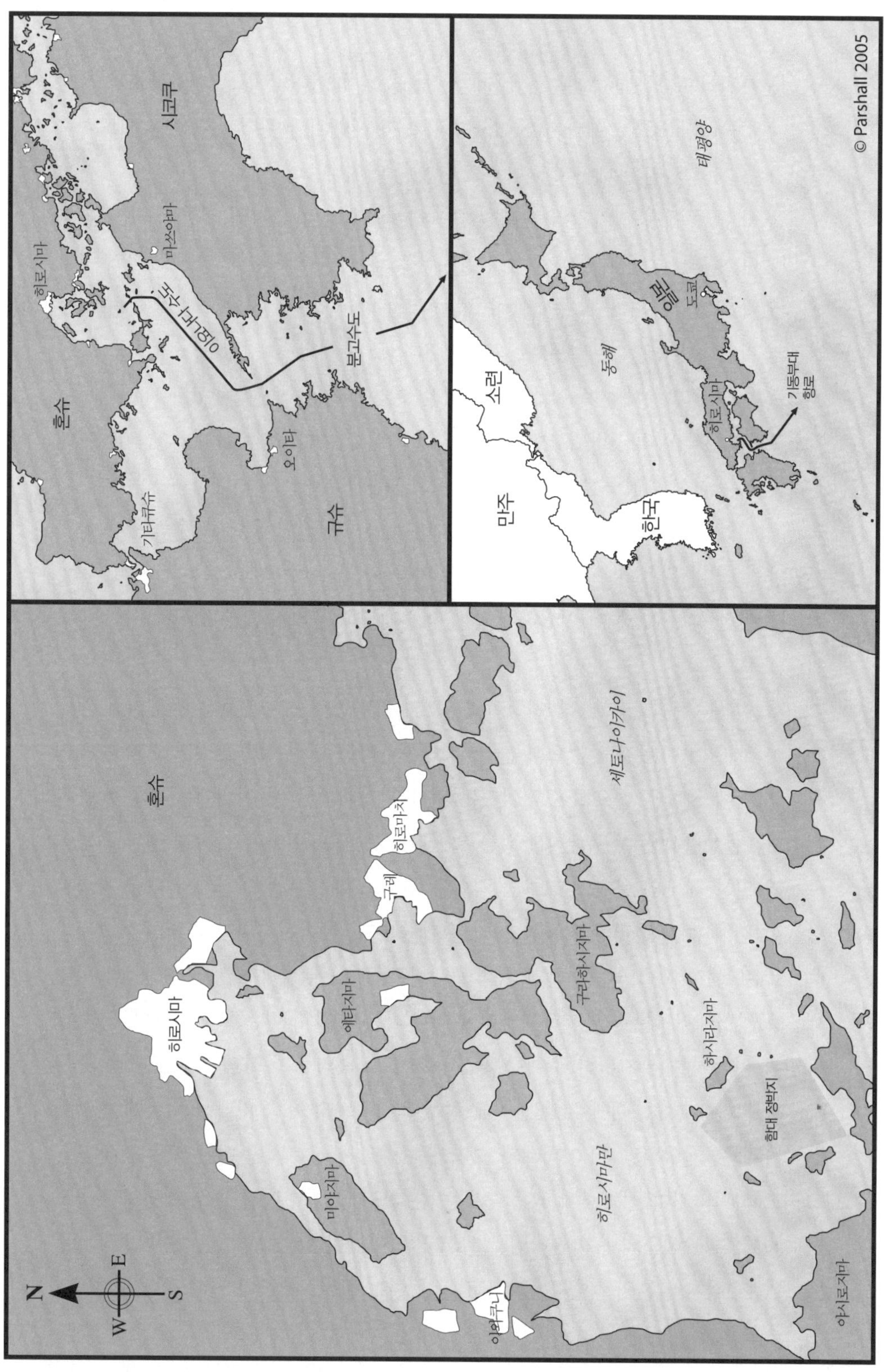

1-1. 구레와 히로시마 근처에 위치한 하시라지마만은 일본 해군의 가장 중요한 정박지였다. 세토나이카이에서 출항하는 기동부대의 항로가 지도에 표시되어 있다.

국 해군사관학교를 본떠 만든 붉은 벽돌 건물들에서 미래의 일본 해군장교가 육성되었다. 구레해군공창, 에타지마 해군병학교, 하시라지마 정박지를 잇는 세토나이카이의 이 지역은 일본 해군의 요람과도 같은 곳이었다.

닻을 내린 곳에서 아카기의 승조원들은 하시라지마섬 근처의 전함 정박지를 볼 수 있었다. 그곳에는 제1함대 소속의 거대한 노급 전함弩級戰艦dreadnaughts 7척이 정박해 있었다.[9] 이들은 누구도 부인할 수 없는 열강 해군으로서 지난 25년간 군림해 온 일본의 지위를 상징했다. 선두에는 지금까지 건조된 전함 중 가장 큰 6만 9,000톤급 야마토大和가 있었는데 겨우 이틀 전에 작전 투입이 가능해진 상태였다.[10] 야마모토 이소로쿠山本五十六 대장이 탑승한 연합함대의 기함인 야마토의 위용은 하시라지마에 정박한 모든 함선을 압도했다. 많은 해군 장교들에게 야마토의 거대한 주포는 해군력의 상징이었다. 함포로 빼곡한 야마토의 자태는 마치 잔잔한 물 위로 우뚝 솟은 산과 같았다. 그러나 뒤로 비스듬하게 튀어나온 연돌煙突과 유려하게 흐르는 갑판의 곡선, 잘 다듬어진 상부구조물이 기묘하게도 이 괴수에게 어울리지 않을 법한 우아함을 주었다.

그날 아침, 전함들은 출격 예정이 없었다. 아카기의 승조원들은 전쟁기간 내내 전함이 한 일이 아무것도 없으니 놀랄 일도 아니라고 빈정거렸다. 항공모함 승조원들이 보기에 전함은 중요성이 떨어지는 지나간 시대의 상징 이외에는 아무것도 아니었다. 설상가상으로 1주일에 8일을 일한다는 유명한 이야기가 있을 정도로 일에 중독된 일본 해군의 문화에서 보면 전함은 무위도식자였다. 아카기와 다른 항공모함들이 전례 없는 승리를 거두는 동안 전함들은 가끔 하시라지마 근처의 이요나다伊予灘 수도에서 포술연습을 하기 위해 출항하는 일 외에는 대개 항구에 정박해 있었다. 그 과정에서 얻은 것은 '하시라지마 함대'라는 달갑지 않은 별명이었다. 지난 6개월간 아카기를 부지런히 수행한 제3전대戰隊 소속의 고속전함 4척(곤고金剛, 하루나榛名, 기리시마霧島, 히에이比叡)만이 기동부대 승조원들이 느려터진 전함에 쏟아내는 야유에서 제외되었다. 야마토가 보기에는 좋을지 모르지만 아카기의 승조원들, 그리고 하시라지마 정박지에 있는 모두는 항공모함, 특히 이날 출격 예정인 항공모함 4척이 일본 해군의 슈퍼스타임을 알고 있었다. 이 항공모함들은 진주만과 태평양 전역에 걸쳐 일본의 적들을 굴복시킨 번득이는 칼날, 해군의 일본도 같은 존재였

1-2. 1939년 4월 스쿠모만宿毛灣의 일본 항공모함 아카기 (Naval History and Heritage Command, 사진번호: NH 73058)

다. 당시 일본의 해군 항공전력은 세계 최강이었다.

아카기는 제1항공전대第一航空戰隊〔이하 1항전〕[11]의 기함인 동시에 제1항공함대第一航空艦隊〔이하 1항함〕의 사령장관이자 전술상 임시로 편성된 제1기동부대第一機動部隊〔이하 기동부대〕[12]의 지휘관인 나구모 주이치南雲忠一 해군중장의 기함이었다. 아카기는 길이 261미터, 배수량 4만 1,000톤의 거대한 군함으로 일본 해군에서 가장 긴 항공모함이었다. 아카기의 구조를 보면 한눈에 잡종임을 알아차릴 수 있다. 아카기는 원래 주력함主力艦capital ship〔전함, 순양전함〕으로 설계된 선체 위에 만들어진 항공모함이었다. 하부 선체는 날씬한 순양전함의 선체로 거대한 만곡형 선수가 가장 큰 특징이었다. 이러한 선수는 항해 안정성보다 속도를 내기 위한 것으로 거대한 고기 자르는 칼처럼 파도를 가르게 설계되었다. 고물 부분에는 원래 설계의 흔적이 남아 있었는데, 양현에 3문씩 포곽에 설치된 20센티미터 함포 6문이 흘수선吃水線 근처에 배치되었다. 아카기는 전함부대와 항공모함이 함께 작전하는 방법을 수립하지 못한 시대에 건조되었기 때문에 설계자들은 적의 순양함을 쫓아내는 데 이 무장이 도움이 될 것이라고 기대했다. 이제 이 포는 쓸데없이 추가된 배수량에 불과했다.

주갑판으로 올라가면 아래쪽의 깔끔한 함체가 격납고를 에워싼 어지럽게 얽힌 상부구조물에 자리를 내주었다. 절벽같이 수직으로 떨어진 양현은 통로, 기관 환기용 공기흡입구를 덮은 거대한 격자, 고각포좌와 고사기高射機(사격통제장치), 그리고 이들을 지탱하는 경사지지대로 이루어진 미로로 뒤덮여 있었다. 숲속의 나무들같이 빼곡하게 박힌 지지대들이 외관을 더 복잡하게 만들었다. 함의 우현에는 어마어마한 크기의 연돌이 아래쪽으로 뻗어 있었다. 아카기의 비행갑판은 매우 높은 곳에 위치했는데 수면에서부터 약 6층 높이였다. 난잡해 보이는 외관에도 불구하고 아카기의 모습은 묘한 균형과 힘을 갖췄다. 아카기는 아름다운 배는 아니었으나 비웃을 만큼 못생긴 배도 아니었다.

해군은 31노트라는 고속을 이유로 순양전함 아카기를 항공모함으로 개장하도록 추천했다. 일본이 1922년 워싱턴해군군축조약에 서명했을 때 아카기는 선대船臺에서 건조 중이었다. 아카기와 자매함 아마기天城는 해체되는 대신에 미국이 새러토가Saratoga와 렉싱턴Lexington을 개장했듯이 항공모함으로 개장될 예정이었다. 양국 해군은 일단 각각의 초기 항공모함, 호쇼鳳翔와 랭글리Langley의 운용 경험을 통해 더 큰 비행갑판과 여유 있는 속력을 가진 대형 항공모함이 필요하다고 결정한 상태였다. 알맞은 크기와 속도를 갖춘 순양전함은 그 목적에 딱 맞았다.

설계가 변경되자 아카기의 건조작업은 중단되었다. 변경된 설계안은 실로 기괴했다. 세 개의 격납고가 지탱하는 세 개의 비행갑판에서 여러 종류의 함상기가 동시에 발함할 수 있도록 하는 설계였던 것이다. 또한 이 개장에는 어마어마한 비용이 소요되었다. 개장 비용은 5,300만 엔(당시 환율로 3,645만 달러)으로 아카기는 그때까지 일본 해군이 건조한 군함 가운데 가장 비싼 군함이었다.[13] 그뿐만이 아니었다. 취역 8년 만에 원래의 삼단갑판 배치는 계속 증가하는 현대적 함상기의 무게와 그에 따라 늘어난 발함 활주거리 때문에 사용 불가 판정을 받았다. 1935년에 아카기는 다시 공창에 들어가 두 번째로 대규모 개장을 받았다.

1938년에 아카기는 전통全通 비행갑판과 좌현에 함교를 갖춘 모습으로 재등장했다. 아카기와 히류飛龍는 좌현에 함교를 배치한 세계 유일의 항공모함이었다. 이런 비범한 배치는 1930년대 중반에 실시된 설계 연구의 결과였는데, 함교를 배기연돌에서 떨어진 곳에 배치하면 비행갑판 후미에서 발생해 착함에 영향을 주는 난기류의 악영향을 줄일 수 있다고 본 것이다. 아카기는 함교를 좌현에 배치한 이후 오히려 난기류 문제가 더 악화되었지만 해결방법이 없었다.

취역 후 8년 동안 아카기가 쓸모없었다는 말은 아니다. 그 반대였다. 일본 해군 항공대는 아카기와 준동형함 가가加賀의 비행갑판에서 태어난 것이나 마찬가지였다. 일본 해군 항공모함 운용 교리는 아카기의 성능에 맞춰져 있었다. 아카기는 진정한 항공모함으로 불릴 자격이 있는 크기와 속도, 항공기 운용설비를 갖춘 일본 해군 최초의 항공모함이었다. 출격 당시에 아카기는 하시라지마에 있던 항공모함 4척 가운데 가장 낡았지만[14] 가장 쓸모가 많았을 것이다. 아카기는 어떤 함선과도 발맞출 수 있을 정도로 속도가 빨랐을 뿐만 아니라 제2항공전대(이하 2항전)의 꼬마 동료들보다 몸집이 컸기 때문에 충실한 방어력을 갖출 수 있었다. 막 취역한 쇼카쿠翔鶴와 즈이카쿠瑞鶴만이 아카기를 능가하는 성능을 갖추었다.

공교롭게도 아카기는 미드웨이 작전에서 새 함장의 지휘를 받게 되었다. 진주만 기습에 참가한 베테랑인 키가 크고 마른 체구의 하세가와 기이치長谷川喜一 대좌가 이임하고 52세의 아오키 다이지로靑木泰二郎 대좌가 새 함장으로 부임했다.[15] 아오키 대좌는 키가 크고 다부진 체격에 잘 다듬은 작은 콧수염을 기른 사람이었다. 수상기 모함 미즈호瑞穗의 함장을 지낸 바 있지만 최근까지 훈련항공대인 쓰치우라 해군항공대土浦海軍航空隊[16] 사령—각광받는 보직은 아니었다.—을 지냈다. 아카기의 함장식이 아오키의 첫 일선 보직이라 기동부대의 항공모함 함장 중 아오키 함장만 유일하게 실전 경험이 없었다.

그럼에도 불구하고 아카기에는 노련한 장교들이 많았다. 의심할 나위 없이 항공작전에 관한 한 가장 중요한 사람은 비행장飛行長 마스다 쇼고增田正吾 중좌였다. 비행장은 갑판과 격납고 작업을 조율하는 임무를 맡았고 직위기直衛機(함대 상공 전투초계를 맡은 전투기)를 출격시키고 상공엄호를 지휘했다. 필요 시 함장의 명령에 따라 비행기 무장장착, 발함, 회수격납을 항공모함이 차질 없이 수행할 수 있도록 하는 일이 비행장의 임무였다. 네 딸의 아버지인 마스다는 소박하고 과묵한 사람이었으나 개전 이래 계속 임무를 수행해온 매우 유능한 장교였다.

아카기의 자매함 아마기는 결국 함대에 합류하지 못했다. 1923년에 관동대지진이 일어났을 때 선대 위에서 크게 손상되었기 때문이다. 예비로 쓸 순양전함 선체가

1-3. 재개장 후의 일본 항공모함 가가 (Michael Wenger)

없어서 일본 해군은 워싱턴해군군축조약 규정에 따라 해체할 예정이던 전함 가가의 선체를 골랐다. 이렇게 가가는 고철이 될 신세를 면하고 항공모함으로 개장하는 공사를 받기 위해 요코스카로 예인되었다. 가가는 천문학적 비용을 들여 아카기와 비슷한 개장 공사기간을 거친 뒤 1928년 3월에 다시 취역했다.

가가도 아카기처럼 삼단 비행갑판을 갖추도록 설계되었으나 아카기의 속력을 따르지 못했다. 가가의 속력은 25노트에 불과해 같은 항공전대의 동료 아카기와 겨우 발맞출 수 있을 정도였다. 1934년에 이르러 가가는 성능 면에서 아카기보다 훨씬 뒤처진다는 것이 드러나 공창에 들어가 개장 작업을 받았다. 이 과정에서 요코스카 해군공창은 가가의 기관부를 모두 들어내서 완전히 새것으로 교체했다. 1935년 가가는 더 나은 항공설비를 갖추어 건선거乾船渠drydock에서 나왔으나 새 기관과 함체 연장을 통해 추가로 3노트의 속력을 얻었음에도 불구하고 아직 고속성능과 거리가 멀었다. 하지만 수면에서 높이 솟아 있는 비행갑판은 이·착함 시 파도의 영향을 받지 않는 안전하고 널찍한 활주로가 되었다.[17] 대체로 가가는 매력적이고 편안한 인상을 주는 동글동글한 배였으며 승조원들의 증언에 따르면 근무하기 편한 배였다.

가가의 함장 오카다 지사쿠岡田次作 대좌는 소류와 히류의 함장과 마찬가지로 48

1-4. 1937년 12월 29일 구레항에서 촬영된 항공모함 소류. 준공 시 소류의 좌현 모습이 잘 보인다. 전방 비행갑판 아래의 선수에서 비행갑판 지주 근처에 매달려 정비작업 중인 수병들이 보인다. 서구에서 처음 출판되는 사진이다. (KK Bestsellers)

세였다. 진지하고 단정한 사람이었으며 항공과 인연이 많은 경력을 갖추었다. 경력 초반에 여러 항공대 비행대장을 역임했으며 수상기모함 노토로能登呂와 항공모함 류조龍讓의 함장을 지냈고 항공본부 총무부 1과장[18]을 거쳐 1941년 9월에 가가 함장으로 부임했다.

오카다 함장은 얼마 전 새 비행장의 부임보고를 받았다.[19] 개전 이래 히류의 비행장이었던 아마가이 다카히사天谷孝久 중좌였다. 아마가이는 촌부 냄새가 나는 사람이었다. 그를 아는 한 조종사는 아마가이가 소박하지만 허술한 인상의 사람이었다고 기억했다.[20] 새 비행장은 순박한 성격의 붙임성이 좋은 사람이었고 누구든 가리지 않고 이야기하기를 좋아했다.

아카기와 가가에서 조금 떨어진 위치지만 비행갑판에서 서로가 잘 보이는 곳에 2항전의 항공모함 히류飛龍와 소류蒼龍가 있었다. 1항전의 아카기와 가가가 크기로 시선을 사로잡았다면 2항전의 특징은 속력이었다. 2척 중 먼저 취역한 소류(1937년 취역)는 일본 해군의 표준 정규 항공모함의 조상이었다. 순양함과 유사한 선체를 기반으로 건조되고 15만 2,000마력이라는 엄청난 출력을 내는 기관을 장착한 소류의 속력은 35노트였다. 진수되었을 때 소류는 세계에서 가장 빠른 항공모함이었으며 40퍼센트의 기관출력만으로도 가가를 추월할 수 있었다.[21]

1항전의 항공모함들과 달리 소류는 용골龍骨부터 항공모함으로 설계되었다. 기존

1-5. 부하들의 신망이 두터웠던 소류 함장 야나기모토 류사쿠 대좌 (Michael Wenger)

선체에 격납고를 덜렁 올렸을 뿐인 아카기나 가가와 달리 소류의 격납갑판은 선체 구조물에 매끄럽게 결합되어 있었다. 이로 인해 함의 높이가 낮아지고 함형이 깔끔해졌지만 어쩔 수 없이 비행갑판이 파도의 영향을 더 받을 수밖에 없었다. 소류는 1항전의 덩치들 옆에 서면 어색해 보일 정도로 작고 날렵하며 우아하기까지 했다. 소류의 작은 크기와 섬세한 특징은 경량화된 구조와 없는 것이나 마찬가지인 장갑방어라는 약점을 내비쳤지만 아직껏 이 빈약한 방어력은 실전에서 검증받지 않았다.

소류의 함장은 야나기모토 류사쿠柳本柳作 대좌였다. 야나기모토는 도드라진 광대뼈, 섬세한 입과 넓은 미간, 지적인 눈을 가진 호남자였다. 이력도 굉장했는데 주영일본대사관 무관보좌관, 해군대학교[22] 교관, 군령부 2부 3과장[23]을 역임했다. 함대에서 야나기모토 대좌는 신사인 동시에 무사라는 평을 받았다. 야나기모토는 공평무사하고 자신감 있는 사람이자 동료와 부하들을 모두 정중하게 대하는 자세로 정평이 나 있었는데 딱딱하고 엄한 규율이 지배하던 일본 해군에서 이례적인 인물이었다. 진주만 기습 이전부터 같이 근무한 야나기모토 함장과 비행장 구스모토 이쿠토楠本幾登 중좌는 의심할 여지 없이 기동부대 전체에서 항공작전 경험이 가장 많은 콤비였다.

소류의 동료인 히류는 사실 자매함이라기보다는 의붓자매 정도의 관계였다. 1939년에 취역한 히류는 소류의 일반적 설계배치를 따랐으나 몇 가지 특기할 만한 차이가 있었다. 히류의 함폭은 소류보다 조금 더 넓었으며 아카기처럼 함교가 좌현에 설치되어 있었다. 선수부에는 갑판 하나가 더 증설되어 선수현호船首弦弧sheer가 좀 더 평평했다. 그 결과 히류의 함형은 소류보다 좀 더 각지고 딱딱해 보였다. 그

1-6. 1939년 7월 5일에 취역하는 일본 항공모함 히류. 서구에서 처음 출판되는 사진이다. 비행갑판 뒤에 접이식 크레인이 위로 들린 모습은 다른 일본 항공모함에서 보기 어렵다. (KK Bestsellers)

럼에도 불구하고 히류는 소류만큼 고속을 낼 수 있었다. 히류는 불같은 성미의 2항전 지휘관 야마구치 다몬山口多聞 소장의 기함이었다. 한 달 전까지 2항전의 기함은 소류였으나 5월 초에 야마구치 소장은 히류의 지휘공간이 더 넓어서 기함을 히류로 변경했다. 기동부대의 항공모함 4척 중 히류의 함교가 가장 크고 최신식이어서 지휘관과 참모들에게 더 편리했다.

히류의 함장은 가쿠 도메오加来止男 대좌가 맡았다. 가가의 오카다 함장처럼 가쿠 함장도 일찍부터 항공주병론자航空主兵論者였다. 1926년에 해군대학을 졸업한 가쿠는 처음에는 해군대학교 학생으로서, 나중에는 오미나토 해군항공대大湊海軍航空隊 사령, 기사라즈 해군항공대木更津海軍航空隊 사령, 수상기모함 지요다千代田의 함장을 역임하면서 해군의 항공교리 개발 업무에 관여했다.[24] 특이하게도 가쿠는 기동부대의 항공모함 함장들 중 유일하게 조종사 출신이었다. 가쿠는 건장한 체구를 소유한 위압적인 분위기의 인물로 매섭게 쏘아보는 시선과 입꼬리가 자연스레 어울리는 사람이었다. 가쿠 함장의 새 비행장은 가와구치 스스무川口益 중좌로 전직 전투기 조종사였다.

아카기, 가가, 소류, 히류와 더불어 다른 항공모함 2척이 그날 아침에 출격해야 했다. 제5항공전대(이하 5항전)의 신예 쇼카쿠와 즈이카쿠였다. 5항전은 쇼카쿠의

1-7. 히류 함장 가쿠 도메오 대좌 (Michael Wenger)

취역 시기와 거의 동시인 1941년 9월에 제1항공함대에 편입되어 기동부대의 필수요소가 되었다.[25] 쇼카쿠와 즈이카쿠는 실전 경험은 적었으나 크기가 대형이고 고성능 항공기 운용시설을 갖추었기 때문에 12월의 진주만 기습에 꼭 필요했다.[26] 진주만 기습 이래 즈이카쿠와 쇼카쿠는 하라 주이치原忠一 소장의 지휘하에 기동부대와 함께 계속 작전에 투입되었다. 하지만 4월 중순에 5항전은 기동부대에서 임시로 분리되어 5월로 예정된 뉴기니의 포트모르즈비 상륙 지원에 파견되었다. 5항전은 5월 7~8일에 오스트레일리아 북부의 산호해에서 쓴맛을 보았다. 예상치 못하게 미 항공모함 전단이 출현했고 뒤따른 전투에서 두 풋내기는 심한 피해를 입었다. 쇼카쿠는 폭탄 3발을 맞고 전장에서 이탈했으며 즈이카쿠는 피탄되지는 않았으나 탑재 비행기대가 문자 그대로 전멸했다. 미드웨이 작전부대가 출항할 때 두 항공모함은 구레에 있었다. 쇼카쿠는 귀환 도중 미군 잠수함의 집중공격을 받을 뻔했으며,[27] 손상된 선수를 고려하지 않은 거친 기동으로 하마터면 배가 뒤집힐 뻔한 위기를 넘기고 5월 17일에 입항했다. 즈이카쿠는 4일 뒤 입항하여 건선거에 들어갔다. 쇼카쿠는 결국 6월 하순까지 건선거에서 지내게 되었다. 즈이카쿠는 명목상으로는 작전 투입이 가능했으나 탑재 비행기대의 피해 때문에 완전히 편성될 때까지 수개월이 필요했다. 따라서 미드웨이 작전에서 두 항공모함은 배제되었다.

기동부대의 모든 이가 전력 약화를 걱정했을지 모르나 겉으로 표현하지는 않았다. 그럴 이유가 없었다. 나구모의 나머지 항공모함들은 5항전이 있건 없건 정예였다. 기동부대는 개전 후 첫 6개월 동안 태평양을 휩쓸고 다니며 적에게 막대한 피해를 입혔고 거의 끊임없이 승리를 거두며 연합군에게 굴욕을 안겨 주었다. 진주만 기습에서 기동부대는 미 태평양함대 전함부대의 대부분을 격침하거나 무력화했으며 하와이의 미군 항공전력을 격멸했다. 그 직후 소류와 히류는 2차 웨이크섬 전투의 지원을 맡았다.[28] 이후 기동부대는 일본에서 잠시 정비와 수리를 받고 영국령 말라야British Malaya(현재 말레이시아)와 네덜란드령 동인도제도Dutch East Indies(현재 인도네시아)로 이동했다. 1942년 2월 19일, 자바 침공 전초전의 일부로 기동부대는 북부 오스트레일리아의 포트다윈을 대대적으로 공습해 항만시설에 큰 손해를 안겨 항구를 사실상 폐쇄시켰다.[29]

1942년 4월 초, 기동부대(아카기, 소류, 히류, 쇼카쿠, 즈이카쿠로 편성[30])는 인도양을 덮쳤다. 일본 항공모함들은 영국령 실론섬Cylon island(현재 스리랑카)의 영국군 기지인 콜롬보Colombo와 트링코말리Trincomalee를 공격했다. 콜롬보는 4월 5일에 공습을 받아 항만시설이 크게 파손되었다. 그날 오후 일본군은 전장을 이탈해 남쪽 방향으로 항해하던 영국 순양함 도싯셔Dorsetshire와 콘월Cornwall을 발견했다. 일본군 함상폭격기들은 무시무시한 급강하폭격으로 두 순양함을 순식간에 격침했다. 나구모 부대는 잠시 동쪽으로 물러났다가 4월 9일에 돌아와 트링코말리를 공습했다. 이 과정에서 일본군은 영국 항공모함 허미즈Hermes와 구축함 뱀파이어Vampire를 포착해 콜롬보에서와 마찬가지로 격침한 후 퇴각했다. 이 공격을 통해 영국과 일본 해군항공대의 엄청난 격차가 드러났다. 수세기 만에 처음으로 영국 해군이 해상전투의 가장 중요한 부문에서 자신들보다 훨씬 앞서나간 후배 앞에 무력해진 것이다.[31]

기동부대는 몹시 필요한 휴식과 재정비를 위해 일본으로 귀환했다. 나구모의 함선들은 4개월 반 동안 쉴 새 없이 작전을 수행했으며 지구 둘레의 4분의 3에 해당하는 거리를 달렸다. 전 세계적 분쟁이라는 기준으로 보면 항공기 손실은 상대적으로 적었으나 전력이 심각하게 약화되었다는 점은 틀림없었다. 각 항공모함의 비행기대는 항공기와 조종사를 보충하고 훈련을 실시해야 했다. 마찬가지로 항공모함들도 건선거에 들어가 정비를 받아야 했다. 이 기회에 수병들이 히로시마에서 휴식과 재충전을 가질 즐거운 시간을 고대했다면 크게 실망했을 것이다. 4월 22일에 하시라지마에 돌아오자마자 항공모함들은 정신없이 다음 작전 준비에 돌입했다. 귀환 후 한 달도 채 지나지 않아 함대는 다시 떠날 준비에 들어갔다. 각 함선은 잠시 건선거에 입거되어 간단한 수리정비를 마치고 보급을 시작했다. 하시라지마에서 히로시마까지는 배로 멀지 않았으나 수병들이 귀중한 자유를 즐길 시간은 얼마 없었다. 히로시마는 5월의 봄꽃축제뿐만 아니라 맛있는 음식과 예쁜 아가씨들이 많기로 유명한 곳이었다. 수병들은 해군의 일에 끝이 없다고 툴툴거렸다.

06시 정각, 아카기는 '예정대로 출격'이라는 신호기를 올렸다. 한 척 한 척씩 기동부대 함정들이 줄지어 정박지를 행진해 나갔다. 경순양함 나가라長良가 선두에서 구축대驅逐隊들을 이끌었다. 제8전대의 기함 도네利根가 나가라와 구축함들의 뒤를 따랐고 자매함 지쿠마筑磨가 도네 뒤에서 항해했다. 바로 그다음에 제3전대의 전함 하루나와 기리시마가 뒤를 이었다. 위풍당당한 행렬 끝에는 아카기, 가가, 히류, 소류가 있었다.

우연히도 함대가 출항한 5월 27일은 해군기념일海軍記念日이었다. 1905년 도고 헤이하치로東鄉平八郎 제독이 쓰시마對馬島 해전에서 러시아 함대에 거둔 빛나는 승리를 기념하는 날이었다. 이 출격에서 승리할지는 모르겠으나 어쨌든 좋은 징조였다. 일본 전역에서 조간신문들은 벌써 '제국해군'의 업적을 찬양하기에 바빴다. 영자지인 『재팬타임스 앤드 애드버타이저*Japan Times and Advertiser*』는 사설에서 "금년 해군기념일은 단지 기념을 위한 날, 단순한 추념이 아닌 완성을 위한 날이다. 일본 해군은 37년 전의 전과를 모방하기만 한 게 아니라 믿기 어려울 정도의 규모로 전과를 계속 이루어냈다. 올해의 해군기념일은 그전의 모든 해군기념일이 준비해온 것들의 정점에 있다." 사설은 "오늘날 일본은 세계 유수의 해군국으로 우뚝 섰다. 이는 미래 세계사에서 일본이 과거 영국이 차지한 위치에 비견할 만한 위치로 상승할 것이라는 전조다."[32]라고 결론 내렸다. 현기증 나는 예언이다. 그러나 오늘 아침 함대의 출격 장면을 목격하는 특별한 기회를 얻은 기자라면 누구라도 눈앞에 펼쳐진 입이 딱 벌어지는 장관에 초를 칠 기사를 쓰지는 않았을 것이다. 하시라지마에 있는 모든 함선 갑판에 흰색 하복을 입은 승조원들이 난간을 따라 도열했다. 정박해 있는 함선들의 승조원들은 나구모 함대가 위엄 있게 천천히 함선 앞을 행진해 나가자 우레와 같은 함성을 보냈다. 기동부대 승조원들도 함성으로 답했다. 이들 중 대부분은 미드웨이 제도 습격작전으로 계획된 MI작전이 이미 개시되었다는 사실을 몰랐다.

아카기의 함교에는 이번 작전을 지휘할 무게를 한 몸에 짊어진 남자가 서 있었다. 나구모 주이치 중장이었다. 제1항공함대 사령장관인 나구모 중장은 55세의 작

1-8. 일본 제1항공함대 사령장관 나구모 주이치 중장 (Naval History and Heritage Command, 사진번호: NH 63423)

달막하고 걸걸한 사람이었다.[33] 나구모는 오랜 해상근무를 거쳐 중장 계급까지 올라온 뱃사람 중의 뱃사람이었다. 나구모는 원래 수뢰水雷병과 전공[34]이었는데 초임장교 시절에는 대담하고 머리 회전이 빠르다는 평가를 받았으며, 그를 해군의 떠오르는 별로 여기는 이가 많았다. 그러나 경력이 길어지며 젊은 시절의 추진력은 어디론가 빠져나가 버렸다. 아마 일찍 찾아온 노년 탓이었을까, 나구모는 한때 검도의 명인이었지만 지금은 관절염으로 고생하고 있었다. 기동부대를 지휘한다는 책임은 나구모에게 쉽지 않은 임무였다. 훈장으로 덮인 예복을 입고 찍은 공식 초상사진을 보면 뭔가 호소하고 싶은 마음을 꾹 억누르고 카메라를 응시하고 있는, 제독이라는 이미지를 눈에 띄게 불편해하는 사람이 보인다. 아마 나구모는 주목받지 않는 하위직으로 바다에서 시간을 보내던 단순한 날들을 그리워했을지도 모른다. 항공전이라는 복잡하면서 새로운 전투방식은 분명 나구모의 이해 범위를 넘어섰다.

나구모가 정확히 어떤 사람이었는지를 정확히 밝히기는 어렵다. 많은 사람들처럼 나구모도 상대에 따라 다른 모습을 보였을 것이다. 그의 막내아들은 아버지를 심각하고 뭔가 음울했던 사람으로 기억한다. 두 아들을 자신의 뒤를 따라 해군에 보내겠다는 나구모의 희망은 절망이 될 운명이었다. 나구모는 진지한 직업 해군장교로서 업무에만 몰두하는 사람으로 집에서는 농담조차 하지 않았고 자주 해상근무를 했기 때문에 세 아이들을 오래 보지 못할 때가 많았다. 그러나 부하들에게는 자주 친절한 모습을 보였고 일종의 아버지 같은 애정을 내비치기도 했는데 정작 자식들은 이런 모습을 거의 못 봤을 것이다. 나구모는 언제나 도움과 조언을 아끼지 않았고, 젊은 부하들에게 권한을 위임하는 데에도 주저함이 없었는데 가끔 정도가 지나칠 때도 있었다. 해군에서 같은 지위에 있던 장관將官급 장교들은 그를 잘해야 장단점이 반반, 즉 어느 정도 유능하나 허세기가 다분한 사람으로 생각했다. 변덕스러운 연합함대 참모장 우가키 마토메宇垣纏 소장은 나구모를 매우 싫어했고 일기에 나구모를 묘사할 때 배짱 없음부터 어리석음에 이르기까지 온갖 단점을 가져다 붙였다.[35]

나구모와 상관인 야마모토 대장과의 관계는 우호적이었을 것 같지 않다. 야마모토는 워싱턴해군군축조약을 지지한 조약파條約派의 유명인사였고, 나구모는 그보다 호전적인 함대파艦隊派에 속했다. 함대파는 군축조약을 일본에 내려진 사약이라도 되는 양 반대했다. 함대파의 극단적 위협에 시달려 온 야마모토의 경험상 두 사람이 서로를 혐오했을 것은 충분히 짐작할 수 있다.

나구모가 1941년 4월 편성된 제1항공함대 사령장관으로 임명되었을 때 야마모토는 그다지 기분이 좋지 않았을 것이다. 일본 해군의 정규 항공모함 전체를 하나의 전술단위로 집중 편성한 이 새 함대는 중장급 제독이 지휘를 맡아야 했다. 불행하게도 함대 창설의 주요 공로자이자 항공전 분야에 관심이 컸던 오자와 지사부로小澤治三郎 중장[36]은 얼마 전 다른 보직에 임명되었기 때문에[37] 나구모 중장이 제1항공함대 사령장관에 임명되었다.[38] 일본 해군의 엄격한 연공서열 덕택에 나구모는 근본적으로 어울리지 않는 지휘 보직을 맡게 되었다. 나구모가 무능한 지휘관이었다는 뜻은 아니다. 그보다 나구모는 대개 수동적으로 움직이는 사람이었지 대단히 창의적인 지휘관은 아니었다는 말이다. 그러나 미드웨이 해전이라는 역사적 순간에는 임기응변 능력이 일본 해군의 운명을 결정하는 열쇠였다.

미드웨이 작전 즈음에 나구모의 이름은 기동부대의 성공과 떼려야 뗄 수 없게 되었다. 야마모토는 진주만에서 작전 수행과 관련해 나구모를 질책했으나 나구모를 해임할 입장은 아니었다. 야마모토의 참모가 나구모를 해임해야 한다고 진언하자 야마모토는 그것은 "나구모보고 죽으라는 말이나 마찬가지다. 할복을 권하는 것이나 똑같아."라고 답했다. 그 이유 외에도 나구모 같은 고위 지휘관을 해임하려면 반드시 군령부의 동의를 받아야 하는데 연합함대나 군령부, 해군성[39]의 고위층이 이를 용인할 수도 없고 용인하지도 않으리라는 것쯤은 다들 알고 있었다.[40]

나구모가 자리를 지킨 또 다른 이유를 생각해 보자면, 나구모의 수동적 성격이 야마모토의 구미에 맞았을 수도 있다. 야마모토는 어떻게 해서든 자기 의사를 관철하는 사람이었고 1941년에 진주만 공격 계획을 승인받을 때 고위층과의 싸움을 충분히 겪었다. 자신의 전략적 선견지명을 실시할 때 의지가 강한 현장지휘관이 있다는 것이 야마모토에게는 꽤 불편할 수도 있었다. 야마모토는 독창적인 생각을 좋아했지만 그것은 본인의 생각이거나 직접 통제 가능한 사람의 생각이어야 했다. 야마모토가 보기에 나구모는 명령에 불만이 있어도 저항하지 않는 현장지휘관이었다. 즉 나구모는 불평하면서도 시키는 일을 하는 사람이었다.

기동부대가 전투를 치른 6개월 동안 연승, 그것도 대승을 거둔 사실은 나구모의 기량이 뛰어나거나 그동안 항공모함 지휘관으로서 성장했기 때문이 아니었다. 태평양전쟁 초기에 일본 해군은 유리한 세 핵심요소, 즉 약한 적, 집중 운용된 정예 해군 항공전력이라는 형태로 나타난 우월한 무기체계, 뛰어난 운용교리(항공모함의 집단운용과 항공전력의 통일지휘)가 만나는 곳에 운 좋게 자리해 있었다. 그 어떤 적도 마음먹은 대로 나타났다가 사라지는 항공모함 6척과 함상기 400기에 효율적으로 대항할 수단을 갖지 못했다. 일본군 조종사의 기량과 함상기의 성능이 명백히 우월했기 때문에 기동부대의 앞을 가로막을 자는 없었다. 그러나 나구모가 이 황금기를 활용하여 항공모함 전투의 원리를 보다 깊게 이해하려고 노력하지 않았다는 것이 그 뒤의 행동에서 나타난다. 나구모는 유랑서커스단의 명목상 단장에 불과했으며 기동부대가 거둔 성공과는 별다른 관계가 없었다.

나구모의 오른팔은 참모장 구사카 류노스케草鹿龍之介 소장이었다.[41] 구사카는 원래 포술 전공이었으나 1926년에 가스미가우라 항공대霞ヶ浦航空隊에 배치된 후 거

1-9. 일본 제1항공함대 참모장 구사카 류노스케 소장 (Donald Goldstein)

의 모든 경력이 항공 분야에 집중되었다.[42] 구사카는 조종사가 아니었으나 1940년 소장 승진 전[43] 항공모함 호쇼와 아카기의 함장을 역임했다. 여러 증언에 따르면 구사카가 상관 나구모를 깊이 존경했으며 전후에 구사카는 나구모를 적극적으로 옹호했다.[44] 두 사람은 천성적으로 신중했지만 구사카의 성격은 걸걸한 상관보다 좀 더 온화하고 철학적이었다. 구사카는 선禪에 조예가 깊었으며[45] 능숙한 협상가이자 조정자였음은 분명하지만 예리한 지성의 소유자였다고 할 만한 증거는 없다. 가스미가우라 항공대에서 구사카의 강의를 들은 조종사들은 강의가 공중전 전술보다 "공중전 철학"[46]에 가까웠다고 기억한다. 간단히 말해 구사카는 해군 항공력의 잠재력을 알아보고 깊이 관여하기를 원했으나 훈련 수준과 개인적 성찰에 한계가 있는 딜레탕트였다. 구사카의 부족한 소양은 소극적인 성격과 합쳐져 필요할 때 대담한 행동을 취하지 않은 결과를 낳았다.

기동부대의 또 다른 항공전대 지휘관은 야마구치 다몬 소장이었다. 2항전 사령관인 야마구치 소장은 상관과 전혀 다른 인물이었다. 야마구치는 나구모보다 5살 연하였지만 훨씬 젊어 보이고 정력이 넘치는 사람이었다. 야마구치의 얼굴을 보면 높이 올라간 눈썹, 좁은 미간, 흡사 고양이 같은 인상 등 여러 가지 특징이 묘하게 섞여 있다. 함대에서 야마구치 소장은 야마모토의 후계자나 마찬가지라고 여겨졌다. 야마구치는 해군대학교 졸업, 프린스턴 대학 연수, 광범위한 해상근무 등등 해군 최고위직으로 승진하는 데 더할 나위 없이 완벽한 이력을 갖추었다. 해상 경력 면에서 야마구치는 경순양함 이스즈五十鈴 함장을 거쳐 전함 이세伊勢 함장을 지내며 승진했다.[47] 그는 1929년 런던해군군축회의에 일본대표단 단원으로 참석했으며 주미

대사관 무관으로 근무했고 중일전쟁 기간에 제1연합항공대 사령관으로 중국 내륙에 대한 폭격을 지휘했다(충칭重慶 폭격).[48] 조종사 출신은 아니었으나 야마구치는 항공주병론자들에게 존경받았으며 해군 내에서 항공전력 증대를 외치는 사람들 중 하나였다.

1-10. 일본 제2항공전대 사령관 야마구치 다몬 소장 (Donald Goldstein)

야마구치는 외향적 인물이었던 것으로 보이며 이 성품이 출세에 도움을 주었다. 1923년에 대위 계급이던 야마구치를 만난(이때 프린스턴 대학에서 유학 중) 미 해군장교는 야마구치가 "일보다 놀기를 좋아하는 성격"으로 보였다고 말했다. 야마구치는 모교인 프린스턴 대학을 매우 자랑스러워했지만 유학 시절에는 "학업보다 승마, 골프와 술자리에 더 열심이었다." 이 미국인 관찰자는 야마구치가 "전문적 소양을 갖추었다는 인상을 받지 못했으며 차라리 [외교에] 어울리는 인물"이라고 평가했다.[49]

그러나 이력이나 미국인 동료들의 평가에도 불구하고 최종적으로 분석해 보면, 야마구치는 전 해군 중좌이자 전후 일본 해군의 단점을 날카롭게 비판한 지하야 마사타카千早正隆가 "동양적 영웅" 유형이라고 부른, "거칠고 생각이 치밀하지 못하며 서구적 관점의 명확한 책임감이 결여된" 범주에 딱 들어맞는 인물이다.[50] 야마구치는 간단히 말해 성질이 급하고 지나치게 공격적이며 명예를 최고의 덕목으로 삼는 전통적 무사의 전형이었다.

야마구치는 자신보다 수동적인 상관이 불만스러웠을 것이다. 사실 1항함 참모진 거의 모두가 그랬다. 우가키 참모장은 일기에 야마구치가 여러 번 "제1항공함대 수뇌부는 기회를 잡아 전투의 승리를 확대하는 조치를 취하지 않았고 변하는 환경에 대응하려 하지도 않았다."라고 불평했다고 적었다. 또한 야마구치는 누가 사령부를

1-11. 일본 제1항공함대 항공 갑참모 겐다 미노루 중좌(저자)

이끌고 있느냐는 질문에 "장관[나구모]은 한마디도 하지 않는다. 그리고 참모장[구사카]과 선임참모[오이시 다모쓰大石保 중좌, 구사카의 오른팔]는 대담함이 결여되어 있다."[51]라고 답했다. 우가키가 나구모를 전혀 좋게 보지 않았고 야마구치에게 앞으로도 그런 견해를 계속 이야기해 달라고 한 것을 보면 야마구치는 불평을 들어줄 사람을 잘 찾은 것 같다.[52]

만약 진정으로 명석한 두뇌를 기동부대에서 찾는다면 하급장교까지 내려가야 한다. 나구모의 항공 갑甲참모 겐다 미노루源田實 중좌가 그 사람으로, 겐다가 타고난 천재라는 데 거의 모두가 동의했다. 상관인 나구모처럼 겐다 중좌는 자신이 맡은 책임을 꽤나 버거워했으나 완전히 다른 이유 때문이었다. 항공전력 운용과 관련해서 겐다의 실력과 이력에 이의를 제기하는 이는 아무도 없었다. 겐다는 뛰어난 전투기 조종사로 이름을 날렸고, 나중에 해군 곡예비행단을 조직하여 일본 전국에서 순회공연을 벌였다. '겐다 서커스'(나중에 알려진 이름)로 활동한 후 겐다는 중국에서 항공참모, 비행교관을 거쳐 주영일본대사관 무관보좌관을 역임했다.[53] 겐다는 재능과 안목이 있었고 항공모함 전투의 운영과 흐름을 확실하게 알고 있었다. 사실 나구모가 지휘한 부대를 만들어 내고 모습을 갖추는 데에 겐다의 공이 컸다. 겐다는 야마모토가 손수 발탁해 현재의 임무를 맡겼으며 개전 후 지금까지 그 임무를 잘 수행해 오고 있었다. 겐다는 항공모함의 집단운용과 항공전력의 통일지휘로 대표되는 해군 항공력의 설계자였고 오자와 중장과 함께 해군 상층부를 끊임없이 들볶아 마침내 야마모토로 하여금 제1항공함대를 편성하게 만들었다.

재능 있는 부하에게 권한을 잘 위임하는 경향이 있었던 나구모는 특히 항공작전을 입안할 때면 겐다가 하고 싶은 대로 하도록 놔두었다. 겐다가 관여하는 데에는 장단점이 있었다. 구사카에 의하면 겐다는 오만할 정도로 자기 재능을 자신했지만 한계도 잘 알았다.[54] 나구모는 겐다의 계획에 거의 토를 달지 않았다. 하지만 겐다 입장에서는 눈에 뻔히 보이는 것을 놓치는 실수를 막기 위해 감독자가 있기를 바랐을 수도 있다. 불행하게도 연합함대에서 항공문제에 대해 그럴 만한 안목이 있는 사람이 없었던 까닭에 기동부대 항공작전의 책임은 하급 장교 한 사람에게 과도하게 지워지게 되었다.

나구모의 함선들은 하시라지마를 떠나 남쪽으로 침로를 잡고 야시로지마屋代島와 나카지마中島 사이를 지나 넓은 이요나다 수도로 나아갔다. 수많은 섬들에 있는 푸르른 경작지가 세토나이카이의 파란 바다 위로 가파르게 솟아오르는 모습이 장관을 이루었다. 어선의 어부들은 거대한 함선들이 지나갈 때면 배를 멈추고 손을 흔들었다. 기동부대는 이제 시코쿠四國와 규슈九州를 가르는 주된 수도인 분고수도豊後水道의 북쪽 입구로 들어갔다. 함대는 단종진單縱陣으로 좁은 수도에 들어가 먼 바다를 향해 남쪽으로 항해하여 정오경 분고수도를 통과했다.

기동부대의 호위 임무를 담당한 함정들이 경계항행 대형을 지으려 산개하기 시작했다. 미드웨이 작전에서 나구모의 호위를 맡은 함정들은 모두 기동부대와 친숙했다. 제3전대(2소대) 소속 고속전함 기리시마와 하루나는 대구경함포의 화력 지원이 필요한 경우를 위해 호위대에 배치되었다. 모두 함령이 오래되었으나 긴 함생艦生 동안 여러 번 개장을 거쳤다. 두 함은 원래 순양전함으로 건조되었으나 아직 31노트라는 고속을 낼 수 있었으므로 기동부대의 호위용 전함으로 안성맞춤이었다. 둘 다 35.6센티미터 주포 8문과 상대적으로 강한 대공병장을 갖추었다. 어떤 경우에도 현대적 고속전함을 대적할 체급은 아니지만[55] 중순양함에 대항해 함대를 방호하는 역할을 하기에는 충분했다. 또한 상황 전개에 따라 인근의 미 함대와 야전을 개시할 경우 화력 지원도 가능했다.

기동부대 지원부대 지휘관인 아베 히로아키阿部弘毅 소장은 중순양함 도네를 기함으로 삼았다. 도네와 자매함 지쿠마는 항공모함의 보조 역할을 할 목적으로 건조되었다. 각 함 모두 2연장 20센티미터 주포탑 4기를 전방에 몰아 탑재했고 후방갑판 전체에 항공작업갑판과 항공기 운용시설이 들어앉았다. 양 함은 각각 5기까지 수상기를 탑재할 수 있었으나 미드웨이 작전에서 도네는 4기만 탑재했다.[56] 이 순양함들의 역할은 수상기를 이용한 정찰이었고 이로써 항공모함은 공격에만 전념할 수 있게 되었다.

〔기동부대 경계대인〕 제10전대 사령관 기무라 스스무木村進 소장은 경순양함 나가라를 기함으로 삼아 구축함 11척〔아라시嵐, 노와키野分, 하기카제萩風, 마이카제舞風, 가자구모風雲, 유구모夕雲, 마키구모卷雲, 이소카제磯風, 우라카제浦風, 하마카제浜風, 다니카제谷風〕을 지휘했다. 나가라는 5,500톤급 구식 경순양함으로 전력에 별 도움이 되지 않았지만 함대 수상전력의 상당 부분을 차지하는 구축함들의 기함 역할을 했다. 구축함은 모두 신형이었고 공포의 대상인 93식 산소어뢰와 12.7센티미터 주포로 강력하게 무장했다.

나구모 함대는 이제 남동으로 침로를 잡고 광대한 태평양으로 들어섰다. 낮 동안 함대는 이 침로를 유지하다가 밤이 되면 목적지를 향해 동쪽으로 변침할 예정이었다. 시코쿠의 해안이 점점 수평선 너머로 사라져 갔다. 16번째 생일을 4개월 앞둔 시즈오카현靜岡縣 출신의 쓰치야 료사쿠土屋良作 삼등수병三等水兵[57]은 아카기의 난간 너머로 사라지는 해안을 마지막으로 보았을 것이다. 가고시마현鹿兒島縣에서 온 57세의 호타테 겐甫立健[58] 소좌도 소류의 함교에서 같은 풍경을 보았을 것이다. 두 사람은 각각 미드웨이 작전이 끝나고 조국을 다시 보지 못한 3,057명[59] 중 최연소자와 최연장자가 될 운명이었다. 열흘도 되지 않아 그들뿐만 아니라 그들이 승선한 자랑스러운 항공모함들은 차가운 태평양 바닥에 누워 있게 될 것이었다.

2

미드웨이 해전의 탄생

여섯 시간 전 나구모 부대의 출항 장면은 장관이었지만 지휘부의 분위기는 사뭇 달랐다. 미드웨이 작전을 지지하는 사람은 별로 없었고, 연합함대 작전참모들이 쓸데없는 심부름에 자기들을 보낸다고 우려하던 기동부대 참모진은 더더욱 그러했다. 나구모는 기획 단계부터 작전에 대해 입을 다물고 팔짱만 끼고 있었다.[1] 구사카, 야마구치, 곤도 등 제독들, 그리고 히류의 가쿠 함장까지도 처음부터 이 작전에 매우 적대적이었다.[2] 겐다 중좌는 미드웨이 어디쯤 떨어진 해역에서 미 해군과 결전을 벌일 기회를 찾는 것에 반대하지 않았으나 작전계획에 보완할 부분이 많다고 느꼈다. 많은 지휘관들은 MI작전(이하 미드웨이 작전)과 북방에서 동시에 알류샨 열도 점령을 목표로 수행될 AL작전(이하 알류샨 작전)을 연합함대가 심각한 고민 없이 급조했다고 보았는데, 사실이 그러했다.

미드웨이 작전과 알류샨 작전은 일본 군부, 특히 1942년 초 일본 해군이 전쟁을 어떻게 이끌어 갈지 갈피를 못 잡은 결과였는데[3] 넓게 보면 이 어려움의 원인은 전쟁 초 4개월 동안 일본이 거둔 예상외의 대승이었다. 1942년 3월경, 일본은 1단계 작전 목표의 거의 대부분을 달성했거나 달성을 목전에 두고 있었다. 작전이 성공함으로써 1942년 2월 15일에 동남아시아의 영국 전략기지인 싱가포르를 함락함과 동

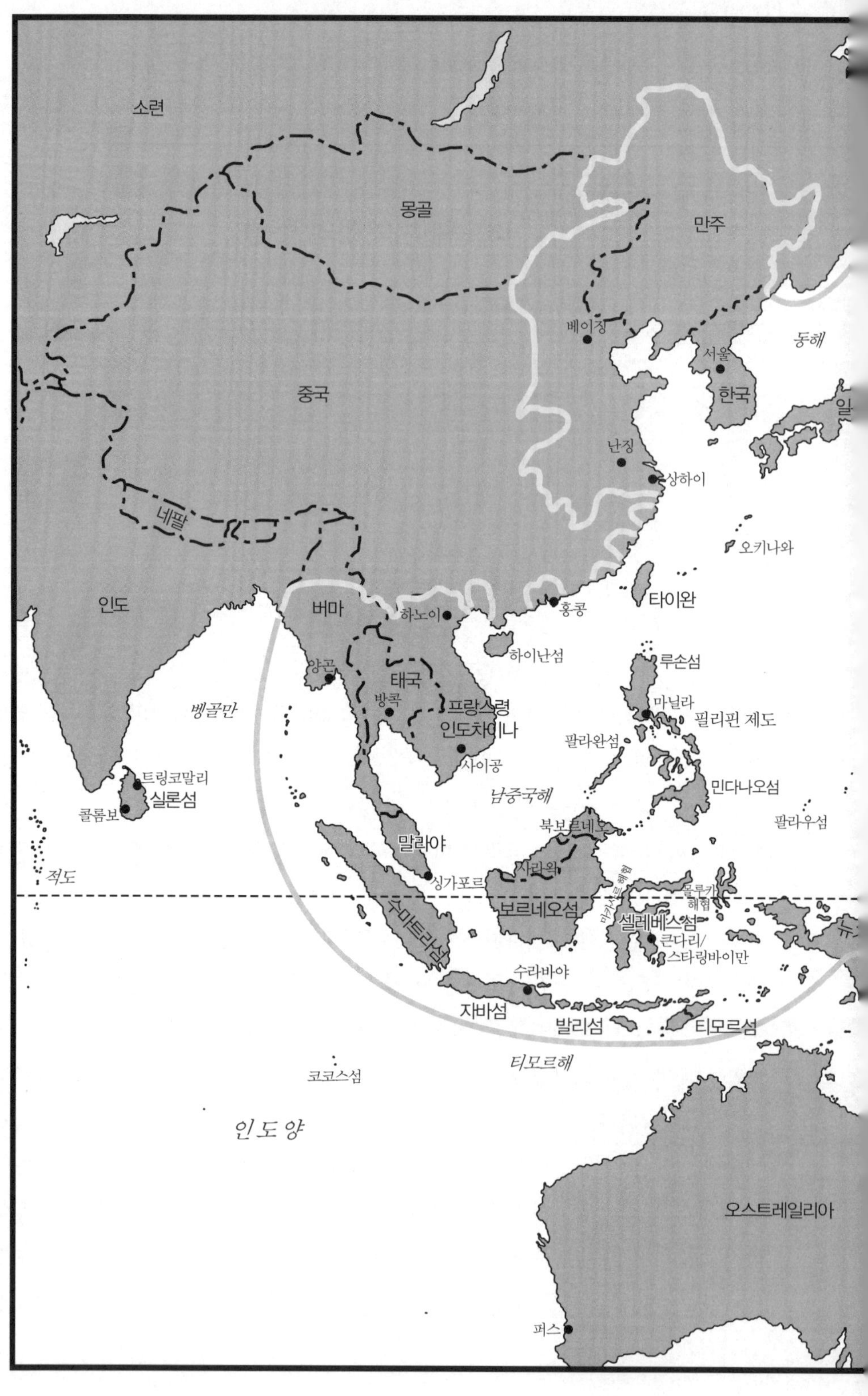
소련
몽골
만주
중국
베이징
동해
서울
한국
난징
상하이
네팔
오키나와
인도
버마
하노이
홍콩
타이완
하이난섬
루손섬
양곤
태국
벵골만
방콕
프랑스령
인도차이나
마닐라
필리핀 제도
팔라완섬
사이공
트링코말리
실론섬
콜롬보
남중국해
민다나오섬
팔라우섬
북보르네오
말라야
사라와크
적도
싱가포르
몰루카
해협
보르네오섬
셀레베스섬
수마트라섬
큰다리/
스타링바이만
수라바야
자바섬
발리섬
티모르섬
티모르해
코코스섬
인도양
오스트레일리아
퍼스

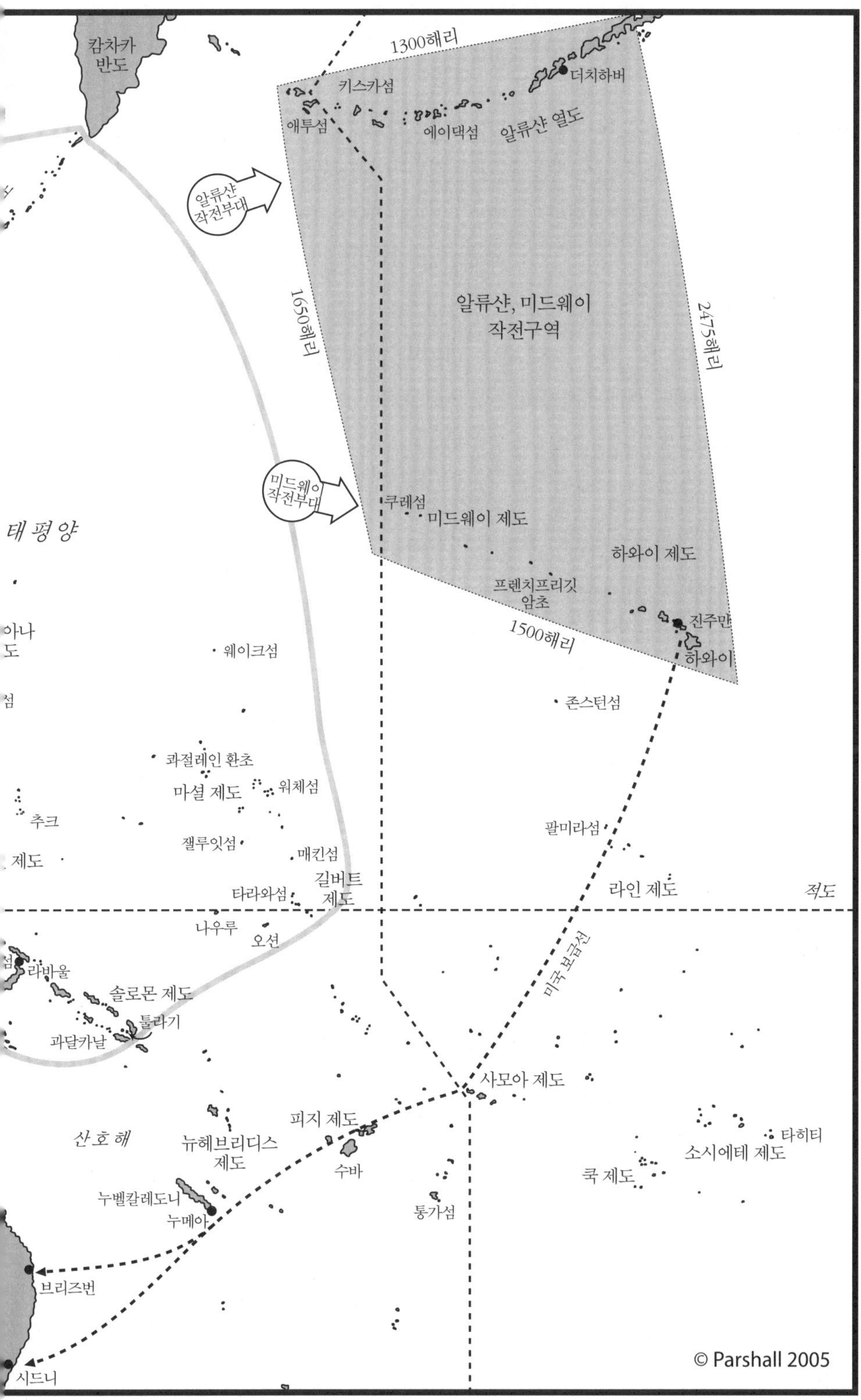

2-1. 일본의 점령지와 미드웨이 해전. 대략 1942년 3월까지 일본 점령지(굵은 선 내)와 야마모토가 생각한 결전장의 개요이다.

시에 영국령 말라야British Malaya를 손아귀에 넣었다. 보르네오와 자바의 풍부한 유전이 있는 네덜란드령 동인도 제도는 한 달도 채 못 버텼다. 동인도 제도 점령 작전 중에 자바섬 연안에서는 전투의 향배를 결정할 격렬한 해전들이 벌어졌다. 이 해전에서 일본 해군은 미국, 영국, 네덜란드, 오스트레일리아 연합함대(네 나라 이름의 두문자를 따서 ABDA연합부대라고 불린 불운한 함대)를 분쇄했고 도주하는 낙오함들을 추적해 섬멸했다. 네덜란드령 동인도 제도 점령은 개전의 이유인 유전과 고무 산지 점령에 더해 오스트레일리아로 가는 길을 막는 마지막 방어선을 분쇄했다는 의미가 있었다. 이제 일본 함대는 오스트레일리아 북부해안 공격과 인도양 진출이 동시에 가능한 위치를 확보했다.

영국령 버마British Burma 점령 작전 역시 차질 없이 진행되어 일본군은 4월 말에 영국군을 버마에서 완전히 쫓아냈다. 필리핀 상륙도 순조롭게 진행되었으며 1942년 2월에 마닐라가 함락되었다. 미군과 필리핀군은 바탄반도Bataan Peninsula로 철수하여 저항했으나 미 해군이 포위망을 풀 형편이 아니었기 때문에 결과는 이미 정해져 있었다. 미국령 괌Guam과 웨이크섬을 포함한 서태평양 수역 전체가 개전 몇 주 만에 함락되었다. 더 남쪽에서 일본은 1월에 뉴브리튼섬New Britain Island 북쪽 끝에 있는 중요한 항구인 라바울Rabaul[4]을 확보함으로써 뉴기니 내륙으로 진출하고 남동태평양 방면으로 공세를 펼쳐 궁극적으로 오스트레일리아와 미국의 교통선을 차단할 수도 있게 되었다.

따라서 겉보기에 일본은 전쟁을 일으킨 목적을 거의 달성한 것 같았다. 일본은 백인 식민세력을 모두 추방하고 새로운 태평양제국에 필요한 원유와 기타 전략자원을 즉시 조달할 수 있는 네덜란드령 동인도 제도의 남방 자원지대를 확보했다. 중국에서 이미 정복한 땅에 더해 일본은 북으로는 만주, 중국 중부와 프랑스령 인도차이나French Indochina를 거쳐 남서쪽의 버마, 말라야에 이르는 광대한 영역을 지배하게 되었다. 여기서부터 일본의 속령은 수마트라에서 동쪽으로 펼쳐진 네덜란드령 동인도 제도를 따라 라바울까지 닿았고, 일본 해군의 거점인 추크섬을 거쳐 북으로 쿠릴 열도까지 이르렀다. 이렇게 몇 개월이라는 짧은 시간 동안 일본은 인류 역사상 광대한 제국들 중 하나를 만들어 냈다.

이제 일본은 잠시나마 태평양의 최강자가 되었다. 영국 함대가 실론과 인도로 철수하고 네덜란드 함대가 전멸함으로써[5] 네덜란드와 영국 해군력은 이 지역에서 사실상 사라졌다. 미국 해군은 진주만에서 굴욕을 당하고 다시 필리핀과 자바 연해에서 큰 손실을 입었다. 패배하지는 않았지만 미국 해군은 태평양에서 일본의 공세를 저지할 능력이 없었으며 일본군 외곽기지를 기습하는 것 이상의 행동을 취할 수 없었다. 미국은 전략적으로 의미 있는 작전을 개시할 능력을 회복하지 못해 현재로서는 일본의 움직임에 반응할 수만 있을 뿐이었다. 일본은 어디에서나 주도권을 쥐고 있었다.

작전이 성공하자 자연히 일본 지도부는 주도권의 활용 방안을 자문하게 되었다. 1942년 1월 초부터 일본 육해군 수뇌부는 2단계 작전에 대한 전략적 토의를 시작했다. 토의가 진행되면서 육해군 사이에서뿐만 아니라 해군 내부에서도 의견이 심하게 분열했다. 하지만 연합함대 사령장관 야마모토 이소로쿠 대장[6]은 태평양전쟁의 전쟁지도 방향을 정하는 데 있어서 자신이 최종 결정을 내리겠다는 의지가 확고부동했다.

일본 해군사상 가장 중요한 인물이자 논란의 대상인 야마모토 이소로쿠를 간단히 정의하기란 불가능하다.[7] 전쟁 중에 야마모토는 뛰어난 지휘관으로서 널리 알려졌다. 그러나 전쟁 전의 주목할 만한 업적에도 불구하고 내부에서는 평가가 엇갈렸다. 야마모토는 빈한한 가정에서 태어났으나 뛰어난 머리와 비상한 의지로 환경을 개척해 나갔다. 그는 해군에서 근무하는 동안 출세의 달콤함에 맛을 들였고 1943년 전사할 때까지도 그러했다. 야마모토는 카리스마적이고 유능한 사람이었으나 도박을 즐기고 게이샤와 놀아나는 등 양면성이 있는 아버지이자 남편이었다. 종합적으로 보면 야마모토는 큰 강점과 약점을 지닌 인물이었다. 다만 인격적 약점이 해군이라는 조직에서 출세에 크게 지장을 줄 정도는 아니었다.

야마모토가 오랫동안 상당히 인기 없는 대의명분의 기수였음에도 불구하고 일본 해군에서 거의 최고위까지 올라갔다는 것은 대단히 놀라운 일이다. 일본의 해군력을 미국과 영국의 해군력 밑으로 제한했다는 이유로 워싱턴, 런던 해군군축조약을 국가 자존심에 대한 모욕으로 여기던 해군의 대다수와 달리 야마모토는 두 조약의 지지자였다. 또한 야마모토는 해군이 대함거포주의大艦巨砲主義를 숭배하는 신전에서 기도하던 시절에 해군 항공력의 옹호자였다. 마지막으로 야마모토는 나치독일

2-2. 일본 연합함대 사령장관 야마모토 이소로쿠 대장. 야심가이자 정치적 수완이 뛰어난 야마모토는 해군의 전쟁지도 방향을 자신이 정하겠다고 결의했다. (저자)

과 동맹하는 데 반대했는데, 당시 일본 군부에는 나치독일의 강력한 군사력과 소련에 대한 적개심으로 인해 나치독일을 흠모하는 이가 많았다. 야마모토가 적을 만들기를 주저하지 않았음에도 조직의 최고봉까지 올라간 사실을 보면 결론은 두 가지다. 첫째, 야마모토는 지금 위치까지 올라오는 데 필수적인 높은 자신감과 능력, 그리고 처세술을 겸비한 인물이었다. 둘째, 그는 많은 적을 만들었고 장차 다가올 전략 수립 단계에서 그 수는 더욱더 불어날 것이었다.

1939년에 연합함대의 지휘권을 인수한 이래 야마모토는 추앙받는 도고 헤이하치로 제독 이후 유례 없는 방법으로 함대에 발자취를 남겼다. 정적들은 야마모토가 연합함대를 개인 영지로 만들기로 결심했다고 보았을 것이다. 연합함대 참모진은 틀에서 벗어난 생각을 하는 이들의 천국이 되었고 항공주병론자 상당수가 여기에 포진해 있었다. 야마모토의 조치에는 장단점이 있었다. 야마모토의 옹호로 인해 연합함대에서 항공전력이 차지하는 비중이 커졌고 나중에 일본은 이를 잘 활용했지만, 야마모토와 참모진은 해군 기득권층과 사사건건 소모적 마찰에 휘말리게 되었다.

당연히 도쿄의 대본영 해군부는 야마모토와 그의 수하들을 그다지 좋게 보지 않았다. 대본영 해군부가 보기에 연합함대 사령장관과 부하들은 불손하기 짝이 없었다(일견 정당한 평가였다). 더 큰 문제가 이어졌다. 개전이 임박하자 야마모토가 암묵적으로 연합함대의 전략적 운용방향을 대본영 해군부에서 탈취하려는 불온한 시도를 한 것이다. 이렇게 함으로써 야마모토는 해군의 정책 결정 과정에서 견제와 균형의 원칙을 파괴하여 장래 패전의 씨앗을 뿌리고 말았다.

야마모토는 1941년에 만약 일본이 전쟁을 통해 남방의 자원을 획득하고자 한다면 미국을 전쟁에 끌어들여야 한다고 고집했으며 여기에서 더 나아가 저항 없이 남방 전역에서 작전을 수행하려면 초장에 미 해군에 결정적 타격을 입혀 시간을 벌어야 한다고 믿었다. 군령부총장軍令部總長 나가노 오사미永野修身 대장[8]을 비롯한 대본영 해군부 수뇌진은 이 견해에 반대했다. 나가노는 일본이 직접 공격을 자제하는 한 미국이 전쟁에 돌입하기는 매우 어려울 것이라고 보았다. 그는 프랭클린 D. 루스벨트Franklin D. Roosevelt 대통령이 일본이 동남아시아의 영국과 네덜란드 식민지를 공격했다는 것을 '개전 사유casus belli'로 삼는다면 국민의 지지를 받기 어려울 것이라고 정확히 예측했다. 미국 여론은 외국의 이익을 지키는 데에 뜨뜻미지근한 태도를 보였기 때문이다.

결국 나가노는 기본적으로 타당한 논지를 폈음에도 불구하고 논쟁에서 졌다. 야마모토는 개인적 명망뿐만 아니라 자신의 의지를 관철하기 위해 기꺼이 비열한 방법까지 쓰면서 논쟁에서 승리했다. 진주만 기습을 둘러싼 논쟁 도중 야마모토는 자신의 견해가 받아들여지지 않을 경우 자신과 연합함대 참모진 전원이 사임하겠다고 공공연하게 밝혔다.[9] 항명하는 하급자를 내치느냐 굴복하느냐 하는 선택의 기로에 놓인 나가노는 한발 물러섰다. 그럼으로써 나가노는 야마모토가 사실상 해군의 의사결정 과정을 탈취하여 자신의 권한 아래 두는 것을 허용한 셈이 되었다. 나중에 야마모토는 심복인 우가키에게 자기가 보기에 대본영 해군부는 전쟁 수행에 대해

"확실한 생각이 없어" 보였다고 말했다. 1941년 12월 5일, 덴노天皇에게 직접 상주하는 자리에서 야마모토는 시마다 시게타로嶋田繁太郎 해군대신[10]과 나가노 군령부총장에게 "너무 깊이 간섭하여 해군에 나쁜 선례를 남기지 않도록 해달라."[11]라는, 정도를 넘어선 발언을 하기도 했다. 군사조직에서 일어났다고는 믿기 어려운 상황이다.

진주만 기습(일본명 하와이 작전布哇作戰)은 최소한 겉으로 보기에는 빛나는 성공이었다. 결과를 보면 미국 항공모함 격침 실패를 포함해 몇몇 아쉬운 부분을 남겼으나 일본 해군의 압승으로 여겨도 좋을 정도로 미 해군은 심각한 피해를 입었다. 그 결과 해군에서 야마모토의 정치적 영향력이 상당히 높아졌으며, 전쟁 초기 일본의 연승으로 대중이 흥분함에 따라 그 같은 상황은 더욱 고조되었다. 해군이 가는 곳마다 야마모토의 이름이 자동적으로 따라다녔다. 1942년 초, 일본 대중에게 야마모토라는 이름은 해군이 거둔 혁혁한 전과와 떼려야 뗄 수 없는 사이가 되었다.

전쟁지도 방향에 대한 통제권을 탈취한 뒤에도 야마모토는 이 새로운 특전을 포기할 생각이 없었다. 물론 도쿄의 대본영 해군부는[12] 다르게 생각했다. 따라서 하시라지마와 도쿄가 줄다리기한 결과가 장차 작전 방향을 결정할 것이었다. 그러나 야마모토는 두 가지를 알고 있었다. 첫째, 사임 위협이 이미 한 번 효험을 보았다는 점이고, 둘째, 개전 후 자신의 영향력이 극적으로 커졌다는 점이다. 대본영 해군부는 이런 카드가 없었다.

상하가 따로 노는 내부 정책입안 과정은 1942년에 적절한 후속작전들을 세우는 데 첫 번째 장애물에 불과했다. 두 번째로 큰 장애물은 해군 내부에서 이 문제에 대해 의견을 일치시키지 못했다는 점이다. 영토 확장으로 인해 생긴 점령지에는 주둔하고 수비하는 지상 병력이 필요했다. 해군은 자체적으로 이런 임무를 수행할 병력이 거의 없었으므로 주요 점령지를 확보하려면 육군에 의지해야 했다. 육군은 자신의 영향력이 중요함을 인지하고 이를 행사하는 데 거리낌이 없었다. 대부분의 국가에서 각 군 사이의 관계는 그저 나쁜 정도부터 최악에 이르기까지 다양했으나 일본 육해군의 관계는 마비를 일으킬 정도로 수렁에 빠져 있었다. 육군과 해군은 서로를 혐오했으며 상호 교류는 의심, 옹졸함, 노골적 적대로 얼룩져 있었다. 진짜였는지 연기였는지는 모르지만 나가노 군령부총장은 육군과 회의할 때 늘 조는 습관이 있었는데 두 군 사이의 전반적인 예의 수준을 보여 주는 사례다.[13]

육군은 1937년 7월부터 육군 전력의 대부분을 집어삼킨 중국이라는 진흙탕에 정신이 팔려 있었다. 더구나 육군은 1939년 여름에 만주에서 벌어진 소련과의 심각한 국경 분쟁에서 패했기 때문에 이 지역에 상당한 전력을 유지할 필요성을 느끼고 있었다. 따라서 육군은 태평양 전쟁 1단계 작전에 전력을 차출하는 데 인색했다.

사실 동남아시아에서 새로운 영토를 정복하는 데 11개 사단 정도의 병력이 필요했다. 이것은 육군 전체 병력의 약 5분의 1 수준이었다. 1단계 작전에서 이렇게 인색하게 병력을 내놓고도 확실히 좋은 성과를 거두었으므로 육군은 차기 작전에 더 이상 병력을 풀고 싶어 하지 않았으며 병력 소요를 기약할 수 없는 작전 개념이라면 모두 반대할 심산이었다.

공평하게 육군의 입장을 말하자면 만주에서 소련에 대한 추가 행동에 대비해 병력을 온존하려 한 조치는 옳았다. 2년 전 일본군에게 대패를 안겨 주었음에도 불구하고 이번에는 소련이 끝장나는 게 아닌가 싶었다. 그 전해 여름, 붉은군대는 독일 국방군에게 연전연패를 당했으며 소련은 무너지기 직전 상태에 이른 듯이 보였다. 소련이라는 거인이 겪는 불운은 일본에게는 만주 지역을 추가로 점유할 기회였다. 결론적으로 말하자면 육군의 관심은 태평양에만 전적으로 매여 있지 않았다.

전쟁을 종결하는 방법에 대하여 육군과 해군의 근본적 입장 차이에도 이 경향이 반영되었다. 해군은 '결전사상'의 전통에 빠져 있었다. 해군은 적에게 '큰 일격'을 가하기만 하면 적대관계에 종지부를 찍을 수 있다고 믿었기에 1942년에 전쟁을 종결짓기를 간절히 바랐다. 하지만 육군은 미국처럼 강대한 적에 대해 이런 환상을 품지 않았고 대신 장기전을 준비하고 있었다. 육군은 해군이 모든 전초기지에 주둔할 만한 병력이 없다는 사실을 알았으므로 태평양의 망망대해에 산재한 밑천을 계속 불리려는 해군의 시도를 깊이 의심했다. 육군은 언젠가 반격이 개시되면 미국이 감당할 수 없는 피의 대가를 치를 수밖에 없도록 외곽 방어선을 최대로 강화할 생각이었으므로 태평양에서 병력 투입을 늘릴 가능성이 있는 작전 개념은 무조건 반대했다.

따라서 해군이 1942년 초에 육군과 벌인 회의에서 분위기를 떠보았을 때 육군은 비장의 카드를 가지고 있었다. 해상수송력이 없었으므로 육군은 미국에 대해 혼자서 행동을 취할 수 없었다. 그러나 반대의 이유로 해군도 독자행동을 할 수 없었다. 따라서 육군은 너무 위험해 보이거나 기약 없는 병력 소요가 생길 것 같은 전략의 수립을 반대하는 데 전혀 주저하지 않았다. 당시 일본군 수뇌부의 상황은 전략적 딜레마의 해법을 찾고자 위험한 산길을 더듬거리며 걸어가는 장님이나 마찬가지였다. 이렇게 해로운 정치적 환경에서 일본이 1942년 3~4월 두 달간 항공모함 부대를 전략적으로 무의미한 작전에 투입하고 있었다는 것은 놀라운 일이 아니었다.[14] 2단계 작전을 둘러싼 내부 갈등이 격화되는 동안 기동부대가 이의 없이 행할 수 있었던 작전은 당연히 어떤 전략 수립에도 결정적 영향을 주지 않는 소소한 것일 수밖에 없었다. 따라서 일본은 가장 중요한 전략자산이 태평양에서 거의 무적이었을 때 이를 낭비하는 우를 범했다.

1942년 초, 일본 해군의 관점에서 보면 전략적 선택지가 여럿 있었다. 이 대안들 전부가 동시에 착안되거나 입안되지는 않았지만 모두가 성공의 필수요소로 정규 항공모함의 존재를 들었다. 물론 투입 가능한 항공모함의 수에는 한계가 있었다. 나중에 보게 되듯이 해군은 결국 자신이 할 수 있는 것보다 더 많은 작전을 지원하는 데 항공모함들을 투입했고 이는 결국 대참사를 불러왔다. 이러한 이질적이고 자가당착적 투입에 대한 부담을 지고 갈팡질팡한 해군의 행보는 실수로 보기에는 규모가 너무 컸다.

첫 번째 전략적 선택지는 공세에서 수세로의 태세 전환이었다. 나구모의 참모장 구사카 소장은 이 견해의 주요 지지자였다.[15] 1942년 초에 일본은 많은 지역을 정복했으나 얻은 것을 공고히 다지지는 못했다. 일본은 방어선 외곽을 강화하여 미국의 반격에 대비해야 했는데 외연을 확장하는 한 이를 달성할 수 없었다. 방어태세로 전환하면 이미 총력전에서 입은 피해가 완연한 항공모함부대는 함재기와 조종사들을 보충할 시간을 벌 수 있게 된다.

논점은 옳았으나 구사카는 이 계획을 대변하기에 적당한 사람이 아니었다.[16] 구사카와 상관 나구모는 진주만 기습계획에 반대했다.[17] 그 결과 모순되게도 기동부대의 최고위 간부 두 사람은 연합함대에서 발언의 입지가 좁아졌다. 그뿐만 아니라 이런 접근은 일본 해군처럼 공격을 금과옥조로 여기는 조직의 지지를 받기에 너무 수동적으로 보였다. 만약 적당히 공격적인 지휘관이 같은 제안을 들고 나왔더라면 최소한 논의는 했을 것이다. 그러나 구사카 같은 책상물림이 가져온 제안은 제출되자마자 사망 확정이었다.

두 번째 선택지는 오스트레일리아 침공이었다. 목표의 크기로 볼 때 터무니없는 제안으로 보였다. 그러나 오스트레일리아 침공에는 몇 가지 매력적인 점이 있었다. 크기만 컸지 오스트레일리아는 인구밀도가 낮았고, 방어에 동원할 수 있는 전력은 몇 개 사단 정도였다. 영토 크기로 인해 오스트레일리아군은 해안선 전체를 방어할 수 없었고 이는 일본이 '어딘가에는' 확실하게 상륙할 수 있다는 것을 뜻했다. 오스트레일리아 북부 일부만 확보해도 일본은 남태평양에서 연합군에게 남은 가장 중요한 보루에 교두보를 구축할 수 있었다. 일본은 미국의 계산에서 오스트레일리아의 위치가 매우 중요하다는 사실을 알았다. 미국이 장차 남방에서 반격할 때 오스트레일리아를 발판으로 삼으려 한다는 조짐이 있었으며, 오스트레일리아 점령은 장차 있을 반격을 사전에 차단한다는 데 의의가 있었다. 사실 나구모 부대의 포트다윈 공격은 부분적으로는 이를 염두에 둔 것이었다. 오스트레일리아 공격은 오른팔 도미오카 사다토시富岡定俊 대좌〔군령부 제1부 제1과 과장〕[18]의 보좌를 받는 후쿠토메 시게루福留繁 소장〔군령부 제1부 부장〕을 필두로 작전 담당인 군령부 제1부 1과[19]의 지지를 받았다. 항공력의 예언자이자 당시 남방지역의 작전지휘권을 가진 제4함대(사령부 추크섬 소재) 사령장관인 불같은 성미의 이노우에 시게요시井上成美 중장도 이를 지지했다.

그러나 육군은 작전 실행에 최소 10~12개 사단이 소요된다는 점을 정확히 지적하여 이 제안에 재빨리 찬물을 끼얹었다.[20] 육군에게 오스트레일리아는 어떻게든 피하고 싶은, 인력을 빨아들이는 수렁이었다. 따라서 육군은 오스트레일리아 정복에 몇몇 이점이 있다는 데에는 동의하면서도 간단히 말해 필요한 병력과 수송수단이 없다는 것을 강조했고, 한걸음 더 나아가 이렇게 멀리 남쪽으로 작전을 확대하면 해상보급능력 밖에 있는 전역戰域을 추가하게 된다고 해군의 아픈 곳을 찔렀다. 육군이 해군의 취약한 기초적 해상보급 능력을 정확하게 분석하자 해군은 더욱 분기탱천했다.

오스트레일리아 침공의 대안으로 제시된 방안은 미국과 오스트레일리아의 교통선 차단이었다. 그러려면 일본은 솔로몬 제도를 따라 남동쪽으로 공세를 취해야 했다. 여기에서 뉴헤브리디스 제도New Hebrides Islands,[21] 중요한 누메아Nouméa항이 있는 누벨칼레도니 제도, 피지Fiji, 그리고 마지막으로 사모아Samoa까지 진출하는 것이다. 그러면 일본은 미국-오스트레일리아 교통선을 타고앉아 미국에서 오는 증원을 막을 수 있다. 도미오카와 이노우에는 오스트레일리아 침공계획을 선호했으나 계획이 채택되지 않을 경우를 감안해 이 대안을 고려대상으로 남겨 놓았다.

이와 동시에 연합함대는 남방이 아니라 중부태평양에서 2단계 작전을 수행하는 것을 물밑에서 고려 중이었다. 이러한 접근은 제5함대 사령장관 호소가야 보시로細萱戊子郎 중장이 처음 제시했다. 호소가야 중장은 북방의 일본 접근로를 방어하는 임무를 맡았는데 이 북방 항로는 미국 항공모함 부대에는 일본 본토로 접근하는 가장 손쉬운 길이었다.[22] 이 개념은 야마모토 연합함대 사령장관과 참모진의 적극적 지지를 받았다. 야마모토는 진주만에서 기습 당일 아침에 원래대로 포드섬Ford Island 정박지에 있었다면 격침했을 미국 항공모함들을 놓친 것을 뼈아픈 실책으로 여겨 아직도 괴로워하고 있었다. 일본의 노력에도 불구하고 미국 항공모함들은 아직 결전에 나오지 않고 있었다. 야마모토는 어떻게 해서라도 미 항공모함을 격침해야 한다고 굳게 믿었다. 미 항공모함 기지가 진주만이라는 사실을 아는 이상 야마모토는 그 소굴 근처에서 일전을 벌이는 것이 합당하다고 믿었다.

진주만 기습의 결과를 알게 되자 야마모토는 전쟁이 시작됨과 거의 동시에 중부태평양 방면 공세를 고려했다. 1941년 12월 9일에 야마모토는 우가키 참모장에게 하와이 침공 개념을 재검토해 보라고 지시했다.[23] 이에 따라 우가키는 1942년 초에 이 작업에 매진하고 있었다.[24] 초기 작전계획에는 하와이 상륙을 통해 미 해군과의 결전을 이끌어낸다는 개념이 있었다.[25] 그러나 얼마 지나지 않아 우가키는 하와이의 방어가 강력하므로 여기에서 전투를 벌이는 일은 지극히 위험하다는 사실을 인정했다.[26]

어쨌거나 이 계획에서 하와이 침공의 역할이 명확해져야 한다. 흔히들 중부태평양에서 일본이 성공적으로 공세를 추진했더라면 자동적으로 하와이 침공으로 이어졌을 것이라고 생각한다. 물론 야마모토도 이같이 생각했다. 그러나 중부태평양 작전 개념과 마찬가지로 하와이 침공에 해군이 만장일치로 동의하지 않았고 육군에서도 이를 지지할 사람은 거의 없었다. 야마모토 대장과 참모진은 1941년 여름부터 이 모험을 구상했지만 연합함대 밖에서 이 개념을 심각하게 생각한 이는 거의 없었다.[27] 진주만 기습을 입안할 때 공습과 동시에 오아후섬에 상륙하자는 아이디어가 잠시 나왔다.[28] 그러나 대본영 해군부는 이 계획이 너무 무모하다고 판단했다. 1941년 9월에 오아후섬 침공계획은 취소되었지만 연합함대는 이를 잊지 않았다. 따라서 1942년 초에 2단계 작전에 대한 토의가 재부상하자 야마모토와 참모진은 바위 하나가 아닌 두 개를 언덕으로 밀어 올릴 상황에 처하게 되었다.

대본영 해군부와 육군이 연합함대가 중부태평양에 눈독을 들이고 있다는 낌새를 알아채는 데는 오랜 시간이 걸리지 않았다. 대본영 해군부는 적극적으로 이를 중단시키려 했다. 1941년 12월 16일에 대본영 해군부는 도미오카 대좌를 하시라지마로 보내 우가키와 후속작전을 논의하게 했다. 이 회의에서 연합함대의 이른바 '작전의 신'으로 알려진 수석참모 구로시마 가메토黒島亀人 대좌[29]는 하와이와 사모아 중간에 있는 작은 산호초섬인 팔미라 환초Palmyra Atoll[30] 점령을 목표로 한 작전을 보고했다. 처음에 도미오카는 이것을 자기가 선호한 공세축인 피지-사모아 작전(FS작전)을 지원하기 위해 입안된 작전이라고 생각했다.[31] 도쿄에 도착한 도미오카는 회의 결과를 상관인 후쿠토메와 후쿠토메의 상대역인 육군참모본부의 다나카 신이치田中新一 중장[32]에게 보고했다. 다나카는 즉시 도미오카가 오도되었고, 팔미라 진공의 역할이 피지나 사모아가 아닌 하와이로 가는 징검다리를 놓는 일임을 간파했다. 그는 도미오카에게 육군은 어떤 방어선의 확대도 위험하고 불필요한 것으로 본다고 딱 잘라 말했다.[33]

도미오카 대좌는 이제 신중해졌다. 도미오카는 머리가 좋은 데다 오만하다는 말을 들을 정도로 유능한 인물로서 우습게 볼 사람이 아니었다.[34] 다나카 중장의 우려를 접한 도미오카는 곧장 연합함대 작전참모 미와 요시타케三和義勇 중좌[35]에게 도쿄로 와서 차후 연합함대의 작전에 대해 보고하라고 지시했다. 미와는 명령에 따라 1941년 12월 27일 도착하여 연합함대 내부에서 '동정면東正面 작전'으로 알려진 하와이 침공작전을 보고했다.[36] 도미오카는 경악했으며 자신이 연합함대의 계획에 대해 잘못 알고 있었음을 깨닫고 부하인 가미 시게노리神重德 대좌에게 연합함대가 제안한 작전의 병참문제에 대한 연구 자료를 준비해 놓으라고 지시했다. 가미는 명령에 따랐고, 1월 11일경 도미오카는 연합함대의 제안을 논파할 근거를 충분히 마련했다. 하와이 점령은 가능할지도 모르나, 섬의 민간인들을 먹여 살리는 문제를 포함한 보급 문제가 심각해 보였다. 하와이는 원래 자급자족과 거리가 멀었다. 이 요구에 더해 일본이 주둔시켜야 할 대규모 군대를 유지하려면 최소 1개월간 수송선 60척이 필요했다. 일본의 빈약한 수송선 보유량에 비해 과도한 수치였다.[37] 이 수송선단이 미국 잠수함의 습격에 직면할 것을 생각해 보면, 60척은 기본이고 이보다 더 많은 수송선이 필요할 것은 분명했다.

가미가 보고서를 준비하는 동안 도미오카는 상관들과 다른 작업을 하고 있었다. 1942년 1월 10일에 도쿄에서 열린 육군과의 회의에서 나가노 군령부총장은 육군참모총장 스기야마 겐杉山元 대장과 하와이 작전의 개념에 대해 논의했다. 스기야마와 나가노는 하와이 직접 공격은 불가능하며 피지-사모아 작전이 더 바람직하다는 데 동의했다.[38] 스기야마는 육군병력이 덜 필요해서 이 작전을 선호했고 나가노는 최소한 간접적으로나마 오스트레일리아로 진공하는 것이어서 좋아했다.

온갖 술수가 난무하는 이 정치판으로 연합함대 항공참모 사사키 아키라佐々木彰 중좌[39]가 멋도 모르고 들어왔다. 사사키 중좌는 연합함대 참모진 중에서 비교적 하급자로, 1월 13일 또 다른 브리핑을 하기 위해 대본영 해군부에 도착했다.[40] 사사키는 동료 미와가 지난번 도쿄 출장 때 '동정면 작전'을 보고하며 강한 반대에 부딪히지 않았으므로 이번에도 쉽게 넘어갈 것이라고 기대했다. 그러나 기대와 반대로 사사키는 가미의 날카로운 병참문제 연구 결과와 하와이 침공안에 대한 육군의 전적인 승인 거부, 그리고 하와이 대신 피지-사모아 지역으로 진공하라는 나가노와 스기야마의 요구에 부닥쳤다. 사사키는 자리를 물러나 하시라지마의 연합함대 참모진에 이 소식을 전했다.

당연히 야마모토와 우가키는 이 상황 전개에 분개했으나 일시적으로나마 도쿄가 선호한 작전에 집중하는 방법 이외에는 선택의 여지가 없었다. 야마모토 사령장관은 우가키 참모장에게 피지-사모아 작전을 기안하라고 지시했다.[41] 우가키나 참모진 모두 시큰둥했지만 명령에 따랐다. 따라서 중부태평양 작전은 일시적으로 고려 대상에서 배제된 것 같아 보였으나 우가키나 그의 상관의 마음 한구석에 계속 남아 있었다. 우가키는 그 뒤에도 몇 주 동안 자신과 구로시마 참모가 이 작전을 계속 내부적으로 검토했다고 일기에 밝혔다.[42]

이 시점에 다섯 번째 선택지가 잠시 주목을 받았다. 사사키의 실망스러운 도쿄 출장이 있은 지 2주일 후, 우가키는 일기에 하와이를 즉시 공격하는 것은 섬에 주둔한 미군의 항공전력을 볼 때 어쨌거나 비현실적이라고 토로하고, 인도양을 겨냥한 작전의 결과가 더 나을지도 모른다는 생각을 밝혔다.[43] 이 계획에 따르면 일본은 영국령 인도로 진출해 군사행동과 (희망사항이었으나) 인도 식민지 주민들의 반란을 결합하여 인도를 영국 통치에서 떼어낸다. 이 전역에서 성공을 거둔다면 추축 동맹국들과 일본이 중동을 통해 이어질 가능성이 높아지고 따라서 지구 반 바퀴에 걸친 파시즘의 회랑이 만들어진다. 이것은 언론이 목소리를 높이는 전 세계에 걸친 추축국들의 패권 구축이라는 여론과 부합한다는 장점이 있었다.[44]

2월 초에 연합함대 참모진은 2월 20~23일간 야마토 함상에서 열릴 인도양 작전 도상연습圖上練習에 대본영 해군부와 육군대표들을 초청했다. 이 작전의 결과는 잘해야 좋은 점과 나쁜 점이 반반이었다. 우가키는 일기에 "인도양 작전은 좋은 생각이 아니다."[45]라고 적었다. 도상연습을 마친 후, 적 함대를 포착하기가 어렵고 적 항공세력이 분명히 작전을 방해할 것이라는 점이 주요 쟁점으로 떠올랐다. 그러나 계속 작전을 연구하기에 충분할 정도로 총평이 좋았기 때문에 실론 탈취에 대한 관심이 늘어났다. 잠시나마 육군은 이 작전에 반대하지 않았고 장래 인도 방면에서 작전을 확대하는 데 관심이 있는 듯 보였다.[46]

그러나 몇 주 만에 육군이 보인 관심은 시들해졌다. 사실 야마토 함상에서 도상연습이 끝난 지 5일 만에 도쿄에서 열린 육해군 고위급 연락 회의에서는 이 작전에 대하여 일언반구조차 없었다.[47] 부분적인 원인은 육군이 실론에 새 전역을 열고 주둔시킬 병력(최소 5개 사단이 필요하다고 예측)을 투입하는 것을 계속 마뜩잖게 여겼다는 것이다. 그뿐만 아니라 육군은 다수의 신규병력을 장래 있을지 모르는 인도양 작전에 투입하게 되면 '가용 병력 없음'을 핑계로 해군의 새 작전을 거부하는, 그동안 잘 써먹어 온 전술을 못 쓰게 될 것이라고 생각했다. 또한 육군이 인도양 작전의 미끼를 물면 해군이 태도를 바꾸어 동정면 작전 추진으로 태세를 전환하는 동시에 육군에게 가용병력이 있다는 것을 알았으니 병력을 내놓으라고 요구할 것이라는 의심도 있었다. 너무 멀리 나간 예상일 수도 있으나 그럴 가능성이 있었으므로 육군은 앞서 말한 핑계로 돌아가는 것이 덜 위험한 전략이라고 판단했던 것 같다.[48]

상황을 더 복잡하게 만든 요인이 하나 더 있었다. 영국령 버마작전에 예상보다 더 많은 전력을 투입해야 했던 것이다. 3월 8일 양곤을 함락하자 육군은 곧 북쪽으로 선회하여 영국군을 버마에서 내쫓고 인도로 진격할 상황이었으나 그러려면 이라와디강Irrawaddy river 상류로 길게 올라가 험준한 지형으로 진출해야 했다. 보급 측면에서 육군은 거의 한계점에 도달해 있었다. 악명 높은 버마철도의 부설은 진격축선을 따라 인도를 압박하는 데 육군이 직면한 어려움을 보여 주는 증거다. 실론을 여기에 추가한다면 문제가 더 복잡해졌을 것이다.[49]

마지막으로, 독일이 아시아에서 일본과 연결을 구축하는 작전을 중동에서 속행하지 않겠다고 알린 일도 도움이 되지 않았다. 독일의 통보는 최소한 프로파간다 입장에서 인도양 진출의 당위성을 전반적으로 약화했다.[50] 모든 것을 종합한 결과, 이 선택지는 3월 말경에 사망선고를 받았다. 얼마간 준비 중이던 4월로 예정된 나구모의 습격 외에는 인도양에서 추가행동 계획은 없었다.

대본영 해군부와 육군부는 이제 유일하게 남은 전략적 대안이 남서태평양 방면 공세라고 결론 내렸다. 3월 13일 대본영 해군부와 육군부는 공식적으로 피지-사모아 방면 작전계획을 승인했다.[51] 이노우에 4함대 사령장관도 이를 지지했다. 이노우에는 최근 미군에게 두 번 호되게 당한 후 남서태평양 전역을 더 많이 주목해야 한다고 요구하고 있었다. 2월 20일 윌슨 브라운Wilson Brown 소장이 지휘하는 항공모함 렉싱턴Lexington이 라바울 습격을 시도했다. 이 공격은 중간에 취소되었으나 뒤따른 전투에서 미군은 일본군에게 일본군 비행기와 방어선이 총체적으로 얼마나 취약한지를 뼈아프게 가르쳤다.

브라운의 의도는 치고 빠지는 기습이었다. 그러나 함재기를 발진시키기에 너무 먼 거리에서 함대가 발각되었다. 라바울은 엄중하게 방어되었고 제24항공전대 사령관[52]은 최근 편성된 제4항공대 전체 전력인 1식 육상공격기1式陸上攻擊機(연합군 코드명 베티Betty)[53] 17기를 발진시켜 미 함대를 요격했다. 결과는 재앙에 가까웠다.[54] 출격했던 1식 육상공격기 중 15기가 격추되었고, 피해 규모에 비해 적에게는 아무 손해도 입히지 못한 것이다.[55] 불길한 징조였다. 라바울같이 중요한 기지는 이런 공격에서 당연히 스스로를 지킬 수 있어야 했다. 이렇게 중요한 전략기지를 방어할 수 없었다는 것은 라바울 같은 기지들을 거점으로 한 일본의 방어선이 미국의 공격을 막을 수 없다는 뜻이기도 했다.[56]

겨우 한 달도 안 지난 3월 10일에 두 번째 충격적 사건이 일어났다. 미 항공모함들이 다시 남태평양 수역에 나타나 뉴기니 북부 해안의 라에Lae와 살라마우아Salamaua에 상륙하던 일본군을 기습 공격한 것이다.[57] 브라운 소장이 지휘하는 렉싱턴과 요크타운Yorktown은 뉴기니의 남해안이 보이는 지점에서 비행기 104기를 발진시켰다. 미군 공격대는 높은 오언스탠리Owen Stanley산맥을 넘어 완전 무방비 상태의 일본 상륙부대를 덮쳤다. 공격의 물적 효과는 극적이었다. 상륙군을 수송하던 수송선의 3분의 2가 손상을 입거나 격침되었다. 미군이 공격했을 때 수송선 중 상당수가 해안에 근접해 있었고 그중 여러 척을 해변에 좌초시켜서 더 큰 피해를 막았다.

심리적 차원에서 이 일은 제24항공전대의 대손실보다 더 큰 효과를 가져왔다. 육군은 육군대로 비슷한 공격이 또 있을 것이라는 전망에 충격을 받았다. 이노우에는 자기의 작전권역에서 쉬운 승리를 챙기는 상황이 끝났음을 깨달았다. 연합군의 저항은 점점 심해졌고 항공활동은 활발해졌으며 미 해군은 일본군의 진공을 막기 위해 기꺼이 항공모함을 보낼 준비가 되어 있었다. 이러한 저항 앞에서는 더 이상 일방통행을 할 수 없었다. 이노우에가 남방의 방어선을 완성하려면 연합함대의 지원을 받아야 했다. 이노우에의 견해는 군령부의 지지를 받았다.

최근의 심상치 않은 상황 전개를 고려하여 이노우에는 연합함대 참모 한 명을 추크섬으로 불러냈다. 목적은 야마모토에게서 더 많은 지원을 받아내기 위한 로비였다. 바쁘게 돌아다니던 미와 중좌는 3월 13일 추크섬에 도착하여 이노우에를 만났다. 이 자리에서 미와는 지원이 더 많이 필요하다는 이노우에의 의견에 동의했다.[58] 하지만 이때 해군의 정규 항공모함들은 인도양에 투입된 상황이라 당장 파견이 불가능했다. 그러나 미와는 이노우에에게 한 달 내에 항공전대 하나를 자유롭게 풀어 이노우에를 지원할 수 있다고 장담했다. 미와의 지지를 받아 이노우에는 연합함대에 건의를 올렸고 미와는 돌아갔다. 그러나 4월 초, 건의를 올리자마자 이노우에는 속았음을 깨달았다. 야마모토가 전 항공모함 부대를 6월 초로 계획된 작전에 투입할 예정이었기 때문이다. 바로 중부태평양을 겨냥한 작전이었다!

3월 내내 아무에게도 알리지 않은 채 야마모토와 우가키는 다시 중부태평양으로 시선을 돌렸다. 야마모토가 생각하기에 미국 항공모함들이 이노우에의 작전권역에 관심을 드러냈다는 것은 미국이 '아직도' 항공모함을 가지고 있다는 사실에 비하면 아무것도 아니었다. 당연히 피지에서 오스트레일리아의 교통선을 차단하는 일도 이

보급로를 지키는 항공모함 제거에 비하면 부차적인 문제였다. 따라서 적 항공모함 격멸을 최우선 작전목표로 삼아야 했다. 사실 이는 야마모토의 적인 체스터 니미츠 대장이 원한 목표이기도 했다. 그러나 야마모토가 주도권을 잡고 있었으므로 미군이 따라올 조건을 만드는 것은 야마모토에게 달려 있었다.

이때 일본은 태평양에서 미 해군이 사용 가능한 항공모함 수가 4척으로 줄었다고 믿었다. 렉싱턴이 전쟁 초에 잠수함 공격으로 격침되었다고 여긴 것이다.[59] 따라서 태평양에는 요크타운급 항공모함 3척(요크타운Yorktown, 엔터프라이즈Enterprise, 호닛Hornet)과 새러토가Saratoga만 남게 된다. 와스프Wasp는 소재를 알 수 없었다.[60] 더 작은 레인저Ranger도 계산에 들어 있었으나 아직 대서양에 있는 것으로 추정되었다.[61] 따라서 이론상 일본이 상대할 미국 항공모함은 최대 5척이었다. 그러나 일본군이 볼 때 자신의 의도가 간파될 것이라고 생각하기는 어려웠으므로 일본군이 공격할 때 미군 항공모함 5척이 한곳에 같이 있을 리가 없었다. 야마모토는 어떤 적을 마주치더라도 나구모 부대의 항공모함 6척으로 상대할 수 있을 것이라고 굳게 믿었다.

미국 항공모함 격멸이 야마모토의 의중에서 과도한 상징성을 띠게 된 것은 당연했다. 쓸모가 있건 없건 항공모함의 존재는 일본이 벌인 전쟁에 내재된 모순 그 자체였다. 일본이 개전 초기에 거둔 승리는 눈부셨지만 전쟁을 수행하는 미국의 산업 잠재력이 존재하는 한 결국 속빈 강정이었다. 미국이 태평양 식민지에서 쫓겨나고 미 해군이 진주만에서 참패와 굴욕을 당한 것은 사실이다. 그러나 미국인들은 아직 싸울 의지가 충만했고 완전한 승리만이 목표라는 점을 분명히 했다.

여기에 일본이 직면한 근본적인 전략적 난제가 있었다. 상처를 입기는 했으나 장기적으로 훨씬 강력한 데다 단기적으로 협상을 완강하게 거부하는 적을 무슨 수로 협상 테이블로 끌어낼 것인가? 또한 일본은 경제적으로 훨씬 강한 데다 산업기반이 공격권 밖에 있는 적에 대항하여 새 제국의 경제적 버팀목을 어떻게 확고부동하게 지킬 것인가라는 문제와도 씨름해야 했다. 문제는 명확했으나 해결책은 보이지 않았다. 사실 그런 해법은 없었을지도 모른다. 일본은 기습으로 전쟁을 시작했기 때문에 어떠한 군사적 패배를 안기든 간에 미국을 협상 테이블로 불러내기란 능력 밖의 일이었다. 눈에 보이는 출구전략이 없었으므로 이 문제에 대해 야마모토가 내놓은 '미 함대 격멸을 목표로 한 공세 지속'은 당연했으나 공허한 답이었다.

야마모토는 미국이 절대 포기하지 못하고 싸울 수밖에 없는 목표를 공격하는 것이야말로 미국 항공모함을 유인할 수 있는 가장 좋은 방법이라고 확신했다. 앞에서 서술했듯이, 처음에 야마모토는 하와이를 직접 공격하는 방법을 생각했다.[62] 그러나 12월 7일 진주만 기습 이후 하와이 제도에서 미국의 군사력은 훨씬 강해졌고, 12월처럼 좋은 조건으로 나구모가 다시 하와이를 찾아가기에는 하와이 수역과 공역의 경비는 삼엄해졌다.[63] 야마모토는 하와이를 위협하는, 중간 어디쯤의 목표물을 공격한다면 미국이 격하게 반응할 것이라고 생각했다. 동시에 그 목표물이 하와이 주둔 항공전력의 작전범위 밖에 있어야만 하와이 주둔 미군기가 전투에 끼어들 여지를 줄일 수 있었다.

야마모토가 선택한 목표물은 '미드웨이 제도Midway Islands'였다. 이름처럼 미드웨이는 하와이 제도의 끝자락, 태평양 중앙에 자리 잡은 곳으로 오아후섬에서 약 1,300해리(2,408킬로미터) 떨어져 있는데, 겉보기에 야마모토의 목표물은 해상 결전은 고사하고 작은 싸움을 벌일 가치조차 없어 보였다.[64] 미드웨이 제도는 샌드섬Sand Island과 이스턴섬Eastern Island으로 구성된 산호초에 둘러싸인 작은 환초다. 두 섬을 합쳐도 면적은 6.2평방킬로미터에 불과하다. 둘 중 더 작은 이스턴섬은 서로 교차하는 항공기지 활주로 세 개가 섬을 거의 다 차지했다. 일본 측 정보에 따르면 항공기 약 50기가 이 기지에서 운용 중이었다.[65] 해안 접안시설, 병영, 새로 만든 수상기 기지 같은 대부분의 시설은 샌드섬에 있었다. 전쟁 직전에 2천만 달러라는 거금을 들여 완공된 수상기 기지에는 전방위로 해상을 정찰하는 카탈리나 PBY 비행정 여러 기가 배치되었다. 그러나 미드웨이 제도의 크기가 작아 이 시설에 쏟아부은 액수에 상관없이 대규모 항공대를 운용할 가능성은 거의 없었다.

미드웨이의 진정한 가치는 시설이 아니라 위치에 있었다. 미드웨이를 점령한다면 일본은 하와이 제도 안쪽에 교두보를 만들 수 있게 된다. 미드웨이는 이론적으로는 하와이 정복이라는 목표의 도약대는 될지 몰라도 전진기지로서의 가치는 제한적이었다. 그러나 미드웨이에서 일본은 하와이 서쪽과 북쪽의 광대한 수역에서 작전하는 미 해군 기습부대를 차단할 수 있고, 웨이크섬에 대한 공격을 막을 수도 있다.[66] 따라서 야마모토는 미군이 이 섬을 지키기 위해 싸울 수밖에 없을 것이라고 추론했다.

2-3. 1942년 일본 해군 군령부에서 참모들이 실시한 도상연습 장면. 왼쪽에서 두 번째가 나가노 군령부총장, 왼쪽에서 세 번째에 콧수염을 기른 이가 후쿠토메 소장, 후쿠토메 오른쪽 앞에 있는 이가 도미오카 대좌이다. (저자)

대본영 해군부가 여전히 피지-사모아 대안을 지지하고 연합함대는 중부태평양 대안을 지지하는 상황에서 야마모토가 중부태평양에 다시 관심을 가지게 된 것을 대본영 해군부가 알아차리자 사태는 전기를 맞이했다.[67] 1942년 4월 2일부터 5일까지 도쿄에서 열린 참모 회동은 두 진영의 결전장이 되었다. 양측 대리인들이 싸움을 치렀다. 야마모토가 하시라지마에 정박한 야마토에 앉아 팔짱을 끼고 있는 동안 참모들은 죽기 살기로 싸웠다.

야마모토의 심부름꾼인 전무참모戰務參謀〔연합함대 사령장관 비서〕 와타나베 야스지渡邊安次 중좌[68]는 해군성의 군령부 작전실에 모인[69] 참석자들에게 연합함대의 제안을 펼쳐 보였다. 야마모토의 계획은 즉각 후쿠토메의 세 두뇌, 도미오카 대좌와 야마모토 유지山本祐二 중좌, 미요 다쓰키치三代辰吉 중좌의 집중포화를 맞았다. 조종사 출신이자 와타나베 중좌의 해군병학교 동기인 미요 중좌는 야마모토의 계획을 비판하는 데 최적임자였다. 미요는 즉시 가혹한 비판을 퍼부었다.

미요는 근본적으로 타당한 세 가지 반대 이유를 골자로 야마모토의 계획을 비판했다. 첫째, 미드웨이 공격은 해군이 개전 후 여러 달 동안 훌륭히 사용해 온 공식을 뒤집는다는 점이다. 개전 초기에 일본군은 점령한 비행장을 재빨리 이용하여 항공전력을 전진시키는 방법으로 육상 발진 항공전력의 엄호하에서 움직여 왔다. 그런데 이 새로운 작전에서는 이러한 엄호 없이 태평양을 가로질러 공격하게 된다. 반대로 적군 입장에서 미드웨이는 훨씬 큰 기지인 오아후의 전초기지이기 때문에 필요한 경우 오아후가 미드웨이를 지원할 수 있다. 게다가 미드웨이는 하와이 주둔 미군 중폭격기의 항속거리 안에 있지만, 미드웨이에서 작전할 일본군 비행기에게는 하와이가 영향력을 행사하기에는 너무 멀다.

해군 항공력 발전사에서 이 단계에는 육상에 기지를 둔 적의 항공력을 상대로 항공모함이 장기간 작전을 벌이기란 불가능했다는 것도 기억해야 한다. 기동부대는 육상기지에 자리 잡은 적을 상대할 수 없었고 소모전을 통해 적의 전력이 소진되기를 기대할 수 없었다. 진정한 항공모함 기동부대의 정의에 부합하는 이러한 능력은 전쟁 후기에 미 해군이 훨씬 막강한 생산·보급능력을 발휘하기 전까지는 존재하지 않았다. 기동부대는 강력했으나 어디까지나 기습부대였고 이것이 정확히 일본이 이해한 활용법이었다. 미드웨이를 점령하더라도 나구모는 재보급을 받으려면 철수할 수밖에 없었다. 이렇게 되면 미드웨이는 하와이 주둔 미군의 해상과 항공 전력에 노출된 채 홀로 남는다.

이는 자연스레 두 번째 논점으로 이어졌다. 만에 하나 미드웨이를 탈취하더라도 계속 보급을 유지하기는 불가능했다. 특히 적 잠수함대의 집중 공격 앞에서는 더더욱 그러했다. 일본 상선단은 이미 과중한 부담을 지고 있었다. 일본은 수입 화물의 상당량을 중립국 혹은 연합국 선박으로 운송한다는 불리한 점을 안고 전쟁을 시작했다. 선전포고 후 일본은 사실상 하룻밤 사이에 수백만 톤에 해당하는 선박 수송 화물을 잃었다. 이러한 어려움은 병력수송 지원으로 더 가중되었는데, 민간경제 부문에서 상당량의 선박 수송량이 군사 부문으로 넘어갔기 때문이다. 이미 과중한 부담에 허덕이는 해운망에 불필요한 영향을 주는 일은 어떻게든 피해야 했다.

사실 일본의 방어선이 1해리 확장될 때마다 국가의 해운에는 추가로 2해리의 부담이 가중되었는데, 수송선이 새로이 점령된 기지로 갔다가 돌아와야 했기 때문이다. 미드웨이에는 가져올 물자 비슷한 것도 없었으므로 한 번 보급을 나간 배는 빈 배로 돌아와야 했다. 화물 대신 평형수를 적재하고 1해리를 항해할 때마다 일본 상선단의 전반적 효율성은 더욱 낮아졌다. 그 결과, 선박 보급의 어려움은 일본 본토에서 방어선까지의 거리에 비례하여 기하급수적으로 늘어났다. 미요가 이 정도로 정확하게 이 문제를 인식했을 것 같지는 않지만 그와 동료 참모장교들은 미드웨이 제도의 보급 유지가 지극히 어려울 것이라고 그 자리에서 이야기할 수 있었다.

미요는 섬의 크기가 너무 작아서 작은 규모의 항공대만 주둔 가능하므로 하와이에 있다고 알려진 미군 항공기 수백 기를 대적할 전진기지로 사용하기에는 유용성이 떨어진다고 정확하게 지적했다.[70] 또한 작은 항공대를 적의 코앞에서 유지하는 일 역시 어려울 터였다. 미드웨이 제도는 너무 작아서 항공기를 지상에 분산 배치할 수 없었다. 따라서 미군이 공습할 경우 항공대는 엄청난 타격을 지상에서 고스란히 입을 것이 뻔했다. 미요는 해군기 공급 부족의 심각성을 인식했다. 비행기 예상 소모량을 감안할 때 야마모토 연합함대 사령장관은 미드웨이에서 항공전력을 유지할 방법이 있겠는가? 같은 맥락에서 미요는 항공기용 가솔린을 충분히 공급할 수 있을지를 의심했다. 일본이 보유한 유조선은 얼마 없었으며 그 대부분이 함대를 지원하러 나가 있거나 남방 자원지대에서 원유를 싣고 본토로 돌아오는 중이었다. 미드웨이에서 항공대를 운용하는 것은 병참 차원에서 큰 부담이 되는데 야마모토는 이를 무시했다.

미요의 세 번째이자 마지막 비판은 미드웨이를 공격한다고 해서 야마모토가 막연하게 예상한 대로 미국이 반응하지 않을 것이라는 점이었다. 미요가 생각할 때 바로 앞에서 든 이유로 미드웨이는 하와이 방어에서 하찮은 존재였다. 미국은 전초기지에 불과한 미드웨이를 내주었다가도 일본의 병참선이 와해되는 기미가 보이면 언제든지 미드웨이를 되찾을 수 있다. 그동안 일본이 점령한 미드웨이는 하와이를 전혀 위협하지 못할 것이다. 미요는 그 조그마한 땅뙈기에 야마모토의 예상처럼 미국이 격하게 반응할 이유가 도대체 무엇이냐고 물었다.

미요와 대본영 해군부[71]의 의견으로는 미국-오스트레일리아 교통선 차단 작전을 개시한다면 미군이 반응하여 결전장으로 올 가능성이 더 높았다. 최근 항공모함들의 오스트레일리아 인근 해역 투입이 방증하듯이 미국이 오스트레일리아를 장차 반격기지로 삼으려 한다면 오스트레일리아와의 교통선이 위협받을 경우 적극적으로 반응할 수밖에 없었다. 더구나 남서태평양은 일본에서 멀지만 미국에서도 똑같이 멀었다. 하와이 부근에서 전투를 벌이는 것은 미국에 내선內線에서 싸우는 이익을 가져다 바치는 행위였다.

와타나베는 틀림없이 곤경에 몰렸을 것이다. 미요의 논지를 반박할 수 없어서 그는 하마터면 분을 이기지 못하고 울음을 터뜨릴 뻔했다.[72] 사실 미요의 비판은 야마모토의 계획보다 훨씬 용의주도하게 설계되었다. 와타나베는 곤혹스러워하면서도 미요의 논리적인 반대에 대항하여 논쟁에 말려드는 대신 연합함대의 입장을 반박 불가한 사실로 들이밀고 함대의 요구사항을 앵무새처럼 반복했다. 야마모토의 심부름꾼과 더 이상 이성적 대화가 불가능해지자 도미오카와 미요는 더욱더 기분이 상했다.

결국 대본영 해군부의 압박으로 와타나베는 마지못해 두목에게 직접 개입을 요청해야 했다. 하시라지마에 정박한 야마토에 전화를 건 와타나베는 야마모토에게 남서태평양 작전에 대해 미요가 제시한 대안을 논평해 달라고 요청했다. 야마모토는 미국의 교통선을 끊는 가장 효율적인 방법은 이 교통선을 유지하는 수단인 미 항공모함을 격멸하는 것이라고 대답하고, 그럴 리는 없으나 미국이 미끼를 물지 않는다면 일본은 손쉽게 승리해 방어선의 외연을 확장할 수 있다고 주장했다.[73]

달리 말해 야마모토는 추호도 양보하지 않았다. 더욱이 어투나 방금 논쟁에서 묵사발이 된 와타나베를 흔들림 없이 지지한 것을 볼 때, 야마모토는 자신의 뜻대로 일이 안 풀린다면 사임할 준비가 되어 있음이 분명했다.[74] 이미 한 번 패배를 겪은 대본영 해군부[75]는 이번에도 야마모토가 엄포를 놓고 있다고 코웃음 치기에는 상황이 더 나빴는데 특히 지난 몇 달간 야마모토가 거둔 성공을 보면 더욱 그러했다. 예상대로 상황이 불리해지자 대본영 해군부는 다시 한 번 굴복했다. 야마모토의 행동은 본질적으로 대본영 해군부의 권위에 대한 쿠데타였다. 그러나 야마모토의 항명에 가까운 행동을 제재할 위치에 있는 두 사람—나가노와 후쿠토메—은 야마모토에 대항하는 부하들을 보호하는 행동을 전혀 하지 않았다. 4월 5일, 나가노는 마지못해 야마모토의 차기 작전 구상을 승인했다.[76] 이제 연합함대 참모진이 세부계획을 짜는 일만 남았다.

한 역사가의 논평대로, 이는 전쟁을 수행하는 졸렬한 방법이었다.[77] 나가노와 후쿠토메는 본질적으로 작전계획의 모든 권한을 연합함대에 떠넘기고 야마모토의 권위를 법의 수준으로 끌어올렸다. 이제 야마모토의 권위에 도전할 사람은 아무도 없었다. 이 사건으로 야마모토는 자신이 어떤 종류의 지도자인지를 확실히 보여 주었다. 야마모토는 이성보다는 겁박으로 다스리고 비판을 용납하지 않는 지도자였다.

그러나 승리에는 대가가 따랐다. 대본영 해군부는 다음 작전의 목표로 미드웨이를 마지못해 선택한 대신 야마모토에게 몇 가지를 요구했다. 대본영 해군부의 요구는 야마모토의 결전계획에 크게 영향을 미쳤다. 첫 번째는 6월 작전에 알류샨 열도 공격을 포함하는 데 동의하라는 요구였다.[78] 곧 보겠지만, 두 번째는 미드웨이 공략에 앞서 남서태평양 방면 공세를 제한적으로 지원하라는 요구였다. 따라서 일본군은 전략수립 과정에서 통일된 전략을 가지고 하나의 단기목표를 설정하는 최종 결론에 도달하는 대신 사실상 전장 두 개에서 목표 세 개를 추구하는 결과를 도출했으며, 이 목표들은 전혀 상호보완적이지 않았다. 결전을 앞두고 일본의 정책결정 수준이 어디까지 타락했는지를 보여 주는 예로 이보다 더 적절한 것이 없다.

알류샨 열도 공격은 원래 야마모토의 계획에 없었다. 이것은 대본영 육군부와 해군부의 하위직 사이에 떠돌던 생각이었다.[79] 알류샨 열도 점령은 북부 일본에 미군이 해·공군을 이용해 펼칠지도 모르는 공세에 대한 예방책으로 여겨졌다. 군령부의 작전개념에서 알류샨 작전은 2단계 작전의 초기, 즉 주요 공세 개시 이전에 수행될 예정이었다. 그러나 4월에 군령부와 연합함대가 줄다리기를 하던 중에 미드웨이와 알류샨을 동시에 6월에 공격하기로 결정되었다. 나가노는 4월 5일에 작전구상을 승인했고 대본영 해군부는 4월 16일에 구상의 취지에 부합하는 명령을 내렸다(대해지大海指 85호[80]). 이후 야마모토는 구로시마 참모에게 세부계획을 맡겼다.

알류샨 작전이 포함되자 전체 계획의 범위가 어마어마하게 커졌다. 작전권역은 각 2,400킬로미터 길이의 알류샨 열도와 하와이 제도를 북쪽과 남쪽 경계로 삼고 그 사이의 거리가 약 3,900킬로미터에 달하는 사다리꼴 모양이 되었다. 그 면적은 거의 1,040만 제곱킬로미터이며(중국 혹은 캐나다 면적과 비슷하다.) 이는 지구 면적의 약 2퍼센트 정도로 그 대부분이 거친 북태평양 수역이었다. 절제해서 표현해도 지나치게 큰 전장이었다.

전체 구도에 알류샨 열도 작전이 야심차게 포함되었음에도 불구하고 하와이에 대한 후속작전은 재가되지 않았는데 이러한 작전을 수행하려면 육군의 동의가 필요했기 때문이다. 사실 이 시점에 육군은 하와이에 필요한 사단들은 고사하고 미드웨이 점령에 필요한 부대를 투입하는 데도 동의하지 않았다. 오랜 고충을 겪은 도미오카 대좌에게는 안됐지만 후쿠토메와 나가노가 동의하여 미드웨이-하와이 계획이 연합함대가 아닌 해군의 공식 계획이 된 이상, 육군을 설득하는 일은 이제 도미오카의 책임이 되었다. 도미오카는 눈앞에 닥친 임무를 구역질이 나올 정도로 싫어했겠지만 의무를 따르고자 4월 12일에 다나카 장군을 찾아갔다.[81]

면담은 생각대로 진척되지 않았다. 다나카는 까다로운 고객이었다. 도미오카는 최선을 다해 비판을 피해 가며 해군의 의사를 전달하려고 애썼지만 다나카는 미드웨이 점령으로 인해 일본의 방어 외연이 상당한 규모로 커질 것임을 단박에 파악했다. 더 나아가 미드웨이 점령이 하와이를 목표로 한 연합함대 최종작전의 첫 단계가 될 것이라고 내다보았다. 다나카는 두 작전에 강하게 반대했으며 하와이 점령은 일본의 전쟁 수행 노력을 심각하게 약화하는 일이라고 경고했다.[82] 결론적으로 다나카는 미드웨이든 알류샨이든 상관없이 단호하게 병력 투입을 거절했다.

육군의 냉랭한 거부에도 불구하고 도미오카는 야마모토의 계획대로 작업을 진행하는 것 외에는 선택의 여지가 없었다. 도미오카는 '대동아전쟁 제2단작전 제국해군 작전계획'이라는 제목이 붙은 공식계획을 기안했다. 이 내용에 따르면 인도양 작전은 공식적으로 부차적 위상으로 격하되었다. 피지와 사모아 진공은 각하되었다(이는 일시적이었다. 이에 대해서는 나중에 다시 살펴본다). 육군 대신 해군 육전대를 미드웨이 점령에 투입하고,[83] 미드웨이 점령 후 존스턴섬Johnston Island[84]과 팔미라 환초를 점령하여 하와이를 겨냥한 상륙을 준비할 예정이었다. 다나카의 거절에도 불구하고 해군은 이 작전들이 육군과 협조하여 진행될 것이라고 낙관적으로 생각했다. 4월 16일, 나가노 군령부총장은 히로히토에게 직접 이 계획을 상주했다.[85] 스기야마 육군 참모총장도 배석했으나 이의를 제기하지 않았다. 아마 반대의사를 표명하기에 더 알맞은 때를 기다렸는지도 모른다. 그러나 나중에 일어난 사건들이 증명하듯이 이때가 육군이 미드웨이 작전을 중단시킬 수 있었던 유일한 기회였다. 알현 후 고작 이틀 만에 미국이 야마모토의 승리를 확인해 주었던 것이다.

3

작전계획

겉으로만 보면 1942년 초의 4개월 동안 미국은 전쟁에서 지고 있었다. 그것도 아주 극적으로. 진주만 기습은 미국 해군의 자존심을 뿌리째 흔들어 놓았다. 수십 년간 미 해군 전력의 근간이었던 전함부대는 초장부터 절름발이가 되었고, 일본이 진주만 기습과 동시에 필리핀을 공격하자 필리핀을 방어할 희망도 사라졌다. 수마트라와 자바를 방어하는 데에도 미 해군은 명목상의 전력만을 파견할 수밖에 없었다. 동남아시아에서 일본이 예상치 못한 속도와 정확성을 발휘하며 공세를 펼칠 때 미국은 속수무책으로 바라볼 뿐이었다. 절대적 관점에서 미 해군이 입은 물질적 손실은 전체 전력에 비해 미미했지만 자존심에 가해진 타격은 실로 컸다.

4월경, 태평양에서 연합군의 전략적 위치는 초라하게 쪼그라들었다. 자바와 수마트라가 함락되었으며 미 해군 아시아분견함대Asiatic Squadron는 네덜란드령 동인도제도를 둘러싸고 벌어진 싸움에서 거의 전멸했다. 이제 일본은 오스트레일리아를 직접 위협할 수 있는 위치에 있었다. 필리핀은 완전히 고립되었고 더글러스 맥아더Douglas McArthur 휘하의 전력은 용감히 싸웠으나 4월 9일에 항복했다.[1] 영국령 말라야와 버마가 침략자의 군홧발에 짓밟혔고 영국령 인도도 일본군의 위협 아래 놓이게 되었다. 전체적 상황은 뼈아픈 재앙 그 자체였다. 그러나 이 4개월 동안 겪은 재앙을 통해 미국은 몇 가지 중요한 깨달음을 얻었다.

첫째, 전함은 더 이상 결정적 무기가 아니다. 미국이 전쟁에서 이기고 싶다면 세력 투사는 항공모함에, 적 통상파괴는 잠수함에 의지해야 했다. 미 해군은 전함이 사라진 상황에서 항공모함과 잠수함의 새로운 용도를 발견했다.[2] 따라서 진주만의 연기가 가라앉자마자 기존 항공모함 전력 보전과 신규 전력 확충, 그리고 적 항공모함 격멸이 미 해군의 절대적 목표가 되었다.

둘째, 만약 일본의 공격을 성공적으로 방어하려면 미군이 싸움을 도맡아야 한다. 동남아시아에 주둔한 네덜란드 육해군은 전멸했다. 설상가상으로 영국 해군은 오스트레일리아와 뉴질랜드가 직접 공격받는다고 해도 인도양을 떠날 입장이 못 될 정도로 전력이 형편없이 약화되었다. 충격적 상황이었으나 영국의 전력이 약해졌다는 사실은 명백했다. 뉴질랜드와 오스트레일리아는 일급 군사력을 보유했으나 일본을 상대로 전쟁 수행은 고사하고 자위에 필요한 인구도, 산업기반도 없었다. 따라서 태평양에서 승리를 거두려면 전쟁 대부분을 미국이 도맡아야 했다.

셋째, 모든 것을 다 고려해 보면 장기간 전쟁 수행에 필수적인 기지들을 반드시 지켜야 했다. 우선 손에 꼽을 수 있는 것은 하와이와 파나마 운하였다. 이 중 하나라도 잃으면 결과는 대참사일 것이다. 파나마 운하는 너무 멀리 떨어져 있어 당장 함락되는 상황을 생각하기 어려웠으므로 소수 부대만 배치해도 되었다. 그러나 하와이는 다른 문제였다. 미국은 12월 7일 이후 오아후 본도와 미드웨이 제도, 존스턴섬 같은 외곽기지의 방비 강화를 위해 신속하게 움직였다. 하와이 주둔군은 1941년 10월의 3만 명에서 1942년 4월경에는 전투원만 7만 명으로 불어났고 단시일 내에 11만 5,000명까지 증원될 전망이었다.[3] 방어병력 규모가 섬의 안전을 절대적으로 보장해 주지는 않았지만 일본이 점령을 시도할 경우 하와이는 손쉽게 함락되지는 않을 터였다.

그러나 같은 이유로 미국이 궁극적 승리를 원한다면 오스트레일리아도 방어해야 했다. 이미 2월에 일본은 오스트레일리아 북부 경계를 위협하고 있었다. 더 큰 문제는 오스트레일리아군 최정예 사단 중 일부가 영국군에 배속되어 중동에서 싸우고 있었다는 것이다. 이 절체절명의 순간에 루스벨트 대통령은 오스트레일리아 수상 존 커틴John Curtin에게 오스트레일리아를 확고히 방어하기 위해 하나 혹은 그 이상의

미군 사단을 보내겠다고 직접 확약했다.[4]

이러한 약속은 당연했다. 그러나 이로 인해 미 지상군의 직접 투입 외에 다른 필요가 생겨났다. 지상군을 지원하려면 오스트레일리아와 연결된 교통선을 보호해야 했다. 즉 피지, 누벨칼레도니, 사모아 같은 교통로에 있는 섬들을 더욱 철저히 요새화해야 할 필요성이 생겼다. 현재 이 섬들에 주둔한 오스트레일리아와 뉴질랜드군의 전력은 미미했다. 따라서 미국은 상당 규모의 전력을 잠재적으로 중요한 섬들에 즉시 파견했다.

이리하여 미국은 6개월 전에는 많은 장교들이 지도에서 찾기도 어려워했을 곳으로 단시간에 연대를, 나중에는 사단을 이동시키게 되었으며 이는 자동적으로 네 번째 깨달음으로 연결되었다. 즉 태평양 전선을 방어하려면 '독일 우선'이라는 전략을 태평양의 긴박한 상황을 해결하는 데 맞추어 충분히 유연하게 운용해야 했다. 이는 빠르면 1942년 중반에 유럽대륙에 연합군이 상륙해야 한다는 공감대를 잠시 유보해야 한다는 뜻이었다. 돌이켜 보면 1942년에 독일을 직접 공격한다는 것은 어떻게 보아도 비현실적이었다. 그럼에도 불구하고 태평양 전선을 배려한 군사적 우선순위의 재배정은 전쟁 전의 전략을 극적으로 변화시켰다.

태평양 전선의 지휘를 한 몸에 짊어지게 된 인물은 체스터 W. 니미츠Chester W. Nimitz 대장이었다.[5] 진주만 기습 직후 허즈번드 E. 키멀Husband E. Kimmel 대장이 불명예스럽게 해임되자 후임으로 니미츠가 1941년 12월 31일에 태평양함대 사령관으로 부임했다. 누구나 니미츠를 훌륭한 군인이라고 평했다. 니미츠는 키멀의 참모진을 해임하는 대신 참모들의 능력에 대한 깊은 신뢰를 재확인하고 그들을 유임했다. 이러한 조치는 얼마 전 심하게 흔들린 지도부의 사기를 진작했다. 새 사령관은 사람 보는 눈이 뛰어나 누구를 승진시키고 누구에게 보다 능력에 맞는 보직을 줄지를 알았다. 니미츠는 능력 있는 부하에게 권한을 위임했고 부하로 하여금 최상의 결과를 거두게 하는 방법을 알았다. 그는 침착했고 어떤 상황에서도 당황하지 않았으며 언제나 승산과 전과를 계산하고 분석하는 치밀함을 갖추었다. 치밀한 성품 뒤에는 대담함과 적극적 투지가 있었다. 그는 상황이 허락하는 대로 일본 해군 주력을 격멸하기로 결심했고 여기에서 항공모함이 핵심요소가 될 것임을 알았다. 개전 초 몇 달간 집단 히스테리 상황에서 일본군이 승리의 후광을 받아 무적처럼 보일 때에도 니미츠는

3-1. 미 태평양함대 사령관 체스터 W. 니미츠 대장. 현명하고 통찰력 있는 니미츠 대장은 치밀함과 대담함을 갖추고 지휘하여 미 태평양함대를 승리로 이끌었다. (John Lundstrom)

자신의 수병과 조종사들이 충분히 일본군의 맞수가 될 수 있다고 굳게 믿었다.

그러나 단기적으로 니미츠에게는 일본군의 행보에 따라 반응하는 것 외에 선택의 여지가 없었다. 그때는 전쟁에서 이기는 데 필요한 압도적 물량 우세 같은 요소가 아직 없었다. 새러토가가 1월에 일본군 잠수함의 공격으로 중파되어 니미츠는 정규 항공모함 수 측면에서 일본에 뒤진 상태였다. 새러토가보다 신형이지만 소형인 와스프는 아직 대서양에 있었다. 따라서 새러토가의 자매함 렉싱턴, 요크타운급 요크타운과 엔터프라이즈, 그리고 새로 취역해 겨우 3월에 태평양 전선에 도착한 호닛을 합쳐 4척이 니미츠의 손에 남았다.

전쟁 초기에 몇 달 동안 니미츠는 노출된 적의 전진기지를 항공모함으로 끈질기게 습격했다. 이러한 소규모 공격은 전쟁의 경과에 큰 영향을 미치지 못했으나 미 항공모함 비행단의 기량을 향상하는 긍정적 효과가 있었다. 그러나 4월경, 미국 국민의 사기 진작을 위해 뭐든 해보라는 워싱턴의 압박으로 니미츠는 항공모함 중 2척을 동원하여 더 대담한 기습작전을 벌였는데 이는 생각지 못하게 큰 연쇄효과를 낳았다.

4월 18일 아침, 나가노 군령부총장이 미드웨이 작전계획을 히로히토에게 상주한 지 불과 이틀 뒤, 미 육군 B-25 쌍발 중형폭격기 16기가 마법처럼 도쿄와 다섯 도시 상공(요코하마橫浜, 요코스카橫須賀, 나고야名古屋, 고베神戸, 오사카大阪)에 나타났다. 육군항공대 제임스 둘리틀James Dolittle 중령의 지휘하에 폭격기들은 일본 해안에서 약 400해리(741킬로미터) 떨어진 곳에 도달한 항공모함 호닛에서 발진했다. 호닛과 그 자매함 엔터프라이즈는 일본이 미국에 전쟁을 개시했을 때처럼 왕래가 드문 북태평양을 가로지르는 방법으로 일본의 초계선을 뚫었다.

항공모함이 몇 척 없었기 때문에 니미츠는 이 작전을 승인하고 싶지 않았다. 그러나 상급자들의 희망에 따를 수밖에 없었으므로 새로 취역한 항공모함 호닛을 작전에 투입하도록 지시했다. 호닛은 캘리포니아의 앨러미다Alameda 기지에서 예정대로 둘리틀의 B-25 폭격기들을 비행갑판 뒤쪽에 수용한 후 태평양을 가로지르는 항해에 나섰다. 승조원 대다수는 비행기 수송 임무라고 생각했지만 외양에서 윌리엄 F. 홀시William F. Halsey 중장이 지휘하는 엔터프라이즈와 합류한 후에야 비로소 임무의 정체를 알게 되었다.

일본 해군이 이런 공격을 전혀 예측하지 못했던 것은 아니다. 우가키 연합함대 참모장은 1942년 2월 2일자 일기에 이러한 공격이 있을 위험에 대해 처음으로 적었다.[6] 이에 대응하고자 일본은 본토에서 700해리(1,296킬로미터) 떨어진 해상에 감시정[7]으로 구성된 초계망을 구축하여 적 기동함대의 접근을 감시하고 있었다. 감시정 하나가 미 기동함대를 발견하여 적시에 도쿄에 보고했으나 격침당했다. 그러나 일본은 육군의 장거리 쌍발폭격기를 항공모함에서 발진시킨다는 미국의 획기적 발상은 예측하지 못했다. 일본군이 알기에 미 항공모함은 대개 목표에서 200해리(370킬로미터, 왕복이 가능한 최대항속거리) 안으로 접근해야 공격이 가능했다. 미 함대는 일본군에 발견되자마자 B-25를 서둘러 띄워 날리고 방향을 돌려 도주했다.

일본 해군은 상황을 만회하기 위해 노력했다. 둘리틀 공격대가 내습했을 때 마침 나구모 중장의 항공모함 5척이 실론섬 공습에서 돌아오는 길이었다. 그중 아카기, 소류, 히류는[8] 타이완의 마궁馬公항에서 동쪽으로 전력으로 항해하여 미국 항공모함들을 쫓아갔다. 그러나 미국 항공모함들은 머뭇거리다가 일본군에게 응징될 생각이 없었다. 아카기와 요함僚艦들은 빈 바다에서 아무것도 찾지 못하고 빈손으로 하시라지마로 귀항해야 했다.

직설적으로 말해 둘리틀 공습의 군사적 결과는 웃어넘길 정도로 미미했다. 몇몇 목표물이 눈먼 폭탄 몇 개를 맞았고 요코스카의 선대에서 개장 작업 중이던 항공모함 류호龍鳳[9]가 가벼운 손상을 입었을 뿐이다. 그러나 공습의 심리적 충격은 어마어마했다. 나가노 군령부총장은 도쿄에서 폭발음을 들었다. 공습 소식을 접하고 큰 충격을 받은 나가노는 "이런 일이 일어나면 안 되는데. 이런 일이 일어나면 안 되는데…."라고 중얼거리며 믿기 어렵다는 반응을 보였다.[10] 야마모토 연합함대 사령장관은 아프다는 핑계로 하루 종일 선실에서 나오지 않았다.[11] 다른 해군 고위 지휘관들처럼 야마모토도 국가를 적의 공격에서 보호해야 한다는 책임을 통감했고 특히 덴노가 위험에 처할 수 있었다는 점 때문에 죄책감에 시달렸다. 야마모토와 해군 고위 간부들은 진주만에서 미국 항공모함을 모두 격침했더라면 이런 공습은 절대 일어나지 못했을 것이며, 특히 일본 방공망이 적기를 1기도 떨어뜨리지 못했다는 사실에 더욱 분통을 터뜨렸다.

둘리틀 공습의 효과는 바늘에 찔린 정도였지만 야마모토가 중부태평양 작전에 대하여 육군의 지지를 얻어내는 데 확고한 역할을 했다. 미 항공모함들이 확실하게 바다 밑에 가라앉지 않는 한 본토는 이런 공격에서 절대 자유로울 수 없었다. 따라서 4월 18일 이후 미국 항공모함 격멸이 연합함대, 군령부, 육군 공통의 절대 목표가 되었다.

둘리틀 공습 다음 날, 다나카 중장은 도미오카 대좌를 만난 자리에서 자신이 미드웨이 작전의 승인 유보를 재고하고 있다고 넌지시 말했다.[12] 20일, 다나카는 미드웨이 작전을 공식 승인했을 뿐만 아니라 공격에 육군 병력을 지원하겠다고 나섰다.[13] 흥미롭게도, 다나카는 도미오카에게 비공식적으로 '동정면 작전'의 세부사항을 추가로 알려달라고 했다. 이것은 해군의 계획에 대한 육군의 평가가 180도 달라졌음을 알려 주는 분수령이었다. 육군은 원래 하와이를 겨냥한 작전에 육군이 관여하지 않는다는 묵시적 조건을 내걸고 미드웨이 작전에 동의했다.[14] 그러나 한 달도 되지 않아 육군은 태도를 완전히 전환했다. 5월 25일, 나구모 부대가 미드웨이로 출항하기 이틀 전에 육군은 하와이 상륙을 준비하라고 몇몇 부대에 지시했다. 이 작전에 대비한 훈련은 9월까지 완료될 예정이었다.[15] 마침내 야마모토는 수많은 난관을 극복하고 궁극적 목표인 미국 항공모함 부대의 격멸과 뒤이은 하와이 점령을 겨냥한 중부태평양 작전을 쟁취하는 데 성공했다.

이제 최종 형태를 갖춘 야마모토의 작전계획을 살펴볼 차례가 왔다. 그전에 독자 여러분께 차가운 물 한 잔이라도 마시고 마음의 준비를 단단히 하시기를 권한다. 우선 작업의 첫 단계로 알류샨 열도(AL)를 겨냥한 작전들과 미드웨이(MI)에 초점을 맞춘 작전들 사이의 관계를 정립해야 한다. 미드웨이 해전에 대한 서구의 해설들은 대개 알류샨 작전을 미드웨이 작전을 지원하기 위한 교묘한 양동작전이었다고 설명한다.[16] 이 해석에 따르면 알류샨 작전은 알류샨을 구원하러 가는 미 함대를 진주만 밖으로 유인하여 하와이 북쪽에서 차단하여 격멸하려 한 작전이다. 그러나 이러한 설명은 정확하지 않다. 사실 알류샨 작전은 미드웨이 작전 수행과 연관되지 않은 완전히 별개의 작전이었다.

많은 일본 측 사료가 이러한 '양동작전'의 신화를 반박한다. 이 가운데 가장 중요한 자료는 종전 직후 미 극동군 사령부 전사편찬실의 명령으로 일본 해군 장교들이 작성한 '재패니즈 모노그래프Japanese Monographs'〔일본 육해군 전사연구전집〕[17] 가운데 두 권이다.[18] 이 가운데 하나를 보면〔83권 「알류샨 해군작전Aleutian Naval Operations」〕 4월 5일에 있었던 야마모토와 나가노의 타협으로 "6월 초에 **동시에**〔저자 강조〕 미드웨이와 알류샨 점령으로 [작전] 계획을 변경"하게 되었다고 한다.[19] 다른 권〔93권 「미드웨이 작전Midway Operations」〕에서도 미드웨이 작전이 "알류샨 작전과 거의 동시에"[20] 수행될 계획이었다는 사실이 확인된다. 이 두 보고서 중 어떤 것에도 알류샨 작전이 미드웨이 작전의 양동작전이었다거나 미 함대를 진주만 북쪽으로 유인할 의도였다는 언급은 없다. 이 점에서 작전에 참가한 두 전함부대—미드웨이로 향한 야마모토의 주력부대와 알류샨으로 간 다카스 시로高須四郎 중장의 경계부대警戒部隊—가 하시라지마에서 같이 출항했지만 나중에 분산 항해한 점도 특기할 만하다.[21]

나구모도 미드웨이 해전 공식 교전보고인 '제1항공함대 전투상보第一航空艦隊戰鬪詳報'(이하 1항함 전투상보)에서 알류샨 작전을 양동작전이라고 언급하지 않았다. 1항함 전투상보 어디에도 알류샨 작전이 미드웨이 작전과 어떤 식으로든 관계가 있다고 언급한 구절은 없다.[22] 비슷하게 야마모토의 참모이자 앞서 계획단계에서 중요인물 중 하나인 와타나베 야스지 중좌도 전후 면담에서 이 문제에 대해 침묵을 지켰다.[23] 와타나베 같은 사람이라면 이렇게 중요한 점을 지적할 만한데 언급 없이 건너뛰었다면 이상한 일이다. 나가노와의 전후 면담 기록에도 (알류샨 작전 개념 도출 과정에서 대본영 해군부 참모진의 역할을 부인하는 신빙성 떨어지는 증언도 있지만) 알류샨 작전이 양동작전이었다는 언급은 없다. 와타나베와 나가노는 4월 2~5일에 열린 대본영 해군부-연합함대 참모회의에 분명히 참석했고 이 회의에서 알류샨 작전을 전체 작전구도에 포함하는 조치가 논의되었다. 알류샨 작전이 양동작전이었다면 나가노와 와타나베는 이 점을 지적할 수 있는 위치에 있었다.

또한 양동작전은 상식적으로도 반박할 수 있는 개념이다. 양동작전이 미 함대를 진주만에서 유인할 계략이었다면 일본은 미드웨이에 손을 뻗치기 하루 전이 아니라 며칠 앞서 알류샨 열도 공격을 시행해야 했다. 미 함대가 위협을 감지한 다음 이에 대응하기 위해 알류샨을 향해 북쪽으로 항해할 시간을 주기 위해서라도 이런 조치가 꼭 필요했다. 미군이 하루 안에 신속하게 행동했다고 쳐도 나구모가 공격했을 때 미 함대는 아직 한참 미드웨이 남쪽에 있었을 것이다. 사실 야마모토는 적이 알류샨을 향해 북쪽으로 갈 것이라고 생각하지 않았다. 오히려 그는 미 함대가 오아후에서 **서쪽으로** 진출해 미드웨이 남서쪽 어딘가에서 전투가 벌어질 것이라고 보았다.[24] 일본군이 계획적으로 미 함대를 알류샨으로 유인하려 했다면 야마모토가 예상한 미 함대의 행보는 여기에 맞지 않는다.

퍼즐의 마지막 한 조각은 일본의 공식 전사인 『전사총서戰史叢書』에서 찾을 수 있다. 『전사총서』에 따르면 작전 최종안에서 야마모토의 모든 계획은 근본적으로 'N 데이'로 지정된 1942년 6월 7일(도쿄 시간, 현지시간은 6월 6일)에 맞춰 움직였으며, 이날 미드웨이 제도를 공격하여 점령할 예정이었다.[25] 앞에서 언급했듯이, 실제 공격은 며칠 앞서 N-3일(도쿄 시간 6월 4일, 현지시간 6월 3일)에 개시될 예정이었다. 이날 일본군은 **원래** 계획대로 더치하버Dutch Harbor와 미드웨이 폭격을 **동시에** 시행할 예정이었으며[26] 이것이 나구모 부대가 출항하기 직전까지의 계획이었다.[27] 따라서 알류샨 작전이 양동작전이었다는 주장은 사실과 거리가 있다.

전체적으로 보아 알류샨 작전은 미 태평양함대가 다른 곳에서 바쁜 기회를 틈탄 빈집털이였다. 작전 목적은 일본의 방어 외연을 바깥쪽으로 더 확대하는 것이었다. 더 정확하게 말하면 알류샨 작전의 목적은 "서부 알류샨 제도에 위치한 전략적 중요 거점의 점령 혹은 파괴를 통하여 해당 전역에서 적의 공중·해상기동 저지"[28]였다. 이렇게 함으로써 점령한 알류샨 열도에서 항공, 해상초계를 펼친다면 "본토를 완벽히 방어하고 …… 북방에서 예상되는 침공 및 미국–소련 간 연계를 막을 것이다." 바렌츠해Barents Sea를 통해 미국이 소련으로 보내던 보급품의 양을 생각해 보면 후자는 대단히 중요하다. 더 나아가 알류샨 열도 점령은 미드웨이 확보 후 "미드웨이 북쪽에서 예상되는 공격 …… 에 대한 측면방어라는 성격을 띤다."[29]

전술한 내용을 보면 일본은 본토로 오는 침공경로 혹은 전략폭격 기지로서 알류샨 제도의 유용성을 명백히 과대평가했던 것 같다. 곧 일본군도 알게 되겠지만 알류샨 열도의 기상조건은 1년 내내 끔찍했다. 알류샨 열도의 섬들은 작은 데다가 산밖에 없었고 초지나 재목도 없기 때문에 가끔 들르는 일각고래 포경선보다 더 큰 원정대를 보낼 가치가 전혀 없었다. 그러나 이것이 일본군의 작전목표였다.

알류샨 작전에 대해 두 번째로 알아볼 것은 작전 수행 방법이다. 미드웨이 작전과 비교하면 막간극에 불과했으나 알류샨 작전의 전투서열은 미드웨이 작전의 전투서열보다 복잡했다. 야마모토의 계획은 이 작전을 주요 3단계로 수행하되 각각의 단계가 끝난 후 대규모 함대 재배치를 예정했다. 이로 인해 작전기간 동안 각 함선들의 예상 이동경로에 대한 후대의 논의가 더욱 복잡해졌다. 이 3단계는 '군대구분軍隊區分'(이하 구분)으로 알려져 있으며 5월 20일 발령된 기밀 북방부대 명령작 제24호機密北方部隊命令作第二四号에 상세히 규정되어 있다.[30] 목적과 시간표는 다음과 같다.

- 제1구분은 당면 상륙 목표 달성 시점까지 목표에 대한 초기 접근과 작전을 포괄(대략 1942년 6월 8일까지)
- 제2구분은 해당 지역 점유를 공고화하는 작전과 관련되며 적의 반격 위협이 현격하게 없어질 때까지 지속

• 제3구분은 북방지역 방어를 위한 함대 재배치 규정. 1942년 6월 20일 발효 예정[31]

야마모토는 더치하버 공격과 더불어 알류샨 작전 개시일을 미드웨이 상륙 점령일 3일 전인 6월 4일로 잡았다. 작전의 주목적은 알류샨 열도 서쪽에 가까운 유일한 주요 기지인 더치하버에 있는 미 육해군 전력의 무력화였다. 더치하버 공격 후 일본군은 상황이 허락하는 한 공격을 속행하여 6월 6일에 키스카Kiska섬과 에이댁Adak섬에 상륙할 예정이었다. 필요할 경우 애투Attu섬 상륙도 12일로 예정되어 있었다. 에이댁섬 상륙은 일시적인 조치였으며 사전에 파악된 미군 시설을 파괴한 후 철수할 계획이었다. 더치하버 탈취는 이 시점에 고려되지 않았으나, 일본군은 더치하버를 감시할 기지의 확보가 중요하다는 것을 알았다. 그래야 더치하버가 위협적인 항공 및 잠수함 기지로 탈바꿈하는 위험을 사전에 차단할 수 있을 것이었다.

알류샨 작전을 위해 육군은 병력 1,143명을 애투섬과 에이댁섬 상륙에 배정했다.[32] 이 병력은 수송선 1척[33]에 탑승했다. 제1수뢰전대[34]의 경순양함 아부쿠마阿武隈와 구축함 4척과 특설기뢰부설함 1척이 호위를 맡았다. 반면 키스카섬은 해군 설영대設營隊(해군 소속으로 점령지에서 비행기, 기지 건설의 역할을 맡음) 1개 대대를 동반한 마이즈루 진수부 제3특별육전대舞鶴鎮守府第三特別陸戰隊(해군육전대, 서구에서는 Special Naval Landing Forces/SNLF로 알려짐)의 550명이 공격할 예정이었다.[35] 해군병력은 수송선 2척[36]에 탔으며, 제21전대[37]의 경순양함 기소木曾, 다마多摩와 구축함 3척, 특설순양함 3척, 소해함 3척의 호위를 받았다.

알류샨 작전의 지휘는 북방부대 본대의 호소가야 보시로 중장이 맡았다. 제1구분에서 본대에는 중순양함 나치那智, 구축함 2척,[38] 급유선 2척, 수송선 3척이 배정되었다. 호소가야의 지휘하에 배속된 야마자키 시게아키山崎重暉 소장 휘하의 잠수함 6척이 상륙 전 정찰과 수상함대의 후위後衛를 맡았다.

알류샨 공격부대의 실제 주력은 가쿠다 가쿠지角田覚治 소장의 제2기동부대였다. 제2기동부대는 훨씬 유명한 사촌인 제1기동부대와 닮은 점이 별로 없었다. 개장 항공모함 준요隼鷹[39]와 경항공모함 류조龍驤로 구성된 제4항공전대(이하 4항전)가 제2기동부대의 주축이었다. 이 둘은 어색한 짝이었다. 준요는 류조보다 크고 비행기 운용설비가 더 좋았으나 25노트라는 느린 속도가 발목을 잡았다. 준요는 맞바람이 약하면 발함에 필요한 합성풍속을 비행갑판에서 만들어낼 정도의 속력을 내지 못했기 때문에 항공어뢰를 장착한 무거운 97식 함상공격기를 운용하는 데 부적합했다. 가쿠다의 기함 류조는 준요보다 빨랐지만[40] 엘리베이터가 작아서 덩치 큰 99식 함상폭격기[41]를 운용할 수 없었다.[42] 따라서 둘 다 단독으로는 진정한 의미의 정규 항공모함이 아니었으며 한 쌍으로 운용되어야만 어느 정도 역할을 할 수 있었다. 이 외에 제2기동부대에는 중순양함 다카오高雄, 마야摩耶로 구성된 제4전대 2소대, 그리고 구축함 3척[43]과 급유선이 있었다.

수상기모함 기미카와마루君川丸와 구축함 1척[44]으로 구성된 소규모 독립 수상기부대水上機部隊는 상륙전 지원과 색적정찰 역할을 맡았다.[45] 비슷하게 제22특설감시정대特設監視艇隊는 작전구역 외곽 호위를 담당했다. 수송기 4기와 도코 해군항공대東港海軍航空隊[46]에서 지원 파견된 대형 97식 비행정 6기로 구성된 알류샨 기지항공부대基地航空部隊는 정찰임무를 수행할 예정이었다.

가쿠다 부대를 원거리에서 지원하는 역할은 전함 휴가日向가 기함인 다카스 시로 중장의 경계부대가 맡았다. 부대의 핵심전력은 제2전대로 기함 휴가와 휴가의 자매함 이세伊勢, 그리고 노병 후소扶桑, 야마시로山城로 이루어졌다. 이 넷은 일본이 보유한 가장 오래된 전함으로 진주만에서 침몰한 미국 전함들과 거의 같은 급이었다. 경순양함 기타카미北上와 오이大井, 구축함 12척[47]이 전함부대의 전위를 맡았다. 급유선 2척이 이 함대를 따랐다. 다카스의 전함들은 공식적으로 알류샨 작전에 포함되지 않았으며, 일본의 작전계획 원문에 짧게 언급되었다. 다카스의 함대는 야마모토의 주력부대와 같이 출항하여 '필요 시' 알류샨 공격부대를 지원할 수 있는 위치에 배치될 예정이었다.[48]

알류샨 열도 탈취 후 제2구분을 통해 함선의 대대적 재배치가 예고되었다. 애투-에이댁과 키스카 공략부대는 해산하고 함선들을 다른 부대들에 재배치하되 호소가야의 본대에 대다수를 보내기로 했다.[49] 이렇게 강화된 본대는 "전 작전 지원"을 위해 유지될 예정이었다.[50] 한편 가쿠다의 제2기동부대는 미드웨이 작전부대에서 차후에 차출될 경항공모함 즈이호瑞鳳와 구축함 4척으로 보강될 것이었다.[51] 그러나 알류샨 수역에서 조우하는 미 해군 세력을 격멸한다는 가쿠다의 목표는 그대로였다. 지원 잠수함 부대는 작전명령이 내려졌을 때(5월 20일) 일본에서 수리 중이던 7척이 추가로 배치되어 전력이 두 배 이상 증강될 참이었다.[52] 수상기부대에는 가미카와마루神川丸가 전입(역시 미드웨이 작전부대에서 전출)되어 기지항공대와 함께 정찰임무를 계속 수행할 예정이었다.[53] 그동안 키스카섬과 애투섬에서는 지상병력이 방어 전개를 마치기로 계획되었다.[54]

일본 해군은 제3구분을 통해 함대를 또 한 번 대규모로 재배치할 예정이었는데 목표는 획득한 점령지의 장기방어였다. 본대는 다시 감축되겠지만 지원임무는 그대로 남겨 두었다. 새로운 지원대 두 개가 편성될 계획이었는데, 3전대의 전함 각각 2척씩을 중심으로 대부분 미드웨이 작전부대에서 전출된 순양함과 구축함으로 강화된 부대였다.[55] 동시에 가쿠다의 제2기동부대는 크게 강화되어 공습부대空襲部隊 두 개로 분리될 계획이었다. 제1공습부대는 작전을 시작할 때의 전력인 4항전과 호위함들로 이루어지지만 즈이호는 제2공습부대로 분리되어 이 시점에 전열에 복귀할 즈이카쿠와 합류할 예정이었다.[56] 두 부대 모두 가쿠다가 총지휘하도록 되어 있었으나 이 부대들에 부여된 임무는 명확하지 않았고 이 전력이 이 위도에서 무엇을 달성할 수 있었을지도 알기가 어려웠다.[57]

알류샨 작전의 제1, 2, 3 구분에는 최종적으로 전투함만 연 80여 척이 필요했고 계획상 일본 해군 보유 전함 11척 중 8척, 항공모함 11척 중 4척, 잠수함 13척이 동원된다. 알류샨 작전에는 일본이 지금까지 벌인 어떤 작전보다도 진력이 많이 투입되었다. 이는 막간극과는 거리가 멀었고 이미 부족한 해군 전력에서 상당한 부분을 유출했다.

알류샨 작전계획 어디에도 더치하버 공격이 완결된 다음에 가쿠다의 제2기동부대를 남쪽으로 보내 나구모를 지원할 준비가 없었다는 점이 흥미롭다. 오히려 전력 지원의 흐름은 그 반대였는데, 알류샨 작전 후반부에 참가하기로 정해진 함선들이 거의 다 미드웨이 공격부대에서 알류샨 공격부대로 전출될 예정이었기 때문이다. 사실 나구모 부대의 경계대에서 온 구축함 8척[58]을 포함한 일부는 6월 8일 후 며칠 내에 알류샨에 도착할 예정이었다. 아마 이 함선들은 미드웨이 근해에서 작전 종결 후 바로 본대에서 떨어져 나와 북쪽으로 항해할 계획이었을 것이다.

전체적으로 보아 알류샨 작전은 야마모토의 전반적인 작전계획에 존재한 더 큰 문제의 일부에 불과했다. 간단히 말해 이 작전은 북태평양의 넓은 해역에서 다수 함선이 투입된 여러 함대들의 분산 운용을 예고했지만 이 함선들이 반드시 달성해야 할 진정 중요한 목표는 어디에도 없었다. 또한 작전의 제3구분으로 생겨날 알류샨 부대는 태평양 전체의 전략적 무게중심인 미드웨이 작전 참가 부대들의 전력 흡수를 전제한 구조였다. 이러한 요구사항으로 인해 미드웨이 작전은 반드시 시일을 정확히 엄수해야 했다. 따라서 알류샨 작전에 쏟아부은 시간과 에너지를 차라리 미드웨이 작전에 집중하는 데 사용했더라면 더 나았을 것이라는 결론을 피할 수 없다. 그러나 알류샨 작전의 결함은 야마모토가 미드웨이 작전에서 범한 실수에 비하면 별것 아니다.

미드웨이 작전은 가쿠다가 더치하버 공격을 시작하는 날과 같은 날 개시될 예정이었다. 즉 N-3일(도쿄 시간 6월 4일, 현지시간 6월 3일)에 나구모의 항공모함 6척(산호해 해전의 결과 5항전이 전투에서 빠지기 전의 1, 2, 5항전 항공모함의 수)과 3전대의 전함 2척, 8전대의 중순양함 2척, 10전대 기함과 구축함 11척이 북서쪽에서 미드웨이에 접근한다. 도쿄 시간으로 6월 4일 아침에 나구모 부대는 공격대 발진 위치에 전개한다. 이때 일본군은 공습 한 번으로 미드웨이 제도의 미군 비행장과 항공기를 완파할 수 있다고 믿었다.[59] 미드웨이 공습은 알류샨 공습과 동시에 시작될 예정이었으므로 일본군은 전략적·전술적 기습의 요소가 자기편에 있다고 생각했다. 따라서 나구모의 항공모함들은 발각되지 않고 다가가 미드웨이의 미군 항공전력에 치명타를 날릴 수 있을 것이다.

N-2일(도쿄 시간 6월 5일, 현지시간 6월 4일)에는 곧 있을 상륙에 대비하여 적의 해안방어시설을 무력화하는 데 초점을 맞춘 추가 공습을 실시한다. 미드웨이 공략에 대응하여 진주만에서 미 항공모함 부대가 출격한다면 나구모는 그에 대응해야 하지만 미 함대가 3일 이내에 하와이에서 미드웨이까지 올 것 같지는 않으므로 나구모는 한 번에 하나의 적만 상대하면 된다. 필요하다면 나구모는 보유한 97식 함상공격기 수십 기를 정찰에 투입할 수도 있다. 97식 함상공격기의 행동반경은 400해리(740킬로미터)에 달하므로 색적정찰에 상당히 유용할 것이다.[60]

지상작전은 N-1일(도쿄 시간 6월 6일, 현지시간 6월 5일)에 개시한다. 일본군은 미드웨이에서 서쪽으로 60해리(111킬로미터) 떨어진 작은 섬인 쿠레섬Kure Island에 상륙한다. 후지타 류타로藤田類太郎 소장이 지휘하는 제11항공전대[61]가 같이 투입될 소수

지상병력과 더불어 이 목표를 확보한다. 이후 쿠레섬은 미드웨이 작전을 지원할 수상기 기지로 운용된다. N일 당일(도쿄 시간 6월 7일, 현지시간 6월 6일)에는 육해군 혼성부대가 미드웨이를 공격한다. 공격부대는 해군에서 다이하쓰大發로 알려진 대형 발동기정에 탑승하여 상륙한다. 다이하쓰는 100명 정도의 병력을 태우고 산호초 앞까지 나아갈 수 있다.[62] 해군의 제2연합특별육전대第二連合特別陸戰隊 병력 2,500명[63]이 샌드섬에, 육군의 이치기 기요나오一木清直 대좌가 지휘하는 이치기 지대一木支隊의 병력 2,000명[64]이 이스턴섬에 상륙한다. 두 부대는 산호초에 덜 방해받는 남쪽 해안에 상륙하고,[65] 필요 시 샌드섬에 추가로 상륙한다.[66]

미드웨이 점령대에는 2개 설영대(일부는 웨이크섬에서 노획한 미군 건설장비를 보유)를 비롯해 미드웨이 비행장을 수리하고 전선기지로 바꾸는 데 필요한 보조부대 인원이 동행하여 지상부대 총원은 5,000명이 넘었다.[67] 야포 94문, 기관총 40정, 고효테키甲標的형 소형 잠수함 6척, 어뢰정 5척과 미드웨이를 주요 기지로 탈바꿈시키는 데 필요한 기타 설비도 같이 반입될 예정이었다. 추가로 고효테키 4척과 지상발사 어뢰발사관, 20센티미터 포 10여 문을 6월 중순 이후에 배치하기로 했다.[68]

전형적인 일본군의 육해군 '협력관계'대로 육군 병력은 우지나宇品[69]에서 별도로 승선하여 출항하고 해군 육전대는 구레에서 출항할 계획이었다. 육해군은 각자의 수송선을 가지고 있었으며 둘 다 상대측 병력을 자기 배에 태우고 싶어 하지 않았다. 이 전용 함대들은 사이판에서 만나 다나카 라이조田中賴三 소장의 제2수뢰전대의 호위하에 미드웨이로 항해할 계획이었다.[70] 호위부대는 경순양함 진쓰神通와 구축함 10척,[71] 초계정 3척, 수송선 12척과 급유선 수 척으로 구성되었다.

다나카 부대의 근거리에서 구리타 다케오栗田健夫 소장의 공략부대 지원대가 미드웨이로 향했다. 이 부대의 핵심전력은 제7전대의 강력한 중순양함 구마노熊野, 스즈야鈴谷, 미쿠마三隈, 모가미最上였다. 이 4척이 갖춘 20센티미터 주포 40문이 상륙지원을 맡았다. 그러나 일본 해군의 존재 이유는 적의 전함을 상대하는 것이지 상륙을 지원하는 것이 아니었으므로 해군은 상륙군 지원용 탄착관측과 조직화된 포격교리 개발에 많은 시간을 쏟지 않았다. 돌이켜 보면, 만약 7전대가 실제로 화력지원에 나섰더라도 얼마나 이 역할을 잘했을지 대단히 의심스럽다. 7전대에는 구축함 2척[72]과 급유선 1척이 동행했다.

더 떨어진 거리에서 미드웨이 공략부대 본대가 2함대 사령장관 곤도 노부타케近藤信竹 중장의 지휘하에 항해했다. 이 함대는 미카와 군이치三川軍一 중장이 지휘하는 제3전대의 나머지 전함인 히에이와 곤고를 중심으로 중순양함 4척—아타고愛宕, 조카이鳥海, 하구로羽黑, 묘코妙高[73]—이 추가로 편성되었다. 이 부대의 호위는 경순양함 유라由良에 탑승한 니시무라 쇼지西村祥治 소장〔제4수뢰전대 지휘〕이 맡았으며 구축함 7척[74]을 거느렸다. 공략부대에는 새로 건조한 경항공모함 즈이호瑞鳳와 직위구축함 1척[75]도 있었다. 계획상 다나카, 곤도, 구리타 부대는 모두 서남서 방향에서 미드웨이로 접근하는 경로로 항해했다.

일본 해군은 섬의 기지를 미 해군과의 결전에 하루 앞서 작전 가능 상태로 복구하기 위해 미드웨이 제도를 6월 6일(도쿄 시간 6월 5일)에 점령하기로 했다.[76] 이때 나구모 부대는 상륙을 지원하는 동시에 섬의 북동쪽으로 이동하여 전투를 준비하고 6일 밤에는 북북서쪽에서 곤도 부대를 지원할 위치에 있을 것이었다. 곤도는 미군의 저항이 격렬할 경우 지원사격을 위해 전함들을 대기시키기로 했다.[77]

곤도와 나구모의 최종방어는 야마모토의 주력부대가 맡았다. 주력부대의 주 전력은 제1전대 소속 전함 야마토, 나가토長門, 무쓰陸奧로 일본 함대에서 가장 큰 구경의 함포를 갖춘 전함들이었다. 주력부대는 작전 초기에는 나구모 부대 뒤에서 따라갈 예정이었다. 주력부대에는 필요 시 독립적으로 작전할 수 있는 소부대들이 있었다. 하나는 수상기모함 지요다千代田와 닛신日進으로 이루어진 특무대特務隊였는데 각각 미드웨이를 점령하면 방어용으로 쓸 소형잠수함과 어뢰정을 수송하고 있었다. 또 다른 소부대인 공모대空母隊는 낡은 경항공모함 호쇼와 구축함 1척으로 이루어졌다. 경순양함 센다이川內와 구축함 8척,[78] 급유선 2척으로 구성된 하시모토 신타로橋本信太郎 소장의 부대〔제3수뢰전대〕가 주력부대와 동행하며 모든 소속대의 호위를 맡았다. 미드웨이를 점령하면 주력부대는 필요 시 곤도를 지원할 위치에 있을 예정이었다.

전쟁 발발 후 6개월이 지난 지금, 미 해군은 전력이 상당히 약화되었으며 사기도 떨어져 살짝 미끼를 던지면 진주만에서 뛰쳐나오리라는 것이 일본 해군의 지배적 견해였다.[79] 곤도 부대가 그 미끼였다. 무엇보다 곤도 부대에는 미군이 공격할 가치가 있는 전력인 주력함 2척(히에이와 곤고)이 있었다. 동시에 곤도의 전함들은 위험에서 빠져나올 정도의 속도를 갖추었다. 야마모토는 주력부대를 너무 빨리 드러내어 조급하게 패를 보이고 싶지 않았는데, 적이 일본군의 압도적 전력을 미리 안다면 차라리 항구에 꼭꼭 숨어 있는 편을 택하리라고 믿었기 때문이다. 달리 말하면 야마모토의 함대 배치는 순전히 기만책이었다. 적을 격멸할 주력부대는 미군이 진주만에서 출격한 다음에야 미드웨이의 정찰권 안에 모습을 드러낼 것이다. 어떻게 보면 야마모토의 계획은 제1차 세계대전 때 독일 원양함대와 영국 함대가 서로를 주력부대의 사정권 안으로 유인하기 위해 순양전함 부대를 운용한 것과 거의 판박이였다.

당연히 작전이 성공하려면 일본의 덫 안으로 들어올 미 함대의 전력에 관한 최신 정보를 획득해야 했다. 야마모토는 진주만의 미 함대 현황을 파악하고자 특수작전을 구상하고 활용하려 했다. K작전으로 불린 이 작전에서 일본군은 잴루잇Jaluit섬과 워체Wotje섬에서 비행정을 출발시켜 함대 작전 시작 직전인 5월 31일에 진주만 상공을 정찰 비행할 계획이었다.[80] 가와니시川西 2식 4발 비행정(이하 2식 대정二式大艇)은 이미 지난 3월에 같은 임무를 두 번 수행했다. 3월 3~4일에 첫 번째 임무를 수행할 때는 진주만 상공에 짙은 구름이 끼어 정찰이 불가능했다. 3월 9~10일에는 미드웨이에서 발진한 미국 전투기가 정찰 중인 2식 대정을 요격하여 격추했다. 이처럼 앞선 정찰의 결과가 부정적이었을 뿐만 아니라 이 기발한 술책의 한계가 드러났다는 회의적 증거에도 불구하고 야마모토는 기꺼이 세 번째 시도를 해볼 요량이었다.

K작전의 문제는 어떠한 일본군 비행기도, 심지어 거대한 2식 대정조차도 재급유 없이 하와이까지 왕복비행이 불가능했다는 점이다. 그러나 항로상에 있는 사전에 지정된 장소에서 비행정에 재급유하는 방법으로 약점을 보완할 수 있었다. 낙점된 재급유 장소는 프렌치프리깃 암초French Frigate Shoals로 알려진 작은 무인도였는데 미드웨이와 하와이 중간쯤에 위치한 곳이었다. 일본군은 3월에 그곳에서 하와이로 가는 2식 대정에 재급유를 실시한 적이 있었다. 5월 31일에도 똑같이 시도하기로 했다.

항공정찰에 추가하여 일본군은 미 함대가 다가올 것으로 생각되는 항로에 걸쳐 잠수함들을 배치하여 2중으로 된 초계선을 구축하기로 했다. 대형 잠수함 7척씩이 남방 산개선散開線(산개선 갑甲)과 북방 산개선(산개선 을乙)을 구축하여[81] 미군의 동향을 감시할 계획이었다. 그러나 두 집단의 잠수함들은 정해진 초계구획 안에서 자유로이 이동하며 초계하는 대신에 모두 고정된 위치에 배치되었다. 설상가상으로 두 산개선의 육안 관측범위가 겹치지 않아 적이 들키지 않고 빠져나갈 구멍이 여기저기 많았다. 즉 독일 해군이 대서양에서 유연하게 잠수함을 운용해 적에게 전력을 집중할 수 있었던 반면 일본 해군은 (전쟁이 끝날 때까지 일본 해군이 사용한) 고정된 잠수함 운용방식을 택했기 때문에 독일 해군처럼 자군의 대형 잠수함을 적 함대에 집중하지 못했다.[82]

야마모토는 주력부대가 미 함대 요격 위치에 전개한 후 미드웨이 근해 어딘가에서 예상한 대로 결전이 벌어질 것이라고 생각했다. 미드웨이 공격 후 나구모 부대는 뒤로 물러나 미드웨이 서쪽 500해리(926킬로미터) 해상에서 대기하고, 나구모 부대를 지원하는 야마모토의 주력부대가 그 서쪽으로 300해리(556킬로미터) 지점에 있기로 했다.[83] 다카스 부대의 전함들은 북태평양의 현 위치에서 남쪽으로 내려와 야마모토 주력부대의 북방 500해리(926킬로미터) 지점에서 대기하기로 했다. 항공모함 2척을 보유한 가쿠다의 제2기동부대는 나구모 부대와 비슷하게 기동하여 다카스 부대의 동쪽 300해리(556킬로미터) 해상에 있도록 계획되었다. 곤도 부대는 진주만에서 미 함대를 끌어낼 미끼 역할을 수행하여 미군 잠수함과 비행기의 정찰범위 밖에 위치한 일본군 전함부대로 미 함대를 유인하는 역할을 맡았다.

모든 것이 계획대로 풀린다면 미 함대는 일본군 상륙 후 미드웨이 수역에 모습을 드러낼 것이다. 야마모토는 적 함대가 미드웨이 부근에서 여봐란 듯 움직일 곤도 부대를 습격하기 위해 오아후섬에서 서쪽으로 출격하여 북쪽으로 항해할 것이라고 추정했다. 연합함대는 미 해군이 항공모함뿐만 아니라 얼마 남지 않은 전함까지도 이 결전에 끌고 올 것이라고 생각한 것 같다.[84] 더 나아가 연합함대는 미국 항공모함들이 전함 중심의 주력부대에서 떨어져 작전하며 서북서쪽에서 이들을 엄호할 것이라고 상정했다. 이는 후방에서 작전하는 느린 주력부대의 전함들이 항공모함들의 기동을 좌우한다는, 탁상공론에 가까운 해석이었다. 달리 말하면 야마모토는 전함부대가 현대적 항공모함 위주 해전에서 나름대로 역할을 맡으리라 믿었고 미군도 일본군과 마찬가지로 생각할 것이라고 가정했다.

즉 일본 해군은 자신의 믿음을 적에게 투영했다. 이는 작전 수립 시 매우 고전적인 실수이다. 일본 해군은 자국 전함들의 역할을 규정한 것처럼 적도 그런 식으로 규정하리라고 믿었다. 그러나 일본 해군은 미 해군이 노후 전함을 빠른 항공모함과 같이 운용한다는 개념을 폐기했다는 사실을 몰랐다. 진주만 기습의 성공으로 전함 부대가 현대적 항공전력에 얼마나 취약한지가 만천하에 드러난 이상 미 해군 사상의 근본적 변화는 어떻게 보면 야마모토 때문이었다.

미 함대가 포착되면 다카스 부대는 남쪽으로 내려와 야마모토의 주력부대와 합류할 예정이었다. 동쪽 측면에서는 나구모 부대가 남쪽으로 기동하여 미 함대와 교전을 벌일 계획이었다. 일본 해군은 잠수함 공격과 항공모함의 공습으로 약화된 미 함대를 마지막에 전함들이 포착하여 격멸할 것으로 기대했다. 어떤 의미에서 야마모토의 계획은 함포 위주 철학으로의 회귀였다. 여기에서 나구모 부대 항공모함의 역할은 잠수함과 마찬가지로 결전 전에 적의 전력을 소모하는 역할로 격하되었다.

알류샨 작전과 미드웨이 작전을 통틀어 일본 해군 전력의 거의 전부, 즉 항공모함 전체, 전함 전체, 4척을 제외한 중순양함 전체, 그리고 기타 전투함, 보조함 가운데 상당수가 투입될 계획이었다. 제독 28명이 전장으로 함대를 이끌고 가 전쟁 전에 1년 동안 소모한 양보다 더 많은 연료를 쓰고 더 많은 거리를 항해할 것이었다.[85]

전투가 승리로 끝나면 나구모의 항공모함들은 6월 16일에서 20일 사이에 추크섬으로 일시 철수한다.[86] 전함들은 본토로 귀항하거나 북쪽에서 알류샨 작전을 지원한다. 그다음 승리의 과실을 공고하게 만드는 작전이 개시된다. 추크섬은 남서태평양 진공 작전의 도약대가 되고 누벨칼레도니, 피지, 사모아는 7월에 점령한다. 다시 말하자면 나가노가 (겉보기에 남서태평양 작전이 제외된) 야마모토의 구상에 동의한 4월 5일과 (세부 작전계획을 기반으로 한 도상연습이 실시된) 5월 초 사이에 군령부는 자신이 선호한 남서태평양 작전을 후속작전 형태로나마 다시 전반적 작전계획에 끼워 넣었다. 8월에 세계는 일본이 존스턴섬을 점령하고 오스트레일리아 대륙에 첫 상륙하는 모습을 목도할 것이다. 그리고 이때가 되면 함대의 지원을 전혀 받지 못하고 일본군 외곽기지에 점점 포위되어 고립될 하와이를 마지막으로 공격한다. 이는 숨 막히게 장대한 전망이었다. 그러나 그 장대함이 계획의 근본적 결함을 가리지는 못했다.

이쯤에서 독자들이 알류샨 작전과 미드웨이 작전 계획에 연달아 나오는 지명, 함대, 제독 들의 이름에 어지럼을 느끼는 것은 당연하다. 바로 이 점이 구로시마가 기안하고 야마모토가 결재한 작전계획의 가장 명백한 결함이었다. 작전은 이해할 수 없을 정도로 복잡했다. 열 개가 넘는 수상함대와 수없이 많은 잠수함 전대들이 빽빽하게 짜인 작전에 투입될 예정이었다. 그러나 이 부대들이 작전에서 지시한 대로 실제 상호 지원이 가능하리라는 기대는 근거가 빈약했다.

쓸데없이 교묘하고 복잡한 작전은 전전戰前 일본 해군 작전의 전매특허였다. 일본 해군의 함대 연습은 대개 일본 측의 정교하게 짜인 함대 기동에 편리하게 맞춰 미숙한 미국 해군이 서투른 기동으로 맞대응하다가 언제나 결국 전멸당하는 판에 박힌 공식에 따라 이루어졌다.[87] 야마모토는 이 전략적 꿈나라에서 벗어나지 못하고 그곳에 푹 빠져 있음을 알리는 기념비를 세웠다. 그는 함선 22척만으로 작전의 핵심인 미드웨이 무력화를 수행하기로 결정함으로써 일본의 수적 우위를 무위로 돌리는 어리석은 작전을 짰다.[88] 22척은 야마모토가 다양한 작전목표로 태평양 전역에 뿌려놓으려 한 함선 수의 10분의 1 수준이었으며 나머지 10분의 9는 작전의 핵심인 미드웨이 점령의 성패와는 아무 연관이 없었다.

알류샨 작전은 일본 해군이 경솔하게 정한 목표들의 정점에 있다. 어떤 기준으로도 더치하버 공습은 50여 척에 이르는 함선을 보내기에 좋은 구실이 아니었다. 알류샨 작전이 양동작전으로조차 고려되지 않았다는 사실을 보면 귀한 전략자산을 이렇게 비전략적 목적에 쏟아부은 결정을 이해하기가 어렵다. 만약 미드웨이 근해에서 미국 항공모함들을 전멸시킨다면 알류샨은 아무 때나 점령할 수 있었다. 나구모가 미 항공모함 격멸에 실패할 경우 장기적으로 보면 알류샨을 점령한다고 해도 방어할 수가 없었다. 나중에 보듯이, 애투와 키스카 점령은 미드웨이 작전이 실패하자 사소한 자기만족적 보상이 되었을 뿐이다. 애투와 키스카의 상실은 미국에 아무 의미가 없었다. 미드웨이 해전이 일어난 뒤에 애투와 키스카의 실함 보고를 받은 W. 프랭크 녹스W. Frank Knox 해군장관은 "일본은 현대전을 이해할 능력이 없거나 치를 자격이 없다."라고 야마모토의 계획에 일침을 날렸다.[89]

여기에서 야마모토뿐만 아니라 대본영 해군부도 이 전략적 대실패에 책임이 있다는 점을 강조할 필요가 있다. 야마모토에게 작전의 특권을 마지못해 팔아넘긴 대가로 알류샨 작전을 야마모토의 작전에 끼워 판 당사자는 대본영 해군부였다. 야마모토의 향후 작전에 결함이 생긴다면 우량자산을 허황한 생각에 투자하라고 야마모토에게 강요한 나가노와 그의 수하들이 자책할 일이었다. 그렇지만 야마모토는 알류샨 작전에 그다지 이의를 제기하지 않았는데 거기에 신경 쓰지 않아도 이길 자신이 있었던 것 같다.

전력 배분이라는 더 큰 문제—그중 알류샨 작전은 한 증상이었을 뿐이다.—에 관해서는 미드웨이 전투에 대한 기존 연구들이 상세히 다룬 바 있다. 그중 몇몇 논점들은 여기에서 다시 언급할 가치가 있다. 앞에서 서술했듯이, 야마모토가 적극적으로 공감한 연합함대 내부의 지배적 의견은, 미 해군은 패했고 사기가 땅에 떨어졌으며 이들을 결전장으로 유인해 내기만 하면 전멸시킬 수 있다는 것이었다. 당연한 귀결로서 기만책이 상호지원보다 우선했다. 야마모토는 기만책을 써야만 겁먹은 미 함대가 숨는 대신에 하와이에서 나와 일본 전함들이 기다리는 결전장으로 올 것이라고 생각했다.

미국의 군사패권에 아무도 이의를 제기하지 않는 현대에 도대체 어떤 나라가 미 해군을 이런 식으로 평가할 수 있는지 이해하기가 어렵다. 그러나 1942년의 일본은 극히 제한적으로 미국의 전력을 판단할 수밖에 없었다는 점을 기억해야 한다. 일본 해군은 청일전쟁과 러일전쟁에서 전력이 상대적으로 열세였음에도 불구하고 원하는 시간과 장소에서 해전을 벌인 경우가 많았다. 일본 해군은 전투를 피하는 적을 공격하는 데 매우 익숙해져 있었다.

태평양 전쟁 개전 후 4개월 동안 일본군의 이러한 자아상은 더욱 확고해졌다. 적대관계가 시작된 이래 연합군은 끝없는 패배의 고리에서 벗어나지 못했다. 연합군 장병 개개인의 용기에는 의심의 여지가 없었지만 연합군의 장비, 교리, 훈련 등 많은 부분에서 일본보다 뒤처졌다는 사실은 명백했다. 미국의 사기가 완전히 무너진 적은 없었으나 그때까지 미군의 군사적 능력에 뭔가 부족한 점이 있었다는 데에는 의문의 여지가 없었다. 지금껏 미 해군이 겪은 패배를 볼 때 일본 해군이 당연히 미 해군이 원양에서 싸우고 싶어 하지 않는다고 생각했다 해도 놀라운 일은 아니다. 이러한 적과 대면하여 야마모토는 적과 나의 약점과 강점에 대해 이야기하는『손자병법』허실편虛實篇에 나오는 다음 구절을 현실에서 재현하고 있다고 믿었을지도 모른다.

> "그러므로 공격을 잘하는 자는 적이 수비할 방법을 모르는 곳을 공격한다. 수비를 잘하는 자는 적이 공격하는 법을 모르는 곳을 지킨다. 미묘하고 미묘해서 아군이 보이지 않게

되고 신기하고 신기해서 소리도 들을 수 없는 것처럼 적이 아군을 파악하지 못하게 한다. 그렇기 때문에 능히 적의 운명을 다룰 수 있다. (故善功者, 敵不知其所守, 善守者, 敵不知其所攻. 微乎微乎, 至於無形. 神乎神乎, 至於無聲. 故能爲敵之司命)"

그러나 야마모토가 같은 편에 나오는 다음 구절[90]을 먼저 읽어 보았더라면 더 좋았을 것이다. 바로 적장 니미츠가 며칠 뒤 그를 쳐부술 때 잘 써먹었을 법한 구절이다.

"적으로 하여금 형태를 드러내게 하고 내 형태는 알 수 없게 하면 아군은 병력을 집중할 수 있고 적군 병력은 분산된다. 아군은 집중되어 하나이고 적군은 열로 분산되니 열의 힘으로 하나를 공격하게 된다. 아군은 많고 적군은 적어서 다수로 소수를 공격할 수 있으니 싸움이 쉬워진다. (故形人而我無形, 則我專而敵分. 我專爲一, 敵分爲十. 是以十攻其一也. 則我衆以敵寡, 能以衆擊寡者. 則吾之所與戰者弱矣)"[91]

지휘관으로서 야마모토의 가장 큰 단점은 적의 본질을 정확히 꿰뚫어보는 능력의 부재이다. 그는 이 단점 때문에 이미 진주만에서 실패한 바 있다. 야마모토는 전쟁 발발 시 신속한 타격으로 미국 함대를 불구로 만들어야 한다는 조바심에 눈이 멀어 기습공격으로 생긴 분노는 무엇으로도 가라앉힐 수 없다는 사실을 간과했다. 미드웨이 작전의 계획 단계에서 야마모토는 전과 마찬가지로 적의 성향과 전투의지를 알아차리지 못하는 실수를 저질렀다. 만약 야마모토가 적의 의지를 정확하게 판단했다면 전력 집중이 기만책보다 더 중요하다는 사실을 깨달았을 것이다.

야마모토는 전체 작전에 쓸데없는 하위 작전을 만들어 넣어 실수를 더 복잡하게 만들었다. 미드웨이 작전과 알류샨 작전에 참가한 전력 중 상당수는 단지 무엇인가 할 일을 찾아 투입되었다는 인상을 피할 수 없다. 사실 이것이 진실에 가까울지도 모른다. 우가키는 3월 3일자 일기에서 "주력부대는 본국 수역에서 오래 머물렀다는 이유로 사기가 낮아졌다. 사기 진작을 위해 노력했으나 …… 반드시 작전에 나설 필요가 있다."[92]라고 적어 우려를 나타냈다. 이 상황을 볼 때 야마모토는 할 일 없이 함대를 놀리는 것보다 일부러 일을 만들어 투입하는 쪽이 더 낫겠다고 느꼈을 수 있다. 하지만 미드웨이와 알류샨 작전에 참가한 전함 11척 중 나구모와 곤도 부대가 각 2척씩 보유한 고속전함 4척만이 작전의 중요 단계에서 실질적 지원을 할 것이었다. 실제로 곤도의 2척은 의미 있는 역할을 하지 못했다. 발이 느린 나머지 7척은 다른 함대들을 '원거리 엄호'할 예정이었다.

원거리 엄호라는 개념이 일본군의 작전계획에서 보기 흉한 머리를 쳐든 것은 이때가 처음도 마지막도 아니었다. 사실 전쟁이 끝날 때까지 이 개념은 일본군의 작전개념에 나쁜 영향을 주었다. '원거리 엄호'는 지나치게 자주 '부재'를 뜻했는데, 엄호 대상인 부대들이 필요할 때 지원을 받기에는 너무 멀리 있었기 때문이다. 2월 27일~3월 1일의 자바해 해전에서 일본군이 하마터면 패할 뻔한 원인도 이것이다. 이 해전에서 제5전대[93]의 호위를 받던 자바섬 상륙선단이 5전대와 떨어진 곳에서 연합군 함대의 습격을 받았다. 속력이 일본군을 살렸다. 5전대의 순양함들은 빠른 속도를 이용하여 간신히 잃어버린 시간을 만회했고 제시간에 현장에 도착해서 느린 상륙선단을 구했다.[94] 머지않은 장래에 벌어질 산호해 해전에서 항공모함 쇼호祥鳳를 손실한 일도 이 개념의 탓이 크다.

알류샨 공격부대 본대 역시 이 개념의 또 다른 소산으로 생각해봄 직하다. 호소가야의 빈약한 본대는 전투함 3척에 비전투함 5척이라는 이상한 비율로 구성되었는데 남의 발등에 떨어진 불을 꺼주기는 고사하고 스스로를 지키기에도 버거운 전력이었다. 그러나 알류샨 작전의 제1구분에 의하면 호소가야의 본대는 제2구분 후 편성될 더 큰 함대의 구심점 역할에 불과하다는 것을 기억할 필요가 있다.

따라서 제2전대가 주력인 다카스의 경계부대가 좀 더 적합한 비판대상일 것이다. 제2기동부대의 어울리지 않는 항공모함 한 쌍을 '엄호'하는, 일본 해군에서 가장 오래된 전함 4척으로 구성된 다카스 부대는 북방수역에 나타날지도 모르는 미국 항공모함 부대를 심각하게 위협할 수 없었다. 게다가 24노트라는 최고속력으로는 늑대가 나타났을 때 재빠르게 도망쳐서 목숨을 부지하기도 어려웠다. 만약 다카스 부대가 미 항공모함을 만났다면 더 깊고 더 차가운 바닷속 무덤에 들어간다는 차이만 있을 뿐 진주만의 미국 전함들과 같은 운명을 맞았을 것이다. 물론 야마모토는 다카스 부대가 북방수역에서 전투에 참가할 일이 전혀 없다고 생각했을 것이다. 다카스 부대가 명목상으로라도 알류샨 작전부대에 포함되지 않은 사실을 보면 이러한 느낌이 더 강해진다.[95]

왜 야마모토가 다카스의 전함들을 주력부대에 포함하지 않았는지 이해하기가 어렵다. 사실 다카스 부대는 미드웨이 전투가 시작되었을 때 주력부대와 합류하기 어려운 위치에 있었다. 다카스 부대가 북쪽으로 수백 해리 떨어져 있었다는 사실은 만약 미 함대가 발견된다면, 그리고 실제 발견되었을 때 신속히 대응해야 할 야마모토의 발목을 잡는 사안이었다. 만약 미 함대가 야마모토가 쓴 대본에서 벗어난 행동을 한다면 야마모토는 2전대(다카스 부대)의 화력 없이 전투에 나가야 했을 것이다. 다카스 부대는 알류샨 공략부대와 야마모토의 주력부대의 중간에 있었으므로 결국 어느 쪽도 지원하지 못했다.

야마모토의 주력부대 역시 막강한 화력에도 불구하고 필요한 때에 아군을 지원하기에 불리한 위치에 있었다. 원래 계획에 따르면 주력부대는 나구모의 항공모함들과 최소 600해리(1,110킬로미터) 떨어져 있어 만약 문제가 생겼을 경우 현장까지 달려가는 데 이틀이나 소요될 터였다. 그러나 야마모토가 보기에 그럴 가능성은 낮았다. 전투가 시작될 때 나구모가 상대할 적은 고립되고 움직이지 않는 미드웨이 제도였다. 적 기동부대보다 섬을 상대로 전투를 벌일 장소를 정하기는 훨씬 쉬웠다. 만약 나구모에게 문제가 생기면 언제든지 주력부대로 퇴각할 수 있었다. 미드웨이 제도가 어디로 도망갈 일은 없었다.

당연히 많은 전후 연구자들은 야마모토가 나구모 부대와 상대적으로 멀리 떨어진 위치에 주력부대를 배치한 결정을 비판해 왔다. 그러나 설사 야마모토가 함대를 교묘하게 배치했더라도 이들이 제시한 해법인 나구모 부대를 주력부대에 통합 운용하는 것 역시 작전상 별 의미가 없다. 주력부대의 전함 3척 중 가장 빠른 야마토의 최고속력은 27노트였는데 나구모 부대의 가장 느린 항공모함 가가보다 딱 1노트 느렸지만 아마 전투 중인 기동부대를 따라갈 수 있었을 것이다. 그러나 나가토와 무쓰는 야마토보다 2노트가 느렸고 히류와 소류보다는 거의 10노트 더 느렸다. 따라서 고속기동이 필요한 상황이 온다면 이 전함들은 도움을 주기보다는 걸림돌이 되었을 것이다. 따라서 주력부대와 나구모 부대의 통합운용은 해결책이 아니었다.

만약 나구모 부대가 전함의 포격지원이 필요했다면 주력부대를 분리해서 유지하되 나구모 부대와 좀 더 가까운 곳에서 운용하는 방법이 더 이치에 맞았을 것이다. 야마모토가 근거리에서 나구모의 뒤를 따라갔다면 미드웨이 제도에서 발진한 미군기의 공격을 받는다 해도 부분적으로나마 나구모 부대의 상공엄호를 받을 수 있었다. 이와 반대로 더욱 대담하게 주력부대를 나구모 부대의 전위에 배치했더라면 미군에게 탐나는 먹잇감을 던짐으로써 하늘에서 오는 적의 공격을 흡수할 수도 있었다.

그러나 이 모든 상상은 핵심을 놓치고 있다. 사실 나구모 부대 지원은 주력부대의 목표인 미 함대 격멸에 비하면 어디까지나 부차적이었다. 야마모토 계획의 핵심은 격멸이었다. 만약 미 함대를 격멸하기 위해 진주만 밖으로 유인해야 한다면 일본군 총전력이 얼마나 되는지 알 수 없도록 적을 기만함과 동시에 상호지원이 가능하게 함대를 배치할 길은 없다. 이 두 목표는 양립할 수 없다. 야마모토는 자신이 두 목적을 동시에 달성할 수 없음을 알았고 따라서 필요하다고 여긴 은폐를 위해 상호지원을 기꺼이 희생했다. 사실 적을 속여서 꾀어낼 수 있다고 본 전제가 처음부터 작전계획을 망쳐 놓았다.

야마모토가 전략적 기만을 좋아하는 버릇이 있다는 점을 안다고 해도 미드웨이 남서쪽에서 접근하는 부대들의 배치 계획은 이해하기가 어렵다. 모든 부대는 대략 같은 시점에 미드웨이 인근 수역에 도착하기로 예정되어 있었다. 다만 최종적으로 접근할 때는 강력한 곤도 부대가 선두에 설 계획이었다. 그다음 곤도 부대는 다른 약한 부대들을 남기고 남동쪽으로 나아갈 예정이었다. 차라리 곤도, 다나카, 후지타, 구리타의 네 부대가 함께 사이판이나 추크섬에서 출항했더라면 각 함대는 일정 조율의 어려움에서 벗어날 뿐만 아니라 상당한 정도로 상호지원이 가능했을 것이다.

마찬가지로 7전대의 빠르고 강력한 중순양함 4척(모가미, 구마노, 스즈야, 미쿠마)을 나구모 부대에 포함했더라면 위험 부담 없이 작전 성공의 가능성을 조금이나마 높였을 것이다. 7전대가 기동부대와 같이 행동했다면 대공전투에서나 수상전투에서나 나구모 부대의 전투력을 크게 향상하는 데 기여할 뿐만 아니라 적절한 시간에 미드웨이를 포격하는 데 쉽게 파견할 수 있었을 것이다. 특히 7전대의 순양함들이 탑재한 10기가 넘는 장거리 수상정찰기는 나구모의 정찰능력을 어마어마하게 강화했을 것이다.[96] 7전대가 기동부대에 포함되었더라면 운명의 6월 5일 아침에 나구모가 운용할 수 있는 정찰기는 거의 두 배 이상이었을 것이며 적 발견 후 접촉 유지에 사용할 예비기의 수도 늘어났을 것이다. 다나카 부대 근처에서 작전 예정인 7전대를 떼어낸다고 해서 다나카 부대가 위험에 처했을 것 같지도 않다. 왜냐하면 나구모 부대야말로 어떤 경우에도 전 함대의 최종 방어자였기 때문이다.

지휘관의 책무는 공간, 시간, 전력이라는 전투의 세 가지 주요 차원을 조율해서 지휘하는 것이다. 앞서 계속 이야기했듯이, 야마모토의 계획은 공간 개념을 유연하게 활용하지 못했다. 야마모토는 '신묘하게' 전력을 운용하기 위해 함대를 분산함으로써 아무 목적도 이루지 못하게 만들었다. 야마모토의 전력 대부분은 전투 대신 태평양을 가로지르는 관함식이라도 하듯이 배치되었다. 이 같은 배치로는 예측하지 못한 상황에 처했을 때 대응할 수가 없다.

그렇다면 시간과 전력이라는 나머지 두 차원은 어떠한가? 여기에서도 야마모토의 계획은 놀랄 만큼 결함투성이였다. 나구모는 4일에 공습 시작, 6일에 쿠레섬 상륙, 7일에 미드웨이 본도 상륙을 계획하고 그 직후 미 해군과의 결전을 준비하기로 일정을 짰다. 작전 계획상 쿠레섬은 탈취 당일에 작전 가능한 수상기 기지로 탈바꿈되고 미드웨이 기지는 하루가 지난 8일에 나구모를 지원할 수 있도록 원상 복구되어야 했다. 이는 점잖게 말하자면 지나치게 빡빡한 일정이었다.

수상기는 육상기보다 운영설비가 덜 필요하므로 쿠레섬의 수상기 기지를 작전 가능 상태로 복구하는 일은 상대적으로 쉬웠을 것이다. 그러나 미드웨이 비행장은 완전히 다른 문제였다. 계획대로 나구모가 4일부터 6일까지 연달아 미드웨이를 공습한다면 활주로가 온전하거나 혹은 부분적이라도 사용할 수 있는 상태로 일본군의 손에 들어올 가능성은 없었다. 만약 7전대가 상륙작전의 지원포격을 실시한다면 활주로는 더 심하게 파손될 것이다. 일본군에게 점령당하기 전에 미군이 시설을 최대한 파괴할 수도 있었다. 최소한 항공기용 연료저장 시설은 소각되었을 것이므로 일본군은 연료 없이 이스턴섬에서 항공작전을 수행할 수는 없었을 것이다. 전투부대에 뒤따라 설영대가 들어올 예정이었지만 미드웨이의 비행장을 글자 그대로 하룻밤 사이에 작전 가능한 상태로 되돌릴 가능성은 희박했다.

여기에 더해 부과된 시간표의 구조상 나구모는 행동의 자유를 크게 제약받았다. 작전 계획의 엄격한 작전수행 속도에 맞춰 나구모 부대가 움직인다면 예측하지 못한 사태에 적절하게 대응할 가능성은 거의 없었다. 어떤 지휘관도 이런 식으로 선택을 제약받으며 작전을 수행하고 싶지 않을 것이다. 설상가상으로 야마모토 작전의 빠듯한 시간 배분은 미군이 일본의 의도를 전혀 모른다는 믿음에 근거를 두었다. 이 전제조건이 맞지 않는다면 나구모는 문제에 부닥치게 될 것이다. 그리고 주변에 늘어놓은 '원거리 지원' 전력에도 불구하고 무슨 문제가 발생하든지 나구모는 기본적으로 혼자서 이를 해결해야 했다. 그러나 야마모토는 나구모가 항공모함을 6척이나 보유한 이상 어떤 적 함대가 나타나든지 격파할 능력이 있으며 행동의 제약을 많은 수의 함재기로 보충할 수 있다고 생각했다.

그렇다면 작전 전체의 성패가 달린 열쇠는 전력이었다. 야마모토가 세운 계획의 결점인 은폐와 기만에 대한 집착, 전략자산의 경솔한 배치, 목표에 대한 두서없는 접근, 빡빡한 일정에도 불구하고 마지막 비장의 카드를 놓치지 않았다면 성공할 여지가 아직 있었다. 정규 항공모함 6척을 모두 보유한 완전편제 상태의 기동부대가 바로 그것이었다. 최종적으로 아무도 나구모 부대를 지원할 입장이 아닌 이상 항공모함 6척이야말로 작전 전체에서 실로 가장 중요한 전력이었다. 항공모함 6척을 보유한 상황에서 나구모가 지기는 어려울 것이다. 미 해군은 미드웨이의 항공전력을 털어 넣는다고 해도 나구모의 항공모함 6척을 상대할 만한 비행기를 모으는 데 상당한 어려움을 겪을 것이다. 3개 항공전대로 편성된 일본 항공모함 6척은 통틀어 비행기 350기를 전투에 투입할 수 있었고 이것은 미국 항공모함 5척과 동등한 전력이 있다.[97] 와스프가 태평양에 있다 하더라도 1942년 4월의 미 해군으로서는 이 숫자를 간신히 맞출 수 있다는 것을 다들 알았다. 있을 법한 일은 아니나 미 해군이 이 5척을 한꺼번에 투입한다고 해도 이들은 전에 호흡을 맞춰 본 적이 없었던 반면, 일본군은 한 팀으로 싸워 본 경험이 풍부했다. 미드웨이 방정식에서 이 변수만 유지된다면 나구모는 승자가 될 수 있었다.

그러나 4월에 벌어진 참모진들의 결투에서 승리를 거둔 직후 야마모토는 기본 작전계획을 변경하여 이 비장의 카드를 스스로 뒤흔들었다. 대본영 해군부의 멱살을 잡고 흔든 데 대한 또 다른 대가로 야마모토는 남서태평양에서 4함대의 작전계획에 상당한 전력을 지원해 주는 데 동의했다. 4함대 사령장관 이노우에 중장은 뉴기니의 포트모르즈비를 점령하겠다는 결심을 바꾸지 않았고 대본영 해군부도 마찬가지였다. 야마모토는 MO작전(포트모르즈비 공략작전, 이하 포트모르즈비 작전)을 선호하지 않았으나 포트모르즈비가 5월 초에 함락된다면 항공모함 몇 척을 투입하든 간에 본토 수역에서 나구모 부대가 재집결할 5월 중순 전에 모두 때맞춰 돌아올 수 있다고 생각했다. 그렇다면 이 항공모함들은 5월 26일로 예정된 나구모 부대의 미드웨이 출격 기일에 맞춰 출항할 수 있을 것이다.[98]

처음에 연합함대는 가가를 남방으로 파견할 예정이었다. 가가는 팔라우섬에서 일어난 정박 사고로 선체가 손상되어 수리 때문에 인도양 작전에서 제외되었다. 당시 가가는 본국 수역에서 막 수리가 끝난 상태였다. 신형 경항공모함 쇼호가 이노우에 휘하에 있었기 때문에 이노우에는 가가를 더해 항공모함 총 1.5척에 해당하는 전력을 보유하게 된다.[99] 그러나 이노우에는 이 조치에 강하게 이의를 제기했다. 3월 10일에 라에와 살라마우아가 공습을 받았을 때 일본군은 미 해군이 항공모함 2척을 투입했다는 사실을 몰랐으며 새러토가의 항공모함 비행단과 오스트레일리아에서 발진한 육상기가 함께 공격했다고 추정했다. 그러나 적의 구성에 상관없이 이 지역에서 연합군이 상당한 항공전력을 가지고 있음은 명백했다. 이런 공격이 다시 발생한다면 노병 가가와 풋내기 경항공모함 쇼호로 이를 잘 막을 수 있을 것 같지 않았다. 그 결과 연합함대는 4월 12일, 5항전에 인도양 작전이 종결되는 대로 타이완의 마궁항을 거쳐 추크섬으로 직행하라고 명령했다. 5항전은 그 후 포트모르즈비 작전 참가를 준비하기로 했다. 야마모토는 즈이카쿠와 쇼카쿠가 이노우에의 막간극에 끼어든다고 해서 큰 곤란을 겪지는 않을 것이며 그 과정에서 덤으로 실전훈련도 할 수 있을 것이라고 생각했지만 결과적으로 혹 떼러 갔다가 혹 붙이고 온 꼴이 되었다.

4월 12일에 야마모토가 내린 결정의 어이없는 비논리성에 대해서는 앞서 언급했지만 여기에서 한 번 더 반복할 가치가 있다. 모든 합리적 기준으로 봤을 때, 나구모 부대가 미드웨이에서 물량 우세를 유지하려면 5항전이 반드시 필요했다. 실제로 미드웨이 작전의 실행 가능성은 포트모르즈비 작전에서 5항전이 심각한 손해를 입느냐 입지 않느냐에 달렸다. 이 도박은 큰 실수였는데 두 작전 중 더 중요한 작전이 덜 중요한 작전의 인질로 잡힌 모양새가 되어 버렸기 때문이다. 이것을 보면 야마모토가 아무 조건 없이 자신의 작전을 우선 시행할 수 있도록 해군의 전략방향을 정하는 권한을 쟁취하지 못했음을 알 수 있다. 사실 야마모토가 주저앉혔다고 생각한 다른 전략적 선택지들 중 실제 작전계획에서 배제된 것은 아무것도 없었다. 다만 시간 관계상 후순위로 밀려났을 뿐이다.

연합함대의 누구도 시인하고 싶지 않았겠지만 신참으로서 낮은 위상에도 불구하고 5항전은 현재 일본이 미국보다 앞선 물적 우위의 상징이었다. 당시 건조 중이던 신형 항공모함 다이호大鳳가 1944년에 완공될 때까지 해군에 인도될 예정인 정규 항공모함은 없었다.[100] 달리 말하면 당분간 일본 해군의 항공모함 전력은 지금의 수준으로 고정되었다. 일본 해군은 아군의 항공모함 수가 11척(정규 항공모함 6척, 경항공모함 5척)이므로 6척(정규 항공모함 5척, 경항공모함 1척)인 미 해군을 압도하고 있다고 믿었다.[101] 만약 일본이 지금까지 수행된 작전의 특징인 행동의 자유를 계속 보전하고 싶었다면 수적 우위, 특히 정규 항공모함 수의 우위를 반드시 지켜야 했다. 일본 해군 고위간부라면 모두 지금의 수적 우세가 일시적임을 알았다. 미국은 쇼호나 즈이호에 비견할 경항공모함〔인디펜던스Independence급〕 수 척에 더해 현재 10척도 넘는 에식스Essex급 정규 항공모함을 건조 중이었다. 일본의 생산량으로는 이를 도저히 따라잡을 수 없었기 때문에 해군 지도부는 지금의 우세가 지속되는 동안 전략자산의 유용성을 극대화하여 전과를 확대할 기회를 엿볼 필요가 있었다. 그럼에도 불구하고 전력 면에서 자신만만한 일본 해군은 5항전을 남방에서 기다리는 불확실함 속으로 밀어 넣으면서도 크게 불안해하지 않았다.

일본군이 깨닫지 못했던 것은 '효용 극대화'와 전력 분산이 동의어가 아니라는 점이다. 진력을 나누어 동시다발적으로 작전을 수행하면 더 신속한 세력 확장을 기대할 수도 있으나 위험천만한 일이기도 하다. 국지적으로 우세한 적이 작게 나뉜 아군 전력을 각개 격파할 가능성이 있기 때문이다. 만에 하나 이런 일이 발생한다면 일본이 점유한 항공모함 전력의 우위는 예상보다 빨리 사라질 것이다. 그리고 일본 해군은 한 번 수적 우위를 잃으면 **다시는 회복할 수 없는 상황이었다**. 따라서 효용을 극대화하려면 어떤 작전이 진정 수행할 만한 가치가 있는지를 반드시 꼼꼼하게 따져보아야 했다. 그러나 불행히도 이때 일본 해군의 전략 담론에서 빠진 특징은 지적 정직함과 치밀한 분석이었다.

5항전 투입을 고찰해 보면 당연히 다음 결론이 나온다. 야마모토는 목표물이 **두 종류만** 존재함을 깨달았어야 했다. 항공모함 **6척 전부**를 투입할 정도로 가치 있는 목표물과 항공모함 **1척도** 투입할 가치가 전혀 없는 목표물이다. 적 항공모함 전력을 완전히 격멸할 때까지 타협점은 어디에도 없었다. 사상 처음으로 장거리를 항해하여 항공모함 전력을 집중 운용하는 방법으로 전쟁을 시작한 일본 해군은 적도 같은 일을 할 수 있다는 것을 깨달았어야 했다. 미국 항공모함들은 **전부** 한 번씩 일본의 외곽방어선 어디에서나 나타날 수 있음을 과시한 바 있다. 연합함대는 포트모르즈비 작전이 안전할 것이라고 예견했으나 이제 그런 '안전한' 작전은 어디에도 없었다. 만약 미 해군이 이 해역에서 대거 작전 중이라면 5항전과 포트모르즈비 작전은 난관에 봉착할 것이고 당연히 미드웨이 작전도 그럴 것이다. 마찬가지로 포트모르즈비 작전이 기동부대의 전력을 기울여 지원할 정도로 중요했다면 전체 작전일정도 이 현실을 반영하여 수정해야 했다. 일본 기동부대는 가는 곳마다 전략적 잠재력을 최대로 발휘해야 했다. 이는 항공모함 부대에 간간이 휴식과 재충전을 할 시간을 줄 수 있는 속도로 작전을 진행했어야 했다는 뜻이다. 본질적으로 일본 해군은 여러 목표에 자원을 쪼갠 것이 아니라 오히려 **유한한** 자원 하나를 여러 작전에 돌려 막으며 썼다는 것이 진정한 문제임을 깨달았어야 했다. 야마모토 사령장관이나 대본영 해군부 모두 이 논리를 결코 이해하지 못했으며 이해했다고 해도 자신감이 지나쳐 이 문제의 위험성을 간과했을 것이다. 어쨌거나 일본 해군은 턱없이 적은 밑천을 가지고 지나치게 많은 장소에서 너무 많은 일을 해내려 하고 있었다.

4

불길한 전조

둘리틀 공습은 미국의 사기를 올린 반면에 남태평양에서 전황이 급박해지고 있을 때 니미츠 대장이 보유한 가용 항공모함 전력의 절반을 빨아들였다. 미 해군 정보부서가 이노우에 중장 휘하 일본 함대가 산호해에서 작전을 벌일 예정임을 탐지하자 니미츠는 이 위협에도 서둘러 대응해야 했다.

차후 니미츠의 전력 배치는 미군이 군사정보 분야에서 이룬 대위업에 바탕을 두었는데 이는 장차 태평양전쟁의 향배에 큰 영향을 미치게 된다. 일본군은 알지 못했으나 미 해군은 1942년 3월 말, 미군에는 JN-25[1]라고 알려진 일본 해군의 가장 중요한 상용常用 암호체계를 푸는 데 성공했다.[2] 미국 암호해독 전문가들이 해독에 성공함으로써 미군이 읽은 작전 교신량은 일본 해군의 전반적 의도를 파악하기에 충분할 정도로 점점 늘어나고 있었다.

미군이 해낸 암호해독의 본질은 일본군의 모든 통신을 마음먹은 대로 다 읽을 수 있었다는 뜻은 아니다. 미군은 일본군의 어마어마하게 많은 암호전문 중 일부만 해독할 수 있었다. 일일 평균으로 미군은 일본군 교신량의 약 60퍼센트를 방수하고 이 중 40퍼센트 정도를 분석할 수 있었다. 시간과 인력 부족 탓이었다. 감청된 교신 전문에 있는 부호군符號群code groups 중 미국 암호해독 전문가들이 10~15퍼센트 이상 내용을 파악할 수 있는 경우는 드물었다.[3] 따라서 암호해독은 지극히 중요한 이점임에도 불구하고 만병통치약은 아니었으나, 교신 분석—적의 호출부호의 정체를 추정하고 호출부호를 이용한 무선교신 범위와 유형을 감시하여 작전정보를 추론해 내는 방법—과 같이 운용하면 어떤 교신이 가장 중요한지를 비교적 정확하게 추정할 수 있었다.

4월 9일, 하와이 주둔 미 해군 정보부대(전투정보반Combat Intelligence Unit, Station HYPO[4])는 연합함대 사령부가 항공모함 가가에 4월 말까지 뉴브리튼 제도 인근 수역에 있으라고 지시하는 내용의 전문을 감청했다.[5] 다음 날에는 류카쿠龍鶴[6]라는 이름으로 잘못 파악한 다른 항공모함이 추가로 작전 투입 예정이라는 것을 파악했다. 추크와 라바울에서도 일본군 항공전력과 선박 수송량이 증가하고 있다는 추가 정보가 들어왔다. 남태평양에서 일본이 무엇인가를 시도한다는 의심을 불러일으키는 징후였다. 정보 분석 담당자들의 의견에 따르면 뉴기니[7] 남쪽 해안에 위치한 전략적 요항인 포트모르즈비가 일본의 목표로 추정되었다.

이 정보에 근거하여[8] 니미츠는 해당 수역에 있던 요크타운을 지원하기 위해 렉싱턴을 4월 중순 남태평양에 파견하기로 결정했다. 문제는 호닛과 엔터프라이즈가 둘리틀 작전에 투입되었으므로 만약 일본 기동부대 전체가 투입된 주공이 있을 경우 여기에 대항하기에는 항공모함 수가 너무 적다는 점이었다. 그러나 포트모르즈비가 함락되면 오스트레일리아 북부가 즉시 위험에 처하게 되므로 니미츠는 이 남방 교통로를 반드시 지켜낼 작정이었다. 5월 1일에는 렉싱턴과 요크타운 모두 산호해의 작전 위치에 전개해 있었고 5월 14~16일쯤에 호닛과 엔터프라이즈가 여기에 합류할 예정이었다.[9] 둘리틀 공습이 아니었더라면 5항전은 미 항공모함 2척이 아니라 4척을 상대할 뻔했다. 만약 그랬다면 일본군을 기다린 것은 예상했던 막간극이 아닌 진짜 해상결전이었을 수도 있었다.

그동안 하시라지마의 상황도 급변하고 있었다. 계획과정에서 가장 중요한 일이 5월 1일에 전함 야마토 함상에서 일어났다. 야마토에서는 미드웨이 공격의 작전 세부계획을 확립하고자 만든 도상연습이 앞으로 수차례 열릴 계획이었다. 5월 5일까지 열린 몇 번의 도상연습에서 각각의 임무를 맡은 부대의 지휘부가 직접 작전계획을 검증하기로 했다. 평상시의 집기를 치운 함의 전방 식당에 큰 테이블을 놓고 그 주변을 빙 둘러 의자를 배치했다.[10] 실제 작전에 참가하는 작전 지휘부는 개별 선실을 지휘소로 배정받았다. 여기에서 각 함대 사령장관 혹은 참모장은 자신의 기함에서 할 때처럼 명령을 내렸고, 무선통신 역할을 하는 전령들이 이 명령을 다른 지휘부에 전달했다.[11]

도상연습이란 군사계획을 짤 때 유용한 보조 수단으로 오랜 역사를 가지고 있다. 참가자들은 도상연습 과정에서 불거진 작전계획의 문제를 연구하고 이에 따라 작전을 수정한다. 어떤 규칙을 적용하든지 간에 도상연습에서는 작전 개념의 실수를 솔직히 인정한 후 수정하고 만일의 사태에 대비한 계획을 준비해야 한다. 그러나 애초부터 미드웨이 작전의 도상연습이 코미디라는 것은 뻔해 보였다.[12] 야마모토 대장은 이 지휘관회의를 진지한 사전연습으로 보지 않고 요식행위로만 생각했음이 분명하다.

도상연습에서는 야마모토의 참모장 우가키 소장이 심판장 역할을 맡았다.[13] 우가키는 이 권한을 이용하여 규칙을 어기며 일본 측에 불리한 상황을 계속 번복했다. 연습에 참가한 각 함대 지휘부의 준비 부족도 우가키의 행동을 거들었다. 작전계획은 4월에 졸속으로 진행되어 연습을 실시하기 며칠 전에야 작전계획안[14]이 도상연습 참가자들에게 배포되었다. 따라서 야마토 함상에 있던 참가자들은 관련사항을 사전에 숙지할 시간이 별로 없었다. 야마모토와 우가키가 고의적으로 그랬는지 아니면 미드웨이 작전이 급조된 상황이 반영된 일인지는 알 수 없다. 어느 쪽이든 실제 효과는 똑같았다. 예하 함대의 참모들은 작전계획의 기본 가정을 반박하기에 처음부터 불리한 입장에 있었다. 그 결과 참가자 대부분은 시키는 대로 할 수밖에 없었다.

더욱이 참가자들 대다수는 공식절차니까 한다는 태도로 도상연습에 임했다. 진주만 작전 직전의 철저한 연구와 대조적으로 이번의 도상연습은 나사가 많이 빠진 모습을 보였다. 전후 일본 해상경비대海上警備隊(현 해상자위대의 전신)에서 경비감警備監[15]이 된 나가사와 고長澤浩는 도상연습의 분위기가 "연습이 필요하기는 하지만 걱정할 거 없네. 우리가 알아서 다 잘할 거니까."였다고 전한다.[16] 지휘관들 사이에서는 지루해하고 무관심해진 분위기가 역력했고 특히 1항공함대 지휘관들이 더했다.[17] 나구모 중장은 작전에 반대했으나 이를 중단시킬 힘이 없었다. 나구모는 5월에 참석한 결혼식에서 상관들이 자기에 대해 '좋지 않은' 말을 하고 있으며, 만약 적극적으로 작전에 반대하면 겁쟁이로 몰릴 것 같다고 친구에게 털어놓았다. 나구모는 이것저것 다 생각해 보면 "겁쟁이로 낙인찍히느니 차라리 미드웨이에서 죽겠다."라고 말을 맺었다.[18]

나구모가 야마토 함상에서 일어난 일들을 어떻게 생각했는지를 알 수 있다면 흥미롭겠지만 관련된 기록은 없다. 작전의 '최전방 공격수'로서 나구모는 그 누구보다 날카로운 질문을 던질 권리가 있었다. 그러나 분명히 나구모는 아무 우려도 표명하지 않았다. 어쨌든 나구모가 야마모토의 계획에 이의를 제기하기에 취약한 입장에 있었다는 점을 기억할 필요가 있다. 야마모토는 진주만에서 적극성이 부족했다며 나구모를 닦아세운 적이 있었다. 게다가 나구모는 복잡한 항공작전 토론에 맞지 않는 인물이었다. 나구모 대신 이 질문들에 답해야 할 사람은 겐다 중좌였다.

나구모의 죄가 적극적으로 입을 열지 않은 것이라면, 야마모토와 참모진의 죄는 적극적으로 모두의 눈을 가리려 했다는 것이다. 처음에 대항군(적군赤軍, 도상연습에서 미 해군)을 맡은 장교[19]가 실제 미드웨이 해전에서 미 해군이 사용한 전술과 비슷한 행보를 제시했을 때부터 연습의 성격이 확실히 드러났다. 미드웨이 상륙 중에 대항군이 예상보다 일찍 나타나 나구모 부대를 측면에서 습격했다. 일본 항공모함들은 큰 피해를 입었고 상륙하기가 매우 곤란해졌다. 바로 이때 심판이 미군이 이런 전술을 쓰는 것은 불가능하다고 이의를 제기해 피해 항공모함을 3척으로 줄였다. 대항군 측이 격하게 항의했지만 묵살되었고 대항군의 전략은 야마모토가 예상한 적의 출현시기와 장소에 맞추어 수정되었다.[20]

도상연습에서 일어난 두 번째 사건은 육상기지에서 발진한 미군기가 나구모 부대를 공격한 결과를 판정하는 단계에서 일어났다. 심판을 맡은 오쿠미야 마사타케奧宮正武 중좌는 주사위를 굴려 명중탄 9발을 인정하고 아카기와 가가 침몰 판정을 내렸다. 그러자 우가키가 직접 개입하여 명중탄을 3발로 줄이고 가가만 격침된 것으로 판정을 번복했다. 나중에 가가는 다시 등장하여 피지와 누벨칼레도니에 대한 후속 작전에 참가했다.[21] 도상연습차 모인 장교들 상당수는 이 두 사건으로 인해 미드웨이 작전에 근본적 결함이 있다는 생각을 더욱 굳혔다. 그럼에도 불구하고 연합함대 사령장관이 이성의 소리에 귀 기울일 준비가 되어 있지 않았음은 명백했다.

도상연습이 끝날 때쯤 야마모토는 나구모에게 미드웨이 공격 중 적이 측면에서 나타나면 어떻게 하겠느냐고 물어보았다.[22] 모든 시선이 겐다 중좌에게 집중되었다. 겐다는 머릿속에서는 "그런 일이 일어난다면 심각한 문제입니다."라고 반응했을지도 모르지만, 고사성어 하나를 인용했다. "개수일촉鎧袖一觸(갑옷 소매로 한 번 건드린다는 뜻으로 약한 상대를 간단히 물리침을 이르는 말)입니다!"[23] 미와 중좌도 벌떡 일어나 일본 해군의 방어력은 '철벽'이기 때문에 이런 문제는 별것 아니라고 주장했다.[24] 연합함대의 두 간부가 방어를 깡그리 무시하는 발언을 했다는 것은 정신 나간 짓이나 마찬가지였다. 이 환상적인 답변은 4일 동안 이어진 우스꽝스런 연극의 절정이었으며 작전계획 전반에 만연한 비현실적 분위기를 명백하게 보여 준다.

야마모토는 제1항공함대 참모진이 자신의 질문에 제대로 답하지 못했다는 점에 언짢아했다. 그러나 한 미드웨이 전투 연구자가 지적했듯이, 야마모토는 아무 의미가 없을 만큼 각본대로 움직인 도상연습 중에 하급자가 창의적 해법을 제시하지 못했다고 해서 화를 낼 처지는 아니었다.[25] 모든 비판을 침묵시킴으로써 야마모토는 솔직함과 창의적 생각도 창밖으로 던져버린 셈이 되었다. 그렇지만 야마모토는 이 기회를 빌려 최소한 기동부대의 공격기 절반은 예비전력으로 대함무장을 갖춰 돌발상황 발생 시 적 함대를 공격할 수 있게 대기시켜야 한다고 나구모와 참모진에게 지시했다.[26] 이 명령은 제1항공함대에 서면이 아니라 구두로 전달되었다. 당시에 이 지시는 충분히 명확해 보였다.[27] 그러나 한 달 뒤 일어난 사건들이 증명하듯 이 명령의 의도는 명확성과는 거리가 멀었다.

도상연습이 끝날 때쯤의 상황은 연습 전과 마찬가지였다. 야마모토의 계획은 거의 세부까지 바뀐 게 없었다. 도상연습은 그의 독백이나 마찬가지였다. 지적인 의견 교환도, 학습도 없었다. 모든 연습은 참모들의 전문적 작업을 흉내 낸 데 불과했다. 그 결과 나구모는 돌발상황에 대한 현실적 대처 계획 없이 전장에 나가게 되었다. 그 어떤 어려움이 닥치든 나구모는 혼자 해결해야 했다.[28]

도상연습 종료 이틀 후에 제4함대의 이노우에와 5항전으로부터 산호해Coral Sea[29]에서 미 항공모함 2척과 교전을 치렀다는 보고가 들어왔다. 첫 상황보고의 내용은 기대 반 우려 반이었다. 정규 항공모함들과 떨어져 단독 작전 중이던 경항공모함 쇼호가 공습을 받아 격침당했고, 후속 교전에서 일본 함대는 요크타운과 새러토가라고 여긴 미국 항공모함을 공격했다. 일본군은 이들을 침몰 직전 상태로 만들었다고 믿었으나 확인할 수는 없었다. 사실 일본이 새러토가로 잘못 본 렉싱턴이 격침되었

4-1. 1942년 5월 8일 산호해 해전에서 상대방의 공격을 받고 불타는 일본 경항공모함 쇼호(위)와 미 항공모함 렉싱턴(아래). 산호해 해전의 결과는 미드웨이 해전에 큰 영향을 끼쳤다. [National Archives and Records Administration, 사진번호: 80-G-17025(위) / Navy History and Heritage Command, 사진번호: NH 51382(아래)]

고 요크타운은 큰 손상을 입었으나 무사히 도망쳤다.

5항전은 성공의 대가를 호되게 치렀다. 쇼카쿠는 명중탄 3발을 맞아 비행갑판이 심하게 파손되고 여러 곳에서 화재가 일어났으며 승조원 108명이 전사했다. 그러나 다행히 쇼카쿠는 매우 튼튼한 배였으며, 공격을 받았을 때 격납고에 남아 있는 비행기가 거의 없었음에도 불구하고 항공작전 속행이 불가능할 정도로 피해를 입어 퇴각했다. 즈이카쿠는 피해를 입지 않았으나 비행기대 손실이 커서 사실상 작전불능 상태가 되었다. 설상가상으로 포트모르즈비를 확보하려는 작전은 포기할 수밖에 없었다. 5항전의 손실과 상관없이 작전을 속행하기를 원했던 연합함대 참모진은 분개했다.

감정적 반응이 가라앉고 추가 교전보고가 들어오자 야마모토와 우가키는 상황을 자세히 평가할 수 있게 되었다. 우가키는 장차 수행할 작전의 몇몇 불안요소를 기록했다. 5월 7일자 일기에 우가키는 "대전과大戰果의 꿈은 사라졌다. 전쟁에는 상대가 있기 때문에 원하는 대로만 진행될 수는 없다. …… 적의 내습이 예상될 때 좀 더 통일된 방법으로 병력을 사용할 수는 없을까. 결국 불충분한 항공정찰의 탓이 적지 않다. 이를 명심해야 한다."[30]라고 적었다.

예언 같은 말이다. 그러나 야마토에 있던 우가키와 우가키의 상관은 산호해 해전의 더 중요한 시사점을 놓쳤다. 바로 미드웨이 작전을 정당화해준 마지막 근거 하나가 없어졌다는 것이다. 이제 나구모가 필요할 때 꺼낼 마지막 카드가 사라졌다. 일본군이 생각했듯이 산호해에서 미 항공모함 2척이 모두 격침되었다고 가정해도 미 해군은 태평양에서 가용한 항공모함 3척—엔터프라이즈, 호닛, 와스프—을 아직 보유하고 있었다. 사실 둘리틀 공습이 분명히 보여 주듯이 미군은 산호해에서 조우한 2척 이외에 최소한 2척을 따로 운용 중이었다. 기동부대는 이제 항공모함 6척을 미드웨이에 가져갈 수 없게 되었다. 5월 14일에 비행기대의 손실 규모에 대한 추가 상세 보고가 들어오기 전까지 즈이카쿠가 작전에 참가할 수 있을지는 불확실했다. 미군이 최대 3척의 항공모함을 가지고 있고 미드웨이 기지항공대가 다가오는 전투에 투입된다면 기동부대는 더 이상 물량 우위를 장담할 수 없었다.

이는 연합함대에 큰 고민거리가 되어야 마땅했으나 실제로는 그렇지 않았다. 사실 연합함대 참모진은 막간극에 불과한 전투에서 일어난 쇼카쿠와 즈이카쿠의 손상에 개의치 않고, 두 최신형 정규 항공모함을 모두 잃을 위험이 충분했는데도 이노우에와 MO 기동부대 사령관 다카기 다케오高木武雄 소장[31]이 공세를 지속하지 않았다고 크게 책망했다. 이렇게 반사적으로 공격에만 마음을 쓴 현상은 일본 해군 내부에 성찰이라는 것이 전혀 없었음을 보여 주는 사례다. 마치 덮어놓고 공격하는 것만이 성공할 기회를 가장 잘 살리는 방법으로 싸우는 것보다 더 중요한 듯했다.

1, 2항전 대원들이 보기에 산호해 해전은 승전이었다. 최소한 겉보기에는 그랬다. 그 과정에서 5항전이 고생하기는 했으나 이는 상대적으로 경험이 부족해서 그랬다고 생각했다. 1, 2항전 항공모함들의 선실에서는 "첩의 자식(쇼카쿠와 즈이카쿠)도 이겼는데 우리 본처의 손에 걸리면 문제도 아닐 것"이라는 우스갯소리가 돌아다녔다.[32] 이는 5항전의 실력을 부당하게 깔보는 견해였으며 기동부대가 방금 입은 손해의 진정한 중요성을 오판한 것임은 두말할 나위가 없다.

쇼카쿠와 즈이카쿠가 전체 그림에서 빠지게 되었으니 미드웨이 작전을 심각하게 재검토해야 했다. 그러나 일본군은 그와 비슷한 행동조차 하지 않았다. 우가키의 일기 어디에서도 나구모 중장이 가진 항공전력의 3분의 1을 갑자기 쓸 수 없게 되었으니 상관의 계획에 차질이 생길 수 있다는 우려는 보이지 않는다. 쇼카쿠가 5월 17일 구레에 비틀거리며 돌아오자 우가키는 부상자를 위문하려고 승선했다. 부상자 중 상당수가 심각한 화상 환자였고 우가키는 일기에서 그들을 동정했다. 쇼카쿠의 상황을 보고 우가키는 5항전이 겪은 일이 미드웨이 작전에 드리울 어두운 그림자에 대해 곰곰이 생각했을지도 모른다.

우가키와 야마모토에게 산호해 해전의 결과는 앞으로의 전쟁이 5개월 전, 심지어 1개월 전과도 다를 것이라는 경고였다. 사실 5월 7~8일간 벌어진 해전을 주의 깊게 보았더라면 여러 가지 우려할 만한 경향을 찾아냈을 것이다. 첫째, 미국 항공모함들은 전혀 예측하지 못한 곳에 매복해 있었다. 이들의 반갑지 않은 등장과 더불어 산호해 해전은 어디에 있는지 알 수 없는 적을 앞에 두고 전력을 분산하는 것이 귀중한 전력자산을 축차적 손실로 몰아넣는 행위임을 보여 주었다. 이 경우 문제가 된 자산인 경항공모함 1척을 잃은 일이 심각한 타격은 아니었다. 그러나 쇼호에 쏟아진 폭탄과 어뢰 규모는 정규 항공모함 2척을 충분히 격침할 만한 양이었다.

둘째, 산호해의 미 해군 조종사들이 지금껏 일본군이 상대한 적들과 질적으로 달랐다는 사실은 불길한 조짐이었다. 미군 조종사들은 싸움을 피하지 않았다. 이들은 과감하게 비행했고 보르네오, 자바, 말라야에서 일본군이 마주친 연합군 조종사들보다 확실히 기량이 뛰어났다. 미 해군 주력 함상전투기인 F4F 와일드캣Wildcat〔이하 와일드캣〕은 일본 해군의 0식 함상전투기 21형〔A6M2b, 이하 제로센〕의 상대가 되지 못했고, TBD 데버스테이터Devastator〔이하 TBD〕 뇌격기는 이미 구식이었다. 그러나 산호해 해전에서 SBD 던틀리스Dauntless〔이하 SBD〕는 대형폭탄을 탑재하고 정확히 이를 명중시킬 수 있는 훌륭한 급강하폭격기임을 과시했다. SBD 조종사들도 일본 해군에서 가장 빠르고 튼튼한 항공모함인 쇼카쿠에 1,000파운드(450킬로그램)짜리 폭탄 세 발을 정확하게 명중시킬 정도로 기량이 뛰어났다. 불운한 쇼호는 폭탄 11발과 어뢰 5발을 맞고 산산조각이 났다. 이 모든 것을 볼 때 일본 항공모함이 털끝 하나 다치지 않고 전투에서 빠져나오던 좋은 시절은 지나갔다. 산호해 해전 이전에는 일본 항공모함이 이 정도 규모로 피해를 입은 적이 없었다. 우가키가 미국인이 어떤 사람들이고 미국과 싸운다는 것이 어떤 상황인지를 재고할 근거가 필요했다면 무참하게 부서진 쇼카쿠의 함수와 비행갑판을 한 번 쳐다보는 것만으로도 충분했을 것이다.

그러나 야마모토는 5항전을 재편할 때까지 작전시일을 연기하거나 계획을 전면 수정할 생각이 전혀 없었다. 손상 때문에 쇼카쿠는 공창에서 몇 달을 보내야 할 것이다.[33] 〔조수의 간만 때문에〕 미드웨이에 보름달이 뜰 때 상륙해야 하는데, 만약 6월 8일 이전에 상륙하지 못한다면 작전 전체를 한 달 뒤로 연기해야 했다. 게다가 알류샨 열도의 날씨는 1년 내내 끔찍했고 키스카와 애투 상륙을 6월이 가기 전에 실행해야 했다. 달리 말하면 알류샨 작전을 수행하려면 연합함대의 작전계획을 변경하지 말아야 했다는 것이다.[34] 또다시 하위 작전—이번에는 알류샨 작전—의 시간표가 주 작전계획을 좌지우지한 것이다.

최소한 일본군은 작전시일 전에 즈이카쿠의 비행기대를 재편성하여 미드웨이 작전에 투입하는 방법을 시도할 수도 있었다. 그러나 일본군 항공모함 비행기대의 조직 구성이 장애물이었다. 미 해군 함재비행대는 항공모함과 별도 조직이어서 다른 비행대와 교체가 가능하고 필요하다면 다른 항공모함으로 옮겨 갈 수 있었던 데 반해, 일본 항공모함 비행기대는 항공모함에 유기적으로 연결되어 있었다.[35] 따라서 전투 후 항공모함이나 비행기대 중 하나가 손실된다면 항공모함이 수리를 마치거나 비행기대가 완전히 재편될 때까지 후방에 머물 수밖에 없었다. 즉 일본 항공모함 비행기대의 조직 구성은 본질적으로 미국보다 경직되었다.[36] 문제는, 일본이 기발한 임기응변이 필요한 때가 있다면 바로 지금이라는 사실이었다.

미드웨이 작전을 위해 즈이카쿠 비행기대를 부활시키려면 어딘가에서 항공기와 조종사들을 긁어모아야 했지만 불가능한 일은 아니었다. 구레에 귀항했을 때 즈이카쿠는 자함의 비행기대 외에 쇼카쿠에서 피신한 '난민'들도 같이 실었다. 작전 가능한 제로센 24기, 99식 함상폭격기 9기, 97식 함상공격기 6기에다 추가로 수리 가능한 제로센 1기, 99식 함상폭격기 8기, 97식 함상공격기 4기(나중에 8기로 증가)였다.[37] 모두 합치면 최대 제로센 25기, 99식 함상폭격기 17기, 97식 함상공격기 14기로 총 56기인데 명목상 즈이카쿠의 비행기대 수인 63기보다 7기 적었으나 1, 2항전의 항공모함들에 탑재된 비행기대와 비슷한 전력이었다. 이 전력은 전에 한 번도 같은 편대에서 작전해본 적이 없는 조종사들로 구성되어 있었다. 그러나 일본 해군 항공모함 비행기대에 유리한 점이 한 가지 있다면 전술적 균일성이 상당히 높았다는 것이다. 나중에 벌어진 전투에서 일본군은 서로 소속이 다른 조종사들로 구성된 공격대로도 성공을 거둘 수 있다는 것을 스스로 증명했다.[38] 따라서 만약 연합함대가 작전에 반드시 필요하다고 생각했다면 즈이카쿠를 당연히 투입할 수 있었다는 결론을 피하기가 어렵다.

그러나 야마모토는 즈이카쿠를 반드시 투입해야 한다고 생각하지 않았다. 산호해에서 미국 항공모함 2척을 격침했다는 가정하에 일본군은 미군이 태평양에서 가용한 항공모함은 2, 3척—요크타운급 2척과 아마 와스프[39]—밖에 없다고 결론 내렸다. 또한 미군이 개조 항공모함 2, 3척을 보유하고 있다고 보았으나 정규 항공모함과 함께 작전을 수행하기에는 무리일 것이라고 판단했다.[40] 따라서 정규 항공모함 숫자로 보면 나구모 부대는 최악의 경우에도 4 대 3으로 우위에 서 있다. 연합함대 참모진의 중론은 이 정도면 충분하다는 것이었다.[41]

이것이 연합함대 참모진의 전략적 계산의 깊이였다면 상당히 얕은 수준의 분석이다. 우선 미 해군 항공모함비행단Carrier Air Group의 규모는 일본 해군 항공모함 비행기대보다 컸다. 그리고 현재 정보에 따르면 미드웨이에 배치된 미군기 수는 50여 기였으나[42] 하와이에서 대규모 증원이 뒤따르면 그 수가 빨리 불어날 수 있었다.[43] 야마모토의 작전계획대로 다수의 적을 한 번에 하나씩만 상대한다 해도 항공모함 단 1척의 우위만으로는 우세를 장담할 수 없었다. 상상할 수 없는 일이 일어난다면 그리고 양날의 위험과 동시에 싸워야 한다면 나구모는 간신히 적과 비슷한 수의 항공기로 대처해야 했다. 바로 이때 즈이카쿠의 보유가 결정적 우위로 작용했을 것이다.

그런데도 일본 해군은 야마모토가 전쟁의 운명을 결정할 것이라고 생각한 결전이자, 지난 20년간 반복된 연습으로 모두가 그 중요성을 뼛속까지 새긴 결전을 눈앞에 둔 상태에서 즈이카쿠를 복귀시키지 않아도 전투 결과에 별 영향을 미치지 않으리라고 무신경하게 생각했다. 이와 너무나 대조되는 것은 미국 해군이 요크타운을 응급 수리하여 미드웨이의 결전장에 보내기 위해 5월 27일부터 30일까지 기울인 초인적 노력이다. 스포츠에서 말하듯, 미국은 단지 상대보다 더 간절히 "승리를 원했을 뿐이다."라는 결론에 이를 수밖에 없다. 미 해군은 기꺼이 변화된 환경에 적응했으며 흔쾌히 그에 따르는 수고를 감내하여 고난을 극복하고 승리하고자 했다. 일본 해군은 승리의 열매를 확실히 수확하려는 노력 면에서조차 미 해군을 따라가지 못했다. 만약 이것이 '승리병'—몇몇 작가들이 1942년 초 일본군에 만연한 자만심과 허술함 탓에 일본이 패배했다고 지적했듯이—의 증상이라면 이 병은 감염된 사람들의 상상력과 근면함을 빨아들이는 병이었다. 일본군이 전쟁 초반에 거둔 승리의 배경에 있는 끊임없는 노력과 대조적으로 이제 연합함대는 창설 이래 가장 중요한 전투를 향해 몽유병 환자처럼 휘청거리며 걸어가고 있었다.

이처럼 엉망진창인 상황은 상·하급부대를 막론하고 어디에서나 피부로 느낄 수 있었다. 일반방침과 작전요령은 대본영 해군부가 5월 5일에 내린 대해령大海令 제18호의 일부로 각 지휘부에 배포되었다. 각 부대 행동요령은 5월 12일에야 발령되어 집합점으로 각 함대가 이동하기 시작했다.[44] 그러나 빠듯한 일정 탓에 하급 지휘부 대상의 최종 작전명령은 5월 20일까지 내려지지 않았다.[45] 마찬가지 이유로 연합함대는 작전 지원에 필요한 신규 암호책을 배포하는 데 어려움을 겪고 있었는데, 이 북새통에 구형 JN-25B〔일본명 해군암호서 D 개판海軍暗號書D改版〕에서 신형 JN-25V〔일본명 해군암호서 D일海軍暗號書D壹〕로의 암호 변경은 5월 1일에서 27일로 연기되었다.[46]

같은 시간에 필요한 함선 중 일부는 아직도 수리 중이었다. 항공모함 류조, 준요, 중순양함 다카오, 마야를 비롯해 알류샨 작전에 배정된 구축함 중 수 척이 아직도 수리정비 중이었다. 다카스 부대에 배속된 제20구축대, 24구축대, 27구축대 소속[47] 구축함의 상당수도 마찬가지였다. 구축함 우시오潮, 오보로朧, 아케보노曙는 산호해에서 돌아오자마자 알류샨 작전에 참가하기 위해 오미나토大湊항으로 급파되었다. 이 구축함들은 알류샨 작전 함대가 출항하는 날 하루 전에야 도착할 수 있었다.[48]

결과적으로 전투 준비와 훈련은 아무리 좋게 보아도 상당히 부족했다. 하급지휘부는 도상연습을 졸속으로 치렀고, 함선이 집합점에 도착하지 못해 일부 장교는 도상연습에 출석하지 못했다. 비슷하게 육군의 북해지대北海支隊는 5월 9일에야 아사히카와旭川에서 편성되었고 2주도 안 되어 오미나토 항구로 수송되어 해군의 마이즈루 제3특별육전대와 25일 하루, 단 한 번만 상륙훈련을 실시했다.[49] 결론적으로 이 부대들은 다가올 작전에서 오로지 경험에 의존해 최상의 결과를 얻어야 했다.

일본군의 허술한 준비상황에 대한 이야기의 마지막 장은 나구모의 원래 출격 예정일 딱 하루 전에 벌어졌다. 5월 25일 야마토 함상에서 열린 마지막 모임에서 시행한 도상연습에서 또다시 야마모토의 작전계획에 잠재한 결함이 드러났다. 이 연습에서 대항군은 오아후 서쪽으로 긴급히 출격하여 북방으로 고속 항해했다. 뒤따른 전투에서 일본 항공모함 1척이 침몰하고 2척이 손상된 반면 대항군은 항공모함 2척을 모두 잃었다. 연습을 마친 후 만약 대항군이 하와이-미드웨이 축선 남쪽에 나타난다면 함대의 예정 항공 정찰범위 안에 빈 곳이 생길 수 있다는 점이 지적되었다. 또한 엄격한 무선침묵하에 넓게 분산된 아군 함대들의 작전을 조율하기가 상당히 어려우리라는 점도 지적되었다. 일부 장교들은 야마모토의 주력부대가 나구모 부대를 효율적으로 지원하기에 너무 멀리 떨어져 있다는 의견을 제시했다. 야마모토는 1항함 참모진에게 미드웨이 근해에서 예상치 못한 적이 출현할 경우 이를 격퇴할 수 있느냐고 물어보았다. 나구모와 수하들은 전과 마찬가지로 그런 경우에 대비책이 있다는 식의 두루뭉술한 대답만 내놓았다.[50]

도상연습 도중 나구모는 기동부대가 계획대로 다음 날(26일) 출격할 수 없다는 폭탄 발언을 했다.[51] 나구모의 항공모함들은 보급과 그 외 여러 가지를 준비하기 위해 시간이 더 필요했다.[52] 나구모는 전체 작전일정을 하루 미뤄 달라고 요청했다. 출격

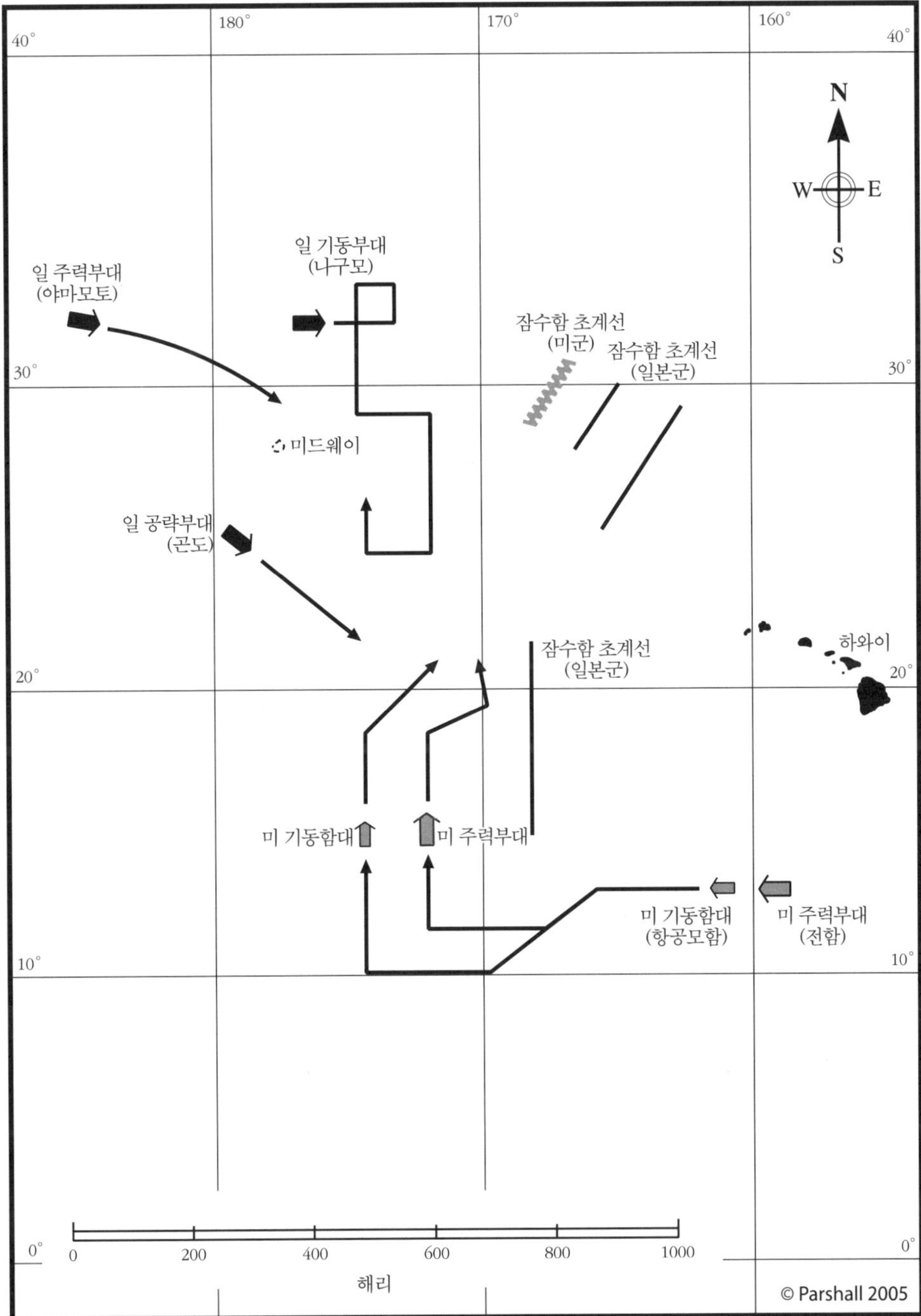

4-2. 1942년 5월 25일에 야마토 함상에서 시행한 마지막 도상연습도. 이 도상연습에서 미 해군은 미드웨이 남쪽에서 일본군이 정찰하지 못한 구역을 이용하여 일본 기동부대에 큰 손실을 입혔다. (출처: 『戰史叢書』 43巻, p.117)

시간에 맞추어 부대를 준비시키라는 압박을 받던 하급지휘관들도 이 요청을 지지했다. 집합점을 바꿀 권한을 달라는 요청도 들어왔는데, 모든 함선에 필요한 만큼 급유하는 데 문제가 있었기 때문이다.[53]

야마모토는 이를 수용하지 않았다. 나구모 부대의 출격을 미룰 수는 있겠지만 작전 일정은 변경이 불가하다는 것이다. 미드웨이의 조수간만은 나구모나 지휘관들의 일정에 따라 움직이지 않으니 계획대로 상륙해야 한다는 것이 이유였다. 나구모는 섬의 방어를 무력화할 시간을 하루 잃을 뿐이었다. 그럼으로써 야마모토는 나구모의 새 시간표에 따르면 다나카 부대와 구리타 부대가 나구모의 기동부대보다 하루 앞서 정해진 상대위치에 도달하게 된다는 것을 암묵적으로 인정하게 되었다. 그러면 나구모가 대응하기도 전에 다나카 부대와 구리타 부대는 미드웨이에서 발진한 적의 정찰과 공격에 그대로 노출된다. 하지만 이것은 야마모토가 받아들이기로 작정한 계산된 위험이었다.[54]

이 이야기의 믿기 어려운 부분은 나구모가 제시간에 출항할 수 없었다는 것이 아니다. 출격 지연 자체도 좋지 않은 일이었지만, 가장 믿기 어려운 것은 기동부대의 출격일자가 변경됨에도 불구하고 작전계획을 단 한 줄도 수정하지 않았다는 사실이다. 전체 일정이 기본적으로 조수간만에 좌우되기 때문에 상륙 일정의 변경이 불가하다고 한 야마모토의 입장이 옳았을 수도 있다. 그러나 다나카와 구리타가 일찍 발견되어 공격받을 경우를 생각하여 구두로든 문서로든 최소한 만일의 사태에 대비한 계획 하나 정도는 마련했어야 했다. 그러나 이런 계획은 어디에도 없었다. 나구모도 야마모토도 만족스럽게 25일 회의장을 떠났을 것 같지는 않다.

결론적으로, 한 일본 해군 장교가 나중에 언급했듯이, "전시 대본영의 가장 야심찬 계획의 주연을 맡은 전력은 위태로운 상황에 처했다."[55] 고위층 내부에서 3개월간 밀고 당긴 끝에 함대는 좋게 표현해서 가치가 의문스러운 목표를 달성하려는 임무를 수행하기 위해 곧 출항할 예정이었다. 작전계획은 어처구니없이 복잡했고 각 부대는 상호지원이 전혀 불가능하게 배치되었으며 일정은 지나치게 빡빡했다. 제대로 된 참모장교라면 미드웨이 작전의 도상연습이 충분하지 않았고 훈련 시간이 많이 부족했다는 점도 지적할 것이다. 작전계획에는 예측하지 못했던 항공모함 2척의 부재도, 산호해 해전의 전훈戰訓도 반영되지 않았다. 나구모의 지각 출항에 따라 미드웨이 공격함대의 위치와 일정을 변경하지 않은 것 같은 눈에 뻔히 보이는 실수가 이 모든 것의 대미를 장식했다. 지하야 마사타카는 연합함대에 대해 쓴 책에서 이 모든 실수를 간결하게 요약했다. "진인사대천명은 이 경우에 맞는 표현이 아니다."[56] 이 불길한 암운 아래에서 기동부대는 자신을 기다리는 운명을 향해 이틀 뒤 출항할 준비를 하고 있었다.

5

이동

5월 27일 정오경 세토나이카이를 빠져나온 후 나구모 부대는 밤새 남동 방향으로 항해했다. 선수를 비추며 아침 해가 밝게 떠오르자 부대는 잠에서 깨어났다. 함선들은 동쪽으로 변침해 14노트로 순항했다. 승조원들은 늘 하던 대로 일출과 동시에 기상했고 아침 배식은 한 시간 뒤에 있을 예정이었다. 아침식사 후 승조원들은 배를 청소하고 기계를 살피고 전투훈련에 참가하는 등 업무를 시작했다. 그래도 여가를 즐길 시간은 있었다. 사실 평상시 일과보다 전장으로 이동할 때 여가시간이 더 많은 경우가 꽤 자주 있었다.[1] 조종사들은 카드놀이를 하거나 장기를 두고 조종사 대기실에서 빈둥거리지 않으면 함교 근처 비행갑판에서 햇볕을 쬐며 여유를 즐겼다. 승조원들은 여러 사람의 손을 탄 인기소설을 돌려가며 읽거나 악기를 연주했다. 일부는 남태평양에서 배운 대로 접이식 나무의자를 갑판에 펴놓고 편히 누웠다.

매일 점심식사를 마치고 승조원들은 갑판에 모여 체조를 하고 군가를 불렀다. 이는 사기를 유지하고 감투정신敢鬪精神을 불어넣기 위한 조치였다. 그러나 몇몇 간부는 군대 냄새가 덜 나는 가요를 부르게 허락해 주었다. 나중에 자발적 참여를 끌어내려면 이런 소소한 일로 젊은 수병들에게 점수를 따는 분별력이 필요했다.[2]

선상 환경은 금방 지저분해졌다. 깨끗한 물은 제한적으로 공급되었으며 특히 장기간 항해할 때 더 그랬다. 물탱크의 용량이 적은 구축함의 승조원들은 더 고생할 수밖에 없었다. 목욕은 최소한으로 제한되었다. 일종의 박탈이었다. 저녁 목욕은 일본인에게 의식과도 같았다. 당시 일본 해군 함선에는 샤워시설이 없었기 때문에 승조원들은 식사 전에 손과 얼굴만 닦을 수 있었다.[3] 따라서 공기가 나빠지지 않도록 환기시설을 가동해야 했다. 환기는 장교의 감독하에 현창 개방(전투항해 중에도 종종 열었다.)과 더불어 종일 실시되었다.

5-1. 아카기 비행대장 후치다 미쓰오 중좌. 진주만 공격대장이자 전후 미드웨이 해전을 다룬 유명한 책의 저자이다. (Michael Wenger)

전투 임무를 받고 이동할 때 함의 취사병들은 맛있는 식사를 제공하기 위해 특별한 노력을 기울였다. 승조원들은 신선한 과일이나 오하기お萩(팥고물이나 콩고물을 묻힌 떡), 시루코汁粉(새알심을 넣은 단팥죽) 같은 달콤한 특식을 좋아했다.[4] 마치 다들 유람선이라도 탄 것처럼 전반적으로 여유로운 분위기였다. 그러나 27~28일 밤에 불길한 징조가 기동부대를 덮쳤다. 아카기의 비행대장 후치다 미쓰오淵田美津雄 중좌가 갑자기 쓰러진 것이다. 후치다는 함대가 출항할 때부터 몸이 좋지 않았는데 그날 저녁에 갑작스레 복통을 겪었다. 진단 결과는 급성 충수염이었다. 후치다는 수술을 연기해 달라고 했으나 군의관은 이를 묵살하고 즉각 수술했다.[5] 비행기대 전체는 낙심천만했다. 후치다는 인기 있는 대장이었으며 부대원들은 진주만 기습을 이끈 비행대장 없이 전투에 나서게 될 참이었다.

존 키건John Keegan은 『전쟁의 얼굴』에서 모든 전투는 '전략적'·'전술적'·물질적·기술적인 면이 아니라 '인간'이라는 면에서 공통점을 갖는다고 썼다. 이 공통점이란 "자기보호 본능을 조절하기 위해 분투하는 인간의 행동, 명예심, 사람들을 기꺼이 살육에 나서게 하는 어떤 목표의 성취"이다. 따라서 키건에 의하면 전쟁사 연구는

"필연적으로 사회적·심리적 연구이다." 그럼에도 불구하고 키건은 "전투는 역사에서 한정적 순간에 속하며, 그것을 수행하는 군대를 모집하는 사회의 것이고 그 사회가 유지하는 경제, 기술과 관계된다."라는 명제가 더 중요하다고 지적한다.[6]

키건의 말은 해전사 연구에도 정확히 적용된다. 해전은 다른 어떤 형태의 전투보다 무기적 요소가 인간적 요소를 완전히 압도할 수 있기 때문에 그의 말은 해전이 벌어지는 환경에 더 정확하게 들어맞을지도 모른다. 해전은 거의 전적으로 무기를 통해 치러진다. 이 무기는 대개 어마어마하게 커서 거기에 탑승한 조그마한 존재들을 초월하여 그만의 생명과 성격을 가진 것처럼 보인다. 그러나 결국 함선에서 거주하고, 지휘하고, 싸우고, 쓰러지는 것은 인간이다. 따라서 거대한 함선에 비해 지극히 왜소해 보일지라도 인간들의 이야기를 전하는 일이 가장 중요하다.

아무리 탄탄한 기술적 고증을 거치더라도 일본 기동부대를 연구할 때는 어느 정도 사회적 관점에서 일본 해군을 고찰해야 한다. 미드웨이 전투의 참여자들은 복종적이고 가부장적이며 상무적이고 무엇보다 동양사회의 산물인 일본인들이다. 일본인의 감성적·문화적 외양을 이해하지 않고 전투를 이해하는 것은 의미 없는 일이다. 특히 수십 년 전의 동양사회를 서구인이 설명하려면 많은 위험이 따른다. 그럼에도 불구하고 서구 독자가 이해할 수 있는 방법으로 일본인을 솔직하게 묘사할 필요는 있다. 그렇다면 기동부대의 승조원들은 어떤 사람들이었는가?

우선 기억해야 할 점은 일본인의 심리뿐만 아니라 아시아인 전체에게 해당한다. 간단히 말하면, 태평양전쟁 이전 수세기 동안 아시아 대부분의 지역에서 태어난 사람들은 노골적이든 그렇지 않든 서구의 소유물이 되었다. 식민당국의 관심사가 아시아의 모든 정치적·경제적 생활을 지배했다. 아시아인들은 스스로 정치체제를 선택할 수 없었고 식민통치 행정기관은 그들의 일상생활을 지배했는데, 통치 방식은 상당한 선정에서 끔찍하게 무능한 통치, 대놓고 하는 폭정까지 다양했다. 식민지는 저렴한 원자재와 토산품을 식민 본국에 공급했고, 식민 본국은 자국 생산품을 불리한 금융조건으로 식민지에 들여와 소비시켰다. 서구인이 아시아인을 거의 예외 없이 도덕적·지적·사회적으로 열등한 존재로 보는 시각은 이처럼 만연한 예속 상황의 일부였다.

일본만이 이 같은 노예상태가 아니었다. 일본인이 서구의 노예라는 멍에를 쓰지 않은 유일한 이유는 최신 무기로 무장한 근대적 군대를 갖추었기 때문이다. 이 과정은 1853년 미국의 매슈 페리Matthew Perry 제독의 이른바 흑선내항黑船來航과 더불어 시작되었고, 일본은 서구세계에 문호를 '개방'하게 되었다('개방된' 사람들의 입장에서는 강간이라고 표현할 만한 사건이다). 일본이 고통스럽게 억지로 세계무대에 등장하게 된 사건은 사회적 동요를 불러일으켜 메이지 유신을 촉발했고, 그 결과 대정봉환大政奉還을 거쳐 1868년에 신정부가 수립되었다.

그 뒤로 일본은 노련한 정책 수행과 산업화 계획의 가차 없는 실행, 국민의 희생과 노고를 바탕으로 현대적 산업국가로의 이행을 시작했다. 그로부터 40년 뒤, 일본은 아시아의 강국이 되었고 40년이 지나자 세계적 열강이 되었다. 일본인들은 이 어마어마한 성취를 도덕적 우월함의 증거로 받아들였다. 동시에 필연적으로 국가안보는 아낌없는 노동 투입과 국론 통일, 현대무기 대량 보유의 산물이라는 사회적 함의가 강화되었다.

이 과정에서 일본은 서구 식민세력에 굴복하지 않는다는 것을 눈으로 보여줄 필요가 있었다. 이 연습의 상대는 제정 러시아였다. 일본은 제정 러시아를 가장 가까우면서 군사적으로 약체이고 잠재적국 가운데 가장 내부적으로 취약하다고 빈틈없이 평가했다. 쓰시마 해전에서 발트 함대 격멸을 포함해 1904~1905년의 러일전쟁에서 일본이 거둔 놀라운 승리는 아시아에서도 무시할 수 없는 강국이 태어났음을 알리는 사건이었다. 동시에 쓰시마 해전은 결전승리라는 왜곡된 관념을 일본 해군에 심어 훗날 제2차 세계대전에서 패배를 불러온 씨앗이 되었다. 지하야 마사타카의 혜안에 의하면 "이 승리에 …… 도취하여 [일본 해군은] 단 한 번의 결전으로 승리할 수 있다는 잘못된 결론을 내렸다." 지하야는 이것을 "재앙을 불러온 맹신"이라고 이름 붙였다.[7]

그러나 이 재앙은 37년 후에 일어났다. 지정학적 관점에서 쓰시마 해전의 승리가 일본의 위신을 높이는 데 긍정적인 역할을 했다는 점을 부인하기는 어렵다. 육상에서 서구 식민지 세력이 '원주민들'에게 국지적으로 일시적 패배를 겪는 일은 가끔 있었다. 그러나 비서구 해군이 서구 열강의 해군을 격파한 적은 없었다. 특히 증기기관이 등장한 후에는 상상할 수 없는 일이었다. 쓰시마 해전 뒤 일본은 야전에서도 러시아 육군을 격파하여 러시아가 화평을 요청하게 만들었다. 이 전쟁의 충격적인 최고 성과였다. 러일전쟁이 일본을 거의 파산시켰다는 점, 그리고 일본의 산업구조가 아직 취약하다는 사실을 드러냈다는 점은 승전의 결과인 지역안보 구도의 극적인 변화에 가려졌다. 이 시점부터 일본은 자국이 세계무대의 주역이 되었다고 생각하고 백인 국가들이 서로를 대할 때처럼 일본도 같은 방식으로 존중받아야 한다고 믿었다(일견 정당했다). 하지만 백인 국가들이 그러지 않았으므로 일본은 심하게 좌절했다.

일본인이 특별히 우월한 민족이라는 뿌리 깊은 믿음이 이 좌절감을 더 복잡하게 만들었다. 20세기 초에 일본인만이 자기들이 다른 인종보다 낫다고 생각하지는 않았지만, 이 사회적 병폐는 다른 선민의식보다 부족적 요소가 강했다. 일본인은 일본 사회가 독특한 문화적 동일성을 가지고 있다고 믿었다. 이 믿음은 일본인의 예외적인 인종적 동일성과 균일성에서 나온 듯한데 지금도 일본 인구의 99퍼센트는 일본에서 태어난 일본인이다. 이유야 어찌되었건 일본인에게 일본인으로 산다는 것은 단지 같은 나라에서 비슷해 보이는 사람들과 같이 산다는 것 이상을 뜻했다. 일본인이란 같은 문화, 같은 믿음, 공통된 문화유산과 언어, 그리고 비슷한 세계관을 가진 집단의 일원을 의미했다.

일본인이 된다는 것이 무엇인지에 대해 감히 좀 더 멀리 나아가 보면 합리적 요소와 반쯤 신화적인 요소가 섞이기 시작한다. 일본인이 말하기를, 일본인은 덴노天皇라는 신격화된 개인에게서 나온 한 민족이라고 한다. 그리고 지금의 덴노는 태양신 아마테라스오미카미天照大神의 자손이자 기원전 600년경에 일본을 통치한 반신화적 인물인 진무神武 덴노의 직계 후손이라고 한다. 이렇게 완벽한 계보를 통해 내려온, 진정한 야마토 다마시大和魂를 가진 야마토大和민족만이 특별한 운명을 타고났다는 이야기를 누가 의심하겠는가? 서구인, 특히 다양성과 남과 다른 개성이 기본요소인 사회에서 나고 자란 미국인에게 이 같은 '진정한' 일본민족에 대한 미사여구는 좋게는 생경하고 나쁘게는 아주 위험하게 들린다. 물론 일본만 이 같은 자민족 중심적 세계관을 가진 것은 아니라는 점을 기억할 필요가 있지만, 일본인의 세계관이 더 시적이기는 하다.

전쟁으로 이어진 수십 년 동안 국수주의를 부르짖는 목소리는 일본민족의 단일성과 신성한 사명을 부여받았다는 믿음을 더욱 굳건하게 했고 마침내 이를 구심점으로 일본 군국주의가 자리 잡았다. 서구 식민세력이 아시아 전역에 만든 식민체계에서 비대칭적으로 취한 경제적 이득과 인종차별에 대해 갈수록 커진 일본인의 불만은 이러한 과정에 기름을 부었다. 그 결과 탄생한 왜곡된 사이비 민족주의 신화는 아시아뿐만 아니라 결국 일본에도 나쁜 결과를 가져왔다. 군국주의자들은 일본이 천우신조天佑神助를 받아 미움받는 백인의 멍에를 아시아 전역에서 몰아낼 도구가 될 것이며 아시아는 일본의 보호를 받게 될 것이라고 생각했다. 거창한 임무였다. '일억총진군一億總進軍'이라는 구호는 전쟁기 일본 매체에서 잘 쓰던 선동구호로 군국주의자들이 일반 대중과 전 세계에 보여 주고 싶었던 이미지에 얼추 부합한다. 즉 일심동체로 고결한 임무수행에 매진하는 역동적 민족상이다.

일본 군국주의자들의 '해방'은 백인을 밀어내고 그 자리에 일본인이 앉아 식민지 주민들을 착취하면서 경제적 단물을 빨아먹는 것 이상의 개념이 아니었다. 그렇게 하더라도 군국주의자들이 보기에는 자신들의 원대한 계획의 배경에 있는 순수성이 훼손되지 않았다. 일본은 인종차별에 대한 불만에도 불구하고 아시아 이웃들에게 백인들과 똑같이 끔찍한 압제를 가했다. 일본인은 소위 범아시아적 사명의 모든 내부적 모순을 눈감았다. 신성함이라는 허울을 두르고 일본은 1930년대 말 중국에서 사소한 경계분쟁과 도발로 시작하여 '사변事變'이라고 부른 사실상 전쟁상태에 돌입했다〔중일전쟁을 말한다〕.

승자 위주의 2차 세계대전사에 익숙한 일반적 서구인에게 아시아 해방이라는 관점에서 일본을 정당화하려는 시도는 헛소리에 불과하다. 일본은 침략자였고 연합군은 해방자였으며 이것은 도덕적 관점에서 전후 60여 년간 움직일 수 없는 사실이었다. 전쟁에 대한 미국인의 일반적 태도는 진주만에 첫 폭탄이 떨어진 순간에 확고해졌다. 야마모토의 '비열한' 공격은 일본의 아시아 침략에 대한 미국인의 도덕적 분노에 방점을 찍는 데 불과했다.

이러한 서구의 관점이 근본적으로는 옳지만, 당시에 일본인들은 나름 대의를 위해 싸우고 있다고 진심으로 믿었다는 점을 기억할 필요가 있다. 일본인의 관점에서는 그 대의가 근본적으로 옳았다. 만약 일본인들이 대의의 깃발 아래 벌인 사회적 불의와 뻔뻔스런 만행—수없이 많았고 추악했다.—을 무시했다면 그것은 서구 식민주의 타파라는 대의를 위해서라면 어떤 방법도 정당화된다고 믿었기 때문일 것이다.

이렇게 자기합리화가 오래 계속된 것은 일본인에게 침략 희생자들의 감정에 가까이 다가가려는 진정성과 솔직함으로 스스로를 성찰하고 자신들이 저지른 짓을 비판하는 능력이 없었기 때문이다.

일본이 대동아공영권大東亞共榮圈을 창설하며 내세운 그럴듯한 이상 뒤에 뻔히 보이는 속내가 있었음을 생각해보면, 기존 서구식민지 체제의 해체가 일본이 이 처참한 전쟁에서 실제로 달성한 유일한 목표였다는 것은 역설적이다. 전쟁의 최종결과가 무엇이었든 간에 1941~1942년에 일본이 영국과 네덜란드에 안긴 굴욕적 패배는 서구 식민지 통치의 정당성을 회복 불능 상태로 파괴했다. 종전 후 10년 동안 아시아에서 서구 식민세력들은 모두 쫓겨났다. 물론 이러한 과정이 일본군부 수뇌라면 어느 누구도 높이 평가하지 않을 방법으로 이루어졌다는 것은 매우 역설적이다. 일본은 아시아를 제패하는 대신에 스스로를 불태워 결과적으로나마 아시아 국가들에 '해방'을 안겨다 주었다.

일본은 미국에 특별한 적의를 품고 있었다. 이 증오는 상상하기 어렵지만 꽤 오래 있어 온 이른바 양키의 일본인 차별이 원인이었다. 미국 서부 해안지대의 노골적인 이민 제한, 일본 이민에 대한 2등 시민 대우, 상당한 규모의 하와이 일본인들에 대한 경제적·사회적 제약 등등 일본이 태평양 건너편에 있는 강력한 이웃에 내밀 불만사항 목록은 꽤 길었다.

이 목록에 더해 일본 해군도 불만사항을 가지고 있었다. 일본 해군은 1920~1930년대에 열강 해군들의 군함 보유를 통제한 해군 군축조약들이 일본에만 불공평하고 모욕적이라는 이유로 오랫동안 분개해 왔다. 1922년의 워싱턴 해군군축조약과 후속조약인 1930년의 런던 해군군축조약은 주력 전투함의 보유량을 제한했다. 일본은 영국 해군, 미 해군보다 적은 보유 톤수를 인정받았다. 이 조약들은 열강 해군으로서 일본 해군이 느껴 온 자부심에 상처를 입혔다. 더 나빴던 점은 이 조약들로 인해 당시 일본 해군 전략상 본토 방어에도 불충분할 정도로 함선 보유량이 제한되었다는 것이다.

물론 조약에 서명함으로써 일본은 눈앞에 놓인 미국과의 군비 경쟁을 피하게 되었다. 상대적으로 경제력이 약한 일본은 미국과 경쟁해서 이길 수 없었다. 미국의 어마어마한 산업생산량을 인위적으로 제한한 것은 미국의 생산량을 따라잡으려고 노력하는 것보다 훨씬 더 효율적인 방어였다. 따라서 이 조약들은 함대보다 더 나은 방어책이었다.

일본 해군의 지각 있는 사람들에게는 냉혹한 경제적 현실이 더 잘 보였다. 워싱턴 군축회담 사절단의 일원이었던 야마모토는 사절단장 가토 도모사부로加藤友三郎 대장[8]과 견해를 같이했다. 가토는 최소한 가까운 미래까지는 반드시 외교에 의지해서 미국에 대하여 안전을 보장받아야 한다고 주장했다. 그러나 소위 함대파는 조약과 그 지지자에게 격렬하게 반발했다. 결국 국수주의적 열광이 냉정한 경제적 계산을 압도하여 일본은 1937년 런던 해군군축조약 탈퇴를 선언했다.

인기 없는 해군 군축조약은 쉽게 버릴 수 있다. 그러나 일본과 그 잠재적국 미국 사이의 경제 격차라는 불편한 진실은 쉽게 버릴 수 있는 것이 아니었다. 태평양 한쪽에 위치한 섬나라 일본은 자원이 거의 없다. 일본은 산업용 원자재와 군대용 원유 수급을 완전히 무역에 의존했다. 반면 미국은 필요한 거의 모든 것을 자급자족할 수 있는 나라였다. 대공황에 휘말린 와중에도 미국 경제는 일본 경제보다 일곱 배나 더 컸다. 일본이 보기에 이 '불공평함'을 체질적으로 바꾸기는 어려웠으므로 협상 시 일본은 열등한 위치에 설 수밖에 없었다. 미국은 자신이 지시하는 위치에 있고 일본은 이를 따르는 위치에 있다는 것을 알았다. 미국은 일본이 앞으로도 계속 시키는 대로 할 것이라고 오해했으며, 일본은 거대한 적과 전쟁에 돌입하는 행위의 군사적·경제적 의의를 온전하게 인식하는 데 실패했다. 이것이 다가올 전쟁의 원인이 되었다.

미국이 일본에 먼저 침략 행위를 중단하고 점령지를 중국에 반환하라며 경제적 압박을 가하자 수십 년간 미국에 대해 부글거리며 뒤섞이던 감정이 마침내 끓어 넘쳤다. 1941년, 일본이 비시 프랑스령 인도차이나를 점령하자 미국은 같은 해 7월, 일본에 대한 석유 수출을 전면금지했다. 이전부터 이루어진 철광석, 설철屑鐵, 기타 전략자원의 수출 제한에 더해 서구는 일본을 굴복시키기 위해 손에 쥔 모든 경제무기를 사용할 참이었다. 일본은 분노로 끓어올랐고, 비록 전쟁으로 파멸할지라도 나라 전체가 반격을 바라게 되었다.[9]

특기할 만한 점은 중일전쟁에 심한 피로감을 느끼던 나라에서 이 같은 감정 폭발이 있었다는 것이다. 일본 대중은 전쟁이 수렁에 빠졌으며 성공적으로 마무리될 수 없다는 점을 정확하게 알면서도 육군과 해군 사이의 알력, 군인들이 저지른 정치적 암살, 군부가 저지르는 불건전한 정치놀음을 삐딱한 시선으로 보면서 국내정치에 무심해졌고 무력감을 느꼈다. 일본 대중이 영국과 네덜란드 식민제국까지 합세한 세계 최강 경제대국과 또 다른 전쟁을 벌인다는 전망에 환호했다는 사실은 서구 제국주의, 특히 미국에 대한 염증의 깊이가 어느 정도였는지를 보여 준다. 당시 민족주의에 대한 대중의 열광은 어마어마한 전쟁의 본질과 결과를 냉정하고 합리적으로 평가해야 할 지도자들의 손발을 묶을 정도로 높았다.[10]

일본 해군의 문화는 이렇게 강력하고 종종 상호 모순적인 사회적 반응의 자연스러운 산물이었다. 무엇보다 해군에 몸담은 이는 누구나 다 성공하고자 하는 강한 동기가 있었다. 국가와 가족에 대한 책임감은 일본인의 의식에서 큰 비중을 차지했으며 일본 해군은 이 기풍을 세계 어느 해군에서도 보지 못한 수준으로 끌어올렸다. 미 해군 장병이 일본 함선을 방문한다면 수병들이 소소한 업무를 할 때에도 드러내는 진지함이 가장 먼저 눈에 들어올 것이다. 일본인은 서구인에게 거의 감상적으로, 심지어 부자연스럽게 보일 정도의 진지함을 가졌다고 알려져 있다. 일본인에게 이는 부자연스러운 행동이 아닌데, 사회가 조화, 규율, 무거운 책임감을 첫 번째 미덕으로 여기기 때문이다. 사회적 관점에서 봤을 때 이에 부응하지 못하는 행동은 수치스럽고 역병만큼이나 무서운 일이다. 그것은 당사자뿐만 아니라 가족의, 친구의, 이웃의, 그리고 궁극적으로 덴노와 일본민족 전체의 수치이기 때문이다. 군사조직에 국한해서 이 개념을 자기암시적 세뇌의 기반으로 쓰면, 군인은 죽음보다 불명예스런 패배로 인한 수치를 더 두려워하게 된다.

그다음으로 눈에 띄는 것은 일반 수병에 대한 혹독한 기율이다. 구타는 아무것도 아니어서 사소한 군기 위반에도 수병들을 구타했다. 일본 해군에서 복무한 사람의 말로는 해군은 "가혹함과 체벌이 더 나은 수병을 만든다는 미신"[11]에 빠진 것처럼 보였다. 모두 다 명령이 떨어지자마자 임무를 수행하는 것이 절대 규율이었다. 수병으로 해군에 입대한 해군 조종사 사카이 사부로坂井三郎는 훈련조교들을 "절대폭군" 또는 "짐승 같은 최악의 사디스트"라고 불렀다. 수병 훈련도 충분히 야만적이었지만 함상 생활은 더 폭력적이었다. 사카이의 말을 빌리자면 이러한 풍조는 "감히 명령에 질문하지 않고, 권위를 의심하지 않으며, 상급자가 시키는 일이라면 무

엇이든 즉시 시행하는 가축 떼"로 사람을 격하하는 효과가 있었다.[12]

그러나 명령불복종이 군대 내에 아주 없지는 않았는데 흥미롭게도 장교단에서 이런 일이 발생하곤 했다. 육해군의 하급 장교들은 심지어 상급자들에게까지 폭력을 행사한다고 알려져 있었다. 1936년 2·26 사건을 주도한 극우파 하급 장교들은 예산을 삭감하고 군의 행동을 제약하려 한다는 이유로 전직 총리대신을 포함한 정치가들을 암살했다.[13] 이와 비슷한 사건으로, 악명 높은 이시와라 간지石原莞爾 중좌[14]가 이끈 하급 장교들이 1931년 9월에 이른바 류탸오후柳條湖 사건을 모의했는데[15] 이는 일본의 만주 침략과 점령지 공고화의 빌미가 되었다. 1937년에는 관동군의 하급참모들이 사실상 독자적으로 중국과 전쟁을 일으켰다.[16] 관동군은 도쿄의 상급자들이 이러한 폭주를 제지함으로써 체면이 깎이는 일을 꺼릴 것이라고 상황을 정확히 파악했다.

일본 해군은 스스로를 육군보다 더 교양 있는 세계시민으로 여기고 싶어 했지만 제독들 사이에서도 폭력사태가 왕왕 있었다. 진주만 기습 계획이 완전히 무르익은 단계에 야마구치 소장은 자신의 2항전을 작전에서 제외하는 안이 있다는 사실을 알게 되었다. 그 뒤에 발생한 일에 대해서는 다양한 이야기가 있지만, 야마구치가 만취한 상태로 나구모에게 달려들어 목을 감아 비틀며 소류와 히류를 다시 작전에 포함시키라고 어깃장을 놓았다는 점은 모두 일치한다.[17] 구사카가 끼어들어 간신히 둘을 떼어놓았다. 나구모는 나구모대로 황족인 해군대장 후시미노미야 히로야스 왕伏見宮博恭王[18]이 주최한 야외연회에서 술에 취해 이노우에를 베어 버리겠다고 위협한 적이 있었다.[19] 야마모토의 연합함대 사령장관 임명은 정치적으로 분위기가 격해진 뱀굴같이 위험한 도쿄에서 야마모토를 암살될 위험에서 피신시킨 조치라고 본 이들이 많았다. 야마모토는 이노우에와 마찬가지로 강력한 세력인 함대파에 반대했기 때문에 차라리 하시라지마가 더 안전하겠다고 느끼는 이들도 있었다. 엄한 기율에도 불구하고 가끔 알코올의 도움을 받은 뜬금없는 폭력 행사가 군 내부에서 용인되었다.

여기까지가 미드웨이에서 전투를 치른 일본 해군의 모습이다. 일본 해군은 아마 어떤 것보다도 극명히 대비되는 요소들로 정의되는 조직이었을 것이다. 극단적 충성과 기율에 대비되는 사병·부사관에 대한 폭력과 냉담한 인명 경시가 있는, 흉포

하면서 감상적인 조직이 일본 해군이었다. 훗날 드러났듯이 일본 해군은 기술적·전술적 탁월성을 갖추는 데 많은 노력을 들였지만 전 지구적 전쟁에 있어야 할, 보다 높은 전략적 단계에서 작전을 수행하는 데 필요한 정신적 노력을 등한시했다.

5월 28일 14시 30분, 수평선 위로 점점이 보이는 배들이 나구모 부대의 시야에 들어왔다. 급유선 교쿠토마루旭東丸, 신코쿠마루神國丸, 도호마루東邦丸, 니혼마루日本丸, 고쿠요마루國洋丸로 구성된 기동부대 보급대였다. 구축함 아키구모秋雲가 보급대를 호위했다. 진형 안으로 보급대가 들어오자 나구모는 동북동쪽으로 변침을 명령했다. 늘 하던 대로 작업이 시작되었다. 경계대의 연료 소요와 급유선의 느린 속도를 고려하여 순항 속도는 14노트로 유지되었다.[20] 구축함들은 빠르게 연료를 소모하는 것으로 유명했으며, 고속으로 작전을 수행하면 연비는 열 배 혹은 그 이상으로 확 내려갔다.[21] 따라서 모든 지휘관은 전장에서 최대한 가까운 곳까지 구축함의 연료를 꽉 채워 가기 위해 고심했다. 각 함선은 도중에 최소한 두 번 급유했고[22] 구축함은 거의 매일 급유했다. 일본 해군은 미 해군만큼 해상보급 작전에 능숙하지 못했기 때문에 더 느리고 더 번거롭게 급유했다. 대형 함선은 급유선을 따라가며 급유선 선미에서 늘어뜨린 6인치 호스를 받아 급유하는 덜 효율적인 선미 급유방식을 썼다. 구축함은 가끔 이 방식을 썼으나 대개 급유선 현측에서 나란히 항해하며 급유했다. 함대가 동쪽으로 나아가는 동안 급유작업도 계속 진행되었다.[23]

전장까지 이동하는 중에 매일 항공모함 4척 가운데 1척은 함대 전체의 당직함으로 지정되었다.[24] 소류가 27일 첫 당직임무를 맡았다. 당직함은 낮 동안에 함대 상공에 주변과 진로방향을 초계하는 전로경계前路警戒를 맡은 97식 함상공격기 2기를 계속 띄워 놓는 임무를 맡았고, 순양함 및 구축함과 합동으로 대잠초계도 실시했다.[25] 언제나 99식 함상폭격기 2기가 대잠초계를 수행했다.[26] 그동안 당직함은 비행기 몇 기를 비행갑판에 대기시켰다.[27] 낮 동안에 당직함의 비행갑판 밑에서는 재급유, 정비와 더불어 계속된 저강도 항공작전으로 끊임없이 부산했다. 당직함이 아닌 항공모함 승조원들은 일상적 정비와 훈련으로 시간을 보냈다.

이때 일본 해군은 세 종류의 함상기에 의존했다. 첫 번째는 유명한 미쓰비시三菱 0식 함상전투기였다(약칭 함전艦戰). 제로센은 매끄럽게 유선형으로 다듬어진 소형 전투기로 중국 상공에서 처음 이름을 알렸으며 태평양전쟁의 초기 전역에서 유명해

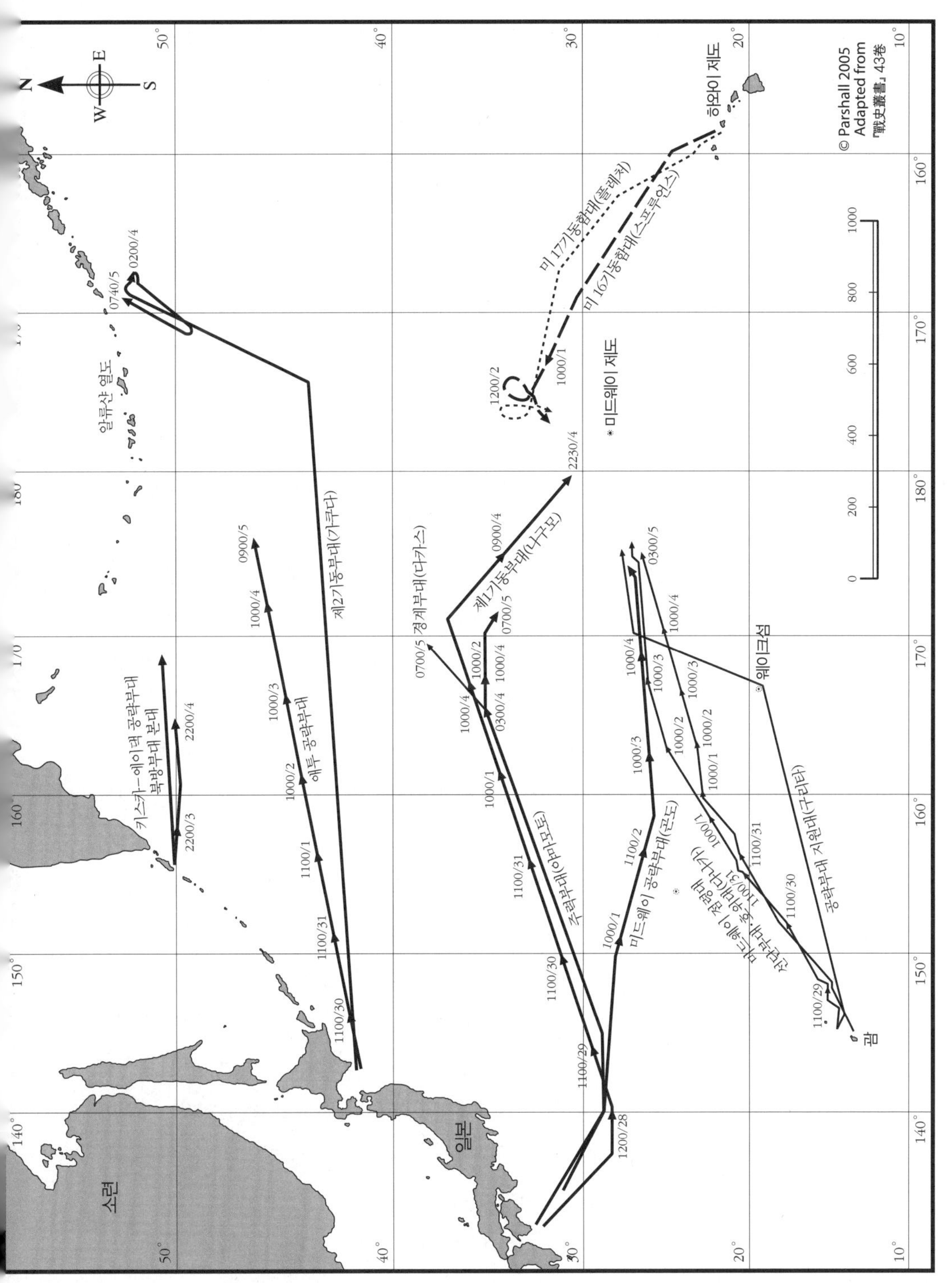

5-2. 전장으로 향하는 여러 일본군 함대의 경로. 미 함대의 움직임도 같이 표시했다.

졌다. 제로센은 일본 해군의 공격 일변도 사고방식의 상징과도 같은 존재로 비범한 운동성, 기수에 탑재한 7.7밀리미터 97식 기관총 2정과 날개에 탑재한 20밀리미터 99식 1호 기관포 2문이 뿜어내는 강력한 화력을 갖추었다. 제로센은 저고도 기동에 특화된 기종이었으며 선회전 격투에 완벽한 전투기로 사무라이 기질을 갖춘 조종사에게는 환상의 짝이었다. 숙련된 조종사가 몰 경우 제로센은 어떤 연합군 전투기도 격추할 수 있었다.

제로센은 이륙 시 950마력을 내는 나카지마中島 사카에榮 12형 성형엔진을 기반으로 설계되었다. 당시 기준으로도 사카에가 특별히 고출력 엔진은 아니었지만 경량화 구조 덕에 제로센이 뛰어난 익면하중과 상승률을 갖추는 데 기여했다. 일본군이 애용한 보조연료탱크 장착 시 제로센은 항공모함을 기준으로 행동반경이 300해리(556킬로미터)에 달하는 대단한 장거리 성능을 갖춘 전투기였다.[28] 그러나 제로센은 거의 장갑방어가 없을 정도로 경량화된 전투기였으며 연료탱크에 자동방루장치自動防漏裝置가 없었다. 간단히 말해 제로센은 조종사가 장갑보호 없이 노출되었고 화재와 폭발에 취약했기 때문에 잘 맞히기만 하면 쉽게 떨어뜨릴 수 있는 비행기였다. 그러나 그때 연합군 조종사들은 실전에서 제로센의 이러한 취약점을 파악하지 못했다.

해군의 급강하폭격기는 아이치愛知 99식 함상폭격기 11형(D3A1)이었다(약칭 함폭艦爆). 99식 함상폭격기는 강력한 급강하폭격기였고 덮개가 달린 고정식 착륙장치와 우아한 타원형 날개가 특징이었다. 탑승인원은 2인(조종사 겸 무전수와 후방 기총수)이었으며 날카로운 각도에서 고속으로 급강하할 때 하중을 견딜 수 있도록 튼튼하게 만들어졌다. 99식 함상폭격기의 무장은 250킬로그램짜리 철갑탄 혹은 242킬로그램짜리 고폭탄이었다. 고속으로 기동하는 적함에 연달아 명중탄을 안김으로써 일본군은 자군의 급강하폭격기 조종사들이 세계 정상급의 기량을 갖추었음을 이미 과시한 바 있다. 99식 함상폭격기에 약점이 하나 있다면 폭장량이었다. 미 해군이 보유한 99식 함상폭격기의 맞수 SBD는 450킬로그램짜리 폭탄을 탑재할 수 있었다. 그럼에도 불구하고 99식 함상폭격기에 모든 전장에서 가치 있는 항공기임을 증명했으며, 정확한 폭격명중률로 두려움의 대상이 되었다.

일본 해군이 보유한 세 번째 함상기는 나카지마中島 97식 함상공격기 12형(B5N2)

이었다(약칭 함공艦攻). 97식 함상공격기는 이중목적기二重目的機로 수평폭격과 항공어뢰 공격을 둘 다 수행할 수 있었다. 수평폭격을 할 때는 800킬로그램짜리 폭탄 1발을, 항공어뢰 공격을 할 때는 91식 어뢰 1본을 탑재할 수 있었다. 탑승원은 세 명(조종사, 관측수/폭격수, 후방 기총수)이었다. 97식 함상공격기는 견실한 기종이었으며 속도와 상승고도, 어뢰투하 속도에 이르기까지 여러 점에서 미 해군이 보유한 TBD를 훨씬 능가했다.[29] 97식 함상공격기의 마지막 이점은 비행기보다 탑재병기의 성능이었다. 91식 항공어뢰는 미 해군이 보유한 Mk.13 항공어뢰에 비해 신뢰성이 높고 튼튼했다.

이 주력기 3종에 더해 신형기가 미드웨이 작전에서 첫 등장할 예정이었다. 소류는 해군이 오래 기다려 온 99식 함상폭격기의 후계기 요코스카橫須賀 스이세이彗星 11형(D4Y1) 함상폭격기의 시제기를 최소한 1기 혹은 2기를 탑재했다. 이 선행 양산기는 항속거리와 순항속도가 양호하여[30] 정찰임무에 알맞게 개조되었다.[31] 소류의 99식 함상폭격기 2기의 탑승원이 탄 D4Y1은 소류가 일반적으로 탑재하는 18기 구성 함폭대艦爆隊의 일부였고[32] 필요 시 정찰임무에 투입될 예정이었다.

일본 해군항공대에서는 3기로 이루어진 소대가 모든 편대의 전술적 기본 단위였다. 소대장이 이끄는 소대는 대략 서구 공군의 섹션section이나 엘러먼트element에 해당한다.[33] 소대는 대개 역V자 형태로 비행했으며 선도기는 따르는 비행기들보다 약간 낮은 고도로 비행했다. 이 편대 구성은 3기로 구성된 영국 공군의 구식 '빅Vic' 대형보다 약간 느슨했지만 좀 더 유연했다. 당시 4기 편대 구성이 유럽 전역戰域의 항공전술을 장악했고 미 해군도 이를 도입했지만 일본 해군은 이 구성을 아직 받아들이지 않은 상태였다.

2개 혹은 3개 소대가 중대를 이루었다(미군의 division에 해당). 태평양전쟁 발발 시 일본 해군의 모든 함상기는 9기 중대로 편제되었다. 1942년 3월경에 함공대艦攻隊는 6기 중대로 재편되기 시작했는데 아마도 6기 편성이 전반적으로 목표물을 더 유연하게 설정할 수 있었기 때문일 것이다.[34] 그러나 미드웨이 해전에서 함폭대는 9기 중대를 운용했고 함전대艦戰隊도 마찬가지였다. 함전대는 실제 전술상으로는 중대대형을 사용하지 않았고 전투가 한창일 때는 3기로 구성된 소대별로 움직였다. 중대장은 대개 대위였으며 분대장分隊長 직함을 달았다.

항공모함 1척이 탑재하는 특정 기종으로 이루어진 비행대는 대개 2~3개 중대로 구성되었다. 각 비행대는 구성 기종에 따라 이름이 붙었다. 즉 97식 함상공격기 비행대는 함공대, 한 항공모함의 제로센을 통틀어 함전대라고 부르는 식이었다. 이 부대는 분대장 두세 명 중 최선임이 지휘했다. 다른 항공모함의 함공대, 함폭대와 협동하여 공격대를 편성할 때는 이들 중 선임 분대장이 공격대를 지휘했다. 각 기종의 함상기로 구성된 기대機隊 셋을 모두 합치면 비행기대飛行機隊가 된다. 지휘관은 소좌나 중좌(비행대장)였으며 비행기대의 이름은 탑재 항공모함의 이름을 땄는데 예를 들면 '아카기 비행기대' 같은 식이다.

전쟁이 이렇게 진행될 때까지 개별 항공모함의 비행단보다 상급 전술단위를 활발히 도입하지 않았던 미 해군과 달리, 일본 해군은 한 발 앞서 중일전쟁 때부터 항전 소속 비행기대를 모두 하나로 묶어 사실상 그 자체로 전투가 가능한 조직을 만들어냄으로써 항공전력을 집중한다는 개념을 도입했다. 일본 해군의 기본 작전집단은 개별 항공모함이 아닌 항전이었으며 해군항공대 교리의 중심은 항전을 이용한 통합 공격대였다. 제1기동부대는 개전 이래 이를 시행해 왔으며 최소한 항전 2개, 대개 3개를 동시에 운용했다.

지금까지 일본 해군의 비행기와 항공부대 조직에 대해 논의해 보았으니 일본 항공모함 운용교리와 조직에 대해서도 간단히 논할 필요가 있다. 군사사를 읽는 독자들 중 대부분은 교리를 이해할 수도 없고 이해하고 싶지도 않을 것이다. 교리에는 독자들에게 친숙한 병사 개인이나 위대한 장군에 대한 이야기가 끼어들 부분이 별로 없기 때문이다. 사실 교리는 패배의 원인이 되거나 창의적 지휘를 방해하는 불필요한 짐으로 비치기도 한다. 이것은 실전에서 지휘관들이 적절한 해법을 찾을 수 있도록 지휘를 간소화, 능률화하는 것이 교리의 가장 일반적 목적이라는 점을 고려한다면 아이러니한 일이다.[36]

특히 미국에서 교리가 별 관심을 못 받는 데는 두 가지 요인이 있다. 첫 번째는 미국인의 기질과 관련이 있다. 미국인은 능력 있는 개인에게 '각자 나름의 방법으로 일하게 하는' 자유를 주는 데 높은 가치를 두며, 미국의 문화는 개성 그리고 변하는 상황에 성공적으로 임기응변하는 능력을 강조한다. 이와 더불어 미국인은 종교적이든 정치적이든 문화적이든 모든 교조를 불신하며, 그 정점에는 지나치게 전문적인

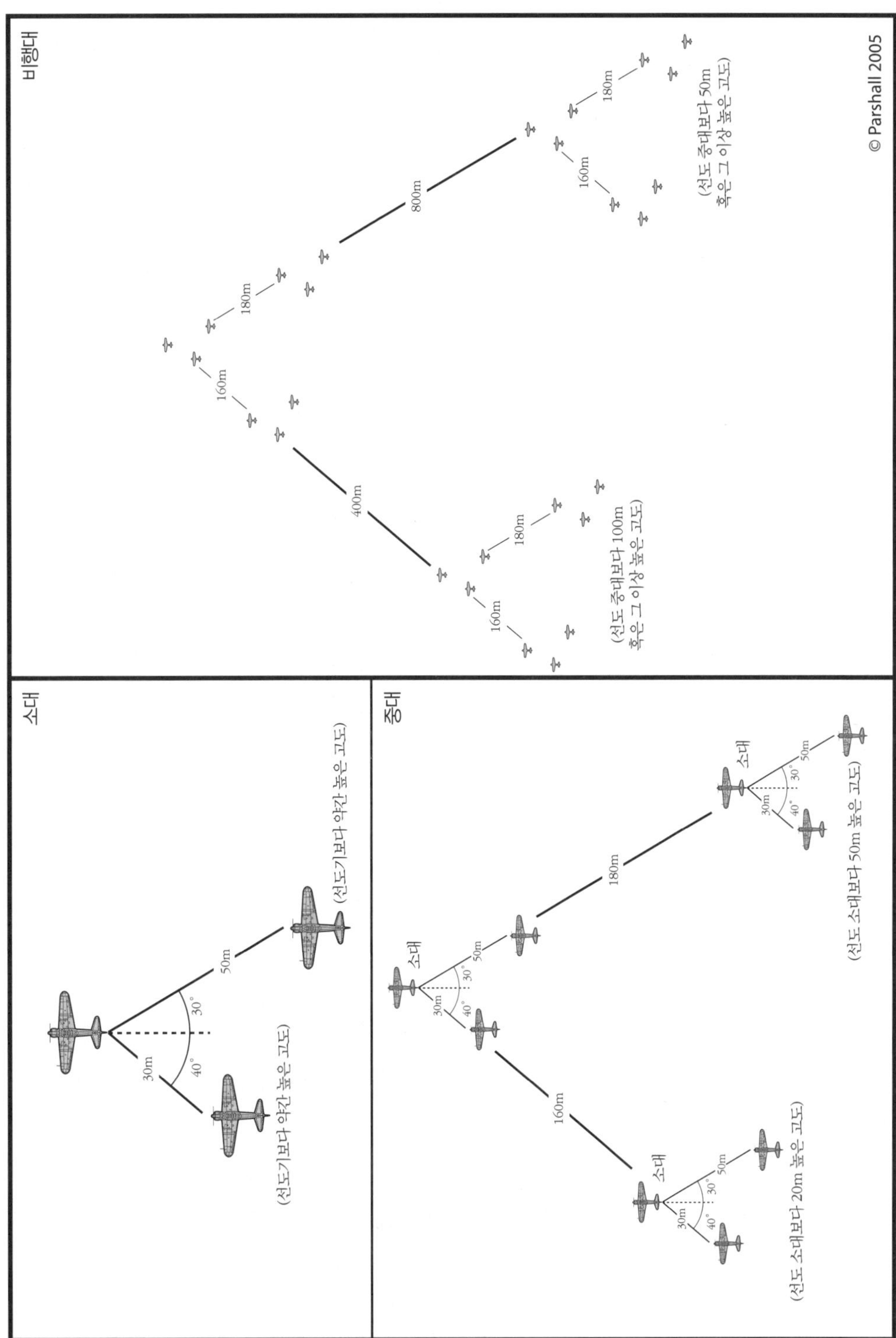

5-3. 1942년 일본 해군항공대가 사용한 편대 구성법

군사 분야에 대한 깊은 사회적 의심이 있다. 게다가 교리 자체가 일반 독자에게 지나치게 따분하다(전문가에게도 딱히 재미있지는 않다). 따라서 교리를 다룬 책이 미국에서 잘 팔리지 않는다는 사실이 놀라운 일은 아니다.

두 번째 요인은 군사사 애호가들이 실제 교리가 무엇인지, 또는 전투에서 교리의 목적이 무엇인지를 정확히 모른다는 점이다. 교리는 단순하게 말하면 '반드시 따라야 할 절차'이다. 교리에 명령적 요소를 포함된 것은 사실이나, 이것이 왜 군사조직에 교리가 있는가라는 질문에 대해 만족할 만한 답은 아니다. 또한 교리가 지휘관이 비판적으로 사고하는 능력을 위축시킨다는 아마추어들의 지적에도 일말의 진실이 있다는 점을 인정해야 한다. 즉 교리는 생각 없이 적용되면 창의성을 억압할 수 있다는 잠재적 단점을 가지고 있다.

아주 간단히 말해, 교리는 전투부대가 어떻게 전투를 수행할 것인지를 설명하는 공인된 지식의 총합이다. 엄밀히 말해 교리는 실전에서의 부대 운용방법을 포함할 뿐만 아니라 지휘체계와 통신절차를 통해 전술을 보강하여 지시이행을 보장한다는 점에서 전술보다 큰 개념이다. 최근에 해군 전술과 관련해 훌륭한 책을 낸 웨인 휴스Wayne Hughes는 교리란 전술들을 결합하는 지적 접착제 같은 존재라고 말한 바 있다. 교리는 교범에 적혀 있는 것보다 더 많은 의미를 내포한다. 달리 말하면 교리는 "병사들이 신뢰하고 이에 맞춰 행동하는 지도원칙의 총합"이다.[36]

무장한 군중 단계에서 벗어나고자 한 모든 군대에서 교리 개발은 필수적이었다. 교리는 군사조직이 내부에 직접명령 없이도 자율적으로 행동할 수 있는 부분을 만들어 전장에서 발생하는 예측불허 상황의 불리함을 보상하는 데 필수적 수단이다. 사실 집단적 폭력의 엄청난 압박을 받는 상황인 아수라장 같은 전장에서 교리는 종종 부대 통솔을 유지하고 전투를 계속하게 만드는 유일한 존재이다. 교리를 통해 일관성 있는 전술목표들이 설정되어 있으면 각 부대는 지휘체계가 붕괴되거나 제대로 작동하지 않아도 계속 작전을 수행할 수 있다.

지휘 측면에서 지휘관은 교리 덕분에 전투의 '큰 그림'에 집중할 수 있다. 지휘관은 자신의 부대가 어느 정도 스스로 '생각'할 수 있고 따라서 예측할 수 있는 방법으로 행동할 것임을 확신할 수 있다. 전장의 대혼란 속에서 어떤 종류든 예측 가능성을 부과하는 능력은 귀중한 자산이다. 이러한 이유로 각국 군대는 많은 예산과 시간을 들여 교리를 만들고 병사들이 이를 따르도록 훈련시킨다. 이 점은 일본도 다른 나라와 다를 바 없었다.

그렇다면 교리가 왜 미드웨이 해전사에서 중요한가? 그 이유는 일본 해군의 교리를 이해하지 않고서는 미드웨이의 일본군이 어떻게 그리고 왜 그렇게 싸웠는지를 진정으로 이해하기가 어렵기 때문이다. 사실 "왜 모모 제독은 이러이러하게 행동하지 않았는가?"라는 식의 후대의 질문에 대한 정답은 대개 "교리에 없었으니까."이다. 교리 위배는 군사 문화에서 도박이나 다름없다. 교리에 따르지 않고 성공을 거둔 이들은 전투에서 승리했더라도 마치 변칙적 수법으로 승리를 더럽힌 양 접근법 면에서 사후 비판을 받는다. 교리를 어기고 전투에서도 진 지휘관은 최악의 상황을 각오해야 한다.

불행히도 지난 60여 년간 서구의 미드웨이 해전 연구자들 중 거의 대부분이 일본 해군 항공모함과 조종사들이 서구의 상대들과 비슷하게 행동했을 것이라고 가정했다. 사실 많은 측면에서 일본 해군은 그러지 않았다. 일본 해군이 다르게 행동한 데에는 문화적 요소, 전략적 필요성 등등 많은 요소들이 있지만 기술과 함선 설계도 영향을 미쳤다. 따라서 미드웨이 해전에서 나구모 부대의 행동을 평가하는 데 있어 전제조건은 일본 해군의 교리에 대한 기초적 이해다. 얼마 전까지 서구에서는 일본 해군의 교리가 잘 이해되지 않았지만 설명하기가 어렵지는 않다.

일본 해군 교리의 기본 원칙은 미국의 수적 우위 상쇄였다. 미국의 산업기반은 일본과 비교할 수 없는 규모였으며 미 해군의 전력은 워싱턴과 런던 해군군축조약 규정상 일본 해군보다 우세했다. 따라서 일본은 상대적으로 더 적은 함선 수로 전쟁을 시작해야 하고 장기적으로도 경제적 우세를 확보할 희망이 없는 지정학적 배경에서 미국과 싸울 방법을 찾아내야 하는 처지에 꼼짝없이 내몰렸다. 이 압박의 결과는 여러 가지로 나타났고 국가 전략 수립부터 전술과 장비 개발 수준까지 모든 분야에 영향을 주었다.

일본 해군 교리의 관점에서 이는 두 가지 큰 결과를 가져왔다. 수적 열세를 극복해야 한다는 절박한 필요는 통합·집중된 화력 사용의 원칙을 신이 정한 법의 차원으로 격상한 전술교리라는 결과를 낳았다. 마찬가지로 일본 해군은 강력한 무기로 보다 먼 거리에서 먼저 공격하는 방법을 미국의 수적 우세에 대한 유일한 대응책으로 보았다. 이것은 전형적인 '질로써 양을 이기는' 대응이었으며 일본 해군은 전심전력으로 이 목표를 추구했다. 지나치게 매몰되지만 않았다면 칭찬받을 만한 대응이었다.

전쟁 전에 일본 해군은 적보다 우세한 화력을 보여줄 장소가 서부 태평양 어딘가에 있을 결전장이라고 보았다. 여기에서 일본 해군은 먼저 야간에 순양함과 구축함 합동으로 어뢰공격을 실시하여 미 주력함대를 점감漸減하며 패배가 기다리는 주전장으로 유인할 생각이었다. 미 주력함대가 손실을 입고 혼란에 빠지면 전함 사이에 벌어지는 전통적 방식의 해전이 벌어질 것이라고 보았다. 최종 전투에서 일본 주력부대는 사정거리가 긴 거포의 힘을 빌려 승리할 것이다. 일본 해군은 모든 것을 제쳐놓고 이 결전을 목표로 훈련을 벌였다. 그러나 대개 그렇듯이 한 가지 임무에 과도하게 편중하면 전체 전력의 균형과 사고과정에 악영향을 미친다. 간단히 말해 일본 해군의 교리는 왜곡되었다. 교리는 한 종류의 전투만 비현실적으로 강조했고 제해권 확립, 수륙양용 세력투사, 통상보호 같은 다른 열강 해군들이 수행하던 전통적 임무를 깡그리 무시했다. 그 결과 1930년대 말에 일본 해군의 전술 교리는 기형적으로 공격 원리에만 집중된 모양새가 되었다. 그리고 이 교리에는 전쟁 전반기에 실전에서 유용하게 활용된 부분이 많았으나(예를 들어 뛰어난 야간전투 능력) 전쟁을 성공적으로 수행하는 데 있어 진정한 지적 기반은 되지 못했다.[37]

일본 해군이 받은 압박은 무기체계에도 큰 영향을 끼쳤다. 어떤 의미에서 전투함과 비행기는 교리의 물질적 형태이다. 따라서 무기체계는 해군 전체의 전투 방법에 맞추어 작동하도록 설계되어야 의미가 있다. 무기 개발을 둘러싼 예산 압박과 정치적 다툼은 늘 있기 마련이므로 모든 설계는 그 씨앗을 뿌린 순수한 교리상의 요구사항에서 벗어나 수정을 거치는 일이 많다. 그러나 일본 함선과 항공기는 일본 해군이 의도한 전쟁수행 방식에 거의 일치한 모습으로 제작되었다. 일본 함선은 속력과 화력을 강조했는데 이는 일본 해군이 변함없이 추구한 전술적 통일성에 잘 맞는 요소였다. 항공기에도 해군의 항속거리, 화력, 기동성 선호라는 교리 일반이 반영되었다. 반면 일본 함선 설계에서는 구조강성, 항해안정성, 방어력, 손상통제가 경시되었다. 마찬가지로 일본 항공기들은 공격력을 갖추었으나 그만큼 공격받을 때 버텨내기가 어려웠으며, 잘 훈련된 조종사가 조종하면 성능을 극대화할 수 있었으나 조종사를 보호하는 기능은 뒷전이었다. 일본 함선과 항공기는 인명손실이 덜 치명적인 요소인 단기 해상분쟁에 적합했으며, 장기전이 가능한 진정 저력 있는 해군이 의지할 비장의 카드는 아니었다.

일본 해군항공대는 서서히 해군 내부로 침투하여 창의적 사고력을 질식시키고 있던 교조주의에 대해 어느 정도 면역력이 있었던 것으로 보인다. 이는 무엇보다도 해군 항공기술이 완전히 새로운 분야였던 탓이 크다. 1930년대에 전함은 누구나 다 알고 있는, 상대적으로 '성숙한' 단계에 있는 기술이었다. 이 기술은 발전 속도가 느렸으며 운용방법도 잘 알려져 있었다. 단적으로 유틀란트Jutland 해전에서 싸운 전함의 함장이 25년 뒤 야마토의 함교에 앉았어도 주포 사거리가 길어졌다는 점을 빼고 별 이질감을 느끼지 못했을 것이다.

이와 대조적으로 항공모함은 대부분의 열강 해군들에게 미국 서부 개척시대나 마찬가지였다. 항공모함은 미성숙한 무기체계였으며, 하늘에서 뚝 떨어진 것이나 마찬가지였다. 항공모함이 어떻게 싸울지, 기존 해군 전력과 어떻게 통합될지는 아무도 몰랐다. 항공모함과 함재기 둘 다 정신없고 놀랄 정도로 빠른 기술발전 과정을 겪으며 엄청나게 성능이 향상되고 있었고 결과적으로 새로운 전술적, 작전 가능성이 계속 열려 나갔다. 오늘의 기술적 도약이 어제의 믿음을 순식간에 구식으로 만들어 버리는 환경에서 항공모함 운용교리는 써졌다 지워졌다 다시 써지기를 반복하는 칠판과 같았다. 당연히 이 역동적 환경은 어느 정도 불확실성을 감수할 용기가 있는 인물들과 이제 막 등장하기 시작한 새로운 항공병과에 자신의 이름을 남기려는 야심가들을 끌어들였다. 간단히 말해 항공병과는 일본 해군 내에서 혁신의 기회가 가장 많은 곳이었다.

그러나 야마모토와 겐다같이 독창적 사고를 하는 이들이 있었음에도 불구하고 항공병과도 일본 해군사상의 특정 교리의 영향을 피할 수 없었다. 통합 집중된 공격력을 목표물에 투사하는 것은 '함포파'에서 자연스레 항공모함 부대로 흘러들어온 개념이었다. 전력집중은 언제나 중요한 군사 원리 가운데 하나였고 집중에 대한 욕구는 마침내 세계 최초의 항공모함 전단 창설로 이어졌다. 제1항공함대가 1941년 4월에 모습을 드러낸 것이다.

이 편성을 발상한 사람은 겐다이다.[38] 겐다가 보던 뉴스영화에 미 함대가 나오는 장면이 잠시 스쳐 지나갔다. 렉싱턴과 새러토가가 요크타운, 엔터프라이즈와 나란히 항진하는 모습이었다. 겐다는 항공모함을 집중 편성하면 단지 좋은 영화 장면을 찍는 것보다 더 나은 목적으로 사용할 수 있지 않을까 고민하다가, 불현듯 항공모함들을 전술적 목적으로 통합 지휘하에 두면 항공기 수백 기로 대화력을 투사할 수 있겠다고 생각했다. 노력 끝에 겐다는 오자와 지사부로 소장을 설득했고, 오자와는 겐다가 구상한 항공함대 편성에 관한 의견서를 해군대신에게 제출했다.[39]

제1항공함대의 창설은 진정 혁명적인 발전이었다. 사상 최초로 해군의 항공자산(항공모함, 항공기, 조종사, 그리고 교리)이 전략적으로 유의미한 결과를 거둘 잠재력을 갖춘 통합된 형태로 나타난 것이다. 영국과 미국 해군이 이 발전에 분명히 큰 영향을 끼쳤다(예를 들어 일본은 영국 해군이 항공모함을 써서 타란토Taranto의 이탈리아 함대를 공격한 작전에 주목했다). 그러나 작전을 수행할 수준으로 집중된 항공 공격력을 확보한 첫 해군은 일본 해군이었다. 이렇게 함으로써 일본 해군은 종전에 정찰/기습 역할을 맡았던 해군항공대를 결정적 무기로 변모시켰다.

진주만 기습은 이 새로운 형태를 띤 전투의 첫 완승이었다. 1941년에 전 세계 어떤 해군도 이런 형태의 대담한 공습을 실행할 능력이 없었다는 것은 명백한 사실이다. 일본 기동부대만이 이를 실행할 자산과 능력을 갖추었다. 진주만은 일본 해군이 더 이상 서구 해군을 모방하고 있지 않음을 여지없이 보여 주었다. 당시 일본 해군은 해군 항공력 면에서 영국 해군을 완벽히 추월했으며, 어떤 점에서는 미 해군보다도 앞서 있었다. 특히 다수의 항공모함을 하나로 응집된 전투단위로 통합했다는 점에서 그러했다.

일본 해군은 여러 항공모함의 비행기대를 통합지휘하에 두고 전력을 집중하는 데에 특히 뛰어났다. 일본 해군 교리는 전투기, 함상폭격기, 뇌격기 혹은 수평폭격기로 운용되는 함상공격기라는 3개 기종으로 구성된 공격대로 목표물을 공격하라고 운용방법을 규정했다. 여러 항공전대가 공격을 수행할 때에는 한 항공전대의 모든 항공모함은 동일 기종의 기대를 공격대에 내놓는다. 예를 들면 한 항공전대가 함폭대 2개를 모두 발진시키면 다른 항공전대는 함공대 2개를 발진시키는 식이다. 70기 혹은 그 이상으로 구성된 공격기 4개 중대는 항공모함 4척이 내놓은 전투기의 호위를 받는다. 2차 공격대가 발진할 때에는 공격대를 반대로 구성하여 첫 번째 항공전대가 2개 함공대를 보내고 두 번째 항공전대가 2개 함폭대를 내놓는다. 그 결과 일본 해군은 적을 향해 균형 잡힌 대규모 공격대를 연달아 발진시킬 수 있었다.

이러한 공격방법을 보다 원활히 수행하기 위해 일본 해군은 공격대를 1, 2파로 나누어 발함시키는 제파공격第波攻擊 기법을 발전시켰다. 이 방법을 이용하면 항공모함은 특정 시점에 탑재 비행기대의 약 절반—완전편제된 공격대(보유 함상공격기 혹은 함상폭격기 전부로 구성된)와 전투기 1개 중대—을 출격시킨다. 1파가 발함해도 항공모함은 후속 작전을 위해 공격력의 절반을 계속 보유한다. 이 방법은 비행기대 전체를 발진시키는 것이 비효율적임을 알게 된 데에서 나왔을 것이다. 비행기대 전체를 띄우려면 발진과정을 두 번 반복해야 했기 때문에 절반이 함대 상공에서 귀중한 연료를 태우면서 대기하는 동안 나머지 절반이 비행갑판에 배치되었다가 발함했고, 발진이 모두 끝나기까지 최소 30분 정도가 걸렸을 것이다.

1, 2파로 나누어 공격대를 발함시키면 기동부대는 항공모함의 비행갑판 크기에 딱 맞으면서 전술적으로도 위력 있는 공격대를 한 번에 발진시킬 수 있었다. 사실 히류나 소류 같은 작은 항공모함은 비행기대 전부를 발함 배치했다면 더 큰 어려움을 겪었을 것이다. 작은 항공모함에 추가로 비행기가 배치되면 짧은 비행갑판 길이 때문에 충분한 활주거리를 확보하기가 어렵기 때문이다.[40] 지금까지 일본 해군은 이 방법을 잘 활용해 왔는데, 각 항공모함이 어떤 기종의 비행기대를 공격대로 보낼지를 사전에 결정하므로 공격대를 총편성하기가 쉬웠기 때문이다. 흥미롭게도 이 방법은 미 해군의 항공모함 운용방식과 대조된다. 미국 항공모함은 비행단 전체를 발진시킬 수 있었을 뿐만 아니라 실제로도 그렇게 했으므로 미드웨이 해전 내내 복잡한 발진 과정에서 생기는 문제로 고생했다.[41]

지금까지 기동부대가 이 방법을 유용하게 활용했으니만큼 공격대를 1, 2파로 나누어 발진시키는 방식에 이의를 제기하는 사람은 없었다. 바로 이 발진방식이 미드웨이 해전에서 일본군의 선택을 분석하는 데 있어 핵심적 문제다. 일본 해군은 어떤 것보다 항공력 집중을 중시했는데 원거리에서 공격력을 집중 투사하는 것을 적을 공격하는 가장 효율적인 수단으로 여겼기 때문이다. 우가키의 말을 빌리면, “이러한 항공모함 집단운용의 이점은 은밀히 행동하는 데 적합한 지휘통제를 할 수 있고, 적의 공격에 대하여 집단방어를 하기가 수월하고, 공격할 때 대세력을 동시에 집중할 수 있다는 것이다."[42] 그 결과 일본 항공모함부대 지휘관들은 여러 항공전대에서 출격한 비행기들을 통합 운영하는 방법으로 전술적 해법을 찾는 경향이 있었다.[43]

군사 문제를 공부한 사람이라면 이 접근법의 약점이 잘 보일 것이다. 전장에서 집중 이외에 고려할 가치가 있는 요소들 중 가장 중요한 것은 속도이다. 지금껏 일본 해군은 공격대가 투사할 수 있는 화력보다 배치와 발함 속도가 더 중요한 상황에 처해본 적이 없었다. 앞으로 일본 해군의 항공 교리가 돌발 상황에 얼마나 잘 대응할지 지켜보도록 하자.

29일에 함대가 동쪽으로 변침한 다음 나구모는 이 기회를 빌려 제한적으로 비행기대 훈련을 실시하려 했다. 전투가 끝나고 나구모는 조종사들의 부족한 점을 분석하며 씁쓸해하며[44] 착함, 뇌격과 급강하폭격, 공중전, 비행기대 전반의 효율성 등 모든 사항에 날 선 비판을 가했다. 그러나 자세히 살펴보면 이 단점들은 실제로 있었다기보다 여우와 신 포도 우화에 나오는 포도 같은 것이었다.

나구모 부대의 항공모함들이 지난 6개월간 공식 훈련을 많이 하지 않았다는 데에는 의문의 여지가 없다. 주요 기지에 있는 부표 표지가 잘된 훈련장에서 실시하는 뇌격훈련의 양은 분명히 부족했다. 항공어뢰는 중요한 자산이므로 반드시 훈련장에서 훈련을 실시해야 했다. 당연히 어뢰를 회수하고 수리 정비한 뒤 함공대에 다시 보급하는 시설이 필요했다. 그러나 진주만 직후 잠시 본국 수역에서 보낸 시간과 5월에 일본으로 귀항했을 때를 제외하고 항공모함들은 계속 상대적으로 원시적인 설비만 갖춘 먼 외국 수역에서 시간을 보냈다. 술라웨시섬의 스타링바이만 같은 정박지가 정확히 여기에 해당했다. 스타링바이만은 외부로부터 보호되고 닻을 내릴 수 있는 곳이지만 작전 측면에서 거의 '기지'라고 볼 수 없는 수준이었고 근처에 이용 가능한 폭격 연습장도, 뇌격 연습장도 없었다. 6척이나 되는 항공모함에 탑재된 비행기대들을 모두 수용할 만한 비행장도 근처에 없었기 때문에 비행사들은 가끔씩 작은 집단 단위로 훈련할 수밖에 없었다. 3월에 큰다리Kendari 인근에서 인도양 작전 준비과정 중에 실시한 훈련이 5월 전에 실시한 대규모 훈련의 전부였다.[45] 이 기간 동안 비행사들은 대규모 집단 훈련을 실시하여 이전의 전투에서 습득한 새로운 전술들을 실전에서 시행하고자 했다. 큰다리 훈련은 단순한 '복습' 이상의 의미가 있었으며, 공식 목적은 단기 집중훈련을 통해 각 부대의 숙련도를 유지·향상하는 것이었다. 따라서 4월에 나구모 부대가 인도양에서 전투에 돌입했을 때 기동부대 비행기대의 전반적 훈련도는 나쁘지 않았다.

세토나이카이로 돌아오자마자 각 비행기대들은 여러 기지에 분산 수용되었다. 아카기 비행기대는 일본의 남쪽 끝에 있는 가고시마鹿兒島 기지에, 히류 비행기대는 북동쪽으로 130킬로미터 떨어진 사이키佐伯시 근처 도미다카富高 기지에, 가가 비행기대는 가고시마에서 남동쪽으로 40킬로미터 떨어진 가노야鹿屋 기지에, 소류 비행기대는 근처의 가사노하라笠之原 기지에 각각 자리 잡았다. 함상폭격기 소·중대장기 중 일부는 히로시마 서쪽 이와쿠니岩國 기지로 갔다. 이렇게 분산되었지만 비행기대 대부분은 서로 150킬로미터 이내에 위치해 있었으며, 이는 공격대 합동연습을 할 수 있을 만큼 상당히 가까운 거리였다. 미드웨이 해전 직전에 비행기대들이 실시한 훈련이 모든 면에서 불만족스러웠다는 점은 사실이다. 예를 들어 항공모함들이 수리 문제로 건선거를 들락거리거나 구레에서 보급을 받는 중이라 비행갑판에서 훈련을 실시한 항공모함은 가가뿐이었다. 이 기간에 가가에서 운용할 수 있는 항공기 수가 제한적이었기 때문에 필요한 훈련의 대부분을 육상기지에서 실시할 수밖에 없었다.

그러나 결론적으로 기동부대는 여전히 정예부대였다. 진주만 기습 이전에 맹훈련으로 단련된 탑승원들은 높은 수준의 실력을 갖추었고 이후 일어난 작전 손실과 전출에도 불구하고 고참들이 아직 많이 남아 있었다. 따라서 '신규 탑승원'들이 항모 착함 같은 기본적인 업무도 겨우 해내는 실력이었다는 나구모의 평가[46]는 사실과 거리가 있어 보인다. 왜냐하면 이들도 대체로 지난 6개월간 전투를 치르며 비행갑판에 수없이 착함한 사람들이기 때문이다. 기동부대의 바쁜 일정상 모든 항공기가 계속 작전 중(함상전투기는 상공직위, 함상폭격기는 대잠초계, 함상공격기는 전로경계 및 정찰)이었고, 탑승원들의 비행시간은 문제가 될 정도로 부족하지는 않았다.

1942년 비행기대 근무인원의 구성을 좀 더 상세히 살펴보면 탑승원들에 대한 나구모의 비판은 신뢰성이 더 떨어진다. 기동부대의 4개 함폭대 조종사의 70퍼센트는 진주만 기습에 참여했다.[47] 함공대의 상황은 더 나았는데, 85퍼센트가 진주만 기습을 경험했다. 아카기의 함공대 조종사 전원은 1941년 12월 이래 쭉 아카기에서 임무를 수행했다.[48] 더욱이 신규 전입자들도 훈련비행대나 다른 부대에서 엄선된 고참 정예 부사관이어서 대개 경험이 풍부했다. 이들은 지난 6개월간 조금씩 비행기대로 전입되었기 때문에 새 부대에 적응하고 동료들과 호흡을 맞출 시간이 충분했을 것이다.

조종사를 비롯한 비행기 탑승원들이 실전에서 무기를 사용할, 특히 어뢰를 발사할 기회가 적었을지도 모른다는 것은 사실이다. 예를 들어 1항전과 2항전의 함공대는 진주만 기습 이후 실전에서 어뢰를 투하한 적이 없었다. 따라서 함공대의 뇌격 실력이 녹슬었을 수도 있다. 그러나 이것은 비행기대의 준비상황 가운데 일부일 뿐이며 전체적으로 보아 비행기대 탑승원들이 실전에 필요한 숙련도를 유지했음을 보여 주는 증거는 많다. 인도양 작전에서 기동부대의 함상폭격기들은 자신들이 고속으로 기동하는 함선에 정확히 폭탄을 떨어뜨릴 능력이 있음을 두 번에 걸쳐 과시했다. 상대적으로 경험이 적은 5항전조차 최근 산호해 해전에서 훌륭히 임무를 수행했다. 따라서 이 시점에는 어떤 항전 소속이든 간에 일본 해군 조종사들의 자질을 깎아내리기가 어렵다. 그러므로 나구모의 지적을 받아들여 결론을 내리는 데에는 주의가 필요하다.

이보다 훨씬 더 분명한 문제는 비행기 보유대수였다. 사실 함대 전체의 비행기 보충 상황은 조금 문제가 있는 정도가 아니라 매우 심각했다.[49] 진주만 작전 시 나구모 부대의 비행기대를 강화하고자 다른 부대에서 비행기를 빼왔다. 작전 종결 후 일부는 원 소속대로 반환되었으나 경항공모함 가운데 상당수는 종이호랑이보다 나을 게 없었다. 이 경항공모함들은 정규편제보다 더 적은 수의 함상기를 탑재했고 일부는 일선 임무에 부적합한 구형기를 운용하고 있었다. 일본은 앞을 내다보고 항공기 생산을 증대하는 조치를 취하지 않았다. 해군기의 주 생산업체인 미쓰비시三菱 중공업, 나카지마中島 비행기, 아이치愛知 항공기 중 미쓰비시의 전투기 생산라인만 정상 가동되고 있었다. 특히 함상공격기와 함상폭격기의 공급이 심각하게 부족해서 함대에서는 나카지마와 아이치 공장 생산라인에 문제가 있는 게 아니냐는 소문이 돌았다.[50]

나카지마는 신형 덴잔天山 뇌격기의 생산을 준비하느라 97식 함상공격기의 생산을 중단한 상태였는데 해군은 손실을 보충하고자 나카지마에 생산 재개를 요청해야만 했다. 99식 함상폭격기 제작사인 아이치 역시 같은 처지였다. 아이치는 신형

D4Y 함상폭격기와 연관된 생산문제를 해결하는 데 온 역량을 집중한 터라 구형기 생산을 방치한 상황이었다. 따라서 1942년 중반에 함상폭격기와 함상공격기의 생산은 거의 멈춰 있었고, 계속된 전투와 작전 손실을 보충하기에는 생산량이 턱없이 부족했다. 1942년에 일본은 97식 함상공격기를 고작 56기 생산했는데[51] 이는 비참할 정도로 적은 숫자였다. 따라서 일본이 연전연승을 거두고 정복 규모에 비해 전투 손실이 놀랄 만큼 적은 상황에서 일본의 항공산업은 이 크지 않은 수요조차도 충족하지 못했다. 그 결과는 신규 배치기의 절대부족이었다.[52]

이것이 나구모 부대의 칼날에 미친 효과는 분명했다. 보용기補用機(예비기)까지 전력으로 간주한 결과지만 개전 시 기동부대의 모든 비행기대는 완전편제 상태였다. 그러나 1942년 6월에는 상황이 악화되었다. 진주만 기습 당시 아카기는 66기를 보유했다. 지금은 단 54기만 남았다. 가가의 보유기는 75기에서 63기로 줄어들었다. 소류와 히류의 보유기는 각각 63기에서 54기로 떨어졌다.[53] 원칙적으로 각각의 함전대, 함공대, 함폭대에는 보용기가 3기씩 배정되어야 했으므로 항공모함 1척당 보용기 9기가 있어야 했다. 그러나 지금은 보용기를 제대로 보유한 항공모함이 없었으며 가가만이 18기 정수보다 많은 27기로 구성된 함공대를 보유했다. 다른 항공모함들은 모두 18기 편제 중대를 운용 중이었고 보용기는 거의 없었다. 결론적으로 기동부대 항공모함들의 전력은 1941년 12월 대비 16퍼센트가 감소했다. 손실을 보충해줄 보용기가 거의 없었기 때문에 작전 중인 비행기대에 손실, 심지어 손상이라도 발생한다면 즉시 비행기대의 전술적 응집력이 타격을 입을 상황이었다. 미드웨이 작전의 일본 기동부대 비행기대의 편성은 다음 표와 같다.[54]

미드웨이의 일본 기동부대 비행기대 편성

	함상전투기	함상폭격기	함상공격기	총계
아카기	18	18	18	54
가가	18	18+2(보용기)[55]	27	63+2(보용기)
소류	18	16+2(정찰용 D4Y1)[56]	18	52+2(정찰용 D4Y1)
히류	18	18	18	54
총계	72	70+2(보용기)+2(정찰용 D4Y1)	81	223+2(보용기)+ 2(정찰용 D4Y1)=227

그러나 기동부대에는 각 항공모함들이 원래 보유한 항공전력에 더해 작전에 참가하는 손님이 있었다. 기동부대의 각 항공모함은 미드웨이 주둔 예정 제6항공대(흔히 6공으로 약칭) 소속 제로센을 탑재했다. 제2기동부대의 항공모함 준요에도 6항공대 소속 제로센 12기가 탑재되었고 나머지는 제1기동부대에 배정되었다. 아카기는 6기를 날랐고 좀 더 널찍한 가가는 9기, 히류와 소류는 각각 3기씩 수송했다.[57] 제로센들은 완전히 조립된 상태로 수납되었는데, 최근 각 비행기대의 보유기 수가 감소해 공간에 여유가 생겼기 때문이다. 6항공대 조종사들은 따뜻한 환대를 받았다. 이들 중 일부는 항공모함 발착함을 할 수 있어 바로 전투에 참가할 수 있었다.[58] 따라서 출격 당시 나구모의 항공모함 전체에는 모두 합쳐 비행기 248기가 있었다. 이와 대조적으로 진주만 작전에서 기동부대의 항공모함 6척은 비행기 412기를 보유했다.[59] 이렇게 나구모는 5월까지만 해도 충분히 투입 가능했던 전력의 60퍼센트만 가지고 결전에 뛰어들게 되었다.

1선 항공모함들의 항공기 수급상황이 바닥을 보였다면 2선 항공모함들의 상황은 훨씬 더 나빴다. 일본 해군은 2선 항공모함의 함상기 보유정수를 채우기 위해 어떻게든 항공기와 조종사들을 긁어모아 비행기대를 편성했지만 대부분의 경우 정수를 채우지 못했다. 준요의 사례가 대표적이다. 최근 취역한 준요는 설계상 54기가 운용정수였다. 준요의 함폭대는 비교적 완전편제 상태에 가까웠으며 99식 함상폭격기 15기로 구성되었다. 그러나 함전대는 상황이 달랐다. 준요의 함전대는 아직 동원 편성 중이라 뒤죽박죽 상태였다. 탑재한 전투기 18기 중 12기가 6항공대 소속이었다. 6항공대도 완편 정수 36기보다 전투기 3기와 조종사 여러 명이 부족했다(12기는 준요에, 나머지 21기는 나구모 부대에 있었다). 게다가 비행기 수에 비해 조종사가 모자랐다. 준요의 조종사들로도 빈자리를 채울 수 없었다. 사실 알류샨 작전에서 준요 함전대 조종사 중 다섯 명만 준요 소속이었다. 나머지는 6항공대 소속 네 명, 쇼카쿠에서 임시 파견된 세 명(한 명은 갓 훈련과정을 수료했다), 류조에서 임시 파견된 두 명이었다.[60] 이와 동시에 준요는 소류에 전투기 조종사 한 명을 임시 파견한 상태였다. 종합해 보면 준요는 33기를 탑재하고 전장으로 떠났을 것이다.[61] 분명한 점은 준요가 비행기 보유정수를 채우지 못했을 뿐만 아니라 최소한 함전대만 보면 조종사들은 서로를 전혀 몰랐고 한 번도 같이 훈련해 보지 않았다. 준요뿐만 아니라 2선

항공모함들 모두 마찬가지 상황이었다. 류조는 48기 정수에 30기를 탑재했으며,[62] 즈이호는 30기 정수에 24기,[63] 호쇼는 구식 복엽기인 구기쇼空技廠 96식 함상공격기를 겨우 8기 탑재했다.

한마디로 개전 후 6개월이 지난 지금, 일본 항공모함 부대는 지쳐 있었으며 휴식, 재정비, 비행기와 탑승원 보충이 필요했다. 추가 훈련도 필요했다. 무엇보다도 허약한 일본 항공산업이 전면전을 치렀을 때 발생할 수요를 따라잡는 데에 시간이 필요했다. 일본 해군의 명성이 정점에 올라 있을 때 기동부대 비행기대는 초라해진 모습으로 결전장으로 향했다. 모두 지쳤고 절망적으로 비행기가 부족한 상태였다. 그러나 일본 해군은 지난 6개월간 그랬듯이 뛰어난 조종사와 비행기로 열등한 적의 비행기와 조종사를 상대하는 전투를 할 것이라는 믿음에만 의지했다. 전에는 이 믿음이 언제나 좋은 결과를 가져왔다. 그리고 이번에도 그러지 않을 이유가 없었다. 하지만 일부가 이미 알아챘듯이, 너무 작은 물통으로 지나치게 자주 물을 퍼내고 있다는 것이 문제였다.

5월 29일 이후 기동부대 비행대들은 전혀 훈련을 실시하지 않았다. 당직함에서 초계기를 날리는 일을 빼고 기동부대의 모든 비행기는 마지막 정비작업에 들어갔다. 첫 며칠 동안 날씨는 좋았으며 동쪽으로 가는 항해는 단조롭고 여유로웠다. 그러나 6월 1일이 지물어갈 때쯤부터 날씨가 바뀌기 시작했다. 나구모 부대는 잔뜩 낀 구름과 회색 안개를 향해 나아갔다.

6

안개 그리고 마지막 준비

1942년 6월 2일, 누군가가 하늘에서 미드웨이 주변 수역을 내려다볼 수 있었다면 엄청난 장관을 목격했을 것이다. 수평선 서쪽과 북서쪽을 가득 메운 일본 함대들이 작은 환초로 모여들고 있었다. 나구모 부대가 선두에 섰고 수백 해리 뒤에서 야마모토의 주력부대가 뒤따랐다. 알류샨 작전 부대는 끝이 없어 보이는 짙은 안개와 구름으로 둘러싸인 목표를 향해 다가가고 있었다. 미드웨이의 거의 정서쪽에서는 다나카의 미드웨이 점령대 선단부대·호위대가 곤도와 구리타가 이끄는 미드웨이 공략부대의 측면 엄호를 받으며 접근하고 있었다. 그 앞에서는 산개선을 맡은 잠수함들이 각자 위치로 은밀하게 향하고 있었다. 일본의 입장에서 볼 때 나구모의 출항 지연에도 불구하고 야마모토의 계획대로 모든 것이 잘되어 가는 것처럼 보였다. 그러나 어깨 너머 반대편에는 놀라운 광경이 펼쳐져 있었다. 진주만에서 출항한 미국 항공모함 3척—엔터프라이즈, 호닛, 요크타운—이 미드웨이 북동쪽 해상에서 전투를 준비하고 있었던 것이다.

여기에서 미군이 일본군의 의도를 간파한 사건의 경과를 잠시 살펴보자. 미국의 암호해독 역량은 이노우에 제4함대 사령장관의 산호해 진출을 막아냈을 뿐만 아니라 야마모토 연합함대 사령장관이 미드웨이에서 의도한 바를 꿰뚫어 보았다. 그 결과 니미츠 대장은 어느 정도 시간을 두고 사전경고를 받았기에 시간에 맞춰 미드웨이 제도 방어에 필요한 전력을 모을 수 있었다. 아슬아슬한 상황이었지만 미국은 엄청난 창의력과 결의를 발휘하여 매우 제한된 전력으로 최대한의 효과를 거두었다.

니미츠는 한참 동안 일본의 의도를 명확하게 파악하지 못했다. 5월 9일에야 미 해군 정보당국[1]은 중부 태평양에서 일본이 작전을 계획하고 있음을 알아차렸고 이것이 하와이 공격으로 구체화될 것이라고 보았다.[2] 비슷한 시기에 하이포 국Station Hypo으로 알려진 하와이 소재 미 해군 전투정보반도 다수의 전함, 항공모함, 호위 구축함 투입을 요구하는 '차기 작전'의 존재를 파악했다.[3] 여기에서 더 나아가 이 정체를 알 수 없는 작전이 끝나면 투입된 일본군 함대들이 사이판에서 재집결할 예정이라는 사실이 밝혀졌다. 일본군이 먼저 중부 태평양에서 작전을 수행할 것이라는 암시였다.[4] 동시에 미군은 일본군의 교신을 분석해 기함 아카기와 3전대 같은 예하부대 사이에 통신량이 증가했음을 포착했다. 전투정보반이 볼 때 이런 작전의 목표는 당연히 미드웨이 제도였다.

니미츠는 니미츠대로 까다로운 상관인 미 함대 총사령관 어니스트 J. 킹Earnest J. King 대장과 위험한 게임을 하고 있었다. 킹 대장은 일본이 남태평양에서 공세를 재개할까 봐 불안해했고[5] 킹의 정보참모들은 일본 해군의 목표가 남태평양이라고 확신했다. 신호해 해전이 벌어지기 전에 킹은 니미츠에게 엔터프라이즈와 호닛을 남태평양으로 파견하라고 요구했다.[6] 이제 렉싱턴이 격침당하고 요크타운이 손상된 이상 킹은 두 항공모함을 계속 남태평양 수역에 두고 싶어 했다. 그러나 니미츠는 자신의 정보참모들의 분석을 신뢰했고[7] 엔터프라이즈와 호닛[8]을 진주만으로 데려오기로 결심했다. 대담하게도 니미츠는 엔터프라이즈의 윌리엄 홀시 중장에게 친전親展 전문을 보내 일부러 함대를 일본군에 노출시키라고 명령했다. 5월 17일 아침, 툴라기Tulagi섬[9]에서 발진한 일본군 비행정이 엔터프라이즈가 있는 16기동함대Task Force 16, TF-16[10]를 발견했다.[11] 전투정보반은 즉각 미 항공모함 발견을 보고하는 일본군 통신을 감청했고 니미츠는 이를 핑계로 현 작전을 취소하고 엔터프라이즈와 호닛을 하와이로 불러들일 수 있었다.

그동안 니미츠와 전투정보반은 미드웨이가 일본의 다음 목표라는 것을 확정 지을 돌파구가 필요했다. 니미츠의 암호 분석 전문가들은 공격의 위치를 정확히 예측하기 위해 기발한 방법을 고안했다.[12] 5월 19일, 전투정보반의 지시로 미드웨이 통신대는 섬의 해수담수화 시설이 고장 났다는 전문을 보냈다. 불과 하루 뒤에 미군은 작전목표인 미드웨이의 일본 측 호출부호인 AF를 대면서 급수선이 미드웨이 공격대에 동행해야 할지도 모른다는 내용의 일본군 암호전문을 해독했다.[13] 이제 미군은 미드웨이가 일본군 차기 공세의 목표라는 것을 확실히 알게 되었다.[14] 작전시간은 아직 불확실했으나 야마모토 계획의 핵심 요소인 기습은 이제 물 건너간 일이 되었다.

결전을 벌이려면 미 해군을 전장으로 유인해야 한다는 야마모토의 기본 전제 역시 틀렸다. 사실 니미츠는 싸우고 싶어 안달이 나 있었다. 최소한 한 가지 점에서 니미츠의 믿음은 야마모토의 믿음과 판박이였다. 바로 전쟁에서 이길 가장 효과적인 방법은 적 항공모함을 전장으로 끌어들여 격멸하는 것이라는 믿음이다. 니미츠의 전의는 두 가지 가정에 기반을 두었다.[15] 첫째, 니미츠는 산호해에서 보여 주었듯이 미 해군 지휘관과 장병이 충분히 일본군의 맞수가 될 수 있다고 확신했다. 둘째, 전략적 정보 면에서 우위를 점한 이상 니미츠는 일본 기동부대를 기습할 수 있다고 믿었다. 이제 남은 문제는 충분한 수량의 항공모함 확보였다.

전투정보반은 일본군이 항공모함 4척 혹은 5척을 2개 전대로 나누어 공격해 올 것으로 예상했다. 니미츠의 고민은 이에 맞설 전력을 어떻게 구성하느냐였다.[16] 태평양전쟁이 발발했을 때 미 해군은 항공모함 7척을 보유했다. 이 중 레인저는 일선에 부적합하다고 판정되었으므로 6척(렉싱턴, 새러토가, 요크타운, 엔터프라이즈, 호닛, 와스프)이 투입 가능한 전력이었다. 그러나 렉싱턴은 산호해 해전에서 침몰했고, 와스프는 임무 종료 후 즉각 태평양으로 회항하라는 명령을 받았으나 현재 지중해에 배치되어 몰타로 영국군 스피트파이어Spitfire전투기를 수송하는 임무를 수행 중이었다. 새러토가는 1월 11일에 일본군 잠수함으로부터 뇌격을 받고 미국 서해안에서 수리 중이었으며, 5월 말 현재 비행단을 재편하고 진주만까지 항해하는 데 필요한 호위함들을 모으느라 정신이 없어서 6월 7일에나 진주만에 도착할 수 있었다. 미 해군 정보당국은 일본군이 빠르면 6월 2일에 작전을 개시할 것으로 예측했으므로 6월 1일까지 미드웨이 수역에 항공모함들을 전개해야 했다.[17] 따라서 새러토가는 작전에서 제외될 수밖에 없었으며 미 해군은 요크타운급 항공모함 3척만으로 일본군에 맞서야 했다.

렉싱턴이 격침된 산호해 해전에서 요크타운도 불행히 심하게 손상되었다.[18] 요크타운은 지근탄을 맞아 파손된 연료탱크에서 흘러나온 중유로 비틀거리는 항적을 남기며 진주만에 돌아왔다. 나구모 부대가 출격한 날과 같은 날이었다. 그러나 요크타운은 미드웨이 작전에 반드시 있어야 했다. 니미츠는 필요하다면 호닛과 엔터프라이즈만이라도 일본군을 상대로 투입할 작정이었지만 겨우 항공모함 2척으로 일본 항공모함 4척을 상대하는 것은 미드웨이 항공대의 지원을 받더라도 매우 위험한 일임을 알고 있었다.[19] 세 번째 항공모함이 전력에 추가되면 미 해군의 비행기 수는 일본 해군의 보유량과 비슷해진다. 따라서 요크타운을 가급적 빨리 전열로 돌려보내야 했다.

일본 해군이 즈이카쿠의 전열 복귀를 절박하게 여기지 않았던 반면, 미 해군은 요크타운 수리에 산을 옮기고 바다라도 메울 기세로 임했다. 요크타운은 5월 27일에 진주만에 입항해 수리 계류장으로 옮겨진 후 작업자 1,400명이 달라붙어 수리작업에 들어갔고,[20] 28일에 건선거에 입거되었다.[21] 현실적으로 수리를 마치는 데 3개월이 필요했지만 요크타운은 48시간에 걸친 응급수리만을 받았다.[22] 수리는 총력을 다해 이틀 내내 진행되었고 일부 작업자는 잠도 자지 않고 일했다. 동시에 요크타운에는 대체 비행대 3개가 새로 배치되었다. 새러토가의 3폭격비행대VB-3가 산호해에서 큰 피해를 입은 요크타운의 5정찰폭격비행대VS-5를 대체했다.[23] 마찬가지로 3전투비행대VF-3가 42전투비행대VF-42를,[24] 3뇌격비행대VT-3가 5뇌격비행대VT-5를 대체했다. 미 해군이 대체 비행대를 완전히 새로운 항공모함에 배치한 데 반해 일본 해군은 쇼카쿠에서 온 함재기들이 즈이카쿠에 남아 있었음에도 불구하고 비슷한 일을 시도조차 하지 않았다. 이것은 미 해군이 우월한 조직 운용 기술을 전장에서 구사하기 시작했다는 증거다.

5월 30일 아침 9시, 요크타운은 17기동함대Task Force 17, TF-17의 핵심전력으로 다시 바다로 나갔다. 요크타운은 함재기 79기를 탑재했다. F4F-4 전투기 27기, SBD-3 급강하폭격기 37기, TBD-1 뇌격기 15기였다. 중순양함 애스토리아Astoria와 포틀랜드Portland, 구축함 5척—해먼Hamman, 휴스Hughes, 모리스Morris, 앤더슨Anderson, 러셀Russell—이 요크타운과 동행했다.

6-1. 미 17기동함대 사령관 프랭크 잭 플레처 소장. 플레처는 항공모함 전투 경험이 많았으며 미드웨이 해전에서 미 해군 항공모함 부대를 총지휘했다. (John Lundstrom)

요크타운의 두 자매함 엔터프라이즈와 호닛은 하루 전 16기동함대로 편성되어 출항했다. 엔터프라이즈에는 함재기 78기가 실렸다(F4F-4 전투기 27기, SBD-2, 3 급강하폭격기 37기, TBD-1 뇌격기 14기).[25] 호닛은 77기를 탑재했다(F4F-4 전투기 27기, SBD-3 급강하폭격기 35기,[26] TBD-1 뇌격기 15기). 두 항공모함 주위에는 중순양함 뉴올리언스New Orleans, 미니애폴리스Minneapolis, 빈센스Vincens, 노샘프턴Northampton, 펜서콜라Pensacola와 갓 취역한 경순양함 애틀랜타Atlanta가 있었다. 구축함 9척—펠프스Phelps, 워든Worden, 모너핸Monaghan, 에일윈Aylwin, 볼치Balch, 커닝엄Conyngham, 배넘Benham, 엘릿Ellet, 모리Maury—이 호위를 담당하여 16기동함대가 완성되었다.

프랭크 잭 플레처Frank Jack Fletcher 소장[27]은 요크타운을 기함으로 하여 16, 17 기동함대의 전반적 전술지휘를 맡았으며 17기동함대를 직접 지휘했다. 플레처는 전쟁 발발 이래 계속 바다에 있었으며 많은 경험을 쌓은 베테랑이자 신중한 지휘관인데 종종 비교되는 홀시보다 확실히 조심스러운 사람이었다.[28] 플레처는 산호해 해전에서 몇 가지 교훈을 배웠다. 일본군의 다카기 소장[29]과 마찬가지로 플레처는 일본 주력부대로 오인한 목표를 먼저 공격했으나 뒤늦게 경항공모함 쇼호에 모든 전력을 쏟아부었다는 사실을 깨달았다.[30] 쇼호 격침이 완전히 헛된 일은 아니었으나 이로 인해 공격력이 낭비되고 자신의 함대까지 위험에 노출되고 말았다. 플레처는 이런 실수를 반복하고 싶지 않았다.

원칙적으로 16기동함대에 있어야 할 플레처의 상급자는 홀시 중장이었다. 홀시는 개전 이래 엔터프라이즈를 기함으로 16기동함대를 지휘해 왔지만 최근 대상포진이 발병하여 잠도 잘 수 없었다. 진주만에 돌아오자마자 홀시가 병가를 내자 지휘체계에 공백이 생겼다. 니미츠는 홀시에게 그 자리에 누구를 대신 앉히면 좋겠느냐고 물었고 홀시는 순양함부대를 지휘하고 있던 레이먼드 A. 스프루언스Raymond A. Spruance 소장[31]을 추천했다. 스프루언스 소장은 항공병과 출신이 아니었고 혼성 기동함대를 지휘해본 적이 없었다. 그럼에도 불구하고 홀시는 스프루언스의 능력을 깊이 신뢰했고[32] 스프루언스가 좋은 선택이 될 거라고 니미츠를 설득했다.

6-2. 미 16기동함대 사령관 레이먼드 A. 스프루언스 소장 (National Archives and Records Administration, 사진번호: 80-G-225341)

성질이 급하고 입이 거친 홀시 같은 사람이 자기와 완전히 반대되는 사람을 신뢰했다는 것은 참으로 아이러니한 일이다. 스프루언스는 매우 냉철한 성품의 소유자이자 논리적이고 신중하며 철두철미하고 작은 것도 놓치지 않는 지적인 사람이었다. 16기동함대의 지휘권을 인수한 스프루언스는 항공분야를 잘 모른다고 해서 움츠러들지 않았다. 그는 솔직히 자신의 단점을 인정하고 모르는 것을 하나하나 빠르게 배워 나갔다. 나중에 드러나듯이 스프루언스는 공격적이면서 주도면밀했고 불리한 상황에서도 당황하지 않는 사람이었다.

미국 항공모함들은 모두 합쳐 비행기 234기를 싣고 전장에 나갔는데 나구모 부대보다 겨우 14기 적었다. 그러나 미국 항공모함은 일본 항공모함처럼 합동작전을 해본 경험이 별로 없었다. 더욱이 16기동함대와 17기동함대는 종종 상대방의 시야 밖에서 단독 행동할 예정이어서 협동작전을 수행하기가 더 곤란해졌다. 그러나 이 분산으로 인해 일본이 미국 항공모함들을 한 번에 발견하고 공격하기가 어려울 것이라고 기대해볼 수도 있었다.

니미츠는 미드웨이 기지의 방어를 강화하는 데도 열심이었다. 미드웨이 항공대는 〔미드웨이 수비대 지휘관〕 시릴 T. 시마드Cyril T. Simard 대령이 지휘했는데[33] 현재 PBY

카탈리나Catalina 비행정 31기로 이루어진 4개 초계 비행대를 운용 중이었다. 이 비행정들은 적극적으로 초계선을 미드웨이로부터 700해리(1,296킬로미터) 밖까지 밀어냈다. 6월 4일경에 미드웨이의 이스턴섬 비행장은 육군항공대, 해병대, 해군에서 온 각종 공격기 96기로 빽빽이 들어찼다. 육군 소속 7공군7th Army Air Force 31, 42, 72, 349, 431 폭격비행대Bombardment Squadron B-17[34] 중重폭격기 17기와 뇌격 가능하도록 개조된 69폭격비행대69th Bombardment Squadron와 18정찰폭격비행대18th Recon. Squadron 소속의 B-26 중中폭격기 4기도 있었다. 해병대는 221해병전투비행대VMF-221 소속 구식 브루스터Brewster F2A 버펄로Buffalo 전투기 21기와 F4F 와일드캣 전투기 7기로 이루어진 전투기 3개 중대, 241해병정찰폭격비행대VMSB-241 소속 SBD 급강하폭격기 19기, 구형 보우트Vought SB2U 빈디케이터Vindicator 정찰·폭격기 21기를 섬 방어에 내놓았다. 해군의 VT-8 소속으로 갓 출고된 그루먼Grumman TBF 어벤저Avenger 6기[35]와 다목적기 1기도 있었다.[36] 이렇게 비행정과 육상발진기를 합쳐 모두 127기가 임시로 미드웨이 기지에 둥지를 틀었다. 초계 횟수와 범위 확대, 평소보다 훨씬 많은 항공기 배치로 기지 항공연료 소모량은 저장용량 15만 갤런(56만 8,000리터) 대비 일일 6만 5,000갤런(24만 6,000리터)에 달했다.[37] 섬의 연료 재고를 안정적으로 유지하는 것이 시급한 문제로 부상했다.

니미츠의 함대 배치는 훌륭했다. 플레처는 일본 기동부대의 예상 전진축선 북동쪽 360해리(667킬로미터) 해상에서 대기하라는 명령을 받았다.[38] 플레처의 항공모함들은 '포인트 럭Point Luck'(북위 32도, 서경 173도)이라고 불린, 겉보기에 평범한 바다의 한 지점에 있다가 일본 함대가 미드웨이 공격대를 발진시키면 기습할 예정이었다. 계획상 플레처는 섬의 남쪽 수역에서 멀리 떨어져 있으므로 남서쪽에서 미드웨이로 접근 중인 다수의 일본 함대와의 조우도 피할 수 있었다. 이 위치에서 미 함대는 일본군의 공습에 노출되기 쉬울 수도 있었지만 일본군의 측면을 기습하기에는 더 좋을 수도 있었다. 니미츠는 적 함대의 구성을 정확히 파악하지는 못했지만[39] 기습 요소를 유지하는 한 일본군보다 유리한 조건에서 싸울 수 있다고 확신했다. 또한 접근하는 일본 함대를 공격하여 세력을 약화시키고자 대형 잠수함 12척이 미드웨이 주변 수역에 전개되었다.

대담한 작전계획에도 불구하고 니미츠는 미드웨이를 지키는 데 모든 것을 걸 마음은 없었다. 그는 기동함대 지휘관들에게 '강한 소모전술strong attrition tactics'이라고 부른 전술을 이용해 최소한의 대가로 최대한의 피해를 입힐 기회를 찾아 적극적으로, 그러나 신중하게 적을 공격하라고 주문했다.[40] 어떤 상황에서도 불필요하게 항공모함을 희생시켜서는 안 되었다. 버틸 수 없는 상황이 되면 플레처의 함대는 물러나 일본군의 미드웨이 상륙을 허용할 계획이었다. 니미츠는 미드웨이 제도의 병참 상황을 일본군보다 더 잘 이해했고 나중에 섬을 탈환할 때면 방어하는 일본군보다 더 나은 입장에 서리라는 점도 알았다. 따라서 항공모함 3척을 보전하는 것이 섬 주둔 해병대를 지키는 일보다 더 중요했다.

그러나 해병대는 최대한 유리한 조건으로 싸울 수 있도록 전투 준비를 철저히 했다. 정력적인 해럴드 D. 섀넌Harold D. Shannon 대령이 지휘하는 6수비대대6th Defense Battalion는 해병 상륙돌격대Marine Raiders 2개 중대로 보강된 상태였다.[41] 경전차 1개 소대는 이스턴섬 한가운데에 있는 작은 소나무 숲에 은폐되었다. 병사들은 포좌 건설, 중화기진지 강화 작업, 해변의 사격장애물 제거 등의 방어진지 구축작업을 정신없이 수행했다. 방어선 주위에는 철조망이 한가득 깔렸고 교통호가 굴착되었다. 상륙 예상지점과 해변 전체에는 임시변통이지만 위력적인 부비트랩과 지뢰가 잔뜩 깔렸다. 미드웨이의 두 섬은 고슴도치의 가시처럼 방어시설로 전체가 뒤덮였다. 충실한 지원을 받는다고 해도 일본군의 상륙은 성과를 내기 매우 어려웠을 것이다. 정신없이 바빴던 몇 주가 지나고 6월 1일경, 미군이 보기에 모든 것이 제 모습을 갖추어 나가고 있었다.

일본군도 미군과 마찬가지였다라고는 도저히 말할 수 없다. 전체를 조망할 수 있는 사람이 있다면 이때 미드웨이 작전을 위한 전략 정찰부터 완전히 실패했음을 알아차렸을 것이다. 일본군은 미국 함대가 북쪽으로 전진할 것이라 예측하고 잠수함들이 미 함대를 포착하여 조기에 경보를 해줄 것이라 기대했으나 일본군 잠수함들은 산개선에 자리를 잡는 일부터 시간을 맞추지 못했다. 본거지인 콰절레인 환초Kwajalein Atoll[42]에서 늦게 출항했던 것이다. 그러나 일본군 잠수함들이 모두 제시간에 도착했다고 해도 미국 항공모함들을 놓쳤을 것이다. 산개선 갑, 을이 모두 완성되었을 때 미국 항공모함들은 이미 여기에서 빠져나간 뒤였다.

전후에도 이해하기 힘들었던 잠수함 초계 실패의 원인은 스캔들에 가까웠다.[43]

일본 잠수함 부대인 6함대 사령장관인 해군중장 고마쓰 데루히사小松輝久 후작[44]은 히로히토의 비妃(구니노미야 나가코久邇宮良子)의 사촌이자 히로히토와 가까운 사이였다. 야마모토의 열렬한 추종자인 후작은 미드웨이 작전의 성공을 굳게 믿어 이번 전투는 이긴 것이나 다름없다고 생각했다. 자신감이 지나친 나머지 고마쓰는 파나마 운하를 공격하고 캘리포니아를 떨게 할 후속작전에 몰두하여 정작 미드웨이 작전에 필요한 함대 배치의 세부사항에는 별 신경을 쓰지 않았다. 고마쓰는 야마토 함상에서 열린 지휘관 작전회의에 자기 대신 참모를 보냈다.[45] 더욱이 연구자 고든 프랜지에 의하면 잠수함 산개선에 대한 세부 지시사항은 "미드웨이 작전 공식명령 어디에도 없었다.[46] 이 명령에서 잠수함 관련 부분 작성은 대개 야마모토의 수뢰참모 아리마 다카야스有馬高泰 중좌의 업무였다. 그러나 모종의 이유로 수석참모 구로시마 대좌는 아리마에게 그럴 필요가 없다고 말했다."[47] 이 믿기 어려운 실수로 인해 일본 잠수함들은 수행 가능한 작전계획 없이 전투에 투입되었다.[48]

설상가상으로 작전 임무를 맡은 제5잠수전대第五潛水戰隊의 낡은 잠수함들은 이상적인 임무 수행과 거리가 멀었다. 제5잠수전대의 잠수함들은 60미터 이상 잠수할 수 없었으며[49] 곧 예비함대로 편입되어 훈련 목적으로만 운용될 의도로 4~5월에는 모두 수리를 받고 있었다. 당연히 군령부 1부 1과의 잠수함 담당 이우라 쇼지로井浦祥二郎 중좌는 후쿠토메 1부장에게 이 잠수함들은 시간에 맞춰 전개하기에 너무 느리고 반응이 굼뜰 뿐만 아니라 현장에 가서도 적의 항공공격이나 수상초계를 상대할 수 없다고 항의했다.[50] 후쿠토메는 들은 척도 하지 않았다.

나중에 밝혀진 대로 이우라의 평가는 정확했다. 고물 잠수함들을 수리 점검하는 데 시간이 너무 오래 걸려 콰절레인 출항이 지체되어 일본 잠수함들은 5월 24일~6월 1일[51]에야 출격할 수 있었다. 설상가상으로 그렇지 않아도 긴 낮 시간 동안에 미군이 초계를 더 강화했기 때문에 일본 잠수함은 밤에나 수면으로 부상할 수 있었으므로 수상항해 시간도 당연히 제한되었다. 낮에는 PBY를 피해 어쩔 수 없이 수중에서 기어가는 수밖에 없었다. 그 결과 일본 잠수함은 계획상 6월 1일(현지시간)까지 현장에 도착할 예정이었으나, 일부는 6일까지도 정해진 위치에 도달하지 못했다.[52] 그리고 그때는 미국 항공모함들이 산개선을 이미 통과한 뒤였다.[53] 만약 이 잠수함들이 미드웨이 인근에서 미 항공모함 부대를 발견했다면 야마모토와 나구모는 당연히 상응하는 조치를 취했을 것이며, 막판이지만 아직 계획을 조정할 시간이 있었다. 그러나 두 사람은 잠수함들로부터 아무 정보도 받지 못했다. 하지만 연합함대 사령부는 5월 19일에 잠수함의 산개선 배치가 지연될 것이라는 점을 알았다. 기동부대가 출격하기 전에 이 사실이 알려졌으므로 나구모도 이를 알았음이 확실하다. 사실 일본군은 미드웨이 1차 공습 전에 잠수함대가 미 함대를 발견하리라고 기대하지 않았다. 일본군은 미 항공모함들이 미드웨이가 공습당한 후에야(6월 3일 이후) 진주만을 떠날 것이고 그때쯤 잠수함들이 산개선에 도달할 것이라고 믿었다.[54]

이것만으로도 상당히 나쁜 상황이었는데 설상가상으로 고마쓰 중장은 자신의 잠수함들이 정해진 위치에 늦게 도착했음을 알았음에도 불구하고 이를 상부에 알리지 않았다. 6월 3일 또는 그 무렵 고마쓰는 야마모토에게 K작전 실패(뒤에서 상술)를 보고했다.[55] 그러나 고마쓰는 산개선에 배치될 잠수함들이 예정 위치에 늦게 도착했다는 사실을 보고에서 빠뜨렸다.[56] 실수라면 매우 심각한 실수였다. 결과적으로 야마모토와 나구모는 미국 항공모함의 미드웨이 출격 여부를 전혀 몰랐을 뿐만 아니라 자신들이 모른다는 사실조차 몰랐다. 사실 수뇌부는 정찰 준비에 문제가 있다는 것도 전혀 몰랐다.

일본 황실의 일원이라는 이유로 고마쓰는 이 실수에 대해 전혀 문책을 받지 않았던 것 같다. 한 관찰자가 기록했듯이 "전후 일본 연구자들은 [이 사건을] 에둘러 언급했고 미국 연구자들은 …… 일본 연구자들의 연구를 [당연히] 답습했다."[57] 일본군은 이 실패를 직접 언급하지 않았는데, 우가키의 기록이 그 사례다. 실제 일어난 기습을 막기 위해 산개선을 구축할 것을 지시했음에도 불구하고 우가키는 전투 후 기록한 일기에 "우리는 잠수함을 정찰에 잘 활용하는 데 실패했다."라고 적었을 뿐이다.[58]

그러나 일본군이 퍼즐을 맞춰 보려고 노력했다면 고마쓰의 실수를 만회할 수 있었을 것이다. 일본군이 미드웨이로 전진함에 따라 미군이 야마모토의 초기 배치를 부분적으로 알았다는 증거들이 연합함대로 들어오기 시작했다. 5월 30일, 다나카의 선단부대·호위대가 사이판에서 출격한 지 얼마 안 되어 항로 바로 정면에 있는 미군 잠수함이 보내는 긴급 암호전문이 포착되었다.[59] 다나카 부대는 미드웨이로 가는 거의 직항로를 잡았으므로 미군이 다나카의 목적지가 어디인지 알아내는 데 긴 시간이 걸리지 않았을 것이다. 여기에 더해 일본군은 무선방수傍受로 알아낸 중부 태평양과 알류샨 지역에서 미국 잠수함들의 활동이 증가하는 상황에도 주목하고 있었다.[60]

전장과 더 가까운 곳에서 비행정을 이용하여 진주만의 현 상황정보를 얻기 위한 정찰작전인 K작전은 5월 31일 취소되었다. 비행정의 재급유 임무를 맡은 잠수함 중 한 척인 이伊-121은 27일경 사전에 급유지로 지정된 프렌치프리깃 암초로 접근하다가 정박한 미군 수상기모함 1척과 호위구축함을 발견했다. 미군은 이 섬에 함정을 주둔시킨 적이 없었다. 곧 자매함 이-123이 합류했으나 미 함대는 떠날 기미가 없었다. 30일, 이-123은 콰절레인의 사령부로 작전에 차질이 생겼다고 타전했다. 다음 날이면 미군이 이동하지 않을까 하는 헛된 희망에 매달려 K작전은 24시간 연기되었다. 그러나 다음 날 아침, 섬의 석호에 계류된 미군 수상기가 발견되었다. 이제 프렌치프리깃 암초는 작전 중인 미군 수상기 기지가 되었다. 미 함대를 공격한다면 이 지역으로 미국의 주의를 돌리는 역효과를 불러오겠지만 그대로 둔다면 거대한 2식 대정에 재급유를 할 방법이 없었다. K작전은 취소되었다. 이로써 나구모는 미 함대 근거지에 대한 정보를 전혀 받을 수 없게 되었다.

그동안 이-168은 미드웨이섬을 정찰하고 있었다. 함장 다나베 야하치田邊彌八 소좌는 6월 2일에 상황보고를 타전했다. 섬의 일일 비행횟수는 100회에 달했다. 주간 비행의 대부분을 비행정과 수상기가 담당했는데 이것은 장거리 초계가 적극적으로 이루어지고 있음을 뜻했다. 밤에는 섬 전체가 작업용 조명으로 환했는데 방어진지 공사가 24시간 내내 진행 중이라는 징후였다.[61] 미드웨이는 다가오는 운명을 모르는 한가한 후방이 아니라 모든 면에서 최고 경계태세를 유지하는 최전방기지였다. 다나베 중좌의 보고는 당연히 지휘체계를 거쳐 상신되었지만 고위층의 생각에 큰 영향을 주지는 못했다.

일본 본토와 추크, 사이판에 있는 일본군 통신부대는 하와이에서 발신되는 미군 통신량이 부쩍 증가하고 있음을 탐지했다.[62] 게다가 니미츠가 예하 지휘관들에게 보낸 명령 중 상당수에는 '지급至急urgent' 딱지가 붙어 있었다. 교신 분석을 종합해본 결과 일본군은 미 해군 주력부대가 진주만에 앉아 있지 않고 외양에서 작전 중이라고 의심하게 되었다.[63]

문제는 나구모가 전장으로 다가가는 중에 이 정보들을 얼마나 받아 볼 수 있었고 어떻게 반응했는가이다. 후치다 미쓰오의 전후 회고록인 『미드웨이』〔영어 번역본 제목은 『미드웨이: 일본의 운명을 결정지은 전투*MIdway: The Battle that Doomed Japan*』〕가 퍼뜨린 통설에 의하면 나구모는 K작전의 실패를 빼고는 당면 문제에 대해 아무것도 몰랐다고 한다.[64] 이에 반해 나구모는 1항함 전투상보에서 미군은 일본군의 계획을 전혀 몰랐으며 6월 5일(현지시간 4일)[65] 아침에야 자신의 부대를 발견했다고 단정했다. 후치다는 야마토의 연합함대 참모진이 관련 정보를 나구모에게 타전하지 않기로 한 결정, 아카기의 작은 함교와 제한된 수의 안테나에서 비롯되었을 뒤떨어진 통신능력이 실패의 원인 중 일부라고 지적했다.[66] 그러나 면밀히 검토해 보면 둘 다 사실이 아니다.

먼저 아카기의 통신시설 문제를 보자. 만약 문제가 있었다면 아카기의 안테나가 수면에서 가까웠다는 것이 문제였지 안테나의 숫자나 품질 문제는 아니었을 것이다. 모든 일본 항공모함은 상대적으로 작은 함교 구조물과 낮은 주 마스트 탓에 통신용 안테나를 설치하는 데 애를 먹었다. 즉 항공모함에 안테나를 설치할 만큼 높은 장소가 없었기 때문에 비행갑판 측면을 따라 여러 개의 기도식起倒式 안테나 지주가 설치되었다. 항공작전을 할 때면 지주들을 수평으로 접어 비행갑판에서 일어날 수 있는 사고를 예방해야 했다. 이렇게 안테나 지주를 접으면 통신 운용에 방해가 되었다. 이는 항공모함을 기함으로 정하면 생기는 단점이지만 일본 해군은 현장에서 기동부대의 여러 비행기대를 효과적으로 통제하기 위해 이 단점을 어쩔 수 없이 받아들였다.[67] 그럼에도 불구하고 일본 기동부대는 전적으로 아카기에만 통신을 의존하지는 않았다.

미드웨이 작전의 일본군 통신계획에 따르면 모든 함선은 연합함대 소속 각 부대가 보낸 전문을 받아 이를 외양에 나가 있는 함선들에게 중계하는 도쿄 소재 제1연합통신대 도쿄해군통신대第1連合通信隊 東京海軍通信隊〔이하 도쿄통신대〕의 주파수에 무전기 주파수를 맞추고 인원을 상시 대기시켜야 했다. 보급대의 6척을 포함한 나구모의 함선 20여 척은 도쿄에서 오는 지시사항에 언제나 귀를 기울였으며 필요 시 각 전대의 기함과 기동부대 기함(아카기)에 수신한 정보를 전달했다. 도쿄에서 오는 지령 수신에 더해 일본 기동부대의 모든 함선은 적의 주파수에 맞출 수 있는 수신기

6-3. 3전대(2소대) 기함인 전함 하루나 (도다카 가즈시게戸高一成)

를 충분히 보유하여 적 항공기와 잠수함 사이의 무선통신을 방수할 수 있었다.[68] 무선방수는 각 함 무선방향탐지반의 임무였고 필요한 장비는 대형함에 모두 탑재되어 있었다.

전함 하루나와 기리시마는 높이 솟아오른 주 마스트에 장착된 안테나들을 포함해 주력함에 걸맞은 통신장비를 보유했다. 3전대의 전함 중 하나(아마도 하루나)가 공식적으로 긴급상황 발생 시 예비 통신함으로 지정되었다.[69] 최신 순양함인 도네와 지쿠마는 보다 현대적인 통신장비를 탑재했다.[70] 심지어 나가라 같은 구형함도 1936년에 무선방향탐지기와 통신장비를 신형으로 교체했다.[71]

전반적으로 일본 기동부대는 도쿄나 연합함대 사령부(야마토)의 지령을 수신할 장비와 적의 무선통신을 방수하고 발신 위치를 추적하는 데 적합한 장비를 갖췄다. 사실 일본군에 만연한 통신 문제는 정보 수신 능력의 부족보다 무선침묵에 대한 지나친 강조와 나쁜 소식을 전달할 때 윤색하거나 얼버무리는 지휘관들의 경향과 연관이 있었다. 따라서 정보를 평가하거나 이에 따라 **행동할** 의지가 없는 한, 전 세계의 무전기를 다 동원한다고 해도 나구모를 도울 수는 없었다.

K작전의 실패를 둘러싼 무전보고는 일본 해군 통신체계가 어떻게 움직였는지를

보여 주는 사례다. 이-123은 프렌치프리깃 암초에 관한 보고전문을 콰절레인에 있는 6함대 사령부로 타전했다. 6함대 사령부는 사이판, 추크, 웨이크, 지금은 바다에 있는 연합함대 사령부, 그리고 가장 중요한 도쿄통신대 수신으로 이를 보고 해야 했다. 도쿄통신대는 작전 중인 여러 함대 지휘부에 관련 정보를 중계할 책임이 있었다. 이상의 상황은 5월 31일에 일어난 이-123의 보고과정에서 있었던 일이다. 후치다와 우가키는 각자의 저술과 일기에서 주력부대가 관련 보고를 수신했음을 시인했다.[72] 달리 표현하자면 강력한 중앙통제를 받는 일본 해군의 보고전달 체계는 원활하게 작동하고 있었다. 전문은 하급부대에서 보고 체계를 거쳐 상급부대로, 그리고 다시 각급 부대 지휘부로 잘 전달되고 있었다(그러나 야마토가 수신한 보고가 이-123의 첫 보고전문인지, 도쿄로 보낸 6함대 보고전문인지, 도쿄통신대가 다시 배포한 전문인지, 아니면 이 세 가지가 섞인 것인지 불확실하다[73]). 야마토는 비슷한 과정을 거쳐 6월 2일에 이-168이 미드웨이의 적 활동상황에 대해 보낸 전문보고도 수신했다.

현대적 통신장비를 갖췄다고 해도 일본 기동부대는 충분히 통신장애를 겪었을 수 있다. 지정 주파수에 무전기를 맞춰 놓았다고 해서 나구모가 필요한 정보를 모두 수신했다고 보장할 수는 없다. 사실 통신장애는 전쟁 전반기에 미군과 일본군 모두를 괴롭혔다. 그러나 아카기 전투상보[74]는 나구모와 참모진이 우리가 지금껏 믿었던 것보다 미군의 활동에 대해 더 많은 것을 알고 있었음을 입증하는 주목할 만한 증거이다. 아카기 전투상보에는 29일부터 미드웨이에서 날아온 미군 비행기의 초계활동이 증가했다고 언급되어 있으며, 일본 함대 감시가 목적으로 보이는 미군 잠수함들이 자주 출몰했다고 특기되어 있다. 결정적으로 이 두 사안은 통신첩보 또는 기지항공대의 정찰기 보고를 통해 파악된 것으로 기록되어 있다. 무엇보다도 아카기 전투상보에는 "5월 31일자 군령부 소보통신첩보所報通信諜報에 의하면 지난 며칠간 호놀룰루를 중추로 한 미 태평양 항공기지 통신망과 일반함정 통신망에 출현하는 적 함정이 증가하는 경향이 있음."[75]이라고 적혀 있다.

여기에서 아카기 전투상보의 몇 가지 측면을 자세히 설명할 필요가 있다. 먼저 해당 정보는 기동부대가 아니라 다른 부대가 획득한 정보를 통해 파악되었다. 둘째, 아카기 전투상보가 5월 29일과 31일의 적 상황을 이야기한다는 것은 아카기가 하시라지마에서 출항한 **뒤에야** 이 정보를 받았음을 뜻한다. 그렇다면 아카기는 도쿄통신대에서 오는 전문들을 받고 있었음이 확실하다. 우가키도 일기에서 아카기가 받은 전문과 같은 내용의 전문을 야마토가 29일에 수신했다고 언급했는데 이는 아카기와 나구모가 도쿄에서 발신되는 전문들을 잘 수신했음을 보여 준다.[76] 마지막으로 아카기 전투상보에 "전투 전 적정"이라는 제목하에 앞의 세 가지 정보가 적혔다는 것은 분명히 아카기가 교전 전에 관련 자료를 받았음을 뜻한다.

사이판 근해에서 일어난 미군 잠수함의 일본 함대 포착보고 사건도 흥미롭다. 후치다는 자신의 책에서 야마토의 무전방수반이 미국 잠수함의 존재를 확인했다고 말한다. 그러나 그때 야마토에 탑승한 우가키는 미군 잠수함의 통신을 방수했다는 사실만 적었을 뿐, 누가 방수했는지는 밝히지 않았다.[77] 이 미군 잠수함에서 사이판의 육상 배치 무전기가 더 가까웠고, 통신을 방수했을 때에는 야마토가 겨우 일본 연안을 벗어났다는 사실을 보면 야마토의 방수(사실이라면)는 사이판의 방위탐지반이 탐지한 내용을 보조하는 수준이었을 것이다. 사이판 제5통신대의 무전방수 결과는 도쿄통신대로 바로 보고되어 다시 각 함대로 전달되었을 것이며 나구모도 이 내용을 받아 보았을 것이다. 종합적으로 보면 나구모는 지금까지 알려진 바보다 미국의 경계상황을 더 잘 알았던 것 같다. 퍼즐의 모든 조각은 아니었으나 적어도 중요한 조각 몇 개는 나구모의 손안에 있었다.[78]

아카기 전투상보를 그대로 믿는다면 나구모는 다음 세 가지 사항을 알았을 것이다. 첫째, 미드웨이의 미군 초계기의 활동 범위는 장거리였으며 일본 기동부대가 발각될 위험성이 높았다. 특히 나구모 기동부대의 남쪽에서 다가오던 선단부대 호위대(다나카)가 위험에 처했다. 왜냐하면 나구모가 하루 늦게 출발하는 바람에 다나카가 기동부대를 앞질러 하루 먼저 예정 위치에 도착했기 때문이다. 따라서 나구모는 전투가 원래 시간표대로 벌어질 것이라고 기대할 수 없었다. 둘째, 적의 통신량 증가로 미루어 볼 때 미 함대는 태평양 **어딘가에서** 긴급작전 중인 것으로 추측되었다. 셋째, K작전의 실패로 적의 전력과 이동에 대해 믿을 만한 정보가 전혀 없는 상태였기 때문에 미국 항공모함은 글자 그대로 어디에나 있을 수 있었다. 긍정적이건 부정적이건 적의 배치에 대해 분명한 정보가 없는 한 신중한 지휘관이라면 최악의 경우를 대비하여 작전계획을 짜야 했다.

여기에서 해볼 질문은 "왜 나구모는 작전계획을 다시 짜지 않았는가?", 아니 "왜 최소한 정찰력을 강화하여 기습당할 가능성을 확실히 없애지 않았을까?"이다. 나구모가 행동하지 않은 데 영향을 끼친 몇 가지 요인을 생각해볼 수 있다. 첫째는 고마쓰의 잠수함 산개선 설정 지연으로 인해 정보를 직접적으로 획득할 수 없었던 상황이다. 둘째는 일본군에 전반적으로 퍼진 미군에 대한 경멸이다. 산호해에서 생긴 차질에도 불구하고 전쟁 발발 후 6개월간 일본은 연전연승을 거두었다. 지친 비행기대와 조종사들에도 불구하고 일본군, 특히 연합함대 참모진은 어디든, 언제든, 어떤 상황에서든 일본군이 미군을 압도할 수 있다고 믿었다. 우가키는 다나카 부대가 계획보다 일찍 사이판 근해에서 발각되었을 가능성을 언급하며, "조기 발각은 적과의 결전으로 이어지니 환영할 만한 일이다."[79]라고 일기에 썼다. 이렇게 최고조에 달한 자신감은 함대 전체의 태도를 대변했다. 나구모 부대가 모습을 드러내는 것만으로도 승리하는 데 충분했다.

단점이야 어찌되었건 간에 나구모는 오만한 사람이 아니었으며 다음 일화가 보여 주듯 무모한 사람도 아니었던 것 같다. 기동부대가 4월에 인도양 작전에서 귀항한 뒤 제로센 후속 기종 계획 합동연구회의가 가노야 기지에서 열렸다. 이 회의에는 해군 항공본부와 요코스카 항공대(해군의 시험비행대), 해군공기창海軍空技廠 대표들이 출석했다. 나구모를 포함한 기동부대 대표들은 최신의 전투 경험을 전달하기 위해 참여했다. 유명한 제로센 설계사인 미쓰비시의 호리코시 지로堀越二郎와 항공기술부 전투기 기체담당자 나가모리 요시오永盛義夫 소좌도 이 자리에 있었다. 두 사람은 조종사들의 자신감 넘치는 분위기가 피부로 느껴질 정도였고 전투기 조종사들은 특히 더 그러했다고 기억한다. 신중하게 분석하거나 침착하게 토론하려는 시도는 조종사들이 부리는 거침없는 객기에 뒷전으로 밀려나기 일쑤였다.

회의가 끝나고 참가자들은 가고시마의 요정에서 나구모가 주최한 만찬에 참석했다. 나구모는 성실하게 만찬장을 돌아다니며 참석자들과 한 번씩 건배를 들었다. 나가모리의 차례가 오자 나구모는 젊은 소좌 앞에 책상다리를 하고 앉았다. 나가모리에 의하면 나구모는 단호하게 "나가모리 군, 함대 놈들이 자네에게 하는 말을 그대로 믿으면 안 돼. 우리는 기분에 휩쓸려 충동적으로 의견을 내곤 하거든. 자네는 여러 상황을 냉정하게 판단해서 결론을 내도록 하게."[80]라고 말했다. 무모하거나 적을 깔보는 사람이 할 만한 말은 아니다.

이것이 사실이라면, 나구모가 주도적으로 최신 정보를 작전계획에 반영하지 못한 이유는 무엇일까? 무엇보다도 나구모가 받은 작전계획에는 필요 시 그가 독자적으로 작전계획을 변경할 권한이 있는지가 명확하게 규정되어 있지 않았다. 연합함대의 고위간부들은 지난 2개월 동안 작전계획 단계에서 야마모토가 장대한 계획의 아주 작은 세부사항조차 바꾸려 하지 않았다는 것을 알았다. 나구모는 진주만에서 3차 공격을 실시하지 않았다는 이유로 심하게 책망받았기 때문에 정말 어쩔 수 없는 상황에 처하지 않는 한 자신이 책임질 일은 하지 않으려 했다. 나구모가 받은 정보에 따르면 우려스런 상황이었지만 우려는 우려일 뿐이었다. 어떤 행동을 취할 만큼 확실한 정보가 없는 상황에서 나구모는 정해진 대로 나아가다가 불편한 진실과 부닥치면 그때 가서 해결하는 것이 가장 현명한 방법이라고 판단했을지도 모른다.

이렇게 수동적이고 운명론적인 사고방식에 일본 군대라는 조직이 임기응변에 약했다는 점이 더해져 문제가 더욱 복잡해졌다. 작전 중 계획 변경이 불가했다는 것은 일본군 전반에 걸친 고질병인 동시에 문제의 핵심이었다. 나구모는 심정적으로, 그리고 훈련이 빚어낸 이 군사적 전통의 작품이었다. 나구모는 임기응변을 할 줄 몰랐고 하려고 하지도 않았다. 하지만 그 누가 다르게 행동할 수 있었을까? 나구모는 복종을 최고의 미덕으로 여기는 군대의 산물이었다. 나구모가 속한 군대는 장교단에서 개인을 압살했으며 앞으로 4년간 장병들을 가장 맹목적이고 어리석은 방법으로 죽음으로 내몰 군대였다. 서구 연구자들이 생각하기에 일본 해군의 가장 개탄스러운 모습은 예상 밖의 문제에 봉착하면 정신력을 발휘하여 이를 타개하는 대신 손쉽게 패배와 죽음을 선택한 경우가 많았다는 것이다. 결국 나구모는 모두가 독재자로 인정한 최고사령관의 묻지도 따지지도 않는 도구 역할을 함으로써 높은 지위와 책임에도 불구하고 야마모토의 기대대로만 행동했다. 작전 지휘관으로서 나구모의 단점이 무엇이든 간에 임기응변을 못하게 한 책임자는 분명히 애초부터 결함투성이인 전략적 전망으로 작전 전체를 망쳐 놓은 한 인물과 이 모든 것의 원인인 일본군의 문화였다.

6월 2일 아침(미군에게는 1일), 주변 날씨가 눈에 띄게 악화되었다. 아침 10시경에 안개가 함대를 감쌌고 낮 동안에 더 짙어졌다. 저녁 즈음에 나구모의 함선들은 한 치 앞이 보이지 않는 하얀 장막으로 둘러싸였다. 3일 아침에도 상황은 나아지지 않았다. 모든 함선이 함미에서 부이를 내리고 다녔다. 이렇게 하면 후속함이 전방에 있는 선행함을 못 보고 추월하고 있는지 아닌지를 판단할 수 있었다.[81] 그러나 모두 다 갈지자로 항행할 수밖에 없었고 대형을 유지하는 일은 악몽 같았다.[82] 아카기의 항해장 미우라 기시로三浦義四郎 중좌는 온 신경이 곤두서 있었지만 함교에서 뒤축을 접은 구두를 슬리퍼처럼 끌고 다니며 여유로움을 보이려 했다.[83] 이제 아카기에서는 항해장의 가로 1.2미터, 세로 1미터짜리 조그마한 해도대가 세상의 중심이나 마찬가지였다. 미우라는 안갯속에서 다른 함선들의 기동에 온 신경을 집중하면서 기함을 똑바로 모는 데 전력을 다했다. 미우라를 방해하지 않으려고 함교 오른편의 15센티미터 구경 쌍안망원경 주변에 나구모와 참모진이 모여 있었다. 나구모는 창문 밖을 꽉 채운 자신을 둘러싼 불투명한 하얀 벽을 응시했다. 호위함들이 갈지자로 항해하다가 배를 돌리며 가끔 모습을 비치다 곧 시야에서 사라졌다. 나구모는 몹시 긴장했다. 나구모 부대는 이날 아침 목표로 최종접근하기 위해 남동쪽으로 변침할 예정이었다. 정상적 조건에서는 하기 쉬운 일이지만 지금 시각신호로 변침명령을 내리기란 거의 불가능했다. 예정시간을 기다려 천천히 우현으로 변침하고 함대의 모든 함선이 뒤따르기를 기대하는 것은 어리석은 짓이었다. 이 상태에서 변침한다면 분명 충돌할 것이다. 보다 조직적으로 행동하려면 뭔가 적극적 행동을 취해야 했다. 그러지 못한다면 예정된 공격대 발진 위치에 제시간에 도착할 수 없을 것이다. 그러나 함대는 공식적으로 엄격한 무선침묵 상태로 항해 중이어서 무선통신은 작전에 긴급히 필요한 경우에만 사용할 수 있었다. 이런 상황에서는 나구모만이 함대의 무선사용 결정권을 가지고 있었다.[84]

함교의 상황은 긴박했고 나구모와 참모진은 대처 방안을 열심히 토의하고 있었다. 참모진 차석인 1항공함대 수석참모 오이시 다모쓰 중좌[85]는 예정대로 변침하자고 주장하며 전체 일정이 6월 5일의 미드웨이 공격에 달려 있다는 점을 지적했다.[86] 나구모는 마침내 무전을 사용하는 모험을 하기로 했다. 아침 10시 30분, 아카기의 중파발신기로[87] "12시 00분, 침로 100도로 변침"이라는 명령이 내려졌다.[88] 나구모와 1항공함대 참모진은 일본군이 저출력 무전을 사용할 것이라는 데까지 미군의 생각이 미치지 않기를 간절히 빌었다. 물론 적이 일본군의 계획을 알아차렸는지를 알아낼 방법은 없었다.[89]

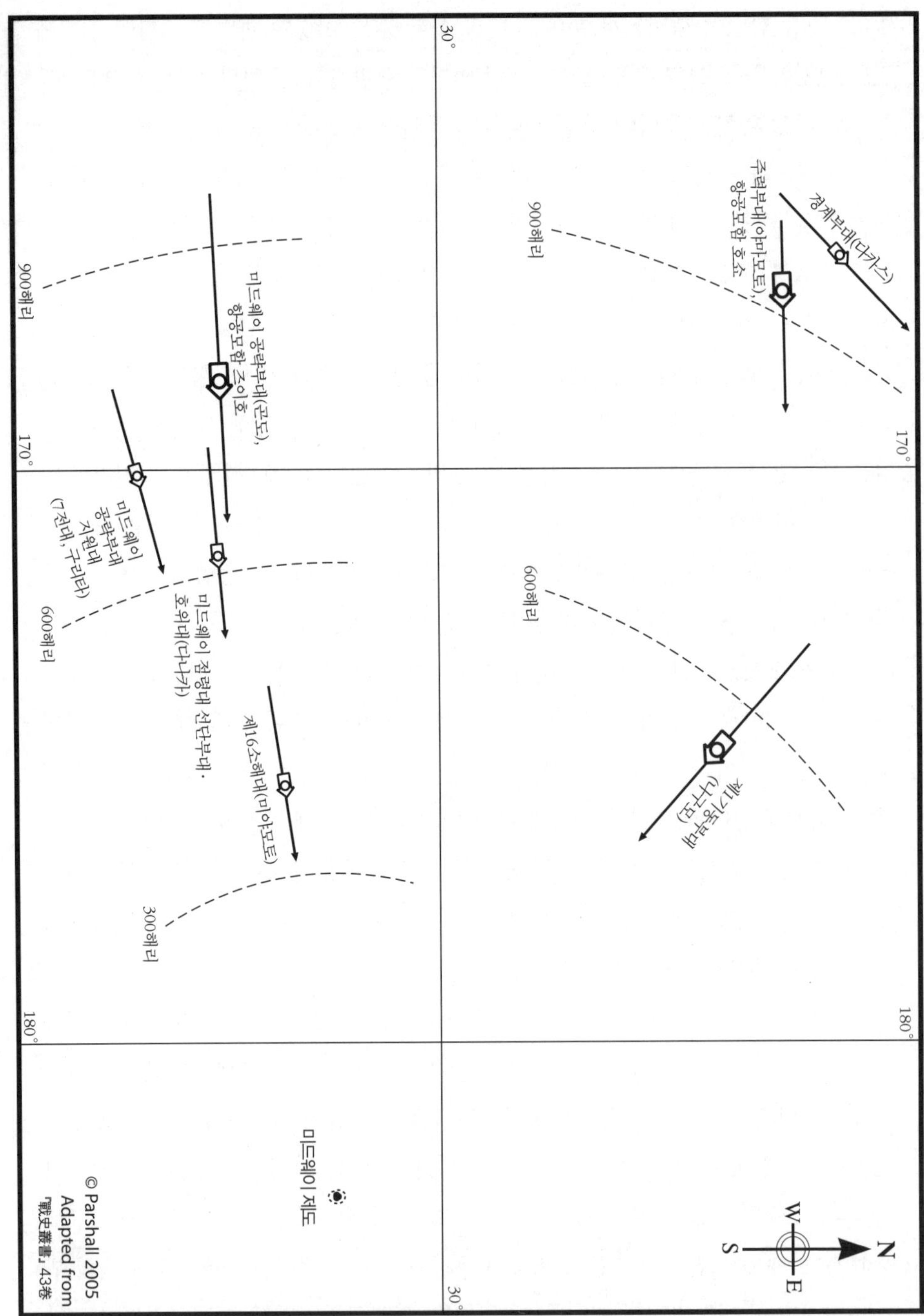

6-4. 6월 4일(도쿄 시간)의 상황. 하루 동안 일본군 함대들의 상대적 움직임과 위치를 보여 주는 해도. 미드웨이 공략부대 소속 여러 부대가 기동부대보다 상대적으로 더 앞쪽에 나가 있음에 특히 유의하라. 이는 나구모가 하시라지마에서 하루 늦게 출격했기 때문이다. (출처: 『戰史叢書』 43巻, p.242)

12시 00분(추정시간)에 함대는 예정대로 변침을 시작했다. 변침하자마자 마치 놀리기라도 하듯 안개가 걷히기 시작했다. 날씨 때문에 어쩔 수 없이 재급유가 연기된 탓에 연료가 바닥을 보이던 구축함들이 지정 급유선에 서서히 다가갔다. 재급유 과정은 느렸고 함대는 이따금 진한 무봉霧峰(해상에 층운 모양으로 끼는 짙은 안개)을 들락거렸지만 악천후는 지나간 것 같았다.

그동안 멀리 떨어진 남쪽에서 다나카의 선단부대·호위대도 미군이 접근을 알아차리는 바람에 어려움에 부딪혔다. 3일 아침 08시 43분, 미군의 PBY 카탈리나 비행정 1기가 다나카 휘하 미야모토 사다토모宮本定知 대좌의 제16소해대를 우연히 발견했다.[90] 약 45분 뒤 미드웨이 정서쪽 700해리(1,296킬로미터) 지점에서 또 다른 PBY가 다나카 부대를 발견했다.[91] 처음에 PBY 조종사는 다나카 부대를 일본군 주력부대로 잘못 판단했다. 11시경에야 미드웨이의 항공부대 지휘관은 이 함대에 주력함이 없다는 사실을 알고 안도했다. 그러나 다나카 부대는 중요 목표물이었으므로 정오가 조금 지나 육군항공대 소속 431폭격비행대431st Bombardment Squadron의 B-17 9기가 파견되었다.[92]

폭격대는 네 시간이나 지난 오후 4시 23분에 다나카 부대 상공에 도착했다. 일본해군 견시원들은 나중에 벌어진 전투에서 무시무시한 명성을 쌓아 올렸으나 이때는 아니었다. 미군기들이 8,000~12,000피트(2,400~3,700미터) 사이에서 초기 폭격고도를 잡는 동안 일본군 수송선들은 미군기의 존재를 알아차리지 못한 채 평시 대형으로 항해하고 있었다. 폭탄이 근처에서 폭발하기 직전에야 일본 함선들은 위험을 느끼고 회피기동을 시작했다. 운좋게도 다나카 부대는 피해를 입지 않았다. 일본군은 급히 대공사격을 시작했으나 소용없었다. 미군 폭격대는 10분간 다나카 부대 상공에 머물다가 철수했고 다나카는 즉시 교전 소식을 연합함대에 타전했다.

6월 4일 아침에 보급대와 기동부대가 분리되었다. 새벽 3시 7분경(현지시간으로 5시 7분경), 급유 활동을 종료한 급유선 5척과 호위구축함 아키구모는 함대에 작별을 고하고 남쪽을 향해 12노트 속도로 떠나갔다. 이후 미군 초계범위 안에 들어간 기동부대 항공모함들은 출격 대기상태인 전투기들을 갑판에 배치했다. 2시간 15분 뒤, 8전대 기함 도네가 8전대와 3전대에 내일의 대잠초계 관련 사항을 신호로 알렸다.[93] 미드웨이 공격은 내일 새벽녘에 이루어질 예정이었다. 아카기 시계로 오전 10시 25

분,[94] 나구모는 공격대 발진 후 함대의 예상기동에 관한 후속 명령을 내렸다.[95] 그 직후 함대는 24노트로 속도를 올렸다. 일본 기동부대는 밤낮으로 고속 항해하여 시간 안에 미드웨이에 접근한 뒤 다음 날 아침 공격대를 발진시킬 예정이었다. 이미 공격 전날인 6월 3일 오후 3시 30분에 나구모는 5일 수행할 정찰비행에 대한 세부명령을 신호로 하달했다.[96]

겐다 중좌가 구상한 정찰계획은 단순명료했다. 정찰기 7기가 함대로부터 바큇살같이 퍼진 항로를 따라 아군 함대 없이 노출된 동쪽과 남쪽 측면 위주로 색적정찰비행을 실시한다. 제1, 2색적선索敵線(각각 181도, 158도[97] 방향)은 아카기와 가가의 함상공격기 1기씩이 각각 맡는다. 중순양함 도네의 정찰기들은 제3, 4색적선을 따라 비행한다(각각 123도, 100도). 도네의 아이치 E13A1 0식 수상정찰기 2기가 이 정찰임무를 수행한다. 여기에 더해 도네는 나카지마 E8N2 95식 수상정찰기 1기를 대잠초계에 사용한다. 지쿠마도 95식 수상정찰기 1기를 대잠초계에, 0식 수상정찰기 2기를 제5, 6색적선(각각 77도, 54도) 정찰비행에 투입한다. 제7색적선(31도) 정찰은 하루나 탑재 95식 수상정찰기가 담당한다. 하루나의 정찰기를 제외한 나머지 정찰기들은 색적선을 따라 300해리(556킬로미터)를 비행한 후 좌현으로 틀어 다시 60해리(111킬로미터)를 비행한 후 귀환한다. 하루나의 95식 수상정찰기만 색적선을 따라 150해리(278킬로미터)를 비행한 후 역시 좌현으로 선회하여 40마일(74킬로미터)을 비행하고 돌아온다.

겐다의 정찰계획을 비판하는 의견의 요지는 이 계획이 적정 파악이라기보다 단순한 요식행위에 더 가까웠다는 것이다. 미드웨이 해전에 관한 서구의 연구서는 모두 이 점을 강조한다. 그런데 이 같은 견해에 처음으로 주의를 환기시킨 사람이 바로 후치다 미쓰오이다. 후치다의 견해는 길게 인용할 가치가 있는데 후대 연구자들이 대부분 이를 인용하며 논지를 펼쳐 왔기 때문이다.

> "나는 색적선이 그려진 해도를 바라보면서 설명을 듣고 있었다. 적의 함대가 없음을 확인하는 부정적 정보를 얻는 것이 목적이라면 색적계획은 대부분을 커버했다. 그러나 적 함대가 있다고 예상하고 선제 공습을 노린다면 이 색적선에는 조잡한 점이 있었으며 적 발견이 지체되어 시간을 잃을 것 같았다. 아무래도 동틀 무렵 색적할 경우의 정공법인 2단 색적

법을 취해야 했다.

2단 색적법은 간격을 두고 두 번에 나누어 정찰기를 보내 동일 색적선을 중복 정찰하는 방법이다. 당시 정찰기에는 레이더 같은 편리한 물건이 없어서 순전히 육안으로만 정찰해야 했다. 밤에는 육안으로 볼 수 없다. 그러나 정찰기가 출발해 비행하다 보면 동이 트기 시작하고 300해리 부근까지 나아가면 주위가 보일 정도로 날이 밝는다. 그러자면 일출 전에 일찌감치 출격해야 한다. 그런데 정찰기가 가는 도중에는 어둠 때문에 아래를 볼 수 없으므로 첫 정찰기보다 대략 한 시간 뒤에 두 번째 정찰기가 발진하여 첫 정찰기가 볼 수 없었던 부분을 수색한다. 이렇게 하면 새벽까지 300해리 내의 부채꼴 정찰구역을 한 번에 수색할 수 있다.

정찰기 탑승원들은 야간비행 훈련을 쌓은 이들이고 특히 밤바다에서 원거리 비행을 할 만한 기량을 갖추었다. 따라서 2단 색적이 불가능했을 것 같지는 않다. 다만 2단 색적을 하면 필요한 기체 수가 두 배가 된다. 본래 색적이 작전상 가장 필요한 것임을 모두가 알았으나 색적 경시는 당시 우리 해군의 통폐通弊로, 미군처럼 병력의 3분의 1을 이용한다는 생각을 하지 않았다. 우리는 겨우 전체 병력의 10분의 1 정도만을 정찰작전에 기꺼이 투입할 수 있다고 생각했다. 병적으로 공격에만 중점을 두었던 것이다.

이 버릇이 발동하여 나구모 사령부는 미드웨이 공격에 함재기 다수를 사용하고 싶어 했다. 더구나 이때 우리는 적 함대가 없을 것이라고 판단했다. 그래도 혹시나 해서 적이 없음을 확인하고 넘어가는 식으로 색적하겠다는 생각이 당시 나구모 사령부의 분위기였다고 생각한다. 그리고 색적하는 이상 만일의 적함 발견에 대응해서 대응 병력을 미드웨이 공격에 투입하지 않고 대기시킨다는 판단도 자연스러웠다."[98]

후치다의 진단은 상당 부분 정확했다. 그러나 그가 제시한 처방인 2단 색적법은 전적으로 경험에서 배운 뒤늦은 깨달음이었다. 사실 당시에 2단 색적법을 생각해낸 사람은 전혀 없었으며, 1단 색적법이 유일한 정찰계획이었다.[99] 1943년 5월에 미드웨이와 솔로몬 해전에서 얻은 전훈戰訓으로 2단 색적법이라는 개념이 일본 해군 공식 교리에 편입되었다.[100] 따라서 나구모와 겐다가 당시 일본 해군 교리에 없는 해법을 이용하지 않았다고 해서 비난하는 것은 분명히 불공평하다.

일본군 정찰계획을 진정하게 평가하려면 비합리적 추론을 버리고 1942년 6월 4/5일에 존재한 교리, 정찰자산, 기상조건이라는 주어진 틀 안에서 일본군이 합리적으로 달성할 수 있는 목표가 무엇이었는지를 분석해야 한다. 일본 해군 교리가 전반적으로 그렇듯이 항공모함 운용교리 역시 거의 전적으로 공격 위주였다는 후치다의 지적은 정확하다. 일본군은 정찰임무에 함상공격기를 할당하는 것을 일종의 낭비라고 보았으므로 정식 편제된 정찰대를 항공모함에 탑재하지 않았다. 하지만 목표물을 정확히 포착하여 공격력을 낭비하지 않고 확실하게 사용해 작전에 성공하려면 꼼꼼한 정찰이 필수적이었다.

겉으로만 보면 기동부대는 항공모함의 도움 없이도 정찰활동을 해낼 수 있었다. 전함 하루나와 기리시마, 중순양함 도네와 지쿠마, 경순양함 나가라까지 정찰용 수상기를 탑재했기 때문이다. 사실 일본 해군은 정찰임무에서 항공모함을 해방시키기 위해 도네와 지쿠마를 개발했다. 그러나 불행히도 함대가 보유한 수상기의 대부분이 장거리 정찰비행에 부적합했다. 도네와 지쿠마는 명목상 수상기 5기—0식 수상정찰기 3기와 95식 수상정찰기 2기—를 각각 탑재했다. 또한 3전대의 기리시마와 하루나는 각각 95식 수상정찰기 3기씩을 가졌다. 나가라는 수뢰전대 기함이라는 역할 특성상 보기 드물게 아이치 E11A1 98식 야간정찰기를 실었다.[101] 그러나 불행하게도 0식 수상정찰기는 항속거리가 1,100해리(2,037킬로미터)에 달한 반면, 95식 수상정찰기의 항속거리는 485해리(898킬로미터)에 불과했다.[102] 1930년대 중반에 개발된 95식 수상정찰기는 정찰기라기보다 탄착 관측기에 더 가까웠고 전함이나 중순양함의 탄착점 관측 및 사격제원 수정 목적으로 운용되었다. 95식 수상정찰기가 개발될 시점의 함상기는 수평선 너머에 있는 목표물을 타격할 능력이 없었다. 1942년에 함상기는 200해리(370킬로미터) 이상 떨어진 목표물을 공격할 수 있게 된 반면, 95식 수상정찰기는 적이 공격범위 안으로 들어오기 전에 포착하는 데 필요한 항속거리조차 갖추지 못했다. 마찬가지로 나가라의 정찰기도 야간정찰기였으니만큼 주간작전에는 쓸 수 없었다. 따라서 고작 5기뿐인 0식 수상정찰기가 함대 전체에서 유일하게 쓸 만한 정찰기였다.[103] 함상기를 정찰에 투입하지 않는 이상 나구모의 정찰자산은 빈약하기 그지없었다.

또 다른 고려대상은 전장의 날씨와 크기이다. 일본군 정찰계획 범위의 네 꼭짓점을 이어 사각형을 그려보면 그 면적은 약 48만 6,000킬로미터로 스웨덴보다 크다. 이런 공간에서 기상조건이 똑같을 수는 없기에 각 정찰기의 관측범위가 달라진다.

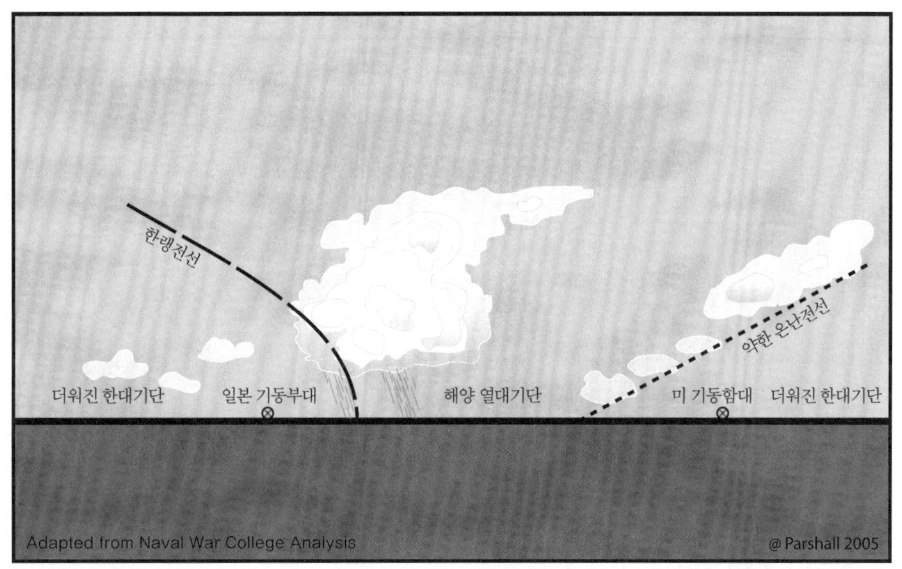

6-5. 6월 4~5일 01시경 기상상황 모식도. 미드웨이 제도 근처의 일본 기동부대와 미 기동함대의 상대위치를 보여 준다. (출처: U.S. Naval War College, "Battle of Midway", p.84, 그림 11)

다음 날 일본 기동부대는 북서쪽에서 내려오는 강한 한랭전선의 끝자락을 따라가게 되었는데, 한랭전선의 경계에는 적란운과 돌풍, 소나기가 발생한다. 2일과 3일에 걸쳐 나구모 부대가 헤쳐 나온 안개와 흐린 날씨는 이제 뒤편에 있었지만 북서쪽에서 나구모를 계속 따라오고 있었다. 따라서 함대의 북쪽과 북동쪽의 날씨도 정찰에 좋지 않았을 것이다. 더욱이 한랭전선이 남하하면서 전장 한가운데를 가로지르는 동서방향의 넓은 구역으로 구름을 밀어내어 정찰이 더욱더 어려워졌다. 남쪽 수역에서만 날씨가 조금 갤 것으로 보였다.

일본 기동부대 공격대 발진지점의 기상조건은 유리한 점과 불리한 점이 반반이었다. 함대는 한랭전선 배후의 3,000~9,000미터 고도에 군데군데 흩어진 구름 아래에서 항해하게 될 터였다. 이는 일본 기동부대를 잘 가려 주었지만 갠 하늘보다 구름이 더 많았기 때문에 내습하는 적기를 포착하기가 더 어려워졌다.

레이더가 등장하기 전에 양측 정찰기는 1,000~1,500피트(305~457미터)라는 상대적으로 낮은 고도에서 비행했다. 여기에는 여러 가지 이유가 있었다.[104] 첫째, 고고도에서는 주요 정찰임무인 잠수함 포착을 수행하기가 어려웠다. 둘째, 저고도로 비

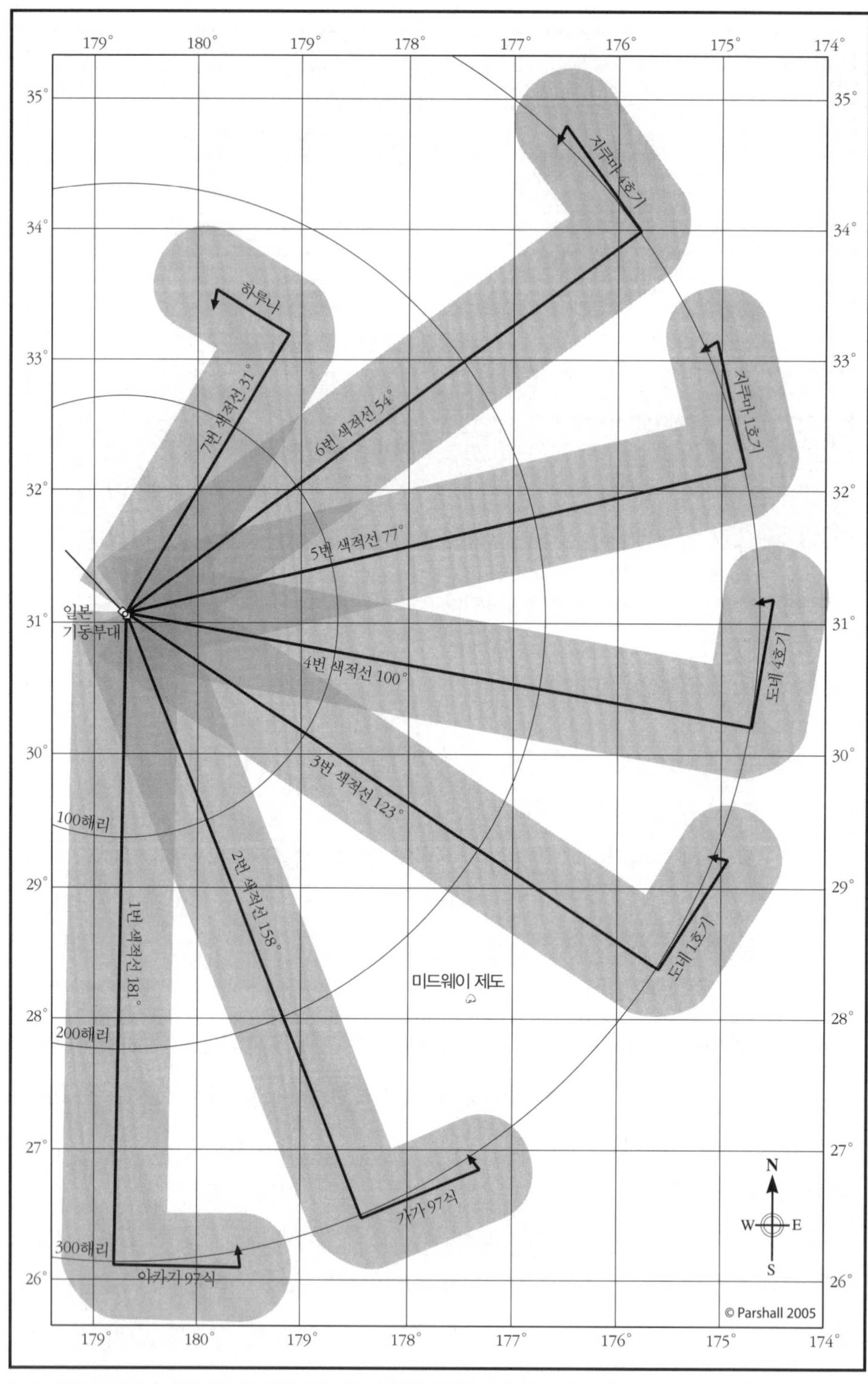

6-6. 기동부대의 1단 색적 계획도에 정찰기의 표준 가시관측거리인 25해리(40킬로미터)를 겹쳐 본 모습 (『戰史叢書』 43卷, p.286의 그림을 수정함)

행하면 수면으로 빠르게 강하할 수 있어서 배면에서 공격당하는 상황을 피할 수 있어 적 전투기로부터 도망칠 가능성이 높아졌다. 가장 중요한 셋째 이유는, 저고도로 비행하면 수평선을 적함의 함영을 찾아내는 수단으로 이용할 수 있었다는 점이다. 고고도비행은 아래에 구름이 넓게 흩어진 상태라면 적함을 포착하는 데 불리한 경우가 많았다. 구름 사이의 빈 공간이 정찰기 바로 아래에 있다면 좋은 시야를 확보할 수 있지만 정찰기에서 보는 시야각이 수평선 쪽으로 갈수록 얕아지기 때문에 구름 사이의 빈 공간이 수평선 쪽에서는 사라지고 장거리에서는 군데군데 낀 구름조차도 담요처럼 시야를 가리게 된다.[105] 결론적으로 애초부터 고도와 국지적 기상조건이 정찰범위에 좋지 않은 영향을 주었기 때문에 정찰기의 관측범위는 상대적으로 제한적일 수밖에 없었다.

이상의 조건을 염두에 둔다면 겐다의 정찰계획에 두 가지 심각한 결함이 있었음이 분명해진다. 우선 2단 색적을 실시하지 않은 것보다 1차 정찰에 투입하는 정찰기 숫자가 적은 것이 문제였다. 간단히 말해 정찰기 7기로는 스웨덴 면적 크기의 수역을 온전히 정찰할 수 없다. 이와 대조적으로 미 해군은 미드웨이에 기지를 둔 정찰임무 PBY 비행정 31기뿐만 아니라 항공모함의 SBD 3개 비행대(총 56기)에도 강행정찰임무를 맡길 수 있었다.[106] PBY의 숫자만으로도 정찰기 전력 면에서 미군은 일본군을 네 배 이상 압도했다.

전후에 겐다는 "항공정찰 계획이 허술했음을 인정해야 한다."[107]라고 썼다. 미드웨이 정찰계획은 진주만과 인도양에서 했던 것의 반복이었지만 겐다는 여기에서 한 걸음 더 나아가 "미드웨이에서는 정찰지역에 빠진 부분이 생겼다는 결함이 있었는데, 특히 적 함대가 계획된 정찰반경을 가로질러 움직이거나 비스듬한 방향으로 다가올 경우 더 심해졌다. 정찰계획은 좀 더 수학적이고 정밀했어야 했다."[108]라고 자세하게 설명했다. 바람직한 정찰계획의 특징이란 게 있다면 겐다가 여기에 '유연성'을 추가했을지도 모르겠다. 수학적으로 정밀했든 아니든 정찰계획은 5일에 있었음직한 실제 기상상황과 완전히 동떨어져 있었다. 한랭전선이 만들어낸 악천후를 방금 가로질렀으니 나구모의 참모진은 정찰기가 더 많이 필요하다는 점을 분명히 인식했을 것이다. 명목상 비행할 색적선 위로 각 정찰기들의 관측범위를 겹쳐 보면 기본적 문제가 분명해진다. 정찰범위 안에는 심각할 정도로 큰 구멍이 여러 개 있었다. 따라서 정찰기 몇 기를 예비로 가지고 있다가 관측조건이 좋지 않은 지역을 철저하게 정찰하는 쪽이 더 현명했을 것이다.

겐다의 계획은 정찰구역 전역의 날씨가 좋고, 탑승원들이 내내 정신을 바짝 차리고, 모든 정찰기가 완벽하게 호흡을 맞춰 엄격하게 지정된 비행경로를 비행하며 꼼꼼히 정찰할 때에만 성공할 수 있었다. 만약 이 세 가지 중 하나에라도 차질이 생긴다면 적 포착이 더뎌질 것이다. 겐다는 함대의 그 누구보다도 기동부대 작전의 주기를 잘 알고 있었다. 나중에 보겠지만, 일본 기동부대는 훌륭한 자산을 많이 가지고 있었다. 그러나 나중 사건들이 연달아 보여주듯 작전의 유연성은 이 자산목록의 상위에 없었다. 갑작스럽게 적이 출현한다면, 특히 미드웨이 제도를 한창 공격하는 중에 그렇게 된다면 기동부대가 하던 일을 당장 멈추고 새로 나타난 위협에 즉각 대응할 수 없으리라는 점을 겐다는 알았을 것이다. 따라서 충분한 대응시간 확보가 절대적으로 중요했다.

가가가 추가로 보유한 97식 함상공격기 1개 중대 9기를 함대의 동쪽 측면의 구멍을 메우는 데 투입했다면 설사 지금 당장의 공격력이 감소하더라도 그것대로 좋았을 것이다. 심지어 9기가 아니라 3기만 해당 측면에 추가로 투입했더라도 겐다의 정찰계획은 구멍이 숭숭 난 스위스 치즈에서 최소한 적당히 매끈한 체다 치즈로 변했을지도 모른다. 그러나 겐다는 추가 투입이 불필요하다고 생각했고 그 대신에 정찰 여력을 최소화하고 공격 여력을 최대한 확보하는 쪽을 선택했다. 여기에서 겐다의 계산 실수가 명백히 드러난다. 한 줌밖에 안 되는 비행기마저도 정찰임무에 추가하여 공격력을 희생하는 방법을 꺼림으로써 겐다는 암묵적으로 함대가 시간을 벌 여력을 포기한 꼴이 되었다.

새벽에 있을 미드웨이 제도 공격에 대해 이야기해 보자면, 공격대 발진 예정시간은 새벽 4시 30분이었고 공격대는 각종 비행기를 합쳐 모두 108기로 이루어져 있었다. 2항전은 보유한 97식 함상공격기 전부인 36기에 수평폭격기 역할을 맡겨 공격대에 투입했다. 이 함상공격기들은 공격대 선두에서 동쪽으로부터 진입할 예정이었는데, 이렇게 하면 떠오르는 해를 등지게 된다는 이점이 있다. 히류의 함상공격기는 샌드섬의 시설폭격 임무를, 소류의 함상공격기는 이스턴섬의 비행장 폭격을 맡았다. 1차로 고고도 수평폭격이 끝나면 함상폭격기들이 진입할 예정이었다. 1항전은 아카기와 가가의 99식 함상폭격기 36기를 투입하기로 했다. 아카기의 18기는 이스턴섬 공격을 담당했고 가가의 18기는 샌드섬 타격에 배정되었다. 공격대의 나머지인 제로센 36기로 구성된 강력한 호위대는 두 가지 임무를 맡았다. 첫째는 물론 폭격기와 공격기를 목표물까지 안전하게 호위하는 동시에 중간에 달려드는 적 전투기를 격추하거나 쫓아내는 임무였다. 그런 다음 목표물 상공의 제공권을 확보하고 지상에 주기駐機 중인 적기들에 기총소사를 하는 것이 두 번째 임무였다.

공격대는 겉보기에 상당히 강력했으나 임무를 수행하기에는 전력이 불충분했다. 미드웨이는 작은 크기에도 불구하고 일본군 공격대만큼 많은 수의 항공기가 주둔해 있었다. 또한 섬의 시설에는 강력한 대공화기가 다수 배치되었다. 호위대의 제로센 36기로는 목표물을 무력화할 정도로 화력을 투사하기가 불가능했다. 따라서 공격대의 함상공격기, 함상폭격기 4개 중대가 섬의 시설 공격을 담당했다. 함상공격기와 폭격기 4개 중대 72기가 한 번만 공격해서는 목적을 달성할 수 없었다. 고고도 수평폭격은 6기 편성 중대가 편대로 비행하며 선도기의 신호에 따라 일제히 폭탄을 투하하는 방식으로 수행되었는데 정밀하게 목표를 타격하는 기법이 아니었다. 수평폭격의 기본 전제는 상당히 큰 목표물에 폭탄 여섯 발을 동시에 투하하면 한두 발 정도가 손해를 입힐 수 있다는 것이다.[109] 이러한 이유로 수평폭격은 활주로나 해안 시설물 같은 대형 목표물에 이용되었다. 따라서 대공포진지, 지휘시설, 미드웨이 방어의 핵심을 이루는 잘 방호된 방어시설 같은 주요 목표물 공격은 함상폭격기 36기의 몫이었다. 중간 크기의 폭탄 36발로는 분명히 이 임무를 완수할 수 없었다. 섬의 방어능력을 떨어뜨리려면 2차 공격이 거의 필수적이었다.

모든 정황을 볼 때 나구모와 참모진은 2차 공격이 필요하다고 확신했던 것 같다. 2차 공격은 지난 몇 개월을 거치며 사실상 기동부대의 행동방식이 되었다. 인도양 작전도 1차 공격대 발함 후 예비전력이 대기하다가 2차 공격을 위한 육상공격 무장으로 변경 후 공격하는 방식으로 수행되었다. 2차 공격이 필요하다는 사실 자체는 문제가 아니었다. 함대 전체의 대함 공격능력이 부족해진다는 것이 문제였다. 만약 근처에 미국 항공모함들이 있다면 일본 기동부대는 제시간에 육상과 해상에서 맞닥뜨릴 위협에 동시에 대응할 전력이 부족했다. 이는 연합함대 참모진이 미드웨이 작전의 성질을 근본적으로 오해했다는 뜻이다. 참모진은 진주만, 포트다윈, 콜롬보,

트링코말리에서 했듯이 이 작전을 기습으로 여겼다. 그러나 미드웨이는 기습이 아닌 상륙 점령작전이었다. 이러한 작전을 적절히 수행하려면 적대수역에서 계속 작전하며 전력을 투사하는 것을 전제해야 한다. 일본 기동부대는 보급지원, 수상전이 발생할 경우에 대비한 대규모 화력지원, 함재기 수량 같은 여러 측면에서 지구전을 치를 능력이 부족했다.

2차 공격이 필요하다는 것이 거의 확실했다면 어떤 비행기가 이를 수행할 수 있었을까? 독자들은 5월에 열린 도상연습에서 야마모토가 대함 공격을 위해 최소한 공격력의 절반을 남겨 놓으라고 1항공함대 참모진에게 내린 구두명령을 기억할 것이다. 그러나 기록만 보면 이 명령이 규정한 정확한 시간대나 상황이 확실하지 않다. 그럴 것이라고 믿었지만 다음 날 미국 항공모함이 근처에 없다고 밝혀진다면, 어떻게 그리고 언제 이 예비전력을 사용할 것인가? 나구모의 작전기 중 절반은 지상공격용, 절반은 대함공격용으로 계속 나눠 놓으라는 것이 야마모토의 의도였는가? 아니면 이 명령은 단지 미 해군의 저항을 얕보지 말라는 주의 차원에서 내린 것인가? 진정으로 우선순위에 있던 것은 무엇인가? 미드웨이 공격인가, 아니면 조우할지도 모르는 적 함대 공격인가? 문서로 남은 명령이 없는 이상 정답은 알 수 없다. 그러나 상식적으로 생각해 보면 적 함대를 우선목표로 설정하는 것이 맞다. 따라서 야마모토의 명령은 전반적으로 다음 날 작전에 또 다른 경직성과 불확실 요소를 더하는 결과를 가져왔다.

나구모는 다음 날 작전명령을 내렸을 때 미군이 다나카 부대를 포착하여 공격했다는 소식을 뒤에서 다가오던 주력부대와 동시에 받아 보았을 것이다. 구사카는 실제 이 첩보를 받았다고 나중에 말했다.[110] 적이 다가오는 일본군에 대비하여 이미 완전 경계태세로 들어갔다는 또 다른 단서이다. 그러나 일본 기동부대에 하달된 지침에는 아무 변동사항이 없었다.

해가 저물어 감에 따라 긴장감은 더욱 높아졌다. 16시 30분, 중순양함 도네가 거의 정남향에서 다가오는 적기 여러 기로 추정되는 물체를 향해 주포를 쏘았다. 몇 분 뒤 아카기에서 전투기 1개 소대가 발진했으나 아무것도 찾지 못했다. 16시 40분, 도네는 적기의 항적을 놓쳤다는 실망스러운 보고를 보냈다.[111] 아카기의 함교에는 회의적인 분위기가 감돌았다. 아침이 다가올수록 모두 신경이 날카로워져 갔다.

일몰 30분 뒤, 총원 전투배치가 이루어지고 함대는 야간항행 진형으로 대형을 바꾸었다.[112] 함대는 단종진을 풀고 항공모함들을 상자대형의 안쪽에 배치했다. 그동안 하루나는 예상하지 못한 야간전 발생 시 대구경 화력지원이 가능하도록 함대 선두로 이동했다. 자정 무렵, 긴장한 아카기의 견시원들이 두 번이나 미군기를 발견했다고 잘못 보고했다. 갑판 아래의 승조원들은 소등 후 적정 취침시간이 강제되므로 이미 잠자리에 든 지 오래였다.[113] 나구모부터 말단 수병까지 내일은 바쁜 하루가 될 것임을 알고 있었다.

이날 저녁의 마지막 전투는 먼 남쪽에서 일어났다. 다나카의 미드웨이 점령대 선단부대 호위대가 다시 적기와 조우했는데 이 적기들은 그림자처럼 슬쩍 다가와서 일본군에 뼈아픈 일격을 가했다. 시마드 대령은[114] 가급적 신속하게 일본 함대에 타격을 입히기로 결심하고 레이더를 장비한 PBY 비행정 4기에 일본군을 요격하라고 명령했다. PBY 조종사들에게 어뢰 공격은 생소한 임무였지만 탑승원들은 한번 해보자며 기꺼이 날아갔다.[115] PBY 1기는 악천후를 만나 기지로 귀환했지만 3기는 01시 30분경 일본 함대에 도달했다. 상륙선단은 엄호를 받으며 2열 단종진으로 나아가고 있었다. PBY 3기는 구름이 잔뜩 낀 북동쪽에서 하나씩 나타나 공격했다. 회피기동을 하는 함선도 없었고 모두 달빛을 받아 그 모습을 뚜렷하게 드러냈다.

일본군은 완전히 허를 찔렸고 조타나 대공포 반응도 느렸다. 그러나 공격이 계속될수록 대공사격은 꽤 맹렬해졌다. PBY 중 2기는 명중탄을 내지 못했으나 게일로드 D. 프롭스트Gaylord D. Propst 소위가 조종한 세 번째 PBY가 01시 54분경(현지시간) 급유선 아케보노마루あけぼの丸의 좌현에 어뢰를 명중시켜 사상자 24명이 발생했다.[116] 프롭스트 소위는 몰랐으나, 급히 투입된 그의 공격이 항공어뢰와 잠수함어뢰를 막론하고 미드웨이 해전 전체를 통틀어 미군이 유일하게 성공한 어뢰 공격이었다. 아케보노마루는 손상되었으나 곧 함대에 합류하여 항해를 계속했다. 한밤중에 다나카가 겪은 모험은 이제 끝났다. 한 시간 안에 나구모 부대가 잠에서 깨어나 새벽 공습을 준비할 예정이었다.

제2부

전투일지

7
아침 공습 04:30-06:00

6월 4/5일 목요일,[1] 일본 해군 제1기동부대는 태평양전쟁이 시작된 이래 늘 하던 일과—공격에 나설 비행기 무장탑재, 급유, 엘리베이터 탑재, 발착배치發着配置spotting〔이하 배치〕—로 하루를 시작했다. 이러한 작업을 거쳐 비행기를 띄우는 일은 제2차 세계대전 해전사에 관심 있는 사람에게는 친숙하다 보니 독자들이 당연히 알고 있으리라 여기는 문헌들도 있으나 사실 반드시 그렇지는 않다. 비행기를 띄우고 회수하는 것이야말로 항공모함의 존재 의의였다. 그러나 60여 년이나 지난 지금,[2] 일본 해군의 항공모함 운용방법 가운데 정확한 세부사항이 많이 사라진 탓에 그 실체를 완전히 이해하기는 어렵다. 그 결과 〔서구〕 역사가들은 어쩔 수 없이 영국과 미국의 항공모함 운용 관행에 비추어 6월 4일 일본군의 상황을 분석할 수밖에 없었다. 하지만 일본 항공모함은 독자적 운용방법이 있었고 이는 일본 기동부대가 이날 어떻게 싸우다 죽어갔는지를 이해하는 데 대단히 중요하다.

04시 30분에 공격대 발함 준비를 마치려면 해뜨기 한참 전에 그날의 일과를 시작해야 했다.[3] 발함 준비는 잘 훈련된 승조원 수천 명이 투입되는 엄청난 작업인데 그들 대부분은 조종사가 아니었다. 02시 30분경 "정비원 기상"이라는 명령이 떨어졌을 때 조종사들은 여전히 자고 있었다.[4] 정비원들은 수병 거주구역 깊은 곳에 있는 해먹과 좁은 침상에서 굴러 나와 옷을 입고 침구를 정리한 뒤 간단히 아침식사를 하고 격납고로 향했다. 물이 부족해 한동안 옷을 갈아입지 못한 승조원들 상당수가 새 옷으로 갈아입었는데, 전투 전에 예의를 갖춰 새 옷을 입어야 한다는 해군의 믿음 때문이었다.[5] 일부 장교들은 감색 동복을 입었다(우가키 연합함대 참모장은 보통 6월 1일인 동·하복 교체 시점을 '별도 지시가 있을 때까지' 연기했다).[6] 많은 승조원들은 흰색 하복이나 '방서복防暑服'으로 알려진 시원한 카키색 반팔 상하의(일부는 흰색 러닝셔츠만 입었다)와 수병들에게 인기 있던 가벼운 약모를 착용했다.[7] 지금은 덥지 않지만 곧 더워질 터였고 하루 종일 옷을 갈아입을 시간이 없으리라는 것을 모두 잘 알고 있었다.

진녹색과 황갈색, 밝은 회녹색과 검은색으로 칠해진 비행기들은 강한 조명을 받으며 격납고에 놓여 있었다.[8] 어떤 비행기에는 복잡한 위장무늬가 칠해져 있었고 다른 비행기에는 소대장기나 중대장기임을 표시하는 밝은색 띠가 수직꼬리날개에 그려져 있었다. 이 중 상당수는 진주만 기습에 참여한 기체였고 태평양의 절반에 걸쳐 기동부대가 수행한 수많은 공격임무에 참가했음은 말할 나위 없었다. 당연히 일부 기체에서는 장기간 운용한 함상기들에 공통적으로 나타나는 풍파의 흔적이 보였다. 닳고 벗겨진 도색, 유압부에서 흘러내린 기름, 세심한 정비에도 불구하고 생긴 각 기체 고유의 문제점 들이었다. 모든 비행기는 급유와 무장탑재가 이루어지 않은 상태였다.

나구모 중장의 항공모함 4척에는 정비원이 1,600명 이상 탑승했다. 조종사들과 마찬가지로 이들은 자기 분야에서 세계 일류 전문가였다. 정비원들은 수년간 한솥밥을 먹으며 근무해 왔고 자신들의 임무를 속속들이 파악했다. 젊은이라면 모두 잠깐씩이라도 내연기관에 친숙해질 기회가 있었던 미국과 달리 일본은 훨씬 뒤처진 산업국이었다. 1940년 일본의 자동차 생산량은 미국의 80분의 1에 불과했고[9] 농업은 주로 사람 손으로 이루어졌다. 그 결과 정비원을 쉽게 양성하기가 어려웠으며, 시골 출신이든 번화한 해안도시에서 자랐든 모든 정비원 지망생은 백지상태에서 수년간 훈련을 받아야 했다.

미 해군처럼 각각의 정비원에게는 담당 비행기가 있었고 이들은 정비장整備長의 엄격한 감독 아래 작업했다. 미 항공모함과 달리 일본 항공모함은 함상기를 사용하지 않을 때에는 비행갑판에 계류하지 않았다.[10] 따라서 격납고는 언제나 만석이었다. 비행기들이 날개와 날개가 닿을 정도로 빼곡하게 격납고를 채웠고 각 기체의 위치는 바닥에 표시되어 있었다. 비행기는 계류용 와이어로 1.5미터 간격을 두고 격자모양을 이루며 갑판에 설치된 계지안환繫止眼環(계류용 고리)에 묶여 있었고[11] 바퀴에는 받침목을 대었다. 격납고의 공기는 그리스, 연료, 페인트, 그리고 함상기 운용에 따라오는 기타 화학물질과 윤활유가 섞인 독특한 냄새를 풍겼다. 아무리 철저하게 청소한다고 해도 이 냄새를 없앨 수는 없었다.

2항전의 항공모함들에서 소속 함상공격기들은 급유하고 무장장착을 한 뒤 비행갑판으로 이동해야 했다. 승조원들은 금속제 호스를 풀어 비행기에 연결해 연료를 주입하기 시작했다. 격납고 벽을 따라 브래킷에 고정된 제로센용 280리터짜리 보조연료탱크도 분리되어 장착된 뒤 연료가 채워졌다. 기종에 따라 기내연료탱크의 용적은 680~950리터였고 제로센의 보조 연료탱크를 포함해 연료를 채우는 데 각각 수 분이 소요되었다. 미 항공모함과 달리 일본 항공모함의 격납고는 외부환경과 완전히 차단되어 있었다. 급유 작업을 계속하자 희미한 항공용 가솔린 냄새가 격납고를 꽉 채운 페인트, 윤활유 냄새에 섞여 들었다. 격납고 좌현 위쪽에서 환풍기들이 시끄러운 소리를 내며 신선한 공기를 불어넣었고, 갑판 바닥 높이로 격납고 우현에 설치된 환풍기들이 해로운 유증기를 빨아내고 있었다.

동시에 승조원들은 공격기에 무장을 장착하는 고된 작업을 시작했다. 미드웨이 1차 공습을 위해 2항전의 함상공격기들은 800킬로그램짜리 80번 육용폭탄陸用爆彈(육상공격용 고폭탄)을 장착할 예정이었다. 흘수선 아래 깊은 곳에 위치한 히류와 소류의 폭탄고에서 수병들은 천장에 달린 도르래 장치를 이용하여 회색으로 도장된 폭탄을 끌어낸 뒤 양폭탄통揚爆彈筒(폭탄용 엘리베이터)에 실어 격납고로 운반했다. 양폭탄통은 격납고 갑판에서 1미터 위쪽에 설치된 가대에 맞춰 멈춘다. 이 설비는 격납고 바닥에 깔린 가솔린 유증기가 엘리베이터 통로를 따라 폭탄고로 스며드는 것을 막을 뿐만 아니라 운반차에 폭탄을 옮겨 대기 중인 공격기로 나를 수 있는 편리한 수단이었다. 항공모함은 탄약을 나르는 데 쓰는 특별한 운반차 두 종류를 갖추었다. 하나는 급강하폭격용 242킬로그램이나 250킬로그램짜리 폭탄용이었고 다른 하나는 80번 육용폭탄과 850킬로그램 91식 개改3호 어뢰 운반용이었다. 항공모함은 대개 함

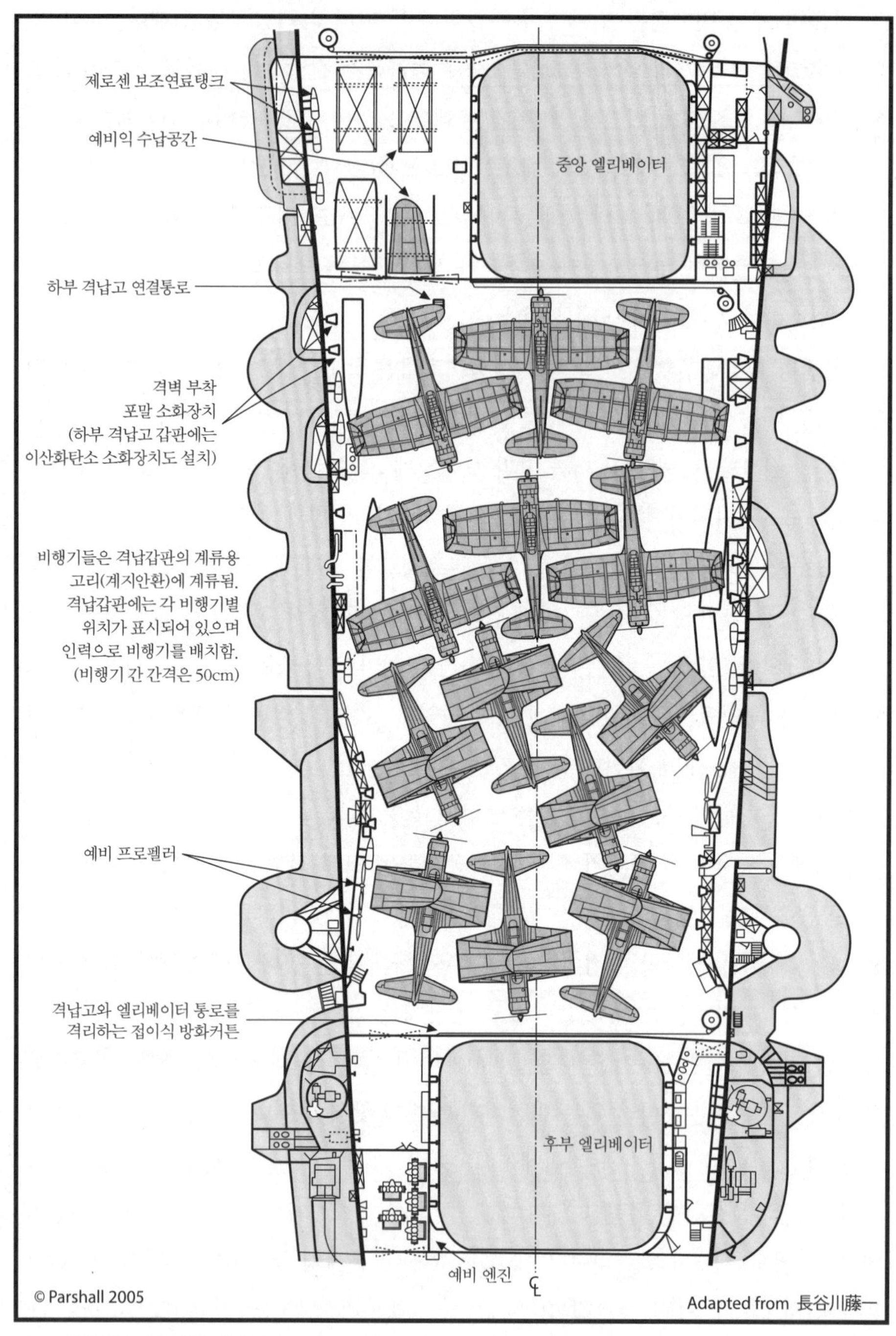

7-1. 전형적인 일본 항공모함의 격납고 내부. 비행기들이 극도로 빼곡하게 들어차 있고 장비들이 복잡하게 설치되어 있다.

폭대와 함공대의 3분의 1을 동시에 무장할 수 있는 수량의 운반차를 보유했는데, 즉 운반차 2종을 각각 6대씩 가지고 있었다(가가는 함상공격기 대수가 27기였으므로 어뢰운반용 운반차를 9대 보유).

하나씩 하나씩 양폭탄통을 타고 올라온 2.8미터짜리[12] 폭탄들이 다시 하나씩 고정 도르래를 이용해 대기 중인 운반차에 실렸다. 그러면 승조원들이 도합 3톤에 달하는 폭탄이 실린 운반차를 밀어 만원인 격납고를 헤치고 적재가대에서 지정 비행기까지 갔다. 비행기에 도착하면 권양기로 폭탄을 들어 올려 탑재 위치로 이동해 반원형의 폭탄 고정용 브래킷(투하기投下機)[13]에 고정하는 작업을 시작했는데 이 작업을 완료하는 데 5분이 걸렸다. 97식 함상공격기의 오른쪽 착륙장치 수납공간에 무장탑재용 윈치 작동에 필요한 수동 크랭크가 설치되어 있었다. 윈치는 운반차의 잭과 같이 사용하여 폭탄을 투하기에 고정하는 장치이다. 고정된 폭탄에는 발화장치 당김끈과 운반용 결속끈이 장착되었다. 그다음 병기원兵器員(무장사)이 폭탄의 전후방 발화장치를 설정했다. 이제 폭탄 사용 준비가 완료되었다. 폭탄은 투하되면 자유낙하하면서 탄두에 설치된 작은 프로펠러가 지정된 횟수만큼 회전해야 폭발하도록 만들어졌다. 폭탄 장착을 끝낸 승조원들은 다른 폭탄을 가지러 양폭탄통까지 운반차를 밀고 갔다. 수평폭격기들이 비행갑판으로 이송될 때까지 이 작업을 3회 반복했다. 함상공격기들은 새벽 3시 30분 이후에 비행갑판으로 이동하기 시작했을 것이다.

제로센에도 탄약이 보급되기 시작했다. 기수 탑재 기관총에 7.7밀리미터 기관총 탄띠가 채워지고 20밀리미터 기관포용 60발들이 탄통이 날개의 공간에 삽입되었다. 상공직위대上空直衛隊(함대의 상공방어를 맡은 전투기대, 이하 직위대) 소속 전투기에 실을 여분의 탄통도 준비되었다. 오늘 아침에는 상공직위기上空直衛機(이하 직위기) 출격이 많을 터라 모함으로 돌아오는 즉시 재급유와 탄약 보급을 해야 하기 때문이었다.

그동안 아카기와 가가에서는 약간 다른 작업이 진행되고 있었다. 함상공격기와 달리 함상폭격기 무장장착은 대개 비행갑판에서 이루어졌다.[14] 따라서 급유가 끝나자마자 비행갑판에 함상폭격기를 배치하는 작업이 개시되었다. 미드웨이의 일본군 함상기 중 99식 함상폭격기는 아마도 격납고에서 가장 다루기 어려운 비행기였을 것이다. 크고 강력한 비행기인 99식 함상폭격기는 정예 조종사의 특기인 수직에 가까운 아찔한 급강하와 정신이 아득해지는 이탈과정을 견뎌낼 정도로 튼튼해야 했다. 조종익면과 급강하용 브레이크의 배치 관계로 제작사인 아이치사의 설계진은 날개 가운데가 접히는 부분을 설치하지 않기로 했다. 그 대신 날개 끝만 접히는 구조로 설계된 탓에 99식 함상폭격기는 수납하기도, 좁은 공간에서 움직이기도 어려웠으며 배치 작업 시 조심스럽게 다루어야 하는 애물단지였다.[15] 접을 수 없는 넓은 날개 때문에 99식 함상폭격기는 아카기, 가가, 소류의 좁은 후부 엘리베이터[16]에 탑재하기가 어려워서 더 큰 중앙 엘리베이터에 가까운 격납고 가운데 부분에 수납되었다. 97식 함상공격기는 99식 함상폭격기와 크기와 무게가 거의 같았으나 날개를 더 많이 접을 수 있어 작은 엘리베이터를 이용할 수 있었기 때문에 격납고 뒤쪽에 수용되었다. 제로센은 격납고 앞쪽에 수용되었다.

발함 예정인 공격대의 비행갑판 배치는 복잡하면서도 힘든 노동과 세심함이 동시에 필요한 작업이었다.[17] 비행기는 한 대씩 격납고에서 반출되었다. 공간 여유는 별로 없었다. 첫 단계는 격납고에서 비행기를 묶은 계류용 와이어를 풀고 받침목을 제거하는 일이었다. 그런 다음 연료탱크를 완전히 채우고 무장장착이 끝나면 때로 4톤이 넘는 비행기를 격납고를 통과하여 엘리베이터까지 인력으로 밀었다. 비행기 한 대를 움직이는 데 전담 승조원 12명 혹은 그 이상의 인원으로 구성된 작업조 하나가 필요했다. 격납고 중앙에 있는 비행기는 엘리베이터까지 수십 미터 떨어져 있었다. 격납고의 열기 속에서 이 정도 거리를 비행기를 밀면서 이동하고 나면 승조원들은 거의 초주검이 되었다.

적당한 때에 승조원들은 가급적 빨리 비행기를 엘리베이터에 올려 태웠다. 99식 함상폭격기는 대형 엘리베이터에조차 간신히 들어갔기 때문에 작업할 때 극도의 세심함이 필요했다. 작업반장은 비행기가 제 위치에 확실하게 들어가도록 적절한 지시—"오른쪽 앞", "왼쪽 앞", "그대로!"—를 반복했다. 비행기가 엘리베이터에 들어가면 승조원들도 엘리베이터에 탑승해 비행갑판에 올라가 작업을 마무리 지었다.

작업은 엘리베이터 운용주기에 따라 순차적으로 진행되었으므로 엘리베이터 속도가 전체 작전의 효율성을 좌우했다. 일본 항공모함들이 채택한 복층 격납고(한 격납고 위에 다른 격납고가 있는 구조) 구조 때문에 문제가 복잡해졌는데, 엘리베이터로 비행기를 아래층 격납갑판에서 비행갑판으로 한 번 올릴 때마다 9미터 이상(3층 높이) 올라가야 했기 때문이다. 쇼카쿠급 같은 신형 항공모함조차 엘리베이터가 한 번 왕복하는 데에 비행기를 싣고 내리는 과정을 포함해서 40초가 필요했다.[18] 구형인 아카기와 가가의 엘리베이터는 더 느려서 운용주기가 더 길어졌다.[19]

공간에 여유가 있으면 승조원들은 엘리베이터에 있는 동안 비행기의 날개를 인력으로 폈고[20] 비행갑판에 도착하면 다시 수톤에 달하는 비행기를 지정된 위치로 밀어 옮겼다.[21] 가끔은 이동거리가 꽤 멀었다. 비행기가 제 위치에 도착하면 바퀴에 받침목을 대고 비행갑판에 날개를 묶었다. 비행기들은 비행갑판을 따라 겹친 3열종대로 늘어섰다. 함상폭격기가 가장 뒤에, 전투기가 가장 앞에 자리했다. 선도 전투기는 아카기의 함교와 거의 나란하게 섰다.

비행기를 밀던 승조원들이 주변 상황이 어떻게 돌아가는지를 알아차릴 기회가 있었다면 기동부대가 야간항해 진형〔제5경계항행서열第5警戒航行序列〕에서 주간항공작전 진형〔제1경계항행서열〕으로 대형을 바꾸는 모습을 보았을 것이다.[22] 2항전의 선두에 위치한 히류는 좌현으로 점점 비껴갔다. 가장 뒤쪽에 있는 가가와 소류는 각각 우현과 좌현으로 대형에서 벗어나 같은 항전 소속 요함들과 거리를 벌려 나갔다. 기동부대의 대형은 느슨한 사각형을 이루었고 각 함 사이의 거리는 약 8,000미터였다. 여러 증거를 볼 때 3전대의 하루나와 기리시마는 이 사각형 좌현에서 단종진을 만들고, 8전대의 도네와 지쿠마는 우현에서 단종진으로 항해한 것 같다. 나가라는 사각형 앞쪽에 남고 구축함들은 항공모함들에서 20,000미터 이상 떨어지게 되었다. 3전대와 8전대는 항공모함들을 사이에 두고 나란히 8,000미터에서 1만 미터가량 떨어져 있었다. 이로 인해 8전대의 도네와 지쿠마는 내습해 오는 적기를 가장 먼저 발견하는 함선이 되었다.[23]

항공모함의 비행갑판을 빙 둘러 세워진 안테나 지주들은 항공작전 중 사용형태인 수평상태로 내려졌다. 12미터 높이의 지주는 대개 비행갑판에 우뚝 서 있었지만 선회식 좌대 위에 설치되어 있어 착함을 방해하지 않도록 함선 바깥쪽 수면으로 내려질 수 있었다. 인접한 고각포좌에서는 포수들이 바쁜 하루에 대비하여 포와 탄약을 점검했다. 비행갑판 주변의 공기는 자신감으로 터져나갈 것 같았다.

전날 밤 나빴던 날씨의 음침함이 아직 남아 있었다. 파도가 다소 거칠었으며 1,000미터 고도에서 군데군데 끼인 낮은 층적운이 함대 상공을 지나가고 있었다.[24] 나구모 부대는 얼마 전까지 함대를 괴롭힌 폭풍전선의 전면을 방금 통과했고 함대

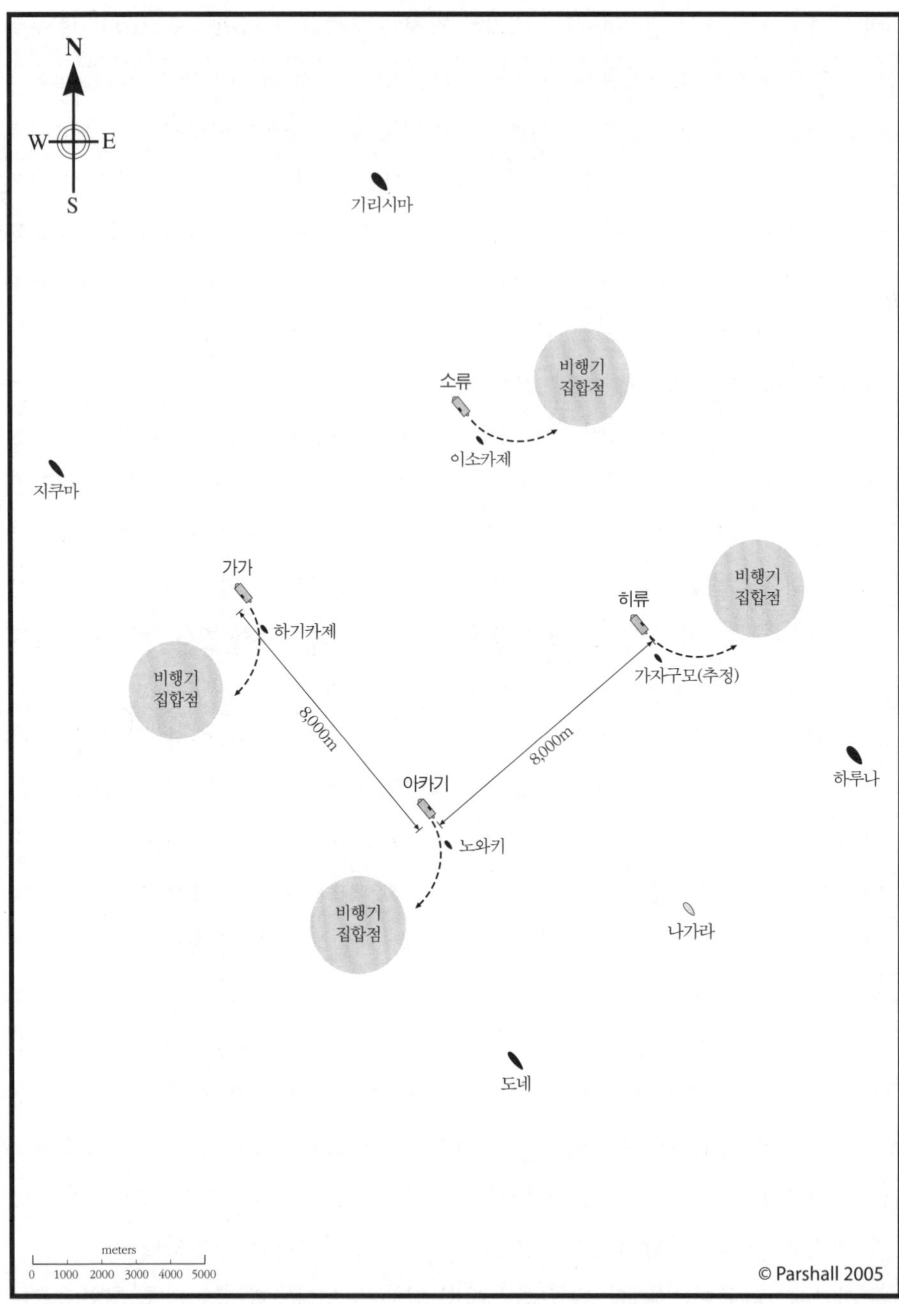

7-2. 04시 30분경 일본 기동부대 진형. 함대의 항공모함들은 함대의 항공전력을 쉽게 모을 수 있으면서도 기동하기 쉽도록 어느 정도 거리를 두고 작전했다.

가 남쪽으로 더 나아가면 날씨가 좋아지리라 예상했다. 그러나 함대 위에 군데군데 낀 구름은 유리할 수도 불리할 수도 있었다. 구름은 함대를 엄폐하기도 하지만 살금살금 다가오는 적기를 숨길 수도 있기 때문이다.[25]

항공모함들이 기동을 끝내자 각 항공모함별로 지정된 직위구축함直衛驅逐艦들이 위치를 잡았다. 아카기의 함교에서 승조원들은 구축함 노와키가 아카기의 함수에서 약간 좌현 700미터 앞 지점으로 접근하는 광경을 보고 있었다. 노와키는 이제 돈보쓰리蜻蛉釣り(잠자리 낚시라는 뜻으로, 발함에 실패해 물에 빠진 비행기 승조원을 구조하는 작업을 가리킨다)를 할 수 있는 위치를 잡았다.

아카기와 가가의 비행갑판에서는 제 위치에 정렬된 99식 함상폭격기들에 운반차로 실어 온 폭탄이 장착되고 있었다. 미드웨이 공습을 앞두고 함상폭격기들은 각각 242킬로그램짜리 98식 25번 육용폭탄 1발씩을 탑재했다. 이 고폭탄은 육상목표용이었다. 가가는 중앙 엘리베이터 앞 근처에 비행갑판까지 올라오는 양폭탄통이 있었으므로 비행갑판에서 운반차에 폭탄을 실을 수 있었다. 반면 아카기의 양폭탄통은 하부 격납고 앞까지만 올라올 수 있어서 어쩔 수 없이 갑판 아래에서 운반차에 폭탄을 탑재한 다음 전방 엘리베이터를 이용하여 비행갑판으로 내어 왔다. 비행갑판 밑에 있던 97식 함상공격기와 마찬가지로 작업은 6기 단위로 진행되었다.

이제 04시가 되었다. 함내 확성기로 트럼펫 소리가 울려 퍼졌다. 총원 전투배치 신호였다. 수면 위를 내다보던 아카기의 갑판병들과 포수들은 어둠 속에서 다른 세 항공모함들의 함영을 구분할 수는 없었지만 간격을 두고 발광신호로 기함에 진행 상황을 보고하는 모습을 볼 수 있었다. 함상폭격기에 폭탄을 장착하는 작업이 끝나기도 전에 비행기 엔진 시운전이 시작되었다.[26] 함의 폐쇄식 격납고에 자연환기 시설이 없었기 때문에 일본 항공모함들은 비행갑판에서 시운전을 실시하는 방법 이외에 선택의 여지가 없었다.[27] 시운전은 가볍게 볼 작업이 아니었다. 비행기용 성형星形엔진radial engine은 크기에 비해 상당한 고출력을 낼 수 있도록 설계되었기에 당연히 구조가 복잡하고 최소 허용공차로 제작된 정밀하고 다루기 까다로운 물건이었다. 비행기가 발함할 때에는 반드시 출력을 최대로 올려야 했으므로 엔진의 부담이 컸다. 발진했던 비행기가 엔진 고장으로 인해 임무를 포기하고 귀환하거나 심지어 추락하는 경우도 있었다. 따라서 비행기를 서둘러 이륙시켜 탑승원과 비행기를 위험에 빠뜨리기보다는 비행갑판에 있는 동안 기계 결함을 최대한 많이 찾아내어 문제를 사전에 방지하는 것이 중요했다.

비행기마다 승조원 한 명이 서둘러 밝은 녹회색 조종석에 앉았고 또 다른 승조원이 엔진의 오른쪽에서 대기했다. 소화기를 든 응급반원들이 비행기 주변을 둘러쌌다. 신호가 떨어지면 엔진 옆의 승조원이 수동 크랭크로 엔진 시동을 걸었다. 엔진 내부의 플라이휠이 소리를 내며 회전하면서 속력이 붙기 시작했다. 조종석에 앉은 승조원이 "전방에서 떨어져!"라고 소리치면 시동을 건 승조원은 프로펠러의 위험반경 밖으로 피신했다. 조종석의 승조원이 "콘타쿠contact!"라고 소리치고 플라이휠과 프로펠러를 연결했다. 시동을 걸면 시동용 91옥탄 특제 혼합연료가 엔진으로 흘러들어 연소과정을 시작했다. 흰 연기를 쿨럭쿨럭 뱉어내며 공격대 비행기들의 엔진이 하나씩 요란한 소음을 내며 깨어났다.

조종석의 승조원은 시동을 건 다음 유압, 윤활유압, 연료압, 온도를 적정 수준으로 올리기 위해 엔진을 몇 분간 1,000~1,500RPM으로 공회전했다. 시동과정에서 적정 윤활유압 확보가 매우 중요했기 때문이다. 성형엔진이 작동을 멈추면 하부 실린더에 윤활유가 고이는 경향이 있어 재시동할 때에는 상부 실린더에 윤활유가 없는 상태가 된다. 시운전을 적당히 하면 최고출력을 내기 전에 모든 실린더에 윤활유가 원활히 흐르게 된다. 이 과정에서 양쪽의 마그네토magneto(실린더 내부에서 연료와 공기의 혼합가스를 점화하는 데 사용되는 장치)를 켰다 껐다 했고 프로펠러 피치가 낮음(완전 수평상태)에서 높음(엔진 최고 RPM에서 프로펠러의 최적상태)으로 변했다. 연료와 공기 혼합비의 연료비율은 낮은 데서 시작해 올라갔다가 내려왔다.

온도와 압력이 적정범위에 들어오면 엔진 스로틀을 완전히 개방한다. 매니폴드압, RPM, 연료 혼합비가 최고점에 도달한 상태에서는 최종적으로 각종 계기들이 정상 상태를 표시하는지를 확인한다. 지상에서라면 이 단계에서 조종사에게 물리적 근력이 필요했는데, 비행기가 움직이지 않도록 다리로 휠 브레이크를 꽉 잡고 있어야 했기 때문이다. 물론 비행갑판에서는 받침목이 바퀴 밑에 있었다. 시운전을 충분히 하지 않으면 최대출력을 점검하다가 엔진을 못 쓰게 만들 수도 있었다. 최대출력을 점검하는 동안에 무전기와 조종면(방향타, 에일러론, 수평안정익, 플랩)도 점검했다. 전체 과정은 15분 내에 끝났으며 외부 공기나 엔진이 평소보다 차갑다면 조금 더 걸릴 수도 있었다. 이제 준비가 완료되었으며 발함하는 수고만이 남았다.

엔진을 시운전하는 동안 비행기 탑승원들이 모습을 드러냈다. 탑승원들은 02시 45분경에 기상하여 탑승원 대기실로 향했다.[28] 대기실에서 탑승원들은 시중을 드는 수병에게서 아침식사를 받아 앉은 자리에서 식사했다. 대기실 스피커에서 "탑승원 정렬!" 명령이 떨어지자 탑승원들은 선내 계단을 통해 비행갑판으로 올라갔다. 두터운 갈색 목면 비행복과 비행모를 쓰고 아침 공기를 헤치며 비행갑판에 나타난 탑승원들은 벌써 땀을 흘리고 있었다. 곧 다들 함교 옆에 붙어 있는 칠판 옆에 모였다.

같은 시각, 충수염 수술을 받고 회복 중이던 아카기의 비행대장 후치다 중좌는 의무실에 더 이상 누워 있을 수 없다고 생각했다. 후치다는 고통을 참고 일어나 아카기의 미로 같은 회색 통로를 조심조심 걸어나갔다. 배는 수밀 상태라 방수구획문들이 닫혀 있었다. 후치다는 수없이 많은 해치를 통과하고 가끔은 기어가면서 힘겹게 배를 가로질러 목적지에 다다랐다. 마침내 함교에 도착했을 때 후치다는 탈진한 나머지 온몸을 덜덜 떨었다.

후치다가 도착한 지 얼마 뒤에 며칠 전 바이러스에 감염되어 쓰러진 겐다 중좌도 모습을 나타냈다. 눈에 띄게 아파 보이는 겐다가 발착함 지휘소에서 힘겹게 사다리를 타고 함교로 올라왔다.[29] 나구모는 환자복을 입은 항공참모가 좁은 지휘본부로 들어오는 모습을 보자 크게 감명했다. 나구모는 겐다의 어깨에 손을 얹고 비행갑판이 발함 준비로 바쁘게 돌아가는 동안 잠시 이야기를 나누었다.

각 항공모함의 비행갑판에서는 공격대 탑승원들이 비행장의 훈시를 받고 있었다. 날씨는 적당할 것으로 예상되었으며 군데군데 구름이 끼겠지만 계획된 공격을 방해할 정도는 아니었다. 미드웨이에는 강력한 적 항공전력이 있다고 알려져 있었으나 늘 그랬듯이 36기로 이루어진 공격대의 전투기 호위대가 저항하는 적 전투기를 처리할 수 있을 것이다.

작전계획에 따르면 공격대 발함 뒤 나구모는 현재 항로를 유지하며 3시간 반 동안 24노트로 항해할 것이다. 그 뒤 편동풍이 불어온다면 함대는 45도로 방향을 틀어 20노트로 항해해 08시 30분이 조금 지난 시간에 공격대가 귀함, 착함할 수 있게 할 예정이었다.[30] 만약 사전준비 사항이 변동되면 원래 귀환지점에 함선 1척이 파견되어 공격대를 유도하기로 했다.[31]

7-3. 히류의 비행대장으로 미드웨이 공습을 지휘한 도모나가 조이치 대위 (Naval History and Heritage Command, 사진번호: NH 81559)

대개 비행장은 최선을 다할 것을 호소하는 감동적인 말로 훈시를 끝내곤 했다. 그러나 전달방법에 상관없이 탑승원들은 말하지 않아도 이 전투의 중요성을 이해했다. 모두가 자신에게 요구되는 노력과 희생이 어느 정도일지 알고 있었다. 잠시 침묵 후 비행장이 외쳤다. "가라!" 탑승원들은 해산해 각자의 비행기로 뛰어갔다. 탑승원들이 해산할 때 갑판 승조원들은 엔진 스로틀을 1,000RPM으로 맞추고 비행기에서 물러났다. 동시에 각 항공모함의 비행갑판에는 발함 준비를 위해 조명이 들어왔다. 비행갑판의 중앙선과 양쪽 가장자리는 한 줄로 길게 열을 지은 조명등으로 표시되어 있었다. 조명등은 적이 지켜볼 수도 있는 바깥쪽으로 빛이 새어 나가지 않고 안쪽만 비추는 특별한 덮개로 가려졌다. 착함하는 비행기가 비행갑판 뒤쪽 끝을 인식할 수 있도록 비행갑판 끝단[32]의 붉은색 조명도 켜졌다.[33]

후치다가 작전에 참가할 수 없었기 때문에 미드웨이 공격대의 지휘는 히류의 비행대장 도모나가 조이치友永丈市 대위가 맡았다. 도모나가는 솟은 광대뼈, 잘생긴 이마, 강렬한 눈빛의 진지해 보이는 미남자였다. 그는 약간 냉담한 성격이었지만 주당으로 유명했는데 히류의 비행기대에 얼마 전 발령받았다. 도모나가는 중일전쟁에서 전투 경험을 쌓았으나 미 해군을 상대로는 이번이 첫 출격이었다. 도모나가의 기체는 기체번호 BI-310인[34] 97식 함상공격기였는데 관측수 하시모토 도시오橋本敏男 대위와 무전수 무라이 사다이치村井定一 일등비행병조一等飛行兵曹가 동행했다. 미드웨이 공습 1차 공격대 구성은 다음과 같다.

4시 30분 발진 일본군 미드웨이 공격대 구성(직위대, 정찰대 포함)

제1항공전대(1항전)	제2항공전대(2항전)
아카기	히류
99식 함상폭격기 18기	99식 함상폭격기 0기
지휘관: 지하야 다케히코千早猛彦 대위[35]	
97식 함상공격기 1기(정찰)	97식 함상공격기 18기
조종사: 니시모리 스스무西森暹 비행병조장	지휘관: 도모나가 조이치友永丈市 대위 * 미드웨이 공격대 및 함공대 지휘
0식 함상전투기 9기(제공대制空隊)	0식 함상전투기 9기(제공대)
지휘관: 시라네 아야오白根斐夫 대위	지휘관: 시게마쓰 야스히로重松康弘 대위
0식 함상전투기 3기(직위대)	0식 함상전투기 3기(직위대)
지휘관: 다나카 가쓰미田中克視 일등비행병조	지휘관: 모리 시게루森茂 대위
총 31기	총 30기
가가	소류
99식 함상폭격기 18기	99식 함상폭격기 0기
지휘관: 오가와 쇼이치小川正一 대위 * 미드웨이 공격대 함폭대 지휘	
97식 함상공격기 1기(정찰)	97식 함상공격기 18기
조종사: 요시노 하루오吉野治男 비행병조장	지휘관: 아베 헤이지로阿部平次朗 대위[36]
0식 함상전투기 9기(제공대)	0식 함상전투기 9기(제공대)
지휘관: 이즈카 마사오飯塚雅夫 대위	지휘관: 스가나미 마사지菅波政治 대위 * 미드웨이 공격대 함전대(제공대)장
0식 함상전투기 2기(직위대)	0식 함상전투기 3기(직위대)
지휘관: 야마모토 아키라山本旭 일등비행병조	지휘관: 하라다 가나메原田要 일등비행병조
총 30기	총 30기

조종사들은 각자 비행기의 엔진 상태, 플랩, 수직방향타, 수평안정익의 움직임 등을 점검했다. 점검이 끝나면 손을 들어 비행갑판에서 분주한 승조원들에게 "이상 없음!"이라고 소리쳤다. 비행기들이 스로틀을 활짝 개방하자 엔진 소음도 커졌다. 비행장의 하급자로 발함작업을 맡은 장비행장掌飛行長이 비행기들을 돌아보며 모두 준비되었는지를 확인했다.

아카기의 비행장 마스다 중좌는 함교 뒤쪽에 있는 발착함 지휘소에서 작업을 지켜보았다. 마스다는 발착함 지휘소로 뛰어오는 장비행장이 보이자 전성관으로 준비가 끝났다고 보고했다. 아카기는 제3전투속력(22노트)으로 항해하고 있었다.[37] 바람

7-4. 아카기 함상의 전형적인 발함 준비 모습. 진주만 기습 시 촬영된 사진이다. 비행갑판에 승조원들이 많이 모여 있고 날개가 계류된 것으로 보아 발진을 몇 분 앞둔 때 같다. 엔진은 시운전 중이다. (Michael Wenger)

은 160도에서 초속 2미터(시속 4노트)로 불고 있었다.[38] 새벽의 어둠 속에서 각 항공모함은 하나씩 신호기를 올리며 아카기에 준비가 끝났음을 발광신호로 알렸다. 아카기는 함대 전체에 신호기와 발광신호로 '공격대 발진 준비 완료'를 알렸다.

아카기에서 발함을 준비하는 비행기들의 선두에 시라네 아야오 대위가 지휘하는 제로센 9기가 있었다. 유력 정치인[39]의 아들인 시라네는 태평양전쟁 첫날부터 아카기에서 근무했다. 신호기가 올라가는 모습을 보고 시라네는 뒤쪽에 정렬한 비행기들을 어깨 너머로 보았다. 자기 중대 소속 조종사 여덟 명이 보였고 직위기 3기도 보였다. 전투기들의 바로 뒤에는 지하야 다케히코 대위가 지휘하는 아카기의 함폭대가 있었다. 모든 조종사가 손들어 준비완료 신호를 보냈다. 시라네는 날개 끝의 신호등을 켜서 응답했고 다른 비행기들도 즉시 시라네를 따라 신호등을 켰다.

아카기는 다른 항공모함들에 '발진 준비' 신호를 보냈다. 남아 있는 갑판 승조원들은 비행기 계류 와이어를 풀고 비행갑판 옆의 대피공간으로 피했다. 이제 비행기 한 대당 두 명의 승조원만 바퀴 받침목을 잡고 있었다. 승조원들의 흰 작업복이 서늘한 바람에 펄럭거리고 프로펠러의 후류가 비행갑판 위로 거칠게 불었지만 모든 승조원의 시선은 비행장을 향했다.

작업을 시작한 지 거의 두 시간이 지나서야 모든 준비가 완료되었다. 아카기의 함교에서 나구모는 겐다를 쳐다보았다. 겐다는 굳은 표정으로 나구모를 바라보며 고개를 끄덕였다. 이제 시간이 왔다. 나구모는 '공중공격대는 발진하라'고 명령했다. 겐다는 즉시 발착함 지휘소의 마스다에게 전성관을 통해 명령을 하달했다. 동시에 아카기는 다른 항공모함들에 발광신호로 발진개시 명령을 보냈다.

마스다는 비행갑판의 앞쪽 끝에 있는 풍향지시 증기를 켜라고 명령했다. 조종사들은 증기로 바람의 방향을 확인했다. 제로센 조종석에서 시라네는 흰 수증기가 비행갑판을 따라 흘러내리는 모습을 보았다. 어깨 너머로 보이는 아카기의 메인마스트에 달린 자루모양 풍향계(윈드삭)가 가리키는 방향도 수증기가 가리키는 풍향과 일치했다. 진행방향은 거의 풍향과 나란했다. 아카기의 터빈은 웅웅거리며 4만 1,000톤짜리 함체를 힘차게 밀었다. 함은 거대한 함수로 흰 파도를 밀어 차올리며 앞으로 질주했다. 동쪽 하늘이 밝아왔다. 시각은 04시 28분이었다.[40]

비행갑판에서 장비행장은 호루라기를 분 뒤 붉은색 등을 크게 원을 그리며 휘둘렀다. 함교에서 마스다는 모든 공격대 비행기에 발함을 개시하라고 신호등으로 알렸다. 동시에 발착함 지휘소의 장교가 함수 방향으로 흰 깃발을 힘차게 휘둘렀다. 비행갑판 옆으로 몸을 피한 장비행장은 갑판 승조원들에게 받침목을 제거하라고 신호했다. 승조원들은 지시를 이행한 뒤 비행갑판 옆의 대피구역으로 재빨리 이동했다.

최종 점검을 마친 뒤 시라네는 엔진 스로틀을 올리며 "이키마스いきます(갑니다)!"라고 큰 소리로 외쳤다. 전투기는 총알처럼 앞으로 튀어나갔다. 몇 미터도 가지 않아 꼬리바퀴가 비행갑판에서 떨어졌고 제로센은 주 바퀴만으로 달려 나갔다. 80미터를 활주한 뒤 시라네의 비행기는 비행갑판에서 완전히 떠서 붕 하는 소리와 함께 하늘로 솟구쳤다. 비행갑판 양쪽에 피해 있던 승조원들이 함성을 지르며 흰색 약모를 미친 듯이 머리 위로 흔들었다. 마치 눈보라가 치는 것 같았다. 서구 해군과 달리 일본 해군에서는 한 번 발함신호가 떨어지면 조종사 각자가 발함 순서를 정했다. 시라네의 제1제공대[41] 전투기들은 하나씩 비행갑판 중앙선에 정렬한 후 같은 절차를 반복해 가속한 후 발함했다. 전투기 한 대가 발함을 끝내는 데 10~15초가량이 소요되었다.[42] 아카기가 04시 28분에 공격대 발진작업을 시작했고 히류 공격대도 04시

28분에 발진을 시작했다. 가가와 소류의 공격대는 04시 30분에 발진을 시작했다.[43]

히류의 비행갑판에서는 공격대 지휘관 도모나가 대위가 정력적인 시게마쓰 야스히로 대위가 이끄는 제공대의 호위전투기 9기가 발함하는 장면을 바라보고 있었다. 호위전투기들이 이함한 뒤, 모리 시게루 대위가 지휘하는 그날의 첫 상공직위 담당 소대의 제로센 3기가 비슷한 모습으로 잽싸게 발진했다. 하지만 도모나가가 탄 함상공격기를 하늘로 띄우는 것은 완전히 다른 이야기였다. 연료를 채우고 완전무장한 97식 함상공격기의 무게는 4톤이 넘었는데 99식 함상폭격기보다 약 150킬로그램, 제로센보다 1톤 이상 더 무거웠다.[44] 그러나 97식 함상공격기의 마력당 중량비는 함상기 3종 중 가장 낮았다. 한마디로 이 비행기는 굼뜬 돼지였다. 무사히 발함하려면 엔진 출력의 마지막 한 방울까지 짜내야 했다. 비행기가 발함할 때에는 함이 항해하며 만들어내는 바람과 맞바람을 합쳐 초속 13미터 정도의 합성풍속(시속 26노트)이 필요했다. 그러나 97식 함상공격기가 안전하게 발함하려면 갑판 위의 합성풍속이 초속 15미터(시속 30노트) 정도여야 했다. 낡은 가가는 상태가 좋을 때도 최고 속력이 28노트에 불과했으므로 바람이 없으면 간신히 97식 함상공격기를 띄울 수 있었다. 바람이 너무 강해도 문제였는데, 초속 25미터 이상의 바람이 불면 비행갑판에서 비행기를 잡고 있기가 어려웠기 때문이다. 이륙에 적당한 풍속의 바람을 만들어 내는 것은 히류에게 별문제가 아니었다. 야마구치의 기함은 여유속력이 충분했다. 하지만 짐이 무거운 도모나가의 기체가 이륙하려면 최소한 120미터의 활주거리가 필요했다. 히류와 소류는 비행갑판이 짧아서 문제였는데, 특히 대열의 가장 앞에 있는 선도기의 경우 더 심각했다.[45] 도모나가의 비행기 기수는 중앙 엘리베이터 바로 위에 있었고 여기부터 비행갑판 앞쪽 끝까지의 거리는 135미터였다. 해볼 수는 있지만 마음 놓을 만한 거리는 아니었다.[46]

이런 상황에서 도모나가가 할 수 있는 유일한 행동은 활주 내내 스로틀을 최고로 열고 플랩을 내린 채[47] 비행기가 무사히 떠오르기만을 바라는 것뿐이었다. 상황이 최악으로 치달아 비행기가 수면에 추락했을 때 히류가 자신을 밟고 지나가지 않으면 다행이었다. 그러면 직위구축함이 도모나가와 탑승원들을 안전하게 낚아 올릴 수 있을 것이다. 도모나가는 엔진 출력을 최대로 높였다. 함상공격기가 속이 터질 정도로 느릿느릿 가속이 붙으며 비행갑판을 따라 서서히 굴러가기 시작했다. 비행갑판의 함수 방향 끝단에 그려진 흰색 풍향표지風向標識 화살표와 풍향지시증기가 가까워졌다. 속력이 너무 빨랐다. 마지막 순간, 도모나가의 비행기는 기수를 들어 힘겹게 비행갑판을 박차고 올라갔다. 비행갑판 옆의 대피구역에서 함성이 터져 나왔다. 도모나가는 즉시 왼쪽으로 선회해 공격대의 나머지 비행기들이 발진하는 동안 대기상태로 들어갔다. 마치 거대한 녹색 용처럼 보이는 위험한 짐을 배에 매달고 히류의 함상공격기들이 하나씩 느릿느릿 날아올랐다. 수평선 너머로 다른 항공모함들도 밝아 오는 여명을 향해 무거운 공격기들을 날려 보냈다. 가장 나중에 이함한 비행기는 가가와 아카기에서 발진한 97식 함상공격기 각 1기였다. 두 비행기는 전함과 순양함의 정찰기들과 더불어 정찰임무에 투입되었다. 공격대가 모두 발진하는 데 약 7분이 소요되었다.

각 지휘관들은 고도를 높이며 자신들의 부대를 한데 모아 공격대 형태를 갖추었다. 그동안 직위기와 정찰기들은 혼자서 혹은 짝을 지어 각자의 임무가 기다리는 곳으로 향했다. 04시 45분, 공격대는 집합을 마치고 속력 125노트(231킬로미터)로 미드웨이를 향해 남동쪽으로 방향을 틀었다. 모두 108기였다. 만약 미군이 이 장관을 구경할 기회가 있었다면 적군의 능숙함을 몹시 부러워했을 것이다. 이날 일어날 사건들에서 보겠지만 이때까지도 미 해군은 항공모함 1척의 비행기로 합동 공격대를 짜는 데에도 애먹고 있었다. 일본 해군은 미 해군과 대조적으로 최대 항공모함 6척에서 비행기를 띄움과 거의 동시에 공격대를 편성했다. 일본 해군에게 항공모함 여러 척의 부대들을 모아 공격대를 편성하는 일쯤은 아무것도 아니었다. 항공모함 4척에서 온 제공대制空隊(엄호 전투기대)는 소류의 스가나미 마사지 대위가 맡았고[48] 각 항공모함의 함상공격기(수평폭격기 역할)와 함상폭격기로 이루어진 제병통합 성격의 공격대는 도모나가가 이끌었다. 이렇게 단시간에 사고 없이 공격대를 짜는 인상적인 결과를 달성할 수 있었다는 것은 일본 해군항공대의 기량과 훈련수준이 얼마나 높았는지를 보여 주는 증거다.

나구모는 함교에 서서 공격대 발진을 지켜보고 있었다. 공격대가 기동부대의 시야에서 완전히 사라지고 나면 함대가 공격대를 지휘할 수 없었다. 미드웨이 공격이 시작되어야 무선침묵을 깨고 공격대 지휘기의 무전수가 무전기로 간단한 초기보고를 타전할 수 있었다. 나구모는 도모나가가 귀환하여 결과보고를 하기 전에는 공습의 세부결과를 알 도리가 없었다. 그때까지 미드웨이의 상태에 대해서는 단편적으로만 알 수 있었다. 1940년대에 항공모함을 지휘하는 일은 예측불허투성이였다. 공격대는 발진하면 혼자 판단하고 행동해야 했고 나구모도 그랬다.

상공에서 직위기 11기가 함대 상공방어를 위해 전개하고 있었다. 각 소대는 서로 다른 구역을 맡아 초계했다. 2개 소대는 고도 2,000미터에, 나머지 2개 소대는 4,000미터 고도에 위치했다.[49] 전반적으로 이는 나구모 부대같이 큰 함대를 방어하기에 부족한 전력이었다. 그런데도 마스다 중좌는 또 다른 비행기를 비행갑판에 배치할 준비를 하고 있었다. 이번에는 공격기가 아닌 전투기였다. 미드웨이에서 항공공격이 가해질 위험이 있는 한 직위기가 필요했다. 이미 직위기 1개 소대 3기가 1차 공격대와 같이 발함했고 또 다른 소대 하나가 한 시간 안에 발함할 예정이었다. 가가, 히류, 소류도 각각 전투기 2기, 3기, 3기씩을 직위대에 투입했다. 아카기의 전방 엘리베이터에서 전투기 9기가 새로 올라왔다.[50] 마스다 중좌는 수평선 너머에서 다른 항공모함들이 아카기처럼 즉시 상공방어에 투입할 수 있도록 추가로 전투기들을 배치하고 시운전시키는 모습을 볼 수 있었다. 이제 비행갑판 전체를 사용할 수 있었으므로 조종사들에게 여유 있는 활주거리를 주기 위해 전투기들은 비행갑판 끝에 배치되었다. 그러나 히류의 전투기들은 배치되자마자 발함해야 했는데 함교에서 문제가 발생한 자함 소속기가 보였기 때문이다. 아카마쓰 사쿠赤松作 비행특무소위飛行特務少尉[51]의 97식 함상공격기였다. 이 비행기는 도중에 엔진 문제를 일으켜 임무를 포기하고 귀환했다. 아카마쓰의 비행기는 비틀거리며 돌아왔지만 사고 없이 무사히 회수되었다.[52]

그동안 아카기와 가가의 전방 어뢰고에서 병기원들은 어뢰가 첩첩이 쌓인 어뢰가魚雷架에서 5.27미터짜리[53] 항공어뢰를 끌고 나와 함상공격기에 장착하는 작업을 시작했다. 91식 개3호 어뢰는 뇌격을 예술의 경지까지 끌어올린 일본 해군의 최신 병기였다. 각 항공모함은 몇 달 전 입고된 이 무시무시한 어뢰를 36본씩 보유했다. 지금도 그렇지만 어뢰는 구조가 복잡하고 다루기 까다로운 맹수다. 그러나 비싼 도입가격과 골치 아픈 정비에도 불구하고 적함에 막대한 피해를 입힐 수 있으므로 보유할 가치가 충분했다. 신형 91식 어뢰는 45센티미터 지름의 몸체에 강력한 140마력짜리 엔진과 자이로스코프, 심도유지계, 조향 모터, 십수 개의 고도로 정밀한 장비를 탑재했다. 240킬로그램짜리 탄두는 말할 필요도 없었다. 91식 어뢰의 항주거리는 1,800미터,[54] 최고속력은 42노트에 달했으며 맞상대인 미국의 Mk.13 어뢰보다 성능이 월등했다.[55]

91식 어뢰는 관리만 잘하면 신뢰성이 높은 무기로 정평이 나 있었다. 그리고 1항전의 병기원은 이 분야의 전문가였다. 어뢰 하나하나가 세심하게 정비·유지되었고, 증류된 냉각수, 등유(연료), 윤활유가 모두 채워져 있었으며, 출격 전날 이상 여부를 검사했다.[56] 폭탄고 바로 앞의 어뢰정비실에서는 독일제 2행정 디젤엔진으로 작동하는 컴프레서를 이용해 압축공기를 2,560 PSI〔Pound per Square Inch, 평방인치당 파운드〕 압력으로 어뢰의 공기탱크에 채워 넣었다.[57] 병기원들은 탄두부의 고무 캡과 분리 가능한 목제 안정익이 제대로 붙어 있는지를 점검했다. 둘 다 어뢰가 수면과 충돌할 때 떨어져 나가 높은 위치에서 떨어질 때의 충격을 흡수하는 부품이었다. 마지막으로 어뢰 항주심도航走深度는 상대적으로 깊은 심도인 5미터로 설정되었다. 만약 적 함대가 발견된다면 주력함이 있을 것이므로 가능한 한 선체 가장 낮은 곳을 어뢰로 타격하는 것이 가장 좋았다.[58] 승조원들은 그리스를 발라 매끈매끈하게 빛나는 어뢰들을 하나씩 고정구로 천장의 운반기에 고정해 양폭탄통/양어뢰통으로 힘겹게 옮긴 후 격납고로 이송했다.

격납고에서 아침에 80번 육용폭탄을 실은 것과 같은 종류의 운반차에 실린 어뢰가 덜컹거리며 1항전의 97식 함상공격기 쪽으로 옮겨졌다. 97식 함상공격기에 어뢰를 장착할 때에는 800킬로그램짜리 육용폭탄을 장착할 때와 다른 종류의 고정 브래킷(투하기)을 사용했다(나중에 중요한 함의를 띠게 될 사실이다). 어뢰용 투하기는 어제 1항전의 함상공격기들에 장착되었다. 그동안 2항전의 항공모함들에서는 99식 함상폭격기들이 주유를 마치고 기총탄을 보급받았지만 다른 무장은 장착하지 않았다. 늘 하던 대로 비행갑판에서 폭탄을 장착할 예정이었기 때문이다. 그때까지 항공모함 4척의 예비 공격대는 격납고에서 대기할 것이다.

예비 공격대가 격납고에서 대기할 예정이라는 점이 특히 중요한데 이는 후치다의 책에서 수없이 많은 서구 문헌들로 전해진 '상식'과 배치되기 때문이다. 아침 10시 이전에 예비 공격대가 비행갑판에 배치된 적은 결코 없었다. 05시경 예비 공격대를 비행갑판에 배치했다면 7시쯤 착함하는 직위기들에 자리를 비켜 주어야 했을 것이다. 비행갑판에서 비행기들을 치우는 데 20~30분이 걸렸다. 이는 비행갑판을 상황에 따라 유연하게 사용할 가능성을 줄일 뿐만 아니라 굉장한 인력낭비를 불러일으켰을 것이다.[59]

격납고 승조원들은 만약 미 함대가 발견되더라도 지난번 인도양 작전 때 기동부대를 괴롭혔던 무장교체 과정에서 일어난 대혼란이 벌어지지 않기를 바랐다. 4월 5일 아침, 콜롬보를 폭격하고 공격대를 이끌고 귀환하던 중에 후치다 중좌는 같은 목표물에 후속 공격을 할 수 있도록 예비기 출격을 준비시켜 달라고 나구모에게 건의했다.[60] 그러나 2차 공격대 비행기들은 오늘처럼 이미 대함 무장을 한 상태였다. 나구모는 이 건의에 따라 08시 53분에 무장교체를 명령했고 1차 공격대가 09시 48분 귀환했을 때 교체작업은 거의 끝난 상태였다.

그런데 10시에 실론에서 남서쪽으로 고속으로 도주하는 영국군 순양함 2척(콘월과 도싯셔)이 있다는 보고가 들어왔다. 나구모는 잠시 고민하다가 10시 23분에 공격기의 육상공격용 무장을 대함 무장으로 바꾸라고 명령했다. 기동부대의 뇌격기들에게 이 과정은 순탄하지 않았다. 2항전 지휘관 야마구치 소장은 격분한 나머지 함상공격기의 무장교체 작업 완료를 기다리지 않고 12시에 먼저 2항전의 함폭대를 출격시켰다. 첫 발견보고가 들어온 지 두 시간이나 지나서였다. 그때까지도 즈이카쿠와 쇼카쿠의 97식 함상공격기는 출격준비를 마치지 못했다. 출격했다고 해도 실제 결과는 거의 같았을 것이다. 2항전의 급강하폭격기들이 영국 순양함 2척을 간단히 처리했기 때문이다. 그러나 나구모는 당연히 이 지연에 격노했다.[61]

그러나 6월의 오늘 아침, 모든 장병은 예비 공격대를 전적으로 믿었다. 예비 공격대는 모든 면에서 나구모의 최정예 팀이었다. 1항전의 함상공격기는 원래 후치다 미쓰오 중좌가 지휘해야 하지만 그럴 수 없었으므로 무라타 시게하루村田重治 소좌가 대신 지휘했다. 일본 해군에서 가장 뛰어난 함상공격기 조종사인 무라타 소좌는 진주만 기습의 베테랑으로 광적일 정도로 훈련에 훈련을 거듭해 진주만의 얕은 바다에서 필요한 어뢰 사용법을 완성한 장본인이었다. 그는 이 대담무쌍한 작전에서 초근거리 어뢰 투하가 가능할 때까지 기동부대의 함상공격기 부대를 훈련시켰다.[62] 진주만 기습 시 무라타는 직접 공격대를 이끌고 줄지어 정박한 미 전함들을 습격하여 오클라호마Oklahoma와 캘리포니아California, 웨스트버지니아West Virginia를 격침했다.

가가에 탑승한 무라타의 동료 기타지마 이치로北島一良 대위도 수하에 비슷한 수준의 정예 조종사들을 두었다.

2항전의 함폭대 지휘는 유명한 소류의 에구사 다카시게江草隆繁 소좌가 맡았다. 에구사 소좌는 모두가 인정한 해군 최고의 급강하폭격 전문가였다. 대담한 성격의 에구사는 겐다의 말을 빌리면 "함폭의 신" 같은 지휘관으로[63] 부하들을 이끌고 급강하폭격이라는 고난도 기술을 능숙하게 발휘하여 적들을 공포에 떨게 만들었다. 4월에 도싯셔와 콘월을 분쇄한 장본인도 에구사와 그가 이끈 함폭대였다. 역전의 용사인 두 함을 격침하는 데 5분도 채 걸리지 않았으며 명중률은 유례없이 높았다. 히류 함폭대 지휘관 고바야시 미치오小林道雄 대위도 상당히 높이 평가받는 경험 많은 조종사였다. 따라서 문제가 생긴다 해도 나구모는 이를 해결할 최고의 전문가들을 거느리고 있었다.

항공모함들이 지금까지 상대적으로 별문제 없이 항공작전을 수행한 반면, 순양함 도네와 지쿠마는 힘든 아침시간을 보내고 있었다. 두 순양함은 정찰기(각각 3기씩)를 미드웨이 공격대 발진시간인 04시 30분에 맞추어 발진시킬 예정이었다. 그러나 실제로는 둘 다 그러지 못했다. 지쿠마는 조금 형편이 나아서 5, 6번 색적선(4시 35분과 4시 38분에 각각 발함) 담당 정찰기(1, 4호기)를 발진시켰지만 대잠초계를 맡은 정찰기를 발함시키는 데는 12분이 더 걸렸다. 도네는 이조차도 따라가지 못했다. 도네는 첫 정찰기(대잠초계)를 04시 38분에, 3번 색적선 정찰기(1호기)를 04시 42분에 발진시켰다. 4호기(4번 색적선)는 05시에야 발함시킬 수 있었다. 아마도 담당자가 무능했던 것 같다. 아마리 요오지甘利洋司[64] 일등비행병조의 도네 4호기[65]는 분명하지 않은 이유로 캐터펄트 사출에 어려움을 겪었다.[66] 아마 엔진 또는 캐터펄트의 문제였을 것이다.[67] 캐터펄트로 수상기를 사출하는 작업은 함상기 발함보다 더 위험했다. 엔진을 최대출력으로 올린 상태에서 비행기는 화약 폭발력을 이용하여 캐터펄트의 끝까지 사출되면서 19.5미터 공간(캐터펄트 길이)[68]에서 순간적으로 시속 100킬로미터까지 가속되었다. 이렇게 눈 깜짝할 새에 이루어지는 가속과정에서 조종사가 사소한 판단 착오를 일으키거나 약간의 기계적 문제가 일어나도 거의 대부분 치명적인 사고로 이어졌다.[69] 만약 눈에 띄는 결함이 있었다면 아마리는 점검이 완전히 끝날 때까지 발함을 거부했을 수도 있다.

7-5. 일본 중순양함 도네. 1942년 초에 촬영된 사진으로 출항하려고 닻을 올리는 장면이다. 도네는 0식 수상정찰기 3기와 95식 수상정찰기 1기를 탑재했다. 도네는 미드웨이 해전 전에 5기를 탑재했어야 하지만 이 사진에서는 4기만 보인다. (도다카 가즈시게戸高一成)

지쿠마 비행장 구로다 마코토黑田信 대위를 포함해 여러 사람들이 정찰기를 발진하라는 명령이 없었기 때문에 예정시간이 지난 후에도 조종사들이 대기했다고 증언했다. 구로다는 무슨 일이 있는지 확인하려고 함교로 갔다. 구로다에 의하면 지쿠마 함장 고무라 게이조古村啓藏 대좌는 "발진이 지연되는 이유를 전혀 몰랐다."[70] 도네의 통신과 장교도 장비가 고장 난 게 아니라 조종사들이 발함 명령을 기다렸을 뿐이라고 회상했다. 실제로 도네의 캐터펄트 담당이 장비에 익숙하지 않아 발함을 준비하는 데 제시간보다 오래 걸렸다고 기록한 자료도 있다.[71]

겐다와 구사카에 의하면 나구모는 정찰기 발진 지연보고를 받지 못했으며 이와 관련해 기함과 8전대 순양함들 사이에 오고간 교신도 없다.[72] 아마 네 시간이나 걸리는 정찰임무라는 맥락에서 볼 때 아베도, 나구모도 30분 정도 늦은 것은 별것 아니라고 생각했을 수도 있다. 그러나 히류의 함교에서는 이야기가 달랐다. 야마구치 2항전 사령관과 가쿠 함장은 이 상황에 안절부절못하며 8전대의 무능을 책망했다.[73] 원인이 무엇이든 간에 이 지연으로 인해 이미 허술했던 정찰계획의 효율성은 더 떨어졌다.

앞서 말했듯이 나구모는 도모나가의 공격대가 단 한 번의 공습으로 미드웨이를 무력화할 수 있을 것이라는 환상은 가지지 않았다. 특히 5항전이 없는 상황에서는 더 그랬다. 05시 20분, 나구모는 함대에 2차 공격을 준비하라고 명령했다. "[본일 적

기동부대가 출격할 가능성은 없어 보임]74 적정에 특이한 변화가 없을 시 제2차 공격은 제4편제(가가 비행대장 지휘)로 본일 실시 예정."75 이 명령을 듣고 아카기와 가가의 병기원들은 의심이 현실화되었다고 확신했다. 결국 아침 언제쯤엔가 97식 함상공격기의 어뢰를 육용폭탄으로 바꿔 달아야 하는 것이다. 그러나 지금으로서는 기다리는 것밖에 방법이 없었다.

그런데 겨우 10분 남짓 지난 05시 32분, 파리들이 냄새를 맡고 날아들기 시작했다. 처음에는 나가라, 다음에는 대형의 선두에 있던 기리시마가 연막을 치기 시작했다. 견시원이 무엇인가를 보았다는 신호였다. 방위 166도, 거리 40킬로미터 지점에서 적 비행정이 포착되었다.76 나구모 부대가 발각되었음이 확실했다. 지금 적기들이 함대로 날아오는 중일지도 몰랐다. 상공에 있던 전투기들이 황급히 침입자를 내몰러 날아갔다. 05시 45분, 도네의 4번 정찰기가 색적선을 따라 바깥쪽으로 비행하던 중 함대에서 고작 80해리(148킬로미터) 떨어진 곳에서 부상浮上한 미군 잠수함 2척을 보았다고 타전했다. 일본 기동부대는 직위대를 강화했다. 히류가 05시 25분에 제로센 3기를 추가했고 아카기도 05시 43분에 3기를 추가로 투입했다. 05시 55분 다시 도네 4호기가 "적기 15기, 귀방貴方으로 향하고 있음."이라고 타전하면서 이날 공중전의 서막이 열렸다.77

나구모는 알지 못했으나 그날 아침 미군도 게으름을 부리지는 않았다. 이미 하루 전에 다나카 부대를 발견했기 때문에 미군은 일본군의 의도에 대한 정보가 정확하다고 확신했다. 그러나 미드웨이 항공대 지휘관 시마드 대령은 일본군이 미드웨이 비행장을 4일 새벽에 공격할까 봐 걱정했다. 따라서 시마드는 해가 뜨기 전에 항공작전을 개시하여 먼저 일본군을 공격하기로 결심했다. 03시 50분, 미드웨이 기지에서 이륙하는 폭격기와 정찰기를 엄호하고자 와일드캣 전투기들이 새벽부터 발진했다. 04시 15분, 이스턴섬의 석호에 있는 비행정 계류장에서 PBY 비행정 22기가 발진하여 섬 주변 수역 전방위를 정찰하기 시작했다.78 얼마 지나지 않아 B-17 15기가 다나카 부대를 공격하라는 명령을 받고 출격했다. B-17들은 북쪽에서 나구모 부대가 발견될 경우 공격할 수 있도록 준비하라는 명령도 받았다.79 기지 소속 나머지 비행기들은 무장 탑재와 급유를 마치고 조종사가 탑승한 상태로 지상에서 대기했다.

미 항공모함은 일본 항공모함과 거의 비슷한 시간에 항공작전을 시작했다. 미드웨이 항공대가 이날의 정찰임무 대부분을 맡았지만 북쪽 측면의 정찰은 두 미군 기동함대 중 북쪽 끝에 위치한 17기동함대의 요크타운이 담당했다. 04시 20분, 요크타운은 강행정찰 임무를 맡은 SBD 10기를 하늘에 띄웠다. 이 폭격기들은 100해리(185킬로미터)까지만 정찰하고 2시간 안에 모함으로 귀환할 예정이었다. 같은 시간에 요크타운은 전투초계기 10기를 발진시켰다. 남쪽으로 10해리(19킬로미터) 떨어진 곳에 있던 16기동함대는 전투초계기 발진을 포기하고 적 발견보고가 들어오는 대로 발진시킬 수 있도록 호닛과 엔터프라이즈의 공격기들을 갑판에 대기시켰다.[80]

아침 5시, 미드웨이와 미 항공모함에 잠시 정적이 찾아왔다. 그러나 곧 미드웨이 제도에서 상황이 급변하기 시작했다. 하워드 P. 애디Howard P. Ady 대위의 PBY 비행정이 05시 30분경 나구모 부대를 포착했고 늦어도 05시 34분에는 발견 소식을 타전했다.[81] 윌리엄 A. 체이스William A. Chase 대위의 PBY도 접근하는 일본기들을 발견하고 05시 44분, 평문 전신으로 "미드웨이 방향으로 적기 다수 접근."[82]이라고 타전했다. 체이스는 곧 일본 함대를 발견하고 05시 52분에 "항공모함 2척과 전함 다수, 방위 320, 거리 180해리(333킬로미터), 침로 180, 속력 25노트."라고 발신했다.[83] 체이스가 일본 항공모함 2척을 발견했다고 보고한 점에 주목할 필요가 있다.[84] 이것은 이날 미군 발견보고의 정해진 패턴이 되었다. 구름이 군데군데 끼어 있고 일본 기동부대의 항공모함들이 서로 떨어져 있었기 때문에 미군 정찰기들은 일본 항공모함을 한 번에 2척 이상 볼 수 없었다.

애디와 체이스의 일본군 발견보고는 장병의 사기를 올렸으나 플레처에게는 고민거리를 안겼다(플레처는 애디의 일본군 발견보고를 06시 03분에 받음).[85] 플레처는 일본군이 항공모함들을 두 집단으로 나누어 운용할 것이라고 니미츠에게 들었다. 만약 PBY가 일본 항공모함 2척만 발견했다면 다른 일본군 항공모함 부대가 남쪽이나 남서쪽 어딘가에 숨어 있다는 뜻이었다. 따라서 플레처는 공격대의 일부를 예비로 가지고 있다가 두 번째 일본 항공모함 부대가 발견되는 대로 처리하는 것이 더 현명한 처사라고 믿었다. 그렇지만 먼저 발견된 일본 항공모함 부대를 가급적 신속히 공격해야 함은 자명했다. 06시 07분, 플레처는 스프루언스에게 "남서쪽으로 전진, 적 항공모함 위치 확인 후 즉시 공격."이라고 지시했다.[86]

플레처가 탑승한 요크타운은 아침 정찰을 나간 SBD들을 신속히 수용하기 위해 맞바람을 맞으며 동쪽으로 항해했다. 따라서 17기동함대는 일본군으로부터 멀어지고 있었고 그동안 잃은 거리를 회복하여 일본 함대를 공격할 위치에 있으려면 다소 시간이 필요했다. 플레처는 스프루언스에게 정찰기를 회수한 뒤 남서쪽으로 16기동함대의 뒤를 따르겠다고 통지했다. 그동안 또 다른 일본 항공모함 부대가 포착된다면 스프루언스가 첫 번째 부대에 전력을 쏟아부었다고 해도 플레처는 최소한 일본 항공모함 1척을 상대할 예비전력을 유지할 수 있었다. 그러나 적 항공모함이 더 이상 발견되지 않는다면 플레처는 스프루언스의 일차 공격에 힘을 보탤 수 있다.

스프루언스는 플레처의 명령에 따라 가능한 한 빨리 거리를 좁혀 공격하고 싶었지만 조금 기다려야 했다.[87] 스프루언스와 참모진의 계산에 따르면 16기동함대는 보고된 적의 항공모함 위치에서 약 175해리(324킬로미터) 떨어져 있었다. 보유기 중 가장 항속거리가 짧은 TBD 뇌격기와 와일드캣 전투기의 행동반경도 약 175해리였다. 이론적으로 일본 함대는 이 두 기종의 타격범위 안에 있었다. 그러나 두 가지 요소가 즉각 공격대를 발함시키는 데 장애가 되었다.

우선 플레처와 스프루언스는 일본 함대의 위치에 관한 체이스의 보고를 확신할 수 없었다. 체이스는 일본 함대가 미국 항공모함으로부터 175해리(324킬로미터) 떨어졌다고 보고했으나 사실 일본 기동부대는 200해리(370킬로미터) 이상 떨어져 있었다.[88] 또한 미군은 스프루언스의 비행기들이 목표물을 향해 날아가는 동안 일본 함대가 어떻게 기동할지 예측할 수 없었다. 만약 일본군이 예측한 곳에 없다면 공격대는 귀중한 연료를 추가로 태우며 적을 수색해야 할 것이다. 연료가 부족해 일부 공격대가 공격을 포기해야 한다면 공격의 전반적 효과가 떨어질 것이다.

두 번째로, 6월 4일 아침에는 바람이 잔잔했는데 플레처가 공격대를 발진시키고자 바람 부는 방향(동쪽)으로 함을 돌린다면 비행갑판에서 적당한 합성풍속의 바람을 만들어 내기 위해 25노트까지 속력을 올려야 했다. 즉 16기동함대는 발함과정 내내 적의 접근방향과 반대편으로 고속 항해하게 되어 거리가 더 멀어진다. 따라서 즉시 공격대를 발함시킨다면 실수를 만회할 기회가 거의 사라져 버린다. 간단한 산수만 해봐도 스프루언스가 적과 어느 정도 거리를 좁힐 때까지 출격을 늦추는 것이 가장 현명한 방책이었다. 호닛과 엔터프라이즈 공격대의 발함시간은 07시로

정해졌다.[89]

에디와 체이스의 보고를 접수하고 미드웨이 기지도 바쁘게 돌아갔다. 미드웨이의 레이더가 얼마 뒤 도모나가 공격대를 포착하자 상황이 복잡해졌다.[90] 06시경, 이륙 가능한 비행기가 모두 긴급 발진했다. 브루스터 F2A 버펄로Brewster F2A Buffalo(이하 버펄로)와 그루먼 와일드캣 전투기 26기로 구성된 기묘한 요격기대(플로이드 B. 파크스Floyd B. Parks 소령 지휘 221해병전투비행대VMF-221)가 일본 공격대를 요격하기 위해 고도를 높였다.[91] 그동안 미드웨이에서 발진한 미군 공격대는 나구모 부대를 찾아 저고도에서 북서쪽으로 향했다. 비행기들이 날아간 뒤 섬의 방어지휘관 섀넌 대령의 해병대 병력은 사용 가능한 모든 대공화기의 사격준비를 마쳤다. 나머지 방어병력은 이날 벌어진 격전의 첫 장이 될 전투에 대비했다. 미군은 전투의 결과를 실시간으로 알 수 있었다. 그러나 나구모는 세 시간 동안 도모나가 공격대가 거둔 결과의 전모에 대해 거의 아무것도 알 수 없었다.

8

폭풍 전야 06:00-07:00

일본 기동부대로 다시 돌아와 보자. 적기 내습 가능성이 발생함에 따라 소류는 06시에 직위대에 3기를 보탰다.[1] 06시 12분에 히류도 추가 직위기를 보냈다.[2] 견시원들은 하늘을 뚫어져라 훑어보고 있었다. 미군과 달리 미드웨이의 일본군 함선은 레이더를 장비하지 않았다. 레이더 유무라는 근본적 차이는 일본군의 함대방공능력을 크게 제약했다. 일본군은 레이더라는 중요한 기술 분야에서 미군에 비해 최소 2년이 뒤처져 있었고 이제 막 레이더를 실전에 투입하는 단계였다. 이 신기술의 실험대는 전함 이세와 휴가였는데 알류샨 작전에 출격하기 몇 주 전에 레이더(21호 전탐電探)를 탑재했다.[3] 그러나 미드웨이의 일본 함선들은 이 장비를 탑재하지 않았다.[4]

일본군은 다가오는 적기를 포착하는 데 1호 안구, 즉 견시원의 눈에 의존했는데, 인간의 시력은 변덕스러우며 스트레스로 인한 환상을 보기 쉽다. 일본군 견시원은 최소한 수상전에서는 적함을 포착하는 데 적보다 나은 능력을 발휘했다. 그럼에도 불구하고 견시원 입장에서 오늘처럼 군데군데 구름이 낀 날에는 적기가 구름에 숨어 다가올 수 있기 때문에 답답하기 짝이 없었다. 다가오는 적기를 포착하는 임무는 주로 구축함이 맡았다. 구축함들은 조기경보를 할 수 있도록 가급적 항공모함에서 충분히 멀리 나아가 있었다.

내습하는 적기를 발견했을 때 어떻게 직위기들에 알릴 것인가가 문제였다. 제로센에 탑재된 무전기는 성능이 좋지 않았으며 송수신 범위와 주파수가 제한적이었을 뿐만 아니라 사용법이 까다로웠다. 그 결과 모든 제로센에 무전기가 있었지만 정작 조종사들은 무전기를 잘 사용하지 않았다.[5] 그뿐만 아니라 항공모함은 상공에 떠 있는 모든 비행기—직위대, 정찰대, 공격대—와 단 한 종류의 주파수로만 교신했기 때문에 편대들이 임무별로 필요한 정보만 얻기가 어려웠다.[6] 함대의 방공관제는 좋게 말하면 무계획적이었다. 일본군에는 직위기를 모아 적절히 배분하여 목표물로 유도하는 역할을 맡은 중앙통제소인 전투정보실Combat Information Center; CIC 같은 것이 없었다. 직위기 통제 임무는 개별 항공모함의 비행장이 맡았다. 그러나 직위기를 통제할 실질적 방법이 없었던 데다가 다른 비행기들의 발착함 준비에도 바쁜 비행장에게 상공방어에 집중할 여유는 없었다.

그 결과 직위대는 눈에 보이는 것이라면 무엇이든지 공격하고 보자는 식으로 독자적으로 움직였다. 함대의 함선이 접근하는 적기를 발견하면 연막을 쳐서 상공에 있는 비행기의 주의를 환기시키고 진형 가운데 있는 항공모함에 발광신호로 알리는 것이 일반적 행동요령이었다. 가끔은 적기가 오는 방향으로 주포 몇 발을 발사하여 물기둥을 일으켜 상공에 있는 직위기들의 주의를 끌기도 했다.

이 지휘방식(그렇게 부를 수 있다면)의 약점은 명백했다. 일본군의 상공방어는 진정한 함대방공체계라기보다 '암묵적 합의'에 가까웠다. 이 체계는 포착 임무를 맡은 견시원과 공격 임무를 맡은 직위기들의 능력에 과부하가 걸리지 않는 한도 내에서만 원활하게 작동할 수 있었다. 교전이 순차적으로 일어나는 경우 이 체계는 그럭저럭 잘 움직였다. 그러나 그다음에 벌어진 일이 보여 주듯이 동시다발적으로 여러 방위, 여러 고도에서 다가오는 위협에 대해서는 취약할 뿐만 아니라 반응도 느렸다. 설상가상으로 직위기의 최적배치는 개별 조종사의 기율에 지나치게 많이 의존했다(대다수는 전투의 '큰 그림'을 볼 수 없었다). 중립적 입장에서 말하자면 다른 항공모함 운용국(미국과 영국)도 해결책을 찾느라 고심 중이었다. 레이더를 보유한 미 해군조차도 전투기 유도의 올바른 해법을 갖지 못했다. 그러나 일본군 전투기의 방어망은 위력적이기는 하나 격파 가능한 대상이라는 것은 움직일 수 없는 사실이다.

전투기들이 맡은 1차 방어망 외에 세 가지 요소가 일본 기동부대의 함대방공에 영향을 주었다. 함대 진형, 진형 내에서 개별 함선의 조타, 대공병장의 성능이다. 함대 방공 분야에서 일본 해군이 취한 접근방식은 미 해군과 달랐고, 어떤 경우에는 그 차이의 정도가 극단적이었다.

전쟁으로 이어진 몇 년간 태평양의 양쪽 끝단에서는 적과 대치할 때 항공모함들을 집중할 것인가 분산할 것인가라는 근본적 문제에 대해 열띤 논의가 있었다. 여러 집단으로 항공모함을 분산하면 공격받을 때 발생할 손실을 줄일 수 있다. 그러나 분산운용에는 '무선침묵을 유지하는 동안 어떻게 동시에 공격대를 발진시켜 적을 공격할 것인가?'라는 협동 관련 문제가 따라온다. 반대로 집단운용을 하면 협동하기가 쉽지만 필연적으로 방어라는 바구니 하나에 계란을 모두 담는 위험이 수반된다.

처음에 일본 해군은 분산운용에 앞장섰으며 1937년까지 이러한 관점에서 도상연습과 참모 연구를 수행했다. 그러나 중일전쟁에서 일본 해군은 폭격기를 대량으로 운용할 때에만 결정적 성과를 거둘 수 있으며, 폭격기 편대는 본질적으로 전투기에 취약하므로 임무를 완수하려면 강력한 전투기대 호위가 필요하다는 두 가지 중요한 전훈戰訓을 배웠다. 두 전훈은 일본 해군이 공격력을 집중할 능력을 배양하고 실전에서 이를 수행하는 데 기반이 되었다. 이에 따라 일본 해군은 항공모함 분산운용이 최적이라는 견해를 포기했다. 1939~1940년에 실시한 함대연습에서 일본 해군은 분산된 항공모함들이 협동하여 공격대를 보내기가 매우 어렵다는 사실을 체득하고 이 입장을 확정했다. 그러나 미 해군은 미드웨이 해전 당일에 비싼 대가를 치르고 이 교훈을 배우게 된다.[7]

따라서 1941년 4월에 제1항공함대가 편성되었을 때 항공모함의 분산운용은 이미 옛날이야기였다. 제1항공함대가 채택했고 지금까지 일본 기동부대가 대부분의 전투에서 이용한 기본 진형은 상자진형箱形陣形(제1경계항행서열)이었다. 미드웨이에서도 이 기본 진형이 유지되었다. 이 진형은 항공작전에 충분한 여유 공간을 만들기 위해 8,000미터 거리를 둔 느슨한 모양이었다. 각 항공모함 바로 앞의 직위구축함 이외에 다른 호위전력은 없었다. 내습해 오는 적기에 대해서 항공모함은 각자 스스로를 지켜야 했다.

여기에서 미드웨이 해전 시 일본 호위함들이 항공모함 주변에 윤형진輪形陣으로 배치되었다는 몇몇 기록은 사실이 아니라는 점을 짚고 넘어갈 필요가 있다. 당시 일

8-1. 아카기의 좌현 12센티미터 고각포좌를 잘 보여 주는 사진. 후미 포좌에서 함교 방향으로 촬영했다. 포좌의 배치를 눈여겨보면 사각에 문제가 있다는 점(사로 안에 있는 함교 등의 장애물로 제한된 사격범위 등)과 비행갑판 반대편으로 사격할 수 없다는 점이 눈에 들어온다. (Michael Wenger)

본 해군은 대공방어에 특화된(예를 들어 전함의 통합 대공화력을 이용하는 적극적 방어) 밀집 윤형진이라는 개념을 몰랐다. 이미 미 해군과 영국 해군이 이용하고 있던 대공 윤형진은 1943년 중반에야 일본 해군 교리에 나타난다.[8] 6월 4일 아침에 기동부대 항공모함의 직위구축함으로 지정되지 않은 나머지 구축함들은 조기경보 목적으로 가능한 한 진형의 가장 끝단으로 밀려 나가 있었다. 따라서 하늘에서 보면 이 진형은 윤형진처럼 보일 수 있으나, 바깥 경계에 있던 일본 구축함들의 역할은 대공 윤형진에서 미국 구축함들이 맡은 역할과 달랐으므로 주력함과 더 멀리 떨어져 있었다.

겉보기에 호위전력 분산은 좋지 않은 교리로 보인다. 그러나 앞으로 보겠지만, 항공모함이 일본 함대방공의 대부분을 맡고 있었다는 점을 고려하면 구축함들을 함대 주변의 끝자락에 배치한 것은 의미가 있다. 왜냐하면 이렇게 배치된 구축함들이 적을 조기에 발견하여 직위기가 대응할 시간을 벌어 주었기 때문이다. 일본군은 될 수 있으면 함재 대공병장으로 적기를 상대해야 하는 상황을 최소화하고 싶어 했다.

아카기의 대공병장은 4척 가운데 가장 취약했다. 아카기는 대구경 대공화기를 일본 해군에 널리 보급된 신형 40구경 89식 12.7센티미터 고각포로 바꿔 달지 못해 구식인 45구경 10년식 12센티미터 고각포를 장비했다. 10년식 고각포는 발사속도와 최대앙각最大仰角 면에서 신형 89식 고각포에 뒤처졌다. 아카기의 고각포와 고사장치는 미드웨이에서 귀환하는 대로 모두 교체될 예정이었다.[9] 아카기의 고각포는 구식이었을 뿐만 아니라 사격범위에도 문제가 있었다. 고각포가 함의 4개 사분면에 고르게 배치되지 않고 함 가운데에 몰려 있는 데다 상대적으로 낮은 위치에 설치되었기 때문에 함수나 함미 방향으로 화력을 투사할 방법이 없었으며, 함교가 좌현포대 일부의 전방 사로를 막고 있었다. 만약 적기가 직상방에서, 특히 좌현 선수 쪽에서 급강하한다면 10식 고각포로는 조준하기가 어려웠다. 이런 경우에는 25밀리미터 대공기관총(96식 25밀리미터 고각기총高角機銃)만 발사가 가능했으므로 아카기는 급강하폭격에 특히 약했다.

가가의 대공병장에도 문제가 있었다. 신형 89식 고각포를 갖추었지만 가가에는 히류와 소류가 쓰고 있던 신형 사격통제장비인 94식 고사장치高射裝置[10]가 아닌 구형 91식 고사장치가 달려 있었다. '사격 통제'는 함선의 화기를 목표물에 조준하는 방법을 다루는 다소 생경한 기술분야인데 실제 화력을 투사하는 화기의 그늘에 가려

무시되는 경우가 많다. 화기의 발사속도나 탄환 구경 같은 요소는 직관적·양적으로 이해되는 반면, 탄막사격에 비해 사격제원을 산출하는 고사장치를 이용한 사격의 이점은 쉽게 와 닿지 않는다는 점을 감안한다면 이해할 만한 일이다. 그러나 목표물을 타격할 수 없다면 무기는 본질적으로 가치가 없으며, 유감스럽게도 가가는 가장 중요한 이 능력을 갖추지 못했다.

91식 고사장치는 1931년에 개발되었으며 수동 조준식이었다. 동력을 이용해 작동하며 고속으로 비행하는 목표에 조준점을 맞추는 94식 고사장치의 특징이 91식에는 거의 없었다.[11] 91식 고사장치는 군용기의 최대속도가 200마일(322킬로미터) 이하이고 급강하폭격이 막 걸음마를 뗐을 때 설계되었다. 1930년대 초에는 함선에 가해지는 가장 큰 위협이 급강하폭격기나 뇌격기가 아니라 고고도에서 공격하는 수평폭격기라고 여겨졌다. 수평폭격기가 함선을 공격할 때는 폭격 조준기가 목표물을 정확하게 잡을 수 있도록 수평으로 직선비행해야 했다. 불행히도 이때부터 전쟁이 일어날 때까지 10년간 항공기 성능뿐만 아니라 급강하폭격 기술도 어마어마하게 발전했다. 일본 기동부대의 함상폭격기 조종사라면 누구나 수평 직선비행은 1940년대의 현대전에서 거의 마주칠 일이 없는 시대착오적 비행술이라고 입을 모아 이야기했을 것이다. 잘 훈련된 조종사가 탑승한 현대적 군용기는 방향과 고도를 바꾸어 가며 매우 빠른 속도로 공격할 수 있었다.

이러한 목표물에 91식 고사장치가 할 수 있는 유일한 일은 탄막을 치도록 대공화기를 모아 사격하는 방법밖에 없었다. 탄막이 '가진 화력을 모두 쏘아 올리는 것'이라는 일반 상식에서 더 나아가 포병(혹은 방공) 전문가의 시각에서 탄막을 더 상세히 설명해보자. 탄막은 사전 설정된 거리와 고도로 상공에 가상의 상자 형태를 그리고 그 안에 가능한 한 빨리 포탄을 쏟아붓는 것이다. 그럼으로써 적기가 목표물에 도달하기 위해서 반드시 통과해야 하는 곳에 포탄이 폭발하는 구역을 만든다. 이 방법의 이점은 복잡한 계산이 필요 없다는 것이다. 모든 포탄 신관은 정해진 고도로 사전에 설정되었고 고정 목표점 하나에만 포를 발사하면 된다. 짧은 시간 동안 이 방법으로 대공화기는 엄청난 위력을 뿜어낼 수 있다. 그러나 탄막사격에는 심각한 결점이 있었다. 일단 적기가 탄막을 통과하면 목표물까지 도달하는 것을 막을 방법이 없었다. 탄막사격은 일회용 해법이었다. 실패할 경우 적의 폭탄이나 어뢰가 곧 다가올 것이다.

아카기, 소류, 히류에 실린 신형 94식 고사장치조차도 급강하폭격 시 자함을 방어하기에는 역부족이었다. 94식 고사장치는 고속으로 움직이는 목표물에 대해 정확한 사격제원을 산출할 수 있는 시스템이었다. 즉 3차원 공간에서 움직이는 개별 목표를 추적 및 조준할 수 있다는 뜻이다. 94식 고사장치는 이론적으로는 시속 500노트(926킬로미터)로 움직이는 목표물까지 추적할 수 있었지만 실제 작동속도는 이렇게 고속기동하는 목표물과 교전이 가능할 정도로 빠르지 않았다. 예를 들어 급강하폭격기는 속도 225노트(417킬로미터)로 강하하기 시작하여 무섭도록 빠르게 고도와 속도를 교환하며 다가올 수 있었다. 이 과정에서 해면과의 수직거리가 급격하게 변했는데 고사장치가 이를 정확하게 추적하기란 매우 어려웠다. 그뿐만 아니라 89식 고각포의 제원상 사거리는 1만 4,000미터였는데 일본 해군은 89식 고각포의 실전사거리를 7,000미터 정도로, 유효사거리를 3,000미터 정도로 보았다. 이는 신형 89식 고각포조차 일반적인 전투 환경에서 적 폭격기가 급강하 시작점에 도달하기 전에 요격하기가 어려웠다는 뜻이다. 급강하폭격기가 강하점에 도달하면 1분 안에 폭탄을 투하할 수 있었다.

94식 고사장치가 형편없는 장비였다는 이야기는 아니다. 94식 고사장치는 미 해군이 사용하던 Mk.37 사격통제기[12]와 성능이 비슷했고(Mk.37은 레이더와 연동 운용되어 효율성이 훨씬 좋았다.) 고속이동 목표에 대해 정확한 사격제원 산출이 가능했으므로 영국 해군이 사용하던 어떤 사격통제기보다 성능이 우월했다. 실제로 94식 고사장치는 추축국 해군에서 사용하던 최고의 대공사격 통제장치였지만 급강하폭격기를 상대할 수는 없었다. 숙련된 인원이 조작하더라도 사격제원을 산출하는 데 최소 10초, 가끔 20초까지 소요되었다.[13] 기습을 받은 상황에서 고사사격반高射射擊盤〔고사장치의 일부로 사격제원 산출을 맡은 기계식 계산기〕을 조작하며 20초씩이나 사격제원이 산출되기를 기다리는 것은 생존에 도움이 되지 않았다. 결론적으로 급강하폭격기가 한 번 강하점에 도달하면 막을 방법이 없었다.

물론 근거리에서는 대공 기관총이 합세할 수 있었고 함들은 근거리 대공방어를 기관총에 의지했다. 소구경 대공화기는 사격통제장비가 간략한 대신 대량의 총탄을 쏟아부어 명중탄을 기대하는 것으로 단점을 보충했다. 일본군도 예외가 아니었다.

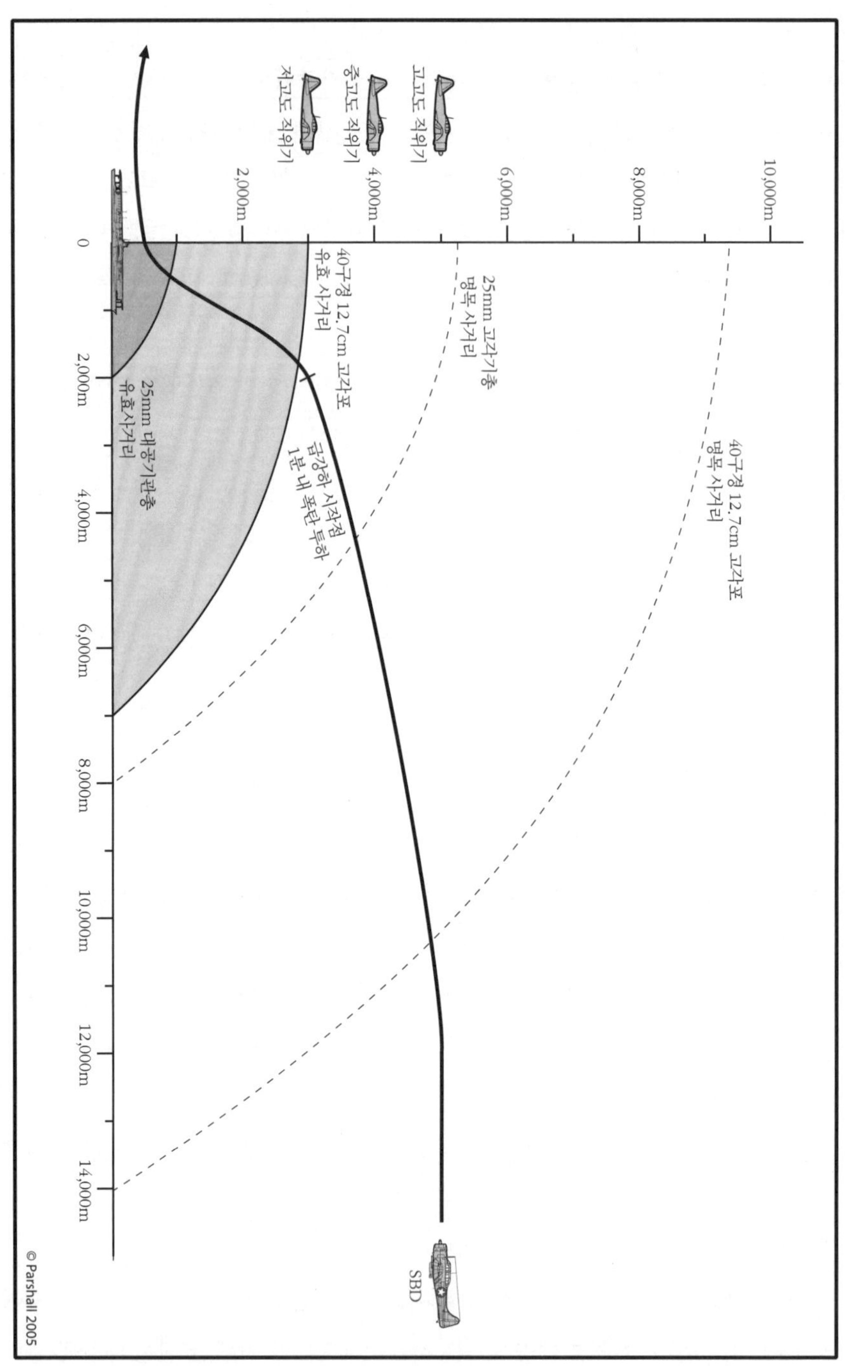

8-2. 미드웨이 해전에서 일본 해군 주요 대공화기의 명목 사거리와 유효사거리를 보여 주는 도해. 일본 해군의 대공화기로는 급강하폭격기가 강하점에 도달하기 전에 효과적으로 요격할 수 없었음을 잘 보여 준다.

기본적으로 조준 눈금이 새겨진 렌즈와 기계식 계산기가 장착된 쌍안경인 95식 기총사격장치가 사격장치와 연동된 기관총에 조준 방향과 사각 정보를 전달하면 기관총이 사격통제기의 지시바늘을 따라 사격을 개시했다.

일본군의 표준 소구경 대공화기는 96식 25밀리미터 고각기총이었다. 96식 고각기총은 프랑스제 오치키스Hotchkiss 기관총의 설계를 본뜬 것으로 일본에서 면허를 받아 1936년부터 생산해 왔다. 함대가 보유한 96식 고각기총은 대부분 2연장 총좌에 장착되었으나 히류는 신형인 3연장 총좌도 여러 개 갖추었다. 일본군은 전반적으로 96식 고각기총을 선호했으나 이 기총에는 심각한 단점이 있었다. 첫째, 15발들이 탄창 급탄 방식 때문에 발사속도가 심각하게 느려졌다. 탄창을 수시로 교체해야 하므로 발사속도는 명목상 최고속도인 분당 230발의 절반 정도인 130발까지 떨어졌다. 탄창을 가득 채워도 4초간 사격한 후 교체해야 했다. 따라서 2연장, 3연장 형식은 하나의 총신만으로 사격하는 것이 관행이 되었다. 이런 방법으로 다른 기총을 재장전할 동안 사수는 목표물에 지속사격을 할 수 있었다.[14] 물론 이것은 모든 화력을 집중해야 할 때에는 좋지 않은 대안이었다. 그러나 급강하폭격기가 목표일 때에는 탄창 교체 시간이 문제가 될 정도로 적이 유효사거리 안에 오래 머무르지 않는다. 따라서 96식 고각기총으로 급강하폭격기 같은 목표를 제대로 상대할 가능성은 극히 희박했다.

96식 고각기총에는 또 다른 약점이 있었다. 바로 적기를 잡는 데 필요한 유효사거리와 타격력 부족이다. 96식 고각기총의 명목상 유효사거리는 8,000미터였지만 일본군 사수는 적기가 2,000미터 안에 들어와야 사격을 개시했다. 그럼에도 불구하고 96식 고각기총은 뇌격기 상대로는 충분히 효과적이었다. 뇌격기는 정해진 고도에서 어뢰를 투하하기 때문에 본질적으로 수직기동에 제약이 많았다. 따라서 뇌격기를 추적할 때에는 방위와 거리만 고려하는 2차원적 사격제원을 산출했으므로 작업하기가 쉬웠다. 그러나 급강하폭격기를 상대할 때에는 목표가 방위와 거리에 고도를 더한 3차원에서 더 빠르게 움직였기 때문에 방정식이 더 복잡해졌다.

고사장치 한 대가 고각포 포좌 둘 혹은 넷으로 이루어진 포대를 통제했고 마찬가지로 기총군機銃群은 기총사격장치의 통제를 받았다.[15] 일본 항공모함들은 양현에 2연장 고각포좌 셋 혹은 넷으로 이루어진 포대를 갖추었다.[16] 소구경 대공화기의 경우 소류와 히류에서는 기관총좌가 5개 기총군—양현에 둘씩, 선수루에 하나—으로 묶여 있었다. 가가와 아카기의 기관총좌는 양현에 2개씩 4개 기총군으로 나뉘어 있었다.[17] 여기에서 중요한 점은, 한 번에 교전 가능한 적기 수가 포좌나 총좌의 수가 아니라 사격통제기의 숫자, 즉 포대나 기총군의 수에 좌우되었다는 것이다. 따라서 일본 항공모함은 이론적으로 한 번에 최대 7, 8기의 적기를 상대로 대공방어를 할 수 있었다. 실전에서 이 숫자는 더 낮았는데, 기총군 여러 개가 한 목표물에 집중사격하는 경향이 있었기 때문이다. 직위기가 내습하는 적기의 수를 사전에 줄이지 못한다면 대형함의 개함방공 체계에조차 쉽게 과부하가 걸렸다. 따라서 대공화기는 직위기를 뚫고 간간이 들어오는 적기에 대해서만 유효했다.

일본 항공모함의 또 다른 방어수단은 조타였다. 일본 해군은 회피기동을 적 항공기에 대한 주된 방어방법으로 보았다. 이 접근에는 장단점이 있었다. 능숙한 함장은 뇌격기같이 느리게 다가오는 적기를 상당히 잘 피할 수 있었다. 특히 뇌격을 구성하는 무기체계(뇌격기와 어뢰)의 속력이 수준 이하인 미 해군을 상대할 때에는 급선회해 뇌격기를 배의 꼬리에 두는 것만으로도 공격을 크게 방해할 수 있었다. 이렇게 회피기동을 하면 적기의 접근시간이 길어져 직위기와 대공화기에 노출되는 시간도 그만큼 늘어났다. 최고속도가 33노트에 불과한 미군 항공어뢰도 대략 비슷한 어려움에 봉착해 있었다. 미군의 어뢰는 히류와 소류보다 느렸고, 이들보다 더 느린 아카기와 가가도 여러 방향에서 타이밍을 완벽하게 맞추어 공격해야 그나마 명중시킬 기회가 있었다.

그러나 적기를 떨치기 위한 급격한 기동에는 단점이 있었다. 먼저 호위함들이 급기동하는 항공모함에 가까이 붙어 유효한 대공사격을 하기가 매우 어려웠다. 이러한 상황에서는 늘 충돌할 위험성이 있었으므로 구축함들은 항공모함과 일정 거리를 두어야 했다. 일본 구축함 대부분이 6월 4일에 진형 외곽에 있었으므로 이것이 큰 문제는 아니었다. 그러나 급격한 고속기동은 고사장치의 목표물 추적능력을 심각하게 떨어뜨렸다. 고사장치의 고사사격반은 기본적으로 목표물 속도, 방향, 자함의 속도와 방향 및 그 외에 여러 변수를 입력해야 하는 기계식 계산기이다. 승조원 여러 명(고사사격반에만 12명 정도 있었다.)이 다이얼과 손잡이로 변수들을 입력하면 계산 결과가 기계적으로 산출, 표시되어 각 고각포좌로 전송되었다. 키를 바짝 꺾으면 최소한 하나의 중요 변수(자함의 침로)가 초당 몇 도씩의 비율로 변하게 되는데 이러면 유효한 사격제원을 산출하기가 매우 복잡해진다. 사실 급기동을 하면 사격제원이 바로 쓸모없어진다는 것은 주지의 사실이었다.

미일 양국 해군 모두 이런 문제가 있음을 시인했지만 해결책은 달랐다. 일본 해군은 대공 사격통제가 매우 어렵다는 사실을 인정하고 전쟁기간 내내 조타에 의존하여 공습을 회피했다. 1944년까지도 일본 해군 교리는 "대공전투를 할 때는 장거리기동을 실시하여 대공사격의 유효성 감소를 최대한 피하는 것이 표준절차다. 그러나 적이 근거리에서 공격할 때 필요하다면 대공사격 시행에 상관없이 필요한 회피기동을 실시한다."[18]라고 규정했다.

조타를 강조하고 대공화력의 중요성을 경시한 태도는 미 해군의 실전관행과 대조적이다. 미 해군은 주력함을 적극적으로 대공화력을 투사하는 호위함들로 둘러싸고 이 집단적 대공화력을 최대화하는 방향으로 기동하는 경향이 있었다. 절박한 상황이 아닌 이상 미 함선은 급격한 기동을 피했다. 1944년의 미 해군 교리는 개별 함선이 특정 위협을 회피하기 위해 기동할 수 있지만 "본 교리는 개별 기동을 무제한으로 허용하지 않는다. 무절제한 기동에는 무거운 대가가 따른다. 함선들이 분산되어 상호지원이 불가능해지고 적의 위협에 더해 충돌 위험까지 생기게 된다."라고 말한다.[19]

1943년경에는 일본 해군보다 미 해군의 접근방법이 현실에 더 부합했다. 미 해군 함선들은 레이더와 연동된 5인치 고사포, 보포스Bofors 40밀리미터 기관포, 욀리콘Oerlikon 20밀리미터 기관총을 탑재하여 거의 뚫을 수 없는 강철 커튼으로 함대 상공을 덮었다. 그러나 1942년 6월에는 기동을 할 것인가 말 것인가라는 질문에 어느 쪽이 '정답'을 가지고 있는지 불분명했다. 우선 한 가지 이유는, 미드웨이 해전 당시 양측 호위전력의 대공화력이 미미했다는 점이다. 1942년에 구축함에는 대개 자동화기 몇 문만을 탑재했고 일본 구축함은 2연장 96식 기관총좌를 두어 개 실었다. 게다가 수상사격에 최적화된 12.7센티미터 함포는 대공화기로 별 쓸모가 없었다. 앙각이 충분하지 못했고, 고속으로 움직이는 적기를 공격하기에는 발사속도가 느렸다. 따라서 일본 구축함은 대공사격에 특별히 기여할 것이 없었다.

일본 기동부대 전체의 대공화력을 살펴보면 이 점이 명백해진다. 항공모함 4척이 함대 전체 대공화력의 절반 이상을 차지했다. '투사력'의 관점, 즉 정해진 시간 안에 투사할 수 있는 전체 포탄 무게를 보면 함대 전체의 투사력에서 항공모함이 차지하는 비율은 60퍼센트였다.[20] 항공모함 1척의 투사력은 경순양함 나가라와 구축함 11척을 합친 것보다 두 배 많았다. 함대에서 항공모함 외에 의미 있는 대공화력을 가진 함선은 전함 2척과 중순양함 도네와 지쿠마뿐이었다. 그러나 구축함과 달리 조함 특성상 이 대형함들은 원한다고 해도 항공모함에서 가까운 위치에 있기가 어려웠다. 여기에 더해 도네와 지쿠마는 정찰기 모함이라는 임무, 그리고 침입하는 적기에 대해 주포 사격으로 사전 경고하는 역할만으로도 많이 바빴다. 전함은 그 자체로 적에게 가치 있는 목표였으므로 자신을 방어하기 위해 독자적으로 기동해야 했다. 그 결과, 공습이 있을 경우 항공모함은 같은 전대의 동료 항공모함으로부터만 지원을 기대할 수 있었다. 그것도 충분히 가깝게 있다는 전제하에서였다.

지금까지의 상황을 살펴보면 1942년 중반에는 대공포화보다 회피기동을 선호한 것이 일본 해군으로서는 '정답'이었을 수도 있다. 그러나 회피기동이 대공포화보다 더 좋은 해법이라서 도달한 결론이라 보기는 어려웠고, 곧 있을 전투가 이 사실을 보여 주었다. 6월 4일 격추, 고장, 사고, 실종 등의 이유로 미 해군이 상실한 비행기 146기 중 2기만이 일본 해군 대공포화에 격추된 것으로 확인된다.[21] 귀환했으나 일본군의 대공포에 피해를 입어 전손全損 처리된 비행기가 몇 기 더 있을 수 있다. 중요한 점은 이 비행기들은 적을 공격하고 살아남아 귀환했다는 것이다. 사실 미군은 일본군 대공포화보다 착함 사고로 비행기를 더 많이 잃었다.[22]

일본군 대공전투 절차에 관해서 마지막으로 지적하자면, 일본군은 자신의 대공방어가 얼마나 취약한지를 몰랐다. 인도양 작전에서 경험한 몇몇 개별 사례를 빼고 일본 기동부대는 본격적 공습을 받아본 적이 없었다. 4월 9일, 실론에서 출격한 영국군의 블레넘Blenheim 폭격기 9기 편대가 발각되지 않고 기동부대 직위대를 뚫고 들어왔다. 히류가 이 침입자들을 포착했으나 무슨 이유에서인지 함대 전체에 경고하지 못했다.[23] 기함 아카기의 우현 선수 쪽에 폭탄이 떨어지며 물기둥이 솟구치고 나서야 아카기 승조원들은 무엇인가 잘못되었다는 것을 깨달았다. 3,000미터 고도에서 폭탄 아홉 개가 벼락처럼 떨어졌다. 긴급 발진한 전투기들이 침입자들을 추격하여 9기 가운데 4기를 격추했다.[24] 일본 기동부대는 뼈저린 교훈을 배운 것 같다. 일본의 공식 전사서인 『전사총서』는 "(직위기가 있는 상황에서) 이렇게 적기에 불의의 기습을 당한 것은 기동부대에 있어 중대 문제"[25]라고 적었다. 히류의 전투상보는 이 위협에 대응하려면 탐지장비 개선이 최우선이라고 지적했다.[26] 세계 최정상급의 급강하폭격기 조종사를 보유했던 만큼 일본군은 만약 적기가 블레넘이 아닌 SBD였더라면, 수평폭격이 아닌 급강하폭격이었다면 아카기가 대파되거나 심지어 격침되었을 수도 있었음을 잘 알았을 것이다.

그러나 일본 해군이 이러한 공격의 위협에 대응하기 위해 확고한 조치를 취한 것 같지는 않다. 이유를 하나 들자면, 일본 해군은 교훈을 얻을 정도로 실전에서 대공사격을 해본 경험이 거의 없었다. 또는 적이 자신들의 함정을 명중시킬 능력이 없다고 무시해 버렸을 수도 있다. 미군 조종사들은 산호해에서 이동표적에 정확한 공격을 가할 능력이 있음을 과시했으나 미드웨이로 출격하기 직전이라 이 전훈을 반영하기에는 늦었다. 개선 조치 없이 같은 상황에 처한다면 기동부대는 허를 찔리지 않도록 조심하는 수밖에 없었다.

나구모는 다가오는 적기 외에 자신의 공격대도 근심해야 했다. 도모나가는 지금쯤 미드웨이에 근접했을 것이다. 마침내 06시 16분, 아카기는 도모나가 공격대의 소식을 엿들었다. 함폭대 총지휘관기가 공격대에 "돌격법 제2법, 풍향 90도, 풍속 9미터에서 진입, 침로 270도."라고 타전했다.[27] 예상했던 대로 도모나가는 해를 등지고 동쪽에서 다가가고 있었다. 목표물 상공의 바람은 다소 거셌다. 4분 뒤 도모나가가 공격대에 돌격준비 대형을 지으라고 명령하는 무전이 포착되었다.[28]

그러고 15분간 감감무소식이었다. 나구모는 공격대가 남쪽으로 향하며 교전 중임을 알았으나 미드웨이 상공의 전술 상황은 전혀 몰랐고 개입할 수도 없었다. 아침에 미군 PBY가 함대를 발견한 이상 미드웨이를 기습할 수 있을 것인가라는 질문은 이제 의미가 없었다.적기 수가 얼마나 될지, 대공방어 수준은 어느 정도일지, 스가나미의 제공대가 미군 요격기들을 물리칠 수 있을지 등등 다른 질문이 꼬리에 꼬리를 물었다. 보이지 않는 곳에서 전투를 벌이는 부대를 지휘할 때 생기는 답답한 측면이었다. 함대는 가장 기본적인 정보 외에는 아는 바가 없었고, 빈약한 기동부대의 무전기 처리속도로는 따라잡기 힘들 정도로 많이 들어와야 할 전투상황보고도 없이 무력하게 기다리기만 했다. 세계에서 가장 강력한 항공모함 부대의 지휘관은

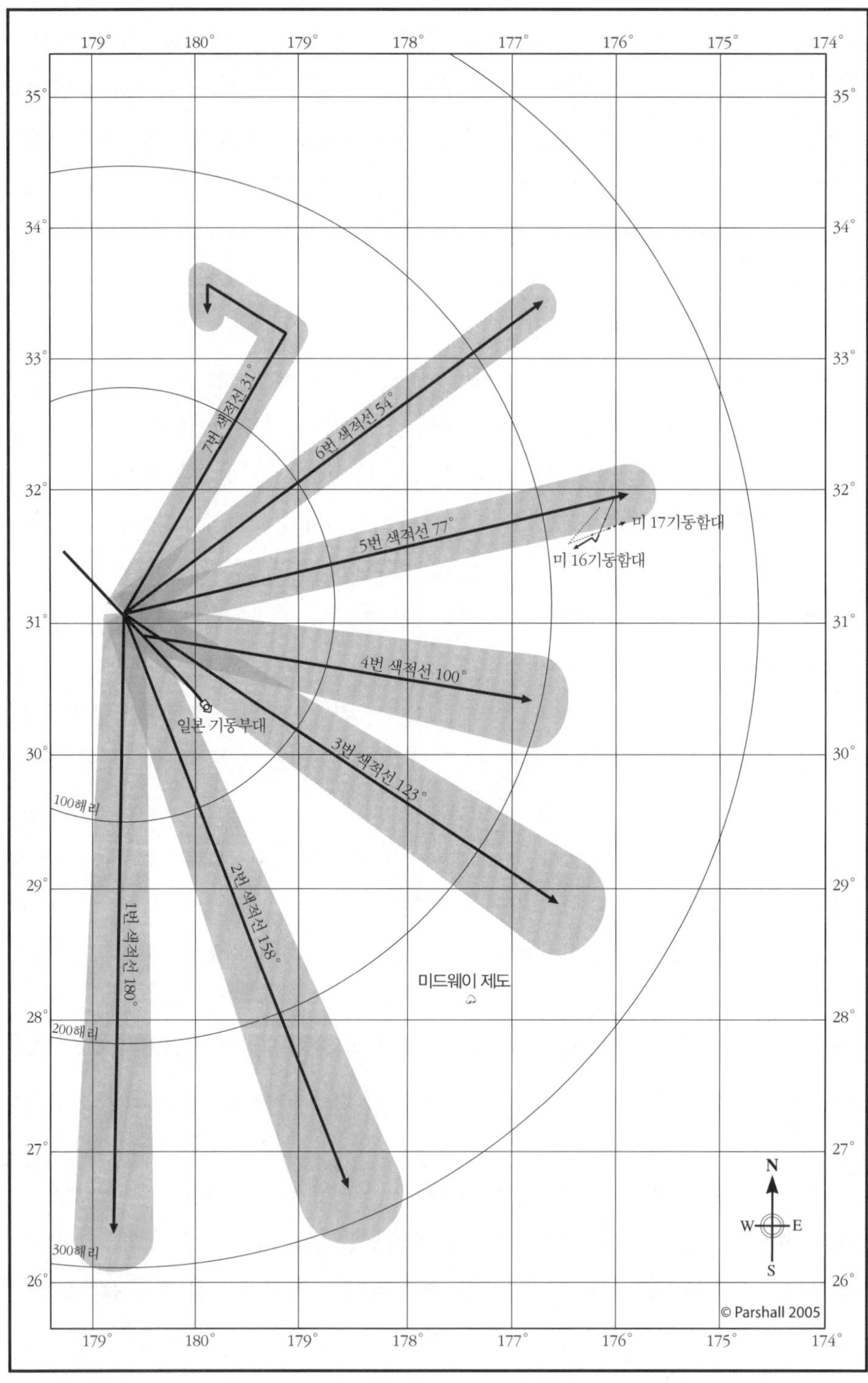

8-3. 6월 4일 06시 30분경 일본군의 정찰 상황과 정찰기의 육안 수색범위를 겹쳐 본 그림. 지쿠마 1호기가 5번 색적선을 따라 비행했지만 적을 발견하지 못했다.

전령을 기다리는 일 외에 아무것도 할 수 없었다. 종종 아카기의 통신실에서 전령이 달려와 가끔 타전된 단편적 정보를 전달했다. 그동안 나구모는 함교의 창 너머만 바라보고 있었다.

이후 도모나가가 공격대에 내린 "돌격준비 대형을 지을 것"이라는 명령을 06시 36분에 기동부대가 방수할 때까지 아무 소식도 없었다.[29] 지상목표물에 대한 전투기들의 기총소사를 제외하면 실제 공격은 거의 끝났다. 그리고 낙오자들을 모으는 지루한 작업이 시작되었다. 9분 후인 06시 45분, 도모나가는 "우리 공격 종료, 귀환함."이라고 기동부대에 첫 소식을 전했다.[30]

그동안 아카기는 직위기 발진을 시작했다. 이부스키 마사노부指宿正信 대위가 지휘하는 제로센 3기 소대가 갑판에서 시운전을 한 후 06시 55분에 발함했다.[31] 아카기의 갑판 승조원들은 아침 첫 초계비행을 나간 다나카 가쓰미 일등비행병조와 제로센 2기를 수용할 준비에 들어가 06시 59분에 수용을 완료했다.[32] 히류도 모리 시게루 대위와 요기들을 착함시키며 같은 작업을 하고 있었다.[33]

06시 30분경, 발진 후 다들 잊어버린 듯한 나구모의 얼마 없는 정찰기들이 조용히 지옥문을 열었다. 06시 49분, 6번 색적선(54도)을 따라 날던 지쿠마 4호기가 악천후로 인해 귀환한다고 보고했다.[34] 더 남쪽에서 5번 색적선(77도)을 비행하던 지쿠마 1호기는 어이없는 짓을 했다. 이 정찰기는 색적선을 따라 간간이 떠 있는 구름 아래로 비행하는 대신 구름 위를 날며 우연히 목표물을 발견하기만을 기대하고 구름 사이를 내려다보거나 항로에서 많이 벗어나 있었을 것이다. 둘 중 하나는 사실임이 확실한데, 이 정찰기가 제대로 임무를 수행했더라면 색적선을 따라 날아가다가 미 17기동함대를 무조건 발견했을 것이기 때문이다.

지쿠마 1호기의 남쪽에 있던 도네 4호기는 4번 색적선(100도)을 따라 비행했다. 그러나 원래 계획된 항로대로 가지 않았음이 거의 확실하다. 30분이나 늦게 발함한 아마리 일등비행병조는 발함 지연 때문에 회수가 늦어질까 봐 정찰시간을 줄여 제시간에 귀환하려 했을 것으로 보인다.[35] 더욱이 아마리는 정찰 중에 미군 PBY 1기와 교전할 뻔했던 것 같다.[36] 이유야 어찌되었든 간에 아마리는 원래 의도된 300해리(556킬로미터)를 다 채우는 대신 220해리(407킬로미터) 지점에서 방향을 90도 틀었거나 귀환을 시작했다.[37] 아마리와 탑승원 모두 전쟁에서 살아남지 못했기 때문에[38]

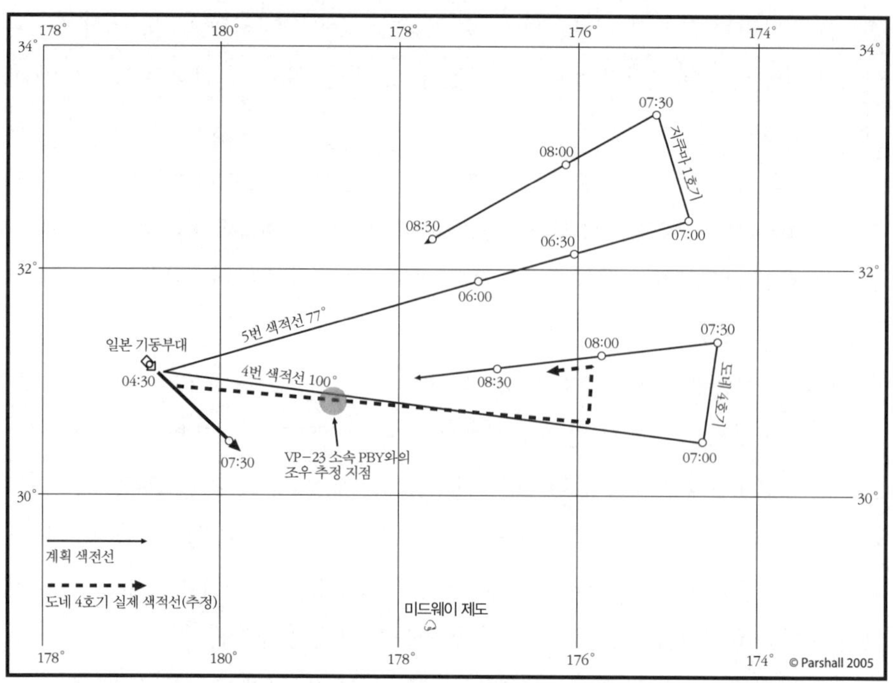

그림 8-4. 도네 4호기의 실제 비행 추정 항로와 지쿠마 1호기 및 도네 4호기의 예정 항로 (출처: 『戰史叢書』 43卷, p.309)

도네 4호기의 정확한 항로나 아마리가 그런 행동을 한 이유를 아는 사람은 없으며 이날 아마리의 비행은 영영 수수께끼로 남았다.

나구모는 기상 악화로 지쿠마 4호기가 귀환한다는 것을 알았으나 가장 중요한 곳을 정찰하던 2기도 정찰임무를 제대로 수행하지 않았다는 사실은 알 도리가 없었다. 나구모는 비어 있는 측면에 아직 적이 있다는 징후가 없다고 생각했다. 나구모와 참모진이 보기에 지금까지 모든 것이 계획대로 잘되어 가고 있었다. 그러나 나구모는 한 시간 후 상상할 수 있는 가장 불편한 방법으로 잘못된 생각을 바로잡을 수밖에 없었다.

9

적 발견 07:00-08:00

정확히 07시, 복호화復號化된 전문 하나가 아카기의 함교로 올라왔다. 마침내 아침 공습에 대한 도모나가의 보고가 도착한 것이다. 공격대 지휘관의 메시지는 지극히 짧았다. "2차 공격 필요함."[1] 어깨를 한 번 으쓱하는 행동은 이날 아카기의 함교에서 흔한 광경이었다. 놀랄 일은 아니었다. 많은 참모들이 내다보았듯이 공격기 70여 기는 미드웨이를 방어하는 미군을 제압하는 데 충분하지 않았다. 이제 문제는 2차 공격 시행 여부였다.

하와이의 미군 전투정보반이 특기했듯이, 도모나가가 자신의 의도를 전달한 방법은 일본 함대가 이날 미드웨이 재공습이 필요함을 이미 인지했다는 가정을 뒷받침하는 증거다.[2] 도모나가는 세 번 반복된 음어 문구 "가와, 가와, 가와 0400"[3]을 사용했는데 진주만에서 사용되어 유명해진 "도라, 도라, 도라"를 연상시킨다. 사전에 준비된 문구였을 것이다. 미드웨이를 1회만 공격하면 된다는 야마모토의 지시에 상관없이 나구모의 참모진은 도모나가 공격대가 출격하기 전에 필요할 경우 사용할 수 있도록 이 음어 문구를 챙겨 주었던 것 같다. 하루 늦게 출격하여 섬의 방어를 무력화할 시간도 하루 줄었기 때문에 일본 기동부대는 이날 1회 이상 공습이 필요하다고 예측했고 그에 맞춰 계획을 짜놓았다.

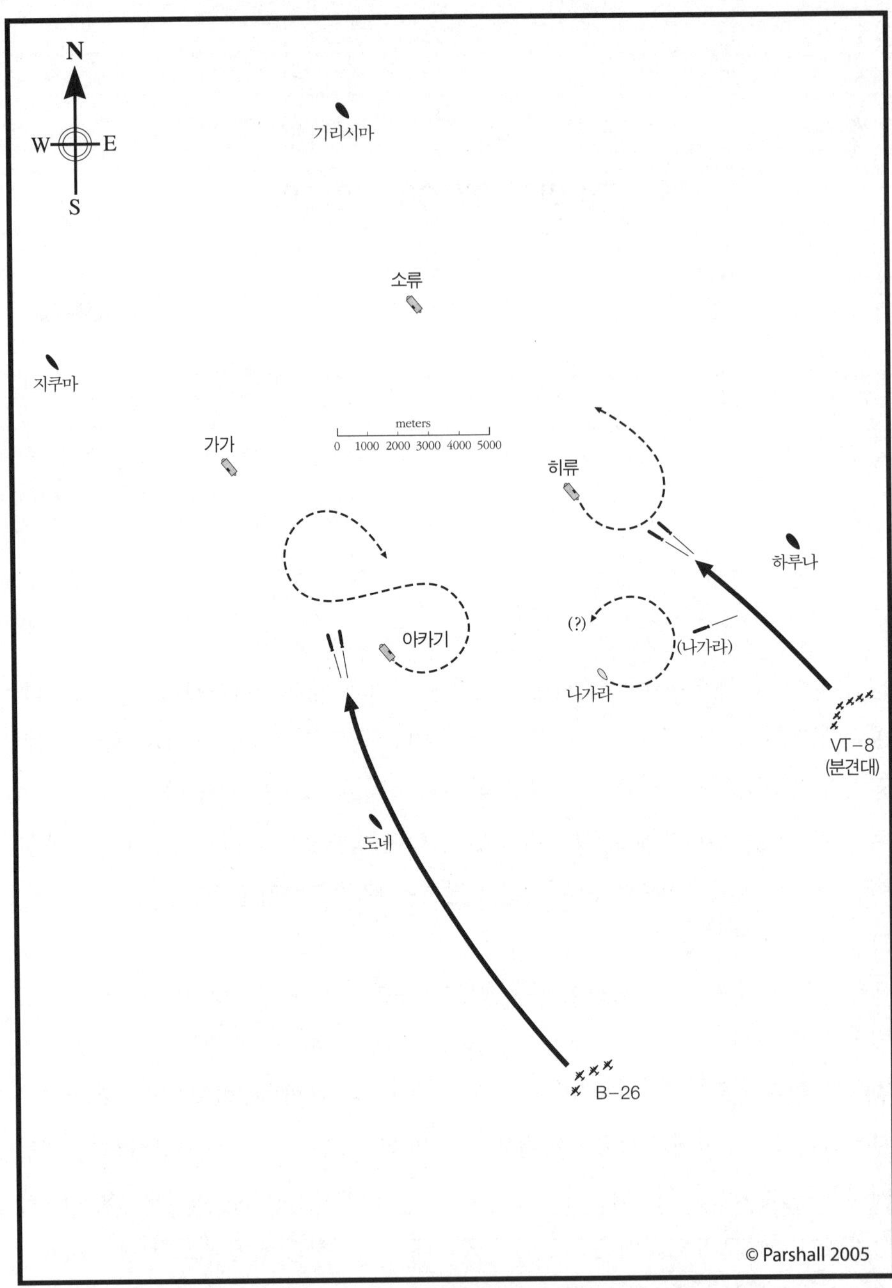

9-1. 07시 10분의 공격 상황. 이 첫 번째 공격에서 아카기는 하마터면 자폭공격을 받을 뻔했다.

나구모가 도모나가의 건의를 받고 고민에 빠진 동안 아카기는 직위대를 더 강화할 준비를 하고 있었다. 다나카의 제로센 3기가 착함해[4] 엘리베이터를 타고 내려간 후 곧 같은 엘리베이터가 더 많은 전투기를 싣고 올라왔다. 이번에 올라온 전투기 5기 중에 가네코 다다시兼子正 대위가 이끄는 6항공대 소속 3기가 있었다.[5] 가네코 대위는 나중에 에이스가 될 정도로 기량이 훌륭한 조종사였는데[6] 이날 아침 실전에 나가고 싶어 몸이 근질근질하던 참이었다. 아카기의 비행장 마스다 중좌도 '손님'을 실전에 내보내는 데 전혀 거리낌이 없었다. 배치작업은 07시 조금 전에 시작되었다. 소류도 자함의 전투기 3기를 배치하기 시작했다. 두 함은 모두 07시 10분에 전투기를 올려 보냈다. 미군의 첫 공격이 본격적으로 시작된 때였다.

07시 05분, 아카기의 견시원들이 저고도로 다가오는 적기를 포착했다.[7] 아오키 함장은 기함을 적기 접근방향으로 돌렸다. 함교의 어느 누구도 기종을 몰랐던 이 적기들은 최신형 TBF 어벤저Avenger 뇌격기(이하 TBF)[8] 6기와 B-26 머로더Marauder(이하 B-26) 폭격기 4기였다.[9] 둘 다 태평양전쟁에 갓 등장한 기종이었다. 미드웨이 해전은 TBF가 실전에 첫 등장한 무대였다. 두 기종 모두 크고 튼튼했으며 B-26은 빠르기까지 했다. 각각 TBF와 B-26으로 구성된 미군기 2개 편대가 진형 선두에 있는 항공모함들의 함수 쪽으로 다가왔다. 일본군에게 미군기들은 일종의 망치와 모루 전술을 구사하는 것처럼 보였다. 그러나 이들은 항공모함 1척을 노리고 함수 양쪽에서 접근하는 대신 각 항전 기함들에 전력을 분산하는 현명하지 못한 방법을 선택했다. 한 번도 협동작전을 해본 적이 없는 육군과 해군 조종사들이 각각 B-26과 TBF를 몰고 있었으니 당연한 일이었다. 두 편대는 순전히 우연의 일치로 거의 동시에 목표에 도착했다.

아카기는 고야마우치 스에키치小山内末吉 비행병조장[10]의 소대, 이부스키 대위의 소대, 이제 발진 중인 가네코 대위의 혼성대를 포함하여 이미 전투기 여러 기를 띄워 놓았다. 가네코는 곧바로 아카기의 다른 전투기들과 같이 B-26 편대로 향했다. 같은 시간, 히류의 전투기들도 전투에 돌입했다. 히류는 히노 마사토日野正人 일등비행병조와 고다마 요시미児玉義美 비행병조장 소대 소속 전투기 6기를 상공에 올려 보냈다.[11] 히노와 고다마 소대 이외에 사카이 이치로酒井一郎 이등비행병조가 있었다. 사카이의 전투기는 이날 04시 30분에 발진한 히류의 1차 직위대에서 마지막까지 남은 비행기였다. 같은 소대 소속 모리 시게루 대위와 야마모토 도루山本亨 이등비행병조는 사카이보다 먼저 7시에 착함했다. 사카이는 고도를 낮추지 않았는데 아마 착함하려고 모함에 접근하다가 사냥에 뛰어들기 위해 자기 소대에서 이탈하기로 마음먹었던 것 같다.

소류와 가가의 전투기들도 합류했다. 그러나 양 함의 전투기들은 전투 후반에야 제 역할을 한 것 같다. 야마모토 아키라 일등비행병조가 지휘한 가가의 1차 직위대 2기와 야마구치 히로유키山口廣行 비행특무소위, 사와노 시게토澤野繁人 이등비행병조가 지휘한 2차 직위대 5기가 공격에 참가했다.[12] 소류도 하라다 가나메原田要 일등비행병조의 3기와 방금 발함한 후지타 이요조藤田怡與藏 대위의 소대, 오다 기이치小田喜一 일등비행병조의 3기를 포함하여 적어도 3개 소대 9기를 보냈다.[13] 따라서 기동부대는 미군 공격기 10기에 대항하여 전투기 30기 이상을 출격시켰다.[14]

미군 조종사들도 곧 알게 되겠지만 일본 해군 함재 전투기 조종사들은 과연 명성에 걸맞은 실력을 갖추었다. 기동부대 전투기들은 양떼를 덮치는 늑대처럼 침입자들에게 달려들었다. 그러나 일본군에게 B-26은 빨랐고 격추하기 어려웠다. 게다가 매끈하게만 보였던 B-26은 방어무장이 충실했다. 아카기의 하뉴 도이치로羽生十一郎 삼등비행병조는 엄청난 대가를 치른 후 이 사실을 알게 되었다. 그는 전투 중 B-26의 방어 포화에 격추되어 전사했다. TBF들도 착함하지 않고 자신들에게 달려든 사카이의 전투기를 모함 히류가 보이는 곳에서 격추하는 전과를 세웠다.

그러나 제로센들은 자로 잰 듯 미군 편대를 스쳐 지나가며 차근차근 전과를 쌓았다. 베테랑 가네코 대위가 격추한 것으로 추정되는 B-26 1기가 불길을 뿜으며 바다로 추락했다.[15] 북쪽에서 후지타 대위의 조종사들도 TBF들을 상대로 큰 전과를 올리고 있었다.[16] 미군 조종사들은 이를 악물고 버티며 저고도에서 빠르게 날아 목표물에 다가가는 수밖에 없었다. TBF 편대는 큰 피해를 입었다. 1기 외에 모두 격추당했다. 살아남은 소수의 미군기들도 험한 몰골이었다. 생환한 비행기에는 총탄 자국이 수십, 수백 개가 나 있었다. 그러나 어마어마한 공격을 퍼부었음에도 불구하고 직위기들은 추격을 포기할 때까지 적기를 전부 격추하지 못했다.

히류 우현 12.7센티미터 고각포좌 3기를 지휘하던 나가토모 야스쿠니長友安邦 소위가[17] 사격명령을 내렸다. 히류는 35노트로 전속력을 내며 좌현으로 급선회하여 우현에 있는 고각포대를 적기가 다가오는 방향에 놓았다.[18] 히류 건너편에 있던 아카기도 좌현으로 선회했다. 도네, 지쿠마와 나가라는 대공 사격을 맹렬히 퍼부었다. 마침내 포화를 뒤집어쓴 채 비행하던 뇌격기 중 몇 기가 어뢰를 투하했다.

일본 항공모함에 있던 이들이 냉정하게 보았을 때 미군 조종사들은 이런 일에 소질이 없었다. 너무 먼 거리에서 어뢰를 투하했던 것이다. 그러나 서투르게 투하했어도 어뢰는 어뢰였기 때문에 표적이 된 함선들도 대응할 필요가 있었다. 기체가 손상되어 곧 추락할 것이라고 생각한 TBF 조종사가 가장 가까이에 있는 나가라에 어뢰를 투하했다.[19] 히류는 빠른 속력을 이용하여 자함을 겨냥해 발사된 어뢰 2발을 피했다. 그동안 아카기의 아오키 함장은 키를 좌현으로 꺾어 원을 그리며 TBF들이 히류를 노리고 투하한 어뢰들을 피한 후 우현으로 거의 180도 선회하여 살아남은 B-26들이 투하한 어뢰들을 깔끔하게 피했다. 이 와중에 B-26 1기가 공격 후 아카기 상공을 지나며 기총소사를 퍼부었다. 함의 3번 고각포좌가 가벼운 피해를 입었고 2명이 중상을 입었다.[20]

갑자기 미군기들이 사라지고, 단 하나만 남았다. 이 B-26은 아카기의 대공기관총에 피해를 입었는데 고도를 높여 공격에서 이탈하지 않고 아카기의 함교를 향해 똑바로 날아왔다. 나구모와 참모진은 입을 딱 벌리고 이 침입자를 바라보았다. 비행기가 조종불능 상태였거나 다 틀렸다고 생각한 미군 조종사가 목숨 값이라도 비싸게 받으려고 결심했던 것 같다.[21] 함교 인원들은 경악했다. 미국인은 이런 식의 용기를 보여줄 수 없는 사람들이었다. 잠시 후 미군기가 코앞에 다가오자 다들 반사적으로 몸을 웅크렸다. 이제 충돌은 피할 수 없었다. 그러나 B-26은 폭발하는 대신 함교 꼭대기를 스친 후 빙그르르 돌다가 바다로 떨어졌다. 나구모와 참모진은 일제히 안도의 한숨을 내쉬었다. 다들 어리둥절했다. 저 미군기가 조금만 더 낮게 날아왔더라면 어찌되었을까![22]

15분 전 나구모가 도모나가의 메시지를 받고도 결정을 내리지 못한 상황에서 이 용감한 B-26의 공격이 모든 것을 결정지었다. 기함은 방금 어뢰를 회피하고 기총소사를 받은 데다 하마터면 적기의 자폭공격까지 받을 뻔했다. 나구모는 머리끝까지 화가 났다. 더 이상 참을 수 없었다. 미드웨이의 전력은 건재해 보였고 완전히 무력화될 때까지는 위협적이었다. 미군 조종사들이 아주 능숙하지는 않았지만 아카기의 함교 인원들은 전투에서 행운이 얼마나 중요한지를 방금 목격했다. 만약 B-26이 3미터만 낮게 날았어도 아카기의 함교에 격돌해 대폭발을 일으켜 1항공함대 수뇌부를 단번에 몰살했을 것이다.[23] 이제 미드웨이의 미군 비행장을 완전히 박살낼 때였다. 그러나 미드웨이를 효율적으로 공격하려면 대함전투에 대비하여 공격기 절반을 예비로 보유하라는 야마모토의 명령을 위배해야 했다.

미드웨이 해전 이후 나구모는 이 명령 위반에 대해 끊임없이 혹독하게 비판받았다. 그러나 명령을 위반하지 않는 것이 현실적으로 무엇을 함의하는지, 혹은 야마모토의 명령이 원래 어떤 뜻이었는지를 생각해본 사람은 거의 없다. 만약 나구모가 상관의 희망을 엄수했더라면 섬의 방어를 깨뜨릴 수 있는 현실적 선택은 무엇이었을까? 이날 도모나가 공격대를 나중에 다시 보내 일을 마무리 짓게 하면 가능했을까? 무엇보다 나구모는 도모나가의 공격 후 미드웨이 제도의 상황에 대해 상세한 정보가 없었다. 아는 것이라고는 공격대장이 2차 공격이 필요하다고 생각한다는 것뿐이었다. 전력의 절반에만 의지하여 미드웨이를 분쇄한다는 목표는 여러 번 공격을 시도했더라도 달성하지 못했을 것이다. 도모나가 공격대는 이 과정에서 반드시 손실을 입었을 것이고, 공격받은 적은 물론 아군도 당연히 약해졌을 것이다. 그러나 도모나가와 부하들이 싸우다가 피투성이가 되는 한이 있어도 에구사와 '최정예 팀'을 비행갑판에서 일광욕이라도 시키며 그대로 놔두라는 게 야마모토의 의도였을 것이다. 도모나가 공격대로만 공격을 계속하는 것은 한마디로 터무니없는 생각이다.

전후에 겐다는 야마모토의 지시가 "유연성이 없었다"며 이 분석에 찬성하고, 덧붙여 만약 명령을 엄수했을 경우 "적절한 목표를 발견하지 못한다면 공격대의 절반을 놀릴 수밖에 없었다. 상황에 따른 적절한 결정을 내렸어야 했다."[24]라고도 말했다. 구사카도 "지휘관으로서 해당 수역에 전혀 없을지도 모르는 적 함대 때문에 공격력 절반을 무한정 대기시키라는 명령은 수용하기 어려운 일"[25]이라고 느꼈다. 두 사람의 판단은 아주 정확했다.

나구모와 참모진은 시의적절하게 현재 조건에 적합한 대응책을 짰어야 했다. 이 단계에서 미드웨이 공격에 관한 한 가장 바람직한 접근법은 적에게 압도적 전력을 투사하여 아군의 희생을 최소화하는 조치다. 이는 인류가 나무를 깎아 몽둥이를 만들어 처음 전쟁을 시작한 이래 늘 가치를 인정받아 온 방법이다. 만약 근처에 적 함대가 없다면 가능한 한 가장 강력한 공격대로 미드웨이를 재차 공습하여 (아마도) 약화된 적을 더 불리한 소모전으로 끌어들이는 것이 이치에 맞았다.

야마모토의 지시를 어길 수밖에 없는 실용적인 이유가 하나 더 있었다. 바로 시간 문제다. 도모나가 공격대가 어떤 상태로 귀환하든 간에 다음 공격이 가능해질 때까지는 여러 시간이 걸릴 터였다. 비행기에 기름을 채우고 무장을 다시 달고 손상된 부분을 고쳐야 했으며, 조종사들은 결과보고를 하고 식사도 해야 했다. 부상당한 탑승원 자리에 예비 탑승원들을 배치해야 했다. 아울러 새 임무 계획을 짜고 이에 대한 훈시를 실시한 다음 무장을 달고 기름을 채운 공격대를 비행갑판에 배치하여 발진시켜야 했다. 이 모든 일을 이른 오후까지 완료할 수는 없었다. 적에게 피해를 회복할 시간을 주는 것은 말도 안 되니 가급적 빨리 미군을 공격하는 편이 훨씬 나았다. 적기들이 지상에서 재급유를 받는 동안이라면 더 좋았다.

6월 4일 아침의 전투를 냉철히 살펴보면 야마모토가 내린 명령은 헛소리였음이 분명해진다. 5월 도상연습의 비현실적인 분위기에서 튀어나온 야마모토의 명령에는 에구사 공격대의 지상공격 투입시점과 관련된 작전상 변수에 대한 고려도, 지시도 없었다. 나구모는 예비대를 언제까지 대기시켜야 했을까? 색적선 바깥쪽으로 가는 정찰비행이 끝날 때까지? 아니면 정찰기가 기동부대에 돌아올 때까지? 아니면 무한정으로? 아는 사람은 없었다. 야마모토의 명령을 문자 그대로 해석하면 나구모는 한 팔을 등 뒤에 묶고 싸워야 했다. 도모나가 공격대는 자신과 미군 방어대 중 먼저 나가떨어지는 쪽이 지는 한심한 경주를 계속하는 수밖에 없었다. 만약 야마모토가 작전 초기에 미군이 미드웨이 근해에 있다는 징후에 관심을 가졌다면 비행기 절반을 예비공격대로 보유하라는 개념을 현실적 정찰계획과 돌발상황에 대처한 계획으로 보강하여 나구모가 한 번에 하나의 적만 상대하도록 했을 것이다. 하지만 야마모토는 그러는 대신 건성으로 단 한 번 명령을 내렸다. 그것도 구두로, 지나가듯이, 세부지침이나 변경조건도 없이 말이다. 이 점을 고려한다면 6월 4일 아침 이때 나구모가 예비공격대로 미드웨이를 재차 공습하는 결정을 내리지 **않을 것이라** 보는 것은 거의 불가능했다.

나구모는 어째서 예비공격대의 무장교체를 아침 정찰이 끝날 때까지 미루지 않았느냐는 비판도 받는다. 오히려 이것이 핵심을 찌르는 비판인데, (곧 보겠지만) 미드웨이 2차 공격 건의를 받고 나구모가 대함공격 무장을 육상공격 무장으로 바꾸라고 신속히 내린 결정으로 인해 확실한 적함 발견 정보가 들어왔을 때 기동부대의 귀중한 시간을 날려버렸기 때문이다. 그러나 무장 변경을 결정한 07시 15분경에 아침 정찰이 거의 완료되었다는 사실을 기억해야 한다. 정찰기들은 거의 3시간 동안 체공하여 색적선의 끝에 도달해 있었고, 기수를 왼쪽으로 90도 튼 다음 귀환 시작점까지의 항로 중 절반 정도에 와 있었다. 15분 안에 모든 정찰기가 귀환을 시작할 예정이었다. 귀환을 시작하면 각 정찰기들은 대칭형이던 처음 정찰 항로를 따라 돌아오지 않고 개별적으로 비행해 기동부대로 모일 예정이었다. 어쨌든 돌아오는 길에 정찰기가 무엇인가를 찾을 것 같지는 않았다.

이런 상황에서 나구모는 가가가 보낸 메시지를 받았다. 가가의 비행장 아마가이 다카히사 중좌가 가가 함폭대 지휘관 오가와 대위로부터 받은 폭격 결과보고였다〔06시 40분 발신, 07시 07분 수신〕. 오가와는 샌드섬을 폭격했으며 "효과심대效果甚大"[26] 라고 보고했다. 방금 자신을 노리고 다가오던 B-26을 피한 기억이 생생한 나구모가 오가와의 낙관적인 보고를 어떤 의미로 받아들였을지 쉽게 짐작할 수 있다. 07시 15분, 나구모는 함대 전체에 발광신호를 보냈다. "제2차 공격 본일 실시, 대기공격기 폭장爆裝으로 〔무장〕교체."[27]

07시 20분, 제로센 1기가 아카기에 착함했다.[28] 이와시로 요시오岩城芳雄 일등비행병조가 조종한 이 제로센은 고작 25분 동안 체공해 있었다. 소대장 이부스키 마사노부 대위는 아직 하늘에 있었고 요기를 몰던 하뉴는 전사했다. 기관포탄을 다 써버린 이와시로는 미군 폭격기를 격추하기가 얼마나 어려운지를 (그리고 반격의 강도도) 배웠을 것이다. 제로센 몇 기가 날아올랐다가 공격 후 바로 귀함하는 광경은 이날 아침에 어디서나 자주 볼 수 있었다. 제로센이 날개에 탑재한 기관포 2문에는 각각 60발들이 탄통 하나씩을 장착했는데 몇 번 연사하면 탄통이 금방 비었다. 이와시로의 전투기는 즉시 격납고로 내려갔다.

비행갑판 아래에서 격납고 승조원들은 5분 전 내려진 무장변경 명령을 수행했다. 앞에서 말했듯이 예비공격대가 이날 아침 비행갑판에 없었으므로[29] 비행기들을 다시 내려보내 작업할 이유가 없었다. 격납고에 있는 1항전의 97식 함상공격기 43기는 어뢰를 장착한 상태였다.[30] 이제 미드웨이 공격을 위해 80번 육용폭탄으로 바꿔 달아야 했다. 그러나 2항전의 99식 함상폭격기 34기는 아직 무장을 장착하지 않은 상태였는데, 대개 배치 중에 비행갑판에서 무장을 장착했기 때문이다. 즉, 1항전의 97식 함상공격기들만 바로 나구모의 명령을 시행했고 2항전의 99식 함상폭격기들은 배치작업이 시작될 때까지 대기했다. 지금까지 미드웨이 해전을 다룬 저술들은 이때 항공모함 4척 모두가 무장교체 작업에 미친 듯이 매달렸다고 묘사하는데 실제 상황은 그렇지 않았다.

어쨌든 1항전 항공모함들이 바빴던 것은 사실이다. 어뢰에서 폭탄으로 무장을 교체하는 작업은 간단하지 않았다. 비행기에서 어뢰를 떼어내야 했을 뿐만 아니라 배면에 달린 탑재용 고정구(투하기)도 교체했다. 통상탄通常彈(철갑탄)과 육용폭탄陸用爆彈의 모양과 크기가 비슷한 함상폭격기와 달리 97식 함상공격기는 모양과 크기가 다른 무장을 탑재했으므로 각기 다른 형태의 탑재용 고정구가 필요했다.[31] 따라서 무장교체는 여러 단계를 거치는 복잡한 작업이었다.

아카기의 병기원들은 대기 중인 함상폭격기로 대형 운반차 여섯 개를 밀고 가서 장착된 어뢰운반용 고정구를 분리했다. 그다음 비행기 내부에 탑재된 윈치를 이용하여 어뢰를 운반차로 내렸다. 어뢰를 운반차에 내리면 운반조가 비좁은 격납고를 통해 힘겹게 어뢰를 실은 운반차를 양폭탄통/양어뢰통으로 밀었고 양폭탄통/양어뢰통에 내려진 어뢰는 다시 어뢰고로 내려갔다.[32] 그런데 운반조가 도착했을 때에는 이미 양폭탄통/양어뢰통으로 80식 육용폭탄을 올려 보내고 있었다. 폭탄을 올려 보내는 작업만으로도 바빴기 때문에 일단 아무것도 내려보내지 말라는 통지가 폭탄고/어뢰고에서 올라왔다.[33] 격납갑판의 병기원들이 할 수 있는 일은 양폭탄통/양어뢰통 옆에 있는 거치대에 어뢰를 걸어 놓는 것뿐이었다. 각 항공모함에는 이런 경우를 대비해 양폭탄통/양어뢰통 옆, 격납고 격벽에 임시로 어뢰를 보관할 수 있는 반원형 어뢰가魚雷架 여러 개가 설치되어 있었다. 어뢰는 도르래에 들려 어뢰가에 고정되고 운반조는 폭탄을 받기 위해 엘리베이터로 다시 갔다. 늘 그랬듯이 폭탄은 몇 부분으로 분해된 상태로 도착했으며 비행기에 장착하기 전에 재조립되었다.

그동안 비행기에서는 병기원들이 어뢰용 투하기를 제거하고 그 자리에 폭탄용 투하기를 나사로 고정하느라 진땀을 흘리고 있었다. 공구의 소음과 병기원들의 신음을 배경 삼아 이 작업에 약 20분이 소요되었다.[34] 가가에서도 같은 작업이 진행 중이

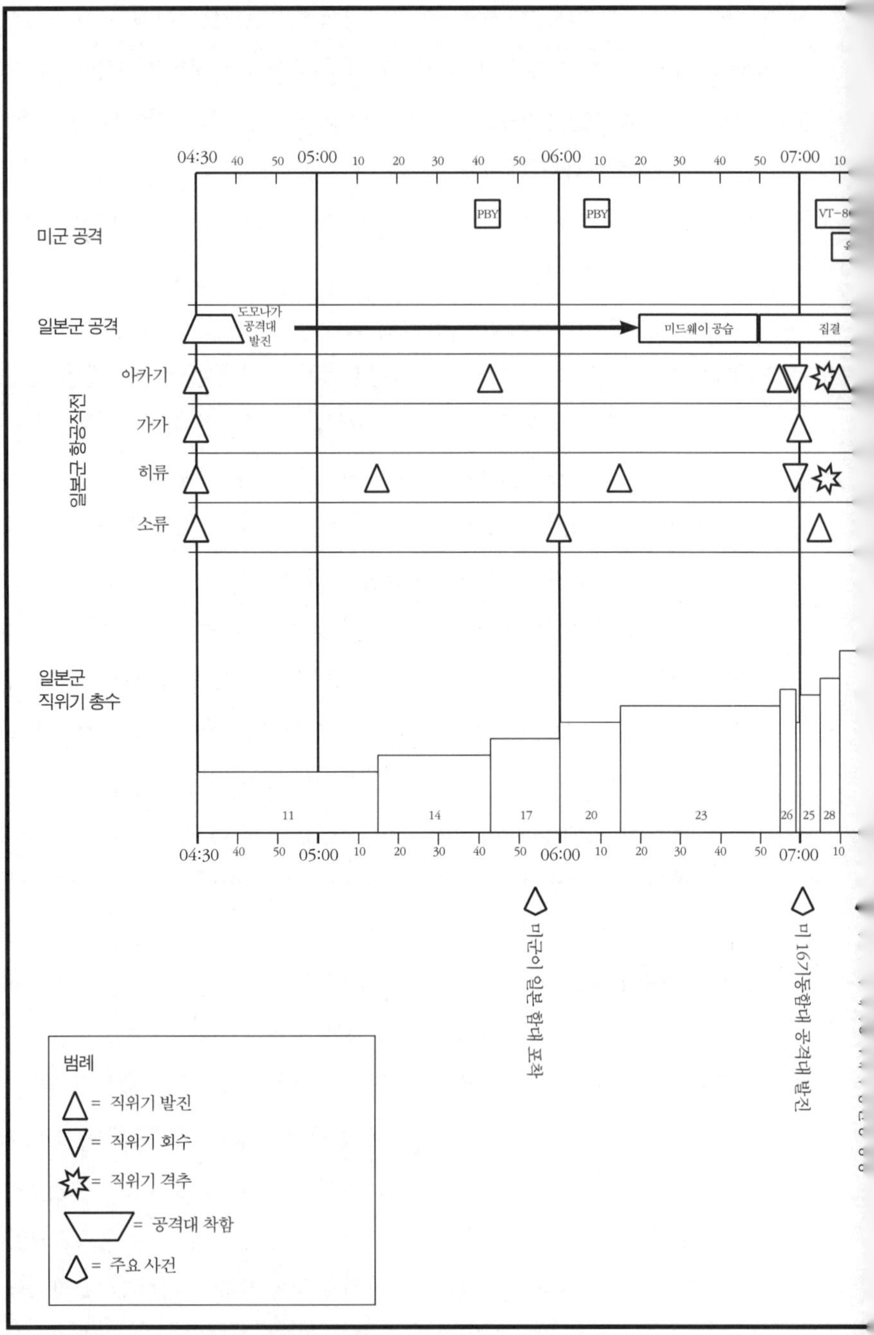

미군 공격
일본군 공격
일본군 항공작전
아카기
가가
히류
소류
일본군
직위기 총수
PBY
PBY
VT-8
도모나가 공격대 발진
미드웨이 공습
집결
11
14
17
20
23
26
25
28
04:30
05:00
06:00
07:00
미군이 일본 함대 포착
미 16기동함대 공격대 발진
범례
= 직위기 발진
= 직위기 회수
= 직위기 격추
= 공격대 착함
= 주요 사건

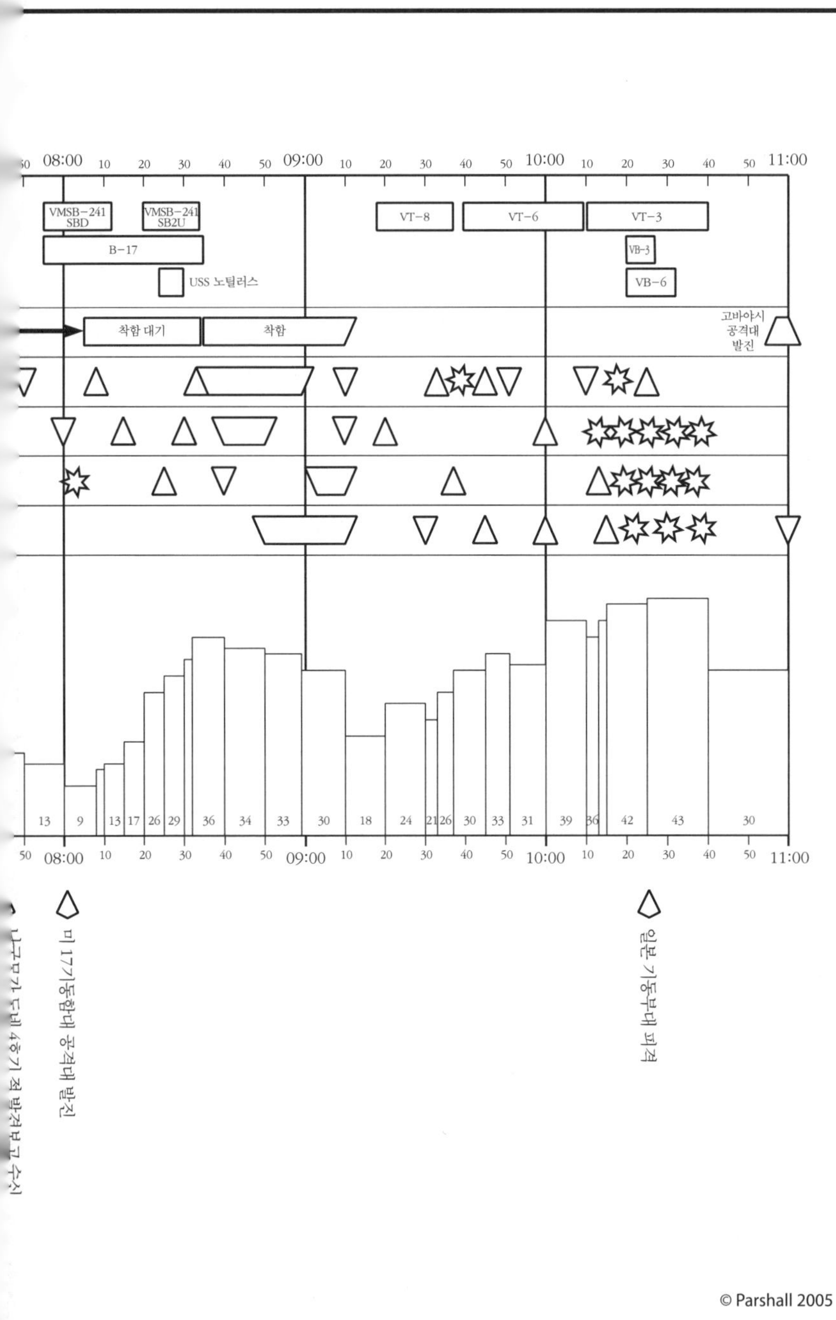

2. 시간에 따른 양측 항공작전 상황도. 6월 4일 아침에 있었던 일본군 항공모함들의 항공작전 속도와 미군 공격대의 공
황을 볼 수 있다.

었다. 가가의 함상공격기 중대는 다른 항공모함들의 중대보다 비행기가 3기 더 많았지만 운반용 운반차도 아카기보다 3대 더 많은 9대를 보유했기 때문에 가가의 함상공격기들이 무장을 교체하는 데에 아카기와 같은 시간이 걸렸다. 작업의 제약요소는 비행기 수가 아니라 1:3이라는 운반차 대 비행기의 비율이었다.

다 합쳐서 함상공격기 1기의 무장을 교체하는 데 30분이 걸렸다.[35] 투하기 교체와 폭탄 재조립 작업에 시간이 가장 많이 걸렸다. 격납고 전체가 무장교체 작업으로 부산했을 것 같지만 사실 교체작업은 격납고 일부에서만 이루어졌다. 함상공격기 1개 중대의 무장을 교체하는 동안 아카기의 다른 함상공격기 12기를 맡은 인원은 손을 놓고 있었다. 어뢰를 떼어내기 전에는 투하기를 교체할 수 없었고 운반차가 모두 사용 중이었기 때문이다. 사용 가능한 운반차가 6대뿐이었으므로 무장교체 작업에 시간이 오래 걸렸다. 병기원들은 사용 가능한 운반차가 생기기를 지루하게 기다리다가 기회가 오면 정신없이 서둘러 투하기를 교체했다.

이러한 정보를 가지고 이제 우리는 이날 아침 나구모가 선택할 수 있었던 방안을 상당히 정확하게 추정할 수 있다. 계산은 단순하다. 함상공격기 1개 중대의 무장을 교체하는 데 30분이 소요되고 항공모함 1척당 함상공격기 3개 중대를 보유했으며 한 번에 1개 중대만 무장교체 작업이 가능했다. 따라서 전체 작업시간은 한 시간 반이다.[36] 무장교체가 완료되면 비행갑판으로 올려 배치, 시운전, 전체 발함을 마치기까지 45분이 걸린다. 함상폭격기는 비행갑판에서 무장을 장착하기 때문에 아마 몇 분이 더 걸릴 수도 있다. 전부 합쳐서 공격대 전체가 무장교체를 마치고 배치, 시운전까지 끝나려면 2시간 30분 정도가 소요된다고 추산해도 무방하다. 즉 최소시간이 소요되고 방해되는 일이 없어도 예비공격대 발함준비를 09시 30분 전까지 완료할 수는 없었다. 더욱이 앞의 상황을 볼 때 명령이 떨어진 시간부터 2시간 30분 내에 모든 항공모함에서 완편 공격대를 발함시켜 미드웨이를 공격하는 것은 비행갑판 위아래에서 모든 일이 순조롭게 진행될 때에만 가능했다.

결국 2차 공격대의 예상 발진시간은 귀환하는 도모나가 공격대를 얼마나 빨리 회수하느냐에 달려 있었다. 도모나가 공격대는 08시 15분경 모함 상공을 선회하기 시작할 것이고 이때 1항전 항공모함들의 격납고에서는 무장교체 작업이 한참 진행 중일 것이다. 만약 무장변경 명령이 내려지고 한 시간 반 후인 08시 45분에 2차 공격대 배치작업이 시작된다면 도모나가 공격대는 그전에 모두 착함해 격납고로 이동하여 비행갑판을 비워 주어야 했다. 현대적 경사비행갑판이나 현측 엘리베이터를 갖추기 전의 항공모함에서는 배치작업, 발함작업, 회수작업 중 하나만 비행갑판에서 할 수 있었다. 실용적 관점으로 보아도 한 작업이 끝날 때까지 다른 작업은 시작할 수 없었다.

물론 나구모가 07시 15분에 즉시 미드웨이를 공격하라는 명령을 내렸다면 아마도 2항전의 99식 함상폭격기만으로 공격했어야 할 것이다. 이 비행기들은 아직 폭탄을 달지 않았으나 08시경에는 비행갑판에 배치되어 무장장착을 완료하고 발진할 수 있었다. 그러나 이 방법은 함상폭격기가 수평폭격기 역할을 하는 1항전의 함상공격기와 협력하여 공격한다는 개념에 배치된다. 일본 해군은 제병연합의 이득을 누릴 수 있는 균형 잡힌 제파공격을 선호했다. 따라서 07시 15분에 함상폭격기만으로 공격하는 방안은 고려대상이 아니었을 것이다. 당시로서는 이쪽이 이치에 맞았다. 미드웨이가 어디로 도망가는 게 아닌 데다가 이때는 도모나가 공격대가 착함한 다음 2차 공격대 발진이 어려워질 것임을 암시하는 징후가 전혀 없었다.

곧 있을 도모나가 공격대 착함에 대비하여 비행갑판을 비워야 했으므로 몇몇 항공모함들은 직위기 회수와 발진을 시작했다. 07시 30분, 가가는 2차 직위대의 전투기 3기를 회수했고 건너편의 소류도 1, 2차 직위대의 6기를 모두 회수했다. 07시 36분, 아카기는 제로센 1기를 회수했고 히류는 07시 40분, 2기를 회수했다. 이 작업 중에 기동부대 상공에는 고작 직위기 14기가 날고 있었는데 07시 10분~07시 25분의 34기에서 크게 줄어든 수였다.[37] 07시 40분, 아카기에 비행기 1기가 착함했는데 전투기가 아니었다. 아침에 공격대와 같이 발함한 니시모리 스스무 비행병조장의 97식 함상공격기였다. 이 비행기는 1번 색적선을 정찰하며 거의 정남향으로 날아갔다가 돌아왔다. 성과는 없었다.[38]

07시 40분경, 무장교체 작업을 시작한 지 30분 정도 지났다. 가가와 아카기 1중대(각각 9기와 6기)의 작업이 거의 끝나가고 있었다. 이제 각 함에서 2개 중대가 더 남았다. 1항전의 항공모함 2척은 직위기들을 띄우기 위해 바람을 안고 항해하고 있었다. 이때 갑자기 날벼락 같은 소식이 들어왔다.[39] 도네 4호기가 다음 전문을 보내온 것이다. "적함 같은 물체 10척 보임, 방위 10도, 미드웨이에서 거리 240해리(445

킬로미터), 침로 150도, 속력 20노트 이상.” 이는 놀라운 사태 진전이었다. 이 발견으로 야마모토가 세운 계획의 모든 가정이 뒤집어졌기 때문이다. 나구모와 참모진은 이 발견의 의미를 서둘러 논의했다.

도네 4호기의 적함 발견보고 문제는 오랜 기간 면밀하게 연구되어 왔기 때문에 이 보고가 정확히 몇 시에 아카기의 함교로 전달되었는지를 여기에서 분명히 밝힐 필요가 있다. 1항함 전투상보 경과개요에는[40] 도네 4호기의 보고가 아카기에 접수된 시간이 07시 28분으로 기록되어 있다.[41] 아마리가 미 함대를 발견한 시간은 이보다 약간 앞섰을 것이다. 일본군 정찰기는 목표물 발견 시 주변 상공을 한 번 선회한 다음 발견보고를 타전하는 것이 관행이었다. 이렇게 함으로써 무선침묵을 깨고 위치를 보고할 때 적이 자신이 날아온 방위를 역추적하는 데 혼선을 주고자 했다. 그 결과 우리는 아마리가 정확히 언제 미 함대를 발견했는지를 알 수 없으며 타전시각만 알 수 있다.[42]

아마리의 보고가 아카기 함교로 전달된 시간은 일반적으로 07시 45분 조금 전으로 추정된다. 왜냐하면 1항함 전투상보에 07시 45분 무장교체 명령을 뒤집는 “적 함대 공격 준비, 함상공격기의 어뢰 무장을 그대로 둘 것.”이라는 명령이 기록되었기 때문이다.[43] 그러나 현대 역사가인 댈러스 아이솜Dallas Isom은 나구모가 아마리의 보고를 08시 혹은 그 후에도 받아 보지 못했을 것이라고 주장한다.[44] 그는 무장교체 중단 명령이 내려진 시점이 일지에 잘못 기입되어 나중에 1항함 전투상보의 기초자료가 되었을 것이라고 본다. 1항함 전투상보에서 작전경과를 설명하는 부분에 나오는 도네 4호기의 보고를 “8시경”에야 받았다는 모호한 언급[45]도 이 주장의 근거이다. 이 언급은 다른 일본 측 사료에서도 반복된다.[46]

그러나 이 경우 나구모는 분명히 일지 기입 시간과 거의 동시에 아마리의 보고를 받았다. 더욱이 나구모는 이 정보를 받고서 기민하게 움직였다. 이는 미국 측 기록에서 확인된다. 미군의 적 통신정보 기록에는 아마리가 비행 중에 타전한 세 번째 메시지가 07시 40분자로 기입되어 있다. 이 메시지는 첫 번째 적 발견 보고였다. 하와이의 전투정보반 역시 07시 47분에 아카기가 도네 4호기에 “함종 확인, 접촉 유지.”라고 명령하는 회신을 포착했다.[47] 놀랍게도 이 명령은 암호화되지 않은 평문으로 발신되었다. 이렇게 통신 보안보다 빠른 교신을 중시한 것을 보면 나구모는 아

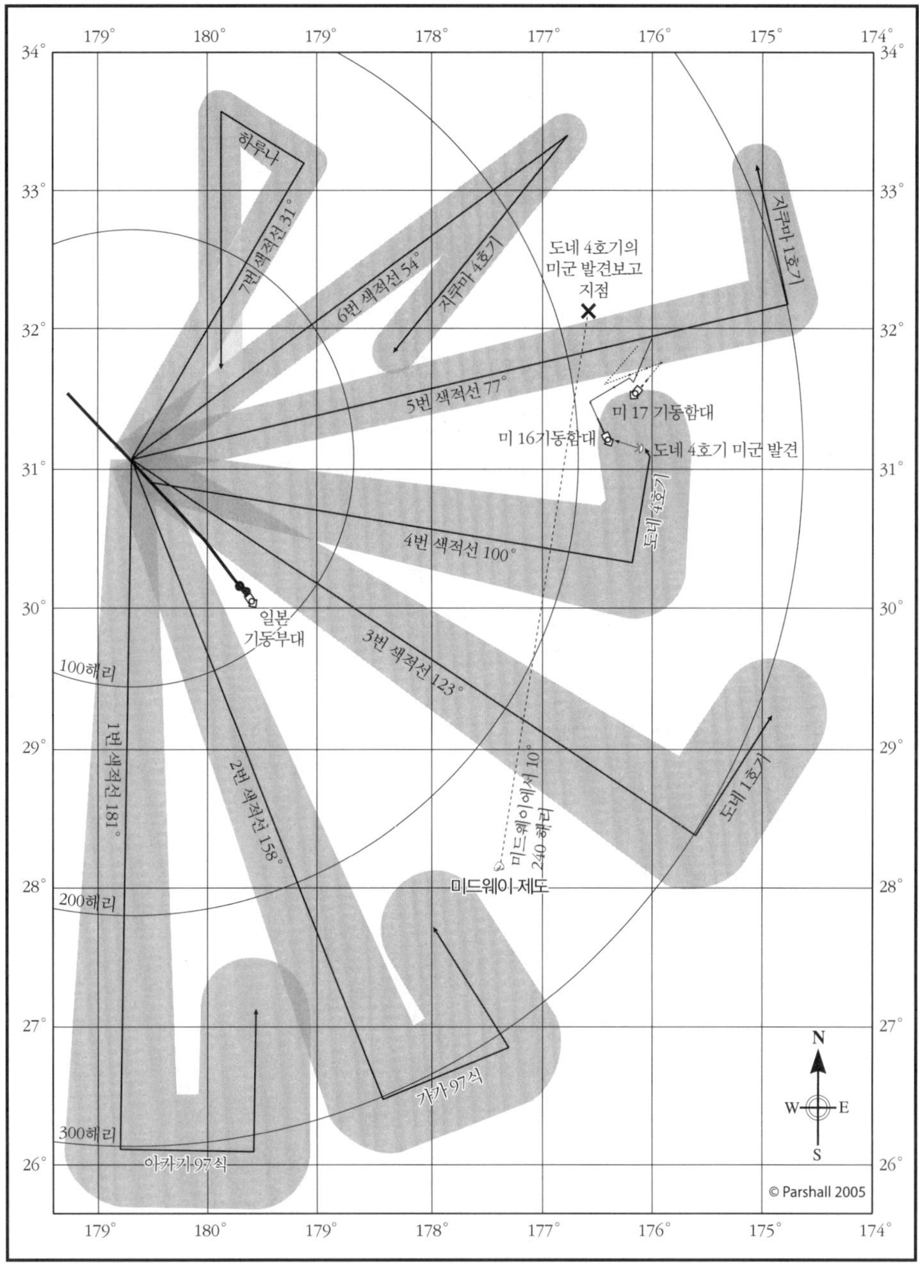

9-3. 07시 28분 도네 4호기의 미군 발견보고 시 상황. 도네 4호기의 추정 항로와 일반적 육안관측 범위가 나타나 있다. (출처: 『戰史叢書』 43卷, p.309)

마리의 발견보고에 굉장히 신경을 쓴 것으로 보인다. 따라서 도네 4호기의 보고전달이 지체되었다는 이론은 근거가 약하다. 나구모는 우물쭈물하지 않았다. 아마리의 보고를 받자마자 나구모는 즉시 무장교체 명령을 뒤집고 정찰기에 무엇을 발견했는지를 확실히 보고하라고 명령했다.

그러나 07시 28분에 도네 4호기가 미 16기동함대를 발견한 것이 이날 나구모에게 찾아온 몇 안 되는 행운이었다고 한 아이솜의 말은 옳았다.[48] 얼핏 듣기에 말도 안 되는 이야기다. 무엇보다 도네 4호기의 지연 발진은 미드웨이 해전에서 일본군의 주요 실패 사례로 흔히 지목받아 왔다. 그러나 일본군 색적선 경로와 미 함대의 실제 항로를 겹쳐 면밀히 살펴보면 한 가지 중요한 사실이 드러난다. 만약 아마리가 04시 30분 정각에 발진해서 원래 정찰계획에 명시된 대로 비행했다면 색적선을 따라 비행하는 동안 미국 16, 17 기동함대의 남쪽을 지나치게 되므로 귀환하던 중에 미 함대를 발견했을 것이다. 만약 그랬다면 아마리는 최소한 08시에야 뒤늦게 미 함대를 발견했을 것이므로 나구모는 08시 15분경 혹은 그 뒤에도 이 중요한 정보를 받아 보지 못했을 것이다. 그뿐만이 아니다. 아마리가 늦게 발진했어도 정확하게 예정 항로를 따라 비행했다면 상황은 더 나빠졌을 것이다. 멋대로 도중에 돌아가기로 한 아마리의 독단 혹은 형편없는 항법능력이 06시 45분경 북으로 항로를 틀기로 한 결정과 합쳐져 도네 4호기를 미 함대를 볼 수 있는 곳으로 인도했다. 하지만 이 발견에도 심각한 문제가 있었다.

의문은 계속 남는다. 나구모가 이 시간에 무엇을 해야 했을까? 나구모가 마주친 난제의 '정답'—만약 그런 것이 있다면—을 찾는 데 지난 수년간 어마어마한 양의 잉크가 소비되었지만 대부분 소득 없이 낭비되었다. 일본 기동부대의 실제 상황이 어땠는지, 항공모함들이 수행 가능한 (그리고 불가능한) 작전은 무엇이었는지를 모른다면 나구모의 선택을 제대로 분석할 수 없다. 바로 이때가 이 전투에서 나구모에게 매우 중요한 순간이었으므로 지면을 할애해 상세히 알아보도록 하자.

나구모의 지휘결정은 우선적으로 세 가지 제약을 받았다. 첫 번째는 시간 제약이다. 수십 년 뒤에 조용한 도서관이나 집에서 책으로만 여유롭게 전투를 접하는 우리와 달리, 그 순간 여러 가지 작전상 문제들의 정답을 찾는 데 나구모에게 주어진 시간은 겨우 15분 정도였다. 더군다나 아침 정찰이 엉망진창이었던 까닭에 나구모는 당면한 문제들의 윤곽조차도 부분적으로만 파악한 상태였다. 두 번째 제약은 아카기 함교의 물리적 배치였다. 오늘날의 우리와 달리 나구모는 안락의자에 앉아서 지휘하지 않았다. 사실 지금까지 완전히 무시되어 온 요소는 기동부대 기함 아카기가 보유한 지휘설비의 실체와 이것이 지휘관이 명료하게 사고하는 데 끼친 영향이다. 아카기의 함교는 작은 사다리꼴 형태로 폭 약 4.5미터, 길이 약 3.7미터 크기였다. 안쪽에는 해도대와 문서보관함, 좌대에 설치된 쌍안망원경 몇 개 외에 별다른 것이 없었으며 매우 비좁았다. 이 좁은 공간에 최소한 장교 다섯 명—나구모, 구사카 참모장, 겐다 참모, 아오키 함장, 미우라 항해장—이 서 있었다. 후치다의 증언을 믿는다면 일부 시간대에는 몇 명이 더 있었다. 수석참모 오이시 중좌, 통신참모 오노 간지로小野寬治郎 소좌, 부관 니시바야시 가쓰미西林克已 소좌, 비행장 마스다 중좌, 후치다 중좌다.[49] 이들 중 오이시와 오노는 계속 함교에 있었던 것 같고 후치다는 이날 아침 함교를 여러 번 들락거렸으며 니시바야시도 마찬가지였던 것 같다. 마스다 중좌는 당연히 대부분의 시간을 함교 뒤의 한 단 낮은 곳에 있는 발착함 지휘소에서 보냈겠지만 간혹 아오키 함장에게 항공작전 상황을 보고하기 위해 함교로 올라왔다. 여기에 더해 견시원과 전령 임무를 맡은 수병이 적어도 몇 명 있었을 것이다. 모든 것을 종합해 보면 함교에는 언제나 인원이 열 명 이상 있었다. 이들은 서로 어깨가 맞닿을 정도로 붙어 있었으며 나구모와 참모진은 항해함교의 오른쪽 절반쯤 되는 공간에 모여 있었다.

이런 환경에서 나구모는 참모진과 솔직하게 의견을 교환할 수 없었을 것이다. 일본인들은 관습상 언성을 높이며 얼굴을 붉히는 일을 좋아하지 않았으며 사회적으로 불편한 상황을 피하는 경향이 있었다. 물론 구사카와 겐다는 나구모가 항공전에 필요한 지식이 별로 없다는 것을 너무나 잘 알았지만 이런 환경에서 자신들이 아는 바를 내보이고 싶지도 않았을 것이다. 왜냐하면 이는 아오키 함장과 다른 승조원들 앞에서 나구모를 모욕하는 행동이 될 수 있었기 때문이다. 물론 나구모 쪽에서도 이 문제에 대해 자신의 단점을 보여 주기를 꺼렸을 것이다. 이런 환경에서는 정보를 원활히 교환해 계획을 짜기가 어렵다. 설상가상으로 아카기에는 나구모와 참모진이 잠시 외부의 눈을 피하면서도 아카기의 지휘통신 시설과 가까이 있을 만한 장소가 없었다. 그러기에는 아카기의 함교가 너무 작았다.

이렇게 초라한 설비는 동시대 미국 항공모함이 갖춘 설비와 크게 대조적이다. 미국 항공모함의 함교는 일본 항공모함의 함교보다 훨씬 컸기 때문에 보다 나은 설비를 갖출 수 있었다. 요크타운급 항공모함에서 기함함교와 항해함교는 분리되어 있었다. 지휘관이 부르지 않는다면 함장은 기함함교에 들어갈 수조차 없었다. 따라서 미 해군 지휘관은 닫힌 문 뒤에서 참모들과 자유롭게 논의하고, 토론하고, 심지어 말싸움까지 마음 놓고 할 수 있었다. 지휘관과 참모진은 집중을 방해하는 조타수와 견시원들이 만들어 내는 소음에서 벗어나 전투 운용에만 온전히 집중할 수 있었다. 지휘관은 함교 안에 개인 선실을 가지고 있어서 늘 맑은 정신을 유지하기 위해 잠시 휴식을 취할 수 있었다. 여기에 더해 미 해군 지휘관들은 기함 함교와 인접한 곳에 별도 통신실을 가지고 있었다.[50] 아카기에서 완전히 외부에 노출된 빈약하기 그지없는 지휘소에 있던 나구모는 꿈도 꿀 수 없는 사치였다.[51]

거의 오전 내내 아카기가 직접 공격을 받거나 공격받을 위험에 놓여 있었다는 점도 기억해야 한다. 이 시간에 아카기는 자주 고속으로 기동했다. 바로 40분 전에 B-26 한 대가 하마터면 나구모를 죽일 뻔했고, 앞으로도 미군의 공격에 대응한 직위기들의 방어전, 격렬한 대공포 사격, 급격한 회피기동이 계속될 터였다. 또한 아카기는 일정 간격으로 항공작전을 수행 중이었다. 함교라는 비좁은 어항에 갇혀 나구모는 창밖으로 이 모든 상황을 바라보며 무엇이 중요한지를 파악하느라 애쓰고 있었다. 달리 말하면 함교의 상황은 불편했고 소란스러웠으며 극단적으로 집중을 방해했다. 구사카는 심지어 함내 방송까지 소음에 묻혀 잘 들리지 않았다고 적었다.[52] 이런 환경에서 나구모가 빠르고 명료하게 상황을 판단하기 어려웠던 것은 당연하다.

세 번째 제약은 비행갑판 운용이었다. 나구모는 비행갑판에서 할 수 있는 일에 맞춰 답을 찾아야 했다. 여러 해에 걸쳐 많은 비평가들이 나구모가 처한 곤란한 상황을 해결할 손쉬운 '해법'을 제시해 왔으나 이들은 실제 제약조건을 염두에 두지 않았다. 예를 들어, 일본군은 공격대를 비행갑판으로 올려 활주제지삭滑走制止索 앞쪽에서 시운전하는 동안 왜 도모나가 공격대를 회수하지 않았을까? 도모나가 공격대를 회수해 격납고로 들여보낸 후 시운전을 충분히 하고 출격준비가 끝난 2차 공격대를 비행갑판 뒤쪽으로 밀어 배치할 수는 없었을까?

이런 질문들에 대한 답은, 이 중 일부는 기술적으로 가능했을지도 모르나 일본 해군이 한 번도 시도해본 적이 없는 방법이었다는 것이다. 6월 4일 아침 8시에 새로운 방법을 시도해 보기에는 상황이 나빴다. 군대는 훈련받은 대로 싸우는 법이다. 그리고 반드시 그래야 한다. 그러지 않으면 전투가 주는 엄청난 중압감에 직면했을 때 혼란상태에 빠지기 때문이다. 비행갑판 작업처럼 복잡하고 중요한 일을 섣불리 건드리면 반드시 혼란, 시간낭비, 작전속도의 저하로 이어진다. 바로 일본군이 그 시점에 절대 원하지 않았던 사태다. 따라서 나구모가 무엇을 결정하든 간에 그 결정은 승조원 모두가 잘 아는 방법에 바탕을 두어야 했다.

마지막으로 나구모가 처한 상황에 '정답'이 있었다고 해도 이를 위험 부담 없이 시행하기는 어려웠다. 아마 무슨 일을 했어도 그날 일본 기동부대에 떨어질 충격과 공포를 막을 수 없었을 것이다. 이때는 작전계획의 기본논리가 헛소리로 전락했으며, 정찰은 엉망진창이었고, 옆구리에 갑자기 예상하지 못한 적이 불쑥 나타났으니 전투 결과를 바꿀 마법 같은 해답은 없었다. 일본군이 저지른 것 같은 큰 실수를 전략적으로 만회하기는 어렵다. 일본 기동부대가 기대할 수 있는 최선책은 항공모함 몇 척이라도 무사히 건져 나오거나 아니면 최소한 미군에게도 큰 피해를 안길 수 있는 방법을 찾는 것이었다.

그러면 나구모는 당시 가진 정보로 어떤 행동을 취해야 했을까? 대답은 할 수 있는 행동이 "별로 없었다."이다. 사실 도네 4호기의 발견보고에는 세 가지 우려스런 요소가 있었다. 첫째, 아마리가 보고한 적의 위치가 전혀 이치에 맞지 않았다. 만약 도네 4호기가 보고한 장소에서 실제 미군 수상함들을 발견했다면 원래 정찰해야 할 색적선 한참 북쪽에서 적을 발견한 게 된다. 보고된 위치가 정확하다면 미 함대는 지쿠마의 5번 색적선(지쿠마 1호기 담당)의 수색범위 안에 있어야 맞는데 그렇다면 왜 지쿠마 1호기가 미 함대를 먼저 발견하지 못했는가? 아마리가 길을 잃었거나 보고 위치가 정확하지 않았거나 둘 중 하나였다. 사실 아마리의 첫 보고 위치는 실제 위치보다 북북동으로 약 60해리(111킬로미터) 떨어진 곳이었다. 나구모는 정찰기들이 적과 접촉할 때 가끔 지나치게 자의적으로 보고하는 경향이 있다는 것을 알았고 따라서 정찰보고의 몇몇 측면을 의심했지만 미군의 위치에 관한 한 도네 4호기의 보고를 액면 그대로 받아들이는 수밖에 없었다.[53]

둘째, 도네 4호기의 보고에는 미군 함정의 종류가 전혀 언급되지 않았다. "적함 같은 물체 10척"이 도대체 무슨 뜻인가? 보고를 받은 지 몇 분 후 나구모는 도네 4호기에 함종을 확인하라고 명령했다. 적 함대에 항공모함이 있다는 확증은 없었으나 종류야 어찌되었건 수상함정이 10척씩이나 있다는 보고는 나구모의 의심을 사기에 충분했다. 비행기를 사용할 수 있다면 이 미국 함대는 나구모의 항공모함들을 기습하는 데 최적의 위치에 있었다. 한 역사가가 말했듯이 비행기로 공격할 것이 아니라면 아마리가 보고한 위치에 적 기동함대가 있을 이유도 없었다.[54]

셋째, 자세히 살펴보면 미 함대의 침로가 150도였다는 것 자체가 불길했다. 아침에는 바람이 주로 남동쪽(일본 기동부대가 있던 수역에서는 북동쪽에서 부는 바람으로 바뀌고 있었지만)에서 불고 있었다. 이 침로 정보는 적 항공모함 부대가 공격대를 발진시키고 있다는 증거일 수도 있었다.[55]

나구모와 참모진은 이 단서들 중 일부 혹은 전부가 중요하다는 점을 깨달았던 것 같다. 구사카의 의견은 "항공모함이 없는 적 함대는 보고된 수역에 있을 수 없다."[56]였다. 『전사총서』의 서술을 보면 나구모도 처음에는 그렇게 믿었던 것 같다. 그러나 결국 나구모와 참모진이 정체가 무엇이든 간에 이 적 함대가 수상함 부대일 가능성이 높다는 결론을 내렸다는 점이 중요하다.[57] 일본군은 이 수상함 부대에 최소한 항공모함 1척이 있을 수 있으나 항공모함 부대는 아니라고 보았다.

이처럼 모호한 상황에도 불구하고 작전계획을 짜는 데 이용할 만한 단편적 정보들이 존재했다. 첫째, 이제 근처에 미군 함대가 있음이 확실해졌다. 그리고 확증을 얻을 때까지는 이 함대에 항공모함이 있다고 보는 편이 신중한 태도였다. 둘째, 이미 두 시간 전에 적이 나구모의 위치를 대략 파악한 이상 근처에 있을 적 항공모함들도 이 발견보고를 받았다고 가정해야 했다. 바로 지금 적이 공격대를 보낼 수 있다는 뜻이었다. 따라서 적 항공모함에서 발진한 공격대가 언제라도 내습할 수 있다고 예측할 이유는 충분했다. 셋째, 기동부대의 지리적 위치가 최상이 아니었다. 사실 일본 기동부대는 뿔 사이에 끼인 형국이었다. 둘 가운데 북동쪽의 뿔(적 함대)이 더 위험했으며 가능한 한 빨리 공격해야 했다. 그러나 나구모는 대응의 일환으로 두 방향에서 오는 적으로부터 받을 충격을 최소화하는 기동방법도 고려해야 했다.

기본적으로 나구모에게는 두 가지 선택지가 있었다. 도모나가 공격대가 귀환하기 전에 즉시 새로 발견한 미 함대를 겨냥하여 공격대를 출격시키거나 도모나가 공격대가 귀환할 때까지 기다리는 것이다. 모든 조건이 같다면 지금 당장 공격하는 쪽이 더 바람직했지만 이런 행동을 취하려면 여러 가지 장애가 있었다. 무엇보다 나구모는 적함의 종류를 확실히 모르는 상태에서 공격대를 발진시키는 데 조심스러웠다. 나구모와 아카기 함교에 있던 모든 이는 고작 한 달 전에 산호해에서 비슷한 상황에 처했던 하라 주이치 소장에게 어떤 일이 일어났는지를 알고 있었다. 산호해 해전의 전초전에서 5항전 지휘관 하라 소장은 나중에 잘못된 것으로 판명된 정찰정보에 의거하여 공격대를 발진시켰다. 그 결과 일본군은 '항공모함'을 공격하는 대신 유조선과 구축함 하나를 격침하는 데 전력을 낭비했다.[58]

두 번째 장애는 07시 45분에 나구모에게 출격시킬 공격기가 없었다는 점이다. 이 시점에는 비행갑판에 배치된 공격기가 없었다. 07시 30분에서 07시 40분까지 모든 항공모함에서 빈발한 직위기들의 이착함이 이를 증명한다. 전투기들이 착함하려면 비행갑판 뒤쪽이 반드시 비어 있어야 한다. 따라서 '즉각' 공격은 배치, 시운전, 발함에 실제 걸리는 시간을 고려하면 불가능했다. 공격대가 발진하려면 지금부터 최소한 45분이 필요했고, 빨라야 08시 30분경에나 공격대 발진이 가능했을 것이다.

하지만 귀환하는 도모나가 공격대가 08시 15분경 함대 상공을 선회하기 시작할 것이므로 도모나가 공격대가 착함할 수 있게 이 시간에 맞춰 공격대를 발진시켜야 했다. 도모나가 공격대에는 손상된 비행기와 부상당한 탑승원이 있었다. 이때쯤이면 4시간 정도 하늘에 떠 있어 연료가 부족할 것이고 특히 날개의 연료탱크가 손상된 비행기는 더 그럴 것이다.[59] 따라서 이런 비행기들을 빨리 착함시키는 조치가 시급했고 비행장들도 그 필요성을 잘 알았다. 곧 보겠지만 착함뿐만 아니라 비행기를 비행갑판에서 치우고 격납고로 옮기는 일을 포함한 공격대 착함회수 작업은 각 항공모함별로 족히 20분은 걸리는 과정이었다. 실제로 네 항공모함에서 도모나가 공격대의 회수작업은 08시 37분에 시작되어 09시 18분에 완료되었다.[60]

현명한 독자라면 어쨌거나 도모나가 공격대 회수작업이 09시 18분까지 완료될 수 없었으므로 나구모가 이를 예상하여 함대 상공에 도모나가 공격대를 가급적 오래 대기시킨 뒤 모든 비행기를 동원해 완전편제된 공격대를 보낼 수는 없었을까라는 의문이 들 것이다. 도모나가 공격대 회수작업 완료시간을 09시 15분으로 가정하고 역산해 보면 이 상황을 이해하기가 쉽다. 만약 도모나가 공격대 회수작업이 그때쯤 완료되려면 08시 45분 혹은 그보다 약간 늦은 시간에라도 착함을 시작해야 한다. 따라서 예비공격대도 그보다 앞서 발함하고 비행갑판을 비워야 한다. 다시 역산해 보면 예비공격대 배치작업을 **늦어도** 08시에 시작해야 하는데 그렇다면 무장장착 작업도 그때 끝나 있어야 한다는 말이다. 달리 말하면, 도모나가가 착함 외에 선택의 여지가 없는 순간이 오기 전에 무엇이든 발진시키려면 지금 당장 배치작업을 시작해야 한다는 것이었다. 이때에는 시간이 가장 중요한 자산이었다.

07시 45분에는 아카기와 가가의 함상공격기 각 1개 중대가 육용폭탄으로 무장을 교체한 상태였다. 실제 그랬던 것 같지만, 07시 45분에 나구모가 무장교체 작업을 즉시 중단하라고 명령했다면 병기원들이 아카기와 가가의 두 번째 함상공격기 중대의 무장교체 작업을 시작하려던 순간 작업을 중단시킨 상황이 되었을 것이다. 그랬다면 08시경에 1항전은 함상공격기 각 2개 중대의 배치작업을 시작할 수 있었다. 그럼에도 불구하고 나구모는 도모나가가 착함하기 전에 예비공격대의 97식 함상공격기 전체를 도저히 발진시킬 수 없었다. 이미 80식 육용폭탄을 장착한 함상공격기들이 시간에 맞춰 다시 무장을 바꿀 수 없었기 때문이다.

전력에 대해 말하자면, 지금 배치작업을 시작하느냐 아니면 이미 무장교체를 끝낸 함상공격기들이 무장을 다시 바꿀 때까지 기다리느냐의 차이는 함상공격기 15기로 나타난다. 만약 나구모가 기다렸다면 투입 가능한 전력은 다음과 같다.

아카기: 함상공격기 18기(6기 편성 3개 중대)
가가: 함상공격기 26기 혹은 27기(9기 편성 3개 중대)[61]
히류: 함상폭격기 18기(9기 편성 2개 중대)
소류: 함상폭격기 16기[62](9기 편성 2개 중대 중)
총계: 공격기 78기 혹은 79기

반대로 즉시 배치작업을 시작했을 때 합리적으로 생각해 투입 가능한 전력은 다음과 같다.

아카기: 함상공격기 12기(6기 편성 3개 중대 중 2개)

가가: 함상공격기 18기(9기 편성 3개 중대 중 2개)[63]

히류: 함상폭격기 18기(9기 편성 2개 중대 전부)

소류: 함상폭격기 16기(9기 편성 2개 중대 중)

총계: 공격기 64기

아카기와 가가의 함상공격기 중대 하나씩을 제외하고도 나구모는 강력하고 균형 잡힌 공격대를 발진시킬 잠재력이 있었다. 즉시 투입 가능한 공격기 64기를 적절히 운용하면 미 항공모함 2척쯤은 바로 침몰시킬 수 있었다. 사실 이 전력은 이날 늦게 일본군이 미 항공모함들을 노리고 발진시킬 수 있었던 총 전력의 두 배에 달했다. 그러나 이러한 공격방식은 교체작업을 하다 만 함상공격기 1개 중대씩을 아카기와 가가의 격납고에 남김으로써 1항전 함공대의 조직 대칭성을 해쳤다. 교리에 충실한 일본군 지휘관이라면 이를 좋게 볼 리가 없었다.

조직 통합성을 유지할 수 있는 두 번째 방법은 2항전의 함상폭격기 34기로 구성된 제한적인 공격대를 즉시 발진시키는 것이었다. 이렇게 하면 무장 재교체 중인 함상공격기로 구성된 공격대 하나와 회수작업 후 그날 늦게 재투입될 도모나가 공격대가 남는다. 이 접근법의 단점은 두 가지다. 첫째, 공격대의 비행기 숫자가 줄어들기 때문에 공격력이 약화된다. 둘째, 적을 한 개 차원에서만 공격함으로써 공격의 이론적 효율성을 낮춘다. 즉 급강하폭격기가 공격하는 동안 저고도에서 날며 적 전투기의 전력을 분산할 뇌격기가 없다는 뜻이었다. 교리는 이 두 가지 단점에 대해 부정적이었다.

앞의 두 가지는 즉각 공격대 발진에 관한 한 나구모와 참모진이 생각할 수 있는 단 두 개의 선택지였을 것이다. 그러나 전후의 항공모함 운영 관점에서 보면 일본 기동부대에는 선택지가 몇 개 더 있었다. 만약 적이 남동쪽으로 침로를 잡은 것이 항공작전을 수행 중임을 암시한다면 일본 기동부대는 이제 방어도 고려해야 했다. 방어 필요성과 당시의 기술적·교리적 긴요성에 비추어 볼 때 한 가지 가능한 접근법은 1항전과 2항전이 별도로 작전을 수행하는 것이었다. 후치다는 전후 분석에서 비슷한 방법을 제안하며 한 번에 한 항전씩 두 항전을 교대로 공격에 투입했어야 했다고 주장했다.[64] 그럼에도 불구하고 후치다는 그날 나구모나 참모진이 그랬듯이, 어떻게 하면 적을 가장 잘 공격할 것인가라는 관점에서만 생각했음이 분명하다. 후치다의 계산에서 방어는 변수가 아니었으며, 당시 일본군 지휘부 누구라도 마찬가지였다. 야마구치 2항전 사령관도 그때만큼은 독자행동에 반대했다.[65] 그러나 곧 보겠지만, 시간이 흐름에 따라 2항전은 1항전과 점점 별개로 활동하게 된다.

약간 다른 접근법은 기능에 따라 전대를 나누는 방법인데, 즉 한 항전이 공격을 전담하는 동안 다른 항전은 방어를 전담한다. 이는 정확히 오늘날의 항공모함 전단이 시행하는 방법이다.[66] 사실 일본군은 요코스카 항공대에서 이미 이 개념을 연구하고 있었지만 아직 공식교리에 포함하지 않았다. 만약 이 방법을 시도한다면 필연적으로 2항전이 즉시 공격대를 발함시키고 1항전은 상공직위를 책임져야 할 것이다. 이 방법은 일본군에게 여러 가지 면에서 유리했다.

공격 관점에서 보면 첫 공격에서 2항전의 함상폭격기만을 이용한다는 것은 제병연합의 이익을 보지 못한다는 뜻이다. 하지만 최정예 전력이 공격을 맡게 된다. 2항전의 함상폭격기 조종사들은 최고 중의 최고로 인정받았다. 유명한 에구사 소좌가 공격대를 이끄는 이상 공격은 분명 성공할 수 있었다. 이 접근법을 사용한다면 도모나가가 도착했을 때 항공모함 4척의 비행갑판을 모두 폐쇄할 필요도 없을 것이다. 아카기와 가가의 공격기들은 거의 즉시 회수될 수 있고 에구사 공격대가 배치되어 발진하는 동안 히류와 소류의 공격기들만 상공에서 대기하면 되었다.

더 기발한 해법은 앞서처럼 공격/방어 임무에 따라 항공모함들을 나누되 소류와 아카기를 상공직위 담당함으로, 히류와 가가를 공격 담당함으로 지정하는 것이다. 이렇게 하면 즉시 공격기 36기(히류의 함상폭격기 18기, 가가의 함상공격기 18기)를 비행갑판에 올릴 수 있다. 달리 말하면, 이 방식은 기동부대를 역할에 따라 둘로 나눌 뿐만 아니라 이 역할 분담을 통해 항공전대의 구조를 둘로 나눈다. 이 접근법의 장점은 뇌격기와 폭격기를 모두 갖춘 공격대를 즉시 발진시켜 제병연합의 이점을 볼 수 있다는 것이다.

그러나 이런 선택을 고려하기에는 나구모와 참모진이 일본 해군 교리에 단단히 발목이 잡혀 있었다. 사실 앞에서 말한 '기능 위주' 해법이 나구모와 참모진의 머리에 떠올랐을 것 같지는 않다. 특히 요코스카 항공대의 연구가 아직 결실을 맺지 못했기 때문에 더 그러했다. 1942년의 일본 해군 교리는 공격 위주였으며 모든 전술

상황에 대해 제병연합諸兵聯合 총공격을 만병통치약으로 처방했고 그 외에는 아무것도 없었다. 이러한 상황에서 유연한 접근법을 취해야 한다는 필요성은 집중에 대한 교조적 강조에 가로막혔다. 결국 선택지는 하나뿐이었다. 준비하는 데 시간이 얼마나 걸리더라도 가진 것을 모두 동원하여 총공격하는 것이었다.

공격대의 기종 구성에 상관없이 해결해야 할 또 다른 문제는 호위기를 붙이는 문제였다. 후치다는 그전에 상공직위를 강화하러 2차 직위대가 발진했기 때문에 08시경에 호위기를 보내기가 불가능했을 것이라고 주장했다.[67] 즉 2항전의 함상폭격기만 출격한다면 엄호 없이 가야 했다는 말이다. 이는 누구도 원하지 않는 일이었다. 전후 연구자들은 이 요소가 나구모의 결단에 결정적인 영향을 미쳤다고 인용해왔다.[68]

그러나 일본 기동부대의 항공작전 관련 기록을 상세히 살펴보면 전혀 다른 상황이 보인다. 앞에서 말했듯이 각 비행장들은 도모나가 공격대가 곧 귀환할 것이라 예측하고 07시 30분경에 재급유와 탄약 보충이 필요한 직위기들을 모두 내려 곧 있을 비행갑판 폐쇄에 사전 대비하고 있었다. 따라서 08시경 각 항공모함의 격납고에서 출격 가능한 전투기는 총 47기로 아카기 12기, 가가 18기, 히류 8기, 소류 9기였다. 이 중 35기는 모함에 최소한 30분간 머물렀으므로 재급유와 탄약 보충을 끝냈을 것으로 생각할 수 있다. 35기라면 강력한 호위대가 될 수 있었다. 당시 일본 해군이 미 해군보다 조종사의 자질과 전투기 성능 면에서 우월했음을 고려한다면 더욱 그랬다.

그러나 이 전투기들을 공격대에 모두 투입하면 기동부대는 직위대를 강화할 예비기가 거의 없어진다. 이때 함대 상공의 직위기는 9기로 줄어든 상황이었다. 만약 나구모가 1항전과 2항전에서 공격대를 동시에 출격시키는 방법을 선택했다면 이 초라한 직위대는 배치·발함 작업 내내 상공에 있어야 했고 공격대가 발함한 뒤에야 재보급과 전력 보충을 받을 수 있었다. 이 2차 공격대 호위대로 갈 전투기들은 도모나가를 엄호한 36기보다 적을 수밖에 없었다. 그래도 나구모가 어느 정도 호위대를 붙여 주었을 것이라는 점은 확실하다. 전투기 4개 소대 정도는 쉽게 보낼 수 있었고 그보다 두 배 정도 더 보내는 것도 전혀 불가능하지는 않았을 것이다.

나구모가 고려할 마지막 요소는 함대 기동이었다. 기동부대는 두 방향에서 접근하는 적군 사이에 끼어 있었고 설상가상으로 나구모는 그중 하나인 미드웨이 제도의 위치만 아는 상태였다. 도네 4호기가 보고한 적의 위치를 교차검증하지 못한다면 적의 위치에 관한 한 나구모는 뜬구름을 잡으려는 것이나 마찬가지였다. 미 항공모함을 공격하려 한다면 잠시 미드웨이 제도에서 멀어지는 것이 옳았다. 사실 미 함대에서 잠시 떨어지는 방법도 타당했을 것이다. 그러나 함종이 무엇인지, 함대의 정확한 위치가 어디인지도 모르고 나구모는 미 함대와의 거리를 좁히기 위해 곧 북동으로 침로를 변경했는데, 이는 잘못된 결정이었다. 나구모의 변침으로 인해 미 항공모함이 기동부대를 더 크게 위협하게 되었을 뿐만 아니라 미드웨이에서 오는 공격에 기동부대의 남쪽 측면이 노출되는 부정적 효과를 가져왔다.

분명히 나구모는 원하는 곳으로 함대를 움직일 자유가 있었다. 솔직히 말해 08시경 아카기 함교에 있던 사람들에게 야마모토의 작전계획은 당장 쓰레기통에 들어가야 한다는 게 너무나 분명해 보였을 것이다. 그날 아침에는 아무것도 계획대로 되지 않았다. 그럼에도 불구하고 나구모에게는 몇 가지 중요한 이점이 있었다. 우선 일본군 공격기는 미군 공격기보다 항속거리가 길었다. 북서쪽으로 변침한다면 이 이점을 활용하면서 공격할 수 있다. 나구모는 북쪽 해역의 날씨가 좋지 않다는 것을 알았다. 그러나 전날 통과한 한랭전선 아래로 다시 들어간다면 기동부대의 행동을 은폐할 수 있었고 미군의 북쪽 측면을 우회할 수도 있었다. 나구모는 이 해역에 적이 정찰기를 보냈다고(실제로 그러했다) 우려했을 수도 있다. 그러나 적어도 이 방향에서라면 남쪽으로 멀리 떨어진 미드웨이로부터 오는 공격을 걱정할 필요 없이 미 함대를 공격한 후에 후속 전투를 할 수 있었다. 더욱이 나구모는 북쪽으로 함대를 이동시키는 동안 지원을 요청하여 가쿠다의 제2기동부대라는 증원군을 알류샨에서 남쪽으로 불러올 수 있었다.

미드웨이 해전을 공부한 사람이라면 08~09시에 일본 기동부대가 북쪽 혹은 북서쪽으로 이동했더라도 다가오던 미군 공격대들이 이를 놓치지 않았을 것임을 알 것이다. 엔터프라이즈의 급강하폭격대는 남서쪽에서 다가와 기어이 일본 기동부대를 따라잡았기 때문에 기동부대가 북서쪽으로 기동했다고 해도 엔터프라이즈 공격대의 바로 북쪽에 위치하게 되는 터라 발각되었을 가능성이 있다. 호닛 공격대도 북서쪽으로 이동한 기동부대와 조우했을 것이다. 따라서 나구모가 이 방향으로 이동했어도 기동부대는 반드시 공격받았을 것이다. 그러나 이점도 있었다. 다른 방향에서 다가오는 요크타운과 엔터프라이즈 공격대를 동시에 상대하는 대신 일본 기동부대는 한 번에 하나씩, 한 방향에서 날아오는 공격대와 조우했을 것이다. 이 경우 적 발견과 요격이 훨씬 쉬웠을 것이다. 일본군 직위대는 사전경고를 받으면 한 방향에서 날아오는 적 공격대를 충분히 상대할 수 있음을 보여준 바 있다.

그러나 북서쪽으로 기동하더라도 문제가 생긴다. 바로 작전 시간계획이 완전히 엉클어질 수밖에 없다는 것이다. 계획이 어긋나면 야마모토는 분명히 격노했을 것이다. 나구모가 북서쪽으로 변침하고 싶었어도 그렇게 하려면 먼저 기동부대의 행동뿐만 아니라 여러 공략부대, 지원대, 호위대의 움직임을 재조정해야 했다. 모든 것을 계획에만 의존하는 '계획 타성plan inertia'의 수준이 심각한 상황을 나구모는 작전 수행단계에서 극복해야 했다. 이는 나구모가 다나카에게 "귀대 현 위치 대기 요망, 상륙 안전시점 추후 통지."라고 타전한다고 해서 해결될 일이 아니었다. 연합함대 사령장관의 건드릴 수 없는 시간표를 무시하려면 강한 정신력, 정당한 논리와 연합함대 참모진에 임무를 완수하는 데 예상되는 합리적인 시간표를 내밀 수 있는 능력이 필요했다.

물론 복기라는 이점이 있지만 모든 것을 종합해 보면 나구모가 처한 난제의 '정답'은 기동, 집중공격 대신 공격속도, 피해의 사전예방에 방점을 찍은 조치였을 것이다(① 기동: 북서쪽으로 변침하여 적과의 거리를 벌리고, ② 공격속도: 전 기체가 무장을 교체할 때까지 기다리지 않고 즉시 공격대를 발진시켜 ③ 피해의 사전예방: 격납고를 신속하게 비워 유폭방지 조치를 취함). 나구모가 결정을 내리기까지 주어진 시간은 겨우 15분이었기 때문에 신묘한 해결책을 시행하기에는 시간이 너무 없었다. 그러나 무장을 했건 안 했건 격납고의 공격기들을 모두 비행갑판으로 끌어올려 적을 향해 발진시키는 것만으로도 엄청난 도움이 되었을 것이다. 지금 당장 출격 가능한 64기만으로도 적에게 큰 피해를 안기기에는 충분했다. 그리고 격납고를 비움으로써 항공모함 내부의 가장 큰 위험요인인 연료를 가득 채우고 무장한 비행기들을 제거할 수도 있었다.

그러나 나구모가 어느 쪽을 선택할지 고심하는 동안 새로운 장애물이 나타났다. 07시 53분, 기리시마가 연막을 치기 시작했다. 다른 미군 공격대가 날아들고 있었다. 몇 분 만에 나구모 부대는 다시 공격받았다. 이제 공격받는 상황에서 배치작업을 해야 하므로 도모나가 공격대가 귀환하기 전에 공격대를 발진시키기가 이중으로 어려워졌다. 제정신을 가진 비행장이라면 폭탄이 떨어지는 와중에 배치작업을 하고 싶지는 않을 것이다. 함이 고속으로 기동하는 상황에서 노출된 비행갑판으로 비행기를 밀어 발함을 준비하는 것은 소름끼치도록 위험한 작업이었다. 미끄러진 비행기가 승조원들을 덮쳐 다치게 하거나 깔아뭉갤 수도 있었다. 이는 함이 한쪽으로 갑자기 쏠릴 경우 닥칠 위험이었다. 실제로 산호해에서 즈이카쿠의 승조원 한 명이 이렇게 사망하고 사고기가 바다로 떨어졌다.[69] 더욱이 연료를 만재하고 무장까지 한 비행기들을 비행갑판에 세우면 적의 공격에 직접 노출된다. 이런 환경에서 비행기를 배치하고 발함하려면 돌 같은 신경과 강철 같은 의지가 필요했다. 그러나 진정으로 통찰력 있는 지휘관이라면 함장과 비행장이 반대하더라도 공격기를 가급적 빨리 발진시키는 것이 연료를 채우고 무장한 공격기들을 함 내부에 두는 것보다 덜 위험하다고 지적했을 것이다. 설사 적의 공격을 받는 상황이라고 해도 말이다.[70]

간단히 말해 나구모는 이때 공격하지 않기로 결정했다. 이유는 다양했다. 우선 나구모는 도모나가가 귀환하기 전에 무리해서 공격대를 발진시키기가 어렵다고 판단했음이 틀림없다. 특히 미군 공격대가 다시 날아드는 상황에서라면 더 그러했다. 또한 나구모는 도네 4호기의 보고가 허위일 가능성을 우려하여 추가 정찰작업을 통해 적의 위치를 정확히 파악할 필요가 있다고 생각했을 수도 있다.

더욱이 후치다가 말한 것과 반대로 함전대의 상황은 그다지 급박하지 않았다. 이때 겐다와 구사카는 공격대를 충분히 엄호해주지 못할까 봐 우려했지만[71] 아카기의 격납고에서 진행 중인 무장교체 작업의 진척상황을 몰라서 그랬을 수도 있고 기동부대의 다른 항공모함들의 함전대 상황을 몰라서 그랬을 수도 있다. 문서 증거는 없으나 겐다와 구사카는 공격대를 나누어 보내 기동부대 비행기대의 대칭성을 깨고 싶지 않았을지도 모른다. 지금 공격대를 쪼갠다면 이날 늦게 있을 후속공격에 남은 비행기들을 끼워 넣을 자리를 찾아야 했다. 이 비행기들은 비행갑판 공간에 여유가 있어야 도모나가 공격대와 같이 배치될 수 있을 터였다. 비행기대 일부만 사용하는 공격은 나중에 혼란과 비효율만 키울 것이었다.

나구모의 방책이 일본 해군 교리에 딱 들어맞았다는 점도 강조할 필요가 있다. 일본 해군의 교리는 제병연합 총공격을 선호했다. 지금 이 순간 나구모가 선택할 수 있는 것은 애매한 수단들뿐이었으며 어느 것도 선불리 택할 수 없었다. 그러나 조금만 더 기다리면 힘들게 선택할 필요 없이 완전 편제된 공격대로 공격을 실시할 수 있었다. 일본 측, 미국 측 상관없이 나구모에 대한 비판은 그의 행동이 교리와 일치한다는 사실을 간과했다.

만약 나구모에게 행운이 조금 더 따라 완전 편제된 예비공격대로 공격할 수 있었다면 이는 이날 양군이 출격시킨 공격대 중 가장 강력하고 균형잡힌 공격대였을 것이다. 미군 뇌격비행대와 달리 일본군 함공대는 확실한 성과를 거둘 능력이 있었다. 더욱이 일본군은 뇌격기와 급강하폭격기 동시협동으로 이동표적을 공격하는 데 숙달되어 있었다. 이 공격을 받았다면 그 어떤 미국 항공모함이라도 끔찍한 위험에 처했을 것이다. 나구모의 항공모함 4척은 근처에서 제대로 포착하기만 한다면 이 전투에 참가한 미 항공모함 전부를 격침하고도 남을 만한 공격력을 갖추었다.

그러나 가장 중요한 요소는 나구모가 즉각 공격대를 발함시켜야 할 긴박한 필요성을 느끼지 않았다는 점이다. 미국 기동함대 공격은 현재 가장 주요한 임무였다. 그러나 현재 파악된 적함이 고작 10척이었으므로 나구모는 적의 세력이 미약하다고 판단했던 것 같다. 그랬을 것 같지는 않지만 비행기를 운반하거나 다른 임무를 띤 미 항공모함 1척이 우연히 지나가다가 6월 3일 전투의 결과로 미드웨이 해역으로 이동했을 수도 있다. 이 항공모함이 어디에서 왔건 간에 적시에 처리하지 못할 것이라는 조짐은 어디에도 없었다. 곧 귀환할 도모나가 공격대가 오기 전에 공격대를 편성하는 데 겪을 큰 어려움을 고려하면 가장 심리적 저항감이 없는 방법은 잠시 반격을 미루는 것이었다. 회수작업이 진행되는 동안 나구모가 1항전 함공대의 무장 재변경을 완료하면 오전 늦게 완전 편제된 공격대를 발함시킬 수 있을 것이다.

미군이 약체라는 편견도 적에게 접근하기로 한 결정에 영향을 주었다. 사실 미군 급강하폭격기들이 모습을 드러내기 전인 09시 30분, 나구모는 "주간 교전晝戰"을 기도하겠다고 함대에 알렸다. 다른 말로는 **수상전**으로 적을 격멸하겠다는 것이다.[72] 나구모는 (고속전함 2척을 보강받기는 했으나) 빈약한 기동부대의 호위전력으로 끝장낼 수 있을 정도로 미 함대가 약체라고 생각했다. 이러한 명령은 일몰까지 기다렸다가 일본 해군의 자랑인 야전 기술을 쓸 필요조차 없다는 의도를 은연중에 타전한 것이나 마찬가지였다. 적은 지금 백주대낮에 쓸어버릴 수 있는 상대였다. 따라서 앞으로 세 시간 안에 나구모는 처음에는 공습으로, 나중에는 구축함과 전함을 이용한 수상전으로 적을 처리할 생각이었다.

예비공격대로 미드웨이를 2차 공격하기로 한 결정과 마찬가지로 미 함대에 즉시 공격대를 보내지 않기로 한 결정도 무자비하게 비판받아 왔다. 후치다는 말한다.

"아, 교지巧遲보다는 졸속拙速이 낫다고 했다.[73] 최선이 아니더라도 차선책으로 문제에 대응해야 했다. 나구모 중장이 이때 취한 안이 무엇이든 간에 급강하폭격대를 즉각 발진시켜 공격해야 했다. 이어서 육용폭탄을 장착한 수평폭격대를 투입해야 했다. 이 폭격대는 곧바로 공격에 내보내지 않아도 발진 후 상공에서 대기한다. 그동안 엄호에 필요한 전투기를 급하게 수용해 보급한 다음 수평폭격기 엄호에 붙이고 급강하폭격대가 뒤따라 공격한다. 이 작업 중에는 미드웨이 공격대가 상공에서 대기한다. 피탄되어 체공할 수 없는 비행기는 어쩔 수 없이 경계구축함 옆에 착수시키고 탑승원만 수용한다.

어리석은 자는 겪고 나서야 지혜로워진다고 했다. 이상의 지론도 결과를 보고 나중에 나온 것인지도 모른다. 그러나 적어도 급강하폭격대를 발진시키는 일만큼은 결과론이 아니라 당시의 상식으로서도 논의의 여지가 없었으며, 이는 먹느냐 먹히느냐라는 함대 항공작전의 상투적 수단이었다. 수평폭격대를 호위 없이 보내는 데 대하여 다른 의견이 있을 수도 있다. 하지만 나구모는 이때 눈을 딱 감고 공격대 발진을 명령했어야 했다. 그 결과는 미군 비행대처럼 아마도 비참했으리라. 그러나 실제 전투 결과처럼 최악의 사태에 빠지지 않고 전군을 구할 수 있었을지도 모른다."[74]

후치다의 말은 꼼꼼히 따져 볼 필요가 있는데 여기에는 일말의 진실과 터무니없는 오류가 섞여 있기 때문이다. 즉시 공격하는 것이 바람직했다고 한 말은 옳다. 그때는 교리를 잠시 덮어 두고 서둘러야 할 시간이었다. 격납고를 빨리 비워야 했다고 지적한 점도 옳다. 후치다가 진정으로 전투 중에 이를 이해했는지 아니면 회고하는 과정에서 뒤늦게 이해했는지는 알 수 없으나, 함대의 생존 확률을 높이기 위해 나구모가 할 수 있는 유일한 일은 가능한 한 많은 비행기를 격납고에서 꺼내 하늘에 띄우는 것이었다. 목적은 상관없었다.

그러나 후치다는 세 가지 중요한 오류를 범했다. 첫째, 후치다는 예비공격대 전체가 격납고에 있었기 때문에 07시 45분에는 아무것도 띄울 수 없었다는 점을 고의로 무시했다. 둘째, 신속한 공격은 필요했으나 이는 전투력 보전과 반드시 균형을 이루어야 했다. 다른 말로, 나구모는 의도적 해면 불시착 등으로 인해 도모나가 공격대가 불필요하게 손실되는 경우를 가능한 한 최소화해야 했다. 일본 기동부대는 이미 양면에서 적들을 상대하고 있었다. 나구모의 항공모함들은 비행기 없이는 스스로를 지킬 수 없었다. 갑자기 불어난 적 예상전력에 발작적으로 대응하여 귀중한 자산을 스스로 깎아먹는 행위는 어불성설이다. 일본군의 무의미한 희생이 수없이 많았던 전쟁에서 그때 나구모가 도모나가 공격대를 낭비하지 않고 보전한 결정은 칭찬받아 마땅하다. 그러나 이러한 신중함조차 나구모가 불공평한 비난을 받는 이유가 되었다.

무엇보다 후치다는 전후 회고록에 반드시 있어야 할 중요한 정보 하나를 누락했다는 점에서 크게 비판받아야 한다. 바로 회고록이 출간된 1951년에 후치다가 알던 사실을 1942년 6월의 나구모는 짐작만 할 수 있었다는 점이다. 즉 아카기 함교에서 기동부대 사령관이 무엇을 선택할지 고민하고 있을 때 미군 함상기의 대부분은 발함했거나 발함할 예정이었고 이 공격대가 결국 일본 기동부대의 숨통을 끊었다는 사실이다. 말하자면 도모나가가 돌아오기 전에 반격을 시작했건 하지 않았건 간에 이날 아침에 나구모는 미군으로부터 맹공격을 받을 처지였다.

플레처가 스프루언스에게 상황이 허락하는 대로 일본군을 공격하라고 명령했고 스프루언스가 명령에 따라 보고된 일본 기동부대의 위치에 접근하기 위해 남서쪽으로 변침한 것을 독자들은 기억할 것이다. 스프루언스는 엔터프라이즈와 호닛 비행단의 발진시간을 07시로 정했고 정시에 발진이 개시되었다.[75] 그러나 그다음의 항공작전은 상호 협조가 부족했고 조직력도 형편없었다. 두 항공모함의 비행단을 집단으로 운용할 계획은 없었다. 오히려 미 해군의 교리는 각 항공모함 비행단을 독자적으로 작전하는 조직으로 규정했다.[76] 더욱이 스프루언스의 참모장 마일스 브라우닝Miles R. Browning 대령이 호닛에 작전 관련 세부지시를 내리지 않았기 때문에 호닛의 함장 마크 A. 미처Marc A. Mitscher 대령이[77] 소속 비행단에 일본군 수색경로를 직접 알려줘야 했다. 게다가 각각 공격대를 배치, 발함시키는 방법은 전적으로 함장의 재량에 달려 있었다.

당연히 엔터프라이즈와 호닛의 함장은 보유한 공격기를 총동원하여 일본군을 공격하고 싶어 했다. 그러나 발진 비행기의 수량을 고려하면 공격대 일부를 먼저 발함시키고 나머지를 배치했다가 발함시킬 필요가 있었다. 나머지 공격기들이 비행갑판에 배치되는 동안 이미 올라와 있던 비행기들은 발진할 때까지 상공에서 선회했다.[78]

엔터프라이즈 함장 조지 D. 머레이George D. Murray 대령은 초계전투기와 상대적으로 항속거리가 긴 SBD 급강하폭격기를 먼저 발함시키고, 항속거리가 짧은 공격대 호위 전투기와 TBD 뇌격기를 나중에 발진시키는 방법을 택했다. 현실적인 계획이었다. 왜냐하면 항속거리가 짧은 전투기들을 마지막까지 비행갑판에 붙들고 있어야 목표물까지 가는 비행시간을 조금이라도 더 늘릴 수 있기 때문이다. 그러나 실제로는 기계적 결함과 여러 가지 문제로 인해 공격대 절반이 발진한 후 나머지가 배치될 때까지 꽤 오래 걸렸다.[79] 이 와중에 엔터프라이즈는 도네 4호기가 나구모에게 타전한 전문을 07시 40분에 방수하여 일본군 정찰기의 존재를 알게 되었다. 엔터프라이즈의 통신정보장교(길븐 M. 슬로님Gilven M. Slonim 대위)는 이 전문을 16기동함대 발견보고로 파악했다.[80] 어떻게든지 상황을 진척시키려고 필사적이었던 스프루언스는 상공에 있는 SBD들에게 뒤따를 호위전투기와 TBD를 기다리지 말고 바로 목표물로 직행하라고 명령했다. 설상가상으로 후속 공격대는 발함 후 급강하폭격대와 다른 경로로 일본군에 접근했다. 엔터프라이즈 공격대는 발진하자마자 두 개로 쪼개져 적에게 다가가고 있었다.

호닛의 작전 수행은 더 형편없었다. 미처 함장은 본인의 경험에도 불구하고[81] 설명할 수 없는 이유로 전투기를 맨 앞에, SBD를 그다음에, 탑재 TBD의 절반을 그 뒤에 배치한 후 발진시키기로 결정했다. 이들이 발진한 다음에 나머지 뇌격기들이 배치되어 발진할 예정이었다.[82] 이 결정 탓에 고작 45분 뒤에 호닛의 전투기들은 행동반경에도 한참 못 미쳐 연료가 떨어졌다. 호닛의 공격대는 07시 55분에 모함을 떠났다.

호닛 비행단의 실제 행보는 오늘날까지도 수수께끼로 남아 있다. 일부 증언자들은 비행단장 스탠호프 C. 링Stanhope C. Ring 중령이 발진한 후 남서쪽으로 항로를 유지하다가 그만 기동부대 남쪽을 지나쳐버려 결국 목표 접촉에 실패했다는 입장을 고수하고 있다. 그러나 우리는 호닛 비행단이 실제 발진지점에서 거의 정서쪽으로 비행하여 나구모의 북쪽을 지나쳐 갔다는 해석을 지지한다.[83] 링 중령이 PBY가 보고

9-4. 1942년 6월 4일 아침, 미드웨이 인근수역에서 기동 중인 엔터프라이즈. 뒤편으로 중순양함 노샘프턴이 보인다. (National Archives and Records Administration, 사진번호: 80-G-32225)

한 적 방향인 남서쪽이 아니라 서쪽으로 비행단을 이끌고 간 이유는 분명하지 않다.[84] 어쨌든 이 같은 기이한 상황으로 인해 결과적으로 호닛 비행단 중 단 1개 비행대만 이날 아침 전투에 참가하게 되었다.

서투르기 짝이 없는 미군의 발함작업과 일본군의 능숙한 작업은 매우 대조적이다. 일본군이 도모나가 공격대 108기를 띄우는 데 고작 7분이 걸린 반면, 호닛과 엔터프라이즈는 고작 9기가 더 많은 공격대를 발진시키는 데 거의 한 시간 동안 고전했다. 미군 공격대는 전투기 20기, 급강하폭격기 68기, 뇌격기 29기로 총 117기였다.[85] 그뿐만 아니라 호닛과 엔터프라이즈는 연합 공격대를 편성하는 대신 2개 비행단을 3개 방향에서 접근시켰다.[86] 나중에 같이 발함한 공격대 일부는 잠시 후 따로 떨어져 나가 목표를 향해 각자 비행했고, 그 결과 전력이 더욱 분산되었다. 따라서 미군 비행기들이 일본 함대에 어찌어찌 도착했더라도 요크타운 공격대를 제외하고는 비행대 단위로 공격할 수밖에 없었다. 그럼에도 불구하고 08시경에는 나구모와 기동부대의 운명이 어느 정도 정해진 상태였다.[87] 미군은 일본군의 위치를 파악했고 확실하게 큰 타격을 입힐 전력을 상공에 띄울 수 있었다. 이제 적을 만나기만 하면 되었다.

이 사실은 나구모의 선택을 둘러싼 질문을 완전히 새로운 관점에서 보게 만든다. 도모나가가 횃대로 돌아오기 전에 공격대를 보내느냐, 나중에 보내느냐에 상관없이 이미 전투의 주도권은 미군에게 넘어갔다. 만약 나구모가 적시에 공격해 미군의 공격을 사전에 차단하려면 도네 4호기나 다른 정찰기의 정보를 훨씬 일찍 받았어야 했다. 미군 공격대 발함 시점부터 시간을 역산해 보면 의미 있는 선제공격을 할 수 있는 발견시점의 하한선을 판단할 수 있다.

가장 속력이 느린 일본군 함상기인 97식 함상공격기의 순항속력은 138노트(255킬로미터)였다. 따라서 일본군 공격대가 미 기동함대까지의 거리인 200해리(370킬로미터)를 가려면 약 한 시간 반이 소요된다.[88] 그러나 최선의 상황에서도 08시 38분에야 겨우 공격대 발진을 개시한 요크타운을 공격하려면 나구모는 07시 15분에는 공격대를 띄워야 선제공격이 가능했을 것이다. 따라서 나구모는 적어도 06시 30분에는 공격대 배치작업을 시작해야 했다. 더 나아가 엔터프라이즈와 호닛이 공격대를 발진시키기 전에 공격하려면 늦어도 05시 30분에는 공격대를 발진시켜야 했다. 따라서 나구모가 관련 정보를 가지고 참모들과 토론하던 07시 45분~08시에는 미군의 선제공격을 막을 방법이 없었다. 그날 아침의 사건들을 되돌리기 위해 나구모가 할 수 있는 일은 아무것도 없었다.

따라서 그동안 도네 4호기가 이날의 일로 뒤집어쓴 비난의 상당 부분은 5번 색적선을 따라 비행한 지쿠마 1호기로 옮겨 간다. 아마리 일등비행병조의 항법실력도 형편없었지만 진짜 중요한 정찰 실패 책임은 지쿠마 1호기에 있었다. 지쿠마 1호기는 나구모에게 제시간에 필요한 정보를 가져다줄 수 있었던 유일한 정찰기였다. 이 정찰기가 정확하게 항로를 따라 수면에 더 가까이 붙어 비행했더라면 06시 15분에서 30분 사이에 미 기동함대를 발견했을 것이다. 간발의 차이로나마 결정적 행동을 취할 수 있었던 시간대였다. 지쿠마 1호기의 정찰 실패로 나구모는 대응할 수 있는 시간을 한 시간 이상 잃었다. 도네 4호기의 지각 발함이 아니라 지쿠마 1호기의 정찰 실패가 전술적으로 부정적 효과들이 눈사태처럼 쏟아지는 상황을 초래했다.

그러나 지쿠마 1호기의 실수는 더 큰 실패의 일부일 뿐이다. 아침 정찰에 쥐꼬리만 한 수의 비행기를 투입한 것이야말로 나구모의 성공 가능성을 해친 원인이다. 제대로 된 정찰계획이라면 투입 정찰자산 중 일부가 실패했다고 해서 전체 계획이 무위로 돌아가는 일은 없다. 일본군은 정찰에 좀 더 많은 비행기를 투입했어야 했다. 지쿠마 1호기가 미군을 포착할 수 없었던 이유는 나구모의 동쪽 측면 날씨가 매우 나빴기 때문이며 추가로 정찰기를 투입했더라도 상황을 개선할 수 없었다고 주장하는 사람도 있다.[89] 그러나 이는 타당하지 않은 주장이다. 한 지역을 담당한 정찰기 하나가 기상 문제, 항법 문제, 부적절한 정찰기법 문제 등의 이유로 적을 찾지 못했다고 해도 바로 옆에서 다른 색적선을 따라, 다른 기상상황에서, 훈련받은 대로 정찰했을지도 모르는 다른 정찰기가 같은 적을 발견할 가능성이 있기 때문이다. 정찰자산을 더 많이 배치했더라면 나구모의 성공 가능성이 더 높아졌을 것임을 부정할 수는 없다. 그러나 일본군의 교리와 공격 위주의 가치관이 이를 불가능하게 만들었다. 사실 겐다의 정찰계획은 본질적으로 도박이었고 나구모는 이 도박에서 몇 시간 전부터 이미 지고 있었다.

10

난타전 08:00-09:17

07시 53분에 기리시마가 피워 올린 연막[1]은 별도로 행동하던 3개의 미군 공격대가 앞으로 몇십 분 동안 집요하게 가해올 공격의 신호탄이었다. 처음 도착한 공격대는 로프턴 R. 헨더슨Lofton R. Henderson 소령 휘하 SBD 급강하폭격기 16기로 남동쪽에서 일본 기동부대에 접근했다. 제241해병정찰폭격비행대VMSB-241 소속인 해병대 조종사들은 앞서 일본 기동부대를 공격한 B-26과 TBF 들이 떠난 직후 미드웨이 기지를 이륙했다. 비행대의 SBD가 상대적으로 순항속도가 느리고 항로를 더 북쪽으로 잡았던 탓에 헨더슨은 조금 늦게 일본 함대를 포착했다.

헨더슨의 부하들은 이날 전투에 참가한 미군 조종사들 가운데 가장 풋내기였다. 대부분은 며칠 전에야 SBD의 조종석에 처음 앉아 봤고[2] 절반 이상은 며칠 전 부대에 전입신고를 했다. 지휘관의 의견에 따르면 부대원들은 진정한 급강하폭격을 하기에는 기량이 부족했다. 따라서 급강하폭격을 하는 대신 헨더슨은 일본군 진형 좌현에서 급기동하던 2항전의 항공모함 2척에 대해 얕은 각도에서 활강폭격을 할 심산으로 고도 9,500피트(2,900미터)에서 공격대를 이끌고 진입했다. 폭격을 할 때까지만이라도 살아남으면 다행이었다. 제로센들이 습격해 왔을 때 헨더슨과 부하들은 목표를 향해 완만히 하강하는 중이었다.

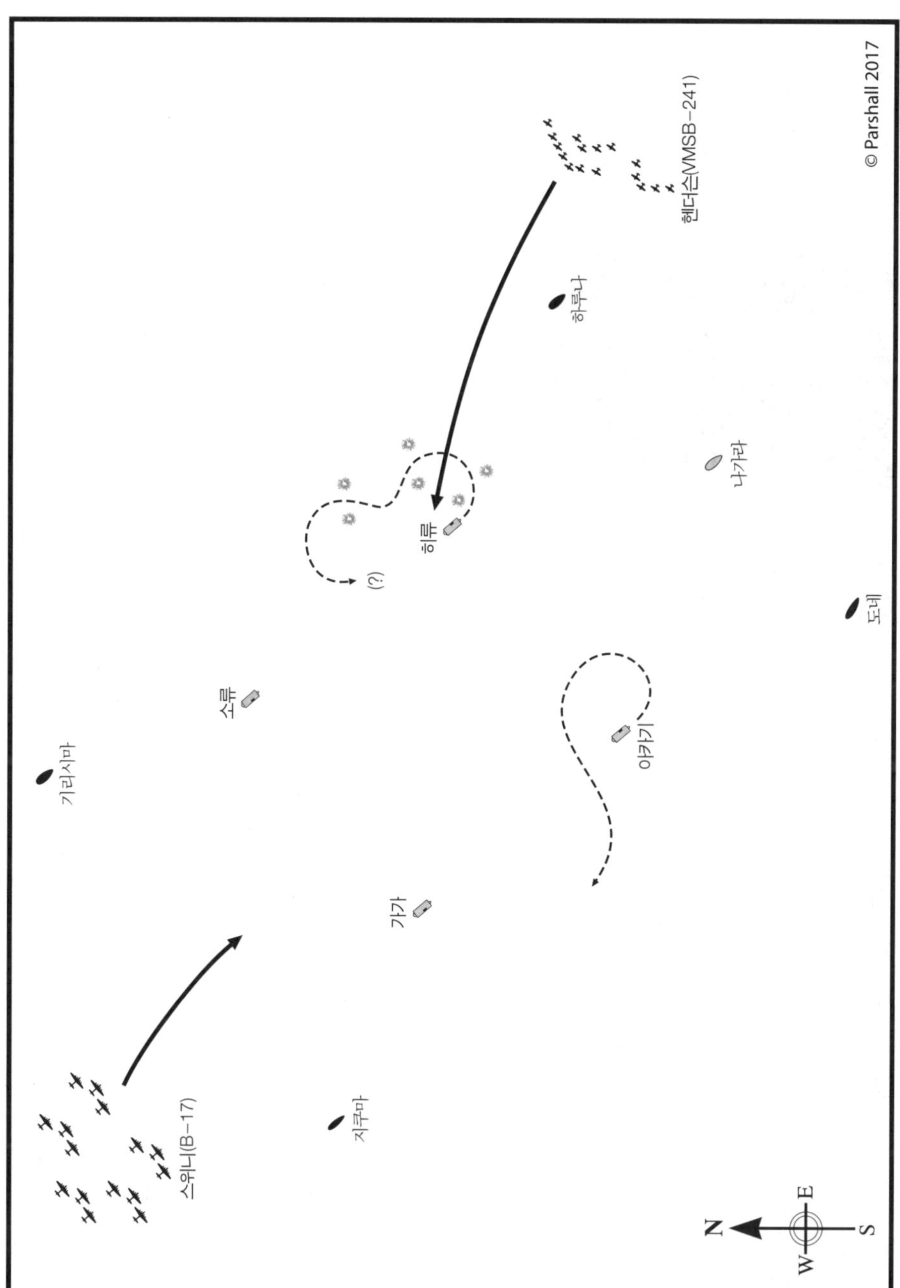

10-1. 07시 53분~08시 15분 헨더슨과 스위니 공격대의 일본 기동부대 공격

10-2. 미 해병대 소속 VMSB-241 지휘관 로프턴 R. 헨더슨 소령. 그의 희생을 기려 명명된 헨더슨 비행장은 나중에 과달카날 전투의 상징이 된다. (National Archives and Records Administration, 사진번호: 127-N-412668)

일본군 직위기들은 무자비할 정도로 정확하게 헨더슨 공격대를 난도질했다. 아카기의 이부스키 대위와 남아 있는 6항공대의 2기, 고다마 비행병조장이 이끄는 히류의 3차 직위대 3기, 그리고 유명한 후지타 대위가 지휘하는 소류의 3차 직위대(3기)가 합세했다.[3] 가가의 직위기 4기는 착함 준비 중이었으므로[4] 사실 이것이 이때 일본군 직위기의 전부였다. 전투기 9기는 완전편제 상태의 폭격비행대를 상대하기에 불충분해 보였지만 막상 전투가 벌어지자 무시무시한 효율성을 증명했다.

미군기 6기가 거의 동시에 불길을 뿜으며 바다로 떨어졌다. 이때 격추된 헨더슨 소령은 끝까지 조종간을 손에서 놓지 않고 편대비행을 유지하려 했다. 이 희생을 기려 과달카날에서 미 해병대가 점령한 일본군 비행장에 헨더슨의 이름을 붙였고, 이 비행장[5]은 미군 역사상 영광된 이름들 중 하나로 남게 된다. 그러나 살아남은 이들이 겪고 있던 곤경에 영광 따위는 없었다. 남은 SBD들은 진형을 유지하고 목표물을 계속 조준하며 최선을 다해 반격하는 수밖에 없었다. 이 과정에서 한 SBD의 무선수/후방기총수가 히류 소속인 고다마의 기체를 격추했다.

마침내 헨더슨의 요기僚機(2중대장 엘머 C. 글리든Elmer C. Glidden 대위)가 큰 타격을 입은 비행대를 이끌고 활강폭격을 시작했다.[6] 히류의 포술사砲術士 나가토모 소위가 고각포에 사격 명령을 내렸다. 그렇잖아도 온통 시끄럽고 혼란스러운데 대공포화까지 더해지자 미군의 상황은 더욱 어려워졌다. 포탄이 사방에서 날아왔고 비행 대형이 흐트러졌다. 히류의 비행갑판을 따라 배치된 25밀리미터 기관총좌들이 어울리지 않게 아름다운 궤적을 그리는 예광탄을 토해냈다. 아카기에서 보기에 미군 조종사들은 제대로 된 훈련을 받지 못했음이 분명했다. 자부심 있는 급강하폭격기 조종사라면 저런 수준 이하의 공격으로 항공모함을 명중시키려 하지 않을 것이다. 미군과 일본군 모두 활강폭격을 최악의 폭격기법으로 여겼다. 활강폭격은 목표물과 충돌을 피할 수 있다는 작은 장점 하나만 있는 반면, 고각도 급강하폭격은 폭격 정확도가 높고 대공포화에 거의 무적이었다. 미군 비행기의 공격은 보기에는 화려했을지 몰라도 전혀 성과를 거두지 못했다.

방금 지옥 같은 일본군의 공격에서 빠져나왔음에도 불구하고 글리든의 부하들은 08시 08분에서 08시 12분까지 히류 주변에 많은 지근탄을 떨어뜨려[7] 그중 일부가 50미터 주변에서 폭발했다. 폭발로 인한 물기둥이 커 야마구치의 기함이 잠시 보이지 않을 정도였다. 포좌에 있던 나가토모와 부하들은 바닷물을 흠뻑 뒤집어썼다. 그러나 히류는 솟구치는 회백색 물기둥들 사이로 별 피해 없이 빠져나왔다. 다시 한 번 미군은 아무 성과도 거두지 못하고 큰 대가를 치렀다.[8] 일본군 직위기들은 살아남은 SBD들을 쫓아냈다.

이 다소 애처로운 일화에서 간과된 부분이 있다. 제대로 훈련받지 못한 미군 조종사가 매우 취약한 방법으로 공격했는데도, 우리가 아는 한 히류의 대공포화는 미군기를 단 1기도 격추하지 못했다는 점이다. 그런데도 나가토모는 '맹렬한' 대공포화가 적의 조준을 방해하는 데 도움이 되었다고 믿었다.[9] 히류는 양현에서 12.7센티미터 고각포 6문과 25밀리미터 대공기관총 12문 이상을 사용할 수 있었다. 이는 상당한 양의 화력이었으나 아무것도 맞히지 못했다. 사실 SBD의 기총소사로 죽은 일본군이 히류의 대공포화가 죽인 미군보다 더 많았다. 일본군 대공포화가 대표팀도 아닌 적에게 거둔 성과가 이 정도였는데 진짜 '최정예 팀'이 갑자기 나타난다면 어떤 결과가 있을지를 생각해 보면 좋은 징조는 아니었다.

그러나 일본군 입장에서 헨더슨 공격대는 지금까지 만난 적 중 최정예였다. 지금까지 일본군은 미군의 공격을 세 번 겪었으며 마지막은 함상기로 보이는(일본군은 헨더슨 공격대가 미드웨이 기지에서 날아왔다는 것을 몰랐다.) 비행기의 공격이었다. 공격은 모두 수준 이하였다. 미군은 분명 용감했지만 엄호도 안 붙이고 잘못된 방법으로 공격하는 바보였다. 만약 쇼카쿠에 중상을 입혀 해군 공창으로 보낸 적들이 고작 이런 수준이었다면 기동부대에서 5항전이 낮은 평가를 받는 게 당연했다.

헨더슨 공격대가 용감했지만 헛된 시도를 하고 있을 때 다른 미군 공격대가 다가오고 있었다. 07시 54분, 일본군 견시원이 고고도에서 다가오는 적 4발 중폭격기

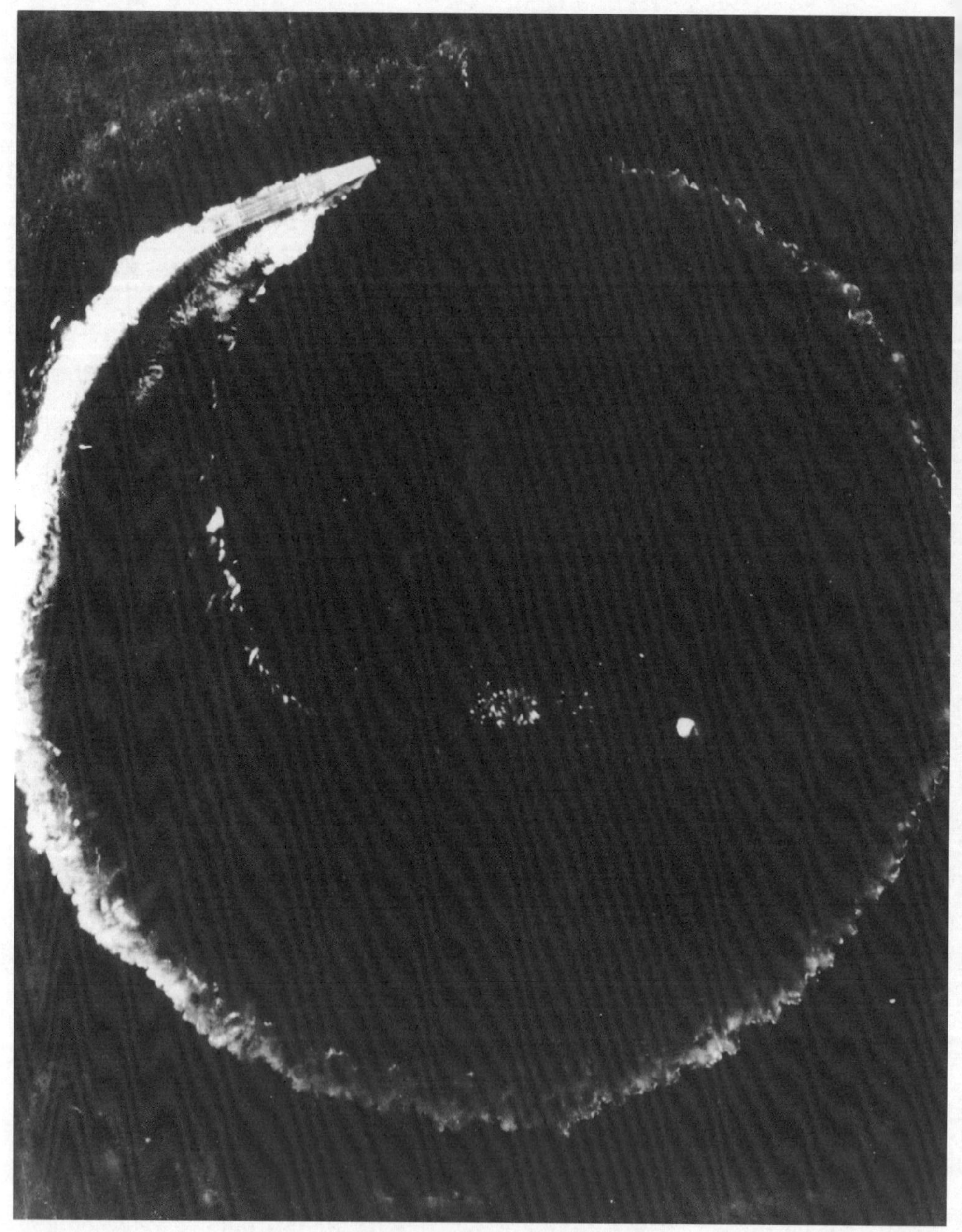

10-3. 고속으로 B-17의 공격을 회피하는 소류. 급선회는 일본군의 표준적 회피기동법이었다. B-17이 공격해 올 때 일본군은 폭탄이 투하될 때까지 기다렸다가 회피기동을 했다. 소류는 경사진 키 2개를 갖추어 조타 반응이 빠르고 다소 격하게 기동해도 안정적이었다. 갑판에 비행기가 전혀 없는 모습에 주목하라. (U.S. Air Force, 사진번호: USAF ID 4845)

10여 기를 포착했다.[10] 월터 C. 스위니Walter C. Sweeny 중령이 지휘하는 B-17 15기(육군항공대 제431폭격비행대BS-431 소속)였다.[11] 스위니 공격대는 04시 30분에 미드웨이 기지에서 발진하여 다나카의 선단부대·호위대를 공격하라는 명령을 받았으나 일본 항공모함이 발견되자 다시 북쪽으로 가라는 지시를 받았다. B-17 편대는 6,000미터라는 고고도에서 날고 있었다. 제로센이 단시간 내에 이 고도까지 도달하기란 매우 힘들었다. 그뿐만 아니라 직위대 대부분은 헨더슨의 부하들을 쫓아내느라 바빴다.

폭격기들은 세 집단으로 나뉘어 여유로워 보일 정도로 아카기, 소류, 히류의 뒤를 따라갔다. 일본군은 B-17을 향해 고각포 사격을 개시했으나 크게 위협하지는 못했다. 전날 다나카 부대를 중고도에서 공격한 경험으로 미루어 스위니 공격대의 조종사들은 자신들이 너무 낮은 고도로 접근하고 있다고 판단했다. 이날 아침에는 더 중무장하고 전투기의 엄호까지 받고 있는 적을 상대해야 했으므로 스위니는 고도를 더 높이기로 결정했다. 고고도에서는 일본군 대공포화가 신통치 않았기 때문에 옳은 판단이었다. 미군은 일본군의 포탄신관이 적정 고도에서 폭발하게 설정되었으나 계속 자신들의 뒤에서 폭발했다고 기록했다.[12]

그러나 고도는 미군뿐만 아니라 일본군에게도 유리했다. 밑에서 일본군 함장들은 B-17 편대가 폭격 경로로 진입하는 모습을 바라보고 있었다.[13] 함장들은 침착하게 기다리다가 폭탄이 떨어지면 키를 바짝 꺾어 급격한 회피기동을 시작했다. 미군 폭격기들이 폭탄을 되는 대로 떨어뜨리든 목표물을 겨누고 떨어뜨리든 상관없었다. 함선들은 폭탄이 낙하하는 30초 동안 재빨리 기동할 수 있었다. 즉 폭탄이 떨어진 직후 어느 방향으로든 400미터 정도를 나아갈 수 있었다는 뜻이다. 500파운드(227킬로그램)짜리 항공폭탄 10개 혹은 그 이상을 일시에 떨어뜨린다고 해도 그중 하나라도 표적에 명중할 확률은 낮았다. 게다가 일본 기동부대 상공의 구름이 공격을 몇 번 방해했기 때문에 폭격대 일부는 여러 번 선회해서 폭격경로를 다시 잡아야 했다. 그러나 미군이 운이 좋았다면 성과를 낼 뻔했다. 20분에 걸친 폭격과정에서 히류와 소류는 사방에 떨어지는 지근탄이 만들어 내는 물기둥에 휩싸였고 일본군은 대경실색했다. 그러나 미군 중폭격기들이 입힌 피해는 전혀 없었다.[14]

07시 58분, 이 난리통에 도네 4호기가 적이 080으로 변침했다고 알리는 메시지를 나구모 중장에게 보냈다. 나구모는 질책조로 간결하게 "함종 확인"이라는 지령을 보냈다.[15] 이 시점에 적의 침로 관련 정보는 필요 없었다. 나구모는 적 함대의 구성을 빨리 알아야 했다. 이때 나구모는 소류에 D4Y1 정찰기 발진을 준비시키라는 신호를 보낸 것 같다.[16] 신형 D4Y1에게는 완벽한 임무였다. 고속성능을 갖춘 D4Y1이라면 잃어버린 시간을 얼마간이라도 만회하리라 기대해볼 만했다.

08시경, 헨더슨과 스위니 공격대의 공격이 한참 진행되는 와중에도 아카기 승조원들은 가가가 유유히 맞바람 쪽으로 항로를 유지하며 직위기 4기를 착함시키는 모습을 보고 의아해했다.[17] 이때 기동부대 상공에는 직위기가 9기만 있어서 공격에 취약한 상태였다. 당연히 아카기 함상에서는 교체 소대가 엔진 시운전 중이었다. 가가는 4기를 회수하자마자 B-17이 폭음을 내며 상공을 통과하고 있었음에도 불구하고 즉각 8기를 발함준비시켰다.[18] 사실 전투가 잠시 휴지기일 때 네 항공모함에서는 중간중간 직위기를 발진시켰다. 항공모함 함장들은 직위대를 보강할 필요가 있다고 느꼈음이 틀림없다. 기함에서 명령이 있었는지, 함장들이 자기 판단에 따라 행동했는지는 알 수 없다. 그러나 이때 소집단으로 계속 뜨고 내리는 비행기 때문에 비행갑판은 쉴 새 없이 바빴다.

08시 05분경, 도모나가 대위와 귀환하던 미드웨이 공격대의 눈앞에 어마어마한 광경이 펼쳐졌다. 도모나가의 바로 앞, 북쪽 수평선에서 미군 폭격기 아래로 기동부대 항공모함들이 이리저리 도망치고 있었다. 히류는 양현으로 떨어지는 폭탄들을 피하느라 S자형으로 기동하며 항적을 남겼다. 소류는 좀 더 간단하게 우현으로 키를 바짝 꺾어 거대한 도넛 모양의 항적을 바다에 그렸다.

퇴각하던 미군 SBD들이 다가오는 모습을 보고 아카기 소속 미드웨이 공격대 호위기 1기가 상공직위 임무에 뛰어들었다. 가가의 99식 함상폭격기 6기도 합세했다.[19] 폭탄을 떨어뜨리고 나면 99식 함상폭격기는 꽤 기동성이 좋았고, 일부 1항전 함상폭격기 조종사들은 근처에 미군 전투기가 없으니 적 급강하폭격기를 상대할 만하다고 판단했던 것 같다. 동시에 모함이 위험에 처한 것을 본 소류 소속 미드웨이 공격대 제공대 9기 전부가 위쪽에서 비행하는 B-17을 공격하기 위해 급히 고도를 높였다.[20] 도모나가와 나머지 함상공격기, 함상폭격기들은 고도를 400미터로 낮추고 거리를 두고 선회하며 착함을 준비했다. 미군 공격대가 완전히 물러갈 때까지 항공모함들은 공격대를 수용할 수 없었다. 정찰임무를 띠고 아침에 출격한 가가의 요시노 하루오 비행병조장도 공격대와 같이 착함에 대비하고 있었다. 육군에 들어가면 행군이 너무 힘들 것 같아 해군에 입대한 요시노는 이 혼란 속에서 모함을 찾느라 한참 시간이 걸렸다. 앞선 공격으로 인해 함대가 넓게 산개해 있었기 때문이다. 요시노는 간신히 모함을 찾았으나 비행갑판이 폐쇄되어 착함할 수 없었다.[21] 요시노는 가가의 함상폭격기들과 함께 근처 공중을 빙빙 돌았다.

아카기는 08시 08분경, 잠시 맞바람 방향으로 함수를 돌려 고야마우치 스에키치 비행병조장[22]이 지휘하는 직위기 3기를 띄웠다.[23] 가가도 08시 15분에 야마구치 히로유키 비행특무소위가 지휘하는 제로센 5기를 발진시켰다.[24] 공격받는 상황이었는데도 항공모함들은 개의치 않고 맞바람 쪽으로 항로를 유지하다가 제로센들이 비행갑판을 질주하여 하늘에 뜨는 동안 잠시 바람방향에 가깝게 함수를 돌렸다. 두 번에 걸친 직위대 발진과 때맞춰 귀환한 미드웨이 공격대 호위기들의 합류로 기동부대는 내습하는 미군 공격대를 물리치기에 충분한 상공엄호 전력을 갖추게 되었다.

그러나 상공의 B-17은 쫓아내기 어려운 불청객이었다. 가가의 야마구치는 요기 2기를 데리고 추격을 시작했고 소류의 제로센들도 여기에 합세했다. 소류와 가가의 전투기대를 동원했음에도 불구하고 공격은 산만했다. 몇몇 B-17이 피해를 입었으나 심각하지 않았다. 나중에 스위니 중령은 일본군 조종사들이 "별로 열의가 없었다."라고 간단하게 이유를 술회했다.[25] 아래에서 올려다보던 사람들에게 이 광경은 이미 잘 알려진 제로센의 빈약한 고공성능을 재확인하는 기회였을 것이다. 그뿐만 아니라 이미 네 시간 넘게 하늘에 떠 있는 소류의 전투기들은 연료와 탄약이 거의 바닥나 있었다.

히류가 헨더슨의 공격을 뒤집어쓰고 있던 08시 09분, 도네 4호기가 나구모에게 타전했다. "적 병력은 순양함 5척, 구축함 5척."[26] 아카기 함교에 있던 나구모의 참모진 사이에서 잠시 안도감이 퍼졌다. 아마 우려했던 만큼 큰 걱정거리는 아니었던 모양이다. 만약 미 함대가 항공모함 없이 수상함으로만 구성되어 있다면 미군은 기동부대를 타격할 수 있는 범위 한참 밖에 있었으며 당분간 걱정할 필요가 없었다. 구사카는 도네 4호기의 보고에 미심쩍은 부분이 있었다고 술회했지만 아무도 여기에서 더 나아가 '항공모함이 없는 함대가 왜 거기에 있는가?'라는 중요한 질문을 입

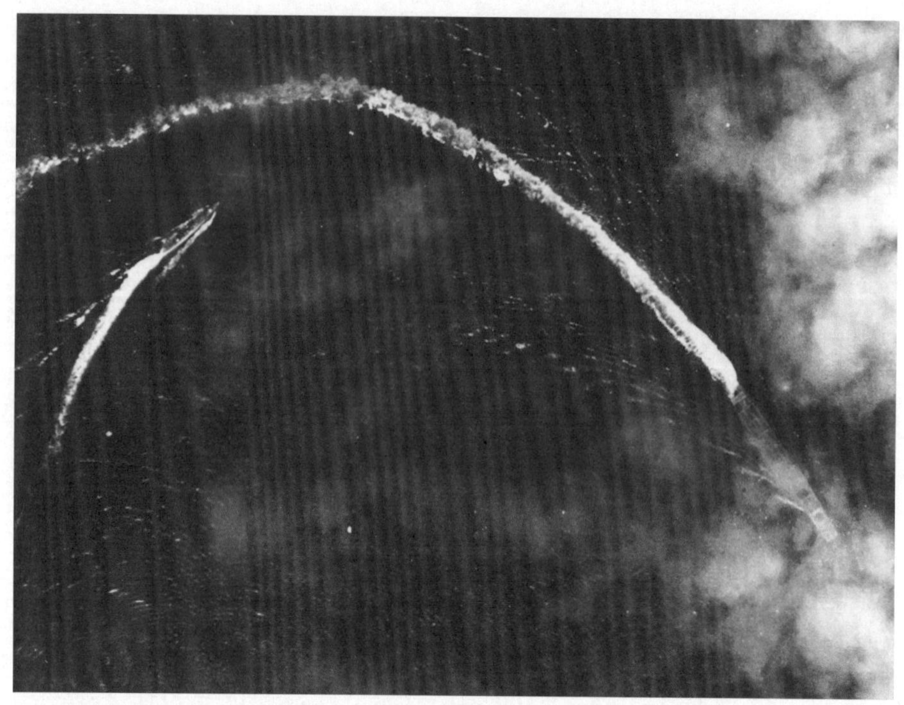

10-4. B-17의 공격을 회피하고 있는 아카기. 우현으로 서서히 방향을 틀고 있다. 아카기는 직전에 더 급한 각도로 우현으로 급선회했다. 일본 함대 상공에 군데군데 낀 낮은 구름이 잘 보인다. 아카기를 따르는 구축함은 직위구축함 노와키로 추정된다. 비행갑판이 비어 있으며 전방 엘리베이터가 아래로 내려간 모습이 보인다. 아카기는 08시 08분과 08시 32분에 직위기를 발함시켰다. 이 사진은 08시 08분에 첫 소대를 발함시킨 후 다음 소대를 비행갑판으로 올리는 중에 찍힌 것으로 보인다. 비행갑판 앞쪽에 그려진 거대한 일장기가 눈에 띈다. (U.S. Air Force, 사진번호: USAF-57576)

밖으로 내지 않았다. 구사카의 의견으로는 "단 하나의 보고만으로 적 항공모함이 근처에 없다고 확신할 수 없다. 그리고 이런 상황에서 항공모함도 없는 적 함대가 정찰기가 보고한 해역에 있을 것 같지도 않았다."[27]

아니나 다를까, 10분 정도 지난 08시 20분, 도네 4호기의 메시지가 아카기에 들어왔다. 이 보고는 나구모에게 잠시나마 찾아왔던 안도감을 완전히 날려버렸다. "적이 후방에 공모空母 같은 물체 1척을 동반함."[28] 나구모가 정확히 어떤 반응을 보였는지는 기록되어 있지 않다. 그러나 함교의 모두가 경악했으리라는 것은 상상하고도 남을 만하다. 의심의 여지 없이 원래 계획을 쓰레기통에 버려야 했다. 미 해군은 이곳에 대거 진출해 있었다. 이제 미 항공모함 격멸이 최우선 과제가 되었다.

여기에서 드는 의문은 '왜 도네 4호기가 진형 한가운데 있던 미군 항공모함을 판별

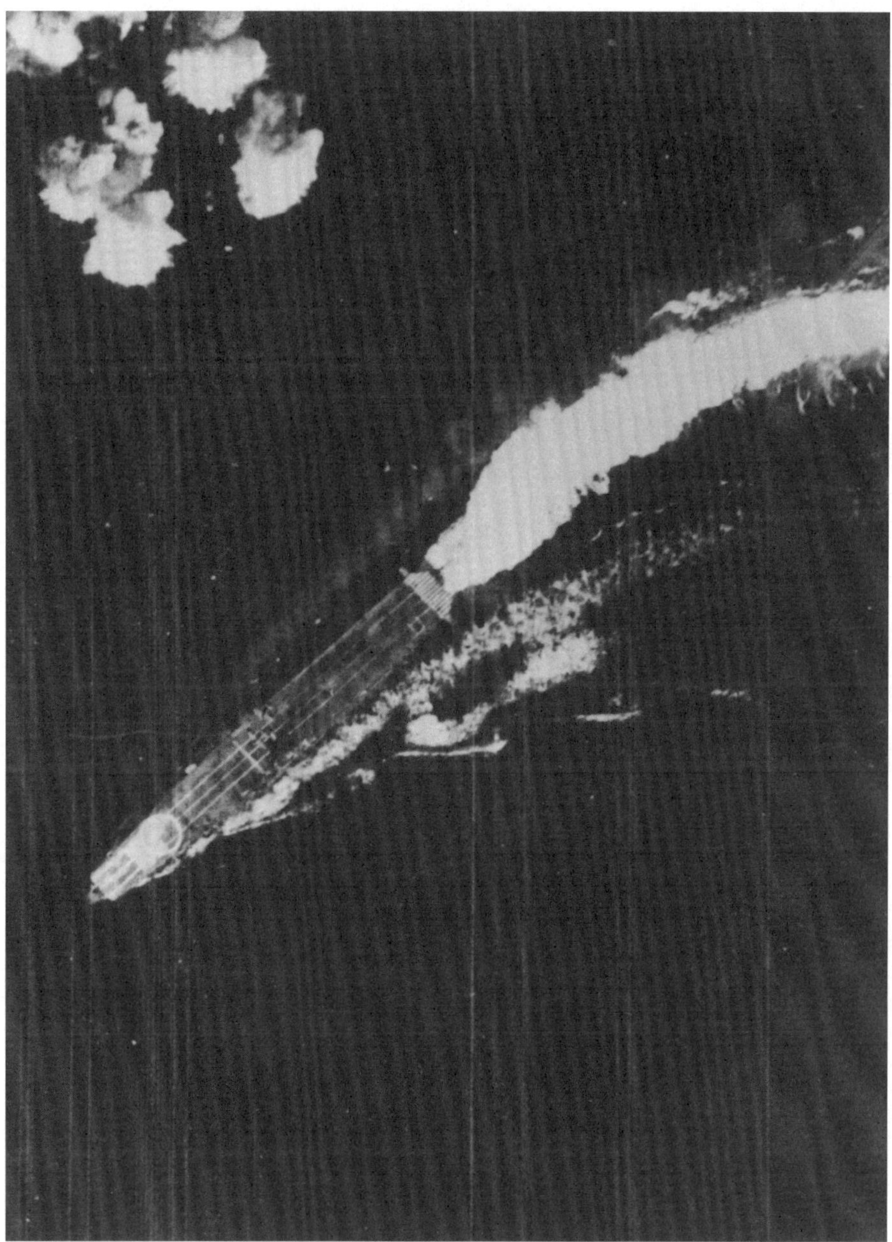

10-5. 08시~08시 30분 B-17에 공격받고 있는 히류를 포착한 유명한 사진. 우현 뒤쪽에 500파운드 폭탄 하나가 떨어졌다. 함교 근처에 배치된 제로센 1개 소대 3기는 모리 시게루 대위의 4차 직위대 소속이므로 이 사진은 모리가 발함한 시각인 08시 25분 전에 촬영되었을 것이다. 전투기들이 최적 활주거리를 무시하고 전방 엘리베이터에서 함교까지만 이동한 모습에 유의하라. 시간 부족이 이유였을 것이다. 히류의 히노마루 위에 비행갑판의 흰색 유도선이 덧칠해진 모습이 흥미롭다. 비행갑판 후미에서 히류의 식별기호인 흰색의 가타카나 'ヒ'(히)가 보인다. 흰색과 적색이 수직으로 교차한 줄무늬 모양으로 비행갑판 끝단이 도색되어 있다. (U.S. Air Force, 사진번호: USAF-75712)

하는 데 이렇게 오래 걸렸는가?'이다. 최근에 한 연구자는 아마리가 처음에 항공모함을 보지 못한 이유가 이 항공모함이 호위함과 떨어져 독자적으로 행동했기 때문이라고까지 주장했다.[29] 그러나 이런 입장은 타당하지 않다. 호위함은 그런 방식으로 행동해서는 안 될 뿐만 아니라 미군 함선의 항해일지 어디에도 그 같은 기록은 없다. 시야 문제와 아마리의 엉터리 관측이 결합된 결과라는 설명이 가장 그럴듯하다.

그러나 도모나가가 여전히 함대 상공을 빙빙 돌고 있었기에 당장 할 수 있는 일은 없었다. 아카기에서 마스다 비행장은 당장 회수작업을 시작하고 싶어 안달이 나 있었지만 B-17들이 상공에 얼쩡거리고 있어 불가능했다. 게다가 아카기의 비행갑판에서는 전투기 몇 기가 시운전 중이었다. 이와시로 요시오 일등비행병조가 이끄는 제로센 4기였다.[30] 가가는 야마구치의 소대를 08시 15분에 발함시키고 다시 3기를 준비시키고 있었다.[31] 소대장 야마모토 아키라 일등비행병조는 오늘 두 번째 출격이었다. 히류도 모리 시게루 대위의 소대를 발진시키고 있었다.[32] 그동안 소류에서는 정찰임무를 맡은 갓 출고된 D4Y1의 출격 준비가 꽤 진척되어 갑판에서 시운전에 들어갔다.

08시 23분, 앞에서 말한 직위대 발진준비 작업 중에 여러 함선이 함대 한가운데 바다에서 빠끔히 머리를 내민 잠망경을 포착했다.[33] 미 해군 잠수함 노틸러스Nautilus였다. 노틸러스는 남서쪽에서 공격방향을 잡아 잠망경 심도로 함대를 살금살금 따라왔다. 노틸러스는 07시 10분에 처음으로 북서쪽에서 "수평선 너머 폭연과 대공포화"를 발견하고 얼마 지나지 않아 일본 기동부대를 포착했다. 함장 윌리엄 H. 브로크먼 주니어William H. Brockman Jr. 소령은 즉시 변침하여 목표물과의 거리를 좁히고 총원 전투배치를 명령했다.[34]

07시 55분, 브로크먼의 노력이 보상받았다. 수평선 위로 마스트들이 보인 것이다. 그러나 관찰력이 뛰어난 일본군 직위기 조종사 한 명이 노틸러스를 발견하고 재빨리 기총소사를 가했다. 노틸러스는 30미터 심도로 급속잠항해서 계속 목표물과 거리를 좁혔다. 물속에 있는 동안 일본군 구축함이 내는 소나 발신음이 앞쪽에서 들렸다. 08시 00분, 노틸러스 함장은 적함 4척을 발견하고 흥분했다. 일본군 함선은 이세급 전함 1척, 진쓰神通급 경순양함 1척, 유바리夕張급 경순양함 2척으로 보였다. 모두 서쪽을 향해 침로 250도, 25노트로 항해하고 있었다.[35]

당연히 브로크먼은 전함을 공격하기로 결심하고 전함 앞으로 가기 위해 침로를 변경했다. 그러나 이때 대잠초계 중이었을 95식 수상정찰기의 기민한 탑승원이 노틸러스의 잠망경을 발견했다. 이번에 브로크먼은 기총탄이 아니라 옆구리에 떨어진 폭탄으로 환영 인사를 받았다. 설상가상으로 아까 발견한 적 경순양함이 적어도 구축함 2척을 동반하고 능동소나를 발신하며 접근하고 있었다. 이 같은 위협에도 불구하고 브로크먼은 대담하게 잠망경 심도를 유지하면서 사냥감에 다가갔다.

사실 노틸러스는 기동부대가 서쪽으로 잠시 변침했을 때 우연히 함대 한복판으로 들어오게 된 것이었다. 브로크먼이 발견한 전함은 아마도 변침 후 대형함들의 선두에 있던 기리시마였을 것이다. '진쓰급 경순양함'(진쓰는 센다이川內급 2번함)은 나가라였고, '유바리급 경순양함' 2척은 가게로陽炎급 구축함이었는데 대형 전방연돌 때문에 경순양함으로 오인된 것 같다. 브로크먼은 항공모함을 보지 못했으므로 이때 기리시마는 상당히 떨어져 함대 선두에 있었던 것으로 보인다.

브로크먼이 배짱 좋게 몰래 따라갔지만 일본군은 미행이 붙었음을 알아챘다. 08시 10분, 노틸러스가 막 최종공격 위치를 잡을 때 나가라가 노틸러스 근처에 폭뢰 5발을 투하했다. 08시 17분, 다시 떨어뜨린 폭뢰 6발이 폭발했다. 대담한 브로크먼이 느끼기에도 상황이 많이 위험했으므로 그는 눈에 불을 켜고 자신을 찾는 직위대와 견시원을 피해 27미터 심도로 잠항했다. 나가라와 호위함들이 곧바로 폭뢰 9발을 투하했다. 브로크먼은 공격이 끝난 직후 잠망경을 올려서 본 광경을 다음과 같이 기억했다. "눈앞에 펼쳐진 광경은 …… 평시 연습에서 절대 경험하지 못했던 것이었다. 함선들은 사방에서 수면을 가로질러 고속으로 선회하며 잠수함이 있는 위치를 피하고 있었다. 거리는 약 3,000야드(2.7킬로미터)였다. 진쓰급 경순양함은 우리 머리 위를 지나가 함미 방향에 있었다. 우리 선수 좌현에 있는 전함이 우현의 화력을 잠망경에 퍼붓고 있었다!"[36]

브로크먼은 공격을 준비하는 데 어려움을 겪었다. 폭뢰 공격으로 어뢰 하나의 고정핀이 떨어져 나가 어뢰가 발사관에서 과열되어 심한 소음을 냈다. 브로크먼은 마치 저승사자가 부르는 소리[37] 같은 이 소음을 일본군도 들을 것이라고 확신했다. 브로크먼이 극히 일부만 볼 수 있었던 나구모 부대는 서쪽으로 항해하는 중이었고 노틸러스는 08시 25분에 어뢰를 발사했다. 목표물은 기리시마였다. 브로크먼은 우현

그림 10-6. 일본 기동부대를 끈질기게 추격한 미 잠수함 노틸러스(위, 1943년 8월)와 함장 윌리엄 H. 브로크먼 소령(아래). 브로크먼 소령은 미드웨이에서 세운 공훈을 인정받아 미 해군 십자장Navy Cross을 받았다. [National Archives and Records Administration, 사진번호: 19-N-49950(위), 80-G-2016(아래)]

을 겨냥해 4,500야드(4.1킬로미터) 거리에서 어뢰 두 발을 쏘았다. 혹은 그랬다고 생각했다. 어뢰 하나는 발사되지 못했고 하나만 목표를 향해 항적을 남기며 나아갔다.

기리시마는 좌현으로 급선회하여 남쪽으로 선수를 틀어 어뢰를 회피했다. 기리시마가 노틸러스를 포착했는지는 논란거리로 남아 있다. 잠망경을 겨냥했다고 하는

'포격'은 이때 막 공격을 시작한 미군기들을 향했을 수도 있다. 이유야 무엇이든 간에 기리시마의 깔끔한 선회는 브로크먼의 공격을 망치기에 충분했다. 나가라도 다시 노틸러스를 포착하고 돌진하며 공격했다. 08시 30분, 브로크먼은 46미터 아래로 잠수했고 또 다른 폭뢰들이 근처에서 폭발하기 시작했다.

노틸러스의 잠망경이 함대 서쪽 끝에 모습을 드러냈을 즈음 나구모의 항공모함들은 동쪽으로 방향을 틀어 빠져나갔다. 나가라가 계속 공격하는 한 노틸러스가 꼼짝할 수 없었으므로 일본군은 어느 정도 안심할 수 있었다. 그러나 근처에 미군 잠수함이 숨어 있다는 것은 큰 부담이었다. 그뿐만 아니라 노틸러스가 모습을 드러냄과 거의 동시에 또 다른 미군 공격대가 나타났다. 30분 새에 세 번째로 나타난 공격대였다.[38] 해병대 소속 구식 SB2U 빈디케이터Vindicator 급강하폭격기(이하 SB2U) 11기로 이루어진 이 공격대는 앞서 기동부대를 공격한 VMSB-241의 나머지 절반으로, 부장 벤저민 W. 노리스Benjamin W. Norris 소령의 지휘를 받았다. 노리스의 폭격기들은 약간 뒤에서 헨더슨을 따라왔다. 08시 27분, 아오키 함장은 이 새로운 위협을 발견하고 미군기 반대방향으로 아카기를 급히 돌렸다.

다행스럽게도 전투기들을 방금 발함시키지 않았다면 아카기는 상당히 난처한 상황에 처했을 것이다. 때마침 발진한 전투기들과 바로 직전에 헨더슨을 물리친 제로센들이 합세하여 노리스의 공격을 막아냈다. 계속 바빴던 아카기의 이부스키 대위와 6항공대 소속 조종사 2명도 아직 공중에 있었다. 고야마우치 비행병조장의 3기도 합세했다. 히류 3차 직위대에서 남아 있던 2기도 왔다. 소류의 후지타 대위 소대 3기도 공격에 참가했다.

노리스 공격대는 일본군 직위기들이 각 항전 기함인 아카기와 히류를 지키려고 허겁지겁 모여든 덕을 보았다. 몇 기가 심한 피해를 입었지만 진입과정에서 상실된 비행기는 전혀 없었다. 신중한 판단의 결과였는지 아니면 단순히 아카기와 히류가 제대로 공격하기에는 너무 멀리 있다고 생각해서였는지는 모르지만 노리스는 하루나를 집중 공격하기로 결심했다.[39] 하루나는 주력부대의 가장자리에 자리 잡고 있어서 도달하기 쉬운 위치에 있었다. 전함의 대공포화를 뒤집어쓰며 노리스 공격대는 기수를 낮추어 강하하기 시작했다. 하루나 함장 다카마 다모쓰高間完 소장이[40] 능숙한 조함 실력을 과시했다. 거대한 전함은 미끄러지듯 좌우로 선회하여 SB2U가

찔러대는 바늘을 요리조리 피했다. 지근탄 5, 6발이 떨어졌지만 하루나는 털끝 하나 다치지 않았다.[41] 공격이 끝날 즈음에야 제로센들이 미군기들을 남서쪽으로 쫓아냈고 이 과정에서 SB2U 2기를 격추했다.[42]

여기까지 읽은 독자들은 정신없이 돌아가는 상황에 현기증이 날 텐데 바로 그 점을 지적하고자 한다. 당시 상황은 혼란 그 자체였다. 사건의 전후관계를 재구성하려는 후세의 역사가들에게나 당시 아카기의 함교에 있던 이들에게나 상황은 매우 혼란스러웠다. 미군은 물리적으로 별다른 전과를 거두지 못했음에도 불구하고 거의 끊임없이 일본군을 공격했다. 그 결과 불행히도 기동부대는 자신의 박자에 맞춰 작전을 수행하지 못하고 적에게 끌려 다녔다. 설상가상으로 적의 공격에 대한 기동부대의 여러 반응 가운데 최소한 함대방공만큼은 중앙통제를 거의 받지 못했다. 08시 00분경 직위전력이 급격히 감소한 데 대해 각 항공모함의 비행장은 지나치게 민감하게 대응해 직위전력을 보강했다. 이 모든 상황을 내려다보며 필요한 일을 파악하고 교통정리를 하는 사람은 없었던 것 같다. 일본군은 미군 공격대들이 계속 밀려들자 거의 반사적으로 대응했고 되는대로 찔끔찔끔 직위기들을 올려 보냈다.

어떻게 이런 일이 일어났는지를 이해하기란 어렵지 않다. 나구모는 정신없이 기동하는 항공모함에 갇혀 사방으로 허둥지둥 움직이는 함정들을 바라보기만 했다. 상황이 조금 잠잠해지나 싶으면 공습경보가 또 울렸다. 나구모는 그때그때 직위대의 총 전력을 파악하는 것은 고사하고 자기 부대의 함선들이 어디에 있는지조차도 알 수 없었다.

이 장면은 일본군이 사전에 적기 내습을 경고해줄 레이더가 없어서 전투에서 이길 기회를 상실했음을 보여 준다. 레이더는 마치 예언가의 수정구슬 같은 존재다. 실전에서 지휘관은 레이더를 통해 어느 정도 미래를 볼 수 있다. 즉 레이더는 다가오는 위협을 미리 보여 주고 대책을 세울 수 있게 하는 수단인 것이다. 사실 일본 함대의 방공전투는 개별 항공모함의 비행장들이 각자 재량껏 수행하고 있었으며 비행장들끼리 또는 비행장과 상공에 있는 직위대 간의 교신은 거의 불가능했다. 적이 어디에서 공격해 올지 예측할 능력이 없는 상태에서 '직위기가 얼마나 많이 필요한가?'라는 질문에 인간이라면 누구나 '좀 더 많이'라고 대답할 것이다.

아울러 레이더가 없었기 때문에 직위기와 미군기의 교전 가능한 유효거리가 짧아졌다. 일본군의 조기경보는 진형 외곽에 있는 순양함과 구축함이 담당했다. 조기경보를 맡은 순양함과 구축함은 항공모함에서 보이는 거리까지만 대형 바깥쪽으로 나갈 수 있었다. 그 결과 직위기들은 자주 항공모함과 상당히 가까운 거리에서 미군기와 교전했다. 제로센은 아군 함대 상공을 가로질러 도망치는 미군기를 추격하는 경우가 많았다. 이는 그 자체로도 위험한 행동일뿐더러 직위대가 효율적으로 작전하기에 필요한 공간을 축소하는 결과를 낳았다. 좀 더 먼 거리에서 적기를 탐지할 수 있었다면 미군 공격대의 상당수는 일본 함대에 도달하기 전에 심각한 피해를 입었을 것이다.

물론 레이더가 일본군에게 만병통치약은 아니었다. 미군도 증언했듯이 이 신기술의 활용법을 배우기란 결코 쉽지 않았다. 레이더의 효율적 운용법을 고민하던 미군은 여러 함선에 배치된 함대방공 자산을 한곳에서 중앙 통제한다는 혁신적 발상을 실현했다. 바로 전투정보실의 탄생이다. 초기 형태의 전투정보실은 1941년 10월에 취역한 항공모함 호닛에 처음으로 설치되었다.[43] 일본군은 레이더를 보유한 지 2년이 넘은 전쟁 후기까지도 끝내 이런 운용법을 생각해 내지 못했다.[44] 무엇보다도 레이더를 효율적으로 사용하려면 개별 직위기와 원활하게 교신해야 했다. 함상기를 운용하는 데 주파수를 단 한 개만 사용한 데다가[45] 제로센에 성능 미달의 무전기를 탑재한 일본군은 이 조건을 충족할 수 없었다. 따라서 일본군이 미드웨이에서 레이더를 보유했더라도 상당히 제한적으로 운용할 수밖에 없었을 것이다.

08시 30분경, 미군의 공격이 잦아들었고 일본군은 미드웨이 공격대를 착함시킬 때가 되었다고 생각했다. 야마구치 2항전 사령관은 함상기로 보이는 적기에 공격받았다는 사실에 마음이 편치 않았다. 야마구치는 반격할 수 없다는 사실에 분개했고 직위구축함 노와키의 중계로 아카기에 발광신호를 보냈다. "즉각 공격대를 발진시킬 필요가 있음."[46] 오만한 하급자에게서 이런 건의를 받은 나구모가 어떤 기분이었는지를 서술한 기록은 없다. 그러나 귀를 기울이고 싶지는 않았을 것이다. 어떤 합리적 기준으로도 의미 있는 공격대 발진 기회는 이미 오래전에 지나갔다. 야마구치도 분명히 이를 알았다. 지금 함대는 도모나가 공격대를 착함시키느라 정신없는 상황이었다.

물론 더욱 중요한 것은 08시 30분에 나구모는 '아직도' 공격대를 즉각 발진시킬

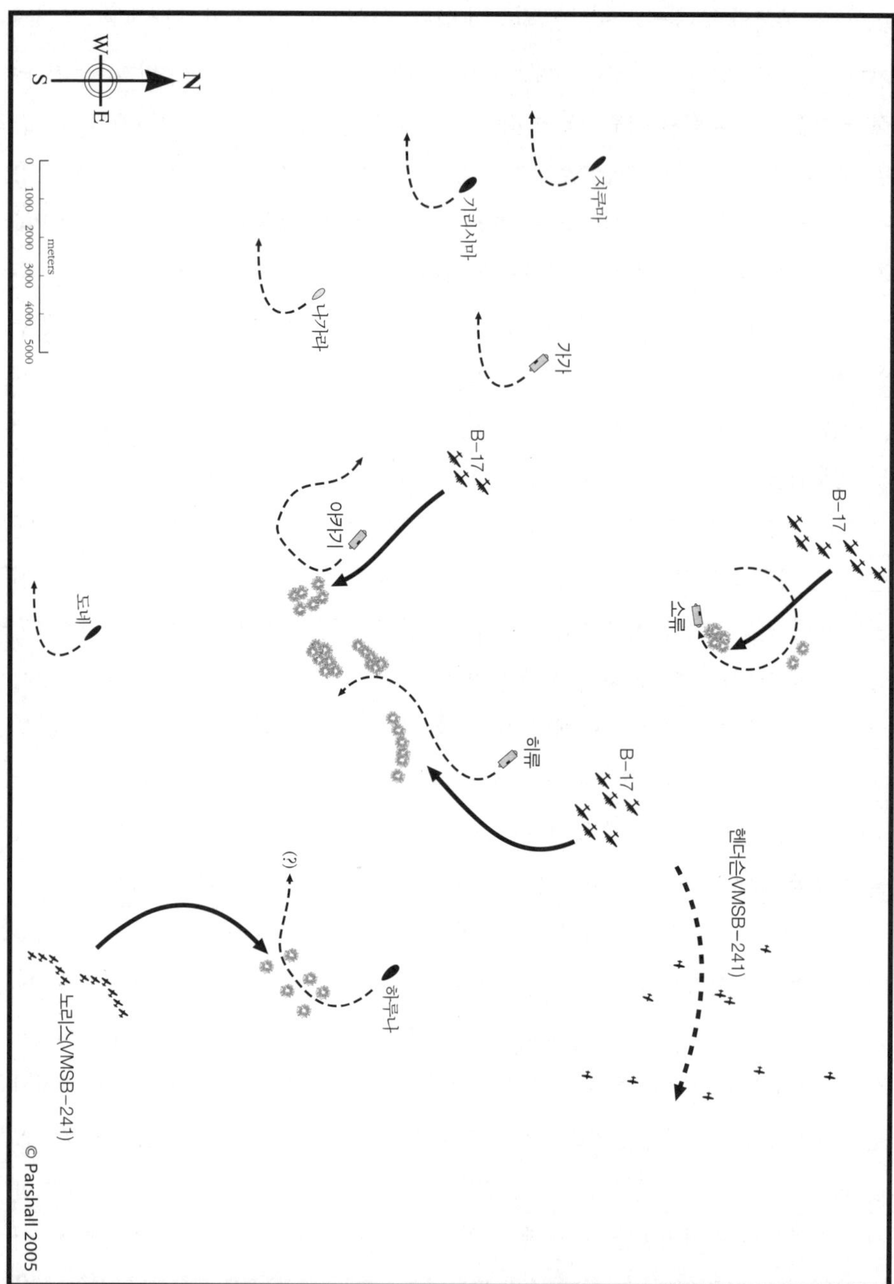

10-7. 08시 15분~08시 40분에 일본 기동부대가 받은 공격의 비율과 행동방향을 대략적으로 묘사한 모식도. 이 단계의 전투는 정확히 재구하기가 몹시 어렵지만 전체적으로 보아 경순양함 나가라와 전함 기리시마가 진형에서 이탈해 있었음은 확실하다. 이때 나가라와 기리시마는 진형 서쪽에서 노틸러스를 쫓고 있었다. 08시 30분경에 기동부대는 노리스 공격대를 피하기 위해 잠시 서쪽으로 침로를 변경했다가 얼마 뒤 동쪽으로 돌렸다.

수 없었다는 사실이다. B-17이 중간중간 찍은 사진들을 보면 일본 항공모함 비행갑판 어디에도 비행기가 없다. 따라서 야마구치의 건의는 즉시 예비 공격대를 배치하고 09시 15분경 발진시키기 위해 도모나가 공격대를 통째로 바다에 버리자고 하는 것이나 마찬가지였다. 야마구치는 진주만 기습을 계획할 때에도 히류와 소류의 짧은 항속거리의 해결책으로 작전 종료 후 두 함선을 하와이 근해에서 자침시키자고 한 적이 있으니 이 제안도 진지하게 고려할 성질의 것은 아니었다.[47] 나구모는 회신조차 하지 않았다.

야마구치가 분을 삭이는 동안 아카기는 08시 32분에 이와시로 일등비행병조의 제로센 소대를 발함시켰다. 가가도 야마모토 일등비행병조의 3기를 올려 보냈다. 뒤쪽에서 소류는 08시 30분에 D4Y1 1기를 발진시켰다. 이 정찰기는 미군 기동함대를 찾아 정확한 위치정보를 보내라는 엄명을 받고 발함했다. D4Y1은 동쪽으로 엔진 폭음을 내며 날아갔다. 얼마 지나지 않은 08시 34분에 도네 4호기의 아마리는 나구모에게 귀환하겠다고 보고했다.[48] 아카기 함교에서 기뻐할 만한 소식은 아니었다. 아마리는 즉시 현 위치를 지키라는 명령을 받았다.

아마리에게 나구모의 짜증 말고도 또 다른 문제가 생겼다. 연료가 바닥을 드러내기 시작한 것이다. 설상가상으로 미군은 08시 15분경 도네 4호기를 레이더로 포착하여 그 존재를 파악했다.[49] 아마리는 오늘 아침에도 여러 번 남쪽 수평선 바로 위에서 미군 초계기에 쫓겨 다녔다. 아마리의 조종사는 상황이 급박해지면 솜씨 좋게 구름 사이로 숨었다.

요리조리 잘 도망 다니던 도네 4호기에서 비교적 가까운 곳에 있던 플레처 소장의 요크타운이 행동을 개시했다. 요크타운은 정찰기〔강행정찰 임무를 맡았던 SBD〕 회수 후 북쪽에서 한달음에 달려와 일본군을 향해 공격대를 띄울 수 있는 거리 안으로 들어왔다. 플레처는 그동안 PBY의 추가보고를 통해 적 상황을 정확히 알고 싶어 했다. 그러나 지금까지 발견된 것 외에 추가로 일본 항공모함이 있다는 새로운 보고가 들어오지 않았기 때문에 플레처는 08시 38분에 요크타운 공격대 발진 명령을 내렸다.

자매함 엔터프라이즈, 호닛과 달리 요크타운은 통합 공격대를 순조롭게 발진시켰다.[50] 요크타운에서 발진한 비행기는 총 35기로 전투기 6기, 급강하폭격기 17기,

뇌격기 12기였으며 두 번에 걸쳐 발진했다. SBD가 먼저 발진했고 TBD가 그 뒤를 따랐다. TBD는 즉시 2,500피트(762미터) 고도로 상승해 남서쪽으로 향했다〔속력이 느린 TBD가 먼저 출발해 앞서가야 속력이 빠른 SBD와 와일드캣이 목표 지점에서 합류해 공격대를 편성할 수 있었다.〕 항속거리가 짧은 와일드캣도 재빨리 비행갑판에 배치되어 발진했다. TBD를 먼저 보낸 후 SBD와 전투기들이 뒤따라갔다. 09시 06분경에 전체 공격대가 함대 상공에 있었다.[51] 요크타운의 두 번째 폭격비행대(VS-5)는 탑승원들의 분노에도 불구하고 예비대로 남았다.

플레처의 계획은 단순했다. 플레처와 참모진은 공격대가 09시 00분경 나구모 부대와 조우할 수 있도록 항로를 잡았다. 이들은 일본군 발견보고에 나온 위치가 몇 시간 전의 것이라는 사실을 감안했다. 더 나아가 참모진은 나구모가 현 침로를 크게 바꾸지 않고 계속 유지할 것이라고 확신했지만 동시에 미드웨이에 너무 근접하지는 않으리라고 생각했다.[52] 따라서 플레처는 09시경에 일본 함대가 가장 있을 법한 위치는 북위 30도 00분, 서경 179도 90분이며, 17기동함대 기준으로 방위 240도, 거리 150해리(278킬로미터) 정도일 것이라고 판단했다. 요크타운 공격대는 이 지점까지 직선항로로 비행할 예정이었다. 만약 적을 포착하지 못한다면 공격대는 북서쪽으로 선회하여 적의 진공선進攻線 위로 날았다가 다시 북동쪽으로 기수를 돌려 귀환할 예정이었다. 플레처의 참모진은 이 계획에 따라 비행하면 일본군이 어떻게 기동하든지 간에 어딘가에서 조우할 수 있을 것이라고 믿었다.[53]

여기에서 16기동함대와 17기동함대 참모진의 계획 수립과 항공작전 수행이 어떻게 달랐는지를 언급할 필요가 있다. 16기동함대의 엔터프라이즈, 호닛 비행단은 각 비행대가 동시다발적으로 발진해서 뿔뿔이 목표물로 간 반면, 17기동함대의 요크타운 비행단은 모든 비행대가 해상의 한 좌표로 동시에 유도되었다.[54] 즉 요크타운 비행단이 적을 발견한다면 다른 항공모함 비행단보다 뇌격과 폭격을 동시에 하기에 훨씬 더 좋은 입장이었다는 뜻이다. 그뿐만 아니라 17기동함대 비행단은 거의 한 시간이나 늦게 발진했기 때문에 그동안 항로의 기상이 개선되어 훨씬 더 먼 거리를 볼 수 있었다. 요크타운이 공격대를 발진시키자 이제 상공에 뜬 미군 공격기는 모두 151기가 되었다.[55] 문제는 이 공격대가 일본군을 찾을 수 있는가였다.

플레처가 공격대의 마지막 비행기를 올려 보낼 즈음 나구모는 공격대의 대부분을

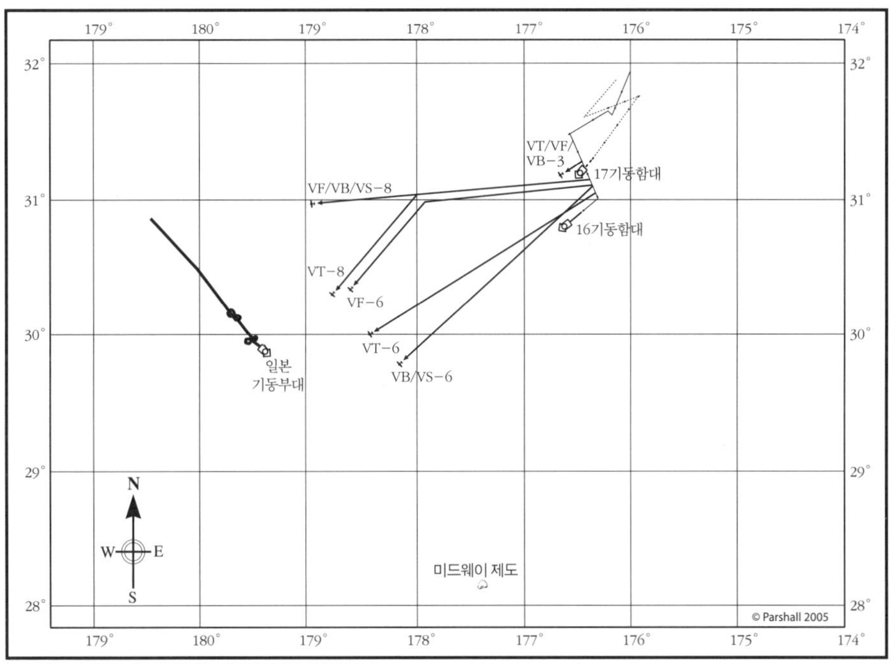

10-8. 09시경 미군의 항공작전 상황. 요크타운의 전체 공격대(VT/VF/VB-3)가 발진한 09시경에 상공에 있던 여러 미군 공격대의 상대적 위치를 보여 준다.

내려 앉히고 있었다. 마침내 08시 37분, 아카기는 흰 바탕에 검정 원이 그려진 신호기를 올렸다. '비행갑판 개방'이라는 뜻이었다. 이 깃발 아래에는 현재 풍속을 초/미터 단위로 나타내는 숫자기 두 개가 걸려 있었다.[56] 아직도 상공을 빙빙 돌던 도모나가 공격대는 항공모함의 신호 깃대에서 펄럭이는 신호기를 보고 일제히 안도의 한숨을 내쉬었을 것이다. 이제 까다로운 작업이 시작되었다.

도모나가 공격대가 발진한 다음 4시간 동안 기동부대는 내려오는 한랭전선에서 더욱더 멀어졌다. 함대가 남동쪽으로 항해하는 동안 풍향이 계속 변했고 바람은 동북동쪽에서 초속 3미터 정도로 불어 왔다.[57] 대부분의 전투도에는 이때 기동부대가 남동쪽으로 항해한 것으로 표시되어 있지만 사실 항공모함들은 거의 동쪽으로 나아갔던 것 같다. 이는 1항함 전투상보에 있는 아카기의 기록 및 비행기를 착함시킬 때 바람을 안고 항해한 항공모함의 운용관행과 일치한다.[58] 기동부대에서 복무한 장교들도 발착함 작업 시 항공모함들이 한 몸처럼 움직였다고 전후에 증언한 바 있다.[59]

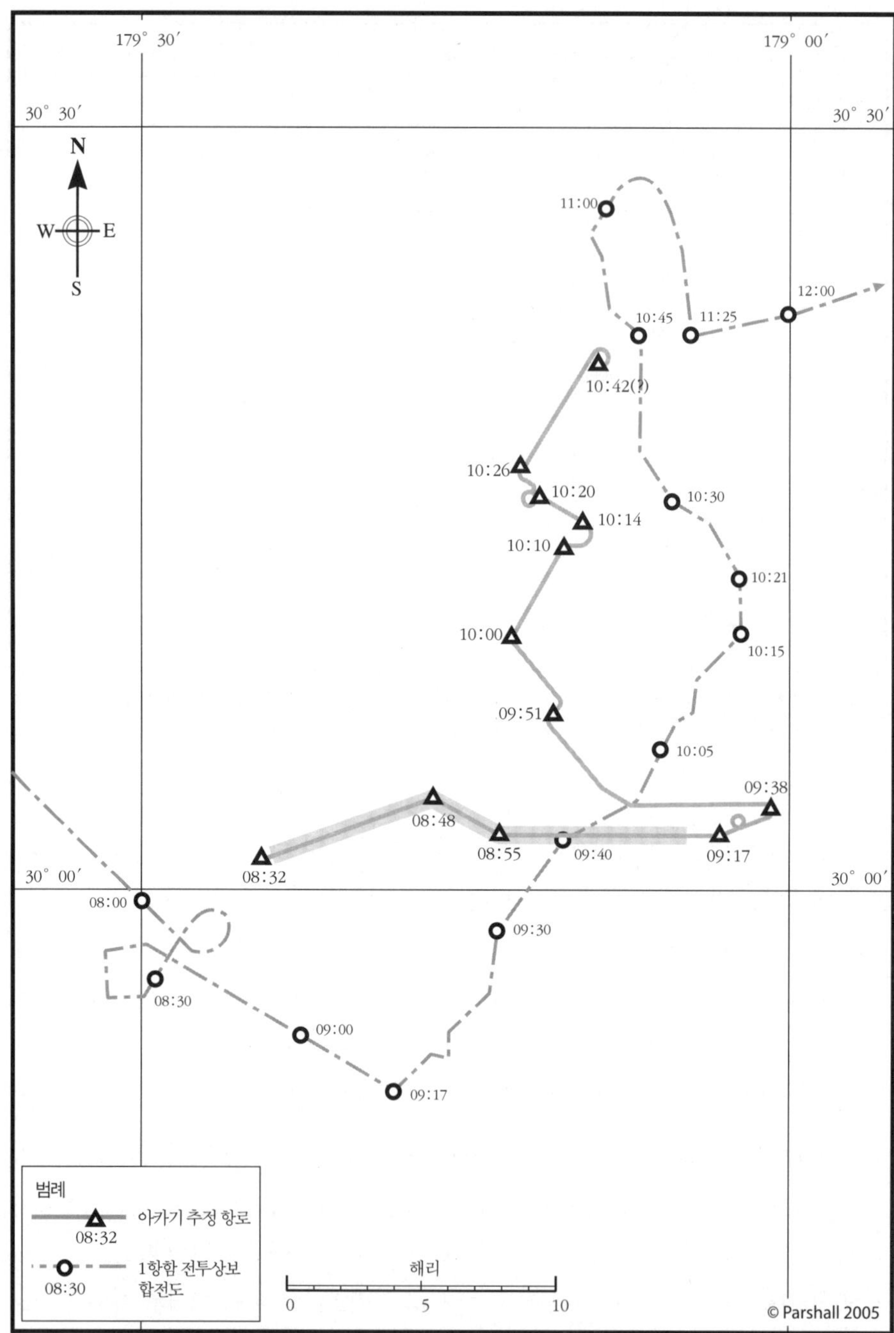

10-9. 1항함 전투상보 기록으로 재구성한 아카기의 위치와 같은 상보에 나오는 행동도/합전도를 겹쳐 수정한 기동부대 항적도. 아카기가 나가라의 북동쪽에서 08시 37분경 도모나가 공격대 회수작업을 시작했을 때 나가라는 노틸러스를 상대하느라 바빴다. 이를 근거로 기동부대의 항공모함들이 회수작업 중에 동쪽으로 향했음을 알 수 있다.

따라서 이 시간에 항공모함 4척이 동쪽으로 항해하고 있었다고 보아도 무리는 아닐 것이다.

동쪽으로 변침하자 2항전의 히류와 소류가 진형의 선두로 나오게 되었다. 변침 전에는 각 항전 기함이 대형의 선두에 있었으나 각 항공모함이 개별적으로 변침하면서 함대 전체가 제자리에서 왼쪽으로 휙 돌아간 모양이 되었다.[60] 나구모는 세부에 신경 쓸 여유가 없었다. 관함식에서처럼 보기 좋은 진형은 나중에 짜도 괜찮았다. 소류는 자함의 빠른 속력을 이용해 히류를 따라잡아 2항전 기함(히류)을 우현 쪽에 둔 것으로 보인다. 따라서 기동부대는 더 이상 상자진형을 유지하지 않고 일종의 사다리꼴 모양으로 진형을 벌렸다. 이날 중순양함과 전함들은 그때그때 진형 내에서 위치를 수시로 바꾸었으므로 위치를 특정하기가 더 어렵다. 하지만 3전대는 하루나를 선두로 진형의 좌현에서 단종진으로 항해했던 것 같고 아베 소장의 기함 도네는 지쿠마를 뒤에 거느리고 진형 우현에 있었을 것이다. 나가라는 진형 중앙 선두, 항공모함들 앞에 있었다.[61]

대다수 일본 구축함들은 진형 외곽에서 조기경보 역할을 했으나 그 위치는 거의 알 수 없다. 아침에 한동안 노틸러스를 추격하느라 바빴던 아라시의 위치만 대략적으로 알려져 있다. 여러 증거로 미루어 보건대 노와키와 이소카제는 각각 아카기와 히류의 직위구축함 역할을 계속 수행했으며, 하기카세 역시 하루 종일 가가의 직위구축함 역할을 한 것 같다. 나머지 구축함들의 구체적 위치는 항해일지가 발견되지 않는 한 알 수 없다. 아침에 미군이 공격해 왔을 때 각 함선의 위치는 이와 상당히 달랐을 것이다. 나가라는 경계대 기함으로 진형 선두에 있었지만 노틸러스의 공격에 대응할 때에는 진형에서 이탈했다가 돌아왔다.

항공모함에 착함하는 일은 조종사에게 가장 어려운 과제일 것이다. 도모나가 공격대의 조종사들은 평시보다 더 어려운 상황에서 이를 해내야 했다. 아침 공습 임무에 긴 시간이 소요되었으며 모두 배고프고 지쳐 있었다. 연료는 거의 떨어졌고 모함은 계속 적의 위협을 받았기 때문에 가능한 한 빠르고 정확하게 착함해야 했다. 불행히도 비행기들 중 상당수가 피탄되어서 안전하게 착함하는 것만 해도 어려운 과제였다. "당시 우리는 경험 많은 조종사들을 보유했기 때문에 긴박한 전투조건에서도 신속한 회수작업은 어린애 장난이었다."라는 후치다의 다소 낯 뜨거운 자화자찬

10-10. 가가의 25밀리미터 기총좌에서 함수방향으로 촬영된 사진으로 우현 착함지도등이 보인다. 삼각뿔 모양 지지대에 지도등 4개가 붙어 있고 지지대는 다른 기총좌에 힌지로 부착되어 있다. 이 사진에 나온 착함지도등과 기총좌는 1999년 미드웨이 제도 근해에서 우연히 발견되었다. 이착함 작업을 하지 않을 때 지도등은 비행갑판에 수평방향으로 눕혀졌다. 기도식 안테나 지주와 비행기가 비행갑판 너머로 추락하는 것을 막는 추락방지망이 수평방향으로 설치되어 있음에 유의하라. (Michael Wenger)

은 도모나가 공격대의 조종사들이 처한 상황을 지나치게 단순화했다. 후치다의 말은 착함작업의 본질적 위험성을 과소평가할 뿐만 아니라 조종사들의 훈련이 부족하다는 나구모의 불만을 부정한다.[62] 사실은 둘 다 틀렸다. 나구모의 조종사들은 잘 훈련받았지만 착함은 이들에게조차 극도의 섬세함을 요구하는 작업이었다.

비행기들은 모함 바깥쪽에서 원형진을 형성해 시계방향으로 선회하며 대기했다. 각 항공모함은 함교 위치[63]와 비행갑판 모양으로 손쉽게 식별되었으며 비행갑판 꼬리에 가나로 식별기호가 그려졌다. 아카기는 'ア'(아), 가가는 'カ'(카), 히류는 'ヒ'(히), 소류는 'サ'(사)였다.[64] 기계적 문제가 생겼거나 탑승원이 부상한 비행기들이 줄 앞쪽으로 나왔다. 비행기들은 하나씩 하나씩 원형진을 빠져나와 항공모함의 선수부를 가로질러 앞으로 빠진 뒤 방향을 돌려 하강했다. 모함의 뒤쪽으로 간 비행

기는 다시 안쪽으로 돌아 최종 접근경로에 정렬했다. 이렇게 하면 비행기는 항공모함의 후미에서 700~1,000미터가량 떨어진 직위구축함의 바로 위에 있게 된다. 구축함은 만약 비행기가 비행갑판에 못 미쳐 떨어지거나 옆으로 떨어질 때 구조할 수 있는 위치에 있었다. 모든 조건이 정상이라면 비행기는 항공모함 후미에서 700미터 떨어진 거리에서 고도 200미터에 위치하게 된다.

발함과 마찬가지로 착함 작업도 조종사의 단독 판단으로 수행했다. 일본 해군은 미 해군의 착함신호장교Landing Signal Officer, LSO에 대응하는 전담 장교가 없었다. 일본 항공모함의 갑판에는 적극적으로 착함을 유도할 인원은 없었으나 비행장의 지시를 받는 작업원 한 명이 비행기가 너무 위험하게 접근하거나 비행갑판에 이상이 있으면 기를 흔들어 착함을 막았다.

최종접근에 들어가면 조종사는 완만한 각도로 강하했다. 일본 항공모함에는 조종사의 올바른 접근경로 설정을 보조하는 독특한 착함 보조설비(착함지도등着艦指導燈)가 있었다. 착함지도등은 원래 야간 착함작업에 사용하려고 고안되었으나 효과가 좋아 낮에도 쓰게 되었다. 이 설비는 비행갑판 높이에〔돌출한 지지대에〕수평 1열로 설치된 적색등 2개와 그 10~15미터 앞〔선수방향〕에 수평 1열로 설치된 녹색등 4개로 구성되었다.[65] 착함지도등은 1932년에 개발되었으며 각 지도등은 출력 1킬로와트로 밝기 조정이 가능했고 좁은 곳에 조명을 집중하는 데 쓰는 거울이 뒤에 달려 있었다.[66] 착함지도등은 각 항공모함의 양현에 설치되었다.

착함지도등의 조명 각도는 기종에 따라 다르게 조정되었다. 공격기〔함상공격기와 함상폭격기〕의 접근각도는 대개 5도였고[67] 전투기는 0.5도가량 더 높았을 것이다. 조종사는 강하하면서 녹색 빛이 적색 빛 바로 위에 오도록 비행기의 위치를 조정했다. 만약 적색 빛만 보인다면(비행기가 녹색등이 쏘는 빛줄기에서 벗어났다는 뜻) 정확한 강하각도보다 낮은 각도로 접근한 것이다. 만약 적색 빛이 녹색 빛 위에 있다면 강하각도가 너무 낮아 함미와 충돌할 것이라는 뜻이다. 녹색 빛이 적색 빛보다 한참 위에 있다면 조종사가 너무 급격한 각도로 접근한 것이다.[69]

비행기가 비행갑판에 접근해 가면 마침내 비행갑판 끝단이 조종사의 시야에서 사라지게 된다. 일본 항공모함의 비행갑판 뒷부분에는 빨간색과 흰색 줄무늬로 도색한 돌출부〔착함표지着艦標識〕가 있어서 기수에 가려 비행갑판이 보이지 않더라도 조종사가 비행갑판의 방향을 판단하는 데 도움을 주었다.[69] 접근 과정 중에 작업원은 조종사에게 어느 때나 현재 접근상태를 알리는 신호를 보낼 수 있었다. 붉은 깃발은 재시도해야 한다는 뜻이고 'H'가 있는 흰 깃발은 테일후크를 내리지 않았다는 뜻이었다.[70] 조종사들은 실속속도보다 10노트(18.5킬로미터) 정도 높은 속도를 유지했다. 이는 대부분의 비행기들이 70~75노트(130~140킬로미터)를 유지해야 한다는 뜻이었다.[71] 접근과정의 마지막 몇 초 동안 비행기 기수를 갑판과 정렬하려면 뛰어난 반사신경이 필요했다. 갑판에 측풍이 불거나 1초만 한눈을 팔아도 비행기가 옆으로 굴러 비행갑판 주변에 설치된 무거운 강철제 추락방지망으로 떨어질 수 있었다. 하지만 모든 것이 제대로 이루어진다면 밝게 칠한 비행갑판 연장부를 통과하기 직전에 엔진을 정지시키고[72] 착함제동횡삭着艦制動橫索에 테일후크를 걸 수 있었다.

비행기가 제동삭에 테일후크를 걸면 부드럽게 멈추지는 않았지만 전후시대에 제트기가 멈출 때처럼 급격하게 감속하지도 않았다. 미드웨이에서 사용된 구레식吳式 제동장치 4형은 비행갑판 아래에 설치되었으며 제동삭이 유도코일 드럼에 감긴 형태였다. 제동삭은 비행갑판 양쪽에 있는 20센티미터 높이의 지지대 위에 올려졌으며 사용하지 않을 때는 비행갑판에 닿도록 지지대를 내릴 수 있었다. 4형 제동장치는 60노트(111킬로미터) 속도로 착함하는 4톤짜리 비행기를 40미터 내에서 세울 수 있었다. 감속과정에서 가해지는 중력가속도는 약 2G였다.[73]

착함하는 첫 비행기가 다가오면 승조원들은 비행갑판 양쪽의 대피공간에 피했다. 긴장되는 순간이었다. 평시에도 착함사고가 드물지 않았는데 하물며 손상된 비행기와 부상당한 탑승원들까지 있는 상황에서 오늘 아침 사고가 날 확률은 상당히 높았다. 가장 흔한 사고는 비행갑판 후미를 지나쳐 첫 발을 찍을 위치를 놓치는 일이었다. 너무 세게 착함하여 랜딩기어가 파손되거나 함교를 날개로 치거나, 혹은 비행갑판 너머로 추락하는 일도 있었다.[74] 비행기가 제동삭을 놓치고 활주제지삭으로 뛰어드는 사고도 흔했다.

미군과 마찬가지로 일본군도 착함한 비행기들이 임시로 머무른 비행갑판 앞쪽과 착함작업을 하고 있는 뒤쪽을 분리하기 위해 활주제지삭을 사용했다. 비행갑판 앞부분에 비행기들이 계류되어 있으면 하나 혹은 그 이상의 활주제지삭이 비행기들과 비행갑판 사이에 올라와 있었다. 계류된 비행기들 사이로 착함하는 비행기가 추

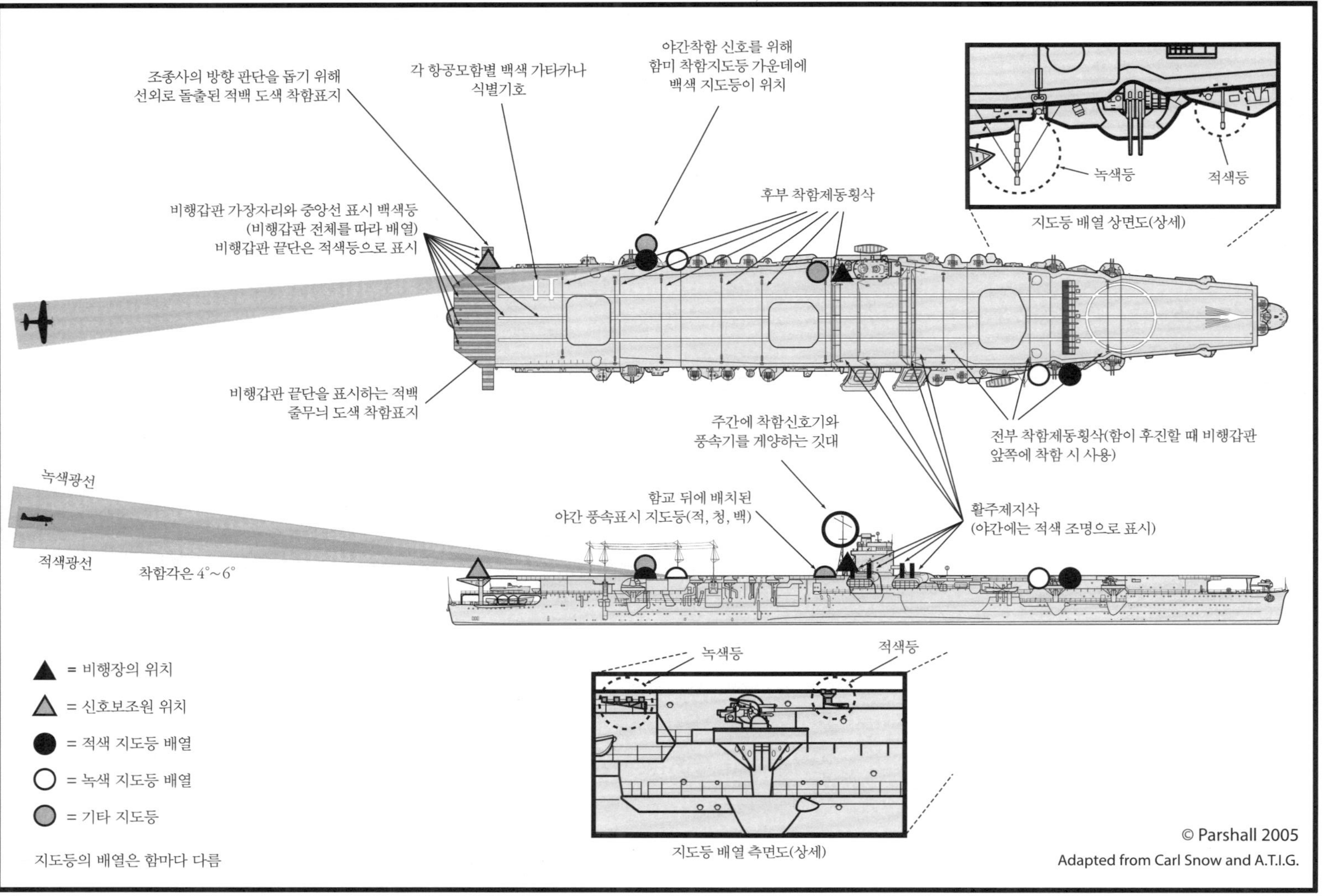

10-11. 일본군 항공모함의 일반적인 비행갑판 장비(예: 히류)

락하는 상황은 재난이나 마찬가지였기 때문이다. 일반적인 활주제지삭은 3단(위, 중간, 아래)으로 선체 양현을 잇는 강철 케이블로 이루어져 있고 비행갑판을 가로질러 설치되었다. 활주제지삭은 공기압으로 몇 초 안에 눕혔다 세웠다 할 수 있는 지주에 달려 있었으며 초속 50피트(15.2미터)로 움직이는 4톤짜리 비행기를 25피트(7.6미터) 이내 거리에서 세울 수 있었다.[75] 4G의 중력가속도로 움직이는 비행기가 활주제지삭에 얌전히 뛰어들 리 만무했으므로 이 과정에서 비행기와 조종사에게 피해가 발생하기도 했지만 그래도 앞 갑판에 있는 동료들 사이를 밀고 들어가는 것보다는 나았다.

비행기가 점점 고도를 낮추자 승조원들은 마중 나갈 준비를 했다. 소화기를 든 승조원들이 대기해 있었고 손상된 비행기에는 즉각 승조원 수십 명이 달려들어 구조작업을 했다. 착함 중 사고 건수에 대한 일본 측 기록은 없다. 후치다에 따르면 히류의 함상공격기 한 대가 한쪽 다리로만 착함을 시도했다고 하는데 이 비행기는 전손처리되었을 것이 확실하다. 그리고 치명상을 입은 가가 소속 다나카 유키오田中行雄 일등비행병조의 제로센이 불시착했다. 다나카는 구출되기 전에 조종석에서 숨졌다.[76]

어쨌거나 도모나가 공격대의 대부분은 무사히 착함했다. 착함 시 일본군은 확실히 낮은 실속속도와 쉬운 조종성이라는 자국 함상기의 특성 덕을 보았다. 놀라운 일은 아니나 제로센의 조종익면은 낮은 속도에도 잘 반응했다. 일본기를 직접 몰아본 영국군 시험조종사의 말에 따르면 둔중한 97식 함상공격기조차도 "실속상태에서 잘 회복되었고 거의 기동의 한계점까지 문제없이 비행할 수 있었다."[77] 함상기 세 기종 모두 기수시야가 좋아서 최종접근 과정에서 수월하게 조종할 수 있었다.

비행기가 완전히 멈추면 갑판 승조원들은 서둘러 격납작업을 하려고 비행기로 몰려갔다. 조종사(함상공격기는 관측수, 함상폭격기는 후방사수)는 테일후크를 풀었고[78] 비행장 지시에 따라 활주제지삭도 원위치로 돌아갔다.[79] 이때쯤에 승조원들이 비행기에 달라붙어 날개 접기를 시작했다. 시간이 핵심이었다. 바로 다음 비행기가 착함 위치로 이동하고 있었기 때문이다. 함미로 기수를 돌린 뒤 착함까지 최종접근 과정에 걸리는 시간은 20초였고 제동삭을 떼어내는 시간이 추가되었다. 정상적 상황에서 착함작업에 걸리는 시간은 비행기 한 대당 25~45초였다.

10-12. 진주만 기습 당시 착함하는 97식 함상공격기. 아카기의 함교에서 본 모습이다. 비행갑판에 작업원이 서 있고 그 뒤에 있는 제동삭이 비행갑판에 납작하게 내려져 있다. 사진 오른쪽에서 수직으로 내려온 신호기용 줄에 가려져 있지만 아카기의 고물 쪽에서 항해하며 비행갑판 좌현과 거의 일직선상에 있는 직위구축함이 보인다. (Michael Wenger)

앞에서 이야기했듯이 일본 해군은 가급적 비행기의 비행갑판 계류를 피했다. 일본 해군은 격납고가 탑승원과 비행기를 더 잘 보호할 수 있다고 믿었다. 착함 과정이 개시되면 승조원들은 새로 착함한 비행기를 활주제지삭 앞쪽으로 재빨리 밀어 다음 비행기 착함을 준비했다. 착함작업이 모두 끝난 후 비행기들을 격납고에 수납했다. 수용구역이 격납고 전방인 비행기(전투기)는 앞쪽으로 밀어 전방 엘리베이터를 통해 즉시 격납고에 수납한 반면, 함상공격기처럼 격납고 후방에 수납되는 비행기는 모든 비행기를 회수할 때까지 갑판에 대기했다. 일본 해군이 연속수용連續收容이라고 부른, 함상기를 임시로 주기駐機했다가 격납하는 기법은 1930년대부터 일본 항공모함 특유의 운용기법이었다. 격납고 수용에 집착하는 이 기법의 단점은 수용 과정이 엘리베이터 운용주기에 좌우된다는 것이었다. 그러다 보니 일본 항공모함의 항공작업 수행 속도는 재급유와 재무장 작업을 대부분 비행갑판에서 한 미 항공모함에 비해 느렸다. 이 기법으로 인해 일본 항공모함의 항공작업 유연성이 제약되었을 뿐만 아니라 위험한 무장장착 작업을 밀폐된 공간에서 할 수밖에 없었다. 이 운용법의 위험성은 앞으로 한 시간 반 안에 드러나게 된다.

아카기의 비행기 수용이 끝나자 이제 함교의 주요 화제는 착함작업 후 무엇을 할 것인가가 되었다. 08시 30분에 나구모는 공격에 대비하여 함상폭격기용 250킬로그램짜리 통상탄(철갑탄)을 양탄揚彈하라고 명령했다.[80] 적 항공모함 부대를 처치하기로 결심한 이상 나구모는 적과 거리를 좁혀 공격대 준비가 끝났을 때 확실하게 적을 공격할 범위 내에 있을 심산이었다. 바람방향으로 항공모함들의 함수를 유지해야 할 필요성도 이 결정에 영향을 주었을 것이다. 북동쪽으로 침로를 잡으면 적과 거리를 벌리지 않고서도 항공작전을 수행할 수 있었다.

08시 45분, 도네 4호기가 새 보고를 보냈다. "다시 적 순양함 같은 물체 2척이 미드웨이에서 방위 8도, 거리 250해리(463킬로미터)에서 보임, 적 침로 150, 적 속력 20노트."[81] 나구모는 이 보고의 본질을 간파하지 못했다. 아마리는 두 번째 미 항공모함 부대의 가장자리를 보았던 것이다. 도네 4호기도 몰랐으나 이 부대는 미 17기동함대였다. 마침 아마리가 보고를 타전한 시간에 도네의 아베 소장은 지쿠마의 고무라 함장에게 0식 수상정찰기 1기를 추가로 아마리의 위치에 보내라고 신호했다.[82] 아마리가 지휘부가 원한 만큼 신속하게 정보를 보내지 않았던 것이 분명하다.

08시 50분에 도네 4호기는 귀환 예정이라고 보고했으나 08시 54분에 현 위치를 유지할 뿐만 아니라 함대를 자기 위치로 유도할 수 있도록 방위측정용 장파를 계속 복사輻射하라는 명령을 받았다.[83] 아마리가 이 명령을 받고 무슨 생각을 했는지는 알 수 없지만, 나구모가 지금까지 아마리의 임무 수행에 불만을 품었음은 확실했다. 아마리가 아군뿐만 아니라 적도 들을 수 있게 자신의 위치를 방송하고 다녀야 한다는 사실을 기쁜 마음으로 받아들이지는 않았을 것이다. 08시 55분, 아마리는 명령을 수신하자마자 추가로 미군 뇌격기 10기(얼마 전 발진한 요크타운 공격대)가 본대로 향하고 있다고 보고했다.[84]

08시 55분, 나구모는 마침내 야마모토 대장에게 지난 한 시간 반 동안 벌인 사투에 대해 보고하기로 결심했다. 내용은 "오전 08시, 적 공모 1, 순양함 5, 구축함 5를 AF(미드웨이)에서 방위 10도, 거리 240해리(445킬로미터)에서 발견, 적에게 향함."[85]이었다. 어떻게 보아도 현 상황에 비해 지나치게 간략한 보고였다. 나구모는 적을 발견한 후 기동부대가 무엇을 했는지를 언급하지 않았고 아마리가 방금 추가로 발견한 적 함대도 보고하지 않았다.

나구모는 몰랐지만, 야마모토는 도네 4호기와 기동부대 사이에 오고간 무선을 방수하여 적 함대가 있다는 사실을 이미 알았다. 믿을 수 없는 일이지만 야마모토와 참모진은 예상하지 못한 미 항공모함의 출현에 조금도 당황하지 않았던 것 같다. 구로시마 참모는 기동부대에 미 함대 공격 명령을 내려야 하느냐고 야마모토에게 물어보았다. 야마모토는 이런 경우에 대비해 나구모가 공격대 절반을 예비로 보유한 것이라는 점을 상기시켰고 구로시마는 입을 다물었다. 야마모토는 이 문제를 내버려 두기로 했다.[86] 이 순간 야마모토의 지휘는 방임이나 다름없었다. 이는 겨우 두 달 전에 보여준 필요 이상의 간섭과는 상당히 거리가 먼 행동이었다.

나구모가 상황보고를 하는 동안 지쿠마는 자함의 정찰기 2기를 회수하고 있었다. 일본군의 정찰기 회수 표준 운용절차에 따르면 모함이 그리는 항적 안에 정찰기가 착수해야 했다. 이렇게 하면 항적 안쪽의 상대적으로 잔잔해진 수면을 이용할 수 있었다. 정찰기가 착수하면 모함은 바람을 가로질러 90도로 선회하여 선체 풍하측(바람이 가려지는 쪽)에 잔잔한 수역을 만들었다. 정찰기가 모함 쪽으로 활주해 도착하면 함의 크레인이 정찰기를 회수했다. 08시 55분에 지쿠마는 정찰기를 회수하느라 정지해 있었다. 이 상황에서는 잠수함 공격에 취약했지만 이 방법 외에는 정찰기를 회수할 방법이 없었다. 09시 2분경 지쿠마는 95식 수상정찰기 1기와 0식 수상정찰기 1기를 회수한 뒤 본대에 합류하기 위해 다시 바삐 움직였다.

숙적 노틸러스가 아직 근처에 있었기 때문에 기동부대가 잠수함의 공격을 받을 가능성이 남아 있었다. 착함작업 중에는 기동부대의 항공모함들이 침로를 어느 정도 유지했기 때문에 브로크먼 소령은 이 기회에 세 번째 시도를 해보기로 했다. 08시 46분에 노틸러스는 잠망경을 내밀었다. "진쓰급 경순양함"을 제외하고 전에 보았던 함선들은 모두 공격권을 벗어나 있었다. 이 경순양함의 능동소나를 이용한 거리 탐지는 "아직 상당히 정확해 보였다."[87] 노틸러스는 다시 잠수했다. 09시 00분, 잠망경을 올린 브로크먼은 흥분했다. "소류급" 항공모함이 선수 우현에서 서쪽으로 25노트로 달리고 있었다. 거리는 15킬로미터였다. 손상된 것 같지는 않았으나 이 항공모함은 무엇인가를 향해 대공포를 쏘아댔고 "계속 변침했다." 브로크먼이 소류에 다가가려고 하자 나가라가 접근을 방해했다. 브로크먼은 "[항공모함을] 관찰하고 있을 때 진쓰급 경순양함이 다시 고속으로 접근하기 시작했다."[88]라고 적었다. 기무라 소장은 자신의 기함을 과감히 적극적으로 운용했다.

09시 10분, 브로크먼은 마지막 남은 어뢰를 갈지자로 움직이는 목표에 쏘느니 차라리 이 귀찮은 적을 처리하는 데 쓰기로 결심했다. 거리는 고작 2,400미터 정도로 가까웠다. 바로 나가라가 함수를 틀었고 어뢰는 빗나갔다. 브로크먼은 최대심도로 잠수할 수밖에 없었다. 폭뢰공격에 대비할 시간은 길지 않았다. 일본군은 폭뢰 6발을 투하했고 20분 동안 8발을 더 떨어뜨렸다.

흥미롭게도 나가라는 자신을 향해 발사된 어뢰를 보았음에도 불구하고 이를 기함에 보고하지 않았다. 호위함 아라시는 공격받은 일을 특기했는데[89] 이때 나가라와 가까운 곳에 있었다는 뜻이다. 독단적으로 결정했는지 나가라의 명령을 받아서 그랬는지는 모르지만 아라시 함장 와타나베 야스마사渡邉保正 중좌는 노틸러스를 꼼짝 못 하게 하기 위해 남아 있기로 결심했다. 일본군은 지금까지 같은 잠수함이 세 번 공격을 시도한 사실은 몰랐겠지만, 이날 아침에 잠수함 활동이 많이 포착됐으므로 더 이상 문제가 생기지 않도록 예방조치를 할 필요가 있었다.

이런 사건이 벌어지는 동안에도 항공모함들은 착함작업을 계속했다. 함대 전체의 속도가 다 똑같지는 않았다. 08시 50분경 가가는 작업을 끝냈지만[90] 히류는 작업을 시작하지조차 못했다. 이유는 알 수 없다.[91] 아카기는 작업을 시작한 지 22분 뒤인 08시 59분에 전기 수용을 완료했다.[92] 2항전의 항공모함들은 모두 09시가 지나서야 작업이 끝났다.[93] 그 직후 아카기는 직위기 1기를 착함시켰고[94] 가가는 3차 직위대에서 전투기 5기 혹은 그 이상을 착함시켰다.

착함작업이 완료되자 비행갑판 승조원들은 즉시 비행기들을 격납고로 이동시켰다. 탑승원 중 상당수는 전과보고를 하려고 대기실로 향했다. 간부들이 두 시간 전 미드웨이에서 일어난 일을 상세히 파악할 첫 기회였다. 그런데 정상적 보고절차가 즉시 개시되지 않았다. 모두가 곧 있을 공격대 발함에 신경을 빼앗겨 있었다![95] 귀환한 조종사들에게서 귀중한 정보, 특히 미드웨이 제도의 화력에 대한 정보를 얻을 기회가 있었는데도 그러지 않았던 것은 유감스러운 일이다. 만약 보고를 받았다면 2항전 대기실에서 수많은 얼굴이 보이지 않는 이유를 알 수 있었을 것이다.

아침 공격 임무의 전반부는 순조롭게 진행되었다. 도모나가는 공격대를 이끌고 남쪽 방향으로 접근했다. 날씨가 점점 좋아지고 있었다. 무선침묵을 유지했음에도 불구하고 06시 15분, 40해리(74킬로미터) 지점에서 미드웨이 제도가 시야에 들어올 무렵 섬은 이미 경계태세에 들어가 있었다. 물론 도모나가는 자신의 공격대가 발함한 지 30분 만에 미군 PBY가 기동부대를 발견했다는 사실을 몰랐다. 도모나가가 아는 것은 적기가 모두 하늘에 떠 있다는 사실뿐이었다.

06시 17분경, 편대가 공격 준비를 위해 접근하기 시작했다. 06시 21분, 보이지 않던 미군 전투기 다수가 갑자기 편대에 뛰어들어 공격을 시작했다.[96] 스가나미의 전투기들이 미처 반격하기도 전에 히류의 함상공격기 3기가 격추되었다. 2기는 히류 1중대의 맨 뒤에 있던 기체였다. 세 번째 희생자는 히류 2중대장 기쿠치 로쿠로菊池六郎 대위의 기체였다. 기쿠치의 기체는 크게 손상되어 쿠레섬 근처에 불시착했지만 탑승원은 전원 생존했다.[97] 2중대 소속 함상공격기 정찰원 마루야마 다이스케丸山泰輔 일등비행병조는 건너편 1중대의 미야우치 마사지宮内正治 이등비행병조의 함상공격기가 미군 전투기의 공격을 받아 날개 연료탱크에 불이 붙는 광경을 공포에 질려 바라보았다. 치명상을 입은 함상공격기가 화염에 휩싸였다. 미야우치의 기체는 손을 뻗으면 닿을 만큼 가까이 있는 듯이 느껴졌다. 조종석에서 사투를 벌이는 탑승원들이 보였고 미야우치는 용감하게 위치를 지켰다. 마루야마가 지켜보는 동안 불길이 조종석을 삼켰고 미야우치의 함상공격기가 뒤집히며 바다로 추락했다.[98] 히류 중대의 또 다른 함상공격기 한 대도 미야우치와 비슷하게 추락했다. 도바 시게노부鳥羽重信 일등비행병조의 기체였다. 마루야마는 반대편에서 도모나가 대장의 97식 함상공격기 날개에 뚫린 구멍으로 가솔린 증기가 뿜어져 나오는 광경을 보았다. 기체에 잠시 불이 붙었다가 곧 꺼졌다. 더 떨어진 곳에 있던 소류의 97식 함상공격기 1기[99]도 적 전투기들의 희생양이 되었다.

공격을 끝낸 와일드캣들을 스가나미의 부하들이 끝장냈다. 적 전투기는 제로센의 상대가 되지 못했고[100] 조종사 역시 숙련된 일본군 조종사의 적수가 아니었다. 제로센과 선회전을 시도한 미군 조종사는 무조건 죽었다. 제로센보다 느리고 둔중한 와일드캣과 버펄로는 곧 덜미를 잡혀 화염에 휩싸여 추락했다.[101] 전투 후 후치다의 질문에 아카기의 전투기 조종사는 당시 상황을 이렇게 요약했다. "적 전투기들은 정말 형편없었습니다. 거의 전멸시킨 것 같습니다."[102] 실제로 미드웨이 상공의 미군 전투기들은 짧은 시간 내에 모두 격추되거나 도주했다. 도모나가 공격대는 방해받지 않고 목표물로 계속 접근했다.

도모나가는 북쪽에서 미드웨이로 접근하여 동쪽으로 선회했다. 2항전의 수평폭격 임무를 맡은 함상공격기들이 먼저 나아가 11,000피트(3,300미터) 고도에서 150노트(280킬로미터)로 북동쪽에서 섬에 접근했다. 이 과정에서 히류와 소류의 함공대는 각 섬의 긴 축선(동북-남서축선)을 따라 폭격할 예정이었다. 이 축선상에 이스턴섬 활주로가 있었다. 공격대는 하나로 단단히 뭉친 진형을 풀고 각 중대별로 목표물을 선정한 다음 공격을 시작했을 것이다.[103]

폭풍 같은 대공포화가 일본군을 환영하자 섬의 방어가 빈약하거나 미군이 방심하고 있을 것이라고 믿었던 마지막 희망은 물거품이 되었다. 첫 고사포탄이 진형 뒤쪽에서 폭발하자 포수들은 재빨리 조준을 수정했다. 수평으로 천천히 기동하는 함상공격기 편대는 해병대 대구경 고사포의 좋은 먹잇감이었다. 미군 고사포는 조준을 바로잡고 속사를 퍼부었다. 도모나가와 함상공격기 편대는 고사포탄이 폭발하며 만들어 내는 자욱하고 불길한 구름을 힘겹게 뚫고 나갔다. 검은 연기를 내며 폭발하는 포탄들이 비행기들을 뒤흔들었고 몇몇은 포탄에 맞았다. 히류 2중대 소속 사카모토 겐지阪本憲司 일등비행병조[104]가 조종하는 함상공격기 한 대가 치명상을 입고 샌드섬 근처 초호로 떨어졌다. 섬을 가로지르는 비행은 영원히 끝날 것 같지 않았다. 그래도 마침내 폭탄을 투하했고, 무거운 폭탄이 떨어지자 가벼워진 함상공격기들의 기수가 위로 살짝 들렸다. 탑승원들은 대공포화를 뒤로하고 미드웨이를 떠날 수 있어서 너무나 기뻤을 것이다.

다음은 함상폭격기의 차례였다. 함상폭격기들은 북쪽에서 대기하며 함상공격기들의 수평폭격을 지켜보고 있었다. 이제 함상폭격기들은 가가 분대장 오가와 쇼이치 대위의 지휘를 받으며 동쪽에서 섬으로 접근했다. 함상공격기들이 폭연을 만들기 전까지만 해도 시야가 아주 좋았다. 바람이 거의 18노트(33킬로미터)로 거세게 불어 폭연이 서쪽으로 날아가 섬 전체를 뒤덮는 바람에 후속 공격대가 목표물을 조준하기가 어려워졌다. 바람 때문에 급강하폭격 명중률도 떨어질 것이 확실했다. 그렇지만 조금 전과 마찬가지로 섬의 대공포화가 순조로운 공격 수행에 가장 큰 방해물이었다. 이번에는 대구경 고사포뿐만 아니라 소구경 대공화기도 불을 뿜었다. 이

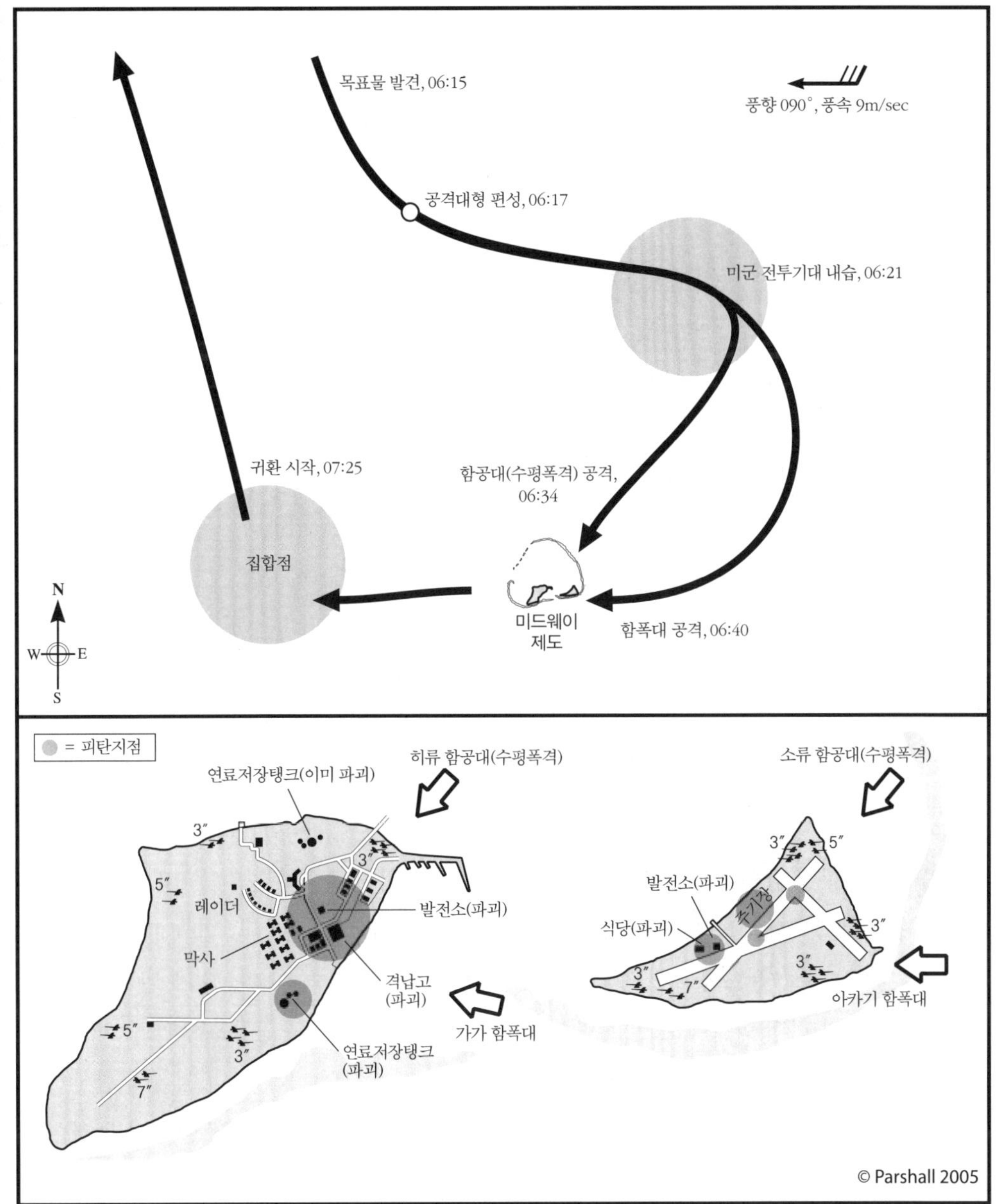

10-13. 6월 4일 아침 미드웨이 공습 상황 (출처: 『戰史叢書』 43卷, p.300; 소류 전투상보; 가가 전투상보)

상황을 미군 대공포화에 일본군이 경악했다고 묘사한다면 너무나 단순한 설명이다. 섬의 모든 화기가 일본군을 노렸으며 두 섬은 마치 불의 고리라도 된 듯이 화염을 토해냈다. 히류 전투상보에는 "이스턴섬과 샌드섬 전체에 걸쳐 고각포, 기총진지가 배치되었고 방위반方位盤(사격통제장치)을 사용하여 정확도가 뛰어났고 강도도 치열했음."이라고 적혀 있다.[105] 도모나가 대위는 미군의 대공사격을 받아본 경험이 없었다. 그렇지만 진주만에서 일본군이 기습에 성공했음에도 불구하고 미군이 몇 분 후 맹렬한 화력으로 대응했다는 소문을 들었다. 이제 도모나가는 이것이 헛소문이 아님을 알게 되었다. 도모나가 공격대는 이날 아침 세계 최강의 대공포화를 상대했다고 할 만하다.

함상폭격기의 급강하폭격은 약 3분간 지속되었다. 폭격기들은 개별적으로 급강하한 후 고속으로 이탈해 수면 가까이에서 날아 대공포화를 피했다. 폭격기가 떠난 다음에는 전투기들이 해안시설과 눈에 띄는 외톨이 미군기들에 기총사격을 가했다. 그동안 공격기들은 섬 서쪽에 있는 집합지점으로 향했다. 편대는 집합지점에서 40분간 머물며 낙오자와 전투기들이 합류하기를 기다렸다. 공격대는 07시 25분에 귀환을 시작했다.

각자의 모함으로 돌아온 탑승원들이 공격대가 미드웨이 기지에 입힌 피해를 정확하게 산정해서 보고하기는 어려웠다. 아카기 전투상보는 "공격한 결과 육상시설 세 곳에서 소화재 발생, 시설과 인원에 심대한 손해를 입힌 것으로 보임."이라고 언급하며 "비행정 격납고, 유조油槽, 막사에 대화재."[106]라고 추가했다. 한술 더 떠 가가 전투상보는 "샌드섬 비행정 격납고에 25번 폭탄 9발 명중, 대파, 화재 발생. 샌드섬 장교와 사병 막사에 25번 폭탄 7발 명중 대파, 화재 발생. 중유조重油槽도 마찬가지임."이라고 주장했다.[107] 소류 전투상보는 아예 상상의 나래를 펴 자함의 함상공격기 1중대의 전과를 "샌드섬 고각포군 1 괴멸, 80번 폭탄 5발 명중"[108]이라고 기록했다. 이스턴섬의 활주로를 공격한 소류의 2중대와 3중대도 높은 명중률을 기록했다는 식으로 전과를 열거했다.[109] 아마 함상공격기 조종사들이 폭탄이 땅에 떨어진 것만으로도 명중탄으로 충분히 판정할 수 있다고 여겼기 때문일 수도 있다. 하지만 약해질 기미를 보이지 않은 미군 대공포화는 이런 주장에 대한 경고와도 같았다. 히류의 보고는 동료들보다 절제된 편이었다. "1중대 샌드섬 북동단 부근 연료조燃料槽 1발 명중, 화재. 2중대, 샌드섬 동측 고각포진지 일부 파괴, 3중대 샌드섬의 비행정용 활주대에 6탄을 떨어뜨려 전복."[110]

사실 도모나가 공격대는 섬의 시설물에 상당히 심각한 피해를 입혔으나 완전히 무력화하지는 못했다. 이스턴섬에서는 발전소와 비행기 정비장으로 연결된 연료관이 완파되어 사람이 일일이 손으로 급유해야 했다. 폭탄이 의무실 근처에 떨어졌고 지휘소가 파괴되었다. 식당과 우체국은 흔적도 없이 사라졌다. 활주로 근처의 무장 장착용 정비호에 떨어진 폭탄으로 유폭이 발생해 4명이 전사했다. 활주로는 폭탄으로 인해 군데군데 구멍이 파였지만 다른 시설에 비해 손상 정도가 경미했다.[111]

샌드섬에서는 수도관이 파괴되었고 연료저장탱크 3기에 폭탄이 떨어져 심한 화재가 발생했다. 샌드섬 동쪽의 수상기 관련 시설 근처에 있던 기지설비들(세탁소, 진료소, 해군용 식당, 주방, 영창, 민간업자 건물)이 모두 파괴되었다. 어뢰와 폭격조준기 정비작업장은 풍비박산 났다. 막사 여러 동이 심한 피해를 입었고 수상기 격납고가 완전히 불에 타 앙상한 골조만 남았다.[112] 도모나가 공격대가 떠나갈 때 섬은 솟구치는 검은색 연기기둥으로 뒤덮여 있었다.

몇몇 참모들은 도모나가의 간결한 첫 보고가 소류의 탑승원 대기실에서 쏟아져 나오는 지나치게 낙관적인 보고들보다 사실에 더 근접함을 감지했을 것이다. 적 전투기 전력은 분쇄되있으나 도모나가 공격대가 섬에 도착하기 전에 미드웨이 기지의 공격기들은 이미 일본 기동부대를 찾아 섬을 떠난 상태였다. 게다가 미군 대공방어를 파괴하지 못한다면 N 데이에 있을 상륙에 대한 효율적 전술지원은 거의 불가능했다. 방어 무력화라는 목표를 달성하려면 2차 공격이 필요했다. 하지만 이 모든 것은 일단 적 항공모함 부대를 격멸한 다음에 할 일이었다.

불행히도 도모나가 공격대가 큰 손실을 입어 기동부대의 임무를 완수하기가 더 어려워졌다. 히류 공격대의 손실이 제일 컸다. 호위전투기 9기는 모두 귀환했으나 2기는 크게 손상되어 더 이상 투입이 불가했다. 함공대는 궤멸적 타격을 입었다. 아카마쓰 비행특무소위가[113] 임무를 포기하고 돌아간 다음에 남은 17기 중 2기는 적기에 격추되고 1기는 대공포에 당했다. 1기는 목표로 향하던 중 실종되었다.[114] 노나카 사토시野中覺 비행병조장의 기체는 순양함 근처에 불시착했으나 구축함이 전원 구조했다. 나머지 귀환기 중 5기는 작전 투입이 불가할 정도로 크게 손상되었다. 그

중 하나인 도모나가의 기체는 미군 전투기와 교전하던 중 날개 연료탱크에 명중탄을 맞았다. 다른 기체들도 경미하지만 피해를 입었다. 히류가 보유한 투입 가능한 함상공격기(아카마쓰의 기체를 포함)는 모두 합쳐 8기였다. 소류 소속 낙오기 1기도 히류에 착함했다. 다나베 마사나오田邊正直 이등비행병조가 조종하던 기체로, 다나베는 간신히 본대로 복귀해서 눈에 보이는 가장 가까운 항공모함에 착함했다. 다나베의 기체는 전손처리되었다.

같은 항전의 요함 소류는 상황이 조금 더 나았다. 별다른 이유가 있다기보다 운이 좋았던 것 같다. 다나베의 중파된 함상공격기 1기를 빼고 미드웨이 상공에서 격추된 기체는 단 1기였으며 추가로 2기가 힘겹게 본대로 복귀한 뒤 구축함 근처에 불시착했다.[115] 탑승원들은 전원 구조되었다. 착함한 함상공격기 14기 중 4기가 비행불가 판정을 받았다. 따라서 크고 작은 손상을 입기는 했으나 현재 투입 가능한 함상공격기는 10기였다. 놀랍게도 호위전투기 9기는 피해 없이 전원 무사 복귀했다.

1항전의 피해상황을 보면 아카기는 섬의 대공포화에 전투기 1기를 이스턴섬 상공에서 잃었고[116] 3기가 크고 작은 피해를 입었다. 함상폭격기는 모두 다 무사히 착함했지만 1기는 피해가 커서 전손 판정을 받았고 추가로 4기가 손상되었다. 가가의 호위전투기들도 피해를 입었다. 1기를 미드웨이에서 잃었으며[117] 다나카 일등비행병조가 목숨을 걸고 간신히 착함시킨 기체는 너무 크게 손상되어 사용할 수 없었다. 가가의 함폭대는 샌드섬 상공에서 1기를 잃었다.[118]

미드웨이 공습에서 일본군은 통틀어 11기가 손실되고 14기가 중파重破되었으며 29기가 크고 작은 손상을 입었다. 공격대의 거의 절반이 피해를 본 셈이었다. 실종기와 전손처리기를 합해 겨우 30분간 벌어진 전투에서 일본 기동부대는 전력의 23퍼센트를 잃었다. 비행사 20명이 사망하거나 실종되었으며 부상자도 다수 발생했다. 2항전의 함상공격기 탑승원들은 틀림없이 경악했을 것이다. 2항전 함공대는 미군 전투기와 대공포 사이에서 떼죽음을 당했다. 4기가 격추되었고 추가로 4기가 손상 때문에 불시착했으며 귀환 후에도 9기가 전손처리되었다. 나머지 함상공격기들도 크고 작은 피해를 입었다. 탑승원 대기실의 분위기는 어두웠다. 만약 이 정도의 대공포화와 전투손실률이 계속 이어진다면 몇 번만 더 출격해도 함공대는 전멸할 것이다. 앞으로 수행할 작전에 좋은 징조는 아니었다.

11

치명적 혼란 09:17-10:20

09시 17분, 미드웨이를 공습한 공격기들이 격납고로 수납되는 동안 나구모 부대는 070으로 침로를 약간 변경했다. 속력은 아직 제3전투속력(22노트)으로[1] 기동부대는 전면에 있을 것으로 추정되는 적과 거리를 좁혀 나가고 있었다. 08시 40분 이후 적기는 보이지 않았다. 나구모 중장은 만약 이처럼 다행스러운 상황이 계속된다면 곧 공격대 발진을 준비할 수 있겠다고 생각했을 것이다. 2항전은 함상폭격기가 갑판에 배치되면 바로 무장장착을 할 수 있도록[2] 242킬로그램 육용폭탄〔고폭탄〕과 250킬로그램 통상탄〔철갑탄〕 일부를 폭탄고에서 반출하기 시작했을 것으로 추정된다.[3] 소류가 함상폭격기용 무장을 비행갑판으로 올렸을 수도 있지만 실제로 이렇게 작업했다는 증거는 없다. 히류와 소류는 폭탄을 격납고에 가져다 놓고 배치작업이 시작되기를 기다리고 있었다고 보는 것이 타당하다.

이 시점에 1항전이 무장변경 작업을 계속하고 있었다는 데에는 대부분의 기록이 일치한다. 이런 이유로 후치다는 10시 30분 이전에 공격대 발진 준비를 완료할 수 없었다고 회고록에서 주장했다.[4] 1항함 전투상보에 따르면 1항전은 10시 30분경까지, 2항전은 10시 30분 내지 11시까지 준비를 마치겠다고 보고했다.[5] 그러나 좀 더 자세히 살펴보면 1항전의 작업시간이 그렇게 오래 걸린다는 말을 수긍하기가 어렵다. 1차 무장변경 작업(07시 15분경 명령)이 시작되고 30~45분이 지난 08시에 나구모가 이 명령을 뒤집은 지 벌써 약 한 시간 반이 지났다. 가끔 함선들이 급기동했지만 이 시간까지 재무장 변경(폭탄→어뢰)이 끝나지 않았다고 보기는 어려우며, 이때 1항전의 함상공격기는 모두 어뢰를 장착했을 것이다. 따라서 비행기를 배치할 틈만 찾았더라면 나구모는 항공모함 4척에서 충분한 숫자의 급유와 무장장착을 마친 공격대를 발진시킬 수 있었다.

기동부대가 변침한 직후인 09시 18분, 좌현 전방에서 다가오는 또 다른 미군 공격대가 포착되었다. 나구모의 반응에 대한 기록은 없다. 그러나 불청객이 왔다는 소식에 기쁘지는 않았을 것이다. 후치다는 함교에 감돌던 낙관적 분위기가 갑자기 사라졌다고 말했다. 아카기 함교에 비관적 분위기가 퍼졌으리라는 것은 상상하고도 남을 만하다. 이 공격은 일본군에 엄청난 좌절을 안기려 운명이 꾸민 계략이나 다름없었다.

도네와 지쿠마가 연막을 치기 시작했다.[6] 적은 35킬로미터나 떨어져 있었지만 함대는 속력을 올리고 대공전투 준비에 들어갔다. 방금 전까지 36기로 불어난 함대 상공의 직위대는 다시 제로센 15기로 쪼그라들어 있었다.[7] 그러나 가가에서는 이즈카 마사오 대위가 이끄는 직위대 2개 소대가 시운전을 마치고 09시 20분에 발진했다. 아카기는 제로센 5기를 배치해 09시 32분에 발함시켰고 09시 45분에 3기를 추가로 발진시켰다.[8]

새로 공격해 온 미군기는 존 C. 월드론John. C. Waldron 소령이 지휘하는 호닛의 VT-8 소속 뇌격기 15기였다. 이들은 아침에 호닛에서 발진한 비행기 중 유일하게 전투를 벌였다. 앞에서 서술했듯, 호닛의 비행기들은 일본군이 마지막으로 있었다고 알려진 위치로 직행하는 대신 비행단장 스탠호프 링 중령(VS-8, VB-8, VF-8, VT-8 지휘)의 결정에 따라 발진한 다음 서쪽으로 향했다.[9] 그러나 월드론은 비행단장과 달리 일본군이 남서쪽 어딘가에 있다고 확신했다. 월드론은 열정적이고 부하들에게 많은 것을 요구하는 지휘관이었으나 그럼에도 불구하고 부하들은 월드론을 존경했다. 출격 전에 월드론은 한 부하에게 "나만 따라와, 너희들 다 목표에 데려다 줄게."[10]라고 말했다. 이제 월드론은 그 약속을 지키려는 참이었다.

월드론은 처음부터 링의 비행 계획이 마음에 들지 않았고 출격 후 얼마 지나지 않아 링이 지시한 항로에 대놓고 반발했다.[11] 08시 25분, 월드론은 링의 본대에서 이탈하더니 왼쪽으로 선회하여 자신의 비행대를 이끌고 떨어져 나아갔다.[12] 월드론이 나중에 일본 기동부대를 거의 정면에서(즉 북동으로 전진하던 기동부대의 정면) 맞닥뜨렸다는 사실은 링의 비행경로가 정서 방향이었기에 나구모의 북쪽을 지나가 이를 놓칠 수밖에 없었다는 것을 방증한다.[13]

체로키Cherokee족 인디언 조상[14]으로부터 물려받은 직관 덕택이었는지 적정 분석이 뛰어나서였는지는 알 수 없으나 월드론의 예측은 정확했다. 월드론은 246도 항로로 비행한 것으로 보이는데 070으로 침로를 바꾼 나구모에게 거의 똑바로 날아간 셈이다. 월드론의 비행대는 약 140해리(225킬로미터)를 가로질러 날아가 "마치 파이프로 연결된 것처럼"[15] 일본 기동부대와 맞닥뜨렸다. 월드론의 직감은 칭찬받아 마땅하지만 링의 본대에서 이탈한다는 것은 전투기로 엄호 받을 희망도 같이 버린 행위였다. 월드론은 본의 아니게 자신뿐만 아니라 한 명을 제외한 모든 부하들의 사형명령서에 서명하고 만 것이다.

기동부대 항공모함들은 월드론의 뇌격기들이 자신들을 노리고 다가오자 좌현으로 선회하여 서쪽으로 함수를 돌렸다. 일본 항공모함들은 적 뇌격기에 함미를 노출하게 되었고 일본군은 이 기동방법으로 계속 뇌격기 공격에 대응했다. VT-8이 공격을 개시했을 때 일본 항공모함들은 아직 선회 중이어서 우현이 노출된 상대였다. 월드론의 정면에는 항공모함 3척이 있었다. 비행대 전투보고서에 따르면 좌우로 '아카기급' 항공모함이 있었고 '소류형' 항공모함이 중앙에 있었다.[16] 월드론은 가운데에 있는 항공모함으로 기수를 향했다.

중앙에 있는 '소류형' 항공모함은 다름 아닌 소류였다. 소류는 직위기 소대 하나를 착함시키는 중이어서 상대적으로 취약한 상황이었다. 그러나 이때 상공에 있던 일본군 직위대에는 엄청난 강타자들이 포진해 있었다. 아카기의 고야마우치 비행병조장은 급유와 탄약보충을 위해 모함으로 돌아갔으나(09시 10분 귀환) 5차 직위대의 요기 2기[17]가 남아 있었고 아카기에서 날아오른 6차 직위대의 2기 편성 2개 소대가 합류했다. 지휘관은 일급 기량을 갖춘 부사관 조종사 다니구치 마사시 일등비행병조와 이와시로 요시오 일등비행병조였다. 다니구치는 종전 무렵에는 14기 격추 기록을 가진 에이스가 된다.[18] 가가 소속 9기도[19] 하늘에 떠 있었는데 여기에는 야마모토 아키라 일등비행병조가 지휘하는 4차 직위대가 있었다. 야마모토는 함대의 최고참 부사관 조종사 중 하나였으며 전쟁 동안 13기 격추 기록을 올리게 된다.[20] 여기에 더해 가가의 5차 직위대가 이제 막 발진했다. 이즈카 마사오 대위가 총지휘하는 3기 편성 2개 소대로 이루어진 대편성 직위대였다. 이즈카는 전쟁기간 동안 여러 항공대의 지휘를 맡았다. 이즈카 소대에 소속된 스즈키 기요노부鈴木清延 일등비행병조(나중에 비행병조장으로 승진)는 노련한 부사관 조종사이자 교관 출신이었다. 스즈키는 중일전쟁의 베테랑으로 그해 산타크루즈 해전에서 전사할 때까지 9기를 격추했다.[21]

소류 소속 전투기들도 상공에 있었다. 미드웨이 공격대에 있던 소류의 제로센 3기가 아직 착함하지 않은 상태였다.[22] 히류에 소속된 모리 시게루 대위의 소대(3기)도 아직 하늘에 떠 있었다. 모두 합쳐 일본군 전투기 21기가 미군을 향해 돌진했다.[23] 아카기와 히류에서는 다 합쳐 9기가 다시 출격준비 중이었고 곧 발진할 예정이었다.[24] 기동부대 직위대는 상당한 규모였을 뿐만 아니라 충분한 시간 여유를 두고 경보를 받았다. 미군에게 또 다른 악재는, TBD의 엔진 출력이 부족해 어뢰를 매달면 간신히 100노트(185킬로미터) 정도의 속력밖에 낼 수 없었다는 점이었다.[25]

결과는 이 사실을 반영했다. VT-8은 전멸했다. 공격을 시작할 때 월드론은 공격대를 2개 중대로 나눠 하나는 자신이 지휘하고 또 하나는 부장 제임스 C. 오언스 주니어James C. Owens Jr. 대위가 이끌게 했다. 두 중대는 일본군으로부터 심한 압박을 받다가 얼마 안 되어 다시 합류했다.[26] 제로센들이 사방에서 공격해 왔다.[27] 이즈카 소대(스즈키 포함 3기), 야마모토의 3기, 이와시로가 이끄는 4기는 맹렬한 근접공격을 여러 번 가하며 미군 공격대를 문자 그대로 갈기갈기 찢어발겼다.[28] 둔한 뇌격기들은 불길을 내뿜으며 바다로 추락했다.[29]

일본 함대가 방향을 돌려 서쪽으로 달려가자 상황이 VT-8에게 불리해졌다. 미군은 약 15분 동안 일본 항공모함들의 꽁무니를 뒤쫓게 되었는데 느려터진 TBD를 모는 조종사들에게는 영원처럼 느껴지는 시간이었다. 마침내 3기가 소류에 근접했다. 이들을 피하기 위해 소류는 우현으로 급변침하여 다른 방향에서 다가오던 뇌격기들이 벌린 입 안으로 뛰어드는 수밖에 없었다.[30] 소류가 선회하는 동안 일본군 직위기들은 함미에서 접근하던 뇌격기 3기 중 2기를 격추했고 1기는 손상을 입은 채 계속 날아갔다. 이 홀로 남은 뇌격기는 소류를 겨냥해 돌진하다가 800야드(732미터) 거리에서 함수 좌현을 향해 어뢰를 투하한 뒤 비스듬히 선회하여 항공모함 위를 날아갔다.[31] 소류는 다가오는 어뢰를 간신히 회피했다. 홀로 소류에 어뢰를 투하한 이 TBD는 소류의 반대쪽으로 건너가자마자 아카기에서 날아오른 7차 직위대(시라네 아야오 대위 지휘)와 정면으로 맞닥뜨렸다.[32] 수적으로도 5 대 1의 열세였기 때문에 이 뇌격기는 직위기들의 대형 한가운데에서 바로 격추되었다. 이 비행기의 조종사 조지 H. 게이George H. Gay 소위가 월드론 공격대의 유일한 생존자였다. 후방사수는 전사했으며, 비행기가 수면에 미끄러지며 불시착하자 게이 소위는 가라앉는 비행기에서 빠져나왔다. 게이는 검은색 좌석 쿠션 아래에 숨어 사방에 있는 일본 군함을 겨우 피했다.

조금만 일이 잘 풀렸더라면 월드론 공격대가 직접 전투기 엄호를 받을 수 있었다는 점이 이 일화에서 가장 안타까운 측면이다. 월드론 공격대 후방 위쪽, 일본 함대 동쪽 끝자락 2만 2,000피트(6,706미터) 상공에 제임스 그레이James Gray 대위가 지휘하는 VF-6 소속 와일드캣 10기가 있었다. 그레이가 엔터프라이즈에서 발진하고 보니 동료 급강하폭격대(VS-6, VB-6)는 이미 시야에서 사라졌다. 그 결과, 그는 저고도에서 비행하던 월드론의 뇌격기들을 같은 항공모함 소속 VT-6으로 착각했다.[33] VT-8이 단독으로 비행하는 것으로 보였기 때문에 그레이는 상공에서 이들을 엄호하기로 결심했다.[34]

월드론은 몰랐지만 그레이는 북동쪽에서부터 충실하게 VT-8을 따라갔다. 그러나 아주 가까이에서 엄호하지는 않았기 때문에 월드론이 공격하기 위해 고도를 낮췄을 때 그레이는 군데군데 깔린 구름 때문에 아래에 있던 VT-8을 그만 놓쳐버렸다.[35] 월드론의 비행대가 그레이의 시야에서 사라진 다음에 다시 나타나지 않았으므로 그레이는 VT-8이 공격에 실패했음을 알 도리가 없었다. VT-8의 뇌격기들은 다시 보이지 않았고 지원 요청도 없었다.[36] 그뿐만 아니라 그레이는 20분 뒤 같은 항공모함 소속의 VT-6이 보낸 지원 요청도 받지 못했다.[37] 6월 4일은 미 해군의 무전기 수신감도에 대해서라면 자랑스럽지 못한 날로 남을 것이다.[38]

월드론과 마찬가지로 그레이도 09시 10분경 1시 방향에서 일본 함대를 포착하고 즉시 상황 파악에 들어갔다. 자신이 아는 한 엔터프라이즈의 급강하폭격기들이 틀

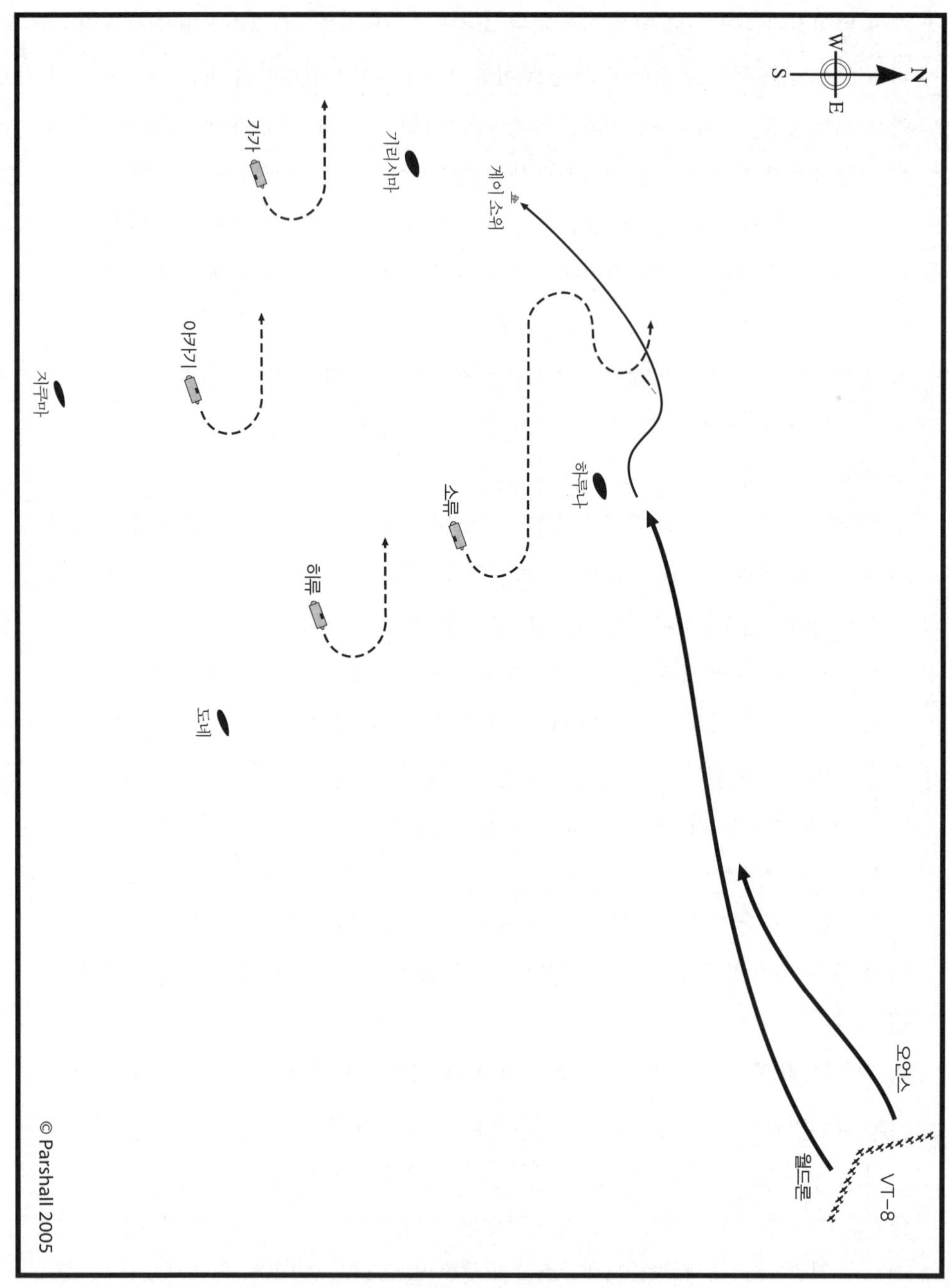

11-1. 09시 20분~09시 37분에 전개된 VT-8의 일본 기동부대 공격

림없이 근처에 있을 것이기 때문에 그레이는 때가 오면 이들을 지원할 수 있도록 아래에서 치열한 전투가 벌어지는지도 모르는 채 전장의 변두리를 맴돌았다.[39] 그레이는 선회하면서 구름 사이로 일본 기동부대를 어렴풋이 볼 수 있었다. 그러나 그레이는 그곳을 떠날 때까지 45분 동안 그 어디에서도 일본 항공모함을 2척 이상 볼 수 없었다. 이것은 그 시간 내내 2항전이 1항전과 많이 떨어져 작전하고 있었다는 분명한 증거이다.

증거들을 보면 이때쯤 해서 2항전과 1항전은 의도하지 않았지만 사실상 별개로 움직였던 것 같다. 2항전의 작전속력이 1항전보다 5~7노트 정도 빨랐다는 점을 고려하면 충분히 그럴 만하다. 만약 거리를 늘리고 싶었다면 진형 선두에 있는 빠른 항공모함들이 움직여야 했다. 일본 해군은 항전 사이의 간격을 상당히 느슨하게 잡는 방법을 적극 운용했으며, 산호해에서 우연히 쇼카쿠와 떨어져 있어 화를 피한 즈이카쿠의 경험도 잘 알고 있었다. 방어에 편리하다는 이유 외에 작전상으로도 분리가 필요하다는 요구가 이날 아침 기동부대의 진형을 막판에 변경하는 데 영향을 미쳤을지도 모른다.

그레이는 일본 기동부대의 동쪽 측면 상공에서 계속 대기했다. VF-6은 연료를 아끼기 위해 천천히 S자 모양으로 선회하면서 엔터프라이즈의 급강하폭격기대가 합류하기만을 기다렸다. 그레이는 따라오는 제로센이 없다는 것이 의아했다.[40] 일본 직위대에 문제가 생겼음이 틀림없었다. 사실 09시 10분에 일본군 직위기들은 모두 저고도로 내려가 월드론 공격대를 덮칠 준비를 하고 있었다. 그러나 직위기들이 늦게까지 그레이와 부하들을 발견하고 요격하지 못했다는 점은 일본군이 고공에서 다가오는 위협을 포착하고 공격하는 데 약점이 있다는 사실을 대변한다. 특히 오늘처럼 군데군데 구름이 깔린 환경에서는 더 그랬다.

아무도 몰랐겠지만, 이때 일본 기동부대는 돌아오지 못할 다리를 건넜다. 운명과 조우하기 전에 —한 시간 정도 남은 상황이었다.— 미군을 향해 공격대를 발진시키려면 월드론의 공격을 받는 동안에라도 배치작업을 시작해야 했다. 그러나 나구모는 도네 4호기의 보고를 신뢰하지 않았으므로 이때까지도 미 항공모함들의 위치를 정확하게 알지 못했다. 그뿐만 아니라 소류의 D4Y1에서도 새 소식이 오지 않았다.

이것이 VT-8의 진정한 공로이자 그 희생의 의의였다. VT-8의 공로는 통설대로 일본군 직위기들을 수면으로 끌어들인 것이 아니라 결정적 순간에 일본군 공격대의 발진을 방해한 것이다. 월드론이 정면에서 다가왔기 때문에 나구모는 바람이 부는 방향에서 벗어날 수밖에 없었다. 또한 월드론의 공격 때문에 항공모함들이 직위기들을 추가로 띄우느라 비행갑판을 쓸 수 없어 공격대 발함준비가 지연되었다. 월드론의 출현에 대응하여 8전대 순양함들이 친 연막과 함대의 대공포화는 곧 나타날 또 다른 미군 뇌격비행대(VT-6)를 의도치 않게 끌어들이는 결과를 낳았을지 모른다.

이때쯤(또는 좀 더 빨리) 2항전의 함상폭격기들이 격납고에서 폭탄 장착을 시작했을 가능성이 높다.[41] 비행갑판이 계속 사용 중임을 안 병기원들이 선수를 쳐서 작업을 시작했을 것이다. 이렇게 하면 명령이 언제 떨어지든 간에 배치작업 시간을 최소한 5~10분 정도 단축할 수 있었다. 그러나 미군의 공격이 이어지는 한 계속 직위기를 새로 발진시켜야 했고 언제 배치명령이 떨어질지는 아무도 몰랐다.

일본 기동부대의 남서쪽 먼 곳에서 구축함 아라시는 꼭꼭 숨어 있는 노틸러스를 찾아 헤매고 있었다. 09시 18분부터 브로크먼 함장은 수심 60미터 깊이까지 내려가 일본 구축함을 떨치려 했지만 아라시는 냄새를 맡으며 계속 쫓아왔다. 09시 33분, 마지막 폭뢰공격이 있었다. 이 시점에 와타나베 함장은 양키 잠수함을 가라앉히지는 못했어도 항공모함들이 위험수역을 무사히 벗어날 만큼 충분히 오래 잡아 두었다고 생각했다. 아이러니하게도 브로크먼에 따르면 아라시가 떨어뜨린 마지막 폭뢰 2개가 가장 위험했다.[42] 노틸러스 승조원들이 식은땀을 흘리며 귀를 기울이는 동안 공격이 잦아들었고 아라시의 스크루 소리가 멀어져 갔다. 09시 55분, 능동소나 발신음이 멎었다. 노틸러스는 다시 잠망경 심도로 올라갔다.

그동안 아마리 일등비행병조와 도네 4호기는 아직도 하늘에 떠 있었다. 사실 아마리는 계속 접촉 중단과 귀환을 간청했다. 09시 30분에 아마리는 연료가 별로 없어 귀환해야겠다고 타전했다. 09시 35분, 아베 소장은 10시까지 현 위치를 유지하라고 명령했다. 09시 38분, 매우 초조했을 아마리는 "나오겠음"이라고 간단히 답했다. 이때 지쿠마는 미 함대와 접촉하고자 5호기를 발함시키고 있었다. 다케자키 마사타카嶽崎正孝 일등비행병조의 0식 수상정찰기였다.[43]

기록한 함선에 따라 다르지만 일본군은 월드론의 용감한 공격이 09시 30분~09시 35분에 점차 수그러들었다고 기록했다. 이때쯤 미군기는 모두 물속에 있었다. 기동부대는 계속 서쪽으로 항해하고 있었다. 항공모함들은 대략적으로 상자진형을 유지했으나 위치가 달라졌다. 남쪽 대열에서 가가는 이제 아카기 앞으로 나와 있었다.[44] 아라시가 마지막 폭뢰를 떨어뜨리고 지쿠마가 5호기를 발함시킬 무렵, 일본군이 북동쪽으로 침로를 바꾸는 것을 고려하기도 전에 미군 공격대가 밀려들어왔다.

11-2. VT-6 지휘관 유진 E. 린지 소령(1929). 린지의 VT-6은 월드론의 VT-8과 더불어 일본군 직위대를 혼란의 빠뜨리는 데 크게 공헌했다. (Naval History and Heritage Command, 사진번호: NH 84903)

09시 38분, 일본군은 남쪽에서 일렬횡대로 낮게 다가오는 TBD들을 포착했다.[45] VT-8의 자매 비행대 VT-6이었다. VT-6은 유진 E. 린지Eugene E. Lindsey 소령의 지휘하에 엔터프라이즈에서 발진했다. VT-6도 저고도에서 접근했기 때문에 함대에서 상당히 떨어진 거리에서 일본군의 눈에 띄었다.[46] 1항함 전투상보에는 40킬로미터 거리에서 미군 뇌격대를 발견했다고 기록되어 있다.[47] 일본 기동부대는 서쪽으로 항해하고 있었기 때문에 미군기들은 좌현에서 다가오고 있었다.[48]

VT-6의 방풍유리 너머로 일본 함대는 이렇게 보였던 것 같다. "일본 함대는 매우 느슨한 진형을 짰으며 중앙에 항공모함 3척이 있는 것으로 보였음. 경순양함[보고원문 착오]으로 구성된 외곽 호위망은 15해리(28킬로미터) 밖에서 원을 그리고 있었음. 중순양함과 전함 수 척으로 이루어진 안쪽 호위망은 8해리(15킬로미터) 밖에서 원을 그리고 있었음. 각 항공모함은 구축함들을 동반하고 호위망 곳곳에 구축함들이 존재했음. 항공모함과 동반한 구축함들은 모두 고속으로 기동한 반면 호위함들은 상대위치를 지키며 항공모함처럼 빨리 움직이지는 않았음."[49] 이 이례적으로 정확한 묘사는 사실과 잘 부합한다. 가끔 위치를 바꾸며 엉성한 다이아몬드 모양을 띠었지만 기동부대 항공모함 4척은 상자진형으로 항해하고 있었다. 안팎의 호위망에 있는 함선들은 계속 진형을 유지하며 각자 상대위치를 유지하려 했다.

일본 기동부대를 발견하자마자 린지는 비행대를 7기씩 2개 중대로 나누어 항공모함 하나를 택해 망치와 모루 전법으로 공격할 위치를 잡고자 했다.[50] 목표물은 가가였다. 20분 전에 있었던 VT-8의 공격이 기동부대의 진형을 흩어놓았기 때문에 가가가 목표물이 되었다. 최고속력이 28노트에 불과한 느림보 사촌은 월드론의 공격을 받은 아카기가 했던 묘기 같은 회피기동—증거에 따르면 방법도 다양한 데다 재빠르기까지 했다.[51]—을 흉내조차 낼 수 없었다. 함대가 변침하자 가가는 진형의 남서쪽 끝에 위치하게 되었고 속력까지 느렸기 때문에 이 방향에서 다가오던 VT-6의 원치 않은 관심을 받게 되었다.[52]

09시 38분, 기동부대는 예상대로 300도로 크게 우현으로 선회하여 다시 미군 뇌격기들을 정확히 함미방향에 두려고 했다. VT-6의 TBD들도 먹잇감을 따라잡아야 선수 쪽에서 한 바퀴 돌아 공격할 수 있었다. 그러나 가가의 선회로 인해 린지의 중대는 가가의 좌현 한참 뒤에서 가가를 따라가게 되었다.[53] 따라서 린지는 부하들을 이끌고 북쪽으로 비행하다 방향을 틀었고 부장 아서 일리Arthur Ely 대위의 중대는 그보다 직선경로를 택해 바다 위로 우뚝 솟은 오카다의 거대한 항공모함을 향해 날아갔다.

적어도 처음에 VT-6에는 따라붙는 일본군 직위기가 없다는 이점이 있었다.[54] 사실 가가는 곤경에 처해 있었다. 직위기가 30여 기까지 불어났지만 제로센 대부분은 월드론 공격대를 처리하느라 북동쪽에 가 있었다. 그 결과 가가의 전투기들은 다른 방향에서 새로이 다가오는 공격에 대응할 수 없었던 데다 근처에 다른 전투기들도 거의 없었다. 선회하여 VT-8을 피해 도망침으로써 두 가지가 달성되었다. 가가는 비행갑판에서 전투기 6기의 시운전을 끝낼 시간을 벌었고, 오카다 함장은 지원 요청을 할 기회를 잡았다.

따라서 잠시 동안 미군기들은 상대적으로 별 저항을 받지 않고 접근했다. 린지와 일리의 중대는 외곽의 구축함들을 지나쳐 직위기들이 다시 존재감을 과시하기 전에 가가로 향할 수 있었다. 북쪽과 북동쪽에서 달려오던 일본 전투기의 대군에 더 가까이 있던 일리의 중대가 당연히 먼저 공격받았다. 다시 한 번 똑같은 과정이 반복되었다. 제로센들은 미군 대형을 난도질하며 TBD들을 정확히 조준해 사격을 퍼부었

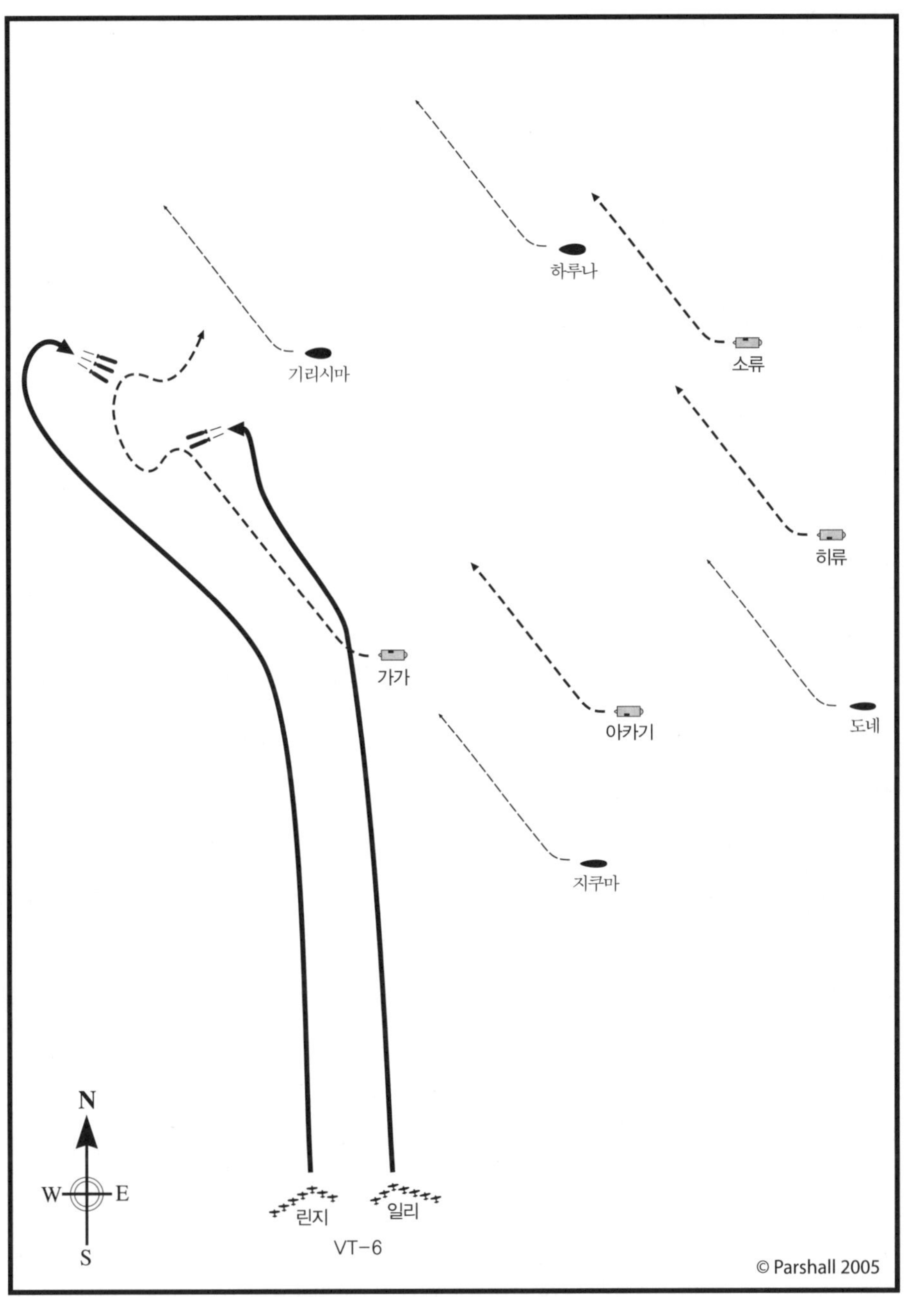

11-3. 09시 40분~10시 00분에 전개된 VT-6의 일본 기동부대 공격

다. 미군기들은 점점 더 줄어드는 소집단으로 뭉쳐서 계속 비행하는 것 이외에 대응할 방법이 없었지만 그래도 후미의 2연장 선회기관총으로 반격했다. 조금 더 시간이 걸리기는 했으나 일리 중대의 결말은 VT-8과 슬플 정도로 유사했다.

가가가 굼뜨기는 했지만 제로센들이 나타나자 TBD들이 가가를 따라잡기란 거의 불가능해졌다. 일리의 대형은 점점 거세지는 포화 속에 사라져 갔다. TBD들은 하나씩 하나씩 대열에서 이탈하여 불길을 내뿜으며 바다로 추락했다. 가가의 오카다 함장은 뇌격기에 대응하는 항공모함 조함법操艦法 세미나라도 하는 양 멋진 조함 실력을 보이며 공격회피 기회를 살리고자 최선을 다했다. 린지와 일리의 중대가 가가를 양현에서 노리고 있음을 깨닫고 오카다는 최대한 멀리 북서쪽으로 도주했다. 마침내 일리 중대의 뇌격기 2기가 어뢰투하점에 도달하여 어뢰를 투하했다. 오카다는 어뢰 투하각이 엉망임을 즉시 알아챘다. 가가는 좌현으로 선회, 변침하여 어뢰를 쉽게 피했다. 이제 가가는 린지 공격대의 입 안으로 들어가는 모양새가 되었지만 오카다는 다시 변침해 계속 북북서로 향하며 미군기들을 좌현 뒤로 떨어뜨렸다.

린지는 지금까지 이례적으로 좋은 성과를 거두었다. 일리의 부하들이 산산조각 나는 동안 일본군 직위기들은 린지를 좀처럼 잡을 수 없었다. 분명히 린지 근처에 제로센들이 있었고 사격을 계속했으나 20밀리미터 기관포탄이 다 떨어진 것 같았다. 따라서 얼마간 희생자가 나오지 않았으므로 린지는 가가의 좌현 바로 앞에서 공격 위치를 잡아 효과적으로 공격할 수 있으리라 기대했다. VT-6이 더 신형이고 고속인 TBF를 장비했더라면 아마 성공했을 것이다. 그러나 하필 이 중요한 순간에 모든 것이 어긋났다. 09시 45분, 아카기는 이부스키 마사노부 대위가 지휘하는(이날 두 번째 출격이었다.) 직위기 1개 소대(3기)를 발진시켰다.[55] 가가는 10시 00분에 마침내 어뢰 투하를 위해 최종 접근하는 린지의 코앞에 직위기 6기를 풀어놓았다.[56] 가가의 직위대는 비행특무소위와 부사관, 사병이 섞여 급조된 부대였으나 경험 많은 조종사들이 있었다. 린지가 유리한 공격 위치를 잡으려던 마지막 찰나에 새로 발진한 이 제로센 9기가 덮쳤다.

린지는 전투기대에 다급히 지원을 요청했지만 그레이의 와일드캣으로부터 응답을 받지 못했다. 이들은 아직도 북동쪽 20해리(37킬로미터) 떨어진 곳의 고고도에서 어정거리고 있었다. 이 수역에 군데군데 깔린 구름과 고도 때문에 VT-8을 보지 못

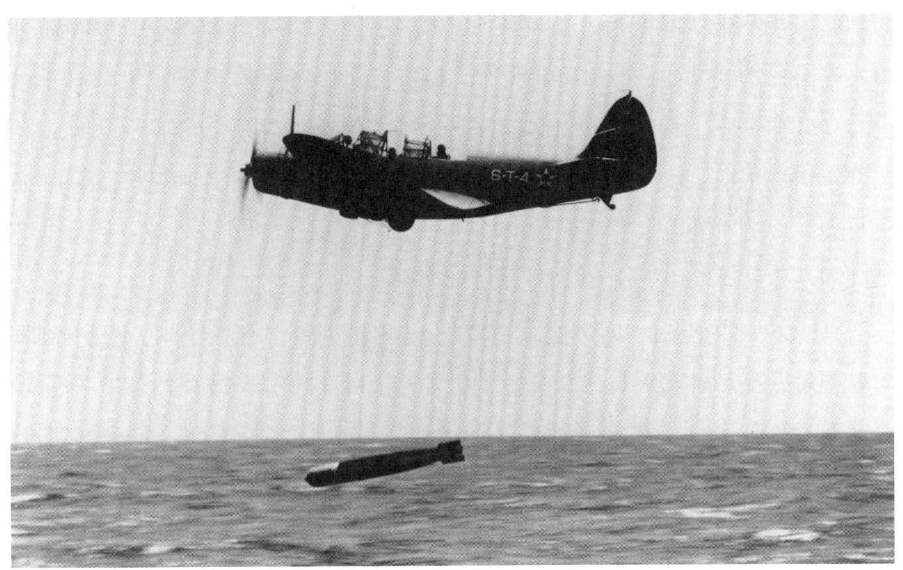

11-4 . 어뢰를 투하하는 엔터프라이즈의 VT-6 소속 TBD. 1941년 10월 20일 훈련 중 촬영. (National Archives and Records Administration, 사진번호: 80-G-19230-B)

한 것과 똑같은 이유로 그레이는 적 함대 반대편에서 VT-6이 공격하는 모습을 보지 못했다. 그레이도, 부하들도 린지가 무선으로 보낸 지원 요청을 듣지 못했다. 이로써 미군 뇌격대가 직접 전투기 엄호를 받을 수 있는 두 번의 기회가 모두 사라졌다.

사실 09시 50분경, 그레이의 와일드캣의 연료탱크는 절반이 비어 있었다. 지금 떠나지 않는다면 본대에 복귀할 수 없었다. 그레이는 내키지 않는 마음으로 기수를 돌리면서 09시 52분에 자신이 본 것을 엔터프라이즈에 보고했고 10시경에 추가 상세보고를 전했다.[57] 이 보고에는 일본 항공모함 2척의 존재가 분명히 언급되어 있는데 하워드 애디와 윌리엄 체이스의 PBY가 이날 아침 일본 함대를 발견했다는 보고를 방수한 이래 16기동함대가 처음으로 받은 적 발견정보였다.[58] 그레이가 떠날 때쯤에야 일본군은 한 시간 가까이 미군 전투기들이 함대 상공을 선회하고 있었음을 알아차렸다. 곧 하라다 일등비행병조가 지휘하는 직위기 1개 소대가 소류에서 발진했다. 일본군은 그레이의 전투기들을 '수평폭격기 편대'라고 생각했다.[59] 하라다와 부하들이 상승하기 시작했을 때는 그레이가 이미 전장을 떠난 다음이었다.

그동안 린지 공격대는 아주 심한 곤경에 처했다. 마지막 순간에 갑자기 나타난 전투기들은 가장 먼저 린지의 기체를 격추한 것 같다. 린지의 부하들도 반격해 아카기의 사노 신페이佐野信平 일등비행병이 조종하는 제로센을 격추했다.[60] 그러나 미군기 중 4기가 물기둥을 올리며 바다로 떨어졌고, 온 힘을 다했지만 나머지 3기도 유리한 어뢰투하각을 잡지 못했다. 마침내 될 대로 되라는 심정으로 미군기들은 1,000〔미터〕라는 초원거리에서 어뢰를 떨어뜨렸다. 용감한 시도였지만 오카다는 즉시 남쪽으로 함수를 돌려 응수했다. 어뢰가 명중할 가능성은 지극히 낮아졌다.

직위기들은 살아남은 미군기를 쫓아냈다. 린지의 살아남은 부하들은 불행하게도 적진 한복판에 고립되었다. 들어오는 것만큼이나 나가는 것도 큰 문제였다. 동쪽과 동남쪽으로 도주하던 VT-6 소속기들은 10시 10분까지도 일본군의 공격을 받고 있었다. 미군에게는 호위함 사이의 간격이 넓어 빠져나갈 구멍이 컸다는 점이 다행이었다. 공격이 끝났을 때에는 VT-6의 2개 중대에서 겨우 5기(린지 중대 3기, 일리 중대 2기)만이 살아남았다. 생존기들도 크고 작은 손상을 입었고 이 중 하나는 결국 귀환하지 못했다.[61] 생환자 중에 일리나 끈질긴 린지는 없었다.

VT-6이 발휘한 투혼에도 불구하고 아이러니하게도 일본 측뿐만 아니라 미국 측도 해당 공격에 문제가 있었다고 분석했다. 토머스 C. 킨케이드Thomas C. Kinkaid 소장[62]은 VT-6 교전보고에 적은 논평에서 "목표물을 발견했으면 반드시 **지체 없이** 공격을 속행해야 한다."라고 결론지었다. 겐다도 킨케이드의 평가에 동의했다. 겐다는 하나씩 격추당하면서도 VT-6이 가가에 접근하려고 애쓰는 장면을 직접 목격했다. 그는 직업적 관심이 발동해서인지, 미군기 일부는 "함대와 공중에서 오는 공격에 직면하여 [우리에게] 곧바로 돌진하기를 머뭇거리는 듯 보였다."[63]라고 말했다. 하지만 킨케이드와 겐다는 그 상황을 완전히 이해하지 못한 상태에서 비판했다. 1톤이나 되는 어뢰를 매달고 '돌진'하는 것은 TBD의 비행 특성과 거리가 멀다.

함미방향에서 추격할 수밖에 없는 안타까운 상황에서는 VT-6도 VT-8과 똑같은 방법으로 전멸할 수밖에 없다. 그러나 세 가지 요소가 최소한 몇몇 비행사들의 목숨을 살렸다. 첫째, 일본군 직위대가 처음에 대비하지 못한 축선을 따라 공격이 진행되었기 때문에 처음 얼마간 직위기의 공격, 특히 린지 중대에 대한 공격이 산발적이었다. 이로 인해 미군은 상황이 나빠지기 전에 일본군 진형의 가운데까지 도달할 수 있었다.

둘째, 제로센의 격추능력은 발사 가능한 20밀리미터 기관포탄의 양에 비례했다. 미군 비행기들은 구닥다리 TBD조차 상당히 맷집이 좋았다. 미군기에 한 발이라도 20밀리미터 고폭탄두를 제대로 명중시킨다면 격추할 수도 있었겠지만 7.7밀리미터 기관총탄으로는 그렇게 하기가 어려웠다. 20분 전에 월드론의 부하들을 사냥하면서 일본기 상당수는 20밀리미터 탄을 거의 소진해 버려 잔탄량이 많지 않았으므로 미군기들은 운이 좋았다. 의심의 여지 없이 일부 VT-6 소속기는 이 같은 이유로 구원받았다.

셋째, 일본 전투기들은 어뢰를 떨어뜨린 일부 미군기들을 그냥 가게 내버려 두었다.[64] 기동부대 전투기 조종사들이 이타적이어서 그러지는 않았을 것이다. 태평양에서 벌어진 이 비참한 전쟁에서 양측 조종사들 모두 그러했지만, 일본군 조종사들은 상대에 대한 동료애 따위는 없어서 이날 기회가 올 때마다 낙하산에 매달린 미군 조종사에게도 가차 없이 기관총을 쏘아 댔다.[65] 그러나 어뢰를 투하한 TBD는 더 이상 함대에 긴박한 위협이 아니었고, 일본군 조종사들 중 일부는 좀 더 그럴듯한 목표물에 대비해 탄약을 아끼려 했던 것으로 보인다.

마지막으로 지적할 요소는 10시 00분경에 함대의 분위기를 이해하는 데 도움이 된다는 점에서 중요하다. 지금까지 미군의 공격을 물리치는 과정에서 적에 대한 일본군의 태도가 경멸로 변했다 해도 무리가 아니다. 무엇보다 일본군은 B-17을 제외하고 내습한 모든 미군 공격대를 분쇄했다. 고위 지휘관들 사이에 자만심이 만연했을 것이다. 공격대 발진이 지연되어 다소 짜증이 났을지도 모르나 고급 간부들의 증언 어디에도 이때 진심으로 전투의 최종결과를 걱정하는 모습은 보이지 않는다. 월드론과 린지의 공격을 성공적으로 격퇴하자 겐다는 공습으로부터 함대를 방어할 수 있겠는가라는 작전 초기의 우려가 사라졌다고 언급했다.[66] 이때 나구모의 참모진은 미군이 어떻게 공격하든 다 막아낼 수 있다고 느꼈던 것 같다. 미군의 공격이 성가셨고, 심지어 미드웨이 공습이 지연될까 봐 우려한 것도 사실이나 진정으로 절박함을 느낀 사람은 없었던 것 같다. 만약 실제로 그러했다면 이는 기동부대 수뇌부가 적의 능력을 잘 이해하지 못했을 뿐만 아니라 한계점에 다다른 함대방공 체계의 취약점을 파악하는 데 실패했다는 뜻이다.

그러나 이때 일본군 직위기 조종사 중 일부가 어뢰를 투하한 미군기들이 도망치게 내버려 두었다는 사실은 앞에서 말한 것과 전혀 다른 상황을 보여 준다. 기동부대의 일부 조종사들은 상황이 칼날 위에 서 있는 것처럼 위태롭기 그지없다는 사실을 알았던 것 같다. 미군은 쉴 틈 없이 공격해 왔으며 이제 전방위에서 기동부대에 도달했다. 직위대는 원거리에서 적을 탐지할 방법이 없었고 모함의 관제유도도 받지 않았기 때문에 적이 공격해 오는 '위험 방향' 단 하나만을 방어할 수가 없었다. 조종사들은 거의 모든 방향에서 닥쳐올지도 모르는 위협에 계속 눈을 부릅떠야 했다. 따라서 직위기대는 대형 곳곳에 분산되어 대공경계를 맡은 함선이 내는 시각신호에 주의를 기울이며 모함 근처에서 작은 소대 단위로 비행하다가 자신의 구역으로 날아오는 적기를 덮치기 위해 흩어져 있을 수밖에 없었다.

더구나 이날 일본군 직위기들은 한곳으로 우르르 몰려가는 경향이 있었다. 직위대 전체가 적 공격대 하나에 반응하여 예비대 없이 다른 구역을 완전히 비워 두는 일이 빈번히 발생했다. 직위기들은 침입자를 공격하는 백혈구처럼 행동했다. 1개 소대가 적과 교전을 시작하면 마치 자석처럼 근처의 다른 소대들도 여기에 끌려왔다. 그러나 이는 계산과는 거리가 먼 반응이었다. 만약 적이 신속하게 여러 방향에서 공격한다면 새로운 위협에 직위대가 즉시 반응할 여유가 줄어든다. 모두 다 적절한 전투기 관제가 없어서 생겨난 증세였다.

아침의 직위기 발진작업 과정을 보면 각 항공모함의 함장과 비행장은 상공방어체계의 결점을 잘 알았던 것 같다. 가가의 오카다 함장과 동료 함장들은 상공감시를 철저하게 유지하고 출격준비를 마친 전투기들을 비행갑판에 대기시켰다가 위협이 나타나는 대로 발진시키는 조치가 그나마 빠르게 대처하는 유일한 방법임을 알았다. 전투기의 탄약 소진은 함대방공이 한계점에 다다랐다는 위험신호였다. 종합해 보면 결코 여유 있는 상황이 아니었다. 특히 방금 적을 격퇴했다면 더 그랬다. 결론적으로 조종사와 비행장은 나구모의 참모 누구보다도 현 상황이 위험하다는 것을 잘 이해했을 것이다.

여기에 더해 나구모와 참모진은 미군의 끊임없는 공격으로 인해 이리 밀리고 저리 치인 기동부대의 전열을 걱정했을 것이다. VT-8의 공격은 비둘기떼에 돌을 던진 것이나 마찬가지였다. 이로 인해 기동부대는 대열이 흐트러지고 서쪽으로 함수를 돌릴 수밖에 없었다. VT-6의 공격은 더 지속적으로 악영향을 미쳤다. 나구모의 항공모함들은 20분 동안이나 전속력으로 북서쪽으로 달려야 했다. 따라서 주의 깊은 사람이라면 일본군이 사건의 흐름에 대한 통제력을 거의 상실했음을 알아챘을 것이다. 일본군은 잃어버린 주도권을 잡고자 애썼으나 사실은 '수동적 반응'밖에 할 수 없었다. 전투에서 이길 수 있는 방법은 아니었다.

그럼에도 불구하고 10시 00분경, 자신의 함선들이 030으로 변침하자 나구모는 야마모토, 미드웨이 공략부대의 곤도, 선견부대先遣部隊(6함대)의 고마쓰, 선단부대 호위대의 다나카에게 낙관적 보고를 보냈다. "06시 30분, AF〔미드웨이〕 공습. 07시 15분 이후 적 육상기 다수 내습, 아군 피해 없음. 07시 28분, 적 공모 1척, 순양함 7척, 구축함 5척 발견. 위치 도-시-리トーシーリ 124, 침로 남서, 속력 20노트. 본대는 지금부터 이를 격멸한 뒤에 AF를 반복 공격하겠음. 10시 00분 본대 위치, 헤-에-아ヘーエーア 00, 침로 030, 속력 24노트."[67]

이 보고는 재난이 나구모 부대를 집어삼키기 20분 전에 나구모의 심정과 의도를 보여 준다. 기동부대는 적에게 다가가고 있었다. 항공모함 4척의 격납고에서 무장작업이 끝나 명령만 떨어지면 바로 공격대 배치작업을 시작할 수 있었고 45분 후에는 발진이 가능했다. 계속 직위기가 뜨고 내리는 바람에 나구모가 원한 시간보다 공격대 배치작업이 늦어진 것은 사실이다. 그러나 나구모는 가가가 마지막 미군 뇌격기를 떨쳐버린 이상 상황이 점점 호전되고 있다고 생각했다.

나구모는 몰랐지만 VT-6이 겪던 수난이 끝날 때쯤 전혀 다른 미군 공격대 2개가 새로이 일본 기동부대를 발견했다. 첫 번째는 엔터프라이즈 비행단장 클래런스 웨이드 매클러스키 주니어Clarence Wade McClusky Jr. 중령이 지휘하는 엔터프라이즈의 급강하폭격대였다. 매클러스키는 2개 비행대를 이끌었다. 월머 얼 갤러허Wilmer Earl Gallaher 대위의 VS-6과 리처드 헐시 '딕' 베스트Richard Halsey 'Dick' Best 대위의 VB-6이었다. 매클러스키 공격대는 남서쪽에서 1만 9,000피트(5,791미터) 고도로 접근 중이었다.[68] 전혀 예상하지 못한 조우였다. 매클러스키는 07시 52분에 엔터프라이즈에서 발진하여 나구모가 계속 미드웨이로 접근할 것으로 예상하고 231도로 항로를 잡고 비행했다. 계획대로라면 매클러스키는 16기동함대에서 142해리(263킬로미터) 떨어진 곳에서 나구모와 마주쳐야 했다. 그러나 엔터프라이즈의 발함작업 지연으로 매클러스키의 엄호를 맡아야 할 그레이 대위의 전투기대가 실수로 월드론의 VT-8을 따라갔

11-5. 엔터프라이즈 비행단장 클래런스 W. 매클러스키 주니어 중령. 1943~1944년경 대령 당시 촬영.(Naval History and Heritage Command, 사진번호: NH 93189)

고, 정작 매클러스키의 SBD 33기는 전투기의 엄호를 받지 못했다. 뒤에서 따르던 같은 모함 소속인 린지의 VT-6 소속 TBD 14기와의 교신도 곧 끊겼는데 지휘관 린지 소령이 240도 항로를 택해 매클러스키 공격대와 월드론 공격대(246도 항로) 사이로 날아갔기 때문이다. 이 중 린지가 택한 항로가 적에게 가는 직항로에 가까웠다.

마침 08시 32분경에 나구모가 동쪽으로 변침하는 바람에[69] 231도 항로를 따라 비행한 엔터프라이즈의 급강하폭격기들은 나구모 부대에서 남쪽으로 한참 멀리 떨어져 버리고 말았다. 나중에 VT-8의 공격을 받고 다시 서쪽으로 일시 변침하기는 했으나 기동부대가 09시 17분에 동북동(070)으로 침로를 변경하자 상황이 더욱 복잡해졌다. 매클러스키는 09시 20분경에 일본군을 발견할 것이라 기대했지만 이때 기동부대는 매클러스키의 거의 정서쪽, 기수방향 기준 2시 방향에 있었고 서쪽으로 도주하고 있었다(그림 10-8, 10-9, 11-3 참조[70]). 2만 피트(6,096 미터) 상공에서 순항하던 미군은 밑에 깔린 구름 때문에 일본군의 그림자도 볼 수 없었다.

09시 30분, 매클러스키는 자신의 공격대가 예상경로에서 나구모의 함대가 있어야 할 지점 바로 위를 통과하고 있음을 깨달았다. 아래에는 아무것도 없었다. 따라서 계획에 따라 09시 35분, 매클러스키는 315도로 항로를 틀어 적의 예상 접근경로를 거슬러 비행하기 시작했다. 그는 10시까지 50해리(93킬로미터) 정도 이 경로를 되짚어갔다가 북동쪽으로 기수를 돌려 얼마간 더 날아간 뒤 내키지 않는 발걸음을 돌려 귀환할 생각이었다. 연료가 떨어져 갔고, 시간도 부족했다. 매클러스키는 기본 계획대로 계속 수색하다 보면 일본 함대의 그림자라도 볼 수 있지 않을까 기대하며 선회했다. 마침내 매클러스키는 기대했던 대로 일본군의 그림자를 붙잡을 수 있었다. 바로 나구모 부대의 아주 작은 조각이 드리운 그림자였다.

11-6. VS-6 비행대장 윌머 E. 갤러허 대위 (Michael Wenger)

09시 55분, 매클러스키는 북동쪽에서 자신과 같은 방향으로 수평선을 향해 단독으로 항해하는 배 1척의 항적을 보았다. 이 배는 함수에서 포말을 거세게 일으키며 고속으로 항해하고 있었다.[71] 매클러스키는 이 배를 순양함이라고 오인했다. 사실 이 배는 얼마 전까지 노틸러스를 꼼짝 못 하게 만든 아라시였다. 아라시는 15분 전 교전을 중단하고 기동부대로 급히 돌아가는 중이었다. 매클러스키는 이 배가 자신들을 일본 항공모함으로 인도할 것이라고 추측하고 남서쪽에서 아라시를 따라잡는 데 성공했다. 10시 00분, 약 35해리(65킬로미터) 전방에서 군데군데 깔린 구름 사이로 수많은 항적이 보였다. 추론의 보상이었다. 10시 02분, 레이먼드 스프루언스 소장은 깜짝 놀랄 만한 보고를 받았다. "매클러스키입니다. 적 함대 발견."[72]

그동안 매클러스키의 동쪽에서 요크타운 공격대가 전장으로 들어오는 중이었다. 요크타운 공격대는 랜스 E. '렘'매시Lance E. 'Lem' Massey 소령의 VT-3(TBD 12기), 맥스웰 F. 레슬리Maxwell F. Leslie 소령이 이끄는 VB-3(SBD 17기)과 존 스미스 '지미' 새치John Smith 'Jimmy' Thach 소령이 지휘하는 VF-3(와일드캣 6기)[73]으로 구성되었다. 독자들은 각기 다른 미 항공모함에서 발진한 공격대들이 소집단으로, 그나마 중간에 뿔뿔이 흩어져서 왔음을 기억할 것이다. 가장 경험이 많은 항공모함인 요크타운은 그렇지 않았다. 신중한 계획 덕분에 요크타운 비행단은 공격을 시작할 때까지 구성 비행대들이 서로의 시계 안에 머물며 비행했으며 3개 비행대 모두 240도 항로로 순항했다. 10시 3분, VT-3 소속 뇌격기 탑승원이 북서쪽에서 피어오르는 연기를 목격했다.[74] VT-3, VB-3, 새치의 호위전투기 모두가 오른쪽으로 선회하여 적에게 접근했다. 이로써 이번 전투에서 처음으로 미군은 저공과 고공에서 합동공격을 할 기회를 포착했다.

엔터프라이즈와 요크타운 공격대에 각각 포착된 일본 기동부대는 심각한 위험에 빠졌다. 하필 이때 작은 불운이 겹친 탓에 일본군은 어마어마한 망치와 모루 사이에 끼인 것이나 다름없는 모양이 되었다. 이전에는 제병통합의 이점이나 전투기 지원도 없이 단독 행동한 비행대들(해병항공대의 VMSB-241, 해군항공대의 VT-6, VT-8 및 육군항공대 소속대 등)이 진입해 와서 다시 둘로 나뉘어 일본 항공모함 1척을 양면에서 공격했다. 이번에는 3개 폭격비행대와[75] 1개 뇌격비행대가 동시에 공격했다. 미군 비행단 2개(엔터프라이즈, 요크타운)가 2개 축선으로 접근했다는 점이 더욱 중요했는데 게다가 우연의 일치로 이들은 같은 시간에 목표물 상공에 도착할 예정이었다. 두 비행단의 3개 비행대(VS-6, VB-6, VB-3)는 고고도에서, 1개 비행대(VT-3)는 비교적 저고도에서 다가왔고 추가로 전투기(VF-6)까지 투입되었다. 이번 공격은 이날 아침 일본군이 마주친 공격 중 가장 위험했다. 그리고 일본군 함대방공은 이 공격을 버티지 못하고 마침내 무너지게 된다. 파멸적 실패였다.

여기에서 잠시 시간을 들여 10시 00분경 일본 항공모함들의 진형을 언급할 필요가 있다. 가가가 목전의 위험에서 벗어나자 나구모는 기동부대에 동북쪽인 030으로 침로를 변경하라고 명령했다(09시 50분경[76]). 명령에 따라 다시 한 번 항공모함 4척은 차례로 방향을 틀었다. 동쪽 끝에 있던 2항전은 VT-6의 공격으로 인해 1항전과 사실상 분리되어 있었다. 미군이 공격해 왔을 때 히류와 소류는 대략 횡진을 유지하며 북서쪽으로 서서히 선회하여 1항전과 평행으로 기동하고 있었다. 다시 한 번 북동쪽으로 방향을 틀자 2항전은 다시 진형의 선두에 섰다. 북서쪽으로 도망칠 때 가장 동쪽에 있던 소류는 전체 진형의 선두에 위치했고 히류가 그 뒤를 따랐다. 1항전의 항공모함 2척은 2항전 뒤에 있었다. 아카기는 가가의 함수 우현 약간 앞에 있었으나 모두 동쪽과 서쪽을 잇는 선 위에 얼추 나란히 섰다.

처음의 상자진형의 흔적은 온데간데없었다. 나구모의 항공모함들은 대략 동북쪽으로 뻗은 보이지 않는 끈에 줄줄이 매인 모양이 되었다. 두 항전 사이의 거리는 7,000미터 이상이었고 선도함(소류)과 가가(가장 서쪽) 사이의 거리는 1만 5,000미터

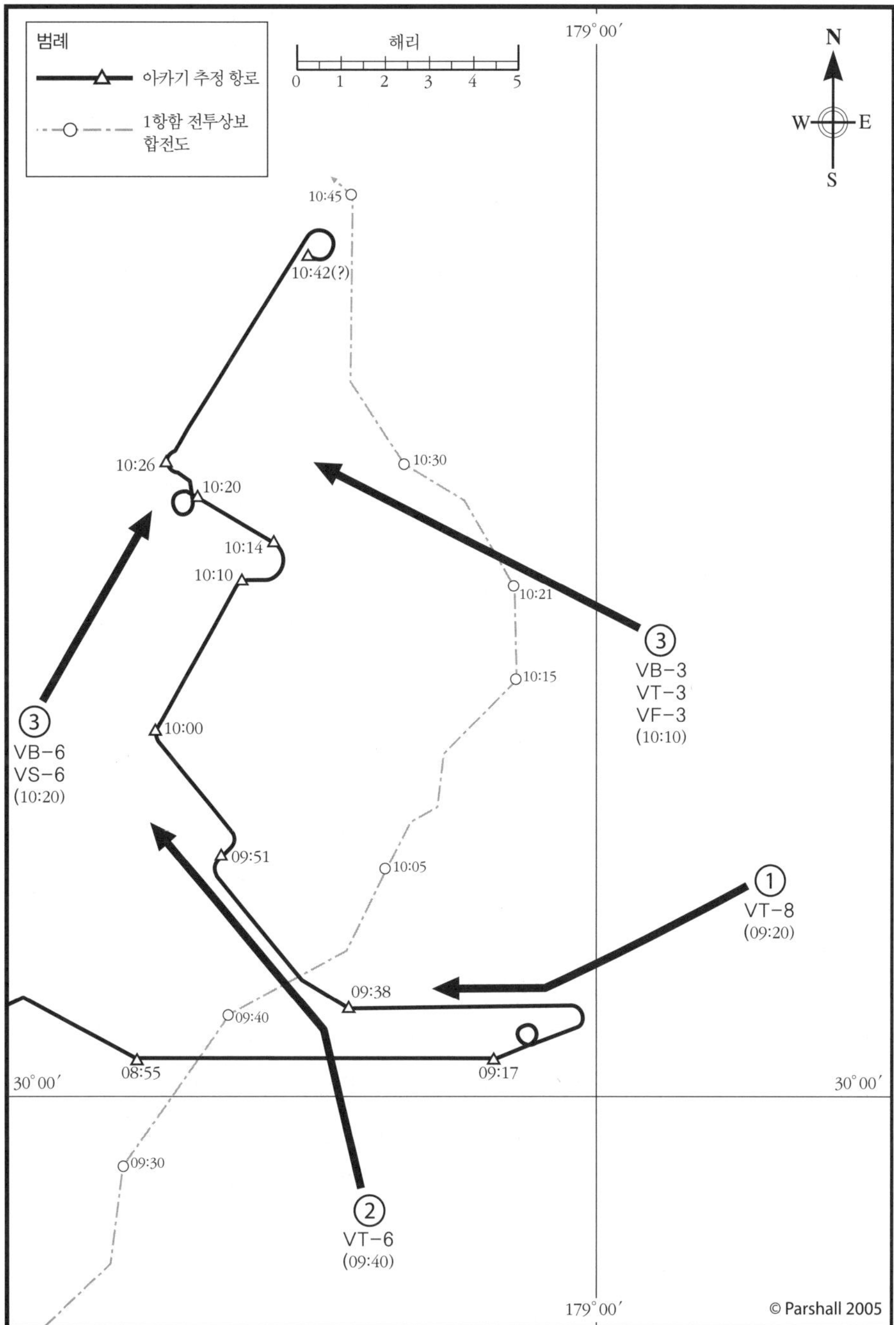

11-8. 09시 20분~10시 20분 미군 공격대들의 일본 기동부대 공격. 계속된 미군의 공격으로 인해 기동부대가 갈팡질팡하고 있다.

이상이었을 것이다. 소류 탑승자의 증언에 따르면 1항전의 항공모함들이 수평선에 걸친 희미한 사각형 얼룩처럼 보였다고 한다. 소류 생존자가 그린 도해에서도 소류가 삼각형 모양의 진형 꼭대기에 있고 가가가 왼쪽 밑 모서리, 아카기가 오른쪽 밑에 있는데, 앞에서 말한 진형과 상당 부분 일치한다.[77]

10시 00분에 소류가 진형 선두에 있었다는 사실은 히류를 진형 선두에 놓은 지금까지의 연구결과들과 배치된다. 히류가 다른 항공모함들 앞쪽으로 멀리 떨어져 있었기 때문에 남동쪽에서 온 것으로 추정되는 요크타운 급강하폭격기대의 주목을 피할 수 있었다는 점이 히류가 곧 있을 공격을 피할 수 있었던 유일한 이유로 지금까지 지목되어 왔다. 그러나 1항함 전투상보를 비롯한 일본 측과 미국 측의 증거들을 신중히 읽어 보면 상당히 다른 상황이 나타난다.[78] 이 시간대에 나구모 부대의 진형과 침로에 대해 오랜 기간 의견이 분분했기 때문에 이는 흥미롭고도 중요한 문제이다. 그러나 독자들은 이에 대한 생각을 잠시 접어도 좋다. 이후 10분과 미군 공격의 전개상황은 이 책에 나오는 일본 기동부대의 진형이 종전의 해석보다 더 현실에 부합한다는 점을 분명히 보여 주기 때문이다.

VT-6의 생존자들이 허우적거리며 전장을 빠져나가려 할 무렵 VT-3이 공격을 개시했다. 10시 6분, 아카기는 절대방위 118도, 거리 45킬로미터에서 우현 바로 옆으로 다가오는 뇌격기군을 포착했다.[79] 같은 시간에 아카기의 견시원이 VT-3 바로 위에 있던 급강하폭격기와 전투기를 발견했는지는 확실치 않으나 아마 보지 못했을 것이다. 아오키 함장은 아직 VT-3과 거리가 있으므로 동쪽으로 잠시 변침해서 직위기들을 내릴 여유가 있다고 판단했던 것 같다. 아카기는 10시 10분, 090으로 변침하여 5차, 6차 직위대 전투기 중 3기를 내렸다. 그러나 미군 뇌격기가 점점 다가오자 아카기는 북서쪽으로 변침하여 적의 접근방향으로 함미를 돌렸다. 직위기 회수가 끝나자 아오키 함장은 또 다른 제로센 1개 소대를 갑판에 배치하고 시운전을 명령했다.[80] 이 공격이 전번 공격과 같은 강도라면 아카기는 얼마 뒤 대공화기로 스스로를 방어해야 할지도 몰랐다. 아카기의 발착함 지휘소에서 마스다 비행장은 자신의 말에 따르면 "아주 긴 하루"를 보내고 있었다.[81]

지금까지 VT-3이 요크타운의 급강하폭격기보다 상당히 앞서 공격을 끝냈다는 것이 정설로 받아들여져 왔다. 그러나 미국 측의 최신 연구에 따르면 VT-3의 공격

11-9. 030으로 변침한 후 10시경 기동부대의 진형. 함대의 진형이 몹시 흐트러져 상자진형은 온데간데없고 오히려 가가가 제일 후미 좌현 뒤에 위치한 비뚤어진 단종진 모양이 되었다.

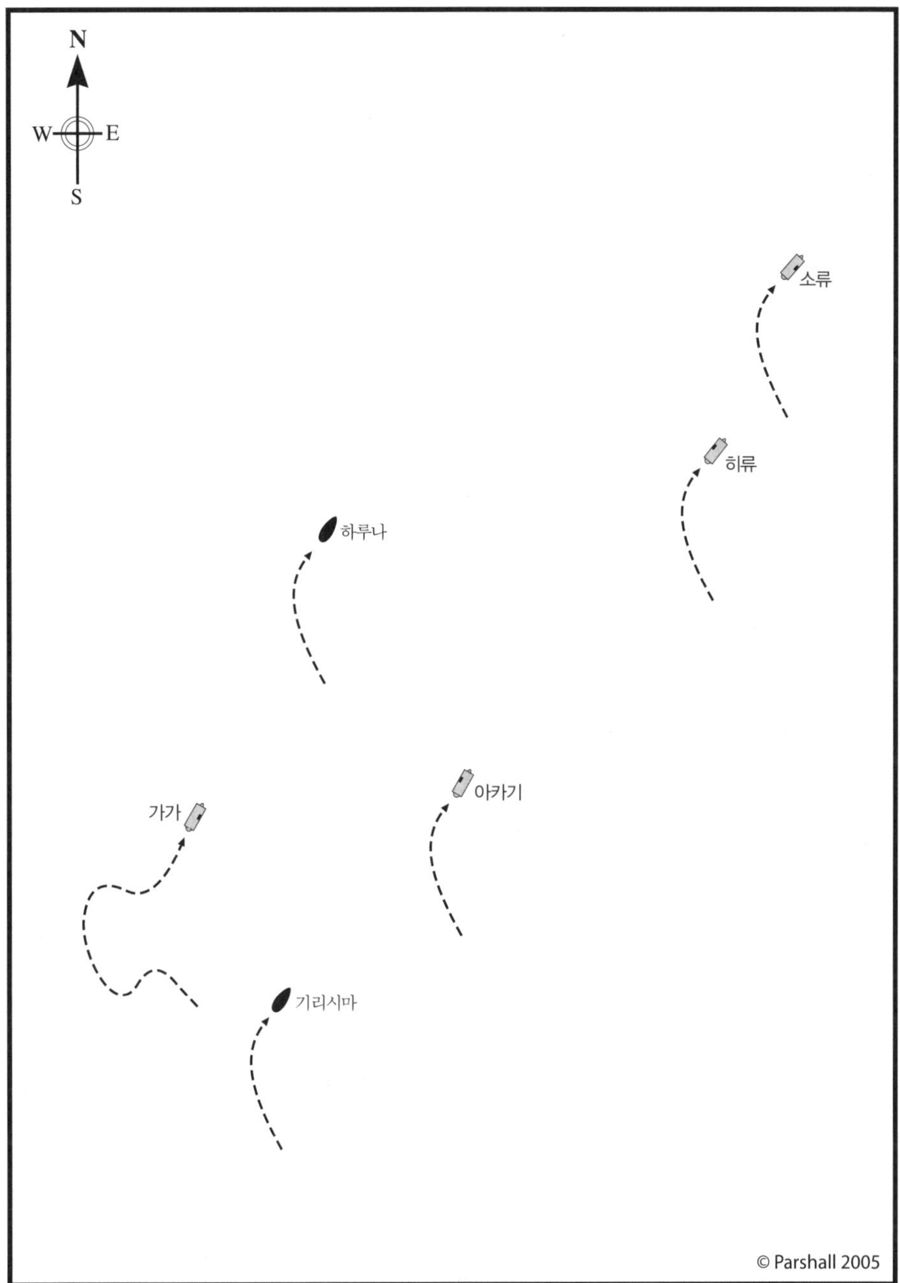

은 지금까지 생각했던 것보다 더 오래 지속되었고 급강하폭격이 끝난 다음에야 막을 내렸음이 밝혀졌다.[82] 이날 아침에 있었던 다른 미군 뇌격비행대들의 공격과 마찬가지로 TBD의 아주 느린 속력으로 인해 VT-3이 본격적으로 공격을 개시하기까지 시간이 걸렸을 것이다. 그뿐만 아니라 VT-3이 돌입과정에서 목표물을 변경함으로써 교전 시간이 더 늘어났다. 실제로 몇몇 미군 급강하폭격기 조종사들은 자신들이 가가와 아카기에 대한 공격을 끝낸 다음에도 VT-3 소속 뇌격기들이 목표물을 공격하기 위해 북쪽으로 가는 모습을 보았다고 증언했다. 일본군도 TBD가 SBD와 동시에 연달아 공격했다고 보았다.[83]

10시 10분경 일본군 직위기는 36기였지만 곧 42기로 불어날 것이었다. 대다수의 직위기들은 아직 가가 주변에 모여 있거나 VT-6의 잔존기들을 쫓아내느라 남동쪽에 있었다. 전술한 대로 하라다 일등비행병조가 이끄는 소류의 5차 직위대는 방금 떠난 그레이의 와일드캣들을 추격하려고 동쪽을 향해 나아가며 고도를 높이고 있었다. 그러나 곧 하라다는 부하들과 함께 남동쪽에서 새롭게 발생한 위협에 대응하고자 기수를 돌렸다. 따라서 기동부대 직위대의 주력은 함대를 가로질러 대략 북서-남동축을 따라 분포해 있었다.

VT-3의 출현은 의심할 나위 없이 직위기들의 관심을 끌었다. VT-6을 추격하던 제로센들이 새로운 침입자에게 정면으로 달려들었다.[84] 중순양함 지쿠마도 VT-3을 포착하고 주포를 쏘며 나머지 직위기들의 주의를 끌었다. VT-3과 VF-3 조종사들의 증언이 믿을 만하다면 일본 함대의 남동축은 곧바로 제로센들로 가득 찼다.

10시 11분경, 아카기는 북서쪽으로 달리고 있었다. 기동부대의 다른 항공모함들도 아카기와 같은 항로를 취했거나 그럴 예정이었다고 믿을 이유는 충분하다.[85] 매시는 1항전의 항공모함들을 공격할 생각이 전혀 없었고 더 북쪽에 있던 소류를 향해 비행대를 이끌고 있었다. 10시 15분, 공격이 개시되는 모습을 본 소류는 스기야마 다케오杉山武雄 일등비행병조가 지휘하는 6차 직위대 3기를 올려 보냈다.[86] 히류는 히노 마사토 일등비행병조의 5차 직위대(7기 중 3기)를 2분 전인 10시 13분에 발진시켰다.[87] 그러고 나서 2항전의 항공모함 둘 다 미군 공격대로부터 등을 돌렸다.[88]

10시 15분이나 그 무렵, 나구모의 항공모함 4척은 모두 북서쪽으로 도주하고 있었다. 아카기와 가가는 22노트로 느릿느릿 갔지만 VT-3의 창끝에 놓인 히류와 소

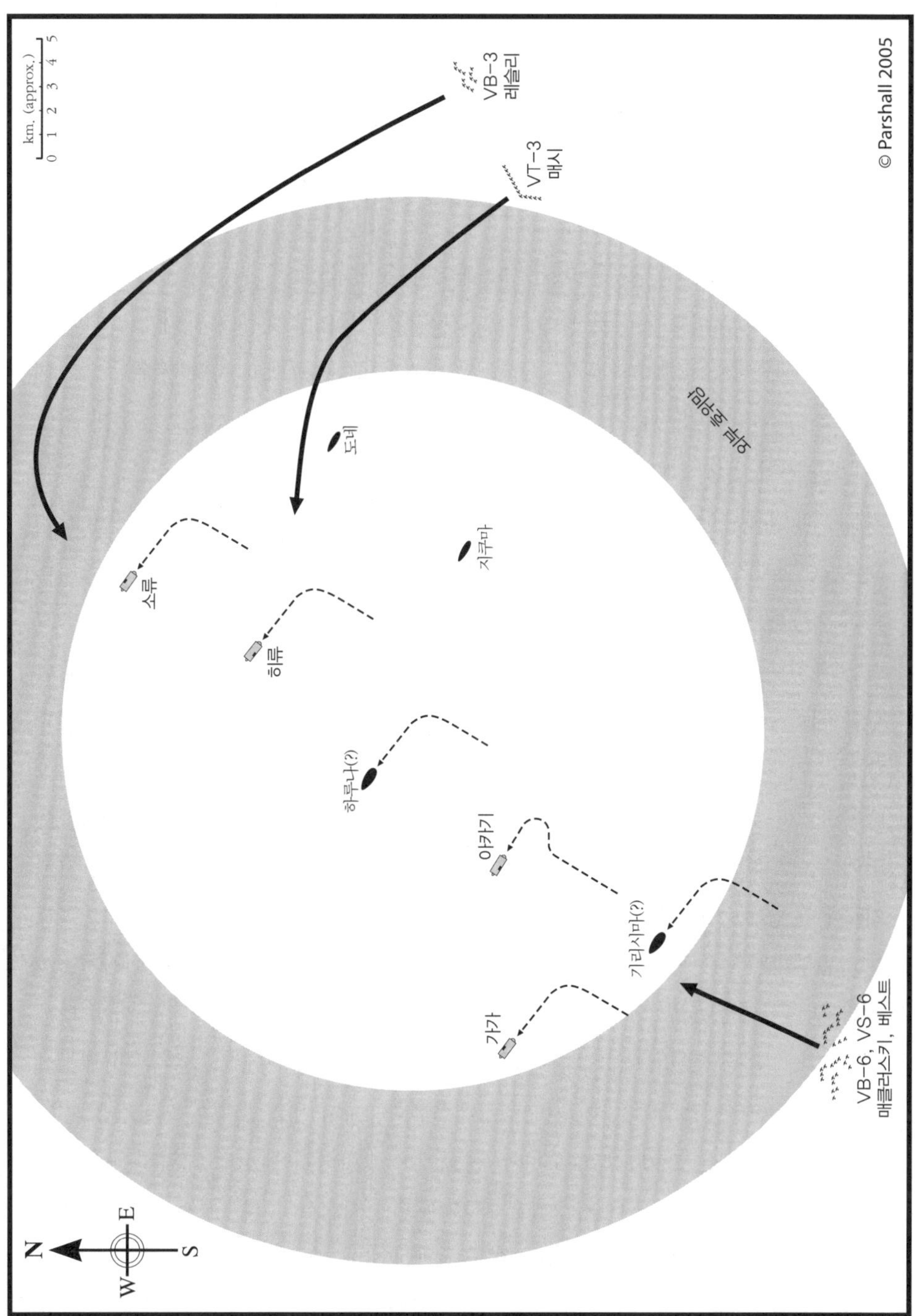

11-10. 피격(10시 20분경) 직전의 기동부대 진형. 항공모함들은 느슨한 횡진을 이루었으며 1, 2항전은 거리를 크게 벌렸다. 함선들의 위치 및 거리를 대략적으로 표시한 해도이다.

류는 34노트 전속력으로 달렸다.[89] 기동부대의 진형은 아직 비뚤비뚤한 선형이었으나 거의 남서쪽에서 북동쪽으로 뻗은 횡진이 되었다. 몇몇 미군 조종사들도 일본군 진형이 횡진이었다고 언급한 바 있다. VB-6 쪽에서는 항공모함들이 대략 남서에서 북동방향으로 한 줄로 서 있는 것처럼 보였고, VB-3 쪽에서는 그보다 더 동서방향으로 퍼져 보였다.[90] VB-6 쪽에서 보았을 때 항공모함들은 북쪽 방향으로 쭉 뻗은 진형을 이루어 돌입하는 미군기들에 좌현을 노출했다. 반면 VB-3의 조종사들은 방풍유리 너머로 좌우로 늘어선 일본 항공모함들의 함미를 보았다.

소류는 이 진형에서 오른쪽 끝, 가장 북쪽에 있었다. 그리고 가장 동쪽이기도 했을 것이다. 아카기와 가가는 같이 남쪽 끝에 있었으며 2항전의 히류, 소류와 상당히 멀리 떨어져 있었다. 1항전의 두 항공모함은 대략 동서로 나란히 있었고 가가는 기동부대 항공모함들 중 가장 서쪽에 있었다. 아카기 함교의 전망 좋은 곳에서 보면 2항전은 아카기의 우현 바로 옆에서 살짝 뒤처져 있었을 것이다. 가가는 아카기의 좌현 함수 앞에서 항해하고 있었다.[91] 이는 아카기에 탑승한 해군 보도반원[92]이 그린 도해와 부합한다. 이 도해에서도 가가는 아카기 좌현 앞에 있다. 가가가 공격받았을 때 소류의 좌현에서 멀리 떨어진 곳에 있는 가가를 보았다고 한 소류 승조원의 증언도 이 묘사와 정확히 들어맞는다.[93] 전함 하루나와 기리시마는 VT-6의 공격에 대응하느라 진형을 변경하여 아카기의 양현에 위치했을 것이다.[94] 그동안 아라시는 머리 위에 미행이 붙은 것을 알지 못한 채 기함이 보이는 곳에 이르고 있었다. 아카기로부터 방위는 234도, 시간은 10시 11분이었다.[95]

기동부대가 VT-3을 보고 방향을 틀자마자 제로센 여러 기가 매시의 뇌격기들에 달려들었다. VT-3이 처음으로 접한 강력한 반격이었다. VT-3도 이날 아침 다른 미군 뇌격기와 똑같이 거칠게 대접받았다. 이때 기동부대 직위기들은 이번 전투에서 처음으로 미군 전투기들과 정면으로 대결했다. 지미 새치 소령이 이끄는 와일드캣 6기였다. 2기는 2,500피트(762미터) 상공에서 순항하던 매시의 뇌격비행대 바로 뒤 500피트(152미터) 위에서 비행했고 새치가 직접 지휘한 4기는 그보다 뒤 2,000피트(610미터) 더 높은 곳에서 따라오고 있었다.[96]

제로센들이 처음 부딪힌 미군 전투기는 새치의 호위전투기들이었다. 금방 15~20기로 추산되는 일본군 전투기들이 새치의 앞을 가로막았다.[97] 너무 많은 일본군 전

11-11. VF-3 비행대장 존 S. 새치 소령. VF-3이 렉싱턴에 배치된 1942년 2월 20일 촬영. 새치는 미드웨이에서 미 해군의 와일드캣이 일본 해군의 제로센과 대등하게 싸울 수 있음을 보여 주었다. (National Archives and Records Administration, 사진번호: 80-G-64831)

투기들이 줄지어 오는 바람에 효율적으로 공격하려면 순번을 정해야 할 정도였다. 곧 배면에서 온 공격에 새치의 전투기 1기가 당했다.[98] 처음에 새치는 편대를 이끌고 매시를 지원하고자 고도를 낮추려 했으나 와일드캣들이 미처 움직이기도 전에 제로센들이 재빨리 목을 눌러 움직일 틈을 주지 않았다. 전투는 지금까지 늘 그랬듯 일본군 함전 조종사들의 일방적인 승리로 끝날 것처럼 보였다.

이 절체절명의 순간에 새치 소령은 자신과 부하들의 목숨을 담보로 지난 몇 달간 연구해 온 방어전술을 과감히 써보기로 결심했다. 남아 있는 부하 둘에게 사전에 지시할 틈은 없었으나 어쨌거나 새치는 이 전술을 시행할 수 있었다. 나중에 '새치 위브Thach Weave'로 유명해진 전술의 첫 실전 적용 사례였다. 2개 소대로 구성된 새치의 중대(1기가 격추당했으므로 실제 3기)는 25분 동안 제로센 대군의 공격을 받았다. 와일드캣 3기는 거의 끊임없이 새치의 전술을 사용하여 꼬리에 붙은 적기를 떼어냄과 동시에 반대편에서 기동하는 아군기가 적기를 스쳐가며 정면에 총탄을 퍼붓도록 유도했다.

미군 전투기들과의 조우가 생각보다 길어지자 일본군은 충격을 받았다. 새치는 자신과 부하 둘의 목숨을 구했을 뿐만 아니라 이 과정에서 제로센 3기를 격추했다. 요기 가운데 1기가 제로센 1기를 추가로 격추했다.[99] 개전 이래 지금까지 공중전은 제로센 조종사들에게 일방통행로나 마찬가지였다. 제로센이 공격하면 적은 반드시 죽었다. 이번에는 아니었다. 일본군은 계속 기동하는 와일드캣을 상대로 우위를 확보하기 위해 엎치락뒤치락하면서 점점 좌절해 갔다. 이는 미군 전투기가 일본군 전투기보다 성능 면에서 그다지 눌리지 않음을 처음 입증한 사례일 것이다. 나구모의 함전 조종사들에게는 불쾌한 놀라움이었다.

그동안 VT-3은 새치와 떨어져 북서쪽으로 가고 있었다. 일본군 직위기들은 시간은 좀 덜 걸렸지만 뇌격기를 호위하던 와일드캣 2기와도 비슷한 사투를 벌였다. 토머스 F. 치크Thomas F. Cheek 항공공작하사Aviation Mechanist's Mate 1st class, AMM1c[100]가 조종한 와일드캣이 곧바로 매시의 TBD 편대를 통과하며 공격을 시도한 소류 소속 가와마타 데루오川俣輝男 삼등비행병조의 제로센을 격추했다. 그러나 그 뒤에 상대해야 할 일본군 전투기가 너무 많아 치크와 요기 대니얼 S. 시디Daniel S. Sheedy 소위기는 VT-3에서 이탈해 뿔뿔이 흩어졌다. 이 과정에서 와일드캣들은 심하게 손상되었지만 구름 사이로 숨바꼭질을 하거나 수면 가까이로 급강하하며 겨우 도망쳤다. 이 와중에도 시디는 수면 가까운 곳에서 제로센 1기와 교전했는데 제로센의 조종사는 시디에게 유인되어 기체 통제력을 잃고 날개 하나를 수면에 부딪치며 빙글 돈 후 그대로 추락해 전사했다.

10시 20분경, VT-3을 엄호하는 전투기는 더 이상 없었다. 그러나 고도를 낮출 여유가 있는 매시는 제로센들이 치크와 시디의 전투기를 덮치자마자 비행대를 이끌고 고도와 속력을 맞바꾸어 얕은 각도로 강하하기 시작했다.[101] 결과적으로 웨슬리 프랭크 오스머스Wesley Frank Osmus 소위의 1기를 잃었지만 VT-3은 일본군 전투기들이 와일드캣에 과도하게 관심을 쏟는 틈을 타 크게 방해받지 않고 대형을 유지한 채 전진했다.[102] 그러나 소류에서 새로이 날아오르는 전투기들을 보자 매시는 목표를 히류로 바꾸었다. 히류는 약간 남서쪽에 위치해 있었고 조금 더 쉬운 목표로 보였다.[103]

TBD가 낮은 고도에서 제한된 시야로 느리게 비행했다는 점에서 VT-3의 목표물 변경은 흥미롭다. 이런 상황이라면 찾을 수 있는 가장 가까운 목표물을 향해 항로를 바꾸는 게 맞다. 지금까지의 통설에 따르면 히류는 VT-3 바로 뒤에서 빠르게 다가오던 것으로 추정되는 VB-3과 멀리 떨어져 있어 급강하폭격을 면할 수 있었다. 그러나 히류가 만약 진형의 선두에 있었다면 매시는 더 멀리 떨어진 목표를 고른 것이 되므로 말이 되지 않는다. 분명히 통설에는 앞뒤가 맞지 않는 부분이 있다. 실제 일본군 진형에서 지금까지 생각해 왔던 것과 달리 히류가 진형 선두에 없었거나, VT-3이나 VB-3이 지금껏 알려진 바와 다른 방법으로 공격했을 것이다. 사실 진실은 양쪽에 조금씩 걸쳐 있다. 소류가 북쪽에, 히류가 남쪽에 있었고 곧 보게 되듯이 요크타운의 급강하폭격기는 뇌격기와 다른 사분면에서 진입했다.

히류와 소류에서 갓 발진한 전투기들이 매시의 VT-3과 접촉하는 데에는 다소 시간이 걸렸다. VT-3이 히류에서 몇 해리 떨어지지 않은 곳에 도달한 후에야 상황이 나빠지기 시작했다. 이 지점에서 일본군 전투기들이 난입하며 VT-3에 격렬한 공격을 퍼부었다. 제로센 조종사들 중에서 단연 돋보인 소류의 후지타 이요조 대위는 이날 세 번째 출격한 참이었다. 후지타는 미드웨이로 출격하기 전에 아침식사를 놓쳤고 귀환해서도 식사할 시간이 없었다.[104] 물론 지치고 배고팠겠지만 다른 조종사들도 마찬가지였을 것이다. 후지타의 요기는 어디론가 사라져 버렸다. 아마 새치가 벌인 서커스에서 미군기들과 엎치락뒤치락하고 있었을 것이다. 처음에 후지타는 혼자 공격하는 수밖에 없었다. 얼마 후 후지타의 인내심이 빛을 발했다. 혼자서 미군 뇌격기 4기를 격추한 것이다.[105]

직위대가 도착한 지 몇 초 되지 않아 매시의 진형은 벌떼처럼 달려드는 제로센들에 둘러싸여 쪼그라들고 있었다. 일본 전투기들은 불운한 적을 스칠 때마다 자로 잰 듯 정확하게 잔혹한 파괴의 소나기를 퍼부었다. 앞서와 마찬가지로 TBD들은 느릿느릿 앞으로 나아가 후방기총으로 반격하며 명중탄을 쏘기도 했다. 그러나 후지타와 동료들은 금세 격추 전과를 올렸다. 매시의 기체는 불길을 뿜으며 추락했고 미군 공격대는 2개로 쪼개졌다. 첫 번째 중대는 1기만 남고 전멸했다. 두 번째 중대는 좀 더 운이 좋았다. 운이 좋았다고 표현할 수 있을지 모르겠지만, 4기가 살아남아 히류를 공격할 수 있었다.

이때 VT-3의 가시거리 안에서 교전을 시작한 VB-3은 무엇을 하고 있었을까? 급강하폭격기의 속력이 더 빨랐다는 점을 고려한다면, 그리고 급강하폭격기들이 뇌격기 바로 뒤에서 왔다면 두 비행대는 반드시 남동쪽에서 동시에 일본 함대에 도착해야 한다. 그러나 사실은 그렇지 않았다. 레슬리 소령은 매시가 북쪽으로 선회하는 모습을 보면서 VT-3을 잠시 따라갔지만 뇌격을 직접 지원할 수 있는 위치로 가기 전까지 매시의 목표물이 자신을 눈치 채지 못하게 하고 싶었다. 따라서 북쪽으로 부하들을 이끌고 일본 함대의 동쪽 측면을 따라 날며 목표 상공에서 바람을 안고 공격할 수 있는 유리한 공격 위치를 점유하고자 했다. 즉 VB-3은 강하 시작점까지 이동하느라 먼 길을 돌아갔기 때문에 VT-3보다 늦게 공격을 개시했다.

또한 레슬리는 자신의 비행대가 현장에 있는 유일한 요크타운 소속 급강하폭격기는 아닐 것이라고 짐작했다. 그는 VB-3 다음으로 발진했을 VS-5가 바로 뒤에서 따라오고 있다고 생각했지만 정작 VS-5는 요크타운의 비행갑판에서 대기 중이었다.[106] 미 해군 교리에 따르면 목표물 상공에 2개 비행대가 도착했을 때 먼저 도착한 비행대는 멀리 있는 목표물을 공격해야 한다. 그래야 나중에 도착한 비행대와 먼저 도착한 비행대가 거의 동시에 가까이 있는 목표물을 공격할 수 있다. 레슬리는 교리에 따라 약간 멀리 떨어진 소류를 공격하기로 마음을 굳혔고, 심지어 10시 15분에 자신이 오른쪽 목표(소류)를 공격할 테니 VS-5는 왼쪽 목표(히류)를 공격하라고 VS-5에 타전했다.[107] 여지껏 레슬리는 일본군 진형에서 항공모함을 3척 이상 보지 못했다.[108]

10시 20분, 레슬리는 매시에게 뇌격 준비를 마쳤는지를 무전으로 문의했고 매시는 그렇다고 답했다. 몇 분 지나지 않아 레슬리는 미친 듯이 전투기 지원을 요청하는 매시의 무전을 들었다. 일본군 전투기가 습격해 온 것이다.[109] 이제 레슬리는 머뭇거릴 수 없었다. 그때쯤 VB-3은 목표물 북쪽 상공의 유리한 위치에 도달해 있었다. 목표물 소류는 북서쪽으로 달리다가 레슬리가 접근하는지도 모르고 잠시 우현으로 방향을 돌려 VB-3을 향해 왔다. 전투기를 발함시키려는 것 같았다.[110] 이 각도에서 VB-3은 바람을 안고 목표를 공격할 수 있었는데, 이렇게 하면 급강하 각도에서 기체를 통제하는 데 유리했기 때문에 조종사들이 선호하는 위치였다.[111] 금상첨화로 소류가 다시 동쪽으로 선회하면서 전투기를 발함시키려 하자 급강하폭격기들의 접근방향과 소류의 선체가 나란해졌다. 매우 이상적인 상황이었다(그림 13-1 참조).[112] 이상의 상황은 히류가 어떻게 급강하폭격기들을 피했는지도 설명해 준다. 히류는 진형 한가운데에 있었으므로 VT-3에게 더 매력적인 목표였지만 급강하폭격도 피할 수 있었다. VB-3이 북쪽에서 선회하자 소류는 VB-3의 항로 바로 아래에 위치하게 되었다. 더 멀리 남쪽에 있는 히류는 우선목표가 아니었다(레슬리는 현장에 없던 VS-5가 히류를 맡을 것이라고 생각했을 것이다). 레슬리는 비행대를 3개 중대로 나누어 최종접근을 하고자 완만히 하강하기 시작했다.

그동안 엔터프라이즈 소속 2개 폭격비행대(VS-6, VB-6)는 일본군에게 들키지 않고 남서쪽에서 기동부대에 접근하고 있었다. 이들 역시 유리한 공격 위치를 잡고자 했다. 바람을 안을 수 있을 뿐만 아니라 급강하 시 태양을 등질 수 있는 위치라면 더욱 좋았다. 그 결과 엔터프라이즈의 SBD는 남서쪽에서 다가와[113] 일본군 진형 가운데에 이르기까지 북동쪽으로 한참 비행하다가 왼쪽으로 선회하여 짧은 최종접근을 개시했다.

이 과정에서 미군은 우선 일본군 구축함 호위선을 넘어 침투해야 했다. 흩어져 있던 일본군 함선들은 미군 급강하폭격기들을 놓치고 경보를 내리지 못했던 것 같다. 모든 시선은 VT-3의 공격에 고정되었다. 기동부대 전체가, 특히 함대방공인원은 현대 군사용어로 '표적 고정target fixation' 상태에 빠졌던 것으로 보인다. 표적 고정이란 매우 중요하지만 단 한 가지 정보에만 근시안적으로 집중하여 주변의 환경 변화를 놓치는 현상을 말한다. 이번에는 도네와 지쿠마가 주포 사격으로 경보를 보내지 않았으며 구축함들도 적기 접근을 경고하는 연막을 치지 않았다.

이때 미군과 일본군 모두 나쁜 날씨 때문에 애를 먹었다는 점에는 이론의 여지가 없다. 미군은 군데군데 낀 구름의 이점을 이용했다. 그러나 동시에 미군 공격대는 전술적으로 보다 큰 그림을 볼 수 없었다. 사실 미군 조종사들은 일본군 기동부대의 전체 규모조차 파악하지 못했다. 본질적으로 엔터프라이즈와 요크타운의 조종사들은 개별적으로 싸우고 있었고 공격이 끝난 다음에도 상대방의 존재를 알지 못했다.

일본군 직위기 조종사들의 상황은 마찬가지, 아니 더 좋지 않은 상황이었다. 제로센 대부분은 저고도에서 TBD를 공격하거나 새치의 전투기와 싸우고 있었다. 저도고로 비행하는 전투기 조종석의 시야는 제한적이었으므로 전투의 전반적인 흐름을 놓친 것이 당연하다. 그러나 전투기 조종사의 가장 중요한 자질 중 하나는 정신을 바짝 차리고 주변에서 일어나는 전투의 큰 흐름을 파악하는 것이다. 흔히 이를 '상황 인식situational awareness'이라고 부르는데, 전투상황에서 예리함과 평정심을 유지하는 일은 '표적 고정'의 대척점에 위치한다. 일본군 조종사들은 상황을 인식하는 대신 VT-3을 사냥하는 데 지나치게 집중했다. 소류 전투상보는 이런 경향을 "적 뇌격기에 아군 전투기들이 과집중하는 경향이 컸음."이라고 애써 과소평가했다.[114] 뇌격기가 가장 위협적인 대함 병기임을 강조한 일본 해군 교리에 비추어 보면 이해할 만한 평가이다. 그러나 일본군 직위기 조종사들은 경험이 많았음에도 불구하고 집단 신경쇠약에 걸린 것처럼 대응했다.

일본군 전투기들은 특히 새치의 전투기들을 추격하는 데 훨씬 심하게 집착했다. 새치의 편대가 전례 없는 규모로 많은 제로센을 격추했지만 이 침입자들을 잡는 일이 직위대의 지상목표가 될 정도는 아니었다. 새치의 회상을 믿는다면 고작 3기인 새치 편대는 일본군 직위전력의 3분의 1 혹은 그 이상을 흡수했다. 와일드캣 3기가 끼치는 위협에 비하면 지나친 반응이었다. 좀 더 현명한 해법은 1개 소대만 새치를 상대하도록 하고 나머지 전투기 수십 기는 VT-3을 처치하거나 고공 엄호 위치(그랬더라면 더 좋았을 것이다)로 다시 올라가는 것이었다.

일본군 전투기들이 당시 저공에 있었다는 사실은 그동안 다소 잘못 이해되어 왔다. 고도는 직위기에 심각한 문제가 아니었다. 제로센은 분당 4,000피트(1,219미터) 이상 상승할 수 있었고 여유시간이 5분만 있으면 급강하폭격기가 공격해 올 고도로 충분히 올라갈 수 있었다. 그보다는 전투기들이 함대의 북서-남동 축선 위주로, 그리고 그 대부분이 남동쪽 사분면에 몰려 있었기에 멀리 남서쪽과 북동쪽에서 다가오는 적을 포착하기가 어려웠던 점이 문제였다.

사실 시간 내에 고도를 높일 수 없었다기보다 다른 방위에서 생긴 위협에 대해 제시간에 반응할 수 없었다는 점이 일본군 직위대의 문제였다. 지난 몇 시간 동안 직위대는 북동(VT-8), 남남서(VT-6), 그리고 이제 남동(VT-3/VF-3) 등 함대 사방팔방으로 너무 자주 끌려다녔다. 게다가 VT-3과 VF-3의 합동공격은 지금까지 어떤 미군 공격대보다도 일본군 직위기들을 많이 떨어뜨렸다. 모든 것을 종합해볼 때 기동부대의 조종사, 견시원, 비행장 모두의 관심이 남동 축선에 고정되었던 것은 당연하다.

고공에서는 전혀 저항이 없었지만 미군 급강하폭격기들도 문제가 전혀 없지는 않았다. 예를 들어 VB-3의 17기 중 13기만 공격이 가능했다. 레슬리의 기체를 포함한 SBD 4기는 신형 전기 신관 작동장치에 문제가 생겨 몇 분 전에 폭탄을 빈 바다에 실수로 떨어뜨렸다.

VS-6과 VB-6은 마지막 순간에 목표물 배정 과정에서 혼선을 빚었다. 매클러스키는 자신의 왼쪽으로 가장 가까이에 있는 항공모함 1척을, 이보다 조금 떨어져 오른쪽에 있는 1척을 발견했다. 가가와 아카기였다. 가가는 기동부대의 가장 서쪽에 위치했으며 아카기는 가가의 우현에서 약간 뒤쪽에 있었다.[115] 미 해군 교리는 1개 비행대가 1개 목표물을 공격하도록 규정했기 때문에 매클러스키는 이에 의거해 지시를 내렸다.[116] 그러나 전술했듯이, 교리에 따르면 2개 비행대가 동시에 공격할 경우 선행 비행대는 더 멀리 떨어진 목표물을 공격해야 한다(이 경우에는 VS-6이 선행, VB-6이 후행 비행대이며 VS-6은 멀리 있는 아카기를, VB-6은 가까이 있는 가가를 공격해야 한다).

매클러스키는 뛰어난 지휘관이었지만 원래 전투기 조종사였고 급강하폭격기로 기종을 바꾼 지 얼마 되지 않았다. 그는 부하들만큼 교리를 숙지하지 못했으며[117] 급강하폭격의 기본원칙을 간과함으로써 엄청난 결과를 불러일으켰다. 매클러스키는 무전기를 켜서 갤러허 대위(VS-6 비행대장)에게 왼쪽 가까이에 있는 항공모함(가가)을 치라고 명령했다. 동시에 베스트 대위의 VB-6에 오른쪽 멀리 있는 항공모함(아카기)을 맡으라고 명령했다.[118] 모든 것이 계획대로 되어 가는 데 만족한 매클러스키는 자신의 지휘 소대를 VS-6에 합세시키기로 했다.[119] 매클러스키는 SBD의 급강하 플랩을 열고 요기에 무전기로 알렸다. "얼, 따라 내려와!"[120] 불행히도 이 명령 실수로 매클러스키는 의도치 않게 교리를 위반했다. 교리대로라면 선두에 있던 갤러허의 VS-6에 아카기를 공격하라고 명령해야 했다. 매클러스키가 강하를 준비하고 있을 때 베스트의 VB-6도 약간 아래에서 적합한 위치로 이동하여[121] 가가를 공격할 준비를 하고 있었다! 매클러스키는 이를 몰랐다.

경험 많은 급강하폭격기 조종사인 베스트 대위는 두 비행대 간 목표물 배분 문제가 교리에 따라 결정된다는 사실을 조금도 의심해본 적이 없었다.[122] 그는 비행대를 이끌고 가가를 향해 날아가며 매클러스키에게 이 사실을 알렸다. "수신 비행단장, 발신 VB-6 대장(Six Baker One), 본대는 교리에 따라 공격."[123] 둘이 우연히 동시에 송신했고 이로 인해 혼신이 발생했을 가능성도 있다. 이유야 어찌되었건 매클러스키도 베스트도 상대방의 송신내용을 듣지 못했다. 그 결과 가가는 곧 2개 급강하폭격대로부터 무지막지한 규모의 공격을 받을 처지에 놓이게 되었다.

아래에서 교전이 계속되는 동안 급강하폭격대는 위에서 적에게 치명타를 입힐 준비를 마쳤다. 10시 20분경, VT-3은 일본군 직위기들로부터 난타당하며 2항전 쪽으로 다가가고 있었다. 그럼에도 불구하고 나구모는 아카기와 가가에 준비되는 대로 직위기를 더 발함시키라고 명령했다. 발등에 떨어진 불을 끄고, 연료와 탄약이 떨어진 직위기들을 교체하기 위해서였다. 아카기의 비행갑판에서는 기무라 고레오 木村惟雄 일등비행병조가 지휘하는 제로센 몇 기가 엔진을 시운전하며 발함을 준비하고 있었다. 가가에서도 제로센이 발함을 준비하고 있었다. 기무라의 제로센은 아카기의 비행갑판에서 떠오를 마지막 비행기였다. 이제 해전사상 가장 중요한 단 한 번의 결정적 공습이 펼쳐질 무대의 막이 오를 차례였다.

12

'운명의 5분', 10:20-10:25의 허구

SBD들이 하늘에서 벼락처럼 내리꽂히는 장면을 기대하며 페이지를 넘겼을 독자들에게는 미안하나 이 '짜릿한 부분'에 들어가기 전에 사실관계 하나를 간단하게나마 살펴볼 필요가 있다. 미군의 급강하폭격을 자세히 서술하기 전에 마지막이자 중요한 질문, 즉 '그 순간 일본 항공모함들의 비행갑판에서는 도대체 무슨 일이 벌어지고 있었는가?'와 그에 대한 답이다. 우리는 상황을 자세히 설명하기 전에 이 질문에 답해 보려 한다. 지난 60여 년간 이 점에 대해 잘못된 설명이 난무해 왔는데 이제 수정할 때가 됐다. 곧 다시 폭격 장면으로 돌아갈 예정이니 독자 여러분은 안심하셔도 좋다.

이 질문에 대하여 지금까지 받아들여진 '정답'은 미군이 일본 기동부대에 결정적 공격을 가한 10시 20분~10시 25분에 일본군이 대규모 공격대를 막 발진시킬 참이었다는 것이다. 이는 후치다가 처음 언급했고 서구 미드웨이 해전 연구자들이 앵무새처럼 끝없이 반복해 온 견해이다. 이 설명에 따르면 이때 일본 항공모함들의 비행갑판에는 공격기, 폭격기와 전투기들이 서로 날개가 닿을 정도로 빼곡하게 들어앉아 있었다. 후치다 이후에 나온 저술들은 모두 후치다의 논조를 따랐기 때문에 그의 책 『미드웨이』에 나온 '운명의 5분'에 대한 묘사는 길게 인용할 가치가 있다.

나구모 부대의 2차 공격대 준비는 적의 함재 뇌격기가 내습하는 와중에도 계속 진행되어 함상기들이 격납고에서 견인되어 비행갑판의 출발 위치에 차례차례 정렬되었다. 빨리 발함해야 한다. 나는 마스다 비행장에게 물었다. "지금 몇 시입니까?" 비행장은 손목시계를 힐끔 보고 "07시 15분입니다. 아아, 오늘 하루는 정말 길어요."라고 대답하고 후우 하고 한숨을 내쉬었다. 손에 땀을 쥐고 가슴 졸이며 지켜보는 일의 연속이다. 나도 오늘 하루가 얼마나 긴지 뼈저리게 느꼈다.

오전 7시 20분, 아카기 사령부에서 '제2차 공격대, 준비 끝나는 대로 발함'이라는 신호명령을 하달했다. 아카기에서는 전 공격대가 출발 위치에 나란히 섰다. 엔진은 이미 기동 중이었다. 모함은 맞바람을 안고 달리기 시작했다. 5분만 있으면 공격대 전체 발진이 끝난다. 아아, 이 운명의 5분!

당시 시계는 양호했으나 구름은 계속 증가하고 있었다. 구름의 높이는 3,000미터, 운량은 7 정도로 곳곳에 구름의 틈새가 있었다. 상공을 충분히 볼 수 없던 견시원들은 레이더가 있었으면 하고 이를 갈았을 것이다.

오전 7시 24분, 함교에서 '발함 시작' 호령이 전성관으로 내려왔다. 비행장은 흰 깃발을 흔들었다. 비행갑판의 선두에 있던 전투기 한 대가 붕 하고 날아올랐다. 그 순간 갑자기 '급강하!' 하고 견시원이 소리쳤다. 나는 쳐다보았다. 한 대, 두 대, 새까만 급강하폭격기 세 대가 아카기에 거꾸로 떨어지듯 급강하하고 있었다. '아차, 큰일 났다!'라고 직감했다. 완전한 기습이었다. 아카기는 어쨌든 타타타타타 하고 대공기관총으로 대응사격을 했다. 그러나 이미 늦었다. 검고 뚱뚱한 SBD의 기체는 순식간에 커졌고 뭔가 검은 것이 떨어졌다.[1]

* 시간은 모두 도쿄 시간

극적 요소, 꽉 찬 긴장감과 운명의 변덕까지 갖춘 좋은 소재다. 간단히 말해 잘 만든 영화 대본 같다. 그러나 한 가지 핵심적인 장면이 현실과 전혀 맞지 않는다. 미군이 치명타를 날렸을 때 일본 항공모함 4척의 비행갑판 어디에도 발진 준비가 완료된 공격대는 없었다.

이날 아침 내내 기동부대를 가차 없이 몰아친 시간과 공간의 법칙을 고려한다면 후치다의 설명은 말이 되지 않는다. 앞에서 보았듯이 발함준비 과정은 최소 45분, 심지어 한 시간 이상 걸리는 복잡한 작업이다. 비행기 배치작업은 비행갑판 함미부에서 앞쪽 방향으로 진행되기 때문에 작업하는 중에는 비행갑판에서 발착함이 불가했다. 착함은 절대 불가능했고, 전투기라면 이론상 배치 중에도 비행갑판 앞쪽에서 발함할 수 있었으나 실제 사례는 없다. 만약 나구모가 10시 20분에 공격대를 발진시킬 수 있었다면 일본 항공모함들은 그전에 45분간 배치작업을 했을 것이다. 이날 아침 아카기의 항공작전 일정을 보면 사실이 드러난다.[2]

08:37 아카기 제3전투속력. 미드웨이 공격대 수용 개시

08:59 폭격기 전기 수용

09:10 전투기 12기 수용

09:32 전투기 5기 발진(아카기)

09:51 전투기 2기 수용

10:10 전투기 3기 수용

달리 말하면 대략 08시 37분부터 아카기의 비행갑판에서 10~20분마다 비행기가 뜨고 내렸다(대부분 직위기였다).[3] 치명상을 입기 15분 전인 10시 10분에도 아카기의 비행갑판에 비행기가 내리고 있었다.

10시 10분에 다나카 가쓰미 일등비행병조, 오하라 히로시 이등비행병조, 이와시로 요시오 일등비행병조가 착함했다는 사실은 후치다의 설명을 단칼에 날려버린다. 이후 15분 안에 아카기가 공격대를 갑판으로 끌어내어 배치해 시운전에 들어갔을 가능성은 전혀 없다. 나구모에게 필요한 시간은 45분이지 15분이 아니었다. 게다가 계속 공격받는 상황에서 아카기의 비행장은 도저히 10시 25분까지 비행기 배치와 발진을 끝낼 수 없었다. 사실 10시 25분에는 배치작업을 시작하지도 못했을 것이다. 다른 항공모함의 상황도 마찬가지여서 모두 10시 00분 이후에도 직위기를 띄웠다. 가가와 소류는 10시 00분, 히류는 10시 13분에 직위기를 발진시켰다. 소류는 10시 15분, 그리고 아카기가 아마 가장 늦은 10시 25분까지 직위기를 발진시켰다.

또 다른 중요한 증거는 히류의 행동이다. 만약 후치다의 증언이 맞다면 공격을 피해 무사히 도주한 히류는 동료들이 폭탄을 얻어맞던 그 순간에 공격대를 발진시킬 수 있어야 했다. 그러나 우리가 알고 있듯이 히류는 그때까지 VT-3의 공격을

받았고 도저히 10시 50분까지는 공격대를 띄울 형편이 아니었다. 즉 10시 20분에는 히류도 다른 항공모함들과 마찬가지로 공격대를 발진시킬 수 없었다. 결론은 피할 수 없다. 일본 기동부대는 이날 아침 내내 처한 상태 그대로, 즉 공격대를 배치할 틈새만 찾는 와중에 미군 공격대를 맞이했다. 성과가 없어도 지치지 않고 달려든 미군의 공격으로 나구모 부대는 07시부터 마비된 상태였다. 후치다의 '운명의 5분'은 이 핵심 사실을 숨기려고 꾸며낸 이야기에 불과하다. 5분이 있었다고 하더라도 일본군은 구원받을 수 없었다. 상처에서 계속 피를 흘리는 부상자처럼 기동부대는 결단하고 행동했어야 할 피 같은 시간을 하릴없이 계속 흘려보냈다. 이제 환자는 회복 불능 상태에 빠졌다.

이 전투에 있어서 앞으로 설명할 공격이 다른 공격들보다 결정적이지 않았다는 뜻이 아니다. 이 공격은 분명히 결정적이었다. 그리고 10시 20분에 일본군 항공모함의 비행갑판이 텅텅 비어 있었다는 말도 아니다. 분명히 갑판에는 비행기가 있었다. 그때 비행갑판에 있던 비행기의 대부분은 임무교대 준비 중인 제로센이었다. 미군 목격담과 일본군 자료도 이를 뒷받침한다. 일본의 『전사총서』에도 공격이 벌어졌을 때 항공모함 4척 모두 공격기들이 아직 격납고에 있었다고 분명히 기록되어 있다. 갑판 위에 있던 비행기들은 직위기이거나 소류의 경우 직위대 보충을 위해 발함 중이던 미드웨이 공격대 호위기였다.[4]

물론 이 견해는 몇몇 미군 조종사들의 목격담과 배치된다. 이들은 꽉 들어찬 적기들 사이로 폭탄이 폭발했고 적기들이 갑판 너머로 날아가거나 화염에 휩싸이는 모습을 보았다고 생생하게 묘사한다. 이러한 증언들도 적절히 고려해야 하나, 현존하는 신뢰할 만한 문서 증거에 비추어 그 가치를 판단해야 한다. 물론 이 증언에도 일말의 진실은 있다. 미군의 폭격은 화려한 불꽃놀이를 일으켰고 이 폭발로 일본기들이 파괴된 것은 분명하다. 그러나 침착한 고참 미군 조종사들은 일본군 항공모함의 비행갑판에 비행기가 없었다고 말한다. 엔터프라이즈의 베스트 대위는 아카기에 급강하할 때 비행갑판에 있는 비행기가 몇 기뿐이었다고 말했다.[5] 요크타운 소속 급강하폭격기대 비행대장 레슬리 소령은 공식 보고서 초안에서 소류의 비행갑판에 비행기가 전혀 없었다고 썼지만[6] 바로 뒤에서 급강하한 폴 홈버그Paul Holmberg 대위는 제로센 1기가 한쪽으로 날아가 바다로 떨어지는 모습을 본 것 같다고 말했다.[7] 가가의 상황도 마찬가지였다. 가가의 함상공격기 탑승원 모리나가 다카요시森永隆義 비행병조장은 공격을 받았을 때 함미 쪽에 비행기 2~3기가 있었다고 말했다.[8]

따라서 우리는 단편적이고 가끔 모순된 미군 조종사들의 증언보다 냉철한 관찰과 개별 일본 항공모함의 전투상보에 기록된 객관적이고 명백한 자료들을 우선적으로 고려해야 한다. 조종사들이 다 그렇듯이 미군 조종사들은 원하는 것만 보는 경향이 있었다.[9] 만약 이 과정에서 자신이 적에게 입힌 엄청난 피해의 모습을 다소 윤색했다고 해도 이해할 수는 있다. 최적의 상황에서도 이동목표를 급강하폭격하는 것은 매우 어려운 일이다. 급강하폭격으로 받은 스트레스가 대공포화, 폭발, 급격한 공중기동과 복합적으로 작용하여 시각적 요소에 치중된 증언이 나오는 것은 당연하다. 실제로 급강하폭격기 조종사들은 자신이 떨어뜨린 폭탄이 목표물을 강타했을 법한 시간에 일어난 폭발이라면 죄다 자기 기록으로 보는 경향이 있었다. 급강하폭격기 편대 선두에서 가장 먼저 폭탄을 투하하는 선도기라면 이 방법으로 자신의 명중탄을 확인할 수 있지만 선도기의 명중탄을 기준으로 조준하고 급강하하는 후속기는 그렇지 않다. 그러나 지금까지 설명한 그 어떤 내용도 미군 급강하폭격대가 이제 막 적에게 떨어뜨릴 재앙이 강렬하고 끔찍했다는 사실을 훼손하지는 않는다.

13

철권 10:20-10:30

10시 19분, 일본군은 다가오는 물체의 정체를 그제야 눈치챘다. 히류의 고참 견시원 요시다[1]가 좌현 높은 곳에서 가가를 향해 다가오는 적 급강하폭격기가 보인다고 소리쳤다. 고도는 4,000미터였다.[2] 야마구치는 "가가의 사격은 어떠한가?"라고 물었다. "화살은 올라가 있나?" 가가의 12.7센티미터 고각포의 상태를 물은 것이다. "모두 수평입니다!"라는 답이 돌아왔다. 야마구치는 즉시 가가에 경고신호를 보냈다. "상공에 적 급폭急爆 있음!" 다행히 가가는 경고를 요해了解했다고 답했다. 히류의 모두가 쌍안경으로 지켜보는 가운데 가가의 대구경 고각포들이 한꺼번에 하늘로 포신을 추켜올리며 적기에 일제사격을 개시했다. 그러나 너무 늦었다.

같은 시간 가가의 미토야 세쓰[3] 소좌는 다음번 직위기 발함준비를 보려고 함교 밖에 있었다. 근처에 모리나가 다카요시 비행병조장이 다른 탑승원들과 비행갑판 중앙에 있었다. 마에다 다케시前田武 이등비행병조는 중앙 엘리베이터 뒤에 서 있었다. 아침에 정찰비행을 나갔던 정찰기 기장 요시노 하루오 비행병조장은 대기실에서 빠져나와 함 뒤쪽의 대공포좌 사이를 어슬렁거리고 있었다. 모두 곧 발진할 공격대의 일원으로 출격할 예정이었다. 탑승원들이 비행기가 배치되기를 기다리는 동안 보조 견시원 역할을 하라는 명령이 함교에서 하달되어 지금은 전원이 하늘을 살

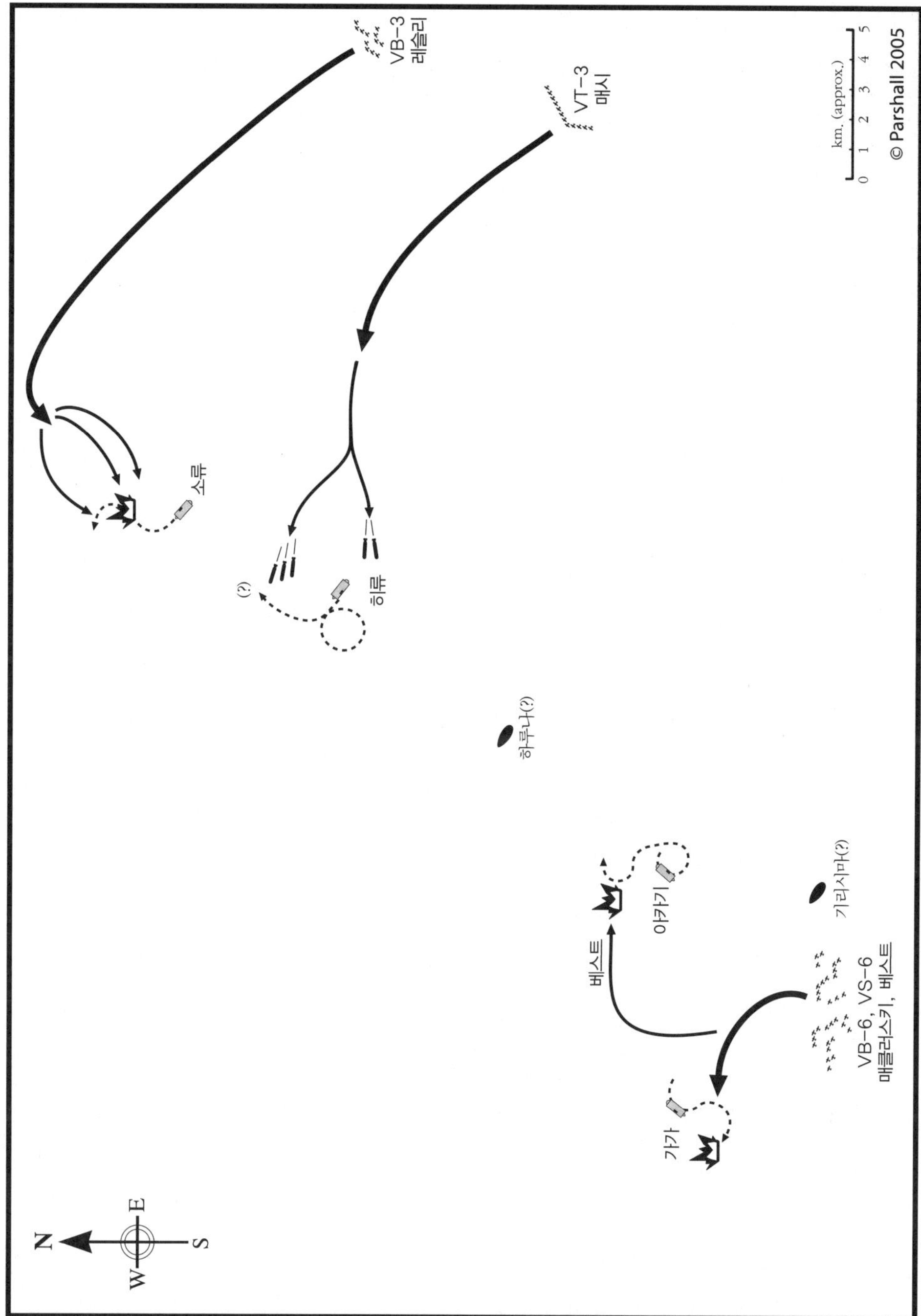

13-1. 일본 기동부대에 가해진 결정적 공격. VT-3이 히류를 공격하는 동안 급강하폭격기들이 나머지 항공모함 3척에 치명타를 안겼다.

샅이 훑어보고 있었다. 누가 적기를 가장 먼저 발견했는지는 알 수 없다. 시력 좋은 조종사였을 수도, 함교 방공지휘소에 있던 견시원이었을 수도 있다. 10시 22분경, 갑자기 하늘을 살펴보던 모두가 함교로 "적 급폭 직상直上!"이라고 고함치기 시작했다. 요시노와 마에다는 미군기들의 솜씨를 보고 감탄했다. 이번에는 어설픈 활강폭격이 아니었다. 이 미군기들은 진짜 프로처럼 터무니없을 만큼 깎아지른 경사각으로 강하하고 있었다.[4]

가가는 공격을 받기 직전 잠시 바람을 안고 달리며 전투기들을 띄우기 위해 좌현으로 선회하고 있었던 것 같다.[5] SBD들은 좌현 뒤쪽에서 공격해 오고 있었다. 오카다 함장은 우현으로 배를 급히 돌린 다음 북쪽으로 선회하라고 명령했다.[6] 헨더슨의 풋내기들이라면 이런 기동이 먹혀들었을지도 모른다. 그러나 이번같이 잘 훈련된 조종사들을 상대로 오카다가 할 수 있는 방법은 없었다. '민첩한'이라는 단어는 어떤 경우에도 가가에 어울리는 표현은 아니었다. 마치 쟁기를 끄는 짐말처럼 가가는 4만 2,000톤의 거구를 장중하게 움직이며 24노트로 천천히 선회하면서 전력을 다해 속력을 높이려 했다. 하지만 가가의 견시원들이 보기에는 가가의 느린 속력보다 공격해 오는 적기들이 벌떼처럼 많고 그중 다수가 아직 강하를 시작하지도 않았다는 점이 더 큰 문제였다.[7] 가가가 선회를 개시하면 〔적기 접근방향으로 함수를 돌리게 되므로〕 가가의 뒤를 따르던 SBD들이 가가를 공격하기가 더 쉬워질 터였다.

가가의 유일한 장점은 비교적 대규모의 대공병장이었다. 총 16문인 가가의 89식 12.7센티미터 고각포가 모두 하늘을 겨냥해 최대한으로 속사를 퍼부었다. 구닥다리 고사장치에도 불구하고 포수들은 최선을 다해 탄막을 쳤다. 25밀리미터 대공기관총도 합세했다. 그러나 급강하폭격기들이 폭탄투하 고도까지 고도를 낮추지 않는 한 명중을 기대할 수는 없었다. 그래도 가가는 이날 급강하폭격기를 격추한 유일한 일본군 항공모함이었다. 가가의 대공포 사수들은 여섯 번째로 급강하한 VS-6 소속 존 퀸시 로버츠John Quincy Roberts 소위의 기체를 격추했다. 로버츠의 기체는 가가 근처에 추락해 물기둥을 일으켰다. 그러나 다른 자객들이 가가를 덮치려고 연달아 몸을 날려 달려들었다.

잠시 동안 가가의 회피기동은 효과가 있는 것 같았다. 가가를 노리고 떨어진 첫 폭탄 3발이 빗나갔다. 500파운드(227킬로그램)와 100파운드(45킬로그램)짜리 항공폭탄들[8]이 떨어지며 솟구친 물기둥이 함을 뒤덮었다. 가가의 비행장 아마가이 중좌는 발착함 지휘소에 서서 공격해 오는 적기에서 뚝 떨어진 폭탄이 잠시 공중에 떠 있다가 낙하하는 모습을 지켜보았다. 저 빌어먹을 것들이 보인다! 폭탄은 점점 커지며 다가오는 듯하더니, 낙하 과정에서 가속도가 붙어 더 빠르게 머리 위로 달려들었다. 아마가이의 앞쪽 아래에 있던 미토야 소좌도 같은 광경을 목격했다. 폭탄에 칠해진 색깔들을 구분할 수 있을 정도였다. 폭탄이 자신을 향해 직진하는 것 같았다. 미토야의 판단은 정확했다. 아마가이가 이 광경에 홀려 멍하게 서 있는 동안 정신을 차린 미토야는 갑판에 납작 엎드려 얼굴을 가렸다. 무슨 일이 일어날지 분명해지자 뒤쪽에 있던 모리나가와 동료들도 바닥에 몸을 던졌다. 오카다 함장이 필사적으로 노력했지만 중력의 법칙처럼 거역할 수 없는 결과가 찾아왔다. 가가는 사정없이 쏟아지는 폭탄 소나기를 맞고 풍비박산이 났다.

네 번째로 급강하한 갤러허 대위의 기체가 처음 피 맛을 보았다.[9] 갤러허는 가가의 비행갑판 뒤쪽 엘리베이터 근처에 500파운드 항공폭탄을 명중시켰다. 이 폭탄은 상부 격납고 갑판에 붙은 승조원 거주구역을 뚫고 지나가 폭발하여 침실 공간을 불바다로 만들었다. 폭탄이 명중한 곳은 모리나가와 동료들이 있던 곳과 가까워 세 명(요시노 하루오도 그중 하나)을 제외하고 전원이 쓰러졌다. 이 폭탄은 우현 대공기관총좌 사수들에게도 궤멸적 피해를 입혔을 것이다. 모리나가는 위로 비틀린 팔에서 타는 듯한 통증을 느꼈지만 계속 폭탄이 떨어지는 소리가 들렸기에 일어나 도망치지 않았다. 발착함 지휘소에서 아마가이 비행장은 정비장 야마자키 도라오山崎虎雄 중좌가 함교로 달려오다가 폭발로 산산조각 나는 모습을 보았다.[10]

함교 어디에 있었느냐에 따라 달랐겠지만 오카다 함장은 첫 피탄을 보지 못했을 수도 있다. 오카다는 회피기동을 지시하느라 정신이 없었고 함교 후부의 거대한 91식 고사장치탑이 함미 쪽 시야를 가렸다. 갤러허 다음의 두 SBD는 폭탄을 명중시키지 못했다. 그러나 곧 지옥도가 펼쳐졌다. 일곱 번째 비행기가 거의 정확히 전방 엘리베이터에 폭탄을 꽂았다.[11] 엘리베이터가 통로를 따라 무너졌고 폭탄이 격납고의 전투기 구역에서 폭발했다.[12] 무시무시한 충격파가 함교의 유리창을 모두 날려버렸다. 조타수와 오카다 함장은 제 위치에 있었지만 연기와 파편으로 함교의 시야가 가려졌고 타륜도 돌아가지 않았다. 오카다는 즉시 전성관으로 기관구역에서 응급 조

13-2. 산호해 해전에서 피격 직전(위)과 피격 후(아래) 쇼카쿠의 모습. 미드웨이 해전에서 일본 항공모함이 피격되는 장면을 촬영한 사진은 아직 발견되지 않았지만 아마도 급하게 회피기동을 하던 쇼카쿠에 미군 SBD가 투하한 폭탄이 명중하는 이 장면과 흡사했을 것이다. [National Archives and Records Administration, 사진번호: 80-G-17027(위), 80-G-17031(아래)]

타를 하라고 명령했다.

미토야는 아마가이를 지나쳐 함교로 뛰어올라 갔다. 오카다 함장은 충격으로 멍해진 듯 보였다. 미토야는 함교에서 조타가 불가능하므로 아래로 내려가자고 건의했다. 오카다는 이 자리에 그대로 있겠다고 애매하게 답하고 미토야에게 함미 쪽 피해상황을 파악한 후 보고하라고 명령했다.[13] 아마 기관구역에서 조타를 맡는다는 보고가 없어서 조타를 넘기려는 본인의 의도를 다시 한 번 확인시키려 한 것 같다.[14] 세부내용이야 어찌되었건 미토야는 상관의 명령을 이행하러 함교를 떠났다. 미토야는 운이 좋았다. 그것이 오카다 지사쿠의 마지막 명령이었기 때문이다. 그 직후, 폭탄이 함교 바로 앞 혹은 함교 지붕에 명중했다(함교 지붕일 가능성이 더 높다).

일본 정규 항공모함에 처음으로 설치된 가가의 함교는 후속 일본 항공모함 함교의 전형이 되었다. 함교는 아담했다. 아마가이가 서 있던 발착함 지휘소는 함교 구조물 뒤에 설치된 조그마한 단으로 비행갑판 높이보다 한 층 높았으며 머리 위로 거대한 91식 고사장치가 있는 원통형 탑이 솟아 있었다. 발착함 지휘소에서 함교 안으로 들어가려면 우현 뒤에서 탐조등관제기의 오른쪽을 둘러 계단을 타고 올라가야 했다.[15] 비행갑판에서 4.6미터 정도 높이에 있는 함교는 한 면의 길이가 약 3.4미터, 삼면에 창이 나 있고 양 후면에 출입구가 있는데 날씨가 조금만 나빠져도 비좁고 불편했다. 요컨대 가가의 함교는 4만 2,000톤급 항공모함의 신경중추라기보다 가정집 베란다에 가까웠고 방어설비가 전혀 없었기 때문에, 500파운드짜리 항공폭탄이 근처에서 터진다면 그 효과는 능히 상상하고도 남았다.

건너편에 있던 아카기에서 해군 보도반원 마키시마 데이이치牧島貞一는 가가가 회피기동을 하는 모습을 지켜보고 있었다. 몇 초 지나지 않아 가가 주변에서 끊임없이 솟아오르는 거대한 물기둥들이 보였다. 마키시마는 가가가 잘 도망치리라고 생각했다. 그 순간 오렌지색 화염이 치솟으며 가가의 함교를 집어삼켰다. 마키시마는 "가가가 당했구나."라고 낮게 탄식했다.[16] 몇몇 증언에 따르면 폭탄이 함교 바로 앞에 세워 둔 연료차에 명중해 이 연료차가 폭발하면서 함교에 불타는 가솔린을 뒤집어씌웠다고 한다.[17] 그러나 폭탄이 함교를 직격했다는 설명이 더 타당해 보인다. 연료차 이야기는 출처가 불분명하다. 그리고 가가의 한 조종사는 연료차를 함에서 이용한 적이 없으며[18] 자신이 직접 함교에 폭탄이 명중하는 광경을 보았다고 증언했다.[19] 일본의 공식 전사에도 가가는 함교에 폭탄을 맞았다고 기록되어 있다.[20] 원인이 무엇이든 간에 결과는 명백하다. 가가의 함교는 완전히 박살났다. 함교의 전면 반쪽은 골조만 남긴 채 날아가 버렸고 전소했다. 함의 고위 간부들은 폭발과 함께 사라졌다.[21] 가가 1척의 간부 전사자 수가 다른 항공모함 3척의 간부 전사자를 합친 숫자보다 많았다. 전투 초기에 함교에 직격탄을 맞은 것이 원인이었던 듯하다.[22] 오카다 지사쿠 함장은 그 자리에서 즉사했을 터이고 부장 가와구치 마사오川口雅雄 대좌도 마찬가지였을 것이다. 포술장 미야노 도요사부로宮野豊三郎 소좌, 항해장 몬덴 이치지門田一治 중좌, 통신장 다카하시 히데카즈高橋英一 소좌도 전사했다.[23]

아마가이 중좌는 함교 뒤편에 있었던 데다 고사장치탑의 덩치가 폭발을 가로막아 살아남은 것 같다. 하지만 날아든 파편까지 피할 수는 없었다. 아마가이는 전성관으로 함교를 호출했으나 아무도 응답하지 않았다. 함교로 올라가 직접 참극의 현장을 목격했는지, 아니면 주변 상황을 보고 짐작했는지는 알 수 없으나 아마가이는 지휘부가 끝장났음을 알았다. 불길이 혀를 날름거리며 함교 앞부분을 핥아대고 있었다.

그 사이에 폭탄 하나가 함 중앙에서 약간 좌현 쪽에 명중했다.[24] 엄청나게 혼란스런 상황이었으므로 명중탄이 몇 발이었는지를 알 수는 없다. 명중탄을 맞힌 후 미군 공격대의 대형이 다소 흐트러졌지만 미군기들은 불타는 가가를 노리고 계속 내려왔다.[25] 조함 불능 상태의 가가는 시계방향으로 뱅뱅 돌고 있었다. 공황상태에 빠진 승조원들은 하늘에서 쏟아지는 폭탄 비가 그치기만을 기다렸다.

마에다 다케시 이등비행병조는 폭탄이 떨어지기 시작하자 비행갑판을 따라 달렸다. 모리나가나 요시노와 마찬가지로 마에다도 첫 번째 폭발에서 살아남았다. 폭탄이 계속 떨어지자 마에다는 비행갑판 밑의 단정갑판短艇甲板에 숨는 게 낫겠다고 생각했다. 단정갑판에서라면 폭발을 어느 정도 피할 수 있을 것 같았다. 불행히도 폭탄 하나가 비행갑판 꼬리 좌현에 내리꽂혔다. 마에다의 바로 옆이었다.[26] 폭발로 생긴 파편과 물보라가 단정갑판을 덮쳤고 마에다는 다리에 타는 듯한 통증을 느끼며 털썩 쓰러졌다.

가가의 북쪽에 있던 히류의 함교에서는 가가가 마침내 화염에 휩싸이며 짙은 연기를 토해내자 일제히 한숨과 신음소리가 터져 나왔다. 히류는 사전에 가가에 경고하려고 노력했으나 소용 없었다. 히류 항해장 조 마스長益 소좌[27]는 "그럴 리가 없었습니다. 〔거대한 항공모함이〕 이렇게 간단히 끝장나리라고는 생각해본 적도 없었어요. 실로 엄청난 일이라 꿈을 꾸는 것 같았습니다."[28]라고 술회했다. 얼마 후 견시원 한 명이 소류와 아카기도 공격받고 있다고 비명을 질렀다. 조 항해장은 몹시 흥분한 견시원의 처신이 사기에 악영향을 끼칠까 우려하여 조용히 낮은 목소리로 보고하라고 질책했다. 견시원의 보고는 정확했고 항해장도 그 광경을 보았다. 히류를 향해 날아오는 뇌격기들(VT-3)이 있었으므로 조 항해장은 히류가 위험에서 벗어나는 데에만 집중하기로 했다. 그러나 부질없는 일이었다. 히류 함교에 있던 사람들은 상상을 초월하는 공격에 망연자실했다.[29]

가가가 공격받을 무렵, 소류는 북서쪽으로 항해하고 있었다. 10시 24분, 소류는 직위기들을 발함시키기 위해 우현으로 선회했다.[30] 소류의 포술장[31] 가나오 다키이치金尾瀧一 소좌는 함교 꼭대기의 방공지휘소에 서 있었다. 가나오와 견시원들은 계속 주의 깊게 하늘, 특히 남쪽 하늘을 훑고 있었다. VT-3의 공격방향이었다. 잔뜩 낀 구름 사이로 파란 하늘이 군데군데 보였다. 아군 직위기는 근처에 없었다. 직위기들은 다른 위협에 대응하느라 사방팔방에 흩어져 있었다. 가나오는 사실상 소류가 기동부대의 선도함이 되었다고 생각하니 마음이 불편했다. 하늘과 바다는 얼마나 고요한지 오싹할 정도였다.[32]

아래 함교에서는 부장 오하라 히사시小原尙 중좌가 미군기들이 가가를 공격하는 모습을 보고 있었다. 이때 갑자기 견시원들이 위에서 소리쳤다. "구름 사이, 적 급강하폭격기!"[33] 햇살을 받으며 비행기 한 대가 나타났다. 이 미군기는 고각高角 40도로 오른쪽에서 왼쪽을 향해 소류를 노리고 날아왔다. 곧 500미터 뒤에서 두 번째 비행기가 나타났다. 첫 번째 비행기는 5,000미터 앞까지 다가와 있었다. 방공지휘소에서 가나오는 "저놈 잡아!"라고 소리쳤다. 재빨리 고사장치와 대구경 고각포들이 침입자들 방향으로 선회했고 고사장치 조작원들은 사격제원을 산출하느라 정신없었다.

사격제원이 나오려면 멀었지만 가나오는 "사격개시!"라고 소리쳤다. 명령을 내리자마자 가나오는 우현 대공포들이 사각지역으로 들어가고 있음을 알아차렸다.[34] 가나오는 전성관을 급히 부여잡고 아래에 있는 조타수에게 "좌현전타!"라고 고함을 질렀다. 조타 반응성이 훌륭하다는 명성대로 소류는 재빨리 좌현으로 선회하며 우현의 대공화기들을 다시 사격범위 안으로 들여놓았다. 3기 또는 4기로 보이는 미군 급강하폭격기들이 수평을 유지하며 다가왔다. 미군기들은 함수에서 고각 50도, 고도 약 4,000미터로 소류를 향해 방향을 틀었다. 소류의 25밀리미터 대공기관총들이 함 앞쪽의 고각포대보다 빨리 반응하여 침입자들을 향해 불을 뿜기 시작했다. 미군 SBD들은 햇살을 받아 날개를 번쩍이며 하나씩 하나씩 완벽한 강하자세로 들어갔다.[35]

가나오는 다른 미군기 2개 소대가 함수 좌현과 함미에서 소류를 공격하려고 준비하는 모습을 보지 못한 것 같다. 달리 말하면 이때 소류의 대공사격 지휘과정에 심각한 문제가 있었다. 가나오는 포술장이었다. 그나 그의 근처에 있던 견시원들이 이 미군기들을 발견하지 못한다면 휘하에 있는 포대들도 함을 제대로 방어할 수 없었다. 소류의 94식 고사장치 탑이 뒤쪽 시야를 가렸거나 뒤를 바라보는(방공지휘소보다 한 층 아래에 위치한) 12센티미터 쌍안망원경 2기의 선회각이 좋지 않았을 수도 있다. 그로 인해 소류는 다른 각도에서 접근하는 적기들이 있다는 것을 알아차리지 못한 채 좌선회를 계속했다.

가나오는 당장 직면한 문제에 집중하고 있었다. 그는 12.7센티미터 고각포들이 아직도 미군기들에 포문을 열지 못한 상황에 분통을 터뜨렸다. 게다가 25밀리미터 대공기관총은 아무 성과도 내지 못했다.[36] 아래에서 가나오가 화를 내는 동안 미군 선도기는 투하를 끝내고 강하에서 빠져나오고 있었다. 폭탄이 눈에 들어왔다. 가나오는 안전한 곳을 찾아 본능적으로 몸을 웅크렸다. 하지만 소류의 조그마한 함교 지붕 위에서 그가 숨을 만한 방패는 없었다.

폭발의 충격은 소류의 부장 오하라 중좌를 함교 뒤쪽으로 날려버렸다. 오하라는 별 통증을 느끼지 못했다. 사우나 증기를 쐰 것 같았다. 일어서려 하자 함교에 있던 누군가가 얼굴에 수건을 덮어 주었다. 오하라는 생각보다 부상이 심각함을 깨달았다.[37] 그래도 가가와 달리 함교 구조물이 소류의 간부진을 어느 정도 보호해 주었으니 오하라는 운이 좋은 편이었다. 소류의 간부진은 첫 폭발에서 모두 살아남았다. 폭탄이 명중한 곳이 함교와 거리가 있었기 때문이라고밖에 설명할 수 없는데, 소류의 함교시설은 가가와 판박이였기 때문이다.

노출된 방공지휘소에서 가나오 포술장은 손에 충격을 느꼈다. 마치 피부가 벗겨져 나간 것 같았다.[38] 뒷덜미도 얼음송곳이 박힌 것처럼 아팠다. 섬광화상을 입은 것이다. 다행히도 철모가 가나오를 어느 정도 보호해 주었다. 질끈 감았던 눈을 뜨려고 하자 타오르는 듯한 붉은색이 눈앞에 어른거렸다. 가나오는 다시 눈을 감았다. 불에 덴 느낌은 지나갔다. 정신을 차린 다음 깨진 유리로 가득한 바닥을 딛고 일어나 보니 가나오 혼자였다. 옆에 있던 견시원들과 전령들은[39] 죽었거나 사라져 버렸다. 아마 폭발의 충격으로 함 바깥으로 날아갔을 것이다. 희미하게 신음소리가 들렸다. 부하들이 죽어 가며 낸 소리였을까? 함교 끝에 있던 사격지휘장치는[40] 비행갑판에 내동댕이쳐져 박살나 있었다. 가나오는 순전히 운이 좋아서 혼자 살아남았다고 생각했다.

모리 주조森捨三 이등비행병조는 함교가 있는 갑판 한 층 아래, 고각포 갑판 우현에 있는 탑승원 대기실에서 쉬고 있었다. 아침 공격의 결과를 아직 보고하지 못한 모리는 주먹밥을 먹으며 시간을 보냈다.[41] 갑자기 함내 확성기로 총원 전투배치 나팔소리가 울려 퍼졌고 곧 가가가 공격받고 있다는 소식이 들어왔다. 일부 조종사들은 대기실에서 뛰쳐나가 비행갑판으로 올라갔다. 그러나 모리는 머물렀다. 모리와 열 명 남짓한 탑승원들은 계속 이야기를 나누었다. 갑자기 아무 경고도 없이 대폭발이 일어났다. 배가 우현으로 급하게 쏠렸다. 첫 번째 폭탄은 1번 고각포좌(함수 우현, 함교 앞쪽)에 명중하여 모든 것을 쓸어갔다.[42] 대기실은 폭탄이 떨어진 곳에서 겨우 12미터 정도 떨어져 있어서 앞쪽 격벽이 완전히 무너져 화염이 격실로 쏟아져 들어왔다. 모리와 동료들은 등을 돌려 부리나케 함미 방향으로 달아났다. 함미라면 조금 더 안전할 것 같았다.

함교 꼭대기에서 가나오 소좌는 자신이 아직 무사하다는 사실에 놀라워했다. 아래를 내려다보니 함 전체가 아수라장이었다. 두 번째 폭탄은 비행갑판 중앙에 명중하여 하부 격납고 깊숙이까지 뚫고 들어갔다. 폭탄이 뚫고 들어간 구멍에서 연기가 뭉클뭉클 피어올랐다.[43] 바로 그때 마지막 세 번째 폭탄이 후미 비행갑판에 명중하며 마그네슘이 산화할 때처럼 강렬한 섬광을 내뿜었다. 가나오는 움찔했다. 눈에 극심한 통증이 몰려왔다. 가나오는 시력을 잃고 이제 죽는구나 하고 생각했다.

깊은 곳에 있는 소류의 좌현 기관실에서 나가누마 미치타로長沼道太郎 기관특무대위는 함의 기관이 내는 것보다 더 큰 폭음과 진동을 듣고 느꼈다. 함 전체가 흔들렸고 깊은 진동이 몸속까지 울렸다. 또 다른 폭발음이 뒤따랐다. 그리고 세 번째 폭발음이 찾아왔다. 기관병들은 서로에게 큰 소리로 물었다. 도대체 무슨 일이야?

그 순간 소류의 기관이 갑자기 멎었다. 기관병들은 무슨 일이 생긴 것인지 이해하지 못하고 기관만 쳐다보고 있었다.[44] 마치 누군가가 배의 심장에 칼을 꽂은 것 같았다. 앞쪽에서 한 기관병이 소리쳤다. "보일러실 피격!" 누군가가 물어보았다. "어뢰냐!" 첫 폭발의 강도로 볼 때 말도 안 되는 질문은 아니었다. 두 번째 폭탄은 함 내부를 깊이 관통하여 보일러 구역의 증기 파이프들을 절단했다. 보일러실 인원 대부분이 고온고압의 증기에 노출되어 숨졌다.[45] 함 가운데 뚫린 구멍으로 거대한 흰 수증기 구름이 피어올랐다.[46] 나가누마는 시계를 들여다보았다. 정확히 10시 30분이었다. 나가누마는 무거운 마음으로 동료들을 둘러보았다. 이제 무슨 일이 일어날 것인가?

가나오의 눈을 잠시 멀게 했던 섬광이 서서히 약해졌다. 함교 뒤쪽의 비행갑판은 온통 연기로 뒤덮여 있었다. 갑판에 있던 전투기들은 산산조각 나 불타고 있었다. 폭발로 인해 포수와 항공기 작업반원을 포함해 많은 승조원들이 전사했다. 흰색, 카키색 제복을 입은 승조원들의 시체가 곳곳에 쌓여 있었다. 가나오는 돌처럼 굳은 채로 서 있다가 소류를 집어삼키고 있는 화마 속에서 자신이 유일한 생존자가 아닐까 생각했다.

만약 미드웨이에서 승리와 패배가 한 끗 차이였다면 아카기의 운명이야말로 한 끗 중의 한 끗 차이로 결정되었다. 소류와 가가를 공격한 미군기가 수십 기였던 데 반해 아카기를 공격한 비행기는 고작 3기였다. 그나마 리처드 베스트 대위의 빠른 판단 덕분이었다. 베스트는 비행대 전원과 함께 가가에 급강하할 예정이었다. 그러나 강하 직전 매클러스키가 VS-6과 더불어 강하하는 모습이 보였다. 베스트는 간신히 강하 직전에 빠져나왔으나 그의 비행대 전원은 매클러스키를 따라가 버렸다. 베스트는 소대원 에드윈 J. 크뢰거Edwin J. Kroeger 중위와 프레더릭 T. 웨버Frederick T. Weber 소위를 양 날개 옆에 데리고 고도를 유지하며 매클러스키의 공격 결과를 지켜보기로 했다. 가가가 분쇄되는 광경을 보고 베스트는 자신의 소대로 근처에 있는 대형 항공모함을 공격하기로 마음을 돌렸다. 이렇게 미미한 전력으로는 일본 기동부대의 기함을 격침하기는 고사하고 공격하기에도 불충분했지만 베스트는 일단 가진 것으로라도 시도해 보기로 결심했다.

베스트 공격대는 '교범대로' 행동할 시간이 없었다. 1기씩 순차적으로 공격하는 것이 표준 교리였으나 베스트의 소대는 현재 비행 중인 'V'자 대형으로 한 번에 공격했다.[47] 베스트는 잠시 북쪽으로 날아간 다음 부하들과 오른쪽으로 얕게 선회하여 목표물에 강하했다. 베스트는 중앙에, 부하들은 양 옆으로 각각 23~30미터 떨어져 있었다. 일본군이 보기에도 베스트는 가가를 공격한 폭격기들처럼 급각도로 강하하지는 않았다.[48] 가가 공격을 포기하면서 고도를 약간 상실한 것이 원인이었던 것 같다. 베스트 편대는 급강하하며 아카기의 좌현으로 접근했다. 베스트는 함교라고 생각한 목표물을 겨누었는데 사실은 함교가 아니라 우현에서 툭 튀어나온 대형 연돌이었다. 요기 하나는 비행갑판의 적기를 조준했고 다른 하나는 함수 쪽 비행갑판에 칠해진 대형 일장기를 겨냥했다. 투하한 폭탄들이 대략 V자 모양으로 떨어졌으므로 베스트와 부하들은 강하 중에도 편대를 유지했던 것이 틀림없다.

믿을 수 없는 일이지만 방금 가가가 당한 모습을 보고도 아카기는 적의 기습에 전혀 대비하지 않았던 것 같다. 나구모와 참모진은 아카기가 당분간 안전하리라고 여겼던 듯하다. 가가를 공격한 적기들은 대략 동쪽에서 서쪽으로 공격하고 있었고 아카기는 적기와 상당히 떨어져 있었다. 북동쪽에서 VT-3의 공격이 계속되었지만 아카기는 여기에 휘말리고 싶지 않았다. 따라서 베스트 트리오가 머리 꼭대기에 갑자기 나타날 때까지 누구도 그 존재를 몰랐던 것으로 보인다. 비행갑판에서는 기무라 일등비행병조가 방금 발진신호를 받고 비행갑판을 따라 활주하여 날아올랐다.[49] 갑자기 고함이 터져 나왔다. "적 급폭 직상방!" 함교에 있던 후치다 중좌는 보호 해먹 맨틀릿을 걸친 벽 뒤로 숨었다.[50]

대공포화에 관한 한 가가나 소류처럼 아카기의 운명도 자신의 손에 달려 있었다. 방공전투에 끌어다 쓸 수 있는 것은 아카기의 대공화기와 직위구축함 노와키가 가진 몇 안 되는 고사기관총이었다. 아카기의 25밀리미터 고사기관총들이 강하하는 미군기 셋을 향해 예광탄을 뱉어내기 시작했다. 좌현의 12센티미터 고각포대 셋을 동원할 기회는 거의 없었다. 제대로 된 사격제원을 뽑아낼 시간이 없었던 것이다.

모든 일본 해군 함장처럼 아오키도 함을 구하기 위해 조타에 매달렸다. 그러나

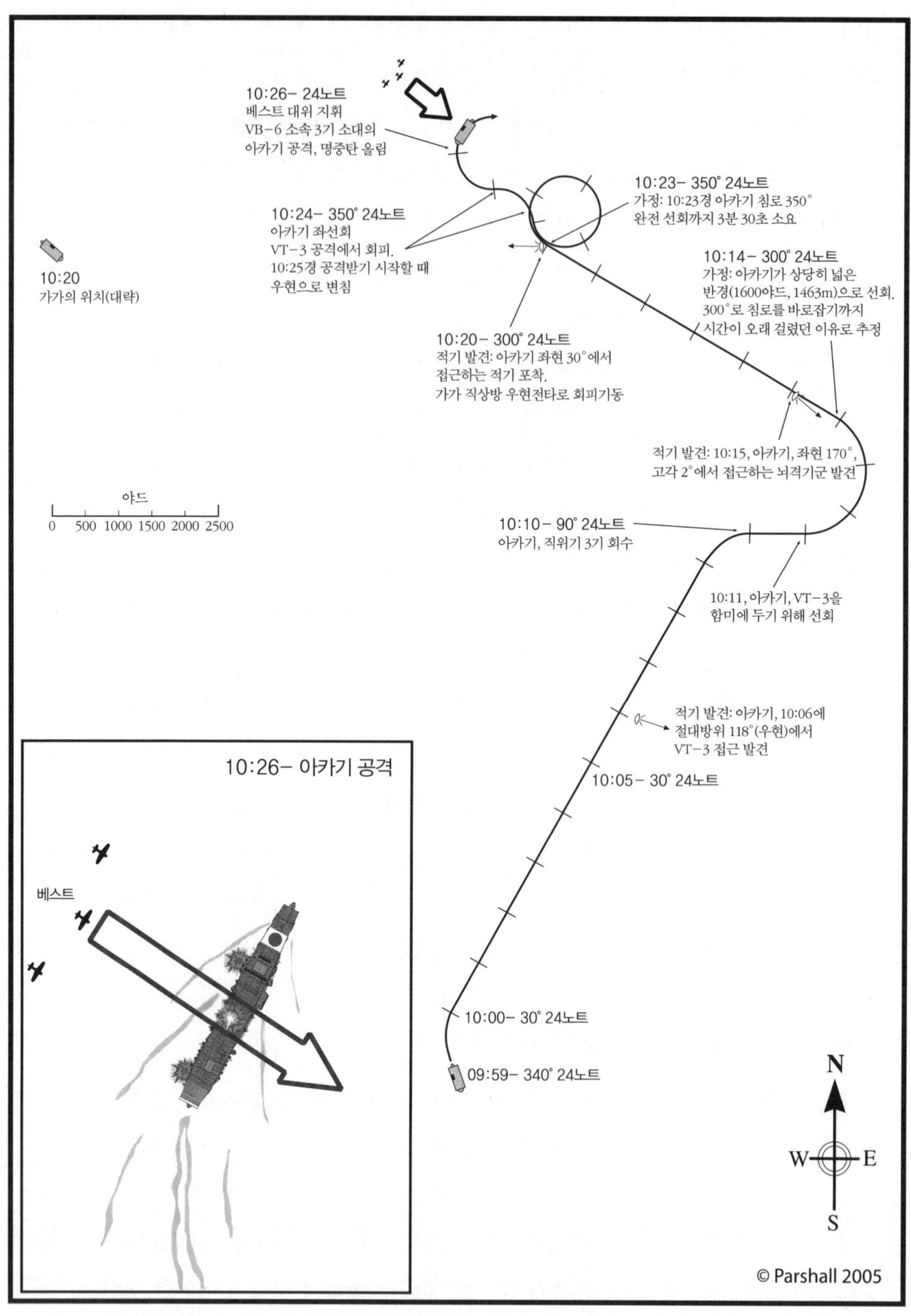

13–3. 아카기가 받은 공격. 09시 59분부터 베스트 대위 편대의 공격을 받고 피탄된 10시 26분까지 아카기의 항적이다.

오카다 함장이 방금 전에 깨달았듯이, 속력이 30노트에 불과한 어뢰를 피하는 일과 프로가 250노트(463킬로미터)로 모는 급강하폭격기를 피하는 일은 완전히 다른 문제였다. 아오키는 우현전타를 명령하여 좌현을 적에게 드러냈다. 이 상황에서 할 수 있는 최선의 방법이었다. 아카기는 북쪽으로, 다시 동쪽으로 함수를 돌리며 오른쪽으로 거대한 원을 그렸다.

나구모의 기함은 거의 살아남을 뻔했고 실제로 털끝 하나 안 다치고 빠져나올 수도 있었다. 만약 완벽한 기습이 아니었다면, 자함 또는 노와키의 대공포가 조금만 더 정확했더라면, 회피기동이 조금만 더 급격했더라면, 공격해 오는 미군기들의 조준이 조금만 빗나갔더라면 아카기는 자신을 노리고 떨어진 폭탄 3개를 모두 피할 수 있었고 그랬다면 전투 결과에 엄청난 영향을 미쳤을 것이다. 아카기가 공격에서 무사히 빠져나왔다면 아카기 비행기대는 히류 비행기대와 합세하여 미군에 심각한 타격을 가했을 것이다. 그러나 공격을 피할 가능성이 충분했음에도 불구하고 아카기는 치명상을 입었다.

대부분의 연구들이 베스트 공격대가 아카기에 명중탄 2발과 지근탄 1발을 맞혔다고 본다. 그러나 더 자세히 고찰해 보면 전과를 명중탄 1발(과 지근탄 1발, 지근탄에 가깝게 빗나간 1발)로 줄여야 한다. 상당수 증언들이 첫 폭탄이 함교 앞쪽, 좌현(아카기의 함교는 좌현에 있음)에서 5~10미터 떨어진 수면에 충돌했다는 데 거의 일치한다.[51] 폭탄 낙하로 일어난 거대한 물기둥이 함교 위까지 치솟았다(함교는 수면에서 25미터 높이에 있음). 이 충격으로 함교의 안테나 하나가 날아가고 함교에 있던 사람들은 더러운 바닷물을 뒤집어썼다. 함교로 밀어닥친 비현실적인 홍수 속에서 기동부대 항해참모 사사베 리사부로雀部利三郎 중좌의 머릿속에는 어머니의 모습이 스쳐갔다.[52]

세 번째 폭탄은 비행갑판 뒤쪽에 명중했다고 하지만 실제로는 그렇지 않았다.[53] 보도반원 마키시마는 가가와 기함이 공격당하는 상황을 촬영하느라 비행갑판에 있었는데, 그는 함교 인원들이 폭탄이 명중했다고 보았을 수 있으나 실제로는 폭탄이 비행갑판을 스쳐 지나간 후 함미 옆에 떨어졌다고 분명하게 말했다.[54] 솟아오른 거대한 물기둥이 비행갑판의 모서리를 위쪽으로 구부러뜨렸으므로 사람들이 폭탄이 명중했다고 착각할 수 있었다.

많은 2차 사료들은 이 후부에 맞은 '명중탄'으로 인해 큰 화재가 발생했다고 서술한다. 그러나 이는 여러 가지 이유로 인해 사실과 거리가 있어 보인다. 첫째, 이 구역에는 비행기가 없었다. 공격받을 때 아카기의 비행갑판에는 전투기 몇 기만 있었다. 딕 베스트 대위는 급강하할 때 아카기의 제로센들이 함미와 꽤 떨어진 곳에서 이함 중인 모습을 보았다고 기억한다.[55] 폭탄이 떨어진 비행갑판 함미 쪽에는 비행기를 배치할 수 없었는데, 착함을 용이하게 하고자 이 부분이 살짝 아래쪽으로 경사져 있기 때문이었다.

만에 하나 폭탄이 명중했더라도 비행갑판의 이 부분은 격납고 갑판의 일부가 아니었기 때문에 격납고로 불이 옮겨 붙어 화재가 발생할 가능성이 없었다. 아카기 비행갑판의 뒤쪽 38미터, 함미부터 후미 엘리베이터까지의 부분을 거대한 강철 지주 4개가 지탱했다. 이 부분 아래에는 강철 도리, 함미 크레인과 빈 공간 이외에 아무것도 없었다. 만약 이 부분이 직격당했다면 폭탄이 비행갑판에 격돌할 때 신관이 작동해 함미 단정갑판 위의 빈 공간에서 폭탄이 폭발했을 것이다. 일본 측 1차 사료 어디에도 이런 폭발이 있었다는 기록은 없다. 폭탄이 비행갑판과 단정갑판 사이 18미터 정도의 공간을 지나 단정갑판을 통과해 주장갑 갑판까지 관통하여 엔진과 조타부에서 폭발할 수도 없다. 신관이 이보다 훨씬 전에 작동했을 것이기 때문이다. 미군이 공격에 사용한 범용 고폭탄은 탄체 무게가 가벼웠기 때문에 절대로 아카기의 주장갑판을 관통할 수 없었다. 따라서 비행갑판의 이 구역에 비행기가 없었고 아래쪽에 격납고도 없었기 때문에 이 폭탄이 심각한 화재를 일으켰을 가능성은 거의 없다. 1항함 전투상보도 이 견해를 뒷받침한다. 상보에는 후미에 맞은 명중탄이 치명적이었다고 하지 않고 "비행갑판 좌현 뒤 가장자리에 폭탄이 명중했으며 후갑판에 구멍이 몇 개 나고 응급원 1명이 폭사"했다고 자세하게 적혀 있다.[56] 이는 후미에 명중한 폭탄으로 비행갑판에서 대화재가 발생했다는 묘사와 거리가 멀다. 또한 〔만약 비행갑판 뒤쪽에 폭탄이 명중해 아카기가 큰 피해를 입었다면〕 이 피해기록은 비슷한 타격으로 격납고 갑판에서 생긴 대규모 인명피해를 자세히 적은 소류와 가가의 기록과 균형이 맞지 않는다.[57]

따라서 첫 번째 폭탄은 빗나갔고 세 번째 폭탄은 지근탄이었기 때문에 아카기를 파멸시킨 것은 중앙부 엘리베이터 뒤쪽 가장자리에 떨어진 두 번째 폭탄이다. 이 폭탄을 떨어뜨린 사람은 다름 아닌 베스트 대위였을 것이다. 베스트는 뛰어난 급강하폭격기 조종사였으며 대담함과 능숙한 솜씨로 잘 알려져 있었다.[58] 후부 총수/무선수였던 제임스 머레이James F. Murray 항공통신중사Aircraft Radioman's Mate, ACRM의 말로는 "딕〔베스트의 애칭〕보다 더 급한 각도로 강하하는 조종사는 없었다."[59] 베스트 소대가 V자 대형을 유지한 채 강하한 것을 보면 각자 투하한 폭탄의 탄도가 공중에서 얽혔을 것 같지는 않다. 더욱이 아카기의 위치와 폭탄들의 상대적 탄착점을 보면 대략 V자 모양이다. 따라서 V자 편대의 가운데에 있던 비행기가 떨어뜨린 폭탄이 아카기의 정중앙에 명중한 것이 거의 확실해 보인다. 바로 베스트 대위의 기체다.

베스트가 떨어뜨린 1,000파운드짜리 폭탄은 비행갑판을 뚫고 상부 격납고의 함상공격기가 격납된 부분에서 폭발했다. 사사베 참모는 폭발이 있었는지 없었는지도 모를 정도로 조용히 폭발했다고 회고했지만 사사베와 함께 함교 근처에 있던 후치다 중좌는 폭탄이 큰 폭음과 더불어 눈부신 섬광을 내며 폭발했다고 기억한다. 따뜻한 열기가 온 몸을 휘감고 지나갔다. 그러나 폭발의 위력은 상당히 강력해서 비행기가 비행갑판 너머로 날아갈 정도였다.[60]

마침내 10시 35분경, VT-3의 뇌격기들이 공격위치에 도달하여 10시 40분까지 야마구치의 기함을 공격했다.[61] 즉 VT-3은 급강하폭격기대가 도착하기 전에 공격을 시작했으나 급강하폭격기들이 목표를 타격한 다음에도 임무를 완수하지 못했다.[62] 위치 덕택에 지금까지 안전했던 히류는 갑자기 위험에 처하게 되었다.

전과 마찬가지로 나가토모 소위의 포대들은 모든 화력을 총동원해 포탄을 쏘아올렸다. 예광탄이 궤적을 그리며 날아가 다가오는 미군기들을 환영했다.[63] 그때까지 살아남은 TBD 5기는 600~800야드(549~742미터) 거리에서 어뢰를 투하했다.[64] 당연히 투하각은 엉망이었다. 어뢰 중 하나는 어뢰투하장치 작동 불량으로 바닷속으로 가라앉았고 또 하나는 수면으로 튀어나와 작은 모터보트처럼 물 위를 질주했다.[65] 히류는 아무 문제 없이 모든 어뢰를 피했다. 어뢰 투하 후 몇몇 뇌격기가 히류의 함수를 스쳐 지나가면서 격렬한 대공포 사격과 직위기들의 공격을 받았고 일부가 추락했다. 결국 제로센과 대공포화가 매시의 뇌격기 12기 중 10기를 격추했다.

히류의 대공포가 마지막에 VT-3 생존자들을 격추했는지는 분명하지 않지만 아군기 하나를 떨어뜨린 것은 확실하다. 후지타 대위의 제로센이었다. 후지타는 함대 중앙으로 도망치는 미군기를 쫓다가 피탄되어 기체에 불이 붙었다. 히류에서 나가토모는 후지타의 전투기가 포화를 맞고 비틀거리며 수면에 다가가는 모습을 보았다. 나가토모는 조종사가 죽었을 것이라고 확신했지만 후지타는 기막히게 운이 좋았다. 200미터라는 저고도에서 후지타는 조종석 밖으로 빠져나와 낙하산 줄을 당겼다. 다행히 낙하산은 수면에 추락하기 전에 펴졌다.[66]

침입자들은 나타났을 때처럼 갑자기 사라졌다. 미군기들은 일본군 대공포화와 전투기들의 복수를 피해 수면에 닿을 만한 위치에서 비행하다가 엔진 폭음과 함께 동쪽으로 달아났다. 얼마 전까지 대다수가 VT-3과 교전하다가 이제 남은 적기들을 함대에서 몰아내던 직위기 조종사들은 아래에서 벌어지는 참극을 잠깐잠깐 볼 수 있을 뿐이었다. 그리고 점점 더 커지며 솟아오르는 연기기둥 아래에서 어찌할 바 모르던 항공모함 승조원들은 이제 선원들의 오랜 공포의 대상, 선상 화재와 맞서 싸워야 했다.

14

화염과 죽음 10:30-11:00

제2차 세계대전기의 군함은 놀랍도록 화재에 취약했다. 이 시기의 군함에 탑승해 본 사람이라면 함선에서 풍기는 강한 냄새가 윤활유, 용제, 가솔린, 수천 톤의 연료 등의 형태로 실린 석유 제품에서 난다는 것을 알아차릴 것이다. 또한 평시에는 탄약을 대부분 탄약고에 저장하다가 전투 시에는 당장 사용할 수 있도록 화기火器 주변의 임시 보관소에 탄약 일부를 적재했다. 그리고 이 시기의 군함에는 불연도료를 사용하는 현대 군함과 달리 가연성 용제를 쓰는 도료가 널리 쓰였다. 배선로는 고온에서 불이 붙을 수 있는 절연재로 싸인 전선들로 가득 차 있었다. 파이프 단열재도 마찬가지였다(일본군은 목재를 주로 사용했다). 손상통제·보수작업[1]용 자재창고에는 목재보가 보관되어 있었고 다른 보수자재도 통로 천장이나 공간이 있는 곳이라면 어디에나 보관되어 있었다.

군함에는 예나 지금이나 보고서, 양식, 차트, 매뉴얼, 함의 도면 등 종이로 된 물건이 많다. 갑판 아래 선실에는 면제 침구류(일본 항공모함별 승조원은 약 1,100~1,700명 정도)뿐만 아니라 피복, 개인 소지품도 있었다. 승조원 편의를 위해 일본군은 선실의 강철 갑판에 나무 바닥재를 입혔고 바닥깔개와 목제 식탁을 선실에 비치했다. 주방에는 식용유와 양곡, 기타 가연성 식자재가 있었다. 난로와 각 구역에 연결된 환기통로 곳곳에는 폐유가 고여 있었다. 의무실에는 인화성 약품이 있었다. 함의 세탁실에는 피복과 걸레가 있었고 건조기와 환기통로에는 섬유 보푸라기 뭉치가 군데군데 굴러 다녔다. 의자, 탁자, 작업대 등등 일본 해군의 함내 집기는 전부 목제였다.[2] 목제 집기를 사용함으로써 강철을 필수적인 제품에만 쓸 수 있도록 절약한 것은 철광석을 거의 수입에 의존하는 나라 형편상 이해할 만한 일이기는 하다. 하지만 그로 인해 일본 함선은 화재가 쉽게 일어났고 일단 불이 붙으면 잘 탔다.

항공모함에서는 그 특성상 이 같은 기본 문제점들이 더욱 복잡해졌다. 예를 들어 비행갑판은 50~125톤의 잘 타는 목재로 만들어졌다.[3] 무엇보다 항공모함에서 가장 큰 위험은 항공유〔경질유輕質油〕 급유체계였다. 항공모함에서는 격납고 안이나 비행갑판에서 비행기에 급유할 수 있었다. 보통의 일본 항공모함은 비행갑판에 있는 〔항공유 공급장치가 설치된 지점〕 10여 개소에서 고옥탄과 일반 항공유를 주유했고, 급유점은 상부 격납고에 10개, 하부 격납고에 추가로 8개가 더 있었다.[4] 전·후방 항공유 탱크는 수직으로 설치된 항공유 주관主管들로 수평배관(고옥탄 항공유와 일반유용 하나씩)과 연결되었고, 수평배관은 격납고 갑판 전체를 둘러 설치되었다.[5] 비행갑판 주변의 움푹 들어간 곳에 설치된 항공유 공급장치는 수직배관으로 연료를 공급받았다. 따라서 모든 항공모함은 항공유 공급배관으로 촘촘히 둘러싸여 있고 항공작전 중에 모든 배관은 가연성이 높은 항공유로 가득 찼다. 더구나 모든 배관이 서로 연결되었기 때문에 한쪽에 문제가 생기면 연료배관을 타고 멀쩡한 부분까지 영향을 받아 결국 항공유 탱크까지 문제가 퍼질 소지가 있었다.

항공유 탱크는 이산화탄소가 봉입된 코퍼댐cofferdam으로 다른 공간과 분리되어 스파크나 다른 위험요소의 영향을 받지 않도록 안전하게 관리되었다. 그런데 일본 항공모함의 특징은 항공유 탱크와 코퍼댐이 함 구조에 통합되었다는 것이었다. 즉 선체 외부에 가해진 충격이 안쪽의 항공유 탱크로 직접 전달되므로 전투손상으로 인해 균열이나 누출이 쉽게 발생할 수 있다는 뜻이다. 일본 해군은 전쟁 후기에는 이러한 위험을 최소화하기 위해 항공유 탱크 주변의 빈 공간을 콘크리트로 채워 넣었지만 미드웨이 해전을 치른 시점에는 이 구조적 약점이 크게 드러나지 않았다.[6]

일본 항공모함 설계와 운용의 두 번째 문제점은 항공병장의 이송과 보관이었다. 충실한 화염방지 설비 및 바베트barbette[7]와 주포탑의 장갑으로 탄약이송 시설을 보호하던 전함이나 순양함과 달리 항공모함, 특히 일본 항공모함의 보호설비는 그 발끝에도 미치지 못했다. 하지만 항공병장의 반출은 전함의 포탄 반출보다 더 위험했다. 범용 고폭탄과 대함용 철갑탄은 장갑 관통을 위한 탄체에 대부분의 무게가 실린 전함 철갑탄보다 작약량이 많았다. 범용 고폭탄은 무게의 약 50퍼센트를 작약이 차지했고[8] 경장갑 목표에 투하했을 때 같은 무게의 포탄보다 상대적으로 더 큰 피해를 입힐 수 있었다. 불행한 점은, 폭탄이 아군 항공모함의 내부에서 터져도 같은 결과를 가져온다는 것이다. 따라서 유폭을 방지하기 위해 항공모함에는 최대한의 사전 예방 조치를 취해야 했다.

일본 항공모함에는 대개 전부前部와 후부後部 폭탄고에 폭탄을 나누어 실었다. 어뢰는 두 폭탄고 중 한쪽의 옆에 있는 어뢰고에 보관했다(함별 위치는 상이함). 대부분의 일본 항공모함 폭탄고의 장갑방어 수준은 최소한도였다. 각 폭탄고에서 권양기捲揚機 한 대 혹은 여러 대가 탄약을 위로 날랐다. 권양기 작업용 구멍에는 화염방지용 장갑도어가 설치되지 않은 것으로 보인다.[9] 이러한 설비는 평시 운용조건에도 간신히 적합한 수준이었으며 만약 격납고 갑판에서 큰 화재가 발생한다면 대참사로 이어질 터였다. 사전예방 설비가 있으나 마나 하다면 적절한 탄약 취급 절차라도 반드시 엄수해야 했다. 즉 사용하지 않는 폭탄과 어뢰는 즉시 격납고 갑판 아래 폭탄고와 어뢰고에 돌려보내 보관해야 했다.

당시 전 세계 해군은 항공모함에 발생하는 화재와 유폭의 잠재적 위험성을 깨닫고 이를 막기 위해 사전예방 조치를 취했다. 일본 해군의 주된 화재 진압법은 발생 구역을 다른 구역과 격리한 다음 불길을 잡는 방법이었다. 모든 일본 항공모함에서는 격납고 갑판을 가로질러 설치된 레일 위에서 움직이는 접이식 방화커튼이 격납고를 여러 구획으로 나누었다. 방화커튼은 각 엘리베이터 통로의 양쪽 끝에 배치되었으며 큰 구획은 다시 가운데에서 하부구획으로 나뉘었다. 따라서 필요에 따라 방화커튼을 이용해 격납고를 작은 하부구획으로 나누어 파괴되거나 화재가 발생한 격납고 일부 구역을 격리할 수 있었다. 그러나 방화커튼이 파손된다면 격납고 전체를 따라 번지는 불길을 막을 물리적 장애물은 없었다.

상·하부 격납고 갑판에는 바닷물과 비누거품을 섞은 포말 소화액을 바닥에 뿌리는 장치가 설치되었다.[10] 소화액 분사구는 격납고 갑판에서 1.5~2미터 위에 있었고 격납고 갑판을 빙 두른 소화주관消火主管과 연결되었는데 그 경로는 대략 연료배관과 일치했다. 소화 호스는 선체를 둘러싼 소화주관에 연결되었고 이 급수관은 함 깊숙이 있는 기계구역의 펌프실에서 물을 공급받았다. 소화 호스는 격납고와 비행갑판에서 사용할 수 있었다. 그러나 소화주관을 수많은 하위구획으로 나눈 미 항공모함과 달리 일본 항공모함의 소화주관은 좌현과 우현에 하나밖에 없었다.[11] 따라서 한 부분만 타격을 받아도 소화주관 절반을 못 쓰게 될 수 있었다. 더욱이 구형 항공모함은 강철보다 깨지기 쉬운 주철로 만든 파이프를 사용했다.[12] 그 결과 일본 항공모함은 큰 폭탄을 맞으면 소화주관이 손상되어 방화수 공급에 충분한 수압을 유지하지 못할 가능성이 컸다.

폭발성 유증기가 모이기 쉬운 하부 격납고 갑판에는 추가로 이산화탄소 '분출'시설이 설치되었다. 하부 격납고 각부의 천정 전체를 지나가게 설치된 구멍 뚫린 금속제 파이프가 이산화탄소를 분출하여 불길을 잡는 장치였다. 이 장치에 필요한 이산화탄소 탱크는 엘리베이터 통로 바닥 아래에 있었다. 탱크 용량은 하부 격납고 공간의 18퍼센트 정도를 이산화탄소로 채울 정도였다. 이산화탄소 소화장치의 효율성은 방화구역을 얼마나 단단히 밀봉하느냐에 달려 있었다. 방화커튼이나 격벽에 생긴 틈으로 산소가 들어오면 이 장치는 쓸모없어진다. 따라서 성공적으로 화재를 진압하더라도 이는 본질적으로 일회성 수단이었다. 이산화탄소 탱크는 한 번 비우면 쉽게 재충전할 수 없었다. 즉 이산화탄소 소화장치의 역할은 응급원應急員〔소방인력〕[13]들에게 시간을 벌어 주는 일뿐이었다. 이 장치를 사용해 불길이 잦아들면 응급원들이 뛰어들어 물을 살포하여 파편들을 냉각한 후 단번에 격납고의 큰 구획에서 일어난 화재를 진압했다.[14]

이 소화장치들은 일본 항공모함 격납고의 구조 때문에 상당한 제약을 받았다.[15] 기본적으로 격납고 설계에 영향을 주는 두 가지 변수는, 폐쇄형으로 설계할 것인가 개방형으로 설계할 것인가(달리 말하면 외기에 쉽게 개방되는가 아닌가)와 비행갑판에 장갑을 두를 것인가 말 것인가였다. 제2차 세계대전 때 항공모함을 운용한 주요 3국은 이 문제에 대해 각각 다른 철학을 채택했다. 영국 항공모함은 격납고를 창고, 대기실, 기타 구획으로 둘러치고 위에 장갑 비행갑판을 얹었다. 장갑 비행갑판은 함의 종강도縱强度longitudinal strength 중 상당 부분을 차지했다(조선용어로는 강력갑판强力甲板

strength deck이라고 한다). 영국 방식은 격납고를 직격탄으로부터 보호한다는 장점이 있지만 심각한 단점도 있었다. 첫째, 함의 구조물 상부에 무거운 장갑을 얹으므로 갑판의 크기와 함의 높이가 제한된다. 따라서 한 격납고 위에 다른 격납고를 쌓는 복층형 격납고는 설계가 불가능하다. 복층 격납고 위에 장갑 비행갑판을 설치하면 상부 무게가 수용 불가할 정도로(당연히 함의 안정성과 복원력을 해친다.) 무거워지기 때문이다. 엘리베이터 통로가 강력갑판을 뚫고 지나가야 하므로 엘리베이터 통로의 수와 크기도 제한되었고 이는 비행기 운용능력과 빠른 발진준비에 부정적 영향을 끼쳤다. 그 결과, 영국은 미국이나 일본에 비해 항공모함에 탑재할 수 있는 비행기 수가 적었다. 미국이나 일본의 정규 항공모함이 60~100기를 운용한 데 반해 영국 해군의 정규 항공모함은 48기 정도를 운용했다.

미 해군은 항공모함에 장갑 비행갑판을 탑재하지 않는 쪽을 선택했고 격납고 갑판이 강력갑판 역할을 하는 설계를 도입했다. 이 설계를 따르면 구조상 비행갑판 무게가 가벼워지고 격납고를 둘러싼 격실들이 없어도 되기 때문에 미국 항공모함의 격납고는 상대적으로 넓었다. 더욱이 격납고는 금속제 접이문으로 외부환경을 차단하되 양현 여러 곳에서 개방되어 있었다. 접이문은 유증기나 빛을 완전히 차단할 정도로 단단히 닫히지는 않았으나(따라서 완전 등화관제를 할 때 문제가 되었다.) 문을 열면 격납고를 완전히 개방할 수 있었다. 따라서 미국 항공모함은 필요하다면 격납고 안에서 비행기 급유와 시운전 작업을 할 수 있다는 장점이 있었다. 폭발물처럼 격납고에 있는 위험물은 양현의 열린 곳 밖으로 밀어내 신속하게 투기할 수 있었다. 호위함들은 이곳을 통해 물을 쏘아 화재 진압을 직접 도울 수 있었다. 비장갑 비행갑판은 비교적 수리하기 쉬웠지만 폭탄을 맞으면 아래의 격납고를 보호할 수 없었고, 간혹 미 해군은 그 대가를 톡톡히 치렀다(특히 전쟁 말기의 가미카제 공격). 장갑 비행갑판과 비장갑 비행갑판의 이점에 대한 논쟁은 끝이 없지만, 결론적으로 미 해군은 항공모함이 전력투사 자산이며 적절한 수의 탑재기 없이 전력투사는 불가능하다는 기본명제에 충실했다. 이러한 점들을 고려하여 미 해군은 항공모함 설계에 위험이 따르더라도 이를 기꺼이 감내할 준비가 되어 있었다. 결함이 무엇이었든 간에 우리는 미 항공모함이 태평양 전쟁에서 눈부신 성공을 거두었다는 점을 기억해야 한다.

결과적으로 보면 일본 해군의 항공모함 설계방침은 미 해군과 영국 해군 설계철

14-1. 미일 양국 해군 항공모함의 격납고 내부 사진. 비록 구식 경항공모함이지만 폐쇄 격납고의 특징이 잘 드러나는 호쇼의 내부(위). 호닛(아래)의 개방 격납고(사진 오른쪽의 열린 문에서 빛이 들어오고 있음에 유의하라)와 대조적이다. [National Archives and Records Administration, 사진번호: 80-G-351905(위), 80-G-13976(아래)]

학의 가장 나쁜 점만을 취사선택했다. 그러나 전쟁 전에는 이 점이 눈에 띄지 않았다. 일본 항공모함 설계자들은 영국 해군처럼 폐쇄 격납고를 선호했다. 하지만 일본 정규 항공모함 대부분은 적절한 수의 비행기대를 운용하기 위해 상부와 하부 격납고로 이루어진 복층식 격납고를 가졌다. 동력 환풍장치와 군데군데 있는 현창을 빼고 격납고는 외부와 차단되었다. 이로 인해 일본 해군은 격납고 안에서 비행기에 급유작업을 하면서도 시운전을 실시하지 않았다.[16] 손상통제 관점에서 보았을 때 이러한 방식은 잠재적으로 매우 위험했다. 깡통 안에서 폭죽을 터뜨릴 때처럼 폐쇄공간에서 일어나는 폭발은 폭압을 증폭하는 효과가 있다. 일본 항공모함 격납고에서는 이런 현상이 발생하기 쉬웠다.

이 시기의 일본 해군 함선은 상부에 과도하게 몰린 무게와 〔이로 인해 일어난〕 안정성 문제에 자주 시달렸다. 더욱이 일본 항공모함은 복층 격납고로 인해 높이가 상당히 높았다.[17] 복층 격납고 설계는 상부구조물의 무게를 최소한으로 유지해야 함을 뜻했으므로 영국이 채택한 장갑 비행갑판은 처음부터 논외 대상이었다. 서구인에게 허술해 보일 만큼 가로세로로 올린 지지대로 지탱하는 포좌와 구멍이 숭숭한 돌출부의 바닥 등은 모두 상부구조물의 무게를 줄이려는 시도였다. 요약하자면, 일본 항공모함은 구조적 관점에서 미덥지 못했고 전투손상을 감내하면서 기능을 유지할 대비를 갖추지 않았다. 아카기나 가가처럼 상대적으로 튼튼한 주력함의 선체 위에 건조되지 못한 히류와 소류는 이 취약점을 그대로 안고 있었다.

일본 해군도 이러한 취약성을 어느 정도 인지했다. 예를 들어 신형 쇼카쿠급의 설계에서는, 실제 설계 의도대로 작동하지는 않았지만, 폭발이 일어나면 바깥쪽으로 날아가 내부 발생 폭압을 배출하도록 설계된 격벽들이 격납고에 있었다.[18] 근본적으로 일본 항공모함의 취약성은 일본 해군이 지나치게 공격에 치우친 태도를 취했다는 데에서 기인한다. 일본 해군은 미 해군만큼이나 세력투사 개념을 열렬히 신봉했다. 그러나 방어를 경시한 설계철학 덕분에 일본 함선은 상대방 함선에 비해 손상에 몹시 취약했다. 이 약점들은 적에게 궤멸적 타격을 받고 나서야 상상을 초월할 만큼 끔찍한 민낯을 드러내게 된다.

가가는 맨 처음 폭탄을 맞았을 뿐만 아니라 3척 가운데 가장 피해가 컸다. 미군의 공격을 받았을 때 가가의 공작장工作長[19] 구니사다 요시오國定義男 대위는 격납고 근처 갑판 아래에서 승조원들과 대공사격에 대해 이야기하고 있었다.[20] 폭탄이 뚫고 들어왔을 때 일어난 굉음은 전함이 일제사격할 때의 소리와 비슷했다. 배가 심하게 흔들렸다. 곧 확성기로 후부에 폭탄 두 발이 명중했으며 화재가 발생했다고 급히 알리는 소식이 들렸다. 구니사다는 즉시 옆에 있는 부하들에게 소화기를 챙겨 화재 진압에 나설 것을 명령하고 전령을 보내 인원을 더 투입하라고 지시했다. 승조원들은 명령을 수행하러 격납고로 달려갔고 구니사다는 인원을 더 모으려고 남았다. 곧 20명 정도가 모이자 구니사다는 부하들을 이끌고 격납고로 향했다.

폭탄이 명중한 뒤 가가의 격납고 상태는 이루 말할 수 없이 끔찍했다. 가가의 병기원, 정비원들의 시신과 신체 일부가 비행기들의 잔해와 뒤섞여 사방에 널려 있었다. 개방공간에서 1,000파운드짜리 범용고폭탄이 폭발하면 폭심에서 30피트(9.1미터) 반경 내에 있는 사람들 중 50퍼센트를 살상할 수 있었다.[21] 격납고라는 폐쇄공간에서는 살상효과가 몇 배나 더 커졌다. 가가는 6월 4일 정비과원整備科員[22] 268명을 잃었으며 대부분은 공격이 시작된 지 몇 분 지나지 않아 상부 격납고 갑판에서 목숨을 잃었을 것이다.[23] 정비원, 운반원, 병기원들은 말 그대로 떼죽음을 당했다. 승조원들은 폭발에 날아가고, 불에 타고, 정비하던 비행기 밑에 깔리거나, 엎드린 차가운 강철바닥에서 파편에 찢겨 숨졌다. 격납고 안에 숨을 만한 곳은 없었다. 찌는 듯이 더운 격납고에서 비행기를 밀고 무장을 나르던 승조원들은 웃통을 벗고 반바지만 입고 있거나 반팔 상하의만 걸친 상태였다. 첫 폭발 시 목숨을 건진 승조원들도 곧 들이닥친 화염에 심한 화상을 입었을 것이다. 모든 상황을 종합해 보면, 처음 떨어진 폭탄 몇 발로 가가의 상부 격납고에 있던 인원들은 거의 다 죽거나 중상을 입었을 것이다.

간신히 살아남은 몇 명도 정신을 놓을 만큼 충격을 받았을 것이다. 함교에 있던 인원의 넋이 나갈 정도로 폭발음은 요란했다. 격납고 안의 소음 수준은 문자 그대로 사람을 귀머거리로 만들 정도였다. 주변을 가득 채운 엄청난 소음과 폭음, 화재, 빠르게 퍼진 연기로 인해 승조원들 대다수는 함을 구할 수도, 자기 목숨을 지킬 수도 없는 상태에서 화염에서 도망쳐야 할지, 도망친다면 어떻게 도망쳐야 할지 갈피를 못 잡고 우왕좌왕했을 것이다. 많은 승조원들이 기어 다니고 있었다. 부상자 중 상당수는 움직일 수조차 없었다. 거동할 수 있는 사람들은 간발의 차이로 생사가 오고

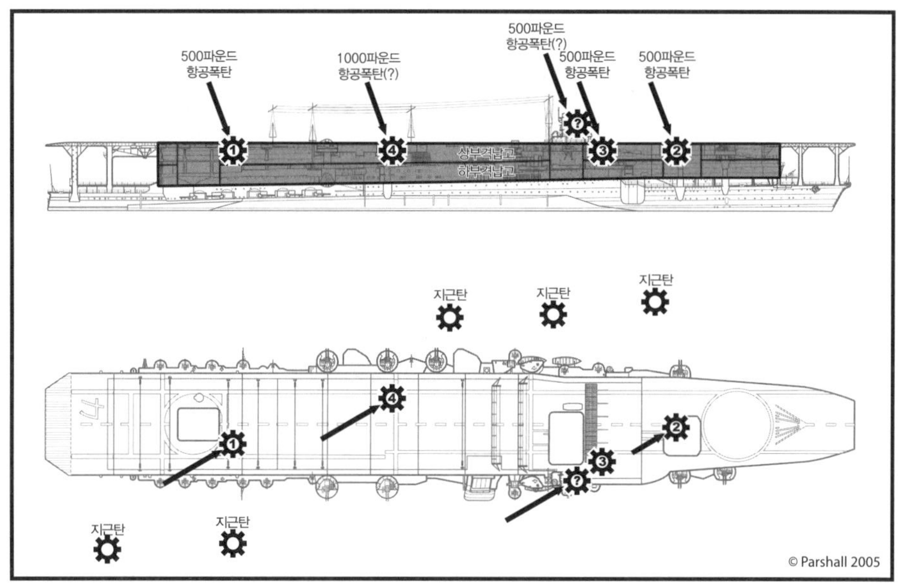

14-2. 가가의 피탄 위치

갔다. 화재가 사방팔방으로 퍼지는 상황에서 불길에 휩싸인 통로로 잘못 들어가거나 해치나 통로가 막혀 있으면 죽음을 맞이했다. 문을 닫고 작은 구획에 숨은 이들은 잠시 화염을 피할 수 있을지는 몰라도 운명을 피할 수 없었다. 격납고에서 나와 함수 쪽으로 재빨리 피했거나 격납갑판 아래에 용무가 있어 잠시 자리를 비운 운 좋은 사람들만이 살아남았을 것이다.

구니사다 대위는 알아차리지 못했을 수 있지만, 가가의 비행갑판에 폭탄 4개[24]를 맞은 이상 현실적으로 화재를 진압할 희망은 사라졌다. 화재 발생 시 피해구역을 격리한 후 불길을 잡는 것이 일본군의 손상통제 작업 관행이었다. 지금은 문제가 생긴 구역만 봉쇄하기가 불가능했다. 가가의 격납고는 일종의 시한폭탄이 되었다. 첫 폭발의 충격으로 좌·우현의 소화주관이 모두 박살났다. 폭탄 중 3발이 소화주관이 뻗어 있는 격납고 격벽 근처에서 폭발한 것이다. 더 심각한 문제는 가가의 소방펌프들에 전력을 공급하던 비상용 발전기가 놀랍게도 상부 격납고 좌현 앞쪽 12.7센티미터 고각포 스폰슨sponson〔고사장치나 대공화기를 설치하는 돌출부〕 근처에 위치했다는 점이다. 두 번째 폭탄이 발전기에서 고작 9미터 정도 떨어진 곳에 명중했으므로 발전기는 폭발과 파편으로 즉시 파괴되었을 것이다.[25] 첫 폭발로 인해 격납갑판 곳곳에 산재한 대기소에서 대기하던 응급반원 상당수가 죽거나 부상을 입었다.[26] 방화커튼은 비행기와 무장의 이동을 방해하지 않도록 접힌 상태였을 것이다. 방화커튼을 사용하려 했어도 곧 전방과 후방 엘리베이터 근처에 떨어진 폭탄으로 인해 불가능했을 것이다. 이산화탄소 소화장치 역시 사용할 수 없었다.[27] 처음부터 가가의 진화능력은 없는 것이나 마찬가지였다.

구니사다보다 함미 가까이에 있던 모리나가 비행병조장은 이 상황을 알아챘다.[28] 격납고에 화재가 발생했다는 고함소리를 듣고 모리나가는 비행갑판에서 격납고로 내려갔다. 격납고에 도착했을 때는 이미 걷잡을 수 없는 상황이었다. 소화전이 작동하지 않았기 때문에 모리나가와 승조원 여러 명이 일렬로 서서 화장실에서 양동이로 물을 퍼 와 화재현장에 뿌렸다. 암울한 일화와 실책 연발이었던 이날의 풍경 중 가장 보기 딱한 장면이었다. 모리나가는 가연물을 배 밖으로 투기해 보았지만 소용없었다. 불길은 모든 것을 집어삼키고 있었다.

설상가상으로 가가의 격납고 바닥에는 믿을 수 없을 정도로 많은 항공병장들이 굴러다니고 있었다. 첫 번째와 두 번째 공격대 무장장착 작업 사이에 육용폭탄을 제대로 수납할 시간이 없었던 것이다. 나중에 구니사다 공작장은 가가가 피탄되었을 때 격납고에 어뢰 20본(작약량 약 240킬로그램), 800킬로그램 육용폭탄 20발(작약량 약 382킬로그램), 250킬로그램 통상탄 40발(작약량 약 60.5킬로그램)이 있었다고 추정했다.[29] 총 작약량 15톤[30]에 가까운 이 무시무시한 양의 폭발물들은 비행기에 장착되어 있거나 운반차에 실렸거나, 아니면 거치적거리지 않게 격납고 격벽 한쪽에 치워진 상태였다. 함 앞쪽에 명중한 폭탄 2개는 중앙 엘리베이터와 나란히 있던 양폭탄통과 아주 가까운 곳에 떨어졌다. 특히 이 구역에는 폭탄고로 반납될 예정이던 800킬로그램 육용폭탄이 쌓여 있었다. 격납고가 완전히 폐쇄되었기 때문에 이제 이 폭탄들을 버릴 방법이 없었다. 폭탄도 충분히 무거웠지만 어뢰를 옮기기는 더더욱 불가능했다. 어뢰 1본의 무게는 852킬로그램[31]이었으며 아마 함상공격기에 장착된 상태였을 것이다. 비행기 엘리베이터들은 파괴되었거나 접근이 불가능한 상태라 어뢰를 장착한 함상공격기들을 비행갑판으로 끌어내어 투기할 수도 없었다. 격납고가 문자 그대로 이 끝에서 저 끝까지 불타고 있었기 때문에 비행기들을 격납고 갑판에

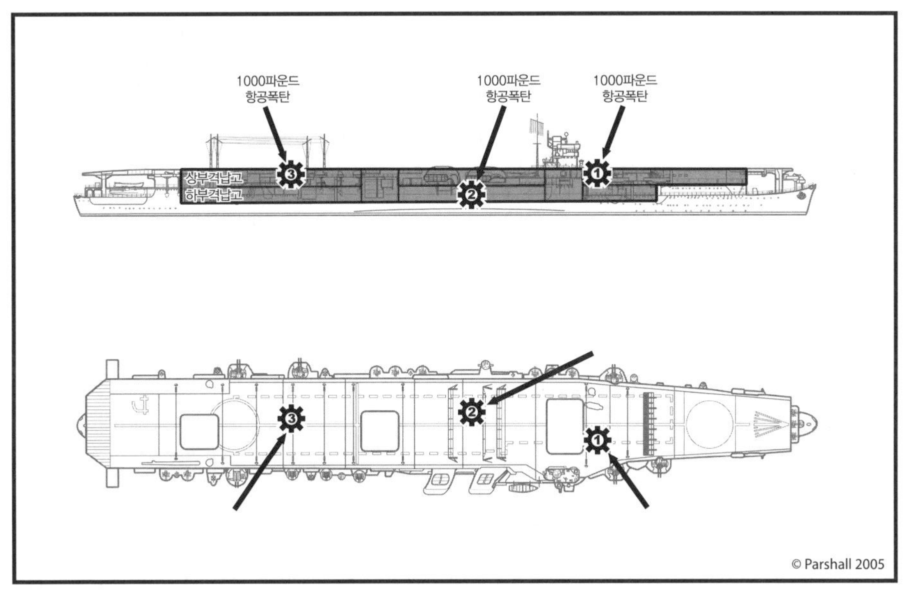

14-3. 소류의 피탄 위치

서 안전한 곳으로 끌어낼 수가 없었다.

무엇보다 심각한 일은 하필 항공유 배관체계가 폐쇄되지 않은 상태로 공격받았다는 사실이다. 폭발로 인해 항공유 주관은 여러 곳에서 터져 나갔을 것이다. 파손된 연료배관에서 뿜어져 나오는 항공유뿐만 아니라, 97식 함상공격기나 제로센이 연료를 가득 채운 상태였다고 해도, 격납고에 있던 비행기들의 연료 탱크에만 30톤 가까운 연료가 출렁거리고 있었다.[32] 여러 곳에서 제멋대로 유출된 항공유는 큰 유막油膜을 형성하며 격납고 갑판 전체에 퍼져 나갔을 것이다. 단번에 불이 붙지는 않았겠지만 주변의 고온으로 인해 항공유가 급격하게 기화하기 시작했다. 엄청난 대폭발이 일어나기까지 오래 걸리지는 않을 터였다.

소류의 상황도 몇 분 안에 돌이킬 수 없는 지경에 이르렀다. 미군이 떨어뜨린 폭탄은 거의 완벽하게 최대한의 피해를 입힐 장소만 골라서 명중한 것 같았다. 소류의 격납고는 방화구획 세 개로 나뉘었는데, 요크타운의 비행기가 떨어뜨린 1,000파운드 폭탄 3개는 각 방화커튼 위치에 정확하게 명중했다. 화재를 국지화할 가능성은 애초부터 없었다. 첫 명중탄은 격납고 우현을 뚫고 들어가 1, 3번 고각포좌의

12.7센티미터 고각포 탄약공급소에서 화재를 일으켰다. 어찌된 이유에서인지 두 번째 명중탄은 매우 깊이 관통하여 상부 격납고를 뚫고 하부 격납고까지 들어가 99식 함상폭격기들 사이에서 폭발했다. 이 과정에서 격납고 좌현에 있는 사관 거주구역[33]이 박살나고, 그 파편이 보일러 흡기부를 보호하는 우현 격벽을 뚫고 지나가 흡기부를 파괴하여 단숨에 보일러를 꺼뜨린 것으로 보인다.[34] 세 번째 명중탄은 4번 제동삭 바로 위에 떨어져 상부 격납고로 들어가 미드웨이 공격에서 돌아와 무장장착 중이었을 97식 함상공격기들 가운데에서 폭발했다. 많은 비행기가 단숨에 파괴되었고 후부 격납고는 화염에 휩싸였다. 공격이 끝나자 소류는 비교가 가능하다면 가가와 비슷하거나 더 나쁜 상태에 놓이게 되었다. 소류는 머리부터 꼬리까지 불타고 있었을 뿐만 아니라 격납고 두 개 층이 모두 손상되었다. 하부 격납고에서 불길이 퍼지고 있었고, 폭탄이 명중한 곳 바로 밑의 보일러 흡기부, 공장, 전기배선 통로에 퍼진 불길을 잡을 방법이 없었기 때문에 3, 5, 6번 보일러실의 천정에 곧 화마가 닿을 것이었다. 화재도 화재였지만 소류의 작고 가벼운 선체구조로 인해 폭발과 동시에 회복 불가능한 구조 손상도 일어났을 것으로 보인다.

승조원들의 떼죽음은 그날 소류에서 일어난 엄청난 물적 손실의 일부였을 뿐이다. 가가의 격납고에서 일어난 끔찍한 대학살이 소류에서 완벽하게 반복되었다. 소류는 미드웨이에 참전한 항공모함들 가운데 가장 소형이었기 때문에 학살극은 더 심각했을 것이다. 소류의 기관과원, 정비과원, 일반수병 634명이 이날 사망했다.[35] 대다수가 첫 몇 분간 일어난 격납고의 폭발과 화재로 인해 숨졌을 것이다. 사실 마지막 미군 급강하폭격기가 현장을 떠났을 때 소류 승조원 중 3분의 1은 이 세상 사람이 아니었다.

소류의 간부진 중 누구도 소류에 떨어진 재앙의 실체를 제대로 알 수 없었다. 그러나 함교 꼭대기에 있던 가나오 포술장은 재앙의 현장을 눈으로 보았기에 상황이 심각하다고 말할 수 있었다. 배의 이물에서 고물까지 연기로 뒤덮였고 폭탄 파공에서 뿜어져 나오는 자욱한 증기가 검은 담요처럼 비행갑판에 쓰러진 사상자들을 뒤덮었다. 남쪽으로 시선을 돌리자 아카기가 보였다. 아직 정상 속력으로 움직이고 있었지만 역시 화재가 발생한 것 같았다. 방공지휘소에서 가나오가 할 수 있는 일은 없었다.[36] 방공지휘소의 전 인원이 전사하거나 실종되고 고사장치를 사용할 수 없는 상황에서 가나오가 지휘소에 남아 할 일은 없었다. 벌써 무거운 내부 유폭음이 들려 왔다. 이따금 귀를 찢는 듯한 날카로운 소리가 뒤섞여 났다.[37] 숨죽여 울리는 폭음은 함의 내부가 손상되었다는 뜻일지도 몰랐다. 가나오는 함의 다른 구역과 교신할 수는 없었지만 아래에서 무슨 일이 일어나고 있는지 충분히 상상할 수 있었다. 어쨌거나 가나오는 뜨거운 열기와 연기 때문에 방공지휘소 앞쪽 끝으로 물러섰다가 수직 사다리를 타고 함교로 내려오려 했다. 함교 안을 들여다보니 놀랍게도 아직 지휘부가 제자리에 있었다. 야나기모토 함장, 오하라 부장, 구스모토 비행장, 항해장 아사노우미 소좌였다.[38] 몇몇은 화상을 입었지만 야나기모토 함장은 끝까지 싸우기로 결심한 듯했다. 가나오는 지휘부가 아직 살아 있는데 자기 위치를 버린 데 부끄러움을 느끼고 다시 방공지휘소로 돌아가 임무를 계속하기로 마음을 돌렸다. 가나오가 사다리를 올라가려 할 때 폭발로 소류가 뒤흔들려 가나오는 횃대에서 떨어졌다. 본능적으로 가나오는 손에 잡히는 밧줄을 움켜잡았다. 그러나 밧줄이 추락하는 가나오를 지탱하지 못해—아무것도 잡지 않았을 때보다 조금 더 부드럽게 떨어졌겠지만—가나오는 그대로 바다에 추락했다. 물속에서 가나오는 계속 밧줄을 잡고 있었다. 밧줄은 위쪽 어디엔가 매달려 있었다.

갑판 아래 기관구역에서 나가누마 대위는 바로 머리 위에서 들려오는 불길한 천둥소리에 귀를 기울이고 있었다. 갑자기 격렬한 충격으로 천장이 내려앉음과 동시에 환풍구로 불길이 뿜어져 나왔다. 나가누마는 즉시 환풍구를 폐쇄하라고 명령했지만 폭발로 인해 입구가 뒤틀려 연기를 완전히 막을 수는 없었다. 기관병들은 아직 신선한 공기가 들어오는 환풍구에 몸을 바싹 붙인 채 죽기 전의 금붕어처럼 게걸스럽게 공기를 들이마시고 있었다.[39] 위험할 정도로 온도가 올라가고 있었다.

히류에서 야마구치와 2항전 참모진은 단숨에 기동부대가 모두 파괴되는 믿기 어려운 광경을 보고 침통한 분위기에 휩싸였다. 너무나 엄청난 규모의 참사와 맞닥뜨리자 오히려 실제 상황이 비현실적으로 느껴졌다. 방금 무슨 일이 벌어진 것인지 알 수가 없었다. 갑판 아래에 있던 사람들은 지금 펼쳐지는 참극을 상상하기 어려웠을 터이나 확성기에서 들리거나 위에서 뛰어내려와 소식을 전하는 사람들의 목소리로 미루어 보아 사태의 심각성을 이해하기는 어렵지 않았을 것이다. 히류의 기관과 지휘소에서 아이소 구니조相宗邦造 기관장은 아마 야마구치나 가쿠의 목소리로 히류를

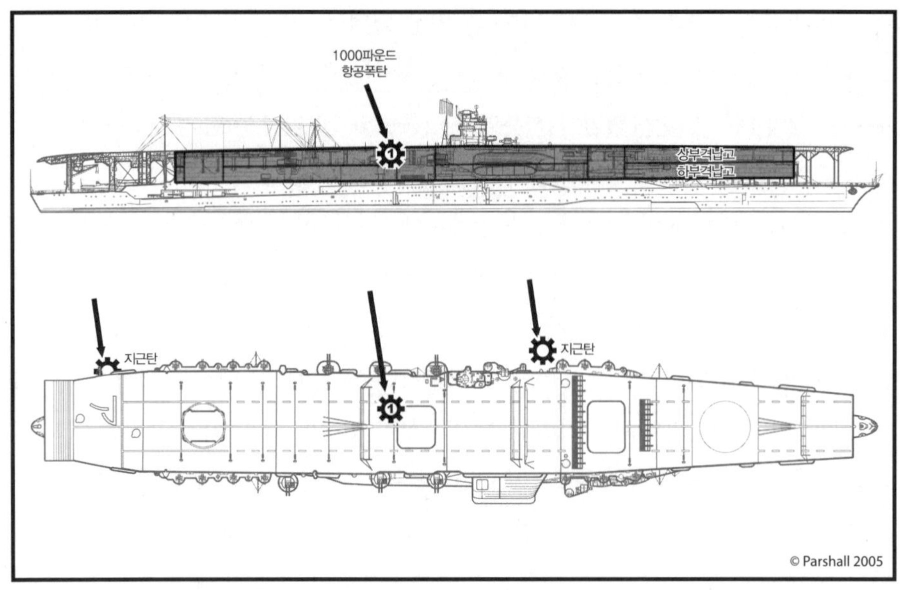

14-4. 아카기의 피탄 위치

제외한 나머지 항공모함 3척이 모두 피탄되었으며 특히 같은 항전의 요함 소류의 화재가 심각하다고 전하는 소식을 암담한 심정으로 들었을 것이다.[40] 이제 히류만이 전투를 계속할 수 있었다.

히류 함교 아래 탑승원 대기실, 함전대 지휘관 시게마쓰 야스히로 대위가 휴식 중인 조종사들 사이로 뛰어들어 왔다. 그곳에는 도모나가 대위와 하시모토 대위도 있었다. 모여 있던 조종사들에게 시게마쓰가 "이봐!" 하고 소리쳤다. "아카기, 가가, 소류 피격, 화재!" 비행갑판으로 뛰어올라간 조종사들은 다른 승조원들과 함께 입을 꾹 다물고 이 끔찍한 광경을 지켜보았다. 가까이에서 소류가 활활 불타오르고 있었다. 그 뒤쪽의 아카기와 가가도 피탄된 것이 틀림없었다. 가가에서 심한 연기가 피워 오르고 있었다. 야마구치는 아카기의 상황을 알아보고자 했다. 아카기는 계속 북쪽으로 항해하고 있었다. 함교 견시원들은 기함이 정상 속력을 내고 있다고 보고했다. 아카기의 피해는 미미한 것 같았다.[41]

보이는 것이 전부가 아니었다. 딕 베스트의 폭탄은 아카기에 최대 피해를 입힐 수 있는 장소에 떨어졌다. 그래도 아카기는 폭탄에 맞은 다른 두 요함처럼 단숨에

'끓어 넘치지' 않았다. 명중탄은 아카기의 중앙 엘리베이터 통로 바로 앞과 격납고 사이 방화커튼을 부수고 하부 격납고에 불타는 파편을 뿌렸을 것이다. 폭탄은 탄착점 근처에 있었을 좌현 12센티미터 고각포 탄약공급소도 파괴했다. 엎친 데 덮친 격으로 곧 있을 공격을 위해 배치 준비가 끝난 함상공격기들이 피해를 입었다. 18기의 함상공격기는 급유와 어뢰 장착이 완료된 상태였다. 폭탄은 엘리베이터에서 가장 가까운 곳에 계류된 함상공격기들 위에서 폭발했을 것이다.

폭발 후 격납고에서 화염이 번질 때까지 시간이 걸린 것 같다. 몇 분 뒤에도 비행갑판에서 화재를 관찰할 수 없었음은 확실하다. 아카기의 피해가 처음에는 국지적이었다는 증거다. 응급반이 상황에 맞게 신속히 대응했다면 화재가 대규모로 번지기 전에 불길을 잡았을 수도 있다. 그러나 몇몇 요소가 이를 방해했다. 물론 첫 번째는 격납고의 상태다. 이때 격납고는 연료와 무장을 만재한 비행기들로 가득 차 있었다. 이들 중 하나에라도 불이 붙었을 때 신속히 진압하지 못하면 큰 참사로 이어질테지만 것이다. 폭발이 일어난 곳 주변에 널린 잔해를 뚫고 화염에 접근하기는 어려웠을 것이다. 두 번째 요소는 중앙 엘리베이터의 상태다. 엘리베이터 밑판이 통로 바닥으로 추락했을 때 엘리베이터 기계실에서는 이미 화재가 발생한 상황이었으므로 추락한 밑판 아래에서 불길이 계속 타올랐을 수도 있다. 아무리 숙련된 응급반일지라도 엘리베이터 밑판 아래에서 타고 있는 불길에 접근하기란 상당히 어려웠을 것이다. 어찌되었든 간에 3분도 안 되어 상황은 통제 불능 상태로 치달았다. 걷잡을 수 없이 유폭이 발생하기 시작했다.

10시 29분, 폭탄고와 어뢰고로 권양기가 직접 연결된다는 사실을 잘 아는 아오키 함장은 폭탄고 전체를 침수시키라고 명령했다. 전부 폭탄고는 즉시 침수되었지만 후부 폭탄고의 문제가 복잡했다. 1항함 전투상보에 의하면 "밸브장치가 구부러져"[42] 후부 폭탄고를 즉시 침수시키기가 불가능했다.[43] 이것은 함미 쪽 지근탄 때문에 해당 구역에 있던 아카기의 설비들이 광범위한 피해를 입었을 것이라는 가정을 뒷받침하는 증거이다.

10시 32분, 아카기는 하부 격납고 갑판에 설치된 이산화탄소 소화장치를 이용하여 진화를 시도했다.[44] 공격받은 지 몇 분 후에 화재가 이미 함 깊숙한 곳까지 퍼졌다는 증거이다. 이산화탄소 소화장치가 효과적으로 작동했다면 화재가 상부 격납고에만 한정되어 불길을 어느 정도 통제할 수 있었을 것이다. 이러한 방법으로 아오키의 부하들은 일종의 방화대防火帶를 만들고 시간과 공간을 벌어 위층의 화재를 진압할 수 있었을 것이다. 상부 격납고에 화재를 한정한다면 아래에 있는 함의 기관구역을 보호해 펌프가 추가 피해를 입지 않고 기능을 다할 수 있었을 것이다.

그러나 현실은 그렇지 못했다. 중앙 엘리베이터 통로 인근의 방화커튼이 사라진 상태에서 피해구역을 단단히 봉쇄하기란 불가능했다. 이산화탄소 탱크가 엘리베이터 통로 바닥에 설치된 까닭에 폭발로 인해 파손되었을 가능성도 있다. 탱크가 폭발로 파손되지 않았다 해도 엘리베이터 밑판이 통로 바닥으로 추락했다면 그 아래에 설치된 탱크가 무사하기는 어려웠을 것이다. 응급반이 중앙 엘리베이터에 접근할 수 없어 소화장치가 작동하지 않는다는 사실을 깨닫지 못했을 수도 있지만, 결과적으로 아카기의 진화 작업은 처음부터 실패가 예정되었다.

그랬을 것 같지는 않지만 처음 잠깐이라도, 아니면 하부 격납고 일부 구역에서라도 소화장치가 작동했을 수 있다. 그러나 이산화탄소 소화장치로 잡은 불길은 불활성 가스를 계속 살포하거나 화재구역에 지속적으로 물을 뿌려 연기를 내뿜는 잔해의 온도를 발화점 이하로 낮추지 않는 한 다시 살아나는 위험한 경향이 있었다.[45] 어떤 방법으로든 하부 격납고의 방화대를 지킬 수 없었다. 화재가 아래로 번지는 것을 막으려는 노력이 모두 수포로 돌아가는 광경을 지켜보는 아카기 응급반원들의 얼굴에는 상상할 수 없을 정도의 암담함이 번져 나갔을 것이다.

이 모든 일이 일어난 단 몇 분 동안에도 공중전은 가차 없이 계속되었다. 전술한 대로 VT-3의 잔존 뇌격기들은 10시 35분에야 히류를 향해 최종접근을 시작했다. 폭탄을 모두 떨어뜨린 미군 급강하폭격기들은 현장을 떠나려고 발버둥치고 있었다. 당연히 제로센들은 방금 항공모함들에 떨어진 횡액을 조금이나마 되갚고자 전력투구했다. 급강하하면서 고도를 잃은 SBD들은 단독으로 혹은 두셋씩 짝을 지어 수면 가까이에서 날고 있었다. 다른 공격기들처럼 제로센에 대한 SBD의 유효 방어수단은 단단하게 뭉쳐 편대비행하며 집단적으로 후방 방어총좌를 사용하는 것뿐이었다. 기본적으로 SBD는 전투기의 공격에 취약했다. 그러나 폭탄을 모두 투하했고 연료도 많이 줄어든 상황에서는 상당한 기동성을 발휘할 수 있었다. 수면 가까이에서 질주하면 배면공격도 피할 수 있었다. 그러나 화가 머리끝까지 난 제로센 조종사들은 끝까지 SBD들을 쫓아갔다. 몇몇 SBD는 제로센의 공격을 받아 벌집이 된 상태로 간신히 모함에 착함했다. 하지만 편대비행을 하는 SBD들은 TBD보다 훨씬 잡기 어려운 표적이었다. 일본군은 공격이 있기 전 30분 동안의 교전(새치의 VF-3과 벌인 전투)에서 잃은 수만큼의 전투기를 공격 후의 전투에서 상실했다.

같은 시각, 가가에서는 아침에 발급된 허술한 탄약 보관의 청구서가 감당하지 못할 만큼 큰 이자를 달고 돌아왔다. 첫 공격을 받고 몇 분 후 항공유 주급유관에서 계속 뿜어져 나온 항공유가 열기를 받아 기화하여 생긴 유증기와 화염이 결합하여 기화폭발을 일으켰다. 첫 폭발이 어찌나 격렬했는지 이 장면을 본 전함 하루나의 부장은 가가에서 아무도 살아남지 못했을 것이라고 생각했다.[46] 오렌지색 화염을 품은 거대한 검은 연기가 버섯구름을 만들며 하늘로 솟구쳤고 뒤이어 더 파괴적인 폭발이 여섯 번 이어졌다.[47] 퇴각 중이던 미군 조종사들도 당연히 이 광경을 목격했다.[48]

구니사다 대위와 급조 응급반은 가가의 격납고로 들어가자마자 엄청난 폭발로 바닥에 내동댕이쳐졌다.[49] 모든 조명이 나가 이들은 암흑 속에 내팽개쳐졌다. 구니사다는 주머니에서 손전등을 꺼내 주변을 비춰 보았다. 갑자기 누군가가 다리를 잡았다. 공작병조장工作兵曹長 한 명이 "당했다."라며 신음하고 있었다. 다리가 부러져 발목이 반대방향으로 돌아가 있었다. 구니사다는 몸을 숙여 부상자를 일으켜 세워 격납고에서 멀리 떨어진 선실로 부축해 걸어갔다. 그때 두 번째 폭발이 일어났고 두 사람은 바닥에 나동그라졌다. 세게 부딪친 구니사다는 정신을 잃었다.

함교 근처 비행갑판에 웅크렸던 아마가이 비행장은 폭발로 격납고 외벽이 날아가며 화염이 치솟고 장비와 승조원들의 시신이 하늘로 떠올랐다가 물에 떨어지는 광경을 휘둥그레진 눈으로 바라보았다. 연이어 폭발이 일어났고 발착함 지휘소를 향해 불길이 밀려왔다. 함의 다른 부분과의 통신은 모두 단절되었다. 전성관에 응답하는 사람은 없었다. 아마가이는 갇혀 있을 사람들에 대한 동정심에 사로잡혔다가 잠시 고개를 들어 하늘을 바라보았다. 불길 너머로 아카기와 소류가 불타는 모습이 보였다. 소류는 완전히 멈춰 있었다. 아마가이는 마치 불에 덴 듯 가슴이 아팠고 함대에 떨어진 재난 앞에 정신이 아득해졌다. 견디기가 힘들었다.[50]

통신이 두절되고 불길이 닥쳐와 함교가 더 이상 안전하지 않자 아마가이는 2층 아래 구명정 갑판으로 서둘러 몸을 피했다. 아마가이가 알았건 몰랐건 간에 그는 이제 가가에서 살아남은 최선임 장교로서 함을 지휘할 책임을 지게 되었다. 그러나 아마가이의 지휘는 상당 부분 오락가락했기 때문에 가가가 처한 곤경을 헤쳐 나가는 데 별 도움이 되지 않았다. 눈에 보이는 피해와 내부통신 두절 외에도 보이지 않는 세 가지 요소가 아마가이의 지휘를 방해했다. 첫째, 아마가이는 그때 자신이 총책임자라는 사실을 몰랐다.[51] 둘째, 그 사실을 아마가이가 알았다고 해도 장교단에 지나치게 의존하는 일본 해군의 관행으로 인해 손상통제 작업을 지휘하기가 어려웠다.

일본 해군은 복잡한 기술작업을 수행할 때 미국 해군이나 영국 해군보다 지나치게 장교단에 의지했다. 일본군 장교는 사병보다 의무복무 기간이 길었기 때문에 수병보다 기술훈련 수준이 높았다. 따라서 다른 나라 해군이라면 고참 부사관이나 수병이 해야 할 일을 일본 해군에서는 장교가 하는 경우가 많았다. 타국 해군보다 일본 해군 함선 승조원 중 장교 비율이 높았다는 점도 일본 해군에서 장교단이 차지한 중요성을 반증한다. 이런 상황에서 첫 공격에 가가의 간부진이 전멸했기 때문에 손상통제에 관한 한 가가는 불리한 위치에 있었었다.[52]

세 번째 요소는 아마가이 자신이었다. 조종사 출신인 아마가이는 극단적 위기에 처한 배를 지휘하는 데 필수요소인 진화작업, 의사조율과 실무진에 대한 적절한 지시 등에 대한 직접 경험이 없거나 아주 적었다.[53] 일본 해군에서 손상통제는 전문가의 독점영역이었다. 반면 미 해군은 전쟁이 끝날 무렵에도 승조원 모두가 익숙해질 때까지 손상통제 훈련을 실시했고 사병에게도 관련 기술을 교육했다. 일본 해군에게는 이런 개념이 없었다. 손상통제는 기술인력이 다루는 부차적 기능이었다. 이 부분을 책임질 선임장교 두 명[54]이 전사한 상황에서 생존 간부들은 피해 확산을 막을 방법을 잘 몰랐고, 그중에서도 명목상 가가의 책임자인 아마가이의 지식이 가장 부족했다. 생존자들 가운데 손상통제에 대해 가장 잘 아는 구니사다 대위 같은 기술인력은 지금 같은 상황에서 살아남은 지휘계통과 너무 멀리 떨어져 있어 자신들이 함의 마지막 희망임을 알지 못했다. 이 모든 것이 가가의 생존에 모두 좋지 않은 징조였을 뿐만 아니라 이날 침몰한 일본 항공모함 4척 가운데 가가의 전사자 수가 가장 많았던 이유를 설명해 준다.

10시 40분, 심각한 손상에도 불구하고 아카기는 북쪽으로 제5전투속력(28노트)[55]

으로 항해했다. 갑자기 함수 우현 20도 방향에서 미군기 1기가 나타났다.[56] 아오키 함장은 키를 우현으로 바짝 꺾으라고 명령하여 조준하기 어려운 각도로 함을 돌리려 했다. 대공포화도 가세했지만 전처럼 맹렬하지는 않았다. 미군기는 그대로 아카기의 좌현을 지나갔다. 아오키가 다시 키를 가운데로 돌리라고 명령했으나 아무 반응이 없었다. 아카기는 시계방향으로 돌고 있었다. 키는 우현 약 30도에서 움직이지 않았다. 아오키는 재차 명령했지만 키가 움직이지 않자 즉시 기관과에 문제를 보고하라고 지시했다.[57]

하필 이때 아카기의 키가 고장 났다는 것은 후미 '명중탄'이 실제로는 함미 가까이에 떨어진 지근탄이었음을 입증하는 마지막이자 확고한 증거이다. 나구모의 항해참모 사사베 리사부로 중좌는 후미에 떨어진 폭탄이 "아카기의 키를 부쉈다."라고 단정적으로 말했다.[58] 1항함 전투상보에도 아카기의 키가 10시 42분에 고장 났다고 언급되어 있다.[59] 이 시간대에 키가 망가졌다는 것은 키가 10시 42분 이전에 모종의 손상을 입어 작동하지 않게 되었음을 뜻한다. 이때 아카기의 후미 기관구역이 직격탄을 맞지 않았을 뿐만 아니라, 기관과 승조원이 (만약 정말 있었다면) 질식해 사망했다 하더라도 키가 움직이지 않는 결과로 이어지지는 않기 때문이다.

비행갑판 끝의 연장부에 폭탄을 맞았다면 이런 식으로 키가 고장 난 상황을 재구성하기가 어렵다. 이 부분에 폭탄이 명중하면 비행갑판과 후미 단정갑판 사이의 공간에서 폭발력이 분산되지, 배의 구조물로 직접 전파되지는 않았을 것이다. 반면 지근탄이라면 이 1,000파운드짜리 폭탄은 함의 키 근처의 수중에 떨어졌을 것이다. 물은 강철보다도 충격파를 잘 전달하는 매개체이다. 아카기를 건조할 때는 이러한 파손과 연관된 물성을 잘 몰랐으므로 아카기 같은 구형 함선은 충격에 취약했다는 점도 되새겨 보아야 한다.[60] 배와 인접한 수중에서 일어난 폭발은 아카기의 선체와 키에 거대한 해머로 내리치듯 굉장한 충격파를 전했을 것이고, 아카기의 선체구조는 이를 제대로 흡수할 수 없었을 것이다.

함미부 지근탄설은 미군 공격의 특징을 보아도 맥락에 잘 들어맞는다. 베스트의 3기 소대는 아카기의 선수 좌현 80도 각도에서 공격을 시작했고 여기에 대응해 아카기는 우현으로 회피선회를 했다. 따라서 미군기가 투하한 폭탄들은 좌현에서 우현으로 함을 가로지르는 방향으로 날아왔을 것이다. 이 1,000파운드 항공폭탄은 초

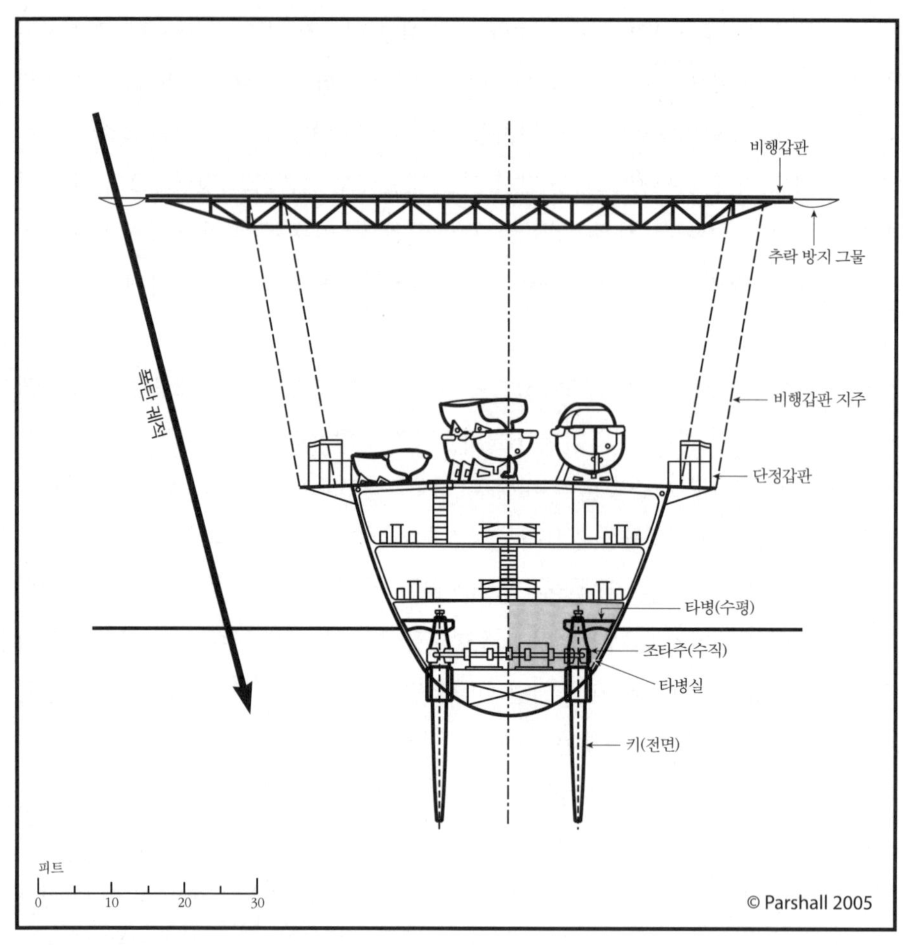

14-5. 아카기의 키가 있는 220번 프레임 부분의 단면도. 비행갑판 가장자리의 추락방지망을 통과하여 떨어진 지근탄의 낙하 궤적을 보여 준다.

속 450피트(137미터) 속력으로 수직에서 15~25도 떨어진 각도로 수면과 격돌했을 것이다. 비행갑판 좌현 후미 연장부를 살짝 빗나간 폭탄은 배를 향해 **안쪽으로** 그대로 낙하해 배 근처의 수면, 키와 아주 가까운 곳에 떨어졌을 것이다.[61] 아카기의 키에 있는 조타주操舵柱steering post와 선체 측면을 잇는 무거운 수평 죔쇠는 충격파를 키에 직접 전달하는 도구가 되었을 것으로 추정된다. 1,000파운드짜리 폭탄이 수중으로 들어오면서 일으킨 굴착효과와 폭발 시의 충격파로 인해 좌현 키에 문제가 생겼고, 작동이 멈췄을 것이다. 후부 폭탄고의 방수문 고장에 대한 언급이나 침수장치가 작동하지 않았다는 증언도 지근탄으로 인해 함미부가 손상되었다는 증거이다.

함교에서는 즉시 승조원을 보내 키에 생긴 문제를 알아보려고 했을 것이다.[62] 기관구역은 위에서 발생한 화재의 기운을 이미 느꼈던 것 같다. 환기구를 폐쇄하려고 최선을 다했지만 환기장치의 흡기부가 빨아들인 연기가 기관부를 가득 메웠을 것이다. 지금까지의 문제는 아무것도 아니었다고 말하듯, 〔키가 움직이지 않는 이유를 묻는〕 아오키 함장에게 돌아온 답은 신음소리였을 것이다. 키가 말을 듣지 않은 가장 큰 이유는 원격조타장치遠隔操舵裝置telemotor 제어부 고장이었을 수도 있다. 베스트의 명중탄과 함교 사이의 거리를 생각해 보면 함교의 조타장치에서 나가는 조종 케이블이 절단되었을 것 같지 않다. 구동장치에도 문제가 있었던 것 같지 않다. 따라서 문제는 키 자체에 있었다.[63] 이때쯤 아오키 함장은 기관정지를 명령했다. 10시 42분, 기관장은 기관구역 전원 퇴거를 명령했다. 기관병들은 위쪽의 응급반에 합류하라는 명령을 받았다.[64] 그러나 응급반이 계속 키를 수리하려고 했을 수도 있다.

구동장치가 정상적으로 작동하는 것을 보고 기관병들은 타병실舵柄室rudder room이 있는 함미로 이동했을 것이다. 한 쌍으로 된 타병舵柄rudder post〔키의 수평지주〕은 사람 키보다 컸고 선체가 함미 쪽에서 급격히 좁아지는 좁은 공간에 단단히 박혀 있었다. 타병실 뒤쪽 끝〔함미 방향〕에는 1.8미터 깊이의 수직 통로가 있었고 여기에서 조타주操舵柱가 방수밀봉재를 관통하여 선체 밑으로 나갔다. 응급반원들은 좌현 키의 어딘가가 망가져 돌아가지 않는다는 것을 곧 깨달았을 것이다.

다음으로 비상용 기름펌프가 투입되었다. 펌프를 작동하면서도 기관병들은 체념한 눈빛을 서로 나누었을 것이다. 그들도 이 펌프로 키를 제 위치에 돌려놓을 수 없음을 알았을 것이다. 아카기의 응급조타용 설비가 불만족스럽다는 것은 기관과원들의 상식이었다. 기름펌프는 타병과 무거운 키를 돌릴 만큼 힘이 좋지 못했다.[65]

뜻대로 키가 선회하지 않자 결국 몇몇 기관병들이 대형 나사잭을 가지러 왔던 길을 더듬어 되돌아갔다. 바로 이런 경우를 대비하여 키의 손잡이 양옆에 돌출부가 용접되어 있었다. 기관병들은 황급히 돌출부에 나사잭을 물리고 돌리기 시작했다. 여전히 좌현 키는 꽉 끼어 움직이지 않았다. 아카기는 이제 조타 불능 상태였다. 조타 기능을 회복할 가능성도 당분간 희박했다. 기관병들이 이 구역을 떠났는지 아니면 숨이 막혀 힘을 잃을 때까지 계속 노력했는지는 알 수 없다.[66] 기관병들 중 누군가가 지휘부가 함교에서 퇴거하기 전에 아오키 함장이나 기관장 단보 요시후미反保慶文 중좌에게 상황보고를 했는지도 확실하지 않다.

아카기의 키가 고장난 후 얼마 지나지 않아 함교의 상황은 안 좋은 정도에서 목숨을 위협할 정도까지 나빠졌다. 격납고 구역에 국한되었던 화재는 이제 비행갑판을 뚫고 올라왔다. 아마 엘리베이터 통로를 따라 올라온 것 같다. 10시 43분에 발함하지 못하고 함교 옆에 서 있던 기무라 소대의 제로센 2기에 불이 붙었다.[67] 진한 연기가 함교로 스며들어 와 사람들을 질식시키기 시작했다. 지금 당장 떠나지 않으면 나구모 중장과 참모진은 산 채로 불타 죽을 참이었다.

함교에서는 불쾌한 토론이 몇 분째 이어지고 있었다.[68] 나구모는 피로에 지쳐 무감각해졌거나 정신적 충격을 받아 함이 처한 현실을 이해하지 못했던 것 같다. 참모들이 기함을 옮기자고 계속 건의해도 나구모는 거부했다. "아직 아냐."라고 중얼거리며 나구모는 현실을 직면하기를 거부하고 항해나침반 옆에 뿌리라도 박은 듯 움직이지 않고 서 있었다. 구사카 참모장이 갖은 말로 설득해도 나구모가 들은 척도 하지 않자 아오키 함장이 말했다. "장관님, 아카기는 함장인 제가 전적으로 책임지겠습니다. 바라건대, 장관님과 참모진 전원은 부대를 계속 지휘하도록 가급적 빨리 배를 떠나주십시오."[69] 용기를 얻은 구사카는 기회를 놓치지 않고 나구모를 압박했다. 구사카는 함이 불바다이고 기관도 멎었다고 지적하며 무선통신도 할 수 없으니 이제 아카기에서 전투를 지휘하기는 불가능하다고 말했다. 아직 임무가 남아 있다는 점도 상기시켰다. 함대를 이끌고 계속 전투에 나설 의무가 있다고도 말했다. 마침내 나구모는 기함을 옮기는 데 동의했다.

불행하게도, 5분 전만 해도 아카기의 함교를 떠나기가 쉬웠겠지만 지금은 그렇지 않았다. 화염이 함교의 우현을 위협했다. 1층 작전실로 난 출입구 밖에는 활짝 입을 벌린 화염이 넘실거렸고 함교 뒤편의 발착함 지휘소는 불길에 그을리고 있었다.[70] 함교의 좌현은 깎아지른 절벽이었다. 25미터 아래는 바다였고 뛰어내리면 목숨을 부지할 수 없었다. 아래로 내려갈 길을 찾으러 사다리를 타고 내려갔던 부관 니시바야시 소좌가 돌아와 탈출구가 없다고 보고했다. 함교 창문만이 유일한 탈출로였다. 누군가가 밧줄을 찾아 함교 창틀에 묶었다. 모두 탈출했다.[71]

아니, 거의 다 탈출했다. 함교 앞쪽 아래에 있는 조그마한 사격지휘소까지 4.3미터 높이를 뛰어내리고 거기에서 다시 비행갑판까지 1.8미터를 더 내려가야 하지만 그들에게는 훨씬 더 높아 보였다. 게다가 아카기의 창문 크기는 가로세로 약 50센티미터였다. 몸집이 작은 나구모는 쉽게 빠져나갔지만 덩치가 있는 구사카는 다른 사람들이 몇 번 밀어낸 후에야 코르크마개처럼 간신히 튀어나올 수 있었다. 갑자기 튕겨져 나와서 그랬는지 아니면 레펠링으로 금속 구조물 벽을 따라 하강하는 것이 참모장교의 업무가 아니어서 그랬는지는 모르지만 구사카는 쾅 소리를 내며 떨어져 양 발목을 삐고 화상을 입었다.[72]

쇠약해진 후치다 중좌의 상황은 더 나빴다. 함교에서 가장 나중에 빠져나온 후치다가 줄을 타고 내려와 사격지휘소에 거의 도달할 즈음 폭발이 일어나 비행갑판으로 날아가고 말았다. 구사카는 다리를 삔 정도로 끝났지만 후치다는 양 다리에 심한 골절상을 입었다. 발목과 족궁足弓이 박살났다. 후치다는 포대처럼 비행갑판에 철퍼덕 떨어져 그대로 누워 버렸다. 다리를 절기는커녕 기는 것도 불가능했다. 불길이 사방에서 활활 타오르며 엄습했다. 이제 끝이라는 생각에 후치다는 차분히 자기 운명을 반추해 보다가 이 모든 게 다 지긋지긋하게 느껴졌다. 뜨거운 열기에 옷이 타며 연기가 나기 시작했다. 바로 그때 기적처럼 수병 두 사람이 나타나 후치다를 업고 함수에 있는 묘갑판으로 도망쳤다. 나구모와 1항함 참모진 전원이 거기에 있었다.[73]

아카기를 떠나기 전에 구사카는 구축함 노와키에 아카기 옆으로 접근해서 나구모를 맞을 준비를 하라고 지시했다. 그러나 나가라 역시 근처에 와 있어서 노와키의 커터[74]는 나구모와 참모진을 나가라로 옮기라는 명령을 받았다. 나가라는 노와키보다 훨씬 클 뿐만 아니라 자매함들과 마찬가지로 수뢰전대 기함으로 설계되어 구축함보다 통신장비가 더 나았다. 후치다는 참모진은 아니었지만 나가라에 옮겨졌다.[75]

나구모가 먼저 커터에 탑승했고 나머지 피난민들도 뒤를 따랐다. 겐다가 커터를 기다리는 동안 아카기 함수에 있던 부사관이 겐다의 손에 입은 화상을 보고 흰 장갑을 벗어 건네며 끼라고 권했다.[76] 겐다가 등을 돌리자 젊은 당번병이 그를 불러 세워 어둠속을 용감하게 뚫고 선실에서 찾아온 통장과 도장을 주었다. 겐다는 두 승조원의 친절함에 감동받았지만 한 치 앞도 모르는 운명에 이들을 맡기고 떠나야 했다.

겐다는 나구모의 참모진이 기다리는 커터에 올라탔다. 수병들이 노를 젓기 시작했다. 아카기에 남은 이들은 잠시 나구모가 떠나는 모습을 보다가 눈앞에 닥친 과제를 해결하러 자리를 떳다.

나구모가 떠나던 시각, 소류에서는 덜 품위 있었지만 더 큰 규모로 퇴거작업이 진행 중이었다. 피해 규모가 막대한 데다 화재가 빠르게 확산되었고 많은 승조원을 잃어 손상통제 작업은 아주 잠깐 형식적으로 수행되었다. 소류는 피탄과 거의 동시에 동력이 끊겼고 10시 40분경에는 이 끝에서 저 끝까지 화염에 휩싸인 채 완전히 정지했다. 10시 43분, 응급조타를 시도했으나 동력이 없는 상태에서는 무의미한 일이었다.[77] 좌현으로 흰 연기가 뿜어져 나왔고 격납고는 완전히 불타 버렸다.[78]

오하라 부장은 심한 화상을 입었음에도 불구하고 진화작업을 지휘하기 위해 함교에서 나왔다. 오하라는 함교에서 한 층 내려가 발착함 지휘소로 가서 상황을 파악하려고 애썼지만 모든 통신이 두절된 상태였다. 소화주관이 망가진 것만은 확실했다. 지휘소에서 나와 비행갑판으로 내려간 오하라는 상처의 통증 때문에 기절하여 바닥에 쓰러졌다. 거기에서 또 다른 폭발이 일어나 오하라는 의식을 잃은 채 바다로 날아갔다. 그때 부상당한 오하라에게 신이 미소 지었다. 그는 구명정 기둥처럼 잘못 떨어지면 몸이 꿰일 수도 있는 위험물들을 피해 바다에 추락했다. 추락할 때까지 꽤 시간이 걸렸지만 오하라는 멀쩡하게 살아남았다. 정신이 든 오하라에게 근처에서 헤엄치는 수병이 보였다. 의무병이었다. 그는 오하라의 옆에서 헤엄치며 뺨을 계속 때려 오하라가 의식을 다시 잃고 익사하지 않도록 도왔다.[79] 오하라는 몇 시간 동안 바다를 떠다니다가 구조되었다.

함교에서 야나기모토 함장은 피할 수 없는 결론을 내렸다. 소류는 이제 끝났다. 10시 45분, 총원퇴거 명령이 내려졌다.[80] 함 내부 통신망이 완전히 끊어졌기 때문에 이 명령이 구석구석 전해졌는지는 알 수 없다. 퇴거명령을 받아서든 아니면 목숨을 부지하려는 시도이든 이미 승조원들은 바다에 뛰어들고 있었다. 연이은 폭발로 함이 심하게 흔들리는 동안 탈출하지 못한 사람들의 시체가 산처럼 쌓여 갔다. 첫 폭탄이 떨어지고 고작 20분 만에 소류는 조함 불능 상태에 빠졌다. 그러나 승조원들의 고난은 아직 끝나지 않았다.

나구모가 기함을 옮기는 동안 기동부대의 지휘권은 임시로 지원부대 지휘관이자

8전대 사령관인 아베 히로아키 소장에게 이양되었다.[81] 아베는 곧 상황을 파악하고 행동을 개시했다. 10시 45분에 지쿠마 5호기가 "다시 적 순양함 5, 구축함 5를 봄, 기점에서 방위 10도, 130해리(445킬로미터) 적〔침로〕 275도, 속력 24노트(10시45분〔발신〕)"라고 알려 왔다.[82] 아베는 10시 47분에 야마모토 대장에게 바로 이 소식을 보고하고 3분 뒤에 우울한 소식을 전했다. "적 육상기, 함상기 공격으로 가가, 아카기, 소류에 대화재 발생. 히류로 적 공모를 공격하겠음. 기동부대는 일시 북방으로 피퇴避退, 병력을 결집하겠음. 본대 위치 도-우-응トーウーン 55"[83] 바로 아베는 야마구치에게 간단명료하게 "적 공모 공격" 명령을 내렸다.

14-6. 고바야시 미치오 대위. 10시 54분에 발진한 히류 공격대의 지휘관. 6월 4일 오후에 능숙한 기량을 펼쳐 보였다. (Michael Wenger)

서쪽으로 600해리(1,111킬로미터) 떨어진 곳에서 야마모토의 주력부대가 옛날이야기에나 나올 법한 안개를 뚫고 나아가고 있었다. 며칠 전 기동부대를 괴롭힌 안개가 연합함대 사령장관의 함대를 감쌌다. 전함 나가토를 포함해 몇 척이 보이지 않자 함대는 긴장한 가운데 잠시 속력을 늦췄다. 야마모토는 조용히 앉아 흰 장막이 둘러쳐진 것 같은 창밖 풍경을 보고 있었다. 갑자기 통신참모가 일그러진 표정으로 함교에 뛰어 들어와 야마모토에게 전문 한 장을 건넸다. 야마모토는 전문을 읽더니 표정이 굳어졌다. 한 번 낮은 신음소리를 낸 후 다시 창밖의 안개를 보며 아무 말 없이 전문을 돌려주었다. 야마토의 함교에 있던 수병이 보기에 야마모토는 돌이 된 것 같았다. 눈꺼풀조차 움직이지 않았다.[84]

히류의 야마구치 다몬 소장에게 반격을 재촉할 필요는 없었다. 10시 50분에 반격하라는 아베의 명령을 받았을 때 히류는 몇 분 안에 공격대를 발진시킬 수 있는 상황이었다. 당연히 미군의 공격이 시작된 뒤부터 히류의 승조원들은 미친 듯이 공격

14-7. 미드웨이 해전 기간에 비행기를 발진시키는 히류. 서구에 처음으로 소개되는 사진이다.[85] 99식 함상폭격기 1기가 날아오르고 있으며 함수 좌현 쪽 상공에 1기가 이미 떠 있다. 이 사진은 6월 1~3일에 촬영되었다고 알려졌으나 6월 4일 10시 57분경에 출격한 고바야시 공격대의 99식 함상폭격기를 다른 일본군 함선에서 찍은 것으로 보인다. 히류의 비행갑판 바로 뒤쪽 수평선에서 구축함 1척이 보인다. 다른 1척도 히류의 함수 25밀리미터 기관총좌 바로 앞 수평선 위에 희미하게 보인다. (KK Bestsellers)

대 발진준비 작업에 매달렸다. 히류의 함폭대가 일차 공격임무를 맡았다. 지휘관은 히류의 분대장 고바야시 미치오 대위였다. 고바야시와 히류의 함폭대는 함대에서 자타가 공인하는 최고의 실력을 갖췄다.[86] 고바야시가 직접 1중대 9기를 이끌었고 차선임 야마시타 미치지山下途二 대위가 2중대를 지휘했다. 고바야시의 함상폭격기 18기에는 차선임 전투기 분대장 시게마쓰 야스히로 대위가 이끄는 제로센 6기가 호위로 따라붙었다. 시게마쓰의 중대원들은 이날 아침 미드웨이 공습에 참가했었다. 이제 시게마쓰는 여러 항공모함 출신 조종사들을 이끌고 중요한 임무에 나서게 되었다. 도모나가의 함공대가 무장장착을 마칠 때까지 기다릴 시간이 없었기 때문에 이번 공격은 급강하폭격으로만 이루어질 예정이었다.[87] 고바야시의 함폭대는 표준적 대함공격 무장을 갖추었는데 3분의 2는 250킬로그램 통상탄(철갑탄)을 탑재했고 나머지는 충격신관이 장착된 242킬로그램 고폭탄(육용폭탄)을 탑재했다. 고폭탄으로 적 대공화기와 포수들을 공격하여 대공포화를 약화해 대함무장을 한 다른 폭격기들의 공격을 손쉽게 할 의도였다.[88]

정렬한 탑승원들에게 가쿠 함장이 직접 출격 전 훈시를 했다. 아침의 낙관적 분위기와 대조적으로 지금은 다들 농담 한마디 없었다. 분위기는 무섭도록 엄숙했다. 가쿠가 이번 공격의 목표물에 대해 설명하는 동안 탑승원들은 침묵을 지켰다. 가쿠 함장은 히류 비행기대가 기동부대에서 유일하게 무사한 부대라는 점을 상기시켰다.

이제 적을 찾아서 효율적으로 공격해야 할 뿐만 아니라 가능한 한 많은 수가 살아 돌아와 다음 작전에 대비해야 했다. 가쿠는 신중함을 강조했다. 분별 있게 공격하고, 성급하게 공격하면 안 되었다. 탑승원들은 비장한 각오로 최선을 다할 것을 결의하고 비행기로 뛰어가 각자의 자리에 올라탔다.

10시 54분, 1항전의 동료들을 화장하는 연기가 남쪽 수평선에서 선명하게 피어올랐고 자매함 소류는 근처에서 맹렬히 불타고 있었다. 히류는 동쪽으로 돌아서서 바람을 안고 공격대를 띄우기 시작했다. 10시 58분, 공격대 발진이 끝났다. 비행갑판 옆의 작업원 대피구역에 서 있던 승조원들은 조용히 공격대의 무운을 빌었다. 이제 일본군 전 함대는 히류 비행기대에 실낱같은 희망을 걸었다. 공격대 발진 후 야마구치는 8전대에 발광신호를 보냈다. "전기全機 지금 발진, 적 공모空母를 격멸하겠음."[89]

15

강철 계단을 올라 11:00-12:00

고바야시 공격대 발함 후 히류는 북동 방향 30도로 침로를 유지하며 아카기의 직위기 7기를 수용했다.[1] 마침 VT-3에 대해 회피기동을 하는 동시에 발함을 위해 바람 쪽으로 방향을 바꾸면서 히류는 다시 소류 근처로 가게 되었다. 상처 입은 자매함의 상태는 끔찍했다. 비행갑판 전체를 화염이 휩쓸었고 안쪽에서 시커먼 연기가 뭉클뭉클 솟아오르고 있었다. 한 히류 승조원은 소류가 "반으로 자른 거대한 무"처럼 보였고 "이제 [곳에 따라서는] 한쪽에서 반대쪽이 바로 보일 정도였다."라고 회상했다.[2] 함교에서 야마구치 소장은 부하에게 몸을 돌려 "어떤가, 소류에 신호를 보낼 수 있겠는가?"라고 물었다. 명령을 받은 부하는 "하겠습니다."라 답하고 소형 발광신호기의 셔터를 닫았다 열었다 하기 시작했다. 야마구치는 "온 힘을 다해 모함의 보존에 힘쓰시오."라고 화재로 만신창이가 된 항공모함에 두세 번 신호를 보냈으나 응답은 없었다. 야마구치는 침통한 심정으로 이 끔찍한 광경에서 등을 돌렸다. 할 수 있는 일이 거의 없었다. 히류를 따르던 중순양함 지쿠마가 나방이 불에 이끌리듯 불타오르는 소류 근처에 정선했다. 11시 12분, 지쿠마는 2번 커터를 응급반이 보이는 소류 선수루 쪽으로 보냈다. 지쿠마의 커터에 탑승한 의무병 한 명과 수병 일곱 명은 화재진화 작업보다 부상병을 돌보는 데 더 도움이 되었을 것이다. 히류는 더 이

상 지체할 수 없었다. 짧은 만남 후 히류는 함미 한참 뒤에서 허망하게 피어오르는 연기기둥 두 개와 함께 소류를 뒤로하고 나아갔다. 히류 승조원들과 자매함의 마지막 만남이었다.

공격대를 발진시킨 지 얼마 안 되어 야마구치는 도네 4호기와 교대한 지쿠마 5호기의 보고를 받았다. 지쿠마 5호기는 11시 10분에 "적은 아군으로부터 방위 70도, 90해리(167킬로미터)에 있음."이라고 타전했다. 분명히 미군이 근처에 있었다. 야마구치나 나구모는 몰랐지만 지쿠마 5호기는 아마리가 처음 발견한 미 기동함대와 별개의 함대를 접촉하고 있었다. 요크타운을 주축으로 한 17기동함대였다. 아마리는 일본 기동부대로 귀환하는 도중에 17기동함대를 발견했다. 지쿠마 5호기도 아마리의 최후보고에 나온 위치로 따라가 예상대로 요크타운을 마주칠 수 있었다.

적이 가까이 있다는 사실을 야마구치가 어떻게 생각했는지에 대한 기록은 없다. 사실 기동부대가 재앙이나 다름없는 공격을 받고 45분이 지난 뒤 야마구치의 행동은 예정된 바나 다름없다. 야마구치가 나구모 중장에게서 받은 마지막 명령은 030 침로를 취하고 공격대 발진을 위해 적과 거리를 좁히라는 것이었다.[3] 엄밀히 말하면 가가, 소류, 아카기가 공격받더라도 이 명령은 한 글자도 바뀌지 않았을 것이다. 요크타운에 대해 공격대를 발진시킨 행동은 미군의 공격에 대한 반응이 아니라 나구모가 계획한 바의 연속선상에 있는 조치였다. 히류의 행동도 여기에 들어맞는다. 히류는 10시 30분~10시 35분에[4] VT-3의 공격을 피한 다음 030 침로로 돌아갔다가 공격대를 발진시켰던 것 같다.[5] 10시 42분에 뒤로 처지기 전까지 잠시나마 아카기도 히류를 뒤따랐을 것이다. 11시 20분, 소류를 뒤로하고 야마구치는 전 함대에 다음 내용을 발광신호로 알렸다. "제2차(공격대) 발진기, 폭격기 18, 전투기 5, 1시간 후 함공(어뢰장비) 9기, 함전 3기로 공격할 것임, 히류는 적 방향으로 접근하며 손해함의 비행기를 수용하겠음."[6]

실제로 그랬다면, 이때 히류는 거의 홀로 적 방향으로 접근 중이었던 것으로 보인다. 구축함 몇 척을 제외하고 기동부대의 함선들은 다른 일 때문에 정신이 없었다. 나가라는 아카기 옆에 배를 대고 나구모와 참모진을 옮겨 싣고 있었다. 도네와 3전대의 기리시마와 하루나는 히류와 나가라 사이에 있었다(지쿠마는 소류를 지원하고 있었다). 이 함선들은 서로 발광신호를 볼 수 있는 거리에 있었고 히류와 나가라를 잇는 일종의 봉화대 역할을 하고 있었다.[7] 따라서 야마구치는 대형 함정의 엄호 없이 작전을 수행하게 되었다.

고바야시 공격대가 발진한 다음 히류는 정오 이전에 작업이 완료되기를 희망하며 함공대 발진준비를 시작했다. 히류가 보유한 97식 함상공격기 중 7기는 사용 가능한 상태였고, 목표까지 비행할 수준으로 2기(도모나가의 기체 포함)를 응급 수리할 수 있었다. 다행히 11시 30분, 97식 함상공격기 1기가 히류에 착함했다. 아카기의 니시모리 스스무 비행병조장의 기체였다.[8] 니시모리는 10시 15분에 기함에서 발함하여 정찰임무를 수행할 예정이었으나 무슨 이유에서인지 곧 되돌아왔다. 모함이 화염에 휩싸인 모습을 보고 니시모리는 히류에 착함했다.[9] 정상적인 경우라면 함상공격기 1기가 늘어난 것이 축하할 일은 아니었겠지만 이 경우에는 비행기 하나하나가 소중했다. 니시모리의 함상공격기는 즉시 기름을 채우고 무장을 달았다.

일본군이 빈약한 자산을 최대한 활용하려면 적의 이동상황과 관련해 확실한 정보를 꾸준히 수집하는 것이 무엇보다 중요했다. 여섯 시간 전에만 그렇게 했더라도 좋았을 것이다. 11시 30분, 야마구치는 8전대에 추가로 정찰기를 띄워 적과 접촉을 유지해 달라고 요청했다.[10] 그러나 정찰 부문에서 일본군의 불운은 아직 끝나지 않았다. 아마리의 도네 4호기는 지쿠마 5호기와 교대했다. 새로 도착한 지쿠마 5호기의 정찰원 다케자키 마사타카 일등비행병조는 17기동함대와 요크타운만 보았고 16기동함대는 발견하지 못했다. 11시 10분에 지쿠마 5호기가 발견보고를 타전하는 동안 소류에서 발함한 D4Y1도 16기동함대의 상세위치를 포함한 내용을 보고했지만[11] 불행히도 이다 마사타다飯田正忠 일등비행병조[12]가 조종하는 이 신예기의 무전기에 문제가 있어서 함대는 이 보고를 받지 못했다.[13] 이날 오후 일찍 D4Y1이 히류로 귀함한 후에야 야마구치는 미군 전투서열이 최소한 항공모함 3척으로 구성된 기동함대 2개로 구성되어 있다는 사실을 확인했다.[14]

11시 27분, 나구모를 태운 커터가 나가라의 옆에 섰다. 나구모는 현측으로 내린 밧줄 사다리를 타고 올라가 리놀륨을 깐 나가라의 갑판에 발을 디뎠다. 10전대 사령관 기무라 스스무 소장이 선미 갑판에서 나구모와 참모진을 영접했다. 나가라로 이승이 끝나자마자 나구모에게 떠오른 생각은 나가라가 아카기를 예인해 안전한 곳으로 후퇴시키는 방안이었다. 거대한 아카기가 불타오르는 무시무시한 광경을 내내 지켜본 기무라에게 내키지 않는 제안이었다. 기무라는 아카기의 상황으로 볼 때 이런 작업은 '어려울' 것 같다고 공손히 지적했다. 어렵다는 말은 사실 상당한 과소평가였다.[15]

그동안 나가라의 함교에서는 구사카가 새 기함에 게양할 중장기中將旗[16]를 찾고 있었다. 나가라는 이 정도 고위급 손님을 맞은 적이 별로 없었기 때문에 깃발 보관함에 중장기가 없었다. 별 수 없이 구사카는 위아래로 붉은 줄이 들어간 기무라의 소장기 아래쪽을 뜯어낸 후 게양했다. 한 후대 역사가의 말을 빌리자면 "결과물은 너덜너덜했지만 함대의 상태보다는 나았다."[17]

더 큰 게임을 의중에 둔 나구모는 아카기의 예인문제에 신경을 쓰지 않을 수 없었다. 이 문제에 대해 기무라는 정중하지만 분명히 반대의사를 표했는데 그때 나구모의 주의를 끄는 전문 하나가 도착했다. 11시 10분에 지쿠마 5호기가 보낸 적 발견 보고였다.[18] 적과의 거리가 90해리(167킬로미터)밖에 안 된다는 소식을 들은 야마구치는 항공작전 속행 문제를 진지하게 고려했겠지만 이는 나구모에게 최근 몇 시간 동안 받은 소식 중 가장 반가운 소식이었다. 적이 같은 방위로 거리를 좁혀 오고 있다는 뜻이었다. 사실이라면 약간의 운만 따라도 주간 수상교전이 가능할 것 같았다. 나구모는 이 전망에 마음이 동했다. 수뢰병과 출신인 나구모는 기회만 있다면 자신의 수상함대가 적에게 보여 줄 능력을 잘 알고 있었기 때문에 나가라에서 머리를 싸매고 틀어박혀 있는 대신 즉각 지휘권을 다시 행사해 적을 따라잡으려 했다.

10시 50분경부터 임시 지휘권을 맡은 아베 소장도 나름 최선의 방책을 찾느라 고심하고 있었다. 이미 야마모토와 곤도에게는 기동부대에 닥친 비극을 보고했다. 그러나 잔존 함대가 할 수 있는 최선책은 무엇인가? 나구모와 연락이 두절되었기 때문에 아베는 최악의 상황을 각오했다. 11시 27분, 아베는 나구모를 직접 호출하기로 하고 "귀함은 통신 가능한가?"[19]라고 아카기에 문의했으나 응답이 없었다. 지쿠마 5호기의 보고를 손에 쥔 아베는 할 수 있는 일이 단 하나뿐이라고 결론 내렸다. 접근하는 적을 공격한다. 11시 30분, 기함 도네는 지쿠마에 발광신호로 "어뢰전 준비"를 지시했다.[20] 지쿠마에 신호를 보내자마자 도네의 무전기에 나가라의 기무라가 보낸 무전이 타닥거리는 소리를 내며 들어왔다. 사령장관이 무사히 나가라로 옮겨 탔음을 알리는 내용이었다.[21] 아베는 나구모가 부상을 입었는지, 지휘권을 행사

할 수 있는 상황인지 물어보지 않았지만 얼마 후 나구모가 야마모토, 곤도와 전 지휘부에 전반적 상황보고를 보내 자신이 건재함을 알렸다. "10시 30분경, 적의 폭격을 받아 아카기, 가가, 소류에 상당한 손해를 입고 화재, 작전행동 불능. 본직本職은 나가라로 이승, 적을 공격한 후 전군을 이끌고 북방으로 피퇴避退 예정. 〔본대〕 위치 헤-이-아へ-イ-ア 00."[22]

그 후 기동부대의 새 기함이 불타는 아카기에서 조금씩 멀어지기 시작했다. 상징적이고도 가슴 아픈 순간이었다. 자랑스러운 아카기는 제1항공함대 창설 이래 14개월 동안 나구모의 기함이었다. 그 기간은 기동부대의 최전성기였다. 나구모는 이제 아카기 없이 항공모함 1척과 전함 2척, 순양함 3척, 구축함 5척으로 이기든 지든 싸워야 했다.

전망은 어두웠지만 나구모의 반응은 적극적이었다. 나구모는 크게 당한 것을 조금이라도 되갚는 데 온 신경을 쏟았다. 히류 공격대가 곧 적 함대에 도착하고 2차 공격대도 그 뒤를 따를 예정이었다. 이제 수상함대가 전투에 참여할 기회를 찾는 일만 남았다. 나구모는 본대와 합류하기 위해 나가라의 속력을 계속 높였고 나가라는 함수로 수면을 가르며 나아갔다. 나머지 함대와의 거리는 줄어들었다. 아카기를 뒤로하고 떠난 지 10분 만에 나가라는 도네와 발광신호를 교환할 수 있는 거리에 도달했다. 아베는 11시 30분경 나구모가 연합함대 사령부에 보낸 상황보고를 들었으므로 나구모가 지휘권을 회수할 상황을 예상하여 11시 43분에 나구모에게 "지금 3, 8, 10전대 일부로 적을 공격할 준비 완료."라고 알렸다.[23] 나구모는 "기다릴 것"이라고 지시했다. 적에게 달려가기를 간절히 원했던 만큼 나구모는 나가라를 함대 맨 뒤에 두고 싶지 않았다. 나구모는 반격을 진두지휘할 계획이었다. 그러려면 먼저 흩어진 잔존 함선들을 전투진형으로 묶어야 했다.

나구모가 기동부대의 나머지 주력함들에 다가가고 있을 때 야마구치도 행동에 나섰다. 나구모의 공격계획을 듣자 야마구치는 〔11시 46분에 내린〕 손상 항공모함 호위 지시를 11시 47분에 뒤집었다. 야마구치는 "손상 항공모함들에 구축함 1척씩만 남기고 나머지는 〔잔존부대의〕 진격방향으로 올 것"이라고 도네, 아카기, 가가, 소류에 타전했다.[24] 야마구치는 수상전투에 전력을 총동원하고 싶었다. 그러나 혼신이 있었거나 수신자들이 이 지시를 무시한 것 같다. 왜냐하면 전투가 끝날 때까지 항공모함 1척당 옆에 구축함이 2척씩 있었기 때문이다. 이소카제와 하마카제는 소류 근처에, 노와키와 아라시는 아카기 옆에 붙어 있었고 하기카제와 마이카제는 하염없이 가가 주위를 맴돌았다.[25]

야마구치의 개입에 이의가 있었을지도 모르지만 나구모는 말하지 않았다. 그 후 몇 분 동안 나구모는 전 함대에 "지금 적을 공격"할 계획이니 집합하라고 연속으로 명령했다.[26] 정오 직전, 나구모는 "부대 집결하여 공격에 나설 것. 10, 8, 3전대 순, 침로 170도, 12노트."라고 상세 명령을 내렸다.[27] 얼마 뒤 나가라가 남쪽에서 다가와 다른 배들을 따라잡았고 3전대의 전함 2척과 아베의 날렵한 순양함들이 함수를 돌려 나가라를 맞았다. 분위기가 고조되었음을 다들 느꼈다. 나구모의 전략은 단순했다. 적이 오는 방향으로 돌진하는 것이었다. 나구모는 히류 공격대의 엄호를 받으며 어뢰와 함포 사거리 안으로 들어갈 것이다. 이런 희망을 부채질하듯 정오 무렵 곤도 중장으로부터 전문이 왔다. "공략부대 지대(곤도) 12시 위치지점 유-미-쿠 ユ-ミ-ク 00. 침로 50도, 속력 28노트로 아군 기동부대로 향하고 있음."[28] 지원군을 등에 업고 나구모는 전투를 시작했다.

따라서 야마구치가 히류에서 사실상 전투를 지휘하는 동안 나구모가 부하 뒤를 졸졸 따라갔다는 종전의 해석은 사실이 아니다. 야마구치와 히류는 나구모가 동쪽으로 이끌던 잔존 대형함들을 뒤따랐다. 항공작전에 관한 한 야마구치는 독자적으로 행동했으나 침로를 잡을 때는 대체적으로 나구모가 움직이는 방향을 따랐다. 나구모는 부하만큼 공격적으로 움직였다.

오늘날 돌아보면 방금 세계 최강의 항공모함 부대를 파멸시킨 적을 향해 돌진하는 나구모의 모습이 우스워 보일 수도 있다. 나구모 입장에서 보면 싸움이 끝나려면 아직 멀었다. 그뿐만 아니라 6월 4일 낮 기동부대 잔존세력의 행동을 보면 나구모는 복수전을 펼치면서 야마모토와 곤도가 전장에 들어올 문을 계속 열어 놓는 것이 가장 중요하다고 여겼던 것 같다. 나구모는 자기가 보기에 유일한 기회를 잡으려고 신속하게 행동했다. 도주는 고려대상이 아니었다. 최소한 당시로서는 그랬다. 물론 마음속 깊은 곳에서는 속죄를 위해 죽을 기회를 찾고 있었을 가능성도 배제할 수 없다. 그러나 그 동기가 무엇이든 간에 좌절한 사람의 행동은 아니었다. 오히려 나구모는 절망적인 상황을 어떻게든 극복하고자 노력했다.

적이 고작 90해리(167킬로미터) 거리에 있다는 '사실'도 나구모가 결정을 내리는 데 도움이 되었다. 우선 흩어진 전력을 다시 모아야 했다. 전력을 모으자마자 나구모는 미군이 있으리라 추정되는 위치로 직행하는 경로를 택했다. 만약 거리를 줄인다면 한 시간 정도만 전함의 주포로 공격을 가해도 승부를 원점으로 돌리기에 충분했다. 그뿐만 아니라 이제 밤이 다가오고 있었고 곤도의 지원이 약속되어 있었다. 기동부대가 야간에 적을 포착할 수 있다면 곤도가 마무리 지을 수 있을 것이다.

나구모의 항공전력이 항공모함 1척으로 줄어든 것은 사실이다. 그러나 히류의 비행기들이 반격 중이었으므로 승리할 가능성을 조금 더 높일 수 있었다. 일본군이 미군 뇌격비행대가 엄청난 손실을 입었음을 알았다는 점도 간과할 수 없다. 뇌격기 없이 미군이 나구모의 전함들을 격침하기는 매우 힘들 것이다. 전함은 항공모함보다 급강하폭격기의 폭탄을 훨씬 잘 견딜 수 있었다. 모든 상황을 종합해 보면 3전대의 하루나와 기리시마, 그리고 빠른 속도와 강력한 어뢰를 갖춘 8전대의 도네와 지쿠마가 공습을 뚫고 적에게 다가갈 수 있을 것이라고 믿을 만했다. 만약 히류 공격대가 단 1척이라도 적 항공모함을 무력화한다면 이 가능성은 더 높아질 것이다.

나구모를 둘러싼 일본 해군의 문화도 그의 행동에 영향을 주었을 것이다. 나구모는 산호해 해전 이후 이노우에 중장에게 쏟아진 엄청난 비난을 잘 알고 있었다. 항공모함 쇼호를 상실하고 쇼카쿠가 대파되었음에도 불구하고 연합함대 참모진이 보기에 이노우에는 '너무 빨리' 교전을 중지했다. 수상전을 벌이고자 한 나구모의 열의는 '성급한' 교전 중단을 반복하지 않으려는 절실함에서 비롯되었을 수도 있다. 이 시점에 확실히 완파된 항공모함은 소류뿐이었다는 것도 기억할 필요가 있다. 가가와 아카기가 전열에 복귀할 수 있을지는 아직 확실하지 않았다.

마지막으로 나구모는 결과보다는 행동에 담긴 진심을 중시하는 일본 사회규범에 맞춰 행동했다는 점을 인정해야 한다. 일본 문화에서는 최선을 다했다면 '고귀한 실패'가 어느 정도 용납되었다. 일본어로 격려할 때 흔히 말하는 '간바테頑張って'에는 '끝까지 최선을 다해라'라는 속뜻이 있다. 이 원칙은 과업이 어렵고 끔찍하고 심지어 실패가 확실한 경우에도 똑같이 적용된다. 이기는 것은 선택사항이지만 최선을 다하는 것은 선택의 여지가 없는 행위다. 마찬가지로 오늘 명예롭게 싸우다 죽는 일이 더 길게 보고 내일을 기약하는 것보다 더 중요했다. 일본 해군이 오랜 기간 매몰

되어 있던 이런 태도는 서구인의 사고방식으로 보면 아주 이질적이다. 이상을 종합하여 생각하면, 이날 정오 무렵 절망적인 상황에도 불구하고 나구모가 희망이 없지 않다고 믿었던 이유를 이해하기가 조금 더 쉽다.

적과 전투를 벌이려 한 열의는 이해할 만하지만, 미 항공모함 전력이 전혀 타격을 입지 않은 상태임을 고려하면 나구모와 야마구치는 유일하게 남은 항공모함 히류가 처할 위험성을 심사숙고해야 했다. 미군과 가깝다는 것이 나구모에게는 좋은 소식이었을지도 모르나 혼자 살아남은 야마구치의 항공모함에는 정반대의 소식이었다. 나구모와 야마구치는 히류를 강력한 미 항공모함들과 어느 정도 떼어놓았어야 했다. 그러나 히류는 자석에 끌리듯 적에게로 나아갔다. 그럴 필요가 없었다. 히류가 북서쪽으로 갔더라도 히류의 비행기는 공격하는 데 필요하고도 남을 만큼 긴 항속거리를 가지고 있었다. 반격은 당연했으나 히류를 불리한 가능성에 노출시킬 필요는 없었다. 체스터 니미츠의 '강력한 소모전술' 전략에 영향을 미친 계산된 위험의 원칙(적에게 최대한 큰 타격을 입히되 불필요한 위험을 무릅쓰지 않는다)은 현재 일본군이 처한 상황에 꼭 들어맞았다.

사실 찬찬히 살펴보면 히류가 당면한 불리함은 두 가지임을 알 수 있다. 첫째, 고바야시 공격대를 떠나보내기 직전에 야마구치가 보유한 각종 비행기의 수는 제로센 10기, 함상폭격기 18기, 함상공격기 9기로 정확히 37기였다. 추가로 상공에 직위기 27기가 있었고 대부분이 둥지를 잃은 난민들이었다. 따라서 작전에 투입할 수 있는 비행기는 모든 기종을 합쳐 64기였다.[29] 달리 말하면 기동부대의 항공전력은 이날 새벽 4시 30분에 비해 4분의 1로 줄어들어 있었다. 공격기로 한정하면 상황은 더 나빴다. 히류의 함공대는 이미 거덜 난 상황이었으므로 기동부대의 공격기 숫자는 아침에 보유한 총 전력의 5분의 1 수준이었다.

두 번째, 아침의 전투는 야마구치와 나구모에게 미군의 항공전력이 수적으로 일본군을 능가할 수 있다는 경고였다. 미군은 다수의 항공기를 투입하여 일본군을 끝없이 공격했으며 상당수는 함상기였다. 특히 10시 20분~25분에 공격한 미군 급강하폭격대가 항공모함 여러 척에서 발진했다는 점을 일본군도 분명히 보았을 것이다.[30] 이 점에서 일본군 항공공격 교리는 미군 교리와 똑같았다. 바로 적 항공모함 1척당 완전 편제된 공격대를 투입하여 확실하게 격멸하는 것이었다. 따라서 일본 항공모함 3척이 동시에 공격받았다는 사실만으로도 최소한 미 항공모함 2척이 공격에 가담했다는 것은 확실했다. 이렇게 강력한 적을 공격하는 일은 지극히 위험했다. 특히 일본군의 부족한 정찰능력과 크게 감소한 항공 전력을 고려해 보면 더더욱 그러했다.

미군을 상대로 수상전을 시도하는 일이 타당했다고 치더라도 히류가 도움이 될 수는 있었겠지만 굳이 일부러 전투에 휘말리게 할 이유는 없었다. 나구모와 야마구치는 곤도의 공략부대가 가장 가까이 있는 실질적 지원전력이라는 것을 알았다. 그러나 곤도 부대에는 (경항공모함 즈이호를 제외하고) 이렇다 할 항공전력이 없었으므로 즉각 기동부대를 구원할 수 없다는 것도 알았다. 근처에 있는 또 다른 주요 전력은 나구모 부대에서 300해리(556킬로미터) 떨어진 야마모토의 주력부대였다. 야마모토의 전함들은 최소한 하루가 지나야 전장에 도착할 수 있었다. 게다가 주력부대는 자체 항공전력이 거의 없었다. 주력함대를 따르던 경항공모함 호쇼는 간신히 함대상공 방어만 할 정도였고 전력투사용 자산은 결코 아니었다. 호위전투기 없이는 거대한 야마토조차 위험에 처할 수 있었다. 주력부대는 패배한 적 수상전력을 소탕할 전력은 있었지만 속력이 빠른 미군 항공모함이 전투를 피하려 할 경우 이를 따라잡을 만큼 빠르지 못했고, 만약 미군이 제공권을 확보한다면 자신을 방어할 능력도 없었다. 곤도 부대도 마찬가지였다.

만약 새로운 항공전력을 긁어모아야 한다면 준요와 류조를 주축으로 한 제2기동부대밖에 없었다. 둘 다 1선급 정규 항공모함은 아니었지만 준요와 류조가 보유한 비행기 약 60기는 이 시점에서 상당한 전력이었다. 그러나 제1기동부대가 미드웨이에서 불타는 동안 제2기동부대는 북쪽으로 1,600해리(2,963킬로미터)나 떨어진 곳에서 더치하버의 방어시설을 공격하고 있었다. 나구모와 합류하려면 최소한 며칠은 소요될 거리였다. 합류한다 하더라도 그때까지는 히류와 남아 있는 기동부대의 비행기대를 보존할 필요가 있었다. 적어도 히류가 가진 전투기 37기를 주력부대 상공에 모은다면 야마모토의 전함들이 적에게 포를 겨눌 수 있을 때까지 생존할 가능성을 높일 수 있었다.

종합해 보면 야마구치, 특히 나구모는 현 상황을 매우 조심스럽게 평가해야 했다. 적의 전력이 확실히 압도적이었으므로 히류 혼자서 전투의 향배를 바꿀 수는 없었다. 게다가 이대로 전투를 계속하면 머지않아 2항전의 기함이 더 이상 의미 있는 공격력을 적에게 투사하지 못할 때가 올 것이었다. 그때가 온다면 논리적 방책은 향후 작전을 위해 히류를 아껴 놓는 것이다. 일본군은 영리하게 싸워야 했다. 히류를 곤란한 상황에서 끄집어내려면 히류가 적 항공기의 행동반경 한계점에 있어야 적절한 기회가 왔을 때 후퇴시킬 수 있었다.

나구모나 야마구치가 이런 방책을 떠올렸다 해도 이대로 할 생각은 없었을 것이다. 둘 다 당연히 싸우고 싶어 했고 싸움은 공격을 뜻했다. 그러나 이대로 공격하는 것은 적의 배만 불려 주고 귀중한 전력을 낭비하는 행위였을 뿐이다. 사실 두 사람 다 비난받을 부분이 있다. 나구모는 히류의 운용과 관련해 직접명령을 등한시함으로써 야마구치가 히류를 직접 운용하게 만들었다. 이런 위급한 상황에서 나구모는 수뢰전 지휘관으로 퇴행해 버리고 말았다. 나구모는 일본군 전체 전력에서 가장 중요한 단 1척의 함선의 운명에 신경 쓰는 대신 자신이 하려는 수상전투에만 온 정신을 쏟았다.

야마구치도 히류의 운명에 크게 주의를 기울이지 않았다. 다른 명령이 없었으므로 야마구치는 나구모의 전반적 지도를 따를 의무가 있었다. 그러나 야마구치가 마지못해 나구모의 지휘를 따랐다는 증거는 어디에도 없다. 야마구치의 성격상 이의가 있으면 제기하지 않고 넘어가지 않았을 것이다. 과거에 우가키는 자신이 필요하다고 느끼면 독단적으로 행동하라고 야마구치를 부추긴 적이 있다. 전투 전에 우가키는 나구모의 우유부단한 지도력 때문에 제1항공함대가 "무슨 일이 일어날지 모르는 해상작전에서 성공을 거두기 어려울 것"이라고 우려했다.[31] 그리고 이제 우가키의 친구 야마구치는 임기응변을 해서라도 히류를 위험상황에서 벗어나게 할 때가 왔음에도 영웅 역할을 하는 데 심취해 있었다. 이렇게 하여 야마구치는 기동부대에 남은 유일한 항공모함을 파멸로 몰아갔다. 우가키가 나구모의 단점이라고 본 상황 변화에 대한 적응 거부를 미드웨이에서 야마구치가 하고 있었기 때문이다.

적과 거리를 좁혀 수상전을 하려는 나구모의 결심과 마찬가지로 야마구치도 일본의 사회규범에 따라 싸웠다고 볼 수도 있다. 그러나 만족스러운 설명은 아니다. 일본의 패전이 확실해진 전쟁 말기라면 야마구치의 행동이 절망에서 나온 어리석은 짓이었다고 이해할 수도 있다. 그러나 이때는 1942년 6월 4일이었다. 고작 한 시간

전만 해도 일본은 전쟁에서 이기고 있었다. 지금 상황은 만신창이였지만 명예보다 더 싸울 만한 가치가 있는 것들은 많았다. 야마구치는 이러한 현실을 반영해 생각하고 행동했어야 했다.

나구모와 야마구치는 자신과 기동부대가 전쟁에서 수행하는 역할을 더 넓은 안목으로 바라봤어야 했다. 만약 일본이 효율적으로 싸우고 싶었다면 요령껏 공세적으로 나갔어야 했다. 때로는 큰 위험 부담을 감수해야겠지만 함선, 병력, 주도권, 시간 같은 귀중한 전쟁수행 자산을 보전하는 일은 투지를 불태우는 것만큼 중요했다. 야마구치는 대체할 수 없는 소중한 자산을 위탁받았다. 야마구치의 지위에 걸맞은 일본 국민에 대한 도덕적 책무는 이 자산을 최대한 활용하여 싸우는 것이었다. 지금까지도 야마구치는 진심을 다해 싸웠다는 이유로 일본에서 나구모보다 훨씬 더 존경받는다. 그러나 작전수행 측면에서 야마구치는 그 누구보다 비판받을 만하다. 마음은 썼을지 모르나 머리는 쓰지 않았기 때문이다. 나구모도 마찬가지다.

두 사람이 머리가 좋지 않았다는 말은 아니다. 지능은 문제가 아니었다. 두 사람의 접근방법은 일차원적이었고 전투를 보는 눈이 전술적, 개인적, 시각적 영역에만 한정되었다는 것은 분명한 사실이다. 둘 다 거국적 전쟁이라는 좀 더 큰 맥락에서 전술적 결정을 할 능력이 없었다. 이때에는 불리해진 상황에도 불구하고 적에게 타격을 입히면서도 히류를 보존할 기회가 아직 남아 있었다. 동양이냐 서양이냐에 상관없이 계산상 항공모함을 1척이라도 건지는 쪽이 4척을 모두 잃는 것보다 훨씬 나았다. 이 모든 것을 고려해 보면 고바야시 공격대를 발진시키자마자 히류는 '전력을 다해' 북서쪽으로 달아나야 했다. 하지만 나구모와 야마구치는 적이 우세한 상황임에도 불구하고 계획을 수정하지 않고 적에게 돌진했다. 이로써 이들은 기동부대 항공모함 4척의 사형명령서에 공동으로 서명했다.

일본 기동부대 잔존전력이 재앙을 향해 달려가고 있었지만 미군은 미군대로 일본군의 불운을 활용하기에 좋은 상황은 아니었다. 미군은 일본군에 큰 타격을 입혔지만 그 대가는 컸다. 특히 호닛의 비행단이 겪은 수난은 자해나 마찬가지였다는 점에서 한심하기 그지없다. 정확히 무슨 일이 일어났는지는 오늘날까지도 밝혀지지 않았으나 상황의 개요는 다음과 같다.[32] 08시 25분, 월드론 소령이 이끄는 VT-8이 본대에서 이탈한 후에도 지휘관 스탠호프 링 중령은 나머지 부대를 이끌고 계속 서쪽으로 나아갔다. 그러나 한참이 지나도 일본 함대의 그림자조차 발견할 수 없었다. 일본 기동부대는 링의 위치에서 한참 남쪽에 있었기 때문이다. 09시경, 상황이 심각해졌다. 연료가 떨어져 가는 비행기들이 늘어났다. 가장 오래 체공해 한계점에 가장 먼저 도달한 와일드캣들(새뮤얼 G. 미첼Samuel G. Mitchell 소령의 VF-8 소속)이 09시 15분에 링에게 보고하지 않고 기수를 돌려 모함으로 향했다. 그러나 전투기 조종사들은 모함의 정확한 위치를 파악하지 못했고, 설상가상으로 비행기들에 탑재된 호닛의 유도신호를 잡는 (제드 베이커Zed Baker라고 알려진) 수신장치는 사용법이 복잡하기로 악명이 높았다.[33] 전투기는 연료를 아끼면서도 조금이라도 속력을 내기 위해 고도를 점차 낮추었다. 속력과 고도를 교환하면 고도를 낮출수록 (어디에 있든 간에) 호닛이 있는 수평선 위에 머무르기가 힘들어졌다. 제드 베이커 장치는 모함과 비행기가 장애물 없이 정렬되어 있어야 제대로 작동할 수 있었다. 일부 조종사들은 모함의 신호를 수신했지만 장비 조작법을 제대로 알지 못해 상황이 더 나빠졌다.[34]

그 결과 VF-8 조종사들 중 어느 누구도 모함으로 가는 경로를 잡지 못했다. 조종사들은 무턱대고 남동쪽으로 비행하면서 커져 가는 절망감과 싸우며 수평선만 뚫어져라 보는 수밖에 없었다. 10시경, 한 조종사가 멀리 북쪽에서 보이는 항적을 포착했지만 일본 기동부대라고 생각했다.[35] 누구도 일본 함대 옆에 불시착해서 포로로 잡히고 싶지는 않았다. 사실 이 항적은 16기동함대의 것이었다. 모함으로 돌아가는 대신 VF-8 조종사들은 끝을 알 수 없는 태평양 한복판으로 계속 나아갔다. 16기동함대를 지나친 조종사들에게 피할 수 없는 결과가 찾아왔다. 연료가 떨어진 전투기들은 10시 15분경부터 하나씩 혹은 작은 집단으로 불시착하기 시작했다. 10시 50분에 마지막 비행기가 불시착했다. 대부분은 PBY 비행정들에 구조되었지만 한 명은 불시착 과정에서 사망했으며 다른 한 명은 구명보트에 올라타는 모습까지 목격되었으나 결국 실종되었다.[36]

그동안 링과 호닛의 SBD들은 서쪽 항로를 유지했다. 전투기들이 떨어져 나간 지 5분 만인 09시 20분, 이들은 적 전투기로부터 공격받고 있다는 월드론의 무전을 들었다.[37] VB-8 지휘관 로버트 R. 존슨Robert R. Johnson 소령은 월드론이 결국 옳았음을 깨달았다. 존슨은 위치 기입용 해도판을 꺼내 미드웨이에서 135도 방사선을 그리고 방사선 어디쯤에 있을 일본 함대의 위치를 계산했다. 계산이 끝나자 존슨은 자신이 지휘하는 SBD 17기를 이끌고 적 항공모함을 찾아 남동쪽으로 기수를 돌렸다. 그러나 나구모 부대가 도모나가 공격대를 수용하기 위해 동쪽으로 변침한 사실을 몰랐으므로 존슨의 항로는 기동부대의 서쪽으로 치우쳤다. 존슨은 50해리(93킬로미터)나 내려갔지만 아무것도 못 찾았고, 연료 문제가 심각해지자 호닛이 있을 법한 방위인 북동쪽으로 기수를 돌렸다.

이때 VB-8과 조우한 PBY 비행정이 미드웨이 방향 항로를 발광신호로 알려 주었다. 그러나 부하들에게 깊이 존경받던 부장 앨프리드 B. 터커 3세Alfred B. Tucker Ⅲ 대위의 비행기가 제드 베이커 신호를 이제 막 수신했다. 긴장된 순간이었다. 터커는 제드 베이커 신호를 따라가기로 결심했고 요기 2기가 터커를 따랐다. 존슨은 해당 장비를 신뢰하지 않았거나 모함의 위치를 확신하지 못해서 남은 14기를 이끌고 미드웨이로 향하는 편을 선택했다. 도중에 1기가 치명적 엔진 고장으로 불시착했고 2기는 섬에 조금 못 미쳐 연료가 다 떨어졌다. 남은 11기는 섬의 해병대가 쏜 대공포화의 뜨거운 환영을 받아 그중 3기가 파손되었다. 존슨의 부대는 아군임을 간신히 알려 11시 35분, 이스턴섬 비행장에 겨우 착륙했다.

09시 20분에 존슨마저 이탈하자 정찰폭격비행대 VS-8만이 스탠호프 링의 지휘하에 남았다. 링은 VS-8 지휘관 월터 F. 로디Walter F. Rodee 소령에게 요기 1기(조종사 클레이턴 피셔Clayton Fisher 소위)를 보내 자신을 계속 따르라고 알렸다. 로디는 09시 40분까지 지시받은 대로 링을 따랐지만 연료 사정 때문에 귀환해야 할 시점이 되자 동쪽으로 기수를 돌렸다. 링의 요기는 VS-8을 따라갔고 비행단장은 혼자 남게 되었다. 링은 조금 더 나아갔다가 뒤돌아 고속으로 비행하여 VS-8을 따라잡고 11시 18분경 호닛에 혼자 착함했다. 로디와 VS-8은 조금 뒤 착함했고 11시 45분에 터커의 VB-8 일부도 무사 귀환했다.[38]

결과적으로 호닛 공격대는 아무 성과도 얻지 못하고 큰 손실만 입었다. 미 항공모함의 어느 누구도 몰랐지만 VT-8은 전멸했다. 호닛 전투기의 3분의 1이 사라졌다.[39] 급강하폭격 전력 3분의 1가량이 미드웨이에 표착했다. 그곳에서는 최소한 안전했으나 모함으로 귀환할 때까지는 작전에 투입될 수 없었다. 나머지는 호닛에 있었다. 월드론이 적극적으로 나섰음에도 불구하고 링이 지휘한 공격대 어느 누구도 적을 공격하는 것은 고사하고 발견하지조차 못했다. 월드론은 전투에 참가했으나

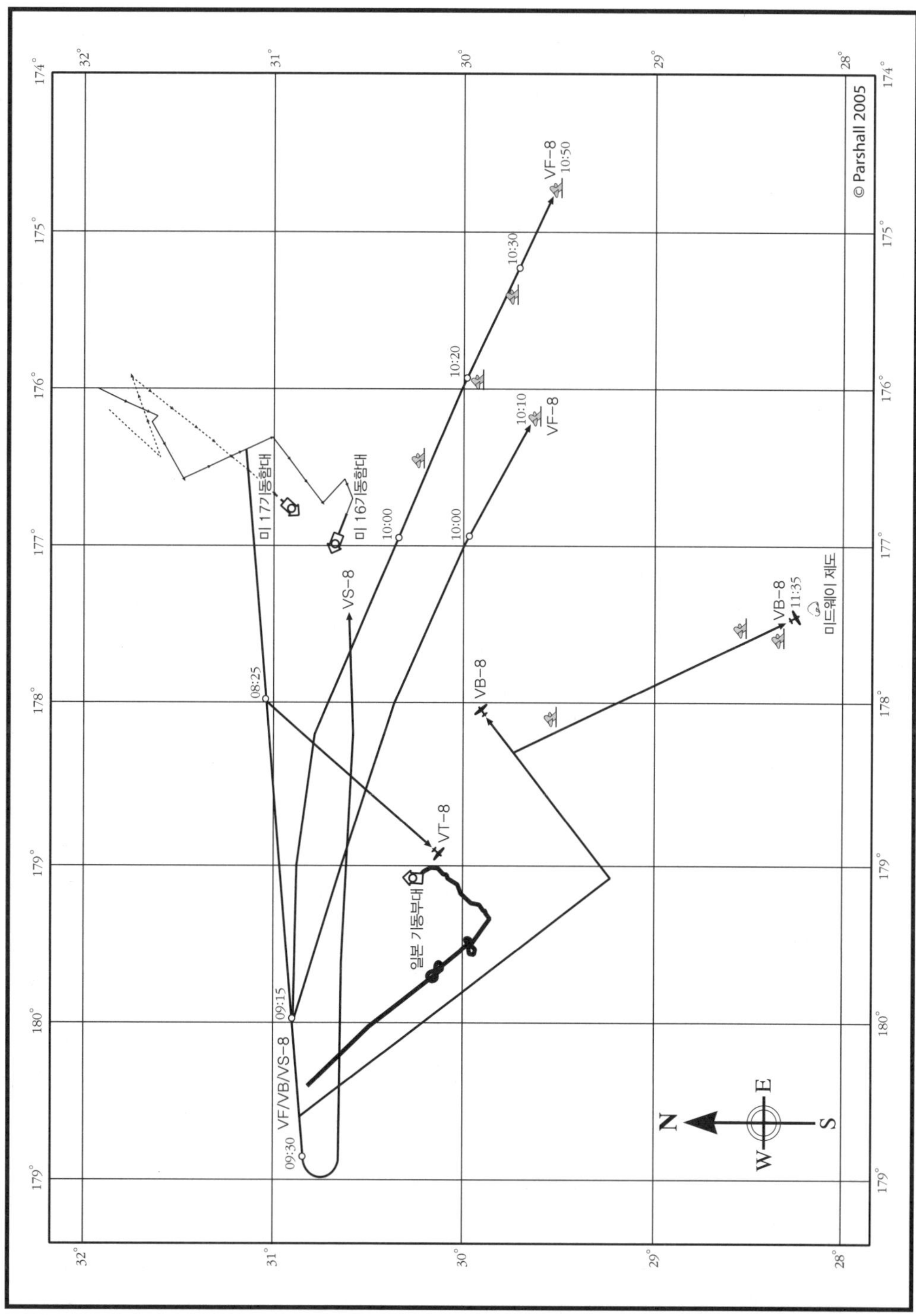

15-1. 6월 4일 아침에 호닛 공격대가 치른 고역 (존 런드스트롬의 자료를 사용해 재구성)

아무 성과 없이 부하들과 함께 학살당했다. 링의 출격은 변명의 여지가 없는 대참사였다. 전력의 50퍼센트를 잃고도 전과가 전무했다.[40]

엔터프라이즈의 상황은 조금 나았지만 피해가 심하기는 마찬가지였다. VT-6은 거의 전멸했다. VT-6의 뇌격기들은 일본군 직위기와 조우하여 5기만 살아남았고 귀환 중에 1기를 추가로 잃었다. 다른 1기는 착함 도중 심하게 파손되어 전손 처리되었다. 따라서 이때 엔터프라이즈에서 출격 가능한 뇌격기는 단 3기에 불과했다. 급강하폭격대 역시 큰 손실을 입었다. 많은 SBD가 기동부대를 공격하는 도중에 피탄되어 여러 대가 불시착했다. SBD들은 일본군을 발견하기 전에 남서쪽으로 멀리 돌아갔기 때문에 공격하기 전부터 연료가 부족한 상태였다.[41] 연료 부족으로 인해 공격 후 조종사 상당수가 고도를 높일 수 없다고 판단했고(유도신호를 수신하려면 고도를 높여야 함) 따라서 제드 베이커 수신기로 유도신호를 잡는 데 상당히 애를 먹었다. 유도신호를 수신했더라도 돌아올 만큼 연료가 충분하지 않은 경우가 많았다. 기체 손상, 부상당한 탑승원, 빠르게 떨어진 연료로 항법문제가 매우 복잡해졌다. 그뿐만 아니라 엔터프라이즈는 예정에서 벗어나 공격대를 발진시키고 남동쪽으로 기동하여 전투초계기를 띄워야 했는데 귀환 중인 공격대 조종사들은 이를 몰랐다. 그 결과 엔터프라이즈는 조종사들이 예측한 위치에 없었기 때문에 SBD 상당수가 불시착했다.[42]

결과는 호닛의 VF-8이 겪은 것과 비슷한 비극적 낭패였다. 엔터프라이즈 급강하폭격대 조종사 다수는 모함 상봉점이라 생각한 위치에 도달했으나 눈앞에는 망망대해뿐이었다. SBD들이 하나씩 하나씩 불시착했다. 대부분은 PBY 비행정이나 함선에 구출되었지만 일부는 며칠 동안 표류했다. 안타깝게도 VS-6의 찰스 R. 웨어 Charles R. Ware 대위가 지휘한 SBD 4기는 무심한 태평양이 삼켜 버렸고 다시는 발견되지 못했다.[43] 오후가 되어서야 확실한 상황을 알 수 있었겠지만 전투 손실, 불시착, 피탄 전손을 모두 정리해 보면 엔터프라이즈는 이때까지 SBD 급강하폭격기 21기를 잃었다.

요크타운은 발진작업을 잘해서인지 아니면 운이 좋았는지 가장 좋은 성과를 거두었다. 큰 피해를 입은 VT-3은 이날 아침 이후에는 공격을 마치고 귀환하기 어려울 정도로 중파된 기체들을 포함해 12기가 남았다. 그러나 레슬리 소령의 VB-3은 전

15-2. 일본군 공격 후 중순양함 애스토리아 옆에 불시착한 레슬리 소령의 SBD. 1942년 6월 4일 오전 11시 48분. 이날 해상 불시착은 미일 양측에서 흔하게 벌어졌다. (National Archives and Records Administration, 사진번호: 80-G-32307)

원 무사 귀환했다. 다만 레슬리의 기체와 다른 기체가 착함 전에 연료가 떨어져 불시착했다.[44]

따라서 이날 아침 공격에서 미군의 손실 비행기 수는 전투기 12기, 급강하폭격기 21기, 뇌격기 37기로 총 70기였다.[45] 출격한 전력의 약 40퍼센트에 해당하는 손실률이다. 다행히 탑승원 중 많은 수가 구조되어 사상자는 이보다 적었다. 공격대 나머지가 회수되고 재편될 때까지 요크타운에서 대기한 VS-5의 SBD 17기가 단일 비행대로 즉시 투입 가능한 예비전력이었다.[46] 이때 미 항공모함 3척은 손실이 적은 전투기를 제외하고 간신히 항공모함 1척의 비행단에 해당하는 수량의 공격기를 보유했다.

VS-5의 SBD 10기와 10기 남짓한 전투초계기는 요크타운의 비행갑판에서 대기 중이었다. SBD들은 새로운 강행정찰 임무 투입을 기다리고 있었다. 이때도 플레처 소장에게는 일본 함대 정보가 별로 없었다. 수중에 있던 최신 정보는 스프루언스가 11시 15분에 전달해준 10시 00분 그레이 대위의 전투기가 보낸 적 발견 보고였다.[47] 11시 15분, VB-3이 착함을 개시할 때 맥스 레슬리 소령의 SBD 조종사 한 명이 일본 항공모함 1척 격침 추정 상보를 보냈다.[48] 그 자체로는 좋은 소식이었다. 그러나 플레처는 일본군이 항공모함들을 두 집단으로 나누어 작전 중이라는 경고를 받은 바 있다. 만약 그레이가 2척을 목격했고 레슬리가 그중 하나를 격침했다면 다른 한 쌍이 어디엔가 숨어 있다는 말이 된다. 따라서 플레처는 강행정찰대를 보내 북서쪽 200해리(370킬로미터) 해상을 수색하도록 신중히 조치해야겠다고 판단했다.[49] 강행정찰대는 11시 33분에 발진했고 11시 50분에는 강행정찰에 나선 VS-5의 SBD와 새로 발진한 전투초계기가 상공에 떠 있었다.[50]

이렇게 미군이 끔찍한 피해를 입었다는 사실을 야마구치가 알았다고 해도 별 위안을 얻지는 못했을 것이다. 손해가 컸지만 미군은 중요한 이점 두 가지를 가지고 있었기 때문이다. 첫째, 항공모함 비행단의 재편성만 끝나면 미군은 다시 급강하폭격기 60기 이상을 띄울 수 있었다.[51] 순수 대함 공격력으로만 따지면 일본군이 모을 수 있었던 것보다 4배 이상 많은 수치다. 둘째, 미군은 작전 가능한 항공모함을 3척이나 가지고 있었다. 협동작전에는 문제가 있을지 모르나 (그리고 이날 오후에도 그랬지만) 미군은 중요한 수적 우위를 확보했다. 여분의 항공모함이 있기 때문에 1척이 작전불능 상태가 된다고 해도 하늘에 떠 있는 비행기는 다른 항공모함에 착함할 수 있다. 물론 일본군은 히류 하나만 잃으면 모든 것이 끝난다. 이 결정적 이점은 오후 늦게 뚜렷이 드러나게 된다.

그동안 나구모가 뒤에 남겨 놓은 항공모함들에서 또 다른 전투가 벌어지고 있었다. 이 전투 역시 일본군에게 불리하게 돌아갔다. 나구모를 태운 커터를 보내고 아오키 함장은 당면한 임무로 복귀했다. 아오키와 간부들은 아카기의 비행갑판 앞쪽 끝에 잠시 모여 있었다. 11시 30분, 아오키는 비행기 탑승원과 부상자들을 노와키와 아라시로 옮기라고 명령했다. 11시 35분에 격납고에서 한 차례 대폭발이 일어났다. 이로 인해 비행갑판의 화재가 악화되었고 아오키는 나구모가 방금 떠난 묘갑판으로 몰려났다. 아오키 함장은 이곳에서 6월 4일 낮과 밤 내내 지휘권을 행사했다.

상당수의 증언들이 이 시간대에 항공모함들의 상황이 거의 비슷했다는 데 놀랍도록 일치한다. 그러나 아카기는 가가, 소류와 사뭇 다른 방향으로 화재와 싸웠다. 11시 40분, 소류가 회생 불능 판정을 받은 지 거의 한 시간이 지났다. 승조원 대부분은 이미 바다로 뛰어들었다. 가가의 화재는 통제 불능 상태였지만 승조원 상당수가 아직 남아 있었다. 이와 대조적으로 아카기의 화재를 진압하려는 사투는 아홉 시간에 걸친 지루한 소모전이 되었다.

아카기의 묘갑판이 진화작업 본부가 되었다. 아카기의 손상통제작업 지휘관(응급지휘관)인 운용장運用長 도바시 오미노루土橋豪實 중좌[52]를 포함한 간부진이 여기에 모여 있었다.[53] 무사도 정신을 불러오려는 듯 도바시 중좌는 작업 착수에 앞서 해군도를 허리에 찼다.[54] 의무병들도 가진 것을 최대한 사용해 응급진료소를 설치했다. 그러나 의약품 대부분이 함 안의 의무실에 있었기 때문에 간신히 찾아온 부상자들에게 해줄 수 있는 조치는 거의 없었다.

부드럽게 휜 모양의 격납고 앞쪽 벽은 묘갑판에서 35피트(12미터) 위의 비행갑판과 만나는 곳까지 함수 위로 절벽처럼 솟아 있었다. 격납고 앞쪽 벽에 붙은 15단짜리 철제계단 두 줄은 각각 상하부 격납고 출입문과 연결되었다. 이 강철 계단을 올라 응급반원들이 힘겹게 움직였다. 응급반원들은 검게 그을린 출입문을 통해 불의 협곡 속으로 한 명씩 들어갔다. 많은 이들이 돌아오지 못했다.

도바시 운용장과 단보 기관장은 버거운 과제 여러 개를 안고 있었다. 첫 번째는 화재 진압이고 두 번째는 후미 폭탄고를 확실히 침수시키는 일이었다. 세 번째는 기관구역으로 사람을 보내 다시 자력항행이 가능한지를 확인하는 것이었다. 아카기가 움직일 수 있다면 아직 기회가 있었다. 지금까지 손상된 항공모함 3척 중 아카기만이 조금이라도 살아날 여지가 있었다. 응급수리가 가능한 수준으로 파손되고 적절한 장비가 있었더라면 아카기는 살아날 수도 있었다. 만약 아카기가 신형 미국 항공모함이었다면 몇 달간 전열에 복귀하지 못했겠지만 살아남을 수는 있었을 것이다. 불행히도 이날 아침 일본군의 손상통제작업 관행은 눈앞의 과제를 해결하기에 역부족이었다.

일본 해군과 미 해군의 손상통제작업 관행을 자세히 비교 연구하는 것은 이 책의 범위를 벗어나지만, 몇 가지 시사점은 찾아볼 만하다. 첫째, 일본 해군 함선이 보유한 손상통제작업 인력[55] 규모는 동급 미군 함선의 규모에 비해 훨씬 적었다. 1942년 당시 미국 항공모함에서는 항공인력을 제외한 거의 전원이 어느 정도 수준까지 손상통제작업에 나설 수 있었으나, 일본 항공모함에서는 1,500~2,000명에 달하는 승조원 중 고작 350~400명 정도만이 손상통제에 투입 가능한 인력이었다.[56]

둘째, 일본 해군은 손상통제에 필요한 인적·물적 자원을 보전하는 사전예방조치에 훨씬 덜 신경 썼다. 일본 해군은 한 번의 타격으로 손상통제능력의 상당 부분을 잃지 않도록 물자와 인력을 함 여러 곳에 분산해야 한다는 점은 인식했으나 미 해군처럼 강박적일 정도로 중복해서 예비 시스템을 구축하지는 않았다. 소화주관에 우회경로를 설치하지 않은 것이 한 예다. 일본 해군은 손상통제 인원을 함 전체에 분산하거나 인원보호책을 강구하지도 않았다. 1944년의 미군 공식 교리는 손상통제 인원이 파편으로 불필요한 부상을 입지 않도록 교전 중에 바닥에 납작 엎드려 있을 것을 권고했다. 운명론적 접근방식으로 인적자원을 낭비한 일본 해군으로서는 상상할 수도 없는 조치다.

셋째, 일본 해군에는 미 해군이 진화작업에 사용한 전문장비가 없었다. 공기호흡장치는 조악했으며 다양한 곳에 사용 가능한 미 해군의 이동식 가솔린 펌프인 '핸디 빌리handy billy'(제식명 P-50)나 이동식 발전기도 없었다. 이동식 펌프는 함의 주 소방용 펌프를 대체할 수는 없었지만 손상통제반이 주요 시설을 수리해 재작동할 시간을 벌어 주었다. 일본 해군은 1944년에야 비슷한 장비를 도입했으나 충분히 많은 수량을 배치할 수는 없었다. 이날 일본 해군이 보유한 응급용 장비는 벽체에 고정된 대형 비상용 발전기와 수동 펌프가 고작이었다.

마지막으로, 일본 해군은 미 해군 근처에도 못 따라갈 정도로 비조직적으로 손상통제작업을 수행했다.[57] 침수통제浸水統制flooding control가 가장 알기 쉬운 예시이다. 일본 해군은 침수에 깊은 관심을 기울여 정교한 침수와 역침수 체계를 갖추도록 대형함을 설계했다. 응급지휘소[58](손상통제작업 지휘본부)에는 침수통제를 위해 파이프, 밸브, 펌프, 주요 탱크와 보이드 탱크void tank들이 그려진 표시판(응급지휘용 도표[59])이 있었다. 그러나 이 부문에서도 일본 해군의 실력은 미 해군에 비하면 빛이 바랬다. 예를 들어 일본 해군은 미 해군이 보유한 '엑스레이X-Ray', '요크Yoke', '지브라Zebra' 같은 표준 폐쇄단계(항해조건, 전투준비에 따른 파이프 밸브, 해치, 기타 개구부 폐쇄단계)가 없었다. 미 해군은 폐쇄에 필요한 밸브, 해치, 환풍기, 배수구, 기타 장비를 총망라한 목록bills을 준비해 놓았다. 아울러 전투상황에서 해치들이 폐쇄되어도 잠재적 피해구역으로 이동할 수 있는 최단경로가 사전에 지정되어 있었다. 결론적으로 일본 해군은 함선이 상호 영향을 주며 작동하는 시스템의 총체라는 관점에서 문제에 접근하지 못했던 것으로 보인다.[60] 한 미군 측 논평이 일본 해군의 손상통제 능력에 대해 냉소적으로 언급했듯이, "미 해군이 이해한 수준의 손상통제라는 개념이 일본 해군에는 없었다."[61]

번지는 불길과 싸우는 사람들에게는 기동부대의 화재진압 기법은 화마를 잡기에 부족하다는 게 뻔히 보였다. 11시경, 아카기는 초열지옥이 되었다. 불길은 격납고 갑판에 있는 인화물을 몽땅 집어삼키며 앞쪽으로 퍼져 나갔다. 도바시 중좌와 응급반원들에게는 불행한 일이나, 대량의 가솔린에 인화하여 발생한 화재는 제2차 세계대전 당시의 기술로는 진화가 불가능했다. 미 해군조차도 항공유 화재가 한 번 "10기 혹은 그 이상의 비행기에 옮겨 붙어 …… 화재 규모가 커진 경우에 물만 뿌린다면 인화물이 다 소진될 때까지 화재를 완전히 진화할 수 없다."[62]라는 암울한 결론을 내렸다. 실질적으로 해볼 만한 최선의 방책은 화재가 조금이라도 잦아들기를 기다렸다가 화재구역을 격리하고 인화물을 제거하여 탈 만큼 탈 때까지 배가 완파되지 않기만을 바라는 것밖에 없었다.

항공유 화재 시 살수의 효과는 제한적인데, 가솔린이 물에 떠다니며 계속 불타기 때문이다. 살수로 화재 확산을 막을 수도 있지만 완전히 진화할 수는 없다. 주의하지 않으면 불타는 가솔린이 다른 곳으로 흘러가 오히려 화재를 더 확산할 수도 있다. 포말소화액은 산소 공급을 끊어 불을 끄므로 좀 더 효율적이다. 그러나 포말소화액을 살포한 뒤 서둘러 소방호스로 살수하여 불길을 잡으려다가 종종 생각지도 못한 역효과를 불러올 수 있다. 즉 주변의 공기와 금속제 갑판의 온도가 연료 인화점보다 높은 상태에서 물을 뿌리면 소화액이 물에 녹아 흩어져 연료가 산소와 만나 다시 불이 붙는 상황이 벌어질 수 있다. 아카기의 경우 처음부터 포말소화장치가 망가졌기 때문에 이 문제는 의미가 없었다. 소화에 쓸 수 있는 수단은 물밖에 없는 데다 귀하기까지 했다. 아카기의 경우 승조원들이 묘갑판에 대형 수동 펌프를 설치해[63] 가가보다 조금 더 효율적으로 진화작업을 수행했다. 그러나 동력펌프가 없는 도바시와 부하들은 패배가 예정된 싸움을 할 수밖에 없었다.

아카기의 상황이 절망적으로 변하는 데는 몇 시간이 걸렸지만 가가의 상황은 이미 매우 심각했다. 우현 쪽 좁은 통로에 갇힌 비행장 아마가이 중좌는 할 수 있는 모든 일을 다 하고 있었다. 아마가이의 지휘 장소는 편의상 선택한 곳이지 심사숙고한 곳은 아니었다. 배 안에서 뿜어져 나온 연기가 머리 위 비행갑판 전체를 휩쓸고 있었으므로 지휘권을 행사하기가 불가능했다. 모리나가 비행병조장은 위험한 상황을 겪었으나 우현 통로에 무사히 도착했다.[64] 비행장이 그곳에 있었다. 격납고에서 대폭발이 일어난 다음 모리나가는 아마가이보다 한 층 높은 고각포갑판에 있었다. 그 위의 비행갑판은 완전히 불길에 휩싸여 있었다. 설상가상으로 사다리가 벌겋게 달궈져 내려갈 수가 없었다. 아래를 보니 기둥에 매달린 커터가 보였다. 모리나가는 기회를 놓치지 않고 뛰어내려 커터의 캔버스 덮개 위로 떨어졌다. 거기서부터는 조심스레 아래 갑판으로 내려갈 수 있었다.

가가의 함상공격기 탑승원 아카마쓰 유지赤松勇二 삼등비행병조[65]는 후폭풍으로 의식을 잃고 쓰러졌다가 텅 빈 탑승원 대기실에서 깨어났다. 머리에 피를 흘리며 아카마쓰는 비행갑판으로 나갔다. 나무갑판 가장자리의 강철 테두리가 달아올라 신발 고무밑창이 녹을 정도로 뜨거웠다. 그가 있는 곳에서는 비행갑판의 테두리를 건너가거나 바다로 뛰어드는 것 말고는 나갈 길이 없어 보였다. 수면까지의 거리는 무서울 정도로 까마득했다. 그러나 등 뒤에서 불길이 넘실거리며 다가왔고 선택의 여지가 없었다. 바다로 뛰어든 아카마쓰는 구명조끼 덕택에 수면으로 올라올 수 있었다. 주변 사람들이 닥치는 대로 아무것이나 붙잡고 헤엄치고 있었다. 아카마쓰는 부상당한 함공대장 기타지마 대위를 물 위로 떠받치고 있던 조종사들 사이에 끼었다. 한 시간 뒤, 구축함 하기카제가 아카마쓰를 포함한 전원을 구조했다.[66]

가가는 북쪽으로 2~3노트 속력으로 느릿느릿 움직이고 있었다. 가가를 추적한 미군 잠수함의 기록이므로 사실일 것이다. 오랫동안 수난을 당한 끝에 노틸러스는 마침내 기동부대가 남기고 간 낙오함들을 따라잡았다. 급강하폭격이 끝난 뒤 수평선에서 연기기둥을 목격한 함장 브로크먼 소령은 가장 가까운 목표를 골랐다. 아카기는 키가 고장 나기 전에 얼마간 자력항행이 가능했으므로 브로크먼의 관심을 피했다. 가가는 익숙한 위치인 대형 끝자락에 있었으나 이번에는 낙오함들로 이루어진 대형이었고 브로크먼은 가가에 접근을 시도했다. 그러나 한 시간 동안 수중기동을 했음에도 불구하고 브로크먼은 가가를 따라잡을 수 없었다. 결론은 명백했다. 거대한 일본 항공모함은 불길에 휩싸인 상태에서도 천천히 움직이고 있었다.[67] 소류의 동력이 얼마나 일찍 끊겼는지를 생각해 보면 믿기 어려운 일이다. 가가의 자력항행을 설명할 수 있는 몇 가지 요인은 다음과 같다. 첫째, 가가는 기관실과 비행갑판 사이에 소류보다 갑판이 더 많았으므로 이 갑판들이 최대한 버틸 수 있을 때까지 기관병들을 열기로부터 더 오래 보호할 수 있었을 것이다. 주요 부위에 장갑을 둘렀다는 점도 도움이 되었을 것이다.[68] 마지막으로, 소류가 당한 것처럼 가가에서는 폭탄이 함 깊숙한 곳까지 뚫고 들어가 폭발하지 않았다. 따라서 가가의 기관실 중 하나는 일정 시간 동안 작동했을 것이다. 물론 제 위치에서 끝까지 임무를 수행한 기관병 수십 명의 목숨과 맞바꾼 일이었다.

소류의 상황은 처음부터 절망적이었다. 야나기모토 함장이 10시 45분 총원퇴거 명령을 내렸을 때 조종사 모리 주조 이등비행병조와 대기실 생존자들은 함교보다 한 층 아래에 있는 구명정 갑판에 모여 있었다.[69] 좁은 통로가 사람들로 가득 차 손을 머리 위로 들어 올려야 할 정도였다. 그럼에도 불구하고 조금씩 다가오는 격납고의 불길을 피해 사람들이 꾸역꾸역 모여들었다. 곳곳에서 목말까지 태워야 하는 상황이었다.

선외 쪽에 매인 커터야말로 좋은 탈출수단이었지만 커터는 지지대 한쪽 끝에 걸려 대롱대롱 매달려 있었다. 커터를 내릴 수 없자 생존자들은 바다로 뛰어들었다. 모리는 겁이 났다. 너무 높았다. 실제 높이는 11미터였다. 집에서 편하게 앉아 있는 사람에게는 별것 아닌 높이 같지만 난간 끝에 매달린 사람에게는 결코 그렇지 않았다. 아래를 내려다본 모리는 파도가 박자에 맞춰 오르락내리락한다는 것을 알아차렸다. 수면이 주기적으로 가까이 올라왔다가 내려갔다. 신중하게 파도가 올라오는 때에 맞춰 모리는 커터의 밧줄 하나를 잡고 바다로 뛰어내렸다. 불행히도 이 밧줄은 아무 데도 매여 있지 않았고 모리는 쓸데없는 동아줄을 잡은 채 바다에 빠졌다.

수면 위로 올라온 모리는 헤엄쳐 소류의 선체로부터 멀어지기 시작했다. 바로 그때 머리 위에 매달려 있던 커터가 낙하했다. 다행히 커터는 모리 근처에 떨어졌지만 입수 각도가 잘못된 탓에 거꾸로 뒤집혔다. 모리와 생존자들은 커터를 뒤집어 올라탄 후 신발로 물을 퍼냈다. 그러고 나서 승무원들은 열심히 노를 저어 소류에서 멀어져 갔다.

아카기의 상황이 계속 나빠지고 있었음에도 불구하고 응급반원들은 조직적으로 화마와 싸우고 있었다. 화재가 격납고 아래로 번지자 상황이 훨씬 더 복잡해졌다. 함 내부에 공간이 많았기 때문에 불길이 퍼질 곳이 많았고 그렇잖아도 부족한 응급반원들을 더 분산해야 했다. 유폭 위험성이 상존했지만 격납고 갑판이 상대적으로 넓었기 때문에 소방호스를 여기저기 끌고 다니기가 더 수월했을 것이다. 그러나 사실 격납고에서조차 일정 시간대에 일정 인원 이상이 작업할 만큼 충분한 공간이 없었다.[70] 화재가 내부로 침투할수록 응급반원들도 어둡고 구불구불한 통로에서 진화작업을 벌여야 했다. 일본군 함선의 갑판 높이는 서구 기준으로 보면 낮았다. 대략 1.8~2.1미터였을 것이다. 덕트나 천장 시설물 때문에 높이가 1.5미터에 불과한 곳도 있었다. 응급반원들은 소집단으로 나뉘어 상호협조 없이 고립된 채 진화작업을 시행해야 했다.

화재현장의 작업조건은 끔찍함 그 자체였다. 응급반원들은 마를 새 없이 눈물을 흘렸고 불타는 격벽에서 뿜어져 나오는 유독가스로 구역질을 연신 해대며 진화장비를 함 내부로 날랐다. 대부분의 응급반원들이 매연을 거르기 위해 호흡장비 대신 물을 적신 천 하나만 입에 물고 있었다. 심지어 오줌을 적신 경우도 있었다. 응급반원들은 숨을 쉬려면 바닥을 기어서 가야 했다. 화재를 진압할 뿐만 아니라 부상자들—파편자상이나 화상을 입은 환자 혹은 질식자들—도 묘갑판으로 끌고 나와야 했다. 내부에 있는 응급반원들이 쓰러지면 묘갑판에 있는 생존자들이 기운을 차리고 일어나 진화작업에 뛰어들었다. 이들 중 상당수는 부상자였다.

세 항공모함의 수선 아래 기관구역에 갇힌 기관병들이 겪은 수난은 더 가혹했다. 원래 덥고 불편한 기관구역은 불길이 번져 순식간에 사람이 있을 수 없는 곳으로 변했다. 히류에서 탈출한 몇 명을 제외하고 아카기, 가가, 소류의 기관병들이 거의 다 몰살당했다고 해도 상식적으로는 놀랍지 않다. 그러나 자세히 살펴보면 이런 일반화가 사실과 거리가 있음을 알 수 있다. 가가와 소류의 기관병들이 떼죽음을 당한 것은 사실이다. 가가 기관병의 3분의 2가 전사했으며 소류의 기관구역에서는 극소수만이 빠져나왔다. 소류의 기관병들은 갇혀 버렸다. 기관구역과 격납고 사이에 갑판이 몇 개 없었다는 점을 볼 때, 불길이 위쪽을 휩쓸어 탈출로를 막았을 것이다. 가가에서는 기관병들이 어떻게든 동력을 살려 느리게나마 배를 전장에서 이탈시키려고 노력하다가 희생된 것 같다. 이런 경우에 기관병들은 상황이 점점 나빠져도 자기 자리를 지켜야 했다. 아카기의 기관병들은 상대적으로 운이 좋았다. 아카기가 더 오랜 시간 동안 고통을 겪었음에도 불구하고 아카기의 공식 전사자 수인 267명은 가가와 소류에 비해 놀랄 만큼 적다. 첫 폭발로 격납고의 병기원과 정비원들이 전사했고 진화작업 중에 사상자가 발생했으나 사상자 수는 믿을 수 없을 만큼 적었다. 아카기의 행운은 두 가지 요인의 결과다. 첫째, 명중탄이 단 한 발이었다는 점이다. 이 때문에 첫 공격에서 즉사한 사람의 수가 가가나 소류에 비해 적었다. 명중탄이 하나였기 때문에 화재가 처음에는 국지적이었고 걷잡을 수 없이 확산될 때까지 시간이 걸려 승조원들에게 탈출할 시간을 벌어 주었다. 둘째, 10시 43분에 키가 고장 나자 아오키 함장은 즉각 기관실 전원 퇴거를 명령했다. 아카기 기관병들이 생존하는 데 더욱 유리했던 점은 최소한 처음에는 함내 통신시설이 살아 있어서 명령을 받자마자 즉시 퇴거할 수 있었다는 것이다. 즉 아카기 기관과원 303명 가운데 일부는 함 내부에서 혹은 진화작업을 하다가 사라졌지만 거의 3분의 2가 살아남았다. 아카기 기관병의 생존율은 다른 항공모함들과 비교할 수 없을 정도로 높았다.

다시 가가로 돌아가 보자. 절벽 위에 매달린 둥지 같은 공간에 있던 아마가이와 모리나가는 조종사들과 생존자들이 몰려들면서 점점 좁아진 공간에 꽉 끼어 있게 되었다. 뒤쪽과 위쪽에서 불길이 점차 다가오고 있었다.저 멀리 아래쪽에 바다가 있었다. 마침내 아마가이는 결단을 내려 생존자들에게 뛰어내리라고 명령했다. 모리나가는 비행복과 신발을 벗었다. 몇몇 신병은 수영할 줄 모른다고 항변했다. 아마가이는 단호했다. 여기 있으면 반드시 죽는다. 모리나가는 망설이지 않고 최대한 멀리 뛰어내렸다. 수면에 떨어질 때까지 시간이 꽤 걸렸다. 다른 사람들도 따라 뛰어내렸다.

그러나 한 사람은 사라질 운명을 맞았다. 가가의 함폭대 분대장 오가와 쇼이치 대위였다. 오가와는 중일전쟁의 베테랑이자 진주만 기습에도 참가했지만 가가가 첫 공격을 받았을 때 중상을 입었다. 바다로 뛰어들면 죽을 것이 뻔했다. 자신도 치명상을 입었다는 것을 알았다. 조용히 미소를 지으며 오가와는 아마가이와 다른 조종사들에게 얼른 배를 떠나라고 부탁했다. 아마가이는 오가와에게 작별인사를 하고 나머지 조종사들과 바다로 뛰어들었다. 수면에서 올려다보니 오가와는 여전히 그 자리에 있었다. 오가와는 난간까지 기어와서 손을 흔들며 동료들을 격려했다. 그러고 힘이 빠져 동료들이 보는 앞에서 쓰러져 숨을 거두었다.

소류 함교 아래로 드리워진 밧줄을 잡고 있던 가나오 포술장은 배에서 대부분의 인원이 퇴거했다는 사실을 몰랐다. 그가 안 사실은 자신이 수영을 거의 못 하기 때문에 지금 잡고 있는 밧줄이 생명선이라는 것뿐이었다. 몇 시간이 흘렀는지 모르겠지만 가나오는 이를 악물고 밧줄을 붙들고 있었다.[71] 근처에서 헤엄치던 승조원 한 명이 곤경에 처한 포술장을 보고 다가왔다. 가나오 수하에 있던 병조장이었다. 그는 가나오의 허리에 밧줄을 둘러 묶었다.

처음에 가나오는 고마워했다. 그러나 밧줄에 묶인 것은 양날의 검이었다. 안전했지만 배와 같이 움직이는 상황에 처했다. 수면은 잔잔하고 반짝거렸다(아마 수면에 퍼진 기름띠 때문일 것이다). 소류는 심하게 좌우로 흔들거리고 있었다. 소류가 흔들릴 때마다 가나오는 물 밖으로 튕겨 올라가 함 측면에 부딪혔다. 가나오는 다리를 이용해서 몸에 오는 충격을 완화했다. 아팠지만 그래도 익사하는 것보다는 나았다.

한참 후 가나오는 누군가가 자기를 부르는 소리를 들었다. 함교에서 마지막으로 본 소류 항해장 아사노우미 소좌였다.[72] 항해장이 소리쳤다.[73] "포술장, 총원퇴거 명령입니다. 수영해서 먼 곳까지 나가요!" "난 수영 못 한다고요!" 하고 가나오는 소리쳤다. "먼저 가세요!" "그럼 갑니다, 힘내십시오!" 하고 항해장은 헤엄쳐 갔다.

가나오는 항해장이 자기가 살아생전 본 마지막 사람이 될지도 모른다고 생각했다.[74] 밧줄에 묶여서 마치 바다 한가운데에 도망칠 수 없도록 남겨진 듯했다. 할 수 있는 게 없었다. 수영할 수도, 다시 배 위로 올라갈 수도 없었다. 그저 줄에 매달려 소류의 함체에 끝없이 출렁출렁 부딪히면서 살아남기를 바라는 수밖에 없었다.

우연히 가나오는 함교 창문 너머로 누군가가 밖을 내다보는 모습을 보았다. 야나기모토 함장이었다. 함장의 얼굴은 어릴 적 들은 귀신 이야기를 떠올리게 할 만큼 빨갰다. 그러나 가나오가 기억하기를, 함장의 표정은 부처님처럼 완전히 고요하고 편안해 보였다. "함장님!" 하고 소리치려 했으나 목소리가 나오지 않았다. 다시 올려다보니 아무도 없었다. 야나기모토 함장을 본 사람들은 그가 함교 오른편에 서서 물속에 있는 부하들을 격려했다고 말했다. 곧 함장은 소류의 함교를 뒤덮은 불길 속으로 사라졌다. 이렇게 일본 해군에서 가장 존경받던 함장 한 명이 사라졌다.[75]

배는 이제 조용해졌다. 자기 자신과 함장의 운명을 생각하니 가나오는 슬픔을 주체할 수 없었다. 바로 그때 소류의 함미에서 떠내려 오는 목제 보도판步道板[76]이 보였다. 밧줄에 매여 시계추처럼 바다와 선체 사이를 왔다 갔다 하는 상황을 간절히 끝내고 싶었던 가나오는 밧줄을 풀고 보도판을 향해 간신히 헤엄쳐서 소중한 목숨을 구해줄 보도판을 꼭 붙들었다.

16

일본군의 반격 12:00-14:00

히류의 야마구치 소장과 2항전 참모진은 초조해지기 시작했다. 지쿠마 5호기의 보고가 정확했다면 적은 지근거리에 있었다. 그뿐만 아니라 11시 32분부터 이 정찰기는 방위측정용 장파를 복사輻射하면서[1] 고바야시 공격대를 유도하고 있었다. 그런데 이제 정오였다. 고바야시가 출발한 지 한 시간이 넘었지만 아직 아무 보고도 없었다.

야마구치와 참모진은 몰랐지만 고바야시 공격대는 히류로 두 번 전문을 보냈는데 둘 다 거의 한 시간이 지나서야 수신(혹은 복호화)되었다. 그 결과 야마구치는 12시 10분에야 고바야시가 적을 찾았음을 암시하는 보고를 처음 받았다.[2] 이 보고는 공격대의 이름을 알 수 없는 비행기가 보냈는데,[3] "다-나-이치タ-ナ--,[4] 우리는 적 공모를 폭격"[5]이라는 짤막한 내용이었다. 그 후 또다시 침묵이 이어졌다.

상황이 분명하지 않았으나 적어도 야마구치는 함상폭격기 일부가 적 항공모함을 공격하고 있다는 사실을 알게 되었다. 그 자체로는 좋은 소식이었다. 더욱이 고바야시가 적에게 도달하는 데 1시간 10분이 걸렸다는 것은 미군이 상대적으로 가까운 곳에 있다는 뜻이었다. 지쿠마 5호기의 발견보고가 대략적으로 사실임이 확인되었다. 야마구치는 기회를 놓치지 않기 위해 함대의 나머지 정찰기를 대기시켜 달라고 8전대에 요청했다.[6] 그러나 이때 8전대에서 장거리 정찰에 투입 가능한 비행기는 지쿠마 4호기뿐이었다. 지쿠마 1호기는 문제가 발생해서 조기에 회수되었고 비행할 수 없었다.[7] 도네 1호기와 아마리의 도네 4호기가 준비를 마치려면 한참 멀었다. 이제 쓸 만한 정찰자산이 떨어져 가고 있었다. 당분간 야마구치는 고바야시로부터 추가 정보가 들어오기를 바라며 도모나가 대위의 후속 공격대 발진을 준비하면서(준비가 끝나기까지 한 시간가량 걸릴 예정이었다.) 전진하는 수밖에 없었다.

원래 야마구치가 12시 20분경에 도모나가의 공격대를 발진시키려고 했음을 생각해 보면, 16기밖에 안 되는 공격대의 배치와 발함준비를 마치는 데 오래 걸린 이유가 궁금해진다. 무엇보다 도모나가가 미드웨이 공격에서 돌아온 지 세 시간이 넘었다. 직위기 발함, 회수 작업이 원인은 아니었다. 고바야시는 10시 57분에 발진했고 그다음에는 11시 34분의 직위기 7기 착함[8]이 항공작업의 전부였다. 히류의 비행갑판은 비행기 배치 작업을 할 수 있는 상태였다. 겉으로 보면 도모나가는 고바야시가 출발하고 한 시간 반 뒤에는 뒤따라갈 수 있어야 했다. 그러나 그러지 못했다.

히류의 두 공격대가 두 시간 반이라는 시간차를 두고 출격한 데 대한 그럴듯한 이유는 두 가지다. 새벽부터 계속된 작전 때문에 탑승원, 정비원들이 탈진했거나 야마구치가 두 번째 목표의 위치를 정확히 파악할 때까지 기다렸다가 공격하기를 원했다는 것이다. 이유야 무엇이든 간에 히류의 작전 속도는 거의 기어가다시피 할 정도로 느려졌다. 기동부대는 물에 빠진 사람처럼 허우적대며 점점 힘이 빠져 가며 우왕좌왕하고 있었다. 결정적 행동이 필요한 바로 이 순간, 아침 작전에서 선보인 칼같이 완벽하게 짜인 공격대는 사라져버렸고, 히류는 넝마가 된 공격대를 가지고 절망적으로 싸우고 있었다.

12시 15분, 나구모는 기동부대의 지휘권을 다시 행사했고 히류를 포함한 나머지 함선들과도 정상적으로 통신하고 있었다. 기함 나가라는 침로 060으로 선두에서 적을 향해 기동부대의 수상함정들을 이끌고 있었다. 이미 곤도가 나구모 부대를 지원하고자 2함대를 이끌고 전속력으로 달려가고 있다고 알려 왔다. 곤도는 다음 날 새벽에야 도착할 것 같았지만 나구모는 곤도가 도착하기 전에 적과 교전을 벌인다고 해도 자신의 부대가 일몰까지 살아남을 것이라 믿었던 것 같다. 게다가 어둠 속에서라면 기동부대의 전함과 순양함은 지원전력이 도착해 전세를 역전할 때까지 충분히 버틸 수 있을 터였다.

이때(12시 20분), 10시 50분에 아베의 상보를 받고도 한 시간 반이나 침묵을 지킨 야마모토가 마침내 자신의 존재를 알렸다. 야마모토와 참모진은 방금 받은 충격에서 벗어나 상황을 만회할 방법을 궁리하고 있었다. 그러나 전장에서 한참 떨어진 야마모토와 참모진은 나구모보다 더 근거 없는 낙관론에 빠져 지금 사태가 수습 가능하다고 믿었다. 연합함대 참모진의 관점에서 가장 큰 우려는 나구모 함대에 항공모함이 부족하다는 점이었다. 곤도가 나구모와 합류하면 경항공모함 즈이호가 히류에 합세하겠지만 지원전력으로는 불충분했다. 여차하면 낡은 경항공모함 호쇼도 추가로 투입할 수 있을 것이다. 마지막으로 아카기나 가가가 전열에 복귀할 가능성도 희미하게나마 남아 있었다. 항공모함의 처분 보고는 아직 들어오지 않았고 야마모토는 피격된 항공모함들이 북쪽으로 퇴각하라는 명령을 받았음을 알았다. 그러나 전세를 뒤집을 수 있는 진정한 전력이 불행히도 알류샨 작전에 매인 준요와 류조임을 깨닫는 데는 천재적 전술가가 필요 없었다. 가쿠다가 4항전(제2기동부대)을 전장에 가급적 빨리 데려올수록 좋았다. 이제 가능한 한 모든 전력을 재편성해서 집중할 가장 빠른 방법을 찾는 동시에 가쿠다의 항공모함에 지원 요청을 해야 함이 명백해졌다.

미국 항공모함이 전투의 향배를 돌리는 데 있어 해결해야 할 유일한 문제는 아니었다. 미드웨이 제도의 항공전력을 어떻게 처리할 것인가라는 질문이 남았다. 연합함대 참모진은 함포 사격으로 미드웨이 제도를 무력화할 수 있다고 보았다. 곤도가 구리타의 7전대를 먼저 보내 새벽이 오기 전에 미드웨이를 포격할 수도 있었다. 모든 일이 순조롭게 진행되면 일본군은 5일 아침에는 미 항공모함만 상대하면 된다. 일본은 미국 항공모함의 전력을 약화할 수 있다고 믿을 만한 이유를 갖고 있었다.

야마모토는 12시 20분, 전 부대에 다음 명령을 하달했다. "1. 주력부대의 0900(도쿄 시간) 위치는 후-토-무フートーム 15, 침로 120도 속력 20노트. 2. AF(미드웨이) 공략부대 중 일부는 수송선단을 일시 북서쪽으로 피퇴시킬 것. 3. 제2기동부대(가쿠다)는 신속히 제1기동부대(나구모)와 합류하고 제3, 제5 잠수전대는 같이 산개선에 자리 잡을 것."[9] 약 한 시간 뒤인 13시 10분, 야마모토는 전력의 일부를 떼어내어 미드웨이 기지를 "포격으로 파괴"하라고 곤도에게 추가로 명령했다. 동시에 미드웨이와 키스카 공략은 "일시 연기"되었다.[10]

기동부대는 수상전 준비에 박차를 가했다. 나구모는 얼마 후(12시 25분) 기동부대 전체에 자신은 "주간전투로 적을 격멸할" 계획이며 전 함대는 "곧 적과 만날 준비를 하라."라고 알렸다.[11] 이 말의 뒷부분은 다소 이해하기 어렵지만, 이때 나구모는 적이 기동부대에 접근하고 있고 자신도 두 시간 동안 적과의 간격을 좁혀 나가고 있다고 생각했던 것 같다. 이것이 사실이라면 적 함대와 조우할 순간이 머지않아 다가올 것이다. 지쿠마와 도네는 각각 12시 25분과 29분에 어뢰전 준비가 완료되었다고 보고했다.[12]

이때 야마구치와 나구모에게는 피아 상대위치에 대하여 확실한 정보가 별로 없었다. 그렇지만 적이 100해리 이내에 있다는 단편적 보고만 받은 상황에서 미군이든 나구모 부대든 이 정도 물리적 거리를 마법처럼 줄일 수 있다고 생각했다면 어리석기 짝이 없는 일이다. 수상전은 적도 원할 경우에만 가능했다. 나구모는 적이 수상전에 관심이 없을 수 있다는 점을 고려해야 했다.

나구모가 적과 수상전이 가능하다고 생각한 것에 대하여 가장 그럴듯한 해명은 그가 적에게 자신이 원하는 전술을 투영했다는 것이다. 말하자면 일본군의 미드웨이 작전은 항공모함이 적의 전력을 점감漸減시키면 주력부대가 결정타를 가한다는 개념에 기반을 두었다. 이제 반대로 일본 기동부대가 갑자기 약화되자 나구모는 미군이 수상함대로 일본 기동부대를 포격하려 한다고 상상했을 수도 있다. 아니면 미 함대를 처음 발견했을 때 그랬듯이 적의 전력이 주로 수상함으로 구성되어 있다는 믿음에 또다시 사로잡혀 이렇게 생각했을지도 모른다. 물론 플레처와 스프루언스는 낮에든 밤에든 수상전을 하는 데 손톱만큼도 관심이 없었다.

나구모는 고바야시 공격대가 1척뿐이기를 바랐던 미 항공모함을 전투 불능으로 만든다면 이 전투를 순수한 수상함 간의 대결로 몰아갈 수 있다고 생각했을지도 모른다. 그러나 제대로 된 참모라면 10시 20분경에 받은 공격은 항공모함 1척 이상이 만든 작품이라고 분명하게 말했을 것이다. 더욱이 고바야시 공격대의 전과를 전혀 모르는 상황에서 이렇게 생각한다는 것은 헛되이 기적만을 바라는 일이나 마찬가지였다.

12시 40분, 지쿠마 5호기가 보낸 새로운 소식이 모든 환상에 종지부를 찍었다. "기점에서 방위 15도, 거리 130해리(278킬로미터), 적 대형 순양함 같은 물체 2척 보았음, 적 공모 같은 물체 1척, 구축함 1척 보았음, 침로 북방, 속력 20노트."[13]

보고를 받은 나구모의 표정이 어두워졌다. 그다음에 취한 행동으로 보아 나구모는 이 보고의 중요성을 알았던 듯하다. 적은 북쪽으로 달아나며 거리를 벌리고 있었다. 따라서 가까운 시간 내에 수상전을 벌일 기회는 사라졌다. 나중에 나구모가 쓴 다음 구절에는 의도하지 않았던 아이러니의 흔적이 보인다. "〔이때〕 적이 〔우리와〕 거리를 두려 한다는 것을 알게 되었음."[14] 이후 나구모는 적의 항로와 평행하게 달리며 북서쪽에 머무르려 했다. 나구모의 추가 행동은 히류 공격대의 성과와 지원군 도착 여부, 그리고 새로운 정찰보고에 달려 있었다. 이에 따라 12시 45분, 나구모는 060에서 정북 방향〔00〕으로 침로를 바꾸었다. 속력은 20노트였다.[15]

나구모가 북쪽으로 함수를 돌리려고 할 무렵 고바야시의 공격에 대하여 짤막한 소식이 히류에 들어왔다. 공격대의 함상폭격기 하나가 "다–나–이치タ–ナ–一, 적 공모 화재 발생, 아군 비행기는 보이지 않음. 우리는 귀환하겠음."이라고 타전했다. 흥미로운 부분은 전문의 내용이 아니라 발신자가 고바야시나 1중대의 차선임인 1중대 2소대장 곤도 다케노리近藤武憲 대위도, 2중대장 야마시타 대위도 아닌 2중대 2소대장 나카야마 시메마쓰中山七五松 비행특무소위로 보인다는 점이다.[16]

12시 45분 전문을 2중대의 하급 지휘관이 보내자 히류 함교에서 약간의 동요가 일어났다. 정상적 상황이라면 상급자들을 제치고 나카야마가 보고할 수 없다. 나카야마는 자신이 공격대에서 유일하게 살아남은 간부라고 생각했기에 보고했을 것이다. 결론은 하나였다. 고바야시 공격대는 큰 대가를 치렀다. 그러나 함상폭격기들이 착함할 때까지는 적에게 가한 타격이 어느 정도인지 알 수 없었다.[17]

그동안 아카기에서는 다소 기괴한 일이 일어났다. 12시 03분, 갑자기 기관이 다시 살아나 상처 입은 거인이 느릿느릿 우현으로 선회했다. 키는 여전히 고장 난 상태였다. 아오키 함장은 당혹스러웠다. 저절로 배의 기관이 '켜질' 수는 없다. 10시 43분에 기관구역 퇴거명령이 내려졌기 때문에 기관부로 접근하는 문도 모두 잠겨 있었을 것이다. 이 점만 보아도 아카기의 기관이 스스로 가동했다는 주장은 믿기 어렵다. 1항함 전투상보에는 아카기가 "자연히" 움직였다고 특기되었으나[18] 사람의 개입 없이 거대한 항공모함이 혼자서 선회할 만한 조건을 생각하기는 어렵다.

기관장 단보 중좌는 15분 전까지 기관구역에서 생존자가 없음을 확인했지만, 넓고 어둡고 매우 뜨거운 데다가 연기까지 들어찬 기관구역을 샅샅이 돌아볼 수는 없었을 것이다. 그렇지만 수수께끼를 풀어야 했으므로 아키야마秋山 기관소위가 아래로 내려갔다. 아키야마는 함수 부분의 사관거주구역을 지나 수리공작 작업실을 통해 1번 보일러실 앞에 있는 전력 조종실로 가는 긴 사다리를 타고 수선 아래 7.6미터에 있는 최하층 갑판까지 내려갔다. 아키야마는 아무것도 보이지 않는 어둠을 헤치고 함미 방향으로 가서 94번 프레임과 좀 더 함미와 가까운 108번 프레임에 각각 위치한 보일러 조종실들을 들여다보았다. 손전등으로 다이얼과 계기들을 살펴보니 보일러에 증기압이 어느 정도 남아 있었다. 나중에 동력을 살리고자 했다면 퇴거하면서 보일러의 증기를 방출할 이유가 없었다.

기관과 지휘소는 전·후부 기관실에 각각 위치했다. 매연이 점점 짙어지는 상황에서 아키야마는 전부 기관실에 도착한 것만으로도 운이 좋았다. 이 구획은 동굴처럼 휑했고 칠흑 같은 어둠에 더해 숨이 꽉 막히는 연기로 가득 차 있었다. 아키야마는 손전등의 가느다란 빛줄기에 의지해 멈춰 버린 기계장치와 쓰러진 승조원을 일별했을 것이다. 후부 기관실은 여기에서 함미 쪽으로 46미터를 더 가야 했고 유일한 길은 바깥쪽 축로軸路shaft alley 아래로 난 비좁은 통로뿐이었다. 주변 상황이 끔찍할 정도로 나쁜 데다가 들어간 곳에 시신밖에 없었기 때문에 아키야마가 후부 기관실도 사람이 있을 만한 곳이 아니라고 생각했다 해도 놀랄 만한 일은 아니다. 더 이상 머뭇거릴 시간이 없었다. 어쨌든 아키야마는 함장과 기관장에게 상황을 보고할 임무가 있었고 여기에서 죽으면 임무를 완수할 수 없었다. 아키야마는 묘갑판으로 돌아가 기관과 지휘소에는 전사자밖에 없다고 보고했다.[19]

그러나 아키야마가 잘못 짚었다. 정오경에도 아카기의 후부 기관실에 사람이 있었으나 함수 쪽에 있는 사람들은 이 사실을 몰랐다. 이때 함의 양 끝단 사이의 교신은 완전히 두절되어 있었다. 함미부에도 생존자들이 모여 있었고 상당수는 기관구역에서 나와 조타가 위치한 공간에 있는 해치들을 통해 빠져나왔을 것이다. 성명불상의 기관과 장교가 이들 중 일부를 이끌고 다시 안으로 들어가 후부 폭탄고를 침수시키고 동력을 되살리려 했을 수도 있다.

1항함 전투상보가 이를 간접적으로 증언해 준다. 후부 폭탄고는 13시까지 침수되지 않았다. 함미부가 지근탄 폭발로 충격을 받았고 이로 인해 배관부도 손상된 터라 수동으로 침수시키는 것 외에는 방법이 없었다. 그렇다면 누군가는 후부 기관구역으로 들어가서 **침수시켜야 했다**. 여기에 (거의 기관병들로 구성되었음이 확실한) 응급반이 투입되었을 터인데 우연찮게도 후부 폭탄고는 후부 기관실 바로 옆에 있었다. 이 응급반원들이 동력을 되살렸을 수도 있다. 어떻게 설명하든 간에 아카기는 움직이고 있었다. 아카기는 불길에 휩싸인 채 장중하게 나아갔으나 그 어디에도 다다르지 못할 운명이었다.

그렇지만 아카기의 선회가 반드시 나빴던 것만은 아니다. 소류의 전투기 에이스 후지타 이요조 대위가 그 덕택에 구조될 수 있었다. 히류를 뇌격하는 VT-3을 막아서다가 아군 오사로 격추당한 후지타는 주의를 끌 방법도 없이 구명조끼에만 의존하여 표류했다. 보이는 배들은 모두 저 멀리 수평선에 있었다. 지독하게 배고프고 나쁜 상황에서 놀랍게도 아카기가 다시 움직이는 모습이 보였다. 게다가 자신이 있는 방향이었다. 후지타는 아카기를 향해 헤엄쳤다.[20]

아카기가 움직이자 호위함들도 따라서 움직였다. 얼마 지나지 않아 후지타는 구축함 노와키가 자기 쪽으로 다가오는 모습을 보았다. 후지타는 미친 듯이 손을 흔들었다. 노와키의 25밀리미터 기관포 하나가 빙 돌더니 후지타를 겨냥했는데 잠시 적 비행사로 오인했던 것 같다.[21] 그 순간 운명의 여신이 후지타를 구했다. 노와키의 항해장과 부장이 물속에 있는 사람의 얼굴을 알아본 것이다. 세 사람은 해군병학교 동기였다.[22] 억센 팔들이 후지타를 갑판으로 끌어올렸다. 후지타는 멀리서 노와키의 커터에 탄 수병들이 불타는 항공모함에서 생존자들을 구조하는 모습을 보았지만 자세한 상황을 눈에 담기에는 너무 지쳐 있었다. 음식을 먹고 마른 옷으로 갈아입은 다음 후지타는 노와키의 갑판에 쓰러져 그대로 곯아떨어졌다.

13시 00분, 야마구치는 나가라의 기무라 소장을 통해 대치 중인 적의 정체를 알게 되었다. 구축함 아라시가 요크타운의 VT-3 소속 조종사를 물에서 건져 심문했다. 미 항공모함은 1척이 아닌 3척—요크타운, 엔터프라이즈, 호닛—이었다.[23] 심문 과정 중에 이 불운한 포로—웨슬리 오스머스 소위—는 요크타운이 엔터프라이즈, 호닛과 떨어져 작전 중이라는 사실까지 털어놓았다. 오스머스는 진주만에서 미 함대가 출격해 미드웨이 수역에 도착한 시간, 함종 구성 등 자세한 정보도 진술했다.

오스머스의 정보는 완벽하지 않았으나 두 가지 중요한 점이 일본군이 짐작했던 바와 맞아떨어졌다. 첫째, 일본군은 자신들이 강력한 적과 싸우고 있음을 알게 되었다. 둘째, 미 항공모함들이 둘로 나뉘어 작전하고 있음이 분명하므로 일본군이 양쪽을 모두 발견했는지가 불확실해졌다. 돌아온 소류 소속 D4Y1이 이를 확인했다.[24] 기동부대로 귀환했으나 히류의 비행갑판에 뇌격기들이 배치 중인 광경을 보고 조종사 이다 마사타다 일등비행병조는 보고구報告球에 메시지를 넣어 비행갑판에 떨어뜨렸다.[25] 적은 항공모함 3척으로 구성된 2개 기동함대로 작전 중이며 두 번째 적 기동함대는 고바야시가 공격한 함대의 남쪽에 있음을 확인하는 내용이었다.[26]

이제 일본군은 포로 진술과 아군의 정찰보고로 자신이 얼마나 승산 없는 싸움을 하고 있는지를 확인했다. 고바야시 공격대가 미 항공모함 1척에 큰 피해를 안겼다고 해도 히류는 나머지 2척을 대적할 힘이 없었다. 아군 항공모함 1척이 있으니 적 항공모함 2척만 더 잡으면 된다는 생각은 지나치게 안이한 독장수셈에 지나지 않았고, 초라하게 쪼그라든 히류 비행기대의 상황을 고려하지 않은 계산이었다. 이때 미일 양측은 모두 큰 피해를 입은 상태였다. 양쪽 모두 완전편제 상태인 비행단(일본군은 비행기대)이 없었다. 이제 전투력의 척도는 누가 여분의 항공전력과 항공모함을 가지고 있느냐였다. 그러나 히류 비행기대는 아침에 비하면 원래 모습을 찾아볼 수 없을 정도로 손실이 컸고 야마구치는 항공모함 단 1척만으로 전투를 벌이고 있었다. 아카기가 딕 베스트의 공격에서 빠져나왔다면 야마구치의 접근법이 맞았을 것이다. 그러나 현재 야마구치가 취할 수 있는 가장 현명한 방책은 교전 중단이었다. 도모나가 공격대가 발함 준비를 마치는 45분 동안 거리를 벌리지 않은 것은 히류를 불필요하게 노출시켜 공격받을 가능성을 높이는 잘못된 행동이었다. 그러나 소류 소속 D4Y1의 정찰보고와 오스머스의 심문 결과를 알게 된 시간을 전후해 기록에서 확인 가능한 나구모의 행동은 13시 10분에 도네와 지쿠마에 신호를 보내 두 번째 미군 기동함대(17기동함대)의 위치를 확인하기 위해 0에서 90도 방위로 정찰을 실시하라고 명령한 것뿐이다.[27]

이때 일본 기동부대는 뿔뿔이 흩어져 있었기 때문에 각 함선의 정확한 위치는 추정할 수밖에 없다. 3전대와 8전대의 대형함들은 나가라에 가깝게 붙어 미군에 다가가고 있었다. 전술했듯이, 나구모는 침로를 정북 방향인 00으로 바꿨다가(12시 45분) 13시 22분에 070(북동)으로 변침했고[28] 14시 40분에 히류가 합류할 때까지 이 침로를 유지했다.

히류의 위치는 항적 기록이 남아 있지 않기 때문에 파악하기가 더 어렵다. 남아 있는 증거로 추정해 보면 히류는 11시 30분에 소류를 떠난 뒤 아침에 일어난 참극의 현장에서 약간 동쪽으로 떨어진 위치에서 왔다 갔다 하면서 항공작전을 수행한 것 같다. 따라서 히류와 나가라의 추정 항로를 그려 보면 히류는 나구모의 동쪽에 있다가 정오경 나구모가 미군을 향해 돌진한 다음부터 나구모의 남쪽에 떨어져 있었던 것으로 보인다. 그러나 남아 있는 증거로 볼 때 양쪽은 서로 발광신호를 보낼 수 있는 거리 내에 있었던 것 같다. 아마 8전대가 신호 중계 역할을 했을 것이다.[29] 따라서 지휘통제 체계 관점에서 볼 때 야마구치는 나구모와 완전히 단절되지는 않았다. 이런 점들을 고려해 보면 10시 20분의 참사 직후 몇 시간 동안 일본군 지휘체계의 모습에 통설과 다소 다른 모습이 보인다. 나구모는 야마구치의 뒤를 따라가는 대신 선두에 서서 함대를 이끌려 했다. 야마구치도 공격적이라는 평판과 달리 혼자 30노트로 북동쪽으로 항해하면서 적과 거리를 좁히지 않았다. 정황을 통해 미루어 보면, 히류가 적을 따라가며 공격대를 보내고 수용하는 동안 나구모는 앞에서 히류를 보호하다가 결국 적과의 거리를 좁히려는 시도를 포기하고 나구모의 남쪽에 있던 히류가 빨리 진형에 합류하도록 침로를 변경한 것으로 보인다.

이때 일본군의 당면 과제는 발견한 미 항공모함 1척(요크타운)과의 접촉 유지였다. 불행히도 이때 다케자키의 지쿠마 5호기는 임무 수행에 애를 먹어 통신 두절과 재개를 반복했다. 12시 17분, 고바야시 공격대의 공격수역 주변을 맴돌던 지쿠마 5호기는 적기의 추격을 받아 접촉을 상실했다고 보고했으나 3분 뒤에 적과 접촉을 재개했다고 타전했다. 그 뒤로 지쿠마 5호기의 조종사 하라 히사시[30] 삼등비행병조는 미군기들과 숨바꼭질을 벌이며 구름 속으로 숨었다 나왔다 하기를 계속했다. 13시 05분, 다케자키가 020 방위에서 24노트로 움직이는 적(항공모함)을 접촉 중이라고 보고했다.[31] 흥미롭게도 다케자키는 고바야시 공격대가 보고했듯이 항공모함이 불타고 있다고 말하지 않았다. 이때 요크타운은 정지해 있었다. 다케자키는 깨닫지 못했으나, 지쿠마 5호기는 17기동함대〔요크타운〕가 아닌 16기동함대〔엔터프라이즈, 호닛〕를 발견했던 것 같다.

추가 정찰을 하면 이렇게 앞뒤가 맞지 않는 점을 바로잡을 수 있었다. 적이 가까이 있었기 때문에 항속거리가 더 짧은 95식 수상정찰기를 투입할 수 있다는 장점이 생겼다. 13시 15분, 아베 소장은 예하 함선들에 정찰기 5기를 띄우라고 신호했다.[32] 각 정찰기는 색적선을 따라 150해리(278킬로미터)를 정찰한 후 왼쪽으로 선회하여 30해리(54킬로미터)를 비행한 다음 귀환하라는 명령을 받았다. 각 색적선은 다음과 같다.

색적선 1, 90도, 도네
색적선 2, 70도, 도네
색적선 3, 50도, 지쿠마
색적선 4, 30도, 하루나
색적선 5, 10도, 기리시마

그러나 5분 뒤 하루나는 이미 13시에 정찰기 3기 전부를 발진시켰다고 발광신호로 보고했다. 하루나의 정찰기들은 서쪽으로 40도에서 340도에 이르는 반경 안을 정찰하라는 명령을 받았다.[33] 아베가 지나치게 의욕이 넘친 하급지휘관의 독단을 어떻게 생각했는지는 수수께끼이다.[34] 하루나의 정찰기 가운데 하나는 결국 미 함대와 접촉하게 된다.[35] 이것은 이것대로 기이한 일인데 이때 미 함대는 기동부대의 거의 정동쪽에 위치해 있어서 계획대로라면 하루나의 정찰기는 빈 바다 외에는 아무것도 보지 못했어야 했기 때문이다. 마찬가지로 하루나의 정찰기와 겹쳐 5번 색적선(10도)을 정찰했어야 할 기리시마의 정찰기가 실제 발진했는지도 수수께끼로 남아 있다.

히류의 비행갑판에서는 도모나가 공격대의 발진 준비가 거의 끝나 가고 있었다. 13시 00분경, 97식 함상공격기 10기가 비행갑판에서 엔진을 시운전하고 있었다. 호위전투기 수는 야마구치가 야마모토에게 보낸 상보에서 언급한 3기가 아닌 6기로 결정된 것 같다. 지휘관은 모리 시게루 대위였다. 모리는 다른 항공모함에서 온 전투기들을 2기씩 3개 소대로 재편했다.[36] 그중에 미네기시 요시지로峰岸義次郎 비행병조장이 조종하는 전투기가 있었다. 미네기시의 전투기는 고바야시 공격대를 호위하던 중에 미군 SBD 편대와 교전하다 손상되었는데 손상 정도가 비교적 가벼웠는지 한 시간 반이 지난 지금은 수리를 마치고 출격할 수 있었다.[37] 미네기시는 2소대를

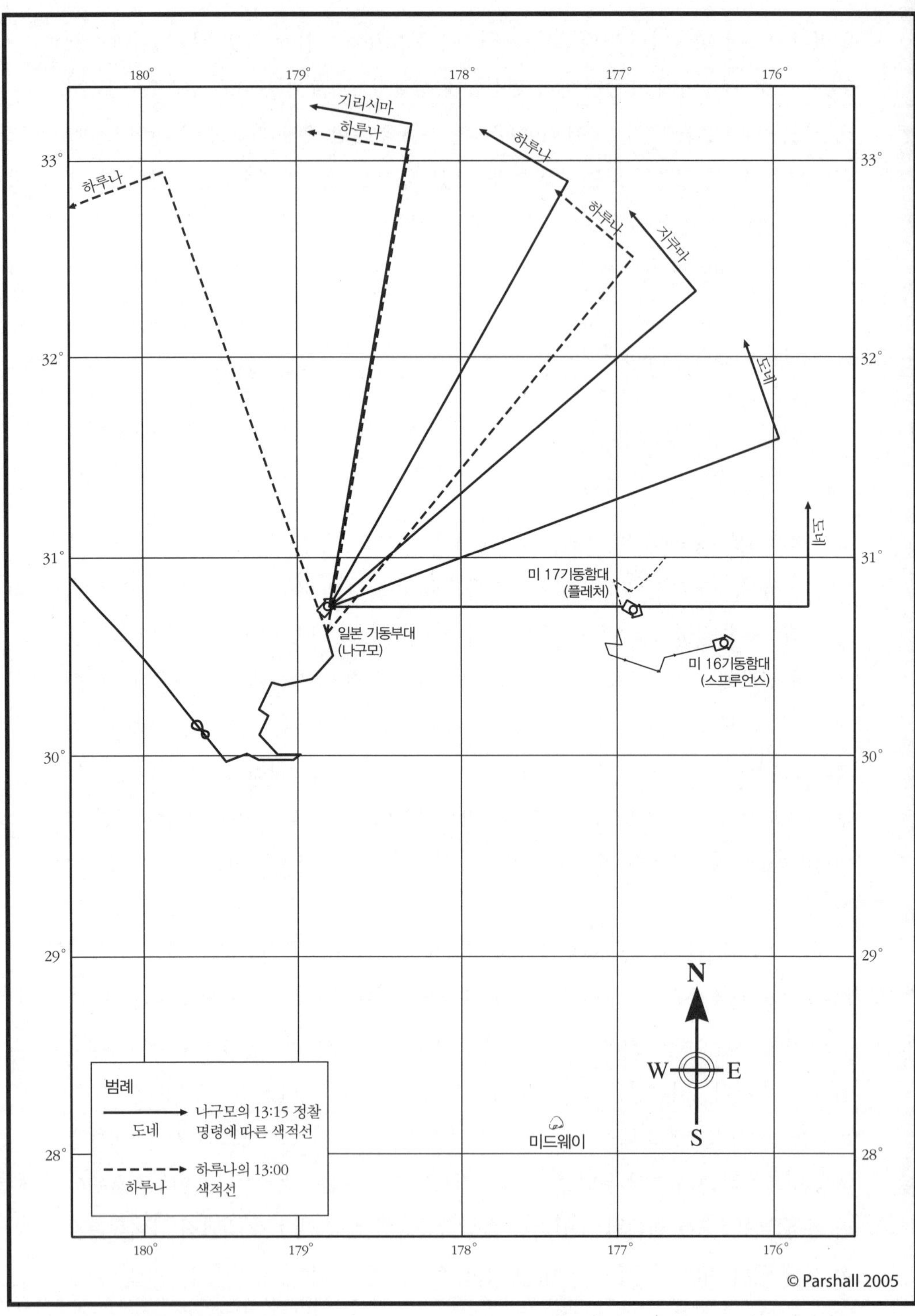

16-1. 6월 4일 이른 오후의 일본군 정찰계획. 나구모가 13시 15분에 명령한 정찰뿐만 아니라 하루나가 13시에 발함시킨 정찰기의 색적선이 표시되어 있다. 실제 누가, 어떤 정찰기를 타고 이 색적선들을 따라 정찰했는지는 알려지지 않았다.

배정받았다. 3소대 지휘는 경험 많은 가가의 야마모토 아키라 일등비행병조가 맡았다. 야마모토는 가가의 생존자 반도 마코토阪東誠 삼등비행병조와 함께 비행했다.

도모나가 대위는 아침에 비하면 변변찮은 규모였지만 다시 한 번 함공대를 이끌게 되었다. 도모나가는 이 작은 부대를 5기씩 2개 중대로 나누었다. 1중대의 향도기嚮導機는 그의 기체였다. 아침에 도모나가가 조종한 97식 함상공격기의 관측수인 하시모토 대위가 2중대를 지휘하게 되었는데, 남은 탑승원 중 최선임 장교 둘을 각 중대에 배치하는 것이 최선이라는 도모나가의 뜻에 따라 이루어진 조치였다. 하시모토는 다카하시 도시오高橋利男 일등비행병조가 조종하는 비행기에 관측수로 탑승했다.

바로 그때, 미드웨이에서 피탄되어 구멍이 난 도모나가 탑승기의 왼쪽 날개 연료탱크의 수리된 부위에서 결함이 발견되었다. 탱크에서 계속 기름이 샜다.[38] 무거운 어뢰를 매단 97식 함상공격기의 날개 바깥쪽 225리터 연료탱크에는 원래 연료를 채울 수 없었다. 즉 도모나가의 비행기는 350리터 우측 안쪽 연료탱크에만 연료를 채울 수 있었다.[39] 왕복 비행에 불충분한 연료량이었다. 몇몇 탑승원들이 도모나가의 파손된 비행기를 대신 몰겠다고 제안했으나 도모나가는 쾌활하게 거절했다. 도모나가는 양키들과 고작 90해리(167킬로미터)밖에 떨어져 있지 않으니 탱크 하나만으로도 충분히 다녀올 수 있다고 가볍게 말했다.[40]

출격 전 훈시는 야마구치 소장이 직접 했다. 야마구치는 탑승원들에게 최선을 다하라고 격려하고 그들이 기동부대의 마지막 희망임을 상기시켰다. 이제 미 항공모함이 3척이고 그중 하나가 손상되었다는 사실을 안 이상 피해를 입지 않은 항공모함 중 하나를 반드시 공격해야 했다.[41] 탑승원들은 굳은 표정으로 고개를 끄덕이고 각자의 비행기로 향했다. 야마구치는 히류의 비행대장이 기꺼이 자신을 희생하려는 의지에 감명받았던 것 같다. 도모나가가 비행기에 탑승하려고 뒤돌아서자 야마구치가 다가와 악수를 청했다. "기꺼이 자네를 따라가겠네." 주변에 있던 사람들은 도모나가 같은 젊은이가 나라를 위해 목숨을 바치는 마당에 야마구치 소장도 살아 돌아가기를 포기한 게 분명하다고 생각했다.[42]

13시 15분, 도모나가 공격대의 탑승원들이 훈시를 듣는 동안 고바야시 공격대의 생존자들이 모습을 드러냈다. 갑판에 함상공격기들이 대기하는 모습을 보고 1기가 부웅 하고 지나가며 보고구를 투하했다. 히류의 비행장 가와구치 스스무 중좌가 보고구를 회수했다. 보고에 따르면 고바야시 공격대가 떠날 때 적은 방위 080에서 90해리 떨어져 있었고 함종은 중순양함 5척에 항공모함 1척이며 이 항공모함 1척에 심한 화재가 발생했다. 가와구치는 이 내용을 하시모토에게 전달했는데 그는 이번 출격에 하시모토와 도모나가가 같은 비행기를 타지 않는다는 사실을 몰랐다. 따라서 출격 당시 도모나가는 요크타운의 최신 위치정보를 받지 못했다.[43]

마침내 준비가 모두 끝났다. 히류는 13시 30분에 발함작업을 시작했다.[44] 운이 좋아 상부 현측에 있던 사람들은 출격 장면을 눈을 부릅뜨고 지켜보았다. 하지만 그 누구도 야마구치 소장만큼 온 신경을 집중해 주시하지는 못했을 것이다. 야마구치는 침통한 표정으로 함교에 우뚝 서서 떠오르는 비행기 하나하나를 뚫어져라 바라보았다. 히류가 발진시킨 마지막 공격대는 상공에서 집합해 방향을 틀어 동쪽 수평선 너머로 사라졌다. 이 공격에 최종 승패가 달려 있었다. 야마구치의 곁에 있던 가쿠 함장이 고바야시 공격대를 착함시키라고 명령했다. 회수가 끝나면 히류는 바람 부는 방향에서 벗어나 북쪽으로 회두해 나구모가 탑승한 나가라와 합류할 계획이었다.

도모나가가 적을 향해 날아가는 동안 가와구치 비행장은 비행갑판을 치우고 고바야시 공격대를 회수하기 시작했다. 소류의 D4Y1 정찰기가 가장 먼저 착함했고[45] 나머지 함상폭격기들이 뒤를 따랐다. 10시 57분에 히류를 떠난 24기 중 6기만 착함했다. 함상폭격기 5기와 제로센 1기였다.[46] 제로센과 함상폭격기 1기는 심하게 손상되어 더 이상 비행이 불가능했다. 고바야시와 곤도 대위의 비행기는 돌아오지 못했다. 생환자들에게 물어보아도 무슨 일이 있었는지 자세히 알기가 어려웠으며 서로의 이야기에 모순되는 부분이 많아 히류의 간부들은 전투가 끝난 지 한참 뒤에도 앞뒤가 맞지 않는 증언들을 모아 가며 일관성 있는 기록을 작성하느라 고생했다.

고바야시의 출발은 좋았다. 저공에서 시야가 더 좋았기 때문에 발함 후 공격대는 상대적으로 낮게 비행했지만 미 함대 추정 위치 근처에서는 고도를 높였다.[47] 11시 32분, 지쿠마 5호기가 보낸 반가운 신호가 잡혔다.[48] 고바야시를 목표물까지 안내해 줄 신호였다. 9분 뒤에 지쿠마 5호기가 미군의 위치 정보를 다시 보냈다.[49]

그러나 동시에 고바야시는 전투기 엄호를 잃었다. 시게마쓰의 제로센들이 앞쪽 아래에서 적 뇌격기같이 보이는 물체를 포착했다.[50] 시게마쓰는 교전을 요청해 승낙을 받았다.[51] 돌이켜 보면 명백한 실수였다. 적기와 전투를 벌이고 싶다는 충동은 고바야시의 귀중한 함상폭격기들을 버리고 떠나야 할 타당한 이유가 아닌 데다가 이 적기들은 히류에 당장 위협적이지도 않았다. 그러나 이것이 일본군 전투기의 전형적 행동양식이었다. 전투기 조종사들은 공격기 근접엄호야말로 진짜 중요한 지원이라는 근본적 사실을 터득하지 못했다.

시게마쓰는 제로센 6기를 이끌고 급강하했다. 사실 이 적기들은 TBD가 아니라 길을 잃은 찰스 웨어 대위의 불운한 엔터프라이즈 소속 SBD 편대였다. 싸움은 격렬했다. 일본군은 수없이 SBD 편대를 통과하며 격추 기회를 노렸으나 아침에 동료 직위기들이 알게 된 사실을 이제야 배우기 시작했다. 밀집편대비행을 하는 미군 급강하폭격기들은 난적이었다. 제로센들은 예상치 못한 뜨거운 환영에 놀랐다. 결과적으로 SBD는 한 대도 격추하지 못한 반면 제로센 2기(미네기시 요시지로 비행병조장과 사사키 히토시佐々木齊 일등비행병조 조종)가 심하게 손상되어 교전을 중단하고 히류로 비틀거리며 돌아갔다.[52] 결국 미네기시의 기체만 귀함하는 데 성공해서 도모나가 공격대 발함시간에 맞춰 수리와 연료·탄약 보충을 끝낼 수 있었다. 사사키의 기체는 12시 30분경 히류의 호위함 근처에 불시착했다. 정신이 번쩍 든 시게마쓰는 살아남은 전투기 4기를 이끌고 고바야시의 함상폭격기들을 쫓아갔다. 따라서 시게마쓰의 전투기들은 하필 고바야시가 가장 엄호를 필요로 할 때 제자리에 없었다.

11시 59분, 요크타운의 레이더가 미확인기들의 접근을 포착했다.[53] 요크타운의 레이더 조작원은 이 분야 최고 전문가였고 조잡한 레이더 스크린에서 이 비행기들이 고도를 높이고 있음을 판독해낼 수 있었다. 착함하려는 아군기라면 절대 하지 않을 행동이었다.[54] 미군 초계기들은 임무교대 중이었다. 그러나 레이더가 시간을 벌어준 덕분에 상공에 있던 요크타운의 전투기 20기 대부분이 고바야시 공격대 요격에 나설 수 있었다. 그럼에도 불구하고 와일드캣들이 충분한 고도까지 올라가기에는 시간이 부족했으며 편대도 제대로 짤 수 없었다. 와일드캣들은 어쩔 수 없이 단독으로 혹은 소집단으로 공격했다.

고바야시 공격대의 2개 함상폭격기 중대는 1중대가 2중대 오른쪽 앞에 있는 제대梯隊형태로 날아왔고 각 중대는 V자 대형으로 비행하는 3개 소대로 이루어져 있었다.[55] 고바야시는 정오에 적을 포착해 공격을 시작한다고 히류에 즉각 알렸다. 타전을 마치자마자 정면과 배면에서 다가오던 미군 전투기들이 고바야시 공격대를 덮쳤다. 미군은 대담하게 공격을 걸었다. 엘버트 S. 매커스키Elbert S. McCuskey 중위는 와일드캣을 몰고 고바야시의 1중대를 한 번 통과하며 공격한 뒤 다시 공격하기 위해 반전했다가 거의 정면으로 다가오는 야마시타 대위의 2중대를 보았다. 비둘기 떼를 덮치는 매처럼 매커스키는 야마시타의 2중대를 흩어 놓았다. 함상폭격기 여러 기가 충돌을 피해 전열을 이탈했다. 그동안 고바야시의 선도중대도 비슷하게 혼란스런 상황에 처해 있었다.

일본 공격대가 대형을 풀자마자 새로이 나타난 와일드캣들이 곧장 가운데로 밀고 들어왔다. 미군 전투기들의 사격 솜씨는 매우 정확했다. 1중대 2소대장 곤도 대위의 기체를 포함한 함상폭격기 여러 대가 불길에 휩싸이며 추락했다. 아서 J. 브래스필드Arthur J. Brassfield 대위는 혼전을 뚫고 요크타운에 접근을 시도하던 일본군 함상폭격기 1개 소대를 혼자서 모두 격추했다. 다른 2기는 폭탄을 버릴 수밖에 없었다. 비교적 기동성이 좋은 99식 함상폭격기 몇몇이 와일드캣과 선회전을 시도했지만 이 전술은 성과를 거두지 못했다.

이때쯤 시게마쓰의 제로센들이 마침내 전장에 뛰어들었다. 새 와일드캣들이 계속 나타나는 상황에서 일본군에게는 천만다행이었다. 시게마쓰의 제로센 4기는 미군기들과 격렬한 공중전을 벌였다. 미군 조종사들은 일본군 조종사들만큼이나 상대와 겨뤄 보고 싶어 안달 나 있었다. 결과는 또다시 쓰디썼다. 제로센 3기가 격추되는 동안 와일드캣은 단 1기만 격추되었다. 용감한 시게마쓰만이 유일한 생존자였다.[56] 마침내 12시 10분경, 아직 폭탄을 매단 채 살아남은 함상폭격기 7기가 폭격 경로를 잡았다. 이 중 하나였을 나카야마 특무소위가 폭격 결과를 히류에 타전했을 것이다. 이미 편대가 뿔뿔이 흩어져 일본 폭격기들은 혼자서 또는 소집단으로 공격했다.

바로 눈앞에 미 기동함대가 있었다. 적 항공모함은 순양함과 구축함들에 빈틈없이 둘러싸여 보호받고 있었다. 모두 가운데 있는 항공모함을 방어하기 위해 대공사격 중이었다. 일본군은 180도 내 거의 전 방위에서 달려들며 날카로운 각도에서 정확하게 급강하했다.[57] 두 시간 전 일본 기동부대의 장병들이 엔터프라이즈와 요크타운의 급강하폭격기가 보인 솜씨에 감탄했듯이 요크타운의 모든 이가 일본 기동부대의 노련한 프로들이 실전에 임하는 모습을 눈앞에서 지켜보게 되었다. 일본군 조종사들은 냉정을 잃지 않고 최적고도와 위치를 계산하며 밑에서 자신들을 겨누어 퍼붓는 대공포화에 전혀 신경 쓰지 않은 채 마지막 순간에야 조종간을 앞으로 밀었다. 이들은 예비 전력으로 미드웨이 공습에서도 제외된 나구모의 '최정예 팀'이었다. 그리고 공격의 결과는 나구모 장관의 기대에 충분히 부응했다.

첫 번째 99식 함상폭격기는 요크타운의 바로 뒤에서 공격하며 가능한 한 마지막까지 급강하하지 않았다. 목격자들에 따르면 이 함상폭격기는 급강하 후에도 기수를 올릴 기미가 없어 보였다. 그러나 일본군 조종사들이 대공포화에 전혀 개의치 않았다 해도 미군 대공포화는 격렬한 뿐만 아니라 정확했다. 함상폭격기가 폭탄을 투하하자 마자 요크타운 함교 뒤에 있던 1.1인치(2.8센티미터) 기관총이 이 함상폭격기를 산산조각 냈다. 투하된 폭탄은 242킬로그램 육용폭탄으로 대공포좌 제압이 목적이었다. 공중 분해된 함상폭격기는 요크타운의 항적 위에 세 조각으로 불타며 떨어졌다. 그러나 일본군 조종사의 조준 실력은 엄청났다.[58] 폭탄은 빙글빙글 돌며 낙하해 요크타운의 중앙 엘리베이터 바로 뒤에서 눈부신 섬광을 내며 폭발했다. 격추된 일본군 조종사가 복수라도 하듯이 방금 그의 비행기를 격추한 1.1인치 기관총 사수들이 이 폭발로 몰살당했다.

잠시 대공포화가 약해졌으나 히류의 두 번째 함상폭격기도 똑같은 대접을 받았다. 첫 번째와 거의 동일하게 함미에서 일직선 방향으로 급강하하던 함상폭격기가 대공포화에 격추되어 함의 항적에 거꾸로 처박혔다. 이 폭격기에 매달린 폭탄이 폭발해 요크타운 함미 쪽에 불타는 파편을 뿌렸고 함미부에서 작은 화재 몇 건이 발생했다.

세 번째 공격자는 1중대의 마지막 조종사인 쓰치야 다카요시土屋孝美 이등비행병조였다. 쓰치야 역시 함미 쪽으로 접근해 확실하게 명중시키기 위해 저고도까지 75도 각도로 급강하했다. 쓰치야의 통상탄은 명중한 것처럼 보였으나 사실 요크타운 함미 옆에 떨어졌다. 쓰치야는 수면에 아슬아슬하게 닿을 만한 고도로 현장을 서둘러 빠져나와 동료들의 운명을 피할 수 있었다.

다음은 2중대 소속 4기 차례였다. 2중대기들은 요크타운의 우현에서 부채꼴 모양

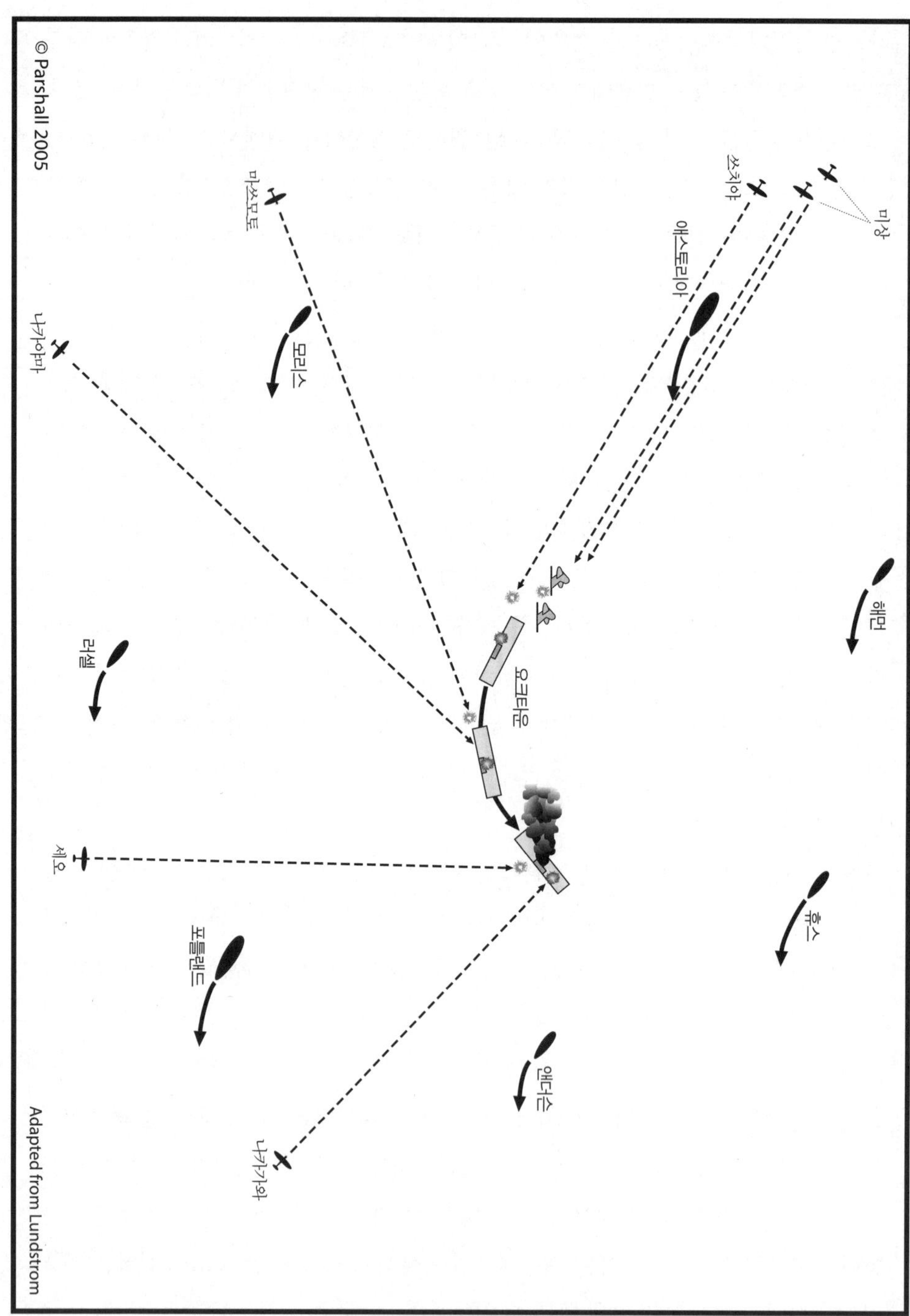

16-2. 12시 11분~12시 14분, 히류 함상폭격기대의 공격

16-3. 고바야시의 공격 중 한계점까지 기다렸다가 급강하를 시작한 99식 함상폭격기(원 안쪽). 다른 99식 함상폭격기가 추락하면서 요크타운 함수 쪽에 만들어낸 물기둥으로 보아 쓰치야 다카요시 이등비행병조의 기체로 보인다. 쓰치야는 1,600피트(488미터) 고도에서 75도 각도로 요크타운에 급강하 공격을 시도했다. 사진 촬영 시기는 폭탄을 떨어뜨리기 직전으로 보인다.[59] (National Archives and Records Administration, 사진번호: 80-G-32355)

으로 공격했다. 그러나 30노트로 달리는 요크타운은 명중시키기 어려운 목표였다. 2중대가 진입하자 요크타운은 조준을 방해하려고 좌현으로 선회했다. 마쓰모토 사다오松本定男 일등비행병조가 쓰치야의 뒤를 따라 강하했다. 강하각은 쓰치야보다 완만했지만 마쓰모토는 도망치는 항공모함의 함미에 폭탄이 명중했다고 생각했다. 그러나 마쓰모토의 육용폭탄도 요크타운의 항적에 떨어졌다.

요크타운의 행운은 다음 함상폭격기가 강하할 즈음 끝났다. 이 비행기는 나카자와 이와오中澤巖雄 비행병조장이 조종했고 그의 뒤에 2소대장 나카야마 시메마쓰 비행특무소위가 앉아 있었다. 나카자와는 8,000피트(2,438미터)에서 급격한 각도로 강하했다. 조준은 정확했다. 요크타운과 호위함들이 격렬한 대공포화를 퍼부었지만 나카자와는 함 중앙부에 250킬로그램 통상탄을 명중시켰다.[60] 즉시 엄청난 검은 연기가 뿜어져 나왔다. 크게 파손된 요크타운은 눈에 띄게 느려져 스스로를 지키기도 어려워졌다.

다음 공격은 2중대 3소대장 나카가와 시즈오中川靜夫 비행병조장이 실시했다. 나카가와는 다른 경로를 선택해 7,500피트(2,286미터)에서 요크타운의 우현 선수 쪽으로 접근했다. 나카자와의 명중탄에 정신이 팔려 있었는지 아니면 대공포수들이 이 방향에 주의하지 않았는지 알 수 없으나 나카가와는 훨씬 줄어든 대공포화의 덕을 보았다. 나카가와는 급강하폭격 대신 활강폭격을 선택했다. 앞서 같은 방식으로 일본군을 공격한 헨더슨과 부하들에게 활강폭격을 무시하지 말라고 시위라도 하듯이 나카가와는 250킬로그램 통상탄을 전방 엘리베이터에 정확하게 명중시켰다.

요크타운은 심각한 피해를 입었다. 폭발로 발생한 화재가 함의 탄약고와 전방 항공유 저장구역을 위협했다. 그러나 일본군과 달리 미군은 항공유 관련 시설을 튼튼하게 보호했다. 미군은 공격이 시작되기 전에 비행갑판에 있던 급유차를 아낌없이 바다에 버렸다. 함을 손상할 인화물을 조금이라도 줄이려는 조치였다. 더 중요한 점은 요크타운 승조원들이 이미 송유관을 비우고 그 자리에 이산화탄소를 채워 넣었다는 것이다. 이는 최근 수립된 혁신적인 예방적 손상통제 기법이 적용된 첫 사례이자 지금까지 전투에서 쌓아 온 요크타운의 경험이 빛을 발한 순간이었다. 만약 이때 요크타운에서 항공유 화재가 발생했다면 보일러 9개 중 6개가 꺼진 상태에서 나카가와의 공격이 결정타가 되었을 것이다. 그러나 이때 입은 피해는 대응 가능한 수준이었다.

나카자와의 요기인 세오 데쓰오瀨尾鐵男 일등비행병조가 조종하는 함상폭격기가 일곱 번째이자 마지막으로 급강하했다. 세오는 8,000피트(2,438미터) 고도에서 강하해 요크타운의 우현을 노렸다. 앞선 조종사들에 비해 세오의 강하각은 다소 얕았다. 요크타운에서 솟아오른 연기가 조준을 방해했는지 아니면 강하각이 부족했는지 알 수 없으나 세오의 폭탄은 요크타운의 현측을 살짝 비껴 나갔다.

종합적으로 보면 히류의 조종사들은 최고의 공격 성과를 올렸다. 함상폭격기 7기가 명중탄 3발과 지근탄 2발을 맞혔다. 누가 보더라도 부러워할 만한 정확도였다. 그뿐만 아니라 쏟아져 나온 엄청난 연기와 급격하게 줄어든 속도로 보아 요크타운은 최소한 중파重破 아니면 치명상을 입었을 터였다. 고바야시 대위도 부하들이 자랑스러웠을 것이다.

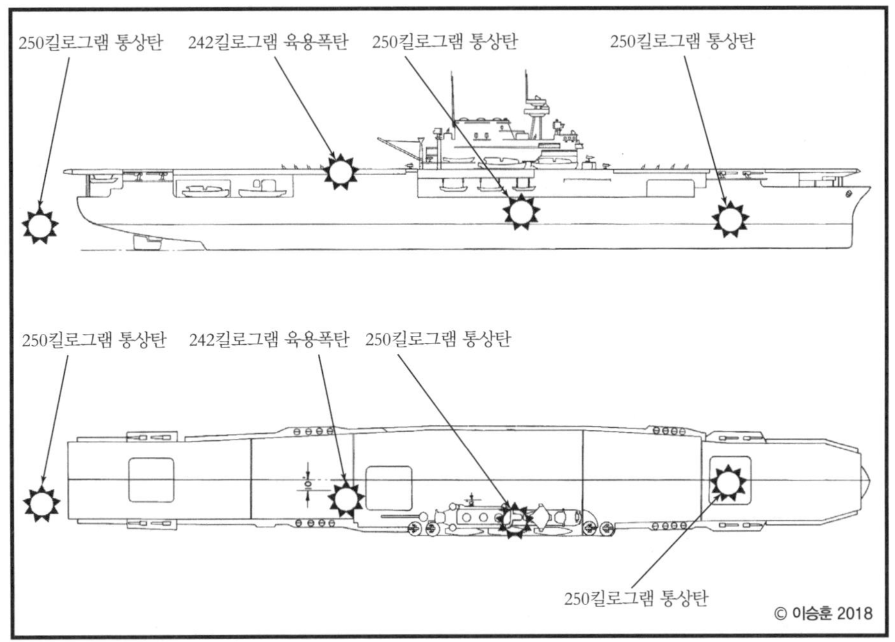

16-4. 요크타운의 폭탄 피해 위치 [U.S. Bureau of Ships War Damage Report No.25 (via Tully)를 재구성]

그러나 히류 함폭대의 지휘관은 살아남지 못했다. 고바야시는 미군 전투기들이 처음 습격했을 때까지는 살아 있었으나 그 뒤로 그에게 무슨 일이 벌어졌는지를 목격한 사람은 아무도 없다. 고바야시가 "다-나-니タ-ナ-ニ, 공모 화재(1201)[원문 오류]."[61]라는 내용의 보고를 12시 11분[저자 추정 시각이며 히류가 보고를 수신한 시각은 12시 52분]에 타전했기 때문에 쓰치야의 첫 명중탄[추정, 실제 화재를 일으킨 명중탄은 쓰치야보다 먼저 폭탄을 투하한 성명불상 조종사의 함상폭격기]을 목격했음은 확실하다. 그러나 공격이 끝났을 때 고바야시는 사라지고 없었다.[62] 거의 전멸하다시피 한 히류 함폭대 생존자들은 선임 지휘관 없이 돌아왔다. 나카야마 특무소위는 한때 일본 해군 최고였던 함폭대에서 살아남은 유일한 장교가 되었다. 진정 할 수 있는 일은 모두 다 했다. 그러나 과연 충분하다고 할 수 있을까?

야마구치(그리고 머지않아 나구모) 앞에 놓인 고바야시 공격대의 결과와 소류의 D4Y1의 발견보고는 지금이 교전을 중단하고 주력부대 쪽으로 퇴각해야 할 때라는 결정적 최종 증거였다. 복잡한 계산 따위는 필요 없었다. 고바야시 공격대 탑승원들의 보고를 듣고 야마구치는 적 항공모함 1척에 타격을 입혔다는 사실을 알았을 것이다. 이 항공모함은 전열에서 이탈했겠지만 침몰 위기까지 갔는지는 불확실했다. 게다가 고바야시 공격대가 거의 전멸한 상황에서 아직 교전하지 않은 미 항공모함이 2척이나 남아 있었다. 〔히류가 대형 선두에서 미군을 향해 전진하며〕 고바야시 공격대를 발진시킨 후 야마구치가 미군과 거리를 좁히는 게 과연 합당한 처사인가를 의심했다면, 수상함들이 대형 선두에 있는 지금은 〔공격의 결과를 알게 되었으니〕 더 깊이 의심할 필요가 있었다.

사실 야마구치에게는 나구모에게 즉각 교전을 중단하자고 건의할 만한 적어도 세 가지 이유가 있었다. 첫째, 지금 미군을 향해 가는 중인 도모나가 공격대가 성과를 거두더라도 히류의 남은 전력은 완전히 고갈될 것이다. 소규모 전력을 축차 투입하면 사상자가 감당하지 못할 정도로 발생할 것이 명백했다. 적 항공모함 1척을 불구로 만드는 데 함상폭격기 18기가 희생되었는데 함상폭격기보다 더 취약한 10기 남짓한 함상공격기로 적 항공모함 2척을 공격한다면 결과는 명약관화했다.

둘째, 도모나가가 두 번째 적 항공모함을 상대로 성과를 거둔다고 해도 히류는 이 전과를 활용할 형편이 아니었다. 항공전력이 급전직하 중인 상황에서 추가 공격대를 보낼수록 전력은 더 쇠약해질 터였다. 히류는 이때 표적 운반용 바지선 정도나 상대할 수 있는 상태였다. 아직 기동부대의 잔존 직위기들이 남아 있어서 당분간 방어할 능력은 있었으나 공격력은 남아 있지 않았다.

이는 교전을 중단해야 하는 세 번째 이유로 이어진다. 실질 공격력이 없는 상황에서 장래 작전에 사용할 수 있는 귀중한 항공모함을 보존하는 일이 기적을 만들려고 헛되이 노력하는 것보다 훨씬 더 중요했다. 개인의 명예를 지키는 것이 이보다 우선할 수는 없었다. 같은 상황에 처한 미군 지휘관이라면 추가 손실을 막고 재빨리 빠져나왔을 것이다. 최종 결정권이 나구모에게 있더라도 야마구치는 지금까지 어찌어찌 괜찮았으니 이제 손을 떼어야 할 때라고 나구모에게 진지하게 진언해야 했다. 이 엄중한 순간 전까지만 해도 야마구치는 전혀 거리낌 없이 상급자에게 진언했다. 야마구치가 상급자에게도 할 말을 다한다는 평판을 더 높일 때가 왔다면 바로 지금이었다.

그러나 두 사람은 전혀 다른 셈법으로 행동했다. 10시 20분의 대참사 이전에도 나구모는 수상전으로 적을 제압하기를 원했다. 야마구치는 상황이 불리해졌다고 해서 이 입장을 바꿀 이유가 없다고 보았다. 이제 히류는 함대의 핵심요소가 아니라 버려도 되는 말 신세로 전락했다. 야마구치가 기함 나가라를 계속 따라가 적 앞에서 꼬리를 질질 끄는 바람에 히류가 발각될 위험은 시시각각 커져 갔다.

그동안 미군은 고바야시 공격대가 입힌 피해를 복구하는 데 최선을 다했다. 불구가 된 요크타운은 검은 연기를 자욱하게 토해 내며 표류했다. 화재가 심각해 손상통제반이 갑판 아래 여기저기에서 바쁘게 움직였다. 더 안쪽의 기관구역에서는 흡기구가 파손되었음에도 불구하고 작업자들이 보일러 일부라도 살려 보려고 애쓰고 있었다. 비행갑판에 구멍이 났고 승조원들은 임시방편으로 각목과 철판으로 상처를 떼우고 덮느라 허둥지둥 뛰어다녔다. 한마디로 요크타운의 상태는 엉망진창이었다. 레이더가 작동하지 않고 지휘공간에 연기가 들어찬 상황에서 플레처 소장은 기함을 중순양함 애스토리아로 옮기기로 결심했다. 구명정이 옆으로 다가왔고 플레처는 13시 24분, 애스토리아에 도착했다.[63]

이제 호닛과 엔터프라이즈가 오전 작전을 수행하며 뿔뿔이 흩어졌다가 비틀거리며 돌아오는 자함의 공격대와 요크타운 공격대를 회수하는 임무를 맡았다. 두 항공모함은 자함뿐 아니라 요크타운의 상공초계에도 초계기를 투입해야 했다. 12시 35분, 엔터프라이즈는 추가 초계기를 발진시켰다. 12시 58분, 요크타운의 전투기들이 착함할 곳을 찾아 자매함의 현관에 나타났다. 호닛은 고바야시의 공격이 한창이던 12시 09분에 자함의 SBD들을 모두 착함시켰다. 호닛에서도 착함을 원하는 요크타운의 와일드캣들을 발견해 모두 착함시켰다. 그러나 이 과정에서 아침에 출격한 새치의 호위전투기대 소속인 부상당한 조종사가 몬 전투기(조종사: 대니얼 S. 시디 소위)가 너무 세게 갑판에 착륙하면서 캘리버 50 기관총이 오발되는 사고가 벌어졌다. 비행갑판 앞쪽의 계류구역을 휩쓴 총탄에 저명한 제독의 아들 1명을 포함해 5명이 사망했다.[64] 호닛에게 끔찍한 날에 일어난 마지막 사고가 정리되자 마지막으로 초계기 회수작업이 남았다. 호닛은 정오부터 13시 29분까지 발착함 작업으로 정신없이 돌아갔다.

엔터프라이즈의 스프루언스 소장은 이제 사실상 혼자서 전투를 치러야 했다. 수평선 위로 고바야시의 공격을 받은 요크타운에서 치솟는 검은 연기기둥을 본 스프루언스는 즉각 중순양함 펜서콜라와 빈센스, 구축함 볼치와 베넘을 파견하여 플레처의 기함을 도우려 했다. 그러나 선임 지휘관인 플레처는 애스토리아로 가는 구명정에 탑승한 동안에는 지휘권을 행사할 수 없었다. 차석 스프루언스는 상황을 제대로 파악하지 못한 상태였다. 스프루언스는 남아 있는 일본군 항공모함의 확실한 위치를 몰랐기 때문에 공격대를 발진시킬 수 없었다.

히류가 동쪽으로 돌격하는 동안 공격당한 세 동료는 극단적 상황으로 내몰렸다. 아카기, 가가, 소류에 화재가 발생한 지 여러 시간이 지나자 영구적 구조 손상이 일어났다. 엘리베이터가 통로로 추락한 아카기와 가가의 상황은 더 악화되었는데, 엘리베이터 통로가 일종의 연통 역할을 하면서 위로 연기를 뿜어내고 아래로 외부 공기를 빨아들이고 있었기 때문이다. 그 결과 양 함 내부는 일종의 용광로가 되었다. 고온으로 장시간 가열된 강철 구조물들이 붉게 달아올라 마침내 스스로의 무게를 이기지 못해 변형되고 떨어져나가기 시작했다. 리벳으로 매우 튼튼하게 접합한 항공모함의 선체나 격납고 갑판이라도 고열로 약해진 구조물에 폭발 충격까지 가해지면 오래 버틸 수 없었다. 폭발로 인해 파괴된 수십 톤에 달하는 쇳조각들이 바다로 떨어지고 있었다.[65]

함 내부에서 불길 근처에 있는 격벽들은 규산나트륨이 섞인 석회질의 방화 페인트가 폭발로 한 움큼씩 벗겨져 나가거나 불에 타 없어져 벌겋게 달아오른 속살을 드러냈다. 격납고의 비행기들은 녹아내린 알루미늄 덩어리에 불과했고, 아직 형체를 유지한 강철제 엔진 블록마저도 고열로 달아올라 빛을 발하고 있었다. 당연히 가가와 소류의 비행갑판 전 구역은 화재로 폐허가 된 지 오래였다.

아카기의 사투는 계속되고 있었다. 간신히 묘갑판에 설치한 펌프가 도움이 되었지만 피할 수 없는 결과를 잠시 뒤로 미룬 것뿐이었다. 동력을 다시 살릴 수 없어 펌프 용량을 극적으로 늘릴 방법이 없었기 때문에 진화작업을 진척시킬 수가 없었다. 13시 38분, 아오키 함장은 현실을 인정하고 어진영御眞影(덴노의 초상 또는 사진)을 노와키로 옮기라고 지시했다.[66] 어진영은 옆에서 대기하고 있던 구명정에 실려 노와키로 이동했다. 사고가 난다면 어진영과 운명을 같이해야 할 무명의 장교가 어진영을 가슴에 꼭 안았다. 이제 덴노에 대한 막중한 책임에서 벗어난 아오키 함장에게는 배와 운명을 같이하는 일만 남았다. 아카기는 음울한 선회를 계속했다.

아카기의 기관은 기적처럼 계속 돌아가고 있었지만 가가의 기관은 완전히 멎었다. 가가는 지금껏 북서쪽으로 느릿느릿 나아가다가 12시 50분~1시쯤에 완전히 정지했다.[67] 동력이 완전히 끊기고 손상통제가 사실상 불가능해진 상황에서 가가에서도 어진영을 안전한 곳으로 옮기기로 결정되었다. 13시 25분, 어진영은 묘갑판 옆에서 대기 중이던 하기카제의 커터로 옮겨졌다.[68]

그동안 가가의 최선임인 비행장 아마가이 중좌가 불타는 배로 돌아와 아마도 묘갑판으로 간 것 같다.[69] 통설과 달리 아마가이가 과연 함의 최선임 간부로서 지휘를 맡았는지, 아니 본인이 그렇게 믿었는지 여부조차 불확실하다. 아마가이가 가가의 구명정 갑판에서 뛰어내린 다음에도 가가는 움직이고 있었고 아마가이가 물속이나 하기카제의 갑판에 있는 동안에도 다른 사람의 지휘를 받았던 것 같다. 아마가이가 아닌 다른 간부가 어진영을 옮기기로 결정했고 동력 공급을 중단하라고 명령했을 것이다. 구니사다 대위는 손상통제작업 총지휘관인 제1응급반장이 가가의 선수갑판에서 지휘했음이 분명하다고 증언했다.[70] 이것이 사실이라면 아마가이가 아니라 다른 간부가 13시부터 가가가 뇌격처분될 때까지 임시로 지휘권을 행사했다는 이야기가 된다. 사실 아마가이는 통로에서 부하들에게 뛰어내리라고 말하고 자신도 뒤따른 데 대해 다소 묘하게 진술했다. 아마가이는 "정예 조종사들은 대체할 수 없으므로 다음 기회에 또 싸울 수 있도록 탈출해야 했으며, 함의 운명은 함장에게, 함장이 전사하면 부장에게 맡겨야 한다고 믿었기 때문에"[71] 이렇게 결단했다고 말했다. 즉 아마가이는 이때 자신에게 지휘권이 있다고 믿지 않았고 오카다 함장이 전사한 사실도 몰랐다는 것이다. 후일 가가의 손실보고를 아마가이가 정리했다는 사실은 나중에 자신이 가가의 생존 간부 중 최선임이었음을 알게 되었다는 뜻이다. 어쨌거나 전투 시 아마가이가 이 점을 알고 있었는지와 관련한 증거는 없다.

가가는 완전히 정선했지만 누가 지휘관이든 간에 이제 기관병들을 탈출시킬 때라고 결정했던 것 같다. 전령이 기관병들에게 위쪽으로 철수하라는 명령을 전하러 갑판 아래로 내려갔지만 기관구역에 접근할 수 없었다.[72] 일부는 자리를 이탈했겠지만 기관구역 인원은 아직 전멸하지 않았다. 그러나 기관과 총원(기관병, 부사관, 장교) 323명 중 기관장 우쓰미 하치로內海八郎 기관중좌[73]를 포함해 212명이 이날 사라졌다.[74] 퇴거명령이 떨어졌을 때 기관과원 대부분은 전사했거나 탈출할 수 없는 곳에 갇혀 있었다고 보는 것이 합리적이다. 화재가 점차 배 안쪽으로 옮겨 왔을 때 기관병들이 겪었을 끔찍한 운명은 상상에 맡긴다.

비슷한 시간, 구니사다 대위도 곤경에 처해 있었다. 격납고에서 대폭발이 일어난 다음 정신을 차려 보니 바닥에 누워 있었다.[75] 연기로 자욱한 암흑 속에서 일어나 보니 중앙 엘리베이터 옆이었고 통로를 따라 빛이 보였다. 구니사다는 지휘소로 가는 길을 찾았다. 우연인지 의도적이었는지 모르지만 결국 구니사다는 지휘소로 가지 못했고, 하부 격납고의 거의 중앙부에서부터 불길을 헤치며 길을 찾았다.[76]

마침내 구니사다는 준사관 침실에 도착했다. 안을 보니 기관병 두 명이 화재를 피해 숨어 있었다. 구니사다는 한 명에게 현창을 열라고 했다. 햇살이 들어와 실내가 밝아졌다. 구니사다는 "공작장이 여기 있다. 모두 모여라!"[77]라고 소리쳤다. 최종적으로 여덟 명이 모였는데 절반은 부상자였다. 몇몇은 피를 철철 흘렸으며 모두 검댕으로 얼굴이 지저분했고 지쳐 있었다. 제3응급군을 지휘하던 장공작장掌工作長도 있었다.[78] 장공작장은 부하들은 모두 쓰러지고 자기 혼자 살아남았다고 말했다.[79] 구니사다는 자신이 손상통제작업을 지휘할 최선임 간부라고 믿었다.

장공작장은 절망한 나머지 "이봐, 모두 공작장과 함께 죽자고."라면서 구니사다에게 소용없으니 다 포기하자고 격하게 말하고 전사할 자리라도 찾으려는 듯 격납고로 발길을 돌렸다. 구니사다가 말리려고 할 때 갑자기 침실 입구에서 불길이 덮쳐와 다들 깜짝 놀랐다. 현창을 얼른 닫고 불을 꺼보려 했지만 공기가 급격하게 나빠졌고 숨 쉬기조차 어려워졌다. 막다른 골목에 몰린 구니사다는 이제 다 끝났다고 생각했다. 마지막 시도로 구니사다는 모두 현창을 통해 밖으로 나가라고 명령했다. 마침 현창 밖에 있는 어뢰방어용 벌지의 수평부분은 빠져나온 인원들이 모두 서 있을 정도로 넓었다.

구니사다와 부하들이 임시로 서 있던 횃대도 결코 안전하지 않았다. 약간 뒤쪽 위로 거대한 12.7센티미터 고각포좌가 매달려 있었다. 불행히도 고각포의 양탄기가 불타고 있었고 거기 있던 탄약들이 간간히 폭발하고 있었다. 더 뒤쪽에 있던 기관총탄들도 열을 받아 터져 나가며 사방으로 탄자를 뿌려댔다. 시계는 거의 제로였다. 함수는 함의 거대한 연돌에 가려 있었고 함미는 화재 때문에 보이지 않았다.

구니사다의 부하가 벌지에서 미끄러져 바다로 떨어졌다. 누군가가 구명밧줄을 던졌고 모두 줄을 잡아당기려 했다. 그러나 수병은 부상을 입었거나 크게 탈진했는지 움직이지 못하고 바닷물 속으로 가라앉았다. 바닷물이 너무나 투명한 나머지 심연으로 서서히 가라앉는 수병의 흰 제복이 어른어른하게 비쳐 보였다. 그 순간 살아 있는 이들은 극심한 우울함과 고립감을 뼈저리게 느꼈다. 그래도 벌지에 서 있는 쪽이 배 안에서 운명을 기다리는 쪽보다 나았다. 모두 서로서로 붙어선 채 앞으로 닥칠 상황을 기다렸다.

구니사다와 부하들 말고도 불타는 배에서 현창으로 빠져나온 사람들이 있었다. 함의 의무실에 있던 최선임 군의관은 소위였다.[80] 군의장의 흔적은 찾을 수 없었다. 화재로 인해 의무실이 고립되었음을 알고 군의관은 오카모토岡本라는 전령을 보내 탈출로를 찾아보게 했다. 그러나 탈출로는 없었다. 오카모토의 보고를 받은 군의관은 "고맙네, 수고 많았어."라고 말한 뒤 체념한 채로 다시 자리에 앉아 다가올 죽음을 기다렸다. 갑판은 점점 뜨거워졌고 천장의 페인트가 연기를 내며 타기 시작했다.

그때, 같이 있던 고참 부사관이 현창에 주목했다.[81] 군의관, 오카모토, 그리고 의무병들이 움직일 수 있는 부상자들을 서둘러 현창을 통해 내보냈다. 구니사다와 부하들의 경우와 달리 밖에 어뢰방어용 벌지 같은 공간이 없어서 현창으로 빠져나가면 바로 바다로 뛰어들어야 했다. 움직일 수 있는 사람은 한 사람을 제외하고 모두 빠져나갔다. 바로 탈출구를 찾은 부사관이었다. 현창으로 나가기에는 덩치가 너무 컸다. 그는 부상이 심해 움직일 수 없는 사람들과 남아 곧 닥쳐올 운명을 기다렸다.

만약 뜻밖의 행운이 찾아오지 않았다면 이때가 가가의 마지막 순간이었을 것이다. 가가가 완전히 동력을 잃고 정지하자 노틸러스는 끈질긴 추격을 보상받을 순간을 맞았다. 가가는 윌리엄 브로크먼 소령의 잠수함 앞에 꼼짝 못 한 채 멈춰 있었다. 브로크먼은 "순양함 2척"이 "소류급 항공모함"으로 자신이 임시 판정한 항공모함을 호위했다고 기록했다.[82] 미 잠수함 함장의 눈에 피격된 항공모함은 상부 구조물이 크게 파손되었음에도 불구하고 "수평을 유지했고 선체 손상은 없어 보였다. 화염은 보이지 않았고 화재가 어느 정도 진압된 것으로 보였다." 브로크먼은 선수에서 움직이는 승조원들이 예인 준비를 하는 것처럼 보였다고 기록했다.[83]

브로크먼은 가가의 우현 측면에 어뢰를 발사하기 위해 접근을 시도했다. 13시

59분, 노틸러스는 꼼짝 못 하고 주저앉은 목표물의 약간 후미를 겨눠 발사각 125도로 어뢰 4발을 발사했다. 거리는 2,700야드(2,469미터)였다. 잠망경에 계속 눈을 대고 있던 브로크먼은 뭔가 불안한 광경을 목격했다. "목표에 명중할 때까지 잠망경으로 어뢰 항적을 계속 보았다."[84] 당연히 브로크먼이 본 것을 일본군도 보았다. 가가의 호위함들이 어뢰가 온 방향을 알아내는 것은 시간문제였다.

구니사다 대위는 어뢰가 접근하는 모습을 볼 수 있었다.[85] 어뢰는 구석에 쪼그려 앉은 자신을 향해 비난의 손가락질이라도 하듯 긴 항적을 그리며 다가오고 있었다. 구니사다는 부하들에게 뛰어내리라고 소리치고 자신도 바다로 뛰어들었다. 부하들은 잠시 머뭇거리다가 구니사다를 따라 뛰어내려 가가에서 멀어지려고 정신없이 헤엄쳤다. 미토야 소좌도 자신을 향해 다가오는 어뢰를 보았지만 숨죽이는 것 말고는 할 수 있는 일이 없었다.[86] 어뢰의 엄청난 충격이 미칠 범위 내에 있는 사람들은 이제 죽은 것이나 마찬가지였다.

태평양전쟁 중 미 해군 어뢰의 결함과 관련된 일화가 차고 넘치는 가운데 브로크먼의 사례는 단연 으뜸이다. 어뢰 네 개 중 첫 번째는 오작동으로 발사관에서 나가지 못했다. 두 개는 제멋대로 튀어나가 하나는 가가의 함미를 스쳐 지나가고 다른 하나는 함수 앞을 지나갔다. 네 번째, 마지막 어뢰만이 가가의 정중앙을 노리고 맹렬히 달려들었다. 이 어뢰는 가가의 단단한 선체에 명중했으나 충격신관에 문제가 있었거나 명중 시 충격으로 파손된 것 같다. 당시 미 잠수함들이 사용한 어뢰의 대표적인 문제였다. 폭발은 없었다. 어뢰는 두 조각으로 쪼개져 탄두부가 가라앉고 공기통과 후미 부분만 둥둥 떠다녔다.[87] 근처에서 헤엄치던 사람들은 한편으로 분개하면서 다른 한편으로 믿을 수 없는 행운에 안도의 한숨을 내쉬었다. 몇몇 생존자들은 예기치 않게 떨어진 이 구명벌을 붙잡으면서도 대단히 불쾌했을 것이다. 일부는 욕설을 퍼부으며 주먹으로 어뢰를 쾅쾅 때렸다. 아침부터 견딜 수 없는 공포로 가득했던 이날, 가가의 승조원들이 받은 마지막 모욕이었다.

이상하게도 노틸러스의 함장은 공격 결과에서 전혀 다른 인상을 받았다. 브로크먼은 "적함의 선수에서 중앙부까지 불길이 보였다. 처음에 주의를 끌었던 불길은 …… 거의 진화된 것처럼 보였다가 …… 다시 살아났다. 선수부에서 보트들이 이탈했고 수병들 다수가 바다로 뛰어드는 모습이 보였다. 순양함들은 고속으로 변침해 능동소나를 사용하기 시작했다."[88] 생생하면서도 의문의 여지를 남기지 않는 명쾌한 묘사다. 일부 연구자들이 노틸러스가 가가를 격침했다고 보고한 내용을 일축하지 않은 것도 이해할 만하다.[89] 그러나 가가가 공격을 받은 다음에도 계속 떠 있었다는 것은 반박할 수 없는 사실이다.

브로크먼이 "순양함들"이 노틸러스를 노리고 있다고 한 말은 정확했다. 가가의 우현 뒤쪽에 있던 하기카제는 우현으로 함수를 돌려 고속으로 다가왔다.[90] 함장 이와가미 지이치岩上次一 중좌는 즉시 폭뢰 투하를 개시했다. 브로크먼 함장은 이 첫 공격이 신속하고 맹렬했다고 보고서에 기록했다. 14시 10분, 하기카제가 노틸러스 바로 위에 폭뢰를 뿌리며 지나갔고 브로크먼 함장은 재빨리 함수를 돌려 90미터 깊이로 급속 잠항했다. 14시 22분, 폭뢰 11발이 물기둥을 일으키며 투하되어 불쾌한 폭음과 충격파를 발산하며 폭발했다. 브로크먼은 "폭뢰는 반복적으로 본함 가까이 정확한 위치에 투하되었지만 폭발 심도가 너무 얕게 설정되어 본함 위에서 폭발했다. 〔본함〕 몇 군데에 사소한 누수가 생겼다."라고 말했다. 이와가미의 첫 공격은 괜찮았지만 14시 31분, 금방 재공격에 나섰다. 이번에는 좀 더 가까웠다. 노틸러스의 음탐사는 "전방위"에서 스크루 소리가 들린다고 보고했다. 아마 마이카제도 공격에 가담했던 것 같다.[91]

가가의 호위함들은 두 시간 동안 노틸러스를 무자비하게 공격했고 미국 잠수함을 거의 침몰시킬 뻔했다. 104미터까지 잠항한 노틸러스의 함체에 폭뢰 2발이 부딪히는 소리가 들렸으나 이 폭뢰들은 폭발하지 않았다. 폭뢰 42발의 세례를 받은 다음 찾아온 치명적 위기였지만 브로크먼은 결국 빠져나갈 수 있었다. 그는 잠망경 심도로 다시 올라가기에는 너무 위험하다고 보고 16시 10분까지 수중에 머물렀다.[92] 축전지가 거의 고갈된 상태에서 브로크먼은 일본군 사정이야 어찌되었든 상당히 일찍 교전을 중단한 것이 고마울 따름이었다. 브로크먼의 낡은 잠수함이 이날 고난을 견디며 입은 손실은 무시할 만한 수준이었다. 노틸러스의 탈출은 하루 종일 끈질기게 일본군을 공격한 데 대한 당연한 보상이었다. 가장 큰 보상은 얻지 못했으나 노력이 부족했기 때문은 아니었다.

구니사다 대위는 노틸러스와 아군 구축함들이 벌이는 사투를 보지 못했다. 이제 물속에 있으니 계속 헤엄치는 수밖에 없었다. 많은 사람들이 구니사다 근처에서 표류하고 있었다. 수면 위로 우뚝 솟은 가가를 돌아다보니 비록 피해가 심각했지만 국한되어 보였다. 상부구조물은 화염에 휩싸여 있었다. 측면의 수많은 손상 부위 사이로 불길이 희미하게 보였다. 가열된 금속이 뿜어내는 열기로 뜨거워진 공기가 일렁거렸다. 최악의 화재는 지나간 것 같았다. 함에서 나오는 연기는 기름기 있는 검은 매연에서 밝은 갈색 연기로 변해 있었다. 오카다 함장을 죽인 폭발로 폭삭 주저앉은 함교가 보였다. 가가의 측면, 특히 연돌 뒤 우현과 좌현 전방이 크게 찢어졌고 곳에 따라 수선 근처까지 상처가 이어져 있었다. 그러나 가가의 하부 선체는 멀쩡해 보였다. 상처에도 불구하고 구니사다가 보기에 가가의 위용은 여전했고 가가는 안정적으로 떠 있었다. 함수와 함미 부분에서 수병들이 모여 진화작업을 하는 모습이 눈에 띄었다.[93]

물속에 있는 동안 구니사다는 오다織田라는 이름의 공작병[94]을 만났다. 오다는 한 손으로 가가의 전령부傳令簿를 쥔 채 헤엄치고 있었다. 오다는 오른쪽 엉덩이[95]에 입은 상처에서 피를 흘리고 있었다. 구니사다는 이 수병의 책임감에 감명받았지만 그 빌어먹을 물건을 던져 버리고 제 목숨이나 구하는 데 신경 쓰라고 소리쳤다. 명령을 받은 오다는 후련한 마음으로 전령부를 바다에 던져버렸다. 두 사람은 통나무 하나를 찾아 매달려 함미 쪽으로 헤엄쳐 가려고 했다. 그러나 조류 방향이나 파도 때문에 불가능해서 결국 포기했다. 요시노와 오다는 몇 시간 후인 16시경에 하기카제의 갑판에 기어오를 수 있었다.[96]

아침에 정찰을 나갔던 가가의 요시노 비행병조장도 이때 물속에 있었다. 요시노는 폭격을 받자마자 비행갑판에서 달아나 함미에 겨우 도착했다. 고물에 있는 가가의 단정갑판은 생존자들로 꽉 차 있었다. 가가가 동력을 잃었을 때 요시노는 함미 쪽으로 접근하는 구축함(아마도 하기카제)을 보고 그곳으로 헤엄쳐 가기로 결심했다. 다른 사람들과 같이 요시노도 바다에 뛰어들었다. 그러나 구축함은 갑자기 함수를 돌려 사라졌다. 아마 노틸러스를 공격하러 갔을 것이다. 요시노의 상황은 더 나빠졌고 그는 자신이 살아남을지 확신할 수 없었다. 마침내 하기카제가 돌아왔고 요시노는 구니사다와 거의 같은 시간에 구조되었다. 물을 뚝뚝 흘리며 갑판으로 올라간 요시노는 뜻밖에 하기카제에서 근무하는 친척을 만났다. 초라한 몰골에다 패배한 자신이 크게 부끄러웠지만 요시노는 친척이 내미는 마른 옷을 받아 들었다. 그가

귀향해서 다른 사람들에게 자신의 비참한 모습을 이야기하지 않기만을 바랄 뿐이었다.[97]

부상당한 가가 함상공격기 탑승원[98] 마에다 다케시 이등비행병조도 하기카제에 올라왔다. 요시노처럼 마에다도 하기카제가 접근하기 시작했을 때 물속으로 뛰어들었다. 사실은 함미에 있던 사람들이 마에다를 바다로 던졌다.[99] 하기카제가 보트를 내리는 모습이 보이자 아무 의료설비가 없는 가가에서 기다리느니 경상자들은 구조되어 안전한 구축함으로 가는 게 낫다는 생각에서였다. 그러나 하기카제가 갑자기 사라져버려 구조되리라는 희망은 물거품이 되었고, 전우들의 배려는 반대로 마에다를 위험에 빠뜨렸다. 마에다는 구명조끼를 입었으나 높은 물마루 덕분에 계속 바닷물을 먹었다. 가끔 물마루 꼭대기까지 올라갈 때면 멀리서 소류가 불타는 광경이 보였다.

마침내 하기카제가 돌아왔다. 이번에는 중간중간 매듭이 달린 구명밧줄을 양현에 늘어뜨리고 있었다. 물에서 건져져 하기카제에 올라왔을 때 마에다는 찬 물에 오래 있었고 한쪽 다리에 파편상을 입어서 심한 쇼크 상태에 빠져 있었다. 통증은 그다지 없었다. 마에다는 부상당한 다리로 걸을 수 있다고 생각했지만 대퇴골이 골절된 상태였다. 쇼크에서 차츰 벗어나자 걷는 것은 생각할 수도 없었다. 비행 부츠는 사라진 지 오래였고 아직도 뜨거운 25밀리미터 기관총 탄피들이 사방에 흩어져 있었다. 물에 푹 젖은 양말로 탄피를 밟을 때마다 치익거리는 소리가 나며 증기가 피어올라 마에다의 발에 화상을 입혔다.[100] 젊은 군의관은 너무 바빠서 마에다를 제대로 돌볼 수 없었다. 진통제는 없었고 붕대도 바닥나 있었다. 군의관은 마에다의 열린상처에 옥도정기만 발라줄 뿐이었다. 견딜 수 없는 통증이 밀려들었지만 마에다는 이를 악물고 참았다. 나중에 마에다는 차가운 바닷물과 옥도정기 덕택에 다리가 괴사하지 않은 것 같다고 술회했다. 간단한 진료를 끝내고 마에다는 갑판에 털썩 주저앉아 가가를 지켜보았다.

마에다는 이 상황을 어떻게 받아들이고 이해해야 할지 혼란스러웠다. 마에다는 고작 스물한 살이었다. 평시에도 함상기 탑승원은 충분히 위험한 직업이었지만 전시에는 더욱 위험했다. 그는 자신이 소모품이라는 것을 알았고 '초개' 같은 대접을 받아 왔다.[101] 예상했던 바였기에 불만도 없었다. 그래서 마에다는 전투에서 패배하는 것이 일본에 어떤 의미인지, 일본이 전쟁에서 이길 능력이 있는가 같은 '큰 그림'을 이해하지 못했다. 장차 일어날 일을 생각할 여유가 없었다. 미래 따위는 없었다. 아니 내일조차도 없는 신세였다. 오직 현재만이 있을 뿐이었다. 일단 안전하니 그걸로 족했지만 지치고 굶주린 데다 다리가 미치도록 아팠다. 가가는 계속 불타고 있었다.

격렬히 불타오르는 소류 옆에서 가나오 포술장은 보도판에 매달려 얼마간 표류했다. 그러나 조류에 밀려 어디로 떠밀려갈지 알 수 없었다.[102] 가나오는 부지불식중에 점점 묘갑판과 나란한 방향으로 떠밀려 가고 있었다. 갑자기 위에서 누군가가 "포술장님이다!" 하고 소리쳤다. 부유물을 붙들고 있던 가나오가 올려다보니 한 수병이 난간에 밧줄을 묶어 타고 내려오는 모습이 보였다. 수병은 가나오를 붙잡고 갑판으로 올라갔다. 갑판에 거의 도달했을 즈음 두 사람이 난간을 넘을 수 있도록 승조원들이 줄을 잡아당겼다. 가나오는 자신이 살았는지 죽었는지 알 수 없는 지경이었다. 갑판의 수병들은 가나오를 끌어안고 만세를 불렀다.

묘갑판에 올라와 보니 아직 퇴거명령을 듣지 못했거나 바다에 있느니 차라리 배에 남아 있는 편을 선택한 승조원 40명 정도가 있었다. 가나오는 지쳐서 닻사슬 위로 쓰러졌다. 움직일 기운이 없었다. 수병 두세 명이 궤짝 하나를 가져와 열었다. 안에는 복숭아 통조림이 있었다. 한 수병이 대검으로 통조림을 열어 가나오에게 가져와 말했다. "포술장님, 드십시오." 가나오는 고마웠으나 망설였다. 수병은 "모두 하나씩 있습니다, 받으십시오."라고 가나오를 안심시키고 갑판에 있는 모두에게 복숭아 통조림을 돌렸다. 몹시 허기졌기 때문에 가나오는 깡통을 깨끗하게 비웠다. 복숭아와 과일즙은 너무나 달콤했다. 가나오는 이보다 더 맛있는 음식을 먹어본 기억이 없었다. 가나오와 부하들이 대피한 묘갑판 뒤에서 소류가 활활 타오르며 연기를 내뿜고 있었다.

17

마지막 저항 14:00-18:00

벌써 14시였다. 중순양함 도네는 정찰기를 지각 발진시킨다는 악평을 고칠 생각이 없어 보였다. 아베 소장이 명령한 정찰기 발진시간보다 45분이 늦었다. 도네는 14시에야 간신히 3, 4호 정찰기를 띄웠다. 발진이 지연된 이유는 분명하지 않다. 95식 수상정찰기인 3호기는 비교적 단시간 내에 띄울 수 있었다. 아침에 정찰을 나갔다가 귀환한 4호기의 정비와 급유는 아직 끝나지 않았을 것이다. 아마리 일등비행병조가 다시 4호기에 있었는지는 확실하지 않으나 아마 탑승했을 것으로 보인다.

고바야시가 공격했을 때와 마찬가지로 아직 도모나가 공격대에서 온 소식은 없었다. 하지만 비행대장이 겨우 30분 전에 발함했고 30분은 더 지나야 적을 발견할 수 있었으므로 당장 걱정할 이유는 없었다. 아니나 다를까, 14시 26분, 도모나가가 부하들에게 돌격준비대형을 갖추라고 명령하는 무전이 들렸다. 몇 분 뒤, 히류는 간략하지만 모든 것을 담은 도모나가의 명령을 방수했다. "전군 돌격!"[1] 도모나가 공격대가 전투에 돌입한 것이다.

거의 같은 시각, 하루나 1호기가 미군 전투기들로부터 공격받고 있으며 미 항공모함들이 근처에 있는 것으로 의심된다고 보고했다.[2] 야마구치 소장은 이 교신이 하루나 1호기의 마지막 보고일 거라고 생각했겠지만 이 기체는 다행히 무사 귀환했

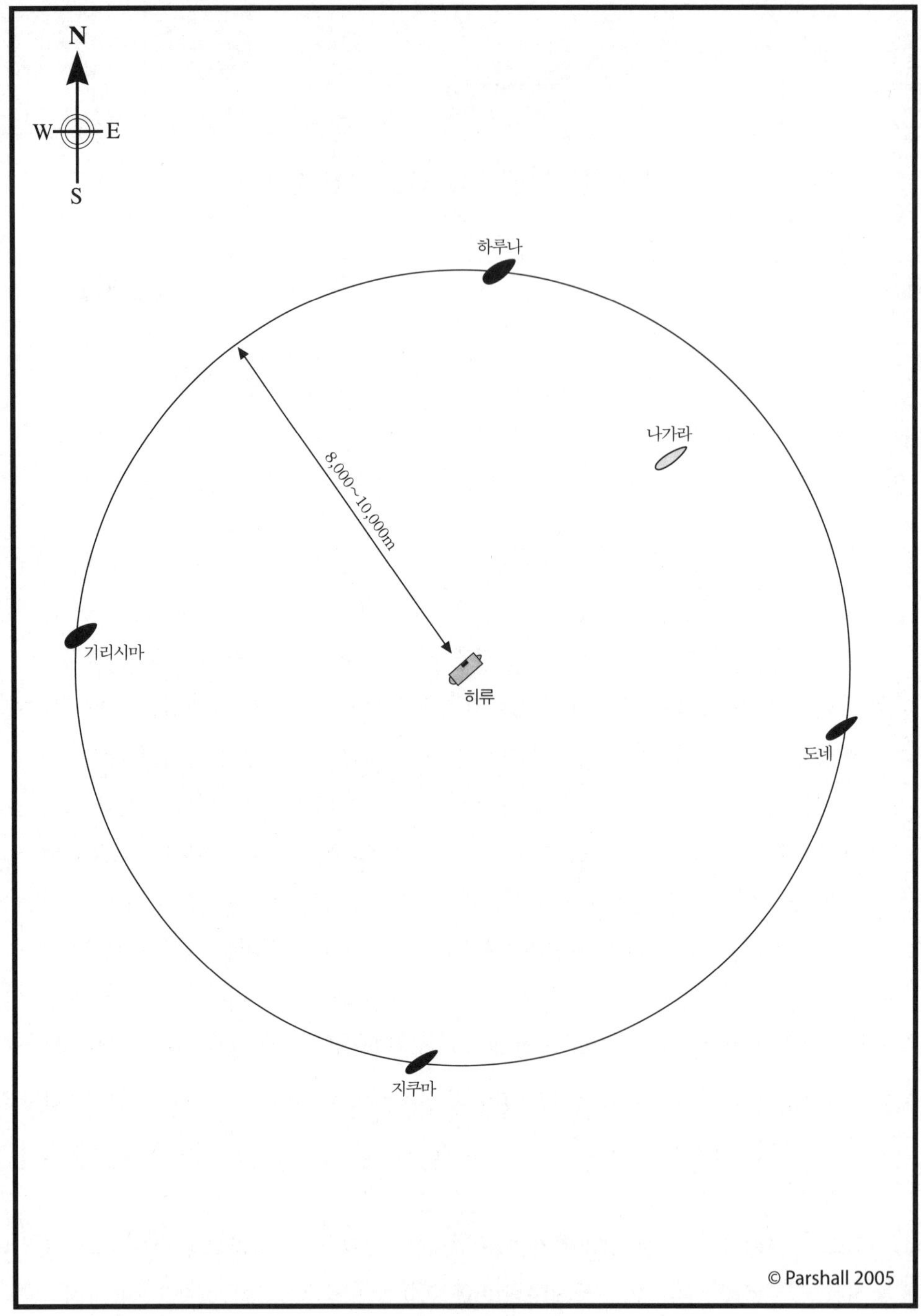

17-1. 15시경 기동부대 진형, 침로 045.

다. 조종사가 실력을 발휘하여 반복된 공격에서 도망칠 수 있었지만 관측수는 전사했고[3] 이 95식 수상정찰기도 다시는 날지 못했다.

알았을지 모르나 야마구치는 이미 정찰기 1기를 잃었다. 아침 내내 미 함대 주변을 돌아다니던 지쿠마 5호기의 운이 다했던 것이다. 지쿠마 5호기는 온힘을 다해 16기동함대의 남쪽을 왔다 갔다 하며 미 전투기들을 피해 구름 속으로 들어갔다 나왔다 하기를 반복했다. 14시 09분, 와일드캣 한 쌍이 마침내 다케자키를 잡았다. 한 번 통과하며 사격하는 것만으로도 0식 수상정찰기를 산산조각 내는 데 충분했다. 미군 전투기들이 다시 한 번 반전해서 공격하려 하자 지쿠마 5호기가 공중에서 폭발했다.[4] 탑승원 한 명이 낙하산으로 탈출하는 모습이 목격되었으나 생존자는 없었다.

다시 기동부대로 돌아가 보자. 야마구치는 아군 정찰기뿐만 아니라 적 정찰기도 신경 써야 했다. 13시 55분, 하루나의 정찰기(정찰기 번호 미상)가 "12시 40분의 적 방위는 약 90도, 대형 순양함 5척, 항공모함 5척 불타고 있음"이라고 나구모 중장에게 보고했다.[5] 그러나 나구모는 이 보고에 회의적이었는지 일지의 '5'라는 숫자 옆에 물음표를 그려 놓았다. 하지만 그가 다음에 만난 적은 확실한 실체가 있었다.

14시 20분, 지쿠마가 미군기 두어 기를 보았다고 생각하고 연막을 친 다음 목표물 방향으로 주포 사격을 시작했다. 자매함 도네가 10분 후 뒤따랐고 히류의 직위기들이 침입자들을 추격했다.[6] 적기는 허둥지둥 도망쳤다. 나중에 밝혀진 바에 따르면 이들은 요크타운 소속기였다. 앞서 언급했듯이, 요크타운은 11시 30분에 VS-5 소속 SBD 10기를 강행정찰 목적으로 발진시켰다.[7] 이들은 아침 공격의 성과를 확대하고 근처에 다른 일본군 항공모함이 숨어 있는지를 파악하라는 임무를 받았다. 새뮤얼 애덤스Samuel Adams 대위는 명령받은 범위를 넘어 거의 한계점까지 소대를 이끌었다. 14시 30분, 애덤스 대위는 귀환하던 중에 항적들을 목격했다. 끈질김에 대한 보상이었다.

따라서 도모나가가 요크타운 공격을 준비할 때는 히류를 잠시나마 가려주었던 장막이 걷힌 상황이었다. 애덤스 대위는 방위 279도, 기점(11시 30분 발진 시 요크타운의 위치)에서 거리 110해리(204킬로미터), 북위 31도 15분, 서경 179도 05분에서 단독 행동 중인 일본 항공모함 1척을 발견했다고 급히 평문으로 타전했다.[8] 애덤스는 항법 오류로 히류의 위치를 실제 위치보다 38해리(70킬로미터) 더 서쪽에 있다고 보고했다.[9] 이 위치보고는 이날 미군의 보고 중에서 정확한 편이었다. 애덤스는 일본군이 항공모함 1척과 그 앞쪽에서 별개로 움직이는 수상함대로 구성된 2개 부대로 나뉘어 작전 중이라고 정확하게 관찰했다.[10] 애덤스는 나구모의 수상함들이 아직 히류의 전방에 있을 때 우연히 일본 기동부대를 엿본 것 같다. 야마구치가 미군과 거리를 벌리지 않은 행동의 과실을 애덤스가 수확한 셈이었다. 만약 기동부대가 13시 30분에 도모나가를 발진시키고 바로 북서쪽으로 방향을 돌렸다면 히류는 14시 30분경, 서쪽으로 35해리(65킬로미터) 떨어진 곳에 있었을 것이다. 그랬다면 사실상 항속거리의 한계점에 다다른 애덤스의 SBD들이 히류를 발견하기란 거의 불가능했을 것이다.

애덤스가 돌아가고 얼마 뒤(14시 45분), 나구모와 야마구치가 다시 합류했다.[11] 나구모는 즉시 히류를 대형함들로 구성된 상자진형의 안쪽에 배치했다. 침로는 아직 045였다. 3전대의 전함들이 히류에서 10킬로미터 떨어져 왼쪽 측면을, 8전대의 도네와 지쿠마가 비슷한 거리에서 오른쪽 측면을 맡았다.[12] 기함 나가라는 지금껏 그래왔듯이 히류 정면에서 함대 선두에 섰다. 나머지 구축함 5척은 상자진형 주위에 대략 원형으로 배치되어 대공경계를 맡았다.

나구모가 대형을 다시 짜는 동안 도모나가 공격대에서 소식이 들어왔다(14시 45분). 2중대 지휘관 하시모토 대위였다. "적 공모空母에 뇌격, [어뢰] 2본 명중 확인."[13] 야마구치와 참모진은 쾌재를 불렀다. 어뢰 두 발을 명중시키면 어떤 항공모함도 무력화할 수 있었다. 그런데 하시모토가 보고를 보내기 전부터 야마구치는 후속공격을 생각하고 있었다. 바닥까지 긁어모아 겨우 공격대를 보낸 상황에서 2항전 사령관은 그나마 남아 있는 모든 것을 쏟아부을 심산이었다. 14시 30분, 야마구치는 노와키에 만약 아카기의 비행갑판에 비행기가 남아 있으면 즉시 발진시켜 히류로 보내라는 명령을 아카기에 중계하라고 지시했다.[14] 이때 야마구치는 아카기가 동력을 부분적으로 회복한 사실을 알고 어쩌면 작전 투입이 가능하겠다고 믿었던 것 같다. 헛된 희망이었다. 14시 30분에 아카기 비행갑판에는 멀쩡한 비행기가 단 1기도 없었다. 물론 비행갑판이라고 부를 만한 것도 남아 있지 않았다.

기동부대의 전前 기함은 완전히 정지한 상태로 어마어마한 연기기둥을 토해 내고 있었다. 13시 50분경, 거의 두 시간 동안 아카기를 느릿느릿하게나마 시계방향으로 끌고 가던 기관이 완전히 멎었다. 후부 폭탄고를 침수시키고 아마 동력을 부분적으로 복구했을 응급반원들이 이때 철수했거나 쓰러진 것 같다. 돌보는 이 없이 방치되었던 보일러도 마침내 증기압을 완전히 잃었을 것이다. 이유야 어찌되었든 아카기는 다시는 움직이지 않았다. 양현을 철썩철썩 때리는 파도를 따라 천천히 흔들리기만 할 뿐.

그러나 화재진압 작업은 절망 속에서도 쉴 새 없이 계속되었다. 격납고와 바로 밑에 있는 갑판들은 미군 손상통제 용어로 "완전 가동 상태fully involved", 즉 활활 불타고 있었다. 아카기의 승조원들은 포기하지 않고 계속해서 현장으로 들어가 함미 쪽으로 길을 뚫으려고 필사적으로 노력했다. 곳에 따라서는 진척이 있었던 것 같다. 14시 50분경, 함미부에 모여 있던 생존자들과 일시적으로 접촉이 재개되었고 그 후 몇 시간 동안 간헐적으로 연락이 이어졌다.

아카기와 가가의 의료인력, 아니, 살아남은 인력은 참혹하기 짝이 없는 상황에서 임무를 수행했다.[15] 이들은 함미와 함수의 노천갑판에서 빈약한 장비와 약품만으로 부상자들을 치료했다. 결과는 딱하기 그지없었다. 외상의 원인은 다양했지만 파편상과 화상이 압도적으로 많았다. 그러나 현장에서는 붕대를 감고 부목을 대는 것 말고 치료할 방법이 없었다. 깊은 관통상을 입은 부상자들은 혈액 손실로 비교적 단시간에 사망했다. 그러나 화상 환자들은 오랜 시간 고통받았다. 심한 화상을 입은 몇몇 부상자들은 계속 고통받느니 격납고 안으로 걸어 들어가 죽음을 선택했다.

진화 과정에서 부상을 입은 승조원들이 실려 옴에 따라 시간이 갈수록 부상자 수는 계속 늘어났다. 연기 흡입, 열사병, 탈진 등 새로운 유형의 부상자들도 있었다. 밀폐공간에서 화재 진압에 나선 승조원들에게 연기 흡입은 아주 흔했다. 플라스틱, 양모, 실크, 나일론, 고무, 종이처럼 불타면 시안화수소 같은 유독가스를 내뿜는 연소물이 주변에 널려 있었다. 손상통제를 맡았던 구니사다 대위는 가가의 격벽에 칠해진 유기용제 기반 페인트가 불타면서 유독성 가스가 발생했다고 기록했다.[16] 이런 상황은 아주 흔했고, 의식을 잃고 쓰러진 승조원들은 다시는 일어나지 못했다.

절뚝거리거나 끌려와서 안전한 장소에 도착했다고 해도 안심하기에는 일렀다. 연기를 흡입한 환자에게는 가습된 산소humidified oxygen를 흡입시키고 경구나 혈관을 통해서 잃어버린 체액을 보충해야 한다. 열사병과 열탈진 환자에게는 우선 체액을 보충하고, 증세가 심하면 젖은 천으로 몸을 감싸 체온을 내려야 한다. 물론 불타는 함선의 묘갑판에서 이런 진료는 생각할 수도 없었다.

부상을 입지 않은 승조원들은 피로와 갈증, 배고픔에 시달렸다. 무사도 정신이 있건 없건 모두 진이 빠져 있었다. 승조원들은 새벽 02시 30분에 일어나 06시부터 전투를 벌이다가 10시 20분부터 화마와 싸웠다. 불타는 함선에서 식사와 식수를 조달할 방법은 없었다. 물론 화재도 해수로 진압했다. 그 결과 한낮이 되자 승조원들은 기운이 빠져 무감각해졌다. 화재와의 싸움에서 사실상 졌다는 절망감과 탈진이 합쳐져 이들은 맥이 빠질 수밖에 없었고 결국 배를 구할 수 있다는 희망을 완전히 잃어버렸다.

마치 현실을 일깨워 주기라도 하듯 15시 00분, 아카기의 격납고 앞부분에서 대폭발이 일어났다.[17] 아마 양폭탄통/양어뢰통 근처였을 것이다. 묘갑판 위의 둥그렇게 구부러진 전방 격납고 벽에 큰 구멍이 생겨 연기와 화염이 왈칵 쏟아졌다. 이 폭발로 인해 묘갑판의 펌프가 작동을 멈추었는지는 알 수 없지만, 그곳에 모여 있던 승조원들에게 실제 상황을 알려 주는 데는 충분했을 것이다. 화재가 이긴 것이다.

야마구치가 히류에서 항공작전을 지휘하는 동안 나구모는 6월 4일 이후의 작전 속행 방법을 고민하고 있었다. 도모나가가 전군 돌격을 알리기 전, 나구모는 14시 20분에 제2기동부대 사령관 가쿠다 소장에게 자신의 위치와 의도를 타전했다. 나구모는 가쿠다에게 자신은 동쪽에 있는 적을 격멸한 뒤 북쪽으로 계속 나아갈 예정이니 "빨리" 합류하라고 지시했다.

이때 가쿠다가 이미 남쪽으로 이동하고 있었다고 믿기가 쉽다. 야마모토가 전에 가쿠다에게 내린 명령 역시 공격을 중단하고 반전해 나구모를 지원하라는 취지였다. 그러나 이때 가쿠다는 더치하버를 향해 북쪽으로 움직이고 있었다.

악천후와 불운이 겹쳐 전날 시행한 공격의 결과가 신통찮았기 때문에 가쿠다는 6월 4일 정오경 공격을 재개할 예정이었다. 그러나 가쿠다는 무슨 이유에서인지 야마모토가 12시 20분에 보낸 명령을 15시에야 받아 보았다. 즉 남쪽에서 작전에 차질이 생겼다는 소식이 도착했을 때 가쿠다는 이미 더치하버를 공격하는 중이었다는 뜻이다. 15시 30분경에 가쿠다는 공격대 회수 후 즉시 반전하겠다고 보고했다.[18] 그러나 고속으로 달려가려면 기름부터 채워야 했다.[19] 가쿠다는 12시간 뒤 급유선들과 만나도록 항로를 계획했다. 제2기동부대는 5일 아침에 급유를 마친 뒤에야 남쪽으로 가는 긴 여정을 시작했다.

하시모토 대위에게 처음으로 공격결과 보고를 받은 다음 야마구치는 도모나가 공격대가 귀환할 때까지 기다리는 수밖에 없었다. 앞으로 할 일은 분명했다. 15시 31분, 야마구치는 나구모에게 "13시試 함상폭격기(소류의 D4Y1)로 [적과] 접촉을 확보한 다음 잔존 전 병력(함상폭격기 5, 함상공격기 4, 함상전투기 10)을 이용하여 해질 무렵 적 잔존 공모를 격멸 예정(1531)."[20]이라고 보고했다. 야마구치는 뒤이어 고바야시 공격대의 전과를 자세히 보고했다. "제1차 적 공모 공격성과, '엔터프라이즈'형[항공모함]에 25번[폭탄] 직격 5[발], 대화재를 일으킴. 공격 시 우右[기記][21] 공모 1척 및 대형 순양함 5척이 있는 것으로만 확인됨. 13시 함상폭격기의 보고에 의하면 10해리(18.5킬로미터) 떨어진 곳에 [적] 공모 2척이 아직 있음. [제1차 공격대] 귀환기는 함상폭격기 18기 중 6기, 함상전투기 9기 중 1기. 제2차 공격대는 13시 20분 발진, 제3차 공격대(함상폭격기 6, 함상전투기 9) 출발 준비 중."[22] 즉 야마구치는 도모나가 공격대의 결과를 알지 못하는 상태에서 후속공격을 준비했다.

15시 30분, 도네 4호기가 순양함 6척을 기간으로 구축함 6척이 호위하는 적 함대가 있으며 그 20해리(37킬로미터) 앞에 항공모함으로 보이는 1척이 있다고 보고했다.[23] 이때 도네 4호기의 아마리가 목격한 물체의 정체를 설명하기가 어려운데, 호위 없이 단독 행동한 미 항공모함이 없었기 때문이다. (구름 속을 들락거리던) 도네 4호기가 미 기동함대의 일부를 보았다고 설명할 수밖에 없다.[24]

15시 35분, 8전대의 아베 소장이 나구모에게 도네 4호기가 15시 30분에 발견한 적이 방위 114도, 거리 110해리(198킬로미터)에 있다고 발광신호로 알렸다.[25] 얼마 지나지 않아 지쿠마 4호기가 담당 색적선 비행을 마쳤으나 아무것도 발견하지 못해 귀환한다고 보고했다.[26] 적의 위치를 어느 정도 파악한 이상 충격적인 소식은 아니었다. 아베는 위치가 파악된 적 함대와 접촉을 유지해야겠다고 마음먹었다. 15시 37분, 아베는 09시 38분부터 체공한 지쿠마 5호기의 교대기를 보내라고 지쿠마에 발광신호로 지시했다.[27] 지쿠마 5호기는 한동안 보고를 보내지 않았고 15시 40분에 호출한 무전에도 응답하지 않았다. 그럴 수밖에 없었다. 이미 격추되어 탑승원 모두가 전사한 것이다.

나구모는 이 발견보고를 받고 고민에 빠졌다. 미군과의 거리는 계속 벌어졌고 적과 수상결전을 벌이겠다는 목적은 점점 더 달성하기가 어려워졌다.[28] 나구모는 전술을 바꾸어 도모나가 공격대를 회수하는 대로 북서쪽으로 일시 퇴각하기로 결심했다. 그런 다음 해질 무렵 마지막 공습을 실시함과 동시에 완전히 어둠이 떨어진 후 수상함대를 이끌고 동쪽으로 변침하기로 했다.

15시 40분, 히류는 도모나가 공격대의 생환자들을 수용하기 시작했다. 나구모와 야마구치는 무겁고 참담한 심정으로 이 과정을 지켜보았을 것이다. 다들 예상했던 대로 도모나가는 돌아오지 못했다. 도모나가 공격대의 16기 중 제로센 4기와 97식 함상공격기 5기가 돌아왔다. 97식 함상공격기 2기와 제로센 3기는 수리가 불가능할 정도로 심하게 파손된 상태였다.[29]

이제 야마구치와 참모진은 도모나가 공격대의 성과를 알게 되었다. 고바야시 공격대와 마찬가지로 도모나가 공격대도 별 탈 없이 출발했다.[30] 집결 후 도모나가 공격대는 1만 3,500피트(4,000미터) 고도로 상승해 동쪽으로 나아가 놀라울 정도로 쉽게 적을 발견했다. 2중대 선두에 있던 하시모토 대위는 쌍안경으로 수면을 훑어보다가 14시 30분, 오른쪽 10도, 전방 35해리(65킬로미터)에서 항적들을 목격했다.[31] 하시모토는 조종사 다카하시 이등비행병조에게 1중대의 도모나가 쪽으로 기체를 붙이라고 지시했다. 도모나가와 하시모토는 수신호로 의견을 나눈 다음 이 항적들을 따라 전진하기로 결정했다.

거리가 줄어들자 멀리 희미하게 보이던 항적들이 각 함별로 또렷하게 보였다. 항공모함을 가운데에 둔 미군 기동함대였다. 도모나가와 하시모토가 보기에 항공모함은 불타고 있지 않았고 멀쩡해 보였다. 항공모함과 호위함은 약 90도 방향으로 24노트로 항해하고 있었다. 하시모토와 도모나가는 당연히 이 항공모함이 고바야시가 공격한 것과 다른 항공모함이라고 생각했다. 공격할 가치가 있는 목표였다.

두 사람은 몰랐지만 이 항공모함은 사실 고바야시가 공격했던 요크타운이었다. 히류 함상폭격기들의 공격으로 화재가 발생하고 동력까지 끊어졌지만 미군 손상통제반의 성과는 눈부셨다. 레이더를 수리했고 14시경, 화재를 완전히 진압했다. 무엇보다 14시 30분경, 19노트 속력을 낼 정도로 보일러를 수리했다. 빠르지는 않았

17-2. 상공초계 임무를 띠고 요크타운에서 발함하는 요크타운의 VF-3 소속 윌리엄 레너드 중위의 와일드캣. 6월 4일 촬영. 레너드 중위는 이날 요크타운에 자폭공격을 시도하던 도모나가 공격대의 97식 함상공격기 1기를 격추했다. (National Archives and Records Administration, 사진번호: 80-G-312016)

으나 그렇다고 고정 표적이 될 정도로 느리지도 않았다.

동력 복구는 결과적으로 다행스런 일이었다. 13시 55분, 요크타운의 레이더가 접근하는 도모나가 공격대를 포착했기 때문이다. 경보가 내려지기 전부터 요크타운 승조원들은 초계전력 보강을 위해 명성이 자자한 지미 새치 소령이 이끄는 와일드캣 편대를 띄우려고 준비하고 있었다. 느려진 속력 탓에 발함 작업이 까다로워졌지만 일단 해보는 수밖에 없었다. 적기접근 경보를 받자 요크타운의 항공유 급유 시스템이 즉시 폐쇄되고 조종사들이 급히 각자의 비행기로 달려갔다. 23갤런(87리터) 이상 연료를 탑재한 전투기는 없었고 발함대기 중이던 10기 가운데 2기는 기체 구조에 문제가 생겨 전투비행에 부적합하다고 판정된 상태였다. 요크타운은 상공에 있는 와일드캣 6기 중 4기를 침입자가 오는 방향으로 유도했다. 나머지 2기는 새치가 발함하는 동안 상공엄호를 맡았다. 새치의 전투기들은 도모나가 공격대가 모습을

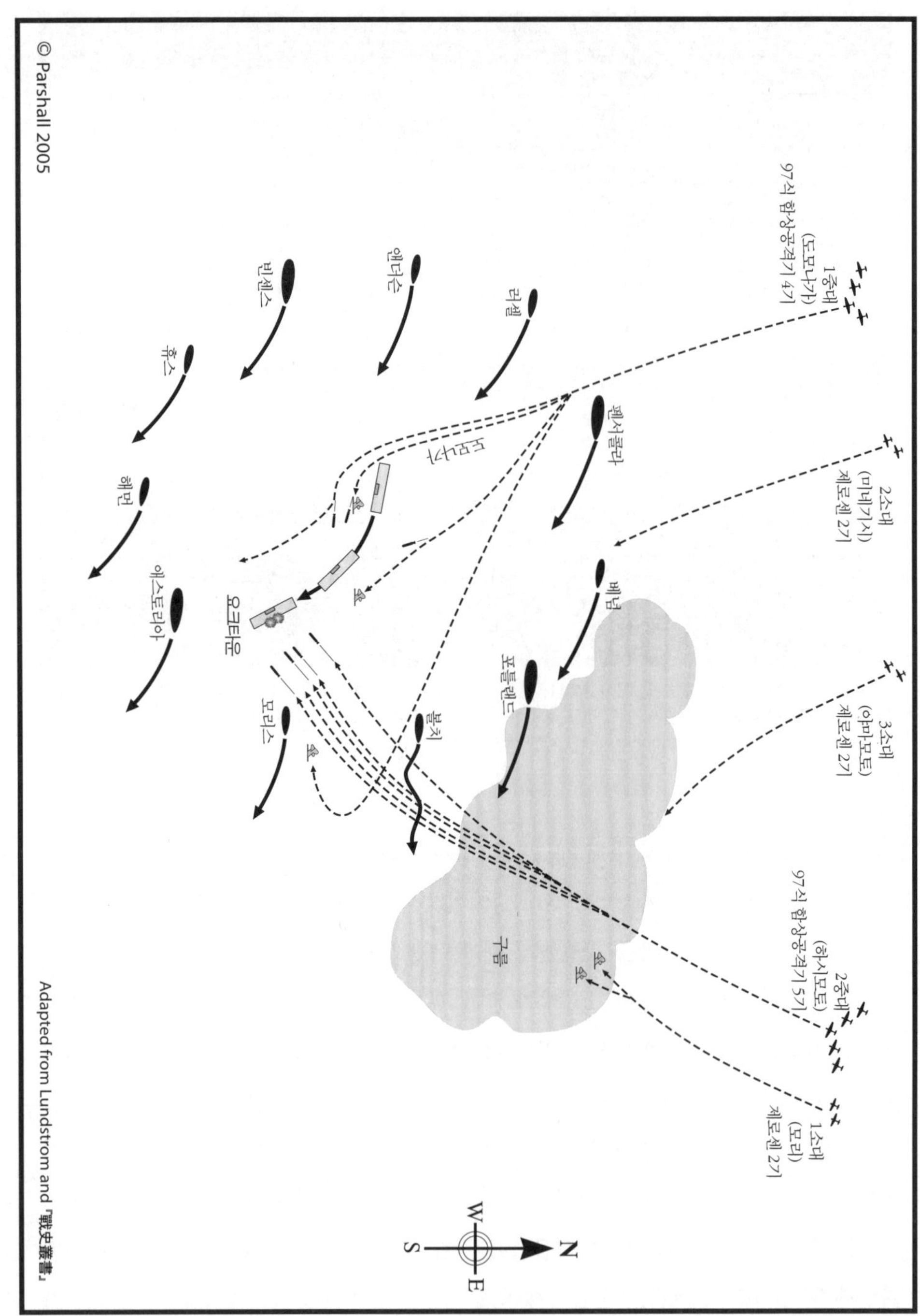

17-3. 도모나가 공격대의 요크타운 공격

드러낼 즈음 발함을 끝냈다. 그동안 요크타운은 17기동함대에 지원을 요청했고 8기가 가는 중이라는 답을 받았다.

일본군은 좌현 뒤쪽에서 요크타운을 공격했다. 도모나가는 4,000미터에서 완만한 각도로 활강하며 속력을 높였다. 그러고 나서 공격대를 둘로 나누어 하시모토의 2중대에 적 함대 북쪽 가장자리 앞으로 나아갔다가 우선회해 요크타운의 우현 선수 쪽을 노리고 진입하라고 지시했다. 그동안 도모나가는 1중대를 이끌고 좌현 바로 옆을 공격할 계획이었다. 호위대도 분산해 모리 대위의 2기 소대는 하시모토에게 붙고 미네기시 비행병조장의 소대는 도모나가를 엄호했다. 가가의 야마모토 일등비행병조가 지휘한 3소대는 두 함상공격기 중대 사이에 있었다. 14시 34분, 도모나가는 공격 명령을 내렸다.

도모나가의 97식 함상공격기들은 급격하게 고도를 낮추었다. 아직까지 적 전투기의 요격은 없었다. 14시 38분, 도모나가가 4,000피트(1,219미터) 아래로 내려가자 와일드캣 2기[32]가 뛰어들어 후미기 1기를 격추(오바야시 유키오大林行雄 비행병조장 혹은 스즈키 다케시鈴木武 일등비행병조의 기체로 추정)했다.[33] 다행히 미네기시의 제로센들이 더 심각한 피해가 발생하기 전에 끼어들었다. 격렬한 공중전 끝에 미군 전투기들은 모두 격추되었다.[34]

도모나가와 부하들이 구름띠를 뚫고 나오자 10해리(19킬로미터) 정도 떨어진 요크타운이 보였다. 요크타운은 이들을 피해 남동쪽으로 함수를 돌렸다. 달려드는 일본기들로부터 도망치는 동시에 비행갑판의 전투기들을 띄우기 위해서였다. 호위함들은 요크타운을 중심으로 3,000미터 반경으로 단단한 윤형진을 짰다. 14시 40분, 도모나가는 명령을 반복해 1중대의 남은 4기가 안쪽으로 파고드는 동안 하시모토의 2중대는 좌현에서 공격하라고 명령했다.[35]

1중대는 급격히 적과 거리를 좁혀 나갔다. 도모나가와 부하들은 200피트(61미터) 정도의 매우 낮은 고도에서 200노트(370킬로미터)로 질주했다. 미군 TBD 조종사라면 부러워할 수밖에 없는 속력이었다.[36] 1중대가 미군 진형 6해리(11킬로미터) 안까지 도달하자 호위함들이 대공화력을 총동원해 1중대에 쏟아부었다. 예광탄의 번뜩이는 궤적이 죽음의 손가락처럼 일본 조종사들을 찌르러 허공을 가로질러 날아왔고, 고사포탄이 폭발하며 생긴 연기가 사방에 버섯처럼 피어났다.

도모나가는 굴하지 않고 중순양함 펜서콜라와 구축함 러셀 사이에 난 틈새로 부하들을 이끌고 들어갔다. 윤형진 안쪽까지 난입하자 요크타운의 함미가 눈에 들어왔다. 하지만 현재 접근방향을 유지하면 불리한 사각射角이 나올 것을 우려한 도모나가는 부대를 다시 둘로 나누었다. 도모나가는 2기를 좌측으로 보내 요크타운의 좌현 선수방향을 공격하게 하고 자신은 요기와 함께 우현 후방으로 돌아가 반대쪽 측면을 치려고 했다. 성공한다면 요크타운은 망치와 모루 사이에서 공격받게 될 터였다.[37]

이때 도모나가 공격대의 상황이 갑자기 악화되었다. 긴급 발진한 미군 전투기들이 나타난 것이다. 도모나가는 이들의 첫 목표가 되었고 6월 4일의 가장 유명한 미군 전투기 조종사 지미 새치가 도모나가의 비행기를 격추했다. 새치는 갑자기 나타나 고속으로 도모나가의 97식 함상공격기 오른쪽을 스치며 사격해 심각한 피해를 입혔다. 기체에 불이 붙었음에도 불구하고 도모나가는 훌륭한 조종실력을 발휘해 수평을 유지하며 직선으로 비행해 요크타운의 우현 뒤쪽에 교과서적인 방법으로 어뢰를 투하했다.[38] 어뢰를 투하하자마자 도모나가의 기체 왼쪽 날개가 꺾였고 비행기는 요크타운의 함미 근처에 추락했다. 어뢰는 빗나갔다.[39]

도모나가의 요기는 잠시나마 이 같은 운명을 간신히 피했다. 이 기체는 도모나가 근처에서 어뢰를 투하하고 요크타운의 우현을 비껴 도망쳤다. 이 어뢰도 빗나갔다. 어뢰를 투하한 함상공격기는 저공으로 날며 미군 진형 한가운데를 뚫고 남쪽으로 빠져나가는가 싶었지만 16기동함대에서 요크타운으로 오는 길이던 와일드캣 3기에 허무하게 격추되었다.[40]

그동안 도모나가가 좌현으로 우회시킨 함상공격기 2기도 난관에 봉착했다. 첫 비행기는 요크타운과 나란히 날다가 우측으로 선회해 요크타운의 좌현 선수를 노려 어뢰를 투하하려 했다. 이 기체의 조종사는 진형을 거의 다 관통한 다음 요크타운 앞을 막아서는 구축함들을 뚫고 들어왔다. 그러자 정면으로 와일드캣 1기가 돌진해 와서 사격을 시작했다. 기체가 손상된 함상공격기는 어뢰를 버리고 요크타운에 자폭공격을 시도했다. 그러나 윌리엄 레너드William Leonard 중위[41]가 조종한 와일드캣이 꼬리에 붙어 아래쪽에서 계속 사격했고 이 함상공격기는 결국 불이 붙어 요크타운 좌현 선수 부근에 추락했다.

이 비행기의 요기 역시 비슷한 운명을 맞았다. 요크타운의 전투기 1기[42]가 용감하게 아군 대공탄막을 뚫고 이 함상공격기의 바로 뒤에서 공격했지만 일본군 조종사가 어뢰를 투하하는 것도, 대경실색한 요크타운 승조원들을 향해 일어서 주먹을 휘두르는 후방사수까지 보일 정도로 적기가 접근하는 것도 막지 못했다.[43] 후방사수가 보여준 마지막 용기에도 불구하고 이 함상공격기는 공중에서 폭발해 버렸다. 와일드캣의 총탄이나 요크타운의 대공포화에 연료탱크가 폭발했을 것이다. 투하한 어뢰 역시 빗나갔다. 도모나가의 1중대는 미군에 아무 피해도 입히지 못하고 전멸하고 말았다.

하시모토의 2중대는 이보다 운이 좋았다. 2중대는 V자 대형을 지어 중순양함 포틀랜드와 구축함 볼치 사이의 틈을 비집고 들어갔다. 하시모토는 부하들을 이끌고 파도에 닿을 만큼 낮은 고도로 날며 미 함대를 향해 무섭게 달려들었다. 하시모토를 겨냥한 대공포화는 규모가 엄청났지만 종류도 놀랍도록 다양했다. 기관총부터 5인치 고사포까지 미군은 쓸 수 있는 모든 화력을 총동원했다. 하시모토는 날개와 동체에 파편이 부딪히는 소리가 고향 집의 양철지붕에 우박이 떨어질 때 나는 소리 같다고 생각했다.[44] 겁이 났지만 방해가 되지는 않았다.

미군 전투기 대부분이 도모나가를 쫓아갔지만 전부는 아니었다. 다행히 하시모토의 뒤에는 모리 대위와 야마모토 도루 이등비행병조의 제로센이 있었다. 와일드캣 1기[45]가 갑자기 정면에 나타나자 둘은 이 적기를 덮쳤고 하시모토의 중대는 계속 적을 향해 달려갔다. 그러나 곧 와일드캣 2기[46]가 싸움에 끼어들었다. 미처 알아차리기도 전에 모리와 야마모토의 제로센은 불길에 휩싸여 추락했다. 두 명 모두 전사했다.

모든 상황을 지켜보던 하시모토는 다음 차례는 자기라고 생각했다. 그는 자신의 중대를 약간 왼쪽으로 돌려 구름 속으로 들어가 미군 전투기들을 꼬리에서 떼어 내려 했다. 이때 가가의 야마모토 아키라 일등비행병조와 반도 마코토 삼등비행병조의 제로센이 모습을 드러냈다. 와일드캣과 제로센 들은 격렬한 저고도 선회전을 벌였다. 이제 하시모토 중대를 노리는 즉각적 위협은 사라졌다.[47]

하시모토가 구름에서 빠져나와 보니 대형이 흐트러져 있었다. 그의 비행기는 편대의 선두가 아니라 왼쪽에 있었다. 그러나 구름의 보호에서 벗어나자마자 천둥 같

17-4. 전후에 해상자위대 제복을 입은 하시모토 도시오 (미드웨이 해전 당시 대위) (Michael Wenger)

은 포성을 울리며 미군 대공포화가 불을 뿜었기 때문에 편대를 다시 짤 여유가 없었다. 미군 전투기들이 나타났고 이 가운데 1기가 하시모토에게 똑바로 달려들어 사격을 가했다. 그러나 이때 하시모토는 요크타운에 어뢰를 투하하기에 충분할 정도로 근접해 있었으므로 미군 전투기들이 막지 못했다. 그뿐만 아니라 하시모토에게는 엄호 전투기가 붙어 있었다. 하시모토가 어뢰 투하 위치를 잡으려고 할 때 오타니 겐지小谷賢次 일등비행병조 혹은 미네기시 비행병조장의 제로센이 요크타운에서 마지막으로 발진한 조지 호퍼George Hopper 소위의 와일드캣을 덮쳤고, 호퍼의 전투기는 발진하자마자 격추되었다.[48]

조종사 다카하시 일등비행병조는 하시모토의 97식 함상공격기의 고도를 수면 위 100피트(30미터)까지 낮추었다. 고사포탄이 사방에서 폭발하고 있었다. 일본군 뇌격기 조종사들에게는 뇌격철학을 한마디로 응축한 구호가 있었다. '일발필중一發必中.' 하시모토는 바로 그 일발필중을 할 결의를 다졌다. 일본군의 어뢰는 빠르고 위력적이었으며 정확했다. 이제 정확한 투하 위치만 잡으면 적 항공모함을 전장에서 이탈시킬 수 있었다. 하시모토는 적과 600미터 떨어진 위치에서 요크타운의 좌현 정중앙을 겨냥해 어뢰를 투하했다. 중대기 3기도 하시모토를 따라 어뢰를 투하했다. 집중해서 한 구역을 타격하려는 의도였다. 그런데 어뢰 한 발 한 발이 중요한 마당에 하필 아카기 소속 니시모리 비행병조장이 탄 함상공격기의 어뢰 투하장치에 문제가 생겼다! 탑승원들이 갖은 애를 써도 어뢰는 분리되지 않고 매달려 있었다.[49]

어뢰를 투하한 다음에는 무조건 도망쳐야 했다. 하시모토는 중대를 이끌고 요크타운의 함수를 지나쳐 남동쪽으로 날아갔다. 그는 도망치면서도 연신 뒤를 돌아보며 어뢰가 명중했는지를 확인하려고 애썼다. 갑자기 하나, 둘, 거대한 물기둥이 솟구치며 흰 물마루가 적 항공모함 갑판에 육중하게 떨어지는 광경이 보였다. 온 몸에 전율이 느껴졌다. 명중이다! 그러나 집합 예정 지점에 모여 보니 히류가 다시 한 번 큰 대가를 치렀음이 분명해졌다. 도모나가 대위도, 모리 대위도 없었다. 2중대 소속 함상공격기 5기와 제로센 4기만 살아남았다. 함상공격기 3기는 피해가 너무 커서 다음 작전 투입은 고사하고 귀함이 가능할지조차 의심스러웠다. 승리했다 하더라도 히류는 더 이상 이 정도 대가를 치를 수 없었다. 하시모토는 14시 45분에 결과 보고를 기함에 충실히 타전했다.[50]

2중대가 발사한 어뢰는 요크타운에 엄청난 피해를 입혔다.[51] 첫 어뢰는 90번 프레임에 명중해 단번에 보일러 셋을 꺼뜨렸다. 증기압이 빠지고 함이 좌현으로 6도 기울었지만 요크타운은 좌선회를 계속했고 자력항행도 가능했다. 30초 정도는 피해를 국부화할 가능성이 있어 보여 전방 발전기실에 중유를 우현 연료탱크로 이송해 경사를 바로잡으라는 명령이 내려졌다. 바로 그때, 첫 번째 어뢰가 명중한 곳에서 약간 앞쪽에 있는 75번 프레임에 두 번째 어뢰가 명중했다. 이것이 치명타였다. 전부 발전기실이 침수되어 함의 전력 공급이 중단되었다. 예비발전기가 작동했지만 불행히도 합선이 일어나 금방 멎었다. 선회 중이던 요크타운은 동력이 손실되자 키가 좌현 15도로 꺾인 채 멈췄다. 침수가 계속되며 정지한 함이 좌현으로 빠르게 기울어 갔다.[52]

두 번째 명중한 어뢰로 인해 앞쪽의 주 배수펌프들이 망가져 역침수가 불가능해졌다. 그 결과 침수로 인해 배가 더욱 기울어져 비행갑판에 서 있기도 어려울 정도였다. 17분 만에 경사각이 23도에 달했다. 요크타운 함장 엘리엇 벅매스터Elliott Buckmaster 대령은 요크타운이 전복된다면 많은 희생자가 발생할 것이고 특히 갑판 아래에 배치되어 임무 수행 중인 인원의 피해가 클 것을 우려했다. 어쩔 수 없이 함장은 15시경 전 승조원에게 비행갑판 한편으로 집합하라고 명령했다.[53] 하시모토의 중대는 잘 짜인 공격으로 함 중앙부에 어뢰 피해를 집중한다는 목적을 정확하게 달성했다. 일본군 공격대로부터 두 번에 걸친 공격을 받은 끝에 요크타운은 마침내 완전히 전열에서 이탈했다.

16시 00분, 하시모토의 보고를 받고 야마구치는 나구모에게 전과보고를 올렸다. "엔터프라이즈형 [항공모함] 1척(전에 폭격한 것과 다름)을 뇌격, 어뢰 2발 명중 확

17-5. 치명상을 입은 요크타운. 격렬한 대공포화에도 불구하고 하시모토의 97식 함상공격기들은 요크타운의 좌현에 어뢰를 명중시켰다. 이로 인해 발전기가 작동을 멈추는 바람에 신속한 역침수 조치를 취해 좌현에 맞은 어뢰 2발로 인해 발생한 경사를 바로잡지 못했다. 침수와 동력 상실이 퇴함명령의 주된 이유였다. (National Archives and Records Administration, 사진번호: 80-G-414423)

인."[54] 야마구치는 30분 뒤 나구모에게 3차 공격대를 18시에 발진시켜 해질 무렵에 적을 공격할 계획이라고 보고하고 정찰기가 계속 적과 접촉하게 해달라고 요청했다.[55] 야마구치는 계속 공격하기를 원했으나 나구모는 히류를 위험구역에서 내보내야겠다는 쪽으로 생각이 기울었다. 15시 50분, 나구모는 도네 4호기로부터 적 항공모함 2척, 구축함 2척을 발견했다는 보고를 받았다.[56] 하시모토가 최선을 다했음에도 불구하고 적 항공모함이 2척 남아 있는 것으로 보였다. 딱히 이길 가능성이 높아지지도 않았고 히류의 2차 공격대가 귀환했기 때문에 이제 적과 거리를 벌려야 할 때였다. 공격대가 회수되자마자 기동부대는 뒤늦게 315도로 변침하고 28노트로 속력을 높여 북서쪽으로 퇴각했다.[57]

같은 시각, 나구모는 불타는 항공모함들 중 일부라도 건져 전장에서 데리고 나올 방법을 찾는 중이었다. 16시 00분, 나구모는 4구축대 사령司令(아루가 고사쿠有賀幸作 대좌)에게 피격된 항공모함들을 최대한 엄호하여 북서쪽으로 퇴각하라고 명령했다.[58] 그러나 이때 가가를 마지막으로 아카기, 가가, 소류는 세 시간 가까이 동력을 잃은 상태였다. 4구축대는 침묵을 지켰다. 나구모의 희망을 꺾는 말을 하고 싶지 않았을 것이다. 나가라 뒤, 수평선 너머로 보이는 연기 기둥은 현실을 알려 주는 증거로 충분했다.

30분 뒤, 하시모토를 비롯한 도모나가 공격대의 생환자들이 완전히 회수된 상황에서 나구모는 히류가 적과 거리를 더 벌리면서 서쪽에 있는 야마모토와 곤도에게 빨리 가야 한다는 생각을 굳혔다. 16시 30분, 야마구치가 3차 공격대 계획을 보고하고 정찰기를 추가로 띄워 접촉을 유지하라고 요청했으나 나구모는 기동부대의 함수를 정서쪽(270도)으로 돌리라고 명령했다.[59]

나구모와 야마구치는 몰랐지만, 하시모토가 착함했을 때 복수의 칼날이 하늘에서 히류를 겨누는 중이었다. 14시 45분, 애덤스 대위의 보고를 받은 16기동함대는 공격대 발진 준비를 시작했다. 엔터프라이즈는 자함과 요크타운의 소속기로 구성된 혼성 급강하폭격대를 비행갑판에 배치했다. 모두 합쳐 요크타운 소속 VB-3의 15기에 엔터프라이즈 소속 VS-6의 7기와 VB-6의 4기가 합세했다. 갤러허 대위(VS-6 비행대장)가 총지휘를 맡았다.[60] 15시 25분, 'Big E'(엔터프라이즈의 별명)는 바람을 안고 공격대를 발진시키기 시작했다.[61]

그 와중에도 호닛의 항공작전은 여전히 허점투성이였다.[62] 호닛도 애덤스 대위의 보고를 방수하고 14시 56분에 자함의 공격대를 배치했다.[63] 그러나 16기동함대 기함 엔터프라이즈가 공격대 발진을 지시하지 않았기 때문에 호닛은 15시 10분경 배치되었던 비행기들을 격납고로 돌려보내고 아침에 미드웨이에 불시착했다가 돌아온 VS-8의 SBD와 초계기 7기를 회수했다. 그 결과, 15시 17분에 엔터프라이즈가 15시 30분 공격대 발진예정임을 알리자 호닛의 마크 미처 함장은 크게 놀랐다.[64]

호닛은 16시경 에드거 E. 스테빈스Edgar E. Stebbins 대위가 지휘하는 SBD 16기를 허둥지둥 비행갑판에 배치했다.[65] 그러나 이때 엔터프라이즈 공격대가 목표를 향하는 중이어서 호닛은 발진을 단축하고 스테빈스를 비롯해 이미 하늘에 떠 있는 일부 SBD만 엔터프라이즈 공격대를 서둘러 쫓아가도록 했다.[66] 따라서 호닛이 보유한 SBD 중 일부는 엔진 시운전을 끝내고 발함 준비를 완료했음에도 불구하고 격납고로 돌아가게 되었고[67] 조종사들은 크게 분개했다. 또다시 미군은 여러 항공모함들의 비행대로 구성된 통합 공격대를 보낼 기회를 잃고 말았다. 그러나 이 시점에 호닛에서 일어난 혼란은 물리적 결과에 큰 영향을 끼치지 않았다. 16기동함대의 항공모함 1척의 전력만으로도 히류의 빈약한 방어를 압도하기에는 충분했다.

이 단계에서 일본군 정찰기들은 미 함대의 동향을 보고하느라 바빴다. 15시 45분, 도네 3호기가 "적 순양함으로 보이는 6척 발견, 우리 출발점에서 방위 94도, 거리 117해리(217킬로미터), 적 침로 120도, 속력 24노트."[68]라고 타전했다. 도네 4호기도 5분 뒤에 적은 "공모 2척"을 기간으로 구축함 2척을 수반하고 있다고 보고했다. 분명히 16기동함대였다. 도네와 지쿠마는 이 위치보고를 확인하려고 서둘러 움직였다. 지쿠마는 후속 정찰임무 수행을 위해 2호기(95식 수상정찰기)[69]를 준비시킨 후 16시 06분에 발진시켰다.[70]

미군 초계기들도 항공모함이 탑재한 레이더의 도움을 받아 일본군 정찰기들을 쫓았다. 16시 10분, 이날 하루 종일 바빴던 도네 4호기가 귀환하던 중에 미군기의 추격을 받고 있다고 타전했다.[71] 도네 3, 4호기는 요크타운의 와일드캣 소대로부터 공격받고 있었다. 도네 4호기는 간신히 구름 속으로 숨어들어가 빠져나갈 수 있었는데, 하필 4호기를 쫓던 와일드캣들의 기관총에 탄걸림이 일어나거나 총탄이 거의 떨어졌기 때문이기도 했다.[72] 도네 3호기는 운이 나빠 16시 33분에 격추되었다.[73]

생존자는 없었다.[74]

그동안 일본군은 새로이 잡힌 미군 포로들의 진술을 받아 기동부대의 정찰 결과를 보강했다. 16시 30분이 조금 지난 뒤, 서쪽으로 변침한 나가라가 떠다니는 빨간 물체를 발견하고 확인 차 잠시 북쪽으로 뱃머리를 돌렸다.[75] 구명벌이었다. 구축함 마키구모가 VS-6 소속 조종사 2명을 건져 올렸다. 프랭크 W. 오플래허티Frank W. O'Flaherty 소위와 후방사수 브루노 P. 가이도Bruno P. Gaido 항공공작하사[76]였다. 아침에 가가를 폭격한 다음 오플래허티는 웨어 대위의 소대와 전장을 벗어나 북동쪽으로 향했으나 귀환 도중 연료가 떨어져 불시착했다. 그들은 히류가 서쪽으로 방향을 틀었을 때 하필 일본군의 눈에 띄는 불운을 맞았다. 일본군은 처음에 두 사람을 정중히 대하다가 나중에는 위협을 가하며 심문했다.[77] 이들은 미드웨이의 정확한 상황을 실토했으나 항공모함에 대해서는 가치 있는 정보를 주지 않았다. 오스머스 소위처럼 오플래허티와 가이도는 살해되었다.[78]

16시 55분, 도네의 아베 소장은 적 함대 구성을 충분히 파악했다고 보고, 놀랄 만큼 정확한 최신 적정보고를 나구모에게 타전했다. 아베의 보고는 다음과 같다. "색적보고를 종합한 결과 적 부대(16기동함대)는 공모 2척, 대형 순양함 6척을 기간으로 구축함 8척 정도를 수반한 것으로 판단됨. 다시 접촉정찰을 위해 수상정찰기 2기를 발진시킴."[79]

이 상황에서 연합함대 기함인 전함 야마토는 도울 수도 없으면서 존재감만 드러냈다. 우가키 연합함대 참모장은 나구모의 참모장 구사카와 2항전 사령관 야마구치에게 "AF[미드웨이] 공격의 개요(특히 다음 날 적이 쓰던 육상기지의 아군 사용 가능 여부… 및…)를 지급 보고"하라고 타전했다(16시 55분).[80] 야마모토와 참모진은 조심스럽게나마 상황을 낙관적으로 내다보았다. 참모진의 생각에 아군은 일시적으로 타격을 받았으나 나구모는 아직 전투 중이었고 히류는 지금쯤 3차 공격대를 발진시키고 있을 터였다. 승리할 가능성은 적었지만 야마구치는 지금까지 최소한 미 항공모함 2척을 무력화했다. 날이 어두워지면 히류와 나구모 부대의 나머지 함선들이 지금 달려가는 곤도 부대와 합류할 것이고 다음 날 아침에는 주력부대와도 합류할 수 있을 것이다. 계획대로 된다면 상당한 전력을 갖춘 모양새가 될 이 연합함대는 재개된 미드웨이 상륙작전을 지원할 수 있었다. 미 항공모함이 얼마나 남았든 간에 함대의 전함들이 순양함과 이를 격멸하는 동안 히류가 남은 비행기로 상공엄호를 맡을 수 있을 것이다.

16시 55분에 야마토에서 온 전문의 비현실적 내용은 야마모토와 연합함대 참모진의 생각이 얼마나 실제와 동떨어졌는지를 보여 준다. 산호해에서 항공모함 2척이 완전히 나가떨어졌음에도 불구하고 적극성이 부족했다며 다카기 소장을 심하게 질책한 연합함대 사령부의 불쾌감을 이제 멀리 떨어진 나구모와 야마구치도 조금씩 느낄 수 있었다. 야마모토와 참모진은 속 편하게 아무것도 몰랐거나 상황의 본질을 인정할 생각이 없었으며, 진행 중인 작전을 물리적으로 지원하기에는 현장에서 너무 멀리 떨어져 있어 현실을 깨닫기 어려웠다. 시간이 지남에 따라 이런 경향은 더욱 심각해졌다.

16시 40분경, 가가에서는 화재 진압이 무의미해졌다. 더 이상 건질 게 없다는 것이 사실에 가까웠다. 8시간에 걸친 폭발과 화재로 가가는 껍데기만 남아 있었다. 아마가이 중좌는 배에 남으면 더 많은 부하들을 무의미한 죽음으로 밀어 넣을 뿐이라고 정확히 판단했다. 아마가이는 총원퇴거 명령을 내리고 구축함으로 옮겨 타라고 지시했다.[81]

하기카제의 자매함 마이카제에서 함장 나가스기 세이지中杉清治 중좌는 놀랍고 참담한 심정으로 불타는 가가를 지켜보았다. 나가스기는 다음과 같이 회고했다. "가가는 하루 종일 불탔습니다. 큰 화재였는데 제 배(마이카제)는 계속 가가 옆에 붙어 있었습니다. 거대한 쇳덩어리가 그렇게 탈 수도 있더군요. 그중에서도 함교 부분이 처참했는데 화산의 용암처럼 흐물흐물하게 녹아 무너져 내렸습니다."[82] 이때 가가가 "예인 가능한지를 판단"하고 상태를 보고하라는 야마모토의 전문을 보고 나가스기 함장은 자기 눈을 의심했다. 나가스기는 단호하게 "불가능"이라고 답했다.[83] 야마모토가 이 보고를 수신했는지는 확실하지 않으나 나구모는 받았다. 17시 00분, 나구모는 야마토에 전문을 보냈다. "가가 전투불능, 위치 헤-에-아HE-E-A 55, 생존자 구축함으로 옮김."[84]

소류의 상황도 가가와 별반 다르지 않아 많은 승조원들이 바다에 떠다니고 있었다. 그러나 함의 양 끝단에는 아직 생존자들이 모여 있었다. 오후가 지나가자 이 인원들도 퇴거시키기로 결정되었다. 소류와 거리를 두고 있던 구축함들이 본격적으로

구조작업에 들어갔다.[85]

소류의 묘갑판에 있던 가나오 포술장의 눈에 고속으로 접근하는 함선 1척이 보였다. 잠시 적함이 아닐까 하는 생각이 들었다. 소류의 상황을 볼 때 포로가 되는 수치를 겪느니 차라리 자결해야 할까? 그러나 권총을 휴대하는 조종사들과 달리 포술장은 권총이 없었기에 자결할 수단이 없었다. 가나오는 앞쪽 대공 기관총들이 멀쩡하다는 사실을 떠올렸다. 다가오는 함선이 적함이라면 반격하여 무사처럼 끝까지 싸우겠다고 생각했다. 가나오는 부하들에게 "기총원機銃員 배치."라고 명령했다. 배가 가까워지자 욱일기가 보였고 가나오와 부하들은 안도했다. 구축함 하마카제였다. 묘갑판에 있던 사람들은 눈물을 흘리며 모자를 벗어 하마카제를 향해 흔들었다.[86]

하마카제는 몇백 미터 떨어진 곳에 정선하고 발광신호를 보냈다. 묘갑판 인원 중에 신호수가 없어서 신호를 읽기가 어려웠지만 가나오는 구축함이 배를 버리라고 신호하고 있음을 알 수 있었다. 신호를 보냄과 동시에 구축함은 커터 1척을 내리기 시작했다. 가나오는 "야마모토〔가나오의 당시 성〕 소좌, 본함〔소류〕을 도와 본함에 남음."이라고 수신호로 답했다.[87] 하마카제가 즉시 답했다. "적 공모 접근 중, 급히 퇴함하시오."[88] 가나오는 하마카제가 뭔가를 잘못 알고 있거나 자신이 신호를 잘못 읽었다고 생각했다. 그러는 동안에 커터가 옆으로 다가왔고 구축함 승조원들은 함수에 있는 소류 승조원들에게 배를 버리라고 재촉했다. 가나오는 고민에 빠졌다. 적 항공모함이 접근하고 있다는 것을 믿을 수 없었으나 야나기모토 함장이 퇴거명령을 내렸고, 만약 남는다면 하마카제가 전투를 계속하는 데 방해가 될 수도 있었다. 몇몇 승조원은 소류의 상황이 나아지면 다시 옮겨 탈 수도 있을 것이라고 의견을 밝혔다. 마침내 더 이상 선택의 여지가 없다고 생각한 가나오와 부하들은 "소류 만세"를 세 번 부르고 부상자부터 커터에 옮겼다.

하마카제가 커터를 보내고 있을 때 피격된 소류를 도우려고 지쿠마가 남겨 놓은 커터도 주변을 돌아다니며 물에 빠진 사람들을 건져 올렸다. 구조작업이 끝나자 하마카제는 지쿠마의 커터에 있던 인원들을 모두 끌어올린 후 18시 02분에 계류밧줄을 끊고 빈 커터를 버렸다.[89] 구축함들은 구조할 수 있는 인원은 모두 구조했다고 생각했다.

그러나 소류에는 아직 사람이 남아 있었다. 함 깊숙한 곳의 기관구역에서 기관병들이 고통받으며 운명을 기다리고 있었다.[90] 실내온도는 사람이 버틸 수 있는 한계를 넘어섰다. 나가누마 기관대위는 현기증을 느꼈고 몇몇 부하가 갑판에 쪼그려 앉았다. 그중 한 명이 나가누마의 발 위로 쓰러지려 하자 나가누마는 "야, 정신 차려, 전투 중이야!"라고 호통을 쳤다. 나가누마는 기관병을 걷어차며 깨우려 했지만 그는 더 이상 움직이지 않았다.

나가누마는 땀을 뻘뻘 흘렸다. 계속 물을 마셔도 갈증이 났다. 곧 식수가 바닥났다. 모두 비 오듯 땀을 흘렸다. 누군가가 "어쩔 수 없군, 보일러 복수기復水器의 물을 마시자."라고 제안했다. 모두 보일러의 증류수를 컵에 따라 정신없이 마셔댔다. 증류수를 마신 나가누마는 속이 불편해졌다.

평소 성실한 기관병 하나가 나가누마에게 다가왔다. 어두운 조명 아래에서 보니 반쯤 정신이 나간 것 같았다. 기관병이 말을 건넸다. "기관장님, 부탁이 있습니다." 나가누마가 답했다. "무슨 부탁인가?" 기관병은 "N병조한테 2엔 50센을 빌렸는데 아직 갚지 않았습니다. N병조는 우현 기관실에 있습니다. 지금 어떤지 모르겠지만 제 사물상자에 돈이 있으니 대신 갚아 주십시오."[91]라고 말했다. 놀란 나가누마는 "무슨 말이야, 지금 전투 중이잖아, 끝나고 하라고."라고 질책했다. 기관병은 "기관장님, 저는 끝났습니다." 하고 말을 잇지 못한 채 나가누마의 발밑에 쓰러졌다. 나가누마는 놀라 멍하니 서 있었다. 보일러 증류수가 있건 없건 간에 기관실에 있다가는 다 죽을 게 확실했다. 주변 온도는 말 그대로 비등점에 가깝게 올라가고 있었다. 기관병들은 끔찍한 열기와 연기로 이미 죽었거나 죽어 가고 있었다. 그러나 방법이 없었다. 위로 올라가는 통로는 불길에 휩싸였고 그 위의 격납고 갑판은 초열지옥이었다.

누군가가 "이봐, 이중저二重底(이중으로 된 배 밑바닥) 사이로 들어가자."라고 말했다. 나가누마는 서너 명을 따라 맨홀을 통해 기관구역 갑판에서 빌지bilge(배의 가장 밑바닥)에 있는 기어가야 할 정도로 좁은 공간으로 들어갔다. 그곳에는 이미 바닷물이 차 올라 기어가는 나가누마와 일행의 머리 높이까지 찰랑거렸다. 이들은 한동안 뭘 해야 할지 모른 채 웅크리고 있었다. 시원하기는 했다. 얼마간 시간이 지나자 나가누마는 당황해하며 "어이, 이상하군."이라고 말했다. 선임기계장 이즈카飯塚 기관소위는 쓰러진 병사들의 이름과 유언을 수첩에 적다가 "무슨 일입니까."라고 물었다. "아니, 이 심도계深度計 말이지." 나가누마는 이중저의 아래쪽 바닥이 수선 밑으로 얼마나 가라앉았는지를 보여 주는 심도계 눈금을 가리켰다. "아무래도 꽤 깊어졌어." 분명 소류는 침수하고 있었다. 나가누마가 기어가던 구역이 완전히 침수되지는 않았으므로 아직 심하지는 않았다. 그러나 빌지를 통해 앞쪽으로 기어나가기란 불가능했다. 나가는 동안 완전히 침수되어 버릴지 누가 알겠는가?

이즈카는 "다른 길이 없으면 위로 나가 보시죠."라고 했지만 나가누마는 대답하지 않았다. 함교와 통신이 두절된 지 오래되었다. 퇴거명령이 있었는지 모르겠지만 나가누마는 듣지 못했다. 비상조명도 다 꺼졌다. 물이 찬 통로로 기어나가기를 포기하고 일행은 물을 뚝뚝 흘리며 빌지를 나와 불지옥 같은 기관구역으로 향했다. 손전등의 도움을 받아 방수문을 열고 위로 올라가려 했으나 아무리 애써도 열리지 않았다. 나가누마는 문을 설계한 놈이 누구냐고 욕을 했다. 그때 부하 한 명이 위에서 희미하게 들어오는 빛줄기를 보았다. 확인하러 가까이 가보니 폭발로 인해 천장에 구멍이 나 있었다. 바로 그 뒤에 자유를 향해 나가는 통로가 있었다. 그러나 통로 꼭대기의 출구는 불길에 휩싸여 있었다. 적어도 그때만큼은 탈출구가 없어 보였다.[92]

히류에서는 야마구치의 일몰 공격 준비가 한창이었다. 야마구치는 나름의 이유로 미국 항공모함 2척을 대파시켰다고 믿었고 이제 세 번째 항공모함을 공격할 생각이었다. 그러나 불행히도 손에 쥔 것이 거의 없었다. 공격에 투입 가능한 항공전력은 함상폭격기 4기와 함상공격기 5기, 정찰임무에 나설 소류의 D4Y1 1기로 쪼그라들어 있었다. 그럼에도 불구하고 야마구치는 미군의 경계가 느슨해지고 초계전력이 줄어들었을 해질 무렵에 마지막 일격을 가할 계획이었다. 공격대 지휘관은 하시모토 대위가 맡았다.[93]

히류 비행갑판에는 비행기가 30분 후에나 배치될 예정이었다.[94] 야마구치는 그보다 이른 16시 30분에 공격대를 보내고 싶어 했고 가쿠 함장도 출격 전 훈시를 시작했지만 다소 괴이한 일로 발진이 일시 취소되었다. 가쿠가 보기에 탑승원 대부분이 새벽부터 이어진 작전 투입으로 인해 간신히 서 있을 정도로 지친 상태였다. 가쿠는 각성제를 배분하라고 명령했다. '항공정 갑航空錠 甲'이라는 수상한 이름이 붙은 약제를 의무실에서 가져오는 과정에서 다소 혼란이 있었다. 정비원이 의무실에서 약병을 가져왔는데 가와구치 비행장이 보기에는 수면제 같았다. 가쿠 함장은 이 불행한 정비원에게 길길이 날뛰며 화를 냈다. 의무실에 연락해 보니 정비원이 가져간 약은 '항공정 갑'이 맞았다. 함장뿐만 아니라 모두가 신경이 날카로워져 있음을 보여주는 사건이었다. 야마구치는 일정을 90분 뒤로 미루고 그동안 히류의 승조원들에게 식사를 주라고 명령했다. 탑승원들은 점심도 먹지 못했다. 지휘관 하시모토 대위는 먹을 힘조차 없어서 대기실의 갈색 가죽 소파에 누워 잠이 들었다.[95]

상공에는 제로센 13기가 맴돌고 있었다. 대부분이 16시 27분에 발함한, 가가의 이즈카 마사오 대위가 지휘하는 소류와 가가 혼성 7기, 시라네 아야오 대위의 아카기 소속 3기, 오모리 시게타카大森茂高 일등비행병조가 지휘관인 아카기 소속 3기였다.[96] 이 전투기들의 정확한 위치는 알려지지 않았다. 직위대의 전체 구성으로 보아 2~3기로 구성된 소대 단위로 날며 함대의 각 사분면의 경계를 맡았을 것으로 보인다. 일부 전투기들은 고도를 달리하여 비행했던 것 같다. 히류의 누군가(가쿠 함장이나 가와구치 비행장)가 미 급강하폭격기의 공격에서 교훈을 얻은 듯하다. 이때쯤 함대의 순양함과 전함들이 히류와 완전히 합류했다. 대형함들은 원래 그랬던 대로 3전대가 우현에, 8전대가 좌현에 나란히 서서 넓게 히류를 둘러쌌다.[97] 나가라가 선두에 있었다.

히류의 마지막 시련이 닥치기까지 오래 걸리지 않았다. 엔터프라이즈에서 발진한 혼성 급강하폭격대가 거의 근접했다. 지휘관 갤러허 대위는 오늘 아침에 자신이 격파에 조력한 일본 항공모함들의 불타는 잔해 북쪽을 지나 16시 45분에 히류를 포착했다. 40해리(74킬로미터) 앞에서 진형 구분이 가능해지자 갤러허는 1만 9,000피트(5,791미터)에서 서서히 고도를 낮추며 급강하 준비를 시작했다.[98] 갤러허는 일본 함대의 좌현을 지나 서쪽으로 선회해 해를 등지고 공격하려 했다. 갤러허는 VB-6에 자신이 직접 지휘하던 VS-6을 뒤따라 공격하라고 명령했다. 요크타운의 VB-3(지휘관 드위트 우드 섬웨이DeWitt Wood Shumway 대위)은 히류의 우현 앞쪽에 있는 '가장 가까운 전함'인 하루나를 공격하라는 명령을 받았다.

훨씬 나아진 직위기 배치에도 불구하고 기동부대는 적절한 조기경보를 받지 못했다. 태양의 위치가 분명히 영향을 주었겠지만 직위기 조종사들이 히류 승조원들만큼 지쳐 있었다는 사실도 중요한 이유였을 것이다. 그래서인지 야마구치의 기함은

17시 01분까지 미군기를 포착하지 못했다. 갤러허가 급강하 시작 지점까지 완만히 강하하기 시작한 지 3분이 지난 때였다.[99]

마침 16시 56분에 나구모는 "120도로 일제회두(속력 24노트)"라고 명령했는데[100] 회피기동이 아니라 기본 침로를 변경할 의도로 내린 명령이었다. 이는 17시에 도네가 8전대와 3전대의 정찰기들에 보낸 무전으로 확인된다.[101] 침로변경은 곧 있을 수상정찰기 회수나 (가능성은 낮으나) 소류 소속 D4Y1 정찰기 발함과 연관이 있을 수 있지만 확실하지 않다.[102] 왜 그랬는가에 상관없이 이 마지막 변침 때문에 엔터프라이즈의 SBD들이 막 급강하를 시작할 때 기동부대가 급선회하는 상황이 되었다. 이 변침이 잘 알려진 히류의 회피기동 능력을 배가했는지도 모른다.

17시 01분, 막 선회를 마치고 히류의 우현 앞에서 5,000미터 떨어진 지쿠마가 급강하를 시작하려는 갤러허의 급강하폭격기들을 포착했다.[103] 지쿠마의 뒤에 있던 도네는 3분 뒤 셤웨이의 급강하폭격기들을 포착하고 최대한 빨리 대공포를 좌현으로 돌려 적과 교전하려 했다. 그러나 이번에도 히류의 대공사격을 도와줄 대형함들이 너무 멀리 떨어져 있었다.

SBD들이 포착되자마자 히류는 대공사격을 개시했다. 동시에 가쿠 함장은 날카로운 각도로 좌선회를 계속하여 민첩한 히류의 함수를 미군기 접근방향으로 돌리라고 명령했다.[104] 이렇게 하면 기수 밑에 있던 히류가 빠르게 조준선 밖으로 빠져나가기 때문에 미군기들은 급강하 각도를 더 높여야 이를 상쇄할 수 있었다. 격렬한 대공포화와 빠른 속력이 결합한 히류는 이날 미군이 가장 상대하기 어려운 목표였다. 고고도에 있던 히류의 직위기들도 아침과 달리 존재감을 과시했다. 히류가 당한다면 돌아갈 곳도, 희망도 사라지기 때문에 일본군 조종사들은 생사를 걸고 제로센을 몰아 미친 듯이 SBD에 달려들었다. 미군 조종사들은 급강하하는 동안에도 꼬리를 물고 쫓아오는 제로센들을 보고 경악했다(제로센은 구조강성 문제로 급강하에 취약했다). 일본군 조종사들은 곡예비행에 가까운 공중기동을 하며 공격을 막아내려 애썼다. 결국 SBD 2기가 격추되어 물기둥을 일으키며 바다에 추락했다.[105]

전투기 지휘관 시라네와 이즈카 대위의 노력뿐만 아니라 가쿠 함장의 급기동이 빛을 발했다.[106] 갤러허의 부하들이 처음 떨어뜨린 폭탄 몇 발은 빗나갔다. 두 항공모함의 전력을 합친 혼성부대라 아직 손발을 맞추는 데 문제가 있었다. 서쪽에서는

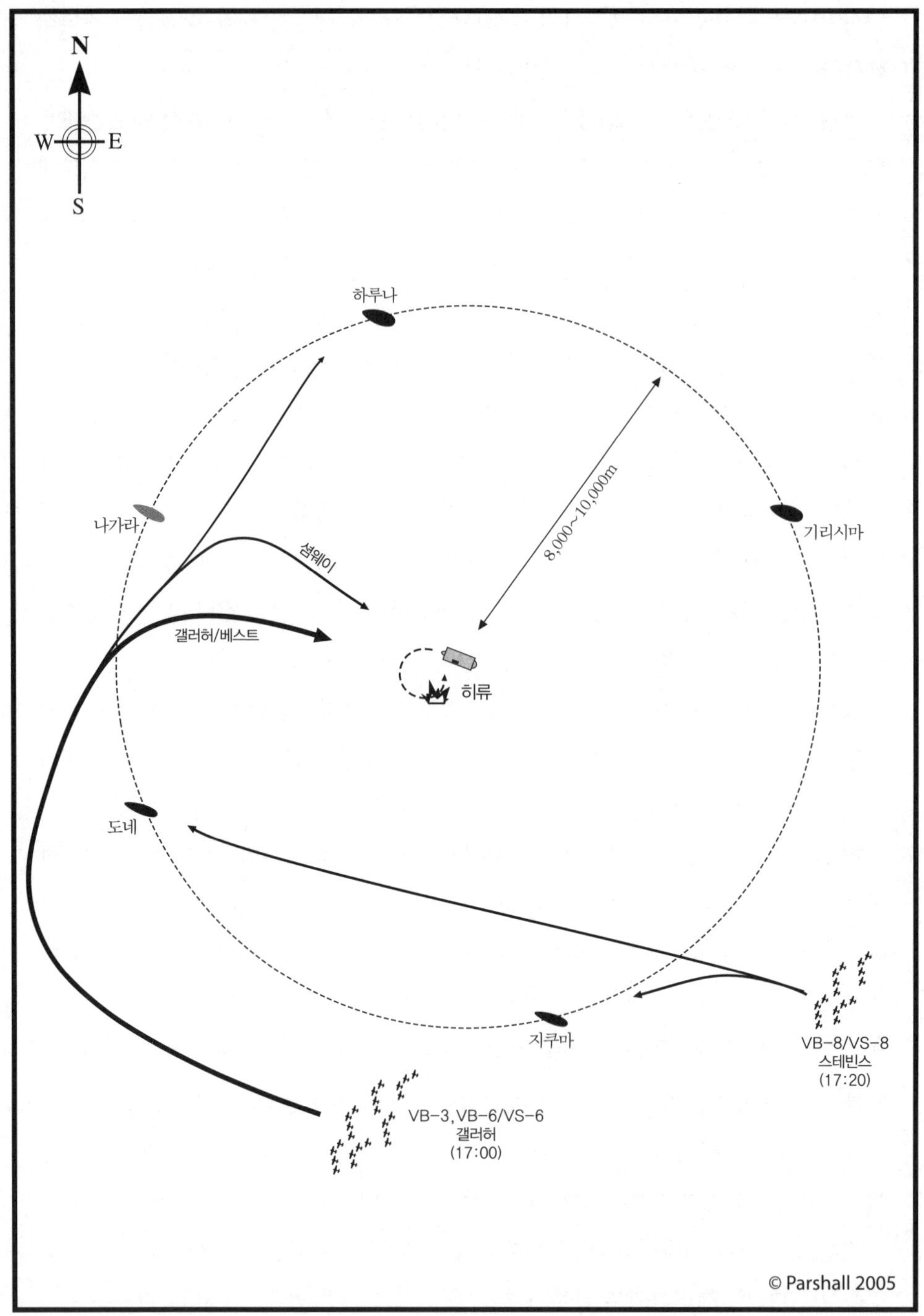

17-6. 17시 01분~17시 10분, VB-6/VS-6이 히류에 치명타를 안긴 공격.

요크타운의 급강하폭격기들이 하루나를 향하다가 히류 주위에서 계속 솟구치는 물기둥을 보고 셤웨이 대위의 소대는 재빨리 히류를 공격하기로 하고 1개 소대 외에 하루나를 공격하기로 한 요크타운의 소대 전체가 셤웨이를 따라갔다.[107] 최소한 셤웨이는 교전보고에서 그렇게 주장했다. 그러나 셤웨이 소대와 갤러허가 거의 동시에 공격한 점을 볼 때 대담하게도 셤웨이는 지휘관의 공격 결과를 보기도 전에 자신도 히류를 공격하기로 마음먹었던 것 같다. 이는 지휘관 갤러허의 사전 목표 배정을 위반하는 일이었다. 게다가 히류로 목표물을 바꾸면서 셤웨이의 SBD들은 이제 막 급강하를 시작한 딕 베스트의 VB-6 앞을 가로질러 지나갔다. 베스트는 급강하를 포기하고 부하들을 데리고 상승할 수밖에 없었다. 오늘만도 두 번째였다. 셤웨이가 목표물을 변경하는 바람에 베스트는 공격 기회를 놓쳤을 뿐만 아니라 히류의 제로센들에 허점을 보였다. 프레드 웨버 소위가 몰던 베스트의 요기가 즉시 격추되고 웨버는 전사했다. 요크타운의 비행기들이 사라지자마자 베스트는 남은 3기를 이끌고 급강하를 시작했다.[108]

이제 히류는 가가와 마찬가지로 폭탄세례를 맞게 되었다. 히류는 왼쪽으로만 선회했고 적이 너무 많은 데 반해 대공화기가 너무 적었다. 엄호하는 제로센 조종사들은 용감했으나 SBD에 비하면 수가 턱없이 모자랐다. 아래로 내리꽂히는 세 공격대에 베스트 같은 강타자들이 군데군데 포진한 이상 히류는 동료들이 겪은 운명을 피할 수 없었다. 첫 명중탄은 셤웨이가 올린 것으로 보이며[109] 이어서 세 발이 연속으로 명중했다.[110] 모두 1,000파운드짜리였고 전방 엘리베이터 앞에 명중했다.[111] 흥미롭게도 나중에 미군 조종사들은 히류의 비행갑판 앞부분에 칠해진 식별용 히노마루를 편리한 조준점으로 이용했다고 증언했다.[112]

일본군에게 이보다 더 끔찍한 결과는 없었다. 히류의 전방 비행갑판이 폭발로 불쑥 튀어나왔다가 연속된 명중탄의 폭발로 인해 붕괴했다. 즉시 대화재가 발생했다. 제로센 19기가 수납된 전방 격납고에 있던 인원은 즉사했을 것이다. 뒤이어 폭탄 하나가 히류의 전방 엘리베이터를 부수고 들어가 안쪽에서 폭발하자 엘리베이터가 산산조각나면서 큰 철판 조각이 히류의 함교 앞까지 날아가 내동댕이쳐졌다.[113] 함교 창문이 박살나며 가쿠 함장을 비롯해 함교에 있던 이들이 바닥에 쓰러졌다. 함교 뒤 한 층 아래 발착함 지휘소에 있던 가와구치 비행장은 비행갑판으로 날아갔다.[114] 옆

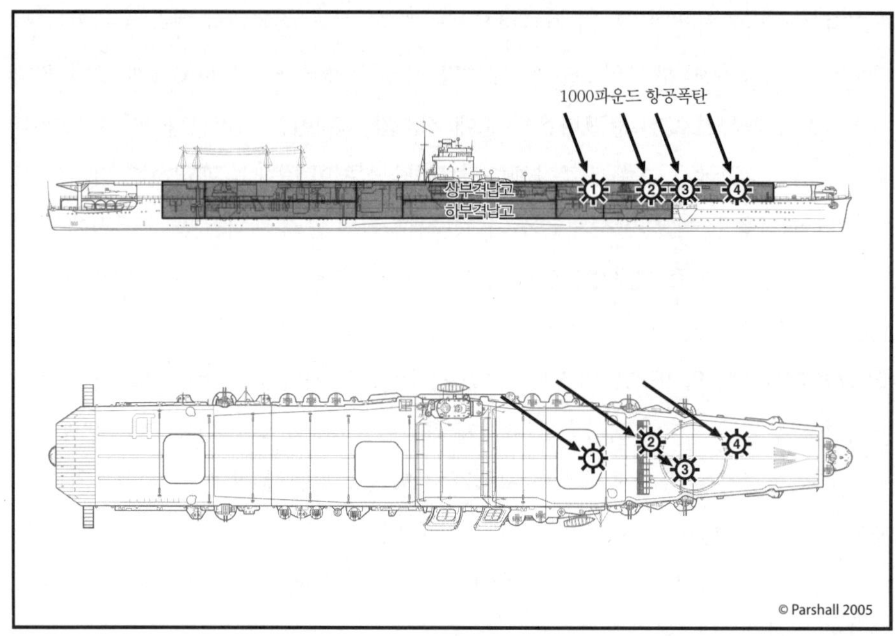

17-7. 히류의 피탄 위치

에서 가와구치를 보좌하던 선임 폭격기 정비장 아리무라 요시카즈有村吉勝 병조장은 폭발로 몸 왼쪽에 큰 부상을 입었는데 턱이 부서지고 폐에 구멍이 났을 뿐만 아니라 왼쪽 다리에 복합골절상을 입었다. 아리무라는 발착함 지휘소에 털썩 쓰러졌다.[115] 놀랍게도 가와구치는 별다른 부상을 입지 않아 툭툭 털며 일어났다. 그때 폭탄이 또 떨어졌다.[116]

히류의 좌현 후부 기관실에 있던 만다이 히사오萬代久男 기관소위[117]는 함내 확성기로 나팔소리를 들었다. 대공전투 중이라는 신호였다. 그러고 첫 폭탄이 명중하는 소리가 났다. 폭발 충격이 직접 아래로 전달되고 배가 좌우로 흔들리지 않은 것으로 보아 지근탄이 아니었다. 계속 명중탄이 떨어졌다. 불이 나가고 비상등이 들어왔다. 환기구를 통해 연기가 쏟아져 들어왔다. 기관병들에게 나눠 줄 전투식량을 가지러 갔던 수병 두 명이 황급히 굴러떨어지듯 돌아왔다. 위쪽은 완전히 불바다였다.[118] 그럼에도 불구하고 기관장 아이소 중좌는 기관과 지휘소에서 함의 동력을 유지했다. 다른 기관실로 가는 해치는 모두 봉쇄되었지만 4번 기관실에서 발생한 작은 화재가 진압되었고 다른 구역의 기관병들과도 교신이 재개되었다.[119] 아이소는 명령을 받기 전에는 히류를 정지시킬 생각이 없었다. 가쿠 함장은 가급적 빨리 위험구역에서 벗어나기 위해 한 술 더 떠 아이소에게 최고 속력을 내라고 주문했다.

탑승원 대기실 소파에서 쪽잠을 자던 하시모토 대위는 첫 폭발의 충격으로 굴러 떨어졌다가 계속 이어진 폭발로 바닥에 나동그라졌다. 연기가 대기실로 새어들어오기 시작했다. 하시모토는 빛이 들어오는 쪽으로 달렸다. 폭발로 생긴 구멍에서 들어오는 불빛이었다. 밝아진 이유가 분명해졌다. 뒤쪽 공간에 벌써 화재가 발생한 것이다. 하시모토는 기어서 이 공간을 빠져나갔다. 장갑을 끼고 있다는 사실이 그렇게 고마울 수가 없었다. 불똥과 재가 몸에 떨어졌고 머리카락에서 연기가 났다. 하시모토는 빠르게 몰려드는 연기를 뚫고 길을 찾다가 한 승조원과 마주쳤다. 그는 하시모토에게 방독면을 내밀었다. 절반이 타버린 방독면이었지만 없는 것보다는 나았다.[120]

마침내 비행갑판으로 나간 하시모토는 엘리베이터의 잔해를 보고 할 말을 잃었다. 엘리베이터 밑판은 차렷 자세라도 하듯 히류의 함교 전면에 기대어 똑바로 서 있었다.[121] 부상당한 아리무라 병조장의 눈에는 똑바로 서 있는 엘리베이터 밑판이 범선의 돛처럼 보였다.[122] 히류의 부장은 즉시 근처에 있는 승조원들에게 함교를 둘러싼 해먹 맨틀릿을 끊으라고 명령했고 하시모토도 이 일에 동원되었다. 맨틀릿은 아무 소용이 없었고 오히려 불이 붙을 위험이 있었다.[123]

히류의 응급반이 신속하고 효율적으로 움직였다는 점은 짚고 넘어가야 한다. 기적적으로 소화주관 하나가 살아남았고[124] 응급반원들은 비행갑판 옆의 작업원 대피구역에 있는 소방호스를 풀어 현장에 접근했다. 잔해와 부상자, 사망자 사이에 끼어 있던 아리무라는 응급반원들을 돕기는커녕 움직일 수도 없었다. 불길이 점점 더 다가오고 있었다. 갑자기 한 수병이 잔해 속에서 아리무라를 들쳐 업고 함교 통로 쪽으로 움직였다. 그러다 더 안전한 곳으로 가야겠다고 생각했는지 방향을 틀어 비행갑판으로 향하다가 이리저리 부지런히 호스를 움직이던 응급반원들과 부딪혔고, 두 사람은 갑판에 나동그라졌다. 아리무라는 몹시 화가 났지만 어찌할 방법이 없었고, 원래 있던 곳보다 더 뒤쪽의 비행갑판에 버려졌다.

아직 급강하하지 못한 미군 급강하폭격기들은 새 목표를 고르고 있었다. 조종석에서 보면 히류는 끝장난 것 같았다. 몇몇 SBD들은 잽싸게 하루나를 공격하러 자리를 떴다. 그러나 고속전함인 하루나는 재빠르게 움직여 지근탄 두어 개를 빼고는 별다른 피해를 입지 않았다.

비행갑판을 따라 연기를 길게 날리며 히류는 무턱대고 30노트로 질주했다. 가쿠 함장에게는 선택의 여지가 없었다. 급강하폭격이 계속되는 동안에는 무조건 최고속력으로 히류를 몰아야 했다. 그러나 30노트라는 고속으로 인해 일어난 바람 때문에 화재가 뒤쪽으로 번졌고 진화 작업은 더더욱 어려워졌다. 설상가상으로 첫 번째 급강하폭격대가 물러나자 두 번째 급강하폭격대가 나타났다. 17시 20분이었다.

이 공격대는 지각 발진한 호닛의 SBD였다(VS-8, VB-8). 히류에 천만다행으로 호닛 공격대는 히류 공격이 시간 낭비라고 생각했다. 히류는 함수부터 함미까지 불길에 휩싸여 있었다. 대신 도네와 지쿠마가 표적이 되었다.[125] 오늘 일본 전함과 중순양함들은 급강하폭격에 면역이라도 된 듯이 보였다. 이 함선들은 히류보다 작지도 더 빠르지도 않았지만 불가사의하게도 미군의 공격은 무위로 돌아갔다. 도네와 지쿠마는 지근탄이 만들어낸 물벼락만 조금 맞았을 뿐 호닛의 SBD 14기로부터 공격받았는데도 아무 피해 없이 빠져나왔다. 호닛의 비참한 하루를 마무리하는 사건이었다. 호닛 뇌격비행대는 전멸했고 전투비행대, 폭격비행대는 심각한 타격을 입은 데 반해 단 한 발의 폭탄도 적함에 명중시키지 못했다. 태평양함대에 가장 최근에 합류한 신예 항공모함으로서 참담한 데뷔 무대였다.

호닛 공격대가 떠나고 10분 뒤, 길고도 험난한 하루의 마지막을 장식하는 미군의 공격이 시작되었다. 17시 45분, 지쿠마가 대형 4발기같이 보이는 적기를 발견했다.[126] 아침에 일본 함대를 공격한 스위니 중령의 B-17 편대가 다시 찾아왔다. 두 번째 방문이었다. 이때 스위니는 휘하에 6기뿐이었으나 마침 같은 시간에 하와이의 바킹샌즈 비행장Barking Sands airfield에서 발진한 조지 A. 블레이키George A. Blakey 소령의 B-17 6기가 전장에 도착했다.[127] 블레이키는 약화된 미드웨이의 항공전력을 보강하기 위해 파견되었으나 섬에 착륙하기 직전에 북서쪽으로 가서 네 번째 일본 항공모함을 공격하라는 명령을 받았다. 연료가 모자랐지만 블레이키는 명령에 따랐다. 적정고도까지 올라갈 만한 연료가 없었으므로 블레이키 편대는 3,600피트(1,097미터)라는 비교적 낮은 고도에 머물렀다.[128] 스위니의 편대 중 2기가 먼저 공격했으나 폭탄을 투하할 기회를 놓쳤고, 되돌아가 두 번째로 통과하면서 폭탄을 투하했는데 이것이 양 군을 통틀어 이날의 마지막 공격이었다. 스위니와 블레이키 편대가 엄밀한 의미에서 합동으로 공격하지는 않았지만 일본군이 그 차이를 알 수는 없었다.

두 편대는 B-17의 공격과 마찬가지로 아무 성과도 거두지 못했다. 폭격기들은 엔진 소리를 울리며 지나갔고 일본군은 대공포화로 반격했다. 폭탄은 아무것도 맞히지 못하고 바다로 떨어졌다. 지쿠마의 보고에 따르면 17시 45분에 함미 약간 뒤쪽 바다에 폭탄 1발이 떨어졌고 17시 49분에 좌현 쪽으로 몇 발이 떨어졌다.[129] 그러나 블레이키의 편대는 히류 승조원들을 놀라게 했다. 불타는 비행갑판에 서 있던 가와구치 비행장은 18시 15분, 저공에서 폭음을 내며 지나가는 블레이키의 편대를 눈을 휘둥그레 뜬 채 지켜보았다. 적이었지만 중重폭격기들이 날아가는 모습은 장관이었다. 아침과 똑같이 폭탄들은 바다로 떨어졌다. 이번에는 함에서 500미터 떨어진 곳이었다.[130] 그러나 이 B-17들은 기총소사가 가능할 정도로 저고도로 비행하며 캘리버 50 기관총으로 집중사격하여 히류의 대공포좌 하나를 침묵시키고 포수 여러 명을 살상했다. 그러고 나서 다소 흐트러진 대형으로 스위니와 블레이키는 부하들을 이끌고 미드웨이로 향했다.[131] 지쿠마는 18시 32분에야 적기가 전부 사라졌다고 기록했다.[132]

퇴각하던 일부 미군기는 상공에 남아 있던 일본군 전투기들에 추격당했다. 일본 전투기 조종사들의 심정은 암울했다. 그들은 조만간 바다에 불시착해야 한다는 사실을 알았다. 히류는 이제 비행기를 단 1기도 운용할 수 없었다. 미군기를 추격하던 전투기들은 하나씩 하나씩 돌아와 불타는 항공모함 위에서 우울한 상공직위 임무를 계속했다. 히류는 연기와 화염에 휩싸인 채 북서쪽으로 계속 달려 나갔다.

18

처분 18:00, 6월 5일 새벽

히류의 피격은 이날 전투에 종지부를 찍는 사건은 아니었으나 미군에게는 분수령이나 마찬가지였다. 미군 입장에서는 승리를 쟁취하는 일에서 과실을 확보하는 일로 관심의 초점을 옮길 때가 왔다. 미 해군 16, 17기동함대로 승전보가 날아오자 플레처 소장과 스프루언스 소장은 이날 작전을 어떻게 마무리할지를 고민했다. 플레처에게 가장 시급한 문제는 행동 불능 상태에 빠진 요크타운 처리문제였다. 16시 39분, 생존자들은 다른 함선들로 모두 옮겨 탔다. 경이적으로 빠른 퇴거였다. 요크타운은 어둠과 침묵 속에 빠져들었다. 저녁이 다가왔고 플레처는 일본군이 야간전을 걸어 올 가능성을 완전히 배제할 수는 없었다. 요크타운은 고정 표적이나 마찬가지였다. 일본군 정찰기가 근처에 있는 것으로 보아 기회만 있다면 수상함들이 달려들 수도 있다고 보는 것이 합리적이었다. 현명하게도 플레처는 현장을 비우고 스프루언스 함대 쪽으로 이동하는 방법을 택했다. 17시 32분, 임시 기함 애스토리아는 나머지 호위함들을 이끌고 요크타운에서 멀어졌다가 18시에 구축함 휴스를 돌려보냈다.[1] 밤새 요크타운의 곁을 지키다가 일본군이 승선하거나 나포하려고 하면 요크타운을 격침하는 일이 휴스의 임무였다.[2] 일이 잘 풀린다면 플레처는 다음 날 아침에 돌아올 예정이었다. 플레처는 진주만에 대형 예인선을 보내달라고 이미 타전했다.

17기동함대 소속 함선들의 갑판은 퇴거한 요크타운 승조원들로 가득 차 있었다. 기울어진 채 홀로 쓸쓸히 남은 요크타운이 수평선 너머로 사라지는 모습을 지켜보던 승조원들은 가슴이 먹먹해졌다. 오늘 누구보다 용감하게 싸운 요크타운이 이렇게 최후를 맞는 것은, 폐선같이 방치되는 것은 있을 수 없는 일이었다. 요크타운을 운명에 맡기는 것은 너무나 가혹한 처사였다.

요크타운의 처리 말고도 플레처는 어떤 후속조치를 취할 것인가를 결정해야 했다. 17기동함대의 전력투사 능력은 거의 없어진 바나 다름없었고, 플레처는 16기동함대를 전술적으로 지휘하는 데 큰 지장을 받고 있었다. 때마침 스프루언스가 추가 지시를 요청하자 플레처는 추가 지시는 없으며 스프루언스의 행동에 따르겠다고 선선히 답했다.[3] 사실상 플레처가 하급자인 스프루언스의 판단대로 조치하라고 지시한 모양새였다. 고위 지휘관으로서 매우 사심 없는 행위였지만 현실적으로 그럴 수밖에 없었다.

현명하게도 스프루언스는 일본군과 야간전을 벌이기를 원하지 않았다. 미군의 입장에서 오늘 일은 아주 잘 풀렸지만 큰 대가도 치렀다. 요크타운은 전투력을 상실했고 전 기동함대 항공단의 전력이 심각하게 약화되었으며 특히 뇌격비행대는 거의 전멸한 것이나 마찬가지였다. 스프루언스는 일본군이 수상부대 전력 면에서 우세했으며 복수하는 데 혈안이 되어 있음을 알았다. 마지막 정찰보고에서 일본군의 미드웨이 공략부대(곤도)가 서쪽에서 미드웨이로 접근 중인 것으로 나타났다. 더구나 근처에 있는 일본 항공모함 모두가 격파되었는지도 확실하지 않았다. 정찰보고에 따르면 지금까지 조우한 4척 이외에 일본 항공모함이 근처에 더 있지는 않았으나 플레처가 전투 전에 받은 정보에 따르면 일본군은 미드웨이 작전에 항공모함을 최대 5척까지 동원할 예정이었다.[4] 히류가 피격된 지 한참 뒤에도 스위니의 B-17 일부가 제로센의 공격을 받았다는 것은 근처에 일본군 항공모함이 더 있다는 증거일 수도 있었다.[5]

더구나 내일 무슨 일이 일어날지, 일본군이 미드웨이 제도에 재차 공격을 가할지는 아무도 알 수 없었다. 스프루언스는 미드웨이를 방어하려면 무슨 수를 써서라도 전력을 보전해야 했다. 지금은 만용을 부릴 때가 아니었다. 적이 심각한 손실을 입었지만 스프루언스는 적을 추격하는 데에 항공모함 2척을 걸 만한 가치는 없다고 생각했다. 따라서 19시 15분 완료 예정인 비행기 회수를 마친 후 자정까지 동쪽으로 이동하기로 결정했다. 자정 이후에 함대는 북쪽으로 변침하여 1시간 동안 항해한 뒤 밤새 서쪽으로 돌아갈 것이다. 이 계산에 의하면 스프루언스는 일본군과 거리를 유지하면서도 동틀 무렵에는 미드웨이를 지원하는 위치에 도달할 수 있었다.

이때 스프루언스가 적극적이지 못해 즉각 전과 확대를 시도하지 않았다는 비판이 존재한다. 이 논리는 스프루언스가 야마모토의 주력부대나 곤도의 미드웨이 공략부대를 공격할 기회를 놓쳤다는 데까지 이르는데, 곤도와 야마모토는 6월 5일에 스프루언스가 좀 더 가까이 있었더라면 교전을 벌일 만한 거리에 위치했다. 그러나 이런 비판은 스프루언스에게 정확한 상황 정보가 없었다는 사실을 무시할 뿐만 아니라, 니미츠가 스프루언스와 플레처에게 주지시킨 전투의 기본목적이 일본 항공모함 격멸이라는 점에 눈감고 있다. 플레처와 스프루언스는 니미츠의 목표를 달성했다. 이때 전투의 향배를 일본 측에 유리하게 바꿀 유일한 방법은 스프루언스가 실수로라도 야마모토나 곤도가 가진 전함들의 주포 사정권으로 들어가는 것뿐이었다. 스프루언스는 제공권을 차지함으로써 주도권을 손에 쥐었다. 근처에 있는 일본 함대가 얼마나 강력한 주포를 갖췄느냐에 상관없이 스프루언스가 사정거리 밖에 있는 한 이를 억지로 뒤집을 수는 없었다. 스프루언스는 동쪽으로 일시 퇴각하여 현재의 이점을 그대로 유지할 수 있었고 이렇게 일본군과 거리를 유지함으로써 승리를 확고하게 다질 수 있었다.

18시경, 플레처와 마찬가지로 나구모도 어려운 선택의 기로에 놓여 있었다. 불타는 항공모함들을 어떻게 처리할 것인가? 통설에 따르면 소류와 가가는 공격으로 입은 손상 때문에 가라앉았다고 하지만,[6] 증거들을 면밀히 살펴보면 나구모가 의도적으로 처분한 것으로 보인다.

이유는 여러 가지다. 그러나 그 핵심에는 오후 늦게까지 어떻게든 미군과 거리를 좁혀 야간전을 벌이려 한 나구모의 간절함이 있었다. 나구모를 지원하기 위해 동쪽을 향해 전속력으로 달린 곤도도 똑같이 생각했다. 동쪽으로 전진하는 동안 나구모와 합류명령을 받을 것이라고 믿어 의심치 않은 곤도는 17시 50분에 휘하 지휘관들에게 야간전 관련 요령을 내렸다.[7] 당연히 수뢰전 위주였다. 곤도는 함대 전체의 어뢰 항주심도航走深度를 비교적 얕은 4미터로 설정하라고 지시했다. 이날 저녁 전함이나 항공모함이 아니라 구축함이나 순양함 같은 비교적 경량급 함선과의 교전을 예상했다는 간접증거이다.[8] 문제는, 일본군 전력이 가장 활발하게 움직여야 할 때 나구모의 구축함 대부분은 불타는 항공모함들의 곁을 지키느라 꼼짝 못 했다는 것이었다.

야마구치의 불타는 기함(히류) 옆에서 가자구모, 마키구모, 유구모와 이름을 알 수 없는 구축함 1척이 화재 진압을 돕고 있었다.[9] 남쪽으로 60해리(111킬로미터) 떨어진 해상에서는 이소카제와 하마카제가 빈사 상태의 소류 곁에 있었다. 그 남동쪽에서는 노와키와 아라시가 나구모의 전 기함을 지켰다. 더 남쪽에서는 하기카제와 마이카제가 가가를 돌보았다. 따라서 나구모의 구축함 중 10척은 야간전에 동원될 수 없었던 데다가 일부는 너무 멀리 있었다. 가가의 호위함들은 나구모로부터 80해리(148킬로미터) 떨어져 있었는데 전속력으로 달려도 족히 세 시간이 걸리는 거리였다. 아카기와 소류의 호위함들도 멀리 있기는 마찬가지였다. 만약 일본 함대가 시간 내에 집결해서 야간전을 벌이려 한다면 항공모함 처리 문제를 신속하고 현명하게 결정해야 했다. 따라서 나구모는 가급적 오래 항공모함들을 보전하고 싶어 했지만 저녁 무렵이 되자 다른 요인들이 우선순위를 차지하게 되었다.

두 가지 이유로 나구모는 구축함이 필요했다. 첫째 이유는 화력이다. 야간전에서도 함포 사격을 우선시한 미군과 달리 일본 해군의 야간전 핵심전력은 93식 산소어뢰였다(미군이 지은 별명인 '롱 랜스Long Lance'[10]로 더 유명하다). 나구모가 보유한 구축함 11척과 순양함 3척은 어뢰발사관 120문을 탑재했으며 이 중 88문을 구축함이 보유했으므로[11] 야간전에는 구축함이 반드시 필요했다.

두 번째 이유는 정찰이다. 레이더가 등장하기 전에 야간에 적을 포착할 유일한 방법은 탄착관측기나 함선을 이용하는 것이었다. 함대 전체에서 나가라만 야간정찰기를 탑재했다. 달빛이 도움이 되기는 하겠지만[12] 나가라의 E11A1(98식) 야간수상정찰기 혼자서 미군을 찾아낼 수는 없었다. 현실적으로 볼 때 나구모는 가급적 넓게 구축함들을 분산해 육안으로 적을 수색해야 했다. 일본군 표준 야간 색적교리에 따르면 투입된 함선들은 단종진 여러 개를 구성해 가급적 넓은 수역을 정찰하면서 통일지휘를 받아야 한다. 적을 포착하면 해당 함선이 접촉을 유지하는 가운데 나머지 함선들이 한데 뭉쳐 화력을 집중투사하기 위해 준비한다. 따라서 함선의 수와 정찰

능력은 비례했다. 즉 함선이 많을수록 정찰범위가 넓어졌다. 그 반대도 가능했다. 다시 말해 구축함 1척이 빠지면 최대 15킬로미터까지 정찰범위가 줄어들며 그만큼 적을 발견할 가능성이 감소한다. 그렇기 때문에 어떻게 해서든 구축함들을 자유롭게 만들어야 했다.

생존자들만 구조하고 불타는 항공모함의 잔해를 방치하는 방법을 선택할 수는 없었다. 나구모와 참모진은 화재만으로 배가 가라앉지 않는다는 것을 알았다. 화재는 선박 내부를 불태워 못쓰게 만들 수는 있지만 기계적 방법으로 선체 안에 물을 끌어오지 않는 한 선박은 진화된 다음에도 떠 있는 경우가 많다. 미드웨이의 일본군 항공모함도 마찬가지였다. 지근탄으로 선체가 손상되었을지도 모르는 아카기를 제외한 나머지 항공모함들의 수선 하부는 손상되지 않았다. 비록 나가누마 대위가 소류의 기관실에서 침수를 목격했으나 항공모함들의 수밀성에 전반적으로 큰 문제가 없어 보였기 때문에 단시간 내에 침몰할 항공모함은 없을 것 같았다.

구축함들도 위험한 상황에 처해 있었다. 18시 30분, 대규모 적 함대가 접근하고 있다는 보고를 받고(이 보고는 착오였다.) 4구축대 사령 아루가 고사쿠 대좌는 노와키, 하기카제, 하마카제, 이소카제에 "각 함은 오늘 밤 맡은 항공모함 부근에 머물러 적 잠수함과 기동부대를 엄히 경계하고 적 기동부대가 접근하면 자위刺違(자신을 희생하더라도 상대방에 피해를 주라는 뜻)전법으로 적을 격멸하라."라는 다소 어이없는 명령을 내렸다.[13] 아루가의 명령이 아니더라도 미군 잠수함이 근처에서 어슬렁거리고 있는 것이 분명했다. 18시 00분, 아카기는 근처에 잠수함이 있다는 경고를 받았다.[14] 항공모함에서 피어오르는 거대한 연기기둥이 적 잠수함의 주의를 끌 것이 자명한 이상 근처에 거의 정지한 상태나 마찬가지인 구축함들의 임무를 정당화할 구실을 찾기가 점점 어려워졌다. 자력항행이 불가능한 항공모함을 처분하는 것이 가장 현명한 조치였다.

항공모함 4척 중 히류의 상태가 가장 명료했다. 히류는 아직 28노트의 속력을 낼 수 있었고 구해낼 수 있을 것 같았다. 아카기의 상태는 히류에 비해 불확실했다. 아카기 승조원들은 아홉 시간에 걸친 시련의 결말을 짓고자 분투했으나 이때쯤에는 그동안의 노력이 물거품이 되었음을 알고 있었다. 함은 거의 다 불타 폐허가 되었다. 하지만 동력을 살릴 기회가 남아 있을지도 몰랐다. 18시 20분, 기관병들이 기관 상태를 알아보기 위해 다시 한 번 기관구역으로 진입을 시도했으나 갑판 아래 상황이 좋지 않아 물러났다.[15] 결국 19시 15분, 단보 기관장은 아오키 함장에게 아카기가 자력으로 항행할 가망이 없다고 보고했다.[16] 모든 것이 끝났다고 생각한 아오키는 19시 20분에 총원퇴거를 결정했다. 노와키와 아라시는 아카기 옆으로 와서 승조원 수용을 준비하라는 신호를 받았다.

가가와 소류의 상황은 자명했으므로 퇴함 및 처분 조치가 다소 빨리 진행되었다. 17시 32분부터 아루가 대좌는 다른 구축함들의 상황을 알아보았다. 아루가는 이소카제에 소류 옆에서 계속 대기하라고 명령하면서 만약 화재가 진압되면 자력항행이 가능하겠느냐고 타전했다.[17] 이소카제 함장 도요시마 슌이치豊島俊一 중좌가 불타는 고철더미가 되어 멈춘 소류가 움직일 수 있느냐는 질문에 어떻게 반응했는지는 기록되어 있지 않다. 이소카제는 바로 응신하지 않다가 18시 02분에야 소류가 자력항행을 할 가능성이 없으며 생존자들을 자함에 수용했다고 알렸다.

18시 00분, 이소카제가 응답하기 직전에 아루가는 소류와 가가의 호위함들에 항공모함들이 침몰할 위험이 있는지를 묻는 전문을 보냈다. 가가의 호위함들은 이미 17시와 17시 15분에 가가는 작전불능 상태가 되었으며, 어진영을 하기카제로 이송했고 승조원들도 옮겨 탄 상태라고 보고한 바 있다. 마이카제는 17시 50분에 같은 전문을 다시 한 번 보냈다. 마이카제와 하기카제는 아루가 대좌가 18시에 보낸 전문에 답변하지 않았다. 침묵의 의미는 분명했다.[18]

18시 05분경, 아루가는 가가와 소류에 더 이상 희망이 없음을 깨달았다. 이제 일본군이 취할 유일한 방책은 간헐적으로 진행되던 진화작업을 끝내는 것이었다. 진화작업 인원을 철수시키고 탈출한 인원들을 구조하며 구축함들이 다른 임무를 수행할 수 있도록 항공모함들을 처분할 때가 왔다. 그리고 그렇게 했다.

소류와 가가의 공식 처분명령은 이날 이루어진 통신의 일차 기록인 1항함 전투상보의 경과 개요에 없다. 오히려 미드웨이 해전에 대한 종전의 기술은 소류와 가가가 전투손상으로 인해 침몰했다는 입장이고 우리도 그렇다고 믿어 왔다.[19] 『전사총서』 역시 이 입장을 지지한다. 최소한 가가에 대해서는 그렇다.[20] 『전사총서』는 가가의 침몰을 서술하는 데 있어 아마가이 중좌의 기억에 상당히 의존했는데, 아마가이는 가가가 처분되지 않았다고 주장한다.[21] 문제는, 이날 벌어진 사건들에 대한 아마가

이의 증언이 신뢰성이 높지 않다는 것이다.[22] 더구나 얼마 안 되는 생존한 고급간부로서 아마가이가 가가 처분 시 느꼈을 수치감은 다른 승조원들보다 더 컸을 것이다. 이와 더불어 이상하게도 그는 전후에 미군에게 심문을 받을 때 물어보지 않았는데도 가가의 처분을 장황하게 부인했는데, 변명의 성격이 짙어 보인다. 게다가 여러 정황을 종합해 보면 다른 그림이 보인다.

우선 가가와 소류의 침몰을 둘러싼 상황을 살펴보아야 한다. 둘 다 19시 15분경에 12분 간격으로 침몰했다. 표면상 대폭발이 원인이었다. 그러나 침몰할 때까지 가가와 소류는 아홉 시간 동안 불탔지만 당장 가라앉을 조짐은 없었다. 사실 이때는 불길이 어느 정도 가라앉은 상황이었으므로 소류의 비행장 구스모토 이쿠토 중좌는 19시경에 방화대防火隊를 조직하여 다시 승선하려고 했다. 그러나 구스모토는 멈출 수밖에 없었다. 『전사총서』의 표현을 빌리자면 이때 소류는 "침몰하기 시작했다."[23] 급격한 대폭발이 있었다는 사실과 결부해 생각해 보면 흥미로운 표현이다.

가가에는 아직 일부 응급반원이 남아 있었다.[24] 하기카제가 커터를 보내 퇴거를 권고했으나 응급반원들은 오히려 수동펌프를 보내달라고 요청했다. 커터는 되돌아왔다. 이번에는 **퇴거명령서**와 함께였다. 서면명령을 내릴 여유가 있었다는 것은 가가와 소류의 침몰이 어느 정도 계획된 것이었다는 방증이다. 거의 같은 시간인 19시 20분에 아카기의 아오키 함장이 총원퇴거를 결의했다는 점도 흥미롭다. 퇴거명령을 내리면서 아오키 함장은 아카기를 뇌격처분해 달라고 요청했지만 이 요청은 시행되지 않았다.[25] 종합해 보면 이때 약 12분 간격으로 가가와 소류에서 대폭발이 일어난 것(과 아카기의 함장이 이 시간대에 뇌격처분을 요청한 일)을 우연의 일치라고 보기는 어렵다.

또 다른 흥미로운 정황 증거는 1항함 전투상보에 기록된 4구축대의 아루가 대좌가 보내고 받은 명령들에 빈 부분이 있다는 것이다. 아루가 대좌가 예하 함선들에 내린 명령은 모두 1항함 전투상보에 충실히 기록되어 있는데, 18시 30분에서 22시까지의 기록에서 일련번호가 붙은 전문 4개가 빠졌다.[26] 이 시간대는 아루가가 항공모함의 상황보고를 명령한 직후인데 이 시간대의 교신기록에 누락된 부분이 있다는 사실은 생각해볼 만한 문제다. 처분명령이 있었다면 논리적으로 봤을 때 이 시간대에 내려졌을 것이다. 아루가가 실제로 관련 전문을 보냈는지를 알 수는 없으나 일본군이 미드웨이 관련 작전기록 상당 부분을 고의적으로 파기했다는 점에 주목해야 한다. 특히 처분 같은 불편한 사실의 기록이라면 더더욱 그렇다. 도네와 지쿠마의 일지에도 고의적으로 누락된 부분이 있음이 분명한데 만약 이 부분을 찾아낸다면 도네 4호기의 발함 지연을 설명하는 데 많은 도움이 될 것이다. 4구축대의 통신기록 역시 1항함 전투상보에서 고의로 누락되었거나 파기되었다 해도 놀라운 일은 아니다.

종합해 보면, 소류의 구스모토 비행장이 19시에 소류 재승선을 거부당한 이유는 명백하다. 구스모토가 방화대를 조직했을 때 소류의 운명은 이미 결정되었다. 처분결의 소식을 듣고 구스모토는 경악했을 것이다. 구스모토의 반응은 상상할 수밖에 없으나 소류의 한 간부의 반응은 확인된다. 이소카제에 있던 소류의 가나오 포술장은 소류가 처분될 것이라는 이야기를 듣고 믿을 수 없다는 반응을 보였다. 가나오는 이소카제 함장인 도요시마 중좌와 심한 말싸움까지 하며 처분에 반대했다. 가나오는 대국적으로 보면 전투는 이긴 것이나 마찬가지이니 소류를 처분할 게 아니라 일본까지 예인해야 한다고 주장했다! 도요시마는 어떻게 해도 가나오가 납득하지 않으리라 보고 옆에 있던 수병에게 잔뜩 열이 오른 가나오가 쉴 수 있게 함장실로 안내하라고 명령했다. 가나오는 마지못해 함교를 떠나 갑판 아래로 내려갔다. 함장실로 들어가자 피로가 몰려왔고 가나오는 그 자리에서 기절하듯 쓰러져 잠들었다.[27] 훼방꾼이 없어졌으니 도요시마는 내키지 않는 임무를 수행할 준비에 들어갈 수 있었다.

그러나 아직 소류에 사람이 남아 있었다. 나가누마 대위와 기관병들은 마침내 기관구역에서 탈출했다. 함에는 인기척이 없었고 사방이 불타고 있었으며 이들은 아직 선체 밖으로 빠져나오지 못했다.[28] 나가누마가 느끼기에 함이 약간 옆으로 기운 것 같았다. 지금 있는 곳에서 유일한 탈출방법은 다른 통로를 타고 폭발로 생긴 구멍으로 나가는 것이었다. 그러나 온통 불바다였고 모든 것이 뜨거웠다. 계단의 난간은 열 때문에 복숭아색으로 벌겋게 달아올라 있었다. 주변을 둘러보니 물이 든 양동이가 몇 개 있었다. 나가누마와 부하들은 양동이의 물을 뒤집어쓴 다음 계단을 오르려 했지만 강한 열기에 뒤로 물러섰다. 나가누마는 다시 시도해 보기로 마음먹고 한 번 더 물을 머리에 붓고 눈을 딱 감고 뛰어올라 어찌어찌 갑판까지 올라갈 수 있었다. 홋타 가즈키[29] 기관병조만이 따라왔을 뿐, 그 뒤에는 아무도 없었다. 나머지는 올라올 수 없거나 위험을 무릅쓸 용기가 없었다. 밑에서 군가를 부르는 소리가 들리자 나가누마는 눈물을 훔쳤다.

갑판에서 나가누마와 홋타는 무엇을 할지 상의했다. 선체가 물속으로 꽤 가라앉아 있었지만 수영을 해도 안전할지 자신이 없었다. 갑자기 큰 흔들림이 느껴졌다. 19시 12분경 이소카제가 발사한 어뢰 중 하나가 명중했던 것 같다(이 점에 대해서는 나중에 살펴본다). 나가누마와 홋타는 더 고민할 필요도 없이 바다로 뛰어내렸다. 나가누마는 배에 너무 가까이 있다가 침몰하는 배에 빨려 들어갈까 봐 걱정했다. 죽어라 수영해서 배에서 멀어지는 수밖에 없었다. 두 사람은 200미터가량 헤엄친 다음 뒤를 돌아보았다.

소류의 함수가 거의 수직으로 서 있었다. 수면의 기름 때문에 따끔거리는 눈으로 바라본 항공모함의 솟아오른 선체는 무시무시하게 커 보였다. 생존자들이 경외감에 차서 지켜보는 가운데 소류는 빠르게 거꾸러지며 바닷속으로 빨려 들어갔다. 지금까지 잔잔했던 바다가 갑자기 크게 일렁였다. 소류의 무덤에서 수많은 거품과 작은 물기둥이 솟구쳤다. 두 생존자는 침몰하는 배에 끌려들어 가는 듯한 기분에 공포감을 느꼈다. 나가누마와 홋타는 죽을힘을 다해 와류渦流에서 빠져나왔다. 공포스러운 순간을 넘기자 나가누마와 홋타는 자유로이 헤엄칠 수 있게 되었다. 이들은 혼자가 아니었다. 두 사람 주변에 생존자들이 군데군데 모여 있었다.

나가누마는 앞으로 일어날 일이 걱정스러웠다. 한편으로는 혼자 살아남아 부끄럽고 쓰러진 동료들에게 죄스러웠다. 갇혀 있던 기관병들이 부르던 군가 소리가 머릿속을 맴돌았다. 수영을 잘하는 편이 아니었던 나가누마는 겨우 평영으로 물에 떠 있었다. 잡고 있을 만한 부유물이 없었기 때문에 최선을 다해 물에 떠 있는 수밖에 없었다. 나가누마는 몹시 배가 고팠고 죽을지도 모르겠다고 생각했다. 하지만 더 이상 죽음이 두렵지 않았다. 살아남든 죽게 되든 어느 쪽도 다 받아들일 수 있었다. 그러나 육체는 그의 생각과 상관없이 계속 헤엄쳤다.

마침내 구축함이 시야에 들어왔다. '특형特形' 구축함(일본이 세계 최초의 현대적 구축함인 후부키吹雪와 후속 구축함들을 부른 이름)[30]이었다. 구축함이 몇 백 미터 떨어진 곳까지 다가온 가운데 하늘이 빠르게 어두워지고 있었다. 나가누마는 지금 아니면 구조될 수 없다는 것을 알아챘다. 죽어도 괜찮다는 생각은 온데간데 없었다. 나가누마는 손을 흔들며 목청껏 소리를 질렀다. 고맙게도 갑판에 있던 한 수병이 나가누마를 알아보고 손을 흔들었다. 물에 떠 있는 것 외에 나가누마가 할 수 있는 행동은 없었다. 마침내 캔버스제 양동이가 앞에 떨어지자 나가누마는 양동이를 붙잡았다. 수병들이 가볍게 나가누마를 갑판으로 끌어올렸다. 홋타도 같이 구조되었다. 나가누마는 올라오자마자 갑판에서 기절했다.[31]

갑판 밑 이소카제의 함장실에서 가나오 소좌는 큰 폭발음을 두 번 들었다. 몽롱한 상태에서 의식이 잠깐 돌아온 가나오는 처음에 이소카제가 피격되었다고 생각했다. 하지만 배는 계속 움직였고 문제가 없어 보였다. 여전히 지쳐 있던 가나오는 폭발 원인을 알아보는 대신 다시 잠에 빠져들었다. 다음 날 아침에야 이소카제가 소류에 어뢰 세 발을 발사했다는 이야기를 들었다. 어뢰를 맞자마자 소류는 기울어져 거꾸로 서더니 배가 가라앉을 때 나는 불길한 꺼억거리는 소음과 함께 함미부터 가라앉았다고 했다. 19시 13분의 일이었다.[32] 5분 뒤에 수면 아래에서 대폭발이 일어났다. 명단에 있는 탑승 장병 1,103명 중 711명이 사라졌다. 미드웨이 작전에 참가한 항공모함 중 가장 높은 사망률이었다.[33]

19시 15분, 하마카제는 나구모에게 짤막한 메시지를 보냈다. "소류 침몰." 약간 서쪽에 있던 가가에서도 비슷한 광경이 벌어지고 있었다. 하기카제의 갑판 아래에 있던 요시노 하루오 비행병조장은 확성기가 지직거리더니 함내 방송이 나오는 소리를 들었다. "유감스럽게도 예항 불가로 인해 가가를 불가피하게 처분할 수밖에 없게 되었다. 움직일 수 있는 사람은 … 모두 즉시 갑판으로 나와 … 마지막 인사를 하기 바란다."[34] 요시노가 갑판으로 나가 보니 이미 갑판은 가가 승조원들로 붐볐다. 그중에 아카마쓰 유지 이등비행병조도 있었다.[35] 가가에 비하면 조각배 같은 구축함 2척을 생존자 700명이 가득 메웠다. 부상당하지 않은 사람들은 서 있었고 부상자들은 갑판 여기저기에 누워 있었다. 하기카제는 가가의 우현에 멈춰 있었다. 두 함 모두 함수가 대략 북쪽을 향했다.[36] 해는 20분 전인 18시 56분에 졌다. 가가는 노을 아래 잔광을 받고 있었다. 요시노는 마치 실루엣 그림 같다고 생각했다. 아카기는 어디에도 보이지 않았다. 아마 수평선 너머 어둠 속으로 사라졌을 것이다. 요시노는 마지막으로 자신이 근무했던 배를 찬찬히 살펴보았다.

가가가 일본까지 예인된다고 해도 다시 바다에 나올 상태가 아니라는 것은 명백했다. 끔찍한 수난을 겪은 가가는 누가 봐도 완전히 고철덩어리에 불과했다. 하부 선체는 비교적 온전해 보였다. 그러나 상부 구조물은 쑥대밭이었다. 함교부터 후부 엘리베이터까지 중간부분이 모두 파괴되었다. 내부 유폭은 격납고를 사정없이 부수고 하부 주갑판과 20센티미터 부포곽이 있는 부분까지 완전히 날려 버렸다.[37] 한때 격납고가 있던 부분은 지옥으로 가는 입구처럼 검게 그을린 금속만이 남아 연기를 뿜고 있었고 안쪽은 완전히 녹아 형체를 알아볼 수 없는 비행기와 잡다한 장비들의 잔해로 가득 차 있었다. 가가는 기관구역에 갇힌 수백 명을 비롯한 전사자들의 무덤, 그것도 아주 끔찍하게 붕괴한 무덤이었다. 뭉텅 잘려 나간 부분에서는 아직도 연기와 불꽃이 피어올랐다. 가가가 곧 추락할 심연이 요시노의 눈에 선했다. 가가는 마치 심장이 도려내진 듯했다. 거대한 지주 네 개가 받친 비행갑판 끝자락만이 더 이상 불탈 것도 없는 갑판에서 그나마 온전히 남은 부분이었다. 섬뜩한 납골당 같은 격납고에 솟아오른 15미터 높이의 비행갑판 잔해는 마치 여기가 수없이 많은 비행기가 뜨고 내렸던 한때 일본 해군에서 가장 큰 항공모함의 비행갑판이었다는 사실을 조롱이라도 하듯이 우뚝 서 있었다.

전부 격납고의 손해는 이보다 덜하긴 했지만 비슷했다. 전부 격납고 좌현 부분은 산산조각 났다. 양탄통 때문이었다. 불길은 많이 잦아들었지만 아직도 상처 사이로 혀를 날름거리고 있었다. 가가의 함교는 마치 거인이 손바닥으로 후려친 듯 앞으로 넘어가 박살나 있었다. 함교의 잔해는 온통 검댕투성이였고 페인트는 완전히 타 없어져 그을린 강철 속살을 드러냈다.[38] 함교 안에는 오카다 함장과 간부진의 유해가 쓰러진 모습 그대로 있을 터였다. 모두 합쳐 811명의 유해가 폐허 곳곳에 남아 있었다. 가가의 모습은 요시노와 가가 승조원들이 보기에 너무 처참했다. 요시노는 처음으로 패배의 쓴 맛을 느꼈다.[39]

하기카제 함장인 이와가미 중좌는 뱃사람으로서 예의를 지키는 데 시간을 많이 쓰고 싶지는 않았다. 하기카제는 가가 우현에서 수천 미터 떨어진 최적의 발사 위치로 이동했다. 이렇게 거대한 목표를 이 정도 거리에서 빗맞힐 리는 없었다. 가가의 생존자들은 함의 4연장 어뢰발사기 2기가 좌현으로 선회할 때 쉭 하고 압축공기가 내는 소리를 들었다.[40] 함장이 발사명령을 내리자 각 발사기에서 어뢰가 하나씩 물

18-1. 침몰 처분 직전 가가의 모습을 묘사한 일러스트[41]

속으로 떨어졌다. 어뢰의 주행 항적도 보이지 않았고 어뢰가 어디쯤 가고 있는지를 알려 주는 기포도 없었다. 피난민들은 다만 기다릴 뿐이었다. 구축함 승조원들은 어뢰의 달인이었고 결과를 의심하는 이는 아무도 없었다. 1분 뒤, 큰 물기둥 두 개가 솟아오르며 어뢰의 490킬로그램 탄두가 목적지에 도달했음을 알렸다. 어뢰는 가가의 중앙 부분에서 살짝 뒤쪽에 명중했다. 폭발의 충격으로 생겨난 물기둥이 수십 미터 하늘로 치솟았다가 불타는 가가에 하얀 폭포수처럼 쏟아졌다. 더 이상 폭발은 없었다.[42] 구니사다는 이즈음에 간신히 갑판으로 올라왔다. 갑판 아래 한구석에 잠든 구니사다에게 몇 시간 동안 물속에서 생사를 같이한 오다가 찾아와 가가가 곧 가라앉을 것 같다고 알려 주었다.[43] 구니사다는 무거운 마음으로 위로 올라가 선수갑판 쪽으로 갔다. 아마가이 중좌가 1번 포탑 옆에 서서 가가를 물끄러미 바라보고 있었다. 마에다 이등비행병조도 눈물을 흘리며 바라보고 있었다. 동료들 대부분이 울고 있었다.[44]

수평을 유지하며 떠 있던 가가는 자신을 기다리는 깊숙한 바다의 품으로 함미부터 천천히 안기었다. 마이카제에 있던 조종사 모리나가 다카요시 비행병조장은 입을 꾹 다물고 이 광경을 바라보았다.[45] 마이카제 함장 나가스기 중좌는 "거대한 군함이 가라앉는 모습을 볼 때의 느낌은 실제로 본 사람이 아니고서는 모릅니다. 처절하다고 해야 할지, 처참하다고 해야 할지, 뭐라 형용할 수 없었지만 가가는 수평을 유지하며 서서히 가라앉았지요."라고 회고했다.[46] 가가는 완전히 침몰하는 데에 수분이 걸렸다. 19시 25분, 마침내 전부 격납고까지 물이 차올랐고 가가는 자취를 감추었다. 거대한 기포와 부유물만이 남았다. 남은 사람들은 조용히 지켜보았다. 이제 완전히 해가 져 사방에 어둠이 깔렸다.

구니사다 옆에 있던 아마가이는 "배와 같이 죽었어야 했어."라고 중얼거리며 고개를 떨어뜨렸다. 비행장은 몹시 낙담해서 배를 떠난 것을 후회했다. 아마가이는 구니사다에게 간부〔과장〕급 지휘관 14명 중 자신과 군의장〔하야카와 미치오早川美智雄 중좌〕만 살아남았다고 불쑥 내뱉었다. 간부 대부분은 처음 폭탄을 맞았을 때 사망했다. 아마가이는 첫 폭발에서 살아남은 간부인 주계장主計長 마쓰카와 다케시松川猛 소좌가 다른 생존자들과 바다로 뛰어들었으나 힘이 빠져 익사하는 모습을 보았다. 마쓰카와는 근처에서 헤엄치던 생존자들에게 죽을 것 같다고 말하더니 가라앉아 버렸다. 아마가이는 특히 기관과에서 대규모 인명손실이 나온 것에 가슴 아파했다. 생존자들 가운데 기관과원은 얼마 없었다.[47] 구니사다는 성심껏 아마가이를 위로했다. 구니사다는 자신이 배와 운명을 같이했어야 한다고 느꼈지만 돌이킬 수 없는 일이었다. 두 사람이 생각에 잠겨 있을 때 하기카제가 속도를 올려 발생한 기관의 진동이 갑판으로 전해졌다. 하기카제와 마이카제는 현장을 떠나 아카기로 향했다. 혼자 남은 가가는 5,000미터 아래 심연에 자리한 무덤에 내려앉았다.

그동안 북쪽 히류 근처에서 마지막 제로센들이 19시 10분경 불시착했다.[48] 9기 모두 성공적으로 불시착했지만 아이러니하게도 히류 소속기는 없었다. 모두 소류나 가가의 난민들이었다. 제로센은 하나씩 하나씩 아군 호위함 옆에 물보라를 일으키며 불시착했다. 나가라와 구축함들이 허겁지겁 조종사들을 건져 올렸다. 이제 기동부대의 상공엄호는 없었다. 어둠 속에서는 별문제가 아니었지만 다음 날 이것이 어떤 결과를 불러올지 다들 알고 있었다. 유구모의 한 수병에 따르면 함대의 운명은 "시간문제였다. 최선을 다하고 천명을 기다리는 수밖에 없었다."[49]

히류는 28노트를 유지했다. 자력항행이 가능했지만 상황은 점점 심각해졌다. 불길이 가차 없이 함을 갉아먹으며 격납고 갑판을 따라 함미 쪽으로 번져 갔다. 만다이 소위와 아이소 기관장은 아직 기관구역에 갇혀 있었다. 만다이는 갑판의 열기 때문에 기관구역 천장의 흰색 페인트가 검게 변하는 광경을 바라보았다. 불붙은 페인트 조각들이 윤활유투성이인 갑판 바닥으로 떨어지며 닿는 곳마다 군데군데 작은 화재를 일으켰다.[50] 숨이 턱턱 막혔고 환풍기를 통해 기관구역으로 연기가 쏟아졌다. 기관병들은 천장의 페인트가 떨어지고 사방이 붉게 달아올라 가는 광경을 공포에 질려 바라보았다.

나구모는 스프루언스와 마찬가지로 밤 동안 일어날 일은 예상하지 못했다. 사실 나구모는 당면한 적의 정체를 정확히 파악하지 못했다. 13시 20분에서 18시 32분까지 도네 3, 4호기와 지쿠마 2, 3호기가 미군 전력의 일부를 발견해 번갈아가며 보고했다.[51] 그러나 이 정찰기들이 보낸 보고는 나구모가 적의 실제 전력규모나 의도를 깨닫는 데 도움이 되지 않았다. 미군 기동함대 2개가 따로 떨어져 작전하고 있으며 정찰기들이 전체 전력의 단편만 보고 있다는 점은 확실했다. 하지만 시간이 지나고 패배의 규모가 커짐에 따라 적의 전력 정도가 나구모에게도 보이기 시작했다. 18시 30분경, 마지막 정찰기가 접촉을 중단할 때쯤[52] 나구모는 자신이 아는 한 지금까지 미 항공모함 2척을 격파했지만 상대할 항공모함이 더 많이 남아 있다고 확신하게 되었다.

그런데 나구모는 정찰기가 관찰한 정보를 야마모토에게 정확하게 전달하지 않은 것 같다.[53] 가장 중요한 적의 침로 정보가 정찰기 보고와 완전히 달랐다. 17시 28분, 지쿠마 2호기는 미 함대가 070 침로로 동쪽으로 후퇴하고 있다고 보고했다. 17시 32분에는 지쿠마 4호기가 미군의 침로를 110 침로라고 타전했으며, 18시 10분에는 지쿠마 2호기가 적 침로가 170이라고 보고했다.[54] 즉 거의 남쪽이었다. 어떤 침로를 보아도 미 항공모함들이 일본 기동부대로 다가오고 있지 않았다. 이때 일본 기동부대는 미 16기동함대의 거의 서쪽에 있었다. 18시 30분, 정찰기들의 보고를 종합 분석해 지쿠마는 8전대 사령부에 미군이 “회항回航”한다고 보고하면서 그 전력을 항공모함 4척, 순양함 6척, 구축함 15척으로 과대평가했다.[55] 오아후섬은 알려진 미군의 위치에서 남동쪽에 위치했기 때문에 지쿠마 지휘부는 미군이 오아후로 돌아간다고 판단한 것으로 보인다. 18시 30분자 지쿠마의 보고를 받은 8전대는 19시 42

분에 나구모에게 미군이 남동으로 회피하고 있으며 전력이 항공모함 2척, 대형 순양함 6척이라는 분석을 상신했다. 즉 8전대 참모진은 미군의 전진방향에 대한 지쿠마의 결론에는 동의했으나 항공모함의 수에 대해서는 의견이 달랐던 것 같다. 이들은 지쿠마 2호기와 4호기가 각기 다른 적 함대를 포착해 보고했다는 것을 분명히 알았다. 실제로 지쿠마의 정찰기들은 저공에서 구름층 근처를 날며 각각 항공모함 2척을 보유한 것으로 보이는 미군 기동함대 2개를 동시에 포착했다.[56] 따라서 8전대 참모진은 미 항공모함의 수를 4척에서 2척으로 줄여 보고한 것으로 보인다(정찰기들은 각 보고에서 미 항공모함 1척씩을 보았다고 타전했다). 그런데 21시 30분에 나구모는 적의 전력과 침로에 대해 야마모토에게 다음과 같이 보고했다.

> 기동부대KdB 기밀 제560번 전[57]
>
> – 적 전력은 순양함 5, 공모 6, 구축함 15로 서항西航 중임, 위치 도–스–와トースーワ 150. 18시 30분. 나는 히류를 엄호하며 북서쪽으로 피퇴 중임. 속력 18노트, 21시 30분〔위치〕 후–응–레フーンーレ 55.[58]

이상하게도 나구모는 18시 30분에 지쿠마가 과장해서 보고한 적 전력을 더 부풀려 보고하면서도 적의 전진방향은 반대로 보고했다. 단순한 실수였을까? 아니면 숨은 의도가 있었을까? 알 수 없다.[59] 하지만 이때 나구모는 얼마 남지 않은 정찰자산들이 알린 정보를 하나하나 따져 보거나 방금 일본 해군의 최강 항공모함 4척을 쳐부순 적의 규모를 두고 다툴 처지가 아니었다는 사실 역시 기억할 필요가 있다.

낙오자 중 둘이 없어졌지만 그전보다 야간전을 벌이기에 상황이 더 좋아지지는 않았다. 생각보다 미군의 전력이 훨씬 강했을 뿐만 아니라 근처에 사용 가능한 구축함이 별로 없었다. 21시 00분경, 지친 기동부대는 북위 32도 10분, 동경 178도 50분 위치에서 침로 320, 20노트로 항해했다.[60] 지금까지 히류는 화재에도 불구하고 잘 따라왔다. 따라서 당시 나구모의 우선과제는 구축함들이 합류하기를 기다리면서 히류를 보호하는 것이었다.

그러나 구축함들이 잘 따라간 것 같지는 않다. 21시 00분, 4구축대의 아루가 대좌는 6함대 잠수함들과 곤도에게 자신의 구축함 6척이 아직 아카기 주변을 경계 중이라고 알렸다.[61] 그뿐만 아니라 이소카제, 하마카제, 하기카제, 마이카제는 구조된 생존자들로 넘쳐났다. 아카기가 처분되면 노와키와 아라시도 마찬가지 상황을 맞을 것이다. 이미 아카기에서 퇴거한 승조원들이 두 구축함으로 옮겨 타고 있었다.

22시 00분, 노와키는 아카기 생존자가 모두 옮겨 탔다고 보고했다. 이제 딱 한 사람만 아카기에 남아 있었다. 아오키 함장이었다. 아오키 함장은 부하들에게 아카기 상실의 책임을 통감하고 배와 운명을 같이하겠다고 알렸다.[62] 부하들이 말렸지만 아오키는 떠나지 않겠다고 버럭 화를 냈다. 아오키는 부하들에게 닻 캡스턴에 자신을 묶고 떠나라고 말했다. 그러나 아카기의 운명은 아직 끝나지 않았다. 22시 25분, 야마모토가 직접 개입하여 처분을 보류하라고 지시했다.[63]

나중에 밝혀졌지만 야마모토는 처분명령을 일곱 시간이나 미루었다. 00시 30분경, 아오키 함장을 남기고 떠난 지 두 시간이 지났다. 아카기의 마스다 쇼고 비행장은 더 이상 함장을 이대로 두어서는 안 되겠다고 생각했다.[64] 마스다는 아카기의 미우라 항해장과 4구축대 사령 아루가 대좌를 포함해 수병 몇 명을 모아 아라시의 커터를 타고 아카기로 갔다. 아오키 함장은 배에 묶여 있었다. 왜 왔냐고 따져 묻는 아오키 함장에게 미우라는 구축함이 아카기를 뇌격 처분할 예정이므로 아카기의 침몰은 함장이 책임질 일이 아니라고 맞섰다. 아오키는 여전히 떠나기를 거부했다. 결국 후배인 아루가 대좌가 간청해[65] 아오키는 아라시로 철수했다. 돌이켜 보면 부하들이 아오키를 그대로 남겨 놓는 편이 나을 뻔했다. 아오키는 미드웨이의 항공모함 함장 중 유일하게 살아남았지만 남은 평생을 아카기를 잃었다는 고통 속에서 살았다.[66]

마침내 21시 23분경, 히류는 완전히 정지했다.[67] 이때까지 히류의 동력과 소화펌프는 살아 있었다. 히류의 승조원들은 사용 가능한 모든 것을 동원하여 화재와 싸웠다.[68] 그러나 동력이 끊어지자 화재진압 작업도 덜그럭거리기 시작했다. 10구축대 기함 가자구모가 히류 옆에 바싹 배를 대고 진화를 지원하는 위험한 임무를 맡았다. 요함 마키구모와 다니카제도 히류의 손상 부위에 호스를 대고 소방수를 퍼부었다. 그러나 이런 노력도 충분하지 않아 21시 30분, 유구모가 순양함 지쿠마로 접근하여 추가로 소방호스를 건네받았다.[69] 계속된 소방작업으로 인해 히류의 격납고가 소방수로 가득 차 선체가 15도까지 기울어졌다.[70]

선체가 기울어지자 바로 옆에서 진화작업을 돕던 가자구모가 곤경에 처했다. 가자구모의 함장 요시다 마사요시吉田正義 중좌가 가자구모를 히류 옆에 지나치게 가까이 댄 나머지 히류의 고각포좌로 인해 가자구모의 마스트가 파손되었다. 다른 구축함들도 히류를 향해 소방수를 최대한으로 뿜어냈다. 진화작업을 하는 동안 대형함들은 안전거리를 유지하며 주변을 맴돌았다. 더 이상 기동부대는 훨씬 우세한 적과 전투를 벌일 형편이 아니었다. 저녁이 지나고 밤이 깊어지자 나구모도 이를 깨닫고 21시 30분에 야마모토에게 절망적인 상황보고를 타전했다.

야마모토는 지난 몇 시간 동안 극심한 스트레스를 받았다. 18시경(17시 50분), 야마모토는 가가가 사실상 끝장났다는 보고를 받았고[71] 얼마 지나지 않아 히류가 피격되었다는 소식을 들었다.[72] 이때쯤 야마모토와 우가키는 나구모의 전투지휘를 점점 더 우려하게 되었다. 19시 15분, 야마토는 연합함대 전 부대 수신으로 이날 야간전 관련 지시요강을 타전했다. 내용은 다음과 같았다.

1. 적 기동부대는 동쪽으로 퇴각 중이며 공모는 대부분 격파되었음.
2. 당 방면 연합함대는 적을 급히 추적, 격멸하고 AF〔미드웨이〕를 공략할 것.
3. 주력부대〔야마모토〕는 6일 자정, 후-메-리フ-メ-リ 32(북위 32도 10분, 동경 175도 43분)에 도달. 침로 90도, 속력 20노트.
4. 기동부대〔나구모〕, 공략부대〔곤도〕 및 선견부대〔고마쓰〕는 신속하게 적을 포착 공격할 것.[73]

20시 30분에 야마모토는 추가 지시를 내렸다. 미드웨이 근해를 정찰 중이던 잠수함 이伊-168에 미드웨이 제도의 비행장을 포격하라는 명령이 떨어졌다. 동시에 구리타의 7전대도 가급적 신속히 미드웨이 제도로 접근하여 섬을 포격하라는 명령을 받았다.[74] 간단히 말해 이 명령들의 취지는 주력부대가 지원하기 위해 접근하는 동안 곤도와 나구모는 빠른 시간 내에 수상교전을 벌이라고 재촉하는 것이었다. 미드웨이 상륙계획은 아직 공식적으로 유효했고, 결론적으로 상륙 준비를 하려면 비행장부터 반드시 무력화해야 했다.

이러한 교신 내용이 현실에서 유리된 것이라고 말한다면 지나친 과소평가다. 야마모토는 관련 전술상황을 완벽하게 파악하지 못한 채 이미 패배한 전투를 원격으로 지휘하려고 노력했다. 게다가 우가키의 말에 따르면 연합함대 참모진은 "이번 전투의 운명은 전적으로 야간전에 달려 있다."고 믿었다. 그런데도 이 결정적 순간에 나구모의 지휘는 우가키가 보기에 "전적으로 수동적"[75]이었다. 역설적인 진술이다. 왜냐하면 우가키의 친구 야마구치의 적극성이 결국 기동부대를 현실적으로 공세를 취할 수 없는 상황으로 몰아넣었기 때문이다.

그러나 이때 야마모토와 우가키가 가진 정보와 나구모의 정보가 달랐다는 점을 고려해야 한다. 야마모토가 8전대로부터 받은 유일한 위치보고는 지쿠마 2호기가 17시 33분에 보낸 적이 동쪽으로 퇴각 중이라는 전문뿐이었다. 이 전문이 야마토의 함교에 도착한 시각은 18시 36분이다.[76] 연합함대 참모진은 적 전력과 최근 동향에 대해 지쿠마 2, 4호기가 17시 33분 이후 여러 차례 타전한 전문을 방수하지 못한 것 같다.[77] 따라서 적 함대가 항공모함 5척으로 구성되었으며 서쪽으로 향하고 있다고 한 21시 30분자 나구모의 전문은 우가키와 야마모토가 보기에 아무 근거가 없었다. 무엇보다 나구모가 적을 피해 북서쪽으로 퇴각하기로 결정했다는 말에 야마모토와 우가키의 인내심이 무너졌다. 우가키가 생각하기에 "최고지휘부가 상황을 더욱 강하게 통제하는 것"이 유일한 해결책이었다.[78]

우가키는 나구모의 목줄을 죄는 데 주저한 적이 없었다. 22시 55분, 야마모토는 2함대 사령관(곤도)이 히류와 아카기, 그리고 양함의 호위함을 제외한 1기동부대(나구모)를 지휘하라고 명령하는 형태로 사실상 나구모의 지휘권을 박탈했다. 나구모에게는 불타며 표류하는 항공모함 2척을 돌보는 임무만 남았다. 이제 나구모보다 적극적인 곤도가 야간전을 총지휘하게 되었다.[79] 25분 뒤 야마모토는 곤도에게 8전대(도네, 지쿠마)와 3전대 2소대(기리시마, 하루나)의 움직임을 알리라고 타전했다.[80] 달리 말하면 야마모토는 기동부대의 대형 함정들의 움직임에 대한 정보를 주지 않을 정도로 나구모를 신뢰하지 않았다.

이 사실상 해임에 대한 나구모의 반응은 기록으로 남아 있지 않으나 그가 흔쾌히 받아들였을 리는 없다. 좁아터진 나가라의 함교에 갇혀 나구모는 자신의 지휘권이 점점 더 줄어드는 상황을 바라보고만 있었다. 이제 기동부대 사령관은 지휘명령 체계에서 배제되었다. 역설적으로 야마모토에게서 사실상 해임통지를 받기 5분 전(23

시 50분), 나구모는 항공모함 4척을 보유한 미 함대가 서진 중이라는 보고를 타전하면서 기동부대 항공모함들이 전투가 불가능하다고 알렸다.[81] 23시 30분, 해임된 지 약 한 시간[82] 뒤에 나구모는 야마모토가 충분한 정보가 없는 상태에서 결정을 내렸다고 짐작한 듯 야마모토에게 적 함대에 "호닛급" 항공모함 2척과 함형 불명 2척이 있다고 보고했다.[83] 마치 사령부가 자신의 보고를 오해했다고 따지는 투였으나 야마모토와 우가키는 논쟁을 벌일 기분이 아니었다.

곤도는 상관의 명령을 즉시 이행하고자 했다. 자정 무렵(23시 40분), 곤도는 예하부대인 3전대(미카와 군이치 중장 지휘),[84] 4전대(곤도 직접 지휘), 5전대(다카키 다케오 중장 지휘), 2수뢰전대(다나카 라이조 소장 지휘), 4수뢰전대(니시무라 쇼지 소장 지휘)에 01시경 적과 접촉할 준비를 하라는 명령을 하달했다. 순양함들(4, 5전대)은 횡진으로, 전함들(곤고와 히에이)은 10킬로미터 후방에서 순양함들을 따르라는 내용이었다. 구축대들은 색적선의 양 측면을 각각 맡고 각 전대의 간격은 6킬로미터였다.[85] 제1기동부대(아카기, 히류와 호위함 제외)도 북쪽에서 야간전에 참가하라는 지시를 받았다. 그러나 나구모는 야마모토의 지시도, 곤도의 지시도 따르지 않았다. 연합함대 사령부는 기동부대를 강하게 직접 통제하려 했으나 기동부대는 모든 힘을 기울여 최대한 히류를 살리고 생존자들을 구조하려 했던 것으로 보인다.[86]

함대의 누군가는 나구모의 명령 불복종에 이맛살을 찌푸렸다. 기리시마 함장 이와부치 산지岩淵三次 대좌는 8전대의 아베 소장에게 자신들도 지원대로서 지금 준비 중인 야간전에 참가해야 한다고 건의했다(23시 20분).[87] 건의 자체도 대담했지만 이와부치 대좌가 미드웨이 전투에서 상급자(하루나의 다카마 소장)를 건너뛰어 아베 소장에게 직보한 일은 이번이 처음이었다. 속뜻은 분명했다. 경계대는 곤도를 기다리지 말고 동쪽으로 미군을 향해 직행해야 한다는 말이었다. 아베는 대답하지 않았고 경계대는 제자리에 머물렀다. 나구모는 01시 12분까지 히류 구조작업에 매달려 있다가 작업에서 해방되자 동쪽이 아닌 서쪽의 주력부대를 향해 퇴각했다.[88]

나구모가 퇴각한 이유는 명백했다. 자정 무렵에 히류를 살려낼 수 없음이 확실해졌다. 히류가 동력을 잃고 표류하기 시작한 지 두 시간 반이 지났고 잠시나마 불길이 사그라드는 듯 보였다. 그러나 자정 2분 전, 대규모 유폭이 히류를 뒤흔들었고 격납고의 화재가 다시 맹렬하게 확산되었다.[89] 가쿠 함장은 그 뒤로도 몇 시간 동안 화재 진압에 매달렸지만 나구모는 히류의 운명이 여기까지라고 느꼈을 것이다.

같은 시간, 스프루언스는 일본군의 교전 시도를 피해 동쪽으로 충분히 물러났다고 생각하며 다음 행보를 고민하고 있었다. 적이 퇴각하고 있는 북서쪽으로 지금 항해한다면 위험에 빠질 가능성이 있었다. 따라서 스프루언스는 정서쪽으로 항로를 잡고 15노트로 여유 있게 항해하기로 결정했다. 그 후 스프루언스는 휴식을 취하기로 했다. 강철 같은 신경을 가진 사람이 있다면 바로 스프루언스 같은 사람일 것이다. 그러나 스프루언스는 훗날 인터뷰에서 "좋은 부하장교들이 있고 다들 할 일을 잘 아는 데다가 계속 열심히 뛸 텐데 내가 왜 편히 잠을 못 자겠소?"라고 반문했다. 더욱이 내일의 전투도 오늘만큼이나 위험할 터였기 때문에 휴식을 취해 정신을 차릴 필요가 있었다.[90]

스프루언스가 스트레스와 피로로 인해 오판하지 않으려고 노력할 때, 야마토 함교에 있는 스프루언스의 상대는 바로 그 스트레스와 피로로 인해 잘못된 판단을 내리고 있었다. 스프루언스가 잠자리에 들 무렵, 야마모토와 우가키는 방금 내린 명령이 과연 최선의 결정이었는지 의심스러웠다. 23시 30분 현재 적 접촉 보고는 없었다. 우가키는 "동트기 전에 적과 야간전을 벌일 가능성이 희박하다"라 진단하고 "야간전 참가 부대들이 너무 깊숙이 전진하여 날이 밝은 뒤 통제 불능 상황에 이르지 않게 하라"고 작전실에 지시했다.[91] 그런데 참모진이 캘리퍼스로 해도를 측정해 본 결과 다른 사실이 드러났다. 구리타의 7전대는 미드웨이에 닿기도 전에 미군기의 공격을 받을 위험에 처하게 된다는 것이었다. 이에 따라 00시 15분, 야마모토는 곤도(미드웨이 공략부대)와 나구모(아카기와 히류 및 호위함 제외)에게 퇴각하여 주력부대와 합류하라고 지시했다.[92] 5분 뒤 구리타의 7전대에도 미드웨이 포격을 중단하라는 명령이 타전되었다.[93]

이 명령들은 피할 수 없는 마지막 명령의 서문이나 마찬가지였다. 그러나 연합함대 참모진 중에는 아직도 승리를 적의 손아귀에서 빼어올 수 있다고 믿거나 패배를 인정하기 싫은 사람들이 있었다. 이 작전에 아마 감정을 가장 많이 쏟아부었을 구로시마 대좌(수석참모)와 와타나베 중좌(전무참모)는 주력부대가 계속 미드웨이로 전진하여 함포로 섬을 쓸어버리자고 제안했다. 나중에 와타나베는 흥분한 나머지 "정신 나간 건의"를 했다고 술회했다. 야마모토는 참을성 있게 와타나베의 설명을 들

은 후 "해군대학에서 함대로 요새를 공격하면 안 된다는 해전사의 교훈을 배웠을 텐데."라고 말했다.[94]

와타나베는 갑자기 찬물을 뒤집어쓴 것 같았지만 자신의 생각을 다시 설명하려고 했다. 그러자 야마모토가 말했다. "자네의 건의는 해군 기본교리에 어긋나네." 그는 말을 이었다. "그리고 이런 작전을 하기에는 너무 늦었어. 전투를 끝낼 때가 되었네."[95] 야마모토는 근거 없이 위험을 무릅쓰겠다는 참모들의 견해를 다음과 같이 비판했다. "자네들, 장기를 너무 많이 두었어!"[96] 우가키도 주저 없이 "육상기지를 함대로 공격하는 것은 말이 안 돼."라고 비판한 뒤 "자포자기한 심정으로 패착을 반복하는 건 골 빈 바보의 책략이야."라고 말했다.[97]

와타나베와 구로시마는 야마토의 작전실로 돌아갔다. 와타나베가 보기에 야마모토는 작전 속행을 포기한 것이 확실했으므로 하고 싶지 않지만 이 끔찍한 명령을 기안하는 수밖에 없었다. 함교로 돌아간 와타나베의 손에는 함대를 결집하여 본토로 철수하라는 취지의 명령서 초안이 있었다. 야마모토는 두말없이 결재했고 6월 5일 02시 55분, 야마토의 무전기가 다음 명령을 발신했다.[98]

연합함대 기밀 제303번 전 연합함대 전령작 161호

1. AF〔미드웨이〕 공략을 중지함.
2. 주력부대〔야마모토〕, 공략부대〔곤도〕, 제1기동부대〔나구모, 히류와 동 경계함 제외〕를 결집, 6월 7일 북위 33도, 동경 170도에 도달, 보급할 것.
3. 경계부대〔다카스〕, 히류와 동 경계함과 닛신〔수상기모함〕은 동 지점으로 회항할 것.
4. 점령부대〔다나카〕는 서진, AF 비행권 밖으로 나올 것.[99]

일본군은 패배했고, 이제 손실을 최소화할 때였다. 야마모토는 나구모 부대의 잔여 전력과 합류하고자 주력부대를 이끌고 서둘러 동진했다.

이제 미드웨이 근처에 있던 일본군 함대 중 구리타의 7전대 소속 순양함 4척이 가장 위험해졌다. 이들은 중순양함 구마노를 선두로 자매함 스즈야, 미쿠마, 모가미가 뒤따르며 미드웨이로 전진하고 있었다. 구축함 아사시오朝潮와 아라시오荒潮, 급유선(히에마루日榮丸)은 후방에 남겨진 지 오래였다.[100] 7전대는 35노트까지 속도를 낼 수 있는 일본 해군에서 가장 빠른 함선들을 보유했다. 지금이 고속력을 활용할 가장 좋은 기회였다. 무장도 강력했다. 7전대의 중순양함들은 각각 20센티미터 주포 10문(2연장 주포 5기)과 61센티미터 어뢰발사관 12문(3연장 발사관 4기)을 갖추었다. 사거리 안에 들기만 하면 미드웨이의 시설에 막대한 피해를 주기에 충분한 화력이었다.

18-2. 미군 잠수함 탬버의 존 W. 머피 주니어 함장(Joanna Langrock)

6월 5일 02시 00분, 이제 미드웨이는 손을 뻗으면 닿을 만한 위치에 있었다.[101] 구리타에게는 불행한 일이나 야마모토의 포격취소 명령이 실수로 7전대가 아니라 8전대로 발신되는 바람에 구리타는 두 시간이 더 지난 02시 30분경에야 이 명령을 받아 보았다.[102] 이때 7전대는 미드웨이에서 겨우 50해리(93킬로미터) 정도 떨어져 있었다.[103] 구마노 함교의 7전대 수뇌부는 이 명령을 받고 크게 실망했다. 먼 길을 왔는데 마지막 순간에 돌아가야 했다. 그러나 선택의 여지가 없었으므로 구리타는 02시 30분경 북서쪽으로 변침해 주력부대 쪽으로 다가갔다.[104]

02시 15분, 순찰구역에서 부상한 미군 잠수함 탬버Tambor가 7전대를 포착했다. 탬버는 미드웨이 기준 절대방위 279도(거리 89해리, 165킬로미터)에 있는 자함의 남쪽에서 대형함 4척으로 구성된 적아 불상의 전력이 약 50도 침로로 항해 중이라고 관측했다.[105] 함장 존 W. 머피 주니어John W. Murphy Jr. 소령은 아군 함정이 이 수역에서 작전 중이라는 사전경고를 받았기 때문에 남쪽으로 항해하다 이 함대와 평행으로 달리며 미행하기로 했지만 적아를 식별하지 못한 상태에서 발견보고 타전을 주저했다. 얼마 지나지 않아 탬버는 어둠 때문에 일시적으로 접촉을 상실했으나 02시 38분에 다시 적 함대(구축함 아라시오, 아사시오로 추정)를 발견했다. 이 함대의 침로는

북쪽이었으며 탬버를 향해 다가오고 있었다.[106]

이들은 구리타의 7전대 소속이었다. 구리타는 합류명령을 받고 02시 30분경에 전장을 이탈해 북쪽으로 향했다가 북서쪽으로 변침했다. 이 침로 변경으로 구리타의 순양함들은 자신들을 미행하던 탬버의 정면을 향해 나아가게 되었다. 이때 구마노의 시력 좋은 견시원이 일본 함대 좌현 앞에 있는 적 잠수함을 발견했다. 기함 구마노는 즉시 긴급 발광신호를 뒤따르는 요함들에 보냈다. "아카赤 아카赤"(적색 신호등 2회 점멸), 긴급히 좌 45도로 일제히 뱃머리를 돌리라는 신호였다.[107] 고속으로 기동 중이었던 탓에 함대가 혼란에 빠졌다. 구마노는 좌현으로 급격하게 키를 돌려 거의 정서 방향으로 갔다가 북서로 변침했다. 바로 뒤에 있던 스즈야는 좌현 45도로 선회했으나 기함에 위험할 정도로 접근하고 있음을 깨닫고 다시 우현으로 키를 꺾어 구마노의 항적을 통과하며 간신히 충돌을 면했다.[108]

다음 차례인 미쿠마는 처음에 스즈야와 거의 동일하게 기동하여 스즈야의 좌현에 위치했다. 스즈야가 구마노와 충돌하지 않으려고 다시 우현으로 선회하는 모습을 보고 미쿠마도 기함과 항로가 얽히지 않도록 더 서쪽으로 키를 돌렸다. 이 과정에서 미쿠마는 가장 후미에 있던 모가미의 항로를 엇지를 수도 있는 항로를 택했다. 처음에 급격하게 좌선회한 모가미는 나머지 함선들이 북서쪽으로 변침하자 이들과 점점 멀어지게 되었다. 이에 함장 소지 아키라曾爾章 대좌는 다시 변침해 북서쪽으로 기함을 따라가기 위해 함수를 조금 더 우현으로 돌렸다.

이때 갑자기 미쿠마가 모가미의 시야에 들어왔다. 미쿠마는 모가미의 우현에 있다가 좌현 방향으로 기동하며 모가미의 진로를 가로지르려 하고 있었다. 마지막 순간에 소지 함장은 모가미의 함수를 좌현으로 돌리려 했지만 너무 늦었다. 미쿠마 함장 사키야마 샤쿠오崎山釋夫 대좌는 남쪽에서 다가오는 자매함을 발견하지 못하고 거의 마지막 순간까지 정서 쪽으로 침로를 유지했다. 그리하여 충돌을 피하려고 필사적으로 좌현으로 선회하던 모가미가 미쿠마의 함교 바로 아래를 들이받았다.[109]

불행 중 다행으로 정면충돌이 아니라 측면충돌이었다. 소지 함장의 마지막 기동 덕택에 모가미는 미쿠마와 비스듬하게 부딪쳤다. 그럼에도 불구하고 28노트로 달리던 1만 3,000톤급 순양함이 가한 충격은 엄청났다. 철판이 찢기며 나는 비명 같은 소음과 함께 얇은 판재로 만들어진 모가미의 우아하게 굽은 함수가 미쿠마의 두꺼

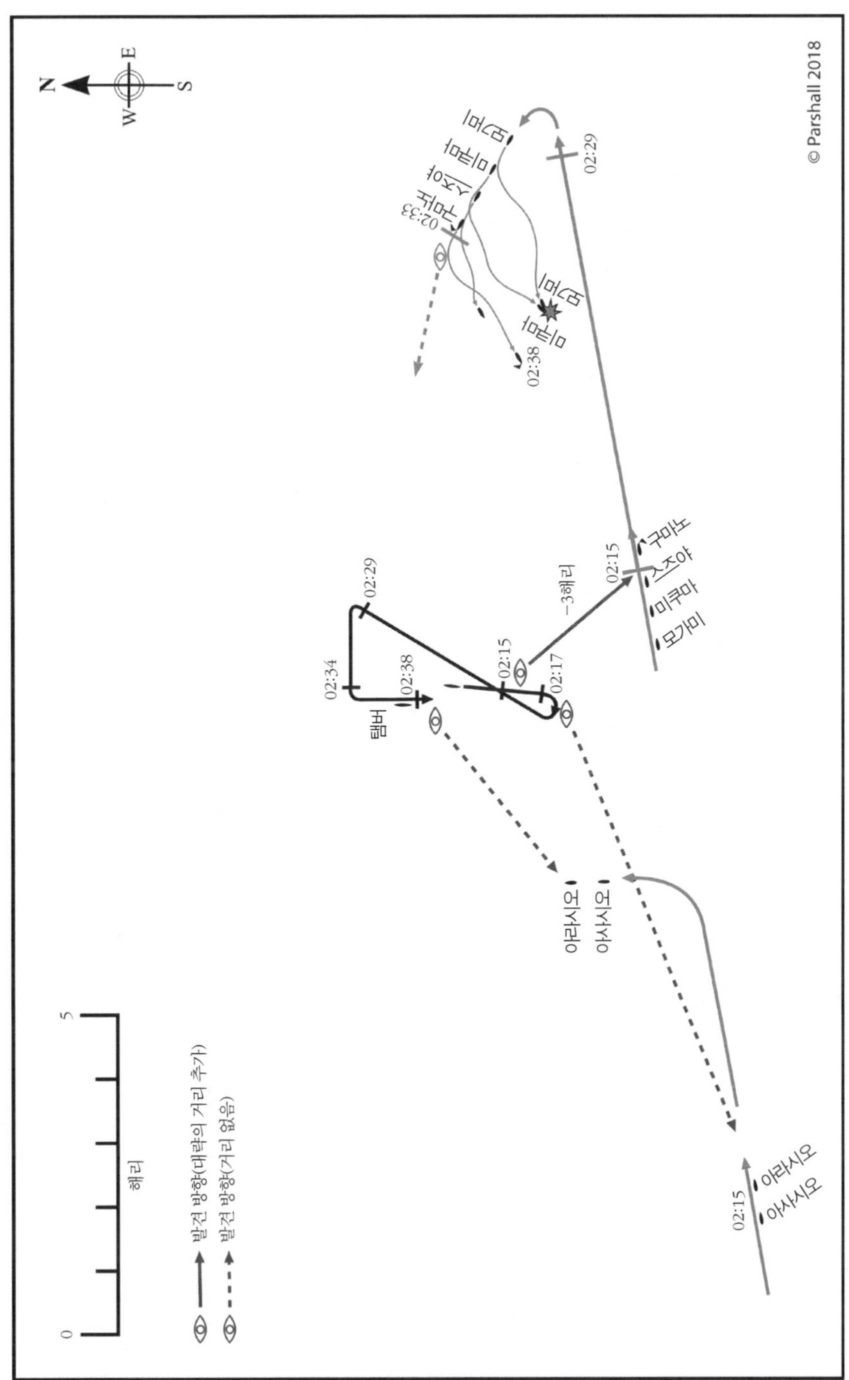

18-3. 탬버와 7전대의 추정 항적도(6월 5일 02시 15분~04시 12분)

운 주 장갑대에 부딪혀 박살났다. 관성으로 앞으로 밀고 나가던 움직임이 멈추자 모가미의 선수부는 1번 포탑 앞까지 완전히 찌그러졌다. 모가미는 12미터나 짧아졌고 충돌부위가 좌현 쪽으로 수직에 가깝게 비틀렸다. 기관이 완전히 정지한 모가미는 파도에 밀려 뒤로 미쿠마 뒤쪽으로 떠내려갔다. 미쿠마의 손해는 상대적으로 경미했다. 충돌부위 주변의 장갑판이 안쪽으로 밀려 찌그러졌으나 대부분의 피해가 수선 윗부분에 집중되었다. 그러나 4번 보일러실 옆의 중유탱크에 길이 20미터, 폭 2미터짜리 균열이 발생해 기름이 새어 나갔다.[110] 2번 주포탑 아래 부분에 작은 상처가 생겼고 주 마스트도 손상되었다.

이 수역에서 탈출하려면 두 함 모두 최대 속도를 내는 것밖에 방법이 없었다. 구리타 중장은 마지못해 구마노와 스즈야에 전속 전진하라고 명령했다. 미쿠마는 모가미를 엄호하며 탈출하기 위해 본대와 분리되었다. 아울러 구리타는 8구축대(아사시오, 아라시오, 사령 오가와 노부키小川莚喜 중좌)에 동쪽으로 이동해 낙오한 미쿠마와 모가미를 도우라고 명령했다. 사고 이후 모가미의 최고속력은 고작 12노트였고 바지선처럼 조함操艦하기가 힘들었다.[111] 적 기지에서 100해리도 떨어지지 않은 곳에서 비틀거리며 빠져나오는 모가미가 살아남을 확률은 높지 않아 보였다.

지금까지 보았듯이 일본 해군의 손상통제는 모범사례와 한참 거리가 멀었다. 그러나 모가미 운용장 사루와타리 마사유키猿渡正之 소좌는 어느 해군에도 자랑스럽게 보여줄 만한 기지를 발휘했다. 사루와타리 소좌는 우왕좌왕하던 함수 부분의 응급반을 다잡아 함수 손상 부위의 방수구획을 단단히 닫았다. 구부러진 선수로 항해하려면 모든 수단을 동원하여 선수 부위를 강화하는 조치가 필요했다. 그다음 가연물을 몽땅 바다에 투기하라고 명령했다.[112] 화력을 신처럼 숭배하는 해군에게 이단숭배나 마찬가지인 일이었으나, 어뢰 역시 전부 투기했다.

모가미에는 93식 산소어뢰 24본이 실려 있었다. 이 전장 9미터짜리 괴물은 490킬로그램에 달하는 탄두를 탑재했다. 93식 어뢰의 탄두는 당시 세계 최대, 최강의 어뢰탄두였다. 순수 산소를 산화제로 사용하는 93식 어뢰의 내부는 아무리 작은 불씨도 대화재로 번지게 할 만한 양의 산화제와 등유로 가득 차 있었다. 만약 공습을 받아 함 중앙부에 폭탄이 명중해서 어뢰가 유폭한다면 폭약 12톤, 압축산소 2만 4,000리터, 등유 수 톤이 불쏘시개가 되어 대화재가 발생할 터였다. 그리고 아무리 바보

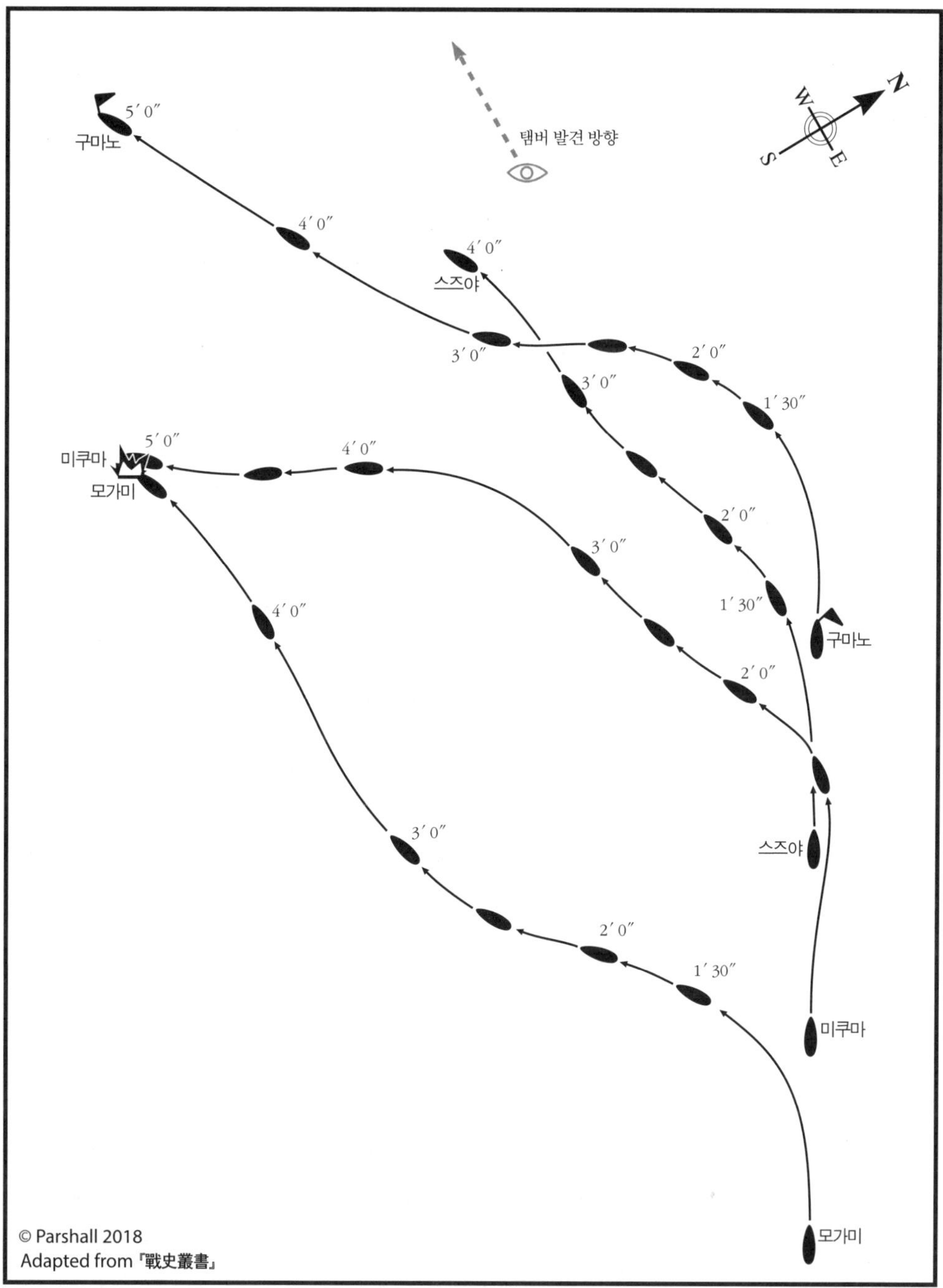

18-4. 모가미와 미쿠마의 충돌 (출처:『戰史叢書』43卷, p.476)

라도 해가 뜨면 모가미가 미군의 주의를 끌리라는 것을 알 수 있었다. 사루와타리는 망설임 없이 어뢰를 몽땅 바다에 투기했다. 반면 미쿠마의 운용장은 피해가 경미하므로 어뢰를 보전하는 것이 최선이라고 생각했다. 이 두 대조적인 결정이 가져온 결과는 며칠 안으로 생생히 드러나게 된다.

그동안 어둠 속에서 탬버는 자신이 적에게 입힌 피해의 규모도, 심지어 미행하던 적의 정체도 몰랐다. 02시 51분, 탬버는 북쪽으로 가던 적이 서쪽으로 방향을 틀었다고 기록했다. 그 직후 탬버는 접촉을 상실했다. 03시에야 머피 함장은 진주만과 미드웨이로 접촉보고를 타전했다. 설상가상으로 머피의 보고는 믿을 수 없을 정도로 애매모호했다. 소속 미상 함선들이 고속으로 기동하며 침로를 수회 변경했기 때문에 머피는 침로를 보고하기를 망설였으며 "함선 다수"라고만 보고했다. 또한 이 함선들이 적 순양함일 가능성이 있다고 말하지 않았다.[113] 머피의 태만은 스프루언스에게 큰 골칫거리로 돌아왔다.

그동안 다른 잠수함이 미드웨이 근처에서 일을 벌이고 있었다. 이번에는 일본군 잠수함 이-168이었다. 7전대와 달리 어느 누구도 이-168에 포격명령이 취소되었다고 전달할 생각을 하지 못했다.[114] 함장 다나베 야하치 소좌는 01시 20분, 미드웨이의 석호潟湖 동쪽에서 부상하여 갑판의 함포를 몇 발 사격했다. 얼마 지나지 않아 해안을 감시하던 미 해병대원들이 수면에 비친 일본군 잠수함의 함영을 포착하고 응사했다.[115] 탐조등이 켜지고 불빛이 다나베의 잠수함을 포착하자 다나베는 이만하면 됐다고 생각하고 잠항했다. 다나베가 발사한 포탄 여덟 발은 대부분 석호로 떨어져 미군에게 아무런 피해를 입히지 못했다.[116] 그러나 다나베의 포격은 미군을 당황시키기에 충분했다. 내일 무슨 일이 벌어질지, 아침에 일어났을 때 일본군 전함들이 섬 앞바다에 떠 있을지, 아무도 몰랐다.

다나베가 찾아오기 전부터 미드웨이는 이미 북새통이었다. 아침에 있었던 공습으로 섬은 초토화되었고 많은 시설들이 파괴되었다. 도모나가가 가한 공습의 흔적은 섬 곳곳에 역력히 남았다. 샌드섬의 저유시설이 밤늦도록 불타오르는 바람에 힘들게 수작업으로 B-17에 재급유를 해야 했다.[117] 사실 다나베가 섬을 포격하고 있을 때에도 미드웨이 하늘에 작전기가 떠 있었는데 이번에는 초계기가 아니라 급강하폭격기였다.

8시간 전인 17시 00분, 초계 중이던 PBY 1기가 섬의 북서쪽에서 불타는 항공모함 3척을 발견했다고 보고했다. 해가 거의 졌지만 미드웨이 방어지휘관 시릴 시마드 대령은 기지에 남은 비행기들에 공격 명령을 내렸다. 전사한 로프턴 헨더슨 소령 대신 VMSB-241을 맡은 벤저민 노리스 소령이 〔마셜 타일러 대위가 이끄는〕 SBD 6기와 구형 SB2U 5기를 지휘하게 되었다.[118] 아침에 제로센들로부터 받은 끔찍한 공격을 기억한 노리스는 야간공격을 선택했고 19시 00분에[119] 이륙했다. 2시간 뒤 시마드는 미드웨이의 PT 보트〔어뢰정〕 8척에 같은 수역으로 진출하라고 명령했다.

급강하폭격기와 어뢰정의 출격 모두 실패로 끝났다. 적 항공모함들이 있다고 보고된 수역은 텅 비어 있었다. 가가는 노리스가 미드웨이에서 이륙한 지 10분 만에 가라앉았다. 그동안 기상이 악화되었고, 노리스의 조종사들은 깜깜한 어둠 속에서 낮게 깔린 구름과 소나기와 싸우며 기지로 돌아가야 했다. 노리스 소령은 야간공격을 선택한 대가를 치르게 되었다. 어둠 속에서 길을 잃은 것이다. 노리스의 부하들은 갑자기 대장기가 급하게 옆으로 틀어 강하하는 모습을 보았다. 부하들은 대장기를 따라 1만 피트(3,000미터)에서 500피트(150미터)까지 고도를 낮추었다가 추락할지도 모른다는 위험을 느끼고 분산했다. 노리스와 노리스의 기체는 영영 사라졌다.[120] 노리스가 유일한 실종자였고 23시 40분에 마지막 기체가 착륙했다.[121] PT 보트들은 이미 침몰한 일본 항공모함들을 찾아 길고도 헛된 수색을 계속했다.

02시 30분, 히류의 처리방법을 생각하는 동안에도 나구모는 야마모토에게 '기동부대 전투개보戰斗概報'를 보냈다.[122] 여기에서 나구모는 6월 4일에 일어난 일의 세부상황과 피해 정도를 보고하면서 히류를 예항할 수 있다는 의견을 피력했다. 상관이 이 문제를 야마모토에게 보고하는 동안에도 야마구치는 자신이 맡은 배역의 마지막 무대를 준비하고 있었다. 나구모와 반대로 야마구치는 히류를 구할 희망이 없다고 결론 내렸다. 02시 30분, 야마구치는 퇴거에 대비하여 전원 상갑판 집합 명령을 내렸다.[123] 02시 50분경, 남아 있는 승조원 714명이 함교 근처의 비행갑판에 모였다.[124] 함교는 연기를 뿜고 있었고 전부 격납고 갑판은 아직도 불타고 있었다. 일렁이는 불길이 음울한 의식에 불길한 빛을 드리웠다.

모두 집합하자 가쿠 함장과 야마구치 소장이 훈시를 시작했다. 먼저 가쿠 함장이 승조원들에게 앞으로도 자중하여 해군에 몸 바쳐 싸우라고 말했다. 아울러 히류의 승조원들은 장차 더 강해질 일본 해군의 핵심이 될 것이라고 덧붙였다.[125] 야마구치도 히류의 승조원들을 치하한 뒤 오늘 히류와 소류의 손실은 전적으로 자신의 책임이므로 자신은 배에 남겠다고 말한 다음 "앞으로도 나라를 위해 힘쓰기 바란다."라는 말로 훈시를 마치고 총원퇴거를 명했다.[126] 훈시가 끝나자 전원은 황거皇居가 있는 도쿄 방향을 향해 야마구치의 선창에 따라 "천황폐하 만세"를 삼창했다. 끝으로 히류의 군함기와 야마구치의 장기將旗가 하강되었다. 마지막 하강식을 치르는 동안 나팔수는 구슬프게 기미가요를 연주했다.[127]

한 역사가는 일반적인 서구 지휘관이라면 "사령관의 멜로드라마 같은 취향을 만족시키려고 심하게 기울어 불타는 항공모함 갑판에 800명이 넘는 승조원들을 반시간이나 세워 두는 짓"을 하지 않았을 것이라고 말한 바 있다.[128] 그러나 일본 해군은 어떤 상황에서도 퇴함 시에 의례를 지키는 것을 중요하게 생각했다. 부상자들도 가능한 한 차렷 자세를 취했다. 함상폭격기 정비장 아리무라 병조장은 중상을 입었음에도 불구하고 비행갑판에 누워 군함기가 내려오는 모습을 지켜보았다고 기억한다.[129] 03시 15분, 모든 의례가 종료되고 가쿠 함장은 퇴거를 시작하라고 명령했다.[130] 집단공황은 없었다. 아리무라는 다른 중상자들과 함께 비행갑판 끝 쪽으로 이송되었다. 아리무라는 몹시 목이 말라 물을 달라고 요청했다. 숨을 쉴 때마다 구멍 난 폐에서 피거품이 올라 왔고, 근처에 있던 누군가가 이 상태로 물을 마시면 죽을 거라고 이야기했다. 그러자 한 선원이 "괜찮을 겁니다."라며 아리무라에게 맥주 한 병을 건넸다. 만약 아리무라가 곧 죽을 운명이라면 편한 상태로 죽음을 맞이하는 편이 나을 터였다. 아리무라는 손톱만큼도 죽을 생각이 없었지만, 맥주는 감로수나 다름없었다.

마키구모가 히류의 좌현에 배를 대고 있었다. 전에 가자구모가 그랬듯이 마키구모의 주 마스트 역시 기울어진 히류의 비행갑판에 닿아 파손되었다.[131] 처음 옮겨 탄 사람은 어진영을 품에 안은 대위였다. 다음으로 부상자들이 옮겨 탔다. 아리무라는 판자에 묶인 상태로 구축함 갑판에 내려졌다. 부상자들이 빈 공간을 가득 채웠다. 마키구모의 승조원들이 최선을 다해 부상자들을 돌보았지만 구호 조치를 충분히 하기에는 상황이 좋지 않았다. 히류의 함공대 3중대장 가도노 히로지角野博治 대위가 전형적인 경우였다. 가도노는 아침 미드웨이 공습 때 미 전투기의 총격으로 다리에 중상을 입었다.[132] 의무병이 다친 다리를 절단해야 한다고 말했다. 마키구모의 선수에서 절단수술을 할 공간은 갑판뿐이었다.[133]

승조원들이 퇴거하는 동안 야마구치는 참모진에게 작별인사를 했다. 가쿠 함장 역시 히류와 운명을 같이하겠다고 밝혔다.[134] 야마구치는 가쿠의 마음을 이해했다. "달이나 보러 갈까?" 야마구치가 말했다. "달빛이 좋습니다." 가쿠 함장이 답했다. "하현달 같습니다."[135]

2항전 기관참모 규마 다케오久馬武雄 기관소좌는 수석참모 이토 세이로쿠伊藤清六 중좌에게 참모진이 완력을 써서라도 야마구치 소장을 데려와야 한다고 건의했다. 이토는 동의하지 않았다. 설사 사령관을 억지로 끌어낸다고 해도 자존심 강한 야마구치는 결국 자결할 것이기 때문이었다. 야마구치는 함에 남겠다는 의지를 천명했고 이토는 "장관이 원하는 대로 내버려 두는 것이 현명한 처사"라고 생각했다. 대신 이토는 야마구치에게 곧장 다가가 참모진 전원이 야마구치와 행동을 같이하겠다고 말했다. 답변은 거절이었다. "나와 함께하겠다는 뜻은 고맙지만 자네들 같은 젊은이들은 살아서 당장 배를 떠나라. 명령이다."[136] 히류의 부장 가노에 다카시鹿江隆 중좌도 같은 엄명을 받았다. 가노에도 가쿠 함장에게 간부들과 함께 배에 남겠다고 말했었다.[137] 참모진의 '집단자결'이 실패하자 규마는 이토에게 사령관을 기억할 수 있는 유품을 달라고 하는 게 어떻겠냐고 물었다. 야마구치는 전투모를 벗어 이토에게 건넸다. 야마구치와 참모진은 마지막 석별의 물 한잔을 나누었다.[138]

히류의 주계장이 함의 금고에 돈이 남아 있다고 보고하고 어떻게 처분할지를 문의했다. "그대로 두게." 가쿠 함장이 말했다. "우리가 삼도천三途川을 건널 때 뱃삯으로 내겠네." 야마구치가 끼어들었다. "지옥에서 먹을 정찬의 식대로 내면 되겠군."[139] 이토는 야마구치에게 마지막으로 전할 말이 있느냐고 물어보았다. 야마구치는 다음과 같이 말했다."나구모 장관에게는 패배를 사죄하며 해군을 좀 더 강하게 만들어 복수해 달라고 전해 주게." 10구축대 사령 아베 도시오阿部俊雄 대좌에게는 다음과 같은 말을 남겼다. "히류에 어뢰를 발사하라."[140]

야마구치가 말을 끝낸 후 이토와 나머지 인원이 자리를 떠났다. 04시 30분에 마지막 승조원들이 퇴함했는데 그중에 이토와 규마도 있었다. 규마는 밧줄을 잡고 보트로 내려가는 동안 "지금까지 만난 사람들 중 가장 존경한 사람"을 잃어버린다는 생각에 평정을 잃어버렸다. 규마는 1940년 12월부터 야마구치의 막료로 있었으며 참모진 중 가장 오래 봉직했다.[141] 불타는 히류의 함교에서 가쿠와 야마구치가 손을 흔드는 모습이 보였다.[142] 그다음에 사령관과 함장에게 무슨 일이 일어났는지는 추측할 수밖에 없다. 선수 쪽에 있는 장관실이나 함장실로 돌아갔을 리는 없다. 그쪽으로 가는 길은 화재로 막혀 있었다. 가쿠와 야마구치가 어디에서 최후를 맞았는지는 영원히 알 수 없을 것이다.

05시 10분, 일출이 시작되었다. 마키구모는 야마구치의 마지막 소원을 들어줄 준비를 하고 있었다.[143] 가자구모는 이미 현장을 떠났기 때문에 히류의 직위구축함인 마키구모만 남아 뇌격처분을 하기로 했다. 마키구모의 항해장 다무라 소좌는 20배율 망원경으로 히류에 사람이 남아 있는지를 확인했다. 어두워진 함교를 살펴보았으나 야마구치 소장과 가쿠 함장은 보이지 않았다.[144] 가자구모의 확성기가 요란하게 울렸다. "좌현 어뢰발사. 표적, 히류. 발사각 90도. 발사 준비." 모두 눈물을 흘렸고 히류의 생존자들은 난간을 꼭 붙들었다. 마키구모는 93식 어뢰 1발을 쏘았으나 심도가 너무 깊어 어뢰가 히류 밑으로 지나갔다. 마키구모 함장 후지타 이사무藤田勇 중좌는 거리를 늘리려고 우현으로 선회한 뒤 두 번째 어뢰를 발사했다. 이번에는 상당히 앞쪽에 명중했다. 우현 함수 현외통로 부근이었다. 큰 폭발이 일어나 히류의 함수가 번쩍 들리더니 왼쪽으로 떨어졌다.[145] 이상하게도 93식 어뢰가 명중할 때 발생하는 물기둥이 보이지 않았다. 아마 어뢰가 너무 앞쪽에 명중해서 명중부의 좁은 선체를 뚫고 지나가며 폭발력이 뒤쪽으로 발산된 것 같았다.[146] 폭발의 성질이 어찌되었건 간에 후지타 함장은 히류가 충분히 치명타를 입었다고 판단하고 배를 돌려 본대로 향했다.

바로 이때 히류의 비행갑판에 승조원 한 무리가 나타나 떠나는 구축함을 향해 필사적으로 모자를 흔들었다. 그러나 마키구모는 돌아가지 않았다. 날이 밝자 공습이 있을 것을 두려워한 후지타 함장이 생존자들을 남겨 두더라도 얼른 떠나는 편이 낫다고 판단한 것 같다.[147] 무심하게도 마키구모는 생존자들을 향해 발광신호를 보냈지만 생존자들 중 신호를 읽을 수 있는 사람은 아무도 없었다.[148] 마키구모는 그곳을 떠났다. 다소 이해할 수 없는 처사였다. 왜냐하면 이때 후지타가 히류에 되돌아가 생존자들을 구조할 시간이 충분했기 때문이다. 마키구모가 돌아갔다면 다음 날

구축함 다니카제가 히류 생존자 구출 임무를 수행하러 위험하게 먼 길을 왔다가 빈손으로 돌아갈 필요도 없었을 것이다.

나가라에서 나구모와 참모진은 어떻게 패배를 속죄할 것인가를 두고 고민하고 있었다. 나가라의 의무실에서 화상과 부상을 치료받고 있던 구사카 참모장에게 차석 오이시 중좌가 찾아왔다. 오이시는 참모진 전원이 자결할 준비가 되어 있다고 전한 뒤 나구모도 동참하도록 설득해 달라고 구사카에게 역설했다.[149] 이 말을 듣고 구사카는 참모진 전원을 의무실로 집합시켜 일갈했다. "나는 자결에 반대한다." 구사카는 단호히 말했다. 목소리를 높이며 구사카는 말을 이어 나갔다. "너희들은 여자애처럼 변덕을 부리는 것인가, 처음에는 쉽게 이겨서 흥분하더니 이제 와서 졌다고 감정에 휩쓸려 자결하겠다고! 지금 조국에 이딴 말을 할 때인가. 왜 노력해서 패배를 성공으로 바꿀 생각을 하지 않는가." 구사카는 나구모에게 본인의 의견을 고하겠다며 말을 끝냈다.[150]

구사카는 자신의 말을 지키기 위해 나구모가 있는 선실로 갔다. 나구모는 낙심천만한 것 같았다. 구사카는 나구모에게 자결은 절대 해결책이 아니며 앞으로 전쟁을 수행하는 데 나라가 자신들을 꼭 필요로 한다는 의견을 강하게 피력했다. 나구모는 딱히 기운을 차린 것 같지 않았지만 구사카의 말에 고맙다고 말한 뒤 다음과 같이 덧붙였다. "일이 이치대로 이루어지는 것은 아니지 않나."[151]

구사카에게 이 말은 나구모가 자결을 생각하고 있다는 뜻으로 들렸다. "장관님," 구사카가 말했다. "그런 패배주의적 태도로 무슨 일을 이룰 수 있겠습니까?" 나구모의 마음이 수그러든 것 같았다. "알겠네, 절대 경솔하게 행동하지 않겠네." 사실 나구모는 마지막까지 패배의 충격에서 벗어나지 못했다. 나구모의 아들은 1944년에 나구모가 중부태평양함대 사령장관으로 임명되어 사이판섬으로 떠나기 전까지 미드웨이에 대하여 한마디도 하지 않았다고 기억했다. 비밀을 엄수하겠다는 약속을 받은 뒤에야 나구모는 두 아들에게 미드웨이의 참혹한 패배를 이야기해 주었다. 나구모는 눈물을 흘리며 기동부대의 파멸과 부하들의 참혹한 죽음을 이야기했다.[152] 얼마 뒤 나구모는 떠났고 다시는 일본으로 돌아오지 못했다. 사이판 수비가 무너질 무렵에 나구모는 자결했다.

나구모의 전前 기함에 마지막 순간이 찾아왔다. 아카기에 발생한 화재처럼 아카기 처분에 대한 논의가 야마토 함교에서 밤새 질질 끌며 이어졌다. 동이 틀 무렵이 되자 논쟁에 다시 불이 붙었다. 곤도가 동쪽으로 진격해 미군을 패퇴시켰다면 아카기를 일본으로 예항하는 방법을 고려해볼 만했다.[153] 사실 02시 20분경, 곤도는 4구축대의 아루가에게 "아카기의 상태를 즉시 보고하라."라고 타전했다.[154] 그러나 이제 날이 샜고 미군 항공전력이 아카기의 예인을 막을 것이 분명해졌다.

구로시마 수석참모가 보기에 아카기의 침몰은 작전 전체의 침몰이나 마찬가지였다.[155] 기동부대의 기함을 처분한다는 것은 있을 수 없는 일이었다. 구로시마는 실의에 빠져 흐느끼며 "천황폐하의 어뢰로 천황폐하의 군함을 격침할 수는 없습니다!"라고 소리쳤다.[156] 와타나베 전무참모는 구로시마의 비통한 절규에 "전 참모진이 목이 메어 숨죽인 채 서 있었다."라고 기억했다.[157] 긴 밤이었다. 연합함대 참모진은 정신적 붕괴 일보 직전 상태였다.

물론 우가키 참모장에게도 아카기의 비참한 최후는 심히 유감스러운 일이었다. 야마모토가 한때 함장을 지낸 아카기에 대해 느낄 감정을 생각하니 눈물을 주체할 수 없었다. 그러나 우가키는 "감정은 감정이고 이성은 이성"이라고 정신을 다잡았다.[158] 야마모토도 같은 결론을 내렸다. 다른 시도는 아카기 주변에 있는 함선들을 불필요한 위협에 노출할 뿐이었다. 최악의 경우 적이 아카기를 나포할 수도 있었다. "나는 전에 아카기의 함장이었다." 야마모토는 침통한 어조로 천천히 입을 열었다. "진심으로 유감스러우나 이제 아카기 처분명령을 내려야 한다." 구로시마가 처분방법을 우려하자 야마모토는 이렇게 답했다. "천황폐하의 어뢰로 아카기를 침몰시킨 점은 내가 직접 사죄드리겠다."[159]

04시 50분, 4구축대 사령 아루가 대좌에게 아카기 처분명령이 내려왔다. 열일곱 시간 하고도 반 시간이 걸린 수난의 끝이었다. 4구축대의 구축함들은 각각 1,000~1,500미터 거리를 두고 아카기에 93식 어뢰 1발씩을 발사하기로 했다.[160] 아루가의 기함 아라시를 선두로 노와키, 하기카제, 마이카제가 아카기의 후미에 일렬로 선 후 우현 쪽을 12노트 속도로 통과했다. 총살형을 집행하는 병사들처럼 구축함들은 아카기를 지나가며 어뢰를 한 발씩 발사했다. 아루가의 구축함들은 아카기의 선수 앞을 가로질러 나구모와 합류하러 북쪽으로 떠났다.[161] 어뢰 두 개 혹은 세 개가 아카기의 우현 선체를 파고들자 엄청난 물기둥이 하늘 높이 치솟았다. 물보라가 사라지자 난간을 가득 메운 아카기 생존자들은 아카기가 뒤쪽으로 기울며 함미부터 조용히 바닷속으로 가라앉는 모습을 볼 수 있었다.[162] 아카기가 점점 사라져 가는 동안 주변의 모든 구축함에서 "만세! 아카기 만세!"라는 함성이 우렁차게 터져 나왔다. 05시 20분경, 일본 해군에서 가장 유명한 항공모함의 함수는 잠시 공중에 떠 있더니 마이카제 함장의 표현으로는 "마치 거대한 신의 손이 끌어당긴 것처럼" 사라졌다.[163] 아카기는 바닷속으로 사라졌고 승조원 267명도 심해로 가라앉았다.[164] 거대한 거품만이 이곳이 아카기의 무덤임을 알려 주었다.

19

후퇴

나가라 함미에 걸린 축 늘어진 욱일기를 놀리기라도 하듯 햇살을 찬란하게 발산하며 아침 해가 떠올랐다. 아카기가 심연으로 가라앉는 동안 나구모를 태운 나가라는 서쪽의 주력부대를 향해 점점 더 가까이 다가갔다. 기동부대의 진형은 작아진 기함만큼 딱할 정도로 쪼그라들었다. 이제 기동부대에서 가장 큰 함선인 기리시마와 하루나가 함대 양측에서 맥빠진 모습으로 느릿느릿 나아갔다. 나가라 주변에서는 생존자로 갑판이 빼곡해진 구축함들이 걸음을 맞추었다. 전날 겪은 고난의 충격에서 벗어나지 못한 항공모함의 생존자들은 자신들의 호위함이던 구축함의 갈색 리놀륨 갑판에서 노숙하며 하룻밤을 보냈다. 수평선 위로 햇빛이 어슴푸레하게 퍼져 나왔지만 생존자들은 여전히 누워 있었다. 모두 기진맥진했거나 부상으로 움직일 수 없었다.

새벽이 되자 항공작전이 시작되었지만 어제에 비하면 초라하기 그지없었다. 순양함과 전함들에서 비행기 엔진이 처량하게 돌아가는 소리가 바다에 공허하게 울려 퍼졌다. 전날 공격대 전체가 시동을 걸며 우렁차게 내뿜던 묵직한 폭음과는 비교할 수도 없었다. 04시 41분, 지쿠마는 미군이 후퇴하는 기동부대를 추격하고 있는지를 확인하기 위해 1호기와 4호기를 발진시켰다.[1] 이제 기동부대에는 항공전력이라고 할 만한 것이 없었지만 그나마 남은 전력이 필요할 때가 올지도 몰랐다. 나구모가 집에 돌아가는 대신 빈약한 전력으로라도 미군과 교전을 재개할 기회를 찾고 있었기 때문이다.

날씨는 쾌청했으나 함대 상공에 떠 있는 전투기는 없었다. 며칠 전에 안개에 저주를 퍼붓던 승조원들은 이제 제발 안개가 돌아오기를 기도했다. 이 상황에서 패배한 나구모와 기동부대 장병들은 오늘 무슨 끔찍한 일이 벌어질지 마음을 단단히 먹는 것밖에 할 수 있는 일이 없었다. 지금 미 항공모함에 발각된다면 공격을 막아낼 방법이 없었다. 이들은 바로 몇 달 전에 자기들이 패배한 적을 마음껏 유린했다는 사실을 떠올렸다. 일본군은 자바 근해에서 싱가포르와 수라바야Surabaya[2]에서 철수하는 민간인을 태운 상선과 여객선을 양떼를 덮치는 늑대처럼 공격했다.[3] 이제 상황이 완전히 뒤바뀌었다. 일본군은 무방비 상태로 적을 기다리고 있었다. 적은 자비를 베풀지 않을 것이다.

야마토에서는 야마모토가 뭔가를 골똘히 궁리하고 있었다. 상황이 크게 불리해졌지만 야마모토는 지금 상황에서 할 수 있는 것은 다 해보기로 결심했다. 그러나 밑천이 별로 없었다. 일본군은 상공엄호를 완전히 상실한 데 반해 미군은 제공권을 장악했다. 곤도와 나구모가 합류한다고 해도 연료 문제와 싸워야 했다. 나구모의 배들은 생존자로 가득 차 있었고 상당수는 부상자였다. 그리고 적의 의도가 무엇인지도 알 수 없었다.

그럼에도 불구하고 야마모토는 미군 항공모함들이 자신 근처에 있는 이때가 알류샨 작전을 방해받지 않고 진행할 수 있는 기회라 생각했다. 물론 〔알류샨 작전을 지원해야 할〕 가쿠다의 항공모함들은 남쪽으로 내려오는 중이었다. 그러나 호소가야의 북방부대는 키스카와 아투에 상륙할 수 있었다(실제 공격은 6월 7일에야 이루어졌다). 호소가야는 항공모함 없이도 키스카와 아투를 공격하겠다는 생각으로 전날 잠정 중단된 작전을 재개해 달라고 요청했다.[4] 참모진과 상의한 후 야마모토는 '장렬무비壯烈無比'라는 암호명으로 부른 상륙작전〔AL작전 제5법〕을 허가했고, 호소가야는 10시에 다시 북동쪽으로 향했다.[5]

야마모토가 당면한 문제는 곧 합류하기로 한 나구모 부대가 동이 텄는데도 도착하지 않아 주력부대 홀로 난바다에 있게 되었다는 것이었다. 야마토 함교탑 높은 곳에 얹힌 측거의測距儀〔거리측정기〕에서도 기동부대가 보이지 않았다. 적어도 곤도 부대는 일정대로 08시 15분에 주력부대 근처까지 도달했다.[6] 그러나 나구모는 제시간에 합류하지 못해서 야마모토의 신경을 건드렸다. 항공모함 호쇼가 기동부대를 찾으라는 명령을 받고 구식 96식 함상공격기 몇 기를 발진시켰다. 야마모토는 이날 아침 낭비할 시간이 없었다. 함대 전체를 혼란 없이 통제하려면 기동부대의 위치와 방위를 가급적 빨리 파악해야 했다. 명령을 받은 구식 경항공모함 호쇼는 바람을 안고 비행기를 띄우느라 애썼다. 파도가 높아 발함작업이 더욱 힘들었다. 우가키가 쓴 일기의 한구석에서 호쇼 함장 우메타니 가오루梅谷薰 대좌는 "나쁜 기상상황에도 불구하고 비행기를 발진시키는 임무를 완수"했다고 칭찬받았다.[7] 하나씩 하나씩 낡은 96식 함상공격기가 앞뒤로 흔들리는 비행갑판을 활주하며 날아올랐다. 이날 호쇼는 미드웨이 해전사에 작지만 무시할 수 없는 공헌을 했다.

호쇼의 96식 함상공격기 1기가 곧 나구모를 찾아냈다. 나구모는 야마모토의 침로에서 약간 동북쪽으로 치우쳐 다가오고 있었다. 잠시 교신한 후 나구모는 야마모토와 합류할 수 있는 방향으로 변침했다. 12시 05분, 지쿠마는 37킬로미터 거리에서 탑처럼 솟아오른 주력부대 전함들의 상부구조물을 보고 안도했다. 13시경, 8전대는 주력부대 안에서 자기 위치를 잡았으나 나구모의 마지막 구축함은 17시까지도 주력부대에 합류하지 못했다.[8]

잠시 뒤 호쇼의 비행기는 지각한 나구모보다 더 놀라운 것을 찾아냈다. 발진한 지 얼마 되지 않은 07시 00분, 호쇼의 96식 함상공격기 1기가 푸르른 태평양 한가운데에 표류하는 히류를 우연히 발견했다. 히류는 불타고 있었으나 금방 침몰할 것 같지는 않았다. 조종사는 히류 상공을 함수부터 함미까지 길게 비행했다가 히류 우현쪽으로 비스듬히 선회했고 그동안 관측수가 사진을 찍었다. 히류의 마지막 순간을 담은 이 스냅 사진은 태평양전쟁 기간에 촬영된 가장 극적인 사진 중 하나로 꼽힌다. 그때 놀랍게도 이들은 비행갑판에서 군모를 흔드는 생존자들을 똑똑히 보았다. 호쇼의 비행기는 07시 20분에 발견보고를 타전했다.[9]

호쇼의 함상공격기가 본 사람들은 두 시간 전에 후지타 함장과 마키구모를 불러세우려던 히류 승조원들이 틀림없었다. 히류의 생존자들은 호쇼의 비행기를 보고 힘을 얻었을 것이다. 비행기가 떠난 후 단정갑판으로 가서 구조를 기다리던 이들은 08시 30분경, 혼자가 아니라는 사실에 깜짝 놀랐다. 무슨 소리가 들려 위로 올라가

19-1. 6월 5일 아침, 불타는 히류. 나카무라 시게오中村繁雄 비행병조장이 조종한 호쇼의 96식 함상공격기에서 관측수 오니와 기요시大庭清夏 비행특무소위가 찍은 사진.[10] 폭탄 4발이 명중하여 전방 비행갑판에 생긴 큰 구멍이 똑똑히 보인다. 엘리베이터 일부가 날아가 함교 앞에 걸쳐져 있다. 함 중앙에 아직 화재가 남은 듯하다. 함이 기울어지지 않은 모습에 유의하라. (Naval History and Heritage Command, 사진번호: NH 73065)

보니 놀랍게도 비행갑판에 30여 명이 웅크리고 앉아 있었다.

히류 기관장 아이소 중좌의 기관병들이었다. 오래전에 기관병들은 함교와 유일하게 연결된 전성관이 있던 기관과 지휘소에서 열기와 연기를 버티지 못하고 도망 나왔다. 교신이 끊겼기 때문에 규마 기관참모는 배를 버리기 몇 시간 전에 기관병들이 모두 전사했다고 생각했다. 그리하여 살아 있음에도 불구하고 아이소와 기관병들은 총원퇴거 명령을 듣지 못했다.[11] 05시 10분경, 마키구모의 어뢰가 명중하면서 '쿵' 하는 충격이 느껴졌다. 오랫동안 함교에서 지시가 내려오지 않았기 때문에 아이소는 기관구역을 탈출할 때가 왔다고 생각했다.[12] 대부분의 통로가 막혀 있었지만 식량창고의 쌀에 불이 붙어 연기가 차오르던 바로 위 갑판까지는 갈 수 있었다.

불행히도 이들이 갇힌 긴 통로에서 빠져나갈 길이 보이지 않았다. 양쪽 끝의 해치는 봉쇄되어 있었다. 한 기관병이 용접이 벌어진 틈 사이로 들어온 빛을 발견했다. 파편이나 화재로 인해 격벽에 구멍이 난 것 같았다. 틈 사이로 희미한 햇살을 받은 하부 격납갑판이 보였다.[13] 아이소는 즉시 부하를 아래로 보내 망치와 끌을 가져오게 했다. 만약 출구를 찾을 수 없다면 만들면 된다. 마침내 한 사람이 빠져나갈 정도의 구멍을 뚫었다.

08시 00분경, 기관병들은 하부 격납고에 도착했다. 아무도 없었고 이상할 정도로 고요했다. 여기저기에 불길이 있었지만 가장 신경 쓰이는 것은 비행갑판이 날아가면서 생긴 엄청난 구멍으로 쏟아져 들어오는 햇살이었다. 비행갑판으로 올라가 주위를 돌아보고 나서야 모두 몇 시간 전에 히류를 떠났다는 사실을 알게 되었다. 아이소 중좌, 만다이 소위, 기관병들은 당연히 몹시 화가 났고 낙담했다.[14] 설상가상으로 선수 비행갑판에서 물이 차오르는 모습이 보였다. 마키구모의 뇌격은 신통치 못했지만 그렇다고 해서 히류가 영원히 떠 있을 수는 없었다.

상황은 절망적이었다. 아이소는 비행갑판에 털썩 주저앉아 부하들의 노고에 감사를 표하고 마지막을 준비했다. 만다이 소위가 밤새 겪은 일로 몹시 지쳐서 졸고 있을 때 히류의 단정갑판에 있던 생존자들이 만다이를 흔들어 깨워 방금 아군 비행기가 머리 위로 지나갔다는 기쁜 소식을 전했다. 외형을 보건대 일본 비행기가 분명했다. 고정식 착륙장치도 있었다.[15] 아이소와 부하들은 새로운 희망을 얻었다. 그 비행기가 아군기라면 구조될 가능성이 있었다.[16] 문제는 히류의 함수가 눈에 띄게

19-2. 6월 5일 아침의 히류. 기도식 안테나 지주가 모두 위로 세워져 있다. 진화작업 중 구축함과 접촉하는 사고를 막기 위한 조치로 보인다. 아직 화재가 남아 있고 선수가 약간 가라앉았다. (Naval History and Heritage Command, 사진번호: NH 73064)

빨리 가라앉고 있었다는 점이다. 시간이 별로 없었다.

아이소가 부하들과 함께 단정갑판으로 가 보니 론치 2척이 묶여 있고 9미터짜리 커터가 배 바로 뒤에 떠 있었다. 일단 론치를 풀어 물에 띄우려 했으나 히류가 급격히 기울며 가라앉기 시작했다. 아이소는 부하들에게 당장 뛰어내려 커터 쪽으로 헤엄치라고 말했다.[17] 생존자들은 바다로 뛰어들었다. 만다이는 추락의 여파로 물속 깊이 가라앉았다가 수면 위로 헤엄쳐 올라온 후 뒤를 돌아보았다. 엄청난 광경이 펼쳐지고 있었다. 히류의 거대한 스크루가 만다이의 머리 위에서 물을 뚝뚝 흘리며 햇빛을 받아 눈부신 광채를 발하고 있었다. 만다이는 등을 돌려 온 힘을 다해 헤엄쳐 침몰하는 히류가 일으키는 소용돌이를 빠져나오려고 애썼다. 다시 뒤를 돌아보니 히류는 사라져 버렸다. 승조원 392명과 함께였다. 얼마 뒤 거대한 수중폭발음이 히류의 죽음을 알렸다. 아이소와 승조원 38명은 커터에 올라탔다. 이들이 손목시계가 모두 09시 7분에서 09시 15분 사이에 멈췄는데 이것은 히류의 침몰시간대에 대한 믿을 만한 증거이다.[18]

커터에는 건빵, 식수, 지방, 맥주가 있었다.[19] 생존자들은 야마모토 사령장관이 곧 구조하러 올 것이라고 확신했다. 그러나 이들은 14일이나 표류한 끝에 미군 PBY에 발견되어 6월 19일 수상기모함 밸러드Ballard에 의해 구조되었다. 생존자들은 표류 중에 많은 고난을 겪었다. 4명이 부상과 탈진으로 사망했고 1명은 구조된 날 밤에 숨졌다. 아이소는 기관실에서 혼신의 힘을 다해 부하들을 이끌고 나왔지만 표류할 때는 부하들을 돌보지 않은 것 같다. 모두에게 좋지 않은 상황에서 아이소는 표류 기간 내내 부하들보다 자기가 더 먹어야 한다며 고집을 부렸다.[20] 본인은 몰랐지만 아이소는 하마터면 상어밥이 될 뻔했다. 지붕도 없는 9미터짜리 무동력선은 계급을 내세워 아사히 맥주 두 병을 뺏기에 어울리는 장소는 아니었다.[21]

미군도 이날 아침에 문제가 있었는데 대부분 탬버 탓이었다. 우선 탬버는 7전대의 낙오함들에 어뢰를 쏘지 않았다. 모가미의 속력인 12노트는 간신히 잠수항해하는 미군 잠수함을 앞서 나갈 수 있는 속력이었다.[22] 더 심각한 문제는 탬버의 함장 존 머피 소령이 적의 침로나 속력을 제대로 보고하지 않아 레이먼드 스프루언스 소장이 일본군의 의도를 전혀 알 수 없었다는 것이다(스프루언스는 04시에야 보고를 받았다).

자정부터 새벽까지의 시간은 다음 날 작전에 필요한 함대 배치에 매우 중요한 시

19-3. 6월 19일 미군 수상기모함 밸러드가 구조한 히류 승조원들이 미드웨이 기지에 도착하는 장면. 이들은 며칠간 미드웨이에 머물다가 6월 23일에 하와이로 이송되었다. (National Archives and Records Administration, 사진번호: 80-G-79984-28-2)

간이었다. 스프루언스는 밤새 충분한 안전거리를 지키며 근처에 있는 일본군과 야전을 피하려 했다. 개인적으로 스프루언스는 4일에 일본군이 호되게 당했으므로 탬버가 발견한 일본 함대가 미드웨이를 포격할 것이라고 믿지 않았다. 이 판단이 틀리더라도 대가는 미미할 터였으므로 굳이 위험을 무릅쓰고 추격할 필요가 없었다.[23] 따라서 스프루언스는 일본군의 퇴각이 확실해질 때까지 서쪽으로 움직이지 않을 생각이었는데 탬버는 일본군 퇴각보고를 06시에야 보냈다. 스프루언스가 이 보고를 좀 더 일찍 받았다면 일본군에게 더 큰 타격을 입힐 수 있었을 것이다. 잠수함 함장을 지낸 경험이 있는 니미츠는 머피 함장의 임무 수행에 격노하여 즉각 그를 해임했다.[24] 사실 미드웨이에서 미 잠수함들의 임무 수행은 전반적으로 별 볼 일 없었다.[25] 미드웨이 수역에 전개된 잠수함 12척 중 가장 노후한 노틸러스만이 적을 공격하는 데 성공했다.[26]

미군은 후속 작전을 수행하는 데 함대를 유리한 위치에 배치할 수 없었을 뿐만 아니라 항공전력 역시 심각하게 약화된 상태였다. PBY를 제외하고 미드웨이에 주둔

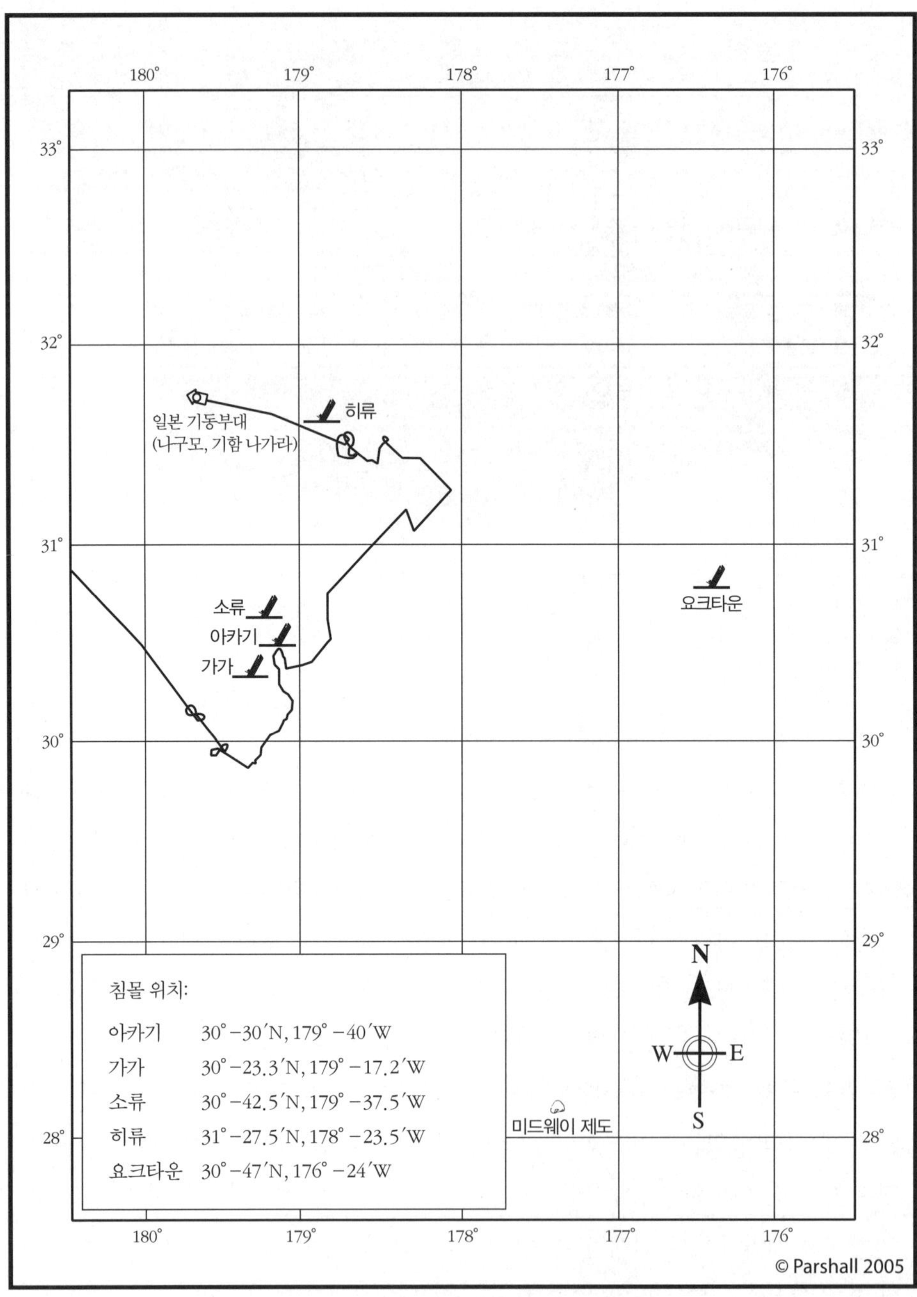

19-4. 미드웨이에서 일본군 항공모함 및 요크타운의 침몰 위치

한 여러 비행대들이 큰 피해를 입었다. 해병항공대의 전력은 전투기 4기와 급강하 폭격기 12기만 남았다.[27] 미드웨이에 남은 대다수 비행기들은 비행할 수 없는 고물이거나 전투에 투입되기에는 심하게 부서진 상태였다. 사실 미드웨이 기지는 밤새 손상된 기체들을 하와이로 되돌려 보내는 중이었고 다나베의 이-168이 석호를 포격할 때 B-17 4기가 이륙대기 중이었다.[28] 따라서 5일 아침에 섬의 항공전력은 거의 마비상태였다.

6일 아침에 미드웨이 기지가 가장 먼저 해야 할 일은 탬버의 1차 보고에 나타난 일본 함대의 위치를 알아내는 것이었다. 04시 15분, 미드웨이의 PBY가 이륙해 서쪽으로 020도에서 250도까지 부채꼴로 수색을 개시했다.[29] 오늘 PBY는 250해리(463킬로미터)까지만 비행할 예정이었다. 시마드 대령의 첫 번째 관심사는 오로지 일본군의 상륙을 막는 것이었다. 만약 상륙함대가 발견된다면 PBY는 재급유 없이 진주만까지 먼 길을 돌아가야 했다. 그렇게 되면 스프루언스는 장거리 정찰자산을 사실상 모두 잃는 심각한 후폭풍을 겪게 되고, 야마모토나 나구모를 발견할 가능성 역시 그만큼 줄어들 터였다.

스프루언스의 항공전력은 미드웨이 기지의 전력보다 조금 나은 정도였다. 호닛과 엔터프라이즈가 보유한 작전 가능 공격기는 모두 60여 기였으며 여기에 전투기가 약간 더 있었다. 정상적이라면 항공모함 1척 탑재량에 불과했다. 일본군과 미군의 입장은 4일 아침과 정반대였지만 스프루언스가 보유한 전력은 원하는 만큼 전과를 확대할 정도로 강력하지 못했다. 미군은 적에게 의미 있는 타격을 가할 정도의 SBD를 보유했으나 이 중 상당수를 정찰임무에 투입해야 했다.

일본군을 포착하고 공격하는 것 외에 또 다른 임무는 요크타운을 살려내는 일이었다. 구축함 휴스가 밤새워 꼬박 지킨 덕택에 요크타운은 그날 밤 별일 없이 살아남았다. 날이 밝은 후에도 상황은 12시간 전에 비해 악화되지 않았다. 그동안 벅매스터 함장은 요크타운을 살릴 수 있다고 플레처 소장을 설득할 수 있었다.[30] 벅매스터는 보수작업을 할 인원을 손수 선발하여 요크타운에 승선시켜 동력을 살려 전역에서 벗어나게 할 계획이었으며 플레처는 여기에 동의했다. 사실 4일 밤에 니미츠는 펄앤드허미즈 암초Pearl and Hermes Reef와 프렌치프리깃 암초에 있는 소해함 바이레오Vireo와 대형 예인선 나바호Navajo에 요크타운으로 이동하라고 명령했다. 불행히도

19-5. 요크타운 함장 엘리엇 벅매스터 대령(오른쪽. 왼쪽은 찰스 에디슨Charles Edison 해군장관), 1940년 4월 진주만. 벅매스터 대령은 미드웨이 해전에서 항공작전뿐만 아니라 손상통제 부문에서도 뛰어난 능력을 발휘했다. (Naval History and Heritage Command, 사진번호: NH 56957)

벅매스터에게 필요한 인원은 요크타운의 승조원을 구조한 17기동함대의 각 함선에 흩어져 있었기 때문에 11시 27분에야 필요한 인원이 모여 구축함 해먼에 옮겨 탈 수 있었다. 해먼은 요크타운으로 접근하기 시작했다.

야마토 함교에서 야마모토와 우가키는 07시 30분에 히류 발견보고를 받고 크게 놀랐다. 즉시 야마토는 나구모에게 "히류 침몰 여부와 상황, 위치를 확인하여 알릴 것."이라 타전했다.[31] 나구모도 야마모토만큼이나 이 소식을 듣고 혼란스러워했다. 08시 20분, 나구모 부대에 있던 다니카제는 "07시 20분, 호쇼 정찰기가 후-로-리FU-RO-RI 43(북위 32도 10분, 동경 178도 50분)에서 불타는 히류 발견, 갑판 위 생존자 있음. 상황을 파악하고 생존자 구조."[32]라는 지시를 받았다. 다니카제의 함장 가쓰미 모토이勝見基 중좌는 곧장 배를 몰고 함대에서 빠져나가 히류와 적들이 있는 동쪽으로 달려갔다. 나중에 보겠지만 다니카제는 자매함이 임무를 방기한 대가를 하루 종일 혹독하게 치러야 했다.

불가사의하게 떠 있는 히류의 소식이 들어온 지 얼마 안 되어 또 다른 임무 방기 소식이 들어왔다. 06시 52분, 나가라는 지쿠마 4호기가 보낸 잡음이 심한 메시지를 방수했다. 적 항공모함에 관한 내용인 것 같았다. 08시 00분, 지쿠마는 나가라에 발광신호로 전문을 보냈다. 4호기의 발신 내용은 "요크타운급 공모 1척 보임. 우현으로[원문 오류] 기울어 표류. 본기 출발점에서 방위 111도, 거리 240해리(445킬로미터). 부근에 구축함 1척 보임."[33]이었다. 당연히 미드웨이 근처를 배회하던 이-168에 명령이 떨어졌다.[34] 이-168은 북동쪽으로 침로를 잡았다. 목표 위치까지 도착하는 데 하루가 걸리겠지만 이 항공모함이 그새 다른 곳으로 갈 것 같지는 않았다.

이때 미군도 정찰보고를 받기 시작했다. 06시 30분, 미드웨이에서 발진한 PBY 1기가 모가미와 미쿠마의 꼬리를 잡았다. 미쿠마의 경우 문자 그대로 꼬리였는데, 손상된 연료탱크에서 계속 중유가 흘러나와 길게 흔적을 남겼다. PBY는 방위 264도, 미드웨이 기준 125해리(232킬로미터) 해상에서 침로 264도, 속력 15노트로 항해하는 "전함 2척 발견"이라고 타전했다.[35] 이어서 또 다른 PBY가 적은 주력함(전함) 2척이며 모두 손상되었고 하나는 기름을 흘리고 있다는 세부 보고를 보냈다.[36]

미쿠마 함장 사키야마 대좌는 자신이 발각되었음을 깨달았다. 06시 23분, 미쿠마는 구리타에게 자신의 위치를 북위 28도 10분, 서경 179도 30분으로 보고했다. 속력은 12노트였다.[37] 미쿠마는 거의 전 속력을 낼 수 있었지만 사키야마는 자매함 모가미를 포기하고 싶지 않았다. 무슨 공격을 받든 간에 사키야마는 모가미의 소지 함장과 함께 싸우기로 결심했다. 둘 다 본대가 이때 북쪽과 서쪽에 있음을 알았지만 사키야마는 현명하게도 정서쪽으로 방향을 잡았다. 이렇게 하면 적과의 거리를 최대한으로 벌릴 수 있었다. 주력부대와 합류할 방안은 나중에 생각해도 충분했다. 그러나 미군 PBY가 06시 30분에 포착되자 모든 게 다 틀어졌다. 생각보다 너무 일찍 발각된 것이다.

미드웨이 항공대는 바로 낙오자 사냥에 나섰다. VMSB-241의 잔존 급강하폭격기들이 즉각 출격명령을 받았다. 07시 00분, 하루 사이에 VMSB-241의 세 번째 지휘관이 된 마셜 '잭' 타일러Marshall 'Zack' Tyler 대위가 2개 소대로 나뉜 급강하폭격기 12기(SBD 6기, SB2U 6기)를 이끌고 날아올랐다.[38] 해병대 조종사들은 목표물과 40해리(74킬로미터) 떨어진 해상에서 미쿠마가 흘린 반짝이는 기름띠를 보고 선회하여 그 흔적을 따라갔다. 곧 일본 군함 2척이 시야에 들어왔다.[39]

타일러 대위의 SBD들은 태양을 등지고 1만 피트(3,048미터)에서 급강하를 시작했다. 리처드 플레밍Richard Fleming 대위가 이끄는 구식 SB2U들은 급강하폭격 대신 5,000피트(1,524미터)에서 활강폭격을 시도했다.[40] 미쿠마와 모가미는 선체가 손상되고 속력이 느렸지만 꽤 강력한 대공포화로 응수했다. 타일러의 부하들이 먼저 강하했지만 모가미가 쏘아 올린 포화 때문에 제대로 조준하지 못해 폭탄이 모두 바다에 떨어졌다.

다음으로 플레밍의 부하들이 공격을 시작했다. 표적은 미쿠마였다. 미쿠마는 모가미의 좌현 앞쪽에서 항해하면서 무시무시한 대공포화를 퍼부었다. 이번에는 첫 희생자가 나왔다. 플레밍 대위의 기체는 강하를 시작하자마자 적탄에 맞았다. 플레밍은 계속 비행하려고 애썼지만 결국 불길을 뿜으며 바다로 추락했다.[41] 플레밍과 후방 기총수가 탈출을 시도했는지에 대해서는 증언이 엇갈리지만 어쨌든 둘 다 살아남지 못했다. 확실한 것은 일반적으로 알려진 내용과 달리 플레밍이 미쿠마의 4번 포탑에서 자폭하지 않았다는 점이다. 미군 측에서 가장 신뢰할 만한 증인은 플레밍이 바다로 떨어졌다고 한 반면 일본 측 증인(모가미의 소지 함장과 다카기 비행장)은 당시에 이 상황을 목격할 만한 장소에 있지 않았다.[42] 플레밍의 부하들도 명중탄을 쏘지 못했다. 결과적으로 일본군 순양함 2척은 털끝 하나 다치지 않고 첫 공격에서 빠져나왔다.[43]

그러나 더한 강적들이 오기까지는 오래 걸리지 않았다. 급강하폭격기들이 떠나자마자 B-17 8기가 모습을 드러냈다. 브룩 E. 앨런Brook E. Allen 중령이 이끄는 B-17은 2만 피트(6,096미터) 상공에서 4기로 구성된 2개 소대로 나뉘어 접근했다. 타일러와 마찬가지로 이 4발 중폭격기들은 주로 모가미를 노리고 500파운드(227킬로그램) 폭탄 39개를 투하했으나 모두 바다에 떨어져 별다른 피해를 입히지 못했다. 미쿠마는 B-17 8기가 08시 34분에 내습했지만 아군 피해 없이 모두 쫓아냈다고 자랑스럽게 타전했다. 아직까지는 운이 좋았다. 속도가 12노트에 불과한 표적에 대해 미군기 20기가 올린 전과가 이 정도라면 일본군은 무사히 빠져나갈 수 있을지도 몰랐다. 운이 좋다는 믿음에 들떠서인지 11시 30분에 모가미의 속력이 14노트까지 올라갔다.[44]

16기동함대는 시마드와 같은 정보를 가지고 있었고 모가미와 미쿠마를 공격할 수 있었다. 그러나 스프루언스는 미드웨이 북서쪽에 아직 일본군 항공모함이 있는지에 더 관심을 기울였다. 좀 더 명확한 정보를 기다리며 스프루언스는 09시 30분에 정서쪽으로 침로를 변경하여 미드웨이에서 겨우 50해리(93킬로미터) 떨어진 곳을 지나갔다.[45] 스프루언스는 아침의 정찰보고를 분석하는 동안 일본군의 미드웨이 상륙 기도를 막을 수 있는 절호의 위치에 있었다. 그러나 상황은 불분명했고 시간이 흐를수록 혼란이 더해졌다. 07시 00분에 미드웨이 기지는 PBY가 보낸 “적 순양함 2척, 방위 286, 거리 174해리(322킬로미터), 침로 310, 속력 20노트”라는 보고를 스프루언스에게 중계했다. 스프루언스는 몰랐지만 이 순양함들은 곤도와 합류하러 가던 구마노와 스즈야였다. 08시 00분, “적 전함 2척, 순양함 3, 4척, 화재가 발생한 항공모함 1척, 방위 324, [미드웨이 기점] 거리 240해리(445킬로미터), 침로 310, 속력 12노트.”라는 보고가 들어왔다. 근처에 다른 함선들이 있었는지는 불분명하지만 이 항공모함은 분명 히류였을 것이다. 그뿐만이 아니었다. 08시 53분, 또 다른 PBY가 “방위 335, 미드웨이 제도에서 거리 250해리(463킬로미터), 시간 그리니치 표준시 20시 20분(현지시간 08시 20분)”에서 적 항공모함 1척을 발견했다고 알렸다.[46] 마지막으로 09시 07분, 미드웨이 기지가 “〔그리니치 표준시〕 2000(현지시간 08시 00분), 다수의 순양함, 보조함, 구축함들이 화재 중인 항공모함을 엄호 중, 전함 2척이 진형 선두에 있음.”이라고 타전했다.[47]

스프루언스와 참모진이 보았을 때 일본군 항공모함이 어디엔가 있는 것 같았다. 지금까지 들어온 정보를 바탕으로 평가해 보면 아카기, 가가, 소류는 격침된 것이 확실해 보였다. 그러나 히류는 행동 불능 상태일 뿐이고 아직 발견되지 않은 다섯 번째 항공모함이 근처에 숨어 있을 가능성도 배제할 수 없었다.[48] 따라서 스프루언스는 정찰기가 포착한 “전함 2척”의 처리를 미드웨이 항공대에 맡기고 북서쪽에 있을지도 모르는 더 큰 사냥감을 찾아 나서기로 했다.

그러나 스프루언스는 15시 12분까지 공격대를 발진시키지 못했다.[49] 엔터프라이즈 함교에서 어이없는 일이 발생하지 않았다면 공격대는 한 시간 전에 발진했을 것이다. 스프루언스의 참모장 브라우닝 대령은 14시 00분에 SBD 발함을 골자로 한 작전 계획을 입안했다. 그런데 출격 전 브리핑 중에 조종사들은 목표물까지 240해리(445킬로미터)를 비행해야 한다는 사실을 알게 되었다. SBD의 최대 편도항속거리에 가까운 거리였다.[50] 설상가상으로, 꼼꼼히 따져 보니 공격대가 발진해 목표에 도달하는 동안 일본 함대가 이동했을 거리가 계산에서 빠져 있었다. 즉 실제 비행해야 할 거리는 275해리(509킬로미터)였다.[51] 또한 브라우닝의 계획에 따르면 SBD에

1,000파운드 폭탄을 장착하는데 그러면 실제 항속거리는 더욱 줄어든다. 지휘관으로 내정된 셤웨이 대위[52]는 작전 개요를 심각하게 우려하며 의무실에 누워 있는 엔터프라이즈 비행단장 매클러스키 중령을 찾아갔다. 매클러스키는 셤웨이의 이야기를 듣자마자 불같이 화를 냈다. 부상을 입었음에도 불구하고[53] 매클러스키는 갤러허 대위, 머레이 함장과 함께 기함함교로 갔다.[54] 매클러스키는 스프루언스가 보는 앞에서 계획대로 작전을 수행하기란 불가능하다고 브라우닝에게 강하게 주장했다. 브라우닝은 별다른 설명 없이 시키는 대로 하라고 퉁명스럽게 명령했다. 매클러스키는 브라우닝에게 SBD를 몰아 본 적이 있느냐고 따졌다. 브라우닝은 그렇다고 대답했다. 매클러스키는 그 SBD가 1,000파운드 항공폭탄을 달고 연료를 꽉 채운 자동방루 연료탱크(내부용량이 적음)와 방탄좌석을 갖춘 최신형이었냐고 파고들었다. 브라우닝은 아니었다고 인정했다. 브라우닝과 매클러스키는 모두가 보는 앞에서 말싸움을 벌였다. 스프루언스는 짧게 "조종사들이 바라는 대로 하지."[55]라고 말해 매클러스키의 편을 들었다. 스프루언스는 어제의 경험으로 고참 조종사들이 현장 상황과 임무를 잘 파악하고 있음을 인식했다. 씩씩거리며 함교에서 뛰쳐나가 선실에서 분노를 삭이던 브라우닝은 스프루언스가 참모를 보내 임무에 복귀하라고 설득한 후에야 기함함교로 돌아왔다.[56]

이 웃지 못할 에피소드로 인해 엔터프라이즈뿐만 아니라 호닛의 급강하폭격기들도 발진하기 전에 500파운드 폭탄으로 무장을 교체해야 했다. 무장교체 작업을 시작한 때는 오후가 한참 지난 시간이었다. 엔터프라이즈는 SBD 32기를 15시 12분에 발진시켰고 호닛의 SBD 26기[57]는 15시 43분에 날아올랐다.[58] 믿을 수 없는 이야기지만 무장교체 명령에도 불구하고 VS-8 소속 몇 기는 1,000파운드 폭탄을 장착했다.[59] 전날 호닛의 불명예스런 데뷔전을 지휘한 스탠호프 링 중령이 공격대를 이끌고 선도소대를 직접 지휘했다. 월터 로디 소령이 무거운 짐을 매단 VS-8 소속기들이 포함된 두 번째 공격대를 지휘했다.[60] 공격대의 목표는 불타는 일본 항공모함 히류였다. 물론 히류는 이미 가라앉아 버린 다음이었다.

링의 조준경 한가운데에 일본군 함선이 들어왔다. 구축함 다니카제였다. 다니카제는 나구모의 퇴각 경로를 되짚어 가며 헛되이 야마구치와 히류를 찾아 헤매고 있었다. 다니카제는 앞서 미드웨이에서 출격한 미군기의 공격을 받았다. 16시 36분,

19-6. 히류 생존자 수색에 나섰다가 미군의 집중공격을 받은 일본 구축함 다니카제 (吳市海事歷史科學館)

B-17 4기가 다니카제를 노리고 폭탄을 투하했다. 모두 함수 양옆으로 비껴가 떨어졌고 다니카제가 입은 피해는 함교로 쏟아진 물벼락뿐이었다. 가쓰미 함장은 굴하지 않고 수색을 계속했다. 약 70분 뒤, 링의 SBD 12기가 다니카제 상공에 모습을 나타냈다.

17시 15분에 다니카제를 포착한 링은 함종을 "경순양함"으로 판명했다.[61] 공교롭게도 호닛뿐만 아니라 엔터프라이즈의 비행기들도 이날 내내 다니카제를 경순양함으로 보았다. 어둑어둑해진 날씨와 가게로급 구축함의 큼직한 전방연돌에 영향을 받았던 것 같다. 그러나 배정된 목표는 이보다 훨씬 큰 항공모함과 호위함이었기에 링은 다니카제를 내버려 두고 떠났다.

예상 접촉점을 훨씬 지나친 315해리(583킬로미터)까지 가자 링은 더 이상 안 되겠다고 생각했다.[62] 돌아갈 시간이 다가왔기 때문에 링은 방향을 돌려 아까 본 확실한 적을 쫓아가기로 했다. 링은 이틀 만에 만난 적을 그냥 보낼 생각이 추호도 없었다. 공격은 18시 08분경 개시되었다.[63]

SBD들이 덮친 몇 분 동안 다니카제는 그야말로 정신없었다. 다니카제의 보고에는 급강하폭격기 26기가 함수 양현과 우현 뒤쪽을 감싸다시피 하며 "수많은 지근탄"을 떨어뜨렸다고 기록되어 있다.[64] 함미 쪽에 떨어진 지근탄 하나가 피해를 입혔다. 폭탄 파편이 함미의 3번 포탑을 뚫고 들어가 내부 유폭을 발생시켜 포탑 승조원 6명

전원이 사망했다.

다니카제가 미군 공격기들을 실제보다 더 많다고 보았던 이유는 얼마 지나지 않아 다수의 급강하폭격기들로부터 공격받았기 때문이다. 엔터프라이즈에서 발진한 혼성 폭격비행대는 계속 서-북-서로 날며 상처 입은 일본군 항공모함이 있다고 보고된 위치로 향했다. VS-6의 9기, VB-6의 6기, VB-3의 10기,[65] VS-5의 7기로 구성된 이 비행대는 정찰대형으로 비행 중이었다. 적 항공모함의 예상 위치에서 100해리(185킬로미터) 떨어진 곳에서 공격대는 1만 3,000피트(3,962미터)까지 고도를 높였다. 시계는 흐릿했다.[66]

18시경, 발견하기를 기대했던 항공모함은 어디에도 없었다. 링의 접촉보고를 방수한 엔터프라이즈 공격대는 남서쪽을 수색하기 시작했다. 18시 20분, 엔터프라이즈 공격대는 "단독 행동하는 적함 1척 발견, 가토리香取급 경순양함으로 보임, 침로 서쪽, 속력 20노트."[67]라는 접촉보고를 보냈다.[68] 섬웨이 대위는 당연히 이 목표를 공격하기로 결정했다. 어두워지는 데다 연료가 떨어져 갔으며 그가 아는 한 근처에 적함은 없었다. 결과적으로 다니카제는 늑대를 피하자마자 호랑이를 만난 꼴이 되었다.

함장 가쓰미 중좌는 추가 회피기동을 목청껏 지시하면서도 절망감에 고개를 저었을 것이다. 히류 수색작업은 극도로 위험한 임무가 되어 갔고 다니카제와 승조원들은 해가 지기 전에 고기밥이 될 것 같았다. 하나씩 하나씩 급강하폭격기가 물총새처럼 강하했다. VB-3이 먼저 공격했고 뒤이어 VB-6, VS-6, 그리고 마지막으로 VS-5가 폭탄을 떨어뜨렸다.[69]

그러나 행운의 여신이 아직 떠나지 않았다. 어둠이 다니카제를 도왔다. 어두운 바다에서 도망치는 다니카제를 찾기는 점점 어려워졌다. 가쓰미의 조함술도 두말할 나위 없이 훌륭했다. 다니카제는 고속으로 달리며 S자 모양으로 연속 회피기동을 했다. 미 해군 보고서는 "이 순양함[원문 오류]의 고속 성능과 기동성, 불리한 기상상황으로 인해 목표물을 명중하기가 매우 어려웠다."라고 인정했다.[70] 그 결과 대부분의 폭탄이 상당히 넓은 범위에 분산해 떨어졌다.

미군이 특기한 또 다른 사실은 맹렬한 대공포화였다. 다니카제의 승조원들은 상공으로 쏠 수 있는 것이라면 무엇이든 쏘아 댔다. 승조원들의 각별한 노력은 보상받았다. 마지막 공격이 끝날 무렵 피격된 SBD 1기가 다니카제의 항적으로 추락하는 광경을 미군과 일본군이 모두 목격했다.[71] 비극적 아이러니지만 이 SBD는 다름 아닌 전날 오후에 결정적인 히류 발견보고를 타전한 VS-5 소속 애덤스 대위의 기체였다.

16기동함대의 조종사들은 몹시 낙담한 채 모함으로 돌아가는 길고 위험한 여정에 올랐다. 공격대는 한밤중에 착함했는데, 유도를 위해 비행갑판에 불을 밝힌 스프루언스의 대담한 결정 덕택에 무사히 모함을 찾을 수 있었다. 나중에 스프루언스는 "지휘관이 야간회수가 예상되는 오후 늦은 시간에 공격대를 보내고 안전한 야간착함에 필요한 조치를 취하지 않는다면 그 지휘관은 처음부터 공격대를 발진시킬 자격이 없다."라고 말했다. 스프루언스의 조치에 부하들은 거의 완벽한 무사고 야간착함 작업으로 보답했다.[72] 착함 직전에 연료가 떨어진 SBD 1기가 추락했지만 탑승원들은 모두 구조되었다.[73]

다니카제의 수난은 아직 끝나지 않았다. 18시 45분, B-17 5기가 1만 1,000피트(3,353미터) 고도에서 600파운드(272킬로그램) 폭탄 15발과 300파운드(136킬로그램) 폭탄 8발을 투하했다.[74] 다니카제는 공격한 비행기의 수를 11기로 헤아렸는데[75] 일부 미군기가 두 번 통과하며 폭탄을 떨어뜨려 오해한 실수였다. 다니카제는 이번에도 피해를 입지 않았을 뿐만 아니라 놀랍게도 B-17 1기를 간접적으로 격추했다. 이 비행기는 열띤 전투 중에 실수로 폭탄창에 장착한 보조 연료탱크를 폭탄과 같이 투하했고, 결국 실종되었다. 또 다른 B-17은 돌아오는 길에 연료가 떨어져 불시착했다. 이 2기가 미군이 미드웨이 해전에서 유일하게 상실한 B-17이었다.[76] 마침내 해가 졌고 다니카제는 아무것도 찾지 못했다. 승조원들은 수색을 중단할 수 있어서 기뻤을 것이다. 다니카제는 즉시 나구모가 있는 서쪽으로 속력을 냈다. 발견되지 못한 아이소 기관장의 커터는 적이 구조해 주기를 기다리며 표류할 수밖에 없었다.

또 다른 일본 구축함 2척이 이날 오후에 미드웨이 서쪽 수역에서 돌아다녔지만 운 좋게 발각되지 않았다. 미쿠마와 모가미를 지원하기 위해 서둘러 가던 아사시오와 아라시오(8구축대)였다. 18시 00분, 지휘관 오가와 중좌는 재급유를 마쳤으며 다음 날 05시에 모가미, 미쿠마와 합류할 예정이라고 보고했다.[77]

8구축대가 미군에 발각되었더라도 공격을 받지는 않았을 것이다. 16기동함대는 더 이상 공격대를 발진시킬 수 없었다. 날이 어두워졌고 공격을 시도하기에 아라시오와 아사시오는 너무 멀리 있었다. 스프루언스는 다음 날 아침에도 좋은 목표가 있으리라 생각했다. 니미츠를 통해 받아 본 미드웨이 기지의 19시 41분자 정찰보고에 따르면 초계기 1기가 일본군 함상전투기의 공격을 받았다. 사실이었다. 18시 12분, 태양이 수평선에 걸려 있을 때 44초계비행대VP-44 소속 데일 S. 뉴얼Dale S. Newell 중위가 멀리서 희미하게 보이는 일본군 주력부대를 발견했다. 즈이호의 직위기들은 첫 실전 무대에서 이 초계기를 쫓아내는 임무를 수행했다.[78]

뉴얼 중위는 흥미로운 시점에 일본군 주력부대를 발견했다. 한 시간 전까지 다른 곳을 헤매던 나구모의 마지막 구축함들이 주력부대에 합류했다. 일본군은 간단한 전투보고를 교환하고 다른 함선들에 탄 승조원들을 복귀시키느라 바빴다. 구축함 이소카제는 지쿠마 옆에 배를 대고 전날 아침에 지쿠마가 인명구조와 화재진압 지원을 위해 남겨 놓고 떠났던 승조원들을 돌려보내는 중이었다.[79] 일본군은 적기가 근처에 있을 때 들리는 교신음을 초조하게 듣고 있었지만 곧 해가 지면 괜찮을 것 같았다.[80] 실제로도 그랬다. 17시 00분, 소속 미상의 비행기가 하루나를 공격하여 지근탄 1발을 기록했으나[81] 더 이상 공격받은 일본군 함선은 없었다.

이제 야마모토, 곤도, 나구모가 합류한 연합함대는 침로를 북서쪽에서 정서쪽으로 변경했다. 날이 어두워지고 있었다.[82] 함대는 느리게 나아갔고 저녁 동안 구축함들은 기동부대 생존자들을 나가토와 무쓰로 옮겼다. 함대는 미드웨이에서 멀어지고 있었지만 전투에서 멀어진 것은 아니었다. 이날 적의 추격이 새로운 기회를 열어줄지도 모른다는 생각에 야마모토는 아직 희망을 포기하지 않았다. 야마모토는 상륙부대를 일단 안전거리 밖에 대기시키고 다음 날 아침 상황 전개를 지켜볼 참이었다.

20

낙오자들을 격침하라

6월 6일 새벽이 밝았다. 어제 큰 타격을 입은 7전대 2소대〔모가미와 미쿠마〕는 전장을 벗어나려고 애쓰는 중이었다. 미쿠마는 비교적 온전한 상태였지만 함의 속력—그리고 당연히 운명—은 상처 입은 자매함에 달려 있었다. 우그러진 함수에 난 상처 사이로 폭포수처럼 바닷물을 쏟아내며 모가미는 14노트로 항해했으나 속력을 높일 수도 있어 보였다.[1] 바다는 비교적 잔잔했고 8구축대가 곧 도착한다는 소식에 승조원들은 고무되어 있었다.[2]

그러나 이제 스프루언스 소장이 모가미와 미쿠마의 탈출을 가로막을 차례였다. 16기동함대는 미드웨이 북쪽 350해리(648킬로미터) 해상에 있었다. 05시 00분, 스프루언스는 엔터프라이즈의 SBD 18기를 보내어 섬의 서쪽 200해리(370킬로미터) 범위를 부채꼴 모양으로 정찰시켰다. 모가미와 미쿠마는 금방 발각되었다. 06시 45분, SBD 1기〔조종사 윌리엄 D. 카터William D. Carter 소위〕가 10노트로 서쪽으로 항해하는 〔순양〕전함 1척, 〔중〕순양함 1척, 구축함 3척으로 구성된 적 함대를 발견했다고 타전했다. 그러나 이상할 만큼 느린 추정속도 외에도 암호해독 실수[3]로 인해 이 메시지는 "항공모함 1척, 구축함 5척"으로 내용이 바뀌었다.[4] 의도한 바는 아니었으나 '항공모함'은 당장 엔터프라이즈 함교의 비상한 관심을 끌었다. 일본군은 16기동함대에서 고

작 128해리(238킬로미터) 떨어져 있었다.[5]

그러나 스프루언스는 전날 아무 소득 없이 '손상된 일본 항공모함'이라는 허깨비를 추격했던 것을 기억하고 오늘은 절대 위험을 무릅쓰지 않겠다고 결심했다. 중순양함 미니애폴리스와 뉴올리언스는 정찰기를 발진시켜 이 '항공모함'과 접촉을 유지하라는 명령을 받았다. 그러나 정찰기들이 엔진 시운전에 들어가자마자 호닛의 SBD 1기[조종사 로이 지Roy Gee 소위]가 07시 30분에 돌아와 실제 발견한 것은 순양함 2척과 구축함 2척이라는 보고를 담은 메시지 가방을 투하했다. 따라서 순양함들의 캐터펄트에서 정찰기들이 발진하던 07시 45분에 스프루언스는 자신이 별도로 행동하는 일본 함대 2개를 상대하고 있을지도 모르겠다는 데 생각이 미쳤다. 그중 하나에 항공모함이 있을 수도 있었다.[6] 스프루언스는 침로를 남서쪽으로 잡고 속력을 25노트로 높이라고 지시한 다음 호닛에 공격대를 발진시키라고 명령했다. 엔터프라이즈도 곧 호닛의 뒤를 따르기로 했다.

호닛은 이런 경우를 대비하여 비행갑판에 SBD를 대기시켜 놓았다. 08시 00분 무렵, 호닛의 비행갑판에서 VB-8 소속 11기가 날아오르기 시작했다. 대부분 VB-8 소속기지만 VS-5와 VS-6 소속 각 1기[7]가 참여한 SBD 14기도 뒤이어 발함했다. 8기는 500파운드 폭탄을 탑재하고 나머지는 1,000파운드 폭탄을 매달았다. 와일드캣 8기가 공격대를 호위했다. 적의 규모에 비해 강력한 공격대였다. 마지막으로 속죄할 기회를 찾던 호닛의 링 중령이 다시 공격대를 이끌었다.

그러나 기대하던 항공모함은 망상이었음이 드러났다. 링의 공격대가 떠나자마자 아침 정찰을 나갔던 SBD들이 돌아와 통신 오류를 신속히 발견해 정정했다. 항공모함은 아니었으나 그래도 큰 사냥감임은 분명했다. 여전히 스프루언스는 가까운 거리에서 작전 중인 일본 함대 2개가 있다고 믿었다. 08시 50분, 엔터프라이즈는 링에게 타전했다. "목표물은 항공모함이 아닌 전함일 수 있음. 공격!"[8]

일본군도 아침에 일어날 일의 윤곽을 파악했다. 미쿠마의 사키야마 함장은 중순양함 뉴올리언스의 수상정찰기 2기를 포착하고 사격을 가했다. 미군 정찰기는 안전거리에서 접촉을 유지하며 링의 공격대를 목표로 유도 중이었고 09시 30분, 링도 목표를 보았다. 둘 다 전함은 아닌 것 같았다.[9] 링은 다른 적 발견보고가 있었음을 기억해 내고 신중하게 공격을 유보한 다음 더 큰 목표를 찾아 서쪽으로 날아갔다. 그러나 시간이 흘러도 아무것도 보이지 않았다. 미쿠마와 모가미가 아래 왼쪽에서 도망치고 있었다. 공격대는 이미 최적 급강하 시작점을 지나쳤다. 계속 아무것도 보이지 않자 링은 지금 확실하게 잡을 수 있는 목표 하나가 어딘가에 있는지도 모르는 목표 둘보다 낫다고 판단했다. 링은 크게 한 바퀴 돌아 태양을 등지고 미쿠마와 모가미에 재차 접근하려 했다. 09시 45분, 공격이 시작되려 하자 미쿠마는 "수상기 1기 확인, 다수의 적기로부터 공격받고 있음"이라고 긴급히 타전했다.[10] 링과 부하들은 09시 50분에 급강하를 시작했다.[11]

미쿠마와 모가미는 속력을 높이며 대응사격을 했다. 이틀 전의 기동부대 항공모함들보다 사격효과가 낫지는 않았지만 그래도 비슷한 수준이었다. 상공엄호가 전혀 없었음에도 불구하고 일본군 사수는 SBD 2기를 격추했고 탑승원들은 모두 전사했다.[12] 링의 소대는 미쿠마 옆에 지근탄 몇 발을 투하해 '페인트를 긁은' 정도의 성과만 거두었으므로 링은 또다시 크게 실망했다. VS-8의 결과는 좀 더 나았다. 폭탄 2발이 모가미에 명중했다. 하나는 5번 포탑을 직격해 포탑 승조원 전원을 몰살했다.[13] 또 하나는 항공작업갑판을 뚫고 들어가 어뢰실에 화재를 일으켰다. 이때 사루와타리 소좌가 사전에 산소어뢰를 투기한 예방조치가 빛을 발했다. 명중탄으로 입은 피해가 컸지만 유폭은 없었고 화재는 한 시간 내에 진압되었다. 8구축대의 구축함들도 기총소사를 받았으나 별다른 피해는 없었다.[14]

공격대를 재편하고 결과를 평가한 뒤 링은 엔터프라이즈가 문의한 내용에 답신을 보냈다. "항공모함 없음. 구축함 3척이 지원하는 중순양함 2척 공격. 1척에 명중탄. 적 침로 270도, 속력 25노트. 상공엄호 없음."[15] 마지막 문구가 중요하다. 이는 근처에 일본 항공모함이 없다는 확실한 증거다. 실망스러웠으나, 보고된 일본군 "전함"이 근처 어딘가에 숨어 있을 수도 있었다.

링의 공격대가 떠나는 모습을 보았을 미쿠마의 함장도 미군과 이유는 달랐지만 근처에 아군 항공모함이 있기를 바랐을 것이다. 그러나 사키야마 대좌의 작은 함대는 망망대해에 고립무원인 상태였으며, 구리타의 순양함 2척은 멀리 있었고 야마모토의 주력부대는 지원을 기대하기에 더욱 먼 곳에 위치했다는 것이 현실이었다. 사키야마는 피해상황을 잠정 파악한 후 10시 45분에 야마모토와 곤도에게 상황보고를 보냈다. 나쁜 소식만 있지는 않았다. 모가미는 "소파"되었고 적기 "3기"를 격추했다.[16]

사키야마가 보고를 타전하던 그때, 더 큰 문제가 다가오고 있었다. 호닛 공격대의 뒤를 따라 SBD 31기가 하나씩 하나씩 엔터프라이즈의 비행갑판을 질주해 날아올랐다. 호닛이 아침에 보낸 공격대처럼 혼성부대였다. VB-3, VS-5, VB-6, VS-6 소속기들이 모두 참가했다. VS-5와 VS-6의 SBD 16기가 한데 뭉쳐 1개 비행대를 편성했고 VB-6 소속기(SBD 5기)가 3중대가 되었다. VB-3 소속 SBD 10기와 VF-6 소속 와일드캣 12기도 동행했다. 총지휘는 요크타운의 월리스 '월리' 쇼트 Wallace 'Wally' Short 대위가 맡았다.[17]

10시 57분, 16기동함대 상공을 선회하며 공격대의 마지막 비행기가 발함을 기다리는 동안 쇼트 대위는 앞서 보고된 일본군 전함이 지정 목표보다 더 앞쪽에 있다는 추가 메시지를 받았다.[18] 당연히 쇼트는 전함부터 찾아 나섰다. 몇 분 뒤 추가 변동사항이 있었다. 목표물의 중요도를 감안하여 VT-6의 잔존 뇌격기 3기도 쇼트를 따라나설 예정이었다. 11시 15분, SBD는 편대를 짜서 목표를 향해 떠났다. SBD는 느린 TBD가 따라올 수 있게 서쪽으로 느슨한 S 모양을 그리며 선회했다. 급강하폭격기들은 2만 2,500피트(6,858미터) 고도로 올라갔고 뇌격기들은 저고도에 남았다.[19]

그동안 사키야마와 소지 함장은 계획을 변경했다. 뉴올리언스의 정찰기가 계속 머리 위에 머물러 있다는 것이 무슨 의미인지가 뻔했으니 대응이 필요했다. 11시 00분, 미쿠마는 적기와 수상함에 추격당하고 있다고 타전했다. 계속된 추격에 대응하여 미쿠마와 모가미는 침로를 남서쪽으로 바꾸어 710해리(1,315킬로미터) 떨어진 웨이크섬의 항공엄호를 받고자 했다.[20] 두 순양함의 안위에 대한 우려가 점점 커져 갔지만 야마토에 있는 연합함대 참모진은 보고를 듣는 것밖에는 현실적으로 사키야마를 도울 방법이 없었다. 충분히 근거가 있는 우려였다. 이제 모가미와 미쿠마가 밀린 청구서를 처리할 때가 온 것이다.

12시경, 미쿠마는 모가미를 인도하며 서남서쪽으로 나아가고 있었다. 두 함선은 구축함들의 호위를 받으며 20노트 가까이 속력을 냈다. 모가미는 망가진 선수 위로 큰 물보라를 일으키며 최대속력으로 수면을 가르며 달렸다. 증속으로 인해 전부 격벽이 큰 압박을 받았지만 소지 함장은 이제 와서 속력을 늦출 수 없었다. 미군에게서 마지막 공격을 받은 지 두 시간이 지났고 웨이크섬이 점점 가까워지고 있었다. 그러나 아군 항공엄호를 받으려면 아직 하루를 더 항해해야 했다. 심판의 순간이 다가오고 있었다.

월리 쇼트 대위의 공격대는 12시 11분에 달아나는 일본 함대를 포착했으나 잠시 동안 항로를 유지했다. 일본군은 있지도 않은 전함을 찾아가는 미군기들을 지켜보았다. SBD는 빠져나갔으나 와일드캣과 VT-3의 뇌격기가 후미에서 접근하고 있었다. 전투기대 지휘관 그레이 대위는 뇌격기들이 홀로 순양함들을 공격할까 걱정되어 전투기들의 고도를 낮춰 쇼트가 지나친 목표물을 가까이에서 지켜보았다. 일본군은 와일드캣에 맹렬한 대공포화를 퍼부으며 응수했다.

손상된 함수 때문에 모가미는 자매함보다 더 짧고 작게 보였을 수도 있다. 이유가 무엇이건 간에 그레이뿐만 아니라 다른 미군 조종사들 역시 계속해서 동형함인 미쿠마와 모가미를 각각 전함과 중순양함이라고 생각했다. 이 판단 착오는 미군의 전투보고서에도 영향을 끼쳤다. 어쨌거나 그레이는 끈질긴 일본군의 대공포화와 함선의 크기에 깊은 인상을 받았다. 그레이는 둘 중 하나가 이날 아침 모두가 찾던 '전함'이라고 확신했다. 그레이는 즉시 쇼트와 교신하여 방향을 돌리라고 권고했다.

쇼트와 부하들은 무선으로 그레이의 조종사들이 이야기하는 일본군의 '열렬한 환대'를 초조하게 듣고 있었다. 뒤편에 완벽한 목표가 있는데, 방풍유리 앞에는 탁 트인 시계에서 보이는 태양과 빈 바다 말고 아무것도 없었다. 쇼트가 지나친 목표가 사실 전함이었다고 그레이가 다급히 알렸을 때 쇼트 공격대는 일본 함대에서 30해리(56킬로미터)나 더 비행한 후였다. 더 이상 기다릴 수 없었다. 쇼트는 간단한 신호를 내려 전체 공격대를 동쪽으로 돌려 2만 1,000피트(6,401미터)에서 고속으로 접근했다. 쇼트의 SBD들은 태양을 등지고 강하하며 맞은편인 240도 방향에서 다가오는 일본 함대와 급격히 가까워졌다.[21] 미쿠마가 선두에 있었다. 쇼트와 부하 대부분은 미쿠마를 노리고 강하했다.

쇼트 공격대가 접근할 무렵 일본 함대는 갑자기 속력을 줄이고 침로를 변경했다. 가장 후미에 있던 모가미가 공격을 받아 우현으로 배를 돌리며 대열에서 이탈하고 있었다. 사실 쇼트의 부하 모두가 서쪽으로 쇼트를 따라가 실패한 수색에 동참하지는 않았다. 공격대 가장 끝에 있던 VB-3 소속기들은 "수색에서 이탈하여 뒤쪽 순양함을 공격했다."[22] 거의 동시에 폭탄 두 발이 모가미에 명중했다. 하나는 함 가운데의 항공작업갑판에, 다른 하나는 함교 바로 앞에 떨어져 중간 정도의 피해를

입혔다.[23]

모가미가 회피기동을 하자 선두에 있던 미쿠마도 모가미에 맞추어 우현으로 배를 틀었다. 이 기동으로 인해 양함의 상대위치가 바뀌어 미쿠마는 모가미의 뒤에 서게 되었다. 따라서 미쿠마는 다가오는 미군기에 주의를 기울이지 못했고 무방비 상태로 기습을 당했다. 쇼트가 1만 4,000피트(5,512미터)에서 70도로 강하하자 미쿠마는 새로운 적을 발견하고 미군의 표현에 따르면 "강력하고 지속적인 자동화기 사격"을 퍼부었다.[24] 미쿠마는 명중탄을 맞을 때까지 대공사격을 계속했다.

미쿠마가 우현 전타에서 다시 키를 돌렸을 때 함교 바로 앞 3번 주포탑 천개天蓋에 폭탄이 명중했다. 포탑이 박살나면서 상부구조물 전면에 파편을 흩뿌려[25] 우현 고각포반장을 비롯한 간부 여러 명이 즉사했다. 설상가상으로 하필 사키야마 함장이 함교 천장의 열린 맨홀 뚜껑 밖으로 머리를 내밀었을 때 폭탄이 명중했다. 중상을 입고 의식을 잃은 사키야마 함장은 함교 바닥에 떨어졌다.

부장 다카시마 히데오高嶋秀夫 중좌가 즉시 미쿠마의 지휘를 맡았다. 폭탄 두 발이 더 명중하여 갑판을 뚫고 들어와 우현 전방 기관구역에서 폭발했다.[26] 어마어마한 연기와 불꽃이 솟아올랐고 미쿠마는 비틀거렸다. 폭탄이 계속 떨어졌고 바다에 떨어진 폭탄이 물기둥을 일으키며 함에 물벼락을 안겼다.

다카시마는 미쿠마의 속력을 높여 빠져나가려고 애썼으나 멈출 수밖에 없었다. 쇼트 공격대가 마지막 폭탄을 투하하기 전에 폭탄 두 발이 항공작업갑판을 뚫고 좌현 후부기관실에서 엄청난 위력으로 폭발했다.[27] 즉시 어뢰발사관 주변에 대화재가 일어났다. 미쿠마는 갑자기 정지했다. 미쿠마는 최소한 직격탄 5발과 지근탄 2발(그 이상으로 추정)을 맞았다. 모가미 승조원들은 자신들을 도와줄 미쿠마가 대신 희생되는 모습을 암담한 심정으로 바라보았다. 상부구조물에서 맹렬한 불꽃이 일어나고 검은 연기가 쏟아져 나왔다. 모가미의 함교에서 보기에 미쿠마는 끝장난 것 같았다. 모가미는 최대한 상황을 파악한 다음 14시 20분에 야마모토에게 보고했다.[28] 자신도 중상을 입은 몸이었으나 모가미는 자매함을 도우려고 미쿠마에 접근했다.

상공에서 쇼트 대위는 공격대를 수습해 미귀환자가 없음을 확인하고 기뻐했다. 아마 VT-6의 뇌격기들이 일본군의 정확한 대공사격을 보고 현명하게 공격을 포기한 덕이 클 것이다. 미군 뇌격비행대는 이미 너무 많은 희생을 치렀고, 스프루언스는 뇌격기 조종사들에게 일본군이 대공포 1문만으로 대응하더라도 위험을 무릅쓰지 말라고 엄명을 내린 바 있다.[29] 그 결과 공격대는 목표 가운데 하나를 '거의 확실히' 격파하고 출발 당시의 전력 그대로 엔터프라이즈로 돌아올 수 있었다.

'거의 확실히'였다. 왜냐하면 미군 공격대가 물러간 직후에도 미쿠마의 운명이 불확실했기 때문이다. 미쿠마는 정지했으나 기관실 4개 중 2개가 무사했고 화재만 진압하면 운항이 가능할 것 같았다. 최소한 처음에는 불길이 잡힐 것처럼 보였다. 화재가 함 중앙부에서 퍼지고 있었으나 선체는 똑바로 서 있었고 눈에 띄게 기울지도 않았다. 부장 다카시마 중좌는 확성기로 모가미에 자신이 지휘를 맡았다고 알렸다. 다카시마의 지휘로 미쿠마는 제자리를 찾는 것 같았다.[30] 소지 함장은 모가미나 구축함 중 하나가 미쿠마를 예인할 가능성을 완전히 배제할 수는 없었다. 물론 공격을 피할 수 있다는 전제하에서였다. 그러나 공격 후 한 시간도 지나지 않아 예인은 물 건너간 일이 되었다.

13시 58분 조금 전, 미쿠마의 어뢰보관소에 있던 어뢰가 대참사를 불러왔다. 함 중앙에 첫 명중탄이 발생한 이상 필연적인 일이었다. 끔찍한 폭발음과 함께 미쿠마의 어뢰들이 유폭했다. 항공작업갑판 전체가 검게 그을린 쓰레기장으로 변했고 그 위로 주 마스트가 무너져 내렸다. 함의 상부구조물은 연돌부터 4번 포탑까지 형태를 알아볼 수 없을 정도로 부서졌다. 상부구조물 손상보다 더 나쁜 일은 함 내부 손상이었다. 처음에는 확실하지 않았으나 좌현 기관구역에서 처음 발생한 폭발이 함저에 구멍을 냈다.[31] 미쿠마는 좌현으로 기울어지더니 점점 더 깊이 물속으로 가라앉았다. 모가미에서 지켜보던 이들에게는 미쿠마의 불운이 어떤 결말을 맞을지 눈에 선했다. 13시 58분에 모가미는 미쿠마의 유폭을 보고하고 "회생할 가능성이 없어 보임"이라고 무뚝뚝하게 알렸다.[32]

미쿠마를 구해낼 희망은 사라졌으나 연합함대는 복수할 기회가 있다고 믿었다. 그리고 그 기회를 사용하기로 결심했다. 쇼트 공격대가 귀환하기 직전에 사키야마를 지원하기 위해 주력부대에서 고속을 낼 수 있는 일부 전력이 남쪽으로 파견되었다. 일본 측 관점에서 보면 6일에 어쩌면 주력부대 전체 전력의 지원을 받아 항공모함 전투를 새로이 시작할 수도 있었다. 13시 40분에 곤도가 미드웨이 공략부대와 8전대에 내린 명령은 이때 일본군이 이길 수 있다는 희망에 다시 불이 붙어 흥분했던 모습을 보여 준다.

1. 공략부대 주대(3전대 1소대, 2구축대 제외)는 8전대와 적 공모를 격멸하고 모가미와 미쿠마를 도울 것. 침로 서.
2. 보급부대는 후-코-옹FU-KO-N 39(북위 30도 10분, 동경 167도 50분)에서 대기
3. 즈이호는 적 공모 공격을 준비할 것.
4. 가능한 모든 수상기 전력 사용을 준비할 것. 3인승은 정찰, 2인승은 통상탄 2개를 장착하여 적 공모를 공격할 것.[33]

여기에서 가장 놀라운 것은 즈이호가 받은 전투준비 명령이다. 사실 곤도는 00시 15분에 즈이호에 구축함 1척을 대동하고 7전대의 후퇴를 엄호하기 위한 공격을 할 수 있는 위치로 전진하라고 명령했다.[34] 나중에 즈이호는 전공을 세우고 함장 오바야시 스에오大林末雄 대좌도 용명을 떨쳤으나,[35] 이때 즈이호의 전력은 함상공격기 9기와 제로센 6기, 구식 96식 함상전투기(A5M) 6기뿐이었다. 이런 조건에서 일본군이 전투 재개를 고려했다는 점이 놀라울 따름이다. 이때 미구마와 모가미가 대규모 공습을 받고 있었다는 점을 고려하면 더욱 그러하다. 미군의 항공전력은 즈이호, 호쇼의 탑재기와 수상기 전체를 합친 것보다 최소한 세 배 더 많았다. 야마모토가 지푸라기라도 잡는 심정이었다는 말은 점잖은 표현이다. 이날 일본 함대가 스프루언스의 공격범위 내에 없었다는 것은 일본군의 입장에서 무척 다행한 일이었다. 만약 스프루언스가 일본 주력부대를 공격할 수 있었다면 일본군의 피해는 걷잡을 수 없이 커졌을 것이다.

야마모토는 몰랐지만, 일본군은 미드웨이 해전에서 가장 큰 성과를 방금 거둔 참이었다. 벅매스터 함장이 5일 아침 내내 노력한 결과 요크타운 구조작업이 조금씩 결실을 거두는 중이었다. 구축함 해먼은 요크타운의 우현에 배를 바짝 대고 동트기 직전에 보수작업 인력을 승선시켰다. 해먼이 옆에서 전력 공급을 포함한 지원활동을 하는 동안 요크타운의 승조원들은 선체에서 바쁘게 손상 부위를 수리했다. 구축함 5척이 항공모함 주변을 돌며 경계를 계속했다.

요크타운의 화재는 완전히 진압되었고, 좌현 경사는 이동식 펌프와 우현 탱크

20-1. 요크타운을 격침한 일본군 잠수함 이-168. 이-168로 이름이 바뀌기 전인 이-68일 때 촬영한 사진이다. (Naval History and Heritage Command, 사진번호: NH 73054 I-68)

역침수로 어느 정도 바로잡혔다. 갑판에서 승조원들은 좌현의 대공화기들을 떼어내고 있었다. 좌현의 무게를 조금이라도 줄여 균형을 회복하려는 시도였다. 격납고에서도 수병들이 예비기들을 격납고 천장에서 내려 바다로 투기했다.[36] 5일 13시 08분, 예인선 바이레오가 예인 밧줄을 요크타운에 거는 가장 중요한 작업을 끝낸 후 3노트 속도로 요크타운을 예인했다.[37] 이대로만 진행되면 벅매스터 함장은 제2차 세계대전 해전사에 가장 모범적인 손상통제작업 사례를 남길 터였다.

미군이 결의에 차 요크타운을 살려내고자 애쓰는 동안 다나베의 이-168이 미담을 비극으로 끝내기 위해 다가오고 있었다. 일본군 잠수함은 바로 이 순간을 위해 건조되고 훈련받아 왔다. 바로 적 주력함을 추격하여 격침하는 일이다. 일본군의 해대형海大型 잠수함은 딱히 기동성이나 정숙성이 좋지는 않았으나 일단 어뢰를 발사하면 큰 위력을 발휘한다는 데에는 의심의 여지가 없었다. 그리고 우연하게도 다나베는 예상치 못하게 모든 상황이 자신에게 유리하게 돌아가는 행운을 잡고 공격할 수 있었다.

이-168은 5일 내내 수중으로 조용히 목표에 접근했고 해가 떨어지자 기꺼이 수

상주행을 개시했다. 견시원의 시력과 뛰어난 감시용 광학장비를 믿고 다나베는 밤새 16노트로 달리며 자함이 발견되기 전에 적을 포착하기를 기대했다.[38] 갑판 아래에서 승조원들은 전투 준비를 마쳤다. 긴장한 승조원들은 잠들지 못하고 밤새 이야기를 나누었다.[39]

04시 10분, 견시원들이 자신을 믿어준 다나베에게 보답했다. 한 견시원이 좌현 선수 앞쪽에 무언가가 보인다고 소리쳤다. 다나베 함장은 직접 새벽빛으로 희미하게 빛나는 동쪽 수평선을 탐색했다. 의심의 여지가 없었다. 손상된 미군 항공모함의 모습이 점점 드러났다. 정확히 다나베가 추정한 위치였다. 이-168은 서쪽에 있어서 어둠에 가려져 있었으나 목표는 새벽빛을 받아 또렷이 보였다. 다나베는 신중하게 행동했다. 이-168은 함수의 파도를 줄이기 위해 속력을 12노트로 줄였다가 06시 00분경, 날이 밝아져 발각 위험이 높아지자 잠수했다.[40]

다나베는 어뢰를 발사하기 전까지 최대한 목표에 가까이 접근할 생각이었다. 어려운 일이었다. 구축함 6척이 경계 중이었고, 다나베는 미군 소나의 뛰어난 성능을 알았다. 다행히 물속 청음 상황이 나빴던 것 같다. 나중에 미군 구축함의 한 승조원은 "어떤 거리에서도 프로펠러 소음이 들리지 않았다."라고 한탄했다.[41] 과장된 표현이었겠지만, 미군이 이-168이 살금살금 다가오고 있었음을 전혀 눈치 채지 못했던 것만큼은 부인할 수 없는 사실이다.

다나베는 잔잔한 바다 위로 잠망경을 내밀었을 때 파도가 생겨 금방 발각될 것을 우려하여 목표물까지의 거리 중간쯤에서 가끔 잠망경을 올리기로 결심했다. 30분에 한 번씩 딱 5초간이었다.[42] 잠망경을 쓰는 대신 다나베는 음탐장치와 추측항법으로 방향을 잡을 생각이었다. 대담한 발상이었지만 상대적 위험도를 생각해 보면 다나베가 옳았다. 수중청음 상황에서 가장 위협적인 요소는 미군 호위 구축함에 있는 수백 수천의 감시하는 눈이었기 때문이다.

구축함들의 초계망을 뚫고 위치를 잡기가 몹시 어려웠다. 다나베는 1만 5,000미터 거리에서 목표물을 포착하고 공격 위치로 움직였다. 4시간 동안 다나베는 안쪽으로 거리를 좁혀 가며 가끔씩 잠망경을 내미는 모험을 했다. 잠깐씩 보이는 표적의 모양이 뭔가 이상했다. 이-168은 예상했던 방식으로 목표물에 접근하지 못하고 있었다. 요크타운을 예인하는 바이레오의 속도가 느려 계산하기가 다소 어려웠던 것이다. 마침내 요크타운에서 2,000미터 거리에 있는 내부 초계선을 뚫어야 할 순간이 왔다.[43] 다나베는 최종 공격 시까지 잠망경을 올리지 않기로 결정했다.

미군 호위함들은 능동 소나로 주변 해역을 수색했으며 다나베와 부하들은 소나 발신음을 똑똑하게 들을 수 있었다.[44] 다나베는 만일의 경우에 대비하여 폭뢰 공격 대응을 준비했지만 운이 좋았다. 해수면의 높은 온도로 인해 생긴 강한 경계층이 이-168을 도왔다. 온도경계층 때문에 이-168의 선체에서 반사되는 신호반사음이 약해졌고 미 구축함들은 이 소리를 거의 듣지 못했다. 마침내 기회가 왔다고 느낀 다나베는 주변을 재빨리 살펴보려고 잠망경을 올렸다. 놀랍게도 요크타운이 바로 머리 위에 있었다. 거리는 500미터에 불과했다.[45] 갑판에서 작업 중인 미군 병사들의 얼굴까지 보일 정도였다. 다급히 잠망경을 내리고 나서야 다나베는 자신이 미군과 얼마나 가까이 있는지를 깨달았다. 어뢰 발사 안전거리 내여서 어뢰를 쏘면 신관이 작동하지 않을 것이다. 뒤로 돌아가 거리를 벌리는 수밖에 없었다. 이-168은 요크타운의 우현 1,500미터 거리까지 도달했다. 바로 이때, 다나베는 미군 구축함들이 소나 작동을 멈췄음을 알아차렸다.[46]

다나베는 기회가 단 한 번뿐임을 깨달았다. 그리고 그 기회를 붙잡아 반드시 성공하겠다고 결심하고 어뢰 분산각을 2도보다 약간 넓게 잡았다.[47] 건곤일척의 승부였다. 다나베는 어뢰들을 좁은 범위 안에서 집중적으로 발사하여 다수의 명중탄을 내기를 기대했다.[48] 13시 31분, 첫 어뢰 두 발이 발사관을 떠났고 몇 초 뒤 다시 두 발이 뒤따랐다.[49] 이-168은 즉시 최대 잠항심도인 100미터까지 내려가 목표 방향으로 나아갔다. 널찍한 바다에서 구축함에 쫓기기보다 가라앉는 적 항공모함 옆에 있는 편이 더 안전할 것 같았다.[50] 잠수함의 좁고 축축한 사령실에서 승조원들은 발사 후 시간을 쟀다. 약 40초 뒤, 무거운 폭음이 세 번 들려왔다. 보상이었다.

다나베의 공격은 치명적이었다. 미군은 다가오는 어뢰를 보고도 속수무책이었다. 동력이 없는 상태에서 예인되던 요크타운에 있는 승조원들은 어뢰가 다가오는 광경을 속절없이 바라보았다. 요크타운의 우현에 있던 구축함 해먼도 똑같은 상황에 놓였다. 다나베의 첫 어뢰는 해먼의 선체 가운데 있는 2번 보일러실에 명중해 배를 두 쪽으로 쪼개 놓았다. 요크타운과 이어진 계류삭이 끊기며 해먼의 잔해는 뒤쪽으로 빠르게 흘러가며 가라앉았다. 승조원들은 신속히 바다로 뛰어들었다. 불행

20-2. 요크타운과 구축함 해먼에 이-168의 어뢰가 명중하는 장면을 재현한 디오라마. 노먼 벨 개디스Norman Bel Geddes 제작. (National Archives and Records Administration, 사진번호: 80-G-701900)

히도 함미가 수면에서 사라진 지 얼마 안 되어 해먼에 실린 폭뢰가 폭발하기 시작했다.[51] 이 수중폭발로 많은 생존자가 희생되었다. 해먼 승조원 228명 중 84명이 전사했다.

어뢰 2개는 해먼 밑을 지나가 요크타운의 84번과 85번 프레임 우현에 명중했다. 네 번째 어뢰는 함미 뒤로 빗나갔다.[52] 이 두 어뢰가 요크타운을 끝장냈다. 외견상 요크타운의 상태는 그다지 변한 게 없었다. 다나베의 어뢰는 하시모토의 어뢰가 명중한 곳의 반대편에 명중해 역침수 효과를 불러왔지만 결과적으로 요크타운은 점점 밑으로 가라앉았다. 이제 요크타운의 침수는 막을 수 없었다. 벅매스터 함장은 모든 방수문을 닫으라고 명령했지만 그러기에는 시간이 없었다. 승조원들은 어뢰 폭발로 인해 쏟아져 들어온 물이 함의 중앙선을 따라 설치된 격벽들을 거세게 두드리는 소리를 들었다.[53] 15시 50분, 벅매스터 함장은 예인선 바이레오로 보수작업 인원 전원을 철수시키기로 결정했다. 기다렸다가 저녁에 예인선 나바호가 도착하면 이들을 다시 승선시켜 귀환하는 데 필요한 조치를 취할 생각이었지만 헛된 희망이었다.

어뢰를 발사한 다나베 함장은 이제 진짜 싸움이 시작될 것임을 알았다. 구축함 그윈, 모내헌, 휴스는 다나베를 실망시키지 않았다. 이-168은 두 시간 동안 맹렬한 폭뢰 공격을 받았다. 공격이 끝날 때쯤에는 축전지가 거의 다 소모되었고 축전지 외피가 깨져 흘러나온 황산이 선저에 고인 바닷물과 섞여 염소가스를 발생시켰다.[54] 가스가 너무 강해 선저에 살던 쥐들까지 도망칠 정도였다.[55] 보유한 압축공기량은 밸러스트 탱크 배수만 간신히 할 정도로 줄었고 잠항타도 제대로 작동하지 않았다. 전방 어뢰발사관 하나의 방수 봉인이 새서 어뢰실을 물바다로 만들었고, 침수로 인해 무거워진 함수가 아래로 기울었다.[56] 비상조명까지 모두 꺼져 버려 승조원들은 손전등을 들고 점점 숨쉬기 힘들어지는 실내에서 작업했다.[57] 미군의 공격이 끝났을 때쯤 이-168은 폐함이나 마찬가지였다.

다나베가 수면으로 부상하는 방법 외에 선택의 여지가 없을 때 미군은 공격을 중단했다. 다나베는 16시 40분에 부상하여 여차하면 갑판의 함포로 마지막 전투를 벌일 준비를 했다. 그러나 함교 해치를 열고 나오자 미군 구축함들이 1만 미터 거리에서 물러가는 모습이 보였다.[58] 요크타운은 보이지 않았고 다나베는 요크타운을 격침했다고 믿었다. 얼른 자리를 뜨고 싶었던 다나베는 디젤엔진을 가동해 수상항주하라고 지시했다.

이 명령은 이날 다나베가 내린 명령 중 가장 부주의한 명령이었다. 디젤엔진이 가동하며 일으킨 매연으로 인해 이-168이 미군 구축함들의 주의를 끌었기 때문이다. 다나베는 온 힘을 다해 달리는 방법 외에 선택의 여지가 없었다. 미군 구축함들이 휘청거리며 달아나는 이-168을 향해 포화를 퍼붓자 이-168은 커다란 물기둥에 휩싸였다. 그러나 날이 저물고 있었고 엔진에서 나오는 심한 매연이 일종의 연막 역할을 했다. 거리는 사정없이 줄어들었지만 명중탄은 없었다. 어쨌든 오염된 실내를 환기하고 압축공기 탱크를 채울 시간을 번 다나베는 잠수를 명령했다. 수면에 연기를 남기고 이-168은 잠수해 침로를 거꾸로 돌렸다.[59] 미군은 다나베를 놓친 것 같았다. 폭뢰 공격은 조직적이지 않았고, 제대로 목표를 잡지도 못했다. 마침내 다나베는 완전히 빠져나오는 데 성공했다. 이-168은 연료가 거의 다 떨어진 상태로 만신창이가 되어 구레로 귀항했지만 전쟁 전체를 통틀어 가장 인상적인 잠수함전에서 승리를 거두었다.

20-3. 15시경 공격받는 미쿠마. 방금 명중한 폭탄 또는 어뢰 유폭으로 생긴 큰 폭연이 솟아오르는 모습이 보인다. 오른쪽에 모가미가 있으며, 두 순양함 사이에 구축함 1척이 희미하게 보인다. 폭연 아래 왼쪽에서도 구축함 1척이 간신히 보인다. (National Archives and Records Administration, 사진번호: 80-G-17055)

그동안 미쿠마의 부장 다카시마 중좌는 모가미가 야마모토에게 전했던 것과 같은 결론에 도달했다. 미쿠마는 눈에 띄게 기울어 갔다. 함 중앙부는 불지옥이었고 화재를 진압할 방법도 없어 보였다. 연기로 가득 찬 함교에서 응급반의 절망적인 보고를 듣고 다카시마는 퇴거를 준비하라고 명령했다. 우선 응급반에 진화작업을 중단하고 버팀목을 함수로 가져와 뗏목을 짜라고 명령했다. 모가미와 아라시오가 근처에 있었고 아사시오는 주변을 맴돌며 방공임무를 맡았다.

적기가 보이지 않는 가운데, 몇 분 뒤 다카시마는 총원퇴거를 명령했다. 미쿠마가 불타며 폭발하고 있었기 때문에 아라시오가 접근하기에는 너무 위험했다.[60] 미쿠마 승조원들은 헤엄치거나 뗏목에 의지해 아군 함선으로 가는 수밖에 없었다. 승조원들은 목재와 구명조끼, 그리고 뜰 만한 물체라면 아무거나 던진 후 물속으로 뛰어들었다. 함의 선수부에서 사키야마 함장을 비롯한 중상자들을 눕힌 첫 번째 뗏목이 바다로 내려졌다. 두 번째 뗏목에는 주요 문서와 자료를 챙긴 미쿠마의 주계장과 비행장이 탔다. 잔잔한 바다에 내려진 두 뗏목은 천천히 아라시오를 향해 나아갔다.

다카시마 중좌는 폐허가 된 함교에서 침착하게 이 광경을 지켜보았다. 두 번째 뗏목에 문서자료를 보낸 이유는 자신이 가져갈 수 없어서였다. 사키야마 함장이 아직 살아 있고 명목상 지휘관이었지만 실제 책임은 다카시마에게 있었다. 함의 마지막 전투를 지휘한 이는 다카시마였다. 그는 당연히 미쿠마와 운명을 같이해야 한다고 생각했다.

다카시마는 그렇게 함과 마지막을 함께했지만, 불행히도 수백 명이 원치 않게 다카시마의 뒤를 따르게 되었다. 사키야마 함장을 태운 뗏목이 아라시오에 도착한 지 얼마 안 된 14시 45분에 미군의 3차 공격이 저항불능 상태인 일본 함대를 덮쳤다. 미쿠마 승조원 대부분이 이때 전사했다. 미군 공격대는 호닛에서 13시 45분에 발진한 SBD 23기였다. 일본군과 거리가 가까웠기 때문에 모두 1,000파운드 폭탄을 장착했다. 전투기 엄호는 없었지만 엄호가 필요 없다는 것을 모두가 알았다.

불타는 미쿠마는 고정 표적이었다. 근처에 황급히 다가온 아라시오와 모가미는 즉각 떠나지 않으면 미쿠마와 같은 길을 가게 될 판이었다. 두 함선은 서둘러 미쿠마의 곁을 떠났다. 바다에는 생존의 동아줄이 끊어져버린 미쿠마 생존자 수백 명이 남아 있었다. 쑥대밭이 된 미쿠마에도 잔류를 택한 사람들을 포함해 수백 명이 있었다.

잔류를 택한 고각포 분대장 고야마 마사오小山正夫 대위는 다카시마의 퇴거명령을 거부하고, 한 고참 부사관에게 포탑 위에서 할복하겠으니 보조해 달라고 요청했다.[61] 자신의 포가 적을 분쇄하지 못했으니 죽음으로써 사죄하겠다는 뜻이었다. 나중에 많은 일본인들은 미쿠마의 손실이라는 비극적 사건을 배경으로 한 고야마 대위의 영웅적 헌신 이야기에서 위안을 받았다. 정황증거가 확실하다면, 3차 공격대가 미쿠마를 덮쳤을 때 고야마는 이미 죽어 있었다.

15시 00분경, 미군 급강하폭격기들이 급강하를 개시했다. 모가미와 아라시오는 적이 덮쳤을 때 미쿠마로부터 멀리 도망가지 못한 상태였다. 세 함선 주변의 수면은 폭탄과 총탄이 일으키는 물기둥과 물보라로 들끓었다. 미군은 전번처럼 맹렬하게 공격했지만 이번 공격은 정확하지 않았다. 그럼에도 불구하고 구축함들뿐만 아니라 두 순양함 모두 피탄되었다.

아라시오는 후미 3번 포탑 근처에 명중탄을 맞았다. 불행히도 이 폭탄은 방금 구조된 미쿠마 생존자들 한가운데에서 폭발했다. 37명이 즉사했고 8구축대 사령 오가와 노부키 중좌가 부상을 입었다.[62] 이 폭발로 인해 화재가 발생해 동력 조타가 불가능해졌다. 다행히 더 이상 피해는 없었고 화재는 곧 진압되었다. 인력 조타로 항해해야 했으나 아라시오는 모가미와 아사시오를 따라 서쪽으로 무사히 탈출했다. 자매함 아사시오는 직격탄을 맞지는 않았으나 기총소사로 22명이 전사했다.[63]

모가미는 항공작업갑판에 직격탄을 맞아 의무실 근처에서 대화재가 발생했다.[64] 군의관과 의무병 전원이 죽거나 부상을 입었다. 의무실에 있던 부상자들도 성난 화마에 속수무책으로 당했다. 설상가상으로 항공작업갑판에 세 번째로 명중한 이 폭탄의 폭압으로 인해 인근 격벽들이 심하게 뒤틀렸다. 그 결과 근처에 있는 탈출 해치들이 손상되었다. 화재가 계속 퍼지자 사루와타리 소좌는 주변의 손상되지 않은 해치들을 모두 잠가 화재발생 구역을 격리하라고 명령했다. "분명히 무자비한 조치"였지만 사루와타리는 어려운 결단을 내렸다.[65]

화재구역 폐쇄는 가슴 아픈 일이었으나 시의적절한 조치였다. 시간이 지나자 강렬한 화염이 점점 사그라들어 통제 가능할 정도까지 잦아들었다. 나중에 사루와타리는 폐쇄구역을 개방해 보니 갇혀 죽은 사람이 여러 명 있었다고 회상했다. 시체들은 꽉 닫힌 해치 옆에서 단말마의 고통을 겪은 자세 그대로 쓰러져 있었다. 한 소위 후보생은 산 채로 타 죽기 전에 할복자살한 모습으로 발견되었다. 사루와타리는 동료들의 처참한 시체를 보면서 "슬픔으로 몸을 떨었다." 그러나 사루와타리의 결정은 다시 한 번 함을 구해낸 용단이었다.

피탄과 화재에도 불구하고 다행히 모가미의 기관은 멀쩡했다. 두 구축함 함장과 잠시 의견을 교환한 후 소지 함장은 상황을 검토해 보고 차후 행동방향을 결정했다. 15시 00분, 모가미는 3차 공격 소식을 전하고 자함과 미쿠마, 아라시오에 명중탄 피해가 있었다고 보고했다.[66] 미쿠마는 이제 끝장났고 모가미 역시 빨리 현장을 벗어나지 않으면 미쿠마의 뒤를 따를 것이었다. 일몰까지 세 시간이 남아 있었다. 그동안 추가 공격이 올 수 있었다. 15시 25분, 모가미는 무거운 마음으로 구축함 2척과 함께 정서쪽으로 항로를 잡고 미쿠마와 남아 있는 승조원들을 운명에 맡기고 떠나갔다. 3척은 죽어 가는 미쿠마의 사키야마 함장과 장병 239명만을 구조했다.[67]

기적적으로 모가미는 계속 속력을 높여 20노트까지 증속했다. 파손 상태를 고려해 보면 믿기 어려운 일이다. 우가키도 여기에 주목하여 일기에 다음과 같이 썼다. "15시 25분, 모가미가 정서쪽으로 20노트로 속행하며 주력부대로 적을 유인하고 있다고 보고했다. 손상된 선수로 이런 고속을 낼 수 있었다는 것은 …… 응급조치가 훌륭했고, 또한 필사적으로 덫에서 빠져나오려고 노력한 결과일 것이다."[68] 탈출에 성공한 모가미는 다음 날 곤도의 2함대와 합류했다. 함 중앙부의 화재는 진압되었으나 완전히 진화될 때까지는 일몰 후에도 여러 시간이 걸렸다.[69] 나중에 수리 작업자들은 모가미의 "좌현에서만 800여 개의 크고 작은 구멍"을 발견했다. 모가미의 좌현은 문자 그대로 벌집이 되어 있었다. 놀랍게도 모가미의 전사자는 장교 9명, 부사관과 수병 81명에 불과했다. 부상자는 101명이었다.[70] 운용장이자 응급지휘관인 사루와타리 소좌의 용기 있는 행동이 모가미가 운좋게 생환한 것의 결정적 요인이었다.

동료들이 떠나고 혼자 남은 미쿠마는 불타는 가운데 차츰 가라앉았다. 미쿠마는 네 시간 넘게 버티며 서서히 좌현 쪽으로 넘어갔지만 함수나 함미 쪽으로 눈에 띄게 기울지는 않았다. 미쿠마를 다시 본 일본인은 없었으나 미쿠마의 마지막 모습은 미 해군 덕택에 영원히 남게 되었다. 16기동함대로 돌아가던 미군 조종사들은 자신들이 실제 공격한 것의 정체에 대해 의견이 일치하지 않았다. 대다수는 미쿠마가 전함이라고 확신했고 일부는 순양함이라고 생각했다. 모가미에 대해서는 의견이 더 엇갈렸다. 뭉툭해진 함수를 생각해 보면 당연하다. 스프루언스는 상충되는 보고들을 들으며 슬슬 짜증이 났다. 스프루언스는 만약 부하들이 전에 보고했던 "전함"을 놓쳤다면 아직 마지막 공격을 할 시간이 남아 있을 때 확실하게 마무리 짓고 싶었다. 15시 53분, 엔터프라이즈는 SBD 2기를 보내 사진을 찍어 논란을 잠재우기로 했다.[71] 일본군이 90해리(167킬로미터) 거리에 있었지만 끝장낼 시간이 없었다. 일몰이 다가오고 있었다.

SBD들이 미쿠마 상공에 도착한 17시 15분에는 아직 빛이 충분했다. 미쿠마는 잊을 수 없을 만큼 아름다운 석양을 받으며 쓸쓸히 떠 있었다. 미군 조종사들은 미쿠마의 위치를 북위 29도 28분, 동경 173도 11분으로 기록했다. 비행기는 100피트(30미터) 상공에서 선회했고 카메라가 찰칵거리며 빈사 상태의 미쿠마를 렌즈에 담았다.[72] 모가미가 떠난 지 시간이 꽤 지났으나 SBD들은 서쪽 수평선에서 모가미를 볼 수 있었다. 위치는 북위 29도 24분, 동경 172도 20분이었고 속력은 약 20노트였다. 구축함 2척도 보였다. 구축함들은 연막을 피우며 피탄된 순양함을 가리려 하고 있

20-4. 6월 6일 미군의 공격이 끝난 후의 미쿠마(1). 1, 2번 주포탑이 고물 쪽으로 크게 선회한 채 멈춰 있다. 피탄된 3번 주포탑이 우현으로 꺾여 있고 오른쪽 포신이 위쪽으로 올라가 있다. 2번 주포탑 천개는 내부 유폭으로 날아갔다. 후부 연돌은 파괴되었으며 전체적으로 가라앉은 모습이 눈에 띈다. 어뢰가 유폭한 함 중앙부에 있는 상부구조물은 주 마스트를 포함해 완전히 파괴된 채 여전히 불타고 있다. (National Archives and Records Administration, 사진번호: 80-G-457861)

었다.[73]

얼마 지나지 않아 미군기들은 미쿠마를 운명에 맡기고 떠났다.[74] 몇 안 되는 생존자들 중 한 명은 해질 무렵에 미쿠마가 좌현으로 급하게 기울었다고 회상했다. 미쿠마는 마침내 증기와 연기를 높이 피워올리며 좌현 쪽으로 전복하여 침몰했다. 미쿠마는 이번 전쟁에서 일본 해군이 처음 잃은 중순양함이었다.[75] 대략적인 침몰 시간과 위치는 19시 30분, 북위 29도 28분, 동경 173도 11분이었다.[76] 맹렬한 화재와 폭발 때문이기도 했지만, 무엇보다 구조작업이 예기치 않게 중단되는 바람에 미쿠마의 인명피해는 유례없이 컸다. 총원 888명 중 장교와 병, 부사관 700여 명이 사라졌다.[77] 사키야마 함장도 전사자 명단에 포함되었다. 마치 쓰러진 부하들을 서둘러 쫓아가기라도 하듯 사키야마 함장은 6월 13일, 스즈야 함상에서 부상 악화로 숨을 거두었다.[78]

20-5. 6월 6일 미군의 공격이 끝난 후의 미쿠마(2). 가장 유명한 태평양전쟁기 사진 중 하나이다. 함의 손상 정도가 한눈에 들어온다. 좌현 어뢰발사관이 모두 바깥쪽을 향해 있는데 어뢰가 유폭했거나 마지막에 어뢰를 투기하려고 했던 것 같다. 항공작업갑판은 완전히 폐허로 변했다. 4번 주포탑의 잔해는 그동안 자폭했다고 알려진 플레밍 대위의 기체로 잘못 전해졌으나, 사실은 후방 상부구조물의 잔해거나 주 마스트로 보인다. 사람의 흔적도 보인다. 한 수병이 고물에서 줄사다리를 타고 내려가고 있고, 구명뗏목을 탄 사람들이 보인다. 함미 끝단에 흰 제복을 입은 수병들이 모여 있고, 헤엄치는 탈출자들의 머리도 보인다. 애석하게도 이들 중 생존자는 거의 없었다. (National Archives and Records Administration, 사진번호: 80-G-414422)

서쪽에 있던 모가미의 소지 함장은 미쿠마의 인명손실을 조금이나마 줄여 보고자 마지막 시도를 했다. 일몰 후, 소지는 아사시오에 미쿠마가 있던 곳으로 돌아가 "최선을 다해 미쿠마 생존자들을 구조한 후 본대와 합류"하라고 지시했다. 아사시오는 명령에 따랐으나 어두운 바다를 뒤덮은 검은 기름띠 외에는 아무것도 찾지 못했다. 아사시오의 일지에 따르면 "단 한 명의 생존자도 구조하지 못했다."[79]

단 두 사람만이 함의 운명에서 벗어나 6월 9일 미군 잠수함 트라우트Traut에 구조되었다. 전신병조電信兵曹(통신부사관) 요시다 가쓰이치吉田勝一와 기관과 삼등수병三等水兵 이시카와 겐이치石川健一였다. 구조되었을 때 요시다는 갈비뼈가 부러져 입원해

20-6. 6월 6일 미군의 공격이 끝난 후의 미쿠마(3). 사진이 희미하지만 미쿠마의 상부구조물, 중앙부, 연돌이 입은 엄청난 피해를 볼 수 있다. 모가미와 충돌해서 2번 고각포좌 앞쪽, 함교 부근의 판재가 안쪽으로 우그러져 손상된 부위가 보인다. (소장처, 소장번호 불명)

야 했고 미쿠마의 마지막 순간에 대해서 겨우 몇 마디밖에 못 했다.[80] 반면 이시카와는 21살이었고 건강했다. 미쿠마가 가라앉은 후 두 사람은 생존자 17명과 뗏목을 타고 그날 밤과 다음 날 내내 표류했다. 한 명씩 한 명씩 생존자들은 부상 혹은 갈증과 배고픔으로 사망했다.

일본군은 알지 못했으나 6월 6일 저녁, 승자의 관점에서 미드웨이 해전은 끝난 것이나 다름없었다. 스프루언스 소장은 이제 충분히 운을 시험했다고 믿었다. 스프루언스의 항공모함들은 미드웨이 서쪽 400해리(741킬로미터) 해상까지 진출했으며 1해리 더 나아갈 때마다 일본군 잠수함과 항공공격을 받을 위험도 그만큼 커졌다. 스프루언스는 웨이크섬에 주둔한 일본군 폭격기의 작전반경에 들어가거나 실수로라도 야마모토의 전함들이 보유한 강력한 함포의 사정거리 안으로 들어가지 않기로 결심했다. 둘 다 일본군이 어떻게든 이루려던 바였다. 또 한 가지, 대부분의 구축함이 연료가 심각하게 부족했다. 19시 07분, 스프루언스는 추격을 중단하고 항로를 진주만 쪽으로 바꾸라고 16기동함대에 명령했다.[81] 이제 광대한 수역에 있을 생존자들을 구조하는 일만 남았다. 그러나 일본군은 적의 철수 결정을 알지 못했고 하루가 더 지나서야 해전의 종막이 내려졌음을 깨달았다.

6일 저녁 야마토 함상, 야마모토와 참모진은 점점 안절부절못했다. 야마토에서 보기에 미군 항공모함들이 자신들을 추격하는 것 같았고 조만간 미드웨이 공략부대도 위험해질 것 같았다. 일차 분석 결과 미쿠마와 모가미를 공격한 미군 함대는 항공모함 1~2척과 동반한 순양함들로 구성되어 있다는 결론이 나왔다. 그러나 수중의 다른 정보를 분석해본 결과, 이는 적 전력의 일부에 불과했다. 일본군은 미군이 최소 5, 6척(!)의 항공모함을 미드웨이 수역에 집결했으며 이 중 "겨우 2척이 격멸되었다"고 믿었다. 일본군은 미군이 입은 손실을 계산에 넣는다 해도 적은 "개조 항공모함 1척을 포함한 항공모함 3척 혹은 4척을 보유"하고 있다고 상정하는 것이 합리적이라고 여겼다. 이 전력 중 "정규 항공모함 1척, 개조 항공모함 2척, 순양함과 구축함 여러 척"이 일본 함대를 바짝 추격 중인 것으로 보였다.[82] 또한 미군은 도주 중인 모가미와 8구축대를 끝장낸 뒤 일시적으로 동쪽으로 퇴각한 후 재반전하여 7일 아침에 미드웨이 공략부대를 공격할 것으로 예측되었다.

일어나서는 안 되는 일이었다. 15시 50분에 야마모토는 최악의 상황에 대비하여 곤도 부대를 따라 주력부대를 남쪽으로 이동시키기로 결심했다.[83] 동시에 야마모토는 적 항공모함들을 웨이크섬 주둔 폭격기의 항속거리 안으로 유인할 수 있을 것이라 기대했다.[84] 운이 좋으면 이런 식으로 야전을 벌일 수 있을지도 몰랐다. 대안은 7일 아침까지 기다렸다가 공습을 무릅쓰고 적에게 돌진하는 것이었다. 즈이호와 호쇼가 탑재한 비행기들이 어떻게든 적의 항공모함에 피해를 입힌다면 주력부대가 전함 주포의 사정거리 안까지 접근할 수 있을지도 몰랐다.

그렇게 하려면 함대 급유 일정을 재차 변경해야 했다.[85] 재급유는 원래 6일 아침으로 예정되었으나 24시간 뒤인 7일 아침으로 한 번 연기되었다. 이제 일정이 또 변경되어 다음 날 오후까지 급유선들이 다른 위치로 이동해야 한다면 8일 아침에나 급유할 수 있었다.[86] 따라서 연합함대 사령부는 급유대를 더 남쪽으로 이동시키기로 결정했다. 우가키가 보기에 곤도는 "7전대의 나머지 절반을 구하는 것 외에는 아무 생각 없이" 안개를 뚫고 20노트로 질주하고 있었다.[87] 달리 말하자면, 곤도는 모가미 구원에 지나치게 매진하다가 연료가 떨어질 것 같았다.

사실 곤도 함대만 이러한 위험에 처한 것은 아니었다. 야마모토의 구축함들도 연료가 떨어져 가고 있었다. 특히 3수뢰전대(하시모토 신타로 소장 지휘)와 10전대(기무라 스스무 소장 지휘)는 재급유가 시급했다.[88] 당장 할 수 있는 일은 전함의 연료를 나누는 것뿐이었고 17시 00분 조금 넘어 주력부대는 040으로 변침하여 구축함에 급유를 실시했다. 재급유 시간을 이용하여 구축함들에 있던 기동부대의 생존자들이 전함 나가토와 무쓰로 옮겨 탔다. 마침내 각 구축함이 평균 150톤 정도 연료를 받은 뒤 23시 30분에 급유작업이 중단되었다.[89] 자정 15분 뒤, 야마토가 다시 남쪽을 향해 18노트로 항해했다.

7일 아침이 밝아왔다. 야마모토는 최대한 모든 것을 긁어모으려 했다. 그러나 이는 어려운 일이었을 뿐만 아니라 야마모토는 심한 복통에 시달렸다(나중에 회충 감염으로 밝혀짐).[90] 우가키 참모장은 적과의 접촉 여부만큼이나 대장의 건강에 신경 써야 했다. 그러나 좋은 소식도 간간이 들어왔다. 북쪽에서 호소가야의 북방부대가 01시 20분 키스카섬에 성공적으로 상륙했다는 소식이 날아왔다. 오래지 않아 애투섬이 점령되었다는 보고가 들어왔다.[91] 불확실함으로 가득한 긴 밤이 지나가는 동안 다들 날카롭게 신경을 곤두세운 채 팽팽한 긴장이 계속되었다. 곤도 함대의 교전 보고도 곧 들어올지 몰랐다.

아침이 밝았지만 적 공격 소식은 전혀 없었고 심지어 정찰기 접촉보고도 없었다. 곤도가 정찰기를 멀리까지 띄웠으나 아무것도 찾지 못했다고 보고했다. 웨이크섬에서 발진한 장거리 정찰기들도 같은 결과를 보고했다. 일본군은 미군이 전장에서 철수했을지도 모른다는 생각이 들기 시작했다. 우가키는 이때 "연합함대 전체 전력으로 반격하겠다는 생각을 포기하는 것 외에는 방법이 없었다."라고 일기에 적었다.[92]

이 말인즉 누군가가 "비극적 전투"라고 부른 이 전투의 향배를 바꿀 희망이 완전히 사라졌다는 뜻이었다. 스프루언스의 신중함이 이룬 성과였다. 일본 측에는 "얼마간 희망이 없어 보였던"[93] 모가미와 8구축대의 생환과 알류샨 열도의 안개에 둘러싸인 절해고도 두 개의 점령이 그나마 위안을 주는 성과였다.

7일 아침, 야마모토는 전혀 몰랐지만 재앙으로 점철된 미드웨이 작전에서 일본군이 간신히 올린 가장 중요한 전과가 결실을 맺었다. 05시 01분, 요크타운이 마침내 침몰했다. 몇 시간 전부터 요크타운의 침몰은 거의 확실해 보였다. 04시 43분, 요크타운의 좌현이 완전히 수면 위로 올라와 다나베가 명중시킨 어뢰의 흔적을 드러냈다. 잠시 동안 요크타운은 작살을 맞아 힘이 빠진 고래 같은 상태를 유지했다. 그러다 함미가 가라앉기 시작했고, 마지막까지 용감하게 싸운 요크타운은 함수를 치켜든 채 전사자 57명과 함께 5,400미터 깊이의 바닷속으로 미끄러지듯 사라졌다.[94] 요크타운은 무덤 같은 어둠 속에서 56년간 잠들어 있다가 1998년 로버트 밸러드 박사Dr. Robert Ballard가 이끄는 탐사팀에 의해 발견되었다.

이제 전투의 끝이 눈에 보였지만 몇몇 석연치 않은 구석들이 지친 연합함대 수뇌부의 머리를 계속 어지럽혔다. 공습으로 다니카제가 히류 수색을 제대로 마치지 못했기 때문에 히류의 운명이 어찌되었는지가 불확실했다. 만약 적이 히류를 나포하러 승선했다면 나포를 암시하는 적 교신을 방수할지도 몰랐다.[95] 그러나 히류의 침몰을 확인하기 위해 파견된 잠수함들은 아무것도 찾지 못했다.[96]

마지막 기만책으로 중순양함 묘코妙高와 하구로羽黑, 그리고 구축함 1척과 수상기모함 1척이 7일 저녁, 가짜 교신을 하며 적을 유인하라는 명령을 받았다.[97] 이 소함대는 13일까지 계속 노력했으나 전과 마찬가지로 아무 성과를 거두지 못했다.[98]

7일, 해가 지고 어둠이 몰려옴에 따라 연합함대 대부분이 본토수역으로 발길을 돌려 암울하고 긴 귀항을 시작할 때가 다가왔다. 알류샨 작전부대를 보강하기로 예정된 몇몇 부대를 빼고 모두 귀항을 시작했다. 그러나 한밤중에 침로를 변경할 때 연합함대는 또 한 번 불운을 겪었다. 함대 전체가 우현으로 돌 때 구축함 이소나미磯波의 우현 선수가 구축함 우라나미浦波의 좌현 중앙을 들이받았다. 우라나미는 기관 흡기부가 손상되어 속력이 24노트로 떨어진 정도에서 그쳤지만 이소나미의 피해는 심각했다. 함수가 1미터가량 떨어져 나가 겨우 11노트로 나아갈 수 있었다.[99] 모가미와 미쿠마처럼 두 함의 속력이 위험할 정도로 느려졌다. 모가미와 미쿠마가 겪은 일이 아직 모두의 뇌리에 생생한 가운데 이번에는 3수뢰전대 기함 센다이가 이들 곁에 남았다. 적이 아주 멀리 떨어져 있었기 때문에 센다이는 부상당한 소속함들을 돌보며 무사히 귀항할 수 있었다. 그러나 이 사고는 지칠 대로 지쳐 버린 일본군에게 더 부담을 주었고, 불같은 우가키조차 이 대실패를 끝낼 때가 되었다고 진심으로 믿게 되었다. 야마모토는 이미 오래전에 그러기로 마음을 굳혔다. 미드웨이 해전이 끝난 것이다.

21

씁쓸한 귀항

히로히토는 미드웨이의 상황을 전혀 모르고 있다가 6월 5일 늦은 오후에 대본영 해군부 참모 한 사람이 용기를 내어 상주한 후에야 이 대참사를 알게 되었다. 놀라 할 말을 잊은 히로히토는 자리를 물린 후 조용히 대본영 해군부의 장교들을 개별적으로 불러 이 문제를 숙의했다. 히로히토가 가장 신임한 기도 고이치木戶幸一 내대신內大臣조차 6월 8일까지 이 사실을 전혀 몰랐다. 8일에 기도와 만난 자리에서 히로히토는 해군의 큰 손실이 가져올 이루 말할 수 없는 근심에도 불구하고 겉으로는 평정을 유지하려고 애썼다. 히로히토는 "평상시와 다름없는"[1] 표정으로 기도 대신에게 손실은 유감스러우나 사기를 잃지 말아야 하며, 나가노 군령부총장에게 장차 작전을 보다 적극적, 공격적으로 수행하라고 지시했다고 말했다. 기도는 히로히토가 보여준 용기에 감명받았고 이런 군주를 모시는 것의 은혜로움을 통감한다고 일기에 썼다.[2] 그러나 고립된 히로히토가 과연 이 재앙의 의미를 온전히 이해했을지 의심스럽다.[3]

어쨌든 히로히토가 나중에 적극적으로 이 문제를 은폐하는 데 가담했음은 분명하다. 6월 10일 대본영 육군부와 해군부가 참석한 열린 회의에서조차 해군은 육군대표들에게 실제 피해 규모를 숨겼다.[4] 따라서 육군은 그 후로도 한참 동안 해군의 차기 작전 수행 능력이 어떻게 변했는지를 알 도리가 없었다. 더욱이 히로히토는 이 소식이 군 내부나 민간으로 새어나가지 않도록 적극적인 조치를 취했다. 히로히토와 궁내성宮內省 고위층 몇몇을 제외하고 이 사실을 아는 민간인은 거의 없었다. 군 내부로 회람된 소식도 주도면밀하게 통제되었다. 6월 9일, 히로히토는 도조 히데키 수상의 심복 안도 기사부로安藤紀三郎 육군중장을 무임소국무대신無任所国務大臣으로 임명하여 보도 통제를 맡겼다.[5]

6월 14일 오후, 하시라지마로 초라한 몰골의 함대가 귀항했다. 본토 수역으로 들어오는 동안 모두 긴장하고 초조해했으며 수시로 잠수함 경보가 울렸다. 세토나이카이는 진한 안개에 휩싸여 있었다. 안개가 너무 짙어서 주력부대는 사에키佐伯 해군항공대가 보낸 비행기의 인도를 받아 좁은 분고수도를 통과했다. 야마토는 19시 00분에 닻을 내렸다.[6] 야마토가 정박하자 하루 먼저 도착한 나가라의 론치 한 척이 다가왔다. 예정 보고일은 15일이었으나 나구모는 의무감에 지체 없이 야마모토를 대면하기로 결심했다.[7] 다음 날 아침, 나가라는 기리시마 옆으로 다가갔다.[8] 보트 여러 척이 지치고 낙담한 1항공함대 간부들을 임시 기함으로 지정된 기리시마로 데려갔다.

기리시마에 올라가자마자 겐다의 오른팔이자 1항공함대 항공을乙참모인 요시오카 다다카즈吉岡忠一 소좌가 공식 보고서 마무리를 시작했다. 보고서를 편집하여 최종 완성하는 데 기한이 촉박했을 뿐만 아니라 장애물이 많았다. 과도한 기밀엄수 때문에 사실 확인이 어려운 데다 침몰한 항공모함들에 실린 주요 자료 중 아카기의 항해일지와 각 항공모함 비행기대의 전투행동조서만 회수되었다.[9] 이 자료를 기반으로 요시오카는 시간대별 경과를 작성했다. 자료가 부족해 요시오카는 어쩔 수 없이 3전대, 8전대, 10전대의 기록에 의지했다. 요시오카는 나구모 장관과 면담을 했고 나구모의 서면진술도 받았다. 시간의 압박에도 불구하고 요시오카는 훌륭한 솜씨로 과업을 완료했다. 그 결과가 유명한 「제1항공함대 전투상보」로, 1942년 5월 27일부터 6월 9일까지 1항공함대의 작전 경과를 정리한 기록물이다.[10] 작성일은 6월 15일이나 21일까지 추가보고가 들어왔다.

요시오카와 1항공함대 참모진이 기리시마의 선실에 갇혀 보고서 작업에 매달린 동안 함대의 인원들은 재활과 재보급, 부상자 이송으로 바빴다. 안타깝게도 부상자 대부분에게 이는 시련의 끝이 아니라 시작이었다. 6월 11일, 히로히토는 군령부에 부상자들이 "완치되고 기력을 회복한 후 입을 다물고 재배치될 때까지" 엄중히 감시하고 외부 접촉을 차단하라고 지시했다.[11] 부상자들이 알았다면 과연 황은皇恩이라는 게 있는지 의심하고도 남을 만한 조치였다.

이 조치는 함대가 하시라지마에 입항하자마자 즉각 이행되었다. 부상자들은 병원선 히카와마루氷川丸와 다카사고마루高砂丸에 분산 수용되었고 나중에 각각 280명, 338명이 구레, 사세보, 요코스카 해군병원으로 이송되었다.[12] 대다수는 비밀 환자로 분류되어 특별병동에 따로 수용되어 다른 환자, 수병, 가족 들과 완전히 격리되었다. 기동부대의 파멸에 대해 어떤 말도 새어나가지 않게 하려는 조치였다. 후치다 같은 간부[13]부터 아리무라 같은 정비원까지 똑같은 수모를 당했다. 심한 화상을 입은 소류의 부장 오하라 히사시 중좌도 마찬가지였다. 비밀 엄수를 서약한 군의관과 간호사만 병동에 출입했고, 환자 수에 비해 의료진이 턱없이 부족했다. 일부는 1년이 지나도 퇴원할 수 없었고, 전투에 패배했다는 이유로 의료진에게 모욕적인 대접을 받기도 했다.[14]

부상을 입지 않은 사람들도 이등국민으로 지위가 격하되었다. 간부 대다수는 격오지隔奧地로 발령 받았다. 수병들은 남태평양에서 전투 중인 부대들의 보충병력으로 지정되어 가급적 신속히 배치되었다. 생존자들은 가족이나 사랑하는 이에게 작별인사를 할 겨를도 없이 남태평양의 최전방으로 보내져 최후를 맞았다.[15] 일본 해군은 아군조차도 모욕적으로 처우하는 방법으로 자신의 실수를 더 악화시킨 것이다.[16]

아카기와 가가가 공격받는 순간을 필름에 담은 해군 보도반원 마키시마 데이이치는 귀중한 사진들을 화재로 잃고도 몇 주 동안이나 수감생활에 가깝게 억류되었다. 석방된 뒤에도 마키시마는 만약 도쿄에 간다면 악명 높은 헌병대가 체포할 것이라는 경고를 받았다.[17] 얼마 지나지 않아 마키시마는 남태평양으로 배속되어 진실을 털어놓을 사람들에게서 격리되었다.

일본 대중에게 미드웨이 해전은 대승으로 알려졌다.[18] 예를 들어 6월 11일자 『재팬타임스 앤드 애드버타이저』 지는 "해군 다시 역사적 대첩!"이라는 제호하에 일본 해군이 미국 항공모함 두 척을 격침했다고 대서특필했다.[19] 며칠 후 전과에 미군 중순양함 1척과 잠수함 1척이 추가되었다.[20] 언론 보도에서 일본군의 손실은 애매하게 표현되었으나 6월 11일, 유명한 해군기자이자 군사평론가인 이토 마사노리伊藤正德가 한 방송에서 일본이 항공모함 2척을 잃었다고 말했다. 그러나 이토는 미드웨이에서 거둔 "상상을 초월한" 성과에 비해 미미한 대가를 치렀을 뿐이라고 언급했다. "상상을 초월한"은 사실이었으나 이토가 원래 의도한 바와는 다른 의미였다.[21]

미드웨이 해전은 일본의 전시 공보 역사의 큰 전환점이었다. 그때까지 중국 및 남방전선의 전황과 관련하여 일본 언론은 관례적으로 불편한 세부상황을 빼고 여과된 소식만을 전했지만 철면피한 날조 보도를 하지는 않았다. 다음 날 대중의 반응에 기뻐한 히로히토는 칙어勅語를 반포하여 미드웨이의 지휘관들을 치하하는 방안을 고려했다.[22] 히로히토의 고문들은 선전수단 수준으로 칙어의 가치를 낮출 정도로 상황이 절망적이지 않으니 언론 보도 정도로 충분하다고 조언하며 히로히토를 설득했다.

그러나 부상자들의 입에서 흘러나오는 대참사에 대한 이야기를 완벽하게 차단할 수는 없었다. 다리에 부상을 입고 회복하던 가가 승조원 마에다 다케시 이등비행병조는 간호사가 몰래 가져다준『아사히신문』을 보고 해군의 은폐작업을 알게 되었다. 신문에 실린 기사는 마에다가 보기에 모두 "터무니없는 거짓말"이었다.[23] 마에다는 이런 뻔뻔한 속임수까지 써야 한다면 일본은 전쟁에서 결코 이길 수 없다고 생각했다.

6월 10일, 해군성은 각 지휘부로 미드웨이 해전의 공식 피해가 항공모함 1척 손실, 1척 대파, 중순양함 1척 대파, 함상기 35기 미귀환으로 결정되었다는 지침을 보냈다.[24] 15일, 우가키는 "대본영 공식발표 이외에 해군 외부로 미드웨이와 알류샨 작전에 대해 어떤 것도 새어나가지 않아야 한다. 해군 내부에서는 가가를 손실했고 소류와 미쿠마는 중파되었다고 발표하겠으나 함명은 공표하지 않는다."라고 공식적으로 언급했다.[25] 미드웨이 전투를 '이해하는' 방식, 또는 공식 보도 내용에 대한 방침이 6월 21일에 확정되어 배포되었다. 6함대 참모장이 예하부대에 회람시킨 다음 문서가 이 방침을 잘 보여 준다. 요지는 다음과 같다.

> [미드웨이에서] 손실되거나 중파된 함선 관련 발표는 기밀에 부쳐야 하며 …… 절대 신

중을 기해야 함.

가가, 소류, 미쿠마는 적절한 기회가 있을 때 제적할 것.

아카기와 히류는 당분간 제적하지 않으나 인원은 배치하지 말 것.

승조원 재배치는 순차적으로 할 것. 전사자와 관련해 인사국과 인사과는 시간을 두고 유족에게 통지할 것. 그러나 함명은 밝히지 말 것. 전사자는 개별적으로 발생한 것으로 취급할 것.

손상 관련: 아카기, 가가는 화재 발생, 대파. 다니카제, 이소카제, 아라시는 소파小破. 모가미, 이소나미, 우라나미는 피탄. 모가미는 중파中破. 여타 함선 소파.[26]

따라서 기밀 엄수가 모든 고려사항에 우선했다. 이 조치를 보면 전후까지 이어진 전투 결과 관련 토의가 어떻게 이루어졌는지를 알 수 있다. 당연히 아카기와 히류가 인원을 배치할 수 없을 정도로 대파되었음을 시인한 것은 체면을 살리려는 조치에 불과했음을 단박에 알아차릴 수 있다. 행간을 읽으면 항공모함 4척이 모두 침몰했음을 알 수 있다. 이해하기 힘든 일은, 목격자 수천 명이 있었음에도 아카기와 히류의 뇌격처분을 언급하지 않고 어물쩍 넘어간 것이다. 침몰 정황을 모두 조작하면서 소류와 가가, 그리고 아카기와 히류에 차이를 둔 이유는 알기가 어렵다. 연합함대가 소류와 가가가 뇌격으로 처분되었다는 사실을 군령부에 숨겼을 수도 있다. 상황이 이러하니, 관련 기록(항해일지, 전투일지 등) 다수가 전후에 파기된 것도 놀랍지 않다.

이 참사에 가장 큰 책임을 져야 할 연합함대 지휘부와 참모진에는 부상자들이 겪은 불명예스러운 조치가 내려지지 않았다. 사실 겉으로 보기에 연합함대가 큰 패배를 겪었음을 내비치는 일은 일어나지 않았다. 발표는 없었고 목이 달아난 사람도 없었으며 참모진 인적 구성에도 큰 변화가 없었다. 야마모토는 여전히 연합함대 사령장관이었다. 나구모는 쇼카쿠와 즈이카쿠를 중심으로 새로 편성된 항공모함 부대의 지휘를 맡았다.[27]

서구의 관점에서 보면 믿기 어려운 일이다. 무엇보다도 야마모토와 나구모는 트라팔가나 살라미스 해전과 비견할 만한 대참패의 책임자였다. 그 이유와 책임을 깊이 따지지 않더라도 서구에서 해군이 이 정도의 패배를 겪었다면 즉각 관련자 문책과 처벌로 이어졌을 것이다. 처벌받지 않더라도 최소한 책임자들의 경력은 여기에서 끝났을 것이다. 그러나 나구모는 1942년 11월까지 당시의 지위를 유지했고 야마모토는 1943년 4월에 전사할 때까지 연합함대 사령장관이었다. 어떻게 이런 일이 일어날 수 있었을까?

간단히 말해, 이렇게 큰 패배를 겪고 나서도 야마모토가 영향력을 유지했기 때문이다. 첫째, 개전 이래 승전에 익숙해진 일본 대중이 볼 때 야마모토는 해군이 거둔 성공을 뒷받침한 '천재'였다. 방금 '승리'를 거두고 일본 방방곡곡의 학생들에게서 답지하는 팬레터에 답장하는 데 시간을 보내던 사람이 갑자기 한직으로 밀려난다면 분개한 일본 대중은 그 이유를 반드시 물을 것이다.

바보가 보기에도 상황이 좋지 않게 돌아가던 1944년의 암담한 나날에도 일본 군부는 역사상 최악의 패배를 겪었다는 사실을 인정할 용기를 내지 못했다. 미드웨이 이후 해군이 은폐작업에 여념이 없던 상황에서 누가, 심지어 해군 내부자조차 용감하게 나서서 사실을 말하자고 할 수 있었겠는가? 미드웨이의 진실 은폐는 일본 해군 조직의 문제점에 대해 많은 것을 알려 준다. 책임 소재를 명확히 하는 것(그리고 패전을 직시해 교훈을 얻으려는 의지와 능력)은 조직의 외양을 유지하며 내부결속과 충성도를 보전하는 것에 비해 부차적인 문제였다.[28]

미드웨이의 패배가 육군과의 협조관계에 영향을 미칠 수 있었다는 점도 간과할 수 없다. 육해군의 긴장 관계는 그대로였지만 해군이 이 패배에서 육군이 이득을 취하지 못하도록 막으려 했다는 것은 거의 확실하다. 사실 처음에 해군은 패배 규모를 정부 수반인 도조 수상에게까지 숨겼다.[29] 당연히 책임을 물어 연합함대의 지휘구조를 개편할 생각도 없었다.

대본영 해군부(군령부)의 동기도 같았다. 미드웨이의 실패를 인정하는 것은 하부 실무수행 조직(연합함대)이 해군의 전략수립 과정을 좌지우지했음을 인정하는 것이었다. 1920년대와 1930년대에 독단전행과 명령불복종은 육해군 공통으로 수없이 발생했다. 일본군 최고위 장성들이 하극상을 일으킨 하급자들을 복종시킨 경우는 드물었고, 나가노 군령부총장 역시 야마모토를 눌러 앉힐 처지가 아니었다.

최고위층이 미드웨이 해전에서 패배했다고 인정하기를 완강히 거부하는 가운데 해군은 실무 차원에서 보완 조치를 했다. 항공모함 설계와 운용 면에서 여러 가지

방법으로 대응책이 마련되었다. 일단 비행기 무장장착과 급유작업을 비행갑판에서 실시하는 비율이 높아졌다. 격납고라는 폐쇄공간에서 작업하면 날씨에 영향을 받지 않으나, 폭탄을 맞으면 위험한 상황이 발생한다는 지적이 인정된 것이다. 이 점을 반영해 항공모함의 설계도 변경되었다. 건조 중이던 항공모함 다이호大鳳와 야마토급 3번함을 개조한 초대형 항공모함 시나노神濃는 장갑 비행갑판을 갖추었다.[30] 함대 선봉에서 운용되기로 예정된 두 항공모함은 뒤에서 따라오는 취약한 항공모함들에 대한 공격을 흡수하는 동시에 뒤에 오는 아군 함상기들의 보급을 맡기로 했다. 시나노, 다이호와 함께 운용될 1944년에 배치된 운류雲龍급 항공모함은 기본적으로 히류의 설계를 그대로 차용했지만 중요한 부분이 개선되었다. 엘리베이터가 두 개로 줄어 비행갑판 운용속도가 느려졌으나 비행갑판의 강도는 높아졌다. 포말소화장치가 널리 채용되었고, 소화장치를 사용하지 않을 때는 연료배관을 완전히 비우는 미국식 기법이 도입되었다. 동력펌프 같은 이동식 손상통제작업용 장비는 태평양전쟁 후기부터 배치되었다.

당연히 손상통제작업 절차, 특히 화재진압 기법 관련 절차가 전반적으로 재검토되었고 이에 따라 손상통제 훈련과정이 새로이 개설되었다.[31] 건함建艦과 기술 관련 병과에서 선발된 인원들이 해군공작학교와 각급 교육반에서 일주일 과정으로 손상통제의 기본기를 익혔다.[32] 일선 장교들도 약 2주 과정으로 약간의 훈련을 받았다.[33] 그러나 전황이 급박해짐에 따라 배출되는 장교와 수병의 수가 급증하자 사관 양성 기간은 3년에서 18개월로, 수병 기본훈련 과정은 6개월에서 4개월로 단축되었다. 몇 주간의 훈련만으로 갓 징집된 수병을 능숙한 전문가로 키울 수는 없었다. 특히 교육과정 대부분이 직접 실습보다 '전문가' 시범을 참관하는 것이었다는 점을 보면 더더욱 그렇다.[34] 실습 부족은 주기적 함상연습으로 어느 정도 벌충할 수 있었다.[35] 그러나 이후에도 일본 해군이 항공모함 쇼카쿠, 히요, 다이호를 잃은 것[36] 을 보면 미드웨이 이후 일본군이 손상통제 기법을 얼마나 개선했는지 의심스럽다.

심각한 패배를 겪었으니만큼 조종사 양성에도 속도를 내야 했으므로 일본군은 이 방향으로도 조치를 취했다. 양성과정을 수료한 조종사 수는 1941년부터 증가했으나 급격하게 증가한 시점은 1943년부터이다. 이렇게 일본군은 전역 전체에 걸쳐 계속 항공대를 배치할 수 있었다.[37] 그러나 수요를 충족하는 방법은 최적과 거리가 멀었다.[38] 양적 열세를 감안해 보면 전쟁 기간이 길어짐에 따라 교육기간 단축은 필연적이었다. 그러나 일본군은 훈련의 질을 끌어올려 단축된 교육기간을 보충하고자 노력하지 않았다. 이는 일본군의 인명경시 경향과도 직접 연관된다. 경험을 쌓은 조종사를 후방으로 보내 승진시켜 지휘관 임무를 맡기거나 훈련을 담당하게 한 미국과 달리 일본군 조종사는 거의 후방으로 전출되지 않았다. 이는 광대한 전장에서 인력과 물자를 날라야 할 일본군의 수송능력 부족 탓이기도 했다. 일선 항공대에서는 "죽어야만 집에 돌아갈 수 있다"며 불평을 토로하는 경우가 잦았다.[39]

일본군의 뒤늦은 조종사 양성 확대는 두 가지 효과를 가져왔다. 첫째, 경험 많은 조종사들의 핵심 지식과 기술이 일선에 투입되는 신참 조종사들에게 전수되지 못했다. 그 결과 풋내기 조종사들은 더 잘 훈련된 미군 조종사들을 상대로 실전 경험을 쌓아야 했다. 일본 해군 항공대를 구성한 인적자원의 질은 점점 들쑥날쑥해졌고 초기의 정예 항공대보다 응집력이 떨어졌다. 신규로 보충된 조종사들은 첫 실전에서 결정적 실수를 저질러 격추당해 전사하기도 했다. 훈련과정에서 비슷한 실수를 저질렀다면 경험 많은 교관이 지적하고 교정해 주었을 것이다. 방어설비가 전무하다시피 한 일본 군용기의 설계도 상황이 악화되는 데 한몫 했다. 1942년 말, 연합군 정보기관은 일본 해군 항공대의 질적 저하가 심각해지고 있음을 감지했다.

잘못된 조종사 순환근무 제도도 상황을 악화하는 결과를 낳았다. 바로 경험 많은 베테랑 조종사들의 손실이다. 열기, 습기, 열대병, 식수와 식량 부족이 일상적인 남방 전역의 끔찍한 환경에서 끊임없이 전투의 긴장감에 시달린 베테랑들은 전투뿐만 아니라 육체적, 정신적 소모로 인해 쓰러져 갔다. 전쟁 초반에 떨친 무시무시한 명성에도 불구하고 슈퍼맨이 아닌 조종사들이 이런 환경에서 무작정 전투를 계속할 수는 없었다. 그 결과 비행시간만 수백 시간에 달한 조종사들조차 흐트러진 태도로 전투에 임하게 되었고 주변 상황에 주의를 덜 기울이게 되었다. '운명주의'라는 단어를 새로운 극한까지 몰고 간 군대에서는 당연히 역전의 조종사들을 실제 필요보다 더 많이 희생시키는 결과가 나올 수밖에 없었다. 그리하여 1943년이 밝았을 때에는 전쟁 전에 교육과정을 마친 조종사를 찾기가 어려웠다. 거의 다 전사한 것이다.

흥미롭게도 미드웨이 해전의 가장 즉각적인 효과는 일본군 항공모함 운용교리의 변화였다. 최소한 이 분야에서 일본군은 잘못된 부분을 솔직하게 인정하고 바로잡으려 했다. 사실 이 과정은 함대가 하시라지마에 정박하기 전부터 시작되었다. 6월 10일 08시 00분,[40] 주력부대가 일본으로 돌아오고 있을 때 야마토는 나가라에 옆으로 오라는 신호를 보냈다. 한 명씩 한 명씩 1항공함대 참모들이 구명부대에 매달려 야마토로 옮겨 갔다. 참모들은 장관실의 야마모토에게 안내되었다.

만감이 교차하는 순간이었다. 우가키는 나구모의 참모들이 감색 동복을 입고 있었으며 고생을 많이 해서인지 상당히 초췌해 보였다고 일기에 적었다.[41] 분위기는 어색하고 불편하기 짝이 없었다. 부끄러움을 느끼며 구사카는 보고를 시작했다. "대실책을 저지르고도 살아 돌아올 처지가 아님은 잘 알고 있습니다. 다만 언젠가는 복수하리라는 일념으로 구차히 돌아왔습니다." 구사카는 야마모토에게 다시 한 번 기회를 달라고 간청하며 서두를 마쳤다. 야마모토는 깊이 감동받았는지 알겠다고 대답했다.

구사카는 패배의 원인을 보고했다. 여러 가지 이유 가운데 구사카는 기동부대의 측방 정찰이 부족했음을 인정하고 더 일찍, 동트기 전에 정찰기들을 일부 발진시키고 일출 무렵에 나머지 정찰기들을 발진시켰더라면 더 좋았을 것이라는 의견을 피력했다. 이것이 나중에 정찰교리에 공식화된 정교한 2단 색적법二段索敵法의 시초일 것이다. 또한 구사카는 장래를 내다보고 기동부대 내 항공모함들의 역할 분담을 제안했다. 한 집단은 공격을 맡고 다른 한 집단은 예비대로 준비태세를 유지한다는 것이다. 더 나아가 구사카는 상공직위를 전담하는 항공모함을 지정해야 한다고 주장했다. 중요한 점은 구사카 역시 공격대에 엄호를 붙여 보내는 것보다 빠른 대처가 더 중요한 경우가 있음을 인정했다는 것이다.[42] 나중에 연합함대가 교리를 재평가하고 개정할 때 구사카의 지적과 제안 중 상당수를 참고한 것으로 보인다.

이 과정은 함대가 구레항에 입항한 후 가속도가 붙었다. 가장 눈에 띄는 첫 번째 변화는 1항공함대의 해산이다. 1항공함대는 3함대로 개칭되고 1항공함대 소속 5항공전대(쇼카쿠, 즈이카쿠)가 새로운 항공모함 부대의 핵심이 되어 1항공전대로 이름이 바뀌었다. 4항공전대(준요, 히요, 류조)는 2항공전대로 이름이 바뀌었다. 3전대의 기리시마와 히에이는 11전대로 재편되어 3함대에 배속되면서 1함대의 전함부대에서 제외되었다. 운용 가능한 7전대의 생존자(구마노, 스즈야)와 8전대의 베테랑(도네, 지쿠마)도 3함대에 배속되었다.[43]

3함대의 핵심전력은 여전히 항공전대였으나 이 항공전대는 정규 항공모함 2척과 경항공모함 1척, 총 3척으로 구성되었다. 경항공모함이 상공직위를 담당하고 주로 전투기를 탑재했다. 정규 항공모함은 함상공격기, 함상폭격기, 전투기로 구성된 비행기대를 유지했지만 구성비율이 달라졌다. 함상공격기 수가 줄고 함상폭격기와 전투기 수가 늘어난 것이다. 쇼카쿠와 즈이카쿠의 전투기와 함상폭격기는 각각 21기에서 27기로 늘어난 반면 함상공격기는 21기에서 18기로 줄었다. 비행기들의 역할도 바뀌었다. 보다 빠르고 기동성이 좋은 함상폭격기가 적 항공모함의 비행갑판에 구멍을 내 이를 무력화할 주력병기로 인정받았다. 함상공격기는 손상을 입은 적 항공모함을 공격해 격침하는 역할을 맡았다.[44]

항공모함 부대의 전투계획 역시 근본적으로 변경되었다. 진주만 공격 이후 고통스러운 재평가 과정을 거친 미 해군처럼 일본 해군도 참극에서 배운 바를 교리에 반영하고자 노력했다. 연합함대는 처음으로 공식적으로 항공모함이 "항공 결전의 핵심이자 중요 목표이며 수상부대는 항공모함과 협조해야 함"[45]을 인정했다. [전함]전대는 항공모함의 목적에 따라 움직여야 했다. 획기적인 태도 변화다. 물론 이전에 연전연승했다는 점을 고려해야겠지만 적이 6개월 전에 도달한 결론에 이제야 이르렀다는 것은 역설적이다. 이제 전함부대와 기타 호위부대들은 항공모함 부대에 직접 예속되어 예정된 전장까지 동행할 것이다.[46] 함대는 모두 가시거리를 벗어나지 않도록 기동하여 무선침묵 상황에서도 전체가 차질 없이 행동할 수 있게 되었다. 항공모함 부대는 다른 함선과 육상기지가 보유한 정찰자산에 더욱 의존하게 되었다.

하지만 전장에 도착하면 호위부대는 분산한다. 전함들을 희생시켜서라도 접근하는 적기들을 사전에 포착해 최대한 빨리 조기경보를 발령할 시간을 벌 수 있는 새로운 진형이 고안되었다. 항공모함 부대는 100~200해리(185~370킬로미터) 간격을 두고 전함, 순양함, 구축함으로 구성된 전위부대 뒤를 따라간다. 이 함선들은 대략 각각의 가시거리 한계까지 간격을 두고 횡진으로 배치된다. 적기의 내습을 조기에 경보하는 일 외에 전위부대는 함대의 눈 역할을 하는 순양함이나 전함의 정찰기를 띄워 적을 좀 더 용이하게 발견하도록 노력한다. 여기에 더해 넓게 포진한 전위부대는 복귀하는 정찰기들이 무선침묵을 유지하며 항해하는 모함을 찾는 데 도움이 될 것으로 기대되었다. 전위부대가 넓게 포진한다면 돌아오는 아군기가 전위부대의 함선을 발견할 가능성이 높아지고 모함으로 가는 방향도 찾을 수 있을 터였다. 마지막으로, 전위부대의 대형함들은 함상폭격기로 피해를 입은 적함을 함포로 공격하는 데 이용될 수 있으므로 함대 전체의 대함 공격력을 보충하는 역할을 할 수 있었다.[47]

이 새로운 진형 제안에도 비판할 점은 있다. 전위부대는 항공모함에 가해질 공격을 흡수할 것으로 상정되었다. 이것이 전위부대의 '공식' 역할은 아니었으나 전위부대 함선의 지휘관이라면 누구나 이 전함들이 '항공모함을 지키기 위한 미끼 역할'[48]을 할 뿐이라는 비판을 받을 것임을 쉽게 알 수 있었다. 더 나아가 전위부대를 전방에 배치하면 항공모함들이 적절한 호위를 받지 못하고 방치된다고 우려하는 사람들도 있었다. 반대로 호위가 부족한 대신 선제공격을 받을 가능성이 줄어든다는 장점도 있다. 어쨌거나 항공모함은 일차적으로 대공화기로 자함을 방어할 책임이 있으므로 전위부대의 배치는 실전에서는 그다지 영향을 끼치지 못했을 것이다. 레이더 장착이 함대의 방공능력을 더욱 높일 것이라는 기대도 있었다.[49] 그러나 전위부대 배치는 일본군이 방공전투에서 레이더의 잠재력을 제대로 이해하지 못했음을 보여준다.[50]

이 새로운 계획에 3함대 참모진이 원칙적으로 동의했을 때 마침 예상치 못하게 과달카날 전투가 시작되었다. 8월 7일 금요일, 툴라기섬Tulagi Island[51]과 과달카날섬Guadalcanal Island[52]이 근해에서 작전 중인 미 항공모함으로부터 심한 폭격을 받았다는 소식이 들어왔다. 쇼카쿠, 즈이카쿠, 류조는 미군과 일전을 벌이기 위해 전진기지인 추크섬으로 출격했다. 계획이 작성된 지 얼마 안 되었기 때문에 나구모의 배들은 새로운 교리 개념을 받지 못한 상태였다. 함대 참모진은 추크섬에 도착해 계획을 전달받을 시간이 있기를 바랐지만 결국 새로운 1항전은 추크섬에 들르지 못하고 나중에 동부 솔로몬 해전The Battle of the Eastern Solomons(일본은 '제2차 솔로몬 해전'이라고 부름)이라고 불린 전투에 돌입했다(1942년 8월 23~25일).[53] 비행기가 날아가 나구모에게 직접 계획을 전달했다. 하지만 계획에 따라 훈련할 시간이 없었으므로 3함대의 새로운 교리는 전과에 큰 영향을 주지 못했다.

태평양전쟁에서 장차 일본 해군의 전투 운용 방식을 보여 주는 3함대의 교리 발전과정에 대한 상술로 이 장을 마무리 지었다. 결론적으로 일본군의 대응은 너무 늦었고 효과는 미미했다. 3함대의 자기비판은 일견 솔직했으며 그 결과물인 변화된 교리에는 유용한 요소가 여럿 있다. 최소한 일본 해군의 새로운 전투계획은 항공모함을 위계질서의 최상단에 올려놓았으며 항공모함부대의 성공에 기타 대형함들이 기여할 방법을 찾았다. 이전과 비교해 완전히 바뀐 입장이다. 그러나 이러한 노력은 미군의 공세전환 속도에 밀려 빛이 바랬다. 솔로몬 제도처럼 멀리 떨어진 전장에서 반격을 수행하는 미군의 능력은 진정 놀라웠으며 일본은 완벽한 기습을 당했다. 이제 전장의 주도권은 미군에게 넘어갔다. 이후 일본 해군은 국지적 승리를 여러 번 거두었으나 전략적 상황에 영향을 미치지는 못했다. 결국 3함대의 노력은 일본 항공모함 부대 부활의 핵심요소로 기억되지 못하고 일본 해군이 맞을 최종적 파멸 이야기의 각주가 되는 운명을 맞았다.

제3부

결산

22

왜 일본은 패했는가

60여 년이 지난[1] 지금도 일본이 미드웨이 해전에서 패배한 원인을 정확히 파악하기란 쉽지 않다. 전투 자체가 단순하지 않기 때문이다. 사실 전투 규모가 방대하고 복잡했기 때문에 일본이 대참사를 맞게 된 원인은 수없이 많다. 안타깝게도 상당수는 근본적 원인이라기보다 근인近因이다. 하지만 역사에서 교훈을 얻으려면 우리는 실패의 진정한 원인을 찾아야 한다. 지금부터 이 문제를 신중하게 고찰해 보자.

미드웨이 해전을 고찰해 보면 일본이 패배한 원인보다 미군이 이긴 원인이 더 두드러지지만 여기에서 깊이 살피지는 않겠다. 미군이 승리한 원인 1순위는 일본군의 암호 해독이다. 니미츠의 담대한 지도력, 플레처와 스프루언스의 뛰어난 활약도 중요한 역할을 했다. 마지막으로, 전투에 참가한 미 해군 수병, 항공기 탑승원, 해병대원 들의 용기와 기량이 많은 경우에 승패를 결정지었다. 이 모든 요소는 일본이 통제할 수 있는 범위 밖에 있었다. 이러한 이점에도 불구하고, 적이 의도치 않게 도와주지 않았다면 미군은 승리할 수 없었을 것이다. 당시 태평양에서의 전력 차이를 고려해 보면 일본 해군의 승산이 더 높았다. 그런데 왜 패배했을까?

우선 일본 측 동시대 당사자들의 견해를 들어볼 필요가 있다. 6월 10일 야마토 갑판에 발을 딛기 전부터 구사카는 패배의 원인을 깊이 생각하고 있었다. 구사카는 현장에 있었지만 미군이 아군의 암호를 해독한다는 사실을 몰랐으므로 일부는 타당하고 일부는 그렇지 않은 결론을 도출했다. 구사카는 6월 2일에 나구모 함대가 안개에 갇혔을 때 보낸 저출력 무전으로 인해 발각되었다고 생각했다. 또한 함대의 동쪽 측방 색적정찰을 더 일찍, 동트기 전에 개시했어야 한다고 생각했으며, 나구모가 항공모함 4척을 총동원해 미드웨이에 공격대를 보냄과 동시에 예비공격대를 대기시킨 사실이 미 항공모함 발견보고가 처음 들어왔을 때 혼란이 발생한 이유라고 보았다.[2] 구사카는 2차 공격대를 엄호할 전투기가 없었고(앞에서 우리는 이 논점이 의심스럽다는 점을 살펴보았다.) 항공모함의 집중운용 때문에 한 번에 모두 발견되어 피해를 입었다고 탄식했다.[3]

우가키는 일기에서 구사카의 분석 중 항공모함의 전술적 집중운용의 단점에 동의하고 정찰이 부족했다는 점도 인정했다. 그러나 전술적 측면에서 나구모의 정찰 실패보다 (미국 항공모함이 진주만에서 빠져나간 것을 놓친) K작전 실패의 타격이 더 컸다고 보면서도, 미드웨이 제도의 미군기지가 사전에 경계태세에 들어간 이유를 제대로 이해하지 못했다. 우가키는 작전 규모가 지나치게 컸던 데다 전력 배분에도 문제가 있어 나구모가 필요할 때 즉각 지원을 받지 못했다는 점을 시인했다. 계획의 보안 유지가 의문스러웠다는 지적도 정확했다. 일본군이 사이판을 비롯한 여러 기지에서 출격할 때 미군에게 발각되었는지, 혹은 알류샨 공략부대가 출격할 때 소련 상선에 목격되었는지 아니면 일본군의 통신보안 조치가 부적절했는지는 알 수 없었다. 그러나 우가키가 보기에 "이 문제에 대해 의심해볼 만한 여지가 매우 컸다."[4] 마지막으로 우가키는 패배의 주된 원인이 승리에 빠져 생긴 교만함일 수도 있다고 말했다. 그렇기 때문에 "만약 적이 [나구모의] 옆구리에 나타난다면"[5] 취했어야 할 조치를 예단하는 데 실패했다는 것이다. 나중에 보겠지만, 전투 전부터 존재한 일본 해군의 교만은 오늘날까지 연구자들이 반복해서 말하는 주제이다. 여기에는 이유가 있다.

전쟁이 끝나고 얼마 뒤 미드웨이 해전에 대한 책을 낸 후치다 미쓰오는 자신감 과잉이라는 주제를 확장하여 여기에 "승리병"이라는 이름을 붙였다. 이 병은 적에 대한 멸시에서 생겨난 치명적 자만심과 부주의함이다. 이러한 도덕적 실패 외에 후치다는 미군의 전략적 행보에 대한 정보 부족, 전투 전일과 당일 색적정찰의 문제 등 작전

실패의 요인을 다양하게 언급했다.[6] 여기에 더해 후치다는 지나친 전력 분산의 원인은 연합함대가 적 함대 격멸이라는 최우선 목표에 초점을 맞추지 않은 데 있다고 지적했다. 즉 연합함대는 "초지일관으로 적 함대 격멸을 작전의 최우선 목표로 유지"하는 대신에 "미드웨이 상륙에 가장 적합한 기상조건 확보의 과도한 강조"가 작전을 좌지우지하도록 내버려두었다.[7] 또한 후치다는 레이더의 부재로 대표되는 일본군의 기술적 후진성, 전함을 아직도 결전병기로 본 사상적 후진성 등을 언급했다.[8]

지휘 차원에서 후치다는 후방의 야마토 함교에서 전투를 지휘하려고 한 야마모토의 고집이 작전 지휘를 심각하게 방해했음을 정확히 지적했다. 나구모는 "미드웨이 공습이 일어난 아침에 적절한 정찰을 실시하지 못한" 책임이 있었다.[9] 그러나 도네 4호기의 발함이 지연되었을 때 즉시 대체기를 발진시키지 않은 것이 잘못일 뿐만 아니라 나구모가 2단 색적을 실시하지 않았다고 비판한 것은 뭔가 이상하다. 후치다는 2단 색적이 아직 교리에 반영되지 않았다는 점을 간과했다. 마찬가지로, 만에 하나 도네의 마지막 남은 장거리 정찰기가 발진 준비를 마쳤다고 해도 이 비행기를 새로이 캐터펄트에 올리고 시운전하고 발진시키는 데 걸리는 시간이나 4호기를 그대로 보내는 데 걸리는 시간이나 비슷했을 것이라는 점도 놓쳤다. 아카기나 가가에서 함상공격기 1기를 추가로 보내 도네 4호기를 대체할 수 있었을 것이라는 생각에도 같은 비판이 적용된다.

우가키와 후치다는 일본군이 패배하는 데 결정적 역할을 한 미군의 암호 해독에 대해서는 몰랐으나 패배의 근인은 상당히 잘 파악했다. 후치다는 미드웨이 전투에 대한 논의들에서 계속 인용되는 일본군의 교만이라는 감정적 주제를 처음 제기했다. 그러나 당연하게도 우가키와 후치다는 일본 해군이라는 조직의 근본 문제를 파헤칠 능력도 의사도 없었다. 우가키는 연합함대 사령부를 대표하여 구사카와 1항공함대 참모진에게 사령부의 실책을 사과했다.[10] 그러나 이는 진정한 반성이나 고찰에서 나온 것이 아니라 단지 예의상 한 말일 뿐이다. 우가키의 일기를 보면 전투 후에도 연합함대 사령부는 마치 아무 일 없었다는 듯이 일상적으로 돌아가고 있었다는 인상을 받는다. 전략수행 방법에 대한 뼈를 깎는 반성과 재평가는 찾아볼 수 없었다.

미군이 이해한 일본군의 패인으로 이야기를 돌려 보자. 미 해군 참모대학U.S. Naval

War College이 전후에 작성한 미드웨이 해전에 대한 기술적 연구에서도 일본군의 자신감 과잉을 패인으로 지적한다.[11] 해당 연구에는 작전 계획 단계에서 야마모토가 자신의 기도를 은폐해 기습요소를 강화하는 데 과도하게 집착했다는 점이 상세히 기록되어 있다. 그러나 야마모토가 저지른 가장 큰 실책은 미군의 **능력**이 아니라 **자신이 이해한 미군의 의도**에 기반을 두고 작전계획을 만들었다는 사실이다. 그럼으로써 야마모토는 미군이 실제로 전투를 벌이기를 원하며, 기꺼이 전장에 들어올 가능성에 눈을 감아버렸다.[12]

일본군의 패인에 대한 또 다른 해석은 적의 의도와 자신의 목표 설정에 대한 분석 오류라는 연구경향에 승리병을 추가한다. 예를 들어 고든 프랜지는 널리 알려진 저서 『미드웨이의 기적Miracle at Midway』에서 후치다의 의견을 반영하여, 일본군은 목표 설정의 원칙을 망각하고 미 함대를 격멸하는 대신 미드웨이 제도를 탈취하는 데 더 관심을 기울였다고 주장한다.[13] 프랜지는 후치다와 마찬가지로 야마토에서 전투를 지휘한 야마모토의 결정은 실수였다고 본다.[14] 그는 일본이 기습요소를 잃은 데다 전력을 너무 광범위하게 분산했기 때문에 막상 미군과의 접촉점에서는 수적 우세를 상실했다고 정확히 지적했다.[15]

그러나 의아하게도 프랜지는 일본이 히류를 상실한 다음에도 전투를 계속하지 않은 것을 비판한다. 해당 구절을 인용하면 다음과 같다.

> "야마모토의 주력부대는 수상함대의 양과 질 면에서 플레처를 능가했다. 항공모함 전력 면에서도 주력부대의 항공모함(호쇼)과 곤도의 항공모함(즈이호), 알류샨 부대의 항공모함(준요, 류조)을 합치면 대형 항공모함 1척과 경항공모함 3척이었다. 이 항공모함에 탑재한 항공전력은 제로센 50기와 각종 공격기 60기에 달했다. 무시할 만한 전력은 아니었다. 특히 일본군이 미 항공모함 3척 가운데 2척을 격침했다고 믿었다는 점을 생각해 보면 더욱 그렇다. 그러나 나구모의 항공모함을 모두 잃은 후 야마모토는 적을 추격하는 대신 작은 테리어에 쫓기는 세인트버나드처럼 본국으로 황급히 철수했다."[16]

물론 수긍하기 어려운 분석이다. 프랜지는 전투에서 항공력이 차지한 비중을 완전히 평가절하했을 뿐만 아니라 이 항공자산들이 지나치게 넓게 분산되어 있었고

4척 모두 진정한 의미의 정규 항공모함이 아니었다는 점을 무시했다. 또한 프랜지는 4일에 공격당한 후 나구모의 적극적 대응과 야마모토가 6일과 7일에 걸쳐 스프루언스를 유인하려 한 시도를 간과했다. 프랜지는 미드웨이를 공습한 도모나가의 전력이 목표에 비해 지나치게 컸다는 다소 이상한 비난으로 분석을 마무리 짓는다. 미드웨이보다 더 작은 더치하버에 대한 가쿠다의 공격대 규모에 맞춰 미드웨이 공습을 실시했어야 했다는 프랜지의 생각은 분명히 잘못되었다. 왜냐하면 이러한 생각은 아군의 손실을 최소화하는 동시에 적의 손실을 최대화하기 위해서 투입 가능한 모든 전력을 투입해야 한다는 전술원칙 중의 원칙에 위배되기 때문이다.[17]

미국 측 해석에 중대한 영향을 끼친 『믿을 수 없는 승리Incredible Victory』의 저자인 월터 로드는 도네 4호기의 지연 발진과 무장교체 결정을 가장 큰 실책으로 든다. 그러나 일본군 항공모함의 운용 방식을 정확하게 알지 못한 로드는 발견보고가 들어온 즉시 적을 공격하지 않았다고 나구모를 비판했다. 로드는 일본군 작전계획의 경직성, 즉 적이 자신의 계획대로 행동할 것이라고 믿었다는 점과 지나친 전력 분산을 정확히 지적했다. 당연히 로드도 이른바 '승리병'으로 표출된 적에 대한 "위험스런 멸시"를 언급했다.[18]

지금까지 보았듯이 일본과 미국 측 관찰자들이 발견한 패배의 원인은 단 하나의 예외—즉 '승리병'—를 제외하고 모두 근인이었다. 따라서 패인 분석을 완성하는 데 있어 첫 번째 과제는 계속해서 등장하는 '승리병'이라는 주제를 보다 면밀하게 살펴보는 것이다. 물론 승리병이 패배의 주요 원인 가운데 하나일 뿐이라는 점을 염두에 두어야 한다.

'승리병'이라는 용어는 태평양전쟁 개전 이후 6개월 동안 일본 해군이 연전연승을 거두면서 해군 내부에 널리 퍼진 자신감 과잉상태를 가리키는 말이다. 교만 때문에 작전의 예리함이 사라지고 뒤이어 빈발한 허술한 실책들이 미드웨이 해전에서 일본이 패한 근본 원인으로 지적되어 왔다. 이 용어를 처음 대중에게 전파한 후치다 미쓰오는 이 병의 주 증상이 교만이라고 말했다. "적에 대한 오만불손한 과소평가" 뿐만 아니라 "언제든지 [적을] 기습할 수 있다고 믿은 무사안일"이 결국 재앙의 원인이 되었다는 것이다. 그는 전투계획에서 보인 전력 분산의 이유를 교만 탓으로 돌렸다. 하지만 후치다는 다른 관찰자들보다 이 질병을 더욱 심각하게 생각했다. 후치다는 승리병이야말로 미드웨이의 패배뿐만 아니라 "이번 전쟁에서 …… 일본의 궁극적 패전원인"이라고 보았다. 더 나아가 승리병의 원인은 미드웨이 해전 이전에 6개월간 거둔 연전연승이 아닌 일본인의 국민성에 있다고 보았다. 후치다는 "우리의 국민성은 충동적이며 합리성이 결여되어 있는데 이는 종종 해롭거나 모순된 행동을 낳는다. 예부터 있어 온 파벌주의 때문에 일본인은 시야가 좁고 독선적일 뿐만 아니라 편견을 버리기를 꺼리고, 새롭게 사고해야 하는 상황에서 꼭 필요한 개선조차 더디 받아들이게 되었다."라고 썼다. 후치다는 이 약점들이 "[미드웨이에서] 싸운 장병의 고귀한 희생과 용감한 행동을 모두 헛되게 만들었다."라고 결론지었다.[19]

구 일본 해군 출신 인사들도 이러한 현상을 언급한 바 있다. 지하야 마사타카 전 일본 해군 중좌는 미드웨이 해전이 "일본 해군 역사상 가장 빛나는 패배"였다고 신랄하게 비꼬았는데 물론 "더 화려한 패배들이 뒤따를 것이었다." 지하야가 보기에 패배는 "전혀 놀라운 일이 아니었으며 마치 패하기 위해 작전을 계획한 것이나 마찬가지였다. 만약 우리가 미드웨이에서 패배하지 않았다면 1942년 언젠가 태평양 어디에서든 비슷한 패배를 겪었을 것이다. 패배는 예정된 것이나 마찬가지였다. 왜? 패배는 일본 해군의 우스꽝스러운 교만에 내려진 천벌이었기 때문이다."[20]

승리병이라는 개념은 확실히 매력적이다. 일본군은 지나치게 교만한 상태로 전투에 돌입했으며 산호해 해전 이후 보이기 시작한 경고신호들을 전부 무시했을 뿐만 아니라 적의 의지와 능력을 과소평가했다. 그러나 6개월 동안 거둔 손쉬운 승리, 심지어 전쟁 전부터 있었던 자만심이 야마모토부터 말단 수병에 이르기까지 일본 해군 전체의 정신상태를 좀먹었다고 하는 설명은 지나치게 단순하다. 무엇보다 자신감 없는 군대는 승리할 수 없다. 사실 미드웨이 해전 전까지 일본군에 존재한 자만에 가까울 정도의 자신감은 승리의 원동력이기도 했다. 따라서 정신상태 문제가 결과에 중요한 영향을 미쳤음은 확실하나 승리병 하나만으로 일본군이 미드웨이에서 겪은 엄청난 패배를 다 설명할 수는 없다.[21] 승리병은 주요 원인이지만 여러 원인 중 하나였을 뿐이다.

마찬가지로 일부 지휘적 결단과 그 결정을 내린 개인들을 자의적으로 선택하여 패배의 원인으로 지목하는 것은 매우 단순한 설명이다. 중요 전투에 대한 책들이 대개 패배의 책임을 지울 누군가에게 비난의 화살을 돌려 결론을 내리기 때문에 우리의 입장은 대다수 군사사 서술 기조에 반한다. 미드웨이 해전과 관련해서 비난받을 개인이 없다는 말은 아니다. 그런 사람은 분명히 있다. 표면적으로 보면 개인 차원의 중대한 실책 세 가지를 쉽게 지적할 수 있다. 여기에 대한 (수정주의적 태도가 가미되었으나) 피상적 설명은 다음과 같다.

첫 번째 치명적 실책은 06시 15분에서 06시 30분(미군에 선제공격을 가하기 위해 나구모가 공격대 발착배치를 시작했어야 할 시간. 9장 참조) 사이에 5번 색적선을 따라 날던 지쿠마 1호기가 미 항공모함을 발견하지 못한 일이다. 이는 도네 4호기의 지연 발진과 나구모의 무장전환 명령이 결합하여 일본 함대를 파멸로 몰아넣었다는 통설과 배치된다. 그러나 사실을 자세히 살펴보면 도네 4호기의 지연 발진은 심각한 문제였으나 크게 보면 중대한 문제는 아니었다. 마찬가지로 나구모의 무장전환 결정도 시간을 다소 잡아먹었으나 역시 큰 문제가 아니었다. 즉 06시 30분경 일본군은 미군 공격대의 발진을 막을 방법이 없었다. 도네 4호기의 지연 발진이나 나구모의 무장전환 명령은 치명적 결과를 가져온 주도권 상실과 아무 관련이 없다. 그리고 한 번 잃은 주도권은 나구모도 야마구치도, 설사 호레이쇼 넬슨 제독이라도 되찾을 수 없었을 것이다.

지쿠마 1호기가 적을 발견하지 못한 문제는 두 번째 치명적 실책으로 이어진다. 바로 겐다의 색적계획이다. 설사 2단 색적법이 공식 교리로 채택되었더라도 이를 시행하지 않은 일은 정찰 실패와 아무 관련이 없다. 근본적인 문제는 정찰구역에 비해 정찰기가 너무 적었다는 것이다. 만약 정찰기를 더 많이 띄우고 정찰구역을 겹치게 배치했더라면 지쿠마 1호기의 실수를 만회할 수 있었을지도 모른다. 실제로는 정찰계획의 연결고리 하나만 끊어졌을 뿐이지만 전체 계획이 헝클어지는 결과가 나타났다.[22]

세 번째 치명적 실책은 물론 야마모토의 작전계획이다. 야마모토의 작전 시간표가 지나치게 빡빡했으며 부대 배치가 지극히 비효율적이었다는 데에는 이의가 없다. 야마모토는 미군이 이미 패배했으며 이들을 유인해야 싸우러 나올 것이라고 가정함으로써 자신이 생각한 미군의 의도에 맞추어 전력을 구성하고 배치하는 중대한 실수를 저질렀다.[23] 결함투성이인 야마모토의 믿음에서 목표들과 부대들이 어지럽게 뒤얽힌 작전계획이 탄생했으며, 작전에 투입된 부대들은 상호 지원이 전혀 불가능했다. 누군가 이 계획을 지탱하는 다리 중 하나라도 걷어차면 작전 전체가 어리석음의 무게를 견디지 못하고 쓰러질 판이었다. 결과는 살라미스에서 페르시아의 왕 크세르크세스가, 아우스터를리츠에서 러시아 차르 알렉산드르 1세가 겪은 것과 비견할 만한 재앙이었다.

그러나 한 개인에게 패배의 책임을 뒤집어씌우는 것은 감정을 만족시킬지는 몰라도 대개 근인을 두고 왈가왈부하는 데 불과하며, 이런 해석은 근본적 원인을 밝혀내지 못한다. **왜** 겐다의 정찰계획이 이렇게 허술했을까? **왜** 야마모토의 작전계획에 결함이 많았을까? 겐다 말고 다른 참모가 정찰계획을 짰더라면 결과가 더 좋았을까? 마찬가지로 야마모토 말고 다른 사람이 연합함대 사령장관이었다면 더욱 견실한 작전계획을 만들 수 있었을까? 뒤에서 설명하겠지만, 일단 이 질문들에 대한 답은 "아니요"다. 최소한 1942년에는 그랬다. **왜 그럴까?** 이 문제를 풀기 위해 군사조직 내부에 존재한 실패의 본질을 면밀히 살펴보고 일본 해군의 문화를 깊이 이해할 필요가 있다.

이와 관련해 엘리엇 코언Eliot Cohen과 존 구치John Gooch가 쓴 『군사적 불운: 전쟁의 실패를 해부하다*Military Misfortunes: The Anatomy of Failure of the War*』라는 설득력 있는 연구에서 중요한 통찰을 얻을 수 있다.[24] 저자들이 이 연구에서 제시한 도구는 군대가 실책을 저지르는 이유를 분석하는 데 유용하다. 저자들이 지적하듯이, 전쟁에서 패배하면 대중과 연구자를 막론하고 개인에게 모든 비난을 돌리고 특정 지휘관(들)을 지목하여 군사적 실패가 이 사람(들)의 '범죄'라고 몰아가는 경향이 있다. 이러한 접근은 겉보기에는 만족스러우나 더 깊은 곳에 있는 조직 차원의 실패를 보지 못한다. 코언과 구치는 대부분의 현대 지휘관이 예전처럼 부하에게 절대 권력을 행사할 수 없으며 지휘권을 행사할 전장 전체를 살펴볼 수 없다고 지적하는데, 이는 중요한 논점이다. 여기에 더해 군사조직이 더 어렵고 큰 목표를 달성하기 위해 점점 더 복잡해짐에 따라 내부체계(즉 교리, 훈련, 참모 운용, 심지어 함상기 발함작업까지) 역시 복잡해졌고 실패가 생길 여지도 그만큼 늘어났다. 미드웨이의 일본군이 그러한 처지에 있었다. 개인 차원의 실수가 없었다는 말은 아니다. 그러나 같은 이유로 미드웨이에서 실책을 저지른 겐다와 야마모토 외에 일본 해군이라는 조직 자체도 여러 중요한 측면에서 비판받아야 한다.

코언과 구치는 모든 군사적 실패는 기본적으로 세 가지 부류로 나눌 수 있다고 한다. 과거에서 배우지 않아 일어난 실패, 미래를 예측하지 못해 일어난 실패, 현재 환경에 제대로 적응하지 못해 발생한 실패다. 이 중 하나가 독립적으로 발생하면(단순 실패simple failures) 결과 자체는 불쾌할지 몰라도 실패를 만회할 수 있다. 복합적 실패aggregate failures는 두 가지 이상의 실패, 대개 학습 실패와 예측 실패가 동시에 일어나는 경우로서 극복하기 어려운 실패다. 마지막으로 세 가지 실패가 동시에 일어나는 드문 경우가 있다. 이를 파멸적 실패catastrophic failures라고 부른다. 이 경우에는 실패 규모가 어마어마해서 회복이 불가능하다. 일본군에게는 안된 일이지만 미드웨이 해전은 재앙 수준의 복합적 실패 사례였다.

첫 번째 군사적 죄악인 학습 실패가 일어났다 함은 군사 조직이 역사적 교훈을 충실히 배우지 못했거나 배우려 하지 않았음을 의미한다. 이는 과거에 수행한 전투에서 무엇이 틀렸는지(아니면 옳았는지)를 적절하게 이해하거나 분석할 수 있는 솔직함이 없을 때 발생한다. 그게 아니라면 이 조직은 전통이나 정치, 혹은 다른 제약조건으로 인한 "안대를 끼고" 이 교훈을 바라보았을 것이다. 이렇게 되면 자기분석과 비판을 통해 장차 전투에 대비하기가 어려워진다.

이 점에 비추어 볼 때 일본 해군이 경험에서 적절한 결론을 이끌어내지 못한 이유는 1905년 쓰시마 해전의 승리에서 비롯된 것이 분명하다. 쓰시마 해전에 승리한 후 일본 해군은 미드웨이에서 결정적 패배의 원인이 될 세 가지 결론을 도출했다. 첫째, 분쟁을 국지화하고 제한된 목표를 추구하는 데 있어 해군력이 분쟁의 범위를 설정하고 이를 통제하는 수단이 될 수 있다는 생각이 강화됐다. 러일전쟁에서 일본 해군의 역할은 한반도를 고립시키고 뤼순과 블라디보스토크의 러시아 함대를 견제하다가 러시아 주력함대가 본토 수역에 나타나면 이를 격멸하는 것이었다. 일본 해군은 이 역할을 훌륭히 수행했으며 전투는 대개 일본군이 선택한 장소에서 벌어졌다.

둘째, 쓰시마 해전은 주력함대 사이의 결전에서 승리해야만 완전한 제해권을 획득할 수 있다는 (거짓) 교훈을 남겼다. 쓰시마 해전이 러시아 해군을 파멸시킨, 역사상 결정적 해전 중 하나였기 때문에 이러한 결론은 필연적이었을지도 모른다. 어뢰정 3척이라는 무시할 만한 손실과 주력함들이 입은 크고 작은 피해, 전사자 110명을 대가로 일본군은 러시아 발트함대의 함선 38척 중 34척을 격침하거나 나포했다.

러시아군의 사상자와 포로 수는 1만 명에 달했다.[25] 얼마 지나지 않아 러시아는 강화 협상장에 나올 수밖에 없었다. 만약 쓰시마 해전이 증명한 것이 있다면 그것은 단 하나의 해전이 두 국가의 운명을 결정할 수 있다는 것이었다. 일본 측의 관점에서 앞으로도 전쟁의 결과는 단 한 번의 결전으로 결정될 것처럼 보였다.

셋째, 쓰시마 해전은 방어보다 공격이 우위에 있다는 굳은 믿음을 일본 해군에 심어 놓았다. 쓰시마 해전에서 일본 전함부대는 우월한 속력을 이용해서 자유로이 기동해 러시아 함대를 편리한 사거리에 놓고 공격할 수 있었다. 일본 해군은 특이하게도 장갑관통 능력은 떨어지나 작약량이 훨씬 큰 경량 주포탄을 이용하여 러시아 함선의 상부구조물과 지휘소를 크게 파괴해 적을 혼란으로 몰아넣었다. 따라서 일본군은 적절한 거리에서 적보다 큰 화력을 동원하면 수적 열세를 극복할 수 있다고 믿게 되었다. 이런 교조는 일본 해군의 태동기에 공격을 강조한 스승인 영국 해군의 방침을 받아들인 데에서 시작됐다. 쓰시마 해전은 해상교전에서 거포가 유일한 최종 해결사라는 관념을 굳혔으며[26] 영국과 독일 해군의 전함부대가 충돌한 유틀란트 해전 이후 이 믿음은 더욱 확고해졌다.[27]

이 세 가지 전훈은 제1차 세계대전이 끝난 후 미국과 대결할 가능성이 대두됨에 따라 불건전한 방향으로 일본 해군의 사고방식에 뿌리 내렸다. 미국과의 분쟁은 압도적 산업생산량으로 계속 양적 우위를 누릴 적과 싸워야 한다는 것을 뜻했다. 양 대 양으로 싸울 수 없었던 일본 해군은 우월한 기술과 '야마토 다마시大和魂'(일본민족의 고유한 정신)가 결합하면 질로써 양을 극복할 수 있다고 굳게 믿었다. 이 근본적 믿음에서 모든 교리와 함선설계 사상이 탄생했다. 그 결과 일본 해군이 절대적으로 필요하다고 믿은 함대 공격력 강화를 충족하기 위해 열강 해군들이 전통적으로 수행해 온 역할들, 예를 들면 교역로 보호, 통상 파괴, 상륙 지원 등은 부차적 위치에 머물렀다. 일본 해군에게는 오로지 속도, 거리, 화력이 전부였다.

문제는 지금 엄청난 규모로 태평양에서 벌어지고 있는 전쟁에는 이러한 믿음이 부적합했다는 것이다. 장기전이라면 더 그랬다. 분쟁 범위를 한정하기 위해 해군력을 사용하는 데 있어서 일본 해군의 초기 행보는 정반대의 길을 향했다. 진주만을 기습함으로써 일본 해군은 무제한적 분쟁으로 가는 길을 활짝 열어 놓았다. (러일전쟁의 한국 같은) 지리적 무게중심으로 가는 길목만 지키면 되었던 러일전쟁과 달리 일본 해군은 광대한 태평양 전체를 활동영역으로 선택했다. 이런 상황에서 분쟁의 지리적 범위를 해군력으로 제한하는 것은 불가능한 일이었다.

일본 해군은 전쟁기간 내내 미드웨이에서, 그리고 어딘가에서 전쟁의 향배를 결정할 결전을 치를 기회를 헛되이 찾아다녔다. 일본은 미국 같은 나라는 아무리 크게 이기더라도 결전 한 번으로 절대 굴복시킬 수 없다는 점을, 심지어 강화 협상을 시도하는 것조차 불가능하다는 점을 이해하는 데 실패했다. 산업화되고 모든 것이 기계화된 제2차 세계대전의 특성상 장기전은 불가피했다. 이런 환경에서는 상상을 초월하는 규모로 총력을 쏟아부어 적국을 파괴해야만 굴복시킬 수 있었다.

쓰시마 해전의 세 번째 전훈은 과도한 공격력 강조라는 형태로 구체화되었다. 전략적 차원에서 보면 이는 일본 해군이 일선 전력은 막강하지만 어쩔 수 없이 뒤어든 장기전을 견딜 만한 특성을 갖추지 못했음을 뜻한다. 그리고 작전 차원에서 일본군은 경직된 공격 우선 교리를 앞세워 미드웨이로 갔다는 뜻이 된다. 이는 겐다가 정찰에 항공자산을 '낭비'하기를 꺼린 이유였고[28] 나구모가 속도를 희생해서라도 통합 공격대를 보내고 싶어 한 이유였으며, 일본 함선들이 피해를 견디고 전장에서 살아남을 수 없었던 이유다. 이 모든 요소가 미드웨이에서 일본군에게 불리하게 작용했다.

그러나 일본 해군의 가장 중요한 학습 실패는 이전 전쟁에서 배우지 않았다는 것이 아니라 태평양전쟁의 첫 5개월간의 경험에서 배우지 않았다는 것이다. 우선 일본 해군이 1942년 4월까지 자신이 성공한 이유를 정확히 파악하지 못한 것을 들 수 있다. 산호해 해전 이전에 일본 해군이 항공모함 대 항공모함으로 전투를 치러 본 경험이 없었음은 사실이다. 하지만 전쟁 초기에 가장 성공한 작전인 진주만과 인도양 작전에서 성공의 열쇠는 분명 항공모함의 집단운용이었다. 두 작전에서 일본 해군은 동원 가능한 정규 항공모함을 모두 기동부대에 편성했고 적군은 일본군의 전술적 우위를 극복할 방법이 없었다. 일본군은 인종적 우월함이나 '야마토 다마시' 때문에 이긴 것이 아니라 적과의 접촉점에서 적보다 더 많은 항공모함과 더 많은 비행기를 동원했기 때문에 이겼다.

마찬가지로 가장 특기할 만한 사례인 산호해 해전이나 장기간에 걸친 바탄반도 포위전, 1차 상륙에 실패한 웨이크섬 전투 같은 육상전투처럼 일본군이 박빙의 우세에 있는 전력으로 공격했을 때에는 훨씬 더 힘든 과정을 겪었다. 산호해에서 일본군은 자신의 전력이 적에 비해 간신히 우세하다는 사실을 믿지 않았다고 반론할 수 있다. 그러나 이러한 반론은 일본군의 현대적 항공모함 전력이 원거리를 주파해 명목상의 '제일선' 뒤에 나타나 강력한 공격을 가할 수 있었다는 사실을 이해하지 못했음을 보여줄 뿐이다. 앞에서 지적했듯이, '예상하지 못한 곳에서' 갑자기 나타난 적 항공모함 부대의 기습을 피하고 수적 우위를 유지할 유일한 방법은 주요 작전마다 항공모함을 총동원하는 것뿐이었다. 전력 배분에 타협점이란 없었다. 따라서 일본군은 역설적으로 질로써 양을 이긴다는 소중한 관념을 자신도 모르게 부인해 버리고 말았다. 일본군의 관념과 정반대로, 적에 대한 일본군의 물량우세가 미드웨이 직전까지 대승을 거둘 수 있던 원동력이었다. 이 사실을 놓고 보면 미드웨이같이 중요한 작전에 항공모함을 총동원해야 했음은 너무나도 당연한 결론이었다.

일본 해군 지도부가 기민했더라면 물량우세와 승리 사이의 연관성을 눈치 챘겠지만 그렇지 못했다. 원인이 승리병이건 전훈에 대한 무관심이건 간에 결과적으로 1942년 상반기에 일본 해군에서는 치열한 지적 고민이 점점 사라져 갔다. 항공모함 집중운용의 이점을 정확하게 파악했다면 작전을 적게 수행하되 항공모함을 한꺼번에 많이 투입하는 쪽으로 방침을 바꿔야 했다. 그러나 일본 해군은 정확하게 그와 반대로 행동했다. 산호해 해전과 미드웨이 해전은 일본 해군이 지나치게 많은 목표를 한 번에 달성하려 했음을 여실히 보여 주었다. 일본 해군은 항공모함 전력을 분산함으로써 지금까지 거둔 승리의 공식을 버렸다. 이 과정에서 일본 해군은 자신보다 약한 적이 일시적으로 전력을 집중해 수적 우위를 확보할 수 있는 곳에 밀어 넣음으로써 불필요한 위험성을 높였다.

이 점에서 가장 큰 책임을 져야 할 사람은 전략 수립에 막강한 영향력을 행사한 야마모토 이소로쿠 연합함대 사령장관이다. 그러나 일차 목표에 사용해야 할 전력을 불필요하게 빨아들인 산호해, 알류샨 작전을 권고한 대본영 해군부도 책임에서 자유로울 수는 없다. 야마모토는 군말 없이 이 추가 부담을 받아들였을 뿐만 아니라 항공모함 전력을 분산할 때가 아니라 결전에 대한 자신의 생각을 대본영 해군부가 이해하지 못할 때에만 이의를 제기했다. 야마모토가 좀 더 현명했더라면 이러한 부차적 작전들이 일본의 전략적 계산을 망친다고 보고 반대했을 것이다. 그 이유 하나만으로도 야마모토는 5항전의 별도 작전을 용인하지 말았어야 했다. 마찬가지로 대본영 해군부도 이 문제를 무리하게 밀어붙이지 말았어야 했다. 만약 5항전의 항공모함 2척이 미드웨이에 있었다면 암호 해독과 행운에도 불구하고 미국이 이기기는 어려웠을 것이다. 그러나 야마모토도 대본영 해군부도 압도적 물량 우세야말로 결전을 수행하는 데 필수불가결한 요소라는 점을 깨닫지 못했다.

이보다 더한 아이러니는 야마모토와 대본영 해군부가 작전수행 차원에서 물량 우세의 이점을 제대로 파악하지 못한 반면 나구모와 참모진은 전술적 차원에서 지나치게 물량 우세를 유지하는 데 집착했다는 점이다. 두 경향 모두 전투 결과에 나쁜 영향을 끼쳤다. 물량 우세는 무조건 좋거나 나쁘거나 둘 중 하나라는 점을 생각하면 이 같은 상황은 겉보기에 모순적이다. 그러나 이는 미드웨이같이 복잡한 전투에서 승리나 패배의 원인을 명쾌하게 진단하기가 얼마나 어려운지를 보여 준다. 즉 야마모토가 나구모에게 접촉점에서 적을 압도할 만한 전력을 주었더라면 나구모의 전술적 선택지는 굉장히 많아졌을 것이다. 마찬가지로 나구모가 항공모함 4척의 전력을 총동원하여 반격하는 데 지나치게 신경 쓰지 않았더라면 이 경우에도 선택지가 크게 늘어났을 것이다.

전쟁 초기에는 잠깐씩이나마 학습할 기회가 있었다. 예를 들어 산호해 해전의 결과가 그 계기가 되었을 수 있지만 여러 가지 이유로 일본군은 여기에서 배우지 못했다. 연합함대 참모진은 처음에 다카기 소장이 더 적극적으로 적을 추격하지 않았다는 이유로 분노했지만, 화가 풀리자 산호해 해전에서 일본이 승리했다고 믿는 쪽으로 금방 태도를 바꾸었다. 이렇게 함으로써 연합함대 참모진은 자신들의 단점, 특히 전력이 부족하다는 점에 눈을 감았다. 물론 산호해 해전을 치른 지 얼마 되지 않아 미드웨이 해전이 벌어진 상황에서 산호해 해전이 적절한 학습 기회였는지를 판단하기 어려웠을 수도 있다. 연합함대는 산호해 해전이 가져다준 두 가지 중요한 전술적 의의를 적절하게 수용할 시간이 없었다. 그것은 미군 조종사들의 능력을 과소평가하지 말 것, 항공전대 하나로 기동부대 전력 전체를 대체할 수 없다는 것이었다.

일본 해군이 말도 안 되는 빡빡한 일정으로 작전을 수행했기에 전훈을 분석하고 수용할 시간이 없었던 것은 사실이지만, 인도양 작전과 미드웨이 작전 사이의 시간이 미일 양 해군의 '학습 격차'가 생긴 시점이라는 점이 흥미롭다. 이 학습 격차는 전쟁이 계속될수록 더욱 눈에 띄게 벌어졌다. 늘 그렇지는 않았지만 미 해군은 조직 차원에서 전훈을 수용하고 이를 장차 전투에 도움이 되도록 교리와 기술에 반영하는 데 뛰어난 능력을 발휘했다.

예를 들어 인도양 작전에서 한 줌밖에 안 되는 영국군 폭격기들이 기동부대를 기습하여 아카기에 폭탄을 명중시킬 뻔한 사건은 일본 해군의 방공체계에 문제가 있다는 긴급경보였다. 일본군은 이 사건에 주의를 기울였다. 히류의 전투상보는 침입한 적기를 원거리에서 탐지할 수 있는 수단이 필요하다고 역설했다. 그러나 일차 함대방공 수단인 전투기를 이용해 함대 상공 전투초계(상공직위)를 구체적으로 개선하는 조치는 없었다. 이는 2개월 뒤 미드웨이에서 치명적 결과를 불러왔다.

일본 해군 같은 조직의 입장에서 2개월은 요코스카 항공대 같은 신교리 개발 부서가 문제점을 파악한 후 답을 내놓기에 충분하지 않은 시간이었다. 더욱이 레이더가 일반화되지 않았고 제로센이 탑재한 시원찮은 무전기 때문에 함과 비행기가 통신할 적절한 수단이 없는 상황에서 상공직위를 개선할 여지가 별로 없었을 수도 있다. 따라서 2개월 안에 함대방공 같은 복잡한 체계를 대대적으로 바꾸기는 어려웠을 것이다. 그러나 전술 차원에서 간단한 개선책, 즉 처음부터 각 직위기 소대가 방어구역을 절대 이탈하지 않게 철저히 규율하고 지정된 고도에 머물도록 했더라면 미드웨이에서 더 나은 성과를 거두었을 것이다. 이러한 규율이 없었기 때문에 일본군 직위대는 침입한 적에 대응하는 유기체처럼 자극에 과도하게 반응했고 적은 이 허점을 뚫고 들어왔다.

이와 대조적으로 산호해 해전 직후 요크타운 승무원들이 스스로 혁신적인 손상통제 기법을 만들고 시행하여 미 해군 전반에 큰 영향을 미친 사실은 시사하는 바가 크다. 요크타운의 항공유 담당부사관 오스카 W. 마이어스Oscar W. Myers 준위는 산호해에서 렉싱턴을 상실한 원인이 격납고 갑판의 항공유 인화라고 보았다(다른 원인도 있었다). 그는 사용하지 않을 때는 항공유 배관을 비우고 빈 공간을 불활성 이산화탄소로 채운다는 개념을 생각해 냈다.[29] 요크타운 함장 벅매스터 대령은 즉시 이 혁신적 기법을 도입했고, 이 조치가 6월 4일 고바야시의 급강하폭격으로 인해 발생한 화재가 요크타운을 집어삼키는 참사를 막았다.

미군 전투기 조종사들도 마침내 제로센을 상대하는 기법을 만들어내기 시작했다. 지미 새치 소령이 1941년 11월경에 유명한 '새치 위브Thach Weave' 기동을 고안한 지 얼마 안 되어 미드웨이에서 제한적으로나마 이를 시행한 사실은 전쟁 초기에 우세한 일본군에 대항하여 배우고 혁신하기 위해 미군이 기울인 노력을 상징적으로 보여준다. 물론 일본군이 배울 능력이 없었다는 말은 아니며 실제로도 그렇지 않았다. 그러나 6개월간 연이은 패전의 압박을 받던 미 해군이 더 열정적으로 학습했으며 더 큰 성과를 이루었다. 이와 대조적으로 6개월간 성공을 거두어 온 일본 해군 내부에는 이 같은 절박함이 없었다.

결론은 필연적이다. 일본 해군에는 학습 문제가 있었다. 쓰시마 해전 이후 소중하게 내려온 관념인 지리적으로 제한된 전쟁, 방어요소를 도외시한 공격 우선 사고방식, 대함거포주의는 제2차 세계대전에는 적용될 수 없었다. 더욱이 일본 해군 수뇌부는 자신들이 시작한 전쟁의 전훈조차 파악하지 못했다. 특히 가장 중요한 전훈은 항공모함 전투에서 물량 우세의 중요성이었는데 일본군은 진주만에서 전 세계에 이를 보여 주고도 정작 자신들은 몰랐다.

학습 실패 다음은 예측 실패이다. 코언과 구치가 지적하듯이 "예측 실패의 핵심은 원래 알 수 없는 미래를 모른다는 것이 아니라 이미 인지한 위험에 대해 적절한 예방책을 취하지 않은 것이다."[30] 미드웨이 해전에서 일본 해군은 학습 실패에 이어 명백히 예측 실패까지 범했다.

작전계획 차원에서 겐다는 철저하게 수색하려면 정찰기가 더 많이 필요하다는 점을 내다보지 못한 실책을 저질렀다. 더 나아가 목표물 주변의 기상상황이 계속 달라질 가능성을 정찰 계획에 반영하지 못했다. 겐다는 명석하고 유능했으나 어떤 대가를 치러서라도 공격력을 최대화하라고 요구하는 일본 해군 문화의 산물이었다. 겐다는 전장으로 이동하는 중에는 함상기를 정찰 임무에 사용했지만 교전이 발생하고 나면 공격기로 정찰을 수행하려 하지 않았다. 즉 수상정찰기 전력이 충분하지 않다면 제대로 정찰할 수 없었다. 간단히 말해 겐다의 정찰계획에 결함이 있었다면 그것은 제도적으로 예측 가능한 실패였다.

그러나 더 이해하기 어려운 점은, 나구모가 전투 전에 수집한 정보로 미드웨이 근해에 미 항공모함 부대가 있을 것이라는 점을 예측하지 못했다는 것이다. 나구모가 미군의 활동 수준을 감지하고 미군이 미드웨이 수역에 있을지 모른다고 의심했던 것은 확실하다. 그러나 나구모는 이 정보에 의거하여 행동하지 않기로 결정했다. 돌이켜 보면 나구모의 우유부단함은 부분적으로 성격 탓일 수도 있다. 경력상 이때 나구모는 완고하고 창의력이 없었으며 자신이 지휘하는 부대의 기술적 복잡성에 익숙하지 않았다. 창의성과 자발성보다 복종과 순응을 강조하는 일본 해군의 문화가 나구모의 성격적 경향을 더욱 강화했다.

그러나 우가키 참모장과 미 해군 참모대학, 그리고 월터 로드가 지적했듯이 야마모토가 놓친 부분들 중 가장 치명적인 것은 작전계획에서 예상한 시간보다 미군이 더 일찍 현장에 와 있을 상황을 대비하지 않은 것이었다. 미군은 이미 패배했으며, 미군을 유인해야만 전투를 벌일 수 있다는 야마모토의 믿음이 여기에 한몫 했다. 야마모토는 미군이 미리 와서 매복하고 있으리라고는 상상하지 못했다. 앞에서 서술했듯이, 야마모토의 가장 큰 실책은 적의 능력이 아니라 자신이 생각한 적의 의도에 맞추어 작전을 구상했다는 것이다.

적이 패했고, 적을 유인해야 전투를 벌일 수 있다는 가정에 바탕을 두고 작전을 세운 결과 야마모토는 적을 눈앞에 두고 전력 분산을 결정하는 실책을 저질렀다. 적보다 우월한 전력을 상호 지원이 불가능한 소부대로 쪼갬으로써 전반적으로 작전계획이 불필요하게 약화되었다. 세부계획을 기안한 사람은 연합함대 수석참모[31] 구로시마 가메토 대좌였으나 최종 책임자는 사령장관 야마모토였다. 흥미롭게도, 전쟁 전반에 걸쳐 상대적 전력이 약화된 뒤에도 일본군은 복잡한 전력 분산을 맹목적으로 선호했다. 예를 들어 야마모토 이후의 연합함대 사령장관인 도요다 소에무豊田副武 대장은 1944년에 미드웨이와 비슷한 규모의 대규모 작전을 계획했다. 필리핀 방어에 대한 도요다의 첩1호 작전에도 함대를 넓게 분산해 운용하는 내용이 담겨 있었다. 독자적으로 행동하는 2개 함대[32]가 레이테만의 미군 상륙지점에서 합류하고 오자와 지사부로 중장의 기동부대가 미군 주력을 북쪽으로 유인하여 구리타의 전함들에 길을 열어 주기 위한 미끼 역할을 한다는 계획이었다. 미드웨이 해전 이전의 자바 해전과 산호해 해전, 이후의 동부 솔로몬 해전과 산타크루즈 해전에서도 일본군은 상호 지원을 할 수 없는 형태로 여러 함대를 분산 운용했다.

결론은 명백하다. 야마모토가 아니라 다른 지휘관이 1942년 4~5월에 연합함대 사령장관이었더라도 그는 연습 수준의 상대적으로 단순한 작전 대신에 실제 미드웨이 작전에 준하는 복잡하고 정교한 작전을 짰을 것이다. 복잡하고 정교한 작전은 야마모토뿐만 아니라 연합함대의 전매특허였다. 일본군이 선호한 '정교함'은 1920년대와 1930년대에 일본 해군 교리와 함대연습에서 잘 드러난다. 일본군의 교리와 연습은 복잡한 포위기동을 염두에 두었다. 일본군은 종종 야간에도 포위기동연습을 했으며, 어수룩한 미 해군을 의도한 대로 덫에 가두려면 모든 것이 시계장치처럼 정확하게 맞물려 돌아가야 했다.[33]

이 점에서 일본군의 해군전략은 계략과 우회의 가치를 높이 평가하는 동양 병법의 영향을 받은 것으로 보인다. 20세기 초 해군대학교의 뛰어난 전략가 아키야마 사네유키秋山眞之[34]는 서구의 근대적 해군전술뿐만 아니라 손자 같은 고대 동양 병법가들의 사상을 차용하여 일본 해군의 전략사상을 구체화했다. 아키야마의 원칙들, 특히 의도를 감추기 위한 우회를 선호하는 원칙은 쓰시마 해전 승리의 전략적 토대로 여겨졌다. 쓰시마 해전에서 승리한 이래 이 원칙들은 전간기戰間期로 이어졌고 미드웨이에서도 강력한 영향력을 발휘했다.[35]

불행히도 미드웨이에서는 손자가 말한 '미묘함'이 당면한 전략적 문제를 해결하는 데 있어서 위험한 사치였다. 만약 전투에서 단순히 완력만 필요한 상황이 있다면 미드웨이가 바로 그랬다. 그러나 앞서 설명한 제도의 세례를 받으며 성장한 야마모토는 자신을 키워낸 해군의 용병술적 감성에 맞는 우아한 전략적 접근을 택했다. 아마 일본 해군대학교 졸업자라면 누구나 야마모토와 같은 길을 택했을 것이다. 단언하건대, 일본의 해군전략은 왜곡되었으며 누가 계획을 짜든 간에 실전에 적용할 수 없는 해법을 만들어 냈을 것이다. 이런 맥락에서 지하야 마사타카가 미드웨이의 패전은 계획된 바나 다름없다고 탄식한 것이다. 그러나 거슬러 올라가 보면 패배의 원인은 일본 해군이 기세등등했던 6개월 전보다 훨씬 오래전부터 있어 왔으며 수십 년 동안 일본 해군의 전략관에 뿌리내려 왔다.

미드웨이 해전에서 일본이 예측에 실패한 또 다른 원인의 경우 제도적 뿌리까지 추적할 필요도 없다. 5월에 전함 야마토에서 열린 도상연습에서 야마모토와 우가키가 보인 고압적 행동이 그것이다. 객관적으로 사용한다면 도상연습은 예측하지 못한 위험을 드러내어 대응책을 마련하는 데 유용한 도구이다. 5월 도상연습의 표면상 목적은 현장 지휘관들에게 작전을 수행할 준비를 갖추게 하는 것이었다. 그러나 처음부터 연합함대의 도상연습은 코미디였다. 솔직하고 열린 사고로 문제에 접근하는 자세 대신 야마모토의 정치적 의도가 모든 것을 지배했다. 도상연습은 반대 의견에 상관없이 연합함대 사령부의 작전 개념을 관철하기 위한 도구에 불과했다. 작전계획안의 지각 배포와 뻔뻔스런 진행이 불만스러웠던 나구모는 시종일관 입을 다물었다. 나머지 참가자들 역시 연습하는 시늉만 할 뿐이었다. 연합함대 사령장관은 가장 중요한 전투를 눈앞에 두고 가장 중요한 분석도구를 자기 입맛대로 다루었던 것이다.

도상연습이 거둔 유일한 가치 있는 통찰은 미국 항공모함이 예측에서 벗어나 나구모의 측면에 나타난다면 작전 전체가 불쾌한 상황에 처할 수 있다는 깨달음이었다. 그러나 이 깨달음도 공격대 절반을 대함전투 준비를 시켜 계속 대기시키라는 무성의한 구두명령으로 끝났다. 실제 전투가 벌어졌을 때 이 명령은 나구모의 발목을 잡는 것 외에 아무 역할도 하지 못했다. 적의 행동을 예측하는 데 있어 야마모토가 유일하게 취한 조치가 오히려 작전에 해를 끼쳤다.

요약하자면 일본 해군은 여러 가지 치명적인 예측 실패를 저질렀다. 겐다의 허술한 정찰계획, 야마모토의 완고한 작전계획, 도상연습에서 우가키가 억지로 부활시킨 가가까지 모두 한 나라의 해군이 어쩌면 이렇게 미래를 내다보지 못했을까 싶은 증거뿐이다. 일본 해군은 습관적으로 '최악의 경우'가 아니라 '최선의 경우'를 상정하여 작전을 구상하고 자신들이 바라는 대로 일이 풀릴 것이라고 믿었다. 군사 계획을 세울 때 최악의 사고방식이다.

따라서 일본군은 결함 있는 교리와 과거 경험에서 도출한 잘못된 결론을 가지고 최근의 전투에서 중요한 전훈을 배우지 않은 상태로 미드웨이에 갔다(학습 실패). 더욱이 작전계획에도 비슷한 결함이 있었으며 미드웨이에서 미군이 기다리는 경우 같은 돌발 상황을 고려하지 않았다(예측 실패). 이렇게 심각한 문제가 있었음에도 불구하고 만약 일본군이 상황 변화라는 도전에 잘 대응했다면 나구모는 전투에 승리하거나 최소한 무승부를 거둘 수도 있었다. 무엇보다 즈이카쿠와 쇼카쿠가 없어도 기동부대 항공모함 4척은 여전히 세계 최강, 최정예 해군항공대를 보유했다. 그러나 여기에서도 일본 해군은 전투 직전 전략적 차원과 전투 중 작전운용 차원에서 실책을 저질렀다.

지금까지 볼 때 일본군이 저지른 가장 중요한 적응 실패는 신줏단지 모시듯 작전계획에 집착했다는 것이다. 사실 이런 경향은 미드웨이뿐만 아니라 태평양전쟁에서 일본군이 공통적으로 보인 모습이다. 적당한 용어를 쓰자면 '계획 타성'이 일본 해군의 사고방식에 만연했는데 이것은 여러 요소가 작용한 결과다. 다른 문화의 특성을 일반화해 이야기하는 것은 바람직하지 않지만, 최소한 일본 사회는 질서를 최우선으로 삼는 경향이 있다. 더욱이 일본인은 남녀노소를 막론하고 공중에서 실수를 저지르는 행동을 극도로 싫어한다는 데 주목할 필요가 있다. 계획은 사회적 의례처럼 질서를 세우고 이를 문서화하여 실수를 줄이는 자연스러운 방법이다. 아직도 일본에서는 계획을 중요시하는 경향이 있다. 일본 대기업에서는 때로 수십 년 앞을 내다본 사업계획을 짠다. 일반적으로 서구 대기업에서 5년 정도를 계획의 한계선으로 보는 것과 대조적이다. 일본의 통상산업성이 전후 '경제 기적' 과정에서 얼마나 영향력을 행사했는지는 논란의 여지가 있으나, 일본이 국가 차원에서 경제계획을 세우고 이를 체계적으로 시행하는 몇 안 되는 자본주의 국가라는 점에는 이론의 여지가 없다.

당연히 이러한 문화적 경향은 초창기 일본 해군에도 나타났다. 더욱이 당시 해군의 계획은 유용해 보였다. 특히 쓰시마 해전에서는 훌륭한 계획 덕택에 일본군이 러시아를 물리쳤지만, 일반적으로 일본군이 러시아군에 비해 고도의 전술적 균일성과 응집력을 유지하며 싸운 탓도 크다. 전간기 일본 해군은 1907~1922년에 태평양의 미 해군전력에 대응하기 위해 전함 8척과 순양전함 8척을 확보하는 8-8 함대 같은 정책을 심도 있게 추진했다. 8-8 함대 개념에 깔린 논리는 상당히 추상적이었지만(그리고 의심의 여지도 있었다.) 워싱턴 해군 군축조약 체결로 8-8 함대 계획을 포기할 때까지 해군에게 8-8 함대는 '금과옥조'였다.[36] 1930년대에 이 경향은 야심찬 해군력 보충, 증강계획이라는 형태로 부활했다. 비공식적으로 마루 계획丸計劃이라고 불린 이 계획은 전쟁 직전까지 시행되어〔그리고 전쟁이 발발한 뒤에도〕 해군의 규모를 극적으로 늘렸다.[37]

일본 해군의 일정 관련 계획을 더 상세히 살펴보자면 해군의 활동계획은 4월 1일부터 다음 해 3월 31일까지가 기한인 연도작전계획에서 상세히 규정되었다.[38] 매년 군령부가 작성한 이 계획에는 훈련 계획, 함대연습 계획과 여기에 수반한 전술적 문제해결책까지 꼼꼼하게 적혔다. 매해 연도작전계획에는 출사준비出師準備〔1차 동원 준비〕 계획과 연도제국해군전시편제〔전시편제 전환계획〕가 포함되었다. 따라서 해군은 연중 어느 때든지 결전에서 승리하는 데 필요한 기량을 연마하기만 하면 되었다. 1930년대가 지나자 거의 모든 전술 행동요령이 문서화되고 계획되었다.[39]

개전 초기에 일본 육해군은 계획에 집착한 데 대한 보상을 받았다. 진주만 기습 시 일본 해군이 보여준 능숙함이 좋은 예다. 야마모토 사령장관, 특히 수석참모 구로시마 대좌는 대담한 전망을 바탕으로 매우 짧은 시간 내에 견실한 작전계획을 만들어냈다. 진주만 기습은 해군항공력의 집중운용이라는 혁명뿐만 아니라 진주만의 얕은 심도에서 항공어뢰를 사용하기 위한 목제 수중 안정타安定舵와 꼬리날개(框板)의 도입처럼 전술적 혁신을 가져왔다. 육군의 버마, 말레이 전격전도 창의적이었다. 육군은 자전거 부대 등의 전술적 창의력을 발휘하여 두 배나 큰 경험 많은 적군을 9주 만에 쓰러뜨렸다. 이 모든 것은 전쟁 전에 육군 참모본부가 완성한 견실한 작전계획에 기반을 두었다. 도상연습 단계에서 육군은 주요 공격로를 판독하고 성공적 작전수행에 요구되는 전투공병대의 숙련도(특히 교량 건설)를 파악할 수 있었다.[40] 승리는 이 모든 노력의 결과였고 당연한 것이었다.

그러나 과유불급이라고 했다. 게다가 일본군은 자신의 계획을 지나치게 높이 평가하여 한 번 공식화된 계획을 결코 바꾸려 하지 않았던 것으로 보인다. 야마모토가 산호해에서 생긴 차질에 적절하게 대응하지 못한 것이 그 예다. 미드웨이 작전을 연기하지 않음으로써 야마모토는 5항전의 항공모함들을 전열에 추가하지 못했다. 따라서 나구모는 미드웨이에서 우위를 점하지 못하고 미군과 동등한 입장에서 싸우게 되었다. 마찬가지로 준비 지연 때문에 출항일을 하루 늦춰 달라는 나구모의 요청에 적절히 대처하지 못하여 다나카의 상륙선단 호위대가 생각보다 일찍 미군에게 발각되었다. 다나카 부대가 발각되자 일본 기동부대가 곧 미드웨이 인근에 나타나리라는 의심은 확신으로 바뀌었다. K작전이 실패하여 미군의 배치를 적기에 알 수 없게 되었음이 분명해졌을 때에도 야마모토는 계획을 수정하지 않았다.

작전수행 차원에서 계획 타성은 전투 전이나 전투 중에 상황에 적응하기를 거부하는 모습으로 나타난다. 카를 폰 클라우제비츠의 유명한 금언인 "적과 접촉함과 동시에 계획의 수명은 끝난다."를 귀담아들은 사람은 일본 해군에 없었던 것 같다.

이 점에 있어서 나구모도 나름대로 어려움이 있었을 것이다. 그러나 최신 정보에 맞춰 대응하기를 꺼린 것 말고도 나구모는 두 가지 중요한 측면에서 실책을 저질렀다. 첫째, 상황이 급박해졌는데도 재빨리 공격대를 보내지 않았다. 둘째, 미군을 발견한 다음에도 적에게 곧바로 다가감으로써 현명하지 못하게도 자신의 함대를 더 큰 위험에 노출시켰다. 물론 근거리에서 통합된 공격력으로 적에게 치명적 타격을 가할 것을 요구한 일본군의 교리가 이 두 경우에 큰 영향을 미쳤다.

야마구치도 변화하는 상황에 그다지 잘 적응하지 못했다. 히류와 히류 비행기대의 전력을 신중하게 계산하는 대신 야마구치는 아무 보상을 기대할 수 없는데도 히류를 점점 더 위험한 상황으로 몰아넣었다. 이 점에서 야마구치는 전통적 무사를 닮았다. 야마구치는 공격적이고 포기할 줄 몰랐지만 당분간 대체할 수 없는 국가자산 보전보다 개인의 명예를 우선시했다. 앞에서 서술했지만, 일반적 통념과 달리 나구모 역시 야마구치만큼이나 공격적이었다. 상황이 불리해져서 퇴각하는 수밖에 없을 때도 그랬다.

1942년 초에 버마에서 일본군에게 패배한 영국 육군의 윌리엄 슬림 원수는 1944년 같은 전역에서 일본군을 쳐부쉈다. 슬림은 다음과 같이 일본군 지휘부의 정신 상태를 아주 잘 묘사했다.

> "일본군은 계획대로만 일이 풀리면 개미처럼 용감하고 대담했다. 그러나 계획이 틀어지면 혼란에 빠졌다. 일본군은 새로이 변화된 상황에 느리게 적응했고 언제나 원래 계획에만 매달렸다. 무작정 모든 것이 잘되리라고 믿는 지휘관에게 이는 특히 위험했다. 차질이나 지연은 일본군의 작전에서 용납되지 않았기 때문이다. 일본군 지휘부의 근본 문제는 육체적 용기가 아닌 정신적 용기의 부족이었다. 일본군 지휘관들은 자신이 실수했다는 것, 계획이 잘못되었고 처음부터 다시 시작해야 한다는 것을 인정하지 않았다. …… 일본군 지휘관들은 잘못을 시인하는 대신 요구받은 작전 수행에 필요한 자원이 부족하다는 것을 잘 알면서도 수하들에게 자신이 받은 명령을 그대로 전달했다. 이 책임 전가는 반복적으로 재앙을 불러왔다. …… 일본군은 의지 측면에서는 높은 점수를 얻겠지만 유연성 부족으로 인해 엄청난 대가를 치렀다."[41]

계획 변경과 관련된 일본군 지휘부의 문제를 응축적으로 완벽히 보여 주는 이 구절은 미드웨이 해전에도 딱 들어맞는다. 도덕적 용기의 부족이 범죄라면 야마모토도, 나구모도, 야마구치도 모두 유죄다. 일본군의 계획 집착에 대한 슬림의 통찰은 날카롭다. 계획이 아무리 나쁘더라도 개별 지휘관은 자동적으로 계획을 패배의 면죄부로 삼을 수 있었다. 그러나 그 대가는 너무나 자주 쓸모없는 희생이나 부대의 전멸이었고, 해당 지휘관은 속죄하는 뜻으로 자결했다. 일반적으로 보면 이는 수적 우세를 누리는 적과 싸우는 방법이 아니었다.

지금까지 논의한 학습과 적응 실패 사례를 볼 때 일본군은 창의력을 제약하는 교리라는 수갑을 차고 미드웨이로 향했음이 확실하다. 미군 교리는 지휘관에게 전투를 효율적으로 수행하도록 안내하는 지침 역할을 한 반면, 일본 해군의 교리에는 일본군의 문화로 인해 해석의 자유가 거의 없었다. 미군이 예상보다 더 철저하게 경계태세에 들어갔다는 증거가 쌓이고 있었는데도 나구모와 겐다가 항공모함의 공격기를 이용하여 전술적 정찰자산을 보충하지 않은 사례가 이를 잘 보여 준다.

미 함대를 발견한 다음에 1항공함대 참모진이 공격대를 나누어 발진시키는 방법을 고려하는 것조차 내켜하지 않은 것은 교리의 규정 때문이었다. 도모나가의 미드웨이 공격대를 회수하기 전에 2항전의 함상폭격기만으로 공격을 실시하는 방법은 시행하는 데 어려움이 따랐을 수 있으나 나중에 히류가 간신히 해낸 공격보다 적에게 훨씬 큰 손해를 입힐 수 있는 방법이었다. 그러나 일본 해군 교리는 항공전력의 집중운용이야말로 어떤 전술적 문제도 해결할 수 있는 정답이라고 규정했다. 그리고 나구모와 참모진은 이 공식에 매달렸다.

교리에 따라 미군과 거리를 좁히기로 한 나구모의 결정도 적을 양면에서(미드웨이 제도와 미국 항공모함들) 상대해야 하는 결과를 낳았다. 북쪽이나 북서쪽으로 좀 더 자유로이 기동하기로 결정했더라면 미군이 훌륭한 (그리고 의도적인) 초기 배치로 쌓은 이점을 일부 상쇄했을지도 모른다. 전략 측면에서 일본군은 우회를 선호했지만 전술 측면에서 초근거리 전투를 벌여야 하는 상황에서는 우회하지 않고 적의 정면으로 돌진하려 했다는 모순이 미드웨이에서 가장 잘 드러난다.

이 문제들 중 일부는 1942년 초에 항공모함이 아직 개발된 지 얼마 안 된 무기체계였다는 점에서 비롯되었다. 항공모함 관련 교리가 양적으로 적었고 성숙하는 상황이었기에 다른 나라의 해군이라면 교리의 미완성을 이유로 전투 중 필요에 따라 암묵적으로 교리를 재량껏 해석하도록 허용했을 것이다. 그러나 일본군은 교리에 반영된 경험과 지식의 축적량이 적은 데다 문제가 있음에도 불구하고 교리에 집착했다. 일본군은 임기응변이 필요한 경우에도 가장 편리하고 눈에 뻔히 보이는 전술을 택했다. 적에게 돌진하는 것이다. 따라서 적응 측면에서도 일본군은 완전히 실패했다.

종합적으로 전투 경과를 상세히 살펴본 후 나온 불가피한 결론은, 일본군의 패배가 계획의 중요한 부분이 실패했기 때문이 아니라는 것이다. 승리병 때문도, 몇몇 지휘관의 실책 때문도 아니었다. 일본군의 패배는 전투의 모든 측면, 즉 전략, 작전, 전술에 퍼진 실패들이 복잡하게 얽힌 총체적 난국으로 인한 결과였다. 모든 부분에 크고 작은 문제가 있었다. 표면상 드러난 문제의 근저에 있는 원인은 수많은 개개인이 저지른 실수의 총합일 수도 있다. 그중에는 중대한 실수도 있으나 대다수는 일본 군부와 일본 해군의 문화, 교리, 그리고 선호한 전투방법에 내재된 더 큰 문제점이 일으킨 병의 증상에 불과하다. 이 모든 실패는 과거로부터 올바른 교훈을 배우지 않고, 미래를 위해 견실한 계획을 세우지 않으며, 계획에 결함이 있음을 인지하고도 새로운 상황에 적응하는 데 실패한 조직의 최종 산물이다.

흥미롭게도 이 모든 문제의 씨앗은 40년 전 해군대학교의 초창기 교육을 통해, 그리고 일본이 거둔 가장 빛나는 승리인 쓰시마 해전 이후에 뿌려졌다. 이 씨앗들은 눈에 띄지 않고 조용히 성장하다가 적절한 시간과 장소와 사람을 만나자 활짝 꽃을 피웠다. 1930년대의 일본 해군은 이 뒤틀린 묘목을 뽑아내지 않고 오히려 정성껏 가꿨다. 전간기에는 과격한 민족주의와 미국을 상대로 한 분쟁에서 언제나 약자가 될 수밖에 없다는 믿음이 가한 이중 압력이 일본의 해군정책과 교리를 더 크게 왜곡했다. 그 결과 태평양전쟁이 시작되었을 때 일본 해군은 의심할 바 없이 전술적으로 뛰어난 기량을 갖추었음에도 불구하고 전략적 수준과 작전상 수준에서 싸울 정신적 능력이 크게 손상된 상태였다. 미드웨이 해전이 해군과 일본에 가져다준 재앙은 이 단점들이 얼마나 컸는지를 여실히 보여 주었다. 물론 전체 전쟁의 큰 맥락에서 미드웨이 해전은 일본 군국주의라는 독과수毒果樹에서 떨어진 첫 번째 열매였을 뿐이다.

미드웨이 해전에서 시작된 연이은 패배는 일본 해군이 스스로 여겼듯이 근대화되고 선진적인 조직이 아니라 사실 대단히 편협한 세계관을 가진 조직이었다는 가혹한 진실에서 비롯되었다. 태평양전쟁은 일본 군부 지도자들이 내다본 제한적 단기전이 아닌 전 지구적 전쟁이 되었고 일본을 통째로 집어삼킬 전쟁이 되었다. 놀랍도록 짧은 시간 내에 미국은 산업대국에 가능한 모든 전략적 차원 즉 군사적, 정치적, 경제적, 과학적 차원에서 일본과 본격적으로 전쟁을 시작했다. 일본은 지상에서, 공중에서, 바다 위와 바다 아래에서 공격받고 마침내 이 모든 전장에서 결정적 패배를 당하게 되었다. 미드웨이 해전은 일본이 겪을 더욱 큰 패배를 예고한 불길한 징후 중 하나였을 뿐이다. 분명한 것은 세계에서 가장 강한 나라를 먼저 공격하기로 한 결정이야말로 치명적으로 잘못된 것이었다는 점이다. 그럼으로써 일본군과 일본국민은 엄청나게 넓은 범위에서 복잡하고 정신없이 빠른 속도로 전개되는 전쟁에 휘말리게 되었다. 시간이 지남에 따라 이는 일본에게 점점 더 다루기 벅찬 과제가 되었다. 1848년 이래 놀라운 속도로 군대를 근대화했음에도 불구하고 일본 해군은 군사적·문화적으로 구시대적인 사고방식과 쓰시마 해전의 왜곡된 유산에 묶여 있었다. 결과적으로 일본 군부가 1941년에 일으킨 전쟁은 자원의 한계를 넘었을 뿐만 아니라 이해의 한계를 넘은 것이었다.

23

미드웨이 해전의 중요성

일본의 패배 이유를 살펴보았으니 다음 단계로 패배가 끼친 영향을 알아보자. 패배의 원인을 알아내는 것과 마찬가지로 미드웨이 해전의 중요성을 평가하는 작업 역시 복잡 미묘한 문제이다. 태평양전쟁의 '결정적' 전투라고 불리는 미드웨이 해전이니, 이것은 당연한 일이다. 대규모 전투는 다방면에 상당히 큰 영향을 끼치게 되는데, 각각의 영향을 나누어 살펴보자. '미드웨이 해전의 진정한 의의는 무엇인가?'라는 질문에는 물질적 의의, 전략적 의의, 결과가 달랐을 때의 의의 면에서 대답할 수 있다. 첫 번째 물질적 의의를 살펴볼 때는 비행기나 함선, 숙련된 정비원 손실, 일본군의 조종사 양성계획 규모 등의 중요성에 초점을 맞춘다. 두 번째 의의를 살펴볼 때는 미드웨이 해전이 이후 일본의 전략에 끼친 영향을 분석한다. 세 번째 의의를 생각해볼 때는 다른 결과가 가져왔을 '만에 하나' 시나리오(상당히 잘 짜인 것도 있지만 망상에 가까운 것도 있다.)를 만들어 미드웨이 해전의 중요성을 고찰한다. 이 시나리오에서는 미드웨이 해전의 결과에 따라 제2차 세계대전의 결과가 여러 가지로 변한다. 하나씩 살펴보겠지만 이 책은 작전 위주로 쓰였으므로 먼저 항공모함 4척을 잃은 것이 일본에게 무엇을 뜻했는지를 살펴보겠다.

이 질문은 '2개 항공전대를 잃는 것이 무엇을 뜻하는가'로 바꾸는 것이 더 적절해 보인다. 구체적으로 제1항공전대와 제2항공전대의 상실이다. 항공모함을 항공전대로 바꾸어 질문한다는 것은 일본 해군이 동시대 타국 해군보다 항공모함의 집단운용 능력을 한 차원 더 높은 단계로 끌어올렸음을 인정한다는 뜻이다. 항공전대 손실에 초점을 맞추는 것은 함선 몇 척, 비행기 몇 기, 병력 얼마를 잃은 것뿐만 아니라 잘 운용되던 세 요소의 결합물을 잃었음을 강조하는 것이기도 하다. 1, 2항전은 수년간의 훈련과 실험으로 탄생한 믿을 수 없을 정도로 복잡한 무기체계였다. 1942년 6월 4일에 일본군이 입은 피해를 산정하려면 이 체계를 구성한 물질적 요소를 살펴볼 필요가 있다.

지금까지는 물질적 요소의 중요성을 과대평가하거나 과소평가하는 경향이 모두 있었다. 예를 들어 미드웨이 해전에 대한 초창기 연구들은 흔히 항공모함 4척이 격침되면서 일본 해군 최정예 비행사들도 크게 손실되어 일본의 세력 확장이 저지되었다고 생각한다. 진실은 이보다 훨씬 복잡하다. 존 프라도스John Prados의 『연합함대를 해독한다*Combined Fleet Decoded*』 같은 저서는 미드웨이 해전이 일본 해군 항공대에 큰 피해를 입히지 않았음을 밝혀 이런 오류를 정정했다. 각 항공모함 비행기대 전투행동조서 및 항공모함 전투상보도 이를 뒷받침한다. (공중전과 모함이 공격받았을 때를 합쳐) 가가의 비행기 탑승원 중 21명이 전사했다. 소류는 10명, 아카기는 7명을 잃었다. 히류는 예외적으로 72명의 전사자를 기록했는데 50퍼센트에 가까운 전사 비율이다.[1] 히류의 중대장과 분대장 상당수가 전사했다.[2] 작전 중 실종된 정찰기 탑승원 11명도 여기에 들어간다. 탑승원 121명의 전사, 실종은 가슴 아픈 일이지만 그 자체가 재앙은 아니다. 일본은 1942년 8월의 동부 솔로몬 해전에서 비슷한 수(110명)의 탑승원을 잃었으며[3] 같은 해 10월 산타크루스 해전에서는 미드웨이 해전보다 많은 145명을 잃었다.[4] 미드웨이 해전으로 인해 개전 전에 항공모함 발착함이 가능한 비행기 탑승원 2,000명을 보유한 일본 해군 항공대의 전반적 전투력이 크게 약화되지는 않았다.[5] 미드웨이 해전이 아니라 솔로몬 제도에서 벌어진 지독한 소모전을 겪으며 일본 해군 항공대의 전력은 급전직하했으며 산타크루스 해전을 거치며 전쟁 전의 정예 탑승원들은 거의 다 사라졌다.

프라도스는 수백 명에 달한 정예 정비원과 기술인력 손실이 끼친 부정적 영향도 이야기했다. 미드웨이 해전에 참가한 일본 항공모함의 정비기술 인력 중 721명이 전사했는데 이는 승선 인원의 40퍼센트에 해당한다.[6] 미국보다 덜 산업화된 일본 사회를 생각해 보면 대체하기 어려운 손실이었다. 이 손실(그리고 나중에 라바울에 고립되어 사실상 잃어버린 것이나 마찬가지가 된 다수 정비인력)은 1944년에 재개된 항공모함 전투에 신형 함상기를 투입하는 데 큰 장애물이 되었다. 정비인력 외에 비행갑판 작업원, 병기원, 지원인력 같은 필수인원의 손실도 컸다. 이들은 수년간 함께 훈련받고 실전을 경험하여 최고 수준으로 숙달된 인력이었다.

인적 손실은 추상적 손실을 가져온다. 바로 조직 지식Organizational Knowledge이다. 아무것도 없는 상태에서 항공모함 2척에 수병 3,000명과 비행기 150기를 불러놓고 그 자리에서 바로 능숙하게 작전하기를 기대할 수는 없다. 전쟁 초기의 쇼카쿠와 즈이카쿠가 이를 잘 보여 준다. 나구모는 인도양 작전에서 쇼카쿠와 즈이카쿠의 느리고 서투른 무장교체 작업 때문에 골머리를 앓았다. 5월 8일 산호해 해전에서는 즈이카쿠의 느린 회수작업 속도 때문에 상공에 있는 마지막 공격대를 착함시키기 위해 갑판에 있는 귀중한 비행기 10여 기를 바다에 투기하기까지 했다. 따라서 취역한 지 여러 개월이 지났고 경험 많은 항공모함들과 계속 같이 행동했음에도 불구하고 5항전은 1, 2항전과 동등한 수준으로 작전할 수가 없었다. 쇼카쿠와 즈이카쿠는 최고 수준의 작전능력을 갖출 때까지 긴 시간이 필요했다. 일본이 최대한 과감하고 효율적으로 싸워야 할 때 베테랑 항전 2개가 남긴 공백은 신참들이 쉽게 메울 수 있는 것이 아니었다.

탑승원, 기술인력, 조직 지식의 상실은 중요한 의미가 있다. 1942년에 일본 입장에서 비행기는 귀중한 자산이었으며 인적, 조직적, 전술적 자원의 총체적 가치 역시 이에 못지않게 중요했다. 이 전쟁에서 일본은 중요한 자원을 자주 낭비했다. 그러나 항공모함 손실의 중요성에 비하면 앞서 말한 자원의 손실은 아무것도 아니다. 후대의 관찰자들은 해전의 신기원을 연 비행기와 조종사의 중요성에 지나치게 관심을 쏟는 바람에 해군의 전략 자산으로서 항공모함의 엄청난 중요성에 눈을 감았다. 비행기와 조종사를 싣고 전장으로 갈 항공모함 없이는 해군항공전의 혁명도 의미가 없다. 근본적으로 '세력투사Power Projection'란 투사될 전력이 발진할 기지를 필요로 하기 때문이다. 그리고 이 이동기지는 전체 시스템에서 가장 비싸고 소중한 요소이다.

일본은 항공모함 10척을 가지고 전쟁을 시작했다. 이 중 아카기, 가가, 히류, 소류, 즈이카쿠, 쇼카쿠가 어느 정도 규모 있는 비행기대를 싣고 작전할 수 있는 크기와 속력을 갖춘 정규 항공모함이었다. 호쇼, 류조, 즈이호는 경항공모함이었다. 호쇼는 작고 구식이며 느렸다.[7] 류조는 호쇼보다 아주 조금 나았으나 〔격납고와 운용설비의〕 여유가 없었고 구조 문제가 있었으며 엘리베이터가 하나밖에 없었기 때문에 주력 항공모함 부대와 함께 작전할 수 있는 성능을 갖춘 것은 즈이호뿐이었다.[8] 그러나 미드웨이 해전 직전에 즈이호만큼 유용했을 자매함 쇼호가 산호해에서 격침되었다. 일본은 항공모함 준요와 히요를 〔미드웨이 해전 직전과 직후에 각각〕 취역시켰다. 여객선을 개조한 준요와 히요는 경항공모함보다 컸으며 상당한 규모의 비행기대를 실을 수 있었다.[9] 그러나 민수용 보일러와 군용 터빈을 결합한 괴상한 기관을 탑재했고 정규 항공모함보다 속력이 느렸다.[10] 준요와 히요는 아쉬운 대로 쓰일 수는 있었지만 미드웨이에서 잃은 정규 항공모함 4척을 대체할 수는 없었다.

사실 일본군 경항공모함은 태평양전쟁에서 큰 역할을 하지 못했다. 무용지물이었다는 뜻이 아니다. 경항공모함은 상륙전 지원 시 환영받는 전력이었으며 국지적 상공엄호를 맡을 수 있었다. 그러나 단점도 많았는데 가장 큰 문제는 탑재 가능한 비행기 수가 적었다는 점이다. 항공모함 탑재 비행기대에는 규모의 경제가 적용된다. 정찰도 하고 모함도 보호하면서 적에게 강력한 타격을 입히려면 항공모함은 어느 정도 규모 있는 비행기대를 실어야 한다. 말하자면 32기 편성 공격대로 한 번 공격하는 것이 16기로 두 번 공격하는 것보다 확실한 효과를 거둘 수 있다. 공격대가 클수록 방어를 무력화할 가능성도 더 높아지기 때문이다. 따라서 단독으로 강력한 공격대를 발진시킬 수 있는 항공모함을 보유하는 것은 중요한 이점이다. 경항공모함이 가진 20~30기는 간신히 자신을 지킬 수는 있겠지만 적에게 상당한 타격을 입히기에는 턱없는 규모였다.

더욱이 정비, 지휘시설, 급유설비, 탄약고 같은 지원설비는 더 큰 배에 실릴수록 더 효율적으로 기능을 발휘한다. 그뿐만 아니라 정규 항공모함 1척에 호위를 붙이는 것이 같은 수의 비행기를 싣는 경항공모함 2척에 호위를 붙이는 것보다 훨씬 쉽다. 구축함이 부족했던 일본 해군에게는 중요한 요소였다. 모든 것을 검토해 보면 경항공모함 2척을 배치해도 60기 이상을 보유한 정규 항공모함 1척의 효율성에 미치지 못한다는 것을 알 수 있다. 경항공모함은 정규 항공모함을 보조할 수 있을 뿐 대체할 수는 없었다. 즈이호를 제외하고 경항공모함은 정규 항공모함의 건조에 지장을 주면서까지 노력과 자원을 투입할 가치가 없었다.

이 점에 비추어 보면 태평양전쟁에서 해군력의 척도는 정규 항공모함의 보유 척수였다. 이 기준으로 계산해 보면 개전 시 일본 해군과 미 해군의 전력은 동등했다. 미 해군은 일본 해군의 6척에 상응하는 정규 항공모함 5척—렉싱턴, 새러토가, 요크타운, 엔터프라이즈, 와스프—을 보유했다. 미드웨이 해전 무렵에는 새로이 호닛이 전열에 참가했지만 그 효과는 렉싱턴의 상실과 새러토가의 대파로 상쇄되었다. 따라서 일본군은 산호해 해전 직후에는 정규 항공모함 보유 척수에서 6척 대 4척으로 우위에 섰지만, 미 해군 항공모함비행단Carrier Air Group의 규모가 일본군의 비행기대보다 컸기에 항공모함에 탑재한 비행기 수 면에서 일본군이 약간 우세했다. 그러나 미드웨이 해전 직후 양군의 전력차는 4척(엔터프라이즈, 호닛, 와스프, 새러토가) 대 2척(쇼카쿠, 즈이카쿠)으로 미군에게 극적으로 유리한 방향으로 반전되었다.

항공모함 1척을 건조하는 데 투입되는 엄청난 국가자원을 생각해 보면 항공모함의 중요성은 더욱 두드러진다. 준공 당시 아카기와 가가는 그때까지 일본 해군이 보유한 함선 중 가장 비싼 배였다. 양 함 건조에 각각 5,300만 엔가량이 소요되었으며, 예를 들어 개별비specific cost를 배수톤당 가격으로 계산해 보면 아카기와 가가는 동시대 전함보다 두 배 더 비쌌다. 원래 항공모함은 항공유 저장과 급유설비, 손상통제장비, 고각포와 고사장치같이 복잡한 설비 때문에 건조비용이 비싸다. 아카기와 가가는 기존 주력함의 선체 설계를 항공모함으로 변경하는 데 드는 비용이 추가되어 제조비가 더 올라갔다. 게다가 1930년대에는 양 함이 다단계에 걸쳐 대개장을 받아 예산 수백만 엔을 추가로 썼다. 1937년과 1939년에 소류와 히류가 완성되었을 때 소요된 금액 4,020만 엔은 아카기와 가가에 비하면 매우 적어 보였을 것이다. 이러한 초기 취득가격에 비행기대 비행기의 가격과 연간 운용 유지비용이 추가된다.[11] 따라서 미드웨이 해전을 분석할 때 한 국가가 14년이나 걸려 만들어낸 군사력의 핵심요소를 잃은 사태의 의미를 적절히 평가하지 않는다면 태평양전쟁의 본질을 오판한 것이다. 정규 항공모함은 하늘에서 뚝 떨어지는 게 아니다. 하루아침에 정규 항공모함 4척을 잃는다는 것은 국가적 재앙에 비견할 만한 일이다. 특히 일본 해군이 단기전을 원했다는 점을 생각해 보면 이 손실은 치명적이고 회복 불가능한 타격이었다.

비행기 또는 탑승원의 손실이 항공모함의 손실 못지않게 중요하다는 주장이 있으나 타당하지 않다. 둘 중 하나를 굳이 꼽자면 인적자원의 손실이 더 중요하다. 당시 일본 해군 비행사는 세계 제일의 기량을 갖추었다. 미드웨이에서 전사한 탑승원들은 솔로몬 제도에서 벌어진 전투에도 필요했을 것이다. 그런데 이들 중 81명이 공중전에서 전사했다는 점을 기억할 필요가 있다. 이는 적을 공격하거나 함대를 방어하는 본연의 임무를 수행할 때 발생할 수 있는 수치이다. 일본군이 항공모함을 잃지 않고 미드웨이에서 승리를 거두었다고 해도 전사자 수는 비슷했을 것이다. 29명은 모함이 피격되었을 때〔혹은 기타 사유로〕사망했다.[12]

일본 해군 항공대의 인원이 비교적 적었던 것은 해군 스스로 부과한 제약의 결과라는 점을 기억할 필요가 있다. 인구가 8천만 명에 가까웠던 일본은 원한다면 비행기 탑승원을 더 많이 양성할 수 있었다. 하지만 평범한 기량의 탑승원으로 이루어진 대규모 항공대를 만드는 대신 작은 규모의 엘리트 탑승원을 유지하기로 결정한 이유를 고찰하는 것은 이 책의 서술범위를 벗어난 작업이다.[13] 1942년 초, 아직 시간이 있었을 때 일본군이 문제를 인지했음에도 불구하고 이를 고치지 않은 상황도 이 책에서는 다루지 않겠다. 그러나 일본이 전쟁 기간 내내 상실한 각종 항공기 5만 기에 훈련이 부족하나마 태울 탑승원이 있었다는 것은 인적자원만큼은 충분했음을 의미한다.

미드웨이 해전의 인적자원 손실 규모는 1942년 8월부터 남태평양에서 벌어진 참혹한 전투의 손실 규모와 비교하여 평가해야 한다. 이곳에서 일상이 된 초계비행, 공중전, 습격은 1944년에 일본 해군 항공대의 정예가 거의 사라질 때까지 계속되었다. 1942년 4월부터 1943년 4월까지 일본군은 남태평양에서 해군기만 2,817기를 잃었다.[14] 냉혹한 계산일지도 모르나 미드웨이에서 사라진 100명 남짓한 탑승원은 남태평양의 어마어마한 소모전에서는 있으나 마나 한 존재였을 것이다. 탑승원과 비행기는 곧 제국의 남쪽 변방에서 활활 타오를 불길의 불쏘시개에 불과했다.

수천만 달러짜리 전투기의 추락사고가 신문 1면을 장식하는 부유한 국가에 사는 21세기의 독자가 제2차 세계대전의 항공전이 얼마나 치열했는지를 제대로 이해하기는 어려울 것이다. 당시 비행기는 값싼 소모품이었다. 전투기 가격은 5만~10만 달러였고 중형 폭격기 가격은 그 두 배였다.[15] 반면에 생산량은 엄청났다. 미국은 전쟁기간 동안 군용기 30만 6,000기를 생산했고 일본은 6만 7,000기 이상을 생산했다.[16] 비행기는 트럭이나 포신 같은 소모품 대접을 받았다. 소모 속도도 빨랐다. 인용자료에 따라 차이가 있지만 미국은 태평양전선에서만 여러 가지 이유로 비행기 9,000~2만 7,000기를 잃었다. 같은 기간 일본은 3만 8,000~5만 기를 잃었다. 보수적 통계수치를 사용하더라도 일본은 1주일에 350기를 생산하고 200기를 잃었다. 1942년 일본 항공산업의 생산효율이 1944년보다 뒤처져 있었다는 점을 감안해도 미드웨이에서 3일간 잃은 함상기와 수상정찰기 257기는 몇 주 내로 보충할 수 있는 숫자였다. 반대로 정규 항공모함의 경우에는 일대일 기준으로 1944년 11월 시나노가 준공된 후에야 미드웨이에서 잃은 4척을 채울 수 있었다.[17] 미드웨이의 재앙이 있은 지 127주 만이었다. 패전을 목전에 둔 때였다.

항공모함 4척을 상실함으로써 일본 기동부대의 전술적 균일성은 사라졌다. 특성이 비슷한 함들을 함께 운용한다는 생각은 도입될 때부터 일본 해군의 건함 준칙이었으며 쓰시마 해전 때부터 미드웨이 해전 때까지 잘 활용되어 왔다.[18] 진주만을 기습한 기동부대는 견실한 1항전, 재빠른 2항전, 미숙하나 잠재력 있는 5항전으로 구성된 균형 잡힌 함대였다. 각 항전은 속력, 항속거리, 탑재기 구성 면에서 잘 어울리는 항공모함 한 쌍으로 이루어졌다. 비슷한 성능의 함선들을 한 부대로 기용하는 이유는 단순하다. 전투를 벌이는 중에 함선마다 성능이 다르다면 그렇잖아도 혼란스러운 상황에 복잡한 요소 하나를 추가하게 된다. 통일성은 지휘 통제 시 생기는 불필요한 마찰을 줄여 주는 역할을 한다. 1, 2항전의 상실은 일본 기동부대의 놀라운 균형과 통일성을 완전히 무너뜨렸다.

미드웨이 이후 즈이카쿠와 쇼카쿠는 새로운 기동부대를 쌓아 올리는 데 견실한 기반이 되었지만 일본의 건함능력 부족으로 인해 이 2척은 능력이 한참 떨어지는 경항공모함이나 상선 개조 항공모함의 지원을 받으며 싸울 수밖에 없었다. 1944년에 준공된 다이호가 쇼카쿠, 즈이카쿠와 함께 운용될 만한 성능을 갖춘 유일한 신조 정규 항공모함이었다.[19] 전쟁 기간에 10척 이상 건조된 에식스급 항공모함을 제외하더라도 요크타운급 3척과 비교할 만한 유일한 일본군 항공모함은 이 3척뿐이었다.

소류와 히류의 후계인 운류급 항공모함[20]은 쓸 만했지만 에식스급, 요크타운급[21] 항공모함에 비견할 만한 성능을 갖추지 못했다. 나머지 일본 항공모함들은 상선 개조 항공모함으로서 함량 미달이었다. 따라서 1942년부터 1944년까지 일본은 수치상으로 미 해군과 비슷한 숫자의 항공모함을 전개했으나 미드웨이 해전 이후 일본 기동부대는 개전 시 제1기동부대에 비해 균형, 통일성, 공격력 모든 면에서 크게 뒤처졌다. 탑승원과 비행기는 보충할 수 있었으나 미드웨이에서 상실한 항공모함 4척은 그렇지 못했다. 항공모함 상실은 태평양전쟁에서 일본이 가진 가장 강력한 무기를 완전히 망가뜨렸고 단언컨대 전투에서 발생한 가장 심각한 물질적 손실이었다.

물질적 손실 평가가 끝났으니 이제 전략적 결과에 대해 평가해 보자. 일본과 미국이 각각 보유한 물질적 전력은 유동적이었다. 전력은 지리, 날씨, 교통선, 전략적 주도권 등 여러 요소의 영향을 받으며 상대적으로 변동했다. H. P. 윌모트는 산호해 해전을 분석하며 교전 결과의 손익은 물질적으로 평가할 것이 아니라 "시간과 거리에 따라 달라지는 자원 수요의 관점에서 따져야 한다. 태평양전쟁의 작전수행에서 가장 중요한 요소는 언제나 항공모함 전력을 집중해 작전의 속도와 방향을 결정하는 능력이었다. 따라서 선박 상실량이 아니라 항공모함 전력이 받은 영향이 전투 결과로 치른 진정한 대가다."[22]라고 말했다. 이 계산은 미드웨이 해전에도 잘 적용되는데, 이 해전이 끼친 진정한 효과는 얼마 뒤 과달카날 수역에서 모습을 드러냈다.

일본은 종국적으로 태평양 도서들을 잇는 방어선을 구축하고 기지항공대와 항공모함 기동부대로 이를 지원하는 방식으로 전쟁을 지속하겠다는 의도로 태평양전쟁에 돌입했다. 따라서 이 전략은 일본이 방어에 필요한 거점들을 탈취하면서 가능한 한 오래 전력을 보전하는 경우에만 유효했다. 이전에도 말했듯이 전력을 보존할 가장 좋은 방법은 축차투입이 아닌 전력투구였다. 압도적으로 우세한 전력을 투입하면 희생을 최소화할 수 있다. 일본군의 입장에서 보았을 때 항공모함 6척을 동원할 정도로 중요하지 않은 목표는 추구할 가치가 없다. 일본은 산호해에서 먼저 행동을 개시함으로써 이 원칙을 위반했고 결국 한 달 뒤 미드웨이 해전에서 그 대가를 치렀다. 미드웨이 해전의 패배가 낳은 직접적 결과 가운데 하나는 미국과 오스트레일리아의 교통선 차단을 목표로 피지와 사모아를 점령하고자 한 FS작전의 취소였다. 또 다른 결과는 일본의 방어선 전략이 발동되기도 전에 유명무실해진 것이다. 공격받는 전진기지를 구원해줄 기동부대가 없다면 이러한 전략을 수행하기란 불가능했다.

1942년 8월에 벌어진 미군의 과달카날 기습상륙의 결과는 이를 똑똑히 보여 준다. 일본군의 과달카날과 툴라기섬 점유는 주 기지인 라바울의 방어선 확장인 동시에 오스트레일리아의 보급선을 압박하려는 공세적 진출이었다. 사실상 과달카날은 일본의 남서태평양 최전방 기지였다.

만약에 일본군이 미드웨이에서 승리했다면 미군은 과달카날에 상륙하지 않거나 최소한 1942년 8월에는 상륙하지 않았을 것이다. 그러나 미드웨이에서 승리함으로써 미 해군은 대형 항공모함 전력 면에서 일본 해군과 동등해졌고 자신감을 가져 솔로몬 제도 같은 먼 곳에서도 싸울 수 있게 되었다. 양측 항공모함 전력이 비등해진 상황도 섬을 둘러싼 치열한 격전이 길어지는 데 한몫 했다.

일본 해군 지휘관들은 개별적으로는 미드웨이의 패배가 심각하다는 것을 인정했지만, 과달카날에서 시작부터 불리한 입장에서 패배가 예정된 전투를 벌인다고 생각하지는 않았다. 이 점을 이해해야 한다. 미드웨이의 패전은 일본군의 전략 방침을 바꾸지도, 지나친 공격 일변도 경향을 누그러뜨리지도 못했다. 단기적으로 일본군은 과달카날 주변 수역에서 국지적 공세를 취하며 계속 미군과 전투를 벌일 수 있었다. 미드웨이에서 입은 손실에도 불구하고 과달카날 전투가 벌어질 무렵, 일본군은 정규 항공모함 여러 척에 배치할 비행기와 조종사를 충분히 확보했으나 추가로 투입할 정규 항공모함이 없었다. 일본이 결국 남동 솔로몬 전역에 엄청난 규모의 항공전력을 투입했을 뿐만 아니라 개조 항공모함 히요, 준요, 즈이호에 실력을 갖춘 비행기대를 전개해 산발적으로 전투를 벌였다는 사실은 일본 해군의 항공전력이 아직 충분했음을 증명한다.

쇼카쿠와 즈이카쿠를 중심으로 새 기동부대가 편성되고 예상치 못하게 일본 잠수함이 미국 항공모함을 퇴장시켰기 때문에(새러토가는 1942년 8월 31일 이-26의 공격으로 대파되어 11월까지 전장에서 이탈했으며 와스프는 동년 9월 15일 이-19에 격침되었다.) 솔로몬 제도의 전황이 즉시 일본군에게 불리해지지는 않았다. 일본군은 과달카날 근처에서 벌어진 두 번의 항공모함 전투 중 동부 솔로몬 해전에서 졌고, 논란의 여지는 있으나 산타크루스 해전에서 이겼다. 일본군은 과달카날 수역에서 일시적으로 승리한 듯해도 더 이상 전과를 확대할 여력이 없었다. 적에게 결정적 타격을 입히고 미군 지원 함선을 쫓아내고 섬의 미 지상군을 궤멸하여 전투를 완전히 마무리 지을 수 없었던 것이다. 가능성이 없진 않으나, 히류나 아카기가 미드웨이에서 살아남았더라면 일본군은 이 중요한 전장을 4~6개월간 지배할 정도의 전력을 보유했을 것이다.

일본군이 과달카날의 패배를 시인한 다음에도 나쁜 일들이 계속 일어났다. 1942년 말, 양측 항공모함 부대는 모두 지치고 전력이 바닥나 있었기 때문에 수상함과 육상기지 발진 비행기가 솔로몬 제도 수역에서 벌어진 나머지 해전을 치렀다. 양군 항공모함 부대는 1944년에야 재격돌했다. 미국은 1943년 중반부터 한 달에 1척꼴로 에식스급 항공모함을 취역시켰다. 일본은 꿈꿀 수도 없는 속도였다. 같은 해 준수한 성능의 인디펜던스급 경항공모함 9척이 취역했다. 미 해군항공대는 이제 태평양전쟁의 양상을 완전히 바꿀 태세를 갖추었다.

미군은 정규 항공모함 수의 시소게임에서 일본군을 제압했을 뿐만 아니라 항공모함 자체의 고유 전투력을 근본적으로 바꾸었다. 차세대 함상기 배치(고성능 F6F 헬캣 Hellcat 전투기의 배치가 가장 특기할 만하다), 대공수색 레이더와 사격통제 레이더 개선, 더 효율적인 관제유도 기법과 맞물린 전투정보실CIC의 기술적 성숙, 탑재 대공화기 수와 효율성의 비약적 증가(근접신관의 도입 포함)로 인해 일대일로 비교해 보아도 미군 항공모함은 일본군 항공모함에 비해 확실하게 우위에 섰다. 이러한 기술 발전만큼 중요했던 것은 기동부대를 따라 작전 가능한 고도화된 지원능력(고속급유선, 공작함, 부유건선거浮游乾船渠Floating Drydock)의 발달이다. 미군은 함대 정박지를 전방으로 전진시킬 수 있는 유례없는 능력을 보유하게 되었으며, 적 수역에서 계속 보급을 받으며 몇 주간이고 작전을 계속할 수 있게 되었다. 미 해군 항공대는 이전에 갈 수 없었던 지역을 위협하고, 일본 해군보다 훨씬 빠른 속도로 작전을 수행할 수 있었다. 미 해군의 기술, 작전기법의 전반적 도약은 굉장해서 1943년 후반에 모습을 드러낸 미 해군은 1942년의 해군과 완전히 달라진 새로운 군대였다.[23]

이 모든 요소는 1943년 11월의 길버트 제도Gilbert Islands[24] 상륙〔미군은 길버트 제도의 매킨Makin섬과 타라와Tarawa섬에 상륙〕 시 처음으로 모습을 보였다. 갤버닉 작전Operation

Galvanic이라고 불린 이 작전에서 미 해군은 정규 항공모함 6척, 경항공모함 5척, 호위 항공모함 7척을 투입했다. 일본 해군은 강력한 미 함대에 대응할 방법이 없었다. 라바울에 파견되어 솔로몬 제도에서 고조되던 미군의 움직임을 저지하던 항공모함 비행기대 일부가 전멸에 가까운 큰 손실을 입으며 항공모함의 전투력이 바닥까지 떨어졌다. 일본 해군이 할 수 있던 유일한 일은 순양함 몇 척과 잠수전대 하나를 파견하는 것뿐이었다. 겨우 석 달 뒤인 1944년 2월 16일, 미군은 비슷한 규모의 함대를 동원하여 지금까지 건드리지 못한 추크섬의 일본군 전진기지를 공습했다. 이 과정에서 미 해군은 상선 15만 톤을 격침하고 섬의 일본군 항공전력을 일소했다. 이제 중부태평양에서 미군의 공격 패턴이 정해졌다. 강력한 미 기동함대는 원하는 곳에서 언제든지 작전을 벌일 수 있었고 비행기 수백 기를 목표물로 보낼 수 있었으며 그 어떤 방해물도 파괴해 버릴 수 있었다.

여기에서 미드웨이와 그 뒤의 더 큰 전투들 사이의 가장 중요한 연관점이 나온다. 단기적으로 보면 미드웨이 해전은 미군이 거둔 승리로 인해 미일 양국 항공모함 수가 균형을 회복했다는 점에서 매우 중요했으며, 이로써 전쟁의 진행 속도가 빨라졌다. 그러나 장기적으로 보면 전투의 전략적 중요성은 이보다 덜했다. 기동부대가 미드웨이에서 살아남았든 그렇지 않든 간에 일본군이 1943년 말쯤에 바란 최선의 상황은 실제처럼 완전히 절망적이지 않고 근소하게 열세한 상황에서 교전하는 것이었다. 진주만을 기습한 항공모함 6척이 모두 살아남아 1943년에 길버트 제도에서 미군을 상대했더라도 전투는 일본군의 대참패로 끝났을 것이다. 미드웨이에서 패배하지 않았더라도 낙관적으로 보아 일본군이 전략적 우세를 점할 수 있는 기간은 18개월 정도였을 것이다. 일본군은 항공모함 4척을 손실하여 이 18개월을 잃은 셈이다. 미드웨이의 승패와 상관없이 미국의 거대한 산업생산력은 태평양전쟁에서 미 해군이 절대적 전략적 우위를 점할 수밖에 없는 상황을 만들었다.

이제 자연히 논의는 세 번째 주제로 옮겨 간다. '만약 일본이 미드웨이에서 이겼다면 어떻게 되었을까.'라는 가정에 대한 답이다. 지난 수년간 많은 책들과 인터넷 게시판에서 벌어진 논쟁이 제시한 다양한 해답은 탄탄한 근거를 갖춘 것부터 신경질적 망상까지 다양하다. 하와이가 점령되어 미국 서해안도 위협받거나 침략당하고 오스트레일리아도 점령당했을 것이다, 미국은 태평양을 완전히 포기하고 독일에 관심을 집중했을 것이다, 미국이 유럽 전역을 희생해서라도 태평양에 막대한 자원을 쏟아부어 독일이 결국 소련을 패배시켰을 것이다, 미국이 아닌 소련이 일본을 점령했을 것이다 등등 끝이 없다.

우리(구체적으로 말하자면 저자들 중 한 명)는 대체역사를 좋아하지 않는다. 이런 시도는 처음부터 편향될 수밖에 없으며 주어진 시나리오 안에서 여러 결론이 나올 가능성을 탐구해 보는 게 아니라 자신의 의견을 증명하기 위해 억지를 부리는 수단이 되는 경우가 많다. 공정하게 이용한다고 해도 대체역사는 원래 근거가 부실한 서술이다. 어떤 사람은 대체역사란 실제 역사의 특정 시점부터 사건의 흐름을 바꾸어 보는 것이라고 생각한다. 문제는 개별 사건이 변했을 때 생기는 결과를 계속 이어나가다 보면 그 결과를 정확히 예측하기가 어려워진다는 점이다. 따라서 근거 있는 추측을 하기 전에 넘지 말아야 할 문지방이 있다는 것을 명심해야 한다. 이를 넘어가면 무의미한 추측의 영역으로 나아가게 된다. 대체역사는 아무것도 증명하지 못하며 단지 그럴듯한 결과를 제시할 수 있을 뿐이다. 누군가가 미드웨이에서 미국이 졌다면 그 영향을 '헤아릴 수 없었을 것이다'라고 말한다면 이런 주장의 엄밀성은 딱 그 정도에 머무른다. 직설적으로 말하면 이런 가상적 패배의 결과는 정확한 장단점을 댈 수 없기 때문에 당연히 그 영향도 헤아릴 수 없다. 그뿐만 아니라 어떤 역사적 사건에 깊이 있는 지식을 가진 사람이라면 같은 사건으로 완전히 상반된 결과를 이끌어내는 그럴듯한 시나리오를 여러 개 만들 수 있다.

예를 들어 아카기가 10시 26분의 공격을 간신히 피했다면 전황이 일본군에게 유리하게 돌아갔을까? 그럴 수도 있고 그렇지 않을 수도 있다. 어떤 사람은 일본군이 항공모함 1척을 더 가졌고 약간만 운이 좋았더라면 3 대 2로 이기고 과달카날의 미군 상륙을 저지했거나 물리쳐서 전쟁을 1946년까지 끌었을 것이라고 말한다. 반대로 노틸러스나 다른 미군 잠수함이 더 운이 좋아서(그럴 수도 있었다) 이날 오후 일찍 아카기를 격침했다면 역사적 결과가 달라졌을지도 모른다. 정답은 알 수 없다.

그럼에도 불구하고 미드웨이 해전에 대한 책을 쓰면서 이러한 가정들 중 중요한 몇 가지를 살펴보지 않고 넘어갈 수는 없다. 최소한 일본이 이겼다면 하와이가 어떻게 되었을지, 태평양 전역 전반에 어떤 전략적 파문을 일으켰을지는 설명할 만한 가치가 있다. 존 스테판John Stephan의 노작 『욱일기 아래의 하와이*Hawaii Under the Rising Sun*』를 보면 일본군은 일찍부터 하와이 침공에 지대한 관심이 있었으며 1942년 9월까지도 상륙을 계획하고 있었음이 드러난다. 여기에서 질문은 일본군의 관심 여부가 아니라 일본이 계획을 시행할 수단을 가지고 있었는가이다.

이 질문에 답하기는 비교적 쉽다. 미드웨이 해전의 승패에 상관없이 일본군은 예측 가능한 조건하에서는 하와이를 절대 탈취할 수 없었다. 이유는 여러 가지이며 분명하다. 1942년 4월경 하와이 주둔 미 지상군병력은 6만 2,700명(완전 편제된 2개 보병사단과 지원부대)이었으며 육군항공대 병력은 8,900명이었다.[25] 미 육군은 가까운 시일 내에 하와이 주둔 지상군과 항공대 규모를 11만 5,000명까지 확대할 계획이었다. 이 수치에는 수만 명에 달한 진주만 주둔 해군병력은 포함되지 않았다. 따라서 일본군이 미드웨이에서 승전의 여세를 타고 하와이를 공격했다면 10만~15만 명에 달한 미군을 상대해야 했을 것이다. 대부분의 병력은 오아후섬에 주둔했다. 오아후섬은 종심방어를 하기에는 작았지만 기동방어전을 펼치기에 충분한 크기였고 점령하기가 지극히 어려웠을 것이다.

일본군은 하와이 같은 요충지를 점령하는 데 대략 3개 사단 4만 5,000명이 필요하다고 보았다.[26] 이런 작전을 수행하기에 턱없이 적은 병력이었다. 그러나 이는 미드웨이 상륙 예정 병력보다 10배 이상 많은 수였으며 이전에 수행한 가장 큰 상륙전보다 세 배나 큰 규모였다. 일본군이 4,000해리(7,408킬로미터)를 가로질러 이 정도 규모의 전력을 수송할 능력이 있었는지도 의심스럽다. 일본군이 간신히 섬을 점령했다고 해도 섬 주민들을 먹여 살리기는 고사하고 보급조차 충분히 받을 수 없었을 것이다.

만에 하나 선단을 충분히 확보했더라도 일본군은 미군의 맹렬한 포화를 뒤집어쓰고 상륙해야 할 터였다. 일본군은 이에 대응할 장비도, 효율적 상륙지원에 필요한 함포 사격이나 항공지원에 관련된 교리도 없었다. 그럴 리 없었겠지만 일본군이 해안에 교두보를 확보했다고 해도 오아후의 크기와 미군 방어선의 깊이를 생각해 보면 말라야에서 효과가 컸던 대담한 우회기동은 할 수 없었을 것이다. 하와이는 정면공격을 해야만 탈취할 수 있었다. 개전 초기에 일본군은 이와 유사하게 웨이크섬에 상륙하려다가 큰 피해를 입었다. 불과 2개월 뒤 미 해병대가 비슷한 환경의 과달카날에서 일본군을 일방적으로 학살하다시피 한 일은 말할 필요도 없다.[27] 일본군이 오아후에 상륙하려 했다면 솜Somme 전투와 비슷한 대학살로 끝났을 가능성이 높다는 결론을 피하기는 어려워 보인다. 일본군은 병력 손실을 꺼리지 않았지만 그랬더라도 상륙에 성공했을 것 같지는 않다.

더욱이 일본군은 항공모함들로만 하와이의 제공권을 확보해야 했다. 거의 1,000해리(1,850킬로미터)나 떨어진 미드웨이에서 하와이 상륙을 지원하는 일은 불가능했을 것이다. 그러나 미군이 1944년에 전개한 항공모함 부대와 달리 일본 기동부대는 전력이 정점에 달했을 때에도 수주일 동안 적대수역에서 전투를 하며 적을 굴복시킬 능력이 없었다. 우선 이 임무를 수행하기에는 기동부대가 보유한 비행기 수가 부족했다. 1942년 4월에 하와이에는 작전기 275기가 주둔해 있었다. 미드웨이 해전의 조짐이 보임에 따라 불어난 수였다. 미드웨이에서 미군이 패했더라도 과달카날에서 그랬듯이 새러토가와 와스프가 비행기를 계속 수송해 왔을 것이다. 따라서 기동부대는 항공모함 6척을 모두 운용했더라도 잘해야 하와이 주둔 미군기와 비슷한 수의 비행기를 가지고 전투를 시작했을 것이다. 게다가 하와이 수역에서 작전할 일본군 항공모함들이 오래 머무르도록 계속 보급을 유지할 방법이 없었다. 기동부대는 기습할 수 있었지만 지속적으로 육상에 세력투사를 할 수는 없었다. 즉 일본 지상군이 해변에 어떻게든 상륙해서 위치를 잡았더라도 공격을 개시할 때 항공지원을 기대할 수는 없었다. 이래서는 승리할 수 없다.

일본군은 하와이 제도를 탈취하지 못해도 수상함과 잠수함 전력으로 봉쇄를 시도할 수 있었다. 그러나 일본 해군 교리가 통상파괴전을 경시했으므로 일본 잠수함은 이 역할에 부적합했다. 일본군 수상부대도 기동부대의 지원 없이 미 육상기와 대치하며 작전할 수 없었다. 상황이 이러해도 일본군 항공모함은 잠깐씩만 모습을 드러낼 수밖에 없었을 것이다. 하와이를 해상과 공중에서 봉쇄한다고 해도 미군이 손 놓고 하와이 주둔군과 민간인을 희생시켰을 것 같지는 않다. 섬에 계속 보급선단을 보내는 일이 무르만스크 수준의 손실[28]을 요구하더라도 미군은 이를 감내하고 계속 보급품을 보냈을 것이다. 미국은 총력전 체제에 돌입했고 패전은 선택지가 아니었다. 영국이 영국 본토 폭격에 저항하고 몰타를 방어했듯이, 소련이 끝이 없어 보이는 레닌그라드 포위전을 이겨냈듯이 미국도 태평양의 마지막 전초기지 오아후를 지키기 위해 전력을 다하기로 결심했다. 여기에서 이끌어낼 논리적 결론은 하나다.

일본군은 하와이를 점령할 수 없다. 일본군이 공격해 오면 해군기지로서의 가치는 잠시 줄어들겠지만 일본군은 절대로 섬을 탈취하지 못했을 것이다.

미드웨이에서 일본군의 승리가 불러올 광범위한 파장을 예측하기란 쉽지 않다. 이런 환경에서는 분명 미군이 과달카날에서 반격을 시도하지 못했을 것이다. 미군이 일본군의 계속된 침입을 막을 형편이 아니었기 때문에 오스트레일리아와 뉴기니는 위험에 처했을 것이다. 하와이에서 막힌다고 해도 일본군은 거침없이 남태평양으로 진공해 뉴헤브리디스 제도, 피지, 사모아, 통가를 점령했을 것이다. 오스트레일리아 북부에 상륙했을 가능성도 충분하다. 그렇다면 단기적으로 이 지역에서 연합국의 입장은 더욱더 취약해졌을 것이다. 그러나 일본군이 미드웨이 승전으로 벌어 놓은 시간을 잘 활용했을지는 의문스럽다.

남태평양에서 아무리 많은 지역을 점령한다고 해도 일본이 처한 기본 문제를 해결할 수는 없었다. 통가, 심지어 브리즈번을 점령했더라도 미국이 협상장으로 나오지는 않았을 것이다. 미국 조선소에서 한창 진행 중이던 건함작업이 중지되지도 않았을 것이다. 미드웨이의 승리가 일본 조선소들의 효율을 더 높이지도 못했을 것이다. 미드웨이에서 일본군의 승리가 전황을 극적으로 바꿨을 것이라고 믿는 사람들이 흔히 간과하는 점은 1941년 12월 이후 일본이 자신의 영역으로 삼은 지역에 이름값을 할 만한 공업지대가 하나도 없었다는 것이다. 독일이 잘 활용한 체코슬로바키아 슈코다 공장이나 프랑스 파리, 론알프 주변의 공업지대, 브레스트와 생나제르의 조선소와 비견할 만한 공업지대가 아시아에는 없었다. 일본과 미국을 빼고 태평양 전역에서 구축함보다 더 큰 배를 만들 수 있는 조선소는 한 군데도 없었다. 규슈 이남의 일본 점령지에서 쓸 만한 드라이독은 2,700해리(5,000킬로미터)나 떨어진 싱가포르에 있었다. 즉 일본의 정복은 산업생산 능력에 조금도 기여하지 못했다.

일본은 네덜란드령 동인도 제도에서 획득한 자원과 원료를 일본으로 싣고 가야만 완제품으로 만들 수 있었다. 게다가 일본 본토의 공업지대는 1930년의 군비 확장 기간 동안 생산한계점에 도달해 있었다.[29] 같은 기간 동안 유휴시설이 있어 생산 잠재력이 충분한 미국과 달리 일본은 단시일 내에 설비를 확충할 여지가 없었다. 설상가상으로 1인당 GDP가 낮은 동인도 제도 같은 지역을 흡수한 것이 효율적 전시 동원경제에 악영향을 주었다는 증거가 있다.[30] 따라서 군사적으로나 경제적으로 솔로몬이나 피지 같은 지역 점령에 열을 올린 것은 결국 헛수고였다. 얻은 것은 없으면서 방어선만 더 바깥으로 확장되었기 때문이다. 자원 획득의 관점에서 남태평양은 불모지였다. 그리고 점령지 주둔군은 계속 보급을 받아야 했기 때문에 이미 취약한 일본의 보급능력은 더욱더 약해졌다. 종합해 보면 일본군이 승전의 여파로 계속 점령지를 확장했다면 취약점이 더 크게 노출되었을 것이므로 1944년에는 꼼짝 못 하고 미군의 철퇴를 맞았을 것이다.

북오스트레일리아 침공은 연합군의 사기에 큰 영향을 미치고 단기적으로 유용한 도약대가 사라지는 결과를 낳았겠지만 장기적으로는 이러한 움직임이 일본에 유리한 방향으로 전황을 개선했을 것 같지는 않다. 우선 오스트레일리아는 일급 육군병력을 보유했다. 오스트레일리아군은 일본군의 상륙을 격퇴했거나 적어도 심각한 타격을 입혔을 것이다. 무엇보다 오스트레일리아군은 말라야의 영국군과 달리 집과 가족을 지키기 위해 싸웠을 것이다. 둘째, 일본군은 오스트레일리아 아대륙 전체를 점령할 수 없었다. 즉 시드니, 퍼스, 그리고 아마 브리즈번에 일본군의 손이 닿지 못한다는 뜻이다. 셋째, 오스트레일리아는 연합군이 반격하는 데 유용한 기지가 되었겠지만 유럽전선에서 반격할 때 영국이 차지한 만큼의 위치에 있지는 않았다. 미군이 1944년에 중부태평양에서 보여 주었듯이 미군은 직접 일본군의 방어선을 뚫고 본토로 쳐들어갈 능력이 있었다. 따라서 1942년에 미드웨이에서 일어난 일은 1944년의 상황에 변수가 되지 못했을 것이다.

전반적으로 미드웨이에서 미군의 패배가 가져왔을 부정적 결과에 대한 가정들 대부분은 근거가 없다. 이미 살펴보았듯이 태평양에서 미군의 전략적 위치가 다소 타격을 받았겠지만 충분히 만회할 만한 수준이었다. 바로 일본군이 하와이를 절대 탈취할 수 없었을 것이라는 간단한 이유 때문이다. 이와 대조적으로, 미군이 미드웨이에서 패배했다면 단기적으로 남태평양과 오스트레일리아에서 큰 대가를 치렀으리라는 데에는 의문의 여지가 없다. 그러나 장기적으로 미군은 유례없이 유리한 입장에 있었다. 개전 시 미국의 경제규모는 일본보다 여섯 배 이상 컸으며 전쟁기간 동안에도 50퍼센트 성장할 것으로 예상되었다.[31] 더 중요한 점은 미국의 산업시설이 근본적으로 일본이 공격할 수 없는 곳에 있었다는 것이다. 일본이 미군의 건함계획을 중단시킬 방법이 없었기 때문에 킹 대장과 니미츠 대장은 미 해군 전력이 단기간 내에 일본 해군 전력을 압도할 수 있다고 확신했다.

그렇다면 이제 미드웨이 해전 승패의 의미와 관련한 마지막 질문이 자연스레 등장한다. 전투가 벌어진 날부터 미드웨이의 승리는 '결정적' 승리로 찬사를 받았다. 그러나 앞의 분석에서 보았듯이 미드웨이 해전의 승패에 상관없이 미국이 전쟁에서 지지도 일본이 이기지도 않았을 것이다. 그렇다면 "왜 미드웨이의 승리를 결정적이라고 부르는가?" 윌모트가 지적했듯이 미국이 승전할 수밖에 없었다는 생각과 미드웨이 해전이 결정적이었다는 생각은 기본적으로 모순된다. 미드웨이 해전이 결정적이려면 쓰시마 해전의 러시아처럼, 해전의 결과로 일본이 재기 불능의 타격을 입었어야 한다. 그러나 윌모트의 지적대로 1942년에 일본군이 솔로몬 제도에서 벌인 활동을 보면 일본군은 미드웨이에서 결정적 패배를 당하지 않았다. 미드웨이가 전쟁의 향배를 완전히 바꾸었다면 '결정적'이라고 할 수도 있다. 그러나 이 역시 사실이 아니다. 일본의 패배가 "자원 부족으로 인해 처음부터 확실했다면 미드웨이는 패배로 가는 길에 있는 이정표에 불과했다. 즉 미국의 승리로 가는 길과 그와 정확히 반대로 가는 길의 갈림길에 있는 이정표는 아니었다는 말이다." 미드웨이 해전이 결전이었다는 생각과 미국의 최종 승리가 당연했다는 생각 사이에 있는 모순을 상기시키는 말이다. 왜냐하면 "당연한 승리라는 개념과 결전이라는 개념은 양립할 수 없기 때문이다."[32] 미드웨이의 패배가 몇 년 내로 예정된 일본의 패전을 몇 달 앞당겼을 수는 있지만 결전이라고 불리기에는 부족하다.

태평양전쟁의 결과가 필연적이었다고 해서 제2차 세계대전에서 추축국의 패배가 확실했다는 뜻은 아니다. 리처드 오버리Richard Overy의 걸작인 『왜 연합국이 이겼는가 *Why the Allies Won*』는 제2차 세계대전의 결과가 경제력 격차로 결정되었다는 주장을 심도 있게 반박하면서 승패를 결정할 몇 번의 결정적 순간이 있었음을 보여 준다. 오버리와 동조자들의 연구는 연합군의 최종 승리가 당연했다는 주장에 의문을 제기한다.[33] 전쟁의 진정한 전략적 초점은 태평양이 아닌 유럽, 특히 러시아의 스텝지대에 있었기 때문이다. 나치독일과 점령지, 위성국 들이 한데 모을 수 있었던 엄청난 경제력을 볼 때 연합국은 유럽에서 아슬아슬하게 승리를 거두었다. 1942년 말에 소련이 살아남을 것이 확실해질 때까지 유럽전선의 상황은 연합군에게 재앙 일보 직전의 상황이었다.

그러나 태평양전쟁으로 시야를 좁혀 보면 미국을 주축으로 한 연합군이 지역 내 유일한 추축국인 일본을 패퇴시킬 것은 거의 확실했다. 이유는 두 가지다. 첫째는 지리다. 독일은 설사 원했을지라도 일본에 의미 있는 군사적 지원을 할 수 없었다. 따라서 독일이 유럽에서 거둔 승리가 일본의 승리를 보장해 주지 않았다. 둘째는 일본에 비해 엄청나게 큰 미국의 산업생산량이다. 미일 양국은 이 사실을 잘 알았다. 전쟁 직전 미 해군 참모총장 해럴드 스타크Harald R. Stark 대장과 주미 일본대사 노무라 기치사부로野村吉三郎가 교환한 각서가 이를 잘 보여 준다. 스타크는 각서에 이렇게 썼다.

> "만약 귀국이 우리를 공격한다면 외교관계를 단절하기도 전에 우리는 귀 제국을 산산조각 낼 것입니다. 귀국이 처음에는 승리할지 모르나 …… 언젠가는 손실을 입을 때가 올 것이며 〔우리와 귀국이 입을 손실의〕 차이는 엄청날 것입니다. 시간이 지날수록 귀국은 손실을 만회하지 못해 더더욱 약해질 것이고, 반면에 우리는 손실을 만회할 뿐만 아니라 시간이 지날수록 더 강해질 것이기 때문입니다. 우리는 외교관계를 단절하기도 전에 반드시 귀국을 분쇄할 것입니다."[34]

스타크는 곧 일어날 전쟁에 적용될 장기적 전략역학을 정확히 예언했다. 결과적으로 보면 스타크의 말은 과소평가였다. 전쟁이 끝났을 때 일본은 완전히 산업화 이전 상태로 돌아가고 말았다.

'당연한' 승리는 미국이 승리하겠다는 의지가 없었다면 불가능했을 것이다. 미국 대중이 베트남, 베이루트, 모가디슈에서 미군이 겪은 실패에 어떻게 반응했는지를 보면, 제2차 세계대전 시 미국 대중이 미드웨이에서 일본군이 대승했을 때 과연 끝까지 전쟁을 밀고 나갈 의지를 불태웠을지 의심하는 사람이 많다. 그러나 현대적 사고방식으로 1942년의 상황을 보는 것은 합당하지 않다. 우선 레바논, 소말리아, 베트남과 미드웨이는 비교대상이 아니다. 전자는 달리 말하면 '선택할 수 있는' 전쟁이었다. 미국 대중은 이 전쟁들의 승패가 미국의 안보나 자신의 삶에 별 영향을 미치지 않는다고 생각했다. 하지만 제2차 세계대전은 달랐다. 프랑스가 항복하고 영국이 공격받았으며 다음으로 진주만에 폭탄이 떨어졌다. 미국 대중은 그들 앞에 놓인 전쟁의 규모와 중요성을 냉정하게 파악했다. 이 전쟁이 끔찍한 악의 무리에 대항하는 총력전임을 모두가 알았다. 단단히 각오한 미국 대중은 피와 땀을 바쳐 희생하기로 굳게 결심했다. 베트남전 이후 세대에서는 찾아볼 수 없는 모습이다. 제2차 세계대전을 겪은 사람들은 제1차 세계대전의 무시무시함을 들으며 자랐다. 이 시대 사람들은 승리하려면 얼마나 엄청나게 노력해야 하는지를 잘 알았다. 모두 다 이 전쟁이 길고 처절하며 큰 희생을 치를 전쟁이 되리라 믿어 의심치 않았고 실제로도 그러했다.

그럼에도 불구하고 미드웨이는 태평양전쟁에서 대단히 중요한 전투 중 하나이다. 절대적 관점에서 결정적이거나 하루아침에 전투에서 승리해서가 아니라 미국의 군사적 선택에 끼친 직접적 영향 때문이다. 미 해군 참모대학의 연구가 간결하게 말하듯이 미드웨이 해전은 "일본의 공세에 종지부를 찍었으며 …… 태평양에서 해군력의 균형을 [회복시켰다]."[35] 미 해군에 도전할 세력이 없는 현재의 관점으로는 겨우 균형을 회복한 것이 성과로 보이지 않을 수도 있다. 그러나 미드웨이 해전은 "전력의 정점에 다다른 해군과 완패하지는 않았지만 최악의 상황 근처까지 간 해군"[36] 사이에 벌어진 전투다. 1942년에 암울한 몇 개월을 겪은 상황에서 간신히 균형을 회복한 것만으로도 굉장한 성과였다. 미드웨이 해전은 태평양전쟁의 전략적 주도권이 언제 어디에서 미군에게 넘어갔는지를 명백히 보여 주는 사건이다. 산호해 해전은 일본군의 전력이 정점에 도달했고 내려갈 일만 남았음을 암시한 전투였다면 미드웨이 해전은 이 사실을 만천하에 드러내 보여주었다. 또한 미드웨이 해전은 일본 해군의 정예 조종사들을 집어삼키고 수상함대에 큰 손실을 입힘으로써 일본 해군을 회복불능 상태로 파멸시킬 솔로몬 제도의 소모전으로 들어가는 관문이 되었다. 미드웨이 해전은 직접적 원인은 아니었지만 일본 해군이 무너질 수밖에 없는 환경을 조성했다.

24

미드웨이 해전의 신화와 신화를 만든 사람들

서문에서 말했듯이 모든 대전투는 자연스럽게 고유한 단순화된 신화[1]를 창출해 낸다. 즉 역사상 중요한 전투는 사람들이 전반적 결과를 이해하는 데 틀 역할을 하는 중요한 순간들의 연속으로 구성된다. 각 순간은 그 자체로도 중요하지만 사람들은 이 사건들을 보고 "아, 이렇게 해서 이런 결과가 나왔구나."라고 이해한다. 이런 신화는 언제나 뒤죽박죽이며 복잡하고 이해의 범위를 넘어서는 폭력적인 실제 전투를 단순 명쾌하게 설명한다. 이 책의 주장이 지난 60여 년간 출간된 상당수의 통념을 반박한다는 점에서 사실 우리는 수정주의적 입장에 서 있다. 따라서 우리는 미드웨이와 연관된 통념 일부를 간단하게 다시 살펴보고 전투에 따라붙은 커다란 오해를 공박하는 것으로 책을 끝내고자 한다. 지금까지 살펴본 문제는 다음과 같다.

6월 4일 10시 20~25분에 일어나 승패를 결정지은 미군의 급강하폭격 직전에 일본 항공모함들은 총반격을 위해 몇 분 내에 공격대를 발진시킬 수 있는 상황이었다.

전적으로 사실이 아니며 일본 측 증언 중 가장 사실과 먼 주장이다. 미군이 급강하 공격을 시작했을 때 일본군은 최소한 30분 후에나 공격대를 발진시킬 수 있었다. 그리고 비행갑판에는 비행기가 몇 기 없었다.

알류샨 작전은 미 함대를 진주만에서 유인하려는 고도의 술책이었다.

사실이 아니다. 미드웨이 작전과 동시에 실시한 알류샨 작전은 미군이 다른 곳에서 바쁜 기회를 활용하여 목표물을 손쉽게 차지하려는 의도로 계획되었다. 알류샨 작전은 알류샨 열도 점령이 목적인 독립된 작전이며 전략적으로 시기가 정해졌고 미드웨이 작전의 양동작전이 아니었다.

미드웨이로 이동하던 중 야마모토가 미드웨이 해전의 결과를 바꿀 수도 있는 정보를 나구모에게 주지 않음으로써 나구모는 미드웨이에서 일본군을 기다리는 위협에 대해 전혀 몰랐다.

사실이 아니다. 야마모토가 나구모와 직접 교신하지는 않았지만 그럴 필요도 없었다. 기동부대는 도쿄의 제1연합통신대 도쿄해군통신대로부터 적시에 모든 정보를 받을 능력을 완벽히 갖추었다. 전투 전 기동부대의 적정평가는 나구모가 이미 주요 정보 대부분을 가지고 있었음을 보여 준다. 다만 나구모가 이 정보에 따라 행동하지 않은 이유는 불확실하다.

만약 6월 4일 아침에 일본이 2단 색적索敵**을 실시했다면 제시간에 미 기동함대를 발견하여 승리할 수 있었을 것이다.**

아마 그랬을 것이다. 그러나 1942년에 일본군은 (그리고 미군도) 2단 색적이라는 개념을 교리에 포함하지 않은 상태였다. 이런 정찰계획은 선택대상이 아니었다. 게다가 후치다는 정직하지 못하게도 없었던 것을 있었다고 말했다.

전투에 승리하고자 나구모가 기울인 노력은 도네 4호기의 발함 지연으로 인해 실패로 돌아갔다.

사실이 아니다. 도네 4호기의 발함 지연과 기장의 독단으로 인해 나구모는 예상보다 일찍 미 함대를 발견했다. 전투에서 진정한 정찰 실패는 일본 잠수함들이 초계선에 늦게 도착하고, K작전이 실패한 데 이어 지쿠마 1호기가 06시 15분 전에 미 함대를 발견하지 못한 것이었다.

나구모가 육용폭탄으로 무장을 교체하지 않았다면 발견 즉시 미 함대를 공격할 수 있었을 것이다.

사실이 아니다. 미군을 발견했을 때 예비공격대는 비행갑판에 아직 배치되지 않았다. 배치작업에 걸린 시간을 고려해볼 때 도모나가가 돌아오기 전에 나구모가 공격대를 발진시켰을 가능성은 거의 없거나 아무리 좋게 보아도 낮았다. 미군이 끊임없이 공격했으므로 도모나가가 돌아오기 전 적시에 공격대를 비행갑판에 배치할 기회가 없었다. 미군의 공격이 이어지는 상황에서는 직위기가 발함과 착함을 반복해야 했으므로 비행갑판에서 공격대 배치작업을 할 가능성은 거의 없었다.

VT-8의 희생은 헛되지 않았다. VT-8은 일본군 직위기를 모두 해수면까지 끌어내려 미군 급강하폭격기가 공격할 틈을 주었다.

사실이 아니다. VT-8은 승패를 결정지은 급강하폭격이 일어나기 1시간 전에 전멸했다. 일본 직위기들이 기율과 질서를 유지했다면 원래 초계방향과 고도로 복귀할 시간은 충분했다. 오히려 VT-8은 VT-6처럼 일본군의 공격대 발진을 방해하는 데 공헌했다.

일본 해군 항공대는 미드웨이 해전에서 궤멸적 타격을 입었다.

사실이 아니다. 미드웨이에서 탑승원 손실 비율은 전체 비행기 탑승원의 4분의 1 이하였다. 일본 해군 항공대의 정예는 솔로몬 제도의 장기 소모전에서 궤멸되었다.

그러나 가장 해롭고 오래된 신화는 반박 증거들이 새로이 발견되었음에도 불구하고 지금까지 진지하게 검토된 적이 없다. 이 신화는 미 해군 역사상 가장 빛나는 승리를 더욱 영광스럽게 하는 데 딱 들어맞았기 때문에 계속 생명력을 유지했다. 미드웨이 해전 연구자들에게 이 신화는 매력적으로 보일지 모르지만 그 매력이 정확한 교차검증과 실제 증거에 입각한 냉정한 분석을 가려서는 안 된다. 이제 살펴볼 신화는 미군이 '압도적 열세'를 극복하고 기적적으로 일본군을 쳐부쉈다는 끈질긴 믿음이다. 이 책을 쓰는 과정에서 우리를 흔쾌히 도와준 고故 월터 로드 씨를 폄하할 의도는 없다. 그러나 많은 찬사를 받은 그의 저서 『믿을 수 없는 승리*Incredible*

Victory』의 서문은 관련 출판물 중 이 믿음을 가장 호소력 있게 압축적으로 보여 준다.

> "일반적 기준으로 보면 미 해군은 절망적 열세에 처했다. 전함은 없었다. 적은 11척을 가졌다. 순양함은 8척에 불과했다. 적은 23척이나 보유했다. 항공모함은 3척(1척은 행동불능 상태가 되었다)이 있었지만 적은 8척을 보유했다.……
>
> 이길 도리가 없었음에도 이겼다. 그리하여 전쟁의 향방이 바뀌었다. 그뿐만 아니라 미 해군은 〔이름을 듣는 것만으로도〕 사기를 불러일으키는 몇 안 되는 전투의 목록에 또 하나의 찬란한 사례—미드웨이라는 새로운 이름을 더했다. 마라톤, 무적함대 격멸, 마른 전투 및 여타 전투들처럼 미드웨이는 '반드시 그렇게 될 일'이 늘 그렇게 실현되지는 않는다는 사실을 보여 주었다. 가장 극복하기 어려운 난관에 부딪혔을 때조차 인간 내면에는 확실한 패배를 믿을 수 없는 승리로 끌어올리는 무엇—능력, 믿음, 용기의 마법 같은 조합—인가가 있다."[2]

이 통념이 로드의 작품은 아니다. 그러나 로드는 미국에서 나온 미드웨이 해전 관련 출판물에서 끝없이 반복되어 마침내 금과옥조가 된 전후의 일반적 태도를 잘 표현했다. 영문으로 써진 가장 중요한 두 역사서의 제목인 『미드웨이의 기적*Miracle at Midway*』과 『믿을 수 없는 승리』, 수없이 많은 텔레비전 다큐멘터리와 참전용사 간담회, 인터넷상의 토론이 이 확신을 더욱 굳혀 나갔다. 이 통념은 어찌할 수 없을 정도로 널리 퍼져 역사가 존 런드스트롬이 "믿을 수 없는 승리병"이라고까지 부를 정도였다. 그러나 미드웨이가 압도적으로 우세한 일본군을 상대로 거둔 기적적 승리였다는 통념은 잘못되었으며 반드시 떨쳐낼 필요가 있다.[3] 이 오류는 두 가지 분석을 통해 쉽게 반박할 수 있다. 우선 양측 전력과 작전계획의 비교분석이고, 다음으로 양측 최고지휘관 야마모토 이소로쿠와 체스터 니미츠의 지휘 관련 결정에 대한 분석이다.

우선 숫자를 보자. 1942년 5월, 태평양에서 일본 연합함대의 총 함선 수는 미 해군의 총 함선 수를 앞섰다. 생각건대 일본군이 태평양 전역 어디에서든 압도적 전력을 동원할 수 있었다는 것은 어느 정도 사실이다. 더 나아가 연합함대 전력 대부분이 1942년 6월 4일에 미드웨이와 알류샨 작전 지원에 투입되었다는 것도 사실이다.

그러나 일본군은 작전계획상 이날 연합함대 전력 대부분이 미군과 교전할 것이라고 확신하지 않았다. 미드웨이를 방어한 미군이 전력을 기울여 이 엄청난 함대와 맞서 싸웠다는 주장은 지나친 과장이다. 미드웨이 작전에 참가한 일본 함대 대부분은 포탄을 한 발도 쏘아 보지 못했으며 임박한 미군의 공격에 대비하여 돌진(혹은 후퇴)하지도 않았고 정찰기 말고는 미군을 직접 보지도 못했다.

계산에 넣을 가치가 있는 대상은 6월 4일 아침 접촉점에 있던 전력과 미드웨이에서 하루 항해거리 내에 있던 전력이다. 미드웨이 작전에 참가한 일본 해군 전력 중 이 조건에 해당하는 전력은 나구모의 기동부대와 다나카의 선단부대 호위대 2개다. 그러나 후자는 공격력이 거의 없었으므로 고려대상에서 제외된다. 나구모의 전력은 20척이었고 이를 상대한 플레처의 전력은 25척이었다. 일본 항공모함 4척은 비행기 248기를 보유했고, 미 항공모함 3척(이 가운데 행동불능 상태가 된 항공모함은 없다)은 233기를 보유했을 뿐만 아니라 미드웨이 기지의 120기에 의지할 수 있었다. 일본군과 마찬가지로 미군도 활주로 4개(항공모함 3+육상기지 1)를 가졌으며 이 중 하나는 불침항모라는 장점이 있었다. 엄밀히 집계해 보면 통념과 반대로 일본군은 함선과 비행기 수 측면에서 확실히 열세했다.

미드웨이로 전진하던 야마모토의 주력부대 및 곤도와 구리타 부대도 이 방정식에 포함해야 한다는 주장이 있다. 그러나 이 입장을 옹호하는 사람들은 해전의 승패에 관한 한 이 전력이 아무 역할도 하지 못했다는 명백한 사실을 무시한다. 미드웨이 해전의 결과는 1942년 6월 4일 04시 30분부터 10시 30분까지 6시간 동안 결정되었다. 10시 30분 무렵에는 미국이 유리해졌음이 거의 확실해졌다. 단 하나 남은 변수는 미군에 발각되어 격침되기 전에 히류가 미 함대에 어느 정도 타격을 입힐 수 있는가였다. 야마모토의 주력부대나 다른 부대들은 기동부대를 지원할 수 있는 위치에 없었기 때문에 전황을 뒤집을 수 없었다. 따라서 누가 우세했는가라는 질문에 연관된 전력은 6월 4일에 실제로 포화를 주고받을 수 있었던 전력이다. 즉 나구모와 플레처의 함대만 여기에 해당한다.

플레처 함대와 비교해볼 때 나구모 부대는 수상전이 발생했다면 구축함과 순양함에 실린 위력적인 어뢰는 말할 것도 없고 전함 2척에 대구경 함포를 가지고 있어 화력 측면에서 우월했다. 그러나 수상전은 일어날 수 없었으므로 이런 척도는 해전의 결과와 별 상관이 없다. 플레처와 스프루언스는 수상전에 관심이 없었으며 이런 교전을 피하기 위해 함대를 신중하게 운용했다. 따라서 나구모는 자신이 진정으로 우월한 분야인 야간전 능력을 이용해서 승리를 건져낼 기회가 없었다. 수상전은 항공전에서 승리한 후 전과 확대 수단으로 쓸 만한 방법이었을 뿐, 항공전의 패배를 대체할 성질의 것은 아니었다. 승패의 척도는 항공모함과 비행기의 수였다. 그리고 이 점에서 일본군은 절대적 수적 우세를 누리지 못했다.

비행기 성능(최소한 전투기와 뇌격기 부문)이나 조종사들의 경험, 항공모함 비행기대의 집단운용능력 같은 질적 분야에서는 나구모 부대가 단연 앞섰다. 이런 요소의 중요성을 과소평가할 수는 없다. 히류가 상대적으로 적은 공격기로 기습의 이점 없이 요크타운을 대파한 사실이 이를 잘 보여 준다. 따라서 전투를 정확하게 이해하려면 양측의 강점과 약점을 대조해 보아야 한다. 이 책이 양적 요소, 교리 차이, 계획의 장단점, 그리고 최종결과에 영향을 준 운적 요소 같은 복잡한 요인들을 이해하기 쉽게 설명했기를 바란다. 그러나 대중역사서를 읽는 일반 독자는 복잡 미묘한 요소보다 단순한 숫자와 '압도적 불리함' 같은 이목을 끄는 문구를 더 선호하는 경향이 있다. 이들은 압도적 전력으로 밀어닥치는 적을 다양한 역전의 용사들로 구성된 소수정예 미군이 물리친다는 식으로 해전을 상상하곤 한다. 전문적인 전투 관련 연구들이 좀 더 균형 잡힌 모습을 그려내고 있지만 지나치게 국수주의적이며 단순화된 견해를 없애지는 못하고 있다.

압도적 전력을 갖춘 일본군을 상대로 거둔 기적이라는 신화는 또 다른 문제를 불러일으키는데, 이 신화가 야마모토 대장이 무능했다는 널리 퍼진 통념과 반대되기 때문이다. 일부 연구자들은 일본이 압도적으로 우세한 전력을 보유했다고 주장하면서도 야마모토가 현명하지 못하게 전력을 분산했다고 비판한다. 그러나 나구모의 패배가 이 연구자들이 주장하는 대로 '기적' 같은 일이었다면, 일본군을 격파한 것은 신의 섭리였기 때문에 야마모토가 나구모에게 불충분한 전력을 주었다고 비판할 수가 없다. 이 주장은 명백히 일관성이 부족하다. 결국 미드웨이의 승리가 기적이었다는 주장은 야마모토가 나구모에게 충분한 전력을 주지 않았으면서도(따라서 일반적 통념보다 일본 측에 더 불리한 형국이었다) 야마모토의 작전계획이 생각했던 것만큼 결함투성이가 아니었다고 가정한다. 둘 다 동시에 사실일 수는 없다. 이 책에서는 야마모토의 계획에 심각한 문제가 있었다고 논의한 바 있다. 즉 야마모토는 미군이 정신적으로 패배했기에 접촉점에서 은폐와 기만이 양적 우세보다 우선한다고 믿었다. 돌이켜 보면 나구모의 전력은 임무를 수행하기에 부족했다. 나구모는 5항전의 항공모함 2척, 최소한 1척이라도 가지고 출항했어야 했다. 그렇게 하지 않아 전력이 지나치게 빡빡해졌고 이는 결국 미드웨이의 재앙이라는 결과를 낳았다. 사실 미국이 볼 때 진정한 미드웨이의 기적은 야마모토가 그럴 수 있었는데도 나구모에게 압승하기에 충분한 전력을 주지 않았다는 것일지도 모른다.

이 신화를 신봉한다면 니미츠 대장의 활약을 평가하는 데 더 큰 문제가 생긴다. 일본의 전력이 압도적이었다는 통념을 믿는다면 니미츠는 엄청난 불리함을 무릅쓰고 극단적으로 무모한 전투를 벌인 것이 된다. 버릴 수도 있고, 나중에 고립시켜서 언제든 되찾을 수 있는 태평양의 작은 땅뙈기 하나 때문에 처량할 정도로 빈약한 전력을 일본군의 압도적 전력 앞에 밀어 넣기로 한 결정은 무모함이 아니고서는 설명할 수 없다. 그러나 우리는 니미츠가 60년 뒤의 다수 비평가들의 생각보다 더 주도면밀하게 가능성을 계산할 줄 알았던 특출한 지휘관이라는 견해를 내놓았다. 일본군이 항공모함을 4, 5척만 운용할 것임을 안 이상 니미츠는 당연히 항공모함들을 잘 배치하면 이길 수 있다고 믿었다. 실제 결과는 니미츠가 기대한 바에 못 미쳤지만 이는 현장 지휘관들의 판단 실수와 여러 항공모함들로 작전을 수행한 경험이 부족했던 탓이 크다. 아침에 공격대가 두서없이 분산 발진한 실책은 니미츠가 어찌할 수 있는 일이 아니었다. [6월 4일 아침에 엉뚱한 곳을 헤맨] 호닛의 비행기를 포함한 미군 비행기들이 일본 기동부대에 동시에 도착해서 일제히 공격했다면 일본군을 단번에 끝장냈을 것이다. 항공모함 전투에서 미 해군이 거의 승자가 된 1944년의 미 해군 항공모함 기동함대였다면 아마 가능했을 것이다.

불명예스런 사실이지만 작전수행 측면에서 보면 미 해군의 6월 4일 아침 정찰, 발함작업, 공격대의 통합 운용은 최적과 거리가 멀었다. 이 과정에서 너무 많은 실수가 발생해 많은 비행사들이 희생되었다. 그럼에도 불구하고 승리한 것은 미 해군 장병들의 용기와 기량이 상당했다는 증거다. 그러나 좀 더 넓게 보면 미국 항공모함 3척이 일본 항공모함 4척을 이긴 것이 기적은 아니었다. 니미츠의 평판에 관한 한, 부하들이 부족한 전술적 성과를 올렸다 해서 니미츠의 타당한 전략적 계산이 빛을 잃지는 않는다. 니미츠는 당시에 위험을 감내할 만하다고 생각했다. 설사 미드웨이에서 졌더라도 뛰어난 정보력, 일본군과 거의 동등한 항공전력, 기습 요소에 기반을 두고 전투를 시도한 것은 옳은 판단이었다.

모든 것을 감안할 때, 미드웨이 해전처럼 사전에 면밀하게 계획되고 용감하게 싸웠으며 어떻게 보면 당연히 승리해야 하는 전투에 '기적적'이나 '믿기 힘든' 같은 단어는 사용하면 안 된다. '영광스러운'은 확실히 맞지만 '기적적'은 분명히 아니다. 이러한 과장된 수사가 없더라도 해전 자체에는 우리를 흥분시키는 요소가 많다. 일본군의 실제 전력, 미군이 실수로 성공을 망칠 수도 있었던 점, 양측이 보인 영웅적 행동을 보면 국수주의적 감정을 만족시키기 위해 미군이 처했던 불리함을 과장할 필요는 없다.

미드웨이 해전과 관련해 가장 생명력 강한 신화의 씨앗을 뿌린 사람이 일본인이라는 점은 아이러니다. 이 책의 기술은 후치다 미쓰오가 쓴 영향력 있는 저서『미드웨이: 일본의 운명을 결정지은 전투*Midway: The Battile that Doomed Japan*』(일본어 원서 제목은『미드웨이ミッドウェー』)와 많은 부분이 근본적으로 다르다. 후치다가 말한 미드웨이 해전의 주요 세부사항들이 여러 신뢰할 만한 연구결과들과 다름이 점점 분명해졌으므로 후치다의 책은 여러모로 이 책을 탄생시킨 촉매라고 할 수 있다. 다른 한편으로 후치다를 전면적으로 비판하기란 쉽지 않았는데, 후치다의 책은 영문으로 번역된 가장 중요한 일본 측 증언이기 때문이다. 후치다의 신뢰성에 의문을 제기하는 것은 널리 받아들여진 서구 측 연구의 핵심요소에 의문을 제기하는 것이기도 하다. 후치다의 책에 인용된 세부 사실들이 서구 연구서에서 '일본 측 시각'의 핵심이 되어 왔으므로 후치다의 책에 나온 미드웨이 작전의 세부사항을 철저히 살펴볼 필요가 있다. 돌이켜 보면 서구 연구자들은 이 점을 소홀히 했다.

이런 재평가가 없었던 이유는 상대적으로 이해하기가 쉽다. 애초부터 후치다는 저명한 일본 항공모함 비행사였다는 위상 때문에 신뢰받을 수밖에 없었다. 1946년에 열린 미국 전략폭격 조사United States Strategic Bombing Survey, USSBS(모든 태평양전쟁사 연구에서 서구와 일본을 잇는 중요한 접점이다.)에서 미군 심문관들은 후치다가 "솔직하고 신중하게 질문에 답변했으며 풍부한 정보원이자 믿을 만한 증인"이라는 인상을 받았다. 후치다가 서구 독자들에게 소개될 이유는 많았다. 후치다는 매력적이고 지적이며 자기 홍보에 능했다.[4] 곧 후치다는 큰 성공을 거둔 『미드웨이의 기적』의 저자 고든 프랜지와 친해졌으며, 프랜지는 우정 때문에 후치다의 진술을 지나치게 의심하는 행동을 피했던 것 같다. 그뿐만 아니라 1960~1970년대에 서구에서는 일본군 항공모함의 운용기법을 비판할 만한 지식을 갖춘 사람이 거의 없었다. 이런 능력이 있는 사람은 전쟁 직후 전략폭격 조사나 항공기술정보조사단ATIC5 보고서를 작성한 해군장교들뿐이었을 것이다. 특히 후자는 일본군 항공모함 운용정보를 캐내는 임무를 맡았기 때문에 많은 것을 알았을 것이다. 그러나 이 지식은 특정 전투 연구에 적용되지 못했고, 보고서들은 역사가들조차 망각한 기록이 되었다.

최소한 처음에는 일본에도 전문 비평가가 없기는 마찬가지였다. 후치다와 오쿠미야 마사타케奧宮正武(후치다의 공저자)의 책이 1951년에 처음 출판되었을 때 일본은 엄격한 검열제를 실시하던 미군정시대의 막바지에 이르러 있었다. 구 일본군 출신들은 얼굴을 들고 다니지 못했으며 자신의 전시 경험을 그다지 말하고 싶어 하지 않았다. 이러한 검열 규제가 풀리자 후치다는 재빨리 자신의 경험과 생각을 책으로 내놓았다.

전쟁 중에 정보국 장교였던 로저 피노Roger Pineau는 1953년에 후치다의 원고를 입수했고 이것이 서구에서 미드웨이 해전을 이해하는 데 큰 도움이 될 것이라고 생각했다. 미드웨이 해전은 태평양전쟁의 핵심전투였고 후치다 같은 위상에 있는 사람의 견해를 의심하는 이는 없었다. 가장 유명한 일본 해군 비행사이자 직접 공격대를 이끌고 진주만을 기습했으며 1항전의 비행대장으로서 후치다는 분명히 나구모의 측근에게서만 나올 수 있는 정보에 접근할 수 있었다. 당시에 겐다는 자세한 상황을 이야기하지 않았고 전쟁 중에 야마모토, 나구모, 야마구치가 전사했기 때문에 후치다(그리고 구사카)는 이날 지휘 관련 결정의 비밀을 아는 몇 안 되는 주요 생존 간부였다. 후치다는 6월 4일 기동부대에 가해진 공격의 역사를 쓰기에 가장 이상적인 사람이었을 것이다. 전략폭격 조사단 심문기록과 1항함 전투상보, 그리고 후치다의 책은 〔서구 연구자들이 접근하기 쉬운〕 영어로 번역된 세 개의 주춧돌이었으며 서구에서 쓰인 미드웨이 해전사의 주요 기초자료가 되었다.

현재의 시각으로 보면 불행하게도 후치다는 과거를 솔직하게 이야기하지 않았던 것 같다. 사실 이 책의 상당 부분은 후치다의 오류를 정정하는 데 할애되었다. 여기에서 두 가지 의문이 든다. 후치다는 단지 관찰력이 부족했던 것일까, 아니면 마음

대로 역사를 날조한 것일까? 그랬다면 그 이유는 무엇일까?

첫 질문에 대한 답은 상대적으로 쉽다. 후치다 미쓰오는 사실을 이야기하지 않았다. 어떤 증인의 진술을 의심의 여지 없이 단호하게 '거짓말'이라고 규정하기는 어려우나, 후치다는 실제 사건을 전반적으로 이해하는 데 심각한 방해가 될 정도로 많이 그리고 심하게 사실을 왜곡했기에 이렇게 말할 수밖에 없다. 예를 들어 후치다는 전투 직전에 나구모에게 중요 정보가 없었다고 말했다. 그러나 6장에서 살펴보았듯이 나구모는 적절한 통신절차에 따라 적시에 정보를 받아보고 있었으며 진주만 정찰이 목적인 K작전의 실패도 알았다. 후치다는 2단 색적법을 쓰지 않은 책임을 겐다에게 돌렸는데 이 기법은 1943년에야 해군 교리에 포함되었다. 이렇게 부정확한 세부 사실은 결국 책임 소재를 불명확하게 만들었다. 후치다는 일본 조종사들이 굉장히 빠르고 쉽게 착함할 수 있었다고 말한 것처럼 사소한 문제도 틀리게 전달했다. 이 같은 소소한 잘못도 결과적으로 실제 항공작전의 시간 배분을 오해하게 만들 수 있다. 물론 가장 뻔뻔스런 윤색은 6월 4일 10시 20분~10시 27분에 미군이 공격할 때 일본군 항공모함 비행갑판의 상태에 관한 서술이다. 이것은 사소한 문제가 아니다. 왜냐하면 이 중요한 순간 직전의 상황을 후치다가 교묘하게 왜곡함으로써 아카기, 가가, 소류가 공격을 받았을 때 공격기들이 무장을 장착하고 연료탱크를 채운 상태로 모두 격납고에 있었다고 한 다른 간부들의 진술 같은 반대된 증거들이 묻혀 버렸기 때문이다. 더욱이 최근 연구에서 후치다는 미드웨이 해전에 대하여 사실과 반대된 이야기를 했을 뿐만 아니라 진주만에서 나구모가 3차 공격대를 보내고 싶어 하지 않았다는 점에 대해서도 진실을 이야기하지 않았음이 밝혀졌다.[6] 그러므로 후치다를 다른 참전자들과 동등한 위치에 놓고 판단할 필요가 있다. 관찰 내용이 종종 잘못될 수는 있다. 그러나 후치다의 책에서는 정형화된 왜곡과 말도 안 되는 거짓이 보이며 이는 전투의 전체 그림을 심각하게 뒤틀어 놓았다. 후치다는 동료들의 희생을 대가로 각광을 받게 된 것이다. 오류는 우연이나 실수가 아니었다. 바로 계획적 조작의 증거이다.

후치다가 그렇게 할 만한 이유는 여러 가지였다. 첫째는 전투 직후 연합함대와 1항공함대 참모진과 관계가 있다. 야마모토는 자신이 미드웨이의 대참사를 모두 책임지겠다고 천명했지만 나구모와 참모진도 귀환해서 내놓을 변명거리를 만들어야 했다. 후치다는 지휘부의 일원은 아니었으나 구사카나 겐다와 마찬가지로 감시당하는 입장이었다. 치욕적 패배를 겪은 뒤 주력부대와 함께 본국으로 돌아가는 길에 이들이 겪었을 정신적 고통은 엄청났을 것이다.

폴 덜Paul Dull이 일본 해군 연구서에 적었듯이 일본 사회에서 '고나리마시타こうなりました'(그렇게 되었습니다)는 '고시마시타こうしました'(그렇게 했습니다)보다 용인되기 쉬웠다.[7] 이와 다르게 말하면 일본인의 감정과 역사의식을 건드렸을 것이다. 그러므로 기동부대의 장교들이 "몇 분만 더 있었으면 공격대가 발진해서 적을 격멸했겠지만 안타깝게도 무운武運이 따르지 않았습니다."라는 식으로 설명해야 대본영 해군부가 수긍했을 것이다. 조직적으로 이렇게 윤색했는지, 후치다 혼자 그랬는지, 아니면 나구모와 간부진이 묵계한 결과였는지 지금은 알 수 없다. 이유야 어찌되었건 대본영 해군부도 이런 설명을 수긍한 것으로 보인다. 목적은 달성되었다.

'무운이 따르지 않아'라는 설명은 대본영 해군부가 알게 된 사실과 얼추 맞았기 때문에 대본영 해군부의 어느 누구도 그런 설명이 실제 사실과 다르다는 것을 알 수 없었다. 적어도 잠시 동안은 그랬을 것이다.[8] 그뿐만 아니라 고위층에게 이런 설명은 '해군(야마모토와 대본영 해군부)이 전쟁을 종결지을 방책을 생각해낼 능력이 전혀 없었기 때문에 연합함대 사령장관(야마모토)은 진정 전략적 차원에서 생각하는 대신 결함투성이의 작전 개념을 만들어냈다. 이 계획의 결과로 현장지휘관(나구모)은 부하들(구사카, 야마구치, 겐다)과 더불어 돌이킬 수 없는 실수를 저지를 수밖에 없는 상황에 처하게 되었다. 예상하지 못한 미군의 갑작스런 출현에 대한 잘못된 대응과 더불어 이러한 실책은 대체 불가한 국가자산의 손실이라는 결과로 나타났다.'라는 왜곡되지 않은 사실보다 받아들여지기 쉬웠을 것이다. 이때 해군 상층부에 대한 책임 추궁을 환영할 사람은 없었다. 사실 전쟁 전 기간 동안 일본 해군(육군도 마찬가지다.)은 스스로에게 묻고 실수에서 교훈을 얻는 능력이 심각하게 결여되어 있었다. 해군장교들끼리 서로를 싸고도는 성향이 이 경향을 더욱 악화시켰다. 반갑지 않은 상황에 처하게 되면 해군병학교 선후배 동기 관계의 끈끈함은 집단적 침묵이라는 형태로 나타나기도 했다.[9] 이런 까닭에 '무운이 따르지 않아'라는 식의 설명이 해군 내에서 받아들여졌을 것이다.

일본 해군 조직의 실패는 기괴할 정도로 기능이 마비된 일본의 전시 지도력이라는 맥락에서 보면 이해하기가 더 쉽다. 육군과 해군의 관계는 가장 사이가 좋았을 때에도 긴장상태였다. 일본 해군은 육군 동료를 전략이나 국제관계에 무지한 촌놈쯤으로 멸시하는 경향이 있었다. 육군은 육군대로 해군을 필요 이상으로 국부를 훔쳐가 자신을 꾸미느라 바쁜 거만한 엘리트주의자라 여겼다. 두 집단 모두 상대를 꽤 정확하게 평가했다. 미드웨이 해전이 벌어질 무렵, 그간 거둔 연승에도 불구하고 육해군 관계는 좀처럼 나아지지 않았으며 양측의 관계는 냉랭하게 예의를 갖추는 정도로 후퇴했다. 미드웨이의 참극을 알게 된 일본 수상 도조 히데키 육군대장의 첫 반응은, 이 패배가 전쟁수행 능력에 드리울 암운을 우려하는 게 아니라 "육군이 그렇게 반대하던 작전에 실패하다니 꼴좋다고 화를 내면서도 만족하는 모습"[10]이었다고 어떤 기록은 전한다.

합리적 의사결정이란 전혀 없었던 뒤틀린 정치적 환경에서 해군의 우선목표가 전투의 뼈저린 교훈을 익히는 것이 아니라 육군에 대항해서 내부적 결속을 다지는 것이었다는 사실은 전혀 놀랍지 않다. 이런 압박하에서 후치다가 한편으로는 10시 20분에 기동부대가 전혀 공격대를 발진시킬 상황이 아니었다는 사실을 애써 과소평가하며 다른 한편으로는 관련 이야기를 조직적·문화적 구미에 영합하는 방향으로 만들었을 것임을 쉽게 상상할 수 있다.

전투가 끝나고 후치다는 미드웨이 해전과 여기에서 배운 전략적·전술적 전훈을 집대성하는 전훈조사위원회에서 일했다.[11] 후치다는 여기에서 최종보고서 6부가 완성되었지만 종전 시 광범위하게 이루어진 기밀문서 파기로 모두 소실되었고, 종전 후 자신의 캐비닛에서 보고서 초안을 찾아 이를 토대로 책을 썼다고 주장했다.[12] 후치다의 책을 면밀히 분석해 보면 1항함 전투상보에 없는 세부 사실이나 해도가 거의 없으므로 실제 참고한 자료는 1항함 전투상보의 잔존본이나 여기에서 파생된 다른 기록인 것 같다. 그리고 10시 20분 공격 같은 사건들을 구체적으로 묘사한 내용은 후치다가 선정적으로 왜곡한 부분이다.

후치다가 책을 낸 1951년의 상황 역시 이 왜곡을 설명하는 데 도움이 된다. 후치다가 일반 대중을 대상으로 『미드웨이』를 쓸 때 일본 국민들은 군부가 전쟁을 수행한 방식에 비판적이었다. 구 일본군 장교 출신들은 그다지 좋은 평가를 받지 못했다. 따라서 후치다에게는 해군의 명예를 회복하고 기동부대의 가장 빛나는 모습을 보여 주어야 한다는 속내가 있었다. 후치다는 자신이 복무한 정예부대를 긍정적 모습으로 그리고 싶었을 것이다. 어쨌건 기동부대는 개전 시에 세계 최고의 항공모함 부대였으며 미드웨이 해전 직전까지 훌륭한 전과를 거두었다. 그러나 후치다는 기동부대를 묘사하면서 불편한 진실을 숨기고 부끄러운 일에 대해서 침묵을 지킨다는 일본 해군의 전통을 따랐다. 어떻게 보면 후치다의 책은 전쟁기간 중 해군에 팽배한 솔직함과 거리가 먼 사고방식을 보여 주는 마지막 증언이라고 할 수 있다.

후치다는 일본 해군의 실수에 대해서는 입에 발린 변명을 하고 핵심적 작전 세부사항을 숨기는 방법으로 교묘하게 이 작업을 해냈다. 미드웨이 해전을 증언하는 첫 출판물이라는 덕도 보았다. 결과적으로 후치다는 거짓말쟁이라고 불려도 될 사람이었지만 그가 살아 있는 동안 감히 그렇게 부른 사람은 없었다. 또한 후치다는 동료들에게 은근히 비난의 화살을 돌리며 자신이 실제보다 더 많은 정보를 알았던 것처럼 포장했다. 총체적으로 후치다의 모습은 가장 권위 있는 전문가로 인정받기를 원하면서도 대참사에 대한 자신의 책임에는 시치미를 떼고 거리를 두는 사람이었다.

1953년에 이 전략은 성공적이었다. 후치다의 이야기를 들은 이들은 군사문제를 잘 모르거나 증언의 세부 사실을 확인해 보지 않을 사람들이었다. 일본의 공간公刊 전사는 출간되기 전이었고 후치다의 기록을 확증하거나 부인할 만한 확고한 증거가 부족했다. 구 일본 해군 장교들은 대부분 입을 다물었다. 유감스럽게도 대다수는 무덤에 들어갈 때까지 그러했다. 후치다의 책은 잘 쓰인 이야기였고 의도했던 독자들에게 좋은 성과를 거두었다. 무엇보다도 일본은 얼마 전 엄청난 국가적 굴욕을 겪었으며 이는 얼마 전까지 자국을 특별하게 여긴 국가에게는 더욱 치욕적인 상황이었다. 패전을 부인할 수는 없었으나 패배한 와중에도 빛나는 순간들을 찾아냄으로써 약간이나마 자존심을 회복할 수 있었다. 따라서 후치다가 어느 정도 자의적으로 사실을 해석했다고 해도 큰 틀을 벗어나는 일은 아니었으며 진실을 캐물을 사람도 없었다.

서구에서도 마찬가지였다. 후치다의 증언이 당시 미국에서 지배적이던 전투에 관한 신화들과 잘 맞아떨어졌다는 사실 때문에 면밀한 연구 검토를 면할 수 있었다. 마지막 순간에 일본 항공모함으로 내리꽂아 승리를 거둔 미군 급강하폭격기에 대한 후치다의 묘사는 용감하고 결의에 찬 '착한 우리 편'이 행운의 여신의 도움으로 마지막 순간에 패배의 아가리에서 승리를 낚아챘다는 전투에 대한 미국인의 이상과 맞아떨어지는 부분이 있었다. 후치다의 이야기는 넓은 관점에서 승자의 해석을 잘 뒷받침하면서도 일본군의 체면을 어느 정도 세워 주었다. 말하자면 후치다의 이야기는 할리우드 블록버스터에 어울릴 법한 좋은 소재다. 이렇게 좋은 자료가 있으니 일본 측의 추가 자료가 필요 없었을지도 모른다. 그 결과 일본 측에 관한 서구 측의 기록은 반세기가 넘도록 바뀐 게 거의 없었다.

일본 항공모함의 운용기술을 이해한 사람이 서구에 거의 없었다는 점도 문제 해결에 걸림돌이 되었다. 데이비드 에번스, 마크 피티, 존 런드스트롬 같은 작가들의 저술로 일본 해군 항공모함의 기술적·교리적 세부사항이 조금씩 서구에 알려지기 시작했다. 이러한 연구 결과가 출판되기 전의 연구들은 주로 기술적 측면에 집중했으며 기술, 교리 발전의 큰 맥락에서 이 주제를 다루지 않았다. 따라서 1990년대까지 최소한 일본 측 원사료를 다룰 수 없거나 그러고 싶지 않았던 서구 연구자들은 일본 측 증언을 정확하게 분석할 수 없었다.

일본에서도 진척은 없었지만, 1970년대에 일본의 공식 전사인 『전사총서』가 출판되자 후치다의 증언이 의심받기 시작했다. 미드웨이 해전을 다룬 『전사총서』 제43권은 미군의 결정적 급강하폭격 직전에 나구모가 공격대를 발진시킬 상황이 아니었다는 점을 분명히 했다. 후치다가 주장한 "운명의 5분"도 의심스러워졌으며 일본 측 전문가들은 후치다를 더 이상 신뢰하지 않았다. 그러나 굳이 애써서 미국인에게 이 사실을 전하려 한 사람은 없었다.

우리는 2000년에야 이러한 사실을 알게 되었다. 후치다 증언의 일부가 그동안 알려진 일본 항공모함 운용기법과 맞지 않아 이전부터 우리도 후치다 증언의 신뢰도에 의문을 품었다. 전략폭격조사 심문기록과 후치다 증언 사이에도 차이가 있었다. 이러한 의심은 우리가 존 런드스트롬과 대화하는 과정에서 확신으로 변했다. 가끔 다들 뻔히 알던 것에서 놀라운 깨달음이 나오기도 한다. 런드스트롬은 6월 4일 B-17들이 찍은 기동부대의 사진을 보면 08시 00분경 일본 항공모함들의 비행갑판이 거의 완전히 비어 있다고 지적했다. 이것은 무슨 뜻일까? 물론 이 사진은 미군이 급강하폭격을 하기 두 시간 전에 찍힌 사진이지만 런드스트롬은 흥미로운 질문을 던졌다. 전투 중에 나구모는 과연 예비공격대를 비행갑판에 올려놓을 수 있었을까? 이 질문에 답하기 위해 우리는 비행기 배치나 무장장착 같은 항공모함 작전의 모형을 만들려고 노력했다. 직위기 발진과 회수를 상세히 설명한 현존 일본 항공모함의 전투상보[와 비행기대의 전투행동조서]와 더불어 이 문제를 연구할수록 후치다가 묘사한 10시 20분의 상황에 심각한 의구심이 들었다.

이러한 접근이 옳음을 확증하기 위해 우리는 생존한 일본 해군 현장 증인 중 두 명에게 이 문제에 대한 본인의 생각을 알려 달라고 정중히 요청했다. 우리는 후치다가 일본에서 높이 평가받고 있다고 생각했으므로 외국인이 유명한 전쟁영웅을 깔본다는 인상을 주지 않도록 상당히 에둘러 표현했다. 매우 조심스럽게 문의한 태도와 정반대로 이들은 대놓고 후치다를 비난했으며, 그 내용은 다른 증언이나 사료들과 부합했다. 한 일본 측 인사[요시다 아키히코 전 해상자위대 일등해좌]는 이 문제에 대해 다음과 같이 솔직히 털어놓았다.

> "후치다의 책이 뻔한 거짓말이라는 점을 말하려면 책을 썼을 때의 환경을 설명해야 해요. 쇼와 27년(1952)까지 일본에서 연설과 출판은 검열 대상이었어요. …… 그러나 쇼와 28년(1953)부터 구 일본군 장교들이 '사기를 북돋는' 회고록을 갑자기 발표하기 시작했지요. 물론 진정으로 책임을 져야 하는 무능한 자들, 그리고 실수를 숨기고 싶어 했던 자들이 겪던 정신적 압박도 큰 영향을 미쳤을 겁니다. 후치다의 『미드웨이』와 구사카의 『기동부대』는 거의 동시에 나왔는데 두 책 다 실수나 무능함을 감추고 서로를 감싸려 한 엉터리 책이에요. 아직도 영어로 번역된 (미드웨이 해전에 관한) 책이 후치다나 구사카의 책 정도라면 기가 막힐 노릇이군요."[13]

기가 막힐 노릇이라는 표현은 지금까지 이루어진 서구 연구에 대한 냉정한 평가이다. 후치다의 설명은 사실상 전투에 대한 서구의 연구를 50년 동안이나 왜곡했다. 언어장벽으로 인해 새로 발굴된 일본 측 사료에 접근하기 어려웠던 탓도 있다. 그러나 미국 측의 자기만족도 이러한 학문적 나태에 기여한 바가 크다. 이러한 나태가 너무나 심각한 나머지 다른 사료에서 가져온 세부사항들을 '신뢰할 수 없다'며 무시한 경우도 있었다. 미국 학계에서 후치다의 비중이 컸던 탓이다. 후치다가 진실을 말하지 않았다는 것과 별개로 미국 연구자들도 수십 년 동안 일본 측의 동시대 자료를 건드려 보지도 않았다는 점에서 비난받아야 마땅하다.

우리는 미드웨이 해전을 둘러싸고 널리 퍼진 통념이 연구에 가해온 제약이 풀리기를 희망한다. 이렇게 해야만 연구자들이 단 하나의 증언에 인질로 잡히지 않고 새로운 사실을 종합해 이해의 범위를 넓혀갈 수 있다. 안타깝게도 세월이 흘러 생존한 참전자들이 줄어듦에 따라 〔후치다처럼〕 단 한 생존자의 증언이 미드웨이 해전사 연구에 큰 영향을 끼치는 일은 점점 어려워질 것이다. 미드웨이 전투의 실제 결정권자인 야마모토, 나구모, 겐다, 구사카, 야마구치는 모두 이 세상 사람이 아니다. 지금부터는 싫든 좋든 이 엄청나게 중요한 해전에 대한 연구는 생존자의 증언보다 관련 자료의 해석에 더욱더 의존해야 할 것이다.

자료의 중요성이 점점 더 커지는 경향은 이 책에서 기술과 교리 측면이 상당 부분 강조된 이유이기도 하다. 격납고의 비행기 배치와 폭탄과 어뢰의 장착 체계, 엘리베이터의 운용속도가 기동부대의 공격대 발진준비와 관련해 중요한 정보임이 밝혀졌다. 또한 공격대의 통합운용 교리는 상황에 따라서 중요한 이점이었으나 미드웨이에서는 치명적 지연의 원인이 되었다는 점을 보았다. 이 책이 취한 접근방식이 이미 알려진 사실들을 재탕해서 '각도'만 달리하여 새로운 것처럼 보이게 하려는 시도가 아니라 새로운 중요한 관점들을 밝힌 계기가 되었기를 바란다.

선행 연구를 면밀히 검토하고 새로 밝혀진 정보를 상세히 연구하기로 마음먹은 결과, 우리는 전투에 대해 널리 퍼진 통념의 상당 부분이 사실과 거리가 멀다는 점을 밝힐 수 있었다. 우리는 논란을 불러일으키고자 기존의 의견과 싸우려는 것이 아니다. 미래의 연구를 위해 보다 나은 기반을 마련하는 것, 즉 증언 하나에 좌지우지되지 않을 굳건한 기초를 마련하는 것이 이 책의 목적이다. 여기에 컴퓨터의 도움을 받은 전투의 재구성과 침몰선 탐사, 조선공학 같은 새로운 도구를 더함으로써 선행 연구들보다 더 광범위하고 통합적인 접근법을 취하고자 했다.

우리가 상술한 내용은 분명히 앞으로 수정되고 재해석될 것이다. 아마 근본적으로 고쳐져야 할 수도 있다. 컴퓨터 스캔과 번역 기술의 발달로 인해 그간 태평양전쟁사 연구를 방해해 온 언어장벽을 극복할 수 있게 됨에 따라 이 과정의 속도는 더욱더 빨라질 것이다. 우리는 이러한 수정을 기대할 뿐만 아니라 환영한다. 모든 역사적 사건을 좀 더 깊이 탐구하려고 노력해야만 진실에 조금 더 가까이 다가갈 수 있다. 미드웨이 해전과 각자의 조국을 위해 용감히 싸우다 숨진 미일 양국 장병들의 유산도 당연히 그 같은 대접을 받을 가치가 있다.

부록

【부록 1】

용어 설명

* (日): 일본 해군, (美): 미 해군

강력갑판强力甲板strength deck: 선박의 각 부분에서 외판이 도달하는 최상층의 갑판. 일반적으로 상갑판이 강력갑판이 되며 이 부분에 최대 응력이 발생한다. 항공모함에서는 비행갑판, 격납고 갑판이 강력갑판이 되기도 한다.

견시원見視員Lookout: 선박에서 경계임무를 하도록 지정된 사람.

계지안환繫止眼環: 비행기를 계류하는 와이어를 묶도록 갑판에 설치된 고리(日).

고각포高角砲: 고사포(日).

고사장치高射裝置: 광학식 조준장비(고사기)와 기계식 계산기(고사사격반)를 결합하여 이동 목표물에 대한 사격제원을 산출하는 사격통제장비(日).

고성능폭발高性能爆發high order detonation: 순간적으로 완전히 일어나는 폭발.

공작장工作長: 군함의 선반, 금속가공, 용접작업, 목공구 제작, 수리 업무의 총책임자. 비상상황에서는 손상통제·보수작업의 현장지휘관으로도 활동한다(日).

공작함工作艦repair ship: 심하게 파손된 군함의 응급수리나 설비가 빈약한 곳에서 수리를 맡은 함선.

구축함驅逐艦: 호위 및 대잠수함 전투가 주 임무인 함정.

군대구분軍隊區分: 작전상의 필요에 따라 작전 목적을 달성하기 위해 전투서열에 예속된 기존부대조직에 상관없이 일시적으로 편성된 조직(日).

군령부軍令部: 일본 해군의 군령권 담당기관. 대본영 해군부와 기본적으로 같은 조직(日).

군의장軍醫長: 함의 의료설비 및 인원관리의 총책임자(日).

급강하폭격기急降下爆擊機dive bomber: 폭격의 명중 정확도를 높이기 위해 급한 경사각도로 급강하하며 폭격하는 비행기. 미드웨이 해전에서 일본군은 99식 함상폭격기를, 미군은 SBD 던틀리스를 급강하폭격기로 운용했다.

기류신호旗旒信號: 신호기를 이용한 선박 간 의사전달 수단.

뇌격기雷擊機torpedo plane: 어뢰를 장착하여 적의 선박을 공격하는 비행기. 미드웨이 해전에서 일본군은 97식 함상공격기를, 미군은 TBD 디바스테이터를 뇌격기로 운용했다.

대본영大本營: 전시 최고통수권자 덴노를 보좌해 명령을 내리는 일본 육해군 최고통수기관(日).

대본영 해군부大本營海軍部: 대본영에서 해군 업무와 관련하여 덴노를 보좌하는 기관. 군령부와 인적구성과 업무가 거의 같아 군령부와 기본적으로 같은 조직이다(日).

대해령大海令: 군령부총장(대본영해군부장)이 덴노의 명(대명)을 받아 작전부대에 내리는 명령으로 '대해령 00호' 라는 형식으로 발령된다. 작전의 세부사항은 군령부가 대해지大海指라는 형식으로 내린다. 같은 형식으로 육군에게 내려지는 명령을 대륙령大陸令, 세부명령을 대륙지大陸指라 한다(日).

묘갑판錨甲板: 닻과 양묘기, 닻사슬이 있는 갑판(日). 조묘갑판操錨甲板 혹은 양묘갑판揚錨甲板이라고도 한다.

발광신호發光信號: 발광신호등을 이용한 선박 간 의사전달 수단.

발착배치發着配置spotting: 비행기의 발함을 위해 비행갑판에 비행기를 배치, 정렬하는 작업.

병기원兵器員: 항공모함에서 비행기에 무장을 장착하거나 분리하는 인원(日). 무장사.

보고구報告球: 무선침묵, 무전기 고장 등의 이유로 비행기가 무전기를 사용하지 못할 때 서면으로 적은 보고문을 넣어 투하하는 가방(日). 미군은 같은 목적으로 메시지 백message bag을 사용했다.

보이드 탱크 Void Tank: 선박 설계상 어쩔 수 없이 비게 되는 공간. 유사시 밸러스트 유지용으로 사용한다.

복호화復號化decoding: 암호로 발신된 전문을 암호 키를 이용하여 원래 전문으로 변환하는 과정.

비행기대飛行機隊: 항공모함 1척이 탑재한 비행기 집단(日). 미 해군의 항공모함 비행단Carrier Air Group에 해당한다.

비행대장飛行隊長: 항공모함의 비행기대를 전장에서 직접 지휘하는 장교(日).

비행장飛行長: 항공모함의 항공작전 업무를 총지휘하는 장교(日).

비행정飛行艇Flying Boat: 동체를 배와 비슷한 모양으로 제작해 수상에서 이륙이 가능하도록 만들어진 비행기. 주로 쌍발 이상의 대형기이며 착륙장치를 장착할 수 있어 육상 운용이 가능하다. 장거리폭격, 정찰, 수송, 구조 임무를 맡았다.

산개선散開線: 배치된 함정이 초계 활동을 수행하도록 지정된 선(日).

색적기索敵機: 정찰기(日).

색적선索敵線: 정찰기의 비행항로(日).

소화주관消火主管fire main: 소방수를 공급하는 주 배관.

손상통제損傷統制damage control: 보수, 전투 중 일어난 손상을 임시로 보수, 복구하고 피해 확산을 막는 작업. 일본군은 응급방어라고 불렀다.

수뢰전대水雷戰隊: 어뢰, 폭뢰, 기뢰를 이용하여 전투를 벌일 목적으로 편성된 부대. 기함 역할을 하는 경순양함과 구축함으로 편성되었다(日).

수상기水上機Floatplane/Seaplane : 수상에서 이·착수가 가능하도록 날개와 동체에 부력을 가진 금속제 부주浮舟Float를 장착한 비행기. 전함, 순양함에 탑재되어 정찰, 탄착관측 임무를 맡거나 비행장 시설이 부실한 도서지역에 배치되어 활동했다.

수상기모함水上機母艦Seaplane Tender: 비행정, 수상기의 수송과 운용지원이 목적인 군함. 비행기 탑재, 운용지원 설비를 갖추었으나 비행갑판이 없어 크기가 작다.

수평폭격기水平爆擊機level bomber: 수평으로 비행하면서 폭격을 수행하는 비행기(日). 일본군은 폭탄을 탑재하고 수평폭격 임무에 나선 97식 함상공격기도 수평폭격기라고 불렀다.

순양함巡洋艦: 함대 기함. 구축함 지휘, 평시 해외 경비가 주 임무인 함정. 구축함보다 크고 전함보다 작으며 배수량과 탑재 함포의 구경에 따라 경순양함과 중순양함으로 구분한다.

순양전함巡洋戰艦Battlecruiser: 전함과 비슷한 배수량과 외양 및 무장을 갖췄지만 전함에 비해 선체 너비 대비 길이가 길며 방어장갑 혹은 무장을 덜 탑재하고 줄인 무게를 고출력 기관탑재에 사용해 고속성능을 갖춘 함선. 전함과 더불어 주력함으로 불린다.

양묘기揚錨機: 닻을 감는 기계장치.

양폭탄통/양어뢰통揚爆彈筒/揚魚雷筒: 탄약고에서 격납고 갑판이나 비행갑판까지 폭탄과 어뢰를 올리는 탄약 엘리베이터(日).

역침수逆浸水counter flooding: 물이 들어오는 쪽 반대편의 격실들에 고의로 물을 채워 침수로 인해 기울어진 함체의 균형을 바로잡는 기법.

연속수용連續收容: 항공모함에 비행기가 착함할 때마다 일일이 엘리베이터로 내리지 않고 차례차례 비행갑판 전단부에 배치하여 다른 비행기들이 연속적으로 착함, 수용되도록 하는 일본 해군의 항공모함 비행갑판 운용기법(日).

운용장運用長: 함의 각종 기계설비의 운용 및 손상통제 작업 현장 지휘 총책임을 맡은 장교(日).

원격조타장치遠隔操舵裝置telemotor: 조타실, 함교에 있는 조타륜의 움직임을 키에 전달하는 동력장치.

육용폭탄陸用爆彈: 육상목표물 공격을 위한 고폭탄(日).

응급반應急班: 손상통제작업을 담당한 작업반(日).

응급방어應急防禦: 손상통제작업damage control(日).

응급지휘소應急指揮所: 일본 해군 함선의 손상통제작업 지휘본부(日).

2단 색적二段索敵: 시간 차이를 두고 정찰기 2기를 발진시켜 뒤따르는 정찰기로 하여금 앞선 정찰기가 정찰한 구역을 다시 정찰하게 하여 정찰에서 누락된 부분이 없도록 하는 기법(日).

자동방루自動防漏 **연료탱크**self-sealing fuel tank: 몸체를 2중으로 만들고 두 벽 사이에 고무 재질을 충전하여 구멍이 날 경우 고무 재질이 자동으로 구멍을 막도록 제작된 연료탱크.

잠수함潛水艦Submarine: 수면 아래 항해가 가능하며 정찰임무를 수행하거나 어뢰로 수상함을 공격하는 것이 주 임무인 함선.

장비행장掌飛行長: 비행장 보조를 맡은 준사관, 특무사관(日).

장운용장掌運用長: 운용장 보조를 맡은 준사관, 특무사관(日).

장항해장掌航海長: 항해장 보조를 맡은 준사관, 특무사관(日).

전대戰隊: 2척 이상의 군함으로 편성된 부대. 구축함, 잠수함의 경우 구축대, 잠수대라고 부른다. 미 해군의 Squadron에 해당한다(日).

전투상보戰鬪詳報: 해전요무령海戰要務令(메이지 43/1910년 개정)에 따라 각 함선, 함대가 전투를 끝내고 작성해 상급부대로 상신하는 보고서. 기재사항은 적군과 아군의 형세, 전투경과, 유관부대의 행동, 교전병력, 편제전법이며, 부록으로 사상자표, 노획무기표, 무기·탄약 소모표, 공훈 수여 추천자를 첨부한다(日).

전투정보반Combat Intelligence Unit: 하와이 주둔 미 해군 통신감청, 암호해독 부대(美).

전투정보실Combat Information Center, CIC: 레이더와 통신기기로 획득한 전투상황 정보를 처리하는 장소로 함체 내부에 설치된다(美). 전투정보센터, 전투정보지휘소라고도 한다.

전투초계기Combat Air Patrol fighter: 함대의 상공초계 전투를 맡은 전투기(美). 일본군의 직위기에 해당한다.

전함戰艦: 대구경 함포와 중장갑을 갖추고 제해권 획득 및 적 수상함대 격멸, 함대 기함, 상륙함대 포격지원 등의 기능을 수행하는 함선. 1905년에 진수된 영국의 드레드노트Dreadnaught 함을 시초로 보며 이와 비슷한 사양으로 건조된 전함을 드레드노트급, 혹은 노급弩級전함으로, 제1, 2차 세계대전기에 등장한 이보다 더 큰 전함을 슈퍼 드레드노트Super-Dreadnaught급, 혹은 초노급超弩級 전함이라고 부른다. 순양전함과 더불어 주력함으로 간주되어 제2차 세계대전 종전 시까지 열강 해군 전력의 핵심이었으나 해군 항공전력의 대두로 인해 해상전의 주역 위치를 상실했다.

제공대制空隊: 공격대의 엄호를 담당한 전투기 부대(日).

조타주操舵柱: 수직으로 난 키의 자루.

종강도縱强度longitudinal strength: 선체를 길이 방향으로 변형하려는 종하중을 버티는 강도.

주계장主計長: 함의 행정, 금전경리, 보급품, 구입품 관리의 총책임자. 해군경리학교를 졸업한 주계장교가 맡았다(日).

직위구축함直衛驅逐艦: 항공모함의 바로 옆에서 작전하면서 항공모함을 방어하고 항공작전에 협력하는 임무를 담당한 구축함(日).

직위기直衛機: 상공직위기의 약어. 함대의 상공초계 전투를 맡은 전투기. 직엄기直俺機라고도 부른다(日). 미군의 전투초계기Combat Air Patrol Fighter에 해당한다.

직위대直衛隊: 상공직위대의 약어. 직위기로 구성된 편대로, 보통 1, 2개 소대(3~6기)로 구성된다. 직엄대直俺隊라고도 부른다(日). 미 해군의 전투초계비행대Combat Air Patrol에 해당한다.

착함제동횡삭着艦制動橫索: 항공모함에 착함하는 비행기가 테일후크를 걸어 정지하도록 비행갑판을 가로질러 설치된 와이어(日). 영문명은 어레스팅 와이어arresting wire이다.

착함지도등着艦指導燈: 착함하는 비행기가 올바른 착함 각도를 파악할 수 있도록 선체 양측에 설치된 신호등(日).

착함표시着艦表識: 착함하는 비행기의 기수에 비행갑판의 끝단이 가려도 그 위치를 파악할 수 있도록 양옆으로 돌출된 부분(日).

철갑탄徹甲彈armor piercing bomb: 장갑 목표물을 대상으로 사용되는 폭탄.

침수통제浸水統制flooding control: 전투 손상으로 함체에 물이 들어왔을 때 방수문 폐쇄, 역침수 등의 조치로 함이 복원력, 부력을 잃지 않게 하는 기법.

캐터펄트catapalt: 사출기射出機라고도 한다. 유압, 압축공기, 화약 폭발, 증기압을 이용해 단시간에 비행기를 급가속시켜 좁은 공간에서 비행기를 이함(륙)시키는 장비.

코퍼댐Cofferdam: 선박의 물탱크와 유류 탱크 사이의 유밀성油密性을 높이기 위해 설치하는 공간.

타병舵柄: 키를 돌리기 위하여 키의 축에 키와 나란한 방향으로 수직으로 꽂은 지지대.

타병실舵柄室: 타병이 선체 내부에 고정된 구획.

통상탄通常彈: 함정 공격을 위한 철갑탄(日).

통상파괴전通商破壞戰Commerce Raiding: 잠수함, 비행기, 수상함 등을 운용해 적의 상선단을 공격하여 적국의 해상 운송을 방해하는 전투.

투하기投下器: 함상공격기에 어뢰를 고정하는 고정구(日).

특무사관特務士官: 선발시험에 합격하고 교육과정을 이수한 다음 장교로 임관된 부사관. 활동범위 및 승진에 제약이 많았다(日).

특설함선特設艦船: 전시 징용된 민간선박에 필요한 의장 및 병장을 갖추어 보충전력으로 사용된 함선. 특설군함特設軍艦, 특설특무정特設特務艇, 특설특무함선特設特務艦船으로 나뉘며 임무에 따라 다양한 호칭(특설순양함, 특설초계정 등)이 붙었다(日).

평문平文plain message: 암호화되지 않은 전문.

풍향지시증기風向指示蒸氣: 발함 대기 중인 비행기와 발착함지휘소에 현재 풍향을 표시하기 위해 항공모함의 비행갑판 앞쪽에서 뒤쪽으로 증기를 흘려 보내는 장치(日).

풍향표지風向標識: 항공모함의 비행갑판 선단에 그려진 화살표. 풍향지시증기와 더불어 항공모함이 현재 풍향 방향으로 항해하고 있음을 표시하는 기능을 한다(日).

하이포 국Station HYPO: 하와이 주둔 미 해군 전투정보반의 별칭(美).

함공대艦功隊: 한 항공모함이 탑재한 함상공격기 전체로 이루어진 부대(日).

함상공격기艦上攻擊機: 항공모함에 탑재하여 수평폭격과 뇌격을 맡은 비행기(日). 이 책에서는 나카지마 사가 제작한 97식 함상공격기를 말한다.

함상전투기艦上戰鬪機: 항공모함 탑재 전투기(日). 이 책에서는 미쓰비시 사가 제작한 0식 함상전투기를 말한다.

함상폭격기艦上爆擊機: 항공모함 탑재 급강하 폭격기(日). 이 책에서는 아이치 사가 제작한 99식 함상폭격기를 말한다.

함전대艦戰隊: 한 항공모함이 탑재한 함상전투기 전체로 이루어진 부대(日).

함폭대艦爆隊: 한 항공모함이 탑재한 함상폭격기 전체로 이루어진 부대(日).

항공모함航空母艦Aircraft Carrier: 비행기가 뜨고 내릴 수 있는 비행갑판 및 비행기 운용설비를 갖추고 함대 상공방어, 적 함대 및 지상시설 공격이 주 임무인 함선.

해군대학海軍大學: 고급지휘관 양성을 담당한 학교(日).

해군병학교海軍兵學校: 해군사관 양성을 담당한 학교(日).

해상박명초海上薄明初: 일출 전 수평선이 보일 정도의 박명이 시작되는 시각.

활주제지삭滑走制止索: 항공모함에 착함하는 비행기가 전갑판에서 수용 대기 중인 다른 비행기들 사이로 뛰어들지 않도록 세워진 3줄로 된 강철제 그물망(日). 영문명은 크래시 배리어crash barrier이다.

F4F: 그루먼Grumman 사가 제작한 와일드캣 전투기(美).
PBY: 콘솔리데이티드Consolidated 사가 제작한 카탈리나Catalina 쌍발비행정(美).
PT 보트PT Boat: 순찰 어뢰 보트patrol torpedo boat의 약자로, 제2차 세계대전 당시 미 해군에서 사용된 어뢰 무장 고속 공격 선박(美).
SB2U: 보트Vought 사가 제작한 빈디케이터Vindicator 급강하폭격기(美).
SBD: 더글러스Douglas 사가 제작한 던틀리스Dauntless 급강하폭격기(美).
TBD: 더글러스 사가 제작한 디바스테이터Devastator 뇌격기(美).
TBF: 그루먼 사가 제작한 어벤저Avenger 뇌격기(美).
VB(Bombing Squadron): 폭격비행대(美).
VF(Fighting Squadron): 전투비행대(美).
VMF(Marine Fighting Squadron): 해병전투비행대(美).
VMSB(Marine Scout Squadron): 해병정찰폭격비행대(美).
VP(Patrol Squadron): 초계비행대(美).
VS(Scout Squadron): 정찰폭격비행대(美).
VT(Torpedo Squadron): 뇌격비행대(美).

【부록 2】

미드웨이 해전 시간표

일자	시간	일본군의 행동	미군의 행동	비고
5. 26. (화)		제2기동부대(가쿠타)가 무쓰만 출격, 16소해대가 사이판 출격		미드웨이 시간 5. 25.
5. 27. (수)		제1기동부대(나구모)가 하시라지마 출격	16기동함대(스프루언스)가 진주만 귀항	미드웨이 시간 5. 26.
5. 28. (목)		선단부대 · 호위대(다나카), 항공대(후지타)가 사이판 출격. 미드웨이 공략부대 지원대(구리타)가 괌 출격	17기동함대(플레처)가 진주만 귀항, 요크타운 수리 개시	미드웨이 시간 5. 27.
5. 29. (금)		미드웨이 공략부대 본대(곤도), 주력부대(야마모토), 경계부대(다카스)가 하시라지마 출격. 애투 공략부대(오모리)가 무쓰만 출격	16기동함대(스프루언스)가 진주만 출격	미드웨이 시간 5. 28.
5. 30. (토)		K작전 1일 연기. 미 잠수함이 사이판 근해에서 선단부대 · 호위대(다나카) 포착		미드웨이 시간 5. 29.
5. 31. (일)		K작전 취소	17기동함대(플레처)가 진주만 출격	미드웨이 시간 5. 30.
6. 1. (월)		이-168이 미드웨이 정찰 후 상황보고 타전		미드웨이 시간 5. 31.
6. 2. (화)		키스카 공략부대(오노)가 바라무시로섬 출격		미드웨이 시간 6. 1.
6. 3. (수)		북방부대 본대(호소가야)가 바라무시로섬 출격	16, 17기동함대 합류	미드웨이 시간 6. 2.
	10:30	기동부대가 안개 속에서 변침명령 타전		* 도쿄 시간 12:00 변침 추정
	23:00	제2기동부대가 더치하버 공격대 발진		
이상 도쿄 시간				
6. 3. (수, 현지)	05:07(현지)	보급대가 기동부대에서 분리		* 미드웨이 시간 6. 3. 06:07, 도쿄 시간 6. 4. 03:07
이하 미드웨이 시간				
6. 3. (수)	08:43		PBY(6V55호기)가 다나카 휘하 16소해대 발견	* 미드웨이에서 247도, 470해리(870킬로미터) 해상. 09:04, 확정보고
	09:25		PBY(6V55호기)가 "주력부대" 발견 보고	* 니미츠는 기동부대가 아닌 공략부대로 추정
	12:00		431폭격비행대(스위니)가 미드웨이 기지 출격	* B-17 6기, 육군항공대

6. 3. (수)	16:40		431폭격비행대(스위니, 12:00 출격)가 선단부대·호위대(다나카) 공격	* 선단부대·호위대(다나카) 피해 없음
	21:15		44초계비행대(리처즈)가 미드웨이 기지 출격, 선단부대·호위대(다나카) 수색	* 레이더와 어뢰 장비 PBY 4기
6. 4. (목)	01:54	선단부대·호위대(다나카)의 아케보노마루가 미군 PBY의 어뢰 공격으로 피해를 입음		* 21:15 출격 PBY 공격, 아케보노마루 어뢰 1발 명중, 26명 사상
	04:15		미드웨이 기지항공대가 정찰행동 개시	
	04:28~04:45	기동부대에서 미드웨이 공격대, 직위대, 정찰대 발진		* 도네 4호기가 예정시간인 04:30보다 30분 지연 발진, 지쿠마 1, 4호기가 04:35, 04:38 발진
	04:40		431폭격비행대(스위니)가 미드웨이 기지 발진	* B-17 16기
	04:52			일출
	05:00	도네 4호기 발진		
	05:20	도네 4호기가 부상한 미 잠수함 2척 발견 보고		* 아카기가 05:45 수신
	05:20	나구모가 이날 적 항공모함이 출격할 가능성이 없으며 적정에 특이한 변화가 없다면 미드웨이 제도 2차 공습을 실시할 예정임을 각 항공모함에 통지		
	05:30(추정)		PBY(번호 불명)가 일본 기동부대 첫 발견	* 엔터프라이즈가 05:34에 발견 보고 수신
	05:45		PBY(3V58호기)가 미드웨이 방향으로 날아오는 일본기 다수 발견 보고	
	05:52		PBY(4V58호기)가 항공모함 2척을 기간으로 하는 일본 함대 발견 보고	* 2개 항공전대 중 1개 발견 추정
	05:55	도네 4호기가 기동부대로 향하는 미군기 15기 발견 보고		* 이 미군기의 정체는 불명
	06:00		미드웨이 기지항공대가 전 비행기에 이륙 명령	* VMF-221(파크스), 69폭격비행대(콜린스), VT-8(피벌링) * 전투기 26기(VMF-221), B-26 중형폭격기 4기(69폭격비행대), TBF 6기(VT-8)
	06:03		플레처가 일본군 발견 보고 수신	* 05:34 엔터프라이즈 수신 발견 보고
	06:07		플레처가 스프루언스에게 일본군 공격 명령	

6. 4. (목)	06:10		VMSB-241(헨더슨, 노리스), 미드웨이 기지 출격 개시(06:20 완료)	* SBD 16기(헨더슨), SB2U 11기(노리스)
	06:15	미드웨이 공격대가 미드웨이 도착, 공격 개시(06:20)		
	06:35	지쿠마 4호기가 악천후로 인해 귀환 보고		* 아카기, 06:49 수신
	06:45	미드웨이 공격대 공격 종료. 귀환 개시		
	07:00	미드웨이 공격대 지휘관(도모나가)이 미드웨이 2차 공격 건의	호닛 공격대[VB-8(존슨), VS-8(로디), VT-8(월드론), VF-8(미첼)] 발함 개시	* SBD 35기, 와일드캣 10기, TBD 15기. 호닛 비행단장 링 중령 총지휘
	07:10	기동부대가 VT-8(피벌링)과 미 육군항공대 69폭격비행대(콜린스)를 포착	69폭격비행대(콜린스)가 기동부대 발견	* 아카기, 접근하는 적기 9기를 07:05에 발견, 07:10, 이 적기들이 2개 부대임을 확인
	07:06		엔터프라이즈 공격대[VB-6(베스트), VS-6(갤러허), VT-6(린지), VF-6(그레이)] 발함 개시	* SBD 33기, 와일드캣 10기, TBD 14기. 엔터프라이즈 비행단장 매클러스키 중령 총지휘
	07:15	나구모가 예비공격대에 무장 전환 명령		* 대함공격용 어뢰를 육상공격용 폭탄으로 무장 전환(1항전의 97식 함상공격기 43기에만 해당함)
	07:28	아카기가 도네 4호기가 보낸 "적함으로 보이는 물체 10척" 발견 보고 수신		* 실제 발견시간은 이보다 이른 시간으로 추정되며 항공모함 존재 여부는 보고에 없음. 이 전문 수/발신 시간이 07:40이라는 증거도 존재함
	07:45	나구모가 미 함대 공격 준비, 함상공격기의 어뢰 무장을 그대로 두라고 명령		* 이 시점에 1항전의 함상공격기 2개 중대(18기)가 무장 변경을 완료했을 것으로 추정. 『전사총서』에 따르면 나구모는 발견된 미 함대에 항공모함이 있을 것으로 추정함
	07:47	나구모가 도네 4호기에 미 함대의 함종 확인을 명령		
	07:50	기동부대(지쿠마)가 VMSB-241(헨더슨) 포착		
	07:54	기동부대(하루나)가 431폭격비행대(스위니) 포착		
	07:55		VMSB-241(헨더슨)이 기동부대 발견, 공격 개시. 호닛, 공격대 발진 완료	
	07:58	도네 4호기가 미 함대의 침로는 80도, 속력 20노트임을 보고		
	08:00	나구모가 도네 4호기에 함종 재확인 지시		

6. 4. (목)	08:06		엔터프라이즈가 공격대 발진 완료	* VT-6(린지)이 마지막으로 발함. 발함 지연으로 인해 엔터프라이즈 공격대의 VB-6(베스트), VS-6(갤러허)은 상공 대기 중 먼저 출발(07:45). VF-6(그레이)과 VT-6(린지)이 별개로 일본군에 접근
	08:09	도네 4호기가 미 함대는 순양함 5척, 구축함 5척임을 보고		
	08:14		431폭격비행대(스위니)가 기동부대 발견, 공격 개시	
	08:10~08:35	미드웨이 공격대가 기동부대의 상공에 도착		
	08:20	도네 4호기가 미 항공모함 발견 보고(16기동함대)	VMSB-241 일부(노리스)가 기동부대 발견	* SB2U 11기
	08:23	기동부대(나가라)가 잠수함 노틸러스 발견		
	08:25경		VT-8(월드론)이 호닛 공격대를 이탈해 단독으로 일본 함대 수색공격에 나섬	
	08:27		VMSB-241 일부(노리스)가 기동부대 공격 개시	
	08:30	나구모가 대함공격용 통상탄 양탄 지시, 야마구치 2항전 사령관에게 공격대 즉각 발진 건의. 소류에서 D4Y1정찰기 발진	요크타운 공격대[VB-3(레슬리), VT-3(매시), VF-3(새치)] 발진 개시(08:50 완료)	* SBD 17기, 와일드캣 6기, TBD 12기 * VS-5(쇼트)는 예비대로 대기
	08:38		미드웨이 기지에서 발진한 미군기의 공격 종료	
	08:45	도네 4호기가 미 순양함 2척 추가 발견을 보고(미 17기동함대)		
	08:55	나구모가 야마모토에게 항공모함 1척, 순양함 5척, 구축함 5척으로 구성된 미 함대를 발견해 보고(발견시간 08시)		
	08:59~09:50	미드웨이 공격대가 각 항공모함 수용		
	09:05	나구모가 각 항공모함에 공격대 수용 완료 후 적 기동함대 포착격멸 지시		
	09:10		엔터프라이즈의 VF-6(그레이)이 기동함대 발견	
	09:18	기동부대(지쿠마)가 VT-8(월드론)의 접근 포착		
	09:20경		VT-8(월드론) 공격 개시	

6. 4. (목)	09:30경	아라시가 미 잠수함 노틸러스 공격 중단, 본대 복귀 시작		
	09:38	지쿠마 5호기 발진(도네 4호기 교대)		
	09:38	기동부대(도네)가 VT-6(린지) 포착		* VT-6(린지), VF-6(그레이)은 같은 엔터프라이즈 소속 VS-6(갤러허), VB-6(베스트)과 별도 행동
	09:55		엔터프라이즈 공격대(VB-6, VS-6)가 단독 행동하던 구축함 아라시 발견, 아라시를 따라 기동부대로 접근 개시	
	10:00	나구모가 야마모토 및 각 함대 장관에게 07:15 이후 계속 공격받고 있으며 07:28에 항공모함 1척, 순양함 7척, 구축함 5척으로 구성된 미 함대를 발견했고 이를 격멸한 다음 미드웨이를 재차 공습할 의도임을 밝힘		
	10:00경		엔터프라이즈의 VF-6(그레이)이 연료 부족으로 귀환	* VF-6(그레이)은 기동부대를 발견했으나 아군 공격대와 접촉하지 못해 엄호임무 실패
	10:00경		요크타운의 VF-3(새치), VB-3(레슬리) 1, VT-3(매시)이 기동부대 발견	
	10:05경		엔터프라이즈의 VB-6(베스트), VS-6(갤러허)이 기동부대 발견	* 엔터프라이즈 비행단장 매클러스키 중령 총지휘
	10:20~10:25	가가와 소류 피격, 화재 발생		* 엔터프라이즈 공격대의 VS-6, VB-6이 아카기, 가가 폭격. 요크타운 공격대의 VB-3이 소류 폭격
	10:25	아카기에서 마지막 직위기(기무라) 발함	VT-3(매시)이 기동부대 외곽호위망 통과, 히류 공격 개시	* VT-3(매시)은 10:40까지 히류를 공격했던 것으로 추정되나 성과를 거두지 못함
	10:26	아카기 피격, 화재 발생		
	10:42	아카기의 키가 고장나 표류 시작		
	10:45	소류, 총원퇴거 명령		
	10:46	나구모와 참모진이 아카기 함교에서 탈출		
	10:50	아베가 야마모토에게 항공모함 3척 피격 보고, 야마구치(2항전)에게 반격 명령		* 11:30까지 차선임 지휘관 아베가 임시로 기동부대 지휘권 행사

6. 4. (목)	10:58	히류 1차 공격대(고바야시) 발진 완료		* 99식 함상폭격기 18기, 제로센 6기
	11:10	소류에서 발진한 D4Y1이 미 함대 발견		* 무전기 고장으로 인해 보고 실패
	11:30	나구모가 나가라로 이승 완료. 야마모토가 곤도와 다나카에게 기동부대가 피격당한 상황과 자신의 의도를 밝힘		* 나구모, 기동부대 지휘권 재행사
	11:50		요크타운의 VS-5(쇼트)가 잔존 일본 항공모함 수색공격을 위해 출격	
	11:59		요크타운의 레이더가 고바야시 공격대 포착, 미군 전투초계기 요격 개시	
	12:00	히류 1차 공격대(고바야시), 요크타운 발견 보고		
	12:09(추정)	히류 1차 공격대(고바야시), 요크타운 공격 개시		
	12:11	히류 1차 공격대(고바야시), 요크타운 화재 발생 보고		* 화재 발생 보고시점은 12:01이나 실제로는 12:11이었을 것으로 추정
	12:14		고바야시 공격대 공격 종료	* 요크타운에 명중탄 3발, 지근탄 2발 피해
	12:20	야마모토가 공략부대 일부와 수송선단에 일시후퇴 명령 및 1, 2기동부대 합류 명령		
	12:45	히류 1차 공격대(나카야마)가 귀환 보고		* 지휘관 고바야시 대위, 1중대 2소대장 곤도 대위, 2중대장 야마시타 대위 전사로 인해 나카야마가 생존 최선임 간부로서 보고
	13:10	야마모토가 곤도에게 전력 일부로 미드웨이의 미군시설을 포격하라고 명령. 미드웨이, 알류샨 작전 일시연기		
	13:15	아베가 도네, 지쿠마, 기리시마, 하루나에 탑재 정찰기로 정찰하라고 명령		
	13:24		플레처 소장이 요크타운을 떠나 중순양함 애스토리아로 이승	
	13:30	히류 2차 공격대(도모나가) 발진		* 97식 함상공격기 10기, 제로센 6기
	13:30경	소류의 D4Y1이 착함해 미 함대가 3개 항공모함으로 구성된 2개 기동함대로 작전 중임을 보고		
	13:59		잠수함 노틸러스가 가가에 어뢰 공격	* 어뢰 불발, 가가 격침 실패

6. 4. (목)	14:10		엔터프라이즈의 전투초계기가 지쿠마 5호기 격추	
	14:26	히류 2차 공격대(도모나가)가 공격 개시		
	14:30		VS-5 소속 새뮤얼 애덤스 대위가 히류 발견	* 엔터프라이즈 교전보고에는 히류 발견보고 수신시간이 14:45으로 기록
	14:45	히류 2차 공격대(하시모토)가 요크타운에 어뢰 2발을 명중했다고 보고		* 도모나가 대위가 전사해 하시모토 대위가 지휘관이 됨
	15:25		엔터프라이즈 공격대(갤러허) 발진(15:30 완료), 히류 수색	* VS-6, VB-6, VB-3(요크타운)으로 구성된 혼성 공격대, SBD 24기(요크타운 소속 14기 포함) * 엔터프라이즈 교전보고에는 발진시간이 15:30으로 기록
	15:40	히류 2차 공격대 생환자 수용 완료		
	16:03		호닛 공격대(스테빈스) 발진, 히류 수색	* SBD 16기
	16:30	히류 3차 공격대(하시모토)의 발진 취소		* 18시로 발진 연기
	16:45		엔터프라이즈 공격대(갤러허)가 히류 발견	
	17:00	기동부대(지쿠마)가 엔터프라이즈 공격대 포착		
	17:05	히류 피탄, 화재 발생		
	17:28	지쿠마 2호기가 미 함대가 동쪽으로 퇴각 중이라고 보고(미 함대 침로 70도)		
	17:30		호닛 공격대(스테빈스)가 기동부대 발견, 대파된 히류 대신 전함 하루나, 중순양함 지쿠마 공격	* 하루나, 지쿠마 피해 없음
	17:32	지쿠마 4호기가 항공모함 1척을 수반한 미 함대 침로를 110도로 보고		
	17:42		431폭격비행대(스위니)가 하와이에서 발진한 B-17 6기와 연합해 기동부대 공격	* 일본 함대 피해 없음
	18:10	지쿠마 2호기가 미 함대 침로를 170도로 보고		

6. 4. (목)	18:30	지쿠마가 8전대 사령부(도네)에 화재가 발생한 미 항공모함 1척의 동쪽에 항공모함 4척, 순양함 6척, 구축함 15척으로 구성된 미 함대가 있으며 회항 중이라 보고		* 지쿠마 2, 4호기 보고 종합분석
	18:43			일몰
	19:13	소류 뇌격처분(추정), 침몰		
	19:00		VMSB-241(노리스)과 어뢰정이 피격된 일본 항공모함들을 공격하기 위해 출격	* 성과 없음
	19:15		16기동함대 공격기 수용 완료. 스프루언스, 동쪽으로 일시후퇴	
	19:20	아카기 총원퇴거 명령, 뇌격처분 요청		* 뇌격처분 보류
	19:25	가가 뇌격처분(추정), 침몰		
	19:42	8전대가 나구모에게 중순양함 6척, 항공모함 2척으로 구성된 미 함대가 남동방향으로 퇴각 중임을 보고		* 지쿠마의 18:30 보고 분석 결과로 추정
	21:23~21:46	히류, 화재진압 실패로 인해 완전정지		
	21:30	나구모가 야마모토에게 항공모함 5척, 순양함 6척, 구축함 15척으로 구성된 미 함대가 서진 중이고 자신은 히류를 엄호하며 북서쪽으로 퇴각 중임을 보고		* 8전대의 19:42 보고 분석 결과로 추정. 8전대 및 지쿠마 2호기가 지쿠마의 보고와 달리 미 함대의 전진 방향을 서쪽으로 보고. 이유는 알 수 없음
	22:55	야마모토가 2함대의 곤도에게 기동부대 지휘권을 맡기는 방법으로 사실상 나구모의 지휘권을 박탈		
6. 5.(금)	00:20	야마모토가 미드웨이 포격중지 명령		* 포격을 맡은 7전대(구리타) 대신 8전대(아베)로 잘못 송신되어 7전대는 지연수신(『戰史叢書』 43卷, p.472에는 00시 35분으로, Japanese Monograph No. 93, p.59에는 5일 02시 30분으로 수신시간이 기록됨)
	01:20	일본 잠수함 이-168이 미드웨이 포격		* 이-168은 포격취소 명령을 받지 못함
	02:15		잠수함 탬버가 미드웨이에서 89해리 떨어진 해상에서 일본군 7전대 포착	

6. 5.(금)	02:15~ 02:38(?)	7전대(구리타)가 반전 개시		* 탬버 초계일지 및 정황증거에 의함. 『戰史叢書』 43巻, p.472에는 근거 제시 없이 7전대가 00:45에 반전을 개시했다고 기술됨
	02:30~ 03:00(?)	7전대가 부상 중인 잠수함(탬버로 추정) 발견, 회피기동 개시. 중순양함 모가미와 미쿠마가 충돌해 모가미 대파		* 구리타는 02:30에 부상 중인 미 잠수함을 발견하고 회피기동을 개시한 다음 충돌이 일어났다고 증언(『戰史叢書』 43巻, p.477). 『戰史叢書』 43巻, p.454에는 02:35에 충돌이 일어났다고 기술됨. 당시 미쿠마 승조원 와다 마사오는 03:00경 충돌했다고 증언(橋本敏男·田邊彌八, p.255)
	02:55	야마모토가 미드웨이 작전중단 명령		
	03:15	히류 총원퇴거 명령		
	04:15		미드웨이 기지에서 정찰행동 개시	
	04:30		B-17 12기가 미드웨이 기지에서 발진해 일본군 수색 개시	
	04:50	야마모토가 아카기 뇌격처분 명령		
	05:00	아카기 침몰		
	05:10	마키구모가 히류에 어뢰 1발 발사, 격침 실패		
	06:30		미드웨이 기지에서 발진한 PBY(2V55호)가 모가미와 미쿠마 발견	* 전함 2척으로 오인
	07:00경	주력부대 항공모함 호쇼에서 발진한 비행기가 히류 발견		
	07:00		미드웨이 기지에서 발진한 VMSB-241이 미쿠마, 모가미 수색	
	08:05		VMSB-241이 미쿠마, 모가미 발견, 공격 개시(08:08)	
	08:30		미드웨이 기지에서 발진한(04:30) B-17이 미쿠마, 모가미 발견, 공격	
	13:08		예인선 바이레오가 요크타운 예인 개시	
	13:20		미드웨이 기지에서 발진한 B-17 7기가 잔존 일본 항공모함 수색	

6. 5.(금)	15:00		엔터프라이즈 공격대(섬웨이) 발진 개시, 잔존 일본 항공모함 수색	* VB-6, VS-6(엔터프라이즈), VB-3, VS-5(요크타운) 소속 SBD 32기
	15:12		호닛 공격대(링) 발진 개시, 잔존 일본 항공모함 수색	* VB-8, VS-8 소속 SBD 26기
	15:45		미드웨이 기지에서 발진한 B-17 5기가 잔존 일본 항공모함 수색	
	18:04		호닛 공격대, 일본 항공모함 포착 실패, 구축함 다니카제 공격	* 미군은 18:04에 다니카제를 공격했다고 기록, 일본군은 18:07-18:08에 공격받았다고 기록
	18:30경		엔터프라이즈 공격대, 일본 항공모함 포착 실패, 구축함 다니카제 발견	* 미군은 18:20(VB-3), 18:30(VS-6, VB-6), 18:50(VS-5)에 다니카제를 발견했다고 기록, 일본군은 18:34에 공격받았다고 기록
	18:45		미드웨이 기지에서 출격한(13:20) B-17이 다니카제를 공격	* 미군은 18:00에 다니카제를 발견했다고 기록, 일본군은 18:45에 공격받았다고 기록
	18:45		VP-44의 PBY(2V55호기), 일본 주력부대가 곤도 부대와 나구모 부대 포착. 항공모함 즈이호의 직위기로부터 공격받음	
6. 6. (토)	04:01	일본 잠수함 이-168이 예인 중인 항공모함 요크타운 포착		
	06:30		미드웨이 기지에서 발진한 PBY가 미쿠마, 모가미 발견	
	08:00		호닛 공격대 발진, 미쿠마, 모가미 수색	* SBD 26기, 와일드캣 8기. 호닛 교전보고에는 발진 시간이 07:57로 기재
	09:30		호닛 공격대가 모가미, 미쿠마를 포착해 공격 개시	
	09:45	미쿠마가 미군기들로부터 공격받고 있다고 보고		
	11:15		엔터프라이즈 공격대 발진, 미쿠마, 모가미 수색	* SBD 31기, TBD 3기, 와일드캣 12기
	12:00		엔터프라이즈 공격대, 미쿠마, 모가미 포착	
	12:15		엔터프라이즈 공격대, 미쿠마, 모가미 공격 개시	
	13:36 (13:31)	잠수함 이-168이 요크타운에 어뢰 4발 발사		* 요크타운에 2발, 해면에 2발 명중
	13:39		구축함 해면 침몰	

6. 6. (토)	15:25	모가미가 구축함 2척과 같이 미쿠마를 포기하고 탈출		
	17:15		미군 정찰기가 침몰하는 미쿠마 촬영	
	19:30	미쿠마 침몰		
6. 7. (일)		일본군이 애투섬, 키스카섬 점령	요크타운 침몰(05:01)	
6. 9. (화)			잠수함 트라우트, 미쿠마 생존자 구조	
6. 10. (수)			16, 17기동함대가 진주만 귀환	
6. 14. (일)		일본 함대가 하시라지마에 귀환		* 도쿄 시간
6. 18. (목)			수상기모함 밸러드가 히류 생존자 구조	

【부록 3】

미일 양군 전투서열*

미군

* 함장명은 별도 표시 없이 함명과 병기.
* 타군 소속 지휘관은 앞에 소속 군을 붙여 구분(예: 육군 대위, 해병 소령), 별도 표시가 없으면 해군 소속.
* 영문약자 뒤의 숫자는 졸업연도(예: 01→1901년). USNA: 미 해군사관학교 출신, USMCA: 미 해군사관학교 출신 해병대 간부, USN: 해군, USMC: 해병대. 육군은 따로 표시하지 않음.

해군장관Secretary of the Navy 윌리엄 프랭클린 녹스William Franklin Knox(문민)

미 함대 총사령관Commander In Chief, United States Fleet, COMINCH 어니스트 조지프 킹Ernest Joseph King 대장(USNA01)

해군참모총장Chief of Naval Operations, CNO 함대 총사령관 어니스트 킹 대장 겸임(USNA03)

태평양함대Pacific Fleet

태평양함대총사령관Commander in Chief, Pacific Fleet, CINCPAC 체스터 윌리엄 니미츠Chester William Nimitz 대장(USNA05)

참모장 밀로 프레더릭 드래멜Milo Frederick Draemel 소장(USNA06)

미드웨이 방면 부대

항공모함 타격부대 Carrier Strike Force

사령관 프랭크 잭 플레처Frank Jack Fletcher 소장(USNA06)

* 미군 전투서열은 마크 호런Mark Horan의 미드웨이 해전 미군 전투서열 관련 연구자료(Order of Battle, U.S. Pacific Fleet Forces, Battle of Midway, 3~7 June 1942)(미발표)를 기본으로 하여 Symonds, pp.375-378; Morrison, *History of United States Naval Operations in World War Ⅱ. Volume Four*, pp.90-93; Lundstrom, The FIrst Team; 각 비행대, 항공모함, 함대 교전보고를 참조해 옮긴이가 작성했다. 일본 해군 전투서열은 원서의 부록을 기본으로 하여 坂本正器·福川秀樹의 『日本海軍編制事典』, 『戰史叢書』 29·43巻, 秦郁彦의 『日本陸海軍総合事典』, 福川秀樹의 『日本海軍將官辭典』, 淵田美津雄·奧宮正武의 『ミッドウェー』, 해군병학교 졸업자 명단, 각 항공모함 비행기대 전투행동조서, 전투상보를 참조해 작성했다.

A. 17기동함대Task Force-17, TF-17

플레처 소장 직접 지휘

A-1. 17.5기동전단Task Group-17.5, TG-17.5(항공모함 부대)

항공모함 요크타운Yorktown(CV-5): 엘리엇 벅매스터Elliott Buckmaster 대령(USNA12)

요크타운 비행단 Yorktown Air Group

비행단장Commander, Yorktown Air Group, CYAG 오스카 피더슨Oscar Pederson 중령(USNA26)

- 3폭격비행대(VB-3): 지휘관 맥스웰 프랭클린 레슬리Maxwell Franklin Leslie 소령(USNA26), SBD-3 18기(17기 출격 가능)
- 3전투비행대(VF-3): 지휘관 존 스미스 새치John Smith Thach 소령(USNA27), F4F-4 와일드캣 27기(25기 출격 가능)
- 3뇌격비행대(VT-3): 지휘관 랜스 에드워드 매시Lance Edward Massey 소령(USNA30), TBD-1 15기(12기 출격 가능)
- 5정찰폭격비행대(VS-5): 지휘관 월리스 클라크 쇼트 주니어Wallace Clark Short Jr. 대위(USNA32), SBD-3 19기(17기 출격 가능)

A-2. 17.2기동전단Task Group-17.2, TG-17.2(순양함 부대)

사령관 윌리엄 워드 스미스William Ward Smith 소장(USNA09)

중순양함 애스토리아Astoria(CA-34): 프랜시스 워스 스캔랜드Francis Worth Scanland 대령(USNA09)

중순양함 포틀랜드Portland(CA-33): 로런스 툼스 두보스Laurance Toombs DuBose 대령(USN)

A-3. 17.4기동전단Task Group-17.4, TG-17.4(구축함 부대)

지휘관 길버트 코윈 후버Gilbert Corwin Hoover 대령(USN)

A-3-1. 2구축함 전대Destroyer Squadron 2

후버 대령 직접 지휘

구축함 해먼Hamman(DD-412): 아놀드 엘스워스 트루Arnold Ellsworth True 중령(USN)

구축함 모리스Morris(DD-417): 해리 빈 재럿Harry Bean Jarrett 중령(USNA22)

구축함 앤더슨Anderson(DD-411): 존 케네스 버크홀더 진더John Kenneth Burkholder Ginder 소령(USNA23)

구축함 휴스Hughes(DD-410): 로널드 제임스 램지Ronald James Ramsey 소령(USNA24)

구축함 러셀Russel(DD-414): 글렌 로이 하트위그Glenn Roy Hartwig 소령(USNA24)

A-3-2. 22구축대Destroyer Division 22

지휘관 해럴드 로메인 홀컴Harold Romeyn Holcomb 중령(USN,896)

구축함 그윈Gwin(DD-433): 존 마틴 히긴스John Martin Higgins 중령(USNA22)

B. 16기동함대 Task Force-16, TF-16

사령관 레이먼드 에임스 스프루언스Raymond Ames Spruance 소장(USNA07)

참모장 마일스 러더퍼드 브라우닝Miles Rutherford Browning 대령(USNA18)

B-1. 16.5기동전단 Task Group-16.5, TG-16.5**(항공모함 부대)**

항공모함 엔터프라이즈Enterprise(CV-6): 조지 도미니크 머레이George Dominic Murray 대령(USNA11)

엔터프라이즈 비행단 Enterprise Air Group

비행단장Commander, Enterprise Air Group, CEAG 클래런스 웨이드 매클러스키Clarance Wade McClusky 중령(USNA26)

- 6뇌격비행대(VT-6): 지휘관 유진 엘버트 린지Eugene Elbert Lindsey 소령(USNA27), TBD-1 14기
- 6정찰폭격비행대(VS-6): 지휘관 윌머 얼 갤러허Wilmar Earl Gallaher 대위(USNA31), SBD-3 18기
- 6폭격비행대(VB-6): 지휘관 리처드 홀시 베스트Richard Halsey Best 대위(USNA32), SBD-2, SBD-3 18기
- 6전투비행대(VF-6): 지휘관 제임스 시턴 그레이James Seton Gray 대위(USNA36), F4F-4 와일드캣 27기

항공모함 호닛Hornet(CV-8): 마크 앤드루 미처Marc Andrew Mitscher 대령(USNA11)

찰스 페리 메이슨Charles Perry Mason 대령(USNA12): 호닛 후임 함장, 지휘권 미인수 상태로 호닛 탑승.

호닛 비행단 Hornet Air Group

비행단장Commander, Hornet Air Group, CHAG 스탠호프 코튼 링Stanhope Cotton Ring 중령(USNA23)

- 8뇌격비행대(VT-8): 지휘관 존 찰스 월드론John Charles Waldron 소령(USNA24), TBD-1 15기
- 8정찰폭격비행대(VS-8): 지휘관 월터 프레드 로디Walter Fred Rodee 소령(USNA26), SBD-3 16기(15기 출격 가능)
- 8폭격비행대(VB-8): 지휘관 로버트 러핀 존슨Robert Ruffin Johnson 소령(USNA26), SBD-3 18기
- 8전투비행대(VF-8): 지휘관 새뮤얼 개비드 미첼Samuel Gavid Mitchell 소령(USNA27), F4F-4 와일드캣 27기

B-2. 16.2기동전단Task Group-16.2, TG-16.2(순양함 부대)

사령관 토머스 캐신 킨케이드Thomas Cassin Kinkaid 소장(USNA08)
중순양함 뉴올리언스New Orleans(CA-32): 하워드 해리슨 굿Howard Harrison Good 대령(USN)
중순양함 미니애폴리스Minneapolis(CA-36): 프랭크 제이콥 로리Frank Jacob Lowry 대령(USNA11)
중순양함 노샘프턴Northampton(CA-26): 윌리엄 드와이트 챈들러William Dwight Chandler 대령(USNA 11)
중순양함 빈센스Vincenns(CA-44): 프레더릭 루이스 리프콜Frederick Louis Riefkohl 대령(USN)
중순양함 펜서콜라Pensacola(CA-24): 프랭크 로퍼 로Frank Loper Lowe 대령(USN)
경순양함 애틀랜타Atlanta(CL-51): 새뮤얼 파워 잰킨스Samuel Power Jankins 대령(USN)

B-3. 16.4기동전단Task Group-16.4, TG-16.4(구축함 부대)

지휘관 알렉산더 리먼 얼리Alexander Rieman Early 대령(USNA14)

B-3-1. 1구축함 전대Destroyer Squadron 1

얼리 대령 직접 지휘
구축함 모너핸Monaghan(DD-354) 윌리엄 페이지 버포드William Page Burford 소령(USNA23)
구축함 워든Worden(DD-352) 윌리엄 그레이디 포그William Grady Pogue 소령(USNA23)
구축함 플렙스Phleps(DD-360) 에드워드 루이스 벡Edward Louis Beck 소령(USN)
구축함 얼윈Alwyn(DD-355) 조지 리처드슨 펠런George Richardson Phelan 소령(USNA25)

B-3-2. 6구축함 전대Destroyer Squadron 6

지휘관 에드워드 폴 사우어Edward Paul Sauer 대령(USN)
구축함 커닝엄Conyngham(DD-371): 헨리 첼시 대니얼Henry Chelsey Daniel 소령(USNA24)
구축함 엘릿Ellet(DD-398): 프랜시스 하트 가드너Francis Hart Gardner 소령(USNA24)
구축함 베넘Benham(DD-397): 조지프 뮤스 워싱턴Joseph Muse Worthington 소령(USNA24)
구축함 볼치Balch(DD-363): 해럴드 허먼 팀로스Harold Herman Tiemroth 소령(USNA24)
구축함 모리Maury(DD-401): 겔저 로열 심스Galzer Loyall Sims 소령(USNA25)

C. 함대 급유대Fueling Group

급유함 플랫Platte(AO-24): 랠프 해럴드 헨클Ralph Harold Henkle 대령(USNA18)
급유함 시마런Cimaron(AO-22): 러셀 밀리언 이릭Russel Million Ihrig 중령(USNA19)
구축함 맘슨Momsen(DD-436): 로널드 네스빗 스무트Ronald Nesbit Smoot 중령(USNA23)
구축함 듀이Dewey(DD-349): 찰스 프레더릭 칠링워스Charles Frederick Chillingworth 소령(USNA25)

D. 미드웨이 제도 급유대Midway Relief Fueling Unit

급유함 과달루프Guadaloupe(AO−32): 해리 레이먼드 서버Harry Raymond Thurber 중령(USN)

구축함 랠프 탤벗Ralph Talbot(DD−390): 랠프 얼 주니어Ralph Earle Jr. 중령(USNA22)

구축함 블루Blue(DD−387): 해럴드 노드마크 윌리엄스Harold Nordmark Williams 중령(USNA23)

E. 잠수함대Submarine Force

태평양 잠수함대 사령관Commander, Submarine Force Pacific, ComSubPac, 로버트 헨리 잉글리시Robert Henry English 소장(USNA11)

E-1. 7기동함대Task Force-7, TF-7

E-1-1. 7.1기동전단Task Group-7.1, TG-7.1(미드웨이 순찰부대Midway Patrol Group)

잠수함 그레너디어Grenadier(SS−210): 윌리스 애슈퍼드 렌트Willis Ashford Lent 소령(USNA25)

잠수함 탬버Tambor(SS−198): 존 윌리엄스 머피 주니어John Williams Murphy Jr. 소령(USNA25)

잠수함 트라우트Traut(SS−202): 프랭크 웨슬리 페너Frank Wesley Fenno 소령(USNA25)

잠수함 가토Gato(SS−212): 윌리엄 지라드 마이어스William Girard Myers 소령(USNA26)

잠수함 그레일링Grayling(SS−209): 엘리엇 올젠Eliot Olsen 소령(USNA27)

잠수함 커틀피시Cuttlefish(SS−171): 마틴 페리 호틀Martin Perry Hottel 소령(USNA27)

잠수함 그루퍼Grouper(SS−214): 클래런스 에밋 듀크Clarance Emit Duke 소령(USNA27)

잠수함 노틸러스Nautilus(SS−168): 윌리엄 허먼 브로크먼 주니어William Herman Brockmann Jr. 소령(USNA27)

잠수함 캐셜랏Cachalot(SS−170): 조지 알렉산더 루이스George Alexander Lewis 소령(USNA27)

잠수함 플라잉피시Flying Fish(SS−229): 글린 로버트 도나호Glynn Robert Donaho 소령(USNA27)

잠수함 돌핀Dolphin(SS−169): 로열 로런스 러터Royal Laurence Rutter 소령(USNA30)

잠수함 거전Gudgeon(SS−211): 하일랜드 벤턴 라이언Hyland Benton Lyon 소령(USNA31)

E-1-2. 7.2기동전단Task Group-7.2, TG-7.2 (유격부대Roving Short-Stops)

잠수함 나왈Narwhal(SS−167): 찰스 워런 윌킨스Charles Warren Wilkins 소령(USNA24)

잠수함 플런저Plunger(SS−179): 데이비드 찰스 화이트David Charles White 소령(USNA27)

잠수함 트리거Trigger(SS−237): 잭 헤이든 루이스Jack Hayden Lewis 소령(USNA27)

E-1-3. 7.3기동전단Task Force-7.3, TG-7.3 (오아후 북방 순찰부대North of Oahu Patrol Group)

잠수함 타폰Tarpon(SS−175): 루이스 월리스Lewis Wallace 소령(USNA25)

잠수함 파이크Pike(SS−173): 윌리엄 애돌프 뉴William Adolph New 소령(USNA25)

잠수함 그라울러Growler(SS−215): 하워드 월터 길모어Howard Walter Gilmore 소령(USNA26)

잠수함 핀백Finback(SS-230): 제시 라일 헐Jesse Lyle Hull 소령(USNA26)
잠수함 포르퍼스Porpoise(SS-172): 존 로널드 맥나이트 주니어John Robert McKnight Jr. 소령(USNA30)

F. 미드웨이 기지 주둔 육 · 해군, 해병항공대Midway Local Defenses

F-1. 미드웨이 해군항공기지Naval Air Station Midway, NAS Midway

지휘관 시릴 토머스 시마드Cyril Thomas Symard 대령(USN)
항공작전조정관Air Operation Coordinator 로건 칼라일 램지Rogan Carlisle Ramsey 대령(USNA19)

F-1-1. 샌드섬 수상기기지

지휘관(VP-23 지휘관 겸임) 프랜시스 매시 휴스Francis Massie Hughes 소령(USNA23)

F-1-1-1. 23정찰비행대VP-23(북방 방면 정찰 담당)

차석지휘관 제임스 로빈슨 오그던James Robinson Ogden 대위(USNA33) 임시지휘, PBY-5(비행정) 14기(13기 출격 가능), 11기 정찰임무 투입

F-1-2. 이스턴섬 비행장

해군 다용도 항공기지Naval Air Station, Utility, J2F-2 수상정찰기 1기

F-1-2-1. 2연합초계비행단Consolidated Patrol Wing 2(남방 방면 정찰 담당)

- 임시지휘관 로버트 세실 브릭스너Robert Cecil Brixner 소령(USNA27)
- 44초계비행대(VP-44), PBY-5A(수륙양용) 8기(7기 출격 가능): 지휘관 브릭스너 소령
  · 임시지휘관(VP-44) 윌리엄 리로이 리처즈William Leroy Richards 대위(USNA32)
  · 임시지휘관(VP-44) 도널드 조지 검즈Donald George Gumz 대위(USNA36)
- 24초계비행대(VP-24), PBY-5A 6기: 지휘관 불명
- 51초계비행대(VP-51) PBY-5A 3기: 지휘관 불명

F-1-2-2. 해병22비행단Marine Aircraft Group 22

지휘관 아이라 라피엣 킴스Ira Lafayette Kimes 해병중령(USMCA23)
- 221해병전투비행대(VMF-221): 지휘관 플로이드 브루스 파크스Floyd Bruce Parks 해병 소령(USMCA34), F2A-3 버펄로 21기(20기 출격 가능), F4F-3 와일드캣 7기(6기 출격 가능)
- 241해병정찰폭격비행대(VMSB-241): 지휘관 로프턴 러셀 헨더슨Lofton Russel Henderson 해병 소령(USMCA26), 차석지휘관 벤저민 화이트 노리스Benjamin White Norris 해병 소령(USMC), SBD-2 19기(18기 출격 가능), SB2U-3 21기(14기 출격 가능)

F-1-2-3. 육군항공대 7공군, 폭격기사령부7th Army Air Force, Bomber Command

사령관 윌리스 H. 헤일Willis H. Hale 육군 소장(USA)

- 349폭격비행대(중重폭격기)349th Bombardment Squadron(Heavy): 사진정찰용 B-17D 1기
- 11폭격비행단(중폭격기) 42폭격비행대(중폭격기)42nd Bombardment Squadron(Heavy), 11th Bombardment Group(Heavy): 지휘관 브룩 E. 앨런Brook E. Allen 소령(USA), B-17E 5기(4기 출격 가능)
- 7공군 폭격기사령부7th Air Force Bomber Command HQ: B-17E 1기
- 11폭격비행단(중폭격기) 431폭격비행대(중폭격기)431st Bombardment Squadron(Heavy), 11th Bombardment Group(Heavy): 지휘관 월터 C. 스위니 주니어Walter C. Sweeney Jr. 육군 중령, B-17E 7기(6기)
- 5폭격비행단(중폭격기) 31폭격비행대(중폭격기)31st Bombardment Squadron(Heavy), 5th Bombardment Group (Heavy): B-17E 2기
- 5폭격비행단(중폭격기) 72폭격비행대(중폭격기)72nd Bombardment Squadron(Heavy), 5th Bombardment Group (Heavy): B-17E 1기
- 22폭격비행단(중형中形폭격기) 18정찰폭격비행대(중형폭격기) 지대Detachment, 18th Reconnaissance Squadron(Medium), 22nd Bombardment Group(Medium): 지휘관 제임스 P. 무리James P. Muri 육군중위(재소집 예비역), B-26 2기
- 38폭격비행단(중형폭격기) 69폭격비행대(중형폭격기) 지대Detachment, 69th Bombardment Squadron (Medium), 38th Bombardment Group(Medium): 지휘관 제임스 F. 콜린스James F. Collins 육군 대위(재소집 예비역), B-26B 2기

* 23폭격비행대23rd Bombardment Squadron: 지휘관 조지 A. 블레이키George A. Blakey 육군 소령(재소집 예비역), B-17E 6기

F-1-2-4. 해군 8뇌격비행대Detachment, VT-8

지휘관 랭던 켈로그 피벌링Langdon Kellogg Fieberling 대위(USN), TBF 6기

G. 미드웨이 지상수비대Ground Forces

지휘관 해럴드 더글러스 섀넌Harold Douglas Shannon 해병 대령(USMC)

G-1. 해병6방어대대(함대해병대 소속)Marine 6th Defense Battalion(Fleet Marine Force): 섀넌 대령 직접 지휘

샌드섬 사령부Sand Island HQ: 지휘관 섀넌 대령

이스턴섬 사령부Eastern Island HQ: 지휘관(지상수비대 차석지휘관) 윌리엄 월리스 벤슨William Wallace Benson 해병 소령(불명)

G-1-1. 해안포부대Seacoast Artillery Group

지휘관 루이스 앨버트 혼Lewis Albert Hohn 해병 소령(USMC)

- A 포대(5인치 포 2문): 지휘관 로런 스콧 프레이저Lauren Scott Fraser 해병 소령(USMC)

- B 포대(5인치 포 2문): 지휘관 로드니 M. 핸들리Rodney M. Handley 해병 대위(재소집 예비역)
- C 포대(5인치 포 2문): 지휘관 도널드 니컬러스 오티스Donald Nicolas Otis 해병 대위(USMC)
- 샌드섬 포대(7인치 포 2문): 지휘관 랠프 앨로이시어스 콜린스 주니어Ralph Aloysius Collins Jr. 해병 대위(USMC)
- 샌드섬 포대(3인치 포 2문): 지휘관 제이 H. 오거스틴Jay H. Augustin 해병 대위(재소집 예비역)
- 이스턴섬 포대(7인치 포 2문): 지휘관 해럴드 레이먼드 워너 주니어Harald Raymond Warner Jr. 해병 대위(USMC)
- 이스턴섬 포대(3인치 포 2문): 지휘관 윌리엄 레이먼드 도어 주니어William Raymond Dorr Jr. 해병 소령(USMC)

G-1-2. 3인치 대공포부대3" Antiaircraft Group

지휘관 찰스 토머스 팅글Charles Thomas Tingle 해병 소령(USMCA35)
- D 포대(3인치 고사포 4문): 지휘관 진 휴고 버크너Jean Hugo Buckner 해병 대위(USMC)
- E 포대(3인치 고사포 4문): 지휘관 호이트 맥밀런Hoyt McMillan 해병 소령(USMC)
- F 포대(3인치 고사포 4문): 지휘관 데이비드 레이 실비David Wray Silvey 해병 대위(USMC)

G-1-3. 특수병기부대Special Weapons Group

지휘관 로버트 에머슨 호멀Robert Emerson Hommel 해병 대위(USMCA34)
- G포대(60인치 탐조등 12개): 지휘관 앨프리드 로런스 부스Alfred Lawrence Booth 해병 대위(USMCA38)
- H포대(기관총): 지휘관 윌리엄 로런스 볼스Willian Lawrence Boles 해병 소령(USMC)
- I포대(기관총): 지휘관 에드윈 오거스터스 로Edwin Augustus Law 해병 대위(USMC)

G-2. 해병3해병방어대대(지대), 함대해병대 소속Detachment, Marine 3rd Defense Battalion(attachment), Fleet Marine Force

G-2-1. 3인치 대공포부대3" Antiaircraft Group

지휘관 챈들러 윌스 존슨Chandler Wilce Johnson 해병 소령(USMCA29)
- D포대(3인치 고사포 4문): 지휘관 윌리엄 스카일러 매코믹William Schuyler McCormick 해병 소령(USMC)
- E포대(3인치 고사포 4문): 지휘관 제임스 스튜어트 오핼로런James Stuart O'Halloran 해병 소령(USMC)
- F포대(3인치 고사포 4문): 지휘관 아놀드 데이비드 스워츠Arnold David Swartz 중위(USMC)

G-2-2. 기타 포대

- K포대(37mm 대공포 8문, 양 섬에 4문씩 배치): 지휘관 로널드 키스 밀러Ronald Keith Miller 해병 대위(USMC)
- L포대(20mm 대공기관포 18문): 지휘관 찰스 제이 사이버트 주니어Charles Jay Seibert Ⅱ 해병 대위(USMC)

G-3. 해병2상륙돌격대대Detachment, 2nd Marine Raider Battalion(지대), 함대 해병대 소속

지휘관(6월 6일 착임) 제임스 루스벨트James Roosevelt 해병 소령(USMC)
임시 지휘관 도널드 H. 해스티Donald H. Hastie 해병 대위(재소집 예비역)
C중대(샌드섬): 지휘관 해럴드 K. 소너슨Harold K. Thorneson 해병 대위(USMC)
D중대(이스턴섬): 지휘관 존 애퍼지스John Apergis 해병 중위(재소집 예비역)

G-4. 기타 임시 편성부대

해병23임시편성보병중대23rd Provisional Marine Rifle Company: 지휘관 토머스 E. 클라크Thomas E. Clarke 해병 중위(재소집 예비역)
해병24임시편성보병중대24th Provisional Marine Rifle Company: 지휘관 보이드 오스먼 휘트니Boyd Osman Whitney 해병 대위(USMC)
임시편성 경전차 소대Provisional Tank(Light) Platoon: 지휘관 및 전력 규모 불명

H. 미드웨이 제도, 쿠레섬 배치 함정

H-1. 1어뢰정대Motor Torpedo Squadron 1

지휘관 클린턴 매켈러 주니어Clinton McKellar Jr. 대위(USNA36)

H-1-1. 미드웨이 제도 배치, PT-20, 21, 22, 24, 25, 26, 27, 28(8척): 정장 불명

H-1-2. 쿠레섬 배치, PT-29, 30(2척): 정장 불명

방뢰防雷 / 방잠망防潛網 부설선 타마하Tamaha(YNT-12): 정장 불명

I. 프렌치프리깃 암초 배치 함정

수상기모함 밸러드Ballard(AVD-10): 워드 카 길버트Ward Carr Gilbert 중령(USNA21)
수상기모함 손턴Thornton(AVD-12): 웬들 피셔 클라인Wendell Fisher Klein 소령(USNA26)
구축함 클라크Clark(DD-361): 마이런 터너 리처드슨Myron Turner Richardson 중령(USN)

J. 펄앤드허미즈 환초 배치 함정

급유함 칼롤리Kaloli(AOG-13): 조지 허버트 채프먼George Herbert Chapman 소령(재소집 예비역)

개장 초계함 크리스털Crystal(PY-25): 오트마 드로트닝Ottmar Drotning 소령(재소집 예비역)

예인함 바이레오Vireo(ATO-144): 제임스 클로드 레그James Claude Legg 대위(USN)

K. 기타 제도 배치 함정

리시안스키섬Lisianski Island: YP-284정

가드너피너클즈섬Gardner Pinnacles Island: YP-345정

라이산섬Laysan Island: YP-290정

네커섬Necker Island: YP-350정

일본군

* 괄호 안의 兵00은 일본 해군병학교 졸업 기수.

군령부: 대본영 해군부

군령부총장 나가노 오사미永野修身 대장(兵28)
군령부차장 이토 세이이치伊藤整一 소장(兵39)

해군성

해군대신 시마다 시게타로嶋田繁太郎 대장(兵32)

연합함대

사령장관 야마모토 이소로쿠山本五十六 대장(兵32)
참모장 우가키 마토메宇垣纏 소장(兵40)
수석참모 구로시마 가메토黒島龜人 대좌(兵44)

미드웨이 작전(MI작전)

A. 제1항공함대: 제1기동부대

제1항공함대 사령장관 나구모 주이치南雲忠一 중장(兵36) 지휘
참모장 구사카 류노스케草鹿龍之介 소장(兵41)
수석참모 오이시 다모쓰大石保 중좌(兵48)
항공참모(갑甲) 겐다 미노루源田實 중좌(兵52)
항공참모(을乙) 요시오카 다다카즈吉岡忠一 소좌(兵57)

공습부대

A-1. 제1항공전대(제1항공함대)

나구모 중장 직접 지휘

항공모함 아카기赤城(기함): 아오키 다이지로青木泰二郎 대좌(兵42)
비행장 마스다 쇼고增田正吾 중좌(兵50)
비행대장 후치다 미쓰오淵田美津雄 중좌(兵52)

비행기
97식 함상공격기 12형(B5N2) 18기: 지휘관 무라타 시게하루村田重治 소좌(兵58)
99식 함상폭격기 11형(D3A1) 18기: 지휘관 지하야 다케히코千早猛彦 대위(兵62)
0식 함상전투기 21형(A6M2b) 18기: 지휘관 이부스키 마사노부指宿正信 대위(兵65)
6항공대 소속 0식 함상전투기 21형(A62Mb) 6기: 지휘관 가네코 다다시兼子正 대위(兵60)

항공모함 가가加賀: 오카다 지사쿠岡田次作 대좌(兵42)
비행장 아마가이 다카히사天谷孝久 중좌(兵50)
비행대장 구스미 다다시楠美正 소좌(兵57)

비행기
97식 함상공격기 12형(B5N2) 27기: 지휘관 기타지마 이치로北島一良 대위(兵61)
99식 함상폭격기 11형(D3A1) 18기: 지휘관 오가와 쇼이치小川正一 대위(兵61)
0식 함상전투기 21형(A6M2b) 18기: 지휘관 사토 마사오佐藤正夫 대위(兵63)
6항공대 소속 0식 함상전투기 21형(A62Mb) 9기
소류 소속 99식 함상폭격기 11형(D3A1) 2기

A-2. 제2항공전대(제1항공함대)
사령관 야마구치 다몬山口多聞 소장(兵40)
수석참모 이토 세이로쿠伊藤清六 중좌(兵49)

항공모함 히류飛龍(기함): 가쿠 도메오加来止男 대좌(兵42)
비행장 가와구치 스스무川口益 중좌(兵52)
비행대장 도모나가 조이치友永丈市 대위(兵59)

비행기
99식 함상폭격기 11형(D3A1) 18기: 지휘관 고바야시 미치오小林道雄 대위(兵63)
97식 함상공격기 12형(B5N2) 18기: 지휘관 기쿠치 로쿠로菊池六郎 대위(兵64)
0식 함상전투기 21형(A6M2b) 18기: 지휘관 모리 시게루森茂 대위(兵64)
6항공대 소속 0식 함상전투기 21형(A6M2b) 3기

항공모함 소류蒼龍: 야나기모토 류사쿠柳本柳作 대좌(兵44)
비행장 구스모토 이쿠토楠本幾登 중좌(兵52)
비행대장 에구사 다카시게江草隆繁 소좌(兵58)

비행기

97식 함상공격기 12형(B5N2) 18기: 지휘관 아베 헤이지로阿部平次郎 대위(兵61)

99식 함상폭격기 11형(D3A1) 18기: 지휘관 이케다 마사히로池田正偉 대위(兵61)

0식 함상전투기 21형(A6M2b) 18기: 지휘관 스가나미 마사지管波正治 대위(兵61)

6항공대 소속 0식 함상전투기 21형(A6M2b) 3기

13시試 함상정찰기(D4Y1) 2기: 하시라지마 출격 전 1기 망실 추정

호위대

A-3. 제10전대(제1항공함대)

사령관 기무라 스스무木村進 소장(兵40)

수석참모 신타니 기이치新谷喜一 중좌(兵50)

경순양함 나가라長良(기함): 나오이 도시오直井俊夫 대좌(兵47)

정찰기 98식 야간수상정찰기(E11A) 1기

A-3-1. 제4구축대(제10전대)

사령 아루가 고사쿠有賀幸作 대좌(兵45)

구축함 노와키野分: 고가 마고타로古閑孫太朗 중좌(兵49)

구축함 아라시嵐: 와타나베 야스마사渡邊保正 중좌(兵49)

구축함 마이카제舞風: 나가스기 세이지長杉清治 중좌(兵50)

구축함 하기카제萩風: 이와카미 지이치岩上次一 중좌(兵50)

A-3-2. 제10구축대(제10전대)

사령 아베 도시오阿部俊雄 대좌(兵46)

구축함 유구모夕雲: 센바 시게오仙波繁雄 중좌(兵50)

구축함 가자구모風雲: 요시다 마사요시吉田正雄 중좌(兵50)

구축함 마키구모卷雲: 후지타 이사무藤田勇 중좌(兵50)

A-3-3. 제17구축대(제10전대)

사령 기타무라 마사유키北村昌幸 대좌(兵45)

구축함 다니카제谷風: 가쓰미 모토이勝見基 중좌(兵49)

구축함 우라카제浦風: 시라이시 나가요시白石長義 중좌(兵49)

구축함 하마카제浜風: 오리타 쓰네오折田常雄 중좌(兵49)

구축함 이소카제磯風: 도요시마 슌이치豊島俊一 중좌(兵51)

지원대

A-4. 제8전대(제2함대)

사령관 아베 히로아키阿部弘毅 소장(兵39)

수석참모 도이 요시지土井美二 중좌(兵50)

정찰기 0식 수상정찰기(E13A) 3기(1기 사용불능), 95식 수상정찰기(E8N) 2기

중순양함 지쿠마筑摩: 고무라 게이조古村啓蔵 대좌(兵45)

중순양함 도네利根(기함): 오카다 다메쓰구岡田爲次 대좌(兵45)

정찰기 0식 수상정찰기(E13A) 3기, 95식 수상정찰기(E8N) 2기

A-5. 제3전대 제2소대(제1함대)

고속전함 하루나榛名: 다카마 다모쓰高間完 소장(兵41)

정찰기 95식 수상정찰기(E8N) 3기

고속전함 기리시마霧島: 이와부치 산지岩淵三次 대좌(兵43)

정찰기 95식 수상정찰기(E8N) 3기

A-6. 제1보급대

교쿠토마루 함장 오토 대좌 지휘

특설급유선 교쿠토마루極東丸: 특무함장 오토 마사나오大藤正直 대좌(兵39, 재소집 예비역)

특설급유선 고쿠요마루國洋丸: 감독관 닛타이 도라지日台虎治 대좌(兵37, 재소집 예비역)

특설급유선 신코쿠마루神國丸: 감독관 이토 도쿠타카伊藤德堯 대좌(兵39, 재소집 예비역)

특설급유선 도호마루東邦丸: 감독관 니미 가즈타카新美和貴 대좌(兵40)

급유선 니혼마루日本丸: 감독관 우에다 히로노스케植田弘之介 대좌(兵42)

구축함 아키구모秋雲(10구축대): 소마 쇼헤이相馬正平 중좌(兵50)

A-7. 제2보급대

특설급유선 히로마루日郎丸: 감독관 시바타 센지로柴田善次郎 대좌(兵38, 재소집 예비역)

특설급유선 다이니쿄에이마루第二共榮丸: 감독관 불명

특설급유선 도요미쓰마루豊光丸: 감독관 불명

B. 주력부대 본대

연합함대 사령장관 야마모토 이소로쿠 대장 지휘

참모장 우가키 마토메 소장

B-1. 제1전대(연합함대 직할부대)

야마모토 대장 직접 지휘
전함 무쓰陸奧: 고구레 군지木暮軍治 대좌(兵41)
전함 야마토大和(기함): 다카야나기 기하치高柳儀八 대좌(兵41)
전함 나가토長門: 야노 히데오矢野英雄 대좌(兵43)

B-2. 공모대

항공모함 호쇼鳳翔: 우메타니 가오루梅谷薫 대좌(兵45)
- 96식 함상공격기(B4Y1) 8기: 지휘관 미노와 미쿠마蓑輪三九馬 소좌(兵55)
구축함 유카제夕風: 가지모토 시즈카梶本顗 소좌(兵56)

B-3. 특무대

고효테키甲標的 소형잠수함 수송
수상기모함 지요다千代田: 하라다 가쿠原田覺 대좌(兵41)
수상기모함 닛신日進: 고마자와 가쓰미駒澤克己 대좌(兵42)

B-4. 호위대

B-4-1. 제3수뢰전대(제1함대)

사령관 하시모토 신타로橋本信太朗 소장(兵41)
수석참모 야마다 모리시게山田盛重 중좌(兵51)
경순양함 센다이川內(기함): 모리시타 노부에森下信衛 대좌(兵45)

B-4-2. 제11구축대(제3수뢰전대)

사령 쇼지 기이치로莊司喜一朗 대좌(兵45)
구축함 후부키吹雪: 야마시타 시즈오山下鎭雄 중좌(兵50)
구축함 시라유키白雪: 스가와라 로쿠로管原六朗 소좌(兵51)
구축함 하쓰유키初雪: 야마구치 다쓰나리山口達也 소좌(兵52)
구축함 무라쿠모叢雲: 히가시 히데오東日出夫 중좌(兵52)

B-4-3. 제19구축대(제3수뢰전대)

사령 오에 란지大江覽治 대좌(兵47)
구축함 아야나미綾波: 사쿠마 에이지作間英邇 중좌(兵50)
구축함 이소나미磯波: 스가마 료키치管間良吉 중좌(兵50)
구축함 우라나미浦波: 하기오 쓰토무萩尾力 소좌(兵52)

구축함 시키나미敷波: 가와하시 아키후미川橋秋文 소좌(兵54)

B-5. 제1보급대

특설급유선 도에이마루東榮丸: 감독관 구사카와 기요시草川淳 대좌(兵38, 재소집 예비역)

특설급유선 나루토鳴戶 : 특무함장 니시오카 모치야스西岡茂泰 대좌(兵40)

구축함 아리아케有明(27구축대): 요시다 마사이치吉田正一 중좌(兵52)

C. 주력부대 경계부대

C-1. 경계부대 본대

제1함대 사령장관 다카스 시로高須四朗 중장(兵35) 지휘

참모장 고바야시 겐고小林謙吾 소장(兵42)

C-1-1. 제2전대(제1함대)

다카스 중장 직접 지휘

전함 이세伊勢(기함): 다케다 이사무武田勇 대좌(兵43)

전함 후소扶桑: 기노시타 미쓰오木下三雄 대좌(兵43)

전함 야마시로山城: 오바타 조자에몬大畑長左衛門 대좌(兵43)

전함 휴가日向: 마쓰다 지아키松田千秋 대좌(兵44)

C-2. 경계부대 호위대

C-2-1. 제9전대(제1함대)

사령관 기시 후쿠지岸福治 소장(兵40)

수석참모 니탄다 사부로二反田三郎 중좌(兵52)

경순양함 기타카미北上(기함): 노리미쓰 사이지測滿宰次 대좌(兵46)

경순양함 오이大井: 나리타 모이치成田茂一 대좌(兵43)

C-2-2. 제20구축대(제3수뢰전대)

사령 야마다 유지山田雄二 대좌(兵46)

구축함 아마기리天霧: 아시다 부이치蘆田部一 중좌(兵50)

구축함 시라쿠모白雲: 히토미 도요지人見豊治 중좌(兵50)

구축함 유기리夕霧: 모토쿠라 마사요시本倉正義 중좌(兵51)

구축함 아사기리朝霧: 마에카와 니사부로前川二三郎 소좌(兵53)

C-2-3. 제24구축대(제1수뢰전대)

사령 히라이 야스지平井泰次 대좌(兵43)

구축함 우미카제海風: 스기타니 나가히데杉谷永秀 중좌(兵51)

구축함 가와카제江風: 와카바야시 가즈오若林一雄 중좌(兵51)

구축함 아마카제天風: 하마나카 슈이치浜中脩一 중좌(兵51)

구축함 스즈카제涼風: 시바야마 가즈오柴山一雄 중좌(兵52)

C-2-4. 제27구축대(제1수뢰전대)

사령 요시무라 마사타케吉村眞武 대좌(兵45)

구축함 시구레時雨: 세오 노보루瀬尾昇 소좌(兵51)

구축함 유구레夕暮: 가모 기요시加茂喜代之 소좌(兵52)

구축함 시라쓰유白露: 하시모토 가네마쓰橋本金松 소좌(兵55)

C-3. 제2보급대

특설급유선 사쿠라멘테마루さくらめんて丸: 감독관 에구치 마쓰로江口松郎 대좌(兵40)

특설급유선 도아마루東亞丸: 감독관 요코야마 야타로橫山彌太郎 대좌(兵38, 재소집 예비역)

D. 미드웨이 공략부대

제2함대 사령장관 곤도 노부타케近藤信竹 중장(兵35) 지휘

참모장 시라이시 가쓰타카白石万隆 소장(兵42)

D-1. 미드웨이 공략부대 본대

D-1-1. 제4전대 제1소대(제2함대)

곤도 중장 직접 지휘

중순양함 아타고愛宕(기함): 이주인 마쓰지伊集院松治 대좌(兵43)

중순양함 조카이鳥海: 하야카와 미키오早川幹夫 대좌(兵43)

D-1-2. 제5전대(제2함대)

사령관 다카기 다케오高木武雄 중장(兵39)

수석참모 나가사와 고長澤浩 중좌(兵49)

중순양함 하구로羽黑: 모리 도모카즈森友一 대좌(兵42)

중순양함 묘코妙高: 미요시 데루히코三好輝彦 대좌(兵43)

D-1-3. 제3전대 제1소대(제2함대)

사령관 미카와 군이치三川軍一 중장(兵38)
수석참모 아리타 유조有田雄三 중좌(兵48)
고속전함 곤고金剛: 고야나기 도미지小柳富次 대좌(兵42)
고속전함 히에이比叡: 니시다 마사오西田正雄 대좌(兵44)

D-1-4. 제4수뢰전대(제2함대)

사령관 니시무라 쇼지西村祥治 소장(兵39)
수석참모 나가이 스미타카長井純隆 중좌(兵50)
경순양함 유라由良(기함): 사토 시로佐藤四郎 대좌(兵43)

D-1-5. 제2구축대(제4수뢰전대)

사령 다치바나 마사오橘正雄 대좌(兵45)
구축함 유다치夕立: 깃카와 기요시吉川潔 중좌(兵50)
구축함 사미다레五月雨: 마쓰바라 다키사부로松原瀧三郎 중좌(兵52)
구축함 하루사메春雨: 가미야마 마사오神山昌雄 소좌(兵51)
구축함 무라사메村雨: 스에나가 나오지末永直二 소좌(兵52)

D-1-6. 제9구축대(제4수뢰전대)

사령 사토 야스오佐藤康夫 대좌(兵44)
구축함 미네구모峯雲: 스즈키 야스아쓰鈴木保厚 중좌(兵49)
구축함 나쓰구모夏雲: 쓰카모토 모리타로塚本守太郎 중좌(兵50)
구축함 아사구모朝雲: 이와바시 도루岩橋透 중좌(兵51)
구축함 야마구모山雲: 오노 시로小野四朗 소좌(兵54)

D-2. 공모대

항공모함 즈이호瑞鳳: 오바야시 스에오大林末雄 대좌(兵43)
0식 함상전투기 21형(A6M2b) 6기, 96식 함상전투기(A5M4) 6기: 지휘관 히다카 모리야스日高盛康 대위(兵66)
97식 함상공격기 12형(B5N2) 12기, 지휘관 마쓰오 가지松尾梶 대위(兵63)
구축함 미카즈키三日月: 마에다 사네호前田實穗 소좌(兵56)

D-3. 보급대

사타 함장 무라오 대좌 지휘
급유함 사타左多: 무라오 지로村尾二郎 대좌(兵39)

공작함 아카시明石: 특무함장 후쿠자와 쓰네키치福澤常吉 대좌(兵41)
급유함 쓰루미鶴見: 후지타 도시조藤田俊造 대좌(兵42)
급유선 겐요마루玄洋丸(감독관 불명)
급유선 겐요마루健洋丸(감독관 불명)

E. 미드웨이 공략부대 지원대

E-1. 제7전대(제2함대)

사령관 구리타 다케오 소장栗田健男 소장(兵38)
수석참모 스즈키 쇼킨鈴木正金 중좌(兵50)
중순양함 스즈야鈴谷: 기무라 마사토미木村昌福 대좌(兵41)
중순양함 미쿠마三隈: 사키야마 샤쿠오崎山釈夫 대좌(兵42)
중순양함 구마노熊野(기함): 다나카 기쿠마쓰田中菊松 대좌(兵43)
중순양함 모가미最上: 소지 아키라曾爾章 대좌(兵44)

E-2. 제8구축대(제4수뢰전대)

사령 오가와 노부키小川莚喜 중좌(兵46)
구축함 아사시오朝潮: 요시이 고로吉井五郎 중좌(兵50)
구축함 아라시오荒潮: 구보키 히데오久保木英雄 소좌(兵51)
급유선 히에마루日榮丸: 감독관 야마모토 마쓰욘山本松四 대좌(兵33, 재소집 예비역)

F. 선단부대 및 선단부대 호위대

F-1. 선단부대

2수뢰전대 사령관 다나카 소장 지휘
수송선 가노마루鹿野丸, 게이요마루慶洋丸, 고슈마루江州丸, 기리시마마루霧島丸, 기요즈미마루清澄丸, 난카이마루南海丸, 다이니토아마루第二東亞丸, 부라지루마루ぶらじる丸, 아루젠치나마루あるぜんちな丸, 젠요마루全洋丸, 호쿠리쿠마루北陸丸, 아즈마마루吾妻丸 (감독관 불명).
초계정 1, 2, 3, 4호(병력 수송, 정장 불명)
급유선 아케보노마루あけぼの丸(감독관 불명)

F-2. 선단부대 호위대

F-2-1. 제2수뢰전대(제2함대)

사령관 다나카 라이조田中瀨三 소장(兵41)

수석참모 도야마 야스미遠山安己 중좌(兵51)
경순양함 진쓰神通(기함): 가사이 도라조河西虎三 대좌(兵42)

F-2-2. 제15구축대(제2수뢰전대)
사령 사토 도라지로佐藤寅治郎 대좌(兵43)
구축함 오야시오親潮 : 아리마 도키요시有馬時吉 중좌(兵50)
구축함 구로시오黒潮: 우가키 다마키宇垣環 중좌(兵50)

F-2-3. 제16구축대(제2수뢰전대)
사령 시부야 시로渋谷紫郎 대좌(兵44)
구축함 도키쓰카제時津風: 나카하라 기이치로中原義一郎 중좌(兵48)
구축함 하쓰카제初風: 다카하시 가메시로高橋龜四郎 중좌(兵49)
구축함 아마쓰카제天津風: 하라 다메이치原爲一 중좌(兵49)
구축함 유키카제雪風: 도비타 겐지로飛田健二郎 중좌(兵50)

F-2-4. 제18구축대(제2수뢰전대)
사령 미야사카 요시토宮坂義登 대좌(兵47)
구축함 가스미霞: 도무라 기요시戸村清 중좌(兵49)
구축함 시라누히不知火: 아카자와 시즈오赤澤次壽雄 중좌(兵49)
구축함 가게로陽炎: 아리모토 데루미치有本輝美智 중좌(兵50)
구축함 아라레霰: 오가타 도모에緒方友兄 중좌(兵50)

F-2-5. 제16소해대(제6근거지대)
사령 미야모토 사다토모宮本定知 대좌(兵39, 재소집 예비역)
특설소해정 다이산타마마루第三玉丸, 다이고타마마루第五玉丸, 다이시치쇼난마루第七昭南丸, 다이하치쇼난마루第八昭南丸(정장 불명)
특무함 소야宗谷: 구보타 사토시久保田智 중좌(兵46)
수송선 메이요마루明陽丸, 야마후쿠마루山福丸(감독관 불명)

G. 항공대

G-1. 제11항공전대(연합함대 직할부대)
사령관 후지타 류타로藤田類太郎 소장(兵38)
수석참모 아시나 사부로葦名三朗 중좌(兵49)
수상기모함 지토세千歳: 후루카와 다모쓰古川保 대좌(兵43)

수상기모함 가미카와마루神川丸: 시노다 다로하치篠田太朗八 대좌(兵44)
비행기: 미쓰비시 0식 수상관측기(F1M) 8기, 아이치 0식 수상정찰기(E13A) 4기
구축함 하야시오早潮(제15구축대 소속): 가네다 기요유키金田清之 중좌(兵50)
초계정 35호(정장 불명): 해군특별육전대 1개 소대 수송

H. 선견부대(잠수함대)

제6함대 사령장관 고마쓰 데루히사小松輝久 중장(兵37) 지휘
참모장 미토 히사시三戸壽 대좌(兵42)
경순양함 가토리香取(독립 기함, 콰절레인섬 정박): 오와타 노보루大和田昇 대좌(兵44)

H-1. 제3잠수전대(제6함대)

사령관 고노 지마키河野千万城 소장(兵42)
수석참모 이즈미 마사치카泉雅爾 소좌(兵53)
전대부속 잠수모함 야스쿠니마루靖國丸(12잠수대): 모리 료毛利良 대좌(兵38, 재소집 예비역)
잠수함 이伊-8호: 에미 데쓰시로江見哲四朗 중좌(兵50)

H-1-1. 제11잠수대(제3잠수전대)

사령 미즈구치 효에水口兵衛 대좌(兵46)
잠수함 이伊-174: 구사카 도시오日下敏夫 소좌(兵53)
잠수함 이伊-175: 우노 가메오宇野龜夫 소좌(兵53)

H-1-2. 제12잠수대(제3잠수전대)

사령 나가오카 노부요시中岡信喜 대좌(兵45)
잠수함 이伊-168: 다나베 야하치田邊彌八 소좌(兵56)
잠수함 이伊-169: 와타나베 가쓰지渡邊勝次 소좌(兵55)
잠수함 이伊-171: 가와사키 리쿠로川崎陸郎 소좌(兵51)
잠수함 이伊-172: 도카미 이치로戸上一郎 소좌(兵51)

H-2. 제5잠수전대(연합함대 직할부대)

사령관 다이고 다다시게醍醐忠重 소장(兵40)
수석참모 시부야 다쓰와카渋谷龍穉 중좌(兵52)
전대 부속 잠수모함 리오데자네로마루りおでじゃねろ丸(30 잠수대 소속): 오하시 다쓰오大橋龍男 대좌(兵40, 재소집 예비역)

H-2-1. 제19잠수대(제5잠수전대)

사령 오타 신노스케太田信之補 대좌(兵47)

이伊-156: 오하시 가쓰오大橋勝夫 소좌(兵53)

이伊-157: 나카지마 사카에中島榮 소좌(兵56)

이伊-158: 기타무라 소시치北村捴七 소좌(兵55)

이伊-159: 요시마쓰 다모리吉松田守 소좌(兵55)

H-2-2. 제30잠수대(제5잠수전대)

사령 데라오카 마사오寺岡正雄 대좌(兵46)

이伊-162: 기나시 다카카즈木梨鷹一 소좌(兵51)

이伊-164: 니나 요시오新名嘉雄 소좌(兵56)

이伊-165: 하라다 하쿠에原田豪衛 소좌(兵52)

이伊-166: 다나카 마키오田中万喜夫 소좌(兵52)

H-3. 제13잠수대(제6함대 부속)

* 프렌치프리깃 암초에서 K작전 투입 비행정 연료보급 임무 수행

사령 미야자키 다케하루宮岐武治 대좌(兵46)

이伊-121: 후지모리 야스오藤森康夫 소좌(兵56)

이伊-122: 노리타 사다토시乘田貞敏 소좌(兵57)

이伊-123: 우에노 도시타케上野利武 소좌(兵56)

기지항공대

I. 제11항공함대

사령장관 쓰카하라 니시조塚原二四三 중장(兵36)

참모장 사카마키 무네타카酒卷宗孝 소장(兵41)

I-1. 제24항공전대(제11항공함대)

사령관 마에다 미노루前田稔 소장(兵41)

수석참모 모리 미노루森實 중좌(兵51)

비행기: 0식 함상전투기 21형(A6M2b) 36기, 1식 육상공격기(G4M) 36기(콰절레인섬 주둔)

I-1-1. 지토세千歲 항공대(제24항공전대)

사령 오하시 후지로大橋富士郎 대좌(兵46)

비행기: 0식 함상전투기 21형(A6M2b) 36기, 1식 육상공격기(G4M) 36기(콰절레인섬 주둔)

I-1-2. 제1항공대(제24항공전대)

사령 이노우에 사마지井上左馬二 대좌(兵44)

비행기: 0식 함상전투기 21형(A6M2b) 36기, 1식 육상공격기(G4M) 36기(아우르섬, 워체섬 주둔)

I-1-3. 제14항공대(제24항공전대)

사령 나카지마 다이조中島第三 대좌(兵48)

비행기: 비행정 18기(잴루잇, 워체섬 주둔)

I-2. 제26항공전대

사령관 야마가타 마사쿠니山縣正鄉 소장(兵39)

수석참모 시바타 분조柴田文三 중좌(兵50)

I-2-1. 기사라즈木更津 항공대(제26항공전대)

사령 후지요시 나오시로藤吉直四朗 대좌(兵44)

1식 육상공격기(G4M) 36기

I-2-2. 미사와三澤 항공대(제26항공전대)

사령 스가와라 마사오管原正雄 대좌(兵46)

1식 육상공격기(G4M) 36기(9기 웨이크섬 파견)

I-2-3. 제6항공대(제26항공전대)

사령 모리타 지사토森田千里 중좌(兵49)

0식 함상전투기 60기, 정찰기 8기

미드웨이 파견 전투기부대(6 항공대 일부)

0식 함상전투기 21기(항공모함 아카기, 가가, 히류, 소류)

알류샨 파견 전투기부대(6항공대 일부)

0식 함상전투기 12기(항공모함 준요)

알류샨(AL) 작전

J. 제2기동부대(제1항공함대 제4항공전대)

사령관 가쿠다 가쿠지角田覺治 소장(兵39)
수석참모 오다기리 세이토쿠小田切政德 중좌(兵52)

J-1. 제4항공전대(제1항공함대)

가쿠다 소장 직접 지휘
항공모함 류조龍驤(기함): 가도 다다오加藤唯雄 대좌(兵45)
비행대장 야마가미 마사유키山上正幸 대위(兵63)
비행기 0식 함상전투기 21형(A6M2b) 12기: 지휘관 고바야시 미노루小林實 대위(兵64)
97식 함상공격기 11형(B5N1) 97식 함상공격기 21형(B5N2) 18기: 지휘관 야마가미 비행대장

항공모함 준요隼鷹: 이시이 시즈에石井藝江 대좌
비행대장 시가 요시오志賀淑雄 대위(兵62)
비행기 0식 함상전투기 21형(A6M2b) 18기(6항공대 소속 12기 포함): 지휘관 시가 비행대장
99식 함상폭격기 11형(D3A1) 15기: 지휘관 아베 젠지阿部善次 대위(兵64)
* 전투기 조종사 12명은 6항공대 소속

J-2. 제4전대 제2소대(제2함대)

중순양함 마야摩耶: 나베시마 슌사쿠鍋島俊策 대좌(兵42)
중순양함 다카오高雄: 아사쿠라 분지朝倉豊次 대좌(兵44)

J-3. 제7구축대(제1항공함대 제10전대)

사령 고니시 가나메小西要人 대좌(兵44)
구축함 우시오潮: 우에스기 요시오上杉義男 중좌(兵50)
구축함 아케보노曙: 나카가와 미노루中川實 소좌(兵55)
구축함 사자나미漣: 우와이 히로시上井宏 소좌(兵51)
특설급유선 데이요마루帝洋丸: 감독관 다나카 가타스케田中方助 대좌(兵33, 재소집 예비역)

K. 북방부대 본대

제5함대 사령장관 호소가야 보시로細萱戊子郎 중장(兵36) 지휘
참모장 나카자와 다스쿠中澤佑 대좌(兵43)

K-1. 제21전대(제5함대)

호소가야 중장 직접 지휘

중순양함 나치那智(기함): 기요타 다카히코淸田孝彦 대좌(兵42)

구축함 이나즈마雷(제1수뢰전대 제6구축대): 구도 슌사쿠工藤俊作 중좌(兵51)

구축함 이카즈치電(제1수뢰전대 제6구축대): 다케우치 하지메竹內一 중좌(兵52)

특설급유선 후지산마루富士山丸: 감독관 마키 기쿠타槇喜久太 대좌(兵34, 재소집 예비역)

특설급유선 닛산마루日產丸: 감독관 나오쓰카 하치로直塚八郎 대좌(兵38, 재소집 예비역)

수송선 3척(선명, 감독관명 불명)

L. AQ-AOI(애투-에이댁) 공략부대

L-1. 제1수뢰전대(제1함대)

사령관 오모리 센타로大森仙太郎 소장(兵41)

경순양함 아부쿠마阿武隈(기함): 무라야마 세이로쿠村山淸六 대좌(兵42)

L-1-1. 제21구축대(제1수뢰전대)

사령 시미즈 도시오淸水利夫 대좌(兵46)

구축함 하쓰하루初春: 마키노 히로시牧野坦 소좌(兵51)

구축함 네노히子ノ日: 데라우치 시로寺內三郎 소좌(兵54)

구축함 하쓰시모初霜: 후루하마 사토시古浜智 소좌(兵55)

구축함 와카바若葉: 구로키 마사키치黑木政吉 소좌(兵55)

기뢰부설함 마가네마루まがね丸: 함장 불명

수송선 기누가사마루衣笠丸: 감독관 아리마 나오히로有馬直大 대좌(兵36)(호즈미 마쓰토시穗積松年 소좌 지휘 육군 북해지대 수송)

M. AOB(키스카) 공략부대

기소 함장 오노 대좌 지휘

경순양함 기소木曾(기함, 제5함대 21전대): 오노 다케지大野竹二 대좌(兵44)

경순양함 다마多摩(제5함대 제21전대): 가와바타 마사하루川畑正治 대좌(兵47)

특설순양함 아사카마루淺香丸(제5함대 제22전대): 반 지로伴次郎 대좌(兵33, 재소집 예비역)

특설순양함 아와타마루粟田丸(제5함대 제22전대): 마키 가네유키牧兼幸 대좌(兵34, 재소집 예비역)

M-1. 제6구축대(제1수뢰전대)

사령 야마다 유스케山田勇助 중좌(兵48)

구축함 아카쓰키曉: 다카스카 오사무高須賀修 소좌(兵51)

구축함 히비키響: 이시이 하구무石井勵 소좌(兵52)
구축함 호카제帆風(제5함대 부속함): 다나카 도모田中知生 소좌(兵57)
특설운송선 구마가와마루球磨川丸(설영대 및 장비 수송): 미요시 시치로三好七郎 대좌(兵34, 재소집 예비역)
특설항무함 하쿠산마루白山丸[무카이 히후미向井一二三 소좌(兵52) 지휘 마이즈루 제3특별육전대 병력 수송]: 감독관 고도 하레요시後藤晴善 대좌(兵36, 재소집 예비역)

M-2. 제13소해대(제3특별근거지대)
사령 미쓰카 도시오三塚俊男 대좌(兵38)
특설소해함 하쿠호마루白鳳丸, 가이호마루快鳳丸, 슌코쓰마루俊鶻丸(함장 불명)

N. 잠수부대
사령관 야마자키 시게아키山崎重暉 소장(兵41)
수석참모 고이케 이쓰小池伊逸 중좌(兵52)

N-1. 제1잠수전대(제6함대)
야마자키 소장 직접 지휘

N-1-1. 제2잠수대(제1잠수전대)
사령 이마자토 히로시今里博 대좌(兵45)
잠수함 이伊-15: 이시카와 노부오石川信雄 중좌(兵49)
잠수함 이伊-17: 니시노 고조西野耕三 중좌(兵48)
잠수함 이伊-19: 나라하라 쇼고楢原省吾 중좌(兵48)

N-1-2. 제4잠수대(제1잠수전대)
사령 나가이 미쓰루長井滿 대좌(兵45)
잠수함 이伊-25: 다카미 메이지田上明次 중좌(兵51)
잠수함 이伊-26: 요코다 미노루橫田稔 중좌(兵51)

O. 수상기부대
수상기모함 기미카와마루君川丸(제5함대 부속함): 우스키 슈이치宇宿主一 대좌(兵44)
3좌座 수상기 8기
구축함 시오카제汐風(제5함대 부속함): 다네가시마 요지種子島洋二 소좌(兵55)

P. 기지항공부대

이토 스케미쓰伊東祐滿 중좌(兵51) 지휘

도코東港항공대 지대枝隊 비행정 6기

Q. 초계부대

제22전대(제5함대)

사령관 호리우치 시게타다堀內茂礼 소장(兵39)

특설순양함 아카기마루赤城丸: 사쿠마 마사오作間応雄 대좌(兵34, 재소집 예비역)

미주

추천사

1 【옮긴이】 현재 파푸아뉴기니의 수도이자 요충지. 일본군이 1942년에 포트모르즈비 탈취를 기도한 결과 사상 최초로 항공모함끼리 격돌한 산호해 해전이 벌어졌다.

2 【옮긴이】 남태평양의 독립국 미크로네시아Micronesia 연방을 이루는 섬. 제1차 세계대전 이전에 독일령이었고 전후에 일본령이 되었다. 섬에 있는 석호가 넓고 깊었기 때문에 일본 해군의 주요 기항지 역할을 했다. 제2차 세계대전 기간에는 뉴브리튼섬New Britain Island의 라바울Rabaul항, 사이판섬Saipan Island과 함께 남태평양 일본군의 주요 전진기지였다. 독일령 시대에 불린 트룩Truk섬이라는 이름으로도 알려져 있다.

3 【옮긴이】 오스트레일리아 북동쪽에 있는 군도. 당시 프랑스령이었으며 미국과 오스트레일리아를 잇는 항로에 위치한 요충지였다. 현재 프랑스 해외령이다.

4 【옮긴이】 누벨칼레도니 북동쪽에 있는 섬. 누벨칼레도니와 마찬가지로 미국-오스트레일리아 항로에 위치한 요충지였다. 현재 독립국이다.

5 【옮긴이】 피지 북동쪽에 위치한 제도. 누벨칼레도니, 피지와 더불어 미국-오스트레일리아 항로의 요충지였다. 동, 서로 나뉘며 현재 동사모아는 미국령, 서사모아는 독립국이다.

6 【옮긴이】 산호해 해전에서 미군은 항공모함 렉싱턴Lexington을 잃었고, 일본군은 경항공모함 쇼호祥鳳(제4항공전대 소속)가 격침당하고 정규 항공모함 쇼카쿠翔鶴(제5항공전대 소속)가 크게 파손되었다. 쇼카쿠의 자매함 즈이카쿠瑞鶴(제5항공전대 소속)는 피격되지는 않았으나 비행기대 손실이 커서 당분간 작전에 투입될 수 없었다.

7 【옮긴이】 하와이 제도에서 세 번째로 큰 섬으로 하와이 인구의 대다수가 거주한다. 주도인 호놀룰루Honolulu와 진주만을 비롯한 주요 군사시설이 있다.

머리말

1 【옮긴이】 워털루 전투에서 영국군의 방어에 막히고 프로이센 블뤼허Blücher군의 개입으로 패세가 짙어지자 나폴레옹은 마지막까지 전략예비대로 아껴 두었던 근위대로 영국군의 방어를 돌파하고자 했으나 실패했다.

2 【옮긴이】 남북전쟁 중 게티즈버그 전투가 전개되던 1863년 7월 3일, 남군 총사령관 로버트 리가 교착된 전황을 타개하고자 조지 피킷 소장에게 요충지 묘지능선Cemetery Ridge을 점령하라고 명령한 일을 말한다. 피킷의 부대는 전멸했고, 이것은 게티즈버그에서 남군이 패하는 원인이 되었다.

3 【옮긴이】 1944년 12월 벨기에 바스토뉴에서 미군은 독일군에게 포위되었으나 독일군이 퇴각할 때까지 항복하지 않았다. 독일군의 항복 권유에 미군의 수비 책임자 앤서니 매콜리

프 준장이 "꺼져"라고 답한 일화가 유명하다. 벌지 전투의 상징으로 알려진 전투이다.

4 【옮긴이】 이 외에 영어권에서 자주 인용된 영문자료로 Japanese Monographs 전집이 있다. 3장 미주 18 참조.

5 【옮긴이】 미드웨이에 참전한 항공모함 4척의 전투상보는 모두 살아남아 이 책의 저자와 역자 들의 주요 1차 사료가 되어 주었다.

6 【옮긴이】 항공모함은 비행기를 이·착함시킬 때 대개 바람이 불어오는 쪽을 향한다.

7 【옮긴이】 2018년 기준으로 미국 측 관점에서 쓴 최신 연구서는 Craig L. Symonds, *The Battle of Midway*(Oxford University Press, 2011)이다. 미 해군 관련사항 중 이 책에서 누락되거나 추가설명이 필요한 부분이 잘 설명되어 있다.

8 【옮긴이】 미드웨이 해전의 일본군 전사자 3,057명 중 2,181명(71.3%)이 항공모함 승조원이다. 澤地久枝, p.550.

제1부_ 서막

제1장_ 출격

1 【옮긴이】 원문에서는 전갑판forecastle이라고 썼으나 여기에서 승조원들이 닻을 올리는 작업을 했기 때문에 조묘갑판anchor deck이 더 적합한 용어다. 「丸」 編輯部, p.37에 수록된 아카기 도면 및 사진설명에서는 이 부분을 '묘갑판錨甲板'으로 칭한다. 일본 항공모함들의 각 부명칭은 현대 대한민국의 조선, 해사 분야 및 대한민국 해군에서 사용하는 용어와 다르다. 특히 항공모함 관련 용어 중에는 한국어에 없는 것이 많기 때문에 이 책에서는 일본식 명칭을 사용하되, 필요한 경우 옮긴이 미주에서 설명했다.

2 【옮긴이】 서태평양의 군도. 독일령이었다가 제1차 세계대전 이후 일본령이 되었다. 현재 팔라우 공화국과 미크로네시아 연방을 이룬다.

3 【옮긴이】 인도네시아를 이루는 순다 열도Sunda Islands의 가장 큰 4개 섬(보르네오, 자바, 수마트라, 술라웨시) 중 하나이다. 셀레베스섬Celebes Island이라고도 한다. 4개의 큰 반도와 3개의 큰 만이 있다. 현재 인도네시아의 술라웨시주이다.

4 【옮긴이】 인도네시아 술라웨시주 남쪽에 있는 만. 근처에 있는 큰다리Kendari 비행장과 항만 시설 때문에 일본 기동부대는 1942년 2~4월의 인도네시아 상륙 지원과 오스트레일리아의 포트다윈 공습, 인도양 작전 시 이곳을 전진기지로 사용했다. 5장 미주 46 참조.

5 【옮긴이】 영국 스코틀랜드 북부 오크니 제도Orkney Islands에 위치한 영국 해군 정박지. 제1, 2차 세계대전 시 영국 해군의 주력부대가 주둔하면서 독일 해군을 상대했다.

6 【옮긴이】 미국 버지니아와 노스캐롤라이나 사이에 위치한 수역의 이름. 인근에 노퍽Norfolk 군항을 위시한 주요 해군기지가 밀집해 있다.

7 【옮긴이】 이 책에는 연합함대의 상급기관으로 '군령부軍令部'와 '대본영 해군부'가 나온다. 대본영 해군부는 쇼와 12년(1937년) 가을에 설치되어 일본군의 최고통수권자 덴노(천황)를 보좌하고 칙령을 받아 육해군에 명령을 내리는 대본영에서 해군 업무를 맡은 조직이다. 군령부는 해군의 전시작전권(군령권)을 담당한 조직이다. 형식상 대본영 해군부가 명

령을 내리면 군령부가 이 명령에 따라 작전을 입안하고 연합함대가 작전을 수행하는 구조였지만 사실상 군령부가 대본영 해군부였다. 미드웨이 해전을 다룬『戰史叢書』43卷에 따르면 겉보기에 양자가 구분되지 않았고 당시 일본 해군에서도 양자를 동의어로 사용했다고 한다. 원서에서는 대본영 해군부를 Naval GHQ, Naval General Headquarters, Naval Headquarters로, 군령부를 Naval General Staff로 표기하며 양자를 혼용했으며, 번역문에서도 상황과 맥락에 따라 '대본영 해군부'와 '군령부'를 혼용했다.

8 【옮긴이】 일본의 해군사관 양성기관. 메이지 2년(1869)에 도쿄에 설립된 해군조련소海軍操練所가 기원이며 메이지 9년(1876) 해군병학교로 이름을 바꿨다. 메이지 21년(1888) 히로시마 근처의 에타지마로 이전했다. 쇼와 20년(1945) 10월 폐교할 때까지 약 1만 1천 명의 해군 장교를 배출했으며 이 중 4,012명이 일본이 일으킨 각종 전쟁에서 전사했다. 秦郁彦(2005), p.712.

9 【옮긴이】 전함 야마토大和, 무쓰陸奧, 나가토長門가 속한 제1전대는 연합함대 직속부대였으며 전함 이세伊勢, 휴가日向, 야마시로山城, 후소扶桑가 제1함대(제2전대)에 속했기 때문에 원문의 "제1함대 소속 노급 전함 7척"보다 '제1함대의 전함 4척과 제1전대의 노급 전함 3척'이 더 정확한 서술이다. 坂本正器·福川秀樹, pp.297–298. 야마토의 자매함 무사시武藏는 아직 취역하지 않았다.

10 【옮긴이】 Lengerer·Ahlberg, p.380.

11 【옮긴이】 원문에는 일본 해군의 전대, 예를 들면 3전대, 7전대가 미 해군에서 쓰는 BatDiv(전함전대Battleship Division) 3, CruDiv(순양함전대Cruiser Division) 7이라는 약칭으로 적혀 있다. 번역문에서는 일본 해군이 사용한 함대 명칭을 그대로 사용한다.

12 상당수 작가들이 이 '기동부대'를 일본 해군의 유일한 항공모함 부대였던 것처럼 쓰는 데 유의할 필요가 있다. 사실 기동부대는 편의상 붙인 이름이며 공식 편제상 단대호가 아니었다. 미드웨이 해전 기간 중에 항공모함 준요와 류조로 이루어진 제2기동부대도 알류샨 작전에 참가했다. 이 책에서 쓴 '기동부대'는 미드웨이 해전에 참가한 나구모 부대를 지칭한다.

13 건조가 시작되었을 때 아카기와 가가의 예상 소요예산은 각각 2,470만 엔과 2,690만 엔이었다. 워싱턴해군군축조약이 체결되어 공사가 중단되기 전까지 양함은 대략 3분의 1 정도 공사가 진행된 상태였으므로 이미 약 800만 엔이 지출되었을 것이다. 1922년에 일본 중의원은 아카기와 자매함 아마기(나중에는 가가)의 항공모함 개장 추가 소요예산으로 엄청난 금액인 9,000만 엔을 승인했다(관동대지진으로 아마기가 해체되어 아마기 개장 예산이 가가 개장 예산에 추가되었다). 따라서 1항전의 항공모함 2척이 완성되는 데 1척당 각각 대략 5,300만 엔(3,645만 달러)이 지출되었을 것이다. 이 금액에는 1930년대의 현대화 개장에 배당된 상당한 비용도 포함된다. 출처: Eric Lacroix, *The Belgian Shiplover* 기고문; 日本造船學會,『昭和造船史』. 다른 나라와 비교해 보면 1922년에 건조된 영국 해군 전함 넬슨H.M.S. Nelson은 1928년의 조정가격으로 750만 파운드(4,700만 엔)가 들었다. 미출간 논문인 "How Important Was Silver? Some Evidence on Exchange Rate Fluctuations and Stock Returns in Colonial Era Asia"(Cornell University, Feb. 25. 2002)의 통계자료를 사용하도록 허락해 주신 워런 베일리Warren Bailey 박사에게 감사드린다. 【옮긴이】 이 논문은 *Journal*

of Business 77호(2004)에 발표되었다.

14 아카기는 가가보다 6개월 늦게 건조되었으나 준공은 1년 정도 더 빨랐다.

15 【옮긴이】 아오키 대좌는 1942년 4월 27일에 아카기 함장으로, 하세가와 대좌는 아오키의 직전 보직인 쓰치우라 해군항공대 사령으로 임명되었다. 海軍辞令公報 第849号, 昭和 17年 4月 27日.

16 【옮긴이】 원문은 '수상기 훈련항공대'이다. 아오키는 1940년 11월 15일에 쓰치우라 해군항공대 사령으로 임명되었다(海軍辞令公報 第555号, 昭和 15年 11月 15日). 쓰치우라 해군항공대는 해군 병·부사관 조종사 후보생인 해군 비행예과 연습생 양성을 맡았다.

17 【옮긴이】 비행갑판 크기는 아카기 249.174m×30.480m, 가가 248.576m×30.480m로 거의 비슷했으나 가가의 수선폭이 넓고(가가 32.5m, 아카기 31.324m) 흘수가 더 깊었다(가가 9.479m, 아카기 8.707m). 따라서 날씨가 좋지 않을 때에는 가가가 상대적으로 더 안정적인 플랫폼이었을 것이다. 福井靜夫, pp.235, 243.

18 【옮긴이】 원문에서는 "오카다는 대좌로서 함정본부艦政本部Navy Technical Department에서 간부 보직을 거쳐 1941년 9월에 가가 함장으로 부임했다."라고 했으나 오카다 대좌가 가가 함장으로 부임하기 직전의 보직은 항공본부 총무부 1과장이었다. 번역문에서는 사실관계에 맞게 고쳤다. 航空本部主要職員官職氏名(昭和 16年 9月 1日), p.5. 오카다의 기타 이력은 福川秀樹, p.91 참조.

19 【옮긴이】 1942년 4월 20일 부임. 『戰史叢書』 43卷, p.142.

20 아베 젠지가 연구자 마이클 웽어에게 보낸 2002년 5월 6일자 이메일.

21 福井靜夫, p.66. 【옮긴이】 가가의 기관출력은 12만 7,400마력, 소류의 기관출력은 15만 2,500마력이었다. 福井靜夫, pp.243, 257.

22 【옮긴이】 해군 현역 장교를 대상으로 고등 군사지식 전수를 위해 메이지 21년(1888)에 설립된 교육기관이다[秦郁彦(2005), p.711]. 현 대한민국 국군의 합동군사대학 내 해군대학에 해당한다.

23 【옮긴이】 원문은 '군령부 정보과장'이지만 야나기모토 대좌는 1939년 11월 15일에 군령부 2부 3과장으로 임명되었다. 海軍辞令公報 第541号(昭和 14年 11月 15日). 군령부 2부 3과는 작전에 필요한 군비충원 계획, 함선, 항공기 및 병기, 정비 등을 관장했고 정보 수집과 분석 업무는 군령부 3부 5·6·7·8과가 담당했다. 坂本正器·福川秀樹, p.37. 야나기모토의 기타 이력에 대해서는 秦郁彦(2005), p.260을 참조.

24 【옮긴이】 원문은 "1927년부터 가쿠는 처음에는 해군대학교 학생, 항공대지휘관, 함장으로서 해군 항공교리 개발에 관여했다."이다. 가쿠는 1926년에 해군대학교를 졸업(25기)했으며 오미나토, 기사라즈 해군항공대 사령을 지냈다. 번역문에서는 "1926년에 해군대학교를 졸업한 가쿠는…"으로 수정하고 오미나토, 기사라즈 해군항공대 사령, 지요다 함장 이력을 보충했다. 가쿠의 해군대학 기수와 지요다 함장 이력의 출처는 福川秀樹, p.104; 海軍辞令公報 号外 第273号, 昭和 13年 12月 15日. 오미나토, 기사라즈 해군항공대 사령 이력의 출처는 海軍辞令公報 号外, 第107号 昭和 12年 12月 15日. 가쿠의 기타 이력에 대해서는 秦郁彦(2005), p.195를 참조.

25 【옮긴이】 원문은 "제5항전은 즈이카쿠의 취역과 거의 동시인 1941년 9월, 나구모 부대〔제1

항공함대)에 편입되어 기동부대의 필수요소가 되었다."이나 즈이카쿠의 취역일은 1941년 9월 25일, 5항전 배치일은 1941년 10월 31일(福井靜夫, p.164)인 데다 제5항전의 제1항공함대 편입일은 9월 1일(機動部隊の沿革, p.375)이라 5항전이 기동부대에 편입된 날과 즈이카쿠의 취역일이 거의 동시라고 하기 어렵다. 오히려 쇼카쿠의 1941년 8월 25일 취역(5항전 편입 1941년 9월 25일, 福井靜夫, p.164)과 5항전의 1항공함대 편입(9월 1일)이 거의 동시의 일이라고 할 수 있다. 이러한 사실관계에 맞추어 즈이카쿠를 쇼카쿠로 고쳐 옮겼다.

26 만약 쇼카쿠와 즈이카쿠가 없었더라면 진주만 기습이 애당초 가능했을지도 의심스럽다. Peattie, p.61.

27 【옮긴이】 미군 잠수함 트라이톤Triton, 그레너디어Grenadier, 폴락Pollack이 쇼카쿠가 돌아가는 길목을 지키고 있었다. 5월 16일에 트라이톤은 일본 연안에서 쇼카쿠를 포착해 공격을 시도했으나 성과를 내지 못했고 나머지 2척은 쇼카쿠를 놓쳤다. 원문은 "집중공격을 받았다"라고 되어 있어 고쳤다. U.S.S. Triton(S.S.201) Report of Third Patrol(April 13~June 4, 1942), pp.16-17; U.S.S. Grenadier(S.S.210) Report of Second War Partol (April 12~June 10, 1942), pp.2-3; U.S.S. Pollack(S.S.180), Report of Third War Patrol(April 30~June 16), pp.2-3.

28 1941년 12월 11일, 2선급 소함대의 지원을 받아 상륙을 시도한 웨이크섬 1차 전투는 섬에 주둔한 소규모 미 해병 수비대의 반격에 일본군 구축함 2척이 격침당하는 일본군의 굴욕적 패배로 끝났다. 【옮긴이】 웨이크섬 1차 전투에서 일본 구축함 하야테疾風, 기사라기如月가 격침당하고 수송선 곤고마루金剛丸가 손상됐다. 防衛廳防衛硏修所戰史室, 『中部太平洋方面海軍作戦〈1〉 昭和17年5月まで』(『戰史叢書』 38卷), 1970. 이하 『戰史叢書』 38卷으로 표기한다.

29 【옮긴이】 포트다윈은 인도네시아에서 작전 중인 연합군의 후방 보급기지였다. 공습은 기동부대와 술라웨시의 큰다리 Ⅱ 기지에서 출격한 제1항공대, 가노야鹿屋 항공대가 합동으로 수행했다. 일본군은 진주만 기습 때와 달리 항만의 함선뿐만 아니라 항만시설도 집중적으로 공격했다. 이 공격으로 미군 구축함 피어리Peary(DD-226)를 포함해 각종선박 9척이 격침되고 비행기 20기가 파괴되었으며 250명의 인명피해가 발생했다. 포트다윈에서 민간인은 완전히 소개되었으며 항만기능을 일시 상실했다. Cox, pp.216-222.

30 가가는 1942년 2월 9일 팔라우에서 좌초되었다. 그 뒤 자바와 포트다윈 공격에 참가했으나 그대로 두기에는 손상이 심했기 때문에 3월 27일에 사세보의 건선거에 들어갔다. 아마 이때 배 밑바닥에 붙은 따개비 같은 이물질을 제거하여 미드웨이에서는 제 속도를 낼 수 있었을 것으로 보인다.

31 아서 마더는 저서 *Old Friends, New Enemies* 제2권에서 이 패배가 동양함대Eastern Fleet의 사기에 끼친 영향이 컸으며 영국 해군 지휘계통의 사기를 전반적으로 침체시켰다고 말했다.

32 Barde, "The Battle of Midway: A Study in Command", Ph.D Thesis, University of Maryland, 1971, pp.15-16.

33 나구모의 성격을 묘사하는 데 Fuchida, Prange·Goldstein·Dillon, Ugaki, Evans·Peattie,

Hara, Prados 등의 저서를 참조했다. 파셜과 이메일로 교신하며(2001년 5월 27일~6월 3일) 나구모의 막내아들 나구모 신지 박사와 나눈 대화 내용을 공유해준 미 해군의 대니얼 러시Daniel Rush 박사에게도 깊이 감사드린다.

34 【옮긴이】 수뢰학교를 졸업한 나구모는 수뢰전대와 관련된 보직과 함정(구축함, 경순양함) 근무 경력이 많았을 뿐만 아니라 1937년에 수뢰학교 교장을 지냈다. 나구모는 대좌 승진(1929) 후 경순양함 나카那珂(1929), 전함 야마시로山城(1933), 중순양함 다카오高雄(1934)의 함장을 지냈으나 항공모함이나 수상기모함 함장은 역임하지 않았으며 항공대 및 항공 관련 보직 근무기록도 전혀 없다. 1항함 사령장관직이 나구모의 첫 항공 관련 보직이었다. 秦郁彦(2005), p.238.

35 【옮긴이】 예를 들어 1941년 10월 22일자 일기에서 우가키는 나구모가 "죽음과 맞설 준비가 되어 있지 않다."라고 비판했으며 10월 30일자 일기에서도 진주만 기습의 임무를 앞두고 신경쇠약의 기미가 보인다고 썼다. Ugaki, pp.13, 17; 宇垣纏, pp.6, 10.

36 【옮긴이】 오자와는 중순양함 마야摩耶 함장(1934), 전함 하루나 함장(1935), 연합함대 참모장(1937), 제1항공전대 사령관(1939), 제3전대 사령관(1940), 남견함대 사령장관(1941), 제1기동함대 겸 제3함대 사령장관(1944), 군령부차장(1944)을 거쳐 마지막 연합함대 사령장관(1945)이 되었다. 秦郁彦(2005), p.190.

37 【옮긴이】 오자와는 제1항공전대 사령관으로 있다가 1940년 11월 1일 3전대 사령관으로 전임되었다(나구모의 후임으로 임명). 福川秀樹, pp.97-98. 나구모는 3전대 사령관을 거쳐 해군대학교 교장으로 있다가 1941년 4월 10일에 제1항공함대 사령장관으로 임명되었다. 福川秀樹, pp.282-283.

38 【옮긴이】 원문에서는 "나구모가 그다음으로 남았다"라고 하여 나구모가 오자와의 후배로 오해될 소지가 있으나 실제로는 나구모가 1년 선배다. 오자와는 해군병학교 37기(메이지 42년/1909년 졸업), 나구모는 해군병학교 36기(메이지 41년/1908년 졸업)이며 해군중장 승진도 나구모가 1939년 11월 15일, 오자와는 1940년 11월 15일로 나구모가 1년 먼저 진급했다. 이 사실을 반영해 고쳐 옮겼다. 그러나 제1항공함대가 창설된 1941년에는 둘 다 중장이었다. 위의 책, 같은 페이지.

39 【옮긴이】 원문은 '대본영 해군부Naval GHQ'다. 그러나 해군 구성원의 진퇴임면進退任免은 해군성 인사국人事局 제1과 소관 업무였다. 坂本正器 · 福川秀樹, p.19.

40 Barde, p.52.

41 구사카의 성격 묘사는 Fuchida, Prange, Ugaki에 주로 의존했다.

42 【옮긴이】 구사카는 가스미가우라 항공대 교관(1926), 제1항공전대 참모(1930), 항공본부 1과장(1934), 제4연합항공대 사령관(1940), 제24항공전대 사령관(1941)을 거쳐 1941년 4월 15일에 제1항공함대 참모장으로 임명되었다. 福川秀樹, p.141; 秦郁彦(2005), p.203.

43 【옮긴이】 원문에서는 1937년에 소장으로 진급했다고 하나 이때 구사카는 대좌였으며(海軍辞令公報 号外第76号—1937. 10. 18), 1940년 11월에 소장으로 진급했다(海軍辞令公報第555号—1940. 11. 15). 구사카의 기타 이력에 대해서는 秦郁彦(2005), pp.203-204 참조.

44 Goldstein and Dillon, p.151.

45 【옮긴이】 부하들은 구사카가 야호선野狐禪(진실하게 선을 수행하지 않으면서 마치 깨달은

듯이 거짓으로 꾸며 남을 속이는 사람을 여우에 비유한 말)에 빠졌다고 빈정댔다. 후치다는 진주만 3차 공습을 실시하지 않은 이유 가운데 하나로 구사카의 사자번척獅子翻擲(사자가 온 힘을 다해 눈앞의 적을 공격한 다음 미련 없이 다른 적을 향해 간다는 뜻. 여기서는 진주만의 미 전함부대를 격파한 이상 다른 목표에 눈길을 돌리는 것은 어리석은 일이라는 구사카의 신념을 가리킨다.) 이념을 들었다. 후치다 미쓰오, p.95.

46 Agawa, p.193.

47 【옮긴이】 원문에서는 야마구치가 경순양함 이스즈, 중순양함 아타고愛宕 함장을 거쳐 마침내 전함 이세의 함장이 되었다고 하나 福川秀樹(p.389), 秦郁彦(2005, p.261)에 의하면 야마구치는 아타고 함장을 역임하지 않았다. 야마구치의 기타 이력에 대해서는 秦郁彦(2005), p.261 참조.

48 【옮긴이】 야마구치는 중국전선에서 복무할 때 부하들 사이에서 '사람 잡는 다몬人殺の多聞'이라고 비판당했다. 森史郎, p.81.

49 루이스 포아손 데이비스Louis Poisson Davis 미 해군대위가 11구축함전대 사령관에게 보낸 1923년 5월 2일자 편지. 야마구치는 데이비스 대위가 근무한 구축함 우드버리USS Woodbury를 방문한 적이 있었다. Louis Poisson Davis Papers, Collection No.309, East Carolina University Manuscript Collection, J.Y. Joyner Library. 이 문서의 존재를 알려준 데이비드 딕슨에게 감사드린다.

50 Goldstein and Dillon, p.144.

51 Ugaki, p.141. 【옮긴이】 宇垣纏, p.126. 1942년 6월 5일자.

52 위의 책, 같은 페이지. 【옮긴이】 우가키(1890년생)는 야마구치보다 두 살 많았으나 해군병학교 40기(메이지 45년/1912년 졸업) 동기생이었다. 군령부 1부장 후쿠토메 소장, 10전대 사령관 기무라 소장도 야마구치, 우가키와 동기생이었다(福川秀樹, 우가키, 야마구치, 기무라, 후쿠토메 항목). 우가키는 일기에서 야마구치를 '급우'라고 부를 뿐만 아니라 야마구치에 대한 호감을 자주 드러냈다.

53 【옮긴이】 겐다는 가스미가우라 항공대 교관(1931), 요코스카 항공대 교관(1932)을 거쳐 제2연합항공대 항공참모(1937)를 지냈다. 겐다의 기타 이력에 대해서는 秦郁彦(2005), p.206 참조.

54 Goldstein and Dillon, p.144.

55 【옮긴이】 기리시마는 과달카날섬 인근 해역에서 미 해군의 신예 고속전함 워싱턴Washington과 사우스다코타South Dakota에 격침당했다(3차 솔로몬 해전, 1942. 11. 15). 기리시마의 14인치 주포는 워싱턴의 장갑을 관통하지 못했으나 워싱턴의 16인치 주포는 기리시마의 얇은 장갑을 쉽게 관통했다. Dull, pp.244-246.

56 도네는 대개 5기(95식 수상정찰기 2기와 0식 수상정찰기 3기)를 탑재했다. 그러나 연구자 제임스 소럭이 일본 측 기록을 검토해본 결과 미드웨이에서 도네 보유 정찰기 가운데 0식 수상정찰기 1기가 빠져 있었다. 아마 1942년 4월 인도양 작전 중에 상실한 것으로 보인다(2001년 5월 9일에 소럭이 조너선 파셜에게 보낸 이메일). 출처: Japanese Operational Records, Microfilm Reel One, 이후 "JD-1"로 호칭.

57 【옮긴이】 일본 해군 전사자 중 20세 미만 소년병은 290명으로 전체 전사자의 9.5퍼센트를

차지한다. 澤地久枝, p.361.

58 '健'은 '겐' 또는 다케시라고 발음되는데 호타테 소좌의 이름이 어느 쪽인지는 불명확하다. 일본해군사관총람日本海軍士官総覧을 보고 이를 알려준 장-폴 마송Jean-Paul Masson에게 감사드린다.

59 전사자 수의 출처는 澤地久枝. 【옮긴이】 澤地久枝, p.537.

제2장_ **미드웨이 해전의 탄생**

1 Willmott(1982a), p.117; Barde, p.43.

2 Prange, p.28; Willmot(1982a), p.117.

3 H.P. Willmott의 *The Barrier and the Javelin*과 John Lundstrom의 *The First South Pacific Campaign*이 이 문제를 잘 다루었다. Willmott의 시리즈 앞 권인 *Empires in the Balance*, Fuchida의 *Midway, The Battle that Doomed Japan*과 Agawa의 *The Reluctant Admiral*, Ugaki의 *Fading Victory*도 참조할 만하다.

4 【옮긴이】 파푸아뉴기니 동쪽에 있는 비스마르크 제도의 섬들 중 가장 큰 뉴브리튼섬의 항구도시. 라바울은 1942년 1월 23일에 일본군에게 점령된 후 남서태평양 방면의 전진기지가 되었다. 현재 파푸아뉴기니령이다.

5 【옮긴이】 네덜란드 해군 주력함 중 경순양함 트롬프Tromp는 살아남아 철수했다. 트롬프는 태평양전쟁의 마지막 대규모 해전인 말라카 해협 해전(1945. 5. 16.)에 참전했다. 이 해전에서 일본군 중순양함 하구로羽黒가 격침되었다. Cox, p.410.

6 【옮긴이】 야마모토는 해군병학교 32기(메이지 37년/1904년 졸업)로 주미대사관 무관(1925~1927), 항공모함 아카기 함장(1928), 소장 승진(1929), 런던군축회의 전권대표수행단원(1929), 1항전 사령관(1933), 중장 승진(1934), 항공본부장(1935), 해군차관, 항공본부장 겸임(1936), 연합함대 사령장관(1939. 8.~1943. 4)을 거쳤으며, 연합함대 사령장관 재임 중 전사했다(1943. 4). 秦郁彦(2005), p.237.

7 야마모토의 성격을 묘사하는 데 있어 Agawa, Fuchida, Prange, Ugaki, Willmott(1982a)와 *The Great Admirals: Command at Sea, 1587-1945*에 있는 "Isoroku Yamamoto: Alibi of a Navy", Evans, Peattie, Prados 등의 저서를 참조했다.

8 【옮긴이】 나가노는 해군병학교 28기(메이지 33년/1900년 졸업)로, 소장 승진(1923), 3전대 사령관(1924), 중장 승진(1927), 해군병학교 교장(1928), 군령부차장(1930), 제네바 군축회의 전권위원(1931), 대장 승진(1934), 런던군축회의 전권(1935), 해군대신(1936), 연합함대 사령장관(1937), 군령부총장(1941~1944)을 거쳐 원수로 승진했다가(1943) A급 전범으로 체포되어 수감 중 옥사했다(1947). 秦郁彦(2005), p.237.

9 Ugaki, p.13; Prange, p.285.

10 【옮긴이】 시마다는 해군병학교 32기(메이지 37년/1904년 졸업)로, 소장 승진, 2함대 참모장(1929), 1함대 겸 연합함대 참모장(1930), 군령부 1부장(1933), 중장 승진(1934), 군령부차장(1935), 2함대 사령장관(1937), 대장 승진(1940), 해군대신(1941~1944), 군령부총장(1944)을 거쳐 예편(1945) 후 전후 A급 전범으로 종신형을 선고받았다. 秦郁彦(2005),

p.218.

11 Ugaki, p.36. 【옮긴이】 우가키 일기 원문(宇垣纏, p.27)에는 "군령부총장, 해군대신에게 저희가 하는 일에 간섭하여 어장御將의 폐弊가 오지 않게 해달라."라고 말했다고 써져 있다. 어장의 폐는 군주가 전장에 나간 장수에게 지나치게 간섭하는 것의 폐단을 경계하는 말이다. 『손자병법』 모정편謀政篇에도 "장능이군불어자승將能而君不御者勝"(장수가 능력이 있고 군주가 간섭하지 않을 때 이긴다.)이라는 구절이 있다.

12 【옮긴이】 원문은 '군령부Naval General Staff'이다. 그러나 뒷부분에서 '대본영 해군부Naval GHQ'로 표기했기 때문에 서술의 일관성을 유지하기 위해 이 문단에서도 '대본영 해군부'로 옮겼다.

13 Stephan, p.95.

14 【옮긴이】 1942년 2~4월에 기동부대가 실시한 주요 작전은 포트다윈 공습(2월 19일), 칠라차프 공습(3월 5일), 콜롬보-트링코말리 공습(3월 31일~4월 10일)으로 전략적으로 중요하지 않은 임무였다. 제프리 콕스는 전략적으로 중요한 자바섬 상륙 엄호에 기동부대가 참가하지 않은 것과 작전 마무리 단계에서 주요 연합군 선박들이 거의 철수한 다음인 3월 5일에야 칠라차프 공습을 실시한 것을 비판했다. Cox, pp.282, 400.

15 Prange, p.29.

16 Willmott(1982a), p.39.

17 Ugaki, p.12.

18 위의 책, p.40.

19 【옮긴이】 원문은 '작전과plan division'지만 이는 군령부 1부 1과다. 군령부처복무규정상 군령부 제1부는 전쟁지도요강, 군사관계 국책과 관련된 사항, 국제정세의 지도와 관련된 사항을 다루며, 그 밑의 제1과는 국방방침, 용병강령, 작전계획, 전시편제, 국방상 필요한 병력 관련 사항, 육해군 협력, 전술문제를 다룬다. 『戰史叢書』 43卷, pp.2, 651에서 재인용. 坂本正器·福川秀樹, p.37.

20 Lundstrom(1976), p.41; Willmort(1982a), p.43.

21 【옮긴이】 오스트레일리아 북동쪽, 피지 서쪽, 누벨칼레도니 제도의 북동쪽에 위치한 곳으로 현재 바누아투Vanuatu공화국이다. 섬의 항구 에스피리투산토Espiritu Santo는 태평양전쟁 시 미군의 주요 전진기지였다.

22 Willmott(1982a), p.42.

23 Stephan, p.82.

24 Ugaki, p.75.

25 위의 책, p.75.

26 위의 책, pp.79-80.

27 Stephan, p.81. 야마모토는 구로시마와 와타나베 참모에게 가능성을 검토해 보라고 명령했다.

28 위의 책, p.82.

29 【옮긴이】 구로시마는 해군병학교 44기(쇼와 5년/1930년 졸업)로, 연합함대 참모(1939~1943), 군령부 2부장(1943), 소장 승진(1943), 군령부 4부장 겸임(1944)을 거쳐 대본영 해

군부 참모(1945)가 되었다. 秦郁彦(2005), p.205.

30 【옮긴이】 하와이 정남쪽, 하와이와 미국령 사모아 사이 3분의 1 위치에 있는 환초이다. 현재 미국령이다.

31 Stephen, p.97.

32 【옮긴이】 당시 참모본부 1부장이었다. 秦郁彦(2005), p.84.

33 Stephen, p.98.

34 Barde, p.29. 도미오카의 아버지는 러일전쟁 직전 군령부 1국장을 역임했으며 조부는 메이지 유신기에 해방대장海防隊長을 지냈다. 도미오카는 해군대학교에 수석입학하고 1930년에 수석졸업(해군병학교는 20위 졸업)하여 히로히토에게서 군도를 하사받았다. 해군 내에서도 도미오카를 최고위까지 올라갈 인재로 보았다. 【옮긴이】 도미오카의 종전 시 계급은 소장, 보직은 군령부 1부장이었다. 福川秀樹, pp.262-263.

35 【옮긴이】 원문에는 미와 요시타케의 직위가 대좌라고 표기되었으나 당시 중좌였다. 『戰史叢書』 43卷, p.3. 『戰史叢書』에 따라 계급을 수정하고 보직명(작전참모)을 보충했다.

36 Stephan, pp.98-99.

37 위의 책, p.99.

38 위의 책, p.99

39 【옮긴이】 원문에는 사사키 중좌의 보직이 없으나 『戰史叢書』 43卷(p.3)에는 사사키의 보직이 항공참모로 명시되어 있어 추가했다.

40 Stephan, p.100.

41 위의 책, p.100; Willmott(1982a), p.42.

42 Ugaki, pp.79-80.

43 위의 책, 같은 페이지.

44 Willmott(1982a), p.42.

45 위의 책, p.93.

46 『戰史叢書』 43卷, pp.29-30.

47 Willmott(1982a), p.42.

48 Lundstrom(1976), p.43.

49 Edgerton, p.275.

50 Lundstrom(1976), p.43; Willmott(1982a), p.46.

51 Willmott(1982a), p.49.

52 【옮긴이】 제24항공전대(사령관 고토 에이지後藤英次 소장)예하 제4항공대(사령: 모리타마 가욘森玉賀四 대좌)는 1식 육상공격기 19기, 비행정 8기, 전투기 18기, 96식 육상공격기 8기를 보유했다. 미 기동함대 습격을 위해 4항공대의 1식 육상공격기 17기가 이토 다쿠조伊藤琢藏 소좌 지휘하에 출격했다. 坂本正器·福川秀樹, p.304; 『戰史叢書』 29卷, p.426. 4항공대는 1942년 4월 1일에 새로 편성된 제25항공전대 예하로 들어갔다. 坂本正器·福川秀樹, p.325.

53 【옮긴이】 일본군은 해군 지상기지에서 운용하는 폭격기·공격기를 육상공격기라고 불렀다. 1식 육상공격기의 공하중량은 9,500킬로그램, 최대 이륙중량은 12,580킬로그램이며 최고

속력 234노트(고도 3,100미터), 최대항속력 2,893해리(5,358킬로미터)였다. 押尾一彦·野原茂, pp.60-61.

54 【옮긴이】 이 전투에서 일본군이 1식 육상공격기 15기를 잃은 데 반해 미군은 전투기 2기만을 잃었다. VF-3 소속 에드워드 '버치' 오헤어Edward 'Butch' O'Hare 대위는 이 전투에서 1식 육상공격기 3기를 격추하고 2기에 손상을 입혀 제2차 세계대전 최초의 미 해군 에이스가 되었다. 오늘날 시카고의 관문인 오헤어 국제공항은 오헤어 대위의 이름을 따서 명명한 것이다. Symonds, pp.78-79.

55 Tagaya, pp.35-37. 【옮긴이】 일본군은 "적 항공모함 1척, 함종 불명 1척을 격침하고 적 비행기 6기 격추 확실, 2기 불확실"이라고 전과를 보고했다. 심각한 과장이다. 『戰史叢書』 29卷, p.434. 일본군은 이 전투를 '뉴기니 앞바다 해전'이라 불렀다.

56 Willmott(1982a), pp.57-58.

57 위의 책, 같은 페이지. 【옮긴이】 라바울에 일본군 선단이 집결해 있다는 보고를 접한 사령부는 브라운 소장에게 라바울을 공격하라고 명령했다. 그러나 브라운은 이 선단이 3월 7일에 출항하여 뉴기니 북부 해안에 접근하고 있다는 정찰보고를 받고 목표를 바꾸었다. Symonds, p.85.

58 Lundstrom(1976), pp.41-42.

59 사실 피격당한 항공모함은 렉싱턴이 아니라 새러토가였다. 새러토가는 1942년 1월 11일 공격당한 후 수리를 받기 위해 본토로 회항했다. 【옮긴이】 새러토가는 이-6(함장 이나바 미치무네稲葉通宗 소좌)의 공격을 받아 6명이 사망하고 보일러실 3개가 침수되었으나 자력으로 진주만에 돌아갔다. Symonds, p.49.

60 Japanese Monograph No.93, "Midway Operations May-June 1942", Washington, D.C.: Department of the Army 1947, p.12. 와스프는 이때 대서양에서 영국 본국함대Home Fleet와 합동작전 중이었다.

61 위의 문서, p.12. 미군은 레인저가 일선에 투입하기에 부적당하다고 판단했다.

62 Ugaki, p.75.

63 위의 책, pp.79-80.

64 【옮긴이】 미국도 미드웨이 제도의 전략적 가치를 알았다. 미국은 1859년에 미드웨이 제도를 공식적으로 발견한 뒤 미국-스페인전쟁이 끝난 다음인 1898년에 이곳에 전신국을 설치하고 해군성이 직접 관리했다. 미드웨이 제도는 중부태평양 방면에서 미 해군의 잠수함 및 초계기의 주요한 중간 전진기지였다. 킹과 니미츠도 하와이 방어 측면에서 미드웨이와 하와이를 잇는 축선의 중요성을 인지했다. Symonds, pp.101-102.

65 Japanese Monograph No.93, p.11. 일본군은 미군이 각종 항공기 56기를 운용 중이라고 파악했다.

66 위의 문서, p.2.

67 【옮긴이】 원문은 "군령부Naval General Staff가 여전히 피지-사모아 대안을 지지하고 연합함대는 중부태평양 대안을 지지하는 상황에서 대본영[해군부]GHQ이 야마모토의 다시 불붙은 관심을 알아차리자…"이다. 그러나 이 문장대로라면 군령부와 대본영 해군부가 별도로 움직이는 조직으로 오해될 소지가 있어 모두 '대본영 해군부'로 고쳤다.

68 【옮긴이】 원문에는 와타나베의 계급이 대좌로 표기되었으나 『戰史叢書』 43卷(p.3)에 따르면 중좌이다. 이에 따라 계급을 수정하고 보직명(전무참모)을 보충했다. 森史郎(一部, p.59)에 따르면 전무참모는 야마모토의 비서 역할을 했다.

69 【옮긴이】 군령부 작전실은 도쿄 가스미가세키霞ヶ關의 해군성 청사 남측에 있었는데 창문에도 블라인드를 치는 등 외부와 완전 차단되었고 당시 분위기가 굉장히 살벌했다고 한다. 森史郎(一部), p.36. 원문은 "대본영 해군부"이나 이는 조직이지 장소가 아니기 때문에 "해군성의 군령부 작전실"로 고쳐 옮겼다.

70 미드웨이 전투 준비가 한창일 때도 125기(비행정 포함) 배치가 최대였는데 이 정도만으로도 비행장이 터져나갈 듯했다.

71 【옮긴이】 원문은 "군령부Naval General Staff"이나 뒷부분에서 "대본영GHQ"이 미요를 압박하는 장면이 나오기 때문에 서술의 일관성을 유지하고자 '대본영 해군부'로 고쳐 옮겼다.

72 Stephan, p.111.

73 Willmott(1982a), p.72.

74 Agawa, p.297; Fuchida, p.65. 【옮긴이】 도미오카와 미요는 와타나베가 "야마모토 장관은 자기 안이 전부 통과되지 않으면 연합함대 사령장관직을 사임하겠다고 했다."라면서 군령부를 강하게 압박했다고 회상한다. 『戰史叢書』 43卷, p.44.

75 【옮긴이】 이 문단에는 모두 '군령부Naval General Staff'로 되어 있으나 서술의 일관성을 유지하고자 '대본영 해군부'로 고쳐 옮겼다.

76 『戰史叢書』 43卷, p.95; Stephan, p.112; Ugaki, p.109. 【옮긴이】 원문은 "기본 작전안basic operational plan"이다. 원문의 주석과 달리 대본영 해군부(군령부)가 참모회의 후 야마모토의 차기 작전 구상을 승인한 사실이 『戰史叢書』 43卷, p.46에 언급되어 있다.

77 Willmott(1982a), p.72.

78 Barde, p.34.

79 Japanese Monograph No.88. "Aleutian Naval Operations, March 1942–February 1943," Department of the Army, pp.6–7.

80 위의 문서, p.7. 【옮긴이】 『戰史叢書』 43卷, pp.54–55.

81 Stephan, p.112.

82 위의 책, p.112.

83 위의 책, pp.112–113.

84 【옮긴이】 존스턴 환초Johnston Atoll라고도 한다. 하와이에서 남서쪽으로 860해리(1,390킬로미터) 떨어져 있으며 현재 미국령으로 주요 군사기지가 설치되어 있다.

85 【옮긴이】 『戰史叢書』 43卷, p.50은 이 날짜를 4월 15일로 추정한다.

제3장_ **작전계획**

1 마닐라만에 위치한 코레히도르섬Corregidor Island의 미군은 5월까지 버텼다.

2 【옮긴이】 전후에 해군 소장까지 승진한 도널드 샤워스Donald Showers(미드웨이 해전 당시에 전투정보반 근무)가 이 변화를 잘 요약했다. "제2차 세계대전 전에 우리는 항공엄호를 받

으며 전함으로 싸울 준비를 했다. 일본군은 진주만 기습으로 하룻밤 사이에 우리를 여기에서 완전히 벗어나게 만들었다. 그 뒤로 우리는 항공모함으로 싸웠다. 왜냐하면 이제 전함은 없지만 항공모함을 가지고 있었으니까. 그리고 그 결과는 훌륭했다." Russell, p.25.

3 Willmott(1982a), p.169.

4 【옮긴이】 루스벨트 대통령은 1942년 2월 20일에 커틴 수상에게 오스트레일리아 방어 지원을 공약하고 이미 미 해군이 오스트레일리아와 뉴질랜드 방어를 위해 작전 중이라고 지적했다. 그러나 3월 4일에 커틴 수상은 중동에 배치된 오스트레일리아군 1개 사단과 뉴질랜드군 1개 사단으로 생긴 공백을 보충하기 위해 2개 사단 지원을 요청했다(처칠은 오스트레일리아군과 뉴질랜드군을 놓아 주고 싶어 하지 않았다). 이에 따라 미 육군성은 32사단을 오스트레일리아로, 37사단을 뉴질랜드로 파견하기로 결정했다. Lundstrom(1976), p.58.

5 【옮긴이】 니미츠는 1905년에 미 해군사관학교를 졸업했다. 하급장교 시절에 잠수함 함장을 네 차례나 역임했으며 1933~1935년에 중순양함 오거스타Augusta 함장, 1935~1938년에 항해국Bureau of Navigation(인사국) 부국장을 지냈다. 1938년에 소장 승진 후 1전함전대BatDiv.1 사령관을 거쳐 1939년에 항해국장이 되었고 1941년 태평양함대 사령관으로 임명되었다. 니미츠는 중장을 거치지 않고 태평양함대 사령관 임명과 동시에 대장으로 승진했다. 브레이턴 해리스, pp.25, 43, 73, 125-197.

6 Ugaki, pp.83-84.

7 【옮긴이】 일본군은 '특설감시정特設監視艇'이라고 불렀는데 징발된 민간선박이다.

8 【옮긴이】 가가는 본토에서 수리 중이었고 즈이카쿠와 쇼가쿠는 포트모르즈비 공격을 위해 마궁항에서 보급을 마친 뒤 추크섬으로 직행하라는 명령을 받은 터라 이 추격전에 참여하지 못했다.

9 【옮긴이】 잠수모함 다이게이大鯨를 개장한 항공모함. 福井靜夫, p.442.

10 Stephan, p.114.

11 Prados, p.289.

12 Stephan, p.114.

13 위의 책, p.115; Edgertson, p.275.

14 『戰史叢書』 43卷, pp.92-95.

15 Stephan, p.117. 원래 작전명령(대륙지大陸指 1159)은 2사단과 7사단에 상륙을 준비하라고 지시했다. 이 두 사단에 53사단과 독립 공병연대, 전차연대가 추가될 예정이었다.

16 Fuchida, pp.78, 83-84; Morrison, pp.77-78.

17 【옮긴이】 원문은 '모노그래프monograph'이나 해당 사료의 원래 이름인 '재패니즈 모노그래프'로 옮겼다. 이 자료는 1937년부터 종전까지 일본 육해군의 작전사를 다룬 총서 성격의 기록물로 전 187권이며 영어로 출판된 가장 중요한 일본 군사사 사료이다. 미 극동군 총사령부의 명령을 받은 일본정부 제1복원성復員省(전 육군성), 제2복원성(전 해군성)의 감독하에 1945년에 편찬되기 시작해 1950년경 완료되었고 1955~1960년경에 수정, 개수되었다. 개수와 더불어 'Japanese Studies On Manchuria'(일본군 만주전역 연구)와 'Japanese Night Combat Studies'(일본군 야간전 연구)가 추가되었다.

18 Japanese Monograph No.93과 No.88. 【옮긴이】 No.88는 알류샨 열도 작전, No.93은 미

드웨이 작전에 대한 기록이다.

19 Japanese Monograph No.88, p.7.

20 Japanese Monograph No.93, p.4.

21 【옮긴이】 6월 4일 오전 05시(도쿄 시간), 미드웨이 북방 약 1,000해리(1,850킬로미터, 북위 35도, 동경 165도) 지점에서 주력부대와 경계부대가 분리하여 경계부대는 키스카섬 남쪽 500해리(926킬로미터) 부근의 지정위치로 이동했다. 『戰史叢書』 43卷, p.276. 알류샨 작전이 미드웨이의 양동작전으로 의도되었다면 다카스 부대가 알류샨으로 먼저 출항해야 이치에 맞을 것이다.

22 【옮긴이】 원서에서는 1항함 전투상보를 "Nagumo Report, Nagumo's official report(나구모 보고서)"라고 썼다. 이는 1항함 전투상보의 영어 번역본에 붙은 표제이며(문서번호 OPNAV-P32-1002), 원서의 해당 출처 표시는 영어 번역본의 페이지이다. 옮긴이는 1항함 전투상보가 인용될 때마다 지은이의 출처 표시와 더불어 일어 원문의 해당 페이지를 병기했다. 1항함 전투상보 원문의 표제 및 서지정보는 "「昭和17年5月27日~昭和17年6月9日 機動部隊 第1航空艦隊戦闘詳報 ミッドウェー作戦」(國立公文書館 アジア歴史資料 センター, Ref.No. C08030023700, C08030023800, C08030023900)"이다.

23 United States Bombing Survey [Pacific], Naval Analysis Division. Interrogations of Japanese Officials, vols.1 and 2, 1946, Nav-13, 와타나베 야스지와의 면담 기록.

24 『戰史叢書』 43卷, p.117.

25 이 장의 나머지 부분에서는 일본 시간을 사용한다. 도쿄 시간은 목표물 현지시간(날짜변경선 근처에 있음)보다 하루 늦다. 미드웨이 현지시간은 도쿄 시간보다 21시간 뒤이므로 도쿄 시간에서 하루를 빼고 세 시간을 더하면 된다.

26 『戰史叢書』 43卷, p.96. 이 핵심 사실을 지적해준 존 런드스트롬에게 깊이 감사드린다.

27 위의 책, p.121.

28 Japanese Monograph No.88, p.9.

29 위의 문서, p.3.

30 위의 문서, p.32.

31 위의 문서, p.16.

32 【옮긴이】 이 임무를 맡은 북해지대北海支隊는 호즈미 마쓰토시穗積松年 소좌가 지휘하고 301독립보병대대, 301독립공병중대로 구성되었다. 『戰史叢書』 29卷, p.240.

33 【옮긴이】 수송선 이름은 기누가사마루衣笠丸이다. 이하 작전 참가 부대와 함선의 목록은 淵田美津雄·奧宮正武, pp.463-479 및 『戰史叢書』 29권, 坂本正器·福川秀樹를 참조했다.

34 【옮긴이】 오모리 센타로大森仙太郎 소장이 지휘하고, 경순양함 아부쿠마阿武隈와 제21구축대의 구축함 와카바若葉, 네노히子ノ日, 하쓰하루初春, 하쓰시모初霜, 특설기뢰부설함 마가네마루まがね丸로 구성되었다.

35 【옮긴이】 지휘관 무카이 히후미向井一二三 소좌.

36 【옮긴이】 하쿠산마루白山丸, 구마가와마루球磨川丸.

37 Japanese Monograph No.88, p.10. 【옮긴이】 기소 함장 오노 다케지大野竹二 대좌가 지휘하고 경순양함 기소木曾, 다마多摩와 구축함 3척(제6구축대의 히비키響, 아카쓰키曉, 호카

제帆風), 특설순양함 3척(제22전대의 아사카마루淺香丸, 아카기마루赤城丸, 아와타마루粟田丸), 특설소해함 3척으로 구성되었다. 원문은 특설순양함이 1척이었다고 하나 22전대는 특설순양함 3척을 보유했으며 알류샨 작전에 3척이 모두 참가했기 때문에 3척으로 고쳐 옮겼다. 坂本正器·福川秀樹, pp.340, 521.

38 【옮긴이】 이나즈마電, 이카즈치雷.

39 【옮긴이】 중일전쟁 발발로 국제 정세가 악화되자 일본 해군은 민간 선사가 건조를 계획하던 호화 여객선 가시와라마루橿原丸와 이즈모마루出雲丸를 유사시 매입하여 항공모함으로 개조한다는 계획을 세워 건조비용의 60%를 보조하고 개조가 용이하게 설계하도록 했다. 1939년 3월 20일에 미쓰비시 나가사키 조선소에서 기공된 가시하라마루는 1940년 9월에 항공모함으로 개조하기로 결정되어 1941년 6월 2일에 해군에 매입되었다. 1942년 5월 3일에 개장을 마친 후 항공모함 준요로 명명되어 해군에 인도되었다. 福井靜夫, p.301.

40 【옮긴이】 류조의 최고속력은 29노트였다. 위의 책, p.443.

41 【옮긴이】 원문에서는 '급강하폭격기dive bomber'라고 썼으나 번역문에서는 일본군 공식 명칭인 99식 함상폭격기라고 호칭했다. 99식 함상폭격기에 해당하는 미군의 SBD 던틀리스는 SBD라고 호칭했다. 원서에서는 97식 함상공격기를 역할에 따라 뇌격기torpedo bomber, 수평폭격기level bomber, 공격기attack aircraft 등을 혼용해 표기했으나 이 책에서는 97식 함상공격기로 통칭했다. 마찬가지로 97식에 해당하는 미군의 TBD 데버스테이터는 TBD(혹은 뇌격기)라고 옮겼다. 단 0식 함상전투기는 거의 고유명사로 굳어진 '제로센'으로, F4F 와일드캣은 '와일드캣'으로 옮겼다.

42 【옮긴이】 97식 함상공격기는 수납 시 날개를 접을 수 있었으나 99식 함상폭격기는 구조강도 문제로 날개를 완전히 접을 수 없었으므로 엘리베이터의 폭이 충분히 넓어야 했다.

43 【옮긴이】 아케보노曙, 우시오潮, 사자나미漣.

44 【옮긴이】 시오카제汐風.

45 Japanese Monograph No.88, p.15.

46 【옮긴이】 타이완 둥강東港에 주둔한 부대이다.

47 【옮긴이】 제20구축대의 유기리夕霧, 아사기리朝霧, 시라쿠모白雲, 아마기리天霧, 제24구축대의 우미카제海風, 야마카제山風, 가와카제江風, 스즈카제涼風, 제27구축대의 아리아케有明(보급대 호위), 유구레夕暮, 시라쓰유白露, 시구레時雨.

48 Japanese Monograph No.88, pp.16, 20.

49 【옮긴이】 애투(AQ) 공략부대의 1수뢰전대, 키스카-에이댁(AOB) 공략부대의 21전대. 『戰史叢書』 29卷, p.261.

50 Japanese Monograph No.88, p.21.

51 【옮긴이】 4구축대의 노와키, 아라시, 하기카제, 마이카제, 항공모함 즈이카쿠도 즈이호와 5항전을 편성하여 파견되기로 예정되었다. 『戰史叢書』 29卷, p.261.

52 【옮긴이】 6월 9일부터 요코스카에서 정비를 끝낸 제2잠수전대의 7척이 순차적으로 투입될 예정이었다. 위의 책, p.265.

53 Japanese Monograph No.88, pp.21-22. 【옮긴이】 『戰史叢書』 29卷에는 제1, 2, 3 구분에서 수상기부대에 가미카와마루가 전입되었다는 언급이 없다(pp.228-261). 그러나 털

리는 미 정보당국이 번역한 가미카와마루의 전투상보(문서번호 WDC 160682)에 가미카와마루의 알류샨 작전 투입 계획이 분명히 기록되어 있다고 지적한다. 털리는 가미카와마루가 원래 미드웨이 작전에 투입될 예정이었다가 격침된 수상기모함 미즈호 대신 급히 작전에 투입(원래 미즈호와 지토세는 11항공전대로 편성)되었고, 해당 정보가 Japanese Monographs(상당 부분이 당시 참전한 장교들의 기억에 의지해 작성됨)에만 실려 있어 『戰史叢書』에 가미카와마루의 전입 계획이 누락되었다고 본다.

54 위의 문서, pp.23-25.

55 【옮긴이】 3전대(히에이), 8전대(도네, 치쿠마)로 구성된 제1지원대, 5전대(묘코, 하구로, 곤고), 1수뢰전대, 9·21구축대와 급유선 겐요마루玄洋丸로 구성된 제2지원대이다. 『戰史叢書』 29卷, p.261

56 알류샨 작전명령이 산호해 해전 뒤에 내려졌음에 유의할 필요가 있다. 따라서 즈이카쿠 투입만 예정되었으며 더 심하게 손상된 쇼카쿠의 투입 여부는 미정이었다. 원래 알류샨 작전에서 5항전 소속 항공모함의 투입을 계획했을 것 같지는 않다. 왜냐하면 2척 모두 원래 나구모 부대를 따라 미드웨이 작전에 투입될 예정이었기 때문이다.

57 【옮긴이】 『戰史叢書』 29卷, pp.260-261에 제3구분에서 본대의 목적은 "전작전 지원", 나머지의 목적은 "적 함대 포착 격멸"이라고 적혀 있다.

58 【옮긴이】 원문은 '4척'이지만 실제 8척(4구축대의 노와키, 아라시, 하기카제, 마이카제, 10구축대의 가자구모, 유구모, 마키구모, 아키구모. 『戰史叢書』 29卷, p.261)이 파견될 예정이었다. 털리는 4척은 중간단계에 파견될 4척을 뜻하지만 최종적으로 8척이 파견될 예정이었기 때문에 8척이 맞다고 확인해 주었다.

59 『戰史叢書』 43卷, p.119. 5항전이 있었다면 1차 공격대의 공격기 수는 160기로 늘었을 것이다. 따라서 1차 공습만으로 충분할 것이라는 예상은 크게 틀리지 않았을 수도 있다.

60 『戰史叢書』 43卷, p.119.

61 【옮긴이】 수상기모함 지토세千歲, 가미카와마루神川丸.

62 Barde, p.28.

63 【옮긴이】 원문에서는 1,500명이라고 하나 제2연합특별육전대는 구레 제5특별육전대(1,100명, 지휘관 하야시 쇼지로林鉦次郎 중좌), 요코스카 제5특별육전대(1,450명, 지휘관 야스다 요시타쓰安田義達 대좌)로 편성되어 전투병력만 2,550명이기 때문에 번역문에서는 『戰史叢書』의 기술대로 2,500여 명으로 정정했다(Japanese Monograph No.93, p.8에는 제2연합특전육전대 병력이 2,800명으로 기록되어 있다). 총지휘관은 오타 미노루大田實 소장이다. 『戰史叢書』 43卷, p.182.

64 【옮긴이】 이치기 지대는 28보병연대, 공병 7연대 1중대, 독립속사포(대전차포) 8중대(8문)로 구성되었으며, 총 병력은 약 2,000명이었다. 『戰史叢書』 43卷, pp.183-184. Japanese Monograph No.93, p.7에는 이치기 지대의 병력이 3,000명으로 적혀 있다. 원문에는 이치기 지대의 병력이 1,000명이라고 적혀 있으나 『戰史叢書』에 따라 2,000명으로 고쳐 옮겼다.

65 『戰史叢書』 43卷, p.186.

66 【옮긴이】 샌드섬 북쪽의 양동부대 상륙. 『戰史叢書』 43卷, p.186.

67 【옮긴이】 제11설영대(1,750명), 제12설영대(1,300명) 및 측량대를 포함한 인원이다. 11설영대는 군인 300명과 민간 노무자, 군속으로 구성되었다. 12설영대의 구성은 불명이다. 지휘관은 몬젠 가나에門前鼎 해군대좌이다, 『戰史叢書』, p.184. 육해군 전투부대와 설영대 인원만으로도 미드웨이에 상륙할 일본군은 총 7,500명에 달한다. 측량대와 기타 인원을 합치면 이보다 더 많았을 것이다.

68 Japanese Monograph No.93, p.8. 【옮긴이】 원문에서 추가 배치될 고효테키 척수가 누락되어 보충했다. 같은 문서, 같은 페이지.

69 【옮긴이】 현재 히로시마시에 속한 지역이다. 원문은 '요코스카'이지만 『戰史叢書』 43卷, p.184에 따르면 이치기 지대는 우지나에서 승선하고 이치기 대좌가 18일에 하시라지마의 야마모토를 예방한 다음(宇垣纏, p.118) 모지門司(현재 기타큐슈시北九州市의 일부)로 회항했다가 출항했다. 번역문에서는 『戰史叢書』의 기록대로 고쳐 옮겼다. 육군이 5월 5일에 작성한 알류샨-미드웨이 작전 전투서열 및 임무 관련 문서인 「『アリューシャン』群島『ミッドウェー』方面作戦部隊ノ戰斗序列及任務ニ關スル件」에도 이치기 부대는 5월 19~20일경 우지나항 출발 예정으로 기록되어 있다.

70 【옮긴이】 『戰史叢書』 43卷, pp.184-185; ミッドウェー作戦ニ關スル陸海軍中央軍事協定; 「『アリューシャン』群島『ミッドウェー』方面作戦部隊ノ戰斗序列及任務ニ關スル件」.
연합함대는 공략부대 출발지를 원래 추크섬으로 정했다가 작전 일정에 맞출 수 없다고 판단해 사이판으로 변경했다. 여기에 관해 『戰史叢書』 第43卷, pp.81-82는 다음과 같이 설명한다. "[원래] 연합함대는 공략선단의 집합지를 추크섬으로 선정했다. 그 이유는 선단이 발견되어도 집합점이 추크섬이라면 우리의 진공방향이 남태평양인지, 하와이 방면인지, 미드웨이 방면인지 판단하기가 어렵기 때문이다. 게다가 추크섬은 정박지가 넓고 대잠경계에 유리해 대부대의 집합지로 가장 적합했다. 그런데 구체적 계획을 세워 보니 시간에 맞출 수 없다고 판단되어 연합함대는 어쩔 수 없이 추크보다 본토에 더 가까운 사이판섬을 집합지로 삼았다. 이곳은 대잠경계에 있어 불리할 것이라는 우려가 있었다."

71 【옮긴이】 제15구축대의 오야시오親潮, 구로시오黒潮, 제16구축대의 유키카제雪風, 도키쓰카제時津風, 아마쓰카제天津風, 하쓰카제初風, 제18구축대의 시라누히不知火, 가스미霞, 가게로陽炎, 아라레霰.

72 【옮긴이】 제8구축대의 아사시오朝潮, 아라시오荒潮.

73 【옮긴이】 아타고, 조카이는 4전대, 하구로, 묘코는 5전대.

74 【옮긴이】제2구축대의 무라사메村雨, 사미다레五月雨, 하루사메春雨, 유다치夕立, 제9구축대의 아사구모朝雲, 나쓰구모夏雲, 미네구모峰雲.

75 【옮긴이】 미카즈키三日月.

76 【옮긴이】 일본군은 미드웨이 제도를 점령하면 미나즈키시마水無月島로 이름을 바꿀 계획이었다. 森史郎(一部), p.301.

77 Dull, p.138.

78 【옮긴이】 제11구축대의 후부키吹雪, 시로유키白雪, 하쓰유키初雪, 무라쿠모叢雲, 제19구축대의 이소나미磯波, 우라나미浦波, 시키나미敷波, 아야나미綾波.

79 『戰史叢書』 43卷, p.186.

80 Prados, p.283; Willmott(1982a), p.88.

81 【옮긴이】 연합함대 공식명령(기밀연합함대전령작 제14호, 『戰史叢書』 43卷, pp.106-113 재인용)에는 산개선 갑, 을로 표시되고, 수행부대인 6함대 문서(『昭和 17年 6月 1日~昭和 17年 6月 30日 第6艦隊戦時日誌』)에는 산개선 A, B로 표시되어 있다.

82 Willmott(1982a), p.93; Prange, p.31.

83 『戰史叢書』 43卷, p.106; Japanese Monograph No.93, p.24.

84 『戰史叢書』 43卷에는 이에 대한 직접적 언급이 없다. 그러나 도상연습 도해(pp.117-118)를 보면 대항군이 항공모함에 더해 주력부대를 보유한다고 상정했다. 도상연습 개요를 연합함대 참모진(아마도 우가키)이 기안했다면 도상연습의 전력 배치에 적의 반응에 대한 연합함대의 의견이 반영되었다고 보는 것이 합리적이다. 이를 지적해준 다가야 오사무에게 감사드린다.

85 Fuchida, p.79.

86 Lundstrom(1976), pp.124-125; Willmott(1982a), p.82.

87 전쟁 전 일본 해군의 결전 관련 계획에 대하여 상세한 논의를 보려면 Evans and Peattie, pp.273-298을 참조할 것.

88 5항전의 항공모함 2척도 포함된다.

89 "An Intimate Look at the Japanese Navy," Goldstein and Dillon, p.325.

90 【옮긴이】 원문은 "같은 장의 13번째 원리"라고 하나 이 구절은 앞서 든 구절의 바로 뒤에 온다.

91 Sun Tzu, pp.97-98. 【옮긴이】 『손자병법』(임용한 옮김, 올재클래식스, 2015), pp.227, 239에서 인용했다.

92 Ugaki, p.100.

93 【옮긴이】 원문은 '순양함 전대'이나 원래 이름인 '5전대'로 고쳐 옮겼다.

94 【옮긴이】 원문에서는 자바 해전이 벌어진 시점을 3월이라고 하나 자바 해전(일본은 수라바야 해전이라고 부름)은 2월 27일에 벌어졌다. 2월 27일에 네덜란드 해군 카렐 도르만Karel Doorman 소장이 지휘한 네덜란드 해군 경순양함 더 로이테르De Ruyter, 야바Java, 미군 중순양함 휴스턴Houston, 영국 중순양함 엑시터Exeter를 주축으로 한 연합군 함대가 자바에 상륙하려던 일본군 선단을 습격했다. 다카기 다케오高木武雄 소장이 지휘한 일본군 호위대는 제2수뢰전대(경순양함 1척, 구축함 4척), 제4수뢰전대(경순양함 1척, 구축함 6척), 5전대(중순양함 2척, 구축함 4척)로 구성되었다. 그러나 본문에서 언급한 전력 분산으로 인해 가장 강력한 5전대(다카기 소장 직접 지휘)는 연합군 함대가 습격했을 때 현장에서 떨어져 있었다. 5전대 없이 나머지 호위전력으로는 선단 방어가 어려웠다. 따라서 5전대가 제시간에 도착하지 못했다면 일본군은 큰 피해를 입었을 것이다. 이 해전에서 연합군은 경순양함 2척(더 로이테르, 야바)과 구축함 3척을 잃고 중순양함 1척(엑시터)이 대파되었으며 지휘관 도르만 소장이 전사했다. 일본군의 피해는 거의 없었다. Cox, pp.281-305; Dull, pp.71-88.

95 Japanese Monograph No.93, p.20.

96 7전대가 탑재한 정찰전력의 정확한 구성과 규모를 알기는 어렵다. 4척 모두 함대 전체에

공급이 부족한 신형 0식 수상정찰기를 1기 이상 탑재했을 것 같지는 않다. 7전대는 구식이고 속도가 느린 94식 수상정찰기에 주로 의존했다. 그러나 신형 0식보다 느리지만 94식도 항속거리가 상당히 길었으며(1,000해리 이상) 장거리 정찰 임무에 매우 유용했다. 94식은 항속거리가 짧은 95식 수상정찰기보다 훨씬 우월했는데 나구모의 전함과 순양함들이 보유한 정찰기 14기 중 10기가 95식이었다. 제임스 소럭이 2003년 3월 18일에 우리에게 전달한 내용. 출처: JD-1.

97 나구모가 미드웨이로 수송할 계획이던 6항공대의 전투기를 포함한 숫자이다. 6항공대에 대해서는 나중에 상세히 서술하겠다.

98 이 점을 지적한 존 런드스트롬에게 감사드린다.

99 가가는 2월에 손상되어 수리를 받기 위해 3월 하순부터 일본에 있었다.

100 준요의 자매함 히요飛鷹는 1942년 7월 말 준공 예정이었으나 준요의 단점을 모두 가지고 있었다. 준요와 히요의 성능은 정규 항공모함에 한참 못 미쳤다.

101 일본군은 렉싱턴을 격침했다고 믿었으며 미 해군은 레인저가 일선임무에 적합하지 않다고 보았지만 공식집계에 포함했다.

제4장_ 불길한 전조

1 【옮긴이】 미 해군이 임의로 붙인 이름이다. 미 해군은 1920년대에 일본 해군의 암호를 해독할 때 파악한 일본 해군의 암호체계를 JN(Japanese Navy)이라 부르고 여기에 일련번호를 부여했다. JN-25는 미군이 25번째로 파악한 일본 해군 암호체계였다. 일본군은 이를 '해군암호서海軍暗號書-D'라고 불렀다. Symonds, p.139; 森史郎(一部), p.174.

2 【옮긴이】 미군 전투정보반, 해군성 전투정보과의 노력뿐만 아니라 오스트레일리아 북부 해안 얕은 바다에서 격침된 일본군 잠수함 이-124에서 연합군이 노획한 해군 전략상무용암호서 D, 전술암호서 을, 항공기암호서 F, 상용선, 어선, 보조선 암호책이 일본군 암호체계를 해독하는 데 큰 역할을 했다. 森史郎(一部), p.174.

3 Lundstrom(1976), pp.76-77.

4 【옮긴이】 미 해군이 전쟁 전에 하와이와 필리핀에서 운영한 감청·암호해독부대 중 하나. 1936년에 창설된 하와이 주둔부대는 부대의 감청용 안테나가 있던 하와이 헤이아He'ia의 두문자 'H'의 영국식 음성기호 하이포Hypo를 따서 'Station HYPO'라는 은어로 불렸다. 이 부대는 나중에 태평양함대 통신대Fleet Radio Unit, Pacific, FRUPAC로 개편되었고 오스트레일리아 멜버른으로 이동한 필리핀 주둔 감청부대는 멜버른 함대통신대Fleet Radio Unit, Melbourne, FRUMEL로 개편되었다. 이 감청대들은 전쟁 전에 워싱턴의 미 해군성 통신국 소속 OP-20G(통신보안과) 휘하에 있다가 전쟁 중에는 새로 신설된 OP-20-GI(전투정보과)의 지휘감독을 받았다. Symonds, pp.135-136.

5 Lundstrom(1976), pp.75-76.

6 미군은 쇼카쿠급 3번함으로 추정했다. 【옮긴이】 혹은 경항공모함 쇼호의 이름을 잘못 읽어서 '류카쿠'라고 불렀을 수도 있다[(Lundstrom(1976), p.78]. 미 해군이 나중에 배포한 산호해 해전에서 침몰하는 쇼호의 사진에도 "일본 항공모함 류카쿠"라는 설명이 붙어

있었다.

7 【옮긴이】 미군과 영국군은 4월 초부터 통신 감청과 암호 해독을 통해 일본군이 라바울에서 산호해로 작전을 개시할 것임을 눈치 챘다. 4월 9일, 미 해군 전투정보반은 'MO기동부대'가 추크섬에 집결했으며 'RZP공략부대'가 라바울에서 출격할 예정임을 파악했다(미군과 영국군은 RZP가 포트모르즈비이며 MO는 포트모르즈비 점령작전에 부여된 명칭임을 알았다). 5일 뒤, 콜롬보 주둔 영국군 통신감청부대는 일본 해군 1항함이 'RZP'점령작전에 동원됨을 파악했고 다음 날 1항함 5항전의 쇼카쿠와 즈이카쿠가 포트모르즈비 점령작전에 참가하기 위해 추크섬으로 파견되었음을 알아냈다. Smith, p.134.

8 【옮긴이】 하와이의 전투정보반은 행정적으로 태평양함대 소속이 아니라 14해군군관구14th Naval District 소속이며 해군성의 OP-20-GI의 지휘감독을 받았다. 따라서 원칙적으로 전투정보반은 수집한 정보를 OP-20-GI에만 보고해야 했다. 그러나 전투정보반은 태평양함대 참모진과 긴밀하게 협조했고 거의 모든 주요 정보를 공유했다. Symonds, pp.143-145, 147-148.

9 Lundstrom(1976), p.84.

10 Ugaki, pp.118-119.

11 Barde, p.43.

12 【옮긴이】 후치다 중좌는 방약무인한 도상연습이라 하며 우가키 참모장을 맹비난했다. 淵田美津雄·奥宮正武, pp.218-219.

13 【옮긴이】 우가키는 통감統監(총감독), 심판장審判長, 청군靑軍(일본군) 지휘관 역할을 맡았다. 宇垣纏, p.110; 『戰史叢書』 43卷, p.89.

14 【옮긴이】 원문은 "proper briefing document"이다. 적군赤軍(미군) 지휘관 마쓰다 대좌의 회상에 따르면 계획안은 도상연습 3일 전에야 배포되었다. 森史郎(一部), p.224.

15 【옮긴이】 원문은 "해상자위대 중장a rear admiral in the Japanese Naval Self Defense Forces" (해상자위대의 정확한 영어 명칭은 Japan Maritime Self Defense Force)이다. 경비감은 미군의 중장에 해당한다. 나가사와는 경비감 계급으로 1954~1958년 해상경비대 해상막료장海上幕僚長을 역임했다. 秦郁彦(2005), pp.237-238.

16 Barde, p.43. 나가사와가 직접 들은 이야기가 아니라 전언傳言임에 유의해야 한다. 나가사와는 이때 5전대 참모로 산호해에 있었다.

17 위의 책, p.44.

18 위의 책, p.53.

19 【옮긴이】 당시 전함 휴가 함장 마쓰다 지아키松田千秋 대좌. 『戰史叢書』 43卷, p.89.

20 Goldstein and Dillon, p.348; 『戰史叢書』 43卷, p.90. 이 점을 통찰력 있게 지적해 주신 다가야 오사무에게 감사드린다.

21 Fuchida, pp.91-92. 우가키는 도상연습 시 자신의 역할이나 작전 원칙에 대해서는 입을 다물고 소소한 사실만 적었다.

22 【옮긴이】 森史郎(一部), p.229에 따르면 우가키가 질문했다고 한다.

23 Prange, p.35. 이 이야기는 와타나베가 프랜지에게 1964년에 전했다.

24 Willmott(1982a), p.112.

25 위의 책, p.112.

26 Ugaki, p.141; Prange, p.36. 이 진술은 와타나베 참모가 프랜지에게 1964년에 한 이야기에 의거한다.

27 Prange, p.36. 【옮긴이】森史郎(一部), p.230에 따르면 연합함대 항공참모 사사키 중좌가 야마모토의 이 지시 내용을 정리해 문서화하려 했으나 수석참모 구로시마 대좌가 명령문을 쓸 필요는 없다고 하며 제지했다고 한다.

28 【옮긴이】도상연습이 끝난 후 구사카 1항함 참모장은 준비 부족을 이유로 소극적이나마 미드웨이 작전 연기를 건의했다. 야마구치 2항전 사령관도 우가키 연합함대 참모장을 직접 방문하여 작전 중지를 건의했다. 2항전 수석참모 이토 세이로쿠 중좌의 회상에 따르면 야마구치는 반년에 걸쳐 지속된 전투로 인한 승조원과 조종사들의 피로, 얼마 전에 이루어진 대규모 인사이동으로 인한 전력 저하, 함대 전체에 수리 점검이 필요한 점 등을 이유로 들었다. 森史郎(一部), p.234.

29 【옮긴이】오스트레일리아, 파푸아뉴기니, 솔로몬 제도, 바누아투, 누벨칼레도니섬으로 둘러싸인 바다. 산호로 유명하다.

30 Ugaki, p.122.

31 【옮긴이】다카기 소장의 MO 기동부대는 포트모르즈비 공략부대(MO 공략부대) 엄호를 맡았으며 다카기의 5전대와 하라 주이치原忠一 소장의 5항전으로 구성되었다. 다카기는 하라보다 선임이어서 MO 기동부대의 지휘를 맡았으나 항공전을 잘 몰랐기 때문에 사실상 하라가 항공전 지휘를 맡았다. Lundstrom(1976), p.70.

32 Lord, p.11. 【옮긴이】龜井宏(上), p.117.

33 쇼카쿠는 6월 27일까지 건선거에 있었으며 7월 12일에 작전에 재투입되었다.

34 Willmott(1982a), p.101.

35 【옮긴이】일본 육군은 비행대와 기지 혹은 항공모함을 분리하는 이른바 공지분리空地分離 제도를 1938년부터 시행했으나 일본 해군은 1944년 7월 10일에야 실시했다. 秦郁彦(2005), p.719.

36 Lundstrom(1990), p.183.

37 제임스 소럭이 파셜에게 보낸 2002년 1월 27일자 이메일, 출처 JD-1.

38 미카와 군이치三川軍一 중장이 지휘한 사보섬 해전(1942년 8월 9일)에서도 라바울과 쇼틀랜드 제도Shortland Islands에 있던 함선들을 급히 모아 투입했지만 대승을 거두었다.

39 Japanese Monograph No.93, p.12.

40 위의 문서, 같은 페이지. 일본군이 미군의 어떤 함선을 보고 '개조 항공모함'이라고 생각했는지는 확실하지 않다. 왜냐하면 미 해군에 이런 배가 없었기 때문이다. 이때 미국 조선소들은 개조 항공모함이든 정규 항공모함이든 항공모함을 대량으로 건조하지 않았다.

41 Barde, pp.49-50.

42 1항함 전투상보, p.2에는 미군이 미드웨이 제도에 비행기 4개 중대를 보유했다고 기재되어 있다. 미국 측에서는 이를 번역할 때 중대를 12기 편성으로 가정했다. 그러나 이 경우에도 그러했는지는 불확실하다. 왜냐하면 미군의 squadron과 가장 가까운 일본군 편제인 비행대는 18기 편제였기 때문이다(상황에 따라 변동했지만). 출처: 內令提要(海軍秘法規

類集), 영어명: Nairei Teiyo(Manual of Military Secret Orders). Translation of captured Japanese Documents, Item#613(S-1993), July 20, 1943, National Archives, Washington D.C., pp.1-3. 아카기 전투상보 번역문을 포함한 The Midway Operation: DesRon10, Mine Sweep Div.16, CV Akagi, CV Kaga, CVL Soryu and CVL Hiryu, Doc No. 160985B-MC.397.901의 4페이지에는 미군 전력이 초계기 2개 중대, 육군 폭격기 2개 중대(+1기), 전투기 2개 중대로 나와 있다. 미국 측은 이 보고서를 번역할 때 중대를 지나치게 적은 수인 4기 구성으로 오인했다. (대개 9기 편성인) 중대를 어떻게 정의하느냐에 따라 이 전력은 37기에서 55기가 된다. 아마 55기가 맞을 것이다. 【옮긴이】 저자들은 1항함 전투상보와 마찬가지로(3장 미주 22 참조) 각 항공모함 전투상보의 영어 번역본(Japanese Carrier Action Reports WDC, 160985B)을 인용했다. 역자는 각 항공모함 전투상보를 참고하거나 인용할 때 アテネ書房編輯部, 『海軍航空母艦戰闘記錄』(アテネ書房, 2002)(내용은 각 항공모함 전투상보 원문 종합본)을 이용했으며 인용 시 각각 '아카기(가가, 히류, 소류 등) 전투상보 원문'이라고 표시하고 이 종합본에 나오는 페이지를 사용했다(각 항공모함 전투상보 원문에는 페이지 표시가 없기 때문에 편의상 종합본의 페이지 번호로 출처를 표기했다).

43 Japanese Monograph No.93, p.12.

44 Japanese Monograph No.88, p.11.

45 북방부대 명령 24호. 위의 문서, p.32. 1항함 전투상보에도 마지막 순간에 당겨진 일정을 맞추느라 겪은 어려움이 나와 있다. 【옮긴이】 1항함 전투상보 원문(p.12)의 해당 구절은 "5월 하순, 출격 수일 전에야 부대들이 모일 수 있었음. …… 5월 24일에 비행기들이 수용되었고 26일에 작전 합의. 5월 27일 06시 00분, 작전지역을 향해 출격함."이다. 빡빡한 일정에 대한 불만이 보이는 구절이다.

46 Layton, pp.423-433.

47 【옮긴이】 원문에는 이 세 구축대가 미드웨이 공략부대에 배속되었다고 하나 실제로는 다카스 부대에 배속되었다. 미드웨이 공략부대(곤도, 구리타)에는 제2, 8, 9구축대가, 다나카의 상륙선단 호위부대에는 제15, 16, 18구축대가 배치되었다. 『戰史叢書』, pp.71-77; 淵田美津雄·奧宮正武, pp.463-478.

48 Japanese Monograph No.88, pp.34-38.

49 Japanese Monograph No.88, pp.37-38; Japanese Monograph No.93, p.27.

50 『戰史叢書』 43卷, pp.117-118. 이 문제를 지적한 다가야 오사무에게 감사드린다.

51 위의 책, pp.119-121. 이 문제를 지적한 존 런드스트롬에게 감사드린다.

52 아카기와 소류의 무전을 방수 해독한 결과 미군은 소류가 이때 23항공전대 일부를 수송할지도 모른다는 것을 알아냈다. 명확한 자료는 없으나 원래 이 임무를 담당해야 할 수상기모함 미즈호가 격침되었기〔1942. 5. 1. 미 잠수함 드럼Drum이 격침〕 때문에 소류가 서둘러 대신 임무를 맡았을지도 모른다. 미군은 암호를 해독해 소류가 5월 22일까지 추크섬 인근 해상에 있으라는 지시를 받았다는 것도 알아냈다. 구레에서 추크섬까지 보통 5일이 걸렸기 때문에 계획대로 구레에 돌아와 보급을 받고 26일에 출항하기는 불가능했다. 미군은 5월 16일에 2항전 기함이 소류에서 히류로 변경된 사실도 알아냈다. 이 역시 소류의 예

기치 못한 비행기 수송임무와 관련이 있을지도 모른다(출처: Ultra Intercepts—Akagi and Soryu, May 16-22, 1942).

53 Japanese Monograph No.93, p.27.

54 『戰史叢書』 43卷, pp.119-121.

55 Japanese Monograph No.88, p.38.

56 Goldstein and Dillon, p.349.

제5장_ 이동

1 Goldstein and Dillon, p.211.

2 위의 책, p.211.

3 위의 책, pp.180, 213.

4 위의 책, pp.186-195.

5 Fuchida, p.104; Prange, p.95.

6 Keegan, pp.302-303. 【옮긴이】 존 키건, 『전쟁의 얼굴』(정병선 옮김, 지호, 2005), pp.358-359를 참조했다.

7 Goldstein and Dillon, p.328.

8 【옮긴이】 가토는 해군병학교 7기(메이지 13년/1880년 졸업)로 러일전쟁 때 연합함대 참모장으로 도고 헤이하치로를 보좌해 쓰시마 해전의 승리를 일궈냈으며 해군차관(1906), 해군대신(1915)을 지냈다. 1921년에 해군대신 재임 중 워싱턴 군축회의 전권대표로 참석하고 1922년에 내각총리대신 겸 해군대신이 되었다. 1923년 8월 24일에 해군원수로 임명되었으나 다음 날 사망했다. 福川秀樹, p.112; 秦郁彦(2005), p.196.

9 Willmott(2001), pp.178-180에 실린 도마쓰 하루오의 글은 내부적으로 모순적이며 지나치게 감정적인 일본인의 진주만 기습 수용 태도를 고찰한 논문이다.

10 Willmott는 이 모순에 대해 매우 비판적이다. 다른 두 곳에서 광범위하고 복잡한 전쟁을 일으켜 중일전쟁을 해결하려 한 일본의 의도는 도저히 이해하기가 어렵다.

11 Cook and Cook, p.318에서 나오지 고즈의 증언.

12 Sakai, Caidin, and Saito, pp.7-9.

13 【옮긴이】 2·26사건은 도쿄 주둔 일본 육군 1사단의 황도파皇道派 과격분자 하급장교들이 일으킨 반란을 말한다. 이들은 실력으로 군사내각을 세워 소위 '국가 개조'를 실현할 계획이었다. 처음에는 육군 수뇌부 일부가 반란에 동조했으나 국민들의 무관심, 해군, 정계, 재계의 노골적 반발로 인해 육군은 태도를 바꾸어 2월 29일에 반란을 진압하고 주동자들을 체포했다. 이때 내대신 사이토 마코토齋藤實 전 총리대신, 다카하시 고레키요高橋是清 대장대신, 와타나베 조타로渡邊錠太郎 육군 교육총감이 암살되었고 총리대신 오카다 게이스케岡田啓介는 간신히 암살을 모면했다. 원문에서는 총리대신이 암살되었다고 하나 사실관계에 맞게 고쳐서 옮겼다. 일본역사학연구회, pp.349-353.

14 【옮긴이】 이시와라는 육군사관학교 44기(메이지 42년/1909년 졸업)로 관동군 참모(1928), 육군참모본부 작전과장(1935), 소장 진급, 참모본부 1부장(1937), 중장 진급, 16사단장

(1939), 퇴역(1941)을 거쳐 리쓰메이칸 대학 교수(1941~1942)를 지냈다. 秦郁彦(2005), p.16. 이시와라는 『세계최종전쟁론世界最終戰爭論』을 썼으며 이 책은 국내에도 번역되었다(선정우 옮김, 이미지프레임, 2015).

15 【옮긴이】 1931년 9월 18일 관동군이 류탸오후를 지나가는 남만주철도 노선을 폭파하고 이 일을 중국군의 소행으로 뒤집어씌운 사건으로 일본이 만주 침략을 시작한 발단이 되었다. 이시와라는 일본만이 만주를 근대화할 능력이 있다고 보았다. 그는 만주가 일본의 인구와 식량 문제를 해결할 수 있는 곳으로서 만주에 중국의 통치를 받지 않는 새로운 국가를 수립해야 만주를 근대화할 수 있으며, 일본은 국내 개혁과 만주 개발을 통해 미국과 대등한 경제적 능력을 배양할 수 있다고 주장했다. 이러한 주장은 상급자들의 지지를 받지 못했으나 이시와라는 관동군 참모 이타가키 세이시로板垣征四朗 대좌, 관동군 소장파 장교들과 공모해 류탸오후 사건을 일으켰다. 반하트, pp.37-39; 권성욱, pp.23-24, 46-49.

16 【옮긴이】 1937년 7월 7일 베이징 근처의 루거우차오蘆溝橋에서 일본군이 중국군을 습격하여 전투가 벌어졌다. 전투가 확대되자 관동군 사령관 우에다 겐키치上田謙吉와 참모장 도조 히데키東條英機는 본국의 명령 없이 관동군 소속 제1혼성여단과 제11혼성여단을 급파했고 조선주둔군(조선군)도 제20사단을 보냈다. 관동군 참모 쓰지 마사노부辻政信는 "관동군이 뒤에서 밀어줄 테니 걱정 말고 마음껏 저지르라."라고 선동했다. 일본 정부는 사건의 처리 방침을 두고 고심했으나 주전파들의 압박에 못 이겨 부대들의 출동을 사후승인했다. 중일전쟁은 이렇게 시작되었다. 권성욱, pp.197-209.

17 Prange, pp.280-281; Willmott, Haruo and Johnson, p.60. 【옮긴이】 松田十刻, pp.28-29; 星亮一, pp.22-23; 生出壽, pp.101-102 등은 모두 2항전의 진주만 작전 제외 가능성 소식을 들은 야마구치가 크게 분노했다고만 기록했다.

18 Prados, p.137. 【옮긴이】 후시미노미야 히로야스 왕은 덴노가의 방계 가문(미야케宮家) 후시미노미야의 23대 당주이자 초대 군령부총장(15대 군령부장, 1933년에 군령부장이 군령부총장으로 개칭되면서 초대 군령부총장이 됨)을 지낸 해군 원로이다. 福川秀樹, p.328.

19 【옮긴이】 군령부와 해군성의 권한 다툼 끝에 나구모 대좌(군령부 1반 2과장)가 "네놈 따위, 단도로 베면 그만이다."라며 이노우에 대좌(해군성 군무국 1과장)를 위협했다고 한다. 위의 책, pp.51, 283.

20 급유선들은 모두 비교적 신조선이었으며 속력은 16.5~19노트였다. 출처: Roger Jordan, *The World's Merchant Fleets, 1939. The Particulars and Fates of 6,000 ships*(Naval Institute Press, 1999). 【옮긴이】 가장 큰 급유선은 교쿠토마루(10,051톤), 가장 작은 급유선은 니혼마루(9,974톤)였다. 최대속력 기준으로 가장 빠른 급유선은 도호마루(20.1노트), 가장 느린 급유선은 니혼마루(19.2노트)였다. 항해속력은 모두 16~17노트였다. 『戰史叢書』 43卷, p.139.

21 【옮긴이】 전후에 조사한 미 해군 배글리Bagley급 구축함(1935~1937년 건조)의 연료 소모량 자료를 보면 15노트 항해 시 연료 소모량을 1로 보았을 때 20노트면 1.8, 25노트면 3.9, 30노트면 8.4라고 한다. Lundstrom(2013), pp.54-55. 배글리급 구축함은 일본 기동부대의 가게로급 구축함보다 크기가 약간 작고 기관 출력이 떨어졌으나 속력에 따른 연료소모량 변동에는 큰 차이가 없었을 것이다.

22 Bureau of Aeronautics, *Air Technical Intelligence Group, Report #1*, p.2. 이 보고서는 전후에 아카기 함장 아오키 다이지로 대좌와의 면담에 기초한 것으로, 일본 해군의 작전 수행에 대하여 여러 독특한 식견이 담겨 있다. 일본군의 해상급유 기법에 대한 세부사항은 Goldstein and Dillon, p.177에서 인용한 해상자위대 해장보海將補(소장)를 지낸 치구사 사다오千種定男의 일기에서도 찾아볼 수 있다. 진주만 기습 시 구축함 아키구모의 부장인 치구사는 일기에 작전 중 급유과정을 상세히 기록했다.

23 1930년대 후반 미 해군은 거의 전적으로 현측 급유방식을 사용했다. Wildenberg(1982b), pp.31-38, 130-134. 선미 급유방식의 단점은 급유 호스를 하나만 사용할 수 있어 펌프 효율이 낮았다는 점과 만약 호스가 바다와 닿으면 찬 바닷물이 연료의 점성을 높이는 경향이 있어 연료가 느리게 흘러가는 문제를 일으킬 수 있다는 것이다. 일본군이 호스의 장력을 유지하는 장치나 붐을 써서 호스를 수면에 닿지 않게 하는 조치를 취하지 않았다면 이런 문제를 겪었을 것이다.

24 출처는 소류 전투상보. 여기에서 소류는 5월 27일과 31일에 경계(와 대잠초계)를 맡았는데 4일에 한 번꼴이다. 소류 전투상보, 문서번호 WDC160985, p.16. 【옮긴이】 소류 전투상보 원문, pp.65-68.

25 【옮긴이】 원문은 "당직함은 낮 동안에 상공직위를 맡은 전투기 편대를 계속 띄워 놓는 임무를 맡았다."이다. 그런데 소류 전투상보 원문과 비행기대 전투행동조서에는 당직함의 초계임무가 '전로경계前路警戒'와 '대잠직위對潛直衛'로 구분되어 있다. 전로경계는 97식 함상공격기 2기, 대잠직위는 99식 함상폭격기 2기가 수행하며(소류 전투상보 원문, pp.65-68; 소류 비행기대 전투행동조서, pp.151-153), 전투기가 맡는 상공직위는 별도로 언급되어 있지 않다. 각 항공모함 비행기대의 전투행동조서에 전투기로 구성된 상공직위대는 미드웨이 공격대가 발함한 6월 5일 04시 30분 이후에 처음 등장한다. 저자들과 협의하여 이동과정 중 당직함의 임무에 대한 부분을 소류 비행기대 전투행동조서와 전투상보 내용에 따라 고쳤다. 다른 항공모함들의 비행기대 전투행동조서에는 5월 27일~6월 4일의 당직함 초계임무 관련 기록이 없으나 소류와 마찬가지였을 것으로 보인다.

26 【옮긴이】 전로경계는 04시 30분부터 17시 30분까지 2시간 30분, 1시간 45분 간격으로 97식 함상폭격기 2기가 6교대로 시행했고, 대잠초계는 04시 30분부터 17시 30분까지 비슷한 간격으로 99식 함상폭격기 2기가 6교대로 시행했다. 소류 전투상보 원문, pp.65-68.

27 【옮긴이】 "필요 시 제로센은 더 오래 체공할 수 있었지만 초계하는 데에는 두 시간 정도가 걸렸다. 출처: Air Tactical Intelligence Group(A.T.I.G.) Report#2, p.4"라는 문장을 저자들과 협의하여 삭제했다.

28 【옮긴이】 제로센 21형의 최대항속거리는 증가연료탱크 장착 시 1,891해리이며 이 경우 행동반경은 300해리 내외다. 押尾一彦·野原茂, pp.60-61.

29 이제 막 일선에 배치되고 있던 신형 TBF 어벤저Avenger는 97식 함상공격기보다 뛰어났다.

30 【옮긴이】 D4Y1의 최대항속거리는 1,293해리(2,395킬로미터), 순항속도는 230노트(426킬로미터)로 항속거리 면에서는 99식 함상폭격기의 1,231해리(2,280킬로미터), 97식 함상공격기의 1,286해리(2,386킬로미터)와 큰 차이가 없지만 순항속도 면에서 160노트(296킬로미터)인 99식 함상폭격기, 135노트인 97식 함상공격기보다 훨씬 우월했다. 押尾一彦·野原

茂, pp.60-61.

31 항공모함에서 정찰 목적으로 운용할 수 있게 항속거리를 늘린 97식 함상공격기 개조형이 있었을 것이라는 추정이 있으나 자료조사 과정에서 확실한 증거를 찾을 수 없었다. 97식 함상공격기가 정찰임무에 투입될 때에는 쉽게 발함하기 위해 날개 바깥쪽 연료탱크(225리터)를 채우지 않는 것이 관행이었다. 정찰임무 시 97식 함상공격기는 어뢰 대신에 450리터 증가연료탱크를 장착하여 항속거리를 늘렸다. 출처: 이 책을 위해 효도 니소하치가 집필한 논고.

32 미드웨이에서 D4Y1은 단 1기만 활약했기 때문에 소류에는 원래 D4Y1 2기가 탑재되었지만 전장으로 가는 도중 혹은 구레에서 출격 직후 1기를 잃었다는 가정이 일반적이다. 『戰史叢書』의 내용도 그러하나 두 번째 D4Y1에 대한 공식기록이 없기 때문에 아예 처음부터 D4Y1이 없었을 수도 있다. 출처: JD-1 마이크로필름, 소류 전투상보. 【옮긴이】『戰史叢書』 43卷(p.152)에는 소류가 이제 막 개발된 D4Y1 2기를 탑재했으나 수랭식 엔진, 전기 장치가 자주 고장나 가동률이 낮았다고 서술되어 있다. 소류 전투상보 원문(p.92), 소류 비행기대 전투행동조서 원문(p.154)에는 D4Y1(원문에서는 13시試 함상폭격기) 1기만 작전을 수행했다고 나온다.

33 Lundstrom(1990), pp.182-185; Peattie, pp.135-137에서 이 문제를 상세히 다루었다. 런드스트롬의 저서는 미드웨이 해전의 항공전을 포괄적으로 다루었다는 점에서 강력히 추천할 만하다.

34 2002년 2월 2일자 마이클 웽어의 이메일. 인도양 작전 연구의 권위자인 웽어에 의하면 포트다윈 공격과 칠라차프항 공격 사이에 이 개편이 시행되었을 것이라고 한다. 참고: 『戰史叢書』 26卷. 【옮긴이】 기동부대는 1942년 2월 19일에 포트다윈을, 3월 5일에 칠라차프항을 공격했다. 칠라차프는 자바섬 남부의 항구도시로 잔존 연합군의 철수통로였다. Cox, pp.395-400.

35 이 부분의 논의 중 많은 부분을 Wayne P. Hughes, *Fleet Tactics: Theory and Practice* (Naval Institute Press, 1986)에서 차용했다. 해군 교리와 전술에 대해 풍부한 지식을 담고 있으면서도 읽기 쉽게 써져 상당히 추천할 만한 책이다.

36 위의 책, p.28.

37 Evans and Peattie, *Kaigun*(1997)이 아직까지 영어권에서 이 문제를 가장 잘 다룬 책이다.

38 Peattie, p.149.

39 위의 책, p.151. 【옮긴이】 후치다는 제1항공함대 창설의 원인이 된 항공모함의 집중운용이라는 아이디어를 자신이 생각해 냈다고 주장한다. 후치다, pp.45-46.

40 구사카는 진주만에서 2차에 걸쳐 공격대를 보낸 데 대해 다음과 같이 말했다. "공격대를 둘로 나눈 이유는 발함 항속거리take off range와 공간 문제로 한 번에 전부 발진시킬 수 없어서였다." Goldstein and Dillon, p.157. '발함 항속거리'는 '발함거리'의 오역이며 비행갑판 전방에 있는 활주공간을 가리키는 것으로 보인다. 일본군 함재기나 항공모함의 항속거리는 비행갑판에서 대기 중인 비행기의 수와 관계가 없었다. 【옮긴이】 '거리'에 해당하는 영어 range는 항속거리라는 뜻도 있기 때문에 저자들은 구사카가 항공모함이나 비행기의 항속거리에 대해 이야기했다고 생각한 것 같다. 그러나 구사카가 '발함거리'라고 말했다면 이

는 일본어나 한국어로 활주에 필요한 비행갑판의 거리를 의미하므로 논리적으로 맞다. 번역상 오해를 불러일으킨 경우로 보인다.

41 머 아놀드Murr Arnold 미 해군 소장〔미드웨이 해전 당시 중령, 17기동부대 항공참모〕은 런드스트롬에게 보낸 1972년 4월 9일자 편지에서 1941년 봄 훈련 중이던 요크타운이 완전무장한 비행기대, 즉 1,000파운드 폭탄을 장착한 급강하폭격기(SBD), 어뢰를 탑재한 뇌격기(TBD) 등 비행단 소속 73기(18기 편성 비행대 4개와 비행단장기)를 한 번에 발진시킨 경험을 묘사했다. 당시 VB-5의 비행대장이었던 아놀드는 선도기에 탑승했으며 전투기 바로 뒤에 배치되었다. 이 훈련의 목적은 모든 조종사의 숙련도를 일정 정도로 맞추는 것이었으나 정찰기, 상공초계기, 대잠초계기가 필요했음을 고려하면 실전에서 비행단 전체를 발함시키기란 지극히 어려웠을 것이다.

42 Ugaki, p.143.

43 산호해에서 즈이카쿠와 쇼카쿠는 때로 여러 파로 나뉜 균형 잡힌 공격대를 발진시키는 방법을 무시하고 잡다하게 섞인 공격대를 보냈다. 2항전의 항공모함들에 비해 비행갑판이 컸기 때문에 그렇게 할 수 있었을 것이다.

44 1항함 전투상보, pp.5-6; Japanese Monograph No.93, p.27. 【옮긴이】 1항함 전투상보 원문, pp.10-11.

45 『戰史叢書』 26卷, pp.591, 624. 인도양작전 전 기동부대가 실시한 훈련에 대해 알려준 마이클 웽어에게 감사드린다. 【옮긴이】 술라웨시섬에 위치한 큰다리에는 네덜란드령 동인도제도 전체에서 가장 훌륭한 설비를 갖춘 항만과 비행장이 있었다. 항만 자체는 작았으나 남쪽에 있는 스타링바이만은 면적이 넓고 잘 보호된 정박지였다. 큰다리 인근에는 비행장이 여럿 있었다. 특히 큰다리 II로 불린 비행장은 큰다리에서 12마일 떨어진 아모이토Amoito에 있었는데 동남아시아에서 가장 시설이 좋은 비행장으로 여겨졌다. Cox, p.173.

46 【옮긴이】 1항함 전투상보 원문, p.11.

47 함폭대의 실제 구성원 수는 다음과 같다.

아카기: 조종사 18인(진주만 경험자 14, 신규전입 4), 가가: 조종사 18인(진주만 경험자 11, 신규전입 7), 히류: 조종사 18인(진주만 경험자 13, 신규전입 5), 소류: 조종사 17인(진주만 경험자 12, 신규전입 5), D4Y1 탑승원 2인〔조종사 1, 후방기총수 1〕 추가. D4Y1 탑승원들도 소류에 계속 있었기 때문에 진주만 기습 유경험자일 가능성이 있다.

조종사 72인 중 최소 50(혹은 51)인이 진주만 기습 유경험자이다. 이 문제를 지적한 제임스 소럭에게 감사드린다.

48 함공대의 실제 구성원 수는 다음과 같다.

아카기: 조종사 18인(전원 진주만 기습 경험자), 가가: 조종사 28인(진주만 경험자 21, 신규전입 7), 히류: 조종사 18인(진주만 경험자 15, 신규전입 3), 소류: 조종사 18인(진주만 경험자 16, 신규전입 2).

조종사 82인 중 진주만 기습 유경험자는 70인이다. 이 문제를 지적한 제임스 소럭에게 감사드린다.

49 잘 알려지지 않은 태평양전쟁 중 일본의 항공기 생산 문제에 대해 많은 것을 알려준 앨런 앨스레븐과 제임스 소럭에게 감사드린다. 기동부대의 탑재기 숫자와 관련해서 이들과

2002년 1월 22일~24일에 이메일로 교신했다.

50 출처: USSBS, Nav.50, pp.202-206, Allan Alsleben 자료 보충.

51 【옮긴이】『戰史叢書』의 통계자료에 의하면 1942년 4월부터 12월까지 97식 함상공격기 생산량은 55기이다. 이 자료에는 1/4분기(1~3월) 생산량이 누락되었으나 4월과 6월의 생산량이 0이었기 때문에 총 생산량은 원서에서 말한 56기였을 가능성이 있다. 같은 통계자료에 따르면 동일 기간에 99식 함상폭격기 생산량은 160기, 제로센 생산량은 1,117기다. 99식 함상폭격기의 후속기인 D4Y는 9기가 생산되었고, 97식 함상공격기의 후계기인 B6N은 21기 생산이 계획되었으나 실제 생산량은 없었다. 『戰史叢書』 43卷, p.627.

52 일본의 항공기 생산수치는 앞의 USSBS Nav.50과 앨스레븐이 우리에게 보내준 전쟁기 일본 군수성 보고서에 나와 있다.

53 진주만을 기습할 때 기동부대가 탑재한 비행기 수와 구성은 해묵은 논쟁 주제다. 이 책에서는 편의상 Willmott(2001), pp.185-189에 나온 다음 수치를 따른다.

아카기: 함상전투기 18+3기〔보용기〕, 함상폭격기 18기, 함상공격기 27기(총 63기+보용기 3기)

가가: 함상전투기 21기, 함상폭격기 27기, 함상공격기 27기(총 75기)

소류: 함상전투기 18기+3기〔보용기〕, 함상폭격기 18기+3기〔보용기〕, 함상공격기 18기+3기〔보용기〕(총 54기+보용기 9기)

히류: 함상전투기 18기+3기〔보용기〕, 함상폭격기 18기+3기〔보용기〕, 함상공격기 18기+3기〔보용기〕(총 54기+보용기 9기)

보용기는 대개 분해된 상태로 수납되었는데, 히류와 소류는 격납고 공간이 작아 반드시 그렇게 해야 했다.

54 1942년 6월에 기동부대에 탑재된 비행기 수를 정확하게 구하기는 어렵다. 예전 2차 사료에 실린 수치는 상당히 부정확하며 심지어 일본 공식 전사에 실린 수치도 만족스럽지 않은 부분이 있다. 그러나 각 항공모함 비행기대의 전투행동조서와 여러 관련 문서에 근거해 보면 우리가 제시한 수치가 실제와 가장 근접해 보인다.

55 제임스 소럭의 최근 연구에 의하면 가가의 보용 함상폭격기 2기는 D4Y1을 실을 공간을 만들기 위해 소류에서 치운 2기일 수도 있다. 소류의 격납고는 4척 중 가장 비좁았으며, 컴퓨터 시뮬레이션을 해보면 보강된 전투기대를 더해 조립된 상태의 함상폭격기 20기를 수용할 수 없었던 것으로 보인다. 가가에 임시로 2기를 보냈다면 함상폭격기들을 완전히 조립된 상태로 실어 나를 수 있고 전투 후 되돌려 받기도 쉬웠을 것이다. 함상폭격기를 분해한 상태로 격납하는 방법보다 이 방법을 더 선호했을 것이라고 보는 쪽이 논리적이다. 그러나 해당 탑승원들까지 가가에 가지는 않았을 것 같고, (예비 승조원이 있지 않는 한) 가가가 이를 전투에 사용하지는 않았을 것이다. 그러나 이 2기가 소류가 아니라 6항공대에 소속되어 미드웨이에서 사용할 예정이던 99식 함상폭격기였을 가능성도 충분하다.

56 정찰 목적의 13시 함상폭격기(D4Y1). 정식 채용되기 전까지 일본 군용기에는 ○○시試 같은 명칭이 붙었다. 앞의 숫자는 제작사와 계약을 체결한 연호이다. D4Y1은 1942년 7월에 제식 채용되어 2식 함상폭격기로 불렸다. 【옮긴이】『戰史叢書』 43卷에는 2식 함상정찰기 11형으로(p.146), 실제 운용한 소류 전투상보에는 13시 함상폭격기로 적혀 있다(소류 전

투상보 원문, p.91). 혼동을 피하고자 D4Y1로 옮겼다.

57 『戰史叢書』 43巻, p.238.

58 1942년 5월 20일자 6항공대의 탑승원 정수는 제로센 조종사 56인, 98식 정찰기 조종사 6인, 관측수 10인이다. 제로센 조종사 중 25인은 훈련에서 'A' 판정을, 31인은 'C' 판정을 받았다. 조종사 대다수가 항공모함 발함이 가능했겠지만 착함까지 가능했을 조종사 수는 알 수 없다. 'C' 판정을 받은 조종사들은 아마 착함이 불가능했을 것이다. 출처: 제임스 소럭이 소장한 시바타 후미오 중좌의 메모. 【옮긴이】 木の森出版センター 編, p.113.

59 Willmott(2001), pp.185-189.

60 일본 방위성, 제임스 소럭 소장; 준요 비행기대 전투행동조서; 류조 비행기대 전투행동조서. 준요에 6항공대 소속 조종사들이 이보다 더 많았을 수도 있으나 이들이 항공모함 발착함 훈련을 받지 못했다면 전투에 참가할 수 없었을 것이다.

61 이 수치는 비행기대 전투행동조서에 실제 출격했다고 기록된 조종사 수에 의거한 것이므로 준요가 탑재한 비행기 수가 이와 다를 것이라는 의견이 있다. 그러나 준요와 류조 비행기대는 기준 이하 전력을 보유했으므로 두 항공모함 모두 탑재한 비행기를 전부 다 전투에 투입했을 것이다.

62 류조의 함전대는 개전 시 구식 96식(A5M4) 함상전투기를 운용했다. 남방에서 계속 격전을 치렀음에도 불구하고 류조는 개전 후 5개월 동안 이 구식기로 버텨야 했다. 류조는 4월 23일에 구레로 귀항한 후에야 제로센을 수령했기 때문에 알류샨으로 출격했을 때 류조의 전투기 조종사들은 고작 1개월 정도만 제로센을 조종했다는 이야기가 된다. 그러나 류조의 함공대는 신형 97식(B5N2) 함상공격기와 구형 97식(B5N1) 함상공격기를 혼용했다. 미드웨이(알류샨) 작전 시점에 류조는 명목상 42기를 탑재해야 하나 실제로는 30기(제로센 12기와 97식 함상공격기 18기) 그리고 그와 비슷한 수의 탑승원을 실었을 것이다. 탑승원 수는 공식 명부에 기재된 탑승원만 집계한 것이다. 그럼에도 불구하고 류조 비행기대의 전투행동조서를 보면 류조는 제로센 9기와 97식 함상공격기 18기 이하를 운용한 것 같은데, 이는 심각하게 약화된 항공전력이 반영된 현상이다. 일부 자료는 류조도 6항공대 소속 전투기 6기를 추가로 탑재했다고 한다. 그러나 저명한 연구자 제임스 소럭에 의하면 공식 기록에 관련 언급이 없으며, 만약 그랬다면 미드웨이-알류샨 작전에 참가한 6항공대 소속기 수는 39기인데 이는 표준 편제에서 정한 항공대 보유기 수와 맞지 않는 이상한 수치다. 출처: 준요 비행기대 전투행동조서; 류조 비행기대 전투행동조서; 일본 방위성, 제임스 소럭 소장.

63 즈이호는 비행기에 관한 한 작전 참가 항공모함 중 가장 상태가 나빴을 것이다. 미드웨이 작전 시 즈이호의 함전대는 96식 함상전투기 6기와 이제 막 수령한 제로센 6기로 구성되었고 여기에 더해 97식 함상공격기 12기가 있었다. 그뿐만 아니라 조종사 상당수는 훈련부대에서 긁어모은 교관들이었다. 출처: Maru Special #38, March 1980, p.8. 자료를 제공한 앨런 앨스레븐에게 감사드린다. 산호해에서 격침당한 자매함 쇼호는 제로센 9기, 96식 함상전투기 4기, 97식 함상공격기 6기를 보유했다. 탑재능력 30기에 비하면 딱할 정도로 적은 수준이다. 출처: 桂理平, p.60. 자료 제공: 제임스 소럭.

제6장_ 안개 그리고 마지막 준비

1 【옮긴이】 워싱턴 해군성에 새로 설치된 전투정보과(OP-20-GI)가 해군작전 관련 정보수집, 암호해독과 분석 총지휘를 맡았다. Symonds, pp.144-145.

2 Lundstrom(1976), p.150.

3 Layton, p.408.

4 Lundstrom(1976), p.150; Layton, p.412.

5 【옮긴이】 킹 대장은 일본군을 산호해에서 꺾었지만 일본군이 포트모르즈비 점령을 다시 시도할 것이라고 보았다. 심지어 니미츠에게 렉싱턴과 요크타운의 잔존 비행대를 누벨칼레도니와 피지에 배치할 것을 제안했다. 남태평양의 미군 항공전력이 매우 취약하다는 우려 때문이었다. 위의 책, p.152.

6 【옮긴이】 둘리틀 공습에서 돌아오자마자 엔터프라이즈와 호닛은 남태평양으로 파견되었으나 산호해 해전이 벌어질 때 전장에서 1,000해리(1,850킬로미터)나 떨어져 있어 해전에 참가하지 못했다. 위의 책, p.144.

7 【옮긴이】 전투정보반 지휘관 로슈포트 중령과 니미츠의 정보참모 에드윈 레이턴Edwin Layton 중령은 일본에서 함께 어학연수를 받은 막역한 사이로 미 해군에서 몇 안 되는 일본어 능통자였다. 니미츠는 로슈포트와 레이턴의 암호해독, 정보분석 능력을 신뢰했다. Symonds, pp.143-145.

8 【옮긴이】 이때 엔터프라이즈와 호닛은 나우루Nauru와 오션Ocean섬을 점령하려는 일본군을 막기 위해 일본군의 동태를 감시하던 중이었다. Lundstrom(1976), p.154.

9 【옮긴이】 솔로몬 제도에 있는 작은 섬으로 1942년 5월 3일에 일본군이 점령하여 정찰기지로 활용했다. 같은 해 8월 7일, 과달카날 반격작전의 일환으로 미군이 점령했다.

10 【옮긴이】 Task Force를 우리말로 정확하게 옮기기는 어렵다. 원문대로 태스크포스 또는 TF라고 부르거나 부대 임무에 초점을 맞춰 특임대特任隊(일본에서 많이 쓴다), 임무대, 임무부대라고도 부른다. 이 책에서는 두산백과의 태스크포스(Task Force, 기동부대機動部隊: 특수임무가 부여된 특별 편제의 부대) 항목을 참조하되 일본 기동부대와 구분하기 위해 기동함대로 옮겼다. 서술상 필요한 경우에는 '일본 기동부대', '미국 기동함대'처럼 국적을 붙였고, 구체적인 함대명을 16기동함대(스프루언스), 17기동함대(플레처) 등으로 기재했다. 일본 기동부대도 제1기동부대(나구모)와 제2기동부대(가쿠타)로 나뉘었으나 제2기동부대는 미드웨이 해전에 개입하지 않았기 때문에 이 책에서 별도 명기가 없는 한 '기동부대'는 나구모의 제1기동부대를 가리킨다.

11 Lundstrom(1976), p.155.

12 【옮긴이】 로슈포트 중령과 전투정보반은 AF라는 호출부호로 불리는 일본군의 차기목표가 미드웨이임을 확신했다. 다만 OP-20-GI에서 AF가 미드웨이라는 주장에 계속 의문을 제기했기 때문에 본문에서 설명한 책략을 써서 AF가 미드웨이임을 입증할 필요가 있었다. Russell, pp.34-35; Symonds, p.185.

13 Layton, pp.421-422. 【옮긴이】 원문에서는 일본군의 미드웨이 지명 호출부호를 MI라고 했으나 이는 오류이며 AF가 맞다. MI는 작전명에서 미드웨이를 가리키는 이름이다(마찬가지로 포트모르즈비 작전명은 MO작전이나 포트모르즈비의 지명 호출부호는 RZP이다).

일본군 지명 호출부호는 알파벳을 사용해 만들었는데, 예를 들어 미국령 하와이에는 미국령의 'A', 하와이의 'H'를 따 'AH'라고 붙였다. Symonds, p.182.

14 【옮긴이】 전투정보반의 로슈포트 중령은 5월 25일에 니미츠에게 최종 보고를 올렸다. 전투정보반이 해독한 내용이 지금까지의 일본군 암호해독 내용에 비해 대단히 상세했기 때문에 니미츠의 참모진 중 일부는 전투정보반이 일본군이 흘린 역정보에 속지 않았나 의심했다. Smith, pp.140-141.

15 Bradford, p.337.

16 Prange, p.104; Willmott(1982a), pp.302-305, 337; Layton, pp.409-425.

17 Layton, p.425.

18 【옮긴이】 특히 선체가 심하게 손상되었다. 지근탄으로 인해 100번~130번 프레임의 여러 군데에서 선체의 이음매가 벌어져 중유가 새어 나왔다. Symonds, p.191.

19 【옮긴이】 니미츠는 일본군의 항공모함 전력을 4~5척으로 추정했으며 요크타운의 작전 투입이 불가능해지는 상황을 상정하고 이 경우 니미지 부대에 별도 지시를 내리겠다고 했다. 미 태평양함대의 미드웨이 작전계획인 Operation Plan No.29-42(이하 미드웨이 작전계획), pp.3-4.

20 Lord, pp.34-38.

21 요크타운의 건선거 입거 사실을 확인해준 미 해군 해사연구소U.S. Naval Historical Center의 역사가 로버트 크레스먼에게 감사드린다.

22 【옮긴이】 요크타운을 수리하는 동안 조선소는 하와이 전역에서 실시되던 등화관제에서 제외되었으며, 조선소에서 엄청난 전기를 소모해 호놀룰루에서 제한 송전이 이루어질 정도였다. Symonds, p.193.

23 【옮긴이】 비행대 재배치 후 요크타운은 VB-3, VB-5를 보유하게 되었으나 폭격비행대 두 개를 보유한 데서 온 명칭 혼동을 피하기 위해(다른 항공모함들은 1개 폭격비행대, 1개 정찰폭격비행대 보유) 벅매스터 함장은 임시로 VB-5의 이름을 VS-5로 바꾸었다. Lundstrom(2013), p.234; Lundstrom(1990), p.312에 따르면 이 명령을 내린 사람은 진주만에서 항공모함 부대의 행정 업무를 담당한 리 노이스Leigh Noyes 소장이라고 한다.

24 일부 VF-42 조종사들과 정비원들은 요크타운에 남았다. 출처: 로버트 크레스먼이 저자에게 보낸 2005년 1월 24일 이메일. 【옮긴이】 원래 요크타운 소속인 VF-42는 날개 접기가 불가능한 F4F-3을 장비했는데 다른 항공모함의 전투비행대들이 장비한 신예 기종인 F4형으로 기종 전환 훈련을 할 시간이 부족했다. 대체 비행대인 VF-3은 신형 F4F-4를 장비했으나 조종사가 11명에 불과했고 대부분 신참이었다. 따라서 VF-42의 조종사와 정비원 일부가 요크타운에 남아 VF-3 소속으로 미드웨이 해전에 참전했다[Lundstrom(1990), pp.312-313]. 최종적으로 VF-42 소속 조종사 16명, VF-3 소속 조종사 11명이 요크타운에 탑승해 VF-3 소속 F4F-4 25기를 조종했다. C.O., U,S,S, Yorktown(CV-5), Report of Action for June 4, 1942 and June 6, 1942(18 June 1942)(이하 요크타운 교전보고), p.9.

25 요크타운에는 즉각 작전 투입이 불가능한 3기가 추가로 실렸다. 와일드캣 2기와 TBD 1기가 격납고 천장에 매달려 있었다.

26 호닛은 기술적으로는 급강하폭격기 37기를 탑재할 수 있었으나 1기는 진주만에 남았고 다른 1기는 매복장소Point Luck로 이동하는 중에 망실했다. 【옮긴이】 마크 호런이 옮긴이에게 보낸 최신 연구자료(미출간)를 반영해 각 항공모함 탑재기의 정확한 기종과 수량을 수정했다.

27 【옮긴이】 플레처는 1906년에 미 해군 사관학교를 졸업해 1936년에 전함 뉴멕시코New Mexico 함장, 1938년에 해군성 항해국 차장을 역임하고 1939년에 소장으로 승진해 3순양함전대CruDiv.3 사령관(1939)을 거쳐 6순양함전대CruDiv.6 사령관(1940)으로 태평양전쟁을 맞았다. 그는 1941년 12월 15일에 14기동함대의 사령관으로 임명되어 웨이크섬 구원작전에 나섰고 12월 30일에 요크타운을 주축으로 새로 편성된 17기동함대의 사령관이 되어 산호해 해전 때까지 해상작전을 지휘했다. Lundstrom(2013), pp.3-5, 23-27, 51.

28 【옮긴이】 야마모토와 우가키가 나구모가 소극적이라고 걱정했던 것처럼 미 함대 총사령관COMINCH 킹 대장은 플레처가 적극성이 부족하다고 생각했다. 킹 대장은 플레처가 라바울에서 일본군 수송선단을 공격하지 않았다는 이유로 경질하려 했으나, 플레처와 면담한 니미츠는 그의 결정이 적절했다는 취지의 보고를 올렸다. Lundstrom(2013), pp.104-108, 229-232; Symonds, pp.149-150, 193-195.

29 【옮긴이】 다카기 다케오 소장은 MO공략부대(포트모르즈비 공략부대, 사령관 고토 아리토모五藤存知 소장)의 호위를 맡은 MO기동부대의 지휘관이었다. 휘하에 하라 주이치 소장의 5항전(쇼카쿠, 즈이카쿠)이 있었다. 坂本正器·福川秀樹, p.516.

30 【옮긴이】 1942년 5월 7일 아침 8시 15분에 요크타운 소속 존 L. 닐슨John L. Nielsen 소위의 SBD가 보낸 "중순양함(CA) 2척, 구축함(DD) 4척"[이는 Symonds(p.159)의 서술이다, 런드스트롬(Black Shoe Carrier Admiral, p.165)에 따르면 경순양함(CL) 4척, 구축함(DD) 2척이었다고 한다.] 발견보고가 잘못 배열된 부호표code table로 인해 "항공모함(CV) 2척, 중순양함(CA) 4척"으로 타전된 결과였다. Lundstrom(2013), pp.162-167; Symonds, pp.159-161. 흥미롭게도 6월 6일에 스프루언스도 미드웨이에서 비슷한 일을 겪는다. 낙오한 일본군 순양함 2척(미쿠마, 모가미) 발견보고에서 "중순양함(CA) 1척"이 "항공모함(CV) 1척"으로 잘못 전달되었다. 중순양함의 약어 CA가 항공모함의 약어 CV로 잘못 타전되었기 때문이었다. 20장 참조.

31 【옮긴이】 스프루언스는 1907년 미 해군사관학교를 졸업해 1933년 공작함 베스탈Vestal 함장, 해군 참모대학 교관(1935~1937), 해군성 작전과장(1937), 전함 미시시피Mississipi 함장(1938~1939)을 거쳐 1939년에 소장으로 승진했다. 10해군군관구10th Navy district 사령관(1940)을 역임하고 5순양함전대CruDiv.5(1941) 사령관으로 태평양전쟁을 맞았다. Buell, pp.4, 17, 76-96.

32 【옮긴이】 홀시는 4월 24일자 공한에서 스프루언스를 다음과 같이 평가했다. "스프루언스 소장은 자신이 훌륭한 판단력과 냉철함을 겸비하고 뛰어난 능력을 갖춘 지휘관임을 일관되게 보여 주었음. 동인은 유용한 조언자이자 자문역이며, 가까이에서 지켜본 결과 본직은 동인에게 전시 작전수행을 믿고 맡길 수 있음을 확신함. 본직은 동인이 여러 함종으로 구성된 함대를 이끌고 독립적으로 장기간 전시작전을 수행할 완벽하고 뛰어난 능력을 갖추었다고 보는 바임." 위의 책, p.135.

33 【옮긴이】 시마드의 차석으로 로건 C. 램지Logan C. Ramsey 중령이 5월 29일에 항공작전조정관Operational Air Coordinator으로 임명되어 미드웨이 해전 기간에 육상기지 발진 항공작전을 실질적으로 지휘했다. Symonds, p.211.

34 【옮긴이】 작전을 계획할 때 B-17의 운용방법을 놓고 육군과 해군 간에 다툼이 있었다. 육군은 B-17을 공격에만 사용하고자 했으나 해군은 B-17의 장거리 항속능력을 초계에 사용하지 않는 것은 어리석은 일이라고 맞섰다. 결국 마셜 육군참모총장이 해군의 편을 들어 B-17도 초계에 투입하기로 결정되었다. 위의 책, 같은 페이지.

35 【옮긴이】 이 어벤저들은 호닛의 VT-8 소속이었다. 9장 미주 8 참조.

36 【옮긴이】 원문에서는 미드웨이 항공대 비행기들의 각 소속대가 모두 생략되어 옮긴이가 보충했다.

37 Prange, p.32.

38 【옮긴이】 저자 파셜은 일본군 예상 전진 축선에서 360해리(미군 뇌격기와 전투기의 최대 항속거리인 175해리의 2배)나 떨어진 포인트 럭에서는 예상 축선에서 일본군이 발견된다 해도 공격대 발진이 불가능했음을 지적하면서 이러한 위치 선정은 플레처가 일본군 출현 예상 방향으로 이동하며 전투 개시 결단을 내리기까지 시간적·공간적 여유를 벌어 주기 위한 일종의 위험 관리도구risk management tool였다고 본다. Parshall, pp.11-12.

39 【옮긴이】 니미츠는 일본 함대의 구성을 비교적 잘 알고 있었으나(고속전함 2~4척, 항공모함 4~5척, 중순양함 8~9척, 구축함 16~24척, 잠수함 8~12척), 미군의 미드웨이 작전계획에는 야마모토 지휘 주력부대의 전함 전력이 빠져 있다. 전투정보반은 주력부대의 존재를 알았지만 설명할 수 없는 이유로 계획에서 빠뜨린 것으로 보인다. Lundstrom(2013), pp.232-233; 미드웨이 작전계획, p.3.

40 【옮긴이】 미드웨이 작전계획, p.6.

41 【옮긴이】 미드웨이 제도 주요 수비병력 현황은 다음과 같다(민간, 보조인력 제외). 출처: 미드웨이 작전계획, p.5.

부대명	장교	병·부사관
6수비대대	52	1,357
3수비대대	13	379
해병상륙돌격대	9	269
해병항공대	45	470
해군항공대	22	372
계	141	2,847

42 【옮긴이】 중서부 태평양 마셜군도 공화국Republic of Marshall Islands 서부 군도에 있는 환초. 세계에서 가장 큰 석호가 위치해 있다. 콰절레인, 로이Roi, 나무르Namur 섬은 태평양전쟁에서 미군이 처음으로 탈취한(1944년 2월) 중부태평양의 일본 점령도서이며 현재에도 미군 미사일 실험기지가 위치해 있다.

43 이 부분은 Bergamini, pp.922-923에서 상당 부분을 차용했다.

44 【옮긴이】 고마쓰는 덴노가의 방계가문 당주 기타시라카와노미야 요시히사北白川宮能久 친왕의 4남으로 메이지 43(1910)년에 황족 신분에서 벗어나(신적강하臣籍降下) 고마쓰라는

성으로 후작 작위를 받았다. 森史郎(一部), p.274.

45 Prange, p.32. 【옮긴이】 森史郎(一部)에 의하면 프랜지의 기술과 반대로 도상연습에 참모는 한 사람도 소집되지 않고 고마쓰 사령장관만 참가했다고 한다. 위의 책, p.267.

46 【옮긴이】 프랜지가 틀렸다. 작전을 앞두고 발령된 각 부대 행동요령(5월 12일자 기밀연합함대전령작 제14호)에는 선견부대(6함대)의 산개선 관련 임무와 산개선의 위치를 지시한 산개표준선이 별지로 수록되어 있다. 5월 18일에 연합함대 수뢰참모 아리마 중좌가 콰절레인에 와서 6함대 수뇌부에 작전계획을 설명하고 행동요령을 전달했다(『戰史叢書』 43卷, pp.106-114, 198-199). 6함대 전투일지(p.200)에도 "[기밀]연합함대전령작 제14호에 기초하여 당 함대의 작전배비配備를 이와 같이 발령"이라고 하여 연합함대의 지시에 따라 6함대의 행동을 계획했음이 밝혀져 있다.

47 Prange, p.32.

48 【옮긴이】 일본 잠수함대의 준비태세에 대해 인용된 프랜지의 기술은 일본 측 사료와 차이가 있으며 저자들도 이를 인정했다. 번역서에서는 원서의 해당 부분을 그대로 옮겼으나 그 내용과 평가에 유의할 필요가 있다.

49 Orita, pp.62-66.

50 위의 책, p.62.

51 【옮긴이】 『戰史叢書』 43卷, pp.252-253에 따르면 12잠수대의 이-169, 171(K작전 협력)이 5월 24일에 첫 번째로 출격했고 11잠수대의 이-175(K작전 협력)가 6월 1일에 마지막으로 출격했다. 원문에서는 잠수함들이 5월 26일~5월 30일에 출항했다고 하나 번역문에서는 『戰史叢書』에 따라 5월 24일~6월 1일에 출격했다고 고쳤다(출격일은 일본 일자).

52 【옮긴이】 원문은 "(잠수함) 일부는 3일까지도 정해진 위치에 도달하지 못했다."이지만 『戰史叢書』 43卷, pp.252-253에 따라 가장 늦게 도착한 이-159의 도착일인 6일로 고쳤다.

53 Lord, p.44; Fuchida, p.128.

54 【옮긴이】 "하지만~믿었다." 부분은 앤서니 털리의 요청에 따라 추가했다. A. Tully and Lu Yu, "A Question of Estimates: How Fully Intelligence Drove Scouting at the Battle of Midway", *Naval War College Review*, Spring 2015, Vol. 58, Number 2, p.94. 털리의 주장을 따른다면 야마모토와 나구모는 미드웨이로 이동하는 중에 잠수함으로부터 미 항공모함 발견보고가 들어오리라고 기대하지 않았을 것이다. 즉 잠수함 정찰 실패의 가장 큰 원인은 미 해군이 일본군의 의도를 전혀 모를 것이라는 작전의 기본 전제였다.

55 Bergamini, p.923.

56 【옮긴이】 출처가 확실하지 않은 진술이다. 다만 『6함대 전투일지』(1942.6.1.~6.30.)에는 미드웨이 작전에 투입된 6함대 소속 잠수함들의 산개선 배치 결과가 거의 언급되어 있지 않다.

57 위의 책, 같은 페이지.

58 Ugaki, p.142.

59 Ugaki, p.131; Fuchida, p.110.

60 Ugaki, p.131.

61 Willmott(1982a), pp.347-349.

62 Prange, p.137.

63 Ugaki, p.131.

64 Fuchida, p.116.

65 1항함 전투상보, p.3. 【옮긴이】 1항함 전투상보 원문, p.6.

66 Fuchida, p.113. 후치다는 아카기 안테나의 무선 수신감도가 제한적이었다고 주장한다.

67 *Operational History of Japanese Naval Communications, December 1941–August 1945* (Aegean Park Press, 1985), p.104.

68 위의 책, p.256.

69 위의 책, 같은 페이지.

70 Lacroix, p.518. 도네급 순양함은 발신실, 수신실, 무선전화실 두 개와 전방 마스트에 있는 무선방위탐지기를 이용하는 방위탐지실을 갖추었다.

71 위의 책, pp.200–201.

72 Fuchida, p.111; Ugaki, p.131.

73 흥미롭게도 이때 일본군이 사용하던 중앙집중식 통신체계는 점점 더 늘어나는 부담을 견디지 못하고 1943년 7월에 조금 느슨한 형태로 바뀌었다. *Operational History of Japanese Naval Communications*, pp.46–47.

74 【옮긴이】 원문은 "Akagi's air group report"(아카기 비행기대 전투행동조서)이나 해당 내용은 아카기 전투상보에 나온다.

75 아카기 전투상보, p.4a. 발췌 번역은 문서번호 No.160985B–MC397.001. JD–1 reel. 【옮긴이】 아카기 전투상보 원문, p.24.

76 Ugaki, p.131.

77 【옮긴이】 위의 책, 같은 페이지.

78 1항함 전투상보에는 다나카 부대가 공격받은 일이 기록되어 있지 않다. 그러나 구사카는 다나카 부대가 발견된 사실을 나구모가 알았다고 전후에 진술했다. Prange, p.141.

79 Ugaki, p.131. 【옮긴이】 일본어 일기 원문은 "적이 준비되었으니 오히려 사냥감이 많을 것"이다. 宇垣纏, p.121(5월 30일).

80 碇義朗, pp.353–354. 자료를 제공해 주신 다가야 오사무에게 감사드린다.

81 당시 항해 상황은 Goldstein and Dillon, p.185에 묘사되어 있다.

82 이것은 Fuchida의 주장이다(p.115). 우리가 보기에 이렇게 악화된 기상상황에서 갈지자로 항해했을 것 같지는 않다.

83 Lord, p.56. 이런 행동이 아주 무례한 것은 아니다. 구두를 입구에 벗어 두고 실내에서 실내화를 신는 것이 일본의 관행이다. 【옮긴이】 원문은 "…… 슬리퍼를 끌고 다니며 여유로움을 보이려 했다."이다. 후치다의 증언에 따르면 미우라 항해장은 평소 낡은 구두 뒤축을 접어 슬리퍼처럼 신고 다니는 습관이 있었다. 원문은 미우라의 습관을 언급한 것으로 보이며, 주석의 설명은 일본 관습에 대한 오해로 보인다. 정황상 전투 중에 지휘부가 신발을 벗은 채 함교에 있거나 미우라 혼자 슬리퍼를 신고 있지는 않았을 것이다. 후치다, p.74.

84 *Operational History of Japanese Naval Communications*, p.41.

85 【옮긴이】 원문은 "오이시 다모쓰 대좌"이나 당시 오이시의 계급은 중좌다. 『戰史叢書』 43卷, p.141.

86 Fuchida, p.116.

87 【옮긴이】 『戰史叢書』 43卷(p.263)에는 장파로 기록되어 있으나 후치다는 중파였다고 썼다(淵田美津雄·奧宮正武, p.227).

88 *Operational History of Japanese Naval Communications*, p.41. 상당수의 2차 문헌에 따르면 기동부대는 10시 30분에 변침했다. 그러나 맥락을 볼 때 우리는 기동부대가 12시 00분에 변침했다는 해당 피인용자료의 입장이 옳다고 생각한다. 왜냐하면 변침시간을 확실히 지정해야만 다른 배들이 위험한 상황에서 여유를 가지고 변침기동을 준비할 수 있기 때문이다. 【옮긴이】 『戰史叢書』도 12시에 변침했다는 입장이다. 『戰史叢書』 43卷, p.263.

89 미군은 이 무전을 수신하지 못했다. 【옮긴이】 그러나 600해리 뒤에 있던 야마토는 나구모가 발신한 지시를 수신했다. 森史郎(一部), p.292.

90 【옮긴이】 이 PBY(651초계비행대VP-51 소속 제임스 P. O. 라일James P. O. Lyle 소위의 6V55호)는 08시 43분에 "의심스러운 선박 조사 중"이라고 타전했다가 09시 04분에 "일본군 수송선 2척, 미드웨이에서 247도, 470해리(870킬로미터) 해상"이라고 보고했다. 이 발견기록은 미드웨이 기지항공대 전투일지에 "첫 [적] 수상함 접촉"이라고 기록되었다. 09시 23분에 다른 PBY(7V55)기가 대공사격을 받았다. Naval Air Station Midway, Action Reports of the Battle of Midway, 30. May–7. June, 1942(이하 미드웨이 기지 교전보고) p.1; Lundstrom(2013), p.238. 16소해대에는 수송선 2척(메이요마루明陽丸, 야마후쿠마루山福丸)이 있었으나(부록 전투서열 참조) 라일 소위가 이 수송선을 발견했는지, 16소해대의 다른 함선을 발견했는지는 알 수 없다.

91 【옮긴이】 레이드 소위의 8V55호기가 11시에 "선박 11척, 침로 090, 속력 19노트, 회시해주시기 바람."이라고 보고했다. 레이드 소위는 귀환명령을 받았다. 미드웨이 기지 교전보고, p.2.

92 【옮긴이】 위의 보고서, p.2. 이 B-17들은 항속거리를 늘리기 위해 폭탄을 절반만 탑재하고 폭탄창에 연료탱크를 탑재했다. Air Operations of Midway Defense Forces, During the Battle of Midway, May 30–June 7, 1942(June 15, 1942)(이하 미드웨이 기지 항공작전보고), p.3.

93 【옮긴이】 원문은 "2시간 30분 뒤(05시 37분), 아카기의 신호등이 깜빡이며 내일의 공격임무 관련 지시를…"이나 이 시간(05시 37분)에 아카기가 발신한 신호기록은 1항함 전투상보 원문에 없다. 상보 원문에 있는 동시간대 신호(1항함 전투상보 원문, p.26)는 05시 25분에 8전대 기함이 3전대, 8전대에 보낸 6월 4일의 대잠초계 수행과 일정 관련 지시뿐이다. 아울러 이 신호를 보낸 방법은 '신호'로만 언급되었고 방법(발광, 무선통신, 기류신호)은 특정되지 않았다. 1항함 전투상보 원문(p.26)에 따라 지쿠마가 05시 25분에 발신한 대잠초계 관련 명령으로 고쳐서 옮기고 발신방법도 '신호'로 바꿨다.

94 모든 일본 해군 함선은 실제 작전구역의 시간대에 상관없이 도쿄 시간에 시계를 맞춰 놓았다. 미드웨이 시간은 도쿄 시간 +3시간이었다.

95 【옮긴이】 1항함 전투상보 원문, p.26.

96 【옮긴이】 원문은 "마지막으로 아카기 시계로 15시 30분, 나구모는 5일 수행할 정찰비행에 대한 세부명령을 신호로 하달했다."이나 1항함 전투상보 원문(p.26)에 따르면 이 명령은 전날인 6월 3일(도쿄 시간) 15시 30분에 '신호'로 전달되었고 방법(발광, 무선통신, 기류)은 특정되지 않았다. 1항함 전투상보에 따라 발신일을 전날(6월 3일)로, 발신방법을 '신호'로 고쳐 옮겼다.

97 【옮긴이】 원서에서는 가가의 2번 색적선의 각도를 154도라고 하나 1항함 전투상보 원문(p.26), 『戰史叢書』 43卷, p.286에 따르면 158도다. 1항함 전투상보와 『戰史叢書』에 따라 원문을 고쳤다.

98 Fuchida, pp.131-133. 【옮긴이】 번역문에서는 Fuchida의 일본어 원서인 『ミッドウェー』의 해당 부분을 인용했다. 淵田美津雄·奧宮正武, pp.250-251.

99 USF-54, 동 시기 미군의 표준교리도 2단 색적에 대해 언급하지 않는다.

100 "Research on Mobile Force Tactics"(Yokosuka #45, May 1943). 이 교리 연구문헌에는 일출 두 시간 전에 정찰기와 1차 공격대를 발진시키라고 규정되어 있다.

101 출처: 2001년 6월 1일자로 제임스 소럭이 저자에게 전달한 내용. 이 외에 후치다는 나구모가 야간전을 할 기회에 대해 이야기하며 "레이더도 없고 야간정찰기도 1기뿐인 우리 부대가 성공적으로 적을 발견하고 교전하려면 행운 그 이상이 필요했다."라고 말했다고 전한다(Fuchida, p.177). 여기에서 말한 야간정찰기는 분명히 나가라의 정찰기이다. 다른 일본 측 자료들에도 수뢰전대 기함인 경순양함은 야간전투 목적으로 E11A1을 탑재했다고 나와 있다.

102 【옮긴이】 0식 수상정찰기의 항속거리는 속력 120킬로미터로 1,404해리(2,600킬로미터), 95식 수상정찰기의 항속거리는 속력 100킬로미터로 720해리(1,333킬로미터)이다. 최고속력은 0식 수상정찰기가 203킬로미터, 95식 수상정찰기가 160킬로미터다. 『戰史叢書』 43卷, p.153.

103 출처: 2001년 5월 7일자로 제임스 소럭이 우리에게 전달한 내용. 일본 측 자료에 따르면 도네의 정찰기 가운데 하나가 무슨 이유에서인지 망실되었거나 사용불능 상태였던 것으로 보인다. 기록이 불분명하지만 6월 4일에 도네는 정찰기 4기(95식 2기, 0식 2기)만을 정찰임무에 사용했던 것 같다.

104 이 문제를 지적해 주신 제임스 소럭과 에릭 버거러드에게 감사드린다.

105 미 해군 교리 USF-74호에 의거해 정찰폭격비행대의 SBD들이 상당히 고고도로 비행했다는 사실에 유의하라.

106 2001년 1월 22일자 이메일에서 관련 문제를 지적해준 태평양전쟁의 PBY 운용 및 실전 전문가인 제임스 소럭에게 감사드린다. 【옮긴이】 정찰임무를 맡길 수 있었던 SBD 비행대는 5정찰폭격비행대(VS-5, 요크타운), 6정찰폭격비행대(VS-6, 엔터프라이즈), 8정찰폭격비행대(VS-8, 호닛)이다.

107 Prange, p.185.

108 위의 책, p.186.

109 【옮긴이】 일본군은 이러한 폭격법을 '공산폭격법公算爆擊法'이라 불렀다. 후치다, p.59.

110 Prange, p.176.

111 【옮긴이】 1항함 전투상보 원문, p.27.

112 Goldstein and Dillon, p.199.

113 위의 책, p.212; USSBS Nav. No.60, p.252.

114 【옮긴이】 Symonds, p.215에 따르면 미드웨이에 있던 PBY의 지휘권을 가진 2초계비행단Partol Wing 2 단장 패트릭 N. L. 벨린저Patrick N. L. Bellinger 소장이 공격명령을 내렸다고 한다. 벨린저 소장은 진주만 기습 시에 유명한 "공습, 이것은 연습이 아니다."라는 전보를 발신한 사람이다. Symonds, p.215.

115 【옮긴이】 21시 15분 출격, 윌리엄 L. 리처즈William L. Richards 대위 지휘, 44초계비행대PV-44 소속. 미드웨이 기지 교전보고, p.2; 미드웨이 기지 항공작전보고, p.4.

116 【옮긴이】 미드웨이 기지 전투보고(p.2)에 따르면 미드웨이 시간 02시 43분에 1V44번 기가 "공격 완료, 방위 260도, 거리 500해리(926킬로미터), 적 침로 080, 수송선 10척."이라고 보고했다. 미드웨이 기지 항공작전보고(p.4)에 따르면 미군은 이 수송선단에 어뢰 2발을 명중시켰다. 일본 측 기록(軍令部1課, 作戦経過概要第47号, 昭和17年 6月 4日)에 따르면 도쿄 시간 22시 54분(미드웨이 시간 01시 54분)에 아케보노마루(10,182톤급 유조선)에 어뢰 1발이 명중해 11명 전사자(실종자 5명 포함), 13명 경상자 피해가 발생했다. 원문에는 아케보노마루의 사상자 수가 23명이라고 적혔으나 일본 측 기록에 따라 24명으로 고쳐 옮겼다.

제2부_ 전투일지

제7장_ 아침 공습 04:30-06:00

1 다른 서구 문헌과 쉽게 비교하기 위해 지금부터 기동부대의 작전시간은 별도 설명이 없는 한 미드웨이 현지시간이다.

2 【옮긴이】 원서는 2005년에 출간되었다. 미드웨이 해전이 일어난 지 63년이 된 해이다.

3 상용박명常用薄明civil twilight(수평선이 식별 가능해지는 순간) 시간은 이날 아침 현지시간으로 04시 23분이다.

4 기상시간은 추측이며 이함 전 작업에 소요되는 시간을 역산한 결과이다. 【옮긴이】 4일 아침 기상시간이 오전 3시 45분이었다는 증언도 있으며 히류 전투상보(p.158)에도 "총원기상" 명령을 03시 45분에 내렸다고 기록되어 있다. 하지만 03시 45분에 일어나 04시 30분에 공격대를 발진시키기에는 시간이 매우 촉박했으므로 정비과원(비행기 정비, 무장장착 담당 승조원)은 훨씬 일찍 일어났어야 했을 것이다. 증언 출처: 히류 고각포 지휘관 나가토모 야스쿠니長友安邦 소위의 증언(이하 나가토모 증언), 橋本敏男 · 田邊彌八, p.215.

5 Goldstein and Dillon, p.191.

6 Ugaki, p.134.

7 【옮긴이】 원문은 "south seas uniform"이다. 1942년 1월자 『해군공보』는 부사관(부사관 복식만 규정되었으나 일반 수병도 마찬가지였을 것으로 추정)의 방서防暑 피복은 옅은 다색

茶色의 방서작업의(반팔 상의)와 방서작업바지(반바지), 방서작업모(약모), 방서화로 구성된다고 규정했으며, 이 복장 일습을 일괄해 방서복이라고 불렀다. 원래 이름을 반영해 방서복으로 옮겼다. 柳生悅子, pp.218-219.

8 【옮긴이】 미드웨이 해전의 97식 함상공격기는 진녹색(상면), 검은색(기수부 엔진 카울링), 회색(하면) 기본 도장에 일부 기체에는 갈색으로 위장무늬가 있었던 것으로 추정된다. 99식 함상폭격기는 진녹색(상면), 검은색(기수부 엔진 카울링), 회색(하면)으로, 제로센은 밝은 회녹색(상하면), 검은색(기수부 엔진 카울링)으로 도장되었다. 번역문에는 제로센의 색상인 회녹색을 추가했다.

9 Kenndey, p.391.

10 이 관행에도 예외는 있었다. 기동부대가 하와이로 이동할 때는 비행기를 갑판에 계류했던 것 같다. 이때는 작전을 앞둔 전력 강화로 인해 격납고에 비행기를 모두 다 수용할 수 없었다. 이런 경우 1파로 출격할 비행기들이 비행갑판에 있었다. 5항전도 인도양 작전에서 비행기를 갑판에 계류했다.

11 長谷川藤一, p.157.

12 【옮긴이】 원서에는 80번 육용폭탄의 길이를 2.7미터라고 하나 『日本海軍艦艇圖鑑』에 실린 도면에 의하면 80번 육용폭탄의 길이는 2.829미터다. 도면에 따라 수치를 고쳤다. 歷史群像編輯部, p.87.

13 전날 내린 명령에 따라 각 목적에 적절한 투하기가 이미 부착되었을 수도 있다. 최소한 대함공격용으로 지정된 1항전 함상공격기들은 91식 어뢰탑재용 투하기를 장착했을 것이다.

14 효도 니소하치가 2001년 2월 1일에 파셜에게 보낸 편지.

15 하지만 미국 측 맞수인 SBD는 아예 날개를 접을 수 없었다.

16 【옮긴이】 도면에 따르면 히류의 후부 엘리베이터는 다른 3척에 비해 폭이 넓었다.

17 이 장에서 서술한 비행기 배치와 발함과정에 대하여 상세한 정보를 제공해 주신 일본 항공사 연구자 효도 니소하치에게 감사드린다.

18 David Dickson, "Fighting Flattops: The Shokakus," *Warship International 1*(1977), p.18.

19 일본군 엘리베이터는 전기구동 방식이었다. 가가의 엘리베이터 3기 중 전방 엘리베이터는 분당 35미터, 중앙 엘리베이터는 40미터, 후방 엘리베이터는 44미터를 이동할 수 있었다. 쇼카쿠급 항공모함 엘리베이터의 분당 50미터에 비하면 느린 속력이었다. 출처: 효도 니소하치가 우리에게 보낸 2001년 2월 12일자 편지; Dickson, p.18. 일본군 1항전 항공모함과 비슷한 시대에 건조된 렉싱턴과 새러토가도 같은 문제를 겪었다.

20 일부 미군기와 달리 일본기는 인력으로 날개를 펴고 접었다.

21 일본 항공모함은 미국 항공모함과 달리 전쟁이 끝날 때까지도 비행갑판에서 견인차량을 운용하지 않았다.

22 【옮긴이】 03시 30분에 대형을 바꾸었다. 1항함 전투상보 원문, p.28.

23 『戰史叢書』 43卷, p.294; 木俣滋郎, p.267. 주간 항공작전 진형(제1경계항행서열)의 본질에 대하여 일치된 의견이 없다는 점에 유의해야 한다. ATIG Report No.1, p.2와 USSBS Nav. No.4. p.1(아카기의 아오키 함장 면담)에 따르면 각 항전들이 2열종대로 서로 2,000미터 정도 떨어져 있었고 동일 항전의 요함끼리는 5,000미터 정도 떨어져 있었다고 한다.

더욱이 기리시마는 3전대 선두에, 하루나는 뒤에 있었다고 한다. ATIG Report No.2와 USSBS Nav. No.1, p.1의 가가 비행장 아마가이 중좌의 면담 기록에도 같은 진형이 묘사되어 있다. 그러나 AITG와 USSBS의 면담이 같은 날에 미 해군장교 다수가 배석한 자리에서 이루어졌으므로 이 면담 기록이 본질적으로 같은 진술이라는 점을 기억할 필요가 있다. 다만 ATIG 면담 기록이 항공모함 운용 측면에서 좀 더 자세하다. 소류의 부장 오하라 중좌는 USSBS Nav. No.39, p.167에서 AITG 면담 기록의 진형과 비슷한 진형을 언급했다. 그러나 이 증언들은 주간 항해진형에 대해서는 일치하나 항공작전 시 진형에 대해서는 일치하지 않는 부분들이 있다. 전함들의 원래 위치를 증인들이 혼동한 점에도 주목해야 한다. 따라서 전함들의 위치가 변동되었을 가능성이 있다. 추가로, 오하라가 그린 그림에서는 목표점에 도착하기 훨씬 전에 함대에서 떨어져 나간 급유함들이 함대를 따르고 있다. 이 문제에 관해서 우리는 『戰史叢書』의 입장을 따른다. 이는 하와이와 산호해 작전에서 항공모함들이 거리 7,000미터를 유지한 사실과도 일치한다.

24 아카기 전투상보, pp.8, 11, 25. 【옮긴이】 원문에는 이때 운고가 "600~1,500미터"라고 써져 있으나 아카기 전투상보 원문(pp.28-31)에는 공격대 출격(04시 30분) 당시의 기상상황이 운량 4~6(군데군데 갠 곳이 있는 흐린 날씨), 운고 1,000미터, 시계 30킬로미터, 풍속 8미터로 기록되어 있다. 가가 전투상보 원문(p.49)에는 운량 8, 운고 500~1,000미터, 시계 15해리, 풍속 2~3미터로, 히류 전투상보 원문(p.172)에는 운량 6~7, 운고 700~1,000미터, 시계 30킬로미터로 기록되어 있다(소류 전투상보 원문에는 기상상황 기록이 없음). 번역문에서는 3함정에서 관찰한 상황 중 공통된 기상자료(운고)를 이용하고 나머지는 원서의 원문 그대로 옮겼다. 기상자료로 볼 때 원문에 묘사된 상황이 적절해 보인다.

25 Willmott(1982a), p.372.

26 출처: 에릭 버거러드와의 대화, 2000년 6월 2일. 크리스 바우어의 2000년 6월 7일자 이메일. 탑승원이 탑승하기 한참 전에 시운전에 들어갔다는 점이 중요하다. 프랜지나 로드뿐만 아니라 후치다도 이 점에 대해 잘못 이야기하고 있어 수정할 필요가 있다.

27 개방식 격납고를 갖춘 미국 항공모함은 비행갑판 밑에서 시운전을 할 수 있었으므로 엘리베이터 운용주기가 더 빨랐다. 미군 비행기는 시운전 후 엔진이 계속 돌아가는 상태로 엘리베이터에 탑재되어 자력으로 비행갑판의 자기 위치에 가서 바로 발함할 수 있었다. 영국군이나 일본군 항공모함에서는 비행기가 이렇게 단축된 방식으로 발함하지 못했다.

28 일본 항공모함은 대개 대기실이 한 개뿐이었다. 【옮긴이】 히류에는 비행과 탑승원 대기실 겸 사무실, 비행과 탑승원 대기실(부사관 이상)이 함교 바로 밑과 고각포갑판에 각각 위치해 있었다. 歷史群像編輯部, p.67. 준동형함 소류와 히류보다 큰 항공모함들에도 대기실 공간이 있었을 것이다. 반면에 미군 항공모함, 예를 들어 호닛에는 각 비행대별로 대기실이 4개가 있었다. Symonds, p.250.

29 Lord, p.90에서는 감기였다고 하고 다른 증언에서는 폐렴이었다고 한다.

30 【옮긴이】 1항함 전투상보 원문, p.26; 기동부대 신령信令 제100호, 원문에서는 편서풍이 불면 침로 270도, 속력 20노트로 항해한다고 한 원래 명령의 일부 내용이 누락되었다.

31 일본군은 미군과 마찬가지로 정해진 시간에 항공모함들이 있어야 하는 위치를 지정하는 방식을 썼다. 미군은 이를 'point option'이라고 불렀다.

32 【옮긴이】 당시 일본 항공모함의 비행갑판 끝단은 흰색과 빨간색이 교차된 세로줄무늬로 도색되었고 주간 착함 시 이 도색으로 함수와 함미를 구분했다.

33 종전의 서구 문헌들은 아침에 공격대가 발함하는 동안 "대낮처럼"(Fuchida, p.135) 환하게 조명을 밝혔다고 기록했다. 그러나 이는 사실이 아니다. 일본 항공모함은 강력한 탐조등을 갖추었으나 항공작전 시에는 비행갑판을 따라 평평하게 설치된 등을 사용했다. 이 조명등은 비행갑판의 윤곽, 비행갑판 끝단, 활주제지삭 같은 중요한 부분의 윤곽을 표시하는 데만 사용되었다. 비행갑판을 탐조등으로 환히 비추려면 탐조등 위치가 비행갑판보다 높아야 하는데 일본 항공모함의 설계도에는 탐조등이 탑재되는 좌대나 연관 설비가 없었다. 또한 적대수역 안에서 배에 불을 환히 밝히는 것은 현명하지 못한 처사이므로 비행갑판의 조명에도 덮개를 씌워 놓아야 했을 것이다. 조명등의 조도는 발착함 지휘소에서 리오스탯rheostat(조광기調光器)으로 조절했다. 출처: ATIG Report No.5, pp.2-3.

34 일본군 함재기는 수직꼬리날개에 식별부호를 기입했는데, 첫 두 문자는 각 항전과 항공모함을 표시했다. 히류와 소류의 식별부호는 1942년 4월에 2항전 기함이 변경되면서 복잡해졌다.

35 【옮긴이】 원문은 야마다 쇼헤이山田昌平 대위이나 지하야 다케히코 대위가 아카기 함폭대 지휘관이고 야마다 대위는 2중대장이었다. 『戰史叢書』 43卷, p.296; 아카기 전투상보 원문, p.28.

36 【옮긴이】 원문은 이토 다다오伊東忠男 대위이나 아베 헤이지로阿部平次朗 대위가 함공대 지휘관이고 이토 대위는 2중대장이었다. 위의 책, p.295; 소류 전투상보 원문, pp.86-87.

37 1942년 기동부대 교리상 전투속력에 대한 기록은 없으나 4항전 교리(1941년 11월 27일자, 기동부대의 실제 작전관행과 어느 정도 유사했을 것으로 추정)에는 제1전투속력=18노트, 제2전투속력=20노트, 제3전투속력=22노트, 제4전투속력=24노트, 제5전투속력=28노트, 최대전투속력=각 함이 낼 수 있는 최대속력으로 규정되어 있다. 1944년의 교리는 1=20노트, 2=24노트, 3=28노트, 4=30노트, 5=32노트이고 최대전투속력 없이 전투속력을 정했다. 그러나 상대적으로 빠른 바람이 불던 6월 4일 아침의 상황증거를 고려해볼 때 24노트 이상의 속도로 항해하면서 공격대를 발진시킬 필요는 없었을 것이다. 따라서 앞으로는 1942년의 4항전 전투속력을 사용한다. 이 문제를 지적해준 데이비드 딕슨에게 감사드린다. 【옮긴이】 1. 기동부대의 속력기준 관련: 澤地久枝(p.227)에 따르면 미드웨이 해전 시 일본군 항공모함들의 속력은 다음과 같다. 원속原速: 14노트, 강속强速: 18노트, 1전속戰速: 22노트, 2전속: 26노트, 3전속: 28노트, 4전속: 30노트, 5전속: 32노트, 최대전속: 34노트. 다른 자료(歷事群像編輯部 編, p.170)에 제시된 제1수뢰전대의 속도표준표도 원속이 12노트라는 점을 빼고 澤地久枝의 기준과 동일하다. 그러나 털리는 산타크루즈 해전(1942.10. 25.~27.)에서 쇼카쿠의 속력기록이 원문에서 사용한 4항전 속력기준과 유사하므로 미드웨이에서 기동부대의 속력기준도 마찬가지였을 것으로 추정한다.

2. 미드웨이 공격대 발진 시 기동부대의 실제 속력 관련: 1항함 전투상보 원문(p.27)에 의하면 04시 30분의 기동부대 속력은 20노트, 04시 50분의 속력은 24노트다. 그러나 히류 전투상보(p.159)에 의하면 히류는 04시 21분에 제5전투속력으로 증속했다가 공격대 발함이 끝났을 04시 38분에 제1전투속력으로 감속했다. 즉 공격대 출격시간 동안 히류는 澤地

久枝의 기준으로 32노트에서 22노트로, 4항전 기준으로 28노트에서 18노트로 변속했다. 파셜과 털리에 따르면 2항전의 히류와 소류는 상대적으로 짧은 비행갑판에서 무거운 어뢰를 실은 둔중한 97식 함상공격기를 발함시켜야 했기 때문에 비행갑판에서 충분한 합성풍속의 바람을 만들어내기 위해 고속을 낼 필요가 있었을 것이다. 반면에 1항전의 가가와 아카기는 비행갑판 길이가 충분하고 상대적으로 발함하기 쉬운 99식 함상폭격기를 발진시켰으므로 고속을 낼 필요가 없었을 것이다(가가의 최고속력은 이상적 상황에서도 28.3노트였고, 만재 상태에서는 이 정도까지 속력을 낼 수 없었지만 미드웨이 출격 직전에 대규모 선체 수리를 받았으므로 상황이 조금 나았을지도 모른다). 따라서 2항전은 급격히 속력을 높인 결과 대열을 이탈했기 때문에 발함이 끝나고 다시 대열로 복귀하기 위해 04시 38분에 급격하게 속력을 줄여야 했을 것이며, 1항전의 항공모함들은 감속의 폭이 적거나 감속하지 않았을 것이다.

38 "Battle Report of Battle of Midway", p.14. 돌풍이 불고 있었을 가능성도 있다. 160도에서 바람이 불면 기록상 130도로 항해하던 함대와 30도 차이가 나며 상당한 측풍이 발생했을 수 있기 때문이다. 따라서 발진과정 중에 몇 분간 항공모함들이 바람이 부는 방향으로 잠시 뱃머리를 돌렸을 수 있다.

39 【옮긴이】 시라네 아야오 대위의 아버지는 오카다 게이스케 내각에서 내각서기관장(현재 일본 내각관방장관. 우리나라의 대통령 비서실장과 청와대 대변인을 합친 자리에 해당함)을 지낸 시라네 다케스케白根竹介이다(재임기간 1935년 5월~1936년 3월). 本の森出版センター, p.245; 秦郁彦(2001), p.18.

40 Japanese Carrier Action Reports(일본 항공모함 전투상보), WDC, 160985B, pp.6, 11, 14. 【옮긴이】 원서에서는 아카기 공격대 발진시간을 04시 26분이라고 했으나 아카기 전투상보 원문(p.26)에는 04시 28분으로, 1항함 전투상보 원문(p.27)에는 04시 30분으로 기록되어 있다. 본문에서 아카기의 발함작업을 서술했으므로 아카기 전투상보 원문의 시간을 옮겼다.

41 【옮긴이】 원문은 "시라네 전투기 중대Shirane's fighter division"이나 시라네의 전투기 9기는 '제1제공대制空隊'로 호칭되었다. 『戰史叢書』 43卷, pp.296-297.

42 ATIG Report, No.5, p.3.

43 【옮긴이】 아카기 전투상보 원문, p.26; 히류 전투상보 원문, p.159; 가가 전투상보 원문, p.50; 소류 전투상보 원문, pp.81, 88. 원서에서는 아카기 공격대의 발진시간을 "04시 26분"이라고 했으나 번역문에서는 각 항공모함 전투상보 원문의 시각을 따랐다.

44 【옮긴이】 원문에서는 97식 함상공격기가 99식 함상폭격기보다 400파운드(180킬로그램) 더 무거웠다고 하나 공식제원에 의하면 150킬로그램이 더 무겁다(정규중량 기준)(1944년 4월 1일 작성, 押尾一彦·野原茂, pp.60-61).

기종	정규중량(kg)	최대이륙중량(kg)	발함출력(마력)	순항속력(노트)	항속거리(해리)
제로센 21형	2,336	2,796	940	180(333km)	1,891
97식함공 12형	3,800	4,100	1,000	135(250km)	1,231
99식함폭 11형	3,650	3,896	1,040	160(296km)	1,286

45 서구 해군의 항공모함과 달리 일본 항공모함은 사출기를 이용하지 않았다. 1935년에 공기

압을 이용한 사출기가 개발되었으나(가가 재개장 시) 구조가 복잡한 데다 효용성이 의심되어 사용되지 않았다. 전쟁 후반기에 들어 함재기가 무거워질 것을 예상하지 못한 탓에 사출기의 부재는 일본 해군의 함재기 운용에 지장을 주었다. 출처: ATIG Report No.1, p.3; ATIG Report No.7, p.1.

46 항공모함 4척의 비행기 배치 과정을 이해하는 데 컴퓨터로 관련 도해를 그려본 것이 큰 도움이 되었다. 우리는 사진자료 스캔본 및 프로펠러 안전반경과 방해받지 않고 발함할 수 있는 활주경로 등의 요소를 고려해 만든 도해를 이용하여 각 항공모함에 개별 비행기들이 어떻게 배치되었는지를 알 수 있었다. 도해를 고찰해 보니 각 항공모함의 특성이 더 눈에 띄었다. 가가의 느린 속력은 함상공격기 운용을 제약했지만 30미터가 넘는 폭의 비행갑판〔가가의 비행갑판 폭은 30.5미터, 福井靜夫, p.442〕으로 인해 배치작업이 상대적으로 용이했다. 히류는 가가보다 함교가 살짝 더 뒤쪽에 위치했으므로 24기 이상을 배치할 때 협소한 공간 때문에 분명 어려움을 겪었을 것이다. 제로센들이 함교 주변에 다닥다닥 붙어 있고, 좁은 비행갑판 때문에 좌현에 배치되었다가 비행갑판 가운데로 이동해 활주하는 비행기는 함교와 바로 뒤의 신호용 마스트 때문에 발함할 때 위험했을 것이다. 소류는 히류보다 작았지만 상황은 더 나았다. 소류의 함교는 상당히 앞쪽에 있었기 때문에 배치와 발함 작업에 장애가 되지 않았다.

47 【옮긴이】 원문은 "에어브레이크를 펴고"이지만 비행기가 뜰 때 최대양력을 얻으려면 플랩을 내려야 한다.

48 【옮긴이】 원문은 "가가의 최선임 전투기 지휘관"이다. 그러나 도모나가 공격대의 제공대(엄호 전투기대) 총지휘는 소류의 스가나미 대위가 맡았다. 가가 전투기대의 최선임(함전대장) 이즈카 대위는 제2제공대장이었다. 『戰史叢書』 43卷, pp.296-297.

49 ATIG Report No.2, p.5.

50 이때 배치된 비행기의 수는 추측할 수밖에 없는데, 각 항공모함에 9기 정도 배치되었다고 보아도 무방하다. 최소한 3기 편성 소대 하나는 즉시 출격할 수 있도록 늘 대기시켰을 것이다.

51 【옮긴이】 일본 해군은 전문분야 종사 준사관 대상 시험에 합격하고 해당 분야 전문과정을 이수한 준사관을 특무사관이라는 장교계급으로 임관하고 계급 앞에 '특무'를 붙여 일반장교와 구분했다. 그러나 실제로는 해군병학교 출신 소위가 특무대위를 지휘하는 사례가 있을 정도로 차별이 심했다. 太平洋戰爭研究會, pp.300-304; 秦郁彦(2005), p.760.

52 아카마쓰 사쿠(관측수, 기장) 소위, 다카하시 도시오高橋利男 일등비행병조(조종사), 고야마 도미오小山富雄 삼등비행병조(무전수). 【옮긴이】 히류 비행기대 전투행동조서(p.181)에는 아카마쓰의 비행기가 고장 나 도중에 돌아왔다고 기록되었으나 귀환시간은 써 있지 않다. 아카마쓰는 나중에 도모나가 대위의 함상공격기에 관측수로 탑승하여 요크타운을 공격하다가 전사했다.

53 【옮긴이】 원문에는 17피트(5.18미터), 『日本海軍艦艇圖鑑』(p.88)의 도면에는 5.27미터, 『戰史叢書』 43卷(p.158)에는 5.427미터로 기록되어 있다. 번역문에는 도면의 치수를 썼다.

54 【옮긴이】 『戰史叢書』 43卷(p.158)에는 항주거리가 2,000미터로 기록되어 있다.

55 미군의 Mk.13 어뢰는 91식 어뢰보다 8노트가 느려(33.5노트) 근거리에서 함의 진행방향

으로 큰 각도로 투하해야 했다(사실 2항전의 항공모함들은 문자 그대로 어뢰를 추월할 수 있었다). 설상가상으로 미군 뇌격기는 최저 50피트(15미터)에서 110노트(204킬로미터)로 비행할 때에만 어뢰를 투하할 수 있었기 때문에 공격은 사실상 자살행위였다. 이와 대조적으로 일본군 함상공격기는 260노트(482킬로미터)로 비행하며 1,000피트에서도 91식 어뢰를 투하할 수 있었다. 최적 조건은 330피트(101미터)에서 180노트(333킬로미터) 속력으로 비행하며 투하할 때다. 출처: Campbell, p.159; U.S. Naval Technical Mission to Japan, "Japanese Torpedos and Tubes-Articles I, Ship and Kaiten Torpedos," Report O-01-2, p.12.

56 Naval Technical Mission to Japan O-01-2, p.12.

57 효도 니소하치가 파셜에게 보낸 2001년 3월 12일자 편지.

58 위의 편지. 이 주장은 추정에 근거한다. 일본군은 이날 아침 근처에 적 함대가 있을 것으로 예상하지는 않았지만 최악의 경우를 상정해야 했으므로 주력함의 수선 아래 깊이에 어뢰심도를 맞췄을 것이다.

59 일본군 항공모함들의 개별 전투상보에서도 이 주장과 일치하는 부분이 확인된다. 따라서 아침 07시 30분부터 비행갑판은 내내 바빴을 것이다. 【옮긴이】 각 항공모함 상보의 04시 30분~10시 20분의 기록에는 공격대를 비행갑판에 배치했다는 언급이 없으며 비행갑판 작업과 관련해서는 직위기 및 미드웨이 공격대의 발함/수용작업 기록만 있다.

60 요시다 아키히코가 파셜에게 보낸 2001년 3월 31일자 편지.

61 이때 일본군 교리에서는 주력함(중순양함 포함)을 급강하폭격으로 격침할 수 없으며 뇌격으로만 격침할 수 있다고 하였다(다가야 오사무와 파셜의 2004년 8월 10일자 교신). 함상폭격기들이 영국 순양함들을 격침했다고 보고했을 때 함상공격기들은 이제 막 발진하려는 참이었다. 함상공격기는 어뢰를 단 상태로 귀환할 수 없었으므로 5항전은 귀중한 어뢰 36본을 아낄 수 있었다. 이를 지적해준 마이클 웽어에게 감사드린다.

62 Peattie, p.145; Goldstein and Dillon, pp.34-35.

63 Goldstein and Dillion, p.35.

64 洋司는 요오지 혹은 기요시라고 읽는다. 이를 지적해준 제임스 소럭에게 감사드린다.

65 【옮긴이】 정찰원(기장) 아마리 요오지 일등비행병조, 조종사 가모야 겐카치鴨也源八 일등비행병조, 무전수 우치야마 히로카즈内山博一 일등비행병조. 森史郎(一部), p.371.

66 제임스 소럭이 우리에게 전한 일본 측 관계자의 인터뷰에 따르면 '체면' 문제도 있었던 것 같다. 도네의 비행장이 무능했고 부하들이 그의 체면을 깎으려고 명령을 잘 따르지 않아 결국 발함이 지연되었다는 것이다. 그러나 관련 증거는 발견되지 않았다. 이 이야기는 그럴 듯하지만 근거가 없다.

67 【옮긴이】 일본 측 자료들에는 캐터펄트에 문제가 있었을 것이라고 보는 의견이 많다. 森史郎(一部), p.369; 龜井宏(上), p.290.

68 【옮긴이】 도네급 등 일본 중순양함(아오바青葉급 제외) 탑재 구레식 2호 5형 캐터펄트의 제원은 다음과 같다. 押尾一彦·野原茂, p.202.

중량(kg)	전장(mm)	전폭(mm)	유효가속거리(mm)	사출속력(m/s)
19,500	19,500	1,540	15,400	28.0

원문에서는 캐터펄트의 길이를 50피트(15미터)라고 하나 상기 제원에 따라 19.5미터로 옮겼다.

69 수상기모함 치토세의 조종사 고니시 이와오 소위와의 면담. 존 브루닝 2세John Bruning Jr 제공. Bruning Collection, Hoover Institute.

70 Prange, p.185. 【옮긴이】 한 일본 측 자료에 따르면 이 장면에서 고무라 함장이 "아니, 아직 신호명령이 안 왔어."라고 대답했다고 한다. 森史郎(一部), p.372.

71 【옮긴이】 그러나 도네의 선임 정비부사관 다카노 도요이치高野豊一 정비병조장은 도네에서 4년, 중순양함 조카이鳥海와 요코스카 항공대에서 4년간 복무한 정비사였으므로 경험 부족이 이유가 될 수는 없었다. 森史郎(一部), pp.369-370.

72 Prange, p.185.

73 나가토모 증언, 橋本敏男 · 田邊彌八, p.217.

74 【옮긴이】 대괄호 안의 문장은 원서 원문 및 1항함 전투상보 원문, 『戰史叢書』에 없다. 그러나 1항함 전투상보를 작성한 요시오카 참모는 자신이 1항함 전투상보를 작성할 때 이 문장의 삭제 지시를 받고 이에 따랐다고 증언했다. 요시오카는 미드웨이 해전의 패배 원인이 이 문장에 나타나 있다고 생각한다. 즉 이 문장은 1항함 수뇌부가 미 항공모함과 결전을 벌일 것이라고 생각하지 않았고 전투를 벌일 준비를 전혀 하지 않았음을 고백하는 것이나 마찬가지다. 삭제 지시도 이 사실을 숨기기 위한 것이었다. 森史郎(二部), pp.53-55, 422-425; Tully and Lu Yu, pp.86-88. 이 점을 알려준 털리에게 감사드린다.

75 【옮긴이】 1항함 전투상보 원문, p.27.

76 이 비행정은 하워드 P. 애디 대위의 PBY였다. 애디는 05시 34분, 항공모함 2척의 존재를 알리는 발견보고를 타전했다. Cressman, et al. p.59.

77 도네 4호기가 이 보고를 타전했을 때 정확히 무엇을 보았는지는 지금도 수수께끼다. 『戰史叢書』 43卷(p.307)은 수신기록이 잘못되었으며 이 보고를 타전한 것은 도네 4호기가 아니라 도네 1호기(3번 색적선 비행)였다고까지 단언한다. 그러나 이는 오류이다. 왜냐하면 미군은 05시 55분에 도네 4호기의 신호뿐만 아니라 콜사인(MEKU4)까지 파악했기 때문이다(Combat Intelligence Communications Summary, HYPO Log, p.499, 이하 HYPO Log). 그러나 색적선을 벗어나 엉뚱한 방향으로 날았다고 해도 도네 4호기는 기동부대로 접근하던 미군 공격대에서 60~75해리(111~139킬로미터) 떨어져 있었다. PBY 1기 혹은 그 이상을 보았을 수도 있으나 PBY 15기가 편대를 이루어 날았을 가능성은 없다.

78 【옮긴이】 미드웨이 기지 항공작전보고, p.4.

79 Cressman et al., pp.59-61.

80 【옮긴이】 니미츠는 일본 기동부대가 미드웨이 제도 가까이 다가와 공습할 것이라는 정보와 일본 기동부대가 멀리 떨어진 곳에 있으면서 미드웨이의 방어가 완전히 무력화될 때까지 공격을 삼갈 것이라는 정보를 입수했다. 이 두 정보는 일본 기동부대가 하나로 행동한다면 모순된다. 따라서 니미츠와 참모진은 일본군이 항공모함을 2개 항전으로 나누어 1개 항전이 미드웨이 공습을 수행하는 동안 다른 항전은 경계임무를 맡을 것이라고 결론 내렸다(미드웨이 작전계획, p.3). 두 항전은 서로 상당 거리를 두고 작전할 것으로 예상되었기에 동시에 이들의 위치를 파악하기가 어려워 보였으므로 니미츠는 전투 초반에 항전 하나

를 우선 무력화하는 일이 성공의 관건이라고 보았다. 따라서 16기동함대가 1차 공격 임무를 맡아 즉시 공격대 발진이 가능하도록 대기하는 한편 17기동함대는 정찰임무를 수행하는 계획이 수립되었다. 적이 타격권 안으로 들어오면 플레처는 16기동함대에 즉시 공격대 발진명령을 내리고 17기동함대는 다른 항전을 공격하거나 16기동함대가 공격한 항전을 재차 공격할지를 결정한다. 이렇게 일본군 항전 하나가 무력화되면 다음 단계에서 16, 17기동함대가 나머지 항전을 함께 공격한다. 이러한 계획에 따라 전투 초기에 16, 17기동함대는 별도로 행동했다. 그러나 일본 기동부대가 이 예상대로 행동하지 않은 데다가 16기동함대의 공격대 발진이 지체되고 호닛 비행단이 일본 기동함대를 발견하는 데 실패해 실제 전투는 계획대로 진행되지 않았다. Lundstrom(2013), pp.235-236; 미드웨이 작전계획, pp.3, 6.

81 Prange, p.190. 【옮긴이】 미드웨이 기지 교전보고. 미드웨이 기지 항공작전보고에는 05시 34분의 보고기록이 없으나 U.S.S Enterprise(CV 6), Battle of Midway Island, June 4-6, Reports of(June 8 1942)(이하 엔터프라이즈 교전보고) p.2에는 "05시 34분-발신, 58정찰비행대, 수신, 미드웨이 통신대, 『적 항공모함』"이라고 기록되었다.

82 Cressman et al., p.60. 【옮긴이】 원문은 05시 44분이라 하나 미드웨이 기지 교전보고(p.3)에 따르면 05시 45분이다. 교전보고에 따라 고쳤다. 같은 보고서에 따르면 체이스 대위의 비행기는 3V58호기다.

83 【옮긴이】 미드웨이 기지 교전보고(p.4)에 따르면 05시 52분에 일본 함대 발견보고를 한 비행기는 4V58호기다. 이 비행기는 "항공모함 2척과 주력함 다수, 항공모함 선두, 침로 135, 속력 25노트."라 보고했는데 원문과 다르다.

84 Prange, p.190.

85 【옮긴이】 Symonds, p.228.

86 Cressman et al., p.84. 【옮긴이】 플레처가 TBS(Talk Between Ships, 선박 간 무선전화)로 명령을 내려 일본군은 이 무전을 방수하지 못했다. Symonds, p.229.

87 【옮긴이】 스프루언스도 06시 03분에 일본 함대 발견보고를 받아 플레처의 공격명령이 있기 조금 전에 공격명령을 내렸다. Buell, pp.145-146.

88 Lundstrom(1990), p.332.

89 【옮긴이】 16기동함대 마일스 R. 브라우닝Miles R. Browning 참모장이 여러 요소를 고려하여 07시 발진 개시를 건의했고 스프루언스가 이를 승인했다. Buell, p.146.

90 【옮긴이】 05시 50분, 미드웨이 기지의 레이더가 93해리(172킬로미터) 해상에서 접근하는 적기 다수를 포착했다. 미드웨이 기지 교전보고, p.3.

91 【옮긴이】 VMF-221 교전보고에 따르면 출격한 전투기는 모두 26기이며, 엔진 고장으로 인해 C. S. 휴즈C. S. Hughes 소위가 조종한 버펄로 1기가 귀환했으므로 전투에 참가한 전투기 수는 총 25기다. 비행대 구성 내역은 지휘관 파크스 소령의 중대(버펄로 5기), 헤네시Hennesy 대위의 중대(버펄로 6기), 아미스테드Armistead 대위의 중대(버펄로 7기와 와일드캣 1기), 매카시McCarthy 대위의 중대(와일드캣 2기), 커리Carey 대위의 중대(기종 불명 4기)다. Report on Enemy Contact, Marine Fighting Squadron 221(VMF-221)(June 6, 1942)(이하 VMF-221 교전보고), p.1.

제8장_ **폭풍 전야 06:00-07:00**

1 【옮긴이】 소류 비행기대 전투행동조서, p.160; 소류 전투상보 원문, p.73. 소대원은 오다 기이치小田喜一 일등비행병조, 다나카 니로田中二郎 일등비행병조, 다카시마 다케오高島武雄 이등비행병조.

2 【옮긴이】 히류 비행기대 전투행동조서, p.179; 히류 전투상보 원문, p.174. 소대원은 고다마 요시미兒玉義美 비행병조장, 도다카 노보루戶高昇 이등비행병조, 유모토 스에키치由本末吉 일등비행병.

3 Ugaki, p.129; Lacroix and Wells, pp.775-776. 【옮긴이】 최초로 레이더를 탑재한 일본 항공모함인 준요는 알류샨 작전에 투입되었다. 福井靜夫, p.303.

4 히류가 레이더를 탑재했다고 주장하는 연구도 있으나 이는 사실이 아니다.

5 육상 발진 제로센들이 무전기를 완전히 제거한 경우가 많았다는 사실은 잘 알려져 있다.

6 가가 비행기대 전투행동조서, p.19. 【옮긴이】 원문의 출처가 틀렸으며 가가 전투상보 원문, p.61이 맞다.

7 Peattie, pp.147-148.

8 "Research on Mobile Force Tactics", p.15. 요코스카 항공대(일본 해군 항공대 항공교리 개발의 사실상 싱크탱크)가 1943년 8월에 제출한 이 문서에는 항공모함 주변에 구축함으로 윤형진을 구성하라고 규정되어 있다. 호위함과 항공모함 간의 거리는 규정되지 않았으나 이 윤형진은 호위함 6척이 필요했다. 순양함과 전함은 윤형진에 포함되지 않았고 순양함은 계속 정찰임무를 맡았다.

9 1970년대 잡지 『마루丸』에 실린 아카기 포술장교의 인터뷰에 의하면 개장 명령은 이미 내려진 상태였다. 2003년 11월 25일부터 서신 교환을 통해 이를 알려준 연구자이자 모형제작자 우치야마 무쓰오에게 감사드린다.

10 이 책의 고사장치에 대한 논의는 Campbell, pp.178, 192-194에 주로 기초한다. 어떤 자료는 소류도 91식을 장비했다고 하나 이는 준공했을 때의 상황이고 사진자료를 보면 미드웨이 해전 무렵 소류는 94식을 장비한 것으로 보인다. 【옮긴이】 아카기도 91식 고사장치를 장비했다. 瀨名堯彦, 「丸」 編輯部, p.111.

11 【옮긴이】 94식 고사장치는 고사기高射機(조준용 광학장비 세트)와 고사사격반高射射擊盤(계산장치)으로 구성되었다. 사격반을 함내 지휘소 내에 설치하고 91식에서 분리되던 측거의 測距儀(거리측정기)와 고사기를 일체화했다. 위의 책, p.115.

12 미드웨이에서 요크타운과 엔터프라이즈는 구형 Mk.33 사격통제기를 갖추었다. 그보다 신형인 호닛만 Mk.37 사격통제기를 갖추었다. 출처: 2005년 1월 25일 로버트 크레스먼의 이메일. 【옮긴이】 平野鐵雄, pp.140-141.

13 Campbell, p.178.

14 효도 니소하치가 파셜을 위해 작성한 일본 해군 자동화기에 대한 논고, 2002년 5월 1일자.

15 【옮긴이】 원문은 "사격통제장치director"라는 표현을 써서 고사장치와 기총사격장치를 구분하지 않았으나 일본 해군은 분명히 이 둘을 구분했으므로 이를 구분해 옮겼다.

16 신형 쇼카쿠와 즈이카쿠는 양현에 2연장 고각포좌 4개를 갖추어서 한 번에 더 많은 표적을 상대할 수 있었다. 【옮긴이】 아카기와 가가, 소류와 히류는 양현에 2연장 고각포좌 3개를

장비했다.

17 【옮긴이】 원문은 양현에 3개씩 6개 포대가 있었다고 하나 아카기는 양현에 2개씩 4개 기총군(앞쪽에 2연장 기관총좌 3개, 뒤쪽에 2연장 기관총좌 4개)을 장비했고 가가도 마찬가지였다. 歷史群像編輯部, pp.60, 76; 瀨名堯彦, 「丸」 編輯部, p.111.

18 "IJN Diversion Attack Force Doctrine(1-1-1944)." 데이비드 딕슨 제공.

19 USF 10A- Current Tactical Orders and Doctrine(2-1-1944).

20 【옮긴이】 일본 항공모함이 보유한 대공화기의 분당 발사탄수는 아카기 7,000~8,400발, 가가 6,500~7,800발, 소류 7,000~8,400발, 히류 7,750~9,300발로 추정된다. 이 가운데 히류는 유일하게 3연장 25mm 총좌 7기를 갖추어 발사탄수가 더 많다. 平野鐵雄, p.139.

21 가가를 공격하다가 격추된 SBD 1기와 아카기를 공격하다가 격추된 B-26 1기이다.

22 6월 4일 착함 사고로 미군이 잃은 비행기는 최소 6기다.

23 『戰史叢書』 29卷, p.653. 인도양 작전에 대한 저서를 집필하는 중 본 자료를 공유하고 문제를 지적해준 마이클 웽어에게 감사드린다.

24 블레넘 4기는 일본군 직위기에, 1기는 귀환 중이던 일본군 공격대에 격추당했고 1기는 불시착했으며, 2기가 손상되었다. 탑승원 17명이 전사했다. 히류의 제로센 1기도 격추되었다. 정보를 알려준 마크 호런에게 감사드린다.

25 『戰史叢書』 26卷, p,653.

26 【옮긴이】 히류 전투상보 제9호, 인도양 작전, pp.151-152.

27 【옮긴이】 원서에는 06시 16분 전문("돌격법 제2법…")을 도모나가 대위의 공격대 지휘기 탑승원 무라이 일등비행병조가 타전했다고 서술되어 있다. 그러나 이 전문은 1항함 전투상보 원문과 히류 전투상보 원문에 나오지 않으며 아카기 전투상보 원문(p.26)에만 "함폭대 총지휘관기"가 발신했다고 기록되어 있다. 아카기 전투상보 원문에 따라 함폭대 총지휘관기가 발신했다고 고쳐 옮겼다. 아카기의 함폭대장은 지하야 다케히코 대위이나 미드웨이 공격대 함폭대의 총지휘관은 가가의 오가와 쇼이치 대위다. 따라서 발신자는 오가와 대위로 추정된다.

28 【옮긴이】 이 명령은 히류 전투상보(p.172)에 의하면 06시 17분에 타전되었다(그러나 같은 상보 p.176에는 06시 16분으로 기록). 아카기 공격대는 06시 20분(아카기 전투상보 원문, p,26)에, 가가 공격대는 06시 16분(가가 전투상보 p.51)에, 소류 공격대는 06시 17분(소류 전투상보 p.88)에 각각 이 명령을 수신했다. 발신자는 아카기 전투상보에만 "공격대 총지휘관기(도모나가)"라고 명시되어 있다(아카기 전투상보 원문, p.26).

29 【옮긴이】 1항함 전투상보 원문, p.28. 이 전문의 발신자는 '공격대'로 기록되어 있는데 도모나가로 추정된다. 이 전문은 06시 16분 전문과 동일하지만 1항함 전투상보 원문에만 기록되었고 다른 항공모함들의 전투상보에는 기록되지 않았다. 털리의 설명에 따르면 이 전문은 06시16분 전문이 중복 수신되었거나 1항함 전투상보 작성 시 편집 실수로 다른 시간대로 기록된 결과일 가능성이 있다. 원문에서는 06시 36분 전문의 의의를 "이는 도모나가가 휘하 소대, 중대(특히 급강하 과정에서 개별적으로 움직일 수밖에 없던 함상폭격기들)들이 공격을 마치고 방어가 가능하도록 진형을 질서정연하게 재집결하기를 원했다는 뜻이다."라고 설명하지만 06시 36분 전문 기록의 정체에 대해 여러 가지 해석이 가능하기 때문

에 털리의 동의를 얻어 본문에서 삭제했다. 06시 58분에 "우리, 피탄 때문에 각 중대별로 분리행동"이라는 전문(1항함 전투상보 원문, p.28)이 기동부대로 발신되었는데 이는 집합점에서 모든 비행기가 모이지 못했음을 시사한다. 실제로 각 항공모함마다 공격대가 돌아온 시간이 달랐다.

30 【옮긴이】 1항함 전투상보 원문, p.28.

31 【옮긴이】 아카기 비행기대 전투행동조서, p.70; 아카기 전투상보 원문, p.39. 소대원은 이와시로 요시오岩城芳雄 일등비행병조, 하뉴 도이치로羽生十一郎 삼등비행병조이다.

32 【옮긴이】 아카기 비행기대 전투행동조서, p.70; 아카기 전투상보 원문, p.38.

33 【옮긴이】 히류 비행기대 전투행동조서, p.179; 히류 전투상보 원문, p.174. 귀환시간은 07시 00분.

34 【옮긴이】 1항함 전투상보 원문, p.28.

35 이를 지적해준 앨런 짐에게 감사드린다.

36 제임스 소럭의 연구에 의하면 제임스 J. 머피James J. Murphy가 조종한 VP-23 소속 PBY가 6월 4일 아침에 일본 수상기와 접촉했다는 기록이 있다. 이 PBY의 정찰선(미드웨이에서 336도)과 조우 시간을 고려해 보면 머피와 조우한 것은 아마리의 도네 4호기였던 것 같다. 일본 비행기는 구름 속으로 숨었고 PBY도 교전을 원하지 않았다. 이 회피기동 때문에 아마리의 조종사가 방향을 잃고 잘못된 곳으로 날아갔을 수도 있다. 【옮긴이】 이 외에도 항법 실력 문제나 오류, 나침반의 기계적 문제 등 여러 이유를 추정해볼 수 있으나 도네 4호기의 탑승원 3명이 모두 전사했기 때문에 진짜 이유는 알 수 없다. 雨倉孝之(2003), p.255.

37 『戰史叢書』 43卷, p.309.

38 【옮긴이】 아마리는 1945년 5월 13일 오키나와 상공에서 전사했고, 조종사 가모야 겐카치는 1942년 3차 솔로몬 해전(과달카날 해전, 1942년 11월 12~15일)에서 전사했으며, 무전수 우치야마 히로카즈는 1944년 타이완 앞바다 항공전(1944년 10월 12~16일)에서 전사했다. 森史郎(二部), p.136.

제9장_ 적 발견 07:00-08:00

1 【옮긴이】 1항함 전투상보 원문, p.28. 이 전문 기록 서두에는 암호/음어 전문임을 나타내는 식별부호 '다나タナ'가 붙어 있다. 森史郎(二部), p.48에 따르면 도모나가가 탄 비행기의 무전기가 고장나서 "기함에 발신, 수신, 기동부대 지휘관, 발신, 히류 비행대장, 2차 공격 필요함."이라고 칠판에 적어 뒤에 있던 2호기에 보여준 다음 이를 발신하게 했다고 한다.

2 HYPO Log, Record Group 457, SRMN-012, p.500.

3 같은 문서. 일본 해군은 어디에서나 도쿄 시간을 엄수했다. 따라서 04:00은 현지시간으로 07:00이다. 이 문제를 지적해준 존 런드스트롬에게 감사드린다.

4 【옮긴이】 06시 59분, 아카기 전투상보 원문, p.38.

5 【옮긴이】 아카기 전투상보 원문, p.39. 4차 직위대의 6항공대 소속 조종사는 가네코 대위,

오카자키 마사요시岡琦正喜 일등비행병조, 구라나이 다카시倉內隆 삼등비행병조였다.

6 Hata and Izawa, pp.355-356.

7 【옮긴이】 원서에는 미군 공격대 포착시간이 07시 10분으로 되어 있으나 1항함 전투상보 원문(p.28)에는 07시 05분에 아카기가 방위 150도, 거리 25,000미터, 고각 0.5도로 다가오는 적기 9기를 발견했으며 07시 10분에 적 뇌격기대가 2개로 나뉘어 다가오고 있음을 확인했다고 기재되어 있다. 1항함 전투상보 원문을 따라 미군기 발견시간을 07시 05분으로 고쳐 옮겼다.

8 【옮긴이】 이 TBF들은 원래 호닛의 VT-8 소속이었으나 기체 수령 일정 문제로 5월 29일에 하와이에 도착했기 때문에 시간에 맞추어 호닛에 갈 수 없어서 대신 미드웨이 기지에 6월 1일 도착했다. 조종사 중 최선임인 랭던 피벌링Langdon Fieberling 대위가 공격을 이끌었다. 미드웨이의 미 항공모함 중 호닛만이 크고 무거운 TBF를 운용 가능한 설비를 갖추었기 때문에 TBF는 우선 호닛 소속 VT-8에 배치되었다. Lundstrom(2013), p.231.

9 【옮긴이】 이 B-26은 육군항공대 22폭격비행단22nd Bombardment Group 소속 18폭격비행대18th Bombardment Squadron 분견대의 제임스 P. 무리James P. Muri 중위가 지휘한 B-26 2기와 38폭격비행단38th Bombardment Group 소속 69폭격비행대69th Bombardment Squadron 분견대의 제임스 F. 콜린스James F. Collins 대위가 지휘한 B-26B 2기다. 출처: 마크 호런 제공, 미드웨이 해전 미군 전투서열자료(미발표).

10 【옮긴이】 원문에서는 오노 젠지 비행병조장이라 하나 아카기 전투상보에 따르면 07시 10분에 기동부대 상공에 있던 아카기 소속 직위대는 고야마우치 스에키치 비행병조장 소대의 3기, 이부스키 마사노부 대위 소대의 3기, 가네코 다다시 대위의 혼성대 5기다. 아카기 전투상보 원문, pp.38-39.

11 【옮긴이】 히류 전투상보 원문, p.174; 히류 비행기대 전투행동조서, p.179(6월 5일). 전투상보에는 고다마 소대의 1기가 07시에 귀환했다고 기록되어 있으나 전투행동조서에는 기록이 없다. 따라서 07시 10분경 기동부대 상공 히류 소속 직위기는 6기 혹은 7기이다.

12 【옮긴이】 원문은 "야마구치 히로유키 소위가 지휘하는 2차 직위대 5기"이나 가가 전투상보를 보면 야마구치 소대(3기), 사와노 소대(2기)는 별개로 행동한 것으로 보인다(p.52). 야마구치의 소대원은 도요타 가즈요시豊田一義 일등비행병조, 반도 마코토阪東誠 삼등비행병조, 사와노의 소대원은 가이 다쿠미甲斐巧 이등비행병조다. 야마구치의 소대는 07시 00분에 발진했다가 07시 30분에 귀환했고, 사와노의 소대는 같은 시간에 발진했다가 08시에 귀환했다. 가가 비행기대 전투행동조서, p.21.

13 【옮긴이】 07시 10분 기준 기동부대 상공 소류 소속 직위기는 하라다 일등비행병조의 1차 직위대 3기(04:30 발진, 07:30 귀환), 오다 기이치小田喜一 일등비행병조의 2차 직위대 3기(06:00 발진, 07:30 귀환), 후지타 이요조 대위의 3차 직위대 3기(07:05 발진, 09:30 귀환)를 합쳐 모두 3개 소대 9기다. 원서에 오다의 2차 직위대가 누락되어 보충했다. 소류 전투상보 원문, p.73.

14 【옮긴이】 07시 10분 기준 기동부대 상공의 직위기 수는 아카기 11기, 가가 7기, 소류 9기, 히류 7기(혹은 6기)로 총 34기(혹은 33기)다.

15 가네코는 이날 아침 "대형공격기" 2기(1기 협동)를 격추했다. 이 대형공격기는 B-26이 틀

림없다. Hata and Izawa, pp.355-356.

16 후지타는 이날 공동 격추를 포함해 7기를 격추했다고 한다. 과장이겠지만 이날 아침 후지타가 함대방공전에 기여한 부분이 상당했다는 증거로 볼 수 있다. 위의 책, p.326.

17 【옮긴이】 원서에는 나가야스 소위로 되어 있다. 이하 나가토모를 나가야스로 혼동한 부분을 모두 나가토모 소위로 수정했다.

18 나가토모 증언. 橋本敏男·田邊彌八, p.218. 【옮긴이】 원문에는 미드웨이 생존자들의 증언이 있는 하시모토 책의 페이지가 기재되지 않거나 잘못 기재되었다. 이하 해당 페이지를 확인하여 추가하거나 수정했다.

19 이 TBF를 조종한 앨버트 K. 어니스트Albert K. Ernest 소위는 간신히 기체의 통제를 회복하고 복귀했다. 살아남은 유일한 TBF였다.

20 좌현 맨 앞쪽 25mm 연장기총좌. 【옮긴이】 원서에서는 "2번 기관총좌가 가벼운 피해를 입고 2명이 전사"했다고 하나 1항함 전투상보 원문(pp.28-29)에 의하면 12cm 케ケ-3번 고각포좌가 피해를 입고 선회불능 상태가 되었으며(30분 후 복구) 2명 중상, 안테나 공중선 절단 등의 피해가 있었다고 한다. 이 책에서는 1항함 전투상보 원문을 따랐다.

21 이 손상된 B-26의 조종사는 허버트 메이스Herbert Mayes 중위였을 것이다. 직위기와 대공포의 공격으로 손상을 입었을 것이다. 마크 호런이 파셜에게 보낸 2002년 3월 31일자 이메일.

22 【옮긴이】 이 이야기의 출처는 후치다로 보인다(淵田, pp.280-281). 모리도 비슷한 에피소드를 소개했다[森史郎(二部), pp.67-68]. 파셜은 옮긴이에게 아주 낮은 고도에서 아카기에 어뢰를 투하한 짐 무리 중위(생환)의 B-26과 바다로 추락한 허버트 메이스 중위의 B-26을 목격한 기억이 뒤섞여 후치다가 이 둘을 같은 비행기로 기억했거나 과장했을 수 있다는 견해를 밝혔다. 1항함 전투상보 원문(p.27)에는 07시 12분에 "(B-26) 우현 1(기), 좌현 2(기), (그 가운데 1 자폭)"이라고 기록되어 있다(일본군 기록에서 '자폭'은 격추, 추락을 뜻하는 경우가 많다). 미군도 비슷한 목격담을 언급했다. 니미츠는 킹 대장에게 보낸 보고에서 "B-26 4기 중 2기는 귀환하지 못했음. 1기는 어뢰를 투하하기 전에 격추되었으나 다른 1기는 공격을 실시하고 고도를 높여 이탈하던 중 목표물의 비행갑판과 접촉해 바다로 추락했다고 함."이라고 서술했다. Commander In Chief, Pacific Fleet, Battle of Midway(June 28, 1942)(이하 미드웨이 해전보고), p.8.

23 【옮긴이】 원문은 "아카기의 함교는 데이지 커터daisy cutter에 맞았을 것이다."이다. 데이지 커터는 미군이 전후 사용한 초대형 폭탄 BLU-82의 별명이다.

24 겐다 증언 인용, Prange, p.214.

25 위의 책, 구사카 증언 인용, p.215.

26 1항함 전투상보, p.14. 【옮긴이】 1항함 전투상보 원문, p.28. 이 전문의 수신시간(아카기)은 07시 07분이다. 나구모가 07시 10분부터 시작된 TBF와 B-26의 공격이 끝나고 이 전문을 보았는지, 아니면 그전에 보았는지는 확실하지 않다.

27 【옮긴이】 1항함 전투상보 원문, p.27.

28 【옮긴이】 아카기 전투상보 원문, p.39. 이부스키 대위는 08시 59분에 귀환했다.

29 Fuchida, pp.136, 143. 후치다가 미드웨이 공격대가 발함한 직후 예비공격대가 비행갑판

에 올라왔다고 회상한 이유는 불분명하다. 이 문제에 관하여 일본 측 사료들—ATIG 보고, 『戰史叢書』 43卷. 히류 정비장 아리무라 같은 생존자가 보낸 편지—은 무장교환 작업을 격납고에서 시행했다고 분명히 말하고 있다.

30 전술했듯이 아카기와 가가는 각각 97식 함상공격기 1기에 정찰임무를 맡겨 보냈기 때문에 이때 1항전의 함상공격기 전력은 45기(가가 27기, 아카기 18기)에서 43기로 줄어 있었다. 아카기의 97식 함상공격기〔니시모리 스스무 비행병조장〕는 07시 40분에 돌아와 무장을 달았을 것이다. 가가의 97식 함상공격기(요시노 하루오 비행병조장)가 언제 귀환했는지는 불확실하나 요시노의 증언으로 보아 아카기의 니시모리보다 조금 늦은 08시에 벌어진 대공전투 중에 돌아온 것 같다. 【옮긴이】 니시모리의 97식 함상공격기는 07시 40분에 돌아온 다음 정찰비행에 나섰다가(시간 불명) 11시 30분에 히류로 돌아왔다. 따라서 07시 40분에 돌아왔다고 해도 무장을 장착하지 않았을 것이다. 아카기 비행기대 전투행동조서 원문, p.66.

31 91식 어뢰는 앞뒤로 넓게 벌어진 투하기에 어뢰 입수각도를 확보하기 위해 약간 밑을 향해 고정되어 있었다. 이와 대조적으로 80번 육용폭탄용 투하기는 고정위치 간격이 좁았다. 게다가 폭탄과 어뢰의 직경이 달랐기 때문에 투하기의 굽은 정도도 달랐다.

32 【옮긴이】 가스미가우라 해군항공대의 쇼와 19년(1944년) 비행학생 항공강의(押尾一彦·野原茂, p.91)에 따르면 어뢰 탑재에 걸린 시간은 다음과 같다.

어뢰 두부 장착	발사 전 정비	공기 보충	운반차 탑재	비행기 탑재	계
15분	30분	5분	5분	15분	1시간 10분

33 확증이 없는 가정이지만 상황에는 부합한다. 무장교체 작업 시 무장을 분리·장착하고 수납하는 데 걸린 시간보다 투하기를 교체하는 데 걸린 시간이 훨씬 더 길었다. 따라서 병기원들은 원한다면 어뢰를 분리하는 즉시 반납할 시간이 충분했다. 그러나 폭탄고/어뢰고의 작업공간이 매우 좁았고 어뢰를 수납하면서 폭탄을 올려 보내기는 거의 불가능했을 것이다. 따라서 병장 수납 지체 현상은 격납고 상황 때문이 아니라 아래 폭탄고/어뢰고의 승조원들이 너무 바빴기 때문에 발생했을 것이다. 이 점을 생각해 보면 무장사들은 분리한 무장을 기회가 되면 내려보낼 생각으로 근처에 적당히 보관할 수밖에 없었을 것이다.

34 【옮긴이】 가스미가우라 항공대 기준 작업별 육용폭탄용 투하기 제거시간은 아래와 같다. 押尾一彦·野原茂, p.93.

투하기 종류	어뢰에서 폭탄으로	제거	장착	폭탄에서 어뢰로	제거	장착
80번 육용		3분	3분		3분	4분

35 【옮긴이】 가스미가우라 항공대 기준 80번 육용폭탄을 비행기에 장착하는 데 걸린 작업 단계별 시간은 아래와 같다(위의 책, p.91)

폭탄 종류	운반차 탑재	신관 설정	비행기 탑재	소요시간 계	비고	장착
80번 육용	15분	3분	20분	38분	작업원 6명 기준	4분

위 자료를 종합해 보면 어뢰를 폭탄(80번 육용폭탄)으로 교체하는 데 걸린 시간은 다음과 같다. (옮긴이 계산)

어뢰투하기 제거	폭탄투하기 장착	신관 설정	비행기 탑재	소요시간 계
3분	3분	3분	20분	29분

※ 어뢰 제거 시간, 운반차 왕복 시간을 제외한 시간임.

36 운반차 하나를 한 개 중대 이상이 사용하는 상황도 상정할 수 있다. 우리는 희소한 자원인 운반차를 최적으로 이용할 수 있는 가상 작업과정을 재구성하여 이 과정을 연구했다. 그러나 이 접근법을 이용하면 문제가 더 복잡해지고 투입한 노력만큼의 가치도 없었다. 엘리베이터 추가 운용과 양폭탄/어뢰통에서 걸리는 추가 대기시간 등의 복잡한 변수들이 필요했기 때문이다. 우리가 보기에 일본군은 이 개념을 도입하지도 심지어 생각해 보지도 않았을 것 같다. 1940년대는 정교한 공정제어 최적화 관리기법이 존재하지 않았을 때이다.

37 【옮긴이】 원문은 31기이나 34기로 수정했다. 그 이유에 대해서는 9장 미주 14 참조.

38 이 비행기가 이함 후 고작 세 시간 만에 돌아왔다는 것은 이상하다. 97식 함상공격기의 순항속도는 138노트(256킬로미터)이다. 기동부대가 지난 세 시간 동안 남동방향으로 이동해서 귀환거리가 짧아졌음을 고려해도 왕복 600해리(1,111킬로미터) 거리를 세 시간 만에 주파할 방법은 없다. 어떻게 해도 니시모리는 도착한 시간보다 한 시간 반 뒤에나 돌아올 수 있었다. 아카기의 기록이 잘못되었거나 니시모리가 정찰비행을 제대로 하지 않았던 것 같다. 추가 정보가 없기 때문에 이유는 알 수 없다. 【옮긴이】 원문에서는 '스즈키 시게루' 비행병조장의 기체였다고 했지만 니시모리 기체의 조종사인 스즈키 시게오鈴木重雄 비행병조장의 오기로 보인다. 이름이 틀리지 않았더라도 아카기 전투상보(p.38)에 의하면 니시모리가 지휘관(기장)이었기 때문에 니시모리의 기체로 보는 것이 타당하다. 『戰史叢書』 43卷, p.357.

39 1항함 전투상보, pp.7, 15. 【옮긴이】 1항함 전투상보 원문, pp.15, 29.

40 【옮긴이】 원서에서는 "나구모의 종합일지Nagumo's composite log"라고 한다. 이는 1항함 전투상보 원문 26페이지부터 시작되는 "경과개요(발췌)" 부분이다. 기동부대의 주요 통신내용과 주요 사건개요를 시간대별로 정리한 기록이다.

41 1항함 전투상보, pp.7, 15. 【옮긴이】 1항함 전투상보 원문, pp.15, 29. 원문은 "나구모의 종합일지에는 원래 전문이 도네에 발신된 시간이 07시 28분으로 기록되어 있다." 1항함 전투상보 원문에는 도네 4호기가 발신한 전문을 기동부대 사령부(아카기)가 07시 28분에 수신했다고 기록되어 있다(1항함 전투상보 원문, p.29). 우가키는 야마토가 이 전문을 07시 40분에 방수했다고 기록했으며(宇垣纏, p.133), 엔터프라이즈도 07시 40분에 같은 전문을 방수했다. Lundstrom(2013), p.247.

42 【옮긴이】 1항함 전투상보 경과개요의 통신기록을 살펴보면 발신시간과 수신시간이 동일한 전문이 있으나 차이가 있는 경우도 많다. 따라서 엄밀히 말하자면 07시 28분은 아카기가 도네 4호기의 보고를 수신한 시간이다. 물론 도네 4호기의 발신시간과 아카기의 수신시간이 동일했을 가능성도 있다.

43 『戰史叢書』 43卷, p.313. 후치다는 무장교체 작업이 "일시 중단"되었지 번복되지는 않았다고 주장한다(Fuchida, p.147). 그러나 후치다 증언의 신뢰성 문제 때문에 여기에서는 『戰史叢書』의 의견을 따른다.

44 Dallas Isom, "The Battle of Midway: Why the Japanese Lost," *Naval War College Review*(Summer 2000).

45 【옮긴이】 1항함 전투상보 원문, p.15.

46 Japanese Monograph No.93, p.38. 통신과정에서 지연은 충분히 일어날 수 있었음을 명시해야 한다. 이날 아침에도 일본 기함 아카기에서 전문을 지연 수신한 경우가 여러 번 있었다. 지연에는 여러 가지 이유가 있다. 암호 전문은 무선전신기radiotelegraph로 수신되는데 최적상황에서도 분당 70자 정도만 찍을 수 있었다(Peattie, p.160). 수신한 메시지는 복호화復號化decoding 과정을 거쳐 온전한 전문 형태로 다시 작성되어야 함교로 가져갈 수 있었다. 예를 들어 가가의 오가와 대위가 샌드섬 폭격이 "효과 심대"였다고 보고한 전문은 2차 공격이 필요하다는 도모나가의 전문보다 먼저 타전되었다(06시 40분 발신). 그러나 복호화 과정(혹은 가가의 중계과정)이 지연되어 오가와의 전문은 도모나가의 전문보다 7분 늦게 아카기 함교에 도착했다. 원래 타전시각으로부터 27분이 지난 다음이었다. 도모나가의 전문도 히류의 중계를 거쳤을 텐데 왜 오가와의 전문보다 먼저 도착했는지는 알 수 없다. 도모나가의 전문을 아카기가 직접 수신했을 수도 있다. 반대로 가가보다 히류의 통신 담당자가 전문을 더 빨리 처리해서 상신했을 수도 있다.

47 HYPO Log., p.500. 이를 지적해준 존 런드스트롬에게 감사드린다. 【옮긴이】 이 07시 47분자 지시는 1항함 전투상보(원문, p.30)에서도 확인된다.

48 Isom(2000), p.89.

49 【옮긴이】 이들 외에 항해참모 사사베 리사부로雀部利三郎 중좌, 항공 을참모 요시오카 다다카즈吉岡忠一 소좌도 함교에 있었을 것이다. 사사베는 아카기가 피격될 때 자신이 함교에 있었다고 증언(13장 참조)했으며 요시오카는 항공참모라(겐다가 겐다는 아팠다) 반드시 함교에 있어야 했을 것이다. 『戰史叢書』 43卷, p.141.

50 미 해군 항공모함들이 갖춘 지휘설비에 대한 존 런드스트롬의 통찰에 감사드린다. 이 정보는 런드스트롬의 플레처 제독 관련 연구에서 가져왔다. 【옮긴이】 요크타운의 함교 구조물에는 층별로 통신함교(1층), 기함함교(2층), 항해함교(3층)로 나뉘었고 기함함교와 항해함교에는 별도의 작전실과 통신실이 있었다. 참고: 平野鐵雄, p.110, 도면 42-12(요크타운 함교 층별 평면도). 여기에서 언급된 런드스트롬의 플레처 제독 연구는 *Black Shoe Carrier Admiral: Frank Jack Fletcher at Coral Sea, Midway, and Guadalcanal*(Naval Institute Press, 2006. 옮긴이는 2013년판 참조)이라는 제목으로 출간되었다. 앞의 책, pp.82-84에 기함 요크타운의 지휘설비가 상세하게 설명되어 있다. 요크타운에는 개인 침실을 포함한 별도의 사령관 거주구역(비행갑판 한 층 아래, 고각포 갑판층에 위치)이 있었다.

51 【옮긴이】 미드웨이 이후에 건조된 운류雲龍급 항공모함에서는 함교의 크기가 커졌으며 사령관 휴게실, 심지어 항해장 휴게실까지 갖췄다. 安部安雄, 「丸」 編輯部, pp.22-23.

52 草鹿龍之介, pp.83-84; Prange, p.223.

53 『戰史叢書』 43卷, p.282. 이 문제를 지적해준 우치야마 무쓰오에게 감사드린다.

54 Willmott(1982a), p.389.

55 위의 책, p.388. 나구모는 몰랐겠지만 이때 16기동함대가 공격대를 발진시키고 있었다.

56 Prange, 구사카 증언에 의함, p.217.

57 『戰史叢書』 43卷, p.282. 【옮긴이】 해당 부분 『戰史叢書』 원문: "나구모 장관은 적 수상부

대의 존재가 확실하다고 판단하고 항공모함도 있다고 추정하여 공격을 결의했다."

58 유조선 네오쇼Neosho와 구축함 심즈Sims였다. 미군 생존자들은 네오쇼가 미군에게 격침처분될 때까지 네오쇼에서 몸을 피할 수 있었다. 【옮긴이】 원문은 "다카기 소장에게 무슨 일이 일어났는지 알고 있었다. …… 5항전 지휘관은 나중에 잘못된 것으로 판명된 정찰정보에 의거하여 공격대를 발진시켰다."라고 하여 다카기 소장을 5항전 지휘관인 것처럼 묘사했지만 다카기 소장은 5항전을 예하에 둔 MO기동부대 지휘관이며 5항전 지휘관은 하라 주이치 소장이다. 원문의 "다카기 소장"을 하라 소장으로 고쳤다.

59 일본 해군 함재기들은 자동방루自動防漏 연료탱크를 갖추지 않았으므로 탱크에 구멍 하나만 생겨도 연료 절반을 잃을 수 있었다.

60 【옮긴이】 원문에서는 09시 12분에 수용작업이 끝났다고 하나 1항함 전투상보(pp.32-33)에 의하면 도모나가 공격대 수용완료 시점은 09시 18분이다. 1항함 전투상보 원문에 따라 시간을 수정했다. 그러나 각 항공모함의 전투상보에 있는 수용완료 시점이 1항함 전투상보의 기록과 다르다는 점에 유의해야 한다.

61 정찰비행을 나간 요시노 비행병조장의 97식 함상공격기가 귀환한 시간에 따라 출격 가능한 함상공격기의 수가 달라진다.

62 정찰 목적의 D4Y1 2기를 싣기 위해 99식 함상폭격기 2기가 자리를 비우지 않았다면 18기일 수도 있다.

63 이때 요시노 비행병조장이 조종한 97식 함상공격기의 부재가 다른 중대의 무장변환 작업에 지장을 주지 않았다고 가정했을 때의 숫자이다.

64 Fuchida, p.203.

65 Ugaki, p.144.

66 이 문제를 지적해준 미 육군대학 교관 존 퀸 미 해군 중령에게 감사드린다. 퀸 중령은 현대 미 해군 항공모함의 혼성 방어/공격작전에 대한 교리 차원의 접근법에 대해 많은 것을 알려 주었다.

67 Fuchida, pp.149-150.

68 Isom(2000), p.66.

69 즈이카쿠 전투상보, JD-1. 이 문제를 알려준 존 소럭에게 감사드린다. 동부 솔로몬 해전〔2차 솔로몬 해전, 1942년 8월 24~25일〕에서 쇼카쿠도 비슷한 일을 겪었다. 즈이카쿠 전투상보 제7호, p.277.

70 혹자는 격납고에 있는 비행기보다 비행갑판에 있는 비행기가 화재에 더 취약했다고 주장한다. 그러나 곧 보겠지만 격납고 폐쇄공간에서 일어나는 폭발은 함 구조를 손상할 위험이 컸다. 비행갑판에서 폭발이 일어나면 적어도 외기로 폭발력이 분산된다.

71 구사카의 증언, Prange, p.233.

72 『戰史叢書』 43卷, p.282; 1항함 전투상보, p.18. 이 문제를 명쾌하게 설명해준 다가야 오사무에게 감사드린다. 【옮긴이】 1항함 전투상보 원문, p.34.

73 【옮긴이】 교지졸속巧遲拙速은 교지는 졸속만 못하다, 즉 완벽하지만 늦는 것보다 부족하지만 빠른 것이 더 낫다는 뜻의 고사성어이다. 『손자병법』 2편 「작전」 편에도 비슷한 말이 나온다. "고병문졸속故兵聞拙速 미도교지구야未睹巧遲久也." 이는 "그러므로 전쟁은 불비한

점이 있더라도 빨리 결말지어야 한다는 말은 들었으나 교묘한 술책으로 오래 끄는 경우를 본 일은 없다."라는 뜻이다. 『손자병법』, 임용한 옮김, p.69.

74 【옮긴이】 원문은 영어 번역본을 인용했으나(Fuchida, pp.152–153) 옮긴이는 후치다의 일본어 원문을 인용했다. 淵田美津雄·奧宮正武, pp.298–299.

75 【옮긴이】 호닛은 7시 정각에 공격대 발진을 개시했으나 엔터프라이즈는 이보다 6분 늦은 07시 06분에 공격대 발진을 개시했다. U.S.S. Hornet(CV 8) Action Report(June 13,1942, 이하 호닛 교전보고), p.1; 엔터프라이즈 교전보고, p.1.

76 【옮긴이】 1941년 4월에 개정된 미 해군 교범인 USF-74는 두 항공모함 소속 비행단이 단일 공격대를 이루며 선임 비행단장이 이를 지휘한다고 규정했다. 그러나 미드웨이 해전 전에 이 교리를 따르자는 건의가 있었다는 증거는 없다. 하지만 교리대로 통합 공격대를 구성하지 않은 일이 오히려 16기동함대에 다행이었을 수도 있다. 통합 공격대를 편성했다면 실전 경험이 전혀 없는 호닛의 비행단장 링 중령이 선임 비행단장으로 지휘관이 되었을 것이기 때문이다[Lundstrom(1990), p.324)]. 나중에 보겠지만, 링은 경험이 부족했을 뿐만 아니라 항법실력, 인망, 지휘통솔력 등 거의 모든 면에서 문제가 많은 지휘관이었다.

77 【옮긴이】 미처는 미드웨이 해전이 벌어지기 전에 소장 승진과 동시에 보직 이동이 확정되었다. 후임 함장인 찰스 P. 메이슨Charles P. Mason 대령이 출격 직전에 호닛에 도착해 부임 보고까지 했으나 지휘권을 인수인계하기에 시간이 지나치게 촉박했기 때문에 미처는 후임 함장에게 지휘권을 인계하지 않고 함장으로 전투를 지휘했다. 미드웨이 해전 내내 메이슨 대령은 '손님'으로 호닛에 있었다. 위의 책, pp.313–314.

78 【옮긴이】 미군은 이러한 공격대 발진기법을 '상공대기 발진deferred departure'이라고 불렀다.

79 【옮긴이】 1. SBD 4기가 엔진이상으로 격납고로 돌아갔다. 일반적으로 SBD들이 발함하는 동안 TBD와 전투기들이 후방 엘리베이터를 이용하여 비행갑판으로 올라간다. 하지만 이 날 VB-6의 SBD는 1,000파운드 항공폭탄을 달고 있어 비행갑판 끝에서 발함해야 충분한 활주거리를 확보할 수 있었으므로 TBD는 엘리베이터를 사용할 수 없었다. SBD가 발진한 다음 전투기와 TBD를 비행갑판에 배치하는 데 다시 20분이 소요되었다. 게다가 TBD 1기의 엔진이 고장 났다(Symonds, p.274). VS-6과 VB-6은 07시 30분경 발함을 완료했다[Commander, VS-6, Report of Action, June 4–6, 1942(이하 VS-6 교전보고), p.2; Commander, VB-6, Report of Action, June 4–6, 1942(이하 VB-6 교전보고), p.2].

80 【옮긴이】 이 전문은 07시 28분 아카기 수신으로 기록된 도네 4호기의 미 함대 발견보고와 동일한 전문으로 추정된다[우가키도 도네 4호기의 적 발견 전문을 07시 40분에 방수했다고 적었다(宇垣纏, p.133)]. 방수한 전문을 스프루언스에게 보고한 통신장교 슬로님 대위는 이 전문이 "아군의 위치와 구성에 관한 평문으로 된 접촉보고" 였다고 증언했다. 그러나 전투장보반의 방수기록(1942년 6월 4일자, SRMN-012,500)에 따르면 07시 40분에 MEKU4라는 콜사인을 쓰는 적기(도네 4호기 추정)가 MARI라는 콜사인을 쓰는 수신자(기동부대 추정)에게 암호전문을 보냈으며 07시 47분에 MARI가 평문으로 회신했다[Lundstrom(2013), p.568]. 이 전문은 07시 47분에 나구모가 도네 4호기에게 평문으로 타전한 "함종 확인. 접촉 유지" 명령이었을 것이다. 1항함 전투상보 원문에도 07시 28분(혹은 07시 40분)에 도네가 보낸 전문은 암호 전문이며 나구모가 07시 47분에 도네 4호기에

게 보낸 지시는 평문이다(1항함 전투상보 원문, pp.29-30). 즉 슬로님 대위는 07시 40분에 방수한 전문이 평문이어서 내용을 파악할 수 있었다고 하나 이 전문은 미일 양측 기록에 따르면 암호로 발신되었다. 아울러 도네 4호기가 보낸 적 함대 발견보고 전문 수신시간이 07시 28분이었다는 기록(1항함 전투상보)과 07시 40분이었다는 기록(미군 및 야마토 방수기록) 중 어느 쪽이 정확한지는 알기가 어렵다. 즉 도네 4호기의 적 발견보고 전문이 암호문이었는지 평문이었는지, 그리고 수신/발신시간에 대해 증언과 기록들이 일치하지 않는다.

81 【옮긴이】 미처 함장은 미드웨이의 미일 양국 해군 지휘관 중 해군항공 관련 경력이 가장 풍부한 사람이었을 것이다. 미처는 중위 시절인 1915년부터 항공 분야에서 경력을 쌓아 왔다. 그는 초창기 미 해군 조종사였으며(33번째로 조종사 자격 획득), 전쟁 전에 항공모함 새러토가의 비행대장, 항공모함 렉싱턴의 부장을 지냈다. 미처는 온화하고 관대했으나 항공작전에 관해서만큼은 매우 엄격했다. Symonds, pp.111-116.

82 【옮긴이】 호닛의 발진 계획은 교리에 맞는 통상적 계획이었으나 전투기들이 장거리 엄호를 해야 한다는 상황을 고려하지 않았다. 다른 항공모함들은 이를 고려하여 전투기 발진을 가급적 늦게까지 미루었다. Lundstrom(1990), p.325.

83 【옮긴이】 호닛 교전보고 첨부 지도, 사후에 발견된 링의 소명서, VT-8의 유일한 생존자 게이 소위에 의하면 링은 240도(남서)로 항로를 잡았다고 한다. 그러나 후속 연구 결과 링의 실제 항로는 거의 정서 방향인 265도 혹은 270도였음이 밝혀졌다. 월드론이 왼쪽으로 이탈했다는 증언(240도에서 왼쪽으로 이탈하면 나구모의 남쪽을 지나쳤을 가능성이 있음), 링과 같이 있었던 VS-8 지휘관 로디 소령의 증언, 호닛 레이더의 추적기록 등을 볼 때 240도(남서)는 사실이 아니다. Kernan, pp.128-136, 155-157.

84 【옮긴이】 미국 측 연구에서 "목적지 없는 비행The Flight to Nowhere"이라고 알려진 6월 4일 아침 호닛 공격대의 출격은 오늘날까지도 논란거리다. 시먼즈는 비록 링 중령의 항법실력이 형편없었지만(Symonds, p.248), 링보다 숙련된 조종사였던 미처 함장이 직접 항로를 계산하여 링에게 지시했을 것이라고 주장한다. 미 함대 지휘관들은 2개 항전으로 편성된 일본 항공모함 4, 5척이 미드웨이로 오고 있음을 인지했다. 그러나 시먼즈는 이 중 2척만 발견되었으므로 미처 함장이 나머지 2척이 요함들과 떨어져 작전 중이라고 믿었을 것이라고 주장한다. 따라서 미처 함장은 '발견되지 않은' 일본 항공모함들을 상대하기 위해 이미 2척이 발견된 남서쪽 대신 서쪽으로 호닛 공격대를 보냈다는 것이다. 그러나 이 항로를 미처 함장이 지시했다면 다른 비행대장들에게 알리지 않고 링에게만 알린 이유를 알 수 없다. 링과 미처는 이 점에 대하여 말을 흐렸다. Symonds, pp.258-259.

85 Lundstrom(1990), p.336.

86 【옮긴이】 원문에서는 3개 비행단을 3개 방향에서 접근시켰다고 하나 2개(호닛, 엔터프라이즈) 비행단이 맞다. 엔터프라이즈 비행단은 2개 경로로 나뉘어 일본군에 접근했다.

87 Willmott(1982a), p.397. 윌모트도 이 점에 있어서 후치다가 일관성이 없다고 지적했다.

88 사실 요크타운을 중심으로 한 16기동부대는 이보다 약간 가까운 175해리(324킬로미터) 떨어져 있었다. 논의의 흐름을 해치지 않도록 본문에서는 도네 4호기의 위치보고가 잘못되었다는 점을 언급하지 않았다. 즉 도네 4호기가 제대로 비행했다면 적을 아예 발견할 수

없었을 것이다.

89 Isom(2000), p.88.

제10장_ 난타전 08:00-09:17

1 【옮긴이】 1항함 전투상보 원문, p.30. 거의 같은 시간에 하루나도 적기를 포착했다.

2 【옮긴이】 이날 SBD를 조종한 헨더슨의 부하 9명 중 단 3명만 SBD 조종 경험이 있었다. Report of Activities of VMSB-241 during June 4 and June 5, 1942(June 12, 1942)(이하 VMSB-241 교전보고), p.1.

3 【옮긴이】 아카기 비행기대 전투행동조서, p.110; 히류 비행기대 전투행동조서, p.179; 소류 비행기대 전투행동조서, p.160.

4 【옮긴이】 야마모토 아키라山本旭 일등비행병조, 히라야마 이와오平山巖 일등비행병조(1차 직위대), 사와노 시게토澤野繁人 이등비행병조, 가이 다쿠미甲斐巧 이등비행병조(2차 직위대)의 기체로, 모두 08시에 귀환했다. 가가 비행기대 전투행동조서, p.21.

5 【옮긴이】 과달카날 전투의 상징과도 같았던 헨더슨 비행장은 현재 솔로몬 제도의 호니아라 국제공항Honiara International Airport으로 사용 중이다.

6 【옮긴이】 원문에서는 헨더슨이 격추된 다음 리처드 E. 플레밍Richard E. Fleming 대위가 비행대를 이끌었다고 하나 VMSB-241 교전보고(p.2)에 따르면 2중대장 엘머 C. 글리든 대위가 공격을 이끌었다고 한다. VMSB-241 교전보고를 따라 고쳐 옮겼다.

7 【옮긴이】 히류 전투상보 원문, p.162; 1항함 전투상보 원문, p.31.

8 【옮긴이】 헨더슨이 지휘한 SBD 16기 가운데 8기가 돌아오지 못했고 귀환한 기체들도 상당한 피해를 입었다. 예를 들어 대니얼 아이버슨 주니어Daniel Iverson Jr. 중위의 기체에는 파편과 총탄으로 생긴 구멍이 무려 210개였다. VMSB-241 교전보고, p.3.

9 나가토모 증언, 橋本敏男·田邊彌八, p.219. 나가토모는 미군기 한 대가 히류 근처에서 '자폭'했다고 주장하지만 미군 측 기록에는 이러한 내용이 없다. 【옮긴이】 히류 전투상보 원문(p.162)에 08시 12분경 적기 1기가 좌현 현측 가까운 곳에서 자폭했다고 기록되어 있다. 그러나 일본군은 '자폭'이라는 표현을 '추락'하거나 '격추'된 경우에도 사용했음에 유의해야 한다.

10 【옮긴이】 07시 54분 소류 보고: "본함 상공 적 쌍발기〔4발기의 오류〕 14기, 270도로 통과, 고도 3000미터", 1항함 전투상보 원문, p.30.

11 【옮긴이】 이 B-17편대(Flight 92)는 431폭격비행대를 비롯한 여러 부대 소속기(부록 전투서열 참조)로 구성되었으며 04시 40분에 미드웨이 기지를 이륙해 06시 22분에 일본 기동부대 공격명령을 받고 항로를 변경했다. 미드웨이 기지 교전보고, p.3; 미드웨이 기지 항공작전보고, p.4.

12 Cressman et al., p.81.

13 【옮긴이】 스위니의 B-17들은 08시 14분에 공격을 시작했다. 미드웨이 해전보고, p.9.

14 【옮긴이】 스위니의 B-17들은 500파운드 대형 파괴폭탄demolition bomb을 8개씩 장착했다. 스위니는 항공모함 2척에 폭탄 3발을 명중시켰으며 1척에서 심한 연기가 솟았다고 보고했

다. 스위니보다 먼저 공격한 VMSB-241이 '소류'에 폭탄 3발을 명중시켜 연기를 뿜는 장면을 목격했다고 보고했으므로 미군은 스위니가 목격한 연기를 뿜는 항공모함도 '소류'라고 추정했다. 하지만 1항함 전투상보의 피해기록(pp.80-83)에 따르면 소류는 VMSB-241에 공격받지 않았고(가가, 히류가 VMSB-241로부터 받은 공격만 기록됨), B-17이 떨어뜨린 폭탄은 소류로부터 50~200미터 거리에 떨어져 아무런 피해를 주지 못했다(소류가 B-17로부터 받은 공격만 기록됨). 미드웨이 해전보고, p.9; 미드웨이 기지 항공작전보고, p.5; 미드웨이 기지 교전보고, p.4; VMSB-241 교전보고, p.3; 1항함 전투상보 원문, pp.0-33, 82-83 종합.

15 【옮긴이】 1항함 전투상보 원문, p.30. 나구모가 회시한 시간은 08시 00분이다.

16 【옮긴이】 이 D4Y1의 발함시간은 08시 30분이다(소류 전투상보 원문, p.92). 발함시간에서 역산해 보면 08시경에 도네 4호기의 보고를 확증하기 위해 발진명령을 내린 것으로 보인다. 30분은 1기가 급유를 마치고 갑판에 배치되어 발함하는 데에 충분한 시간이다. 게다가 08시 30분경 소류 비행갑판에 착함하거나 발함하는 직위기는 없었다.

17 B-17들이 다른 항공모함들의 사진을 찍었는데 유독 가가의 사진만 찍지 못한 것을 보면 가가는 이때 짙은 구름 아래 숨어 있어 습격당할 걱정 없이 항로를 유지할 수 있었을지도 모른다. 【옮긴이】 가가는 08시 00분에 1, 2차 직위대 4기를 착함시키고 08시 15분에 3차 직위대 5기를 발진시켰다(가가 전투상보 원문, p.52). 따라서 08시경에는 맞바람 쪽으로 함수를 돌렸어야 했을 것이다. 하지만 가가 비행기대 전투행동조서(p.21)에는 3차 직위대 발함 기록이 없다.

18 【옮긴이】 원문에서는 7기의 발함을 준비시켰다고 하나 가가 전투상보에 따르면 야마구치 소위 외 2기(3기), 사와노 이등비행병조 외 1기(2기), 야마모토 일등비행병조 외 2기(3기)로 모두 8기다(가가 전투상보 원문, pp.52-53), 번역문에서는 이에 맞게 8기로 고쳤다.

19 가가 전투상보, p.11. 【옮긴이】 가가 전투상보 원문에는 방공전투에 참여한 함상폭격기 대수가 기록되지 않았으며 08시 10분경 함폭대가 적기를 공격했다는 구절만 있다. 이 외에 제로센 1기가 적 함상폭격기 1기를 발견하여 공격, 격추했다고 기록되어 있다. 가가 전투상보, pp.50-51.

20 【옮긴이】 소류 전투상보 원문, p.81.

21 게임 'Aces of the Pacific'에 실린 요시노 하루오와의 인터뷰. 자료를 제공해준 존 브루닝 주니어에게 감사드린다. Brunning Collection, Hoover Institute.

22 【옮긴이】 원문에 오노 젠지 비행병조장으로 나와 있으나 번역문에서는 아카기 전투상보 원문을 따랐다.

23 【옮긴이】 고야마우치 외에 다나카 가쓰미 일등비행병조, 오하라 히로시 이등비행병조의 직위기이다. 아카기 비행기대 전투행동조서, p.110; 아카기 전투행동조서 원문, p.39.

24 【옮긴이】 가가 전투상보(pp.52-53)에 따르면 야마구치의 소대(3기)와 사와노의 소대(2기)이다. 상보에 따르면 두 소대는 3차 직위대로 08시 15분에 출격했으나 야마구치가 사와노를 지휘했는지는 불명확하다. 반면 가가 비행기대 전투행동조서에 따르면 야마구치의 소대(3기)는 2차 직위대로, 사와노의 소대(2기)는 야마구치의 지휘를 받지 않은 3차 직위대로 07시에 출격했으며 08시 15분 출격 기사는 없다. 야마구치가 5기를 모두 지휘했을 가

능성은 반반이다.

25 Cressman et al., p.81.

26 【옮긴이】 08시 11분 수신, 08시 09분 발신. 1항함 전투상보 원문, p.31.

27 Prange(p.215)에 실린 구사카의 증언, Prange, p.215.

28 【옮긴이】 1항함 전투상보 원문, p.31.

29 Isom(2000), p.90-91.

30 【옮긴이】 아카기 비행기대 전투행동조서, p.70; 아카기 전투상보, pp.39-40. 08시 32분 발진. 원문에는 다니구치 마사시谷口正史 일등비행병조가 지휘관으로 되어 있으나 아카기 전투상보에는 이와시로 요시오 일등비행병조가 지휘관으로 나온다. 번역문에서는 아카기 전투상보를 따라 고쳤다. 다니구치, 이와시로 외 소대원은 다카스카 미즈미高須賀満美 삼등비행병조, 사노 신페이佐野信平 일등비행병(총 4기)이다.

31 【옮긴이】 가가 비행기대 전투행동조서, p.21; 가가 전투상보, p.53, 08시 30분 발진. 야마모토 외 소대원은 히라야마 이와오平山巌 일등비행병조, 나카가미 다카시中上喬 일등비행병조(총 3기)이다.

32 【옮긴이】 히류 비행기대 전투행동조서, p.175; 히류 전투상보, p.174. 08시 35분 발진. 모리 외 소대원은 야마모토 도루山本亨 이등비행병조, 오타니 겐지小谷賢次 일등비행병조(총 3기)이다.

33 【옮긴이】 1항함 전투상보 원문(p.31)에는 이유를 밝히지 않고 08시 23분에 나가라가 연막을 쳤다고 기록되었다. 무엇인가를 발견했다는 신호지만 이것이 잠망경인지는 불확실하다.

34 "Report of The First War Patrol, July 16, 1942," Serial 0801(이하 노틸러스 교전보고).

35 위의 보고서.

36 위의 보고서.

37 【옮긴이】 원문은 '밴시의 울음banshee wailing'이다. 밴시는 스코틀랜드 전설에 나오는 귀신으로 누군가가 죽을 때 울음소리로 죽음을 알린다고 한다.

38 【옮긴이】 노리스 소령이 지휘한 SB2U 11기는 06시 20분에 헨더슨 소령이 지휘한 SBD 16기와 함께 출격했으나 헨더슨보다 다소 늦게 현장에 도착하여 08시 20분에 일본 기동부대를 발견하고 공격에 나섰다(VMSB-241 교전보고, pp.1-3). SB2U가 SBD보다 속력이 느렸기 때문으로 보인다.

39 【옮긴이】 VMSB-241 교전보고는 목표물을 변경한 이유를 이렇게 설명한다. "08시 20분에 적을 발견하고 공격준비를 하였음. 적절한 공격 위치에 도달하기 전에 적 전투기들과 마주쳤음. 적의 저항이 완강했으므로 주 목표물인 항공모함 수색을 포기하고 2차 목표인 전함으로 목표물을 다시 선정함." 위의 보고서, p.3.

40 【옮긴이】『戰史叢書』 43卷(p.144)에는 다카마 함장의 계급이 대좌라고 기록되어 있으나 福川(p.227)에 따르면 다카마는 미드웨이 해전 직전인 1942년 5월 1일에 소장으로 진급했다.

41 【옮긴이】 VMSB-241 탑승원들은 전함(하루나)에 직격탄 2발을 명중시켰고 이 전함이 심한 연기를 뿜으며 기울어졌다고 보고했다. 1항함 전투상보에는 하루나의 피탄 기록이 없다. 하루나는 이후에 특이사항 없이 작전을 계속 수행했기 때문에 피해를 거의 입지 않은 것으로 보인다. VMSB-241 교전보고, p.3.

42 SB2U 2기의 실종을 둘러싼 상황은 수수께끼다. 추락하는 장면을 목격한 사람이 없기 때문이다. 직위기들이 격추했다고 보는 것이 타당해 보인다. 【옮긴이】 VMSB-241 교전보고에 따르면 하루나를 공격한 VMSB-241 소속 조종사 중 케네스 O. 캠피언Kenneth O. Campion 중위, 제임스 H. 머맨디James H. Marmande 중위가 6월 4일 전투의 실종자로 기록되었다(같은 보고서, p.7) 두 사람의 실종과 관련된 상황은 언급되지 않았으나 하루나 공격 이외에 두 사람의 6월 4일 행적 기록이 없으므로 하루나 공격 중에 실종(격추)되었다고 보는 것이 타당해 보인다.

43 【옮긴이】 호닛보다 먼저 건조된 새러토가나 와스프에도 비슷한 용도의 장소가 있었으나 이때는 'Plotting Room'(작전실 혹은 작도실)이라고 불렸다. CIC라고 불린 장소는 호닛에 처음 생겼다. 平野鐵雄, p.115.

44 【옮긴이】 쓰시마 해전 이래 일본 해군에는 지휘관이 함대 선두의 노출된 장소에서 지휘해야 한다고 여긴 풍조가 있어 바깥과 고립되고 장갑으로 둘러싸인 CIC(미국 항공모함의 CIC는 선체 깊은 곳에 위치) 같은 곳에서 전투를 지휘하는 일이 낯설었을 것이라는 의견이 있다. 위의 책, 같은 페이지.

45 가가 전투상보, p.19. 【옮긴이】 가가 전투상보 원문, p.54.

46 Fuchida, p.150; 나가토모 증언, 橋本敏男 · 田邊彌八, p.220. 【옮긴이】 당시 히류의 함교에 있던 다무라 시로田村士郎 병조장(당시 장항해장掌航海長: 항해장 보좌)의 회상에 따르면 야마구치는 "현 장비로 즉각 공격대를 발진시키는 것이 지당하다고 보임."이라고 더욱 구체적으로 강하게 건의했다고 한다. 森史郎(二部), pp.109-110. 야마구치의 건의는 참전자 여러 명의 회상에 등장하지만 1항함 전투상보에는 기록되지 않았다.

47 【옮긴이】 진주만 기습의 기획 단계에서 1항전의 아카기, 2항전의 히류, 소류의 항속력 부족이 문제로 지적되어 아카기, 소류, 히류를 작전에서 제외하고 5항전의 쇼카쿠와 즈이가쿠에 2항전의 비행기와 탑승원들을 배치하여 1항전의 가가와 함께 작전을 수행하자는 제안이 있었다. 이 제안을 들은 야마구치가 대노하여 "소류와 히류의 항속력이 부족하다면 갈 때만 같이 가고 올 때는 버려도 괜찮다."라고 말했다고 한다. 生出壽, pp.101-102.

48 【옮긴이】 1항함 전투상보 원문, p.32.

49 Cressman et al., p.113.

50 【옮긴이】 플레처의 항공참모 머 아놀드Murr Arnold 중령과 요크타운 비행단장 오스카 P. 피더슨Oscar P. Pederson 중령이 계산한 항로는 230도(남서)였다. 아놀드와 피더슨은 각 비행대장들과 이 문제를 토의했으며 비행대장들도 각자의 의견을 솔직히 개진했다. 이 자리에서 아놀드와 피더슨은 예정 좌표에서 적을 발견하지 못한다면 적이 북쪽으로 변침했다는 의미이므로 공격대 역시 북동쪽으로 기수를 돌리라고 말했다. Symonds, pp.281-282.

51 Bates, p.125.

52 Lundstrom(1990), pp.339-340.

53 위의 책, p.340.

54 【옮긴이】 16기동함대(엔터프라이즈, 호닛)가 '상공대기 발진deferred departure' 방식으로 공격대를 발진시킨 반면 17기동함대(요크타운)는 '정상 발진normal departure' 방식으로 공격대를 발진시켰다. 상공대기 발진 방식은 가장 항속거리가 긴 비행기가 먼저 발진하여 상공에서

대기하는 동안 나머지 비행기들이 발진하여 모든 비행대가 모함 상공에서 공격대를 편성한 다음 목표물로 향하는 방식이다. 정상 발진 방식은 가장 무거운 병장을 탑재한 비행기를 먼저 발진시킨 후 나머지 비행기들이 먼저 발진한 비행기를 중간에 따라잡아 공격대를 편성하는 방식이다. 발진 방식이 달랐을 뿐만 아니라 발진 사고가 없었고 항공참모와 비행단장, 각 비행대장들 사이에 사전 의사 조율이 잘되었다는 점도 17기동함대 비행단이 비교적 쉽게 일본군을 발견하는 데 큰 역할을 했다. Symonds, pp.281-282.

55 Cressman et al., p.89.

56 야간착함 시에는 함교 뒤에 설치된 색색의 신호등으로 풍속 정보를 전달했다. 또한 비행갑판 중앙선을 따라 난 백색조명 점멸로 조종사에게 필요한 지시를 내릴 수 있었다. 함교 뒤에 앞뒤로 정렬된 백색, 적색, 청색 신호등으로 비행갑판 위의 풍속 정보를 알렸고, 비행갑판 윤곽과 중앙선은 백색 조명으로, 제지삭과 비행갑판 끝단 위치는 비행갑판을 가로질러 한 줄로 설치된 적색 조명으로 표시했다. 모든 신호등군의 조도는 리오스탯rheostat(조광기)을 통해 개별적으로 조절했다. ATIG Report, No.1:5; ATIG Report No.2:2; ATIG Report No.5:2.

57 가가 전투상보에 있는 해도에 의거함. 문서번호 WDC160985, pp.9, 11. 이는 바람이 남동쪽에서 불었다는 서구에서 널리 받아들여진 풍향 정보와 배치된다는 점을 강조하고자 한다. 남동풍이라는 정보는 조종석에서 목격한 파도 방향 및 기타 기상상황을 근거로 미군 조종사들이 한 추측인 데 반해 가가의 조종사들은 함 근처의 기상상황을 관찰하기에 미군보다 적절한 위치에 있었다. 따라서 우리는 미군 측 풍향정보 대신 가가 전투상보에 나오는 정보를 택했다. 이날 아침에는 풍향이 변덕스러워 한 시간 반 뒤에는 북동풍으로 변했다.

58 1항함 전투상보에 나오는 기동부대 행동도/합전도는 아마 나가라의 항적일 것이다. 그 이유를 한 가지 들자면, 이 항적기록은 08시 32분경에 함대가 8자형 기동을 했음을 보여 주는데 아카기 비행기대 전투조서를 보면 이때 아카기는 비행기들을 착함시키는 중이었기 때문에 바람이 불어오는 방향으로 항로를 계속 유지할 수밖에 없었다. 또 한 가지 흥미로운 점은 아카기가 피격된 시각인 10시 25분 이후에도 1항함 전투상보 행동도에서 함대가 계속 북쪽으로 가다가 다시 남쪽으로 돌아오는 모습이 보인다는 것이다. 이 행보는 알려진 나가라의 당시 행보와 상당 부분 일치하는데, 나가라는 이때 정지한 아카기에 있는 나구모를 데려오려고 돌아가던 중이었다. 기동부대가 북서쪽으로 침로를 변경했다고 기록된 시각(16시 30분~17시)은 격추된 미군 조종사들을 건져 올리기 위해 나가라가 침로를 변경한 때와 일치한다. 반면에 이때 히류는 계속 정서쪽으로 항해한 것이 틀림없다. 따라서 1항함 전투상보에서 아카기의 행적을 재구성할 때는 종종 정황에 따라 추측해야 한다. 09시 20분~09시 30분에 VT-8이 공격할 때 기동부대의 회피기동에 따른 침로 변경이 그러하다. 흥미롭게도 선수방향의 차이에도 불구하고 10시 20분경에 1항함 전투상보의 행동도와 우리가 재구성한 아카기의 침로는 상당 부분 수렴한다. 따라서 기동부대가 치명적 공격을 받은 지점은 1항함 전투상보에 나오는 10시 20분의 위치 근처였을 것이라는 심증이 굳어진다. 그러나 우리가 재구성한 아카기 항적도에서 아카기는 1항함 전투상보의 행동도보다 북북서로 약 4해리 떨어진 곳에 위치한다. 당시 항해기법, 함대의 크기(경계함

들의 진형을 포함하여 21해리 정도로 추정), 전투상황을 고려해 보면 이 오차가 심각한 것은 아니라고 생각한다.

59 USSBS의 아오키 함장(아카기)과 아마가이 비행장(가가)의 면담기록에서 확인된다.

60 【옮긴이】 기동부대는 08시 55분에 90도로 변침했다. 1항함 전투상보 원문, pp.31-32.

61 일본 측 목격담과 미군 공격대의 보고를 면밀하게 살펴본 결과다.

62 Fuchida, p.145.

63 【옮긴이】 1항전 아카기의 함교는 좌현 중앙, 가가의 함교는 우현 약간 앞쪽에 있었고 2항전 히류의 함교는 좌현 중앙, 소류의 함교는 우현 약간 앞쪽에 있었다. 각 항전의 위치와 항공모함의 크기, 함교의 위치를 생각하면 조종사들은 상공에서 비교적 쉽게 모함을 찾았을 것이다.

64 소류의 이름은 당시 구 가나 표기법으로 'サウリウ'(사우리우)라고 쓰고 소류라고 읽는다.

65 【옮긴이】 옮긴이 부연설명의 출처는 歷史群像編輯部, p.83.

66 Carl Snow, "Japanese Carrier Operations; How Did They Do It?," *The Hook*(Spring, 1995). 전후 미국과 영국 해군이 개발한 'Call the Ball' 시스템과의 유사성이 눈에 띈다. 일본 해군의 영향을 받은 결과인지는 알 수 없다.

67 【옮긴이】 歷史群像編輯部, p.83에는 함상공격기의 착함 강하각도가 6도였다고 한다.

68 Carl Snow, 앞의 논문; 長谷川藤一, p.167; USNTMJ, Report A-11, pp.15-18.

69 ATIG Report No.2:2.

70 ATIG Report No.1:5; ATIG Report No.2:2; ATIG Report No.5:3.

71 ATIG Report No.5:3.

72 【옮긴이】 비행갑판 연장부를 통과하면서 비행기는 기수를 살짝 올려 바퀴 세 개가 모두 동시에 착지하는 자세를 취한다. 歷史群像編輯部(2015), p.83.

73 雜誌「丸」編集部(1999c), p.35.

74 ATIG Report No.1:5.

75 雜誌「丸」編集部(1999c), p.35.

76 다나카는 미드웨이에서 귀환하던 중 함대 상공 방어전에 뛰어들었다가 부상당한 것 같다.

77 Brown, pp.68-72.

78 태평양전쟁 초기에는 1인승기의 경우 조종사가, 2, 3인승기의 경우 후방사수나 관측수가 테일후크를 풀었다. 전쟁 후기에는 테일후크 장치가 바뀌어 비행갑판 승조원들이 테일후크를 풀었다. 탑승원 훈련 부족으로 인해 성급하게 테일후크를 풀어 사고가 발생하는 경우가 빈발했기 때문이다. ATIG Report No.3:1.

79 승조원이 비행갑판 양현 아래쪽에 엇갈리게 설치된 장소에서 각각의 제동삭을 조작했지만 모든 활주제지삭은 좌현에 있는 승조원 한 명이 비행장의 지시를 받아 위아래로 조작했다. ATIG Report No.2:2.

80 1항함 전투상보, p.16. 탄체가 얇은 육용폭탄(고폭탄)에 비해 통상탄(철갑탄)은 탄체가 두텁고 튼튼해 장갑판을 관통할 수 있어서 함 내부의 주요부까지 파고들어가 폭발할 수 있다. 【옮긴이】 원문은 "이미 08시 30분에 기동부대의 모든 함상폭격기들에 250킬로그램짜리 통상탄(철갑탄)으로 무장하라고 명령했다."이나 이때 함상폭격기들은 폭탄을 전혀 달

지 않았기 때문에 오해의 소지가 있는 문장이다. 1항함 전투상보 원문, p.32.

81 【옮긴이】 1항함 전투상보 원문, p.32. 원문에 인용된 전문에는 침로, 속력정보가 누락되어 보충했다.

82 【옮긴이】 위의 보고서, 같은 페이지.

83 【옮긴이】 위의 보고서, 같은 페이지.

84 【옮긴이】 위의 보고서, 같은 페이지.

85 【옮긴이】 위의 보고서, 같은 페이지.

86 프랜지와 구로시마 참모의 면담기록, 1964년 11월 18일. Prange, pp.235-236.

87 노틸러스 교전보고.

88 위의 보고서.

89 【옮긴이】 아라시는 09시 10분에 나구모에게 무전으로 미 잠수함의 어뢰 공격을 받고 폭뢰 공격을 가했으나 효과 불명이라고 보고했다. 1항함 전투상보 원문, p.34.

90 【옮긴이】 각 항공모함의 소속기들이 자함 상공에 도착한 시간은 아카기: 08시 25분(아카기 전투상보, p.27), 가가: 08시 10분(가가 전투상보, p.51), 히류: 07시 50분(히류 전투상보, p.172), 소류: 08시 25분(소류 전투상보, p.88)이다. 수용작업 완료시점은 아카기: 08시 59분(1항함 전투상보 원문, p.33), 09시, 09시 10분(아카기 전투상보, pp.27, 28), 히류: 09시 05분(히류 전투상보, p.163), 소류 09시 45분(함전대), 09시 50분(함공대, 소류 전투상보, p.88)이다. 가가 전투상보에는 수용작업 완료시점이 없다. 같은 항전의 아카기가 소속기를 수용하는 데 34분가량 걸렸는데 가가도 비슷한 시간이 소요되었다고 가정하면 아카기보다 약간 이른 시간인 08시 50분 전후에 수용작업을 마쳤을 것이다.

91 근거 없는 추정이지만 적극적 성격의 야마구치는 공격대를 즉각 발함시키자는 자신의 긴급건의가 수용될 것이라고 기대했을 수도 있다. 만약 그랬다면 2항전 항공모함들의 비행갑판에 함상폭격기들이 배치되기 시작했을 수도 있다. 즉각 발진이 불가능해지자 야마구치는 미드웨이에서 돌아온 도모나가 공격대와 히류 소속기를 수용하기 위해 히류의 비행갑판을 비워야 했을 것이다. 이 점을 지적해준 런드스트롬에게 감사드린다. 【옮긴이】 히류의 미드웨이 공격대 수용작업 완료 시점은 09시 05분이고 수용작업에 최소 30~40분이 걸린 점을 생각하면 아무리 늦어도 08시 35분에 수용작업을 시작해야 한다. 따라서 본문에서 히류가 08시 50분에도 회수작업을 시작하지 못했다는 서술은 앞뒤가 맞지 않는다. 소류가 가장 늦은 09시 50분경에 작업을 끝냈기 때문에 08시 50분에 수용작업을 시작하지 못한 항공모함은 소류일 가능성이 높다. 또한 저자들이 주장한 대로 히류의 갑판에 배치된 함상폭격기들을 격납고로 내리는 데 시간이 필요해 수용작업이 지연되었다면 히류가 작업을 일찍 끝낸 데 반해 소류는 40~45분 뒤에야 작업이 끝난 현상을 설명하기가 곤란하다. 소류 비행갑판에만 함상폭격기가 있어서 작업이 지연되었다고 볼 수도 있으나 무리한 해석이다. 옮긴이 의견으로는 소류가 일시적으로 수용작업을 할 수 없는 상황이었던 것으로 보인다.

92 【옮긴이】 08시 59분은 1항함 전투상보 원문(p.33) 기록시간으로 아카기 전투상보에 기록된 시간(09시, 09시 10분)과 다르다(주 90 참조).

93 【옮긴이】 원문은 "2항전의 항공모함은 모두 09시 10분경 작업을 끝냈다."이나 히류는 09시

05분, 소류는 09시 45~50분(주 90 참조)에 작업을 완료했기 때문에 "09시 10분경"을 "09시가 지나서야"로 고쳤다.

94 【옮긴이】 아카기가 미드웨이 공격대 회수를 마친 08시 59분~09시 10분에 아카기에 착함한 직위대 조종사는 이부스키 대위(3차 직위대, 08시 59분 착함), 오하라, 다나카 이등비행병조(4차 직위대, 08시 59분 착함)와 고야마우치 비행병조장(5차 직위대, 09시 10분 착함)으로 모두 4명이다. 원문에 나온 "미드웨이 공격대 수용 직후 착함한 직위기 1기"가 누구의 비행기였는지는 불명이다. 아카기 전투상보 원문, p.39; 아카기 비행기대 전투행동조서, p.70.

95 Lord, p.174.

96 【옮긴이】 일본 공격대 요격에 나선 VMF-221은 각 중대별로 단독 행동하며 310~320도 방위에서 일본군을 수색하던 중 미드웨이에서 20~40해리(37~74킬로미터) 떨어진 곳에서 일본군 미드웨이 공격대와 조우했다. VMF-221 교전보고, p.1.

97 【옮긴이】 조종사 기쿠치 로쿠로 대위, 관측수 유모토 도모미湯本智美 비행병조장, 무전수 나라사키 히로노리楢崎廣典 일등비행병조. 澤地久枝, p.342.

98 마루야마의 증언, Brunning Collection, Hoover Institute.

99 【옮긴이】 조종사 치하라 요시히로茅原義博 삼등비행병조, 관측수 다나카 게이스케田中敬介 일등비행병조, 무전수 오가와 마사지小川政次 이등비행병조. 澤地久枝, p.342.

100 【옮긴이】 VMF-221 교전보고(p.2)에는 미국과 일본 전투기의 성능 격차에 대해 다음과 같이 언급되어 있다. "F2A-3〔버펄로〕는 모든 면에서 일본군의 0식 전투기에 비해 성능이 뒤떨어짐. 비행대의 모든 조종사들이 이를 알았지만 가능한 모든 비행술을 써서 대담하게 적을 공격했음." 비행대의 생환 조종사들은 교전보고 첨부 진술서에서 입을 모아 제로센의 우수성을 높이 평가하고 버펄로, 와일드캣의 뒤떨어진 성능에 대한 불만을 토로했다. 예를 들어 C. M 쿤츠C. M. Kunz 소위는 "우리는 지금까지 제로 전투기를 과소평가해 왔음. 본관의 소견으로 이 전투기는 현 전쟁의 최고 전투기 중 하나임. 우리의 버펄로 전투기는 일선에서 전투기로 운용되어서는 안 되며 훈련기로 마이애미에나 있어야 할 것임."이라고까지 진술했다.

101 【옮긴이】 이 전투에서 지휘관 파크스 소령을 포함해 미군 전투기 조종사 14명이 전사하고 4명이 부상을 입었다. 살아남은 전투기들도 크고 작은 피해를 입었다. Symonds, p.227.

102 겐다의 증언, Prange, p.251.

103 가정이다. 하지만 일본군은 함상공격대의 소속 중대를 정확히 이렇게 활용하여 각 소속 중대가 목표를 선정하게 하면서도 함상공격대의 전체 공격력을 유지했다.

104 【옮긴이】 기장(관측수)은 다쓰 로쿠로龍六郎 비행병조장, 무전수는 니칸 가즈노리二官一憲 이등비행병조이다. 히류 비행기대 전투행동조서 원문, p.181에 따라 고쳐 옮겼다.

105 WDC160895, p.30. 【옮긴이】 히류 전투상보 원문, p.179.

106 위 문서, pp.6-9. 【옮긴이】 아카기 전투상보 원문, pp.34-35.

107 위 문서, p.13. 【옮긴이】 가가 전투상보 원문, p.56.

108 【옮긴이】 원문은 "샌드섬 양용포진지dual purpose batteries 공격, 전탄 명중, 포좌 1 침묵, 심한 피해를 입힘"이나 번역문에는 소류 전투상보 원문(p.71)을 인용했다.

109 위 문서, p.21. 【옮긴이】 제2중대: 이스턴섬 활주로에 전탄 명중, 활주로 파괴. 효과 심대. 제3중대: 이스턴섬 활주로에 전탄 명중, 활주로 파괴, 격납고 1동 화재, 효과 심대. 소류 전투상보 원문, p.89.

110 위 문서, p.29. 【옮긴이】 히류 전투상보 원문, p.176.

111 Cressman et al., pp.67-68.

112 위의 책, 같은 페이지.

113 【옮긴이】 원문에서는 다카하시 도시오高橋利男 1등비행병조라고 했으나 앞서 언급된 아카마쓰 소위의 기체다. 히류 비행기대 전투행동조서 원문, p.181.

114 이 97식 함상공격기는 기쿠치 로쿠로 대위의 기체다. 기쿠치와 부하들은 쿠레섬 근처에 불시착했으나 미군이 나타나 포로로 잡으려 하자 자결했다.

115 【옮긴이】 소류 전투상보 원문(pp.89-90)에 따르면 97식 함상공격기 2기가 피탄되어 불시착, 1기가 미귀환(격추 추정), 1기가 히류에 불시착했으며 부사관 3명, 병 1명이 미귀환하고 부사관 1명, 병 1명이 부상을 입었는데 상세 내역이 없다. 소류 비행기대 전투행동조서(p.156)에는 가네이 다케카즈金井武和 비행병조장의 기체와 사노 사토시佐野覺 일등비행병조의 기체만 불시착한 것으로 기록되었다.

116 【옮긴이】 조종사 이와마 시나지岩間品次 일등비행병조. 『戰史叢書』 43卷, p.302.

117 【옮긴이】 조종사 이토 히로미井藤廣美 일등비행병조. 위의 책, 같은 페이지.

118 【옮긴이】 조종사 와타나베 도시이치渡邊利一 일등비행병조, 후방사수 기무라 노보루木村昇 삼등비행병조. 위의 책, 같은 페이지.

제11장_ **치명적 혼란 09:17-10:20**

1 【옮긴이】 1항함 전투상보 원문, p.33. 사와치 히사에의 기준에 따르면 제3전투속력은 28노트다. 澤地久枝, p.227.

2 99식 급강하폭격기에 대함공격용 무장을 장착할 때 일본군은 표준 관행상 함폭대의 3분의 1에 대공포 제압 목적으로 육용폭탄(고폭탄)을, 나머지에는 배의 구조에 육용폭탄보다 더 큰 타격을 가할 수 있는 통상탄(철갑탄)을 장착했다.

3 【옮긴이】 공격대(제4편제)는 항공모함 4척에서 전투기 12기(각 3기), 아카기, 가가의 함상공격기 36기(각 18기), 히류·소류의 함상폭격기 36기(각 18기)로 편성되어 모두 84기가 출격 예정이었다. 미드웨이 공습 시와 반대로 이번에는 2항전이 함상폭격기 담당이었다(1항함 전투상보 원문, p.15). 나구모가 08시 30분에 함상폭격기대에 2차 공격 준비를 위해 250킬로그램(대함공격용) 폭탄을 (폭탄고에서) 양탄하라고 명령했기 때문에(동 원문, p.32) 08시 40분경에 히류와 소류는 한창 함상폭격기용 폭탄을 격납고로 올리는 양탄작업 중이었을 것이다.

4 Fuchida, p.153. 후치다는 1항함 전투상보의 기록을 그대로 받아들였다.

5 1항함 전투상보, p.7. 【옮긴이】 1항함 전투상보 원문, p.15.

6 【옮긴이】 09시 18분에 지쿠마는 우현 52도, 고각 2도, 거리 3만 5,000미터에서 다가오는 적기 16기를, 도네는 우현 66도, 고각 2도, 거리 2만 미터에서 다가오는 적기를 포착했다.

기록에 따르면 연막을 피운 것은 도네와 근처에 있던 함명 미상의 구축함이다. 그러나 지쿠마도 적기를 포착했으므로 연막을 피웠을 것이다. 1항함 전투상보 원문, p.33.

7 【옮긴이】 원문은 이때 "직위기 전력이 다시 18기로 쪼그라들었다."이다. 그러나 09시 18분 현재 직위전투기 총계는 아카기 6기(5, 6차 직위대 전투행동조서, p.70), 가가 3기(4차 직위대 전투행동조서, p.21), 히류 3기(4차 직위대 전투행동조서, p.179), 소류 3기(3차 직위대 전투행동조서, p.160)로 총 15기다. 이 외에 도모나가 공격대 소속 전투기 중 착함하지 않고 상공직위에 가담한 전투기가 있을 수 있지만 정확한 숫자를 알기가 어렵다. 만약 이를 포함한다면 18기일 수도 있으나 번역문에서는 각 항공모함 비행기대 전투행동조서의 기록을 따랐다.

8 【옮긴이】 원문은 "09시 37분에 4기를 추가로 발함시켰다."이나 아카기 전투상보 원문(p.40), 비행기대 전투행동조서 원문(p.71)에 따르면 09시 37분에 발함한 전투기는 없으며 09시 45분에 이부스키 대위의 소대 3기가 발함했다. 각 상보와 조서에 따라 원문을 수정했다.

9 【옮긴이】 9장 미주 83, 84 참조.

10 Lord, p.139.

11 【옮긴이】 커넌에 따르면 호닛의 공격대가 발진하기 전에 링, 비행대장들과 항공참모 아폴로 수섹Apollo Soucek 중령, 미처 함장이 참여한 회의에서 월드론과 링은 전투기 엄호 문제로 다투었다. 월드론은 전투기가 취약한 뇌격기 근처에 있어야 한다고 주장했으나 링은 전투기가 공격대 전체를 엄호해야 하므로 2만 피트(6,096미터)상공에 있어야 한다고 주장했다. 아울러 월드론은 지시된 비행경로에 이의를 제기했으나 미처 함장의 지지를 얻은 링이 논쟁에서 이겼다. 호닛의 VB-8 소속 로이 지Roy Gee 소위에 따르면 미처가 링을 총애한 데다 다른 비행대장들이 함장 앞에서 공개적으로 비행단장을 비판하기를 꺼렸다고 한다(Kernan, pp.88-89). 그러나 런드스트롬에 따르면 5월 31일에 미처, 링, 각 비행대장, 수섹 중령, 각 비행대 항공장교와 후임 함장 메이슨 대령이 참가한 회의에서 링과 VF-8 대장 미첼 소령, 같은 비행대 항공장교 스탠리 E. 룰로Stanley E. Ruehlow 대위가 VF-8의 일부 전투기로 VT-8을 호위하자고 주장했으나 미처 함장은 호닛 상공방어에 17기를, 나머지 10기를 VS-8, VB-8 호위에 배정했으며 VT-8에는 호위전투기를 배정하지 않았다[Lundstrom(1990), p.324]. 커넌이 회의 일자를 쓰지 않아 런드스트롬과 커넌이 같은 회의를 언급했는지는 알 수 없다. 하지만 회의 결과 VT-8에 전투기 호위가 없어졌다는 점은 일치한다. 전투기 호위를 거부당한 월드론 소령은 당연히 비행계획에 불만을 품었을 것이다.

12 전하는 이야기에 따르면 월드론과 링은 월드론이 이탈하기 전에 수신호로 격하게 다투었다고 한다. 하지만 편대에서 두 사람이 자리 잡은 위치의 고도 차이가 컸던 점을 보면 그랬을 것 같지는 않다. 그러나 벤 태펀Ben Tappan 소위, 험프리 L. 톨먼Humphrey L. Tallman 소위, 트로이 T. 길로리Troy T. Guillory 소위, 리처드 T. 우드슨Richard T. Woodson 항공통신병장Aviation Radioman's Mate 2nd class, ARM2c 등 전 호닛 소속 비행사들은 발진 후 월드론과 링이 무선침묵 명령에도 불구하고 무선통신으로 심하게 말다툼을 했다고 기억했다. 출처: Midway Roundtable Forum, 2005. 1. 23. 【옮긴이】 전술한 조종사들에 따르면 월드론은

링에게 "헛소리 집어치워, 놈들이 어디 있는지는 내가 아니까 거기로 간다."라는 거친 말로 대화를 끝냈다고 한다. 월드론의 마지막 말은 길로리 소위의 증언(1983년 3월 14일)과 태펀 소위의 증언(1981년, 날짜 미상)을 종합한 것이다. 출처: 보언 웨이셰이트Bowen Weisheit가 두 사람과 한 면담, Symonds, pp.260, 419.

13 Lundstrom(1990), p.341; Cressman et al., p.91.

14 【옮긴이】 월드론이 모계 쪽으로 오글랄라 수Oglala Sioux족 혈통이었다는 주장도 있고(Kernan, p.64), 8분의 1 수족 혈통인 월드론이 인디언 혈통을 자랑스럽게 생각했으며 동료들도 애정을 담아 월드론을 '인디언'이라고 불렀다는 이야기도 있다(Symonds, p.251).

15 Tuleja, p.211; Gay, p.113.

16 VT-8 교전보고, 조지 게이George Gay 소위 작성.

17 【옮긴이】 다나카 가쓰미 일등비행병조, 오하라 히로시 이등비행병조의 기체이다. 아카기 비행기대 전투행동조서, p.70; 아카기 전투상보, pp.39-40.

18 Hata and Izawa, p.291. 다니구치는 제51기 조종연습생으로 1940년 6월에 졸업했다.

19 【옮긴이】 야마모토 비행병조장의 4차 직위대 3기와 이즈카 대위의 5차 직위대(09시 20분 발진) 6기이다.

20 Hata and Izawa, pp.295-296. 야마모토는 제24기 조종연습생으로 1934년 7월에 졸업했다.

21 위의 책, pp.345-346. 기관병 출신인 스즈키는 1935년 8월에 28기 조종연습생 과정을 졸업했다. 이즈카 대위, 스즈키 일등비행병조, 나가하마 요시카즈 일등비행병조는 이날 아침 미드웨이 공습에 동행했으나 귀환한 지 30분도 지나지 않아 다시 출격했다.

22 세 조종사 이름은 불명이다. 【옮긴이】 소류 전투상보 원문(p.81)에 09시 45분에 미드웨이 공격대에 참가한 전투기 3기가 착함했다는 기록이 있다. 이 전투기들은 바로 착함하지 않고 상공방어전에 참가했을 것이다. 더불어 후지타 이요조 대위, 다카하시 소지로高橋宗二郎 일등비행병조, 가와마타 데루오川俣輝男 삼등비행병조로 구성된 소류의 3차 직위대(07:05 발함 09:30 착함)도 함대 상공에 있었다(소류 비행기대 전투행동조서, p.160; 소류 전투상보, p.73).

23 【옮긴이】 이때 소류 3차 직위대와 착함하지 않은 도모나가 공격대 호위대의 소류 소속 전투기 3기가 모두 있었다면 기동부대 상공 전투기 전력은 21기가 아닌 24기다. 후자의 존재 여부가 확실하지 않아 번역문도 21기라는 원문의 수치를 그대로 쓴다.

24 【옮긴이】 아카기에서 시라네 대위의 7차 직위대 5기(09시 32분 발진), 히류에서 히노 일등비행병조의 5차 직위대 4기(09시 37분 발진)이다. 아카기 비행기대 전투행동조서, p.71; 아카기 전투상보 원문, p.40; 히류 비행기대 전투행동조서, p.179; 히류 전투상보 원문, p.174.

25 【옮긴이】 TBD 조종사뿐만 아니라 다른 조종사들도 TBD로 적함을 공격하는 것이 얼마나 무모한 일인지를 잘 알았다. 예를 들어 엔터프라이즈의 VS-6 소속 노먼 클리스 중위는 실전에서 여러 번 증명된 MK.13 어뢰의 의문스러운 신뢰성과 TBD의 뒤떨어진 성능을 고려해 보면 뇌격대를 보내는 것은 말도 안 되는 일이었다고 생각했다. Kleiss, pp.184-186.

26 【옮긴이】 VT-8 생존자 게이 소위에 의하면 월드론은 〔후방기총으로〕 서로를 엄호하게 하려고 두 중대에 다시 합류하라고 지시하고 "진입한다, 후퇴는 없다, 이전 전술은 사용할 수 없다. 공격! 행운을 빈다."라고 전 소속기에 훈시했다고 한다. Gay, pp.116-117.

27 Cressman et al., p.92.

28 【옮긴이】 월드론의 비행기는 매우 일찍 격추당했다. 게이는 월드론이 조종석 창을 열고 탈출을 시도하는 모습을 보았으나 월드론은 미처 빠져나오지 못하고 그대로 추락했다. Gay, p.117.

29 월드론 공격대의 비참한 최후는 한 가지 흥미로운 사실을 보여 준다. 조종사 대부분이 장교인 미 해군과 달리 일본 해군 함재기 조종사들은 부사관, 병, 장교가 섞여 있었다. 엄격한 일본사회의 위계질서가 조종사들 사이에 반영되었고 장교 조종사는 병·부사관 조종사를 차별하는 경우가 잦았다. 병·부사관 조종사들은 당연히 분개했는데 개중에 더 실력 있는 조종사들이 많았기 때문이다. 지휘관인 대위들보다 병·부사관 조종사들의 평균 전투 비행 시간이 많았다. 전쟁이 끝날 무렵에는 일본 해군 최고 에이스 열 명 가운데 아홉 명이 병·부사관 출신이었다. 제로센을 자신의 수족처럼 쓸 줄 아는 명사수 부사관 조종사들과 맞닥뜨린 VT-8의 전멸은 이 같은 현실의 축소판이었다.

30 VT-8 교전보고; Cressman et al., p.92. 1항함 전투상보의 경과 개요에 따르면 아카기는 이 공격에 대응해 회피기동을 한 다음 우현의 대공화기로 사격했다고 한다. 북동쪽의 적에게 사격하려면 좌선회해서 우현 포대를 노출해야 했다는 뜻이다. 【옮긴이】 09시 25분, 아카기. 1항함 전투상보 원문, p.33.

31 【옮긴이】 게이 소위는 850야드(777미터) 상공에서 (가가로 오인한) 소류에 어뢰를 투하하고 (그는 왼손에 부상을 입어 투하장치를 당기기가 어려웠으므로 자신이 투하했다고 느꼈을 뿐 확언할 수는 없다고 말했다) 지나가면서 비행갑판 위에 있는 "비행기, 승조원, 폭탄, 어뢰, 연료용 호스" 등을 보았다. 그는 자폭 돌입을 하면 이 항공모함을 잡을 수도 있겠다고 생각했다고 한다. 이때 게이가 본 비행기는 아직 수용되지 못한 (수용작업은 09시 50분 완료. 소류 전투상보 원문, p.88) 미드웨이 공격대거나 발함준비 중인 직위기였을 것이다. Gay, p.123.

32 【옮긴이】 시라네 대위의 아카기 7차 직위대는 09시 32분에 아카기에서 발함했다(아카기 전투상보 원문, p.40). 이때 기동부대 상공에는 다른 직위 전력도 있었지만 시간이나 위치로 보아 아카기의 전투기들이 게이 소위를 격추했을 가능성이 높다.

33 Lundstrom(1990), pp.335-336. 【옮긴이】 엔터프라이즈에서 발함하던 중 VT-6의 TBD 1기가 엔진 고장을 일으켜 출격이 지연되었다. 이로 인해 VT-6이 비행을 시작했을 때 VF-6은 2만 2,000피트 상공에 있었고 아래에 깔린 구름 때문에 VT-6을 제대로 볼 수 없었다. Symonds, pp.275-276.

34 【옮긴이】 전투기가 고고도에서 SBD와 TBD를 모두 호위해야 한다고 믿은 호닛의 미처 함장과 달리 엔터프라이즈의 브라우닝 참모장은 전투기가 TBD 호위를 맡아야 한다고 생각했다. VF-6은 VT-6을 엄호할 예정이었다. 위의 책, p.275.

35 Lundstrom(1990), p.342.

36 【옮긴이】 월드론은 돌입 직전에 송신기를 '전체수신Broadcast' 상태로 전환했다. 월드론의 지

원 요청은 90해리(167킬로미터)나 떨어진 본대의 링 비행단장기에서도 수신할 수 있었다. Symonds, pp.270, 276.

37 【옮긴이】 출격 전에 VT-6의 차선임 아서 일리Arthur Ely 대위는 그레이에게 지원이 필요하면 "짐, 내려와."라고 신호하겠다고 약속했다. 위의 책, p.275.

38 【옮긴이】 그레이는 1963년에 "VT-6과 사전에 약속한 구원 요청 신호를 수신하지 못했다." 라고 하면서 "이때 내 무전기에 이상은 없었다."라고 주장했다. 덧붙여 그레이는 월드론의 지원 요청도 받지 못했다고 언급했다. 위의 책, p.276.

39 Lundstrom(1990), pp.344-345.

40 Lundstrom(1990), p.343.

41 효도 니소하치가 전달한 히류의 함상공격기 탑승원 가나자와 히데토시金澤秀利 이등비행병조의 증언. 2001년 6월 효도 니소하치와 교환한 서신. 즉시 공격대를 띄울 수 없는 상황이었지만 야마구치는 08시 30분에 함상폭격기용 250킬로그램 통상탄을 폭탄고에서 올려 함상폭격기대 공격을 준비하라는 나구모의 명령을 받고 함상폭격기에 폭탄 장착을 시작했을 수도 있다.

42 노틸러스 교전보고.

43 【옮긴이】 정찰원 다케자키 마사타카嶽崎正孝 일등비행병조, 조종사 하라 히사시原壽 삼등비행병조, 무전수 다구치 다이하치田口大八 일등비행병. 澤地久枝, p.346.

44 VT-6 교전보고. 소류와 히류의 상대적 위치를 확정하기 어려우나 대략 1항전 동북쪽에서 나란히 가고 있었을 것이다. 소류가 선두에 있었겠지만 월드론의 공격에 대응하여 복잡한 회피기동을 하느라 예정속력speed of advance(예정항로를 항해하려는 속력)이 느려졌을 수도 있다.

45 【옮긴이】 1항함 전투상보에 따르면 09시 38분에 도네 4호기가 "적기 14기"를 발견했다고 알려왔다. 아카기도 09시 40분에 "적 뇌격기 14기"를 포착했다. 이어 도네가 적기 접근방향으로 사격을 개시했다. 도네 4호기와 아카기는 VT-6을 목격했던 것으로 보인다. 다만 도네 4호기는 기동부대에서 먼 곳에 있었기 때문에 기동부대로 향하는 VT-6을, 아카기는 기동부대에 도착한 VT-6을 발견한 것으로 보인다. 도네 4호기의 발견보고 전문은 지연 수신된 탓에 아카기의 발견과 같은 시간대로 기록되었다. 1항함 전투상보 원문, p.34.

46 【옮긴이】 VT-6은 하마터면 기동부대 남쪽을 지나칠 뻔했다. VT-6은 (09시 18분경) 도네와 지쿠마가 월드론(VT-8)을 발견하고 피운 연막 덕택에 기동부대를 발견할 수 있었다. Symonds, p.276.

47 【옮긴이】 원서에서는 "아카기는 일지에서 적을 50킬로미터 밖에서 보았다고 단언했다."라고 하나 출처를 밝히지 않았다. 반면 1항함 전투상보 원문(p.35)에는 "좌 140도, 고각 14도, 40,000미터에서 적 뇌격기 확인."이라고 기록되어 있다.

48 VT-6 교전보고에는 첫 발견 시 일본 항공모함들이 서쪽으로 항해하고 있었다고 명시되어 있다. 기동부대가 얼마 전 월드론의 VT-8의 공격을 회피하느라 서쪽으로 함수를 돌렸다는 점을 생각해 보면 이치에 맞는다. 【옮긴이】 아카기도 09시 40분에 좌 140도에서 접근하는 적 뇌격기 14기를 발견했기(1항함 전투상보 원문, p.35) 때문에 VT-6이 서쪽으로 항해한 기동부대의 좌현에서 다가가고 있었다는 것이 교차 검증된다.

49 VT-6 교전보고.

50 위의 보고서; Cressman et al., pp.93-94.

51 1항함 전투상보(p.17)에 따르면 아카기가 30노트로 기동했다고 한다. 【옮긴이】 1항함 전투상보 원문, p.33.

52 VT-6의 항적도에는 서쪽으로 가는 항공모함 3척 가운데 삼각형 아래 왼쪽 꼭짓점에 해당하는 항공모함이 목표였다고 명시되어 있다. 이 항공모함이 가가이므로 기동부대가 선도함을 따라 선회하지 않고 각 위치에서 뒤로 돌았음이 확실하다.

53 이 점을 지적하고 설명해준 마크 호런에게 감사드린다. 호런의 설명은 VT-6의 생존자인 로버트 롭Robert Laub 중위와 월터 A. 윈첼Walter A. Winchell 항공공작하사Aviation Machinist's Mate,1st class와의 개인면담에 기초한다.

54 【옮긴이】 실전 경험이 전혀 없던 VT-8과 달리 VT-6은 실전을 경험했다는 것도 장점으로 작용했을 것이다.

55 【옮긴이】 아카기 8차 직위대다. 소대원은 이부스키 대위, 이시이 기요쓰구石井清次 일등비행병조, 이시다 마사시石田正志 일등비행병조이다. 아카기 비행기대 전투행동조서, p.71; 아카기 전투상보 원문, p.40.

56 【옮긴이】 가가 5차 직위대다. 소대원은 하기하라 쓰기오萩原二男 이등비행병조, 가이 다쿠미 이등비행병조, 야마구치 히로유키 특무소위, 반도 마코토 삼등비행병조, 도요타 가즈요시豊田一義 일등비행병조, 다카오카 마쓰타로高岡松太郎 일등비행병이다. 가가 비행기대 전투행동조서, p.71; 가가 전투상보 원문, p.53.

57 Bates, p.128. 【옮긴이】 이 보고는 엔터프라이즈 함교에서 작은 소란을 일으켰다. 처음에 브라우닝과 스프루언스는 SBD를 이끄는 매클러스키가 이 보고를 보냈다고 착각했다. 보고 중에 귀환한다는 내용이 있었기 때문에 둘 다 경악했을 것이다. 정작 매클러스키는 10시 02분에 일본군 발견보고를 했는데 이를 스프루언스와 브라우닝이 알았는지는 확실하지 않다. 누구의 보고에 대한 반응이었는지는 모르지만 10시 08분에 흥분한 브라우닝은 통신용 헤드셋을 잡아 쓰고 고함을 질렀다. "매클러스키! 공격해! 당장 공격해!" Symonds, p.279.

58 Lundstrom(1990), pp.343-344.

59 【옮긴이】 소류 전투상보에는 하라다 소대의 출격 기사에 "적 수평폭격기 10기 공격을 위해 발함"이라고 써져 있다(소류 전투상보 원문, p.73). 발함시간은 10시 00분이다(소류 비행기대 전투행동조서, p.160).

60 같은 직위대 소속 나머지 전투기들은 09시 52분에 착함했지만 사노는 착함하기를 거부했다.

61 VT-6 소속기 하나는 귀로에 불시착했다. 탑승원들은 17일이나 지나서 구조될 수 있었다.

62 【옮긴이】 16기동함대 배속 순양함 부대인 16.2기동전단Task Group 16.2 사령관.

63 겐다의 증언, Prange, p.252.

64 Cressman et al., p.94.

65 에릭 버거러드는 노작 *Fire in the Sky*에서 태평양전선의 공중전은 유럽전선과 전혀 다른 묵계하에 벌어졌음을 명쾌하게 설명한다. 양측 조종사들은 적 조종사를 죽일 수 있다면 물불을 가리지 않았다. Bergerud, pp.424-428.

66 겐다의 증언, Prange, p.252.

67 【옮긴이】 원문에서는 적 위치가 "도-시-리 34"라고 하나 1항함 전투상보 원문(p.35)에는 "도-시-리 124"로 되어 있다. 1항함 전투상보 원문을 따라 옮겼다.

68 엔터프라이즈(CV-6) 교전보고, p.2.

69 【옮긴이】 1항함 전투상보 부록 '미드웨이 해전 합전도'에는 기동부대가 08시 30분이 조금 지나 동쪽으로 변침한 것으로 항로가 표시되어 있다. 그러나 같은 전투상보 pp.31~32에는 08시 30분경의 변침 기록이 없으며 08시 55분의 침로가 90도로 기록되었다.

70 【옮긴이】 기동부대의 09시 22분 침로는 030도, 09시 28분 침로는 115도, 09시 30분 침로는 320도, 09시 38분에는 300도이다. 1항함 전투상보 원문, pp.34~35.

71 VB-6 교전보고.

72 Cressman et al., p.96.

73 【옮긴이】 각 비행대의 비행기 수의 출처는 요크타운 교전보고 p.1. 원래 VF-6은 와일드캣 18기를 보유했다. 그러나 플래처는 6기를 상공초계에, 6기를 예비공격대로 대기시켜 놓은 VS-5의 호위기로 배정했기 때문에 새치는 6기만으로 요크타운 공격대를 호위했다. 새치는 자신이 염두에 둔 전술인 '새치 위브Thach Weave'가 4기 단위로 이루어지므로 4기 배수의 전투기를 달라고 했으나 거절당했다. Symonds, p.284.

74 【옮긴이】 요크타운 교전보고(p.9)에는 10시 00분에 공격대가 일본 기동부대를 발견했다고 기록되었으며 VT-3의 해리 콜Harry Corl의 진술서(1942. 6. 15. 작성)에도 발견시간이 10시 00분으로 기록되었다. 단, 월헬름 에스더스Wilhelm Esders의 진술서(p.1)에는 "09시 33분, 본대(VT-3), 북서쪽, 20~25해리(37~46킬로미터) 떨어진 해상에서 진한 연기기둥 3개를 목격하고 연기 쪽으로 항로를 변경."이라고 기록되었다. 정황은 구체적이나 시간은 오류로 보인다.

75 【옮긴이】 정확히 말하면 2개 폭격비행대(VB-3, VB-6)와 1개 정찰폭격비행대(VS-6)이다. 정찰폭격비행대와 폭격비행대는 같은 SBD를 장비했다. 좀 더 긴 항속거리가 필요했던 정찰폭격비행대의 SBD가 다소 가벼운 폭장(500파운드 폭탄 1개, 100파운드 폭탄 2개)을 했다는 점을 빼고 정찰폭격비행대도 사실상 폭격비행대였다. VB-6, VS-6 교전보고 p.1.

76 【옮긴이】 1항함 전투상보 '미드웨이 해전 합전도'의 030 침로변경 표시 시점.

77 월터 로드 개인 소장 문서.

78 나중에 보겠지만, 히류에서 가가 피격 장면에 대하여 상세한 증언들이 많이 나왔다는 점, 심지어 (한 증언에 따르면) 가가에 닥칠 급강하폭격을 경고하려 했다는 점은 히류가 소류보다 더 남쪽에 있었고 다른 항공모함들과 멀리 떨어져 있지 않았다는 주장의 설득력을 높인다. 이는 소류의 목격자들이 가가의 피격상황을 모호하게 증언한 점, 게다가 가가가 멀리 떨어져 있었다고 한 점과 대조된다. 추가로, 미군의 VB-3과 VT-3의 교전보고에 있는 도해에도 VT-3의 목표[히류]가 북쪽에 있는 일본 항공모함 한 쌍 가운데 남서쪽에 있는 항공모함이라고 명시되어 있다. 그뿐만 아니라 VT-3의 목표는 더 남쪽에 있던 다른 항공모함(아카기)에 VB-3의 목표[소류]보다 더 가까이 붙어 있었다. 이 도해들에는 VT-3의 목표가 VB-3의 목표의 좌현 선수 측, 즉 남서쪽에 위치했으며 둘 다 북서쪽으로 항해하고 있었음이 나타나 있다. 따라서 미국 측과 일본 측의 일차 사료에 따르면 소류가

진형의 북동쪽 끝에 있었다는 해석이 설득력을 얻으며, 히류가 진형의 '북동쪽 멀리 떨어져' 있었다는 통설은 설득력이 떨어진다. 지쿠마의 행동도 이에 대한 증거가 될 수 있다. 치명적 공격이 있은 다음인 10시 45분에 소류는 정선 상태로 불타고 있었다. 그 직후인 10시 58분에 지쿠마는 히류의 공격대 발함을 지켜보았다. 이는 지쿠마가 히류에 근접해 있었음을 뜻한다. 또한 11시 12분경 지쿠마는 수병 7명과 의무병 1명을 태운 커터를 지원차 소류에 보냈다. 이렇게 하려면 지쿠마는 11시 00분경에 일단 정선하고 커터를 내려야 했을 것이다. 정황이 뜻하는 바는 명백하다. 지쿠마 그리고 당연히 히류는 11시 00분경까지 소류 근처 수역에 있었다. 만약 소류가 피탄된 10시 25분에 히류가 소류의 북쪽에 있었다면, 히류는 기동부대가 공격 후 휴지기에 자매함과 거리를 늘렸다고 추정되므로 이렇게 할 수 없었을 것이다. 오히려 소류의 남쪽에 있던 히류가 (가가에 대한 공격을 목격한 아카기가 그랬듯) 적기를 회피하기 위해 남쪽으로 선회했다가 다시 북쪽으로 함수를 돌렸다는 시나리오가 더 이치에 맞는다. 이 시나리오에 따르면 히류는 잠시 소류 곁에 나란히 있다가 북쪽으로 전진하며 소류를 지나쳐 간다. 이렇게 하면 지쿠마는 소류를 지원함과 동시에 히류의 공격대 발진을 목격할 수 있는 위치에 있게 된다. 히류에 있던 현장 목격자가 피탄 후 소류의 모습을 묘사한 생생한 증언(生出壽, p.243)도 이에 대한 증거이다. 게다가 이 목격자는 아카기나 가가의 상황을 잘 몰랐는데, 1항전이 이미 저 멀리 뒤에 있었기 때문일 것이다. 즉 히류는 소류가 피탄된 후의 상황을 자세히 볼 수 있을 정도로 접근했으므로 소류가 피탄되었을 때 히류는 소류의 남쪽에 있었을 것이다.

79 【옮긴이】 그러나 1항함 전투상보에 따르면 10시 15분에 아카기가 "좌 170도, 적 뇌격대 12기, (거리) 4만 5,000미터에서 (접근) 확인"했다. 10시 06분에 발견한 '적기'와 10시 15분에 발견한 '뇌격대'가 같은 VT-3이었는지는 확실하지 않다. 1항함 전투상보 원문, p.36.

80 1개 소대 이상이 시운전에 들어갔을 수도 있지만 실제 그랬는지는 알 수 없다. 미군기들이 계속 공격해 옴에 따라 아오키는 6기 정도는 쉽게 배치할 수 있었다. 공격한 미군 조종사들이 아카기의 비행갑판에 비행기 몇 기가 있었다고 증언했지만 실제 몇 기가 있었는지는 추측일 뿐이다.

81 Agawa, p.315.

82 Lundstrom(1990), pp.362-363; Cressman et al., pp.99-100 참조.

83 【옮긴이】 1항함 전투상보에 있는 10~11시 사이(VT-3 추정) 미군 뇌격대 관련 첫 기록과 마지막 기록 시간은 대략 급강하폭격을 받은 시간대와 일치한다. 1항함 전투상보 원문, pp.35-39.

84 Cressman et al., p.351. VT-6의 생존자들은 현장에서 빠져나갈 무렵 아군 엄호 전투기들(VT-3을 근접엄호하던 와일드캣 2기였을 것이다.)이 돌입하는 모습을 보았다고 말했다.

85 1항함 전투상보, pp.8-9. 아마가이도 USSBS에 모든 항공모함이 이 공격을 피하기 위해 도주 중이었다고 증언했다. 【옮긴이】 1항함 전투상보 원문, pp.16-22.

86 【옮긴이】 소류 비행기대 전투행동조서, p.160; 소류 전투상보 원문, p.73. 소대원은 스기야마 외에 노다 다다시野田芝臣 일등비행병조, 요시마쓰 가나메吉松要 이등비행병조이다. 피격 직전에 소류에서 발진한 마지막 직위대이다.

87 【옮긴이】 히류의 5차 직위대 7기는 둘로 나뉘어 4기가 09시 37분에, 3기가 10시 13분에 발

진했다. 히노가 5차 직위대를 지휘했고 5차 직위대 명단 첫 줄에 나오기는 하나 09시 37분에 발진했는지, 10시 13분에 발진했는지는 명확하지 않다. 5차 직위대는 모두 11시 34분에 귀환했다. 히류 비행기대 전투행동조서, p.179; 히류 전투상보 원문, p.174.

88 Lundstrom(1990), p.360. 이 주장은 VT-3의 생존자들의 증언에 의거한다. 생존자들은 전 일본 함대가 고속으로 북서쪽을 향해 도주했으며 VT-3이 공격태세를 갖췄을 때 2항전 항공모함들의 함미가 자신들을 향했다고 증언했다.

89 아마가이 증언, USSBS.

90 Lord, "Riddles of Midway" appendix.

91 1항함 전투상보(p.19)에는 10시 20분경 침로 300도로 항해하던 아카기가 "방위 30도, 가가 직상방"으로 날아오는 미군 급강하폭격기를 목격하고 최대한 선회했다고 기록되어 있다. 처음 영어 번역본을 보았을 때는 "방위 30도"가 절대방위인지 아니면 아카기 선수 기준인 상대방위인지, 만약 후자라면 좌현인지 우현인지가 확실하지 않았다. 그러나 털리가 JD-1에 있는 일본어 원본을 읽고 아카기의 방위가 좌현 30도였고 오른쪽으로 선회했음을 알아냈다. 이로써 공격 시 1항전이 어떤 모습이었는지를 확실히 알게 되었다. 【옮긴이】 해당 부분의 일본어 원문은 다음과 같다. "赤城〔敵〕爆擊機 左三O度 加賀直上ニ認メ 面舵一杯ニテ 回避", 1항함 전투상보 원문, p.37.

92 【옮긴이】 원문은 '민간인 사진사civilian cameraman'인데 해군 보도반원 마키시마 데이이치牧島貞一다.

93 Fuchida, p.163.

94 아마가이 증언, USSBS.

95 HYPO Log. p.3, 07시 11분 기입.

96 Lundstrom(1990), p.349; 2004년 8월 10일자 마크 호런과의 교신. 【옮긴이】 연료 부족으로 별다른 전투를 벌이지 못하고 귀환한 호닛의 VF-8, 엔터프라이즈의 VF-6과 대조적으로 새치의 전투기들은 가장 나중에 발진한 데다가 5,500피트(1,676미터) 고도를 유지했기 때문에 일본 함대에 도착했을 때 연료가 충분했다. Symonds, p.285.

97 Lundstrom(1990), p.352.

98 【옮긴이】 에드거 배싯Edgar Bassett 소위 조종. Lundstrom(1990) p.352.

99 이 조종사들이 누구였는지는 확실하지 않지만 한 명 이상은 가가 소속이었을 것이다. 이때 히류 전투기대도 와일드캣들과 교전을 벌였다. 히류는 조종사 셋을 잃었고 이 중 둘은 경험 많은 부사관이었다. 이 시간대에 히류 전투기대는 미군 전투기를 많이 상대했기 때문에 하나 혹은 그 이상이 VT-3 근처에 있던 새치와 부하들에게 당했다고 해도 놀라운 일은 아니다. Lundstrom(1990), pp.363-364를 보라. 【옮긴이】 이 시간대에 격추되어 전사한 히류 전투기 조종사는 히노 마사토 일등비행병조, 도쿠다 미치스케德田道助 일등비행병조, 닛타 하루오新田春男 이등비행병조(모두 히류 5차 직위대)이다. 히류 비행기대 전투행동조서, p.179; 澤地久枝, p.343.

100 【옮긴이】 원서에는 Mach.로 되어 있으나 Lundstrom(1990), p.11에는 치크의 계급이 AMM1c로 되어 있다. 런드스트롬을 따라 고쳤다.

101 이 부분에 대해 지적해준 마크 호런에게 감사드린다. 호런이 미군 조종사들과 나눈 광범

위한 면담 기록이 큰 도움이 되었다.

102 【옮긴이】 오스머스는 탈출했으나 나중에 일본군에게 포로로 잡혀 심문을 받고 살해당했다. 16장 참조.

103 VB-3 교전보고.

104 Prange, p.255. 1964년과 1965년에 후지타와의 면담. 소류의 기록에 따르면 후지타는 두 번째 출격에서 돌아온 지 15분 만에 다시 출격했다. 중대장인 후지타는 솔선수범해야 했고 확실히 실천했다.

105 Hata and Izawa, p.326.

106 VB-3 지휘관, VB-3 교전보고, 1942년 6월 7일자.

107 위의 보고, 2002년 8월 2일자 런드스트롬과의 교신.

108 위의 보고, 보고 첨부 도해.

109 위의 보고.

110 VB-3 교전보고.

111 우리는 이와 관련해 마크 호런의 통찰력에 큰 빚을 졌다. 호런은 급강하폭격에 참가한 조종사들과 광범위하게 면담한 후 3개 폭격비행대의 조종사 모두가 폭격 정확도를 높이기 위해 바람을 안을 수 있는 위치에서 목표물에 강하하려 했음을 알게 되었다. 엔터프라이즈의 폭격기들은 태양을 등지고 공격했으므로 가가의 대공사격 효율성이 상당히 낮아졌다. 【옮긴이】 소류가 계속 북서쪽을 향했다면 미군 급강하폭격기는 바람을 등지고 강하하거나 훨씬 더 멀리 가서 선회해야 했을 것이다. 즉, 소류가 방향을 돌려 바람을 안고 미군기를 향해 왔기 때문에 미군기가 유리한 위치를 잡을 수 있었다.

112 VB-3 교전보고, Mark Horan.

113 【옮긴이】 원문은 '남동쪽'이나 엔터프라이즈의 급강하폭격기들은 그림 11-10에서 보듯 남서쪽에서 접근했다.

114 소류 전투상보, p.19. 【옮긴이】 소류 전투상보 원문, p.79.

115 1942년 6월 13일자 엔터프라이즈 교전보고, Air Battle of the Pacific June 4-6, 1942, p.2.

116 Prange, p.261; Cressman, et al., p.101. 【옮긴이】 VS-6의 2중대장 클래런스 얼 디킨슨 주니어Clarence Earle Dickinson Jr. 대위가 북쪽에 있는 작은 항공모함 한 쌍을 추가로 발견하고 이를 히류와 소류로 정확히 식별했다. 그러나 매클러스키는 아카기와 가가만 공격하기로 결정했다. 매클러스키는 공격대를 분산하면 일본 항공모함을 확실히 격침할 수 없을 뿐만 아니라 "호닛 비행단장이 나와 똑같은 결단(일본 항공모함 한 척당 비행대 하나를 집중해 공격한다는)을 내릴 가능성을 고려해 내가 가진 2개 비행대로 적 항공모함 2척에 공격을 집중하는 일이 최선의 방책이라 생각했다."라고 그 이유를 설명했다. 즉 매클러스키는 호닛 비행단이 현장에 있거나 곧 도착할 것이라 믿었기 때문에 아카기와 가가에 공격을 집중했던 것 같다. Moore, p.216.

117 【옮긴이】 매클러스키가 SBD에 익숙하지 않았다는 점을 VS-6의 조종사 클리스 중위도 지적한 바 있다. 클리스는 매클러스키가 SBD의 순항속력인 160노트(296킬로미터)를 지키지 않고 190노트(352킬로미터)로 무조건 빨리 목표지점에 도달하려고 한 점을 들며 매클러스키가 SBD를 마치 전투기처럼 몰았다고 회상했다. 이 때문에 SBD들의 연료가 빨리

소모되었고 특히 비행대 항법선도기의 연료 소모 정도가 더 심했다. Kleiss, pp.194-195.

118 【옮긴이】 매클러스키를 따라 가가로 급강하한 클리스 중위는 그가 "전원 공격!"이라고 무전기에 대고 소리치기만 했지 각 비행대에 목표물을 배정하는 일은 마음이 바빠 잊어버렸다고 기억한다. 위의 책, p.200.

119 【옮긴이】 지휘 소대는 매클러스키의 기체와 윌리엄 로빈슨 피트먼William Robinson Pittman 소위, 리처드 앨론조 재커드Richard Alonzo Zaccard 소위의 기체를 합쳐 모두 3기로 구성되었다. 이날 엔터프라이즈 공격대의 전과 확인을 위한 사진 촬영을 맡은 피트먼 소위는 매클러스키가 마지막에 강하할 것이라고 믿었으나 그가 먼저 강하를 개시하면서 따라오라는 신호를 보내자 깜짝 놀랐다. 피트먼은 사진 촬영 장비를 작동했지만 하늘과 바다밖에 찍지 못했다. Moore, pp.182, 218.

120 Cressman et al., p.101.

121 【옮긴이】 도중에 베스트와 요기 크뢰거 소위기의 산소호흡기에 이상이 생겨 VB-6은 고도를 1만 5,000피트(4,572미터)로 낮췄다. 따라서 VB-6은 VS-6보다 낮은 고도로 약간 뒤에서 비행했다. Kleiss, p.196; Symonds, p.297.

122 【옮긴이】 베스트는 당시 상황에 대해 이렇게 증언했다. "내 생각에 비행단장이 취할 조치는 분명했다. 급강하폭격이든 수평폭격이든 공격대의 선도 편대가 멀리 있는 목표물을, 후속 편대가 가까이 있는 목표물을 공격하는 것이 교리이다. 그래야 공격대 전체가 동시에 공격해 기습이라는 목적을 달성할 수 있기 때문이다." Moore, p.217.

123 Cressman et al., p.101. 【옮긴이】 "……본대는 교리에 따라 공격."은 베스트의 증언이지만 그가 실제로 이렇게 말했을지 의심하는 견해도 있다. 베스트는 매클러스키가 교리에 익숙하지 않다는 것을 알았다. 따라서 "본대는 교리에 따라 공격"이라는 말은 어색하게 들린다. 그보다 "본대는 좌현 항공모함(가가) 공격"이 상황에 더 적합했을 뿐만 아니라 오해의 소지도 줄였을 것이다. Symonds, p.300; Russell, pp.204-207.

제12장_ **'운명의 5분', 10:20-10:25의 허구**

1 【옮긴이】 여기에서는 淵田美津雄·奧宮正武, pp.307-309의 원문을 옮겼다.

2 1항함 전투상보, pp.13-20. 【옮긴이】 1항함 전투상보 원문, pp.32-37.
원서에는 08:37~09:00 미드웨이 공격대 수용, 09:10 직위기 회수, 09:32 직위기 발진, 09:51 직위기 회수, 10:06 직위기 발진, 10:00 직위기 회수라고 되어 있으나, 08시 59분 기사가 누락되었고 '10:06 직위기 발진' 기사는 1항함 전투상보 원문에 없다. 1항함 전투상보 원문을 따랐다.

3 【옮긴이】 원문은 '20분마다'이나 08시 59분 기사를 고려하면 비행기가 10~20분마다 착함했다고 볼 수 있다.

4 『戰史叢書』 43卷, pp.372-378.

5 2000년 4월, 딕 베스트와 존 런드스트롬의 면담. 베스트는 공격할 때 아카기의 갑판에 비행기가 6, 7기밖에 없었다고 말했다. 더욱이 비행갑판 끝단에 비행기가 배치되어 있어서 비행갑판 전체를 활주공간으로 쓸 수 있었다고 한다. 베스트가 공격할 때 제로센 1기(기무

라의 기체)가 막 이함하려던 참이었다.

6 "Draft Report of Attack Conducted June,4, 1942, Prepared by Commander Bombing Squardon 3". 이 보고는 윤색된 공식 보고서가 아니라 전투 시 레슬리 소령이 받은 생생한 인상을 되살려 준다는 점에서 연구자들에게 흥미로운 문헌이다. 이 문서의 존재를 알려준 존 런드스트롬에게 감사드린다.

7 Lord, p.169.

8 월터 로드 개인 소장 문서.

9 물론 일본군 조종사들에게도 유사한 경향이 있었다.

제13장_ **철권 10:20-10:30**

1 **【옮긴이】** 당시 히류의 견시지휘관은 요시다 사다오吉田貞雄 특무소위였다. 그러나 적 급강하폭격기를 발견하고 함교로 알린 사람은 이름이 알려지지 않은 2번 견시원이었다고 한다. 森史郎(二部), p.71, 190.

2 生出壽, p.222-223. **【옮긴이】** 森史郎(二部), pp.190-191 참조.

3 **【옮긴이】** 미토야 소좌는 일본 측 자료에서 확인되지 않는 인물일 뿐만 아니라 증언에도 신뢰하기 어려운 부분이 많다. 미토야 증언의 신뢰성에 대해서는 이 장 미주 13 참조.

4 요시노 하루오와 마에다 다케시의 증언, Brunning Collection, Hoover Institute. **【옮긴이】** 미 해군 교리에 따르면 급강하폭격은 90도 각도로 개시하되 점차 각도를 줄여 이보다 완만한 각도인 70도에서 폭탄을 투하해야 한다. 그러나 가가에 처음으로 명중탄을 기록한 갤러허 대위는 90도로 수직 강하하며 폭탄을 투하했다. 갤러허는 "평상시보다 급한 각도로 강하했지만 안정적으로 자세를 유지할 수 있었고 명중을 확신했다."라고 증언했다. Moore, p.219.

5 아카기에서 보기에 가가는 막 전투기를 발진시킬 참이었다(1항함 전투상보, p.20; 1항함 전투상보 원문, p.37). 아카기가 가가의 우현 쪽 약간 뒤에서 따라갔음이 확실하기 때문에 가가가 우현으로 선회했다면 아카기의 진행방향을 가로지르게 되므로 충돌경로로 접근할 수도 있다. 현명한 조함은 아니다. 따라서 이때 가가는 좌현으로 선회하는 중이었다고 보는 것이 타당하다. 아카기에 탑승한 해군 보도반원 마키시마 데이이치는 가가가 좌현으로 선회하는 모습을 보았지만(월터 로드 문서) 이를 회피기동으로 착각했던 것 같다.

6 『戰史叢書』 43卷, pp.376-377에는 가가가 우현으로 회피기동을 했다고 기록되어 있다.

7 정확히는 1,000파운드 폭탄 11개, 500파운드 폭탄 17개, 100파운드 폭탄 22개를 실은 SBD 28기다.

8 **【옮긴이】** 갤러허의 VS-6은 500파운드 항공폭탄과 소이탄 2발을, 베스트의 VB-6은 1,000파운드 항공폭탄을 장착했다. VS-6 교전보고서 p.1; VB-6 교전보고서 p.1.

9 **【옮긴이】** SBD들은 하나씩 하나씩 선행기를 따라 가가로 급강하했는데, 선행기의 조준이 정확하지 않으면 후속기는 급강하 중에 조준을 수정하기가 어렵다. 매클러스키와 요기들이 명중탄을 내지 못했지만 갤러허는 미 해군에서 실력을 인정받은 급강하폭격기 조종사였다. 갤러허가 비교적 먼저 가가에 명중탄을 낸 것이 후속기들도 계속 명중탄을 맞히는

데 큰 도움이 되었을 것이다. Kleiss, pp.200-201.

10 야마자키의 죽음은 澤地久枝, p.378에서 확인된다.

11 【옮긴이】 VS-6의 노먼 클리스 중위가 명중시켰다. 500파운드 항공폭탄과 함께 양 날개에 매달고 간 100파운드 소이탄도 명중했다. Kleiss, pp.202-203.

12 일부 증언에 따르면 막 날아오르려던 가가의 전투기 1기가 이 폭탄에 파괴되었다고 하나, 가가 전투상보에는 관련 기록이 없다. 『戰史叢書』 43卷(p.376)도 마찬가지다.

13 미토야와 아마가이의 증언을 일관성 있게 종합하여 가가의 상황을 묘사하는 작업은 상당히 어려웠다. 가가의 함교에서 일어난 대참사에서 살아남은 사람은 둘뿐이었는데 두 사람 다 직접 현장을 목격하지 않았다. 목격했다면 둘 다 죽었을 것이다. 미토야는 첫 미군 공습이 있고 나서 한참 뒤에 함교가 파괴되었다고 증언했다(Oleck, pp.150-158). 그는 실제 있었는지도 의심스러운 미군의 2차 공습으로 인해 함교가 파괴되었다고 말했다. 공습이 시작될 때 서로 6미터도 떨어져 있지 않았던 두 사람이 한 사건에 대해 이렇게 다르게 진술한다는 것은 매우 이해하기 어려운 일이다. 엄격한 역사기술적 시각에서 보았을 때 미토야는 현장에서 가장 가까운 곳에 있었던 사람이지만 아마가이의 증언만큼이나 그의 증언도 조심스럽게 살펴봐야 한다. 아마가이의 증언에도 문제가 많아 상황이 더욱 복잡해진다. 아마가이의 증언에 산재한 모순 때문에 6월 4일 아침에 아마가이의 역할이 대체 무엇이었는지를 의심하는 연구자들도 있다. 굳이 이유를 들자면 아마가이의 기억에 군데군데 빠진 부분이 있는 것 같다. 미토야는 미토야대로 문제가 있다. 그는 자신과 친했던 포술장의 이름이 무쓰미 다다시 소좌라고 했는데 실제 가가 포술장은 미야노 도요사부로 소좌였다(澤地久枝, p.372). 또한 피유마 대위라는 사람이 함교에 있었다고 했는데 가가 전사자명부 어디에도 피유마 대위라는 이름은 없다(더구나 피유마는 일본 이름이 아니다). 마지막으로 미토야는 자신이 가가 통신장이었다고 했는데 가가 통신장은 다카하시 히데카즈 소좌로 전사자명부에 올라 있다(澤地久枝, p.375). 전체적으로 봤을 때 미토야의 증언은 상당히 주의해서 살펴보아야 한다. 어쩌면 미토야는 미드웨이 해전에 참가하지 않았는데 월터 로드에게 관련 증언을 한 전투기 조종사 오가와 라이타 같은 허풍선이일지도 모른다.

결국 우리는 두 사람의 증언을 종합하기로 했다. 가가의 함교는 첫 공격으로 피탄되어 파괴되었다. 다만 지금까지 알려진 것보다 좀 늦은 단계(3분 정도 계속된 첫 공격의 끝 무렵)에 일어났을 수 있다. 따라서 오카다는 전사하기 전에 기관실과 미토야에게 지시를 내릴 시간이 있었다. 급유차가 함교에 대화재를 일으켰을 가능성도 배제한다. 가가 승조원 요시노 하루오, 구니사다 요시오의 증언과 『戰史叢書』의 기술은 함교 밖에서 화재가 일어난 쪽보다 대폭발이 일어난 쪽에 더 부합한다. 가솔린 폭발은 더 크고 요란하지만 폐쇄공간에서 일어나지 않는 한 증언들처럼 함교가 찌그러질 정도로 폭압을 생성할 가능성이 적다. 10시 22분의 공격보다 한참 뒤에 함교가 파괴되었다는 주장도 배제한다. 가가 간부진의 높은 사망률은 공격 초기에 간부들이 함교에 모여 있을 때 어떤 사태가 발생해서 '몰살' 당했음을 의미한다. 더 중요한 점은, 10시 22분에 가가에 치명상을 안긴 공격 이후 미군이 또 가가를 공격했다는 기록이 존재하지 않는다는 것이다.

14 1항함 전투상보에는 오카다 함장의 응급조타 명령이 실제 시행되었는지까지는 언급되어

있지 않다. 이렇게 빨리 가가의 기관실이 운용불가 상태가 되지는 않았겠지만 전성관이 파손되어 명령이 제대로 전달되지 않았을 수 있다.

15 【옮긴이】 원문에서는 관제기 혹은 고사장치director라 한다. 이 위치에는 탐조등관제기 겸 상공견장(견시)방향반이 있었다. 사진으로는 여기를 돌아 함교로 올라가는 계단이 있었는지를 확인할 수 없다. 「丸」 編輯部, pp.10, 12.

16 Lord, p.172. 【옮긴이】 牧島貞一, p.148.

17 이것은 후치다의 묘사이지만 그는 현장을 목격하지 않았다. 【옮긴이】 가가에 두 번째 명중탄을 맞힌 클리스 중위는 갤러허 대위가 떨어뜨린 폭탄이 제로센 옆의 '연료탱크gas tanks'에 명중하는 장면을 보았다고 증언했다. Kleiss, p.201.

18 요시노 하루오가 저자(파셜)에게 보낸 2000년 3월 27일자 편지. 이 서신 교환을 주선해준 론 워넷에게 감사드린다.

19 요시노 하루오 증언, Bruning Collection, Hoover Institute.

20 『戰史叢書』 43卷, p.376.

21 사와치 히사에澤地久枝의 역작 『기록: 미드웨이 해전記錄: ミッドウェー海戰』에 실린 미드웨이 해전의 미군과 일본군 전사자명부에는 이름, 계급, 병과, 출신지, 전사 당시 나이가 기록되어 있다. 우리는 이 전사자명부를 통해 가가뿐만 아니라 다른 항공모함들이 입은 피해의 개요를 파악할 수 있었다.

22 가가는 소좌급 이상 간부 9명을 잃었다. 비행대장(오가와 쇼이치 대위)까지 포함하면 10명이다. 반면 아카기의 최고위급 전사자는 스기우라 라이조杉浦來三 기관대위이다, 히류의 간부 전사자는 함장 가쿠 도메오 대좌, 소류의 간부 전사자는 함장 야나기모토 류사쿠 대좌, 기관장 마쓰자키 마사야스松崎正康 기관중좌, 운용장 호다테 겐甫立健 소좌이다(전사자의 이름, 계급, 직책은 澤地久枝, pp.351-459; 橋本敏男 · 田邊彌八, p.319; 雨倉孝之(2015), p.144를 참조하여 옮긴이가 보충함).

23 가가의 전사자명부는 澤地久枝, pp.364-404에 있다. 오카다는 p.368, 가와구치는 p.387, 미야노는 p.372, 다카하시는 p.375, 몬덴은 p.402에 있다.

24 【옮긴이】 클리스 중위의 증언에 따르면 VS-6의 클래런스 디킨슨 대위와 VB-6의 조지 골드스미스George Goldsmith 소위가 각각 세 번째, 네 번째 폭탄을 명중시켰다. Kleiss, p.204.

25 원래 가가를 공격할 계획이 없었던 1개 비행대까지 합쳐 2개 비행대가 동시에 공격에 뛰어든 것을 보면 가가에 대한 공격이 조직적으로 잘 이루어졌다고 보기는 어렵다. 따라서 공격은 미군 교리에 정해진 것보다 더 오래 지속되었을 것이다. 미군 교리에는 각 폭격기가 6~7초 시간차를 두고 강하하도록 규정되어 있다. USF-74, p.105.

26 마에다 증언, Bruning Collection, Hoover Institute.

27 【옮긴이】 원문에는 "항해장 조 중좌"라고 써 있고 이름이 없다. 橋本敏男 · 田邊彌八, pp.240-252에 실린 조 마스의 증언에 따라 이름을 추가하고 계급을 소좌로 고쳤다.

28 【옮긴이】 조 증언, 橋本敏男 · 田邊彌八, p.244.

29 조 증언, 橋本敏男 · 田邊彌八, p.244.

30 VB-3 교전보고.

31 【옮긴이】 원서에서는 일본 함선의 포술장을 'chief gunnery officer'라고 번역했는데 이 문장

에서는 가나오를 'gunnery officer'라고 적었다. 가나오는 당시 소좌로 소류 포술장이었다. 『文藝春秋 臨時增刊 目で見る太平洋戰爭史』(1976. 12.), p.162.

32 【옮긴이】 원문에서는 가나오 증언의 출처로 페이지를 표시하지 않은 채 橋本敏男 · 田邊彌八를 들었으나 옮긴이가 살펴본 바에 따르면 橋本敏男 · 田邊彌八의 책에는 가나오의 증언이 수록되지 않았다. 옮긴이가 찾은 가나오 증언의 출처는 『文藝春秋 臨時增刊 目で見る太平洋戰爭史』(1976. 12.), pp.162-163이다. 앞으로 원 주석의 가나오 증언의 출처는 이에 따른다. 가나오의 당시 이름은 야마모토 다키이치山本瀧一이며 나중에 가나오로 성을 바꾸었다(위의 책, p.163). 따라서 일부 자료에는 소류 포술장의 이름이 야마모토 다키이치로 나온다. 당시 이름인 야마모토로 적는 것이 일견 합당하나, 이 책에 야마모토라는 성을 가진 인물이 여러 명 나오기 때문에 혼동을 피하고자 번역문에서는 소류 포술장의 이름을 '가나오 다키이치'로 옮겼다.

33 Lord, pp.173-174.

34 당시 다른 함선들처럼 소류의 고각포에도 자함을 쏘거나 비행갑판 너머를 사격하지 못하도록 하는 장치가 있었다.

35 【옮긴이】 VB-3 교전보고에 의하면 미군 조종사들은 자신들이 공격한 항공모함이 아카기라고 생각했다. 보고서에는 공격 당시 소류의 모습이 다음과 같이 묘사되어 있다. "목표의 비행갑판 후미에는 비행기들이 배치되어 있었다. 목표는 왼쪽으로 90도, 북쪽으로 선회하여 비행기를 발진시키려 했고 적이 대구경, 소구경 대공화기로 대응사격을 시작함에 따라 목표물의 양현은 실로 강력한 화염의 고리로 변했다. 본대가 위치한 고도에서 적 전투기의 저항은 없었다." Commander, Bombing Squadron 3(VB-3) Action report(이하 VB-3 교전보고), p.2.

36 가나오의 증언에 따르면 앞쪽 25밀리미터 기관총좌 8기가 우현에서 공격 중인 미군기를 상대했다. 즉 함수의 3기 전부와 우현의 5기가 대응사격 중이었다. 따라서 좌현과 후미에서 다가오는 적기를 포착했다 하더라도 상대할 대공화기가 별로 없었다. 물론 포착하지도 못했다. 【옮긴이】『文藝春秋 臨時增刊 目で見る太平洋戰爭史』(1976. 12.), p.162.

37 Lord, p.173.

38 【옮긴이】『文藝春秋 臨時增刊 目で見る太平洋戰爭史』(1976. 12.), p.162.

39 【옮긴이】 원문은 "견시원들, 고사장치 조작원들, 통신원들"이나 가나오는 "견시원과 전령들"이라고 증언했다. 위의 책, 같은 페이지.

40 【옮긴이】 가나오의 표현이다. 함교 꼭대기 뒤에 있었던 94식 고사장치로 보인다. 위의 책, 같은 페이지.

41 Lord, p.174.

42 이 기술은 소류의 앞쪽 피탄 위치가 중앙선에 가깝다는 1항함 전투상보의 기록을 살짝 바꾼 것이다. 【옮긴이】 소류의 피탄 위치는 1항함 전투상보 원문, p.82에 그림으로 기록되었다.

43 첫 명중탄이 떨어진 곳이 함수 쪽인지 함 중앙인지에 대해 증거들이 일치하지 않는다. 함수와 중앙부 명중탄 모두 1분 미만 간격으로 떨어졌다. 3개 집단이 거의 동시에 공격했는데도 급강하 공격에 3분 이상 걸렸다는 점이 흥미롭다. 일반적으로 3, 4기로 편성된 1개 소대가 공격을 마치는 데 30~45초가 소요되기 때문에 공격한 집단들이 별도로 강하했다

고 보아야 한다. 마크 호런의 연구에 따르면 1중대(폭탄 장착 5기와 비무장기 1기), 2중대(폭탄 장착 3기와 비무장기 2기), 3중대의 셤웨이 대위가 모두 소류에 급강하했다. 2중대의 1기(폭탄 장착)와 3중대의 2기(폭탄 장착 1기, 비무장 1기)는 넓게 분산된 각도에서 전함 하루나에 급강하했고, 폭장한 3중대의 나머지 2기는 구축함 이소카제를 공격했다. 명중탄 분포로 미루어 볼 때 각 집단별로 명중탄 하나씩을 기록한 것 같다. 홈버그 대위가 소류 앞쪽에 첫 명중탄을 맞힌 것은 거의 확실하다. 셤웨이는 함 중앙에 폭탄을 명중시켰지만 3중대의 나머지 기체들은 세 번째 명중탄을 보고 이탈한 것 같다. 함미부 명중탄은 2중대의 버텀리Bottomley 대위가 맞힌 것 같다. 버텀리 대위는 소류의 회피기동 때문에 가장 멀리 기체를 돌렸었다. 【옮긴이】'비무장기'는 폭탄투하장치 이상이나 기타 사유로 인해 사전에 폭탄을 버린 기체를 말한다. 비무장기도 기수에 탑재된 기관총으로 기총소사를 하기 위해 폭탄을 장착한 기체와 함께 급강하했다. Symonds, p.306.

44 1항함 전투상보에는 10시 40분까지 소류가 자력으로 항해했다고 기록되어 있다. 그러나 소류는 10시 30~40분에 동력을 잃었을 것이다. 【옮긴이】 1항함 전투상보 원문, p.21.

45 나가누마 증언, 橋本敏男 · 田邊彌八, p.133.

46 『戰史叢書』 43卷, p.379.

47 베스트의 진형과 결과에 대해 많은 정보를 제공해준 마크 호런에게 감사드린다.

48 1항함 전투상보, p.20. 【옮긴이】 1항함 전투상보 원문, p.37(10시 26분 항목). 일본군은 미군기(베스트 편대)의 투하각을 50도 정도로 보았다. 일반적인 급강하폭격 각도가 70도 이상인 데 비하면 낮은 편이다.

49 【옮긴이】 아카기 전투상보 원문(p.40)에는 기무라의 출격시간이 10시 25분으로 적혀 있다.

50 일본군은 승조원용 해먹을 말아 함교 주변에 매달아 파편으로부터 함교를 보호했다.

51 마키시마와 사사베 증언, 월터 로드 기록. 대부분의 미국 측 연구도 이 해석을 받아들인다. 휴 비시노Hugh Vicheno는 크뢰거의 폭탄이 "[아카기의] 비행갑판을 뚫고 들어가 구멍을 낼 정도로 선체 가까이에서 폭발했다."(Bicheno, p.148)라고 주장하는데 입수 가능한 일본 측 1, 2차 사료에서 이 주장을 지지할 만한 근거가 보이지 않는다. 더욱이 미군 공격의 형태와 폭탄의 낙하각도로 미루어 볼 때 아카기에 폭탄이 명중했다면 배의 안쪽으로 파고들었지 선체 바깥쪽으로 휘어진 탄도로 낙하하지는 않았을 것이다. 게다가 비행갑판에 명중한 미군 폭탄이 함의 일부를 뚫고 지나가 함 측면을 관통해서 빠져나간 다음 수선 근처에서 폭발했을 가능성은 지극히 낮다. 따라서 비시노의 주장은 전혀 근거가 없다.

52 사사베 증언, 월터 로드 기록.

53 후치다, 아오키, 구사카, 사사베는 세 번째 폭탄이 비행갑판 뒤쪽에 명중했다고 주장했다.

54 마키시마 증언.

55 딕 베스트와의 면담, 존 런드스트롬.

56 1항함 전투상보, pp.19-20〔1항함 전투상보 원문, pp.37-38〕. 1항함 전투상보에는 명중탄 두 발〔과 지근탄 1발, 제1탄은 지근탄, 제2, 3탄은 명중탄〕이 있었고 후미 부분 명중탄〔제3탄〕이 "비행갑판 좌현 뒤 가장자리에 명중(했으나 두 명중탄 모두 치명상은 아님)" 했다고 기록되어 있다. 1항함 전투상보, p.9〔1항함 전투상보 원문, p.18〕. 그러나 상보를 들여다보면 이 명중탄과 관련한 모순점이 발견된다. 피해상황도(p.52)〔1항함 전투상

보 원문, p.82)를 보면 후미에 맞은 폭탄(제3탄)이 치명상을 입혔다. 프랜지는 *Miracle at Midway* 에서 제3탄이 치명적이었다는 입장을 반복한다. 그러나 우리는 이것이 1항함 전투상보 기록 시 순서가 뒤바뀌어 생긴 오류라고 믿는다. 왜냐하면 보고서 앞쪽 중앙부에 맞은 폭탄(제2탄, 중부 엘리베이터 명중)이 치명적 피해를 입혔다고 상세히 적혀 있기 때문이다(p.20)(1항함 전투상보 원문, p.37). 우리의 견해를 뒷받침하는 증거로 함미 쪽에 떨어진 지근탄에 대한 마키시마의 상세한 묘사, 아카기 전투상보, 비행기대 전투행동조서에서 추론한 비행갑판에 배치된 일본군 직위기의 존재, 그리고 이를 목격한 베스트의 증언, 아카기의 키에 후미에서 가해진 폭발효과 등이 있다.

57 기존 서구 연구자들은 기동부대 직위대의 행동을 상세히 분석하지 않았다. 이로 인해 아카기의 비행갑판에 공격기가 있었다고 추론하게 되었고, 공격으로 인해 '대폭발'과 화재가 일어났다는 결론에 도달한 것으로 보인다.

58 【옮긴이】 이번이 베스트 대위의 첫 실전 급강하폭격이었다. Symonds, p.304.

59 베스트 대위의 공격에 대해 많은 것을 알려준 마크 호런에게 감사드린다. 호런은 리처드 베스트와 짐 머레이, VB-6의 조종사들과 한 광범위한 면담을 근거로 삼아 설명했다. 2003년 3월 6일 마크 호런이 조너선 파셜에게 보낸 이메일.

60 Lord, p.173.

61 VT-3 소속 윌헬름 에스더스Wilhelm Esders, 해리 콜Harry Corl, 로이드 칠더스Lloyd Childers가 마크 호런에게 한 증언. 2002년 8월 7일자 호런과 파셜의 교신 내용. 일본 측 사료에 따르면 10시 13분에 공격이 시작되었다고 한다. 이 시간은 TBD들이 어뢰를 떨어뜨렸을 때가 아니라 일본군 직위기들이 VT-3을 공격하기 시작한 시점으로 보인다. 딕 베스트가 아카기를 명중시키고 전장을 탈출할 때에도 VT-3 소속기들이 목표에 접근 중인 광경을 보았다고 언급한 점도 특기할 만하다. 이 시간대는 당연히 10시 30분 이후다. 【옮긴이】 1항함 전투상보 원문(p.37)에는 아카기가 미군 뇌격기를 10시 11분에 발견하고 변침했다고 기록되어 있다.

62 【옮긴이】 VT-3의 해리 콜에 따르면 VT-3은 10시 25분경에 일본군 외곽 호위망을 통과했으며 여기부터 일본 항공모함까지 거리는 약 10~15해리(19~35킬로미터)였다. 콜의 증언은 아카기에 폭탄을 명중시킨 다음 VT-3의 TBD들이 일본 항공모함에 접근하는 모습을 보았다는 베스트 대위의 증언과도 일치한다. 즉 이 보고를 신뢰한다면 미군 급강하폭격대가 일본 항공모함에 폭탄을 떨어뜨리던 시간(10시 25분경)에 VT-3은 아직 공격을 시작하지 않았다(VT-3 콜 진술서, p.1). 다만 같은 비행대의 에스더스는 "10시 몇 분 뒤"에 공격을 완료했다고 진술했는데 전후 사건 흐름으로 보아 그가 시간을 잘못 본 것 같다. 에스더스는 같은 보고서에서 일본 함대를 09시 33분에 발견했다고 말하는 등 여러 번 착오를 일으켰다(VT-3 에스더스 진술서, p.1).

63 나가토모 증언, 橋本敏男 · 田邊彌八, p.221.

64 VT-3 2소대 교전보고, 에스더스, p.2. 【옮긴이】 이 보고서는 비행대 교전보고가 아닌 개별 탑승원의 진술서이며 에스더스는 1소대 소속이다.

65 나가토모 증언, 橋本敏男 · 田邊彌八, p.221.

66 Prange, p.256; Hata and Izawa, p.326.

제14장_ 화염과 죽음 10:30-11:00

1 【옮긴이】 원문은 damage control이다. 함이 전투나 사고로 인해 손상된 경우에 손상 확대를 막고 해당 부분을 임시로 보수, 복구하는 작업을 말한다. 일본 해군은 이를 응급방어應急防禦(전戰)라고 불렀고[雨倉孝之(2015), p.113], 한국 해군에서는 '손상통제損傷統制' 혹은 '보수補修'라고 부른다. 이 책에서는 일반사항 기술 시 damage control을 미일 해군 공통으로 '손상통제'로, 인원을 가리킬 때는 '손상통제 인원'으로 옮겼다. 이 작업을 구체적으로 묘사할 때는 일본 해군 인원은 '응급원應急員' 혹은 '응급반원應急班員', 집단은 '응급반應急班, 응급군應急群'으로, 미 해군 인원은 '손상통제 인원', 집단은 '손상통제반'으로 옮겼다.

2 Naval Technical Mission to Japan S-06-1, p.69.

3 일본 항공모함 비행갑판의 갑판재 두께는 약 45밀리미터였다(長谷川藤一, p.143) 이보다 두꺼운 목재에 비해 더 잘 탔을 것이다.

4 히류의 개량형인 운류급의 수치이다. 운류급은 전쟁 후반기에 대표적인 일본 정규 항공모함이다. 출처: Naval Technical Mission to Japan A-11. 아카기와 가가의 항공유 배관구조는 알려져 있지 않으나 1930년대 중반에 있었던 대규모 재개장 시 다른 항공모함과 거의 비슷해졌을 것이다.

5 고옥탄 항공유는 전·후방 항공유 탱크의 별도구역에 저장했다. 출처: Naval Technical Mission to Japan A-11, Figure 1, p.11.

6 미 해군이 전쟁이 발발한 지 몇 개월도 지나지 않아 이 문제를 해결하고자 나섰다는 점이 특기할 만하다. 산호해 해전에서 요크타운은 배관을 사용하지 않을 때는 배관의 연료를 비우고 이산화탄소로 채웠다. 항공모함의 항공유 급유체계에 내포된 위험성을 최소화하려는 혁신적인 조치였다.

7 【옮긴이】 포탑 선회부를 보호하는 장갑구조물.

8 【옮긴이】 예를 들어 일본 해군의 97식 80번 육용폭탄(고폭탄)은 전체 중량 805킬로그램, 작약 중량 382킬로그램으로 작약 중량이 전체 중량의 47.5퍼센트를 차지했다. 이와 대조적으로 80번 통상탄(철갑탄) 1형은 전체 중량 820.8킬로그램, 작약 중량 325킬로그램으로 전체 중량 대비 작약 중량의 비율이 39.6퍼센트이다. 『戰史叢書』 43卷, p.157 자료 이용.

9 폭탄고 바로 위쪽 갑판에 장갑도어가 설치되었다고 추정해볼 수 있다. 미드웨이의 일본 항공모함 중 탄약고에서 유폭이 일어난 항공모함은 없었다. 일정한 보호조치가 있었다는 뜻이다.

10 【옮긴이】 탄산수소나트륨에 기반한 소화액을 사용하는 본격적인 포말 소화장치는 미드웨이 해전 이후에 설치되었다. 福井靜夫, p.119.

11 요시다 아키히코가 저자 파셜에게 보낸 편지. 2000년 8월 1일자.

12 소류 이전 구형 일본 항공모함의 소화주관과 배관 분산의 세부사항은 명확하지 않다. Naval Technical Mission to Japan 보고서는 S-01-03, p.36-37에서 일본 해군 항공모함의 소화주관이 주철로 만들어졌고 좌·우현으로만 분기된 소화급수 배관을 사용했다는 것을 부정하면서 미국 표준에는 미치지 못하지만 하위구획으로 분산된 소화주관 체계가 있었고 주배관은 연결부를 매끈하게 다듬은 아연 도금 스테인리스제였다고 한다. 그러나 상게 보고서의 관심분야는 제2차 세계대전 후기 일본 해군 항공모함과 운용관행이므로 이것이 미드

웨이 해전 때 운용된 항공모함에도 알맞은 설명인지는 의문스럽다. 가가와 아카기는 일본 해군에서 가장 오래된 함선 축에 들었으며 격납고 화재의 위험성이 알려지기 훨씬 전에 설계되었다.

13 【옮긴이】 원서에서는 화재 진압에 나선 승조원을 '소방대원fire fighting team'이라고 지칭하고 '손상통제대원damage control team'과 별개로 기술했으나 일본 해군은 두 작업에 투입된 인원을 '응급원' 혹은 '응급반원'이라고 불렀다. 雨倉孝之(2015), pp.131-147.

14 【옮긴이】 이산화탄소 소화장비의 또 다른 문제는 공기보다 무거운 이산화탄소가 아래로 내려가 하부 방어구획의 승무원을 질식시킬 우려가 있다는 점이었다. 雨倉孝之(2015), p.157.

15 항공모함의 격납고 설계 관련 논의는 Peattie, pp.52-77에서 차용했다.

16 일본 해군 항공대 전문가 다가야 오사무에 의하면 북서태평양의 거친 바다 때문에 폐쇄 비행갑판을 썼을 수도 있다고 한다(2004년 8월 20일 파셜과의 교신). 1935년 9월에 항공모함 류조가 북부 혼슈에서 태풍을 만나 심한 피해를 입은 일(유명한 '4함대 사건')이 개장할 때 영향을 주었을 수도 있다. 4함대 사건은 일본 해군 함선의 설계에 큰 영향을 미쳤다. Evans and Peattie, p.243-245.

17 아카기와 가가의 비행갑판 높이는 흘수선 기준으로 약 20미터였다. 소류와 히류는 이보다 낮은 14미터였고 격납고 천장 높이도 비실용적일 정도로 낮아져 상부 격납고 높이는 4.6미터, 하부 격납고 높이는 4.3미터에 불과했다. 요크타운급부터 미 항공모함의 격납고 높이가 5.3미터였던 것과 비교된다.

18 雜誌「丸」編集部(1999c), p.29.

19 【옮긴이】 원문에는 구니사다가 "가가의 보조 손상통제작업 장교Kaga's assistant damage control officer'라고 나와 있으나 구니사다는 자신의 직책이 공작장이라고 증언했다(橋本敏男 · 田邊彌八, p.277). 구니사다 대위도 응급반을 지휘하여 손상통제 작업에 임했으나 원문의 직책은 공식 직책이 아니기 때문에 공작장으로 대체했다. 공작장은 함의 금속단조, 선반, 용접, 각종 목공제품의 제작, 함의 각종 기계 수리, 선체의 물에 잠긴 부분 등의 잠수수리 작업 등을 총지휘하는 장교다.

20 구니사다 증언, 橋本敏男 · 田邊彌八, p.279.

21 Bergerud, p.536.

22 【옮긴이】 메이지 44년(1911)에 제정되고 쇼와 6년(1931) 개정된 군함예규軍艦例規는 각 함선에 항해과, 포술과, 수뢰과, 통신과, 운용과, 비행과, 정비과, 기관과, 공작과, 군의과, 주계과를 두고 중좌 또는 소좌가 과장을 맡으며 과장을 보좌하는 특무사관, 준사관(장○○장○○掌○○長, 예: 장비행장)을 둔다고 규정했다. 각 과는 1개 혹은 여러 개의 분대로 편성되었다. 秦郁彦(2005), pp.721-722.

23 澤地久枝, p.554-555. 【옮긴이】 가가의 전사자 중 정비과원의 비중은 33퍼센트(268명)이다. 참고로 소류는 39.2퍼센트(279명), 아카기는 25.5퍼센트(68명), 히류는 27퍼센트(106명)이다. 출처: 같은 책, p.557.

24 가가에 다양한 크기의 폭탄 총 50개가 투하되었으므로 이 중 최소한 4발이 명중한 것으로 보인다. 【옮긴이】 '명중탄 4발'은 500파운드 이상 항공폭탄의 수치로 보인다. 정찰폭격비

행대의 SBD들은 500파운드 항공폭탄 1발, 100파운드 소이탄 2발을 탑재했고(VS-6 교전 보고, p.1) 모든 폭탄을 동시에 투하했기 때문에 소이탄도 여러 발 명중했을 것이다. 가가에 명중탄을 떨어뜨린 VS-6의 클리스 중위는 자신이 투하한 100파운드 소이탄 2발과 500파운드 항공폭탄 1발이 함께 명중했다고 기억한다. Kleiss, pp.202-203.

25 『戰史叢書』(43卷, pp.376-377)는 가가의 소방펌프 계통이 파괴되어 처음부터 유효한 소화작업이 어려웠다고 인정한다. 발전기 파괴가 그 이유였을 것이다. 가장 중요한 손상통제용 장비를 왜 이런 곳에 설치했는지 이해하기가 어렵다. 1935년 재개장 시에 비상용 발전기의 필요성이 지적되었으나 갑판 아래에 공간이 없었기 때문에 이곳에 설치되었을 가능성이 있다. 노출된 비상용 발전기는 없는 것보다 나았을지도 모르나 이는 개장 항공모함의 한계일 수도 있다. 처음부터 체계적으로 항공모함으로 설계된 배는 여러 측면에서 개장된 배보다 우월했다.

26 【옮긴이】 이때 제2응급지휘소가 피격되어 응급반원 전원이 전사했다. 森史郎(二部), p.250.

27 『戰史叢書』 43卷, pp.376-377.

28 피격 직후 가가의 상황에 대한 모리나가의 증언은 Lord, p.181에 있다.

29 구니사다 증언, 橋本敏男 · 田邊彌八, p.280. 【옮긴이】 원문에서는 800킬로그램 폭탄이 28개였다고 하나 하시모토 · 다나베의 책에서 구니사다는 격납고 내 800킬로그램 육용폭탄의 수가 20개라고 증언했다. 번역문에서는 구니사다의 증언을 따랐다. 각 병장의 작약량은 『戰史叢書』 43卷, pp.157-158을 참조하여 고쳤다.

30 【옮긴이】 원문은 격납고 안의 폭발물(작약) 총량을 8만 파운드(36.3톤)라고 하나 이는 폭탄 숫자의 인용 오류(앞의 주 29 참조)와 계산 착오로 인한 결과다. 구니사다의 증언에 의하면 격납고에 있던 항공병장의 총 작약량은 14,860킬로그램(14.86톤, 32,761파운드)이다.

31 【옮긴이】 원문은 1,800파운드(약 817킬로그램)라고 하나 『戰史叢書』 43卷(p.158)에는 852킬로그램으로 나온다.

32 피격 시 가가의 격납고에 있던 비행기에 탑재된 연료량은 다음과 같다. 97식 함상공격기 27기에 각 317갤런(약 1,200리터), 99식 함상폭격기 17기에 각 285갤런(약 1,079리터), 제로센 11기에 각 114갤런(약 432리터)으로 총 14,658갤런(약 55,487리터, 약 42톤)이다. 연료량 수치 출처:軍用機メカ · シリーズ 5 · 11 · 14(1993 · 1994 · 1995). 【옮긴이】 99식 함상폭격기가 격납고에서 급유하지 않았다고 가정하면 총 9,813갤런(약 37,146리터), 약 28톤을 탑재했다.

33 【옮긴이】 준동형함 히류의 사관 거주구역은 최상갑판과 중갑판 사이의 상갑판, 격납고 좌현에 있었다. 히류는 소류와 기본 설계가 비슷했으므로 소류도 사관 거주구역의 위치가 히류와 비슷했을 것이다. 歷史群像編輯部 編, pp.67-68.

34 가정이 섞인 추론이지만 소류가 급격히 동력을 잃은 사실과 비행갑판 가운데의 파공으로 수증기가 솟구친 현상과 부합한다.

35 【옮긴이】 원문은 "소류의 기관병, 정비병, 일반수병 419명"인데 출처가 불분명하다. 澤地(p.557)에 따르면 이날 소류의 기관과 전사자는 242명, 정비과 전사자는 279명, 병과兵科(일반수병) 전사자는 113명으로 총 634명이며, 총 전사자 수는 711명이다. 소류의 총 승

조원 수는 1,103명이다(앞의 책, p.550).

36 『文藝春秋 臨時增刊 目で見る太平洋戰爭史』(1976. 12.), p.162.

37 1항함 전투상보(p.10)에는 10시 40분경 소류 어뢰고에서 유폭이 일어났다고 기록되어 있으나 가능성이 희박한 이야기다. 탄약 유폭이 일어났으면 소류는 그 자리에서 침몰했거나 수선 하부가 크게 손상되어 빠르게 침수되었을 것이다. 이 대폭발은 유증기와 양폭탄통 근처의 폭탄과 어뢰 유폭의 결과로 보인다. 【옮긴이】 1항함 전투상보 원문, p.21.

38 【옮긴이】 소류 항해장의 이름이 '이키'였다는 기록도 있다. 15장 미주 73 참조.

39 나가누마 증언, 橋本敏男 · 田邊彌八, pp.107-108. 【옮긴이】 원문은 "영약이라도 되는 것처럼 오염되지 않은 공기를 들이마셨다."이나 번역문에서는 기관병들을 금붕어에 비유한 나가누마의 증언을 따랐다. 나가누마의 증언은 해군보도부장 마쓰시마 게이조松島慶三 대좌가 채록한 증언을 다시 옮긴 것이다.

40 아이소 증언, 橋本敏男 · 田邊彌八. 포로로 잡힌 히류 생존자 심문기록. 【옮긴이】 하시모토와 다나베의 책에는 아이소의 증언은 없으며 해당 부분은 규마 다케오久馬武夫 2항전 기관참모의 증언을 인용한 것으로 보인다. 橋本敏男 · 田邊彌八, p.300.

41 Lord, p.174.

42 【옮긴이】 원문은 "弁釬裝置彎曲," 1항함 전투상보 원문, p.38.

43 1항함 전투상보, p.20. 【옮긴이】 위의 보고서, 같은 페이지.

44 위의 보고서, 같은 페이지.

45 F.T.P.107(B)에서 인용. 당시 미군 손상통제 시행지침에는 이 점이 명확하게 적시되어 있다.

46 구니사다 증언, 橋本敏男 · 田邊彌八, p.280.

47 1945년 3월 19일, 일본 근해에서 피격당한 미국 항공모함 프랭클린Franklin의 상황이 가가의 상황과 유사하다. 프랭클린도 급유작업 중 폭탄 두 발을 맞았다. 항공유 배관이 파손되었고 격납고가 금세 폭발성 유증기로 가득 찼다. 피격된 지 몇 분 지나지 않아 공기와 섞인 유증기가 엄청난 위력으로 폭발하기 시작하며 함을 뒤흔들었다. 폭발로 인해 격납고에 있던 각종 탄약들도 유폭하기 시작했다. 전사자만 724명(가가 전사자 811명과 비슷함)에 달했음에도 프랭클린은 살아남았다. 에식스급 항공모함의 설계에 반영된 생존복구 능력과 미 해군의 손상통제 기법이 얼마나 뛰어났는지를 보여 주는 증거다.

48 토머스 칙 증언, 2002년 5월 26일자 파셜이 수신한 이메일. 【옮긴이】 가가에 두 번째로 명중탄을 떨어뜨린 클리스 중위는 대폭발로 가가의 앞쪽이 뜯겨 나가고 엘리베이터 바닥판이 날아가는 모습을 보았다고 증언한다. 클리스가 탄약고 유폭이라고 생각했을 정도로 대규모 폭발이었다. Kleiss, p.205.

49 구니사다 증언, 橋本敏男 · 田邊彌八, p.279.

50 아마가이 증언, 橋本敏男 · 田邊彌八, p.60.

51 아마가이는 橋本敏男 · 田邊彌八의 책에서 자신이 퇴거할 때 "함의 운명을 적합한 기술을 갖춘 승조원들에게, 그리고 만약 살아 있다면 부장에게 맡겨야 한다."라고 결심했다고 증언했다. 【옮긴이】 아마가이의 해당 증언 원문은 "내 임무는 〔비행장으로서 비행기〕 탑승원을 구하는 것밖에 없다고 생각했으며 함에 관해서는 각각 위치에 배치된 사람들에게 맡겨야겠다고 결심했다."로, 원주에 인용된 내용과 뉘앙스가 다르다(원주에서는 출처 미기

재). 橋本敏男 · 田邊彌八, p.60.

52 【옮긴이】 가가의 전사자 811명 중 특무소위 이상 장교는 33명으로 아카기의 7명, 소류의 27명, 히류의 13명에 비해 많다. 소좌급 이상 간부 전사자는 가가 10명, 아카기 0명, 히류 2명(야마구치 소장 제외), 소류 3명으로 가가의 전사자가 압도적으로 많다. 澤地久枝, 부록 3.

53 요시노 하루오는 비행기 탑승원들이 손상통제나 화재 진압에 대해 아무것도 몰랐다고 증언했다. 따라서 탑승원들은 가급적 신속하게 항공모함에서 철수했다. 이 점은 미군도 마찬가지였다.

54 기관장과 운용장 모두 기관소좌였다. 【옮긴이】 기관장 우쓰미 하치로內海八郎 기관중좌, 운용장 아사노우미 로쿠로淺海六郎 기관소좌, 정비장 야마자키 도라오山崎虎雄 기관중좌 가운데 운용장과 정비장이었을 것이다.

55 【옮긴이】 원문에는 "제3전투속력(22노트)"이라고 나와 있으나 1항함 전투상보 원문(p.38)에는 제5전투속력(28노트)이라고 기재되어 있다(저자들이 제시한 4항전 속력 기준).

56 1항함 전투상보에는 뇌격기로 나와 있다. 이 비행기는 VT-3의 TBD 혹은 저고도로 날며 탈출 중이던 SBD였을 것이다. 【옮긴이】 1항함 전투상보 원문, p.38.

57 우리의 추정이나, 키 고장 같은 주요 기계부가 고장나면 당연히 취해야 할 조치다.

58 월터 로드가 사사베와 한 면담기록, 1966년. 월터 로드 소장.

59 【옮긴이】 1항함 전투상보 원문에는 "(아카기) 키 고장, 양현 정지"라고 기록되어 있다. 1항함 전투상보 원문, p.38.

60 윌리엄 가즈키가 파셜에게 보낸 이메일, 2001년 8월 14일자. 가즈키는 저명한 조선기사이자 해양사고 분석 전문가로 아카기의 키가 고장 난 이유가 지근탄이라는 설을 지지한다.

61 항공폭탄의 탄도문제에 대해 탁견을 준 네이선 오쿤에게 감사드린다.

62 아카기에서 키를 고치려고 노력했다는 기록은 없다. 다만 표준적 응급조타 절차를 실시했을 것으로 가정해볼 수 있다. 일본군 응급조타 시행 관련 사항은 Naval Technical Mission to Japan S-01-3, pp.26-27에 나와 있다.

63 이것 때문이 아니라면 즉시 배 아래쪽에서 응급 인력조타로 조타방식을 전환하여 문제를 해결할 수 있었을 것이다.

64 1항함 전투상보, p.20. 【옮긴이】 1항함 전투상보 원문에는 "10시 42분, 총원 방화배치에 임할 것을 하령"이라고 기록되어 있다. 그러나 10시 43분에 기관과 지휘소에 소방용 펌프를 전력운전 하라는 명령이 내려졌기 때문에 42분의 명령이 기관과원이 모두 철수하여 소화작업에 임하라는 것을 뜻했는지는 의문이다. 아카기의 기관과원 전사자는 다른 항공모함에 비해 적었으므로 기관과원들이 일찍 기관구역에서 퇴거한 것은 정황상 사실로 보인다. 1항함 전투상보 원문, p.38.

65 일본 함선이 장비한 키의 카운터밸런스counterbalance는 서구 함선보다 무거워 돌리는 데 더 큰 동력이 필요했다. Naval Technical Mission to Japan S-01-02, p.26. 【옮긴이】 아카기가 장비한 균형키balanced rudder(키에 가해지는 압력의 중심 부근에 조타주를 세워 유체역학적 모멘트가 키의 앞뒤에서 균형을 이루도록 한 키)에서 조타주 앞부분(함미에 더 가까운 부분)을 카운터밸런스라 한다. 카운터밸런스는 키의 뒷부분(카운터밸런스보다 면적이 넓

으며 함선을 선회하는 역할)에 가해지는 압력을 상쇄해 준다. 원문은 "기름펌프는 무거운 타병과 카운터밸런스를 돌릴 정도로 힘이 좋지 못했다."이나 카운터밸런스가 키의 일부이며, 일반적이지 않은 용어라는 점을 고려해 '키'라고 옮겼다(기계공학용어사전 및 파셜의 해설 종합).

66 수리작업반이 남아 수리작업을 계속했을 가능성도 있다. 키를 고치는 일은 어떤 상황에서든 가장 먼저 해야 할 손상복구 작업이다. 이날 아카기의 기관과 승조원〔기관부 근무 장교·병·부사관〕 115명이 전사했는데(아카기 전사자 중 36퍼센트). 여러 부서 중 기관과의 전사자 비율이 가장 높다. 피격 초기에는 기관과 승조원들이 신속히 (아마 질서도 유지하면서) 퇴거했기 때문에 기관과 승조원 전사자 상당수가 격납고 소화작업 중에 사망했을 가능성이 높으나 일부는 우현 후부 기관구역에서 사망했다고 알려져 있다. 수리작업에 나선 기관과 승조원들도 희생되었을 가능성이 높다. **【옮긴이】** 각 함의 전체 전사자에서 기관과 승조원이 차지한 비율은 아카기가 가장 높다(아카기 43.1퍼센트, 가가 26.1퍼센트, 히류 30.9퍼센트, 소류 34퍼센트). 澤地久枝, pp.555-556.

67 1항함 전투상보 p.20. **【옮긴이】** 1항함 전투상보 원문, p.38.

68 Lord, p.183; Toland, pp.384-385.

69 Prange, p,265-266. **【옮긴이】** 원문에서는 아오키 함장이 구사카 참모장에게 말했다고 하나 일본 측 자료에 따르면 아오키 함장은 나구모 사령장관에게 이와 비슷하게 말했다고 한다[森史郎(二部), p.201]. 정황상 후자가 더 적절해 보인다. 앞의 책(같은 페이지)에 따르면 아오키의 발언 내용은 다음과 같다. "장관님, 제발 배를 옮겨 주십시오. 아카기는 제가 책임지고 맡겠습니다. 부디 나가라로 장관기를 옮겨 전 함대를 지휘해 주십시오." 번역문에서는 아오키 함장이 나구모 장관에게 말한 것으로 고쳤다.

70 불길이 없었다면 당연히 이들은 가장 쉬운 길인 발착함 지휘소를 통해 탈출했을 것이다.

71 **【옮긴이】** 1항함 전투상보 원문(p.39)에는 "아카기, 장관〔나구모〕 이하 사령부 직원 함교퇴거, 이승개시"라고 나와 있다. 10시 46분이 함교에서 나온 시간인지, 구축함 노와키의 커터로 옮겨 타기 시작한 시간인지 명시되지 않았으나 10시 45분에 노와키가 접근을 개시했으므로(앞의 보고서, 같은 페이지) 10시 46분은 함교퇴거 시간일 것이다.

72 Prange, p.266.

73 Lord, p.184; Fuchida, p.159.

74 **【옮긴이】** 당시 사진을 보면 노와키를 비롯한 동형의 가게로급 구축함들은 론치(모터보트) 2정과 커터(무동력선) 2정을 탑재했다. 나구모와 참모진을 나가라로 실어 나른 배가 론치였는지 커터였는지는 확실하지 않다. 원문에는 론치로 나와 있으나 뒤에 승조원들이 노를 저었다는 표현이 있음을 감안하여 커터로 고쳤다.

75 Prange, p.266; Fuchida, p.159. 후치다가 11시 30분경 완전히 아카기를 떠났다는 점에 유의해야 한다. 따라서 이 시간 이후 아카기의 손상복구 작업에 대한 후치다의 기술은 전투 뒤에 다른 이들에게 들은 이야기로서 후치다의 현장 목격담이 아니다.

76 Prange, p.266.

77 1항함 전투상보, p.10. **【옮긴이】** 1항함 전투상보 원문에는 "10시 40분 양현 정지, 10시 43분 좌현 전타를 하령"이라고 기록되어 있다. 1항함 전투상보 원문, p.21.

78 『戰史叢書』 43卷, p.10. 흰 연기는 격납고에서 발생한 고열로 비행갑판의 밀봉재나 봉합재, 접착제 들이 타기 시작했다는 증거일 수도 있고, 유폭하고 있던 항공병장들의 고성능폭발high-order detonation일 수도 있다.

79 Lord, p.180.

80 1항함 전투상보, p.10. 【옮긴이】 1항함 전투상보 원문, p.21.

81 【옮긴이】 기동부대 전체에서 아베(해군병학교 39기, 메이지 44년/1911년 졸업)가 나구모(해군병학교 36기, 메이지 41년/1908년 졸업) 다음으로 연공서열이 높았다. 야마구치와 기무라는 해군병학교 40기(메이지 45년/1912년 졸업)였고 구사카 참모장은 해군병학교 41기(메이지 46년/1913년 졸업)였다. 福川秀樹, 나구모, 아베, 야마구치, 기무라, 구사카 항목.

82 【옮긴이】 원문은 "10시 45분, 아베는 지쿠마로부터 자신의 5호기가 미드웨이에서 130해리 떨어진 곳에서 '순양함 5척, 구축함 5척을 추가발견'했다는 보고를 받았다."이다. 원문과 달리 실제로 지쿠마 5호기는 기점을 명시하지 않고 적의 위치를 "기점에서 10도, 130해리"라고 보고했다. 이 보고를 받은 아베는 10시 47분에 야마모토에게 미드웨이 제도에서 10도, 240해리(426킬로미터) 위치에서 적 순양함 5척, 구축함 5척을 발견했다고 보고했다. 즉 기점을 미드웨이로 명시한 전문은 아베가 10시 47분에 보낸 전문이다. 원문대로 지쿠마 5호기가 발견한 적의 위치 기점이 미드웨이인지가 확실하지 않아 해당 보고를 전부 인용했다. 1항함 전투상보 원문, pp.38-39.

83 1항함 전투상보, p.20. 【옮긴이】 1항함 전투상보 원문, p.39.

84 Lord, p.187.

85 이 사진이 히류가 전장으로 이동하는 중에 촬영되었을 가능성이 낮은 이유는 다음과 같다. 첫째, 6월 1~3일에 히류는 당직함이 아니었기 때문에 비행갑판 후미에 항공기 다수가 모여 있는 것은 차치하고서라도 비행기를 발진시킬 이유가 별로 없었다. 둘째, 사진의 비행기들이 대잠초계기일 수도 있으나 대잠초계는 보통 2기 혹은 4기 단위로 움직이지, 사진의 비행갑판에 있는 것처럼 10여 기가 넘는 단위로 임무를 수행하지 않았다. 앞에서 보았듯이, 이때 일본 항공모함들은 표준 규모의 비행기대를 보유했으므로 비행갑판에 비행기를 계류하지 않았다. 이 사진의 비행기들은 모두 이함 중이며 초계 목적으로 보기에는 너무 많다. 이상의 이유로 미루어볼 때 이 사진을 미드웨이 작전 중에 촬영했다면 전투 당일이었을 가능성이 높다. 자세히 보면 사진의 비행기는 고정식 착륙장치가 특징인 99식 함상폭격기다. 히류는 이날 99식 함상폭격기를 단 한 번 발진시켰는데 바로 고바야시 공격대다. 따라서 우리뿐만 아니라 존 런드스트롬과 제임스 소럭 같은 전문가들도 이 사진은 미드웨이 작전 시 촬영되었으며, 사진의 비행기들은 출격하는 고바야시 공격대가 거의 확실하다고 생각한다.

86 Lundstrom(1990), p.370.

87 도모나가의 함상공격기들이 이때 발진준비를 완료했더라면 히류는 99식 함상폭격기 18기, 97식 함상공격기 9기, 제로센 6기(총 36기)의 완전편제 상태 공격대를 보낼 수 있었을 것이다. 이 비행기들을 모두 비행갑판에 배치하면 다소 빡빡했겠지만 충분히 발함시킬 수 있었다.

88 Lundstrom(1990), pp.383-386 참조. 특히 요크타운을 공격할 때 고폭탄과 통상탄을 혼

용한 상황 관련.

89 1항함 전투상보, p.21. 【옮긴이】 1항함 전투상보 원문, p.39. 원문에서는 이 신호를 '함대'에 보냈다고 하나 1항함 전투상보에 적힌 수신자는 8전대다.

제15장_ 강철 계단을 올라 11:00-12:00

1 【옮긴이】 아카기 전투상보에 의하면 미군 급강하폭격대와 뇌격대가 물러났을 때 상공에 있던 아카기 소속 직위기 수는 9기였다. 이 중 7기가 11시 00분에 히류에 착함했다. 그러나 히류 전투상보에는 이 기록이 없다. 아카기 전투상보 원문, pp.33-34.

2 生出壽, p.208.

3 【옮긴이】 1항함 전투상보 원문(pp.35-36)에 따르면 이 명령은 10시에 나구모가 2항전과 주력부대를 포함한 각 부대에 현 침로가 030이며 적 항공모함을 격멸하겠다는 내용으로 발신한 전문으로 보인다. 피격 전 나구모가 각 항공모함에 직접 내린 마지막 명령은 09시 05분에 내린 "(미드웨이 공격대) 수용 종료 후 일단 북쪽으로 향하고 적 기동부대를 포착, 격멸할 것."이다. 1항함 전투상보 원문, pp.15, 33.

4 【옮긴이】 히류 전투상보 원문(pp.163-165)에 의하면 히류는 10시 09분에 VT-3, VF-3을 목격했고 10시 39분까지 VT-3과 교전을 벌였다.

5 【옮긴이】 이때 히류의 확실한 침로 정보는 없으며 030은 저자들의 추정이다. 09시 05분에 나구모가 내린 명령(침로 북)과 1항함 전투상보 원문(pp.37-40)에 있는 기동부대의 침로가 10시 26분에 310도, 10시 34분에 0도였던(10시 57분 침로는 80도이나 10시 42분에 상보 침로의 기준점인 아카기가 키 고장으로 선회했으므로 히류의 침로에 관한 한 유의미한 정보는 아니라고 보인다.) 점으로 미루어 보아 정북 방향이었을 가능성도 있다.

6 1항함 전투상보, p.21. 【옮긴이】 1항함 전투상보 원문, p.40.

7 일본 해군은 이런 경우를 대비해서 신호중계함 사용을 예비했다(딕슨, 저자와의 교신, 2004년 8월 20일자). 지쿠마는 이렇게 다소 길게 늘어진 명령전달 계통에서 가장 먼저 신호를 받았을 것이다. 11시 30분경(발신시간), 8전대의 아베 소장(도네 탑승)은 "각 손상된 항공모함에 구축함을 1척씩 붙이고 주력부대 방향으로 보내라."라는 야마구치의 신호를 받았다(08시 48분 8전대 수신, 1항함 전투상보 원문, p.41. 저자들은 이 전문을 아베가 보냈다고 하나 1항함 전투상보에 따르면 발신자는 2항전, 수신자는 아베(8전대)이다. 이 지시는 발광신호가 아닌 무전으로 발신되었음에도 유의하라. 1항함 전투상보 원문에 따라 고쳐 옮겼다). 지쿠마는 이 신호의 의미를 알아채고 소류에 파견한 커터를 남긴 채 야마구치를 따라갔다.

8 Lundstrom(1990), p.392에서는 이 비행기가 니시모리 스스무 비행병조장의 기체였다고 한다. 【옮긴이】 아카기 전투상보 원문(p.38)에 따르면 니시모리 스스무 비행병조장의 기체로 보는 것이 타당하다. 9장 미주 38 참조.

9 【옮긴이】 아카기 전투상보 원문, p.27. 상보 원문에는 탑승원 이름 없이 '색적기索敵機(정찰기)'라고만 기재되어 있으나 아카기가 탑재한 비행기 중 색적대(정찰대)로 편성된 기체는 니시모리의 97식 함상공격기 단 1기다(앞의 보고서, p.38).

10 【옮긴이】 1항함 전투상보 원문, p.40, 원문에는 야마구치가 "(다른 함의) 중계로 8전대에 명령했다."라고 되어 있다. 야마구치가 선임인 나구모나 아베를 무시하고 기동부대의 함선들에 직접 명령을 내린 적이 있지만 현장의 차선임 지휘관인 아베가 지휘하는 8전대에 직접 명령을 내릴 수는 없었을 것이므로 "요청했다"라고 옮겼다. 원문과 달리 전문에는 '추가로'라는 부사 없이 수상정찰기를 이용하여 적과 접촉을 유지해 달라고 기록되어 있으나 접촉을 유지하려면 당연히 추가 발진이 필요했다.

11 【옮긴이】 소류 전투상보 원문, p.92.

12 【옮긴이】 위의 보고서, 같은 페이지.

13 【옮긴이】 1항함 전투상보 원문, p.16.

14 【옮긴이】 소류 전투상보 원문(P.93)에 의하면 D4Y1은 13시 30분에 귀환했다.

15 Lord, p.184.

16 【옮긴이】 중장기는 흰 바탕에 중앙에 있는 붉은 원에서 욱광旭光(햇살) 8줄이 뻗어 나가고 상단에 가로로 붉은 줄이 있는 깃발이다. 욱일기는 욱광이 16줄이고 상단에 가로줄이 없다.

17 Lord, p.185.

18 【옮긴이】 "적은 아군으로부터 방위 70도, 거리 90해리에 있음." 1항함 전투상보 원문, p.40.

19 1항함 전투상보, p.21. 【옮긴이】 1항함 전투상보 원문, p.42.

20 【옮긴이】 1항함 전투상보 원문, p.42.

21 1항함 전투상보, p.22. 【옮긴이】 1항함 전투상보 원문, p.42.

22 【옮긴이】 11시 30분 발신, 1항함 전투상보 원문, p.41.

23 여기에서 아베가 '일부'라고 말한 점이 흥미롭다. 이는 지쿠마가 소류를 지원하느라 아직 제 위치를 잡지 못했음을 암시하는 표현일 수도 있다.

24 【옮긴이】 1항함 전투상보 원문, p.41. 기동부대 지휘체계상 야마구치는 항공전투만 지휘해야 했지만 자신이 필요하다고 생각하면 종종 상급자인 나구모나 아베에게 상신하지 않고 다른 함정에 직접 명령을 내렸다.

25 손상 항공모함의 호위에 대한 야마구치의 명령은 11시 46분(혹은 30분)과 47분에 두 번 타전되었다. 11시 46분(30분) 명령은 항공모함 1척당 구축함 2척을 붙이고 주력부대 방향으로 향하라는 내용이었으나 11시 47분 명령은 1척만 남기고 기동부대의 진격방향으로 오라는 내용이었다. 【옮긴이】 11시 30분에는 항공모함 1척당 구축함 1척을 붙이고 주력부대 방향으로 향하라는 명령을 타전했다.

26 1항함 전투상보, p.22. 【옮긴이】 1항함 전투상보 원문, pp.41-42.

27 【옮긴이】 11시 59분 발신. 1항함 전투상보 원문, p.41.

28 【옮긴이】 12시 00분 수신. 1항함 전투상보 원문, p.42.

29 Lundstrom(1990), p.369. 비행 중인 아카기의 97식 1기가 곧 히류에 착함할 예정이었다(이 수치는 아카기의 함상공격기가 돌아오지 않은 상태에서 집계한 것이다). 여기에 소류에서 발진한 D4Y1를 합치면 총 66기다.

30 물론 미드웨이에서 발진해 히류를 공격한 VMSB-241(헨더슨)도 함상기로 구성되었다. 이 또한 일본군의 의구심을 높였을 것이다.

31 Ugaki, p.141.

32 이 책에서 서술한 호닛 비행대의 전투상황은 Lundstrom(1990), pp.345-347, 마크 호런이 기록한 호닛 비행대 생존자들과의 면담 내용에 상당 부분 의지했다. 【옮긴이】 비행단장 링 중령뿐만 아니라 이날 아침 공격에 참가한 VT-8, VF-8, VB-8, VS-8의 각 대장들 중 살아 돌아온 VF-8 대장(미첼 소령), VB-8 대장(존슨 소령), VS-8 대장(로디 소령)이 작성한 교전보고도 없다. 이유는 불명이다. Symonds, p.249.

33 【옮긴이】 당시 미 항공모함의 함재기 모함 유도 시스템은 모함에 설치된 YE 송신기transmitter와 비행기에 탑재된 ZB 유도수신기homing receiver로 구성되었다. 미 항공모함은 모함을 중심으로 360도 전 방위에 걸친 공역을 30도 각도의 12개 구역으로 나누고 각 구역의 식별 부호를 YE 송신기로 발신했다. 무전수는 비행기에 탑재된 ZB 수신기로 이를 수신해 자신의 비행기가 위치한 구역 및 모함과의 상대위치를 판단했다. 전쟁 발발 직후부터 미 해군은 YE-ZB 장비를 배치하고 탑승원들에게 조작법을 교육했으나 진주만 기습 당시에는 VS-6의 SB D-2 3기만이 이 장비를 장착했다. Moore, p.66; Kleiss, p.154.

34 이 점을 지적해준 마크 호런에게 감사드린다. 【옮긴이】 ZB 수신기의 사용법이 복잡했기 때문에 일부 조종사는 전투 직전까지 이 장치의 작동 여부와 담당 탑승원의 조작법 숙지 여부를 계속 확인했다. Kleiss, p.199.

35 Lundstrom(1990), p.365.

36 【옮긴이】 6월 4일에 호닛의 전투기 조종사 중 스티븐 W. 그로브스Stephen W. Groves 소위가 전사자로, 조지 R. 힐George R. Hill 소위와 찰스 M. 켈리 주니어Charles M. Kelly Jr. 소위가 실종자로 기록되었다. Lundstrom(1990), pp.492-493.

37 우리는 다음 여러 문단에 나오는 호닛 공격대의 행보를 재구성하는 데 많은 도움을 준 마크 호런에게 큰 신세를 졌다. 파셜과의 교신에서 언급된 내용. 2004년 8월 20일자.

38 Lundstrom(1990), p.368.

39 【옮긴이】 VF-8의 27기 가운데 아침 공격대 엄호에 나섰던 10기가 불시착했다. 6월 4일에 호닛은 여러 이유로 전투기 12기를 잃었다, Lundstrom(1990), pp.365-366, 499.

40 【옮긴이】 니미츠가 일본군과 대등한 전력을 투입하려고 항공모함 3척을 모으느라 얼마나 고심했는지를 생각해 보면 이날 아침에 항공모함 1척의 전력 전체가 거의 아무 구실도 하지 못한 일은 변명의 여지가 없는 실책이다. 유일한 성과라고 할 수 있는 VT-8의 공격도 지휘관 월드론 소령의 독단전행 덕택이었으며 월드론 소령이 호닛 비행단장 링 중령의 명령을 충실히 따랐다면 호닛 비행대는 미드웨이 해전의 가장 중요한 시점에 아무 구실도 하지 못할 뻔했다.

41 【옮긴이】 VS-6의 토니 슈나이더Tony Schneider 소위기가 연료 부족으로 공격하기 전에 불시착했다. Kleiss, p.197.

42 Lundstrom(1990), p.333.

43 웨어는 6기를 지휘했다. 1기는 일찍 불시착했고 탑승원들은 일본군에게 붙잡혀 살해당했다. 1기는 모함 근처에 불시착했지만 탑승원들은 구조되었다. 웨어의 4기만 흔적도 없이 사라졌다.

44 요크타운 공격대가 귀환할 때 비행갑판 승조원들은 전투기부터 가급적 빨리 수용하고자

했다. 전투기들의 연료 상황이 갈수록 심각해졌다. SBD는 대기하라는 지시를 받았다. 레슬리가 착함하려 할 때 일본군의 고바야시 공격대가 포착되었고 레슬리는 착함하지 말라는 신호를 받았다. 【옮긴이】 전투기대는 착함했으나 마지막으로 착함하려던 톰 칙 항공공작하사의 기체가 충돌방지망에 충돌해 후속 착함이 지연되었다. Lundstrom(1990), pp.373-374.

45 Lundstrom(1990), p.390.

46 위의 책, p.373.

47 위의 책, p.369.

48 【옮긴이】 플레처와 스프루언스는 공격 중에는 지휘관이 목표 배분을 지시하고 조종사들이 절규하는 소리를 무전으로 엿듣는 수밖에 없었고, 10시 25분의 결정적 공격이 끝난 다음에도 확실한 전과를 알 수 없었다. VB-3 소속기의 상보가 플레처가 받은 첫 전과보고였다. Lundstrom(2013), pp.257, 258.

49 【옮긴이】 플레처는 미드웨이 기지항공대와 기동함대의 공격기들이 일본 항공모함 2척을 공격했다고 믿었으며, 나머지 항공모함들의 소재를 몰라 초조해했다. 11시 04분, 플레처는 스프루언스에게 "귀대 소속기 귀환 시 적의 위치, 침로, 속력을 보고할 것. 예비 폭격비행대〔VS-5〕 1대隊, 출격준비 완료."라 지시하고 북서 해역을 수색하겠다는 의견을 밝힌 다음 스프루언스의 조언을 구했다. 스프루언스는 11시 10분에 10시 15분 현재 적 추정위치를 북위 30도 38분, 서경 178도 30분이라고 보고했다. 이 위치정보의 출처는 일본 기동부대 상공을 선회하다 철수한 VF-6의 그레이의 보고였다. 그레이는 10시 50분경 무사히 엔터프라이즈에 착함했는데 그가 보고한 위치는 일본 기동부대의 실제 위치보다 북서쪽으로 약 40해리(74킬로미터) 더 떨어졌다. 더불어 스프루언스는 플레처에게 "이미 공격한 항공모함들을 추적해 위치를 확인할 것"과 "있을지도 모르는 세 번째 항공모함 확인을 위해 북서 사분면을 수색할 것"을 제안했다. 위의 책, pp.257, 263.

50 【옮긴이】 요크타운 교전보고(p.2)에는 VS-5의 발진시간이 11시 00분으로 기록되었으나 니미츠의 미드웨이해전 보고, ComCruPac, Battle of Midway Action Report(이하 TF-17 교전보고)에는 11시 50분으로 기록되었다. VS-5가 11시에 발진했다면 히류를 발견한 14시 30분까지 비행하기가 지극히 어려웠으므로 요크타운 교전보고의 발진시간이 잘못 기록된 것 같다. VS-5는 280~030도 방위에서 200해리(370킬로미터) 해상을 정찰하라는 명령을 받았다. TF-17 교전보고, p.2; 미드웨이해전 보고, p.13.

51 VS-6(9기), VB-6(7기), CHAG(Commander, Hornet Air Group, 링 중령의 비행단장 탑승기, 1기), VS-8(15기), VB-8(15기), VB-3(15기), VS-5(10기)로 총 72기다. 이 중 VS-5의 10기는 강행정찰 중이라 이 시점에는 작전에 투입될 수 없었다. 이 수치를 확정하는 데 도움을 준 마크 호런에게 감사드린다.

52 【옮긴이】 아카기의 손상통제작업 총책임자(응급총지휘관)는 부장 스즈키 다다요시鈴木忠良 중좌이다. 운용장 도바시 중좌가 응급지휘관으로 작업을 지휘했고, 곤도近藤 특무소위가 장운용장掌運用長으로 도바시를 보좌했다[雨倉孝之(2015), p.141]. 도바시의 이름과 직책을 추가해 옮겼다.

53 【옮긴이】 함장과 손상통제작업 총책임자인 부장도 같이 있었음이 확실하다.

54 Lord, p.182.

55 【옮긴이】 응급반은 주로 일반수병으로 구성되고 기관과원(기관병), 주계과원(행정병), 정비과원, 공작과원, 비행과원 일부가 본업을 방해받지 않는 한도에서 참여했다. 응급반원은 작업 시 임무에 따라 방수, 방독, 잔해처리, 경계, 부상자 후송 등을 맡았다. 위의 책, p.114.

56 Naval Technical Mission to Japan S-84(N), pp.9-10. 가가와 아카기에서 비행기 탑승원들이 가장 먼저 퇴거명령을 받았다. 이들은 손상통제에 대한 지식이 없고 나중에 작전에 투입될 귀중한 인력이었기 때문이다. 이 점은 미 해군도 마찬가지여서 비행기 탑승원들은 손상통제작업에서 제외되었다.

57 이 부분은 1944년자 F.T.P 170(B)와 Naval Technical Mission to Japan S-84(N)의 내용에 상당 부분 의지해 기술했다.

58 【옮긴이】 원문은 damage control center. 일본 해군은 손상통제작업 지휘본부를 응급지휘소라고 불렀다. 쇼와 12년(1937) 7월 14일에 제정된 「응급지휘장치제식초안應急指揮裝置制式草案」에 따르면 전함을 기준으로 응급지휘소를 함의 두 군데에 설치하여 손상통제작업을 지휘해야 한다고 규정되어 있다. 雨倉孝之(2015), pp.116-118.

59 【옮긴이】 응급지휘소에는 응급지휘용 도표 외에 손상통제 작업에 필요한 각종 통신장비가 구비되어야 한다고 규정되었다. 雨倉孝之(2015), p.118.

60 데이비드 에번스와 마크 피티는 공저 *Kaigun*에서 일본군의 사격통제 방법을 논의하던 중 주석(p.507)에서 "일본 해군은 거대한 기술 시스템을 사용하기 쉬운 조작방식을 갖춘 하부 시스템으로 나누는 조직 기술인 현대적 시스템공학을 만들어 내지 못했다. 시스템공학 기법을 적용한 덕택에 미국 공학자들은 믿을 수 없을 정도로 복잡한 기술 시스템을 만들어낼 수 있었다."라고 말한다. 일본군의 손상통제에도 이 원칙이 적용된다. 일본군은 침수, 화재 진압과 관련해 전체를 부분으로 나누고 이를 철저히 조직화해 운용하는 데 실패했다.

61 Naval Technical Mission to Japan S-06-1, p.21. 이 보고서에서는 일본 해군의 손상통제 기법에 겨우 14페이지를 할애했다. 자료 총합을 담당한 미 해군 관계자들은 관련 정보를 상세히 언급할 필요가 없다고 판단한 것 같다.

62 항공모함 프랭클린의 손상에 관한 미 해군성 함선국 보고(USS Franklin BuShips Report), p.26.

63 Fuchida, p.159.

64 모리나가의 이야기는 Lord, pp.181-182에 실려 있다. 우리는 가급적 모리나가의 묘사에 기반해 그의 행동을 서술했다. 모리나가는 자신이 어떻게 격납고에서 빠져나왔는지를 말하지 않았으나 고각포가 위치한 층에서 나온 것으로 보인다. 이 층은 상부 격납고 갑판보다 한 층 위이며 여기에 커터를 비롯한 단정들이 매달려 있었다.

65 【옮긴이】 가가 비행기대 전투행동조서의 함상공격기 탑승원 명단에는 "야마구치 유지山口勇二 삼등비행병조"로 나온다. 전후에 성을 바꾼 것으로 보인다.

66 Ballard, pp 107-108. 아카마쓰는 자신을 구조한 함정을 정확히 기억하지 못하나 구니사다 대위 등 하기카제가 구조한 사람들을 만난 것으로 보아 하기카제에 구조된 것이 틀림없다.

67 노틸러스의 항적에 관해 많은 것을 알려준 제프 펄슈에게 감사드린다. 펄슈의 지식은 이때 가가의 항적을 재구하는 데 많은 도움이 되었을 뿐만 아니라 1999년에 미드웨이 제도 해저에서 가가의 잔해를 발견하는 데 결정적 역할을 했다.

68 항공모함 프랭클린의 손상에 관한 미 해군성 함선국 보고(USS Franklin BuShips Report, p.11)에는 프랭클린의 장갑갑판이 폭탄 파편으로부터 함의 주요부를 지키는 방화벽과 보호벽 역할을 했다고 명시되어 있다.

69 모리의 탈출 관련 증언의 출처는 Lord, p.180.

70 동시대에 화재가 발생한 미 해군 항공모함들에서 찍은 사진을 보면 진화작업에 바로 투입되지 않고 대기하는 인원들이 모여 있다. 진화작업에는 제한된 인원만 투입될 수 있었다.

71 『文藝春秋 臨時增刊 目で見る太平洋戰爭史』(1976. 12.), p.162.

72 항해장은 살아남은 것 같다. 전사자 명단에 항해장의 이름이 없다. 【옮긴이】 가나오는 소류의 항해장 이름을 "아사노우미淺海 소좌"라고 증언했다(『文藝春秋 臨時增刊 目で見る太平洋戰爭史』(1976. 12.), p.163). 원문에서는 소류 항해장의 이름을 언급할 때 '아사노우미'와 '이키'를 섞어 썼다. 森史郎(二部), p.94에 따르면 항해장의 이름은 이키 후카시壱岐密 소좌였다.

73 【옮긴이】 원문에서는 가나오에게 따로 인사를 건넨 양 직접인용으로 처리했지만 가나오 증언에서는 항해장이 "포술장"이라고 직책만 부른 다음 말을 이었다. 가나오 증언을 참조해 수정했다.

74 가나오는 많은 승조원들이 표류 중인 곳 근처에 있었기 때문에 이 내용에는 흥미로운 구석이 있다. 소류 근처에는 탈출한 승조원들이 많았다. 그러나 당시 상황에서는 가나오가 버림받았다고 느꼈을 수도 있다.

75 후치다는 야나기모토의 최후를 상당히 다르게 증언했다(Fuchida, p.164). 후치다에 따르면 아베라는 유명한 해군 레슬링 챔피언 출신 부사관이 정오경 함장을 구하러 갔지만 함장이 거부했다고 한다. 실제로 이런 일이 있었다고 해도 가나오나 물속에 있던 사람들이 볼 수는 없었을 것이다. Dull, p.153이나 1항함 전투상보, p.10〔1항함 전투상보 원문, p.21〕에 따르면 야나기모토 함장은 화상을 입었지만 도움을 거절했다고 한다. 가나오가 본 함장의 얼굴색은 화상 때문일 수도 있다. 후치다는 소류에 없었기 때문에 사건을 목격할 수 없었다. 따라서 이 책에는 윤색되지 않은 1차 목격담만 실었다. 【옮긴이】 마키구모 함장 후지타 중좌의 조언을 받아 함장 구출이 계획되었고 스모 4단인 아베阿部 병조가 선발되어 야나기모토 함장을 억지로 들쳐 업고서라도 구출하려 했으나 함장이 완강히 거부해 실패했다고 한다. 淵田美津雄·奥宮正武, p.371.

76 【옮긴이】 나무판자에 가로로 막대를 덧붙여 임시 계단이나 다리 역할을 하는 구조물이다.

제16장_ 일본군의 반격 12:00-14:00

1 【옮긴이】 원문은 "11시 32분부터 전파를 발신하기 시작"이다. 이 전파는 방위측정용 장파였다. 龜井宏(下), pp.64-65. 1항함 전투상보 원문(p.41)에는 "발신: 지쿠마 5호기, 수신: 히류 함폭대: 무선유도를 함."이라고 기록되어 있다.

2 【옮긴이】 통신 기록상 고바야시 공격대는 12시 00분(수신시간 12시 51분)과 12시 01분(수신시간 12시 52분)에 두 차례 보고했다. 12시 10분 수신보고는 세 번째로 타전한 보고다. 1항함 전투상보 원문, p.42.

3 【옮긴이】 1항전 전투상보에는 히류의 2차 함폭대(고바야시 공격대) 중 하나가 보냈다고 기록되어 있다. 위의 보고서, 같은 페이지.

4 【옮긴이】 해당 전문이 암호 혹은 음어임을 표시하는 약어. 뒤에 일련번호를 붙인다. 澤地久枝, p.227 각주 36 참조. 이 부분은 원문에서 빠져 있고 번역문에서도 대부분 생략했으나 고바야시 공격대의 경우 발신자의 정체를 파악하는 의미가 있기 때문에 옮긴이가 보충했다.

5 【옮긴이】 12시 01분 발신전문은 12시 10분 발신전문과 순서가 뒤바뀌어 기록되었을 수도 있다. 아래 미주 17 참조.

6 【옮긴이】 원문에서는 야마구치가 나머지 정찰기들을 대기시키라고 명령했다고 서술했으나, 1항함 전투상보 원문(p.42)에는 8전대 사령관(아베)이 12시 10분에 지쿠마에 0식 수상정찰기 발진 준비 명령을 내렸다고 기록되어 있다. 전후 맥락상 야마구치의 요청에 따른 명령으로 생각되어 원문을 수정했다.

7 소럭이 파셜에게 보낸 이메일, 2003년 3월 13일. 출처: JD-1.

8 【옮긴이】 원문에는 전투기 6기 착함으로 나와 있으나 히류 전투상보 원문(pp.165, 174), 히류 비행기대 전투행동조서 원문(p.179)에는 전투기 7기가 착함했다고 기록되어 있다. 모두 히류의 5차 직위대이다. 여기에 더해 히류 전투상보 원문, p.165에는 소류 소속 전투기 1기와 함상폭격기 1기가 같은 시간에 착함했다고 나와 있으나 소류의 비행기대 전투행동조서에서 해당 사항이 확인되지 않아 같은 시간에 착함한 비행기 수에 산입하지 않았다.

9 【옮긴이】 원문은 다음과 같다. "첫째, 급유대는 예정대로 주력부대와 분리하고 주력부대는 남쪽으로 이동하여 나구모를 지원. 둘째, 미드웨이 점령대(다나카)는 일시 북서쪽으로 퇴각함과 동시에 곤도는 기동부대를 향해 북동쪽으로 전진. 마지막으로 제2기동부대는 남쪽으로 이동." 그런데 1항함 전투상보 원문(p.42)에 기록된 전문번호: 연합함대 기밀 제294번 전電, 연합함대 전령작電令作 155호(12시 20분 연합함대 사령부 발신, 수신 연합함대 소속 각 함대 장관)의 내용은 이와 다르다. 저자들이 참조한 1항함 전투상보가 영어 번역본이라는 점을 감안하더라도 원래 명령과 많이 다르다. 따라서 원문 대신 1항함 전투상보 원문에 실린 해당 명령을 옮겼다.

10 1항함 전투상보, pp.23-24. 【옮긴이】 전문번호: 연합함대 기밀 제295번 전, 연합함대 전령작 156호. 1항함 전투상보 원문, p.44.

11 【옮긴이】 1항함 전투상보 원문, p.43.

12 1항함 전투상보, p.23. 【옮긴이】 1항함 전투상보 원문, p.43.

13 위의 보고서, 같은 페이지. 【옮긴이】 지쿠마 5호기 발신시간 12시 20분, 8전대 수신시간 12시 40분, 나구모가 받은 시간은 12시 40분 이후로 추정. 1항함 전투상보 원문, p.42.

14 위의 보고서, p.10. 【옮긴이】 1항함 전투상보 원문, p.22.

15 【옮긴이】 1항함 전투상보 원문, p.22.

16 2중대 1소대 3호기(조종사 구로키 준이치黑木順一 삼등비행병조, 관측수 미즈노 야스히코

水野泰彦 일등비행병조)가 이 보고를 타전했다는 설(Lord, p.202)이 있으나 구로키와 미즈노는 전사했다. 나카야마가 뒷좌석에 탑승한 나카자와 이와오中澤岩雄 비행병조장의 비행기는 세 번째로 전장을 탈출했을 뿐만 아니라 나카야마는 고바야시 공격대의 생존자 중 최선임이었다. 보고를 보내는 일도 당연히 나카야마의 임무였을 것이다. 【옮긴이】 원문은 "곤도의 2중대 선도기인 나카야마 시메마쓰 소위"이나 『戰史叢書』 43卷, pp.349-350에 따르면 2중대장은 야마시타 미치지 대위이다. 곤도는 1중대 2소대장, 나카야마는 2중대 2소대장이었다. 이하 『戰史叢書』에 따라 원문을 고쳤다.

17 얼마 뒤 12시 52분에 고바야시가 12시 11분에 타전한 것으로 추정〔기록상 12시 01분〕되는 전문이 뒤늦게 히류 함교에 도착했다. 발신한 지 40분 만에 도착한 것이다. 전문의 내용〔공모 화재〕은 적 항공모함에 화재가 발생했다는 성명 미상의 부하〔나카야마 비행특무소위 추정〕가 보낸 전문〔12시 45분 수/발신〕을 뒷받침했다. 12시 52분에 수신된 고바야시의 전문은 원래 12시 01분에 발신되었다고 기록되어 있다. 그러나 우리는 고바야시가 1항함 전투상보에 기록된 시간(12시 01분)에 요크타운에서 발생한 화재를 목격할 수 없었다는 런드스트롬의 주장이 타당하다고 생각한다. 미군 측 기록에 따르면 12시경에 막 전투가 시작되었고〔11시 59분에 요크타운의 레이더가 고바야시 공격대를 포착〕 그때 요크타운은 폭탄을 맞지 않은 상태였기 때문이다. 더 나아가 12시 01분 전문〔공모 화재〕과 12시 10분 전문〔적 공모 폭격〕의 순서가 반대인 쪽이—폭격 개시 보고 후 화재 발생 보고—맥락상 더 적합해 보인다. 따라서 고바야시의 12시 01분 전문의 발신시각이 잘못 기입되었으며 실제 이 전문은 12시 11분에 발신된 것으로 보인다. 1항함 전투상보, p.23; Lundstrom(1990), p.386. 【옮긴이】 교신내용 출처인 1항함 전투상보 경과개요에는 12시 01분 전문보다 1분 전인 12시 00분에 고바야시(발신자는 히류 공격대 지휘기로 기록)가 발신한 "우리, 적 공모 폭격"이라는 전문이 12시 51분에 수신되었다고 기록되어 있다. 하지만 첫 전문 타전 후 1분 만에 명중탄을 맞히고 보고까지 할 가능성은 희박하다. 따라서 전문이 중복해서 발신되었거나 잘못 기록된 것으로 보인다. 1항함 전투상보 원문, p.42.

18 【옮긴이】 1항함 전투상보 원문, p.42.

19 【옮긴이】 아키야마는 12시 13분에 "기관과 지휘소 전멸"이라고 보고했다. 위의 보고서, 같은 페이지.

20 Prange, pp.316-317.

21 【옮긴이】 후지타의 증언에 따르면 자신은 머리카락이 긴 데다 햇볕을 받아 얼굴이 빨갛게 달아올랐기 때문에 미군으로 오해받았는데, 똑바로 서서 헤엄치며 수신호로 자신이 소류 승조원임을 밝혀 오인사격을 면했다고 한다. 橋本敏男 · 田邊彌八, p.199.

22 Prange, p.317.

23 오스머스는 살아서 이날을 넘기지 못했다. 그는 오후에 아라시 함장 와타나베 야스마사의 명령으로 살해된 후 바다에 던져졌다. 와타나베는 6월 5일에 포로가 "사망하여 수장"(1항전 전투상보, p.41)〔1항함 전투상보 원문, p.65〕했다고 보고했다. 그러나 와타나베가 포로를 살해했다고 상관에게 확실히 보고했는지는 분명하지 않다. 와타나베는 전사했지만 살아남았다고 해도 전쟁범죄로 기소되어 교수대로 끌려갔을 것이다.

24 【옮긴이】 일본 함대 공격 후 귀환하던 미군 SBD 조종사들이 이 정찰기를 목격했다. D4Y1

은 일본 해군 함재기로는 독특하게 수냉식 엔진(독일제 다임러 벤츠 DB-601 엔진의 일본 라이선스판인 아이치 아쓰다熱田 AE1P 엔진)을 장착했기 때문에 전체 형상이 원판 엔진을 탑재한 Bf 109와 비슷했다. 따라서 몇몇 미군 조종사들은 독일제 '메서슈미트'를 목격했다고 믿었으며 갤러허 대위는 이를 교전보고서에 적었다. Kleiss, p.206.

25 【옮긴이】 소류 D4Y1의 기장(정찰원석 탑승)은 곤도 이사무近藤勇 비행병조장이었으므로 정찰보고를 작성해서 투하한 사람은 곤도였을 가능성이 높다. 소류 비행기대 전투행동조서 원문, p.154.

26 Lundstrom(1990), pp.393-394; Lord, p.214.

27 【옮긴이】 원문은 "소류 정찰기의 보고와 오스머스의 심문 결과에 대해 눈에 띄는 나구모의 즉각적 반응은……"이다. 1항함 전투상보 원문(p.44)에 따르면 나구모가 8전대에 0-90도 방위, 150해리 범위로 정찰을 실시하라고 명령한 시점은 13시 10분이다. 소류의 D4Y1이 13시 30분에 귀환했기 때문에 나구모가 이 명령을 내린 13시 10분 이전에 이 정찰기의 보고를 받았을 가능성은 낮다. 마찬가지로 이 시간대에 오스머스를 심문해 얻은 정보를 받았다고 해도 13시 10분 전후였을 것이다. 번역문에서는 나구모가 D4Y1의 정찰 결과와 오스머스의 심문 결과를 알게 되어 여기에 대응해 두 번째 미국 기동함대를 찾으려고 정찰명령을 내렸다는 원문의 내용을 사건의 전후관계에 맞춰 고쳤다.

28 【옮긴이】 1항함 전투상보 원문 합전도에는 070 변침시간이 13시 20분으로 나와 있다.

29 13시 10분에 나가라가 하루나와 도네에 나구모의 정찰명령을 발광신호로 전달했으므로 당연히 그랬을 것이다. 마찬가지로 거의 비슷한 시간에 히류의 야마구치도 나가라에 중요 보고를 발광신호로 보냈다. 나가라가 13시 45분에야 이 신호를 기록했다는 것은 1척 혹은 2척 이상의 함선이 중계해 함대의 끝에서 끝으로 신호가 전달되어야 했다는 뜻일 것이다.

30 하라 이와이라고 잘못 기록한 자료도 있다.

31 【옮긴이】 이 전문에 적이 항공모함이라는 언급은 없으며 발신시간은 13시 05분으로 표시되었다. 원문에는 이 전문의 발신시간이 13시 14분으로 되어 있으나 이 시간은 치쿠마가 나가라에 발광신호로 소식을 알린 시간이다. 번역문에서는 지쿠마 5호기의 발신시간을 13시 05분으로 고쳤다. 1항함 전투상보 원문, p.44.

32 【옮긴이】 위의 보고서, 같은 페이지.

33 【옮긴이】 위의 보고서, 같은 페이지. 하루나 정찰기의 진출거리는 180해리(333킬로미터)였다.

34 【옮긴이】 두 사람의 계급은 같았다. 하루나의 다카마 함장은 미드웨이로 출격하기 직전인 5월 1일에 소장으로 진급했다. 福川秀樹,p.227.

35 【옮긴이】 13시 55분에 도네와 나가라가 하루나의 정찰기(번호 불명)로부터 다음 전문을 수신했다. "12시 40분의 적 방위 약 좌 90도, 대형 순양함 5척, 공모 5척, 화재." 1항함 전투상보 원문, p.44.

36 【옮긴이】 1소대: 모리 시게루 대위, 야마모토 도루 2등비행병조, 2소대: 미네기시 요시지로 비행병조장, 오타니 겐지 일등비행병, 3소대: 야마모토 아키라 일등비행병조(가가), 반도 마코토 3등비행병조(가가). 히류 비행기대 전투행동조서, p.185.

37 수리하기 어려웠다면 비행기를 교체했을 것이다.

38 Lundstrom(1990), p.393.

39 효도 니소하치가 파셜을 위해 작성한 논고.

40 도모나가가 옳았을 수도 있다. 97식 함상공격기의 일반적인 항속거리는 528해리(978킬로미터)였고 최대항속거리는 1,075해리(1,991킬로미터)였다. 도모나가는 30퍼센트 정도의 연료만으로 160~320해리(296~592킬로미터)까지 비행할 수 있었을 것이다. 연료를 아끼며 비행한다면 돌아올 수 있겠다고 생각했을 수도 있다.

41 【옮긴이】 다른 증언에 따르면 야마구치는 도모나가, 모리, 하시모토만 함교로 불러 "고바야시 공격대가 사투한 결과 적 항공모함 1척을 잡을 수 있었다. 그러나 정찰기 보고에 따르면 아직 적 항공모함 2척이 있다. 미드웨이 공격을 마친 다음이라 몹시 피로하리라 생각한다만 건곤일척의 정신으로 상처입지 않은 적 항공모함을 해치우고 왔으면 한다."라 훈시하고 세 사람과 악수를 나누었다고 한다. 松田十刻, p.281.

42 Lord, p.215.

43 위의 책, 같은 페이지; Lundstrom(1990), p.394.

44 【옮긴이】 도모나가 공격대 발진은 13시 38분에 끝났다. 히류 전투상보 원문, p.166.

45 【옮긴이】 소류 전투상보 원문(p.93)에 따르면 이 D4Y1은 13시 30분에 착함했으나 1항함 전투상보 원문(p.45)에는 도모나가 공격대 발진시각이 13시 31분, 히류 전투상보 원문(p.165)에는 13시 30분으로 기록되어 있다. 이 기록으로 미루어 보면 이 D4Y1은 공격대 발진이 완료된 13시 38분 이후, 빨라도 13시 40분경에나 착함할 수 있었을 것이다.

46 【옮긴이】 살아 돌아온 함상폭격기는 쓰치야 다카요시 이등비행병조(1소대 3중대 2호기), 마쓰모토 사다오 1등비행병조(2중대 1소대 2호기), 나카자와 이와오 비행병조장(2중대 2소대 1호기), 세오 데쓰오 일등비행병조(2중대 2소대 2호기), 나카가와 시즈오 이등비행병조(2중대 3소대 1호기)의 비행기다(히류 비행기대 전투행동조서, p.183). 전투기 6기 가운데 격추된 3기를 제외한 3기 중 미네기시 비행병조장과 사사키 일등비행병조의 전투기는 중간에 임무를 포기하고 돌아왔고, 사사키의 전투기는 히류 근처에 불시착했기 때문에 이때 돌아온 전투기는 시게마쓰 대위의 전투기다.

47 Lundstrom(1990), p.372.

48 【옮긴이】 1항함 전투상보 원문, p.41.

49 【옮긴이】 원문은 "10분 뒤 히류가 미군의 위치를 재전송했다."이나 1항함 전투상보 원문에 이러한 기록이 없으며 고바야시 공격대가 유도신호를 잡은 11시 32분에서 9분이 지난 11시 41분에 치쿠마 5호기가 "적은 아군에서 방위 70도, 거리 90해리."라고 미군의 위치를 알려 왔다. 치쿠마 5호기는 11시 28분에 미군의 위치를 타전했으므로 11시 41분 전문은 11시 28분 전문의 반복 타전이다(1항함 전투상보 원문, pp.40-41).

50 【옮긴이】 이전에도 단독비행하던 엔터프라이즈의 VS-6 소속 클리스 중위가 고바야시 공격대를 발견했다. 클리스 중위는 호위전투기 몇 기가 자신을 추격하다가 얼마 후 다시 돌아갔는데 아마 조종사들이 마음을 바꾼 것 같다고 회상한다. Kleiss, p.207.

51 이 교전의 세부묘사는 Lundstrom(1990), p.372; Cressman et al., pp.114-115를 따랐다.

52 미네기시의 비행기는 심하게 손상되지 않고 탄약만 소진했기 때문에 금방 출격할 수 있었는지도 모른다.

53 【옮긴이】 원문에는 11시 52분(출처: Cressman et al., p.115)이라고 써져 있으나 요크타운 손실보고와 요크타운 교전보고에는 11시 59분으로 기록되었다. 번역문에서는 공식 보고서를 따랐다. USS Yorktown Loss in Action, War Damage Report No.25, 9 March(이하 요크타운 손실보고), 1943, p.1; 요크타운 교전보고, p.2. 요크타운 교전보고(p.2)에 따르면 요크타운은 250도, 거리 46해리(85킬로미터)에서 접근하는 일본기를 포착했다.

54 Lundstrom(1990), p.376.

55 고바야시 공격대의 상황 묘사는 Lundstrom(1990), pp.377-387에서 상당 부분 차용했다.

56 전사자는 도다카 노보루戸高昇 이등비행병조, 요시모토 스에키치由本末吉 일등비행병조, 지요시마 유타카千代島豊 삼등비행병조이다. 모두 히류 소속이다.

57 【옮긴이】 요크타운 손실보고에는 12시 14분에 명중탄 3발과 지근탄 1발 피해가 발생했다고 언급되어 있다. 12시 14분은 고바야시의 99식 함상폭격기들이 강하를 마친 시간으로 보인다. 앞서 가가에 대한 공격이 끝나는 데 3분 정도가 걸렸으며 미군의 경우 급강하폭격기 1개 소대(3, 4기)가 폭격을 끝내는 데 약 30~45초가 소요되었기 때문에(13장 미주 25, 43 참조) 7기가 실시한 요크타운에 대한 공격도 3~5분 정도 걸렸다고 가정하면 고바야시 공격대는 12시 09분~12시 11분쯤 급강하했을 것이다. 요크타운 손실보고, p.1.

58 이 함상폭격기의 조종사가 누구였는지는 확실하지 않다. 그러나 진입각도로 미루어 보면 고바야시의 1중대 소속기였음이 확실해 보인다. Bicheno, p.157에서는 처음 공격에 들어간 두 조종사를 고이즈미 나오시小泉直 삼등비행병조, 이마이즈미 다모쓰今泉保 일등비행병조로 비정하나 일본 측 사료로는 확인되지 않는다.

59 많은 간행물에서 이 사진은 좌우가 바뀌어 출판되었다. 이 책에는 애스토리아에서 촬영한 그대로 실었다. 애스토리아는 공격받는 내내 요크타운의 좌현 후미 쪽에 있었다.

60 나카자와의 폭탄은 굴뚝의 흡기구를 관통하여 보일러 시설에 심각한 피해를 입혔다. 【옮긴이】 이 명중탄은 비행갑판을 관통해 격납고 갑판에서 폭발하여 이 갑판에 위치한 공기흡입구에 화재를 발생시키고 아래에 있는 2, 3번 보일러를 작동 불능 상태로 만들고 2~6번 보일러를 꺼뜨렸다. 요크타운 손실보고, p.2.

61 이 신호는 고바야시의 호출부호call sign를 사용하여 발신되었다. Lundstrom(1990), p.386. 고바야시의 부하들이 12시 11분(도쿄 시간 09시 11분) 전에 공격할 수 없었음을 감안하면, 이는 원래 12시 11분(0911)을 의도했으나 타전 혹은 수신/복호화 오류로 12시 01분(도쿄 시간 09시 01분)이 된 것으로 보인다. 【옮긴이】 저자들이 말하는 "call sign"은 전문 앞에 붙은 '다-나-니タ-ナ-二'를 가리킨다. '다-나'는 해당 전문이 암호 혹은 음어임을 표시하는 약어(澤地久枝, p.227)이며 뒤에 붙은 '니'는 일본어로 '2'를 뜻한다. 따라서 이는 엄밀한 의미로 서구에서처럼 각 기체별로 지정된 콜사인이 아니다. 1항함 전투상보에 이 전문 발신자가 '히류 지휘기'라고 적혀 있으므로 발신자가 고바야시라는 점은 확실하며 요크타운의 레이더가 고바야시 공격대를 11시 59분에 포착한 이상, 원래 전문 내용대로 12시 01분에 요크타운에 화재를 일으키기는 불가능하다. 따라서 이 전문이 실제 12시 11분에 발신되었다는 이 책의 추정은 설득력이 있다. 1항함 전투상보 원문, p.42.

62 미군 조종사들의 목격담에 따르면 고바야시는 부하들이 폭격을 시작하기 전에 미군 초계기들의 공격을 받아 폭탄을 버렸을 수도 있다. 전투가 한창일 때 미군 초계기가 저고도에

서 비무장 상태로 공격상황을 관찰하던 99식 함상폭격기 1기를 포착했다. 탑승원들은 공격상황을 관찰하는 데 몰두해 있어 미군 전투기가 돌을 던지면 닿을 거리까지 접근했는데도 모르는 것처럼 보였다. 그러나 공격하려던 전투기의 기관총에 하필 이때 탄걸림이 일어났다. 나중에 토머스 C. 프로보스트 3세Thomas C. Provost Ⅲ 중위와 제임스 A. 핼퍼드 주니어James A. Halford Jr. 소위가 이 폭격기를 격추했다. 정황으로 미루어 보아 이 기체가 고바야시의 99식 함상폭격기였던 것 같다. Lundstrom(1990), pp.386-387.

63 Cressman et al., p.121. 【옮긴이】 TF-17 교전보고(p.2)에 따르면 플래처는 13시 00분에 애스토리아로 이승을 완료했다.

64 【옮긴이】 해병대원 3명, VB-8 탑승원 1명, 5인치 포 지휘관 로열 R. 잉거솔Royal R. Ingersoll 대위가 사망했다. 잉거솔 대위는 대서양함대 사령관 로열 E. 잉거솔Royal E. Ingersoll 대장의 아들이다. 호닛 교전보고, p.4; Russell, pp.75-76.

65 1999년 9월에 미드웨이 인근 해저에서 큰 격납고벽 조각과 가가의 25밀리미터 기관총좌 잔해가 발견되었다.

66 어진영은 이미 묘갑판으로 옮겨졌을 것이다. 원래 어진영이 있던 사관실은 함 중앙부 약간 앞 좌현에 있었다. 사관실과 묘갑판이 같은 갑판에 있었는데 이미 통로가 불바다였기 때문에 어진영이 화재로 손상될 위험도 있었을 것이다. 【옮긴이】 1항함 전투상보 원문, p.19.

67 이 시간대에 노틸러스에서 관찰한 내용에 근거한다.

68 【옮긴이】 1항함 전투상보 원문, p.20.

69 【옮긴이】 가가 기관과 분대장 마스다 기쿠增田規矩 소위 증언, 野元爲輝, p.254.

70 【옮긴이】 일본 군함에서 손상통제작업의 최고 책임자는 부장이며 운용장은 작업을 총괄 지휘했다[雨倉孝之(2015), pp.113-114]. 그러나 부장이 직접 응급반을 지휘하지 않았기 때문에 이 증언은 '제1응급반을 지휘하던 운용장'이 아마가이가 퇴거명령을 내린 13시부터 가가를 지휘했다는 뜻으로 보인다. 그러나 구니사다에 따르면 가가의 부장과 운용장은 전사했다(橋本敏男 · 田邊彌八, p.285). 게다가 원문에서는 이 증언의 출처를 밝히지 않았으며 橋本敏男 · 田邊彌八의 책에 실린 구니사다 증언에는 이 같은 내용이 없다. 구니사다 증언의 다른 부분(橋本敏男 · 田邊彌八, p.286)에 의하면 함미에 있던 제4응급군應急群과 그 지휘관인 성명불상의 공업장, 공작병조장이 아마가이의 퇴거명령을 따르지 않고 구조하러 온 하기카제의 구명정을 되돌려 보내며 펌프를 보내달라고 요청했다고 한다. 이 증언에 따르면 가가의 공업장이 함미에서 손상통제와 화재진압을 지휘했던 것으로 추정된다.

71 Prange, p.310.

72 『戰史叢書』 43卷, p.376.

73 澤地久枝, p.397. 사와치의 명단을 번역하고 일본해군사관총람에 대한 정보를 알려준 장-폴 마송에게 감사드린다.

74 【옮긴이】 원문에서는 213명이 사라졌다고 했으나 澤地久之, p.557에 기관과 전사자 총원이 212명으로 기재되어 있어 원문을 고쳤다. 가가 기관과 총원 수의 출처는 알 수 없다.

75 구니사다 증언, 橋本敏男 · 田邊彌八, p.280.

76 구니사다의 증언에는 흥미로우면서도 이해하기 어려운 측면이 있다. 구니사다는 (2번 엘리베이터 통로와 나란히 있으며 상부구조물 높은 곳에 위치한) 지휘소로 가는 길을 찾아

나섰지만 결국 준사관 침실 근처의 하부격납고 갑판층에 있다가 어뢰방어용 벌지로 빠져 나간 것으로 보인다. 따라서 구니사다의 증언 시작 시점은 자신이 하부 격납고에 있을 때이며 여기에서 위로 올라갈 수 없었다고 가정해볼 수 있다.

77 자신을 칭할 때 1인칭이 아닌 직책이나 계급을 사용하는 것이 일본군의 관행이었다. 【옮긴이】 원문은 "정비장교Maintenance officer가 여기 있다, 반원 모두 나한테 와라, 밝은 곳으로 모여라!"이나 구니사다 증언 원문은 "공작장이 여기 있다, 모두 모여라!"이다(구니사다 증언, 橋本敏男 · 田邊彌八, p.281). 원문에서는 구니사다를 비롯한 일본 항공모함 각 부서의 장에 대해 기술하면서 이들의 직책을 'Manitenance officer'(구니사다, 원문에 따르면 정비장교이나 실제 공작장), 'Gunnery officer'(가나오, 원문에 따르면 포술장교이나 실제 포술장)라고 잘못 표기하거나 직책명을 누락(도바시 운용장)했다. 번역문에서는 각자의 증언 원문 및 기타 일본 기록에서 이들의 정확한 보직명을 확인해 기재하고 미주에 출처를 표시했다.

78 【옮긴이】 원문은 "손상통제반의 제3응급군 지휘관the 3rd emergency section of damage control personnel"이지만 구니사다 증언 원문에 따라 보직명과 임무를 수정했다. 구니사다 증언, 橋本敏男 · 田邊彌八, p.281.

79 【옮긴이】 원문은 "장공작장은 구니사다에게 그들의 공통 상관인 최선임 손상통제지휘관과 부하들이 모두 전사했으며(잘못된 정보였다.) 제3응급반에서 자기 혼자 살아남았다고 말했다."이다. 구니사다의 증언(橋本敏男 · 田邊彌八, p.281)에 따르면 장공작장(성명 불상인 특무소위)은 "공작장님, 부하 전부가 쓰러지고 저 혼자 살아남았습니다."라고 보고했다. 구니사다 증언에 따라 원문을 고쳤다.

80 牧島貞一, p.188. 【옮긴이】 옮긴이는 이 책에서 인용한 마키시마의 책을 보지 못했다. 그러나 마키시마가 2002년에 출판한 책에 따르면 오카모토는 의무병(위생병)이었고 오카모토에게 (함교와 연락로를) 찾아보라고 한 사람은 갓 군의학교를 졸업한 젊은 중위였으며, 현창 탈출구를 찾은 부사관은 병조兵曹였다고 한다. 牧島貞一, pp.204-207.

81 위의 책, 같은 페이지.

82 이때 미 해군 적함식별매뉴얼U.S.Navy Enemy Ship Recognition Manual에 아카기와 가가는 개장 전에 장비한 3단 비행갑판을 갖춘 모습으로 나와 있었다.

83 노틸러스 교전보고.

84 위의 보고서.

85 Lord, p.213.

86 미토야 증언, 위의 책, p.155.

87 저명한 2차 세계대전 어뢰 연구자인 프레드 밀퍼드Fred Milford가 우리를 위해 특별히 Mk.15 Mod.1 TNT 탄두를 장착한 MK. 14 Mod.3 어뢰의 부양성 문제를 분석했다. 밀퍼드의 계산으로는 노틸러스의 어뢰가 가가에 명중했는데도 격침하는 데 실패했다는 구니사다와 미토야의 증언은 어뢰의 후부에서 탄두가 분리된다면 나머지 부분은 물에 뜨게 되므로 타당하다.

88 노틸러스 교전보고.

89 새뮤얼 엘리엇 모리슨Samuel Eliot Morison이 가장 대표적인 사례이다. 우연의 일치로 어뢰가

명중했을 때 가가에서 다시 불길이 뿜어져 나온 것으로 보인다. 또한 가가 승조원들은 다가오는 어뢰를 피해 도망치느라 바빴으므로 브로크먼이 승조원들이 "한쪽으로 몰려나와" 배를 포기하고 있다는 인상을 받았을 가능성이 충분하다.

90 木俣滋郎, p.292.

91 노틸러스 교전보고.

92 위의 보고서.

93 구니사다 증언, 橋本敏男·田邊彌八, p.284.

94 【옮긴이】 원문에는 "전령comunications man"이라고 되어 있는데, 구니사다에 따르면 오다는 공작병工作兵으로 전령이었다고 한다. 구니사다 증언, 橋本敏男·田邊彌八, pp.283-284.

95 【옮긴이】 원문에서는 다리에 부상을 입었다고 하나 구니사다에 따르면 오다는 오른쪽 엉덩이에 부상을 입었다. 구니사다 증언, 위의 책, p.283.

96 위의 책, p.285.

97 요시노 증언, Bruning Collection, Hoover Institute.

98 【옮긴이】 원문은 "함상공격기 조종사"이지만 가가 비행기대 전투행동조서(1941.12.-1942. 6.)에 따르면 마에다는 계속 무전수(전신원)로 복무했다. '탑승원'으로 고쳤다.

99 마에다 증언, Bruning Collection, Hoover Institute.

100 위의 증언.

101 마에다 증언, Bruning Collection, Hoover Institute.

102 『文藝春秋 臨時增刊 目で見る太平洋戰爭史』(1976. 12.), p.163.

제17장_ 마지막 저항 14:00-18:00

1 【옮긴이】 타전시간은 14시 36분(1항함 전투상보 원문, p.45)이며 이 명령은 "토ト…토ト…토ト"라는 음어로 발신되었다. 森史郎(二部), p.281.

2 【옮긴이】 14시 30분 발신. 1항함 전투상보 원문, p.45.

3 【옮긴이】 사와치의 미드웨이 해전 전사자 명단에는 이 관측수의 이름이 없다.

4 【옮긴이】 엔터프라이즈 교전보고에는 "14시 10분: 본대(16기동함대) 남쪽 50해리(93킬로미터)에서 본대를 미행하던 적 수상기 1기 격추."라고 기록되어 있다. C.O. U.S.S. Enterprise(CV-6) Action Report, p.3.(이하 엔터프라이즈 교전보고)

5 【옮긴이】 1항함 전투상보 원문, p.55.

6 【옮긴이】 위의 보고서, 같은 페이지.

7 Bates, p.137.

8 위 분석, p.140.

9 위 분석, 같은 페이지. 실제 위치는 북위 31도 10분, 서경 178도 20분.

10 VS-5 교전보고, p.1.

11 1항함 전투상보, p.26. 【옮긴이】 1항함 전투상보 원문, p.51.

12 위의 보고서, 같은 페이지. 12시 02분〔미드웨이 시간 15시 02분〕 기록.

13 【옮긴이】 1항함 전투상보 원문, p.46.

14 【옮긴이】 위의 보고서 원문, p.44.

15 Prange, p.265. 예를 들어 가가의 의료인력 19명 중 처음 공격을 받았을 때 일부가 전사하거나 부상을 입었을 것이다. 일부는 병실에서 사망했을 수도 있다. 아카기에서는 의무 관련 구역이 화재로 고립되어 의무인력과 환자들이 거의 다 사망했다. 사와치의 전사자 명부에는 아카기의 고위 간부급 군의관 사망자가 없으므로 의무장은 살아남았을지도 모른다.

16 구니사다 증언, 橋本敏男 · 田邊彌八, p.281.

17 【옮긴이】 1항함 전투상보 원문, p.45.

18 Japanese Monograph No.88, p.47; Fuchida, p.183.

19 Japanese Monograph No.88, p.51; Fuchida, p.183.

20 1항함 전투상보, p.26. 【옮긴이】 1항함 전투상보 원문, p.51.

21 【옮긴이】 일본어 전문은 오른쪽에서 왼쪽으로 세로쓰기로 기록되어 있으므로 원문의 표현대로 앞선 문장에 있는 사항을 언급할 때 우기右記라고 옮겼다.

22 위의 보고서, 같은 페이지. 【옮긴이】 원문에는 제1차 공격대(고바야시 공격대)의 생환기 관련 보고가 생략되어 보충했다. 1항함 전투상보 원문, p.47.

23 위의 보고서, pp.26-27. 【옮긴이】 1항함 전투상보 원문, p.47. 전문에서는 순양함, 구축함을 확실히 보고한 반면 항공모함은 확실히 언급하지 않았다. 번역문에서 보충했다. 원문에서는 도네 4호기가 15시 20분에 이 전문을 발신했다고 되어 있으나 1항함 전투상보 원문(p.57)에 따르면 실제 발신시간은 15시 30분이다. 1항함 전투상보 원문에 따라 수정했다.

24 미 항공모함이 이때 호위 없이 단독으로 작전 중이었다는 댈러스 아이솜의 주장은 수용하기 어렵다. 실제 작전기록으로 확인될 때까지 이러한 주장은 배제하겠다.

25 【옮긴이】 원문은 소속 함정을 밝히지 않고 "5호기가 …… 무전으로 알려 왔다."이며 완전히 새로운 보고처럼 기술되어 있다. 그러나 1항함 전투상보 원문(p.47)에 따르면 15시 35분, 8전대는 나구모에게 발광신호로 도네 4호기가 15시 30분에 발견해 보고한 적의 상세 위치를 보고했다. 1항함 전투상보 원문에 따라 문장을 수정했다.

26 【옮긴이】 이 전문은 15시 35분 발신되어 8전대가 15시 40분에 수신했다(1항함 전투상보 원문, p.47). 전문에 따르면 지쿠마 4호기는 "예정 색적선상에서 적을 볼 수 없음."이라고 보고했으며 16시 47분에 엔진에 문제가 생겨 돌아가겠다고 보고했다. 위의 보고서, p.48.

27 1항함 전투상보, p.29. 【옮긴이】 1항함 전투상보 원문, p.47. 원문의 "무전으로 지시했다"를 1항함 전투상보 원문(p.47)에 따라 "발광신호로 지시했다"로 수정했다.

28 Japanese Monograph No.93, p.46.

29 이때 도모나가 공격대의 귀환기가 모두 착함하지는 않았다. 가가의 야마모토 아키라 일등비행병조의 전투기 2기는 직위대 보강을 위해 함대 상공에 있었다.

30 도모나가 공격대의 전투경과에 대한 내용은 Lundstrom(1990), pp.398-411과 Cressman et al., pp.128-132에서 상당 부분 차용했다.

31 Lord, p.217.

32 【옮긴이】 윌리엄 S. 울런William S. Woolen 중위, 해리 B. 깁스Harry B. Gibbs 소위가 조종했다. Lundstrom(1990), p.399.

33 Lord, p.217. 1중대 명단을 보면 후미기는 오바야시나 스즈키의 기체로 추측된다.

34 그러나 미군 조종사들은 모두 생존했다. Cressman et al., p.130.

35 Lundstrom(1990), p.400; Cressman et al., p.130.

36 Lundstrom(1990), p.401.

37 위의 책, 같은 페이지.

38 위의 책, pp.401-402.

39 【옮긴이】 새치 소령은 도모나가의 최후를 다음과 같이 증언했다. "〔도모나가의 함상공격기 꼬리날개에는〕 밝은 빨간색 깃털 모양의 표식이 있었다. 다른 일본 비행기에서는 이런 것을 본 적이 없었다. 〔사격 후〕 왼쪽 날개 전체가 불타올랐고 불길 사이로 골조까지 보였다. …… 놈은 계속 비행하다가 최대한 가까이 접근해서 어뢰를 투하했다." Symonds, p.324. 다음은 하시모토 대위의 증언이다. "대장기(도모나가)가 어뢰를 발사하기 직전에 불이 붙었는데도 돌진하는 모습이 보였습니다. 그때 구라망〔일본군이 와일드캣을 부르던 이름〕이 제 비행기를 공격했기에 응전하여 이를 격퇴한 다음 대장기를 찾았으나 보이지 않았고 자폭으로 생각되는 갈색 연기가 적 공모에 피어오르는 장면을 보았습니다. 적 공모에 부딪혔다고 생각합니다." 橋本敏男·田邊彌八, pp.25-26; Lundstrom(1990), p.402. 하시모토는 2중대 최후미기의 무전수(전신원)가 이 내용을 증언했다고 말했다. 최후미기로 추정되는 2중대 2소대 2호기의 무전수는 하마다 기이치濱田義一 일등비행병조다. 『戰史叢書』 43卷, p.357.

40 이 와일드캣들은 엔터프라이즈에서 요크타운 방향으로 관제 유도되고 있었다. Lundstrom (1990), p.402.

41 【옮긴이】 원문에는 '빌 레너드 대위Lt. Bill Leonard'로 되어 있으나 Lundstrom(1990), p.492의 미 해군 전투기 조종사 명단(1941년 12월 8일~1942년 6월 6일)에는 '윌리엄 레너드 중위Lieut(jg), WIlliam Leonard'라고 기록되어 있다. 이에 따라 윌리엄 레너드 중위로 고쳤다.

42 존 애덤스John Adams 소위가 조종했다. Lundstrom(1990), p.403.

43 Lundstrom(1990), p.402; Lord, p.403. 【옮긴이】 이 에피소드는 미드웨이 해전에서 미군과 일본군이 전투 중 서로 얼굴을 마주친 유일한 사례일 것이다. 미군에게 주먹을 휘두른 탑승원이 2중대 2소대 2호기(나가오 슌스이中尾春水 일등비행병조 조종)의 무전수 하마다 기이치 일등비행병조라는 설도 있다. 하마다는 이 공격에서 살아남았다. Symonds, p.324.

44 Lord, p.218.

45 【옮긴이】 도일 C. 반스Doyle C. Barnes 항공공작하사AMM1c.가 조종했다. Lundstrom(1990), p.403.

46 멜 로치Mel Roach 소위와 엘버트 스콧 매커스키Elbert Scott McCuskey 대위가 조종했다. Lundstrom (1990), p.404.

47 위의 책, p.405.

48 위의 책, p.407.

49 위의 책, p.406; Lord, p.222.

50 1항함 전투상보, p.26. 【옮긴이】 1항함 전투상보 원문, p.45.

51 Lundstrom(1990), p.406; Lord, pp.219-220; Cressman et al., pp.131-132.

52 Belote and Belote, p.125.

53 Cressman et al., p.132.

54 1항전 전투상보, p.27. 나구모는 이 보고를 16시 35분에야 받았다. 【옮긴이】 1항함 전투상보 원문, p.48.

55 위의 보고서, p.28. 【옮긴이】 1항함 전투상보 원문, p.48.

56 【옮긴이】 위의 보고서, 같은 페이지.

57 1항전 전투상보 합전도, 1항전 전투상보, p.28. 【옮긴이】 1항함 전투상보 합전도合戰圖에는 침로 315도, 속력 정보는 없으며 히류 전투상보에는 침로 정보 없이 15시 50분의 속력이 제4전투속력(28노트)으로 기록되어 있다(1항함 전투상보에는 이 시각 속력 정보가 없음). 두 가지를 종합하면 이때 침로는 315도, 속력은 28노트로 추정된다.

58 위의 보고서, p.27. 【옮긴이】 1항함 전투상보 원문, p.48.

59 같은 보고서, 같은 페이지. 【옮긴이】 1항함 전투상보 원문, p.49.

60 Cressman et al., p.136; Lundstrom(1990), p.411.

61 마침 아침 공격대가 출격할 때 기계적, 기타 문제로 임무를 포기한 SBD 5기가 있었다. 이 비행기들은 연료탱크를 채우고 1,000파운드 폭탄을 장착한 다음 탑승원들까지 태웠으나 격납고에 그대로 남아 있었다. 참모장 브라우닝 대령이 공격대를 편성할 때 깜박 누락한 것이다. 상당히 큰 실수였다. 마크 호런, 2004년 8월 23일자 파셜과 교신.

62 【옮긴이】 스프루언스 제독의 전기작가 뷰얼에 따르면 6월 4일 오후에 일어난 항공작전의 혼란은 16기동함대 참모진의 탓이다. 스프루언스가 공격명령을 내렸음에도 불구하고 참모진은 호닛에 이를 알리지 않은 채 엔터프라이즈 공격대에만 발진명령을 내렸다. 호닛의 미처 함장은 아무 명령도 받지 못한 상태에서 엔터프라이즈 공격대의 발진을 보고 당황했다. 참모진은 뒤늦게 호닛에 발함명령을 내렸고 호닛은 16시 03분에 공격대 발진을 개시했다. 뷰얼은 16기동함대 참모진의 경험이 부족했고 브라우닝 참모장이 무능했기 때문에 참모진 전체가 전투가 진행됨에 따라 혼란에 빠져 방향을 잃고 허우적거렸다고 지적한다. Buell, p.153.

63 Cressman et al., p.136.

64 위의 책, 같은 페이지; Lundstrom(1990), p.411. 【옮긴이】 실제 발함은 16시 03분에 개시했다. 호닛 교전보고, p.4.

65 Cressman et al., p.136.

66 Lundstrom(1990), p.412.

67 【옮긴이】 이때 VS-8 비행대장 월터 로디 소령과 비행단장 링 중령이 출격하지 못했다. 두 사람은 함교로 올라가 격하게 항의했고 스테빈스 대위는 발함한 다음에야 자신이 지휘관임을 알게 되었다. 미처 함장은 이 사고에 대해 입을 다물었다. Symonds, p.331.

68 1항함 전투상보, p.27. 【옮긴이】 1항함 전투상보 원문, p.48.

69 알려진 사실로 유추해 보면 지쿠마는 0식 수상정찰기 3기를 포함해 정찰기 5기를 운용했다. 1호기, 4호기, 5호기가 0식 수상정찰기였으므로 2호기는 95식 수상정찰기였다.

70 1항함 전투상보, p.27. 【옮긴이】 1항함 전투상보 원문, p.48.

71 위의 보고서, p.28. 【옮긴이】 1항함 전투상보 원문, p.48.

72 Cressman et al., p.135.

73 Lundstrom(1990), pp.413-414.

74 【옮긴이】 조종사 하세가와 다다타카長谷川忠敬 중위, 관측수 오다케 아키라大嶽明 일등비행병조 사망. 澤地久枝, p.346.

75 이것으로 이 시간에 북쪽으로 움직였다고 기록된 나가라의 항적(1항함 전투상보)을 설명할 수 있다.

76 【옮긴이】 원문에는 가이도의 계급이 항공공작병장AMM2c으로 써져 있으나 1942년 6월 20일자 VS-6 교전보고(p.1)에는 가이도의 계급이 항공공작하사AMM1c로 기록되어 있다. 일본군의 심문기록(1항함 전투상보 원문, p.63)에는 가이도의 계급이 기관병조機關兵曹Aviation Machinist's Mate(전투상보에 영문 관등성명 기재)라고 기록되어 있다.

77 【옮긴이】 두 사람은 구축함 마키구모에 수용되었지만 심문이 마키구모에서 진행되었는지는 확실하지 않다. 1항함 전투상보 원문, p.62.

78 오플래허티와 가이도는 물을 채운 5갤런짜리 기름통에 묶여 바다로 던져졌다. 살해된 날짜는 불확실하지만 전투가 끝난 다음인 것만은 분명하다. 이 범죄행위는 마키구모가 알류샨 작전에 투입되기 위해 북쪽으로 가라는 명령을 받은 때인 8일과 포로에게서 얻은 세부정보를 보고한 9일 이후에 벌어졌을 것이다(Prange, p.253; Prados, p.329; Cressman et al., pp.114-115; Ultra intercepts-Makigumo entries). 1항함 전투상보에서는 두 미군 포로의 운명을 찾을 수 없다.

79 1항함 전투상보, p.29. 【옮긴이】 1항함 전투상보 원문, p.49.

80 위의 보고서, 같은 페이지. 【옮긴이】 원문에서는 "미드웨이 제도 공격 진척상황progress"을 보고하라고 했으나 1항함 전투상보에 실린 전문에는 개요를 보고하라고 되어 있다.

81 1항함 전투상보, p.9. 【옮긴이】 1항함 전투상보 원문, p.20.

82 나가스기 증언, 橋本敏男·田邊彌八, p.328. 【옮긴이】 원문은 "가가는 큰 모닥불 같았다. 화염에 휩싸여 화산같이 녹아내리는 함교가 있었는데, 용암덩어리 같았다."이지만 여기에는 이보다 의미가 잘 전달되는 나가스기의 증언 원문을 옮겼다.

83 【옮긴이】 이 전문 대화는 1항함 전투상보 원문에 없다.

84 Ultra Intercepts. "Orange Translations of Japanese Intelligence Intercepts," NARA (Archives Ⅱ). 【옮긴이】 1항함 전투상보에 이 전문보고가 누락되었기 때문에 미군이 방수한 전문 내용을 옮겼으며 좌표도 가나 대신 알파벳으로 표시했다.

85 1항함 전투상보, p.9. 【옮긴이】 1항함 전투상보 원문, p.21.

86 【옮긴이】 『文藝春秋 臨時增刊 目で見る太平洋戰爭史』(1976. 12.), p.163. 가나오는 이 구축함이 '하루카제春風'였다고 증언했지만 하루카제는 이때 기동부대에 없었다. 소류의 직위 구축함 하마카제를 잘못 기억한 것 같다.

87 【옮긴이】 원문은 "본함 전투불능, 우리는 남기를 원함."이나 가나오는 "야마모토〔가나오의 당시 성〕 소좌, 본함〔소류〕을 도와 본함에 남음."이라고 답했다. 위의 증언, 같은 페이지.

88 【옮긴이】 위의 증언, 같은 페이지.

89 『戰史叢書』 43卷, pp.376-377. 【옮긴이】 하마카제는 다음 날 17시 30분에 지쿠마에 이를

통지했다. 1항함 전투상보 원문, p.61.

90 나가누마의 증언은 그럴듯하게 들리지만 주의 깊게 읽을 필요가 있다. 많은 생존자들처럼 나가누마도 시간을 정확히 말하지 못했으므로 사건의 흐름과 기억을 짜맞추기가 어렵다. 그러나(나중에 보겠지만) 나가누마는 소류가 침몰하기 직전에 탈출했다고 분명히 말했다. 따라서 이들이 소류가 침몰할 때까지 8시간 동안 어떻게 기관구역에서 살아남았는지를 정확하게 알기는 어려우나, 우리는 나가누마의 증언을 믿기로 한다. 즉 이날 늦게 가나오와 부하들이 소류를 떠날 때까지 나가누마와 일부 기관과원이 살아 있었다고 본다.

91 【옮긴이】 원문은 "한 부사관a petty officer"이나 나가누마는 "N병조兵曹"라고 증언했다. 나가누마의 증언을 따랐다. 나가누마 증언, 橋本敏男 · 田邊彌八, p.108.

92 【옮긴이】 나가누마 증언, 橋本敏男 · 田邊彌八, p.108.

93 Lord, p.232.

94 피탄된 뒤 찍힌 히류의 사진을 보면 17시경 치명타를 입을 무렵 히류의 비행갑판에는 비행기가 없었다.

95 Lord, p.232-233.

96 【옮긴이】 원문은 "상공에는 제로센 13기가 맴돌고 있었다. 대부분은 16시 27분에 발함했는데 이즈카 대위가 지휘하는 소류와 가가 혼성 7기, 시라네 대위의 아카기 소속기 4기, 가가의 2기였다."이다. 그러나 히류 전투상보 원문(p.175)에 의하면 16시 30분경 기동부대 직위대 전력은 다음과 같다. ① 오모리 일등비행병조 지휘 아카기 소속 3기(14시 32분 발진), ② 시라네 대위 지휘 아카기 소속 3기(15시 34분 발진), ③ 이즈카 대위 지휘 가가 소속 3기(16시 27분 발진), ④ 스기야마 일등비행병조 지휘 소류 소속 4기(16시 27분 발진). 이 가운데 오모리가 지휘한 아카기 소속기 중 1기가 15시 30분경 고장으로 착함했고 다시 이함한 기록이 없기 때문에 확실하게 상공에 있던 기체는 총 12기이다. 각 항공모함 비행기대 전투행동조서에 따라 직위대 내역을 수정했다.

97 1항함 전투상보, pp.26-27. 【옮긴이】 1항함 전투상보 원문에는 해당 정보가 없다.

98 엔터프라이즈 교전보고. 【옮긴이】 엔터프라이즈 교전보고에는 해당 내용이 없다. 이 내용의 출처는 VS-6 교전보고, p.4이다.

99 위의 보고서, p.137. 【옮긴이】 출처 불명이다. 엔터프라이즈 교전보고에는 해당 페이지가 없으며 VS-6, VB-6 교전보고에도 해당 내용이 없다.

100 【옮긴이】 1항함 전투상보 원문, p.49. 원문은 "一二O 齊動".

101 1항함 전투상보, p.29. 【옮긴이】 1항함 전투상보 원문(p.49)에는 나구모의 침로변경 명령이 나오지만(16시 56분, 속력은 24노트로만 표시되어 있고 관련 명령은 없다) 도네가 정찰기들에 보냈다는 무전 내용은 없다. 다만 도네가 정찰기 회수 준비를 했다는 내용은 언급되어 있다.

102 Japanese Monograph No.93, p.45에는 히류가 곧 정찰기(D4Y1)를 발함시키려 했다고 기록되어 있었다. 그러나 공격받은 후 찍힌 사진을 보면 이 비행기는 갑판에 없었던 것 같다. 발함하려면 반드시 몇 분간 비행갑판에서 시운전을 했다는 점을 고려하면 이렇게 일찍 동쪽으로 변침하는 기동은 불필요했다고 보인다.

103 USSBS 464, Nav.106, p.460. 【옮긴이】 1항함 전투상보 원문(p.49)에는 "지쿠마 좌현 40

도, 히류 직상공(적기 확인)."이라 기록되었다.

104 엔터프라이즈 교전보고; Cressman et al., p.137; Lord, p.235; Lundstrom(1990), p.414.

105 Lundstrom(1990), pp.414-415; Cressman et al., p.137 【옮긴이】 VB-3의 12번기(J.C.버틀러Butler 소위 조종)와 16번기(O.B. 와이즈먼Wiseman 중위 조종)가 격추되었다. VB-3 교전보고에도 SBD들이 급강하하는 동안 일본 전투기의 공격을 받았다고 기록되어 있다. Commander, Bombing Squsaron Three(VB-3), Action Report(June 10, 1942), pp.4-5.

106 갤러허는 히류의 회피기동으로 조준이 완전히 틀어졌다고 증언했다. 마크 호런과 파셜이 2004년 8월 24일에 한 교신.

107 VB-3 교전보고, p.5; Lord, p.235; Cressman et al., p.137. 【옮긴이】 4호기(R.K. 캠벨Campbell 소위), 6호기(R.H. 벤슨Benson 소위)가 하루나를 공격했다. 보고서에 따르면 VB-3 조종사들은 히류를 호쇼로 오인했다. VB-3 교전보고, p.4.

108 Cressman et al., pp.137-138.

109 【옮긴이】 아침에 일본 함대를 공격할 때 매클러스키의 요기를 조종한 VS-6의 리처드 알론조 재커드Richard Alonzo Jackard 소위가 첫 명중탄을 기록했다는 주장도 있다. Kleiss, pp.219-220.

110 【옮긴이】 VS-6의 클리스 중위, VB-6의 갤러허 대위, VB-3의 셤웨이 대위, VS-6의 재커드 소위가 히류에 명중탄을 기록했다. 앞의 책, 같은 페이지.

111 1항전 전투상보의 피해보고를 보면 가장 뒤쪽에 떨어진 폭탄은 중앙 엘리베이터 뒷부분에 명중했다. 그러나 사진자료로는 확인되지 않으며 전방 엘리베이터 뒤쪽에는 명중탄이 없었던 것으로 보인다.

112 【옮긴이】 Kleiss, pp.219-220.

113 대다수 증언들에 따르면 엘리베이터가 통째로 날아가 함교에 걸쳐졌다고 한다. 그러나 사진자료를 잘 보면 함교에 걸쳐진 엘리베이터가 전체라고 보기에는 너무 작다. 나머지 부분이 통로로 추락했는지 바다로 날아갔는지는 확실하지 않다.

114 Lord, p.236.

115 2002년 1월 27일자 파셜에게 보낸 편지에서 아리무라 요시카즈의 증언. 아리무라의 증언을 번역해 주신 고가네마루 다카시 기자와 앨런 클라크에게 감사드린다.

116 Lord, p.236.

117 【옮긴이】 원문은 "만다이 소위"이다. 일본 자료에서 성명과 직위가 확인되어 보충했다. 森史郎(二部), p.366; 龜井宏(下), pp.163-164.

118 Lord, p.236. 히류 포로 심문기록 중 만다이 기관소위 증언.

119 Lord, pp.239-240.

120 Prange, p.290.

121 Lord, p.236.

122 아리무라 증언.

123 Prange, p.290.

124 Lord, p.236. 히류의 소방설비가 사용불능 상태였다는 증언도 있다. 그러나 아리무라의 증언으로 볼 때 최소한 처음에는 소방능력을 유지한 것으로 보인다.

125 아리무라 증언, Bates, p.142; 1항함 전투상보, p.62. 【옮긴이】 1항함 전투상보 원문, pp.51, 84.

126 【옮긴이】 원문에서는 지쿠마의 B-17 발견시간을 17시 42분이라고 하나 1항함 전투상보 원문(p.51)에는 발견시간이 17시 45분으로 기재되어 있다. 이에 따라 발견시간을 수정했다. 17시 42분에는 도네가 좌 30도, 고각 7도에서 접근하는 적기를 발견하고 대공사격을 개시했으나 도네가 발견한 적기가 B-17이었는지는 불명이다. 앞 보고서, 같은 페이지.

127 스위니의 4기 편대가 15시 50분에 미드웨이 기지에서 먼저 이륙했고, 30분 후 엔진 이상으로 이륙이 지연된 2기가 편대에 합류했다. Cressman et al., p.139.

128 Lord, p.237.

129 1항함 전투상보, p.30. 【옮긴이】 1항함 전투상보 원문, p.51.

130 가와구치 증언, USSBS, p.4.

131 블레이키는 항공모함 1척, 구축함 1척에 명중탄 1발씩, 항공모함에 지근탄 2발을 쏘아 항공모함에 화재와 큰 연기가 발생했다고 보고했다. 스위니는 명중 순간을 목격하지 못했으나 순양함들에 명중탄 2발을 맞혔다고 보고했다. Bates, pp.118-119.

132 1항함 전투상보, p.34. 【옮긴이】 1항함 전투상보 원문, p.54. 미군은 B-17의 공격이 18시 10분에 시작하여 18시 30분에 끝났다고 기록했다. 미드웨이 해전보고, p.15.

제18장_ 처분 18:00, 6월 5일 새벽

1 Bates, pp.140-141.

2 Cressman et al., p.140; Lord, pp.240-241.

3 Prange, p.289; Cressman, et al., p.140; Lundstrom(2006).

4 Lord, p.256; Cressman, et al., p.146; Bates, p.143.

5 오후에 발함한 히류의 직위기였다. 이때 아직 일부가 비행 중이었다.

6 【옮긴이】 1항함 전투상보에 의하면 각 항공모함들의 침몰 원인은 다음과 같다. 아카기: 자침 처분, 가가: 폭발 침몰, 소류: 폭발 침몰, 히류: 뇌격(자침) 처분. 1항함 전투상보에 비교적 명확하게 침몰 정황이 기록된 항공모함은 히류뿐이며(그나마 구축함 뇌격까지만 기록했을 뿐 이후 정황은 없다. 히류는 이 뇌격으로 가라앉지 않았다.) 나머지 항공모함들에 대해서는 다소 애매하게 적혀 있다. 전후 문헌 상당수도 1항함 전투상보의 기록에 따라 기동부대 항공모함들의 운명을 기록했다. 1항함 전투상보 원문, pp.19-22.

7 1항함 전투상보, p.31. 【옮긴이】 1항함 전투상보 원문, p.52. 2함대 기밀 제763번 전 공략부대 전령작 제13호.

8 주력함 대상으로 항주심도는 5~7미터였다. 출처: 효도 니소하치가 파셜에게 보낸 논고.

9 1항함 전투상보, p.36. 【옮긴이】 1항함 전투상보 원문, p.56. 1항함 전투상보 원문에는 "히류 주변 구축함 4척 소화 및 구조 중(2146)"이라고 되어 있다. 기동부대의 구축함 중 이소카제, 하마카제(소류), 하기카제, 마이카제(가가) 노와키, 아라시(아카기)는 다른 항공모함 주변에 있었고 남은 구축함 5척 중 유구모(5일 21시 00분), 마키구모(5일 21시 00분), 가자구모(6일 06시 40분경)는 다른 통신기록에서 히류 근처에 있었던 사실이 확인된다. 따

라서 본문의 "이름을 알 수 없는" 구축함 1척은 다니카제나 우라카제였을 것이다.

10 일본군은 '롱 랜스'라는 별명을 쓰지 않았으며 이 별명은 전후에 작가 새뮤얼 모리슨이 널리 퍼뜨렸다. 노획된 일본군 어뢰 관련 문서에 이와 비슷한 언급이 있는데 모리슨이 이를 차용한 것 같다. 노획 문서의 영어 번역본 제목은 다음과 같다. "Battle Lessons in the Great East Asia War(Torpedos)", JICPOA, vol.6, item 5782. 이 문제를 지적해준 데이비드 딕슨과 브룩스 라울릿에게 감사드린다.

11 【옮긴이】 도네와 지쿠마가 각 12문, 나가라 8문, 구축함 11척이 각 8문씩 어뢰 발사관을 탑재했다.

12 곤도는 17시 50분 전문에서 "월명月明을 이용"한다고 언급했다. 1항함 전투상보, p.30. 【옮긴이】 1항함 전투상보 원문, p.52.

13 위의 보고서, p.34. 【옮긴이】 1항함 전투상보 원문, p.53.

14 위의 보고서, p.31. 【옮긴이】 위의 보고서 원문, p.52.

15 위의 보고서, p.34. 【옮긴이】 위의 보고서 원문, p.53.

16 【옮긴이】 위의 보고서 원문, p.54.

17 위의 보고서, p.30. 【옮긴이】 위의 보고서 원문, p.51.

18 위의 보고서, pp.29-30. 【옮긴이】 위의 보고서 원문, pp.52-53.

19 Prange, p.307; 1항함 전투상보, pp.9-10; Lord, pp.245-246. 【옮긴이】 위의 보고서 원문, pp.19-20(가가 침몰 정황), pp.21-22(소류 침몰 정황).

20 『戰史叢書』 43卷, pp.376-377.

21 USSBS, vol.1, p.2.

22 아마가이는 자신이 가가를 탈출한 시점과 어진영을 옮기라고 지시한 시기에 대해 앞뒤가 맞지 않는 증언을 계속했다. 그뿐만 아니라 히류가 미드웨이 해전 시 레이더를 장비했다고 계속 주장했다. 물론 사실이 아니다.

23 『戰史叢書』 43卷, p.379. Dull, p.153에 나가라에 있던 나구모가 소류 승선을 준비 중이었다고 잘못 기록되어 있다. 이 오류를 H.P. 윌모트가 답습하여 나가라의 항적(그리고 나구모의 이동경로까지)을 완전히 잘못 해석하는 결과를 낳았다.

24 牧島貞一, p.191; Lord, p.246.

25 1항함 전투상보, p.35. 【옮긴이】 1항함 전투상보 원문, p.54. 원문에서는 이 요청이 철회countermanded되었다고 하나 이러한 기록은 없으며 아오키 함장의 요청에 대한 회시가 없었다.

26 【옮긴이】 원서는 18시 30분에서 21시 사이에 전문 3개가 누락되었다고 하나 1항함 전투상보 원문에는 4구축대가 18시 30분에 다-나-320번 전문을 보낸 다음 22시에 다-나-325번 전술을 보냈다고 기록되었기 때문에 4구축대의 보고 기록이 없는 시간대는 18시 30분~22시 00분이며 누락된 일련번호는 4개(321, 322, 323, 324)다. 1항함 전투상보 원문에 따라 수정했다.

27 『文藝春秋 臨時增刊 目で見る太平洋戰爭史』(1976. 12.), p.163.

28 나가누마의 증언을 읽을 때에는 주의가 필요하다. 이렇게 끔찍한 상황에서 나가누마와 부하들이 증언대로 기관구역에서 오래 살아남았다는 것은 믿기 어려운 이야기이다. 실제로

는 나가누마가 증언보다 일찍 빠져나와 바다에 더 오래 있었을 가능성이 높다.

29 【옮긴이】 원문은 "호리타 가즈아키"이나 한 증언에 의하면 이 사람은 홋타 가즈키堀田一機 기관병조로 보인다. 당시 소류 기관과원 오마타 사다오小俣定雄 증언, 橋本敏男 · 田邊彌八, p 134.

30 【옮긴이】 기동함대 구축함들은 특형 구축함의 후계급인 유구모급, 가게로급이었다.

31 【옮긴이】 나가누마 증언, 橋本敏男 · 田邊彌八, pp.110-112.

32 『文藝春秋 臨時增刊 目で見る太平洋戰爭史』(1976. 12.), p.163. 가나오는 어뢰가 세 발이었다는 증언을 나중에 철회했으나, 이 증언은 소류가 어뢰 세 발을 맞고 가라앉았다고 한 오하라 부장의 증언과 일치한다. 牧島貞一(p.183)가 묘사한 소류 침몰 정황과 각도도 이와 일치한다(단 자침처분에 대한 언급은 없다).

33 【옮긴이】 소류: 1,103명 중 711명 사망, 사망률 64.5퍼센트, 가가: 1,708명 중 811명 사망, 사망률 47.5퍼센트, 히류: 1,103명 중 392명 사망, 사망률 35.5퍼센트, 아카기: 1,630명 중 267명 사망, 사망률 16.4퍼센트. 澤地久枝, p.550.

34 요시노 하루오가 파셜과 털리에게 보낸 편지, 2000년 3월 27일자.

35 Ballard, p.111.

36 요시노 하루오가 파셜과 털리에게 보낸 편지, 2000년 3월 27일자.

37 침몰 시 가가의 모습은 요시노 하루오의 회상에 의거해 묘사했다. 편지와 별도로 요시노는 파셜과 미 해군전사연구소의 척 해벌린에게 가가의 최후에 대해 증언했다.

38 구니사다 증언, 橋本敏男 · 田邊彌八, p.287.

39 Ballard, p.111.

40 아카마쓰의 증언에 따르면 마이카제가 어뢰 한 발을 발사하여 가가를 두 동강 냈다고 한다. 그러나 우리가 보기에 아카마쓰는 아침에 참가하지도 않은 공중전에 있었다고 하는 등 그다지 신뢰할 수 없는 증언을 했기 때문에 해당 증언 역시 조심스럽게 살펴보아야 한다. 누가 가가를 격침했는가에 대해 각기 다른 곳에서 말한 요시노와 구니사다의 증언 내용이 일치하는 점으로 보아 우리는 아카마쓰의 증언을 채택하지 않았지만, 마이카제가 발포한 것은 사실이다. 아카마쓰 외에 다른 증언자들은 가가가 뒤집어지지 않고 똑바로 서서 가라앉았다고 말했다.

41 가가의 침몰 직전 모습을 직접 묘사한 요시노 하루오의 스케치를 제공한 미 해군전사연구소의 척 헤벌린에게 감사드린다.

42 요시노 하루오가 파셜과 털리에게 보낸 편지, 2000년 3월 27일자; 구니사다 증언, 橋本敏男 · 田邊彌八, pp.287-288. 마에다 다케시와 모리나가 다카요시도 각각 론 워네스에게 가가가 어뢰로 처분되는 장면을 목격했다고 확실히 증언했다.

43 구니사다 증언, 橋本敏男 · 田邊彌八, p.287.

44 2004년 7월 3일 론 워네스가 털리에게 보낸 이메일에 있는 마에다와의 면담기록. 집필 중인 원고에서 광범위한 면담기록을 발췌하여 보내준 론 워네스에게 감사드린다.

45 2004년 7월 3일 론 워네스가 털리에게 보낸 이메일에 있는 모리나가와의 면담기록.

46 나가스기 증언, 橋本敏男 · 田邊彌八, p.328. 【옮긴이】 원문은 "이렇게 큰 군함이 사라지는 모습을 보는 일은 끔찍했다. 그러나 가가는 품위 있게 떠났다."이다. 번역문에는 나가스

기의 증언을 옮겼다.

47 【옮긴이】 원서에서는 출처를 "구니사다 증언, 橋本"이라고 했으나 실제 출처는 아마가이 증언, 橋本敏男·田邊彌八, p.61이다.

48 Japanese Carrier Air Group Operational Logs, JD-1.

49 Cressman et al., p.140.

50 Lord, pp.239-240.

51 1항함 전투상보, p.34. 【옮긴이】 1항함 전투상보 원문, p.54.

52 【옮긴이】 18시 30분에 지쿠마 2호기가 접촉을 중지한다고 보고했다. 1항함 전투상보 원문, p.53.

53 【옮긴이】 2018년 7월 20일~7월 31일에 이메일을 통해 저자들과 토론한 후 8전대의 미 함대 정찰 관련 기사와 여기에 대한 나구모의 반응을 다룬 이 문단의 상당 부분을 다시 쓰고 본문 496쪽에서 중복된 내용을 삭제했다.

54 【옮긴이】 1항함 전투상보 원문, pp.51-53.

55 1항함 전투상보, p.34. 【옮긴이】 1항함 전투상보 원문, p.53.

56 Japanese Monograph No.93, p.43.

57 【옮긴이】 전문, 보고에서 일본군이 사용한 기동부대(Kido Butai)의 알파벳 두문자 약호다. 연합함대는 GF(Grand Fleet)라는 약호를 썼다.

58 【옮긴이】 1항함 전투상보 원문, p.56.

59 【옮긴이】 이 전문의 요지는 "나는 압도적 전력을 가진 적의 추격을 받고 있음."이다. 나구모가 항공모함 2척으로 구성된 적 함대가 동남쪽으로 후퇴하고 있고 자신은 북서쪽으로 후퇴 중이라는 하급부대의 보고를 그대로 야마모토에게 전했다면 지금까지의 행태로 미루어 보아 야마모토와 연합함대 참모진은 후퇴하는 데다 압도적 전력도 아닌 적을 추격하지 않는 나구모의 행동을 이해하지 못했을 것이다. 즉 나구모가 퇴각을 정당화하기 위해 이러한 상황보고를 했다고 추정할 수 있다. 하지만 나구모가 실제로 이렇게 생각했는지 아니면 혼란스러운 상황에서 잘못 분석했는지를 단정 짓기란 불가능하다.

60 1항함 전투상보, p.36, Ultra Intercepts-*Akagi*. 【옮긴이】 1항함 전투상보 원문에는 해당 위치정보가 없다.

61 해당 전문 상세내용: "4구축대 1분대(아라시, 노와키)는 아카기의 남쪽 7킬로미터, 17구축대 2분대(하마카제, 이소카제)는 아카기 북쪽 7킬로미터에서 동-서 축으로 순찰 중, 4구축대 2분대(하기카제, 마이카제)는 아카기 주변 5킬로미터 주변을 순찰 중", 출처: Ultra Intercepts-*Akagi*. 이 전문의 수신자가 6함대라는 것은 아군 잠수함이 구축함과 항공모함을 공격할지도 모른다는 아루가의 우려를 보여 주는 것일 수도 있다. 【옮긴이】 이 전문은 일본 측 기록에는 존재하지 않으며 미군 측 통신감청 기록에만 있다. 이 시간대에 4구축대가 상당히 바빴음에도 불구하고 통신기록이 상대적으로 적다는 것은 저자들의 의견대로 고의적으로 기록을 누락했거나 파기했을 가능성이 있음을 암시하며, 이 전문도 그 사례로 보인다.

62 Dull, p.155.

63 이러한 지시는 나구모가 소류와 가가를 너무 경솔하게 처분했다고 생각한 연합함대 참모

진의 우려가 더욱 커졌음을 보여 주는 증거일지도 모른다.

64 Dull, p.155.

65 Prange, p.321. 【옮긴이】 원문에는 "선배인 아루가 대좌의 명령"으로 아오키가 퇴함했다고 되어 있으나 아오키는 해군병학교 41기(1913년 졸업, 구사카 참모장이 아오키의 동기생), 아루가는 45기(1917년 졸업)로 아오키가 4기 선배이다. 牧島貞一, p.221에서도 아루가가 명령했다고 서술하나 아오키의 상급자도 아닌 후배 아루가가 어떻게 명령할 수 있었을지 의문이다. 따라서 만약 두 사람이 의견을 교환했다면 아루가가 아오키에게 간청하는 모양새였을 것이다. 번역문에서는 두 사람의 관계에 맞게 문장을 고쳤다.

66 Lord, p.247. 아오키는 1942년 9월에 예비역으로 편입되었으나 1943년 10월에 현역으로 복귀하여 1945년 소집 해제까지 여러 항공대 보직을 역임했다. 【옮긴이】 아오키는 귀국 후 7월 14일에 예비역으로 편입되었지만 11월 1일에 현역(하이난섬 경비부)으로 복귀했다. 그러나 더 이상 해상 보직을 받지 못하고 지상 보직들을 전전하다가 원산해군항공대 대장으로 종전을 맞았다. 그는 사이타마현에 은거하면서 전쟁고아 보육에 힘썼으며 요코하마로 이주해 살다가 1962년에 사망했다. 森史郎(二部), pp.387-388. 아오키 함장은 미드웨이에서 겪은 일에 대해서는 전쟁이 끝난 후에 입을 다물었다. 미군에게 심문받을 때 한 진술 외에 아오키 함장의 증언 기록은 거의 없다.

67 Polmar, p.224; 1항함 전투상보, p.9; Fuchida, p.172에는 이 시간이 21시 03분으로 기록되어 있으나 오타로 보인다. 히류가 이때쯤 정지했다는 것은 21시 46분에 히류 주변에서 유구모를 포함한 구축함 4척이 소화작업과 병행하여 인명구조 중이었다는 사실로도 유추할 수 있다. 히류가 계속 고속기동 중이었다면 이 작업이 불가능했기 때문이다. 1항함 전투상보, p.36. 【옮긴이】 주석에서 언급된 '오타'는 1항함 전투상보 영문 번역본의 오타이다. 1항함 전투상보 원문(p.19)에는 21시 23분(도쿄 시간 18시 23분)으로 적혀 있다. 21시 00분에 마키구모는 히류의 속력이 28노트라고 보고했다(1항함 전투상보 원문, p.56). "〔히류는〕 21시 23분까지 제1전투속력(18노트 혹은 22노트) 이상 사용"(1항함 전투상보 원문, p.19)이라는 기술도 보인다. 따라서 히류는 21시경에 28노트로 항해하다가 21시 23분경에 18노트(혹은 22노트) 이상 속도를 낼 수 없게 되었고, 이후 서서히 속도가 느려져 구축함들이 히류 구조/진화 작업 중이라는 보고를 보낸 21시 46분 전, 즉 21시 23분~21시 46분에 완전히 정지했다고 보는 것이 합당하다. 따라서 "21시 23분경은 동력을 잃기 시작한 시간으로 보이며 완전히 정지할 때까지는 시간이 더 걸렸을 것이다.

68 【옮긴이】 운용장 스기모토 아케쓰구杉本明次 대위가 손상통제, 화재진압 지휘를 맡았다. 森史郎(二部), p.364.

69 1항함 전투상보, p.36. 【옮긴이】 1항함 전투상보 원문, p.56.

70 위의 보고서, p.9. 함체에 들어 찬 소방수 이외에 일시적으로 함이 기울어진 이유를 찾기가 어렵다. 대규모 소방작업을 실시한 다른 항공모함에서도 같은 일이 발생한 바 있다. 히류는 수선 아래에 손상부위가 없었으며, 5일 아침에 호쇼의 함상공격기가 찍은 침몰 직전 히류의 사진을 보면 평형을 유지한 것으로 보인다. 생존한 기관과원들도 함을 떠나기 전에 방수구획에 이상이 있었다면 증언했겠지만 처분 전에 침수 피해가 있었다는 증언은 없었다. 【옮긴이】 1항함 전투상보 원문, p.20.

71 좌표 헤-에-아HE-E-AA 55(북위 28도 50분, 서경 179도 50분), Ultra Intercepts-*Kaga*, National Archives. 이 전문이 야마모토가 문의한 내용의 응신인지는 확인되지 않았으나 그랬을 가능성은 있다. 【옮긴이】 이 전문은 일본 측 기록에도 있다. 1항함 전투상보 원문, p.52.

72 1항함 전투상보, p.30. 이 전문은 17시 55분 타전. 【옮긴이】 1항함 전투상보 원문, p.52.

73 1항함 전투상보, p.34. 【옮긴이】 1항함 전투상보 원문, p.54, 연합함대 기밀 제298번 전 연합함대 전령작 제158호.

74 위의 보고서, p.35. 【옮긴이】 1항함 전투상보 원문, p.55. 원서에서는 19시 15분의 명령을 발신하고 "5분 뒤"에 이-168과 7전대(구리타)에 명령했다고 하나 실제 발신시간은 이보다 1시간 15분이 지난 20시 30분이다. 사실관계에 맞춰 이 부분을 고쳐 옮겼다.

75 Ugaki, p.145.

76 위의 책, p.151.

77 【옮긴이】 원서에는 "8전대의 종합보고(결함투성이인 18시 30분 보고)"라고 되어 있다. 18시 30분은 지쿠마가 2호기의 보고를 8전대에 전달한 시간이다. 8전대는 19시 42분에 나구모에게 종합보고를 보냈다. 그러나 18시 30분에는 발광신호로, 19시 42분에는 수기신호로 보고했으므로 당연히 야마모토는 이를 알 수 없었다. 21시 30분에 타전된 나구모의 보고를 받기 전까지 야마모토는 정찰기가 보내는 무전보고만 방수할 수 있었겠지만 기록이 없다. 1항함 전투상보의 사실관계에 맞춰 이 부분을 수정했다.

78 위의 책, p.146.

79 【옮긴이】 1항함 전투상보 원문, p.56. 곤도는 해군병학교 35기, 나구모는 36기로 곤도가 1기 선배였으므로 연공서열 문제는 없었다.

80 【옮긴이】 위의 보고서 원문, 같은 페이지.

81 1항함 전투상보, p.36. 【옮긴이】 1항함 전투상보 원문, p.56.

82 【옮긴이】 원서에는 "30분 뒤"로 되어 있다. 실제로는 1시간 뒤였다.

83 【옮긴이】 1항함 전투상보 원문, p.57.

84 【옮긴이】 3전대 1소대(곤고, 히에이)는 곤도와 같이, 2소대(기리시마, 하루나)는 나구모와 같이 있었다.

85 1항함 전투상보, p.36. 【옮긴이】 1항함 전투상보 원문, p.57. 원문에는 명령을 받은 예하부대에 3전대가 없으나 1항함 전투상보 원문에 있어서 추가했다.

86 후속 보고를 보면 나구모는 여전히 아카기를 살려낼 수 있다고 생각했던 것 같다.

87 【옮긴이】 1항함 전투상보 원문, p.56. 1항함 전투상보 원문(pp.56-57)에 따르면 곤도는 23시 40분에 기동부대에 야간전 참가 명령을 내렸는데 이와부치 함장은 23시 20분에 아베 소장에게 야간전 참가를 건의했다. 원서의 서술과 달리 두 사건은 별개로 발생했던 것으로 보인다.

88 1항함 전투상보, pp.36-37. 【옮긴이】 1항함 전투상보 원문, pp.56-57.

89 위의 보고서, p.9. 【옮긴이】 위의 보고서 원문, p.20.

90 Prange, p.333, 1964년 9월 5일에 스프루언스와 한 인터뷰.

91 Ugaki, p.145.

92 1항함 전투상보, p.37. 【옮긴이】 1항함 전투상보 원문, p.57.

93 【옮긴이】 전문 수신자가 8전대(2함대)로 잘못 지정되어 있었다. 위의 보고서, 같은 페이지.

94 Prange, p.319, 와타나베와의 면담, 1964년 11월 24일자.

95 위와 같음.

96 Agawa, p.321.

97 Prange, p.319. 【옮긴이】 宇垣纏, p.132.

98 위의 책, Ugaki, p.145.

99 1항함 전투상보, p.38. 【옮긴이】 1항함 전투상보 원문, pp.58-59.

100 Japanese Monograph No.93, p.59에는 구리타가 33노트의 속도로 항해하여 8구축대가 뒤에 남겨졌다고 기록되어 있다. 구축함들도 비슷한 속도를 낼 수 있었으나 전속 항해를 계속할 정도로 연료가 충분할지 우려되어 뒤에 남았을 가능성이 있다.

101 【옮긴이】 원문은 "22시 45분(6월 4일)"이나 이 시간이 전체 사건의 맥락에 맞지 않는다고 판단해 저자들과 협의해 7전대의 반전 개시 추정 시간대인 02시 15분~02시 38분의 직전 시간인 02시 00분으로 수정했다.

102 1항함 전투상보, p.38. 【옮긴이】 1항함 전투상보 원문, p.57. 야마모토는 00시 15분에 7전대를 포함한 공략부대에 주력부대와 합류하라는 명령을 발신하고 00시 20분에 미드웨이 포격취소 명령을 내렸고, 명령 수신자는 8전대로 기록되었다. 7전대가 두 전문을 모두 받았는지는 불확실하다. 하지만 7전대가 02시 15분 이후에 반전을 개시했을 가능성이 높음을 생각해볼 때(아래 미주 104 참조), 저자들과 옮긴이는 7전대가 00시 20분 취소명령 전문을 받지 못한 채 00시 15분의 합류명령 전문만 수신했을 것이라고 본다. 즉, 7전대 사령관 구리타 소장은 00시 15분 명령을 미드웨이 포격을 끝내고 주력부대와 합류하라는 명령으로 이해하고 두 시간가량 미드웨이 제도로 계속 접근하다가 02시 15분 이후에 00시 전문을 뒤늦게 받아 보았거나 동트기 전에 미드웨이를 포격할 가능성이 희박함을 깨닫고 변침했을 것이다.

103 Dull, p.147에 나오는 해도에 22시 45분경 7전대가 북서쪽으로 이탈하는 모습이 나오지만 명령 기록과 맞지 않는다. Ugaki(p.152), Japanese Monograph No.93, 『戰史叢書』 43卷(p.477)은 02시 30분경 7전대가 반전했다는 데 일치한다. 이때 7전대는 미드웨이로부터 50해리 안쪽에 있었을 것이다. 【옮긴이】 『戰史叢書』 43卷, p.477에는 모가미와 미쿠마의 충돌 사건에 대한 구리타의 증언이 실려 있으며, p.472에 반전 시간이 00시 45분이라고 기록되어 있다.

104 【옮긴이】 『戰史叢書』 43卷에 따르면 7전대는 포격을 취소하고 주력부대와 합류하라는 명령(이 기술은 6월 5일 00시 15분의 합류명령과 00시 20분 포격취소 명령을 뭉뚱그린 것이다. 즉 『戰史叢書』 43卷은 7전대가 6월 5일 00시 15분과 00시 20분 명령을 모두 수신했다고 가정한 것으로 보인다.)을 6월 5일 00시 35분에 수신해 00시 45분에 반전을 개시했다(p.472). 반면에 Japanese Monograph No.93에는 구리타의 반전개시 시간이 6월 5일 02시 30분으로 기록되었다(p.59). 그러나 저자들과 옮긴이는 『戰史叢書』 43卷보다 Japanese Monograph No.93의 반전 시간 기록이 사실에 가까울 가능성이 더 높으며 7전대가 실제로 반전을 개시한 시간은 02시 15분 이후라는 결론에 도달했다. 근거는 다음과 같다. 첫

째, 『戰史叢書』 43卷에는 7전대가 포격취소 명령을 수신한 시간과 반전을 개시한 시간의 근거가 제시되지 않았다. 둘째, Japanese Monograph No.93에도 반전 시간의 근거가 없지만 U.S.S Tambor(SS-198) War Diary, Third War Patrol (May 21~June 17, 1942)(이하 탬버 초계일지)는 Japanese Monograph No.93의 입장을 지지한다. 이 일지에 따르면 02시 15분에 탬버는 속력 18.5노트, 침로 185도로 항해 중인 자함에서 3해리(5.6킬로미터) 떨어진 곳에서 자함의 좌현 45도를 가로지르며 항해하는 대형함 4척(7전대)을 발견했다. 즉 7전대는 북동 방향으로 항해 중이었다. 탬버는 7전대 발견 후 우현 217도로 선회해 7전대와 평행하게 달리며 미행하려 했으며 선회 중 30도 침로로 항해하는 다른 함선 3척을 목격했다(8구축대의 구축함 2척과 급유선 1척으로 추정되나 오인일 수도 있다). 탬버는 02시 29분에 7전대와 접촉을 상실하고 2370도로 변침했다가 02시 34분에 180도로 변침했다. 02시 38분에 7전대를 발견했을 때 7전대가 북쪽을 향했기 때문에 탬버는 0도로 변침해 7전대와 평행하게 달리려 했으나, 7전대는 02시 51분에 좌선회하여 탬버를 향해 다가왔다(탬버 초계일지, pp.11-12). 즉 탬버의 관찰에 따르면 7전대는 02시 15분~02시 51분에 침로를 북동→북→북서로 변경했으며 이는 7전대가 02시 15분 이후에 반전을 개시했다는 강력한 증거다(그림 18-3 참조). 따라서 이 책에서는 저자들의 동의를 얻어 Japanese Monograph No.93의 기술을 택해 구리타의 반전개시 시간을 02시 30분경으로 기록하고 7전대 재변침(북→북서) 기사를 추가했다. Parshall, Rhie, and Tully, "A Double Turn of Misfortune", *Naval History*, May-June 2019. Vol.33, Number 3.

105 【옮긴이】 탬버 초계일지에는 자함의 위치가 미드웨이 기준 절대방위 279도, 거리 89해리, 자함 침로가 185도, 속력 18.5노트, 적 위치가 자함 남쪽, 자함 함수 기준 좌현 45도라고 적혀 있다. 탬버 초계일지, pp.11-12.

106 【옮긴이】 탬버가 02시 38분에 일본군을 발견했다는 기술의 출처는 위의 기록, 같은 페이지이다. Parshall, Rhie and Tully, pp.44-45에 따르면 탬버가 02시 38분에 발견한 이 함대는 앞서 접촉한 7전대 본대가 아니라 본대를 따라오던 구축함 아라시오와 아사시오로 추정된다. 원문에는 02시 38분에 탬버가 7전대 본대를 다시 접촉한 것처럼 기술되었으나 해당 연구 결과를 반영해 저자 동의를 얻어 원문을 수정했다.

107 【옮긴이】 『戰史叢書』 43卷, p.473. "아카-아카" 신호를 신호등으로 발신하라고 명령한 사람은 구마노 함교에서 야간당직을 맡은 7전대 참모 오카모토 이사오岡本功 소좌다. 그는 신호 발신 후 45도 선회가 충분하지 않다고 생각해 각도를 90도로 늘리려고 무선전화로 재차 "아카-아카" 명령을 내렸다고 증언했다. 오카모토는 두 번 45도 회두 명령을 내렸으므로 전 함대가 90도로 선회할 것이라고 생각한 것 같다. 그러나 올바른 90도 좌현 긴급회두 명령은 "아카-아카, 계수구計數九."다. 게다가 일본 해군은 함대 기동 관련 명령 시 신호등과 무선전화를 혼용하지 않았다(나중에 오카모토는 자신이 분명 "아카-아카 계수구"라고 무선전화로 지시했다고 말을 바꾸었다. 『戰史叢書』 43卷, p.475). 구마노의 800미터 뒤에 있던 스즈야는 구마노의 명령을 '좌 45도 긴급회두'로 이해하고 침로를 변경했다. 龜井宏(下), pp.263-264.

108 『戰史叢書』 43卷, p.476.

109 『戰史叢書』 43卷, pp.475-477.

110 【옮긴이】 원문은 균열의 폭이 6미터였다고 하나 『戰史叢書』 43卷(p.473)에 따르면 2미터였다. 미쿠마는 전부 통신실에 화재가 발생해 통신원 수명이 불타 죽고 좌현으로 4도 경사가 발생했으나 역침수로 바로잡았다.

111 Prange, pp.323-324.

112 위의 책, p.324.

113 Roscoe, p.131; Bates, p.153.

114 Lord, p.258.

115 War Diaries of Sixth Fleet, Midway Oepration, WDC 160268.

116 Prange, p.322; Lord, p.258. 【옮긴이】 6함대 전투일지에 따르면 이-168은 미드웨이 기지에 포탄 6발을 발사해 전부 명중시켰다고 한다. 第6艦隊戦闘日誌(昭和 17年 6月 1日~昭和 17年 6月 30日), p.6.

117 Cressman et al., p.142.

118 위의 책, p.141. 【옮긴이】 VMSB-241 교전보고(p.4)에 의하면 노리스가 본인의 비행기를 포함해 SB2U 5기를, 마셜 타일러 대위가 본인의 비행기를 포함해 SBD 6기를 지휘하여 출격했다. 원문은 "벤저민 노리스 소령이 SBD 6기와 SB2U 6기를 지휘하게 되었다."이나 교전보고에 의거해 사실관계를 명확히 밝히고 원문을 고쳤다.

119 【옮긴이】 원문에서는 출격시간이 19시 15분이나 VMSB-241 교전보고(p.4)에 의하면 19시 00분이다. 교전보고에 따라 고쳤다.

120 Cressman et al., p.141.

121 【옮긴이】 원문은 "노리스의 부하 몇몇도 귀환 도중 실종되었고 01시 45분에야 마지막 기체가 착륙했다."이다. 그러나 VMSB-241 교전보고(pp.4, 7)에 의하면 노리스 소령이 이 출격에서 유일한 실종자였고 같은 보고서, p.4에 따르면 전 비행대 귀환 완료시간은 23시 40분이다.

122 출처: Orange Translations, Crane Materials, Record Group 38, Section 370, National Archives. 이 전문은 1항함 전투상보에서 '생략'되어(1항함 전투상보 원문, p.58에 "略"이라고 표시) 지금까지의 연구서에는 나오지 않았다. 이 책에서는 미군 전투정보부대가 방수, 해독, 번역한 것을 소개한다. 출판물로서 처음으로 공개된 이 전문에는 이 결정적 시간에 나구모가 무엇을 생각했는지, 가가와 소류가 침몰한 지점 등에 대해 귀중한 단서가 포함되어 있다.

YAYO 2#566(1-4), 6월 5일 23시 30분(이하 도쿄 시간).
기동부대 전투개보
1부
6월 5일, 예정대로 미드웨이 공습 실시. 적기 30기를 격추하고 장비에 막대한 손실을 입혔으나 세부상황은 확실하지 않음. 공습 뒤에도 적은 계속 기지를 사용할 수 있었음.
2부
04시 00분~07시 30분, 적기 100기 이상 내습, 50기 이상 격추. 어뢰는 모두 회피했으나 함상폭격기의 공격으로 직격탄 다수 받음. 화재로 인해 전투를 지속하기 어려워 본직은 구축함 6척을 수반시켜 퇴각명령을 내리고 나가라로 이승. 잔존 전력으로 적 기동부대로 전진하여 공격. 호닛급 항공모함 1척에 어뢰 2발 명중, 상당한 피해를 입힘. 14시 30분, 적 함상폭격기의 매우 격렬한 공격으로 본대는 큰 손실을 입음. 격전이었음. 공습은 연달아 16시까지 계속됨.

3부

북서쪽으로 피퇴한 다음 다시 공격을 위해 반전. 본대 18시 00분 위치는 토-아-루TO-A-RU 32, 침로 320, 속력 20노트. 적 주력은 호닛형 공모 3척(1척은 경사, 화재, 표류), 함형 불명 공모 2척, 중순양함 6척, 구축함 다수. 10척의 15시 00분 위치는 도-스-와TO-SU-WA 14, 침로 280, 속력 24노트(북위 30도 55분, 서경 176도 05분)

4부

히류의 화재는 일정 가라앉았으나 당함은 적이 오는 길에 위치했으며 화재를 완전히 진압할 수 없음. 화재진압 시 항행 가능할 것으로 보임. 현재 구축함 2척이 호위하여 북서쪽으로 퇴각 중.

소류와 가가는 침몰. 아카기의 화재는 맹렬하여 진압 불가. 예항 불가. 대략 위치는 토-에-웨TO-E-WE 43, 구축함 2척 호위(북위 30도 40분, 서경 178도 50분)

123 Dull, p.158; 1항함 전투상보, p.9. 【옮긴이】 1항함 전투상보 원문, p.20.

124 우리의 추정이다. 엘리베이터 밑판이 함교 전면으로 날아간 상황이라 집합한 승조원에게 적절하게 훈시할 만한 장소는 그곳밖에 없었을 것이다.

125 Lord, p.249.

126 Fuchida, p.173. 【옮긴이】 원문은 "마지막까지 천황폐하께 충성을 다하라."이지만 피인용서의 원문인 淵田美津雄·奥宮正武, p.376에는 "앞으로도 나라를 위해 힘쓰기를 바란다."라고 기록되어 있다.

127 Lord, p.250.

128 Prange, p.313.

129 아리무라 증언. 【옮긴이】 원문에는 이 증언의 출처가 橋本敏男·田邊彌八로 되어 있으나 해당 책에는 아리무라의 증언이 없다.

130 【옮긴이】 "03시 15분, 함장, 총원에 대해 퇴함을 하령." 히류 전투상보 원문, p.170.

131 牧島貞一, p.193.

132 Japanese Carrier Air Group Records(JD-1); Prange, p.312.

133 Prange, p.312.

134 Lord, p.250.

135 牧島貞一, p.195.

136 牧島貞一, p.194; Prange, p.313; Lord, p.250.

137 Lord, p.250.

138 Fuchida, p.173.

139 Lord, p.250. 【옮긴이】 주계장의 이름은 아사카와 마사하루浅川正治 중좌, 돈의 액수는 50만 엔이었다고 한다. 森史郎(二部), p.377.

140 牧島貞一, p.195.

141 위의 책, 같은 페이지.

142 Lord, p.251.

143 1항함 전투상보, p.10. 【옮긴이】 1항함 전투상보 원문, p.21.

144 【옮긴이】 원문은 "마키구모의 항해장 다무라 소좌는 히류에 승선해 사람이 남아 있는지를 확인했다. 다무라는 함교까지 올라갔지만 아무도 발견하지 못하고 돌아왔다."이지만 저자들이 인용한 生出壽, p.265의 서술과 완전히 다르다. 번역문은 生出壽을 따랐다.

145 生出壽, pp.265-266.

146 정황상 추론이지만 증거와 일치한다. 이 폭발이 있은 뒤에도 히류는 몇 시간 동안 떠 있었다. 즉 어뢰가 폭발해 발생한 침수가 히류를 가라앉히기에 충분하지 않았다는 뜻이다. 어뢰가 함 중앙에 명중했다면 침수 피해가 여러 곳으로 확산되었을 것이다. 반면 선수에 명중했다면 명중점으로부터 비교적 좁은 단면에 있는 격벽을 통해서만 의미 있는 침수 피해가 발생한다. 한 시간 반 뒤에 찍은 사진을 보면 히류의 상태는 비교적 멀쩡했던 것 같다. 함수 쪽이 약간 가라앉았지만 수평을 유지했고 당장 침몰할 위험은 없어 보였다.

147 生出壽, pp.266.

148 위의 책, 같은 페이지. 나중에 미군에 구조된 히류 승조원들은 마키구모가 발광신호로 보낸 내용을 몰라 혼란스러웠으며, 전우들을 죽게 내버려 둔 데에 크게 분노했다고 증언했다.

149 Prange, pp.327-328.

150 위의 책, p.328. 【옮긴이】 구사카는 회고록에 다음과 같이 기록했다. "이런 결과가 초래된 데는 아무래도 우리 책임이 크다. 그리고 이 국가 존망의 위기에 공연히 자신의 거취에만 집착하는 것은 바라지 않는다. 물론 아무리 생각해 보아도 이대로 뻔뻔히 살아 돌아온 모습을 국민에게 보인다는 것은 용감히 싸우다가 쓰러진 많은 장병들을 보면 할 짓이 못 된다. 그러나 패전의 흔적을 그대로 두고 혼자 자결로 도망치는 것도 전우들의 감투를 생각할 때 도리가 아니라고 본다. 우리의 본분은 다시 일어서서 이 실패를 되갚고 패세를 만회해야 끝나는 것이다. 나는 자결을 절대 반대한다. 나구모 장관께는 경거망동이 없도록 내가 고하겠다. 또한 앞으로 현직으로서 다시 한 번 일전을 벌일 기회가 허락된다면 더 바랄 나위가 없겠다." 草鹿龍之介, p.146.

151 Prange, p.328.

152 2001년 5월 27일~6월 3일에 파셜과 교환한 이메일을 통해 나구모의 막내아들 나구모 신지 박사와 나눈 대화 내용을 전해준 전 미 해군 근무 댄 러시에게 감사드린다.

153 그러나 예항했더라도 해체 외에 다른 활용방법이 있었을지 의심스럽다.

154 Ultra Intercepts-Akagi.

155 Prange, p.320.

156 위의 책, 같은 페이지; Ugaki, p.148.

157 Prange, p.320.

158 Ugaki, p.148.

159 Prange, p.320.

160 『戰史叢書』 43卷, p.378; 木俣滋郎, p.294.

161 木俣滋郎, p.294.

162 【옮긴이】 원서는 아카기가 함수부터 가라앉으며 함미가 들린 후 스크루를 보이며 가라앉았다고 기술했으나 여러 목격자들의 증언에 따르면[牧島(2002), p.221; 橋本敏男 · 田邊彌八, pp.328–329] 아카기는 함미부터 가라앉았다. 저자들의 요청에 따라 함미부터 침몰한 것으로 고쳤다.

163 【옮긴이】 나가스기 증언, 橋本敏男 · 田邊彌八, p.328.

164 牧島貞一, p.199; 木俣滋郎, p.295; 나가스기 증언, 橋本敏男 · 田邊彌八, pp.328–329. 267명은 기술 편의상 아카기 함상뿐만 아니라 공중전이나 구조 후 다른 배에서 사망한 전사자들을 포함한 숫자다.

제19장_ **후퇴**

1 하루나와 기리시마도 대잠초계기를 발진시켰을 것이다. 【옮긴이】 지쿠마 1호기 색적선은 90도, 범위는 120해리(222킬로미터), 4호기 색적선은 102도, 200해리(370킬로미터)였다. 지쿠마 4호기는 06시 52분에 표류하는 요크타운을 발견했다고 타전했다. 위치는 출발점에서 방위 111도, 거리는 240해리(445킬로미터)였다. 1항함 전투상보 원문, p.59.

2 【옮긴이】 자바섬에 있는 인도네시아 제2의 도시로 동자바주의 주도이다. 도시의 항구인 탄중페락Tanjungperak항은 인도네시아의 주요 항구다.

3 【옮긴이】 일본군은 네덜란드령 동인도제도를 공격하면서 1942년 3월 4일에 오스트레일리아 해군 초계함 야라Yarra와 영국 해군 소해정 MMS.51이 호위한 거의 비무장 상태의 연합군 철수선단을 공격하여 전멸시켰다. 이 선단을 공격한 일본군 함대는 마침 곤도 중장의 2함대 예하 4전대(중순양함 아타고, 다카오, 마야)와 4구축대(구축함 아라시, 노와키)였다. 아라시와 노와키는 미드웨이 해전에 참가했다. 이 교전을 포함한 자바섬 탈출 저지 작전 시 일본군은 연합군 함선과 상선 20척을 격침하고 3척을 나포했다. J.R. 콕스는 "특히 곤도 부대는 자바에서 오스트레일리아 사이에 흩어진 무력한 연합군 선박들을 포식했다."라고 묘사했다. Cox, pp.398–399.

4 Ugaki, p.154; Japanese Monograph No.88, pp.40–42.

5 Ugaki, p.154.

6 Bates, p.150.

7 Ugaki, p.164.

8 Ugaki, p.153. 우가키에 따르면 나구모 부대는 08시에 주력부대와 합류를 시작해서 17시에 끝냈다고 한다. 함대 대부분은 13시경에 합류하지 못한 상태였으며 생존자들을 실은 구축함들은 이보다 더 늦게 합류했을 것이다.

9 1항함 전투상보, p.38. 【옮긴이】 1항함 전투상보 원문에는 해당 내용이 없다.

10 탑승원 관련 정보를 준 다가야 오사무에게 감사드린다. 【옮긴이】 두 사람 외에 무전수 와타나베 히데오渡邊秀雄 이등비행병조가 동승했다(호쇼 비행기대 전투행동조서, p.10) 그러나 호쇼 비행기대의 전투행동조서에는 히류 발견 기록은 물론 6월 2일부터 9일까지의 상세 행동 기록이 없다. 조서에는 미드웨이 해전 기간(조서 기록상 5월 29일~6월 14일) 동안 세 사람이 같은 비행기를 탔다는 사실만 나와 있다.

11 Prange, p.312.

12 Lord, p.262.

13 牧島貞一, p.197; Lord, p.263.

14 CinCPac Confidential Letter, File No A8/(37)/JAP/(26.2).Serial 01848, of June 28, 1942. 이하 "히류 생존자 심문기록".

15 96식 함상공격기에는 99식 함상폭격기와 비슷하게 고정식 착륙장치가 달려 있었다.

16 牧島貞一, p.197; Lord, p.263.

17 히류 생존자 심문기록, p.3.

18 위의 문서, 같은 페이지. 히류의 침몰 시간과 달리 침몰 위치는 알기가 어렵다. 마키구모가 히류를 처분한 위치에 대한 기록은 남아 있다. 북위 31도 27분, 서경 179도 23.5분(1항함 전투상보 원문, p.21; 『戰史叢書』 43卷(p.381)은 1항함 전투상보 원문의 서경이 동경의 오류라고 하며 위치를 동경 179도 23.5분으로 수정했다.)이다. 어뢰가 명중한 다음에도 히류는 거의 4시간 동안 바람과 파도를 타고 표류했다. 물론 가장 중요한 위치정보는 07시 20분에 호쇼가 히류를 발견해 사진을 찍은 위치다(북위 32도 10분, 동경 178도 50분). 침몰하기 한 시간 전인 08시 20분에는 미군 조종사들이 미드웨이 기점 250해리(463킬로미터)에 있는 히류를 포착했다. 이때 히류의 함수는 245도를 향했고 방위는 335도였다. 종합해 보면 마키구모는 히류의 처분 위치를 179도로 잘못 보고한 것으로 보인다. 이런 오차가 생긴 이유는 확인할 수 없다. 호쇼가 히류를 발견한 위치도 히류의 침몰 위치가 178도라는 강력한 증거다. 호쇼가 보고한 위치는 나구모의 합전도에 나온 위치와도 잘 들어맞는다(북위 31도 38분, 서경 178도 51분). 이는 합전도가 나중에 소급하여(아마 후치다 회고록의 영문판 편집자들이 말하듯 "더 정확하게") 작성되었다는 뜻일 수도 있다.

19 위의 문서, 같은 페이지.

20 Cressman et al., p.175; 히류 생존자 심문기록, p.3.

21 일부 포로는 일본에서 전사자로 분류되기보다 가족들에게 생존이 통지되거나 일본으로 송환되는 편을 희망했다.

22 Willmott(1982a), p.483. 【옮긴이】 머피 함장은 자신의 판단이 틀리지 않았으며 스프루언스가 자신에게 책임을 떠넘긴 탓에 해임되었다고 생각했다. Blair Jr, p.250. 그는 다시는 잠수함을 지휘하지 못했으나 전차양륙함, 공격 수송선 함장을 거쳐 1955년에 소장으로 퇴역했다. Parshall, Rhie, and Tully, p.49.

23 Prange, pp.324–325.

24 Willmott(1982a), pp.483–484.

25 【옮긴이】 미드웨이 해전에 참가한 미 잠수함 가운데 트리거Trigger(SS-237)는 좌초했고 커틀피시Cuttlefish(SS-171)는 아군의 오폭을 받았다. 그루퍼Grouper(SS-214)는 "잠수함 잠망경"을 향해 어뢰를 발사했으나 빗나갔고, 그린링Greenling(SS-213)은 웨이크섬으로 돌아가는 순양함 2척을 추적했으나 실패했다. 드럼Drum(SS-228)은 "불타는 전함"과 "손상을 입은 순양함"을 추격하라는 명령을 받았으나 이를 발견하지 못했다. Blair Jr, pp.247–248.

26 1996년에 미 해군 참모대학은 "미드웨이 해전에서 미 해군 잠수함들의 작전 실패와 오늘날의 의의The Operational Failure of U.S. Submarines at the Battle of Midway—and Implications for Today"라는

논문을 발간했다. Naval War College Joint Military Operations Department, May 1996.

27 Cressman et al., p.217; Lord, p.262.

28 Cressman et al., p.143.

29 Willmott(1982a), p.488.

30 Cressman et al., p.146.

31 1항함 전투상보, p.38. 【옮긴이】 1항함 전투상보 원문, p.59. 연합함대 기밀 제310번 전. 원문에서는 발광신호로 명령했다고 했지만 실제로는 무전으로 명령을 하달했다.

32 Orange Intercepts-*Hosho*. 【옮긴이】 이 보고는 1항함 전투상보에 없으며 미군 방수기록으로만 존재한다.

33 1항함 전투상보, p.38. 【옮긴이】 1항함 전투상보 원문, p.59.

34 미군 전투정보반은 20시 13분에 6함대와 도쿄에서 발신된 지급전문을 수신하는 일본군 잠수함이 미드웨이 북쪽에 있다는 것을 파악했다.

35 Bates, p.163.

36 Cressman et al., p.143.

37 Ultre Intercepts-*Mikuma*.

38 Cressman et al., p.143; Prange, p.325.

39 【옮긴이】 VMSB-241은 08시 05분에 모가미와 미쿠마를 포착하고 08시 08분에 공격을 개시했다. VMSB-241 교전보고, p.5.

40 Cressman et al., p.144. 미쿠마는 공격시간을 08시로, 적기 수를 8기로 보고했다. Ultra Intercepts-*Mikuma*. 【옮긴이】 원문에서는 플레밍 대위의 SB2U들이 4,000피트(1,219미터) 고도에서 활강폭격을 시도했다고 하나 VMSB-241 교전보고, p.5에 따르면 5,000피트(1,524미터) 고도에서 활강폭격을 시도했다. 교전보고를 따라 수정했다.

41 Cressman et al., p.144. 【옮긴이】 플레밍이 떨어뜨린 폭탄은 미쿠마의 함미 바로 뒤쪽에 떨어졌고 플레밍의 기체는 "불길에 휩싸인 채 추락"했다. VMSB-241 교전보고, p.5.

42 SB2U와 B-17이 공격한 다음 미쿠마가 타전한 6월 5일 09시 05분자 보고에는 이 공격으로 발생한 손실이 없다고 명시되어 있다. 『戰史叢書』 43卷(p.486)과 항적도도 피해 발생에 대해 부정적이다. 널리 알려진 플레밍의 자폭 이야기의 근거는 모가미 함장인 소지의 회상이다. 소지가 전후에 면담한 기록이 우연히 로버트 헤이늘Robert Heinl이 쓴 미 해병대 출간 보고서 단행본 *Marines at Midway*에 실렸다. 그러나 나중에 소지가 말한 사건은 1942년 11월 과달카날에서 일어났음이 알려졌다. 미쿠마가 피탄된 다음 찍힌 사진에서 4번 포탑 위의 잔해처럼 보이는 물체도 이러한 왜곡에 한몫했다. 흥미롭게도 VMSB-241 교전보고나 MAG-22 교전보고 같은 미군 측 기록에서도 이 사건은 확인되지 않으며, 전시 혹은 종전 직후 출판된 관련 서적에서도 이 사건이 언급되지 않았다. 이 문제를 지적해준 마크 호런에게 감사드린다. 호런은 미쿠마와 모가미를 공격한 조종사 4명과 면담한 후 2004년 5월 2일자 이메일로 털리에게 자신의 견해를 알려 주었다. 【옮긴이】 후치다도 이 사건을 언급한 바 있다. 그는 미군 급강하폭격기대 지휘기가 미쿠마의 함교를 노리고 자폭을 시도하여 포탑에 격돌했고, 이로 인해 발생한 화재가 기계실 흡기구까지 번졌다고 말했다. 후치다는 이 이야기의 출처를 밝히지 않았다. 모가미의 소지 함장과 다카기 비행장이

이 미군기의 용감한 행동에 감탄했다고 언급하는 내용이 같은 페이지에 나오는 것을 보면 두 사람에게 들은 것으로 추정된다. 淵田美津雄·奧宮正武, p.397.

43 Ultra Intercepts-*Mikuma*.

44 위의 문서.

45 Morison, p.148; Prange, p.369.

46 Bates, p.158.

47 "Significant PBY Sightings of Japanese Carriers late 4-5 June〔1942〕". 런드스트롬이 2000년 3월 15일에 털리에게 보냄.

48 Cressman et al., p.146.

49 Cressman et al., p.149; Prange, p.331.

50 Cressman et al., p.149; Lundstrom(1990), p.421.

51 Cressman et al., p.149.

52 【옮긴이】 원래 지휘를 맡아야 할 매클러스키와 갤러허는 총상을 입었고 베스트는 산소호흡기 오작동으로 수산화나트륨을 흡입해서 기도에 화상을 입어 출격할 수 없었다. 당시 SBD에 쓰인 산소호흡기에는 수산화나트륨을 이용하여 이산화탄소를 흡착하는 필터가 사용되었는데, 오작동하면 조종사가 강염기성인 수산화나트륨을 흡입할 위험이 있었다. Kleiss, pp.224-225; Mine Safety Appliances Co., Instruction Manual And Part List-Oxygen Rebreathing Apparatus for Aircraft Use Central Oxygen Supply Type. p.16.

53 【옮긴이】 매클러스키는 아침에 일본군 항공모함을 폭격한 후 고도를 높일 때 일본군 전투기의 공격을 받아 어깨에 부상을 입었다. 그럼에도 불구하고 매클러스키는 맨 나중에 착함하겠다고 고집했다. Kleiss, p.208.

54 【옮긴이】 당시 요크타운급 항공모함에는 기함함교flag bridge와 항해함교navigation bridge가 따로 있었고 스프루언스와 참모진은 기함함교에, 머레이 함장은 항해함교에 있었다(9장 미주 50 참조). 기함함교로 항의하러 몰려간 비행대 지휘관들 중에는 매클러스키와 갤러허뿐만 아니라 요크타운 소속 VB-3의 섬웨이 대위와 쇼트 대위도 있었다. VS-6의 클리스 중위에 따르면 조종사들이 집단항명을 할 기세였다고 한다. 위의 책, pp.223-224.

55 Cressman et al., p.149; Lundstrom(1990), p.421.

56 Cressman et al., p.149.

57 【옮긴이】 원문에서는 21기라고 했으나 호닛 교전보고(p.4)에 따르면 26기가 출격했다.

58 【옮긴이】 TF 16 교전보고(p.4), 니미츠 보고(p.18), VS-6 교전보고(p.4), VB-6 교전보고(p.5), VB-3 교전보고(p.6), VS-5 교전보고(p.2), 엔터프라이즈 교전보고(p.4), 호닛 교전보고(p.4) 등을 종합해 보면 엔터프라이즈의 공격대는 17시경 발진을 개시해 17시 40분경 집합 완료 후 출발했다. 호닛 공격대는 15시 12분경 발진을 개시했으며, 엔터프라이즈와 마찬가지로 집합 완료까지 30~40분이 걸렸다면 15시 42~52분경 집합을 완료한 후 출발했을 것이다.

59 【옮긴이】 VS-8의 SBD 몇 기는 무거운 폭탄 때문에 발생한 연료 부족으로 임무를 포기하고 돌아왔다. 스프루언스는 왜 SBD들이 일찍 귀환했는지 의아해하다가 미처가 명령을 위반하고 1,000파운드 폭탄을 탑재했음을 알게 되었다. 스프루언스가 미처를 좋지 않게 생

각하게 된 사건이었다. Buell, pp.158-159.

60 Cressman et al., p.149.

61 【옮긴이】 링은 "315해리(583킬로미터)를 수색했으나 적 주요 부대 발견 실패, 18시 04분에 출발 시 호닛 위치 기준, 방위 315도, 거리 278해리(515킬로미터) 해상에서 적 경순양함(혹은 구축함) 공격" 이라고 보고했다(호닛 교전보고, p.4). 링이 처음 다니카제를 발견한 시간은 이 보고서에 기록되지 않았다.

62 호닛 교전보고, 1942년 6월 13일자, p.5.

63 【옮긴이】 1항함 전투상보 원문, pp.81, 84. 호닛 교전보고(p.4)에는 18시 04분에 공격을 시작했다고 기록되어 있다.

64 1항함 전투상보의 아군 피해상황 그림. 【옮긴이】 1항함 전투상보 원문, p.84.

65 【옮긴이】 VB-6의 6기, VB-10의 10기도 함께 출격했으므로 추가했다. VB-6 교전보고, p.5; VB-3 교전보고, p.6.

66 VB-3 교전보고, 1942년 6월 10일자, p.7.

67 위의 보고서, 같은 페이지.

68 【옮긴이】 18시 20분은 VB-3이 다니카제를 발견한 시간이다(VB-3 교전보고, 1942년 6월 10일자, p.7). VS-6과 VB-6은 18시 30분에, VS-5는 18시 50분에 다니카제를 발견했다. 이들도 다니카제를 경순양함으로 오인했다. VS-6 교전보고, p.4; VB-6 교전보고, p.5.

69 【옮긴이】 VB-3 교전보고, p.7.

70 【옮긴이】 위의 보고서, 같은 페이지.

71 【옮긴이】 1항함 전투상보 원문, p.84; VS-5 교전보고, p.2.

72 【옮긴이】 다만 자신의 모함으로 착각해 다른 모함에 내린 조종사들은 있었다. 엔터프라이즈와 호닛이 거의 쌍둥이처럼 비슷했기 때문에 야간착함 시에 충분히 벌어질 만한 일이었다. 호닛 소속 5기가 엔터프라이즈에, 엔터프라이즈 소속 1기가 호닛에 착함했다. Kleiss, p.228.

73 Cressman et al., p.151.

74 【옮긴이】 이 B-17 5기는 손상된 일본 항공모함을 찾으라는 명령을 받고 13시 20분에 미드웨이 기지에서 출격했고 18시에 다니카제를 발견했다. 미드웨이 기지 항공작전보고, p.7; 미드웨이 기지 교전보고, p.8. 일본군은 다니카제가 18시 45분에 공격을 받았으며 적이 투하한 폭탄은 모두 먼 곳에 떨어졌다고 기록했다. 1항함 전투상보 원문, p.84.

75 【옮긴이】 1항함 전투상보 원문, p.81.

76 Bates, p.164.

77 8구축대의 21시 30분 위치는 북위 31도 10분, 동경 172도 30분, Ultra Intercepts-*Arashio*.

78 Lundstrom, "Significant PBY Sightings of Japanese Carriers late 4-5 June(1942).

79 일부 자료는 이때 지쿠마의 커터도 반환되었다고 하나 우리는 그전에 커터를 버렸다고 한 『戰史叢書』 43卷(pp.376-377)의 해석을 수용한다. 이소카제가 자함의 커터 외에 추가로 다른 함의 커터까지 수납했을 것 같지는 않다.

80 1항함 전투상보, 6월 5일 오후 기록. 【옮긴이】 1항함 전투상보의 어느 부분을 언급한 것인지 알기가 어렵다.

81 『戰史叢書』 43卷, p.489; Ugaki, p.153. 이 미군기에 대해서는 알려진 바가 없다.
82 Ugaki, pp.153-154; 1항함 전투상보 행동도.

제20장_ 낙오자들을 격침하라

1 Lacroix and Wells, p.488.
2 전날 8구축대가 합류 예정이라는 전문을 받았고 아침에 구축함들이 가시거리에 들어왔으므로 승조원들은 당연히 고무되었을 것이다.
3 【옮긴이】 조종사 카터 소위가 무전수에게 "중순양함[약어 CA] 1척, 순양전함[약어 CB] 1척"이라 타전하라고 지시했으나 순양전함(CB)을 무전수가 항공모함(약어 CV)으로 잘못 알아듣고 타전했다(Symonds, p.351). 엔터프라이즈의 동료 조종사 클리스 중위는 중순양함의 약어인 CA를 항공모함의 약어 CV로 잘못 보냈다고 했으나(Kleiss, p.229) 전자가 더 신빙성 있어 보인다.
4 일부 정찰기는 전날 저녁 공격 후 잘못 착함한 호닛 소속기였다. Lundstrom(1990), p.422.
5 Cressman et al., p.153.
6 Lundstrom(1990), p.422.
7 【옮긴이】 VS-6 소속기의 조종사는 6월 5일 밤에 모함을 잘못 알고 착함한 클래런스 배먼 Clarence Vammen 소위였다. 불행히도 배먼 소위는 이날 첫 공격에서 격추당해 전사했다. Kleiss, p.229. VS-5 소속기 조종사는 불명이다.
8 Cressman et al., p.154.
9 위의 책, 같은 페이지.
10 Ugaki, p.155.
11 Cressman et al., pp.154-155.
12 VS-8의 돈 그리솔드Don Griswold 소위와 VS-6의 클래런스 배먼 소위 조종. 위의 책, p.155.
13 Lacroix and Wells, p.488.
14 14시 50분경 아라시오가 명중탄 1발을 맞은 것 외에 이 공격으로 8구축대에 피격된 구축함이 없었다는 사실로 추정한 서술이다. VB-8의 교전보고에는 구축함에 심한 기총소사를 가했다고 적혀 있다.
15 Cressman et al., p.155.
16 Ugaki, p.155. 일본군의 주장은 비교적 정확하나 실제 격추된 미군기 수는 3기가 아니라 2기였다.
17 Cressman et al., p.155; Lundstrom(1990), p.423. 【옮긴이】 VB-3 교전보고, p.8; VB-6 교전보고, pp.5-6; VS-6 교전보고, p.5; VB-5 교전보고, p.2. VB-3, VF-6 소속기 정보가 누락되어 보충했다.
18 Lundstrom(1990), p.423.
19 Cressman et al., p.155; Lundstrom(1990), p.423.
20 Ugaki, p.155.
21 엔터프라이즈 교전보고; 호닛 교전보고; Cressman et al., p.155; Lundstrom(1990), p.424.

22 위의 보고서, 위의 책, 같은 페이지.

23 Mogami TROM(Tabular Record of Movement, 행동기록), JD-1; Lacroix and Wells, p.448.

24 Enterprise, "Air Battle of the Pacific," June 4-6, report of June 15, 1942.

25 당시 미쿠마의 장운용장인 가와구치 다케토시川口武俊 중위의 증언, War History Office Files, 월터 로드에게 보낸 1966년 1월 22일자 편지, 이하 가와구치 증언.

26 Lacroix and Wells, p.488.

27 위의 책, 같은 페이지.

28 Ugaki, p.155.

29 Cressman et al., p.155. 【옮긴이】 출격 전에 스프루언스는 조종사들에게 다음과 같이 훈시했다. "잘 들어라, 나는 저 순양함을 격침하고 싶다. 가장 확실한 방법은 어뢰를 꽂는 것이다(이때쯤 스프루언스는 미군의 폭탄이 철갑탄이 아니라 고폭탄임을 알게 되었다. 고폭탄은 상부구조물을 파괴하는 효과가 있으나 중장갑을 갖춘 함선을 침몰시킬 수 없었다). 자네들이 어뢰를 투하하기 전에 폭탄이 적의 대공포화를 침묵시켰으면 한다. 하지만 적의 대공포가 단 1문이라도 자네들을 쏜다면 절대 공격하지 말고 기수를 돌려 어뢰를 모함으로 다시 가지고 와라. 나는 뇌격기를 단 1기도 잃지 않겠다. 모두 이해했나?" Buell, p.160.

30 모가미 항해장 야마우치 마사키山内正規 소좌의 증언, War History Officer Files, 월터 로드에게 보낸 1966년 1월 22일자 편지, 이하 야마우치 증언.

31 자매함 스즈야도 2년 뒤 레이테 해전에서 비슷한 구역에서 일어난 폭발로 치명상을 입었다.

32 Ugaki, p.155.

33 Ultra Intercepts-*Zuiho*. 【옮긴이】 이 전문은 제4수뢰전대 전시일지(1942. 6. 1.-6. 30.), p.13에도 기록되었다. 내용은 대동소이하나 4번 항목은 16시 45분에 별도로 발신된 명령의 일부이다.

34 Ultra Intercepts-*Zuiho*.

35 【옮긴이】 즈이호는 남태평양 해전(1942. 10. 26.), 마리아나 해전(1944. 6. 18.), 엔가뇨Engaño 곶 해전(1944. 10. 25.)을 비롯해 미드웨이 이후에 벌어진 항공모함 해전에 모두 참가했으며 엔가뇨 곶 해전에서 격침당했다. 오바야시 대좌는 전함 이세 함장을 거쳐 1943년 5월 1일에 해군소장으로 승진했고 패전 시에는 제1특별공격전대사령관이었다. 福川秀樹, pp.86-87.

36 Cressman et al., p.157.

37 Bates, p.161.

38 Prange, p.346; Orita, p.72.

39 Prange, p.346.

40 위의 책, 같은 페이지.

41 Cressman et al., p.157.

42 Prange, p.347; Orita, p.72.

43 Prange, p.347; Cressman et al., p.157.

44 Prange, p.347.
45 Prange, p.347; Orita, p.73.
46 Prange, p.347.
47 Lord, p.275.
48 Prange, p.348.
49 Orita, p.74. 다나베는 이-168이 신형인 95식 어뢰를 장비하지 않았다고 분명히 말했다. 95식 어뢰는 수상함이 탑재한 93식을 소형화한 순수 산소 추진식 어뢰다. 【옮긴이】 미군 보고에 따르면 이-168이 발사한 어뢰는 13시 36분에 요크타운과 해먼에 2발씩 명중했다. 미드웨이 해전 보고, p.21.
50 Prange, p.350.
51 Cressman et al., pp.157-158.
52 위의 책, p.157.
53 위의 책, p.159.
54 Orita, p.74.
55 Prange, p.351.
56 Orita, p.75.
57 Prange, p.351.
58 위의 책, 같은 페이지.
59 Prange, p.351; Orita, p.77.
60 가와구치 증언.
61 야마우치 증언.
62 아라시오 행동기록, 앨런 네빗 제공.
63 【옮긴이】 澤地久枝(pp.501-502)에 따르면 아사시오의 전사자는 21명이다.
64 야마우치 증언.
65 사루와타리 관련 자료, Prange, p.339.
66 Ugaki, p.155.
67 澤地久枝, p.550; 『戰史叢書』 43卷, p.503. 우리는 사와치의 미쿠마 전사자 관련 자료가 정확하다고 믿는다. 마찬가지로 라크루아와 웰스가 『戰史叢書』를 인용하여 기록한 생존자 수도 근거가 있다고 여긴다. 그러나 결과적으로 두 자료를 모두 정확하다고 인정하면 미쿠마의 총원은 사와치와 다른 자료에서 말하는 888명이 아니라 940명(생존자 240명, 전사자 700명)이 된다. 함의 전시 총원이 평시보다 많은 경우가 있으므로 이상한 일은 아니다. 모가미의 경우 미드웨이 해전 시 총원이 932명(생존자 842명+전사자 90명)으로 알려져 있다. 미드웨이 해전 시 일본군 함선들은 모두 평시보다 인원을 많이 태운 것으로 보인다.
68 Ugaki, p.157.
69 야마우치 증언.
70 『戰史叢書』 43卷, p.497; Lacroix and Wells, p.488.
71 VS-6 교전보고, 1942년 6월 사진촬영보고(Report of Photograph Mission, June 6, 1942).
72 【옮긴이】 사진을 찍은 SBD의 조종사 클리오 돕슨Cleo Dobson 소위는 미쿠마 상공을 지나갈

때 생존자 20여 명이 고물에 모여 있는 모습을 보았다. 엔터프라이즈의 한 간부가 발포하라고 지시했으나 돕슨은 이 지시를 무시했다. 돕슨은 친구 클리스 중위에게 "나한테 손을 흔드는 사람들을 쏠 수는 없잖아."라고 말했다. Kleiss, p.232.

73 VS-6 교전보고, 1942년 6월 사진촬영보고.

74 【옮긴이】 해전이 끝난 후 미군 지휘부는 미쿠마와 모가미를 격침했다고 결론 내렸다. 미쿠마는 "마지막 폭탄이 명중한 지 얼마 후 뒤집어져 침몰"했으며 모가미는 대파되어 동력을 잃고 표류했고(다만 격침을 직접 언급하지는 않았다), 6월 6일 저녁에 촬영된 함선은 미쿠마가 아니라 침몰 직전의 '모가미'라고 믿었다. 6월 6일의 전과보고 내용은 "중순양함 2척, 미쿠마, 모가미 격침"이었다. 미드웨이 해전 보고, pp.20-21.

75 우연찮게 미쿠마가 제적된 1942년 8월 10일에 사보섬 해전에서 중순양함 가고加古가 격침되었다.

76 VS-6 교전보고, 1942년 6월 사진촬영보고.

77 澤地久枝, p.550.

78 Fuchida, p.197; Lacroix and Wells, p.488.

79 야마우치 증언.

80 CinCpac confidential letter, File No. A8/(37)/JAP/(26.1), Serial 01753, of June 21, 1942.(이하 "미쿠마 생존자 심문기록"), p.1.

81 Bates, p.177.

82 Ugaki, p.156-157.

83 Bates, p.171.

84 【옮긴이】 6월 8일 10시 50분(도쿄 시간), 웨이크섬, 미나미토리시마南鳥島 주둔 항공대에 주변 해역을 수색하고 적을 발견하면 공격하라는 명령이 내려졌다. 『戰史叢書』 43卷, pp.531-532.

85 Ugaki, p.157.

86 Ugaki, pp.154-155; Bates, p.171

87 Ugaki, p.157.

88 【옮긴이】 원서에서는 3수뢰전대와 10수뢰전대의 재급유가 시급했다고 하나 우가키는 3수뢰전대, 10전대의 각 구축함의 연료 재고가 50퍼센트 이하로 떨어졌다고 일기에 적었다. 우가키 일기를 따라 수정했다. 宇垣纏, p.154.

89 Ugaki, p.157. 기상 악화로 급유작업은 더 어려워졌다. 1전대(야마토, 나가토, 무쓰)는 기동부대 호위 중에 해상급유를 여러 번 해본 3전대(곤고, 히에이)보다 이 작업에 능숙하지 못했을 것이다.

90 Ugaki, p.159.

91 위의 책, p.157.

92 위의 책, p.158.

93 위의 책, 같은 페이지.

94 요크타운은 해저에 똑바로 가라앉은 상태로 발견되었는데 이를 근거로 일부에서는 요크타운이 침몰하기 전에 전복되지 않았다고 추정했다. 그러나 이것은 유체를 통과하며 가라앉

는 물체에 작용하는 수력학적 힘을 생각하지 않은 추론이다. 이 힘이 작용하면 물체가 가라앉으며 원래의 무게중심을 회복하게 된다. 무엇보다도 1999년에 발견될 때 요크타운이 해저에 똑바로 가라앉은 모습으로 찍힌 사진이 가장 정확한 증거다.

95 Orange Intercepts-*Hosho*.

96 【옮긴이】 6함대의 고마쓰 사령장관은 6월 12일(일본 시간), 5잠수전대의 잠수함 3척에 히류 수색 명령을 내렸다. 수색범위는 북위 31도 20분, 동경 178도 0분, 경도 180도의 각 경위선을 포함하는 해역이었다. 『戰史叢書』 43卷, p.533; 6함대 전시일지, p.6.

97 Ugaki, p.158. 중순양함 외 참가 함선은 구축함 아사구모朝雲, 나쓰구모夏雲, 미네구모峰雲, 수상기모함 지토세千歲이다. Dull, p.166. 【옮긴이】 『戰史叢書』 43卷, pp.527, 530에 따르면 이 부대는 견제부대라 불렸으며 행동요령은 6월 8일 오전 11시(도쿄 시간)에 발령되었다. 부대는 중순양함 나치那知를 제외한 5전대(묘코, 하구로)와 9구축대(『戰史叢書』에 따르면 구축함 3척이라고 하나 당시 9구축대에는 아사구모, 나쓰구모만 있었으며 미네구모가 나중에 합류함), 급유선 겐요마루玄洋丸로 구성되었으며 9일 오후부터 본대와 분리하여 작전을 개시했다. 지휘는 5전대 사령관 다카기 다케오 중장이 맡았다.

98 Japanese Monograph No.93, p.85. 【옮긴이】 우가키에 의하면 이 사건은 6월 9일 00시경(도쿄 시간) 발생했다. 宇垣纏, p.146.

99 위의 보고서, p.159.

제21장_ **씁쓸한 귀향**

1 Bergamini, p.933.

2 【옮긴이】 기도가 쓴 1942년 6월 8일자 일기의 해당 내용은 다음과 같다. "항공전투부대가 입은 손실은 실로 심대하여 성심을 어지럽혔을 터이나 폐하의 용안을 뵈니 안색이 자약하시고 거동이 평상시와 조금도 다름이 없으셨다. 이번에 입은 피해는 참으로 유감이지만 군령부총장에게는 이로 인해 군의 사기가 저하되지 않도록 주의하게 하시고, 이후 작전 수행에 소극적이고 수동적으로 되지 않도록 하라고 명하셨다는 폐하의 말씀이 있었다. 영매하신 폐하의 자질을 목도하고 진심으로 황국 일본의 은혜로움을 통감했다." 빅스, p.857에서 재인용.

3 【옮긴이】 6월 8일자 군령부 전황 상주문(초안)을 보면 미드웨이에서 입은 손실, 특히 항공모함 4척 전멸이 구체적으로 언급되지 않았다(海軍軍令部, 戦況に關し奏上, 昭和 17年 6月 8日). 따라서 이 시점에 히로히토가 해군이 입은 파멸적 손실을 구체적으로 알았을 것 같지는 않다. 이때 군령부가 상황을 파악하는 중이었기 때문일 수도 있으나 은폐를 시도했을 가능성도 있다.

4 Bergamini, p.933, p.449.

5 위의 책, p.935. 【옮긴이】 안도는 1934년에 중장으로 예편했다가 1939년에 현역으로 복귀했다. 무임소국무대신 역임(1942. 6.~1943. 3.) 후 도조 내각이 붕괴한 1944년 7월까지 내무대신을 지냈다. 전후 전범으로 체포되었다가 1948년 12월에 석방되었다. 秦郁彦(2005), p.3.

6 Ugaki, p.163. 함대의 귀환에 대해 추가 정보를 제공한 밥 해킷과 샌더 킹젭에게 감사드린다. 출처: Tabular records of move for Bat.Div.1 JD-1.

7 Ugaki, p.163.

8 Lacroix and Wells, p.393.

9 【옮긴이】 히류의 상세한 행동기록이 히류 전투상보에 남아 있는 점으로 미루어 보면 히류의 항해일지도 회수된 것으로 보인다. 히류가 침몰할 때까지 오래 걸렸으므로 문서를 회수할 시간이 충분했을 것이다.

10 『戰史叢書』 43卷, pp.284-285.

11 Bergamini, p.935.

12 Ugaki, p.164; Fuchida, p.12; Prange, p.363.

13 【옮긴이】 후치다는 포로수용소에 갇힌 것 같았다고 회고했다. 『戰史叢書』 43卷, p.603.

14 아리무라의 편지.

15 Agawa, p.322.

16 【옮긴이】 1943년 4월에 야마모토가 전사했을 때도 이보다 규모는 작지만 비슷한 형태의 은폐작업이 벌어졌다. 야마모토가 추락 직후 생존했을지도 모른다는 증거가 발견되고(야마모토가 탑승한 비행기는 4월 18일 오전 7시 40분경 격추되었고 유해는 20일 오전 6시경 발견되었다. 동승자들의 시신은 완전히 부패했으나 야마모토의 시신은 비교적 온전했다. 추락 후 얼마간 살아 있었다는 증거다.) 해군의 암호가 유출되었을지도 모른다는 의혹이 번지자 유해를 처음 발견한 육군 6사단 23연대의 하마스나 미쓰요시浜砂盈榮 중위와 그가 지휘한 수색대 병사 20여 명, 시체를 검안한 군의관 니나가와 지카히로蜷川親博, 야마모토의 비행기를 호위한 제로센 조종사 6명이 최전선으로 보내졌다. 조종사 6명 중 4명이 최전선으로 간 지 2개월 내에 전사했고, 니나가와는 1944년 12월에 부겐빌섬에서 전사했으며 패전 때까지 살아남은 사람은 하마스나 1명뿐이었다(호사카 마사야스, pp.555~558, 580~582). 호사카는 사고로부터 아무것도 배우려 하지 않고 오히려 사고를 접한 말단 병사들은 제재해 책임을 회피하려 한 군 관료의 행태를 비판했다.

17 Lord, p.286.

18 【옮긴이】 1942년 6월 10일 오후 3시 30분, 대본영 해군부는 「대본영 해군부 발표」를 통해 미드웨이와 알류샨 작전의 '전과'를 전 국민에 다음과 같이 홍보했다. 『戰史叢書』 43卷, p.604.

1. 미드웨이 방면
   가) 미 항공모함 '엔터프라이즈' 형 1척 및 '호닛' 형 1척 격침
   나) 적군과 아군 상공에서 격추된 비행기 약 120기
   다) 중요 군사시설 폭파
2. 알류샨 방면
   가) 격추, 파괴한 비행기 약 14기.
   나) 대형 수송선 1척 격침
   다) 중유탱크군 2개소, 대형 격납고 1개소 폭파, 화재.
3. 본 작전에서 입은 아군의 손해

가) 항공모함 1척 상실, 1척 대파, 중순양함 1척 대파.

나) 미귀환 비행기 35기.

대본영 해군보도부가 작성한 『대본영해군부 발표』 원안에는 미드웨이 해전에서 일본군이 입은 손실이 "공모 2척 침몰, 1척 대파, 1척 소파"라고 기록되었으나 작전부서의 맹렬한 반대에 부딪혀 손실 규모가 축소되어 발표되었다. 辻田真佐憲, p.114.

19 Prange, p.362.

20 【옮긴이】 1942년 6월 15일 오후 4시 30분 「대본영 해군부 발표」. '샌프란시스코' 형 중순양함 1척과 잠수함 1척이 추가로 격침되었으며 적기 격추대수도 150기로 늘었다. 『戰史叢書』 43巻, p.604.

21 Prange, p.362; Lord, p.286.

22 Bermanini, p.935.

23 마에다 증언, "Aces of the Pacific" 부록 동영상 인터뷰, Bruning Collection, Hoover Institute.

24 Prange, p.361.

25 위의 책, 같은 페이지.

26 Crane Materials, Orange Translation Intercepts, Record Group 38, NARA.

27 제1항공함대 주요 간부들은 미드웨이에서 대패한 책임을 져야 했으나 모두가 계속 승진했고 요직을 맡았다. 해임, 파면을 비롯한 중징계를 받은 사람은 단 1명도 없었다. 비교적 하급자였던 겐다와 와타나베는 전후 항공자위대와 해상보안청에서 최고위직까지 승진했다.

28 일본 해군뿐만 아니라 육군과 정부도 같은 태도를 취했다.

29 Willmott(1982b), p.82. 【옮긴이】 당시 도조의 비서관인 아카마쓰 사다오赤松貞雄의 증언에 의하면 미드웨이 해전 직후 도조는 일이 생각대로 진행되고 있지 않다는 정도로만 알다가 나중에 히로히토로부터 "미드웨이에서 일이 크게 잘못되었다." 라는 말을 듣고 군령부와 참모본부에 확인하여 미드웨이의 패전 소식을 들었다고 한다. 호사카 마사야스, p.689.

30 【옮긴이】 다이호는 미드웨이 해전의 전훈이 알려지기 전부터 비행갑판의 대폭탄방어력(500킬로그램 항공폭탄의 직격에도 견딜 수 있도록 설계) 강화가 고려된 설계로 건조되었다. 福井靜夫, p.269.

31 Naval Technical Mission to Japan S-84(Report on Japanese Damage Control), p.7.

32 위의 보고서, p.8.

33 【옮긴이】 1943년 12월부터 대형함의 손상통제 관련부서(운용, 공작, 전기, 보기補機)를 통할하는 '내무과'가 만들어져 손상통제작업을 통합지휘하고자 시도했다. 내무과장 내정자는 해군병학교 출신자의 경우 해군공작학교에서 전기·보기에 대해 10일간, 공작·배수에 대해 10일간 교육을 받았고 해군 기관학교 출신자는 해군항해학교에서 15일간 운용·손상통제 관련 교육을 받았다. 雨倉孝之(2015), pp. 190-192, pp.199-200.

34 Naval Technical Mission to Japan S-84(Report on Japanese Damage Control), p.11.

35 위의 보고서, p.12.

36 【옮긴이】 세 항공모함 모두 1944년 6월 19일 마리아나 해전(필리핀해 해전)에서 격침되었다.

37 Peattie, p.184, 다가야 오사무와 파셜의 교신, 2004년 8월 25일자.

38 Bergerud, pp.320−321; Peattie, pp.183−186을 보라.

39 Peattie, p.184.

40 도쿄 시간.

41 Ugaki, p.160.

42 위의 책, pp.160−161.

43 Lundstrom(1990), pp.92−93. 【옮긴이】 1항공함대 해산과 3함대 신편은 1942년 7월 14일자 전시편제 개정에 따른 조치다. 나가라가 기함인 10전대도 3함대 예하로 편성되었는데, 침몰한 아카기와 히류가 현역함인 항공모함 호쇼, 구축함 유다치夕立와 함께 '부속함'으로 3함대 편제에 들어 있는 점이 눈에 띈다. 『戰史叢書』 43巻, pp.637−640.

44 『戰史叢書』 49巻, "남동 방면 해군작전〈1〉, 과달카날섬 탈회작전 개시까지南東方面海軍作戦〈1〉ガ島奪回作戦開始まで", 에드윈 레이턴Edwin Layton 전 해군소장 번역, 이하 제3함대전책第三艦隊戰策, p.545. 미군의 교리 역시 비슷한 방향으로 발전했다.

45 위의 책, 같은 페이지.

46 위의 책, p.546.

47 위의 책, 같은 페이지.

48 위의 책, 같은 페이지.

49 위의 책, p.547.

50 이 문제에 대하여 통찰력 있는 견해를 제시해준 데이비드 딕슨에게 감사드린다.

51 【옮긴이】 솔로몬 제도의 섬. 과달카날섬 북쪽에 있다. 섬과 같은 이름의 툴라기는 일본군 점령 전까지 행정 중심지였으나 전쟁 중 완전히 파괴되고 중심지는 과달카날섬의 호니아라로 옮겨갔다.

52 【옮긴이】 솔로몬 제도에서 가장 큰 화산섬으로 과달카날 전투의 주전장이었다. 현재 수도 호니아라가 있다.

53 【옮긴이】 동부 솔로몬 해전에서 미군은 항공모함 엔터프라이즈가 대파되고 비행기 20기를 잃은 반면 일본군은 경항공모함 류조, 경순양함 진쓰, 구축함 무쓰키睦月가 격침되고 비행기 75기를 잃었다. 플레처가 나구모에게 안긴 두 번째 패배였다. Dull, pp.197−207.

제3부_ 결산

제22장_ **왜 일본은 패했는가**

1 【옮긴이】 원서 출간년도인 2005년 기준이다.

2 흥미롭게도 이는 임무 특성화라는 관점에 따라 기동부대 소속 함선들을 '기능화'하는 조치를 처음 언급한 사례다. 이 경향은 얼마지 않아 3함대 전투계획이라는 형태로 일본군 교리에 반영되었다.

3 Ugaki, pp.160−162.

4 위의 책, pp.138−139.

5 위의 책, p.161.
6 Fuchida, pp.200, 203.
7 위의 책, pp.201-202.
8 위의 책, pp.205-209.
9 위의 책, p.203.
10 Ugaki, p.162.
11 Bates, p.227.
12 위의 책, pp.212-213.
13 Prange, p.376.
14 위의 책, p.382.
15 위의 책, p.378.
16 위의 책, p.381.
17 위의 책, p.382.
18 Lord, p.285.
19 Fuchida, pp.210-211.
20 Goldstein and Dillon, p.347.
21 존 프라도스는 승리병을 확실한 패인으로 여기는 입장에 처음으로 의문을 제기한 미국 연구자들 중 한 명이다. Prados, p.334.
22 일본군은 이 실수를 고치는 데 많은 노력을 투입했다. 예를 들어 마리아나 해전에서 (정규 항공모함 전력이) 미드웨이 해전 때와 비슷한 규모였던 일본 항공모함 부대는 정찰기 40기를 투입했다. 데이비드 딕슨과의 교신, 2004년 8월 25일자. 【옮긴이】 마리아나 해전에 투입된 일본군 정규 항공모함은 다이호, 쇼카쿠, 즈이카쿠다. 함의 성능은 떨어지나 비행기 운용능력으로만 보면 정규 항공모함에 준하는 개조 항공모함 준요와 히요까지 포함하면 정규 항공모함 전력은 미드웨이 해전 때의 전력과 비슷했다. 여기에 더해 미드웨이의 기동부대에 없었던 경항공모함 지토세, 지요타, 즈이호, 류호를 동원했으므로 미드웨이 해전 때보다 총 항공전력이 훨씬 강력했다.
23 이 실패는 Bates에 다른 요인들보다 더 길게 상술되어 있다.
24 상세한 내용을 보려면 Cohen and Gooch, pp.5-28 참조.
25 Evans and Peattie, p.124.
26 위의 책, p.129.
27 위의 책, p.212. 유틀란트 해전은 일본 해군뿐만 아니라 다른 열강 해군의 교리에서 대함거포를 중시하는 경향을 강화하는 데 큰 역할을 했다.
28 일본군이 이 해역에 미 함대가 없을 것이라 예상했던 점을 들어 이는 교리상 문제라기보다 적의 의도를 읽지 못해서라고 주장하는 사람도 있다. 그러나 이 주장과 반대로 우리는 이제까지 알려진 바보다 나구모가 미드웨이 근해에 '무언가가 있음'을 암시하는 정보를 통설보다 더 많이 알고 있었음을 증명했다. 그럼에도 불구하고 정찰계획이 불만족스러웠다는 것은 교리가 함대의 정찰계획에 부정적 영향을 끼쳤다는 증거일 것이다.
29 Barde, p.292.

30 Cohen and Gooch, p.121.

31 【옮긴이】 원문에서는 구로시마를 "작전참모operation officer"라고 썼으나 작전참모는 미와 요시타케 중좌였고 구로시마는 수석참모였다(『戰史叢書』 43卷, p.3).

32 【옮긴이】 레이테 해전에 참가한 일본 함대는 기동부대 외에 제1유격부대, 제2유격부대의 2개 함대였지만 제1유격부대 소속으로서 별도로 행동한 제1유격부대 3부대가 있었으므로 실질적으로는 3개 함대였다. 坂本正器·福川秀樹, pp.531-533.

33 Evans and Peattie, p.286.

34 【옮긴이】 해군병학교 17기(메이지 23년/1890년)로 다년간 미국, 영국 유학 및 해외근무를 통해 서구 해군의 사정을 학습했다. 연합함대 참모로 러일전쟁 시 쓰시마 해전을 포함한 주요 작전을 계획했다. 중장 승진(1917) 후 1918년 타계했다. 秦郁彦(2005), p.177.

35 Evans and Peattie, pp.70-73.

36 Evans and Peattie, p.150.

37 위의 책, pp.238-239.

38 위의 책, p.188.

39 위의 책, pp.282-286.

40 Willmott(1982b), p.242.

41 위의 책, 같은 페이지.

제23장_ 미드웨이 해전의 중요성

1 【옮긴이】 비행기 조종사와 탑승원의 전사원인 및 전사자 수는 다음과 같다. 아카기: 공중전 전사자 3인, 기타 사유 전사자 4인, 가가: 공중전 전사자 8인, 기타 사유 전사자 13인, 소류: 공중전 전사자 6인, 기타 사유 전사자 4인, 히류: 공중전 전사자 64인, 기타 사유 전사자 8인으로 합계 공중전 전사자 81인, 기타 사유 전사자 29인. 澤地久枝, p.549.

2 '탑승원'은 작전기에 탑승한 모든 인원(조종사, 관측수, 무전수/후방사수)을 지칭한다. 제로센은 조종사 1명, 99식 함상폭격기는 조종사/폭격수와 무전수/후방사수로 2명, 97식 함상공격기는 조종사, 관측수/항법사/폭격수와 무전수/후방사수로 3명이다.

3 Frank, p.193. 함재기뿐만 아니라 수상기, 비행정, 육상발진 비행기 탑승원을 모두 포함한 수치이다.

4 Lundstrom(1994b), p.445.

5 Peattie(p.134)는 개전 시 항공모함 이착함이 가능한 조종사 수를 900명으로 추정한다. 전투기, 폭격기, 공격기 조종사의 비율이 대략 비슷했다고 보면 조종사를 제외한 탑승원도 900여 명이었을 것이다. 수가 많은 기지항공대 조종사를 합치면 일본 해군의 조종사 총수는 개전 시 약 3,500명으로 추정된다.

6 【옮긴이】 澤地久枝, p.555.

7 【옮긴이】 호쇼는 1922년에 준공되었으며 기준배수량 7,400톤, 비행갑판 크기 158.2×22.7미터, 속력 25노트였다. 福井靜夫, pp.442-443.

8 【옮긴이】 즈이호는 1940년에 준공되었으며 기준배수량 11,200톤, 비행갑판 크기 180×23미

터, 속력 28노트였다. 위의 책, 같은 페이지.

9 【옮긴이】 준요와 히요는 명목상 비행기 53기(함상전투기 15기, 함상공격기 18기, 함상폭격기 20기)를 실을 수 있었는데 이는 아카기, 가가의 60기, 히류, 소류의 57기에 버금가는 수량이다. 위의 책, 같은 페이지.

10 【옮긴이】 준요와 히요는 기관출력 56,250마력, 최대속력 25.5노트였다. 배수량이 준요급과 큰 차이가 없는 쇼카쿠급의 기관출력이 16만 마력, 최대속력 34.2노트였던 것을 보면 준요급의 기관 성능이 얼마나 뒤떨어졌는지를 알 수 있다. 위의 책, 같은 페이지.

11 함선을 잠시 예비역에 편입하는 방법으로 운용비용을 절감할 수 있었을 것이다. 이 문제를 언급해준 다가야 오사무에게 감사드린다.

12 【옮긴이】 원문에서는 공중전 전사자의 수가 74인이고 모함이 피격되었을 때 사망한 전사자 수가 34인이라고 했으나 澤地久之(p.549)에 의하면 공중전 전사자는 81인이며 기타 사유 전사자는 29인이다(앞의 미주 1 참조).

13 (예를 들어 사카이 사부로가 회상했듯이) 필요 이상으로 힘든 조종사 훈련과정을 볼 때 태평양전쟁 이전 일본 해군의 조종사 양성 계획은 합리적 기준에 맞춰 정예 조종사를 양성하는 것보다 지망생을 떨어뜨리는 데 초점이 맞춰져 있었다.

14 Bergerud, p.668. 함재기, 육상기와 전투, 비전투 손실을 모두 포함한 수치이다. 1943년 4월부터 1944년 4월까지의 손실을 합치면 일본 해군은 2년간 각종 항공기 7,820기를 잃었다.

15 가격 정보는 라이트 패터슨 공군기지 사이트(http://www.wpafb.af.mil/museum/index.html)에서 인용했다. 【옮긴이】 2018년 현재 이 웹페이지는 열람이 불가능하다.

16 Ellis, p.278.

17 【옮긴이】 다이호 1944년 3월 7일 준공, 운류 동년 8월 6일 준공, 아마기天城 동년 8월 10일 준공, 시나노 동년 11월 19일 준공. 「丸」 編輯部, pp.164-165.

18 속력, 화포, 조함 특성 면에서 도고의 전함들이 거의 동형함이었으므로 전술적 균일성을 유지하고 러시아 함대보다 더 현명하게 기동할 수 있었다.

19 【옮긴이】 다이호는 기준배수량 29,300톤, 비행갑판 크기 257.5×30.0미터, 속력 33.3노트, 탑재기수 53기였다. 福井靜夫, pp.442-443.

20 【옮긴이】 운류급의 운류는 기준배수량 17,150톤, 비행갑판 크기 216.9×27미터, 속력 34노트, 탑재기수 65기였다. 위의 책, 같은 페이지.

21 【옮긴이】 요크타운급 1번함 요크타운은 기준배수량 19,800톤, 비행갑판 크기 244.4×26.2미터, 속력 33노트, 탑재기수 81~90기였다. 에식스급 1번함 에식스는 기준배수량 27,100톤, 비행갑판 크기 262.7×32.9미터, 속력 33노트, 탑재기수 80~100기였다. 平野鐵雄, pp.13, 16.

22 Willmott(1982a), p.518.

23 일본 해군 항공모함과 교리 관련 전문가인 데이비드 딕슨은 우리와 대화할 때 이 논점을 여러 번 강조했다.

24 【옮긴이】 오스트레일리아 북동쪽 4,500킬로미터 떨어진 16개의 환초로 구성된 제도. 현재 키리바시 공화국에 속해 있다.

25 Willmott(1982a), p.169.

26 Stephan, pp.117-118. 스테판에 의하면 1942년 9월에 작성된 일본군 작전계획은 2, 7, 53 사단과 공병, 전차연대 각 1개 투입을 예정했다고 한다.

27 미드웨이 상륙이 예정된 이치기 지대 중 1개 대대는 결국 2개월 뒤 과달카날섬의 앨리게이터강(테나루강)에서 미 해병대의 수비에 막혀 전멸했다. 미군의 우월한 화력을 보여 주는 예다.

28 【옮긴이】 무르만스크Murmansk는 러시아 북부, 북극권 안의 콜라반도에 위치한 항구이다. 제2차 세계대전 중 소련으로 향하는 연합군의 보급품이 주로 이곳에서 하역되었는데 이 과정에서 많은 연합군 수송선이 독일군에게 격침되었다.

29 Kennedy, pp.428-429.

30 Harrison, pp.18-22.

31 위의 책, p.11.

32 Willmott(1982a), pp.519.

33 소비에트 연방이 대 독일 전쟁에 투입한 어마어마한 노고와 자원이 최근 재평가됨에 따라 이 입장은 더 신뢰를 받고 있다.

34 Willmott(1982a), pp.521-522.

35 Bates, p.1.

36 Willmott(1982a), p.519.

제24장_ **미드웨이 해전의 신화와 신화를 만든 사람들**

1 【옮긴이】 이 책에서는 'mythos', 'myth'라는 단어를 썼다. 이 단어의 사전적 정의는 "어떤 신격神格을 중심으로 한 하나의 전승적 설화"(두산백과사전)이지만 옮긴이는 저자들이 이 단어를 '어떤 사실에 대해 널리 사람들이 믿는, 허구적 요소를 가진 단순화된 설명'이라는 뜻으로 사용했다고 이해했다. 저자들은 mythos, myth와 비슷한 의미의 conventional wisdom, common wisdom, notion(상식, 통념, 개념)도 사용했다. 이들을 구분하기 위해 mythos, myth는 '신화'로, conventional wisdom, common wisdom, notion은 '통념'으로 옮겼다.

2 Lord, pp. ix-x.

3 이러한 의문을 처음 제기한 존 프라도스는 *Combined Fleet Decoded* (pp.334-335)의 "Incredible Victories?(과연 믿을 수 없는 승리였는가?)"라는 제목을 붙인 절에서 이 같은 통념을 날카롭게 비판했다.

4 【옮긴이】 전후에 후치다는 개신교에 입교해 선교사로 활동했다. 나중에 그는 교회 활동차 미국을 방문해 니미츠, 스프루언스, 킨케이드 같은 과거의 적장들을 만났고(이때는 적이 아닌 전우로서 환대받았다) 미 해군사관학교에 초청되어 강연할 때 생도들로부터 열렬한 환영을 받기도 했다(후치다 미쓰오, pp.236-262). 후치다의 기독교 신앙과 미국 방문을 통해 쌓아올린 인간관계도 서구에서 후치다의 평판을 높이는 데 한몫 했을 것이다.

5 ATIG는 Air Technical Intelligence Group의 약자다. 미 해군 장교로 구성된 ATIG의 임무는 구 일본 해군 간부들을 면담하여 일본 해군 항공대의 정보를 조사하는 것이었다. 간혹

USSBS 조사단과 함께 면담을 실시했는데 ATIG는 USSBS보다 해군 항공의 기술적 문제를 좀 더 파고드는 경향이 있었다.

6 Willmott(2001), pp.143–157. 윌모트는 이 일화를 분석한 후 이것이 후치다가 "뻔뻔하고 부끄러움도 없이 거짓말을 하고 있다는" 증거라며 후치다가 말한 사건이 실제 일어났는지조차 의심스럽다고 말했다.

7 Dull, p.168.

8 그러나 1항함 전투상보에는 이런 생각을 부추기는 구석이 없었다는 점을 기억할 필요가 있다. 요시오카 참모는 정직하게 보고서를 작성했다.

9 이 점을 지적해 주신 다가야 오사무에게 감사드린다.

10 Willmott(1982b), p.82.

11 【옮긴이】 후치다는 항공분과회 간사로 자료 수집과 정리를 맡았다고 한다. 淵田美津雄·奥宮正武, p.4.

12 Fuchida, p.13.

13 고가네마루 다케시를 통해 효도 니소하치가 파셜에게 2000년 9월 23일에 전한 내용.

참고문헌

단행본

Agawa, Hiroyuki. *The Reluctant Admiral: Yamamoto and the Imperial Navy*. Translated by John Bester. Tokyo: Kodansha International, 1979.

Ballard, Robert. *Return to Midway*. Toronto, Ontario: Madison Press Books, 1999.

Belote, J. H. and W. M. Belote. *Titans of the Seas*. New York: Harper and Low, 1975.

Bergamini, David. *Japan's Imperial Conspiracy*. New York: William Morrow & Company, 1971.

Bergerud, Eric. *Fire in the Sky*. Boulder, CO: Westview Press, 2000.

Bicheno, Hugh. *Midway*. London: Cassel, 2001.

Bix, Herbert. *Hirohito and the Making of Modern Japan*. New York: HarperCollins, 2000.

Boyd, Carl and Yoshida Akihiko. *The Japanese Submarine Force and World War Ⅱ*. Annapolis, MD: Naval Institute Press, 1995.

Bradford, James ed. *Quarterdeck and Bridge: Two Centuries of American Naval Leaders*. Annapolis, MD: Naval Institute Press, 1996.

Brown, Captain Eric M. *Duels in the Sky*. Annapolis, MD: Naval Institute Press, 1988.

Brown, David. *Aircraft Carriers*. New York: Arco Publishing Co., 1977.

Campbell, John. *Naval Weapons of World War Two*. London: Conway Maritime Press, 1985.

Carpenter, Dorr and Norman Polmar. *Submarines of the Imperial Japanese Navy*. Annapolis, MD: Naval Institute Press, 1992.

Chesnau, Roger. *Aircraft Carriers of the World, 1914 to the Present: An Illustrated Encyclopedia*. Annapolis, MD: Naval Institute Press, 1992.

Cloe, John. *The Aleutian Warriors–A History of the 11th Air Force & Fleet Wing 4*. Missoula, MT: Pictorial Histories Publishing Co., 1991.

Cohen, Eliot, and John Gooch. *Military Misfortunes: The Anatomy of Failure in the War*. New York: Random House, 1990.

Cook, Haruko Taya and Theodore F. Cook. *Japan at War: An Oral History*. New York: The New Press, 1992.

Cressman, Robert, Steve Ewing, Barrett Tillman, Mark Horan, Clark Reynolds, and Stan Cohen. *A Glorious Page in Our History: The Battle of Midway*. Missoula, MT: Pictorial Histories Publishing Company, 1990.

Dickson, W. D. *Battle of the Philippine Sea, June 1944*. Surrey, UK: Ian Allen Ltd, 1974.

Dull, Paul S. *A Battle History of the Imperial Japanese Navy, 1941-1945*. Annapolis, MD: Naval Institute Press, 1978.

Edgerton, Robert. *Warriors of the Rising Sun: A History of the Japanese Military*. Boulder, CO: Westview Press, 1997.

Ellis, John. *World War Ⅱ: A Statistical Survey*. New York: Facts on File, 1993.

Evans, David C., ed. *The Japanese Navy in World War Ⅱ in the Words of Former Japanese Naval Officers*. 2nd ed. Annapolis, MD: Naval Institute Press, 1982.

Evans, David C. and Mark R. Peattie. *Kaigun: Strategy, Tactics and Technology in the Imperial Japanese Navy, 1887-1941*. Annapolis, MD: Naval Institute Press, 1997.

Francillion, Rene J.

Japanese Aircrafts of the Pacific War. Annapolis, MD: Naval Institute Press, 1987.

Imperial Japanese Navy Bombers of World War Two. Windsor, UK: Hylton Lacy Publishers, 1969.

Frank, Richard. *Guadalcanal*. New York: Penguin Books, 1990.

Fuchida, Mitsuo and Masatake Okumiya. *Midway, The Battle that Doomed Japan: the Japanese Navy's Story*. Annapolis, MD: Naval Institute Press, 1955.

Gay, George. *Sole Survivor: The Battle of Midway and Ifs effects on His Life*. Naples, FL: Midway Publishers, 1979.

Goldstein, Donald and Katherine Dillon. *The Pearl Harbor Papers*. Dulles, VA: Brassey's, 1993.

Hanson, Victor Davis. *Carnage and Culture: Landmark Battles in the Rise of Western Power*. New York: Anchor Books, 2002.

Harrison, Mark, ed. *The Economics of World War Ⅱ: Six Great Powers in the International Comparison*. Cambridge, UK: Cambridge University Press, 1998.

Hara, Tameichi, with Fred Saito and Roger Pineau. *Japanese Destroyer Captain*. New York: Ballantine Books, 1961.

Hata, Ikuhito and Yasuho Izawa. *Japanese Naval Aces and Fighter Units in World War Ⅱ*. Translated by Don Graham. Annapolis, MD: Naval Institue Press, 1999.

Healy, Mark and David Chandler, eds. *Campaign Series, Midway 1942: Turning Points in the*

Pacific. London: Osprey, 1993.

Hone, Thomas C., Norman Friedman, and Mark D. Mandels. *American and British Aircraft Carrier Development, 1919–1941*. Annapolis, MD: Naval Institute Press, 1999.

Hughes, Wayne. *Fleet Tactics: Theory and Practice*. Annapolis, MD: Naval Institute Press, 1986.

Jentschura, Hans-Georg, Dieter Jung, and Peter Mickel. *Warships of the Imperial Japanese Navy, 1869–1945*. Annapolis, MD: Naval Institute Press, 1977.

Jordan, Roger. *The World's Merchant Fleets, 1939. The Particulars and Wartime Fates of 6,000 Ships*. Annapolis, MD: Naval Institute Press, 1977.

Keegan, John. *The Face of Battle*. London: Penguin Books, 1992.

Kennedy, Paul. *The Rise and Fall of the Great Powers: Economic Change and Military Conflict from 1500 to 2000*. New York: Random House, 1988.

Lacroix, Eric and Linton Wells Ⅱ. *Japanese Crusiers of the Pacific War*. Annapolis, MD: Naval Institute Press, 1997.

Layton Edwin T., with Roger Pineau and John Costello. *And I Was There*. New York: William Morrow, 1985.

Lord, Walter. *Incredible Victory*. New York: HarperCollins, 1967.

Lundstrom, John

The First South Pacific Campaign: Pacific Fleet Strategy/December 1941–June 1942. Annapolis, MD: Naval Institute Press, 1976.

The First Team: Pacific Naval Air Combat from Pearl Harbor to Midway. Annapolis, MD: Naval Institute Press, 1990.

The First Team and the Guadalcanal Campaign: Naval Fighter Combat from August to November 1942. Annapolis, MD: Naval Institute Press, 1994.

Black Shoe Carrier Admiral: Frank Jack Fletcher at Coral Sea, Midway, and Guadalcanal. Annapolis, MD: US Naval Institute Press, 2006.

Marder, Arthur. *Old Friends, New Enemies, The Royal Navy and the Imperial Japanese Navy, Volume Ⅱ: The Pacific War, 1942–1945*. Oxford, UK: Clarendon Press, 1990.

Morrison, Samuel Eliot. *History of United States Naval Operations in World War Ⅱ. Volume Four: Coral Sea, Midway and Submarine Actions, May 1942–August 1942*. Edison, NJ: Castle Books, 2001.

Oleck, Howard, ed. *Heroic Battles of World War Ⅱ*. New York: Belmont Books, 1962.

Orita, Zenji, with Joseph Harrington. *I-Boat Captain*. Canoga Park, CA: Major Books, 1976.

Operational History of Japanese Naval Communications, December 1941–August 1945.

Laguna Hills, CA: Aegean Park Press, 1985.

Overy, Richard. *Why the Allies Won*. New York: W.W. Norton & Company, 1995.

Peattie, Mark. *Sunburst: The Rise of Japanese Naval Air Power, 1909–1941*. Annapolis, MD: Naval Institute Press, 2001.

Polmar, Norman. Aircraft *Carriers: A Graphic History of Carrier Aviation and Its Influence on World Events*. New York: Doubleday Co., 1969.

Prados, John. *Combined Fleet Decoded: The Secret History of American Intelligence and the Japanese Navy in World War Ⅱ*. New York: Random House, 1995.

Prange, Gordon W.

with Donald Goldstein and Kathrine Dillon. *Miracle at Midway*. New York: McGrow-Hill, 1982.

At Dawn We Slept. New York: McGraw-Hill, 1981.

Pugh, Phillip. *The Coat of Seapower: The Influence of Money on Naval Affairs from 1815 to the Present Day*. London: Conway Maritime Press, 1986.

Random Japanese Warship Details. 2 vols. Tokyo: TAMIYA, 1988.

Roscoe, Theodore. *United States Submarine Operations in World War Ⅱ*. Annapolis, MD: Naval Institute Press, 1949.

Sakai, Saburo, with Martin Caidin and Fred Saito. *Samurai!* New York: Sutton, 1957. Reprint, Bantam Books, 1975.

Skulski, Janusz

The Battleship Fuso(Anatomy of the Ship). London: Conway Maritime Press, 1998.

The Battleship Yamato(Anatomy of the Ship). London: Conway Maritime Press, 1988.

Skwiot, Miroslaw, and Adam Jarski. *Akagi*. Gdansk, Poland: A.J. Press, 1994.

Smith, Peter. *Dive Bomber! An Illustrated History*. Annapolis, MD: Naval Institute Press, 1982.

Stephan, John. *Hawaii under the Rising Sun*. Honolulu: University of Hawaii Press, 1984.

Sun Tzu(孫子). *The Art of War*. Translated by Samuel Griffith. Oxford, UK: Oxford University Press, 1963.

Sweetman, Jack ed. *The Great Admirals: Command at Sea, 1587–1945*. Annapolis, MD: Naval Institute Press, 1997.

Tagaya, Osamu. *Mitsubishi Type 1 Rikko "Betty" Units of World War 2. Osprey Combat Aircraft Series, No.22*. Oxford, UK: Osprey Publishing Ltd., 2001.

Toland, John. *The Rising Sun: The Decline and Fall of the Japanese Empire, 1936–1945*. New York: Random House, 1961.

Tuleja, Thaddeus. *Climax at Midway*. New York: Norton, 1960.

Ugaki, Matome. *Fading Victory: The Diary of Admiral Matome Ugaki, 1941–1945*. Translated by Maksatake Chihaya; Donald Goldstein and Katherine V. Dillion, eds., Pittsburgh: University of Pittsburgh Press, 1991.

Watts, Anthony J. and Brian G. Gordon. *The Imperial Japanese Navy*. Garden City, NY: Doubleday and Co. 1971.

Wildenberg, Thomas

Destined for Glory: Dive Bombing, Midway, and the Evolution of Carrier Air Power. Annapolis, MD: Naval Institute Press, 1982a.

Gray Steel and Black Oil, Fast Tankers and Replenishments at Sea in the U.S. Navy, 1912–1992. Annapolis, MD: Naval Institute Press, 1982b.

Willmott, H. P.

The Barrier and the Javelin: Japanese and Allied Pacific Strategies, February to June 1942. Annapolis, MD: Naval Institute Press, 1982a.

Empires in the Balance: Japanese and Allied Pacific Strategies to June 1942. Annapolis, MD: Naval Institute Press, 1982b.

with Tomohatsu Haruo and W. Spencer Johnson. *Pearl Harbor*. London: Cassel, 2001.

生出寿,『勇断提督·山口多聞』, 東京: 徳間書店, 1985.

碇義朗,『海軍空技廠』, 東京: 光人社, 1989.

桂理平,『空母瑞鳳の生涯』, 東京: 霞出版社, 1999.

木俣滋郎,『日本空母戦史』, 東京: 図書出版社, 1977.

『軍艦の塗装』(モデルアート2000年5月号臨時増刊号), 東京: モデルアート社, 2000.

草鹿龍之介,『聯合艦隊』, 東京: 毎日新聞社, 1952.

澤地久枝,『記録ミッドウェー海戦』, 東京: 文藝春秋, 1986.

『寫眞 日本の軍艦, 空母 I: 空母 鳳翔, 龍讓, 赤城·加賀, 翔鶴, 瑞鶴, 蒼龍, 飛龍, 雲龍型, 大鳳』第3巻, 東京: 光人社, 1989.

『寫眞 日本の軍艦, 空母 II: 空母 隼鷹, 瑞鳳, 千歳·大鷹, 信濃, 伊吹, 龍鳳, 神鷹, 海鷹, 水上機母艦, 特設水上機母艦, 母艦搭載機』第4巻, 東京: 光人社, 1989.

『真珠湾攻撃隊』(2000年11月号モデルアート臨時増刊号), 東京: モデルアート社, 2000.

『日本海軍艦艇図面集 (3): 航空母艦, 水上機母艦, 潜水艦』(モデルアート5月号臨時増刊), 東京: モデルアート社, 1999.

日本造船学會

『昭和造船史』戦前·戦時編, 戦後編, 東京: 原書房, 1977.

『日本海軍艦艇図面集』, 東京: 原書房, 2000.

橋本敏男·田邊彌八,『証言·ミッドウェー海戦』, 東京: 光人社NF文庫, 1999.

長谷川藤一,『日本の航空母艦』, 東京: グランプリ出版, 1997.
福井靜夫,『海軍艦艇史 (3) 航空母艦: 水上機母艦, 水雷·潜水母艦』, 東京: KKベストセラーズ, 1982.
防衛廳防衛研修所戰史室,『戰史叢書』, 東京: 朝雲新聞社.
『ミッドウェー海戦』Vol.43, 1971.
『南東方面海軍作戦〈1〉ガ島奪回作戦開始まで』Vol.49, 1971. (Edwin T. Layton 소장 발췌 번역)
牧島貞一,『悲劇の海戦ミッドウェー』, 東京: 鱒書房, 1956.
雜誌「丸」編集部 編
『零戦』(軍用機メカ·シリーズ 5), 東京: 光人社, 1993.
『彗星/九九艦爆』(軍用機メカ·シリーズ 11), 東京: 光人社, 1994.
『九七艦攻/天山』(軍用機メカ·シリーズ 14), 東京: 光人社, 1995.
『軍艦メカ 日本の空母』, 東京: 光人社, 1999a.
『空母 赤城, 加賀, 鳳翔, 龍驤』(日本海軍艦艇写真集 5), 東京: 光人社, 1999b.
『空母 翔鶴·瑞鶴·蒼龍·飛龍·雲龍型·大鳳』(日本海軍艦艇写真集 6), 東京: 光人社, 1999c.
歴史群像太平洋戦史シリーズ 4,『ミッドウェー海戦』, 学研プラス, 1994.
歴史群像太平洋戦史シリーズ 13,『翔鶴型空母』, 学研プラス, 1997.
歴史群像太平洋戦史シリーズ 14,『空母機動部隊』, 学研プラス, 1997.

논문

Barde, Robert Elmer. "The Battle of Midway: A Study in Command." Ph.D. Thesis, University of Maryland, 1971.
Bates, Richard. "The Battle of Midway Including the Aleutian Phase, June 3 to June 14, 1942. Strategic and Tactical Analysis." Naval War College, 1948.
Dickson, David. "Fighting Flat-tops: The *Shokakus*." *Warship International* 1(1977).
Hunnicutt, Thomas G. "The Operational Failure of U.S. Submarines at the Battle of Midway-and Implications for Today." Newport, RI: Naval War College Joint Military Opeartions Department, May 1996.
Isom, Dallas W.
"The Battle of Midway: Why the Japanese Lost." *Naval War College Review* (Summer 2000)
"They Would Have Found a Way." *Naval War College Review* (Summer 2000)
Itani, Jiro, Hans Lengrerer, and Tomoko Rehm-Takara. "Anti-aircraft Gunnery in the Imperial Japanese Navy." in *Warship*, 1991, edited by Robert Gardiner. London: Conway Maritime Press Ltd., 1991.

Lengreger, Hans. "Akagi and Kaga." Pats 1-3. *Warship: A Quarterly Journal of Warship History* 22(April 1982); 23(July 1982); 24(October 1982).
Parshall, Jonathan, David Dickson, and Anthony Tully.
"Doctrine Matters: Why the Japanese Lost at Midway." *Naval War College Review* 54, No.3 (Summer 2001).
"Identifying Kaga." *U.S. Naval Institute Proceedings* (June 2001).
Parshall, Jonathan. "What was Really Happening on the Japanese Flight Decks?" *World War II* (Midway Issue June 2002)
Schlesinger, James. "Underappreciated Victory." *Naval History*(October 2003).
Snow, Carl. "Japanese Carrier Operations: How Did They Do It?" *The Hook*(Spring 1995)

공문서

Acting CO VT-6(Lt. [jg] R. E. Laub), "Report of Action 4 June 1942."
U.S. Department of the Navy, Bureau of Aeronautics, Air Technical Intelligence Group, Advanced Echelon, Far East Air Forces, APO 925,26 November 1945, Reports 1, 2, and 5.
Bureau of Ships
War Damage Report No.56, USS Franklin(CV 13), September 15, 1946. Naval Historical Center, Washington, DC.
War Damage Report No.62, USS Princeton(CVL 23), October 30, 1947. Naval Historical Center, Washington, DC.
CINCPAC
to COMINCH, "Battle of MIdway"(June 28, 1942).
to CNO(DNI), "Interrgation of Japanese Prisoners Taken after Midway Action 9 June 1942." Ser 01753(June 21, 1942)
conf.let., File No. A8/(37)/JAP/(26.1), Serial 01753, of June 21, 1942, interrogation of Mikuma survivors.
CO VB-3(LCDR M.F. Leslie) to CYAG, "Attack Conducted 4 June 1942 on Japanese Carriers located 156 miles NW Midway Island, Narrative Concerning"(June 7, 1942)
CO VB-5(Temporarily Designated VS-5) to CO USS Enterprise, "Report if Actiion June 4-6, 1942"(June 7, 1942).
CO VB-5, "Aircraft Action Report, 2000 5 June 1942."
CO VB-5, "Aircraft Action Report, 1445 6 June 1942."
CO VB-6 to CO USS Enterprise, "Report of Action June 4-6, 1942"(June 20, 1942).

CO VB-8 to USS Hornet, "Action Report 5-6 June 1942"(June 7, 1942).

CO VS-6, "Aircraft Action Report, 1205 4 June 1942."

CO VS-6, "Aircraft Action Report, 1905 4 June 1942."

CO VS-6, "Aircraft Action Report, 1915 4 June 1942."

FTP-170-B Damage Control Instructions 1944. United States Government Printing Office, Washington, DC, 1944.

"Interview of Rear Admiral G.D. Murray, USN from the South Pacific," in the Bureau of Aeronautics, November 25, 1942. CINCPAC Box #101(1-40), Record Set 4797, File A4-31.

"Japanese Aerial Tactics," Special Translation Number 57, CINCPAC-CINCPOA Bulletin No.87-45, April 3, 1945.

Japanese Monograph No.88. "Aleutian Naval Operations, March 1942-February 1943." Washington, DC: Department of the Army 1947.

Japanese Monograph No.93. "Midway Operations, May-June 1942." Washington, DC: Department of the Army 1947.

Nairei Teiyo(Manual of Military Secret Orders, 內令提要). 노획문서 번역본, Item #613(S-1193), July 20, 1943. 각 시기별 항공대 편성에 대해 다룸. National Archives, Washington, DC.

Record Group 457, SRMN-012, Fleet Intelligehce Summary, from May 27, 1942 to June 8, 1942. National Archives, Washington, DC.

"The Midway Operation: DesRon 10, Mine Sweep Div.16, CV Akagi, CV Kaga, CVL Soryu, CVL Hiryu." Extract Translation from DOC No. 160985B-MC 397.901 (아카기, 가가, 소류 히류 비행기대 전투행동조서 번역본 포함)

Ultra-Intercepts, 표제명 "Orange Translations of Japanese Intelligence Intercepts." 아카기, 가가, 호쇼 등 각각 함선별로 카드 분류. Crane Materials, National Archives Ⅱ - Record Group 38.

USF-77(Revised). "Current Tactical Orders Aircraft Carriers U.S. Fleet." Prepared by Commander Aircraft Battle Force, March 1941. Rec. No. 4756.

USF-75. "Curent Tactical Orders and Doctrines U.S. Fleet Aircraft, Volume Two, Battleships and Cruiser Aircraft."

USF-74. "U.S. Dive Bomber Doctrine."

U.S. Naval Technical Mission to Japan Reports.

"Aircraft Arrangements and Handling Facilities in Japanese Naval Vessels." Report A-11. Washington, DC; Operational Archives, U.S. Naval History Division, 1974.

"Characteristics of Japanese Naval Vessels-Article 2- Surface Warship Machinery Design." S-01-2, Washington, DC; Operational Archives, U.S. Naval History Division, 1974.

"Characteristics of Japanese Naval Vessels–Article 3– Surface Warship Hull Design." S–01–3, Washington, DC; Operational Archives, U.S. Naval History Division, 1974.
"Characteristics of Japanese Naval Vessels–Article 4– Surface Warship Machinery Design(Plans and Documents)." S–01–4, Washington, DC; Operational Archives, U.S. Naval History Division, 1974.
"Effectiveness of Japanese AA Fire." Report C–44. Washington, DC; Operational Archives, U.S. Naval History Division, 1974.
"Japanese Damage Control." Report S–84(N). Washington, DC; Operational Archives, U.S. Naval History Division, 1974.
"Japanese Radio, Radar and Sonar Equipment." Report E–17. Washington, DC; Operational Archives, U.S. Naval History Division, 1974.
"Japanese Submarine and Shipborne Radar." Report E–01. Washington, DC; Operational Archives, U.S. Naval History Division, 1974.
"Japanese Torpedoes and Tubes–Articles I, Ship and Kaiten Torpedos." Report O–01–1. Washington, DC; Operational Archives, U.S. Naval History Division, 1974.
U.S. Naval War College. "Battle of Midway, Including the Aleutian Phase of June 3 to June 14, 1942. Strategical and Tactical Analysis." Newport, Connecticut, 1948.
United States Navy Combat Narrative. "The Aleutian Campaign, June 1942–August 1943." Naval Historical Center Department of the Navy, Washington, DC, 1993.
United States Navy, Office of Naval Intelligence. The Japanese Story of the Battle of Midway. Washington, DC.: GPO, 1947. (942년 5월 27일~6월 9일 일본 해군 제1항공함대 전투상보 6호–미드웨이 작전– 번역본 포함. ONI Review, May 1947)
United States Strategic Bombing Survey(Pacific), Naval Analysis Division, Interrogations of Japanese Officials, Volume 1 and 2, 1946.
War Patrol Report, USS Nautilus.
War Patrol Report, USS Grouper.
War Diary of 6th Fleet, Midway Operation, WDC 160268.
Japanese Microfilm Records–JD 1(a). Operational Orders ad Records for the Battle of Midway June 1942. CV's Akagi, Kaga, Soryu, Hiryu; DesRon 10; Detailed Action Report(DAR) CV Kaga 5 June; DAR CV Soryu, 27 May–9 June(Sic); DAR CV Hiryu, 27 May–6 June; DAR First Air Fleet, 27 May–9 June, 본문에서는 JD–1로 호칭.
Second Fleet Ultra Secret Standing Order No.16, May 1, 1944, "Diversion Attack."

海軍制度沿革, 1941. (아카기, 가가, 소류, 히류 승조원 일반편성자료 수록)

개인 문서

조너선 파셜과 앤서니 털리가 받은 故 Walter Lord의 작업 기록, 2001.

Loius Poisson Davis 대위가 11구축함전대장에게 보낸 메모 보고, 1923년 5월 23일자. Louis Poisson Davis Papers, Collection No.309, East Carolina Manuscript Collection, J. Y. Joyner Library, East Carolina University, Greenville, North Carolina.

David Dickson이 소장한 일본 해군 교리 관련 미발표 연구 원고 및 일본 항공모함 도면류.

Chuck Haberlein(미 해군 해사연구소) 제공 일본 항공모함 도면.

가가, 소류 도면, Myco International, Japan.

"Significant PBY Sightings of Japanese Carriers late 4 June–5 June[1942]," John Lundstrom 편집, 2000년 3월 15일에 앤서니 털리에게 송부

Mark Horan 제공, 미 공격기 손실(손실 원인 포함)및 전사자 통계표.

James Sawruk 제공, 아카기, 가가, 소류, 히류, 류조, 준요 비행기대 전투행동조서(출격/귀환시간 포함) 영문 번역본.

Brunning Collection, Hoover Institute. 미드웨이 해전 참가 일본 조종사들과의 면담 기록. John Bruning 제공.

개인 서신

미 해군에서 근무한 Daniel Rush가 나구모 주이치의 아들 나구모 신지 박사와 나눈 대화에 대해 조너선 파셜에게 보낸 이메일. 2001년 6월 3일자.

아리무라 요시카즈 서면 인터뷰(고가네마루 다카시 번역)

효도 니소하치가 일본해군항공대 장비, 절차, 기술에 대해 조너선 파셜에게 보낸 편지. 고가네마루 다카시 번역, 2000–2002년.

일본해상자위대 요시다 아키히코 전 일등해좌가 조너선 파셜에게 보낸 편지. 2002년 3월 20일자.

잡지

The Belgian Shiplover, 벨기에 해사연구협회Belgian Nautical Research Association 발간 격월간지.

『戰前船舶』. 엔도 아키라가 발행하는 회지로 조너선 파셜에게 증정함. 요시다 아키히토 일등해좌가 소류, 히류, 아카기, 가가의 도면을 검토, 번역함.

옮긴이 참고문헌

(일부는 원서 참고문헌과 중복)

1차 사료

1. 미 해군

(1) 작전계획

Commander in Chief, United States Pacific Fleet, Operation Plan No.29–42 (May 27, 1942).

(2) 함대별 교전보고서

ComCruPac(Commander, Task Force 17), Battle of Midway (14 June 1942).

Commander in Chief, United States Pacific Fleet, Battle of Midway (June 28 1942).

Commander, Task Force Sixteen, Battle of Midway: Forwarding of Reports (16 June. 1942).

(3) 함정별 교전보고서

U.S.S Enterprise(CV 6), Battle of Midway Island, June 4–6, 1942 – Reports of. (June 8 1942).

U.S.S. Grenadier(SS.210) COMSUBPAC Report No.35, Report of Second War Partol (April 12~June 10, 1942) (June 18. 1942).

U.S.S. Hornet(CV 8) Report of Action–4–6 June 1942 (June 13, 1942).

U.S.S. Pollack(SS 180), COMSUBPAC Report No.40. Report of Third War Patrol (April 30~June 16, 1942) (June 27. 1942).

U.S.S. Tambor(SS 198) War Diary, Third War Patrol[A] (May 21~June 17, 1942). (보고일 없음)

U.S.S. Triton(SS 201) Report of Third Patrol (April 13~June 4, 1942) (June 4. 1942). COMSUBPAC No.xx 표제 누락(원 문서)

U.S.S. Yorktown(CV 5) Action Report for June 4, 1942 and June 6, 1942 (18 June, 1942).

(4) 비행대별 교전보고서

Action Report, Torpedo Squadron 3(VT–3), (1st Section) (June 6, 1942, by Capt. W. Esders).

Bombing Squadron 3(VB-3) Report of Action- Period 4 June 1942 to 6 June 1942. (June 10, 1942).

Bombing Squadron 6(VB-6) Report of Action, June 4-6, 1942 (June 7, 1942).

Bombing Squadron 6(VS-6) Report of Action, June 4-6, 1942 (June 20, 1942).

Enemy Contact, Report on, Marine Fighting Squadron 221(VMF-221) (6 June, 1942).

Report of Activities of VMSB-241 during June 4 and June 5, 1942. (June 12, 1942).

Scouting Squadron 5(VS-5) Report of Action 4-6 June 1942(June 7, 1942).

Torpedo Squadron 6(VT-6), 교전보고 (보고일, 표제가 없음).

(5) 기타 보고서

Air Operations of Midway defense Forces, During the Battle of Midway, May 30~June 7 1942 (June 15, 1942).

Naval Air Station Midway, Action Reports of the Battle of Midway, From 30 May to 7 June 1942(보고일 미표시).

U.S.S. Yorktown(CV 5) Loss in Action, War Damage Report No.25 (March 9, 1943).

2. 일본 해군

(1) 함대 전투상보·일지

제1항공함대 전투상보

「昭和17年5月27日~昭和17年6月9日 機動部隊 第1航空艦隊戦闘詳報 ミッドウェー作戦」

제6함대 전시일지

「昭和17年6月1日~昭和17年6月30日 第6艦隊戦時日誌」

제4수뢰전대전시일지

「昭和17年6月1日~昭和17年6月30日 第四水雷戦隊戦時日誌」

제10전대전시일지

「昭和17年6月1日~昭和17年6月30日 第十戦隊戦時日誌」

(2) 함정 전투상보

MI 作戦 戦闘詳報-軍艦 赤城, 昭和17年(1942) 6月10日.

軍艦 加賀 戦闘詳報, 昭和17年(1942) 7月2日.

東太平洋方面作戦 軍艦 蒼龍 戦闘詳報, 昭和17年(1942) -月-日.

軍艦 飛龍 戦闘詳報 第十九號, 昭和17年(1942) -月-日(미드웨이).

軍艦 飛龍 戦闘詳報 第九號, 昭和17年(1942) 4月22日(인도양).

軍艦 瑞鶴 戦闘詳報 第七號, 昭和17年(1942) 5月10日(산호해).

※ 이상 상보는 アテネ書房編輯部,『海軍 航空母艦 戰鬪記錄』, 東京: アテネ書房, 2002에서 인용.

(3) **비행기대 전투행동조서**

昭和16年(1941) 12月~昭和17年(1942) 6月 鳳翔飛行機隊戦闘行動調書
昭和16年(1941) 12月~昭和17年(1942) 6月 加賀飛行機隊戦闘行動調書
昭和16年(1941) 12月~昭和17年(1942) 6月 赤城飛行機隊戦闘行動調書
昭和16年(1941) 12月~昭和17年(1942) 4月 蒼龍飛行機隊戦闘行動調書(3)
昭和16年(1941) 12月~昭和17年(1942) 4月 飛龍飛行機隊戦闘行動調書(3)
昭和16年(1941) 12月~昭和17年(1942) 8月 龍讓飛行機隊戦闘行動調書
※ 히류와 소류 비행기대전투행동조서의 표제에 있는 기록기간은 1942년 4월까지이나 실제로는 6월 5일까지 기록됨.

(4) **기타 공문서**

『アリューシャン』群島,『ミッドウェー』方面作戦部隊ノ戦斗序列及任務ニ關スル件, 昭和17年(1942) 5月5日.
海軍辞令公報, 昭和12年(1937)~昭和17年(1942).
航空本部主要職員官職氏名, 昭和16年(1941) 9月1日.
作戦経過概要第47号, 昭和17年(1942) 6月4日- 6月15日 軍令部 1課.
戦況に關し奏上, 昭和17年(1942) 6月8日- 大本營海軍部.
ミッドウェー作戦ニ關スル陸海軍中央軍事協定.
Japanese Monographs No.88, 93.

2차 사료

1. 국문 단행본

권성욱,『중일전쟁: 용, 사무라이를 꺾다 1928~1945』, 서울: 미지북스, 2015.
반하트, 마이클 A,『일본의 총력전: 1919~1941년 경제 안보의 추구』, 박성진 · 이완범 옮김, 성남: 한국학중앙연구원, 2016. (Michael A. Barnhart, *Japan Prepares for Total War: The Search for Economic Security, 1919-1941*, Cornell University Press, 1988)
빅스, 허버트,『히로히토 평전』, 서울: 삼인, 2010. (Herbert P. Bix, *Hirohito and The Making of Modern Japan*, Harper Perennial, 2000)
손무,『손자병법』, 임용한 옮김, 서울: 올재클래식스, 2015.
일본역사학연구회,『태평양전쟁사 1』, 아르고(ARGO)인문사회연구소 옮김, 서울: 채륜, 2017.

(日本歴史学研究会, 『太平洋戦争史』 第1巻, 東洋経済新報社, 1953)
키건, 존, 『전쟁의 얼굴』, 정병선 옮김, 서울: 지호, 2005. (John Keegan, The *Face of Battle: A Study of Agincourt, Waterloo, and the Somme*, Penguin Books, 1983)
해리스, 브레이턴, 『니미츠: 별들을 이끈 최고의 리더』, 김홍래 옮김, 서울: 플래닛미디어, 2012. (Brayton Harris, *Admiral Nimitz: The Commander of the Pacific Ocean Theater*, Palgrave Macmillan, 2011)
호사카 마사야스, 『쇼와 육군: 제2차 세계대전을 주도한 일본 제국주의의 몸통』, 정선태 옮김, 서울: 글항아리, 2016. (保阪正康, 『昭和陸軍の研究』, 朝日新聞社, 2006)
후치다 미쓰오 지음, 나카다 세이이치 엮음, 『진주만 공격 총대장의 회심』, 양경갑 · 홍경신 · 배소연 옮김, San Francisco, CA: 북산책, 2015. (淵田美津 · 中田整一, 『真珠湾攻撃総隊長の回想 淵田美津雄自叙伝』, 講談社, 2007)

2. 일문 단행본

雨倉孝之
『海軍フリート物語—連合艦隊ものしり軍制学〈下〉』, 東京: 潮書房光人社, 1998.
『海軍航空の基礎知識』, 東京: 潮書房光人社, 2003.
『海軍ダメージ · コントロール物語—知られざる応急防御戦のすべて』, 東京: 潮書房光人社, 2015.
碇義朗, 『海軍空技廠』, 東京: 光人社, 1989.
宇垣纏, 『戦藻録』, 東京: 原書房, 1993.
生出寿, 『勇断提督 · 山口多聞』, 東京: 徳間書店, 1985.
亀井宏, 『ミッドウェー戦記』(上 · 下), 東京: 講談社, 2014.
草鹿龍之介, 『聯合艦隊参謀長の回想』, 東京: 光和堂, 1979.
坂本正器 · 福川秀樹 編著, 『日本海軍編制辭典』, 東京: 芙蓉書房出判, 2003.
左近允尚敏, 『ミッドウェー海戦』, 東京: 新人物往来社, 2011.
澤地久枝, 『記録ミッドウェー海戦』, 東京: 文藝春秋, 1986.
太平洋戦争研究会, 『日本海軍がよくわかる事典—その組織、機能から兵器、生活まで』, PHP文庫, 2002.
高貫布士 外, 『図解 · 空母機動部隊(コンバットA to Zシリーズ)』, 東京: 並木書房, 1999.
高橋定, 『母艦航空隊』, 東京: 潮書房光人社, 2017.
辻田真佐憲, 『大本営発表 改竄 · 隠蔽 · 捏造の太平洋戦争』, 東京: 幻冬舎, 2017.
野元爲輝, 『航空母艦物語』, 東京: 潮書房光人社, 2017.
橋本敏男 · 田邊彌八, 『証言 · ミッドウェー海戦』, 東京: 光人社, 1999.
秦郁彦

『日本官僚制総合事典 1868-2000』, 東京: 東京大学出判会, 2001.
『日本陸海軍総合事典』, 東京: 東京大学出版会, 2005.
平野鐵雄, 『アメリカの航空母艦』, 東京: 大日本繪畫, 2016.
福井靜夫, 『日本空母物語』, 東京: 潮書房光人社, 2009.
福川秀樹, 『日本海軍将官辞典』, 東京: 芙蓉書房出版, 2000.
淵田美津雄・奥宮正武, 『ミッドウェー』, 東京: 学習研究社, 2008.
星亮一, 『提督の責任 南雲忠一—最強空母部隊を率いた男の栄光と悲劇』, 東京: 光人社, 2017.
本の森出版センター 編, 『日本海軍戦闘機隊』, 東京: アートブック本の森, 2003.
防衛廳防衛研修所戦史室
『北東方面海軍作戦』(戦史叢書 29巻), 東京: 朝雲新聞社, 1971.
『中部太平洋方面海軍作戦〈1〉 昭和17年5月まで』(戦史叢書 38巻), 東京: 朝雲新聞社, 1970.
『ミッドウェー海戦』(戦史叢書 43巻), 東京: 朝雲新聞社, 1971.
牧島貞一, 『続・炎の海—激撮 報道カメラマン戦記』, 東京: 光人社, 2002.
「丸」編輯部, 『軍艦メカ 日本の空母』, 東京: 潮書房光人社, 2012.
松田十刻, 『山口多聞—空母「飛龍」と運命を共にした不屈の名指揮官』, 東京: 光人社, 2015.
森史郎, 『ミッドウェー海戦』(一・二部), 東京: 新潮社, 2012.
柳生悅子, 『日本海軍軍装図鑑』, 東京: 並木書房, 2014.
歴史群像編輯部 編, 『日本海軍艦艇圖鑑』, 東京: 学研, 2015.

3. 영문 단행본

Blair, Clay Jr., *Silent Victory: The U.S. Submarine War against Japan*, Annapolis, MD: Naval Institute Press, 2001.
Buell, Thomas B., *The Quiet Warrior: A Biography of Admiral Raymond A. Spruance*, Annapolis, MD: Naval Institute Press, 2009.
Cox, Jeffrey, *Rising Sun, Falling Skies: The Disastrous Java Sea Campaigns of World War Ⅱ*, Oxford: Osprey, 2014.
Cressman, R. J., *That Gallant Ship: U.S.S Yorktown CV-5*, Missoula, MT: Pictorial Histories Publishing Co, 1985.
Dull, P. A., *Battle History of The Imperial Japanese Navy(1941-1945)*, Annapolis, MD: Naval Institute Press, 1978.
Evans, D. C.・M. R. Peattie, *Kaigun: Strategy, Tactics and Technology in the IMPERIAL JAPANESE NAVY 1887-1941*, Annapolis, MD: Naval Institute Press, 1997.
Gay, George, *Sole Survivor: Torpedo Squadron Eight - Battle of Midway*, Naples, FL: Midway Publishing, 1980.

Kernan, Alvin, *The Unknown Battle of Midway: The Destruction of the American Torpedo Squadrons*, New Haven, RI: Yale University Press, 2005.

Kleiss, N. Jack, *Never Call Me a Hero: A Legendary American Dive Bomber Pilot Remembers The Battle of Midway*, New York, NY: HarperCollins, 2017.

Lengerer, Hans · Lars Ahlberg, *The Yamato Class and Subsequent Planning: Capital Ships of the Imperial Japanese Navy 1868~1945 Vol Ⅲ*, Ann Arbor, MI: Nimble Books, 2014.

Lundstrom, John

The First South Pacific Campaign: Pacific Fleet Strategy/December 1941-June 1942, Annapolis, MD: Naval Institute Press, 1976.

The First Team: Pacific Naval Air Combat from Pearl Harbor to Midway, Annapolis, MD: Naval Institute Press, 1990.

Black Shoe Carrier Admiral: Frank Jack Fletcher at Coral Sea, Midway, and Guadalcanal, Annapolis, MD: Naval Institute Press, 2013 (초판, 2006).

Moore, L. Stephen, *Pacific Payback: The Carrier Aviators Who Avenged Pearl Harbor at the Battle of Midway*, New York, NY: NAL Caliber, 2014.

Morrison, Samuel Eliot, *History of United States Naval Operations in World War Ⅱ. Volume Four: Coral Sea, Midway and Submarine Actions, May 1942-August 1942*, Edison, NJ: Castle Books, 2001.

Peattie, Mark R., *Sunburst: The Rise of Japanese Naval Air Power, 1909-1941*, Annapolis, MD: Naval Institute Press, 2001.

Russel, Ronald, *No Right to Win: A Continuing Dialogue With the Veterans of The Battle of Midway*, New York, NY: iUniverse, 2006.

Smith, Michael, *The Emperor's Code: The Thrilling Story of The Allied Code Breakers Who Turned The Tide of World War Ⅱ*, New York, NY: Arcade Publishing, 2000.

Symonds, Craig L., *The Battle of Midway*, New York, NY: Oxford University Press, 2011.

Ugaki, Matome. *Fading Victory: The Diary of Admiral Matome Ugaki, 1941-1945*. Translated by Maksatake Chihaya; Donald Goldstein and Katherine V. Dillion, eds., Pittsburgh: University of Pittsburgh Press, 1991.

4. 논문

Parshall, J., Rhie, S., and Tully, A., "A Double Turn of Misfortune", *Naval History*, May-June 2019, Vol.33. Number 3.

Parshall, J., "What was Nimitz Thinking?", 2022년 봄 *Naval History* 게재 예정.

Tully, A., and Lu Yu, "A Question of Estimates: How Faulty Intelligence Drove the Scouting at the Battle of Midway", *Naval War College Review*, Spring 2015, Vol.58, Number 2.

5. 잡지

『文藝春秋 臨時增刊 目で見る太平洋戦争史』(1976. 12.), 文藝春秋社, 1976.

6. 매뉴얼

押尾一彦 · 野原茂 編集,『海軍航空教範—軍極秘 · 海軍士官搭乗員テキスト』, 東京: 光人社, 2001.

Mine Safety Appliances Co., Instruction Manual And Part List-Oxygen, Rebreathing Apparatus for Aircraft Use Central Oxygen Supply Type.

U.S. Navy, Douglas SBD Dauntless Pilot's Flight Operating Instructions.

7. 기타 자료

마크 호런Mark Horan 제공 미발표 연구자료(미드웨이 해전의 미 태평양함대 전투서열Order of Battle, U.S. Pacific Fleet Forces, Battle of Midway, 3~7 June 1942)

8. 인터넷 웹페이지

미드웨이 원탁회Midway Roundtable www.midway42.org

미드웨이 해전 연구 사이트 www.midway1942.com

구舊 일본 해군 연구 사이트(지은이 운영) www.combinedfleet.com

구 일본 해군병학교 연구 사이트 http://www2b.biglobe.ne.jp/~yorozu/hyoushi.html

구 일본 해군 인물, 함정 정보 연구 사이트 http://hush.gooside.com/

옮긴이 후기

1942년 6월, 구름 끼고 파도 높은 회색빛 북태평양 어딘가에서 미일 양국 함대가 3일 동안 처절한 사투를 벌였습니다. 이 전투는 후일 미드웨이 해전으로 알려지게 됩니다. 미드웨이 해전은 여러 측면에서 태평양전쟁의 결전이었습니다. 즉 해전 결과 일본은 대규모 공세를 펼칠 능력을 잃었을 뿐만 아니라 이후로는 의미 있는 전략적 승리를 거두지 못하고 패배만을 거듭하게 됩니다. 따라서 미드웨이 해전은 해전으로서뿐만 아니라 세계사상 가장 결정적 전투 중 하나로 꼽히며 많은 이들의 관심 대상이 되었고 특히 해전 당사자인 미국과 일본에서는 오늘날까지 연구 활동이 활발합니다. 그러나 그동안 출간된 연구 성과는 상대방의 시각을 제대로 다루지 않았거나 지나치게 국수주의적 입장을 취했기 때문에 이를 통해 입체적으로 해전의 전모를 파악하기가 어려웠습니다.

이 책은 제가 아는 한, 처음으로 미드웨이 해전에 대해 균형 잡힌 서술을 시도한 책입니다. 이뿐 아니라 미드웨이 해전에 대해 지금까지 사람들의 뇌리에 강고히 자리 잡은 통념—예를 들어 일본군이 5분만 있으면 공격대 발진을 완료할 찰나, 우연히 미군 급강하폭격기의 공격을 받아 순식간에 항공모함을 모두 잃었다는 이른바 '운명의 5분'—을 설득력 있게 논파한 점도 이 책이 거둔 또 다른 성과일 것입니다.

원서를 처음 접했을 때만 해도 이 책을 우리말로 옮길 것이라고는 상상도 하지 못했지만 좋은 인연이 닿아 이 책을 번역하게 되었습니다. 읽을 때와 달리 번역은 참 어려운 작업이었습니다. 무엇보다 빠르게, 심지어 분 단위로 진행된 해전의 전개과정을 파악하기가 쉽지 않았습니다. 지은이들의 유려하고 생동감 넘치며 재치 있는 문장을 좋은 우리말로 옮기는 일도 큰 난관이었습니다. 그뿐만 아니라 원서에서 영어로 표기된 일본 인명과 일본어 용어의 원래 이름을 찾는 일과 미일 양측의 일차, 이차 사료를 찾아 원서와 비교대조하는 작업도 만만치 않은 과제였습니다. 하지만 이해하기 어려운 부분을 혼자서 해결하려 하지 않고 지은이들을 비롯한 여러 분들께 묻고 공부하면서 어려운 점을 극복할 수 있었고, 이 과정에서 미드웨이 해전에 대해 잘 알려지지 않았던 몇몇 사실을 지은이들과 같이 발굴하는 뜻하지 않은 소득을 거두기도 했습니다. 한국어판 서문에서 지은이가 말했듯이 미드웨이 해전에 대해서는 아직 밝혀야 할 부분이 많습니다. 또한 이 책의 집필과 번역 과정에서 생긴 실수도 분명히 있을 것입니다. 앞으로 더 훌륭한 후속 연구가 새로운 사실을 밝히고 부족한 부분을 채울 수 있기를 기대합니다.

작업을 마치고 나니 기록과 증언을 통해 과거에 일어난 사건을 일관성 있게 서술하는 일이 얼마나 어려운지를 새삼 깨달았습니다. 또한 역사 서술의 근거인 기억과 기록의 실체가 무엇인지, 이를 어디까지 믿어야 할지를 계속 물어야 할 것 같습니다. 역사학도로서 앞으로 풀어야 할 숙제입니다. 이 책의 여러 장면이 생생히 보여주듯 전쟁은 적대 여부를 떠나 상상을 초월하는 끔찍한 사건입니다. 미드웨이 해전이 벌어진 3일 동안 미군 362명, 일본군 3,057명이 목숨을 잃었고, 그보다 더 많은 사람들이 부상을 입었으며 일부는 평생 불구가 되었습니다. 남겨진 가족들의 슬픔은 말할 나위도 없습니다. 전쟁이 역사로만 남은 세상이 되기를 기원합니다.

마지막으로 그동안 도움을 주신 분들께 감사의 말씀을 드리고자 합니다. 우선 언제나 제가 하는 일을 지지해 주신 가족들에게 감사드립니다. 졸고를 받아 주시고 책의 형태를 갖추는 데 많은 조언을 해주신 일조각 김시연 대표님, 안경순 편집장님, 꼼꼼히 원고를 읽고 좋은 글로 다듬어 주시고 아름다운 책으로 만들어 주신 일조각 직원 여러분께도 감사의 말씀을 드립니다. 또한 제 질문에 언제나 친절히 답변해 주시고 지원을 아끼지 않으신 지은이 조너선 파셜 씨, 앤서니 털리 씨, 한국어판을 위해 미발표 자료를 제공해 주신 마크 호런 씨, 개인 소장 사진을 보내 주신 마이클 웽어 씨, 기관 소장 사진 사용을 허락해준 미 해군 역사유산관리사령부Naval History and Heritage Command 및 담당 직원 조너선 로스코Jonathan Roscoe 씨와 미 국립문서기록관리청National Archives and Records Administration 및 담당직원 케빈 퀸Kein Quinn 씨, 미일 해군항공대의 장비와 관련된 흥미로운 정보를 공유해 주신 크리스티안 글로어Christian Gloor 씨, 그리고 작업 과정에서 많은 격려와 조언을 아끼지 않으신 권오헌 박사님, 심성보 님, 정낙희 님과 정현우 님, 자료 수집에 큰 도움을 주신 조선경 님께 감사드립니다. 마지막으로 늘 옆에 있어 준 충실한 도반인 아내 김자영에게 너무나 고맙습니다. 졸역을 이분들께 바칩니다. 모두 건강하시고 행복하시기를.

2019년 8월

옮긴이

찾아보기

〔ㄷ〕

〔ㄹ〕

〔ㅁ〕

〔ㅇ〕

〔ㅈ〕

〔ㅊ〕

인명 찾아보기

〔ㄷ〕

〔ㄹ〕

〔ㅁ〕

〔ㅂ〕

〔ㅅ〕

〔ㅇ〕

〔ㅈ〕

〔ㅊ〕

〔ㅋ〕

〔ㅌ〕

〔ㅍ〕

〔ㅎ〕

지은이

조너선 파셜 Jonathan Parshall

미국 칼턴 칼리지를 졸업하고 미네소타 대학교에서 MBA를 받았다. 베스트셀러 『Shattered Sword』(공저)를 썼으며 『U.S. Naval War College Review』, 『Naval History』, 『Naval Institute Proceedings』, 『Wartime』 등의 잡지에 다수의 태평양전쟁 관련 논문을 기고했다. 디스커버리 채널, 히스토리 채널, 스미소니언 채널, BBC 등에 출연했으며 1995년부터 앤서니 털리와 함께 구 일본 해군과 태평양전쟁에 대한 사이트 www.combinedfleet.com을 운영해 왔다. 현재 비영리 교육기관의 IT 부문과 설비 책임자로 근무하며 아내, 두 자녀, 고양이 세 마리와 함께 미네소타주 미니애폴리스에 거주하고 있다.

앤서니 털리 Anthony Tully

미국 텍사스테크 대학교에서 학사와 석사 학위를 받은 역사 컨설턴트이자 작가이며 기업체 IT와 고객서비스 담당자로 일한다. 태평양전쟁을 주제로 많은 저술을 발표했으며 베스트셀러 『Shattered Sword』(공저), 『The Battle of the Surigao Strait』(2009)를 썼다. 파셜과 공동으로 www.combinedfleet.com을 운영하고 있으며 조너선 파셜, 데이비드 딕슨과 함께 1999년에 Nauticos/Navo사가 발견한 일본 항공모함 가가의 잔해를 판별했다. 『Warship International』, 『Naval War College Review』, 『丸Special』(일본), 『America in WW2』, 『Oxford Biographies』 등에 기고했고 히스토리 채널의 〈Battle 360〉 시리즈, 내셔널지오그래픽, 디스커버리 채널의 태평양전쟁사 관련 프로그램에서 고증과 자문을 맡았으며 여러 심포지엄에서 강연을 했다. Vulcan Inc.를 비롯한 여러 회사의 침몰선 탐사원정에서 자문역으로 웨이크섬 전투, 수리가오 해협 해전, 오르모크만 해전, 산호해 해전에서 침몰한 선박들의 판별과 기록에 일조하고 있다. 태평양전쟁에 대한 세 번째 저서를 준비 중이다.

옮긴이

이승훈

조너선 파셜, 앤서니 털리와 함께 미국 해군연구소U.S. Naval Institute에서 발간하는 잡지 『Naval History』에 미드웨이 해전에 관한 기사를 기고했다. 옮긴 책으로 『언익스펙티드 스파이』(2021), 『욤 키푸르 전쟁』(2021), 『The Guns of John Moses Browning』(근간)이 있다.

미드웨이 해전
태평양전쟁을 결정지은 전투의 진실

초판 1쇄 펴낸날 2019년 8월 20일
초판 2쇄 펴낸날 2021년 12월 10일

지은이 | 조너선 파셜·앤서니 털리
옮긴이 | 이승훈
펴낸이 | 김시연

펴낸곳 | (주)일조각
등록 | 1953년 9월 3일 제300-1953-1호(구: 제1-298호)
주소 | 03176 서울시 종로구 경희궁길 39
전화 | 02-734-3545 / 02-733-8811(편집부)
02-733-5430 / 02-733-5431(영업부)
팩스 | 02-735-9994(편집부) / 02-738-5857(영업부)
이메일 | ilchokak@hanmail.net
홈페이지 | www.ilchokak.co.kr

ISBN 978-89-337-0763-0 03390
값 48,000원